Esther Keßler, Stefan Rabsch, Mirko Mandić

Erfolgreiche Websites

SEO, SEM, Online-Marketing, Usability

Rheinwerk

Computing

Liebe Leserin, lieber Leser,

haben Sie sich auch schon einmal gefragt, weshalb manche Websites erfolgreich sind und andere nicht? Entscheidend sind hier viele unterschiedliche Faktoren, die Sie mithilfe dieses Buchs beeinflussen können. Stellen Sie sicher, dass Ihr Auftritt benutzerfreundlich aufgebaut ist, im Web gefunden und wahrgenommen wird und an den richtigen Stellen beworben wird: Suchmaschinenoptimierung, Usability, Online-Marketing und Nutzung von Social Media sind wichtige Themenkomplexe, wenn es darum geht, mehr Besucher auf die eigene Website oder Firmenpräsenz zu locken und mehr Besucher bzw. Umsatz zu generieren.

Esther Keßler, Stefan Rabsch und Mirko Mandić verfügen über viel Erfahrung in der Planung und Konzeption von Strategien im Bereich Online-Marketing. Sie geben Ihnen detailliert Antworten auf die großen Fragen der Verbesserung des eigenen Webauftritts: Wie nutzen Sie alle Marketing-Kanäle? Wie verbessern Sie die Suchmaschinen-Präsenz Ihrer Website? Wie gestalten Sie eine gelungene Benutzerführung?

In der vierten Auflage dieses Standardwerks haben die Autoren zahlreiche Aktualisierungen, Umstellungen und Erweiterungen vorgenommen. Hier sind vor allem Content-Marketing, Suchmaschinenwerbung und die neuen Entwicklungen im Social Media Marketing zu nennen. Neue Praxisbeispiele zeigen Ihnen anschaulich den Weg zu einer besseren Webpräsenz.

Um die Qualität unserer Bücher zu gewährleisten, stellen wir stets hohe Ansprüche an Autoren und Lektorat. Falls Sie dennoch Anmerkungen und Vorschläge zu diesem Buch formulieren möchten, so freue ich mich über Ihre Rückmeldung.

Und nun wünsche ich Ihnen viel Erfolg mit der Optimierung Ihrer Website!

Ihr Stephan Mattescheck
Lektorat Rheinwerk Computing

stephan.mattescheck@rheinwerk-verlag.de
www.rheinwerk-verlag.de
Rheinwerk Verlag · Rheinwerkallee 4 · 53227 Bonn

Auf einen Blick

1   Der Weg zur erfolgreichen Website 25

2   Content – zielgruppengerechte Inhalte 87

3   Online-PR – Public Relations, Pressearbeit und
Influencer-Marketing im Internet 125

4   Suchmaschinen – eine Einführung 151

5   Suchmaschinenoptimierung (SEO) 195

6   Suchmaschinenwerbung (SEA) 283

7   Usability – benutzerfreundliche Websites 425

8   Conversion-Rate-Optimierung (CRO) 529

9   Testverfahren 579

10   Web-Analytics 611

11   Kundenbindung (CRM) 649

12   Display-Marketing 677

13   Affiliate-Marketing 729

14   E-Mail- und Newsletter-Marketing 747

15   Social Media Marketing 781

16   Video-Marketing 879

17   Crossmedia-Marketing 915

18   Monetarisierung – Einnahmen mit der Website erzielen 943

19   Rückblick und Ausblick 979

Wir hoffen, dass Sie Freude an diesem Buch haben und sich Ihre Erwartungen erfüllen. Ihre Anregungen und Kommentare sind uns jederzeit willkommen. Bitte bewerten Sie doch das Buch auf unserer Website unter **www.rheinwerk-verlag.de/feedback**.

An diesem Buch haben viele mitgewirkt, insbesondere:

Lektorat Stephan Mattescheck, Erik Lipperts
Korrektorat Petra Biedermann, Reken
Herstellung August Werner
Typografie und Layout Vera Brauner
Einbandgestaltung Barbara Thoben, Köln
Coverbild 123RF: 21658595 © scyther5
Satz III-Satz, Husby
Druck C.H.Beck, Nördlingen

Dieses Buch wurde gesetzt aus der TheAntiquaB (9,35/13,7 pt) in FrameMaker.
Gedruckt wurde es auf chlorfrei gebleichtem Offsetpapier (90 g/m²).
Hergestellt in Deutschland.

Bibliografische Information der Deutschen Nationalbibliothek:
Die Deutsche Nationalbibliothek verzeichnet diese Publikation in der Deutschen Nationalbibliografie; detaillierte bibliografische Daten sind im Internet über *http://dnb.d-nb.de* abrufbar.

ISBN 978-3-8362-6212-5

4., aktualisierte und erweiterte Auflage 2019
© Rheinwerk Verlag, Bonn 2019

Informationen zu unserem Verlag und Kontaktmöglichkeiten finden Sie auf unserer Verlagswebsite **www.rheinwerk-verlag.de**. Dort können Sie sich auch umfassend über unser aktuelles Programm informieren und unsere Bücher und E-Books bestellen.

Inhalt

Website-Experten geben Auskunft 17

Vorwort und Danksagung zur vierten Auflage 21

1   Der Weg zur erfolgreichen Website   25

1.1   Die richtige Strategie für Ihre Website 25

    1.1.1   Website-Ziele definieren 29

    1.1.2   Zielgruppen 31

    1.1.3   Targeting – gewünschte Besucher erreichen 40

1.2   Einführung und Übersicht über die Marketingkanäle 46

1.3   Mobile Apps als zusätzlicher Kanal 50

1.4   Zehn Dinge, die man grundlegend falsch machen kann –
Grundregeln, um Anfängerfehler zu vermeiden 55

    1.4.1   Instabiles Website-Grundgerüst 55

    1.4.2   Die falsche Zielgruppe 58

    1.4.3   Website-Steuerung im Blindflug 60

    1.4.4   Die größten Usability-Fehler – benutzerunfreundliche Webseiten ... 62

    1.4.5   Suchmaschinenunfreundliche Webseiten 69

    1.4.6   Ineffiziente Suchmaschinenwerbung 70

    1.4.7   Misslungenes Bannermarketing 75

    1.4.8   Unwirksames E-Mail-Marketing 76

    1.4.9   Unentdecktes Potenzial 79

    1.4.10   Unzureichende Monetarisierung 81

1.5   Online-Marketing per Agentur 83

2   Content – zielgruppengerechte Inhalte   87

2.1   Content – Dessert oder Grundnahrungsmittel? 88

2.2   Content-Strategie 96

    2.2.1   Zielgruppen definieren mit Personas 96

    2.2.2   Ziele 100

    2.2.3   Markenpositionierung und Customer Journey 101

    2.2.4   Content-Audit 104

2.3	**Content-Marketing**		107
	2.3.1	Content planen	107
	2.3.2	Content erstellen	110
	2.3.3	Content bekannt machen	116
	2.3.4	Content messen	119
2.4	**Konstanz, Konstanz, Konstanz**		121
2.5	**Content to go**		122
2.6	**Checkliste Content**		123

3 Online-PR – Public Relations, Pressearbeit und Influencer-Marketing im Internet

125

3.1	**Pressearbeit im Internet**		127
	3.1.1	Inhalte zur Verfügung stellen	134
	3.1.2	Mit Interessenten und Influencern in Kontakt treten	141
	3.1.3	Reputation Management, Markenauftritt und Online-Monitoring	143
3.2	**PR-Arbeit in sozialen Netzwerken**		144
3.3	**Online-PR und Suchmaschinenoptimierung (SEO)**		144
3.4	**Online-PR to go**		146
3.5	**Checkliste Online-PR**		147

4 Suchmaschinen – eine Einführung

151

4.1	**Suchmaschinen, Webkataloge, Meta- und Spezialsuchmaschinen**		151
4.2	**Welche Suchmaschinen gibt es?**		153
	4.2.1	Der Platzhirsch Google	155
	4.2.2	Die ewigen Zweiten: Bing und Yahoo	162
	4.2.3	Weitere Suchmaschinen im Netz	166
4.3	**Wie Suchmaschinen arbeiten**		170
	4.3.1	Crawling und Indexierung	172
	4.3.2	Aufnahme in Suchmaschinen	173
	4.3.3	Ranking-Kriterien für Suchmaschinen	175

4.4	**Das Suchverhalten – wie Menschen Suchmaschinen nutzen**	177
	4.4.1 Suchbegriffe eingeben	177
	4.4.2 Die Auswahl des Suchergebnisses	181
	4.4.3 Mobile und lokale Suche	184
4.5	**Keyword-Recherche – die richtigen Suchbegriffe finden**	187
	4.5.1 Die Keyword-Auswahl	187
	4.5.2 Die Long-Tail-Theorie	191
4.6	**Suchmaschinen to go**	193

5   Suchmaschinenoptimierung (SEO)

195

5.1	**Mythen der Suchmaschinenoptimierung**	196
5.2	**SEO-Ranking-Faktoren – wie komme ich auf Platz 1?**	199
	5.2.1 Grundprinzipien für ein besseres Ranking in Suchmaschinen	200
	5.2.2 Die SEO-Ranking-Faktoren	202
	5.2.3 Besonderheiten im Ranking-Algorithmus von Google	205
	5.2.4 SEO und Social Media	209
5.3	**Die suchmaschinenfreundliche Website**	210
	5.3.1 Name und Autorität der Domain	210
	5.3.2 Die Website-Tools der Suchmaschinenanbieter	214
	5.3.3 Informationsarchitektur – Strukturen schaffen	220
	5.3.4 Technische Voraussetzungen schaffen	224
	5.3.5 Mobile und responsive Websites	227
5.4	**Einzelne Webseiten optimieren**	233
	5.4.1 Die Wahl des passenden Suchbegriffs für eine Webseite	233
	5.4.2 Inhalte optimieren	234
	5.4.3 Meta-Angaben optimieren	238
	5.4.4 Optimierung der URL – Datei- und Verzeichnisbenennung	245
5.5	**Verlinkungen im Netz – Off-Page-Optimierung**	246
	5.5.1 Linkpopularität – wie viele Links habe ich?	247
	5.5.2 Der Wert eines Links	249
	5.5.3 Der Linkaufbau – wie bekomme ich Links?	253
	5.5.4 Gute und schlechte Links	259
5.6	**Weitere Optimierungsmaßnahmen**	261
	5.6.1 Lokale Suche	262
	5.6.2 Bildersuche	264

5.6.3   Google News 265

5.6.4   Sprachsuche (Voice Search) 268

5.7   Website-Relaunch und Domain-Umzug 268

5.7.1   SEO-konformer Website-Relaunch 268

5.7.2   SEO-konformer Domain-Umzug 272

5.7.3   Checkliste SEO-konformer Relaunch und Domain-Umzug 274

5.8   Gebote und Verbote 275

5.8.1   Gebote 275

5.8.2   Verbote 278

5.9   Suchmaschinenoptimierung (SEO) to go 279

5.10 Checkliste Suchmaschinenoptimierung (SEO) 280

6   Suchmaschinenwerbung (SEA)

283

6.1   Vor- und Nachteile 291

6.1.1   Die Vorteile 291

6.1.2   Die Grenzen und Risiken 294

6.2   Suchmaschinenwerbung mit Google Ads 296

6.2.1   Das Google-Ads-Konto 298

6.2.2   Die Kontostruktur 302

6.2.3   Die Kampagne 307

6.2.4   Die Werbenetzwerke 314

6.2.5   Die Keywords 319

6.2.6   Die Anzeigen 339

6.2.7   Die richtige Landing Page 374

6.2.8   Die Kosten 379

6.2.9   Leistungsmessung und Optimierung 396

6.2.10 Zehn Optimierungsmaßnahmen 411

6.2.11 Bid Management 415

6.2.12 Der AdWords Editor 417

6.3   Google Ads vs. AdSense 419

6.4   Empfehlung 420

6.5   Suchmaschinenwerbung (SEA) to go 421

6.6   Checkliste Suchmaschinenwerbung (SEA) 422

7 Usability – benutzerfreundliche Websites 425

7.1 Benutzerfreundlichkeit (Usability) 426

7.2 Abgrenzung Barrierefreiheit (Accessibility) 430

    7.2.1 Sieben Tipps, wie Sie die Barrierefreiheit Ihrer
Website verbessern 433

    7.2.2 Hilfsmittel für Behinderte 436

    7.2.3 Gesetze 437

7.3 Usability – der Benutzer steht im Fokus 438

    7.3.1 Bestimmte Benutzer 439

    7.3.2 Bestimmter Nutzungskontext 439

    7.3.3 Bestimmte Ziele effektiv, effizient und
zufriedenstellend erreichen 442

7.4 Konventionen 444

7.5 Usability und mobile Endgeräte 446

7.6 Strukturierung der Website 447

    7.6.1 Website-Struktur ist nicht gleich Navigation 447

    7.6.2 Methoden zur Website-Strukturierung 450

    7.6.3 Typen von Webseiten 455

    7.6.4 Was darf nicht fehlen, was sollten Sie vermeiden? 460

7.7 Die Navigation 462

    7.7.1 Navigationsarten 464

    7.7.2 Navigationskonzepte 475

7.8 Texten für das Netz 485

7.9 Buttons und Links 489

7.10 Formulare 492

7.11 Bilder und Grafiken 499

7.12 Multimedia (Audio, Video) 502

7.13 Technische Aspekte 504

7.14 Designaspekte 505

    7.14.1 Die Wahrnehmungsgesetze 506

    7.14.2 Farben 513

    7.14.3 Typografie 514

7.15 Komposition und Positionierung der Elemente 516

7.16   SEO und Usability 521

7.17   Usability-Gebote 523

7.18   Usability to go 526

7.19   Checkliste Usability 527

8   Conversion-Rate-Optimierung (CRO)   529

8.1   Begrifflichkeiten 530

8.2   Warum ist die Conversion-Rate so wichtig? 535

8.3   Der Prozess der Conversion-Rate-Optimierung 537

8.4   Die Landing Page 540

8.5   Elemente einer Landing Page 546

       8.5.1   Die sieben Elemente einer Landing Page 547

       8.5.2   Weitere relevante Aspekte für eine Landing Page 559

       8.5.3   Sonderfall: Formulare 563

       8.5.4   Messung von Landing Pages 564

8.6   Der Entscheidungsprozess der Zielgruppe 565

       8.6.1   Vertrauen schaffen und glaubwürdig sein 565

       8.6.2   Überzeugung 568

       8.6.3   Neuromarketing 569

       8.6.4   Häufige Fehler vermeiden 571

8.7   Landing-Page-Optimierung (LPO) 573

8.8   Mobile LPO 574

8.9   Conversion-Rate-Optimierung to go 576

8.10   Checkliste Conversion-Rate-Optimierung 577

9   Testverfahren   579

9.1   Potenzialanalyse und Hypothesenbildung 581

       9.1.1   Expertenanalysen 583

       9.1.2   User-Feedback 586

9.2   A/B-Tests 595

9.3	Multivariate Tests	597
9.4	Weiterleitungstests	599
9.5	(Technische) Umsetzung von Tests	600
9.6	Die Qual der Wahl – die Auswahl und Laufzeit der Tests	605
9.6.1	Testelemente und -seiten auswählen	605
9.6.2	Wann, wenn nicht jetzt?	606
9.7	Weitere Testmöglichkeiten	607
9.8	Testverfahren to go	609
9.9	Checkliste Testverfahren	610

10 Web-Analytics

611

10.1	Wichtige Kennzahlen	612
10.2	Webanalysetools im Einsatz	614
10.2.1	Anbieter und Unterschiede	615
10.2.2	Google Analytics einrichten	618
10.2.3	Google Tag Manager	622
10.2.4	Webanalyse und Datenschutz	625
10.3	Auswertung des Besucherverhaltens	628
10.3.1	Wie gelangen die Besucher auf Ihre Website?	628
10.3.2	Was machen die Besucher auf Ihrer Website?	632
10.4	Wettbewerbsanalyse – wie gut sind andere?	633
10.5	Web-Analytics für Fortgeschrittene	639
10.5.1	Segmentierung	639
10.5.2	Multi-Channel-Analysen	641
10.5.3	Mobile Analytics und Cross-Device-Tracking	644
10.6	Web-Analytics to go	647
10.7	Checkliste Web-Analytics	648

11 Kundenbindung (CRM)

649

11.1	Kundenorientierte Inhalte und Mehrwerte schaffen	650
11.2	Elektronische Kundenbindung (E-CRM)	657

11.3 **Weitere Instrumente der Kundenbindung** 662

    11.3.1   Blogs, Ratgeber, Foren und Social Media 662

    11.3.2   Newsletter, Retargeting und Chatbots 665

    11.3.3   Unternehmenseigene und Multipartner-Bonusprogramme 669

    11.3.4   Mobile CRM (MCRM) 673

11.4 **Kundenbindung (CRM) to go** 673

11.5 **Checkliste Kundenbindung (CRM)** 675

12   Display-Marketing

677

12.1 **Präsenz im Netz – gelungenes Bannermarketing** 677

    12.1.1   Bannerwirkung 679

    12.1.2   Bannerarten 682

    12.1.3   Bannergrößen – welches Format verwenden? 690

    12.1.4   Adserver – effektives Aussteuern von Bannern 692

    12.1.5   Abrechnungsmodelle 697

    12.1.6   Adblocker 699

    12.1.7   Marktvolumen 701

    12.1.8   Bannermarketing mit dem Display-Netzwerk von Google 702

    12.1.9   Remarketing 719

12.2 **Display-Marketing to go** 726

12.3 **Checkliste Display-Marketing** 727

13   Affiliate-Marketing

729

13.1 **Funktionsweise – wer profitiert wie?** 729

    13.1.1   Affiliate-Netzwerke – die Unparteiischen 732

    13.1.2   Werbemittel – wie kann geworben werden? 735

    13.1.3   Tracking – wie wird Erfolg gemessen? 737

    13.1.4   Vergütungsmodelle im Affiliate-Marketing 741

    13.1.5   Gefahrenquellen im Affiliate-Marketing 742

13.2 **Marktentwicklung und -ausblick** 745

13.3 **Affiliate-Marketing to go** 746

13.4 **Checkliste Affiliate-Marketing** 746

14   E-Mail- und Newsletter-Marketing

747

14.1 E-Mail-Marketing zur direkten Kundenansprache	748
14.1.1 Arten von E-Mail-Kampagnen	748
14.1.2 Auf- und Ausbau von E-Mail-Empfängern	752
14.1.3 Targeting – die richtige Zielgruppe per E-Mail erreichen	755
14.2 Die richtigen Worte – der Inhalt des Mailings	759
14.3 Der richtige Moment – Versandfrequenz	765
14.4 Technische Aspekte des E-Mail-Marketings	766
14.4.1 HTML vs. Text	767
14.4.2 Newsletter-Versand	769
14.4.3 Erfolgskontrolle und Tracking-Möglichkeiten	772
14.5 Dos and Don'ts – juristische Aspekte	773
14.6 E-Mail- und Newsletter-Marketing to go	779
14.7 Checkliste E-Mail- und Newsletter-Marketing	780

15   Social Media Marketing

781

15.1 Einstieg in Social Media – vom Monolog zum Dialog	781
15.2 Social-Media-Strategie	784
15.3 Logbücher im Web 2.0 – Blogs	788
15.4 Erfolgsfaktoren für das Blogmarketing	793
15.4.1 Kommentare und Feedback	794
15.4.2 Foren vs. Blogs	795
15.5 Digitales Gezwitscher – Twitter	795
15.5.1 Twitter-Nutzung für Unternehmen	803
15.5.2 Werbung schalten per Twitter	807
15.6 Facebook sowie die Familienmitglieder Instagram und WhatsApp	813
15.6.1 Facebook-Pages	818
15.6.2 Der Facebook-Button »Gefällt mir«	826
15.6.3 Eine Fangemeinde aufbauen	826
15.6.4 Facebook-Applikationen	832
15.6.5 Facebook Ads	833
15.6.6 Datenschutz	841

15.6.7 Instagram – ein Teil der Facebook-Familie 843

15.6.8 WhatsApp – ein weiteres Facebook-Familienmitglied 847

15.7 Chatbots und Messenger Marketing 849

15.8 Social Media Monitoring und wichtige Kennzahlen 852

15.9 Weitere bekannte Communitys und Netzwerke 854

15.9.1 Snapchat 854

15.9.2 Google+ – ein Nachruf 856

15.9.3 Etablierte und neue Netzwerke 858

15.9.4 XING und LinkedIn – die Business-Netzwerke 862

15.10 Virales Marketing – Vorsicht, Ansteckungsgefahr! 864

15.10.1 Virale Marketingkampagnen 865

15.10.2 Anreize zur viralen Infektion 868

15.11 Guerilla-Marketing – unkonventionell Aufmerksamkeit erregen 869

15.11.1 Guerilla-Marketing-Kampagnen 869

15.11.2 Guerilla-Marketing im Netz 873

15.12 Fakenews 874

15.13 Social Media Marketing to go 876

15.14 Checkliste Social Media Marketing 877

16 Video-Marketing

879

16.1 Bewegender Trend – Online-Video-Marketing 881

16.2 Videos erstellen 884

16.3 Videoportale und Hosting-Lösungen 890

16.4 SEO und Video-Marketing 900

16.5 Video Ads 903

16.5.1 TrueView-Video-Discovery-Anzeigen
(ehemals In-Display-Videoanzeige) 903

16.5.2 Masthead 905

16.5.3 In-Stream-Ads 907

16.6 Ausblick 911

16.7 Video-Marketing to go 912

16.8 Checkliste Video-Marketing 913

17 Crossmedia-Marketing 915

17.1 Aufbau einer Crossmedia-Kampagne 919

17.2 Crossmedial werben – offline und online verbinden 921

17.3 Von Profis lernen – crossmediale Werbekampagnen 929

17.3.1 Crossmedia-Marketing für »Die Limo« mit Einsatz von
Testimonials 929

17.3.2 Crossmedia-Marketing zum Rebranding von N24 in WELT 933

17.3.3 Crossmedia-Marketing zur Verbreitung der Marke Eskimo 935

17.4 Crossmedia-Publishing 937

17.5 Crossmedia-Marketing to go 941

17.6 Checkliste Crossmedia-Marketing 942

18 Monetarisierung – Einnahmen mit der Website erzielen 943

18.1 Affiliate-Marketing als Publisher 944

18.1.1 Die verschiedenen Modelle des Affiliate-Marketings 944

18.1.2 Ein Praxisbeispiel 947

18.2 Google AdSense 952

18.2.1 Google AdSense einrichten 952

18.2.2 Höhere Einnahmen mit Google AdSense 957

18.3 Monetarisierung redaktioneller Inhalte 959

18.3.1 Freemium-Modelle 960

18.3.2 Paywall 961

18.3.3 Native Advertising (Sponsored Stories) 963

18.3.4 Monetarisierung von Social-Media- und Videoinhalten 964

18.4 Professionelle Vermarktung und AdServer-Integration 966

18.4.1 Professionelle Vermarktung 967

18.4.2 Integration eines Adservers 968

18.5 E-Commerce und weitere digitale Geschäftsmodelle 969

18.5.1 E-Commerce mit Online-Shops 970

18.5.2 Marktplätze und Preisvergleiche 972

18.5.3 Monetarisierung im mobilen Zeitalter 974

18.6   Online-Monetarisierung to go 976

18.7   Checkliste Monetarisierung 977

19   Rückblick und Ausblick   979

19.1   Rückblick: Meilensteine des Internetmarketings 979

19.2   Aktuelle Situation und Ausblick 987

19.3   Online-Marketing-Trends 989

Anhang   997

A   Weiterführende Informationen 997

        A.1   Literatur 997

        A.2   Veranstaltungstipps zum Online-Marketing 1004

        A.3   Surf-Tipps 1006

B   Website-Glossar 1013

Die Autoren 1021

Index 1023

Website-Experten geben Auskunft

Was macht erfolgreiche Websites aus? Wer sollte diese Frage besser beantworten können als die Verantwortlichen solcher Websites selbst? Wir haben daher drei Experten befragt und sie gebeten, uns ihre Tipps im Bereich Online-Marketing und Website-Optimierung zu verraten. Versuchen Sie, mit diesem Praxiseinstieg gute Strategien und Hinweise auf Ihre Website zu übertragen und von erfolgreichen Internetauftritten zu lernen.

 **Dr. Thomas Schroeter** verfügt über langjährige Erfahrung in der Digitalwirtschaft, sowohl im Konzern- als auch im Start-up-Umfeld. Als Geschäftsführer von ImmobilienScout24 und als Senior Vice President für den Bereich Marketing & Product bei Scout24 entwickelt er den führenden Betreiber digitaler Marktplätze mit Fokus auf Immobilien und Automobile kontinuierlich weiter.

▶ Zu einer erfolgreichen Website gehört für mich ...
... dass sie höchst relevante und personalisierte Angebote zur Verfügung stellt. Dies gelingt, wenn Offline-Prozesse in die Online-Welt übertragen und vereinfacht werden.

▶ Beim Website-Marketing lege ich besonderen Wert auf ...
... einen ganzheitlichen, integrierten Marketing-Mix von der Akquisition über das Engagement bis hin zur Retention mit zielgruppengerechtem Content und messbaren Ergebnissen.

▶ Bei einer neuen Website sollte man ...
... das Lösen eines spezifischen Kundenbedürfnisses im Blick haben. Wenn man den Consumer-First-Ansatz konsequent erfüllt, gelingt es ein nachhaltiges Angebot zu kreieren.

▶ Google ist für mich ...
... durch seine Größe, aber auch seinen Nutzwert ein wichtiger Partner, sowohl für Werbetreibende und Publisher als auch Nutzer. Dabei sollte jeder Marketeer nie vergessen, den Kontakt zu den eigenen Usern zu intensivieren und zu festigen.

▶ Ein großer Fehler, den Website-Betreiber vermeiden sollten, ist ...
... sich von den Kundenbedürfnissen zu entfernen. Ein klarer Purpose hilft dabei als wichtiger Kompass für die stete Weiterentwicklung.

Marcus Tober ist Gründer und Geschäftsführer von *Search-metrics* und als Impulsgeber und Experte auf vielen internationalen Bühnen unterwegs. Sein 2005 gegründetes Unternehmen hat sich zum Marktführer für Analysesoftware entwickelt.

▶ Zu einer erfolgreichen Website gehört für mich …

… eine sehr gute User Experience, die es ermöglicht, dass sich der Benutzer sofort wohlfühlt. Außerdem ist es wichtig, Redundanz zu vermeiden und das Alleinstellungsmerkmal, das ich als Website biete, herauszustellen. Heutzutage möchten User alles schnell und möglichst einfach präsentiert bekommen. Wichtig ist auch eine technisch einwandfreie Seite, auf der der Besucher ohne Probleme alles findet.

▶ Beim Website-Marketing lege ich besonderen Wert auf …

… einzigartige Inhalte, die dem User einen Nutzen bringen. Außerdem versuche ich, mit dem Nutzer zu interagieren.

▶ Bei einer neuen Website sollte man …

… moderne Designprinzipien berücksichtigen. Darüber hinaus sollte man Content erstellen, der mehr bringt, als nur gut für Suchmaschinen zu sein. Die Website sollte schnell und schlank sein.

▶ Google ist für mich …

… eine Maschine, die gelernt hat, was User wirklich wollen. Folglich liefert Google Suchergebnisse, die dem entsprechen, was der User gemeint hat, als er seine Suchanfrage formulierte. Google denkt mit, demzufolge müssen Websites für User und nicht für Suchmaschinen optimiert werden.

▶ Ein großer Fehler, den Website-Betreiber vermeiden sollten, ist …

… Inhalte für Suchmaschinen zu erstellen. Außerdem sollten sie nicht alles glauben, was sie lesen. Website-Betreiber sollten sich immer in die Haut des Kunden versetzen und sich fragen: »Warum ich?«

Roland Zeller ist Gründer des Online-Reisebüros *travel.ch* und gilt als Pionier im elektronischen Vertrieb von Reisen. Nach dem Verkauf seiner Firma investiert Zeller nun in diverse Online-Geschäftsmodelle wie GetYourGuide, Foap oder Natural Cycles.

▶ Zu einer erfolgreichen Website gehört für mich ...
   ... eine logische und intuitive Navigation. Weniger ist oftmals mehr.

▶ Beim Website-Marketing lege ich besonderen Wert auf ...
   ... Deep Links und gute Landing Pages auf Produkt- und Kategorieebene.

▶ Bei einer neuen Website sollte man ...
   ... sehr gut aufpassen, dass man die guten, oft über Jahre optimierten Vorteile der bisherigen Version mitnimmt. Insbesondere SEO und Landing Pages sind sehr heikel.

▶ Google ist für mich ...
   ... mit seiner Marktmacht sehr wichtig und mächtig. Viele würden sich wohl Alternativen zu Google wünschen.

▶ Ein großer Fehler, den Website-Betreiber vermeiden sollten, ist ...
   ... nur die Kosten für die Erstellung der Website zu berücksichtigen und diese dann über 5 Jahre abzuschreiben. Eine gute Website braucht permanent neuen Content und muss auf dem aktuellen technischen Stand bleiben. Eine Website ist kein Projekt, sondern eine Daueraufgabe.

Vorwort und Danksagung zur vierten Auflage

Nur wer den Garten sorglich pflegt, weiß auch,
dass er ihm Früchte trägt.
(Volksmund)

Stellen Sie sich einmal vor, es ist ein warmer Sommertag mit strahlendblauem Himmel, und Sie befinden sich in Ihrem perfekten Garten. Eine blütenprächtige Oase, die Ihnen als schattenspendende Energiequelle, als Entspannungsort oder vielleicht auch als Möglichkeit für sportliche Aktivitäten dient. Wie sieht der optimale Garten aus? Diese Frage muss sich ein Gärtner unumgänglich stellen. Ist es ein verwilderter Naturgarten oder eher der akkurate, englische Rasen? Ist es eine parkähnliche, springbrunnenbestückte Anlage oder ein kleines Obstgärtchen? Sie merken schon, die Antwort auf diese Frage kann ganz unterschiedlich ausfallen und hängt von diversen Faktoren und Zielsetzungen ab. Zudem können äußere Gegebenheiten wie die Bodenbeschaffenheit, aber auch Unwetter und Dürre den Garten stetig verändern, und nicht immer kann der Gärtner Einfluss darauf nehmen.

Hier lassen sich Parallelen zu Ihrer Website ziehen. Sowohl Zielsetzung als auch die Erwartungen der Besucher können gänzlich unterschiedlich sein, und die Rahmenbedingungen können sich stets ändern. Kein digitaler »Gärtner« wird Ihnen ein Patentrezept an die Hand geben können. Dennoch gibt es unumgängliche Schritte, nützliches Werkzeug und einige Tipps und Tricks, die Ihnen bei der Gartenarbeit behilflich sein können. Bevor Sie also einfach drauflospflanzen und die ersten Samen sähen, brauchen Sie eine durchdachte Strategie und Vorbereitung. So wie auch ein Gärtner seinen Garten regelmäßig pflegen muss, neue Bepflanzungen ausprobieren kann, die Gartengestaltung verändern kann und letztendlich auch von dessen Früchten profitiert, haben auch Sie zahlreiche Möglichkeiten, was Ihre Website anbelangt. Sie müssen sich aber dessen bewusst sein, dass es Sie auch Ressourcen und die ein oder andere Schweißperle auf der Stirn kosten wird. Wir bewegen uns nicht in einem starren Rahmen, sondern auf einem sehr dynamischen Feld, haben Gestaltungsspielraum und unzählige Möglichkeiten – und wahrscheinlich ist es gerade das, was die Faszination ausmacht. Der sogenannte digitale Wandel ist in fast allen Lebensbereichen zu spüren: Nahezu jeder trägt ein Smartphone in der Hosentasche, befragt mehrfach täglich Suchmaschinen nach hilfreichen Informationen, und Nervosität macht sich breit, wenn kein WLAN verfügbar ist. Das Internet und seine Möglichkeiten haben einen festen Platz in unserem Alltag eingenommen, und es wird weiterhin zunehmend unsere Zukunft beeinflussen, die wir zum Beispiel mit erfolgreichen Websites aktiv mitgestalten können.

In diesem Zusammenhang freuen wir uns ungemein, dass unser Buch eine so große Leserschaft aufweist, und Sie es nun in einer vierten, aktualisierten Auflage in den Händen halten können. Wie Sie sich sicher vorstellen können, hat sich in den letzten drei Jahren sehr viel im digitalen Garten getan. Es gibt zahlreiche Neuerungen und Trends, und bei den vorhandenen mehr als tausend Seiten ist es unmöglich, alles mit aufzunehmen – Sie sollen dieses Buch schließlich noch heben können. Eine dieser Veränderungen, die Sie mit Sicherheit bestätigen können, ist das mobile Surfen, das inzwischen zu einer alltäglichen Gewohnheit geworden ist. Aus diesem Grund haben wir uns dafür entschieden, das frühere Kapitel »Mobile Marketing« vollständig auf-zulösen, denn mobile Aspekte spielen unumgänglich bei jedem einzelnen Bereich des Online-Marketings eine wichtige Rolle. Inhaltlich haben wir das Buch um eine Vielzahl neuer Themen und Trends, wie z. B. Influencer-Marketing, erweitert. Diverse Tools sind mit eingeflossen und geben praktische Hilfestellung an entsprechender Stelle. Wie schon aus den letzten Auflagen bekannt, schließt jedes Kapitel mit einer Kurzzusammenfassung (für Leser mit Zeitdruck) und einer Checkliste für die Umset-zung Ihrer Werbemaßnahmen in der Praxis.

Wir haben uns auch bei dieser Neuauflage bemüht, das Buch so aktuell und praktisch wie möglich zu gestalten. An dieser Stelle sei aber gesagt, dass gedrucktes Papier mit der Geschwindigkeit im Internet nicht mithalten kann, wenn es um Neuerungen, Erweiterungen und Trends geht. Der beschriebenen Dynamik geschuldet, kann es daher sein, dass einige in diesem Buch angegebene Links und Sachverhalte bereits veraltet sind oder nicht mehr existieren, wenn Sie diesen Text lesen.

Worauf wir bewusst verzichtet haben, sind Negativbeispiele. Vielmehr zeigen wir Ihnen sogenannte Best-Case-Umsetzungen auf, an denen Sie sich orientieren kön-nen. Wir möchten keine Website an den Pranger stellen, denn wir wissen (und Sie werden es erfahren), dass es sehr viel Mühe kostet, in dem dynamischen Umfeld gute Websites anzubieten und alles richtig zu machen. Außerdem sollten Sie sich eher an guten Umsetzungen orientieren, als Fehlgriffe zu belächeln.

Was Sie in diesem Buch nicht finden werden, ist eine Anleitung, wie Sie eine komplett neue Website erstellen. Wir wenden uns an all jene, die bereits eine Website besitzen und sie zum Erfolg führen möchten. Das können Betreiber der unterschiedlichsten Arten von Websites sein, z. B. redaktionelle Websites, Online-Shops, Vereinsseiten, Blogs oder Communitys. Wenn wir von Unternehmen oder Unternehmens-Websites sprechen, sollten sich alle angesprochen fühlen. Aber auch wenn Sie noch keine Internetpräsenz erstellt haben, kann es nicht schaden, sich schon im Vorfeld einen Überblick über geeignete Marketingmaßnahmen zu verschaffen, um diese beim Auf-bau einer Website zu berücksichtigen. Darüber hinaus richten wir uns an alle Personen, die sich mit dem Thema Online-Marketing beschäftigen, sei es aus beruflichen oder privaten Gründen.

Das klingt schon nach einer großen Leserschaft, und so ist es auch: Wir richten uns mit »Erfolgreiche Websites« sowohl an Einsteiger als auch an Fortgeschrittene im Online-Marketing. Wie Sie sich denken können, ist das aufgrund der unterschiedlichen Vorkenntnisse und Wissensstände keine leichte Aufgabe. Wir hoffen, es ist uns gelungen, einen guten Mittelweg zu finden zwischen der einfachen Erklärung von Grundprinzipien und der hilfreichen Beschreibung von Tipps und Tricks für Fortgeschrittene.

So unterschiedlich die Leserschaft ist, so unterschiedlich ist auch die Verwendung dieses Buches. Bei einem derartigen Buchumfang werden viele Leser nicht alle Seiten von A bis Z lesen, sondern direkt in Themen einsteigen oder das Buch als Nachschlagewerk verwenden. Auch das haben wir bei der Überarbeitung des Buches berücksichtigt. So wird es an einigen Stellen kurze Wiederholungen oder direkte Verweise in die entsprechenden Kapitel geben. Grundsätzlich ist die Struktur des Buches erhalten geblieben. Nach wie vor ist auch ein Direkteinstieg in die einzelnen Themenbereiche möglich, das Stichwortverzeichnis am Ende des Buches erleichtert Ihnen das direkte Eintauchen.

Einige Hinweise vorab: Wir haben uns bemüht, in diesem Buch Fachbegriffe weitestgehend zu erklären und so verständlich wie möglich zu beschreiben. Fachtermini können Sie auch am Ende dieses Buches in unserem Glossar noch einmal nachschlagen. Synonym verwendet haben wir die Begriffe *Website* und *Internetauftritt*. *Website* und *Webseite* sind jedoch nicht gleichzusetzen. Während die Website einen gesamten Internetauftritt beschreibt, wird mit einer Webseite eine einzelne Seite Ihrer Website bezeichnet. In der Regel verwenden wir die männliche Form der Begriffe, wie z. B. »der Nutzer«, möchten damit aber die Leserinnen unter Ihnen keinesfalls ausgrenzen. Wir haben uns allein der besseren Lesbarkeit wegen für die konventionelle Form entschieden.

Uns ist bewusst, dass wir ein großes Themengebiet behandeln. Daher können wir leider nicht an jeder Stelle bis ins kleinste Detail gehen, und wir möchten uns schon hier dafür entschuldigen. Da wir Ihnen aber ungern eine Antwort schuldig bleiben, haben wir Ihnen am Ende unseres Buches empfehlenswerte Fachliteratur, Websites und lohnenswerte Veranstaltungen zusammengetragen, mit deren Hilfe Sie in einzelne Themengebiete noch tiefer einsteigen können.

Besonders gefreut haben wir uns über die tollen Rückmeldungen der Leser und die vielen lobenden Worte zu unserem Buch. Wir hoffen, dass Ihnen diese aktualisierte und erweiterte Auflage ebenso gefällt und freuen uns über Ihre Rückmeldungen an den Rheinwerk Verlag oder beispielsweise auf Amazon. Das enorme Interesse machte diese neue, vierte Auflage überhaupt erst möglich. Diese Überarbeitung wäre uns nicht gelungen, wenn wir nicht auf die Unterstützung von zahlreichen Menschen in unserem Umfeld hätten vertrauen können.

Ein großer Dank gilt Stephan Mattescheck, der uns bei der Überarbeitung wieder einmal stets mit Rat und Tat zur Seite stand. Ebenso möchten wir uns bei unseren Interviewpartnern bedanken, deren Statements Sie zu Beginn des Buches als Einstieg in die Thematik finden. Die ansprechende Gestaltung der Grafiken und Schaubilder dieses Buches verdanken wir der Grafikdesignerin Judith Bowinkelmann und dem Team des Rheinwerk Verlags. Nicht zuletzt gilt ein ganz herzlicher Dank besonders all jenen, die uns bei der Erstellung des Buches auf unterschiedlichste Weise unterstützt haben: sei es durch Anregungen, Tipps und Verbesserungsvorschläge oder auch durch die emotionale Unterstützung, die Geduld und die offenen Ohren in angespannten Momenten. Danke.

Esther Keßler, **Stefan Rabsch** und **Mirko Mandić**

Kapitel 1
Der Weg zur erfolgreichen Website

»Wer aufhört zu werben, um so Geld zu sparen,
kann ebenso seine Uhr anhalten, um Zeit zu sparen.«
– Henry Ford

In diesem ersten Kapitel unseres Buchs lernen Sie, welche Möglichkeiten es gibt, Ihre Website erfolgreicher zu machen. Neben einem Gesamtüberblick über das Online-Marketing lernen Sie auch die einzelnen Teilbereiche kennen. Ausführlichere Erklärungen zu den Bereichen finden Sie anschließend in den jeweiligen Kapiteln zum Thema. Gerade wenn Sie mit Ihrer Website und den Werbemaßnahmen für Ihren Online-Auftritt noch am Anfang stehen, können sich schnell Fehler einschleichen. Wir werden grundlegende Fehler in verschiedenen Online-Marketing-Bereichen aufzeigen und Wege, wie sie sich vermeiden lassen. Sie bekommen außerdem eine Vorstellung von der strategischen Ausrichtung über Markenbildung und -auftritt und lernen, wie Sie sich über Ihre Ziele und Ihre Zielgruppen klar werden. Das Kapitel enthält schließlich eine Übersicht über die einzelnen Marketingkanäle und gibt einen Einblick in die mobilen Aspekte des Online-Marketings. Zudem gibt es Tipps für die Auswahl und Steuerung einer Online-Marketing-Agentur, falls Sie sich dafür entscheiden, bestimmte Aktivitäten von Externen erledigen zu lassen.

Sie haben eine eigene Website? Gratulation! Die Saat ist gelegt. Bestimmt haben Sie sehr viel Zeit und Energie in den Aufbau investiert, um Ihre Produkte, Dienstleistungen oder Informationen zu präsentieren. Aber was nun? Wie wird aus Ihrem Pflänzchen eine Pflanze, die Früchte trägt? Wie erfahren die Menschen von Ihrer Website, wie wird sie optimal gefunden, wie spricht sie potenzielle Käufer an, wie bewerben Sie Ihre Angebote, und wie können Sie Geld mit Ihrer Website verdienen? Die Kernfrage lautet: Wie wird aus Ihrer Website eine erfolgreiche Website? All diese Fragen sind dem Online-Marketing zuzuordnen und werden in diesem Buch behandelt. Helfen wir also Ihrem Pflänzchen, zu wachsen.

1.1 Die richtige Strategie für Ihre Website

Um strategische Fragen beantworten zu können, muss man die Einordnung des Internets in die Medienlandschaft kennen und berücksichtigen. Das Internet ist dasjenige Medium, das sich vergleichsweise am schnellsten entwickelt hat. Inzwischen geht die ARD/ZDF-Onlinestudie (*www.ard-zdf-onlinestudie.de*) von etwa 62,4 Mio. Internetnutzern in Deutschland aus (siehe Abbildung 1.1), die unweigerlich mit vielen Websites und verschiedenen Online-Marketing-Maßnahmen in Berührung kommen – sei es bewusst oder unbewusst. So hat fast jeder schon einmal ein Banner auf einer Website gesehen, einen Newsletter erhalten, ein Produkt online gekauft, nach Informationen gesucht usw. Bei den täglichen Aktivitäten im virtuellen Raum ist Online-Marketing kaum wegzudenken.

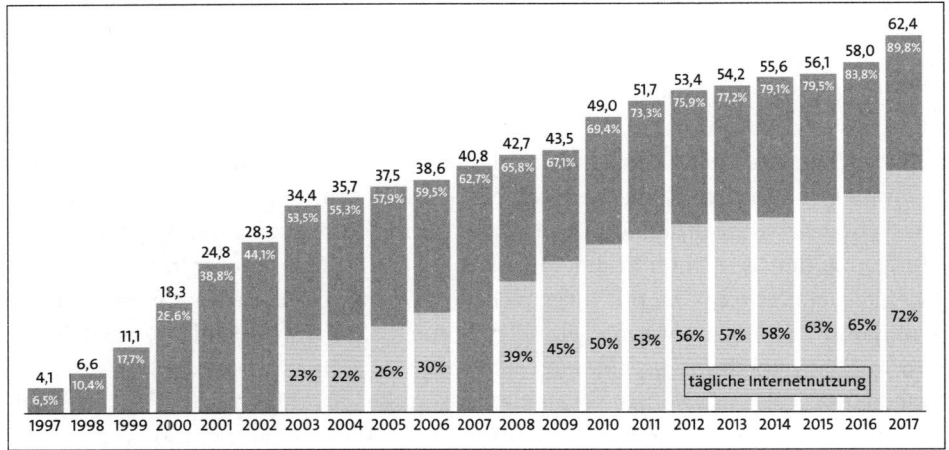

Abbildung 1.1 Entwicklung der Online-Nutzung in Deutschland, in Millionen (Quelle: ARD/ZDF-Onlinestudie)

Für viele Unternehmen in unterschiedlichen Größenordnungen ist das Internet zu einem rentablen Standbein geworden. Zudem gibt es Firmen, die allein durch das Medium Internet entstanden sind. Denken Sie einmal an Google, ein Unternehmen, das ohne Internet gar nicht existieren würde. Im Jahr 2017 konnte das Suchmaschinenunternehmen einen sagenhaften Gewinn von 25 Mrd. US$ verzeichnen. Aber warum nicht bei Altbewährtem bleiben, fragen Sie sich? Die IVW, Informationsgemeinschaft zur Feststellung der Verbreitung von Werbeträgern e. V. (*www.ivw.de*), ermittelte beispielsweise den in Abbildung 1.2 gezeigten kontinuierlich nachlassenden Trend beim Verkauf von Tageszeitungen.

Dieser Trend muss nicht groß erklärt werden. Klar ist, dass Online-Medien auf dem Vormarsch sind, wohingegen die Nutzung von klassischen Medien wie Tageszeitungen stetig abfällt. In den letzten Jahren ist allerdings auch die Nutzung von Online-Medien wieder rückläufig, da viele Medien ihr Angebot monetarisieren mussten und die Zugänge zu ihren Artikeln eingeschränkt und z. B. sogenannte *Paywalls* eingeführt haben. Lesen Sie hierzu Kapitel 19, »Rückblick und Ausblick«. Innerhalb der geschichtlichen Entwicklung des Internets haben sich einige wichtige Meilensteine des Online-Marketings herausgebildet, die Sie in Anhang B, »Website-Glossar«, nachlesen können. Heute bauen immer mehr Unternehmen und Kleinunternehmer ihr Standbein im Online-Marketing auf oder aus.

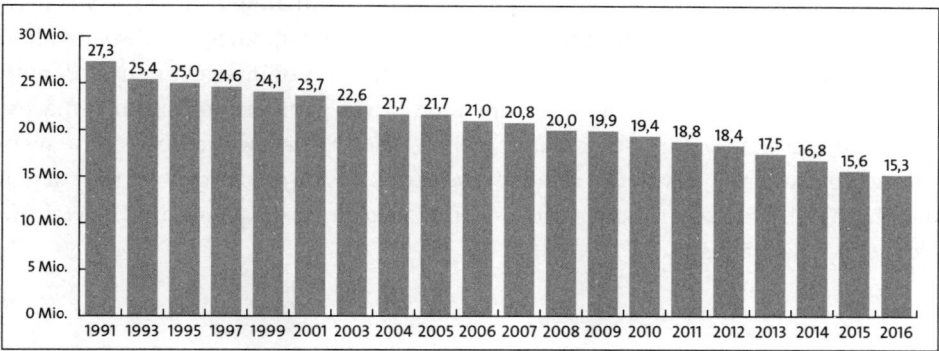

Abbildung 1.2 Entwicklung der Tageszeitungen von 1991 bis 2016 (verkaufte Auflage in Millionen)

Für den Begriff *Online-Marketing* gibt es verschiedene Bezeichnungen wie *Internetmarketing*, *Webmarketing* oder *E-Marketing*. Alle bezeichnen jedoch das Gleiche, nämlich Marketingmaßnahmen im Internet. Eine einheitliche Definition des Begriffs existiert jedoch nicht. Darüber hinaus kann eine Unterscheidung in Push- und Pull-Maßnahmen erfolgen. Im Vergleich zu klassischen Marketingmaßnahmen, die häufig darauf ausgelegt sind, die Aufmerksamkeit des potenziellen Kunden zu erhaschen, zielen verschiedene Online-Marketing-Disziplinen wie z. B. das Suchmaschinenmarketing darauf ab, den aktiven Surfer anzusprechen. Andere Bereiche des Online-Marketings wie beispielsweise das E-Mail-Marketing versuchen stattdessen, die Aufmerksamkeit des Nutzers auf sich zu ziehen, obwohl dieser gerade etwas anderes tut. An diesen beiden Beispielen erkennen Sie den Unterschied zwischen Push- und Pull-Marketing: Kurz gesagt, geht die Aktivität beim *Push-Marketing* vom Werbetreibenden aus. Er versucht mit verschiedenen Maßnahmen, eine Zielgruppe zu erreichen. Auf diese Menschen strömen die Werbemaßnahmen ein, ohne dass sie sich dagegen wehren können bzw. so, dass sie sich nur schwer abwenden können. Streuverluste sind hier an der Tagesordnung. Beim *Pull-Marketing* ist der Ablauf prinzipiell umgekehrt. Hier macht der Benutzer den ersten Schritt, indem er beispielsweise aktiv eine Suchanfrage im Internet stellt. Beim Push-Marketing (*push*, engl. für Anstoß, Druck, Schub) schiebt der Werbetreibende seine Maßnahmen an, während beim Pull-Marketing (*to pull*, engl. für holen) der Interessent aktiv nach Informationen oder Produkten sucht (siehe Abbildung 1.3).

Eine weitere Unterscheidung, die in den letzten Jahren im Online-Marketing populär geworden ist, ist die zwischen *Inbound-Marketing* und *Outbound-Marketing*. Während Inbound-Marketing alle Maßnahmen umfasst, die die Optimierung aller eigenen Webinhalte im Blick haben, geht es beim Outbound-Marketing um alle Kanäle, die mit zusätzlichen Werbebudgets verbunden sind. Alle Optimierungen auf Ihrer eigenen Website (Usability, Suchmaschinenoptimierung, Inhalte) sind also dem Inbound-Marketing zuzurechnen, während Werbemaßnahmen im Display-Marketing dem Outbound-Marketing zugeordnet werden können. Viele Kanäle beinhalten auch beide Aspekte. So kann die Social-Media-Seite Ihres Unternehmens z. B. optimiert und beworben werden. Wir empfehlen Ihnen ganz grundsätzlich, zunächst Inbound-Marketing-Maßnahmen zu ergreifen, also beispielsweise Ihre eigene Website zu optimieren, bevor Sie sich mit weiteren kostenpflichtigen Werbekanälen beschäftigen. Sie laufen sonst Gefahr, Geld für Besucher auszugeben, die Ihre Website schnell wieder verlassen.

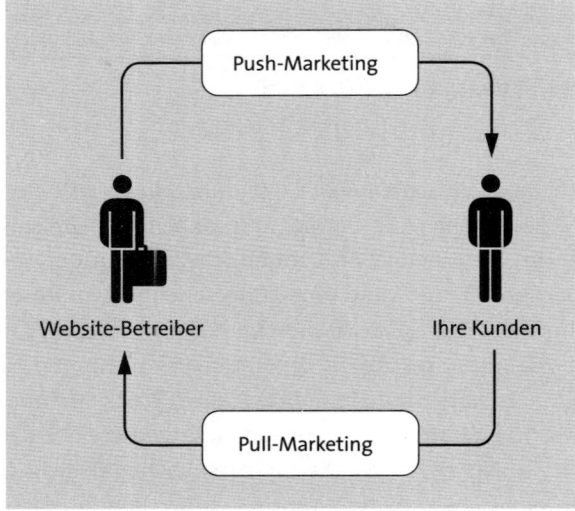

Abbildung 1.3 Prinzip von Push- und Pull-Marketing

Nach diesem Prinzip ist auch das Buch aufgebaut. In den vorderen Kapiteln widmen wir uns zunächst den Themen, die für ein optimales Grundgerüst Ihrer eigenen Website notwendig sind, wie z. B. den Themen Usability, Conversion-Rate-Optimierung oder Web-Analytics. In der zweiten Hälfte des Buches stehen dann Online-Marketing-Kanäle im Vordergrund, wie z. B. Affiliate-Marketing oder E-Mail-Marketing.

Für Sie als Website-Betreiber sind die Möglichkeiten, die das Internet mit sich bringt, sowohl Chance als auch Herausforderung zugleich. Denn wenn Sie einem Suchenden nicht das bieten, wonach er sucht, kann er mit einem Klick zum Wettbewerber wechseln. So spielen Mehrwert, Relevanz und Vertrauen eine besondere Rolle im Internet. Zudem ist das Internet trotz seiner direkten Kommunikationsmöglichkeiten in gewisser Weise anonym. Stellen Sie sich vor, Sie entdecken beim Surfen eine Website mit interessanten Produkten, die Sie bisher noch nicht kannten. In der Offline-Welt machen Sie sich einen ersten Eindruck von der Aufmachung des Geschäfts, können die Produkte anfassen und mit den Verkäufern sprechen. Das alles muss das Internet auch leisten. Der erste Eindruck, der Service und die Nähe zum Kunden sind hier für Ihren Erfolg entscheidend.

1.1.1 Website-Ziele definieren

Daher steht ganz am Anfang in der Arbeit mit einer Website das Festlegen von Zielen, die gänzlich unterschiedlich sein können, wie Sie in folgender Auflistung sehen:

- persönliche Homepage, z. B. *www.rogerfederer.com*
- Internetpräsenz für ein Unternehmen (Corporate Website), z. B. *www.audi.de*
- Produktabverkauf via Online-Shop, z. B. *www.otto.de*
- Produktpräsentation (Branding Website), z. B. *www.becks.de*
- Informations- und Nachrichtenportale, z. B. *www.zdf.de*
- Social-Media-Websites (Blogs, Communitys, Foren etc.), z. B. *www.gutefrage.net*
- Entertainment, z. B. *www.youtube.com*
- Webanwendungen wie E-Mail-Anbieter, Online-Banking oder Suchmaschinen, z. B. *www.web.de*

Stellen Sie sich die Frage, in welche Kategorie sich Ihre Website einordnen lässt. In den einzelnen Kategorien sehen die Ziele oftmals sehr unterschiedlich aus. Haben Sie beispielsweise eine Vereins-Website, dann könnte es Ihr Ziel sein, neue Mitglieder zu gewinnen oder bestehende Mitglieder über Termine und Neuigkeiten zu informieren. Betreiben Sie hingegen einen Online-Shop, so werden Ihre Anstrengungen sehr wahrscheinlich auf das Ziel hinauslaufen, mehr Produkte zu verkaufen. Mögliche Ziele sehen Sie in Tabelle 1.1.

Website-Kategorie	Einige mögliche Ziele
persönliche Homepage	- Informationen - Kontaktmöglichkeiten - Imagepflege - Community-Aufbau
Internetpräsenz für ein Unternehmen	- Markenbildung - Neukundengewinnung - Nutzer- und Presseinformationen
Produktabverkauf via Online-Shop	- Umsatzsteigerung - Neukundengewinnung

Tabelle 1.1 Website-Kategorien und mögliche Ziele

Website-Kategorie	Einige mögliche Ziele
Produktpräsentation	▶ Markenbildung ▶ Nutzerinformation und -bindung
Informations- und Nachrichtenportale	▶ Steigerung von Besucherzahlen ▶ Nutzerinformation ▶ Nutzerbindung ▶ Vermarktung über Werbeeinnahmen ▶ Umsatzsteigerung über kostenpflichtige Inhalte
Social-Media-Websites	▶ Nutzergenerierung ▶ Aktivitätssteigerung ▶ Vermarktung über Werbeeinnahmen
Entertainment	▶ Umsatzsteigerung, z. B. durch Mitgliedschaften ▶ Vermarktung über Werbeeinnahmen
Webanwendungen	▶ Nutzerzufriedenheit ▶ Nutzerinformation ▶ Vermarktung über Werbeeinnahmen

Tabelle 1.1 Website-Kategorien und mögliche Ziele (Forts.)

Setzen Sie sich also zu Beginn schon Ziele und Meilensteine, die Sie mit Ihrer Website erreichen möchten. Von langfristigen Zielen brechen Sie am besten kurz- und mittelfristige Ziele herunter, die Sie durch konkrete Kennzahlen definieren. Hier hat sich der Ansatz der sogenannten SMARTen Zielen entwickelt. Demnach sollen Ziele

▶ S = *specific* (spezifisch)

▶ M = *measurable* (messbar)

▶ A = *accepted* (ansprechend)

▶ R = *reasonable* (realistisch)

▶ T = *time-bound* (terminiert)

formuliert werden. Wenn Sie sich beispielsweise das Ziel gesetzt haben, Ihr Besucheraufkommen zu steigern, könnte eine Zieldefinition lauten: »Ich möchte in den nächsten drei Monaten die eindeutigen Besucher auf meiner Website *www.meine-website.de* um 10 % im Vergleich zu heute steigern.«

Auch die Instrumente, mit deren Hilfe Sie dieses Ziel erreichen, sollten Sie sich schon im Vorfeld genau überlegen. So können Sie sich ausschließlich auf den Online-Bereich fokussieren oder auch Offline-Medien hinzuziehen. Hier spricht man von einer *crossmedialen Herangehensweise*, die wir detaillierter in Kapitel 17, »Crossmedia-Marketing«, beschreiben.

Häufig tritt an dieser Stelle die Frage nach dem Budget und den Kosten auf. Auch Werbemaßnahmen im Internet sind nicht gänzlich kostenfrei, können jedoch eine günstigere Variante im Vergleich zu einigen Offline-Werbemaßnahmen darstellen. So können Anzeigen in Suchmaschinen schon zu sehr kleinen Beträgen eingestellt werden, und auch Newsletter sind ein Beispiel für eine kostengünstige Maßnahme, besonders wenn man sie mit dem Offline-Pendant eines Mailings vergleicht, wo Druckkosten und Porto mit hohen Beträgen zu Buche schlagen. Darüber hinaus sind einige Maßnahmen zur Optimierung auch gar nicht mit Materialkosten, sondern eher mit zeitlichem Aufwand und Durchhaltevermögen verbunden, wie es beispielsweise im Bereich der Suchmaschinenoptimierung der Fall ist.

1.1.2 Zielgruppen

Durch vielfältige Methoden haben Sie die Möglichkeit, mehr über Ihre Besucher zu lernen. In erster Linie werden dafür Web-Analytics-Systeme genutzt, die die Aufrufe der Website analysieren. Mehr über die Webanalysemethoden erfahren Sie in Kapitel 10, »Web-Analytics«. Wir möchten Ihnen aber bereits jetzt einige erste Einblicke verschaffen, wie Sie mehr über Ihre Zielgruppe in Erfahrung bringen können. Ein weiteres Mittel der klassischen Marktforschung, um mehr über Ihre Besucher herauszufinden, sind Befragungen, die Sie z. B. online oder persönlich durchführen können. Wenn Sie erst am Anfang Ihrer Zielgruppendefinition stehen und noch kein Web-Analytics-Tool wie z. B. *Google Analytics* im Einsatz haben, empfehlen wir Ihnen einen Blick in Kapitel 2, »Content – zielgruppengerechte Inhalte«. Hier erfahren Sie, wie Sie mithilfe sogenannter *Personas* ein lebendiges Bild von Ihren Zielgruppen erhalten.

Wenn Sie bereits Google Analytics oder ein anderes Tool zur Web-Analyse einsetzen, lohnt sich also ein Blick in Ihre Daten, um eine bessere Vorstellung von Ihren Zielgruppen zu bekommen. Da Nutzer unterschiedliche Bedürfnisse haben, ist es wichtig, sie in Gruppen zu segmentieren, um auf Ihrer Website besser auf die einzelnen Anforderungen eingehen zu können. Als Kriterien für eine Segmentierung werden verschiedene Eigenschaften der Benutzer herangezogen. Hierzu zählen folgende Bereiche:

▶ geografische Herkunft und Sprache der Nutzer

▶ technische Ausstattung (z. B. mobile Benutzer)

▶ Nutzerverhalten (z. B. neue vs. wiederkehrende Besucher und Intensität der Website-Nutzung)

▶ soziodemografische Daten (z. B. Geschlecht, Familienstand und Alter)

Schauen wir uns also einige Kriterien für die Segmentierung Ihrer Nutzer genauer an. Wir werden im Folgenden speziell mit den Daten aus dem kostenfreien Tool Google Analytics arbeiten. Die gleichen Informationen können Sie aber auch mit anderen Webanalysesystemen abfragen.

Geografische Herkunft und Sprache der Nutzer

Woher kommen also die Nutzer, die Ihre Website besuchen? Das kann die Frage sein, aus welchem Land oder aber aus welcher Stadt die Nutzer kommen. Mit vielen Web-Analytics-Tools können Sie bis auf Städteebene detailliert herausfinden, woher die meisten Nutzer stammen. Sie finden diese Auswertung beispielsweise in Google Analytics unter ZIELGRUPPE • GEOGRAFIE • STANDORT. Dort klicken Sie in der Weltkarte auf das gewünschte Land. Durch einen weiteren Klick auf STADT (als PRIMÄRE DIMENSION) erhalten Sie Detailinformationen zur Entwicklung des Besucheraufkommens aus den verschiedenen Städten (siehe Abbildung 1.4).

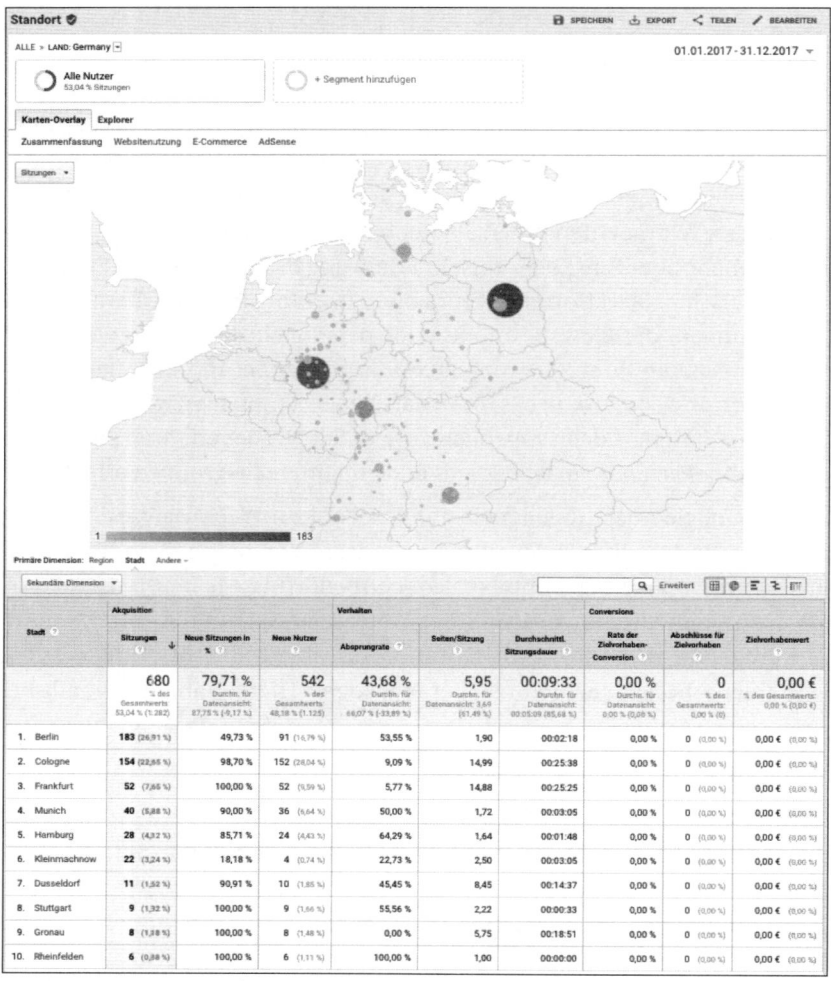

Abbildung 1.4 Regionale Zielgruppenanalyse in Google Analytics

Wenn Sie die regionale Herkunft interessiert, möchten Sie wahrscheinlich auch die Sprache der Nutzer kennen, die Ihre Website aufsuchen. Leider können Sie diese Information nicht so einfach abfragen. Sie können natürlich schauen, aus welchen Ländern die Nutzer kommen, und dann Rückschlüsse auf die Sprache ziehen, die aber recht ungenau ausfallen. Denken Sie z. B. an Länder wie die Schweiz, wo mehrere Sprachen gesprochen werden, oder die USA mit einem hohen spanisch sprechenden Bevölkerungsanteil. Als Hilfsmittel kann die Spracheinstellung im Browser herangezogen werden. Diese können Sie mit Ihrem Web-Analytics-Tool herausfinden. In Google Analytics finden Sie die Auswertung unter ZIELGRUPPE • GEOGRAFIE • SPRACHE (siehe Abbildung 1.5). Da z. B. deutsche Nutzer aber teilweise Webbrowser in englischer Sprache nutzen, werden auch hier die Daten etwas verzerrt.

Damit haben Sie die Möglichkeit, Ihre Besucher in Regionen oder nach Sprachen einzuteilen. Stellen Sie z. B. fest, dass viele türkisch sprechende Personen Ihre Website aufrufen, können Sie diesen Nutzern eventuell eine eigene Sprachversion der Website zur Verfügung stellen.

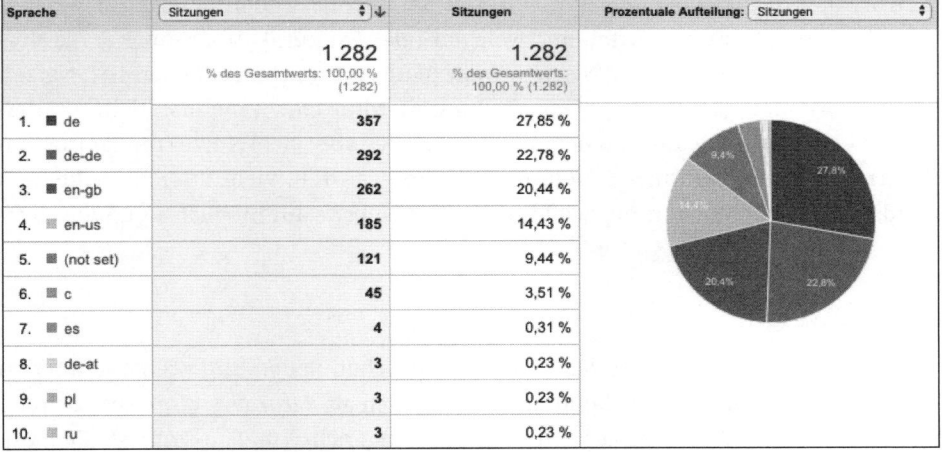

Sprache	Sitzungen ⇕ ↓	Sitzungen	Prozentuale Aufteilung: Sitzungen ⇕
	1.282 % des Gesamtwerts: 100,00 % (1.282)	**1.282** % des Gesamtwerts: 100,00 % (1.282)	
1. ■ de	357	27,85 %	
2. ■ de-de	292	22,78 %	
3. ■ en-gb	262	20,44 %	
4. ■ en-us	185	14,43 %	
5. ■ (not set)	121	9,44 %	
6. ■ c	45	3,51 %	
7. ■ es	4	0,31 %	
8. ■ de-at	3	0,23 %	
9. ■ pl	3	0,23 %	
10. ■ ru	3	0,23 %	

Abbildung 1.5 Browsersprachen der Website-Nutzer

Technische Ausstattung

Sie können Ihre Nutzer außerdem nach ihrer technischen Ausstattung segmentieren. Besonders wichtig ist dies, um mobile Website-Besucher zu unterscheiden. Sie können sich Betriebssysteme, Browsernutzung und Bildschirmauflösungen Ihrer Besucher in Google Analytics unter ZIELGRUPPE • TECHNOLOGIE • BROWSER UND BETRIEBSSYSTEM anzeigen lassen. In Abbildung 1.6 sehen Sie die Auswertung der Betriebssysteme der Nutzer einer Website. Es fällt auf, dass auch mobile Betriebssysteme wie iOS und Android auftauchen. Die Website wird offensichtlich auch mobil verwendet. Die Nutzung durch mobile Endgeräte können Sie sich zudem separat unter Zielgruppe • Mobil • Geräte anzeigen lassen. Als Website-Betreiber sollten Sie in diesem Fall also testen, wie Ihre Website auf häufig genutzten mobilen Endgeräten dargestellt wird.

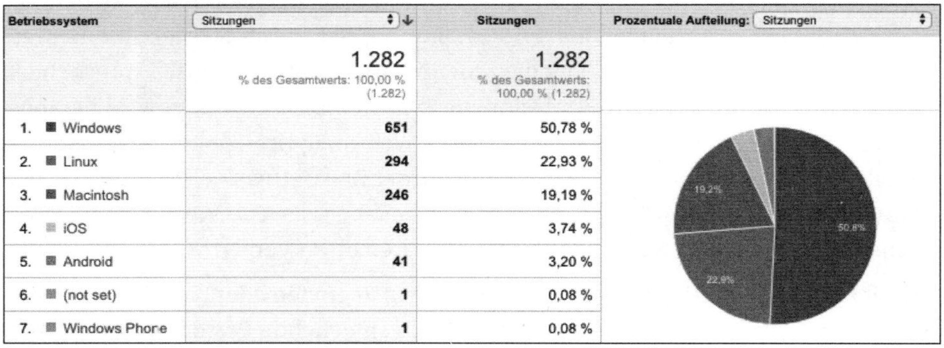

Betriebssystem	Sitzungen	Sitzungen	Prozentuale Aufteilung: Sitzungen
	1.282 % des Gesamtwerts: 100,00 % (1.282)	1.282 % des Gesamtwerts: 100,00 % (1.282)	
1. ■ Windows	651	50,78 %	
2. ■ Linux	294	22,93 %	
3. ■ Macintosh	246	19,19 %	
4. ■ iOS	48	3,74 %	
5. ■ Android	41	3,20 %	
6. ■ (not set)	1	0,08 %	
7. ■ Windows Phone	1	0,08 %	

Abbildung 1.6 Betriebssysteme der Website-Nutzer

Hinsichtlich technischer Aspekte könnten Sie ebenfalls analysieren, mit welcher Bandbreite die Besucher surfen und welchen Telekommunikationsanbieter die Nutzer verwenden. Durch die inzwischen weite Verbreitung von schnellen DSL-Netzen und LTE-Mobilfunk steht diese Fragestellung allerdings nicht mehr stark im Vordergrund – zumindest in unseren Regionen. Sollten Sie aber viele Nutzer mit langsamen Internet- oder Mobilfunkverbindungen haben, weil z. B. viele Ihrer Besucher aus ländlichen Regionen stammen, sollten Sie Ihre Website auf möglichst geringe Ladezeiten hin optimieren.

Nutzerverhalten

Eine entscheidende Frage ist das Verhältnis zwischen neuen und wiederkehrenden Besuchern. Wiederkehrende Benutzer werden auch als *Returning Visitor* bezeichnet. Wenn Sie Google Analytics auf Ihrer Website eingerichtet haben, können Sie diese Werte unter Zielgruppe • Verhalten • Neu und wiederkehrend abfragen. Sie erhalten dann eine Auswertung über die prozentuale Aufteilung der beiden Besuchertypen (siehe Abbildung 1.7). Es gibt dabei keinen Optimalwert, den Sie erreichen sollten. Wichtiger ist, die Tendenz zu erkennen, in welche Richtung sich dieser Wert auf Ihrer Website bewegt. Ein hoher Wert bei den wiederkehrenden Besuchern spricht dabei für Ihr Angebot. Nutzer suchen Ihre Website demnach gerne regelmäßig auf. Trotzdem kann auch ein ansteigender Wert an neuen Besuchern ein gutes Zeichen sein. Starten Sie z. B. eine Werbekampagne, steigt automatisch die Zahl der neuen Besucher, da nun viele Personen erstmals in Kontakt mit Ihrer Seite kommen. Wenn Sie eine hohe Anzahl an neuen Benutzern haben, ist es wichtig, zu überlegen, wie Sie diese zu wiederkehrenden Nutzern machen können; mehr dazu erfahren Sie in Kapitel 11, »Kundenbindung (CRM)«.

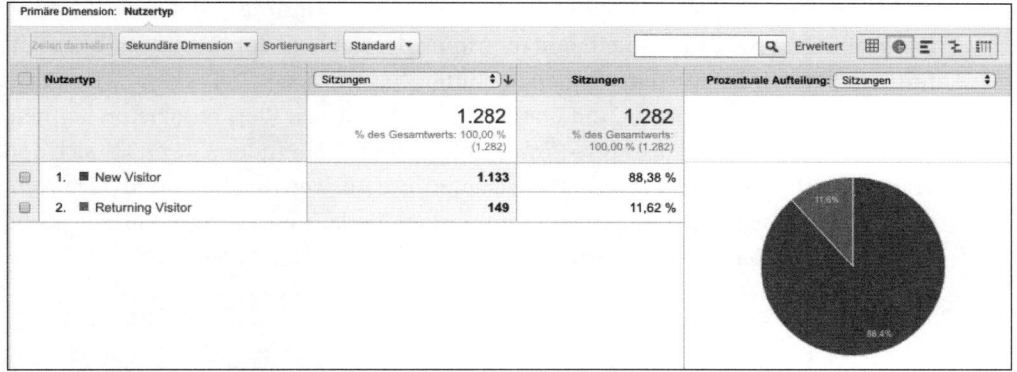

Abbildung 1.7 Anteil neuer und wiederkehrender Nutzer einer Website

Ein wichtiges Kriterium, nach dem Sie Ihre Nutzer segmentieren können, ist die Intensität der Nutzung. So werden Sie wahre *Power-User* identifizieren, die sich lange auf Ihrer Website aufhalten, und Nutzer, die Ihre Website schnell wieder verlassen. Die Segmentierung können Sie über die Kennzahlen zur Sitzungsdauer oder zur Anzahl der Seitenaufrufe vornehmen. Die Sitzungsdauer (oder auch *Besuchszeit* oder *Time-on-Site*) wird in Sekunden angegeben und misst die Zeit, wie lange ein Nutzer Ihre Website besucht hat. Sie ist ein guter Indikator dafür, wie interessant Nutzer Ihre Seite finden. In Google Analytics finden Sie die Entwicklung dieser Kennzahl unter Zielgruppe • Verhalten • Interaktion.

Ein ebenso guter Indikator ist die durchschnittliche Anzahl von Seitenaufrufen während eines Website-Besuchs. Den Trend für Ihre Website finden Sie im gleichen Bericht auf dem Reiter Seitentiefe. Darüber können Sie nun die Besucher segmentieren, indem Sie bestimmte Bereiche festlegen, z. B. *Heavy-User* mit mehr als zehn Seiten pro Besuch, und die Nutzer darüber in Gruppen klassifizieren. Google Analytics nimmt diese Segmentierung für Sie vor, wie Sie in Abbildung 1.8 sehen. Wie Sie bemerken, ist die Verweildauer der meisten Besucher auf dieser Website recht kurz. Hier finden die Nutzer nicht die gewünschten Informationen oder werden nicht auf der Seite gehalten.

Sitzungsdauer	Sitzungen	Seitenaufrufe
0-10 Sekunden	912	996
11-30 Sekunden	49	102
31-60 Sekunden	27	63
61-180 Sekunden	46	131
181-600 Sekunden	119	470
601-1800 Sekunden	40	190
1801+ Sekunden	89	2.775

Abbildung 1.8 Sitzungsdauer auf einer Website

In diesem Zusammenhang spricht man auch von Absprung- oder Abbruchraten (*Bounce-Rates*). Sie sollten die Benutzergruppe der *Bouncer* kontinuierlich beobachten. Die nötigen Zahlen dazu finden Sie unter ZIELGRUPPE • ÜBERSICHT. Diese Zahl sollten Sie im Auge behalten und überlegen, wie Sie diesen Wert reduzieren können. Weitere Informationen über Ihre Besucher bekommen Sie zudem, wenn Sie sich den Traffic der Website im Tagesverlauf anschauen. Die Auswertung für eine andere Website zeigt, wie sich das Besucheraufkommen im Verlauf eines Tages verhält (siehe Abbildung 1.9). Diese Ansicht erreichen Sie über den Button STÜNDLICH.

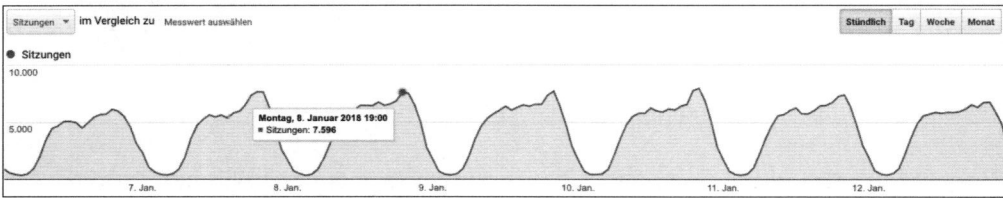

Abbildung 1.9 Besucheraufkommen im Tagesverlauf

Die Besucherzahl der Beispiel-Website ist tagsüber ziemlich konstant. Ab acht Uhr morgens steigt der Traffic an und nimmt erst ab neun Uhr abends wieder ab. Sie können daraus ablesen, dass Besucher sowohl zu gewöhnlichen Arbeitszeiten als auch nach Feierabend diese Seite nutzen. Ergeben sich daraus eventuell verschiedene Nutzergruppen?

Soziodemografische Daten

Sicher interessieren Sie auch die soziodemografischen Daten Ihrer Nutzer. Dazu gehören z. B. Alter, Geschlecht, Familienstand und Nettoeinkommen. Leider können Sie diese Informationen nicht einfach bzw. nur annäherungsweise über ein Web-Analytics-System ausfindig machen, da diese Daten technisch nicht erfasst werden. Google Analytics bezieht daher demografische Informationen von Googles eigenem Werbenetzwerk. Diese Daten sind deshalb nur als Näherungswerte zu verstehen.

Demografische Informationen können Sie eventuell auch über die eigene Mitglieder- oder Kundendatenbank abfragen. Hier sind Sie aber auf Nutzer beschränkt, die diese Daten preisgeben. In einer Kundendatenbank werden oftmals auch nur die Daten von Käufern erfasst. Nichtkäufer oder nicht eingeloggte Nutzer entgehen Ihnen also somit in Ihrer Besucherstatistik. Dies kann die Daten unter Umständen deutlich verzerren. Als ersten Ansatz können Sie die Daten des Dienstes *Alexa.com* nutzen. Auf der Website des Anbieters können Sie eine Domain eingeben und bekommen wichtige Kennzahlen zu der Website angezeigt. Unter dem Abschnitt WHO VISITS ... finden Sie die Analyse soziodemografischer Daten am Beispiel der Deutschen Bahn Website *bahn.de* (siehe Abbildung 1.10). Mit einem kostenpflichtigen Premium-Zugang erhalten Sie noch weitere demografische Daten.

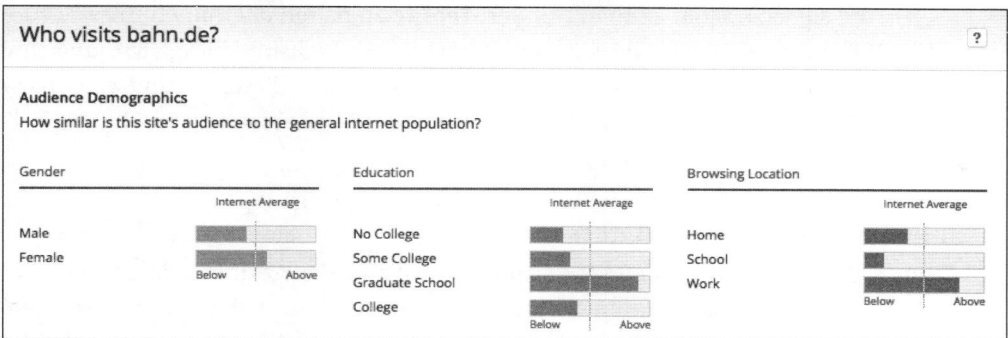

Abbildung 1.10 Soziodemografische Daten aus Alexa für »bahn.de«

Mit der Auswertung lässt sich also feststellen, dass *bahn.de* einen höheren Anteil weiblicher Nutzer hat und die Nutzer dieser Webseite eine durchschnittliche Schulbildung haben. Allerdings sind auch die Daten von *Alexa* mit Vorsicht zu genießen, da es keinen Einblick in die Erhebungsmethode liefert. Ähnliche Auswertungen bekommen Sie auch über den Dienst *SimilarWeb.com*.

Eine andere Methode sind Online-Panels, also umfassende Untersuchungen von großen Nutzergruppen mit höherer statistischer Relevanz. Spezialisierte Anbieter sind in diesem Zusammenhang z. B. ComScore (*www.comscore.com*), Nielsen (*www.nielsen.com*) und die GfK (*www.gfk.com*). Diese und andere Marktforschungsinstitute beobachten das Internetnutzerverhalten und geben Studien heraus, die Sie meist kostenpflichtig anfordern können. Betreiben Sie eine sehr große Website, können diese Informationen aber durchaus lohnenswert sein, da Sie nicht nur Ihre eigenen Website-Kennzahlen erhalten, sondern auch Vergleiche mit der Konkurrenz vornehmen können.

Eine weitere Methode zur Erhebung von Nutzerdaten sind Befragungen, die Sie auch selbst durchführen können. Damit haben Sie die Möglichkeit, Informationen zu erhalten, die Sie nicht über ein Web-Analytics-Tool herausfinden können. Daher ist es ratsam, in regelmäßigen Abständen Befragungen auf der Website oder persönlich durchzuführen. Ein empfehlenswertes und einfach zu bedienendes Online-Umfragetool ist *SurveyMonkey* (*de.surveymonkey.com*). Sie können hier eine Befragung erstellen und den Besuchern Ihrer Website einblenden. Die Umfrage kann individuell zusammengestellt und ausführlich analysiert werden. Überlegen Sie sich also sinnvolle Fragestellungen, und führen Sie die Befragung in regelmäßigen Abständen durch. In Kombination mit den Web-Analytics-, *Alexa* oder *SimilarWeb*-Daten können Sie sich so ein detailliertes Bild von Ihren Website-Besuchern machen.

Sie kennen nun verschiedene Methoden, wie Sie erfahren, welche Besucher Ihre Website aufrufen. Eine allgemeine Marketingerkenntnis besagt, dass es günstiger ist, einen Kunden zu halten, als einen neuen zu gewinnen. Daher ist es wichtig, die Besucher, die Sie jetzt näher kennen, auf der Website zu halten oder ihnen Anreize zum Wiederkehren zu schaffen. Nicht alle Besucher der Website sind gleich, und Ihre Besucher haben daher unterschiedlichen Wert für Sie. Aus diesem Grund werden wir uns als Nächstes anschauen, welche Besucher besonders wertvoll für Sie sind und wie Sie diese Zielgruppen sinnvoll gruppieren.

Typologie der Website-Besucher

Wie Sie gesehen haben, befinden sich auf der Website ganz unterschiedliche Besucher. Um die jeweiligen Gruppen optimal zu bedienen, empfiehlt sich eine Segmentierung in Zielgruppen. Wichtig ist dabei der Wert der Website-Besucher. Wenn Sie z. B. einen Online-Shop betreiben, sind besonders Käufer für Ihr Unternehmen von hohem Wert. Sie können also Käufer und Nichtkäufer unterscheiden. Die Zielgruppe der Käufer können Sie nun genau analysieren. Wer sind die Käufer? Woher kommen diese Besucher? Wie haben sie sich auf der Website verhalten?

Besonders wichtig für die Segmentierung der Besuchergruppen ist die Absicht, mit der ein Nutzer auf Ihre Website kommt (*User Intent*). Sie müssen sich also die Frage stellen, was Nutzer wollen, und können so Zielgruppen bilden. Daraus werden häufig Zielgruppentypologien entwickelt, in denen die Nutzer aufgrund ihrer Eigenschaften in bestimmte Gruppen eingeteilt werden. Die gesamte deutsche Internetnutzerschaft wird z. B. in der Studie *Communication Networks 14.0* von Focus (Burda-Verlag) typisiert. Somit ergeben sich verschiedene Webtypen, die Sie in Abbildung 1.11 sehen. Sie können also überlegen, welche dieser Typen Sie ansprechen möchten. Für Ihre eigene Website empfehlen wir Ihnen aber die Erstellung sogenannter Personas, die Sie in Kapitel 2, »Content – zielgruppengerechte Inhalte«, genauer kennenlernen werden.

Über die Klassifizierung und Segmentierung von Usern ergibt sich ein bestimmter Kundenwert für jeden Nutzer. Als Fachbegriff hat sich dafür *Customer Lifetime Value* (CLV) gebildet. Dieser gibt an, welchen (monetären) Wert ein Kunde oder Nutzer auf Ihrer Website hat. Damit können z. B. Online-Shops sehr genau den Wert eines Kunden einschätzen, indem sie schauen, wie häufig Käufe wiederholt und welche Warenkorbumsätze erzielt werden.

Neben dem Typisierungsmodell und der Customer-Lifetime-Analyse gibt es die *ABC-Kundenanalyse*. Bei ihr werden Kunden oder Website-Besucher in drei Gruppen aufgeteilt. So gibt es A-, B- und C-Kunden. A-Kunden haben den größten Wert für Ihr Unternehmen. A-Kunden sind die oberen 20 % der Besucher nach Kundenwert. C-Kunden sind die unteren 20 %. Alle Besucher dazwischen sind B-Kunden. Die prozentualen Abgrenzungen können Sie für Ihre ABC-Einteilung der Website-Besucher aber selbst anpassen.

Generation Fun
5,01 Mio. (Anteil 11%)

eher männlich, jung,
niedrigere Bildung,
häufige Internet-Nutzung,
entertainmentorientiert

Money Community
1,26 Mio. (Anteil 3%)

mittleres bis höheres
Alter, männlich, hohe Bildung,
einkommensstark, hohe Internet-Nutzung, aktiv

Web Experts
1,21 Mio. (Anteil 3%)

eher jung, männlich,
vielseitige Internet-Nutzung,
aktiv, technikaffin

Lifestyle Network
3,88 Mio. (Anteil 9%)

jünger, weiblich, mittlere
Bildung, durchschnittliche
Internet-Nutzung, trendbe-
wusst, modeaffin

Info Seeker
12,59 Mio. (Anteil 29%)

eher älter, höhere Bildung,
gehobenes Einkommen, vielseitig interessiert, informa-
tionsstarke Internet-Nutzung

Web to go
1,60 Mio. (Anteil 4%)

jünger eher männlich,
häufige Internet-Nutzung,
lifestyle- und entertain-
mentorientiert, vielseitige
Computernutzung

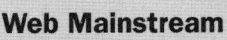

Web Mainstream
18,51 Mio. (Anteil 42%)

eher weiblich und älter,
niedrige bis mittlere Bildung,
seltene Internet-Nutzung,
angepasst

Abbildung 1.11 Webtypen (Quelle: Focus Communication Networks 14.0)

Besondere Beachtung sollten Sie auch mobilen Nutzern schenken. Diese bilden ein weiteres wichtiges Segment in Ihrer Zielgruppentypologie. Diese Nutzer müssen anders bedient werden als normale Website-Besucher. Zudem können sie einen hohen Kundenwert haben, da mobile Nutzer in der Regel jüngeres und in der Zukunft kaufkräftiges Publikum darstellen.

Eine weitere Gruppe, die Sie nicht vergessen dürfen, sind die sogenannten Bouncer auf Ihrer Website, die nur eine einzige Seite aufrufen und diese dann sofort wieder verlassen. Diese Nutzer sind nicht besonders wertvoll und gehören damit nicht zu Ihrer gewünschten Zielgruppe. Trotzdem sind sie Teil der Typologie Ihrer Website-Nutzer. Verwenden Sie das ABC-Modell zur Segmentierung Ihrer Besucher, so können Sie die Bouncer als C-Kunden filtern.

Aus den verschiedenen erwähnten Kriterien können Sie nun eine eigene Typologie Ihrer Benutzer, z. B. ähnlich der Focus-Medialine-Studie, erstellen oder eines der verschiedenen Kundenbewertungsmodelle, z. B. Einteilung in ABC-Kunden, anwenden. Damit bekommen Sie eine gute Übersicht darüber, wer Ihre Website besucht, und erhalten unterschiedliche Zielgruppen. Gemeinsam mit den definierten Personas (siehe Kapitel 2, »Content – zielgruppengerechte Inhalte«) können Sie so entscheiden, welche Benutzer zu Ihrem Unternehmensziel beitragen. Diesen Nutzern sollten Sie erhöhte Aufmerksamkeit schenken.

1.1.3   Targeting – gewünschte Besucher erreichen

Über den Kundenwert können Sie nicht nur bestehende Kunden einschätzen, sondern auch Rückschlüsse auf neue potenzielle Kunden ziehen. Sie können beispielsweise erkennen, woher Ihre besonders wertvollen Nutzer kamen, und dort mehr Werbung betreiben, um gerade diese Zielgruppen anzusprechen. Sie versuchen also, nur gewünschte Besucher zu gewinnen. Dies erreichen Sie über das sogenannte *Targeting* von Zielgruppen. Damit ist das zielgenaue Ausspielen von Werbung an besonders vielversprechende Zielgruppen gemeint.

Die Vorteile des Targetings ergeben sich aus der Minimierung von Streuverlusten durch Werbung, die auf die Nutzer zugeschnitten ist. Hierbei erhöhen sich die Erfolgswerte und Conversion-Ziele, wie z. B. der Kauf von Produkten. Zudem wird die Effizienz Ihrer Werbekampagnen maximiert, da Sie weniger Budget für irrelevante Werbung ausgeben. Außerdem schaffen Sie mit guten Targeting-Methoden generell eine größere Akzeptanz gegenüber Ihrer Werbung, da diese meist nicht mehr als lästig empfunden wird, wenn sie eine sinnvolle Ergänzung darstellt.

In fast allen Marketingdisziplinen, die Sie in den nächsten Kapiteln detailliert kennenlernen werden, spielt das Targeting von Zielgruppen eine große Rolle. Grundsätzlich kann man manuelles von automatisiertem Targeting unterscheiden. Wie Sie

Werbung auf Websites zielgruppenorientiert manuell und automatisiert einblenden können, beschreiben wir kurz in den nächsten beiden Abschnitten. In vielen weiteren Kapiteln finden Sie spezifischere Hinweise zum Targeting bestimmter Marketingkanäle.

Manuelles Targeting

Gewünschte Nutzer erhalten Sie z. B. über eine gezielte *Mediaplanung*, wenn Sie Bannerwerbung schalten (mehr zu Bannerwerbung lesen Sie in Kapitel 12, »Display-Marketing«). *Mediaplanung* bezeichnet das Vorgehen, wie intensiv und selektiv auf welchen Websites oder anderen Medien geworben wird. Im Vorfeld einer Werbekampagne wird also ein Mediaplan erstellt. Werben Sie nur auf Seiten, die auch Ihrer Zielgruppe entsprechen. Damit wird sich die Kundenqualität automatisch verbessern, da hier die Wahrscheinlichkeit höher ist, die richtigen Personen anzutreffen. Zu diesem Zweck stellen Websites und Vermarkter ihre Mediadaten zur Verfügung, mit denen sie nachweisen, welche Nutzergruppen sich auf der Website befinden.

Stellen Sie sich vor, Sie sind verantwortlich für die Website des Automobilherstellers Porsche. Sie haben sehr viele Besucher auf Ihrer Internetseite, aber nur wenige interessieren sich für den Kauf der Autos. Sie betreiben auch Online-Marketing, aber die Benutzer halten sich immer noch stark zurück. Hier sollten Sie einen Blick auf die Traffic-Quellen werfen, woher also Ihre Besucher kommen. Werben Sie auf den richtigen Seiten für Ihre anvisierte Zielgruppe? Wenn Sie nun den Entschluss fassen, andere Webseiten für die Werbung auszuwählen, schauen Sie in die Mediadaten verschiedener Websites und vergleichen die Angaben zu Nutzerstruktur mit den Daten Ihrer gewünschten Zielgruppe. Im genannten Fall der Automarke werden Sie z. B. bei *manager-magazin.de* fündig, denn dort gibt es Personen im passenden Alter und mit entsprechendem Haushaltsnettoeinkommen (siehe Abbildung 1.12).

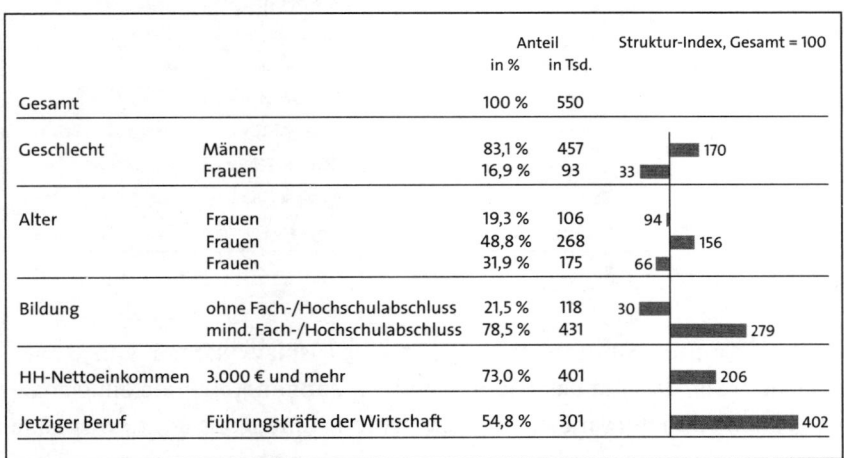

Abbildung 1.12 Leserprofil manager magazin (Quelle: Spiegel Media)

Mit dem *Google Display Planner* (*ads.google.com/da/DisplayPlanner/Home*) können Sie verschiedene Websites auf Ihre Zielgruppen und Nutzeraufkommen hin überprüfen. Außerdem können Sie direkt nach Zielgruppen suchen. In unserem Beispiel definieren wir also als Zielgruppe Personen aus Deutschland mit Interesse an der Marke Porsche. Daraufhin erscheint eine Ergebnisliste mit potenziellen Websites, die Nutzer ebenfalls aufrufen, und passenden Websites aus dem *Google-Display-Netzwerk* (siehe Abbildung 1.13).

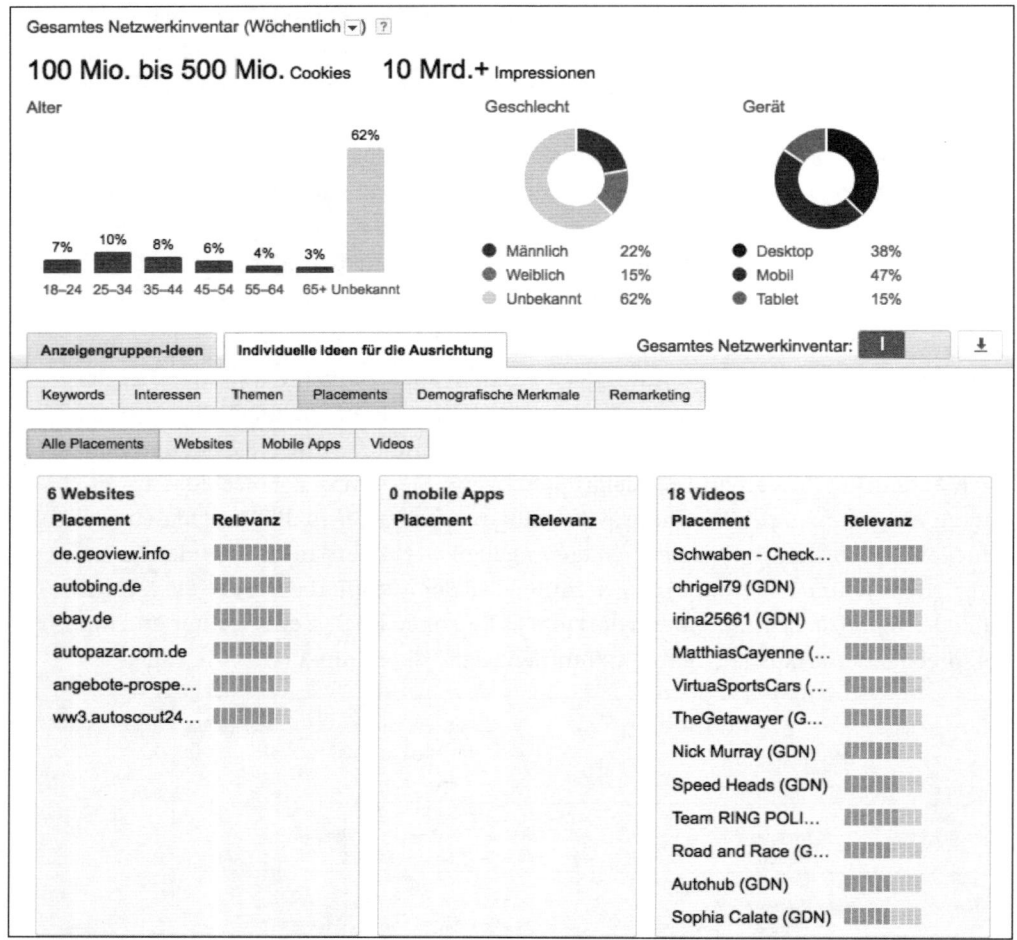

Abbildung 1.13 Google Display Planner

Diese Websites könnten Sie nun direkt über den Display Planner von Google buchen. Beachten Sie, dass Sie das Tool nur nutzen können, wenn Sie ein Google-Ads-Konto besitzen und dort angemeldet sind. Ähnliche Werkzeuge zur Mediaplanung bieten die AGOF (*www.agof.de*), die IVW (*www.ivw.de*) und andere Marktforschungsinstitute an.

Wie wir schon erwähnt haben, nutzen Besucher das Internet und auch Ihre Website zu unterschiedlichen Tageszeiten. Dies können Sie sich im Targeting zunutze machen, da Sie häufig die Möglichkeit haben, Kampagnen zeitlich einzustellen. Überlegen Sie also z. B., ob Sie nur morgens oder nur abends Anzeigen schalten möchten, damit Sie die richtigen Zielgruppen erreichen. Zudem haben Sie die Möglichkeit, thematisches und regionales Targeting durchzuführen. Sie können also bestimmte Websites oder einzelne Rubriken mit Werbung belegen, die Ihr Thema umfassen. Im regionalen Targeting können Sie Anzeigen auf lokalen Medien schalten und so Ihre regionale Zielgruppe erreichen. Viele große Tageszeitungen gibt es nur in bestimmten Städten, wie z. B. das Hamburger Abendblatt (*www.abendblatt.de*) oder den Berliner Tagesspiegel (*www.tagesspiegel.de*). Diese Medien sollten Sie also vorrangig für Werbung in Betracht ziehen, wenn Sie ein regionaler Anbieter sind. Manuelles Targeting sollten Sie auch beim E-Mail-Marketing vornehmen. Dies erreichen Sie am besten durch Selektion Ihrer E-Mail-Empfänger. Unterscheiden Sie also E-Mail-Kampagnen z. B. nach Geschlecht oder Alter. Auch hier können Sie ein regionales Targeting vornehmen, wenn Sie über entsprechende Adressangaben verfügen.

Sie kennen nun verschiedene Möglichkeiten, Ihre Zielgruppe noch effizienter anzusprechen. Das manuelle Targeting kann aber viel Aufwand bedeuten, daher wurden Methoden für automatisiertes Targeting entwickelt, die gegenüber manuellem Targeting immer beliebter werden. Wir werden Ihnen darum im nächsten Schritt einige dieser Methoden vorstellen.

Automatisiertes Targeting

Da im Online-Marketing sehr zahlenbasiert und technisch gearbeitet wird, entstanden neue Targeting-Methoden, die noch mehr Effizienz als manuelles Targeting versprechen. Die verschiedenen Methoden, automatisch die richtigen Zielgruppen zu erreichen, sind beispielsweise Geo-Targeting, semantisches Targeting, Social Targeting, Predictive Targeting und Retargeting. Alle diese Methoden werden von großen Werbetreibenden eingesetzt, aber stehen auch kleineren Advertisern zur Verfügung. Insbesondere das Retargeting über das Programm *Google Ads* und Social Targeting via *Facebook Ads* sind inzwischen weit verbreitet. Schauen wir uns also die einzelnen Methoden genauer an.

Geo-Targeting | Benutzer lassen sich anhand der IP-Adresse ihres Computers automatisiert lokalisieren. Diese Information kann bis auf Stadtgrenzen genau angeben, von wo sie eine Website aufrufen. Dadurch können Anzeigen regional passend ausgeliefert werden. Dies ist besonders wichtig bei lokalen Angeboten, wie z. B. einem großen Freizeitbad. Befindet sich dieses in Hamburg, ist es nicht sinnvoll, es in München zu bewerben. Daher lohnt es sich, die Anzeigen regional auszurichten. Die Lokalisierung eines Nutzers kann auch über die GPS-Koordinaten des Handys oder über WLANs erfolgen. Diese Informationen sind genauer als die IP-Adresse. Da immer mehr Menschen das Internet auf Mobilgeräten nutzen, entfaltet das geografische Targeting insbesondere dort eine große Wirkung. Viele Werbeprogramme, wie z. B. Google Ads, und Vermarkter bieten das automatisierte Geo-Targeting an. Auch die Google-Suche nutzt dieses Verfahren und passt die Suchergebnisse entsprechend dem Standort des Nutzers an.

Semantisches Targeting | Mittels *semantischen Targetings* kann Werbung thematisch passend zum Inhalt einer Website ausgeliefert werden. Durch die thematische Ähnlichkeit von Inhalt und Werbeanzeige kann eine Anzeigenschaltung zu höherer Effizienz führen. Benutzern werden z. B. in Reiseberichten passende Anzeigen für eine Hotelreservierung angezeigt. Das bekannteste Beispiel sind die kontextsensitiven Anzeigen im Google-Display-Netzwerk (mehr hierzu erfahren Sie in Kapitel 12, »Display-Marketing«). Über dieses kann inhaltlich passende Werbung mittels thematischer Begriffe ausgesteuert werden. Stellen Sie sich z. B. einen Reisebericht über Mallorca vor, der passend dazu Anzeigen enthält, die auf Hotels auf Mallorca hinweisen. Werbetreibende können diese Anzeigen über Google Ads einbuchen. Website-Betreiber können diese Werbeform über das Google-AdSense-Programm in ihre Website integrieren, um darüber Einnahmen zu erzielen. Aber auch in der Suchmaschinenwerbung (*SEA*) wird semantisches Targeting verwendet. Hierbei werden Anzeigen zu bestimmten Suchbegriffen geschaltet. Die Anzeigen erscheinen nur, wenn Personen nach den entsprechenden Begriffen suchen. Damit entsteht auch ein semantisches Targeting. In Kapitel 6, »Suchmaschinenwerbung (SEA)«, lernen Sie detailliert, was es mit dieser Disziplin auf sich hat.

Social Targeting | Beim *Social Targeting* wird mit den selbst hinterlegten Daten eines Nutzers gearbeitet. Dies geschieht vor allem in Social Networks, wo Nutzer viele Daten von sich preisgeben, wie z. B. Alter, Geschlecht, Familienstand oder Interessen. So kann personalisierte Werbung erstellt werden, die meist zielgenau auf den Nutzer zutrifft und damit eine hohe Klickwahrscheinlichkeit hat. Der Vorteil liegt darin, dass keine mathematisch und technisch komplexen Berechnungen stattfinden müssen. Zudem kann eine Kampagne in Echtzeit an neue Zielgruppen angepasst werden. Als Vorreiter gelten hier die *Facebook Ads*, die an die Nutzerinteressen angepasst auf Facebook eingeblendet werden. Wenn Sie beispielsweise Brillenträger sind und bereits Seiten einiger Online-Optiker angeschaut haben, bekommen Sie, wie Sie in Abbildung 1.14 sehen, die passende Werbung angezeigt. In Abschnitt 15.6.5, »Facebook Ads«, erklären wir Ihnen, wie Sie solche Facebook Ads selbst erstellen können.

Abbildung 1.14 Personalisierte Facebook-Anzeige

Predictive Behavioral Targeting | Das *Predictive Behavioral Targeting* funktioniert auf Grundlage von gesammelten Nutzerdaten, indem bestimmte Profile für Nutzergruppen erstellt werden und dazu passende Werbung ausgeliefert wird. Es werden Interessengebiete von Nutzergruppen erkannt und mit soziodemografischen Daten wie Alter, Geschlecht und Einkommen aus Befragungen angereichert. Mittels statistischer Modelle und Algorithmen können somit Verhaltensmuster erkannt werden. Es können also bestimmte Zielgruppen gebildet werden, die ein übereinstimmendes Nutzerprofil haben. Dadurch lässt sich das Nutzerverhalten einer Person tendenziell voraussagen, und es können passende Angebote ausgeliefert werden. Bekannte Softwareanbieter auf diesem Gebiet sind z. B. die Firmen *nugg.ad* (*www.nugg.ad*) und AudienceScience (*www.audiencescience.com*).

Retargeting | Noch einen Schritt weiter geht das sogenannte *Retargeting*. Hierbei werden Nutzer, die bereits auf Ihrer Website waren und diese wieder verlassen haben, zur Rückkehr aufgefordert. Es werden also Werbebanner auf Folge-Websites eingeblendet, die noch einmal auf das Angebot hinweisen. Dies nutzen vor allem Online-Shops, wenn sich Besucher nur Produkte angeschaut, aber nicht gekauft haben. Über eine Datenbank wird dann identifiziert, welche Produkte angesehen wurden. Daraufhin können dieselben und ähnliche Produkte in Form von Bannern eingeblendet werden (siehe Abbildung 1.15). Es entsteht somit ein individuelles Werbemittel, das eine höhere Klick- und Kaufwahrscheinlichkeit aufweist als unspezifische Banner an gleicher Stelle. Als Spezialist auf diesem Gebiet hat sich die Firma Criteo (*www.criteo.com*) etabliert. Auch Google bietet in seinem Werbeprogramm Ads das Retargeting von Zielgruppen an. Bei Google wird diese Targeting-Methode als *Remarketing* bezeichnet. Mehr zum Retargeting mit Google erfahren Sie in Abschnitt 12.1.9, »Remarketing«.

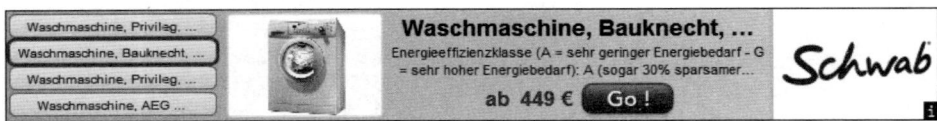

Abbildung 1.15 Individuelles Retargeting-Banner

Sie kennen nun diverse Möglichkeiten, qualitativ hochwertige Nutzer auf Ihre Website zu leiten und zu ermitteln, welche Zielgruppen auf Ihrer Website vertreten sind. Sie haben außerdem gelernt, wie Sie sich über die Ziele und Zielgruppen Ihrer Website klar werden. Und schließlich haben wir versucht, Ihnen die Grundlagen des Targetings, also der zielgenauen Besucheransprache, näherzubringen. Damit kennen Sie bereits die wichtigsten Eckpfeiler Ihrer Online-Strategie. Im nächsten Schritt geben wir Ihnen einen ersten kurzen Überblick über die unterschiedlichen Marketingdisziplinen.

1.2   Einführung und Übersicht über die Marketingkanäle

Im Unterschied zu den klassischen Medien birgt das Internet besonders für Unternehmen viele Vorteile. Neben einer sogenannten *Twenty-four-seven*-Erreichbarkeit (das heißt 24 Stunden an sieben Tagen die Woche, kurzgeschrieben auch: *24/7*) sind Sie nicht nur zeitlich rund um die Uhr für Ihre Kunden verfügbar. Sie sind auch rund um den Globus für Ihre Kunden da. Das Internet ermöglicht enorm schnelle Reaktionszeiten. So können Sie ad hoc Informationen ändern oder aktualisieren und sind für Ihre Kunden immer up to date. Veraltete Flyer und Werbeanzeigen gehören somit der Vergangenheit an. Vielmehr können Sie nun mit Maßnahmen auftreten, die Text, Bild, Audio und Video miteinander vereinen – Stichwort Multimedia. Darüber hinaus können Sie eine direkte Bindung zu Ihren Kunden aufbauen und einen unmittelbaren Unternehmenskontakt herstellen. Welches andere Medium kann bei diesen Kriterien noch mithalten? Hat man früher »über« Ihre Angebote gesprochen, kann man beispielsweise dank Social Media inzwischen »mit Ihnen direkt« über Angebote sprechen. Sie können Ihre Interessenten individuell ansprechen, und diese können entsprechend interagieren. Damit haben Sie im Internet die Möglichkeit, einen kompletten Prozess von Aufmerksamkeit, Information, Kauf, Transaktion und in einigen Fällen auch Distribution abzubilden.

Ein weiteres bedeutendes Merkmal im Zusammenhang mit Online-Marketing ist die genaue Messbarkeit Ihrer Maßnahmen. So können Sie zielgenau ermitteln, wie wirkungsvoll die einzelnen Aktionen waren, und im Vergleich zu anderen Medien Ihre Bemühungen schnell optimieren.

Wie Sie aus der Begriffsdefinition erfahren haben, beschreibt das Online-Marketing prinzipiell Marketingmaßnahmen im Internet. Das klingt sehr allgemein und ist es auch, weshalb sich einzelne Teilbereiche etabliert haben. Dazu zählt der Bereich des Suchmaschinenmarketings (SEM, Search Engine Marketing), aber auch das Affiliate- und E-Mail-Marketing, Display-Marketing, Video- und Mobile Marketing und seit der Etablierung von sozialen Netzwerken auch das Social Media Marketing. Abbildung 1.16 gibt dies im Überblick wieder.

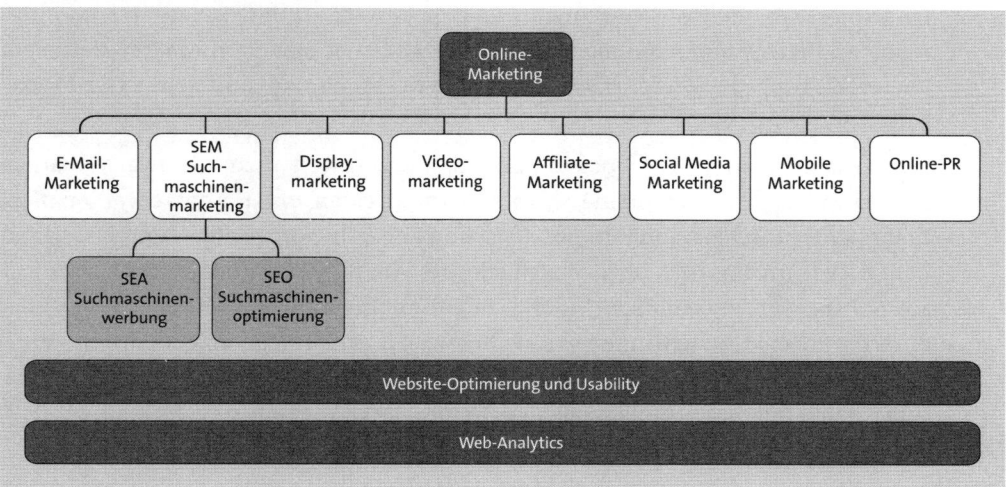

Abbildung 1.16 Überblick über die Bereiche des Online-Marketings

Wie Sie sehen, betreffen die Bereiche Usability, Testen und Optimieren alle Teilbereiche des Online-Marketings. Ebenso sollten Sie als Werbetreibender alle Marketingaktivitäten ausreichend messen und analysieren. Mit derartigen Auswertungen können Sie Ihre Website wieder ein Stückchen näher zum Erfolg führen.

Ein großer Bereich im Online-Marketing ist das Suchmaschinenmarketing (SEM). Dass wir den Schwerpunkt dieses Buches auf SEM gelegt haben, sehen Sie schon an den Kapitelumfängen. Da insbesondere das Unternehmen Google in vielen Internetbereichen aktiv ist, lohnt sich ein detaillierter Blick auf diesen Suchmaschinengiganten. Das Suchmaschinenmarketing umfasst die beiden Bereiche Suchmaschinenoptimierung, auch *SEO* für *Search Engine Optimization* genannt – mehr dazu lesen Sie in Kapitel 5, »Suchmaschinenoptimierung (SEO)« –, und Suchmaschinenwerbung, auch *SEA* für *Search Engine Advertising* – auf diesen Bereich gehen wir in Kapitel 6, »Suchmaschinenwerbung (SEA)«, näher ein. Für SEA wird in der Online-Branche häufig ebenfalls die Abkürzung SEM benutzt, was bei genauerem Hinsehen nicht ganz richtig ist, aber in der Praxis sehr häufig so verwendet wird.

Einen weiteren Bereich stellt das Affiliate-Marketing dar (Details entnehmen Sie Kapitel 13, »Affiliate-Marketing«). Die Kooperationen und partnerschaftlichen Werbemaßnahmen können sich mit anderen Bereichen des Online-Marketings überschneiden. So kann beispielsweise das Affiliate-Marketing auch im Bereich der klassischen Bannerwerbung (siehe Kapitel 12, »Display-Marketing«) stattfinden. Hier sind die Übergänge also fließend.

Das E-Mail-Marketing kennen Sie wahrscheinlich aus Ihrem Alltag. Da flattern in mehr oder weniger regelmäßigen Abständen Newsletter in das E-Mail-Postfach. Einige sind eher lästig, bieten wenig Neues und landen oftmals ungelesen im virtuellen Papierkorb oder werden schnell wieder abbestellt. Andere hingegen sind informativ und zählen somit zur regelmäßigen Lektüre. Wie Sie mit Ihrem Newsletter zur letzteren Gruppe gehören, erfahren Sie in Kapitel 14, »E-Mail- und Newsletter-Marketing«.

Das soziale Netzwerk Facebook nutzen inzwischen weit mehr als zwei Milliarden Nutzer; Menschen teilen online, was sie zu Mittag essen, und Kontakte werden nicht mehr per Handschlag, sondern per XING und LinkedIn vorgestellt. Menschen unterhalten sich im Internet über verschiedenste Anknüpfungspunkte. Das kann z. B. sowohl die gleiche Lieblings-TV-Serie sein als auch der gleiche Freundeskreis, aber auch Ihr Produkt. So gewinnen soziale Netzwerke zunehmend an Bedeutung – auch für Unternehmen und Werbetreibende. Wir gehen in Kapitel 15, »Social Media Marketing«, näher auf diesen Teilbereich des Online-Marketings ein.

Die direkte Kommunikation mit Interessenten wirkt sich auch auf den Bereich Online-PR (siehe Kapitel 3, »Online-PR – Public Relations, Pressearbeit und Influencer-Marketing im Internet«) aus. Soziale Medien, Presseportale und RSS-Feeds sind nur einige Beispiele, die eine erweiterte Kommunikation mit Journalisten und Meinungsmachern ermöglichen.

Ein Tag hat 24 Stunden – nicht annähernd so viele Stunden, wie Videomaterial pro Minute auf die Plattform YouTube hochgeladen wird. Diese Zahlen verdeutlichen den Aufwärtstrend, was den Bereich Video betrifft. So gibt es zunehmend sowohl mehr Menschen, die Videos produzieren, als auch Menschen, die Videos konsumieren. Und auch dies ist ein weiterer Anknüpfungspunkt für werbende Unternehmen. Welche Möglichkeiten es genau gibt, lesen Sie in Kapitel 16, »Video-Marketing«.

Smartphones, wie das populäre iPhone und Android-Geräte, sind inzwischen zu einem täglichen Begleiter geworden. Bereits im Frühjahr 2015 meldete der Suchmaschinengigant Google, dass mehr Suchanfragen über Mobilgeräte als über stationäre Computer gestellt wurden. Daher ist es leicht nachvollziehbar, dass sich Werbetreibende auch diesen mobilen Kanal zunutze machen sollten. Alle Online-Marketing-

Maßnahmen werden inzwischen auch auf mobilen Endgeräten genutzt. Daher ist Mobile Marketing heutzutage eher als integrierter Teil der verschiedenen Marketing-kanäle zu verstehen. In diesem Buch haben wir die mobilen Aspekte jeweils in die entsprechenden Kapitel einfließen lassen. Somit erfahren Sie, wie z. B. Marketing in Suchmaschinen oder Banner-Werbung ganzheitlich über Desktop- und Mobilgeräte funktioniert. Im folgenden Abschnitt 1.3 bekommen Sie einen ersten Einblick in die mobile Welt des Marketings.

Doch die besten Marketingmaßnahmen bringen Ihnen nichts, wenn Besucher Ihre Website nicht benutzen oder sich nicht auf ihr zurechtfinden. Der aus dem Englischen stammende Begriff *Usability* bedeutet sinngemäß so viel wie Benutzbarkeit; und damit ist gemeint, dass es elementar ist, eine Website so zu gestalten, dass Besucher sie problemlos verwenden können. Sie haben in der Regel keine Zeit und Lust, sich durch eine Seite zu klicken, bis sie das gefunden haben, wonach sie suchen. Warum auch, wenn der Konkurrent hier eine bessere Lösung bietet? Wie Sie Ihre Website benutzerfreundlich gestalten, lesen Sie in Kapitel 7, »Usability – benutzer-freundliche Websites«.

Wie erfolgreich sind aber nun die einzelnen Maßnahmen, und wo liegen die Schwachstellen Ihrer Website? Das Thema Web-Analytics steht hier im Mittelpunkt, und wie Sie in Abbildung 1.16 sehen, bezieht sich das Messen und Analysieren von wichtigen Kennzahlen auf alle Bereiche des Online-Marketings. Damit Sie Ihre Web-site nicht aus dem Bauch heraus steuern müssen, treffen Sie Entscheidungen, die auf fundierten und messbaren Kennzahlen basieren. Welche Kennzahlen relevant sind, wie Sie messen und welche Zusammenhänge Sie beachten sollten, erfahren Sie in Kapitel 10, »Web-Analytics«.

Die Ergebnisse Ihrer Analyse können zugleich als Grundlage für zwei weitere wich-tige Bereiche dienen: für das Testen und für das Optimieren. Niemand weiß besser, was die Kunden wirklich wollen, als die Kunden selbst. Aus diesem Grund sollten Sie ihnen mit Ihrer Website entsprechende Lösungsvorschläge bieten. Jedoch können sich Rahmenbedingungen und äußere Gegebenheiten und somit das Nutzerverhal-ten ständig ändern. Daher ist eine Website nie im Stillstand. Sowohl das Testen als auch das Optimieren sind kreisläufige Prozesse, die sich durch alle Teilbereiche des Online-Marketings ziehen. Mehr hierzu lernen Sie in Kapitel 8, »Conversion-Rate-Optimierung (CRO)«, und Kapitel 9, »Testverfahren«.

Grundlage aller Online-Marketing-Maßnahmen sind gute Inhalte. Versetzen Sie sich in Ihre Kunden, und überlegen Sie, welche Inhalte für sie informativ, relevant, nütz-lich oder auch nur unterhaltsam sein könnten. Alle Online-Marketing-Maßnahmen laufen ins Leere, wenn die Besucher Ihrer Website nicht das vorfinden, was sie sich erwarten oder wünschen. Wie Sie mit guten Inhalten Ihre Marke pflegen und Kunden überzeugen und an sich binden können, erfahren Sie in Kapitel 2, »Content – ziel-gruppengerechte Inhalte«.

Sie sehen, es gibt viele Möglichkeiten und gute Gründe, Ihre Angebote bzw. Ihre Website im Internet zu bewerben. Denn was nützt Ihnen eine Seite, die Sie möglicherweise mit geringen Kosten aufgebaut haben, von deren Existenz aber niemand weiß? Machen Sie sich schon zu Beginn einige Dinge bewusst: Klar, Marketing ist nicht umsonst, und es werden Investitionen und Folgekosten auf Sie zukommen, um Ihre Website zu bewerben. Jedoch werden Sie mit genauen Testverfahren und preistransparenten Maßnahmen diese Kosten im Griff haben. Wir warnen ausdrücklich davor, nur im Netz zu agieren, weil »es ja alle so machen«. Das ist keine Strategie, die zum Erfolg führt. Vielmehr sollten Ihre Handlungen und Maßnahmen auf den Nutzer und potenziellen Kunden ausgerichtet sein. Bieten Sie ihm mit Ihrem Angebot einen Mehrwert. Nutzen Sie die Möglichkeit einer ehrlichen und direkten Kundenkommunikation. Dazu zählt auch eine aktuelle Website. Es ist ein Irrglaube, eine Website einmal zu erstellen und sie als Selbstläufer anzusehen oder als »Gelddruckmaschine« zu nutzen. Denken Sie an unser Eingangsbeispiel mit dem Pflänzchen. Es will gehegt und gepflegt werden, damit es gedeiht – und dasselbe gilt für Ihre Website.

1.3   Mobile Apps als zusätzlicher Kanal

Das Internet wird heutzutage mehr und mehr mobil genutzt – nicht zuletzt durch neue, schnelle Mobilfunkstandards wie LTE, Internet-Flatrates der Mobilfunkanbieter sowie durch ständig neue Smartphones wie das iPhone von Apple und die verschiedenen Android-Geräte wie z. B. die Galaxy S-Serie von Samsung. Möchten Sie Ihre Website auch auf das Handy Ihrer Zielgruppen bringen oder Kunden über mobile Anwendungen gewinnen? Wir werden Ihnen hier einen Einblick in das sehr dynamische Umfeld des Mobile Marketings liefern.

Mobile Marketing beschreibt dabei die gesamte Liste an Maßnahmen, wie Sie Ihr Angebot über mobile Endgeräte wie Smartphones oder Tablet-Geräte bekannter machen können. Dies kann durch die Entwicklung einer mobilfreundlichen Website oder einer mobilen Anwendung (kurz *App*) erfolgen, aber auch über mobile Anzeigenschaltung geschehen. In jedem Fall aber sollten Sie sich bewusst sein, dass mobile Nutzer häufig ein anderes Bedürfnis an ein Webangebot haben als Benutzer von Desktop-Geräten. Wir werden uns als Erstes das Wachstum der letzten Jahre anschauen, um dann darauf einzugehen, wie Sie das mobile Internet auch für Ihr Angebot optimal nutzen können. Die speziellen mobilen Aspekte der einzelnen Online-Marketing-Bereiche sprechen wir in den jeweiligen Kapiteln an.

Definition »Smartphones«

Als Smartphones werden mobile Endgeräte bezeichnet, die über die Funktionalität eines normalen Handys hinausgehen. Auf den leistungsfähigeren und programmierbaren Smartphones können komplexere Anwendungen installiert werden, z. B. inter-

---

aktive Spiele oder Internetbrowser zum mobilen Surfen. In letzter Zeit ging der Trend bei Smartphones hin zu immer größeren Displays, besseren Kameras, höherer Speicherfähigkeit, schnelleren Prozessoren, dünneren Geräten und längerer Akkulaufzeit.

Schauen wir also als Erstes auf die mobilen Nutzungszahlen, damit Sie die Relevanz von Mobile Marketing für Ihr Unternehmen besser einschätzen können. Der Mobilfunkmarkt unterliegt schnellen technischen Entwicklungen. Sicher wissen Sie selbst, wenn Sie ein Handy kaufen, dass dieses bereits nach kurzer Zeit veraltet ist. Die Technikinnovation treibt diesen Markt an. Inzwischen gibt es mit über 100 Mio. Anschlüssen eine Sättigung an Mobilfunkverträgen in Deutschland, so dass rechnerisch jede Person mehr als ein Handy hat. Wegen der technischen Weiterentwicklung werden aber immer wieder neue Handys angeschafft. Insbesondere das iPhone von Apple hat die Entwicklung von mobilen Websites und Mobile Marketing angestoßen. Über Ihr Web-Analytics-Tool können Sie schnell selbst herausfinden, wie viele Nutzer mit mobilen Endgeräten auf Ihre Website kommen und mit welchen Smartphone- oder Tablet-Modellen. Wenn Sie z. B. Google Analytics im Einsatz haben, finden Sie die Auswertung unter ZIELGRUPPE • MOBIL • GERÄTE (siehe Abbildung 1.17).

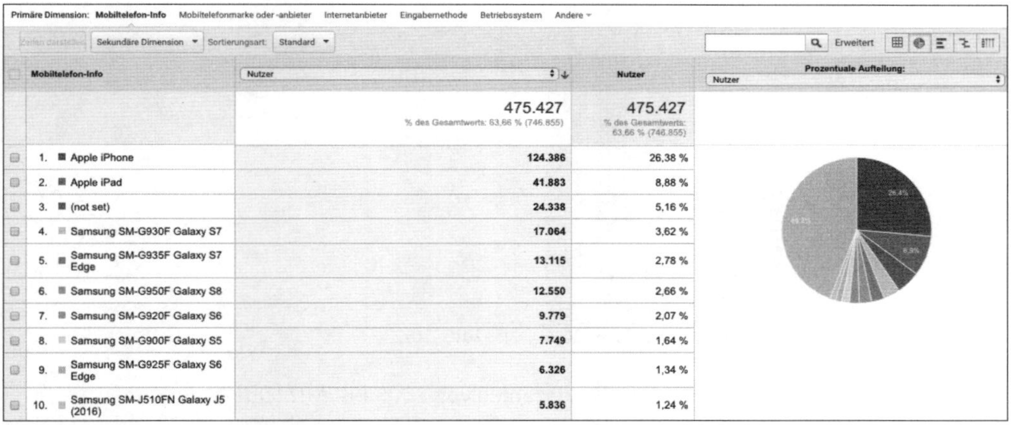

Abbildung 1.17 Nutzungsanalyse mobiler Endgeräte auf einer Website

Laut Branchenverband Bitkom nutzen in Deutschland 54 Millionen Menschen ein Smartphone, was einem Bevölkerungsanteil von 78 % entspricht. Zudem werden jährlich mehrere Millionen Geräte neu erworben. In Deutschland wurden im Jahr 2017 24,1 Millionen Smartphones und 6,6 Millionen Tablets verkauft (siehe Abbildung 1.18). Die Bitkom-Studie analysierte auch das Smartphone-Nutzungsverhalten. Wenig verwunderlich ist, dass 100 % das Smartphone zum Telefonieren benutzen, interessanter sind aber die weiteren Anwendungsfälle und Nutzungshäufigkeit, die Sie in der folgenden Aufzählung finden.

1. Telefonieren (100 %)
2. Foto- und Videokamera (90 %)
3. Suchmaschine (79 %)
4. Musik hören (69 %)
5. Nachrichten lesen (69 %)
6. soziale Netzwerke (68 %)
7. Navigations- und Kartendienste (64 %)
8. Kurznachrichtendienste (62 %)

9. Wecker (61 %)
10. SMS (58 %)
11. E-Mails (53 %)
12. Online-Banking (46 %)
13. Gesundheits-Apps (45 %)
14. Online-Shopping (43 %)
15. Dating-Dienste (22 %)
16. Ticket-Funktion (17 %)

Wie Sie sehen, werden Smartphones für viele Dinge des täglichen Lebens genutzt, auch Dinge, die vorher eher auf dem Computer oder Laptop erledigt wurden. Sicher können auch Sie die meisten Punkte für sich selbst bestätigen. Dieses Nutzungsverhalten hat natürlich großen Einfluss auf die Gestaltung und Bewerbung von erfolgreichen Websites. Die ausführliche Beachtung mobiler Aspekte gehört daher zu einer guten Online-Marketing-Strategie.

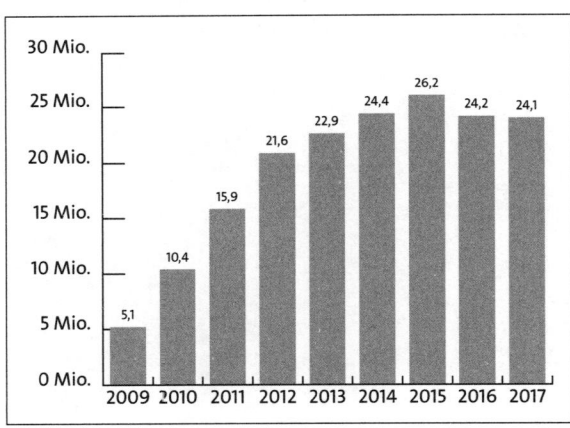

Abbildung 1.18 Smartphone-Verkaufszahlen von 2009 bis 2017 (Quelle: Bitkom)

Nachdem Sie diese Zahlen gesehen haben, möchten Sie wahrscheinlich auch mit Ihrem Angebot mobil gut erreichbar sein. Prinzipiell haben Sie dafür zwei Möglichkeiten: Auf keinen Fall verzichten sollten Sie auf eine für die mobile Internetnutzung optimierte Website. Außerdem sollten Sie sich überlegen, ob Sie Ihren Nutzern zusätzlich eine mobile App zur Verfügung stellen. Diese mobilen Anwendungen können interaktiver und funktioneller gestaltet sein, bedeuten aber auch zusätzlichen und größeren Aufwand bei der Entwicklung. Apps ähneln eher Programmen, die Sie auf Ihrem Computer installieren, und sind daher auch ein Instrument der Kundenbindung. Der Vorteil von Anwendungen ist, dass sie auf die Möglichkeiten eines Smartphones besser eingehen können, wie z. B. den Zugriff auf die Handy-Kamera, das Adressbuch oder GPS-Koordinaten. Über mobile App-Stores können zudem viele

Nutzer direkt erreicht werden. Mobile Webseiten müssen dagegen nicht vollständig neu programmiert werden. Sie können hier auf die Erfahrungen aus Ihrer bestehenden Website zurückgreifen. Trotzdem muss natürlich das Layout an die kleineren Smartphone-Displays angepasst werden, und funktionale Elemente wie die Sucheingabe, Buttons oder Navigationselemente müssen mobil zu bedienen sein. Die Entwicklung einer separaten mobilen Website oder einer neuen sogenannten *responsiven* Website, deren Darstellung sich an das Gerät anpasst, ist meist schneller als die einer App und kann plattformübergreifend, das heißt einheitlich für unterschiedliche Smartphone-Betriebssysteme, vorgenommen werden. Schauen Sie sich also verschiedene mobile Websites und Apps an, um einen Marktüberblick zu bekommen, und überlegen Sie sich, was Ihre Nutzer und Kunden erwarten. Viele Online-Shops und Magazine bieten Apps an, um Kunden stärker an sich zu binden und häufigere Besuche zu generieren.

Die aktuell beliebtesten Apps für iPhone und Android sehen Sie über die App-Store-Download-Charts und Nutzerbewertungen. Unabhängige Zahlen erfasst der Anbieter *Priori Data* (*prioridata.com*). Die 2017 in Deutschland am meisten heruntergeladenen iPhone- und Android-Apps finden Sie in Tabelle 1.2.

Rang	iPhone-App (Downloads)	Android-App (Downloads)
1	WhatsApp (7,3 Mio.)	WhatsApp (23,8 Mio.)
2	Messenger (2,4 Mio.)	Messenger (9,9 Mio.)
3	Facebook (2,2 Mio.)	Wort Guru (7,2 Mio.)
4	Wort Guru (2,2 Mio.)	Snapchat (6,8 Mio.)
5	Spotify (2,1 Mio.)	Wish (5,5 Mio.)
6	eBay Kleinanzeigen (1,9 Mio.)	Instagram (5,2 Mio.)
7	Pinterest (1,8 Mio.)	eBay Kleinanzeigen (5,0 Mio.)
8	Amazon (1,8 Mio.)	Super Mario Run (4,2 Mio.)
9	Netflix (1,5 Mio.)	Amazon (3,9 Mio.)
10	Wish (1,4 Mio.)	Facebook (3,5 Mio.)

Tabelle 1.2 iPhone- und Android-App-Downloads 2017 (Quelle: Priori Data)

Mobile Apps können auch als kostenpflichtige Anwendung angeboten werden. Beim Herunterladen und Installieren ist dann eine Gebühr fällig. Außerdem gibt es Abonnements und sogenannte *In-App-Käufe*, die für Einnahmen sorgen können. Wenn Sie eine eigene App ins Auge fassen, achten darauf, dass sie Kunden einen echten Mehrwert bietet und diese dazu veranlasst, die App freiwillig immer wieder zu benutzen.

Eine Vielzahl mobiler Apps wird zwar heruntergeladen, nach dem Download aber kaum genutzt. In Fachkreisen wird dies als *App Fatigue* bezeichnet.

Wearables und das »Internet der Dinge«

Smartphones und Tablet-Geräte haben sich am Markt inzwischen durchgesetzt. Vergleichsweise neue Geräte zur mobilen Internetnutzung sind sogenannte *Wearables* (zu Deutsch: die »Tragbaren«). Hierunter sind unauffällige, nützliche Geräte zu verstehen, die User direkt an ihrem Körper tragen, damit diese sie in Alltagssituationen unterstützen. Wearables lassen sich mit dem Internet verbinden und können auch selbst eigene Daten aufzeichnen. Bekannte Wearables sind beispielsweise Fitnessarmbänder, Smartwatches wie die Apple Watch oder Samsung Gear, aber auch die eher experimentelle Datenbrille *Google Glass*. Wearables sollen den Alltag ihrer Benutzer erleichtern, indem sie z. B. proaktiv zum Sport ermuntern, wenn ihre Sensoren aufzeichnen, dass der Träger sich in den letzten Tagen kaum bewegt hat.

Solche intelligenten Gegenstände könnten in nicht allzu ferner Zukunft vermehrt in unseren Alltag einziehen und in vielen Bereichen heutige Computer und Smartphones ablösen. Das Prinzip der zunehmenden Vernetzung von Alltagsgegenständen wird auch das *Internet der Dinge* (*Internet of Things*, kurz *IoT*) genannt. Schon heute gibt es viele Beispiele für das Internet der Dinge, wie z. B. intelligente Druckerpatronen, die bei niedrigem Füllstand automatisch Toner nachbestellen. Anderes ist noch eher Zukunftsmusik wie beispielsweise selbstfahrende Autos, die durch Echtzeitmeldungen zur Verkehrssituation in einer *Smart City* Staus umfahren können. Unter *www.theinternetofthings.eu* finden Sie eine Denkfabrik mit vielen weiteren Informationen, Argumenten und Diskussionen rund um das Internet der Dinge.

Zur kontinuierlichen Weiterentwicklung einer mobilen Anwendung sollten Sie eigene Mitarbeiter einplanen, externe Agenturen einbinden oder anfangen, selbst zu programmieren. Zur App-Entwicklung finden Sie inzwischen zahlreiche Bücher und Internetressourcen. Eine gute Anlaufstelle sind zudem die Webseiten der mobilen Betriebssysteme. Auf *developer.android.com* finden Sie Tutorials, Entwicklungsumgebungen und Beispiel-Apps für Android. Für Apples iOS-Betriebssystem ist *developer.apple.com/ios/* die zentrale Anlaufstelle. Da sich dieses Buch mit erfolgreichen Websites beschäftigt und wir den Buchumfang nicht weiter sprengen wollen, steigen wir hier nicht tiefer in die App-Welt ein. Behalten Sie aber trotzdem ein wachsames Auge darauf, welche Apps in Ihrem Bereich entstehen und wie Sie die hohe Smartphone-Verbreitung für sich und Ihr Angebot nutzen können. Es gibt Bestrebungen, Apps und Websites technologisch zusammenzuführen. Hierfür werden sogenannte *PWAs* (*Progressive Web Apps*) entwickelt, die wie Apps auf dem Smartphone erscheinen, aber im Hintergrund Webtechnologien verwenden. Die Zukunft wird zeigen, wie sich Apps und Websites weiterhin auf mobilen Endgeräten etablieren.

1.4   Zehn Dinge, die man grundlegend falsch machen kann – Grundregeln, um Anfängerfehler zu vermeiden

Da Sie nun eine Vorstellung davon haben, wie umfangreich der Bereich Online-Marketing sein kann, ist es leicht nachvollziehbar, dass auch eine Menge Fehler passieren können. Das bekannte Sprichwort »Wo gehobelt wird, da fallen Späne« ist hier aber fehl am Platz. Viele Fehler lassen sich recht einfach vermeiden – und das ist eine der Aufgaben, bei denen Ihnen dieses Buch helfen soll. Aus diesem Grund werden wir Ihnen auf den folgenden Seiten einige grundlegende Fehler aus den verschiedenen Bereichen des Online-Marketings vorstellen und Ihnen Wege aufzeigen, diese Fehler zu vermeiden. Machen wir also den Fehlerteufel unschädlich.

Ein Hinweis vorab: Wir werden hier keine Websites an den Pranger stellen, denn hinter jeder Website stehen Menschen, und Fehler sind menschlich. Es ist zudem nicht leicht, wirklich gute, perfekte Websites zu erstellen, daher haben alle Menschen, die es probieren, unsere Hochachtung. Vielmehr werden wir Ihnen Probleme aufzeigen und anschließend *Best-Practice-Beispiele* (als Erfolgsbeispiele) vorstellen, die mit der entsprechenden Thematik vorbildlich umgehen.

1.4.1   Instabiles Website-Grundgerüst

Der Domain-Name ist das Aushängeschild für Ihre Website und daher enorm wichtig. Die Website stellt ein Grundgerüst für Ihre zukünftigen Aktivitäten im Online-Marketing dar. Sie muss also grundlegenden Anforderungen entsprechen. Bei derart prinzipiellen Entscheidungen gibt es einige Fehlerquellen, die wir Ihnen hier aufzeigen.

Falsche Domain-Endung (Top-Level-Domain)

Der Domain-Name besteht aus einer *Top-Level-Domain*, z. B. *.de*, und der *Second-Level-Domain*, z. B. *spiegel*. Damit ergeben sich Domain-Namen wie *spiegel.de*. Häufig sieht man hier Websites, die Experimente mit der Top-Level-Domain wagen. So wird z. B. die Domain-Endung *.com* häufig auch für deutsche Websites genutzt, oder man hat aus lauter Verzweiflung auf die Endungen *.info* oder *.org* zurückgegriffen, weil andere Domain-Namen schon belegt waren. Seit 2013 sind zudem weitere Endungen erhältlich, bei den sogenannten *Generic Top-Level-Domains* z. B. *.shop*, *.blog*, *.web* oder *.berlin*. Wir empfehlen als Top-Level-Domain für Ihre deutsche Website die *.de*-Endung. Deutsche Nutzer können sich diese Website-Adressen besser merken und fühlen sich in der Regel besser aufgehoben. Zudem haben Sie einen Bonus für die Auffindbarkeit in Suchmaschinen. Wenn Ihr Angebot den gesamten deutschsprachigen Raum (DACH-Region) anvisiert, empfehlen wir Ihnen, drei unterschiedliche Domains zu belegen (*.de*, *.at*, *.ch*). Auch wenn schon über 16 Mio. *.de*-Adressen vergeben sind: Werden Sie kreativ, und suchen Sie nach einem guten Domain-Namen mit dieser Endung. Notfalls lassen einige Website-Betreiber auch mit sich über einen Domain-Verkauf verhandeln.

Schwierige Schreibweise der Domain

Verzichten Sie beim Domain-Namen auf schwierige Schreibweisen. Denken Sie daran, dass Websites auch über Mundpropaganda weiterempfohlen werden. Ist Ihre Website-Adresse sehr lang oder unaussprechlich, wird sich niemand länger als ein paar Minuten daran erinnern. Zudem kann das Eintippen des Domain-Namens zur Hürde werden.

Ein Beispiel gefällig?

www.dieseverdammtlangeurlkannsichjasowiesokeinschweinmerken.de

Diese Domain gibt es tatsächlich, und sie verdeutlicht sehr anschaulich das Problem mit schwierigen und langen Domain-Namen. Gerade bei Kampagnen in Offline-Medien, die auf eine Website hinweisen, tritt diese Problematik auf. Hier können Sie mit Domain-Namen arbeiten, die speziell für eine Kampagne verwendet werden und auf Ihre eigentliche Website (mit sehr langem Domain-Namen) weiterleiten. So werden Nutzer, die *www.db.de* aufrufen, auf die Website der Deutschen Bahn weitergeleitet.

Domain-Namen werden oft aus Gründen der Suchmaschinenoptimierung (SEO) registriert. Diese Domain-Namen enthalten dann häufig gesuchte Begriffe, wie z. B. *Rezepte*, und werden als *Keyword-Domains* bezeichnet. Suchte man früher nach diesen Begriffen in Google, wurden viele solcher Domains auf den ersten Positionen angezeigt. Inzwischen platziert Google auf den ersten Ergebnissen jedoch eher die Websites, die wirklich relevante Inhalte zu den Themen zur Verfügung stellen, da viele dieser Keyword-Domains nicht das beste Suchergebnis darstellten. Wir raten Ihnen daher ab, für Ihr Unternehmen auf solche Keyword-Domains zu wechseln oder viele solcher Domains zusätzlich zu registrieren, da diese Benennungen für Kunden und wiederkehrende Besucher häufig auch nur schwer zu merken sind. Behalten Sie also den bestehenden Domain-Namen ruhig bei, falls Sie schon eine Website haben, und konzentrieren Sie sich auf wichtigere Dinge, wie z. B. das Nutzererlebnis und den inhaltlichen Mehrwert.

Ungeschicktes Navigationskonzept

Jede Website besitzt eine bestimmte Struktur, was auch als *Navigationskonzept* bezeichnet wird. Sie ermöglicht dem Nutzer das Auffinden von Informationen. Sicher kennen Sie auch Websites, auf denen Sie sich überhaupt nicht zurechtfinden. Machen Sie dies für Ihre Website besser. Lassen Sie sich auch von anderen Personen Feedback zu Seiten geben, und beobachten Sie Menschen beim Besuch Ihrer Website. Sie werden dann schnell Defizite feststellen und können diese beheben. Vergessen Sie nicht, das Navigationskonzept und die Benutzerführung auch für Nutzer zu optimieren, die Ihre Website auf Mobilgeräten wie Smartphones oder Tablets anschauen. Zudem sollte die Website-Navigation für Menschen mit Sehbehinderungen oder anderen Einschränkungen einfach zu erschließen sein.

Insbesondere wenn Sie ein großes Informations- oder Produktangebot haben, ist es wichtig, dass Sie eine klare Website-Struktur präsentieren – auch für die Suchmaschinen, die Ihre Seite bewerten. Nichts ist schlimmer als ein bunter Mix aus dem kompletten Angebot, bei dem für den Nutzer nicht ersichtlich wird, was er auf der Seite überhaupt tun kann. Stellen Sie sich ein großes Kaufhaus vor, das alle Produkte durcheinander auf einen Haufen wirft: ein heilloses Chaos. Ähnlich verhält es sich im Internet: Strukturieren Sie Ihre Website nach Kategorien und Unterkategorien ähnlich den Abteilungen in einem Kaufhaus. Wie eine Strukturierung oder bestimmte Hierarchien am sinnvollsten sind, müssen Sie jedoch individuell entscheiden. Ein häufiger Fehler liegt dabei auch in der Benennung der einzelnen Kategorien. Exotische Wortkreationen sind hier fehl am Platz. Benutzer, die nach einer Möglichkeit zur Kontaktaufnahme suchen, halten Ausschau nach dem Wort »Kontakt«. Besonders wenn der Nutzer nach »Hilfe« Ausschau hält und diese nicht findet, ist das eine Problemquelle. Kontakt- und Hilfsmöglichkeiten wie beispielsweise die Nummer einer Service-Hotline sollten präsent dargestellt werden und leicht zu finden sein.

Schlechte Website-Umsetzung

Häufig begegnet man schlecht umgesetzten Websites im Netz. Hier fehlt es oftmals an Know-how oder an der Technik. Wählen Sie also Agenturen, Webdesigner und Webmaster für Ihre Website sehr genau aus (mehr dazu am Ende dieses Kapitels), und lassen Sie sich Referenzprojekte zeigen. Sie sollten für Ihre Website auf ein ausgereiftes Content-Management-System (CMS) wie z. B. TYPO3, Joomla! oder Word-Press (siehe Abbildung 1.19) zurückgreifen, bei dem Sie Inhalte ändern können, ohne Gefahr zu laufen, unabsichtlich das Layout zu ändern.

Abbildung 1.19 WordPress-Benutzeroberfläche zur Erstellung eines neuen Beitrags

Hohe Ladezeiten und schlechte Erreichbarkeit

Ein weiterer Fehler in der Website-Erstellung und ein großes Ärgernis für Nutzer sind lange Ladezeiten. Testen Sie daher ständig die Erreichbarkeit Ihrer Website, und sparen Sie nicht an der Webserver-Kapazität. Gerade grafische Elemente können die Ladezeit erhöhen. Überprüfen Sie daher die Größe der verwendeten Bilder, und laden Sie gegebenenfalls Werbeeinblendungen nach. Hilfreich ist dabei das Tool von Google, das Sie unter *developers.google.com/speed/pagespeed/insights* finden (siehe Abbildung 1.20). Hier geben Sie einfach Ihre Website ein und erhalten technische Verbesserungsvorschläge für die Programmierung Ihrer Website für mobile Geräte und Desktop-Computer. Viele wiederkehrende Nutzer werden Ihnen schnelle Ladegeschwindigkeiten danken.

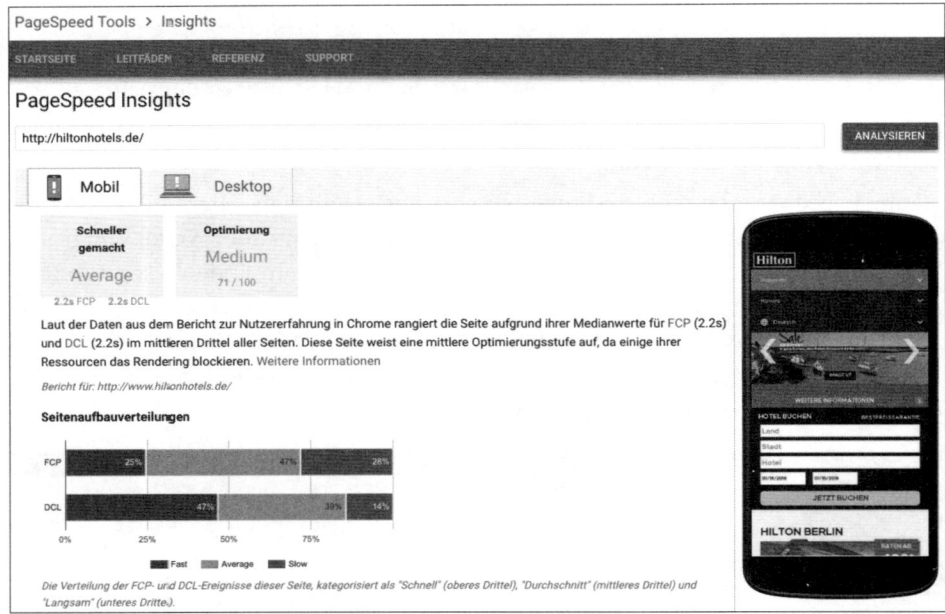

Abbildung 1.20 Das PageSpeed-Tool von Google

1.4.2   Die falsche Zielgruppe

Die Besucher Ihrer Website lassen sich in Zielgruppen einteilen. Jede Zielgruppe hat spezielle Erwartungen an die Website. Versuchen Sie, diese Erwartungen weitestgehend zu erfüllen, und verlieren Sie die verschiedenen Zielgruppen nicht aus den Augen.

Fehlende Kenntnis der Zielgruppe

Fragen Sie einmal einen Website-Betreiber nach den Zielgruppen auf seiner Website. Nur wenige werden eine Antwort darauf geben können. Hier fehlt vielfach das Wissen über die Besucher auf einer Website. Nutzen Sie also die Möglichkeiten der Webanalyse, und ziehen Sie Zahlenmaterial zu Ihrer Entscheidung heran. Oder Sie holen sich direktes Feedback über eine Nutzerbefragung (siehe Abbildung 1.21). Begehen Sie nicht den Fehler, auf Grundlage Ihres Bauchgefühls zu optimieren. Mit dieser quantitativen und qualitativen Marktforschung werden Sie feststellen, welche Bedürfnisse die unterschiedlichen Besucher haben, und können die Website entsprechend ausrichten.

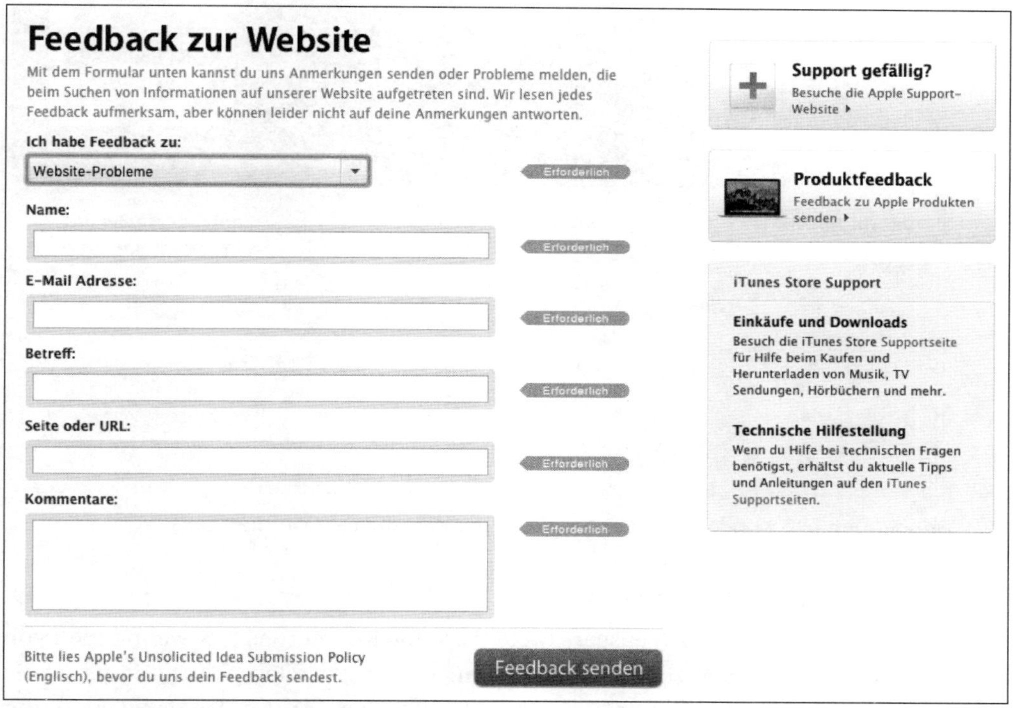

Abbildung 1.21 Feedbackabfrage bei Apple (»www.apple.com«)

Falsche Zielgruppen auf der Website

Leider kommt es vor, dass sich auf Ihrer Website nicht nur gewünschte Kunden befinden. Dies ist wie in einem normalen Geschäft. Es tummeln sich sehr viele Besucher in Ihrem Laden in der Haupteinkaufsstraße, aber nur wenige kaufen Ihre Produkte. Sorgen Sie also dafür, dass Sie mehr von den wertvollen Kunden auf Ihre Website bekommen. Diese Kunden können Sie durch Analysen selektieren und durch auf sie zugeschnittene Werbemaßnahmen und (Produkt-)Lösungen ansprechen. Wenn Sie mehrere sehr verschiedene Zielgruppen haben, empfiehlt es sich, separate Bereiche auf der Website anzulegen (siehe Abbildung 1.22). Damit bieten Sie Ihren Website-Besuchern direkt und ohne Umwege die benötigten Inhalte an.

Abbildung 1.22 Kundensegmentierung auf der Website der Commerzbank

Falsch ausgerichtetes Marketing

Vielfach sieht man falsch ausgerichtete Werbung im Internet, z. B. wenn Ihnen von einem Online-Shop Anzeigen für Schuhe eingeblendet werden, obwohl Sie gerade die gleichen Schuhe bei diesem Anbieter gekauft haben. Achten Sie daher bei Ihren Online-Marketing-Kampagnen darauf, wo und wie Sie für sich werben. Nutzen Sie z. B. eine geschickte Kampagnenplanung oder bessere Targeting-Technologien, um genau Ihre Zielgruppen zu erreichen, die Sie auf der Website haben möchten. Damit erhöhen Sie aller Wahrscheinlichkeit nach auch Ihre Kampagnenleistungen.

1.4.3   Website-Steuerung im Blindflug

Die Steuerung der Website nehmen Sie anhand von Kennzahlen vor. Dazu dienen Ihnen Web-Analytics-Tools, die diese Kennzahlen erheben. Zu oft wird leider aus reinem Bauchgefühl heraus die Steuerung der Website vorgenommen. Dies ist keine gute Vorgehensweise in der Online-Welt. Verlassen Sie sich besser auf die Daten, und treffen Sie auf dieser Basis Entscheidungen.

Falsche Annahmen über das Nutzerverhalten

Wie nutzen Kunden Ihre Website? Häufig werden hier nur grobe Annahmen aus der eigenen Perspektive getroffen. Versuchen Sie, davon Abstand zu nehmen, und analysieren Sie das Nutzerverhalten konkret anhand vorhandener Daten. Sobald Sie einige Hundert Benutzer regelmäßig auf Ihrer Website haben, entstehen statistisch valide Aussagen. Das Nutzerverhalten können Sie dann über ein Web-Analytics-System abfragen und konkrete Rückschlüsse für Ihre Website ziehen (siehe Abbildung 1.23).

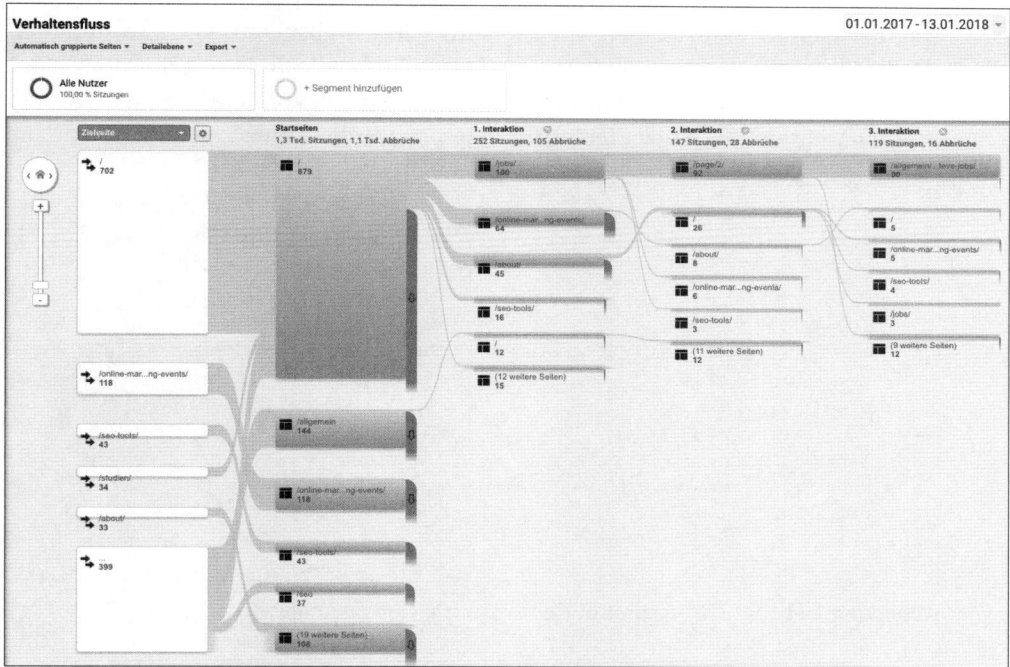

Abbildung 1.23 Analyse des Besucherflusses in Google Analytics

In Google Analytics finden Sie diese ausführliche Auswertung des Nutzerverlaufs unter VERHALTEN • VERHALTENSFLUSS.

Falsche Annahmen über wichtige Inhalte

Oft liegen Website-Betreiber auch falsch in der Bewertung der wichtigsten Inhalte auf Ihrer Website. Gehen Sie daher nicht von Ihren eigenen Annahmen aus, sondern schauen Sie wiederum in die Daten. Welches sind tatsächlich die meistaufgerufenen Seiten, und welche Seiten werden von den Nutzern ignoriert? Erst daraus können Sie Schlüsse darüber ziehen, welche Inhalte Nutzer besonders ansprechen, und diese weiter in den Vordergrund stellen.

Falsche Annahmen über die technische Ausstattung der Nutzer

Wahrscheinlich haben Sie als Website-Betreiber eine gute technische Grundausstattung, vielleicht mit großem Monitor und der aktuellsten Software. Schließen Sie aber nicht von sich auf die Gesamtheit Ihrer Website-Besucher. Testen Sie daher mit verschiedenen Computern und Mobiltelefonen Ihre Website. Welche Webbrowser, Betriebssysteme und Display-Auflösungen genutzt werden, finden Sie mit Ihrem Tracking-Tool leicht heraus. In Google Analytics erreichen Sie dies im Menü unter ZIELGRUPPE • TECHNOLOGIE • BROWSER UND BETRIEBSSYSTEM (siehe Abbildung 1.24). Die meistgenutzten Systeme sollten fehlerfrei Ihre Website anzeigen, sonst laufen Sie Gefahr, Nutzer zu verlieren. Wir empfehlen Ihnen, alle drei bis sechs Monate auf diese Zahlen zu schauen, damit Sie immer sicherstellen können, dass Ihre Website von der Mehrheit der Nutzer fehlerfrei angezeigt werden kann.

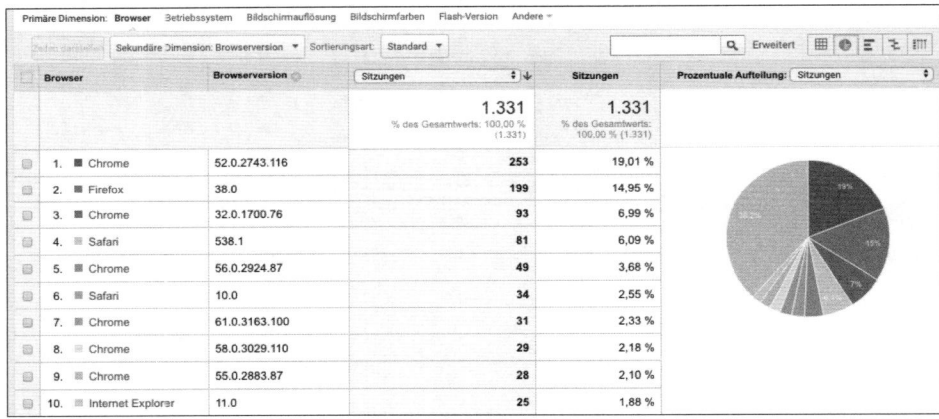

Abbildung 1.24 Statistiken zur Browsernutzung in Google Analytics

1.4.4   Die größten Usability-Fehler – benutzerunfreundliche Webseiten

Haben Sie schon einmal ein Geschenk gekauft und mussten minutenlang das Preisschild abknibbeln? Oder schwappt Ihnen beim Öffnen einer Tetrapack-Tüte auch regelmäßig der Inhalt über die Hand? In unserem Alltag haben wir mit vielen Dingen zu tun, die mehr oder weniger gut nutzbar sind. Auch Websites sollten für deren Besucher nutzbar gestaltet sein. Das bedeutet zum einen, dass ein Besucher sich schnell orientieren kann und weiß, wo auf der Seite er sich befindet bzw. wo er das findet, was er sucht. Das bedeutet zum anderen aber auch, dass er den Kern der Seite auf Anhieb versteht und die Funktionen ohne langes Nachdenken benutzen kann. Dennoch gibt es viele Websites, die grundlegende Usability-Fehler aufweisen.

Keine Orientierung

Kennen Sie das Kinderspiel Topfschlagen? Dabei werden einem Kind die Augen verbunden, und es wird im Kreis gedreht, damit es die Orientierung verliert. Danach wird es mit einem Kochlöffel ausgestattet, mit dem es einen Kochtopf suchen muss, unter dem sich ein Geschenk befindet. Auf allen vieren versucht nun das »blinde« Kind, den Topf zu suchen. Die anderen Kinder helfen mit den Ausrufen »Warm« und »Kalt«, je nachdem, ob die richtige oder falsche Richtung eingeschlagen wird.

Blenden Sie jetzt einmal die helfenden Rufe der anderen Kinder aus. So ähnlich muss sich ein Benutzer fühlen, wenn er auf einer unbekannten Website (womöglich auf einer Unterseite dieser Website) einsteigt. Er hat keine Orientierung in einem unbekannten Raum, weiß nicht, wo er ist und wohin er gehen bzw. klicken muss, um zu seinem Ziel zu gelangen. Er weiß nicht, in welcher Ebene der Website er sich befindet, kann über die vorhandene Navigation nicht ableiten, wie weit er von seinem Ziel entfernt ist, und tappt sprichwörtlich im Dunkeln. Erschreckend, oder? Wenn Sie Ihrem Website-Benutzer keine Orientierungshilfen bieten, wird er – bildlich gesprochen – recht schnell die Freude an dem Spiel verlieren. Auf Ihre Website bezogen, wird er Ihre Seite schnell wieder verlassen und sich womöglich Ihrer Konkurrenz zuwenden.

In Abbildung 1.25 sehen Sie eine klare Navigationsstruktur am Beispiel der Website von *zalando.de*. Über die Navigationsdarstellung ist schnell ersichtlich, auf welcher Ebene sich der Nutzer befindet und welche weiteren Seitenbereiche es gibt.

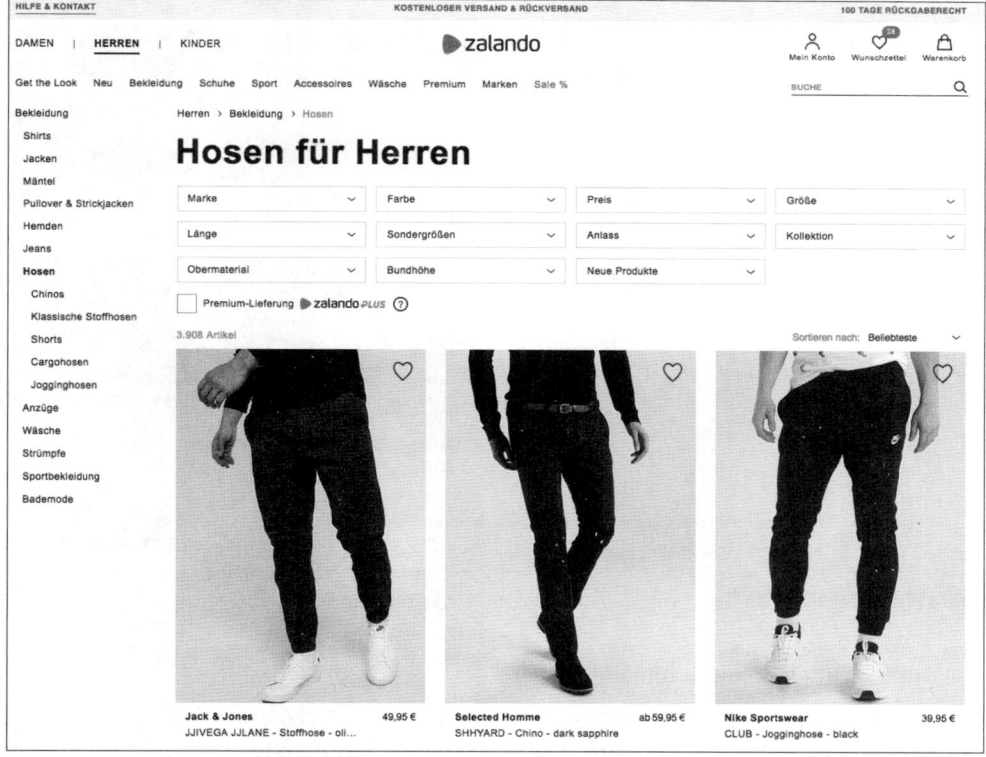

Abbildung 1.25 Navigationsstruktur auf »www.zalando.de«

Konventionen werden missachtet

Viele Menschen haben bei der Nutzung von Websites Dinge gelernt und erwarten diese auch beim Aufrufen anderer Websites. So wird ein Logo in der linken oberen Ecke erwartet und kann bei anderen Platzierungen Verwirrung stiften. Mit der häufigeren Smartphone-Nutzung gibt es jedoch eine neue Tendenz zu zentrierten Layouts. Also auch Konventionen im Webdesign ändern sich. Was tun Sie, wenn Sie auf einer Webseite landen, die blauen, unterstrichenen Text enthält? Richtig, Sie klicken darauf, weil Sie gelernt haben, dass Links blau und unterstrichen dargestellt werden. Wahrscheinlich werden Sie irritiert sein, wenn nach einem Klick auf diesen Text aber rein gar nichts passiert. Es ist nicht sinnvoll, wenn Benutzer erst über die veränderte Mausdarstellung (von einem Pfeil in eine Hand mit ausgestrecktem Zeigefinger) erkennen, welche Elemente klickbar sind. Zudem wurde erlernt, dass bereits angeklickte Links ihre Farbe ändern. Auch Buttons sollten wie Buttons aussehen, also als Bedienelemente dargestellt sein und keine anderen exotischen Formen aufweisen. Deutlich erkennbar sind klickbare Elemente auf der Website von *booking.com* (siehe Abbildung 1.26).

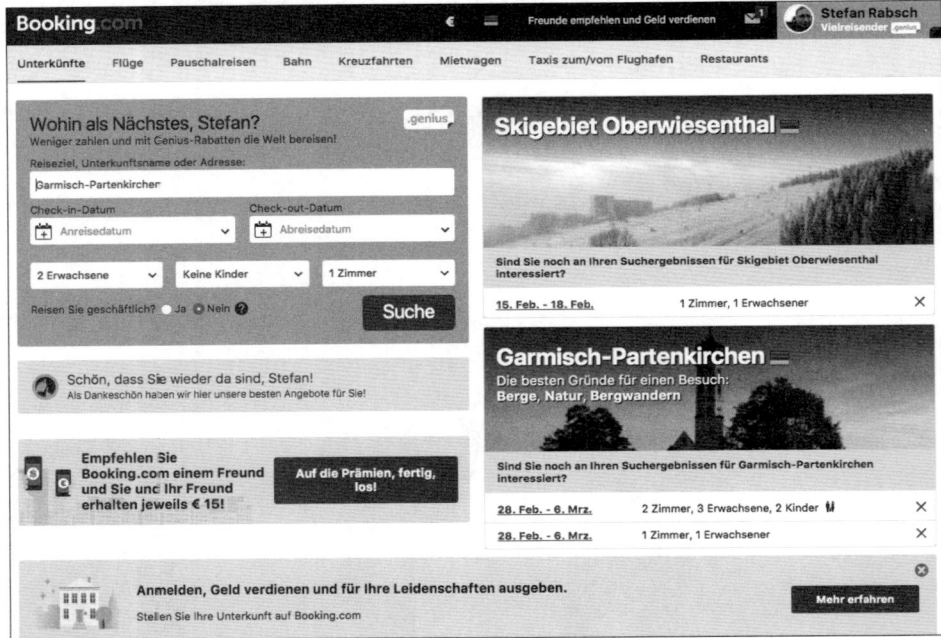

Abbildung 1.26 Klar erkennbare Buttons und Links bei »booking.com«

Unstrukturierter Inhalt ohne Mehrwert

In Alltagsgesprächen wird es deutlich: Small Talk ist meistens uninteressant. Viele Menschen winken ab oder versuchen, das Gespräch auf andere Themen zu lenken. Inspirierend sind vielmehr Gespräche, die informativ oder unterhaltsam sind – unter

Umständen können Sie sich dann auch besser an den Gesprächspartner erinnern. So empfinden auch viele Besucher einer Website. Überflüssige Einleitungssätze oder sogar Flash-Intros (die man nicht überspringen kann) stiften keinen Mehrwert. Verschonen Sie Ihre Besucher damit, denn sie sind meistens in Eile. Ebenso ist eine reine Textseite eine Bleiwüste, die nicht viel ansprechender ist. Heben Sie stattdessen Kernaussagen hervor. Arbeiten Sie mit Aufzählungslisten, und lockern Sie Ihre Texte mit passenden Bildern auf. Seien Sie Ihren Besuchern gegenüber transparent, und verstecken Sie keine Informationen, die von Wichtigkeit sind, wie beispielsweise den Preis oder die Lieferkosten.

In Abbildung 1.27 sehen Sie eine Webseite vom Stadtportal *berlin.de*, die ihre Informationen gut aufbereitet darstellt. So wird mit Überschriften und Zwischenüberschriften gearbeitet, Bereiche werden fett hervorgehoben und Informationen tabellarisch oder als Aufzählung dargestellt.

Abbildung 1.27 Gut strukturierte Inhalte auf »berlin.de«

Schlechte Suchfunktion

Eine Vielzahl von Websites bietet mittlerweile eine interne Suchfunktion an. Schlechte Suchfunktionen verstehen jedoch die Suchanfragen der Benutzer nicht, haben einen missverständlich benannten Suchbefehl, liefern keine Suchergebnisse oder strukturieren diese nicht. Zudem bieten sie keine Hilfe, wenn für die Suchanfrage keine Ergebnisse gefunden werden können.

Ein gutes Beispiel für eine Suchfunktion bietet der Online-Shop *aboutyou.de*, der seinen Nutzern Hilfestellungen bietet und passende Produkte, Marken oder Kategorien vorschlägt (siehe Abbildung 1.28).

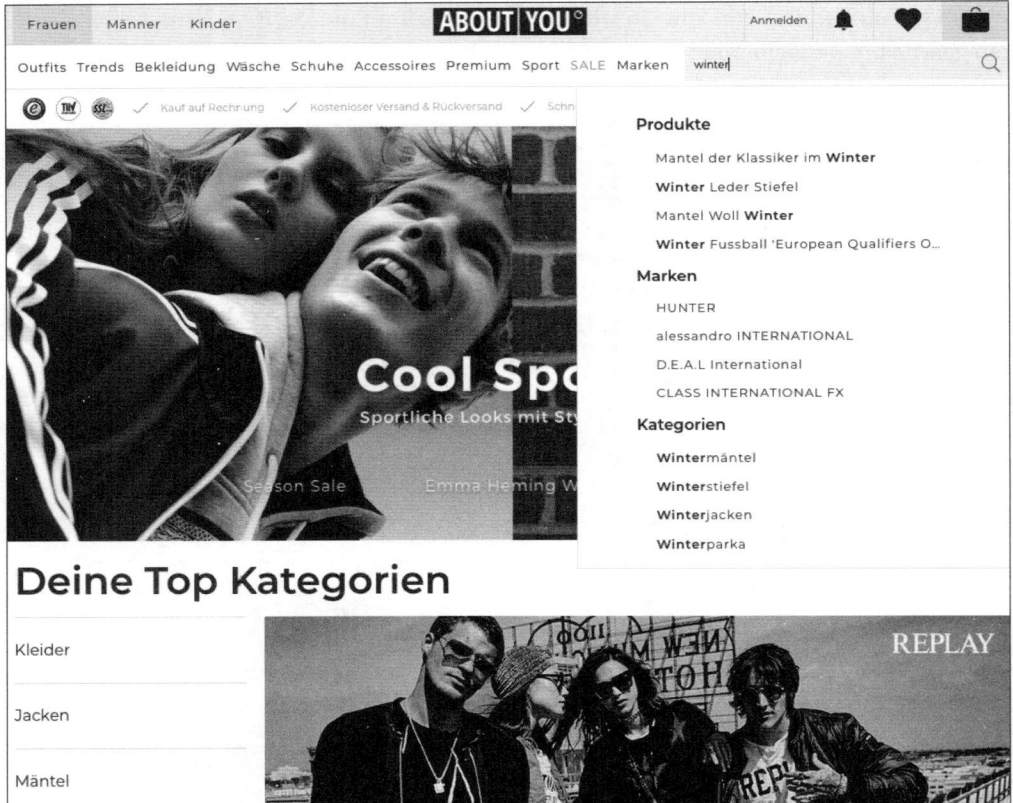

Abbildung 1.28 Hilfestellungen bei der internen Suche auf »AboutYou.de«

Visuelles Rauschen

Waren Sie schon einmal auf einem orientalischen Basar? Manche Websites lassen schnell Analogien zu, da sie völlig überladen sind und jedes Element der Website versucht, mit aller Macht die Aufmerksamkeit des Besuchers auf sich zu ziehen. Blinkende Elemente und ein Layout, das den Benutzer quasi durch ein Megafon »anschreit«, können zu Reizüberflutung und Verärgerung führen.

Beschränken Sie sich daher auf das Wesentliche, verwenden Sie ein klares, seriöses Layout, und lassen Sie *Whitespace* zu. Das Unternehmen Apple ist bekannt für seinen klaren, wenig überladenen Online-Auftritt. Machen Sie sich selbst ein Bild davon (siehe Abbildung 1.29).

Abbildung 1.29 Klarer Internetauftritt von Apple

Lange und unverständliche Formulare

Formulare auszufüllen ist für viele Menschen – online wie offline – ein rotes Tuch. Lange Formulare sind daher ein schwerer Fehler, den es zu vermeiden gilt. Bei schlecht gestalteten Formularen werden über mehrere Seiten die verschiedensten Daten abgefragt – etwa Kontaktinformationen, Kundennummern (die viele Nutzer nicht zur Hand haben) und persönliche Angaben. Im schlimmsten Fall sind derartige Eingabefelder zum Großteil als Pflichtfeld markiert, und es gibt genaue Vorgaben, ob die Angaben mit Bindestrichen, Leerzeichen oder Klammern anzugeben sind. Hier ist es kein Wunder, dass viele Nutzer das Ausfüllen des Formulars abbrechen oder bei dessen Anblick gleich die Website verlassen. Kurze Formulare mit wenigen und nach-vollziehbaren Abfragen und das Einhalten des Datenschutzes sind hier elementar. Abbildung 1.30 zeigt ein einfaches und überschaubares Anmeldeformular beim Musikdienst *last.fm*.

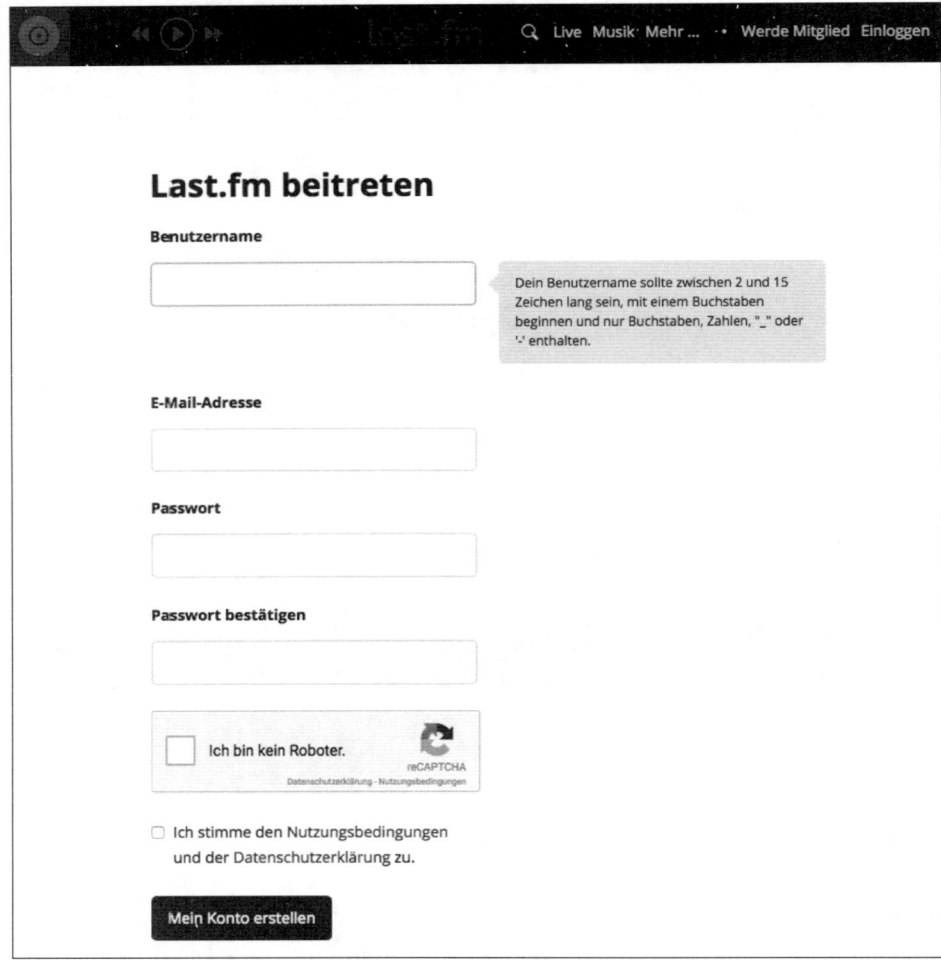

Abbildung 1.30 Überschaubares Anmeldeformular von »last.fm«

Fehlerseiten ohne weitere Hilfe

»Dieses Angebot steht zurzeit nicht zur Verfügung.« Das ist sehr ärgerlich (insbesondere wenn Sie gerade Werbung für diese Seite schalten), aber nicht gänzlich auszuschließen. Doch so eine Fehlermeldung hilft dem Nutzer nicht weiter. Bieten Sie ihm hier Hilfestellungen und Alternativen – z. B. über weiterführende und nützliche Links. In Abbildung 1.31 sehen Sie die gelungene Lösung für eine Fehlerseite vom Möbel-Shop *home24.de*.

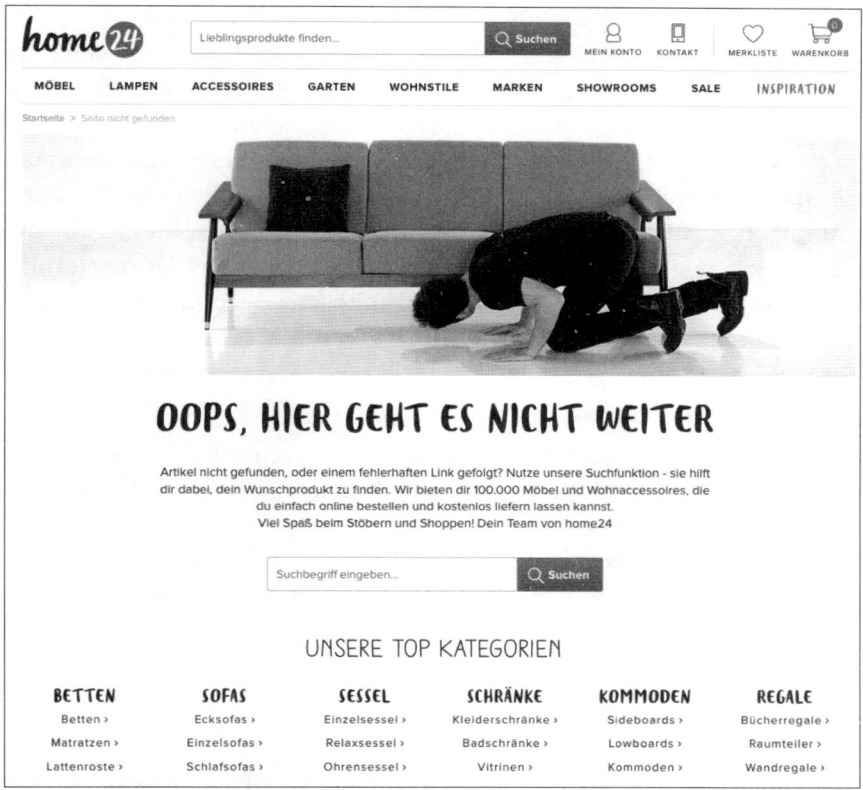

Abbildung 1.31 404-Fehlerseite von Home24

1.4.5 Suchmaschinenunfreundliche Webseiten

Fehler in der Suchmaschinenoptimierung (SEO) tauchen leider immer wieder auf. Schauen wir uns also die wichtigsten Fehler genauer an, damit Sie sie nicht begehen. In Kapitel 5 gehen wir ausführlich auf das Thema SEO ein, hier aber schon mal ein erster Einblick.

Websites mittels Flash und Frames erstellen

Viele Website-Betreiber haben das Ziel, Besucher über Suchmaschinen zu generieren, aber in der Erstellung wird nicht auf eine suchmaschinenfreundliche Programmierung geachtet. Immer noch sieht man rein Flash-basierte Websites oder den Einsatz der veralteten HTML-Frames. Dies sind quasi Ausschlusskriterien für eine gute Positionierung in Suchmaschinen. Achten Sie daher bei der Website-Erstellung darauf, dass Sie diese Techniken nicht nutzen, sondern auf eine komplett in HTML und CSS programmierte Website setzen. Damit legen Sie den Grundstein für eine gute Auffindbarkeit in Suchmaschinen.

Website-Relaunch ohne SEO-Beratung

Websites werden in unregelmäßigen Abständen erneuert, sei es aufgrund von technischer, grafischer oder inhaltlicher Überarbeitung. Diese Relaunches stellen für Suchmaschinen eine große Herausforderung dar. Inhalte ziehen auf neue URL-Adressen um, die Navigation ändert sich, oder es wird ein neuer Domain- oder Markenname eingeführt. Nehmen Sie bei all diesen Änderungen vorher eine SEO-Beratung in Anspruch. Ansonsten werden Sie Gefahr laufen, dass Sie nicht mehr so gut wie vorher in Suchmaschinen gefunden werden. Einige Hinweise zu SEO-konformen Relaunches einer Website finden Sie in Abschnitt 5.7, »Website-Relaunch und Domain-Umzug«.

SEO-Komplexität unterschätzen

Viele Websites setzen in der Suchmaschinenoptimierung rein auf Offpage-Maßnahmen wie *Linkbuilding*. Dies reicht nicht für gute Platzierungen in den Ergebnissen von Suchmaschinen. Auch eine durchdachte Seitenstruktur sowie die Verwendung wichtiger Keywords spielen eine Rolle. Insbesondere zählen aber gute Inhalte als ein wichtiges Kriterium. Für Suchergebnisse auf Mobilgeräten ist es außerdem wichtig, dass Ihre Website auch auf Smartphones und Tablets benutzerfreundlich ist. Nur mit der Kombination aller SEO-Aspekte werden Sie erfolgreich sein.

Links für bessere Rankings kaufen

In diversen Foren kann man nachlesen, dass man für bessere Rankings Links kaufen sollte. Zwar sind die Backlinks wichtig für Ihre Suchmaschinenpositionen, sich aber auf das Kaufen von Linkpaketen zu verlassen, kann Sie schnell ins Abseits bringen. Suchmaschinen können wertvolle von minderwertigen Links inzwischen sehr gut unterscheiden und verurteilen diese Art der Manipulation der Suchergebnisse. Überlegen Sie sich daher besser andere Wege, wie Sie im Netz auf sich aufmerksam machen können und somit Backlinks als Empfehlung auf natürlichem Weg sammeln. Einige Tipps dazu lesen Sie in Kapitel 5, »Suchmaschinenoptimierung (SEO)«.

1.4.6   Ineffiziente Suchmaschinenwerbung

Google Ads ist das viel genutzte Werbeprogramm von Google. Hier haben Werbetreibende die Möglichkeit, Anzeigen auf Suchergebnisseiten oder auf anderen Websites zu schalten. Gezielte Ausrichtungsmöglichkeiten der Werbemaßnahmen und eine genaue Kostenkontrolle machen das Programm besonders attraktiv. Aber auch andere Suchmaschinen wie z. B. Bing bieten ähnliche Möglichkeiten zur bezahlten Werbung an. Das Aufsetzen einer Werbekampagne in Suchmaschinen ist recht schnell und einfach möglich. Doch damit ist es nicht getan. Machen Sie sich bewusst, dass das regelmäßige Analysieren und Anpassen der Kampagnen ständige Arbeit bedeutet. Wir weisen Sie gleich zu Beginn auf wichtige Fehler hin, die Sie unbedingt vermeiden sollten, damit Ihre Werbemaßnahmen in den Suchmaschinen erfolgreich sind und Sie Ihr Budget nicht sinnlos verbrennen.

Unzureichende Kontostruktur

Ein häufiger Anfängerfehler, den es zu vermeiden gilt, ist eine unübersichtliche oder nicht vorhandene Ads-Konto- und -Kampagnenstruktur, mit der Sie kaum noch zielgerichtet arbeiten können. Strukturieren Sie daher Ihr Konto von Beginn an nach Themenbereichen mit verschiedenen Kampagnen und Anzeigengruppen. Überlegen Sie sich im Vorfeld eine sinnvolle Struktur, bevor Sie Ihre Kampagnen anlegen, und machen Sie sich mit grundlegenden Begriffen und Funktionen vertraut. Sie können sich beispielsweise am Aufbau Ihrer Website orientieren, um Ihre Kampagnen zu strukturieren. Machen Sie sich klar, was Sie mit Ihrer Kampagne erreichen möchten. Möchten Sie beispielsweise Produkte verkaufen oder Ihr Markenimage verbessern? Richten Sie die Kampagne entsprechend Ihrem Ziel aus. Eine gute Werbekampagne lässt sich nicht mal eben nebenbei anlegen.

Keine Ausrichtung auf die Zielgruppe

Bewerben Sie Ihre Produkte und Dienstleistungen regional, und schalten Sie Ihre Kampagne nur dort, wo Sie Ihre Zielgruppe erreichen. Dafür bietet Google Ads einige Optionen, um die Werbeanzeigen in Ländern, Städten und Regionen zu schalten, die für Sie infrage kommen. In Ihrem Ads-Konto klicken Sie dazu bei der entsprechenden Kampagne auf den Bereich STANDORTE. Wie Sie in Abbildung 1.32 sehen, haben Sie die Möglichkeit, auch benutzerdefinierte Regionen anzugeben. In diesem Fall wurde ein Umkreis von 100 km um München gewählt.

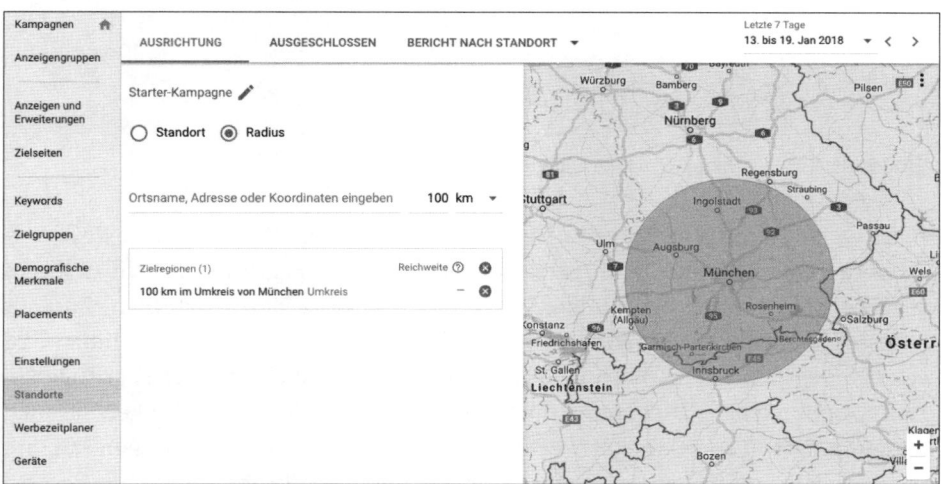

Abbildung 1.32 Das Festlegen von Standorten in Google Ads

Zudem sollten Sie die passenden Spracheinstellungen verwenden, um Ihre Werbekampagne ideal auf Ihre Zielgruppe auszurichten.

Irrelevante Keywords

Was Sie vermeiden sollten, sind extrem viele oder sehr wenige Keywords innerhalb
Ihrer Kampagne, die sehr weit gefasst sind und nicht direkt zu Ihrem Angebot passen.
So sind die Begriffe »Auto«, »Winter«, »Schnee«, »Glätte«, »Reifen« beispielsweise zu
weit gefasst, wenn Sie eigentlich Winterreifen verkaufen. Besser wären hier Wortgruppen, in denen Sie Ihre Begriffe kombinieren könnten, wie z. B. »Winterreifen
kaufen«. Achten Sie besonders auf die Keyword-Optionen WEITGEHEND PASSEND,
PASSENDE WORTGRUPPE und GENAU PASSEND, siehe Abbildung 1.33.

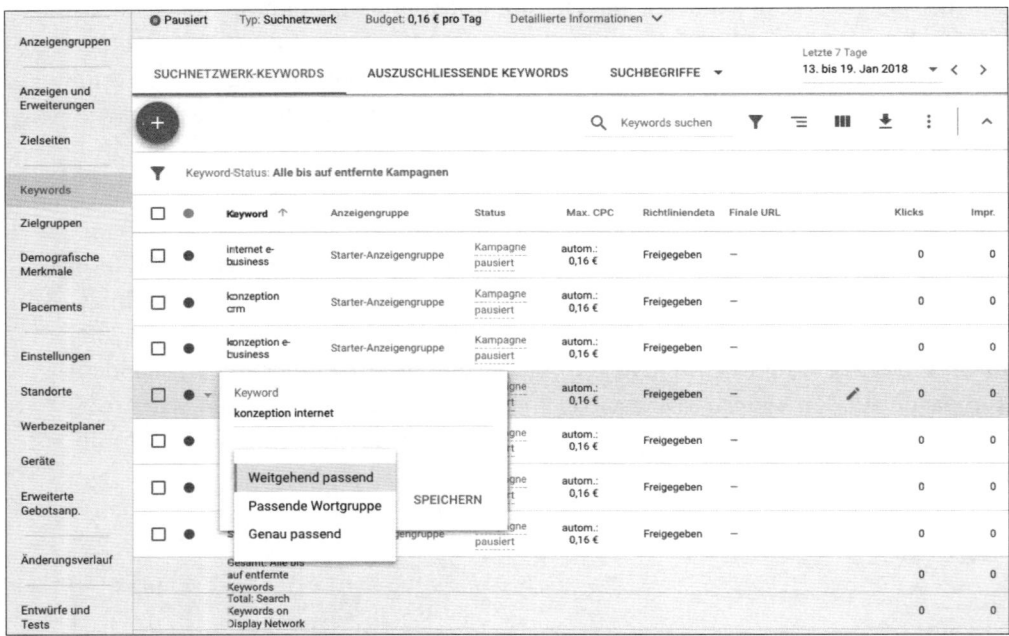

Abbildung 1.33 Keyword-Optionen in Google Ads

Im Bereich Keywords verbergen sich einige Fehlerquellen. Gehen Sie Ihre Keyword-
Liste noch einmal genau durch. Streichen Sie diejenigen Begriffe, die nicht zu Ihrem
Angebot passen, und verwenden Sie zudem sinnvolle Kombinationen. Zu weit
gefasste Keywords sollten entfernt werden. Überlegen Sie sich darüber hinaus, zu
welchen Begriffen Sie wirklich gefunden werden möchten. Muss der Begriff genau
passen, oder reicht es auch, wenn die Suchanfrage ungefähr passt? Denken Sie auch
aus der anderen Perspektive: Bei welchen Begriffen möchten Sie auf keinen Fall Ihre
Anzeige ausliefern? Legen Sie hierfür ausschließende Begriffe fest. In der Google-Ads-

Oberfläche können Sie diese dann unter KEYWORDS • AUSZUSCHLIESSENDE KEY-WORDS angeben.

Dürftiger Anzeigentext

Wenn Sie dagegen eine klare Kontostruktur mit zielgerichteten Anzeigengruppen haben, können Sie Ihre Werbeanzeigen entsprechend an die Suchanfrage anpassen. Verwenden Sie Platzhalter, um den Suchbegriff in Ihre Anzeige zu integrieren. Bieten Sie wichtige Angebotsinformationen im Anzeigentext, die den Betrachter zum Klicken anregen. Formulieren Sie eine klare Handlungsaufforderung, und wählen Sie eine passende *Landing Page* (Zielseite).

In Abbildung 1.34 sehen Sie die Anzeigen zur Suchanfrage »New York Reise buchen«. Der Werbetreibende *lufthansaholidays.com* greift hier das Keyword komplett auf, stellt Preisvorteile durch Kombination von Flug und Hotel schon in der Anzeige heraus. Zu Recht hat Google diese Anzeige auf der Topposition platziert.

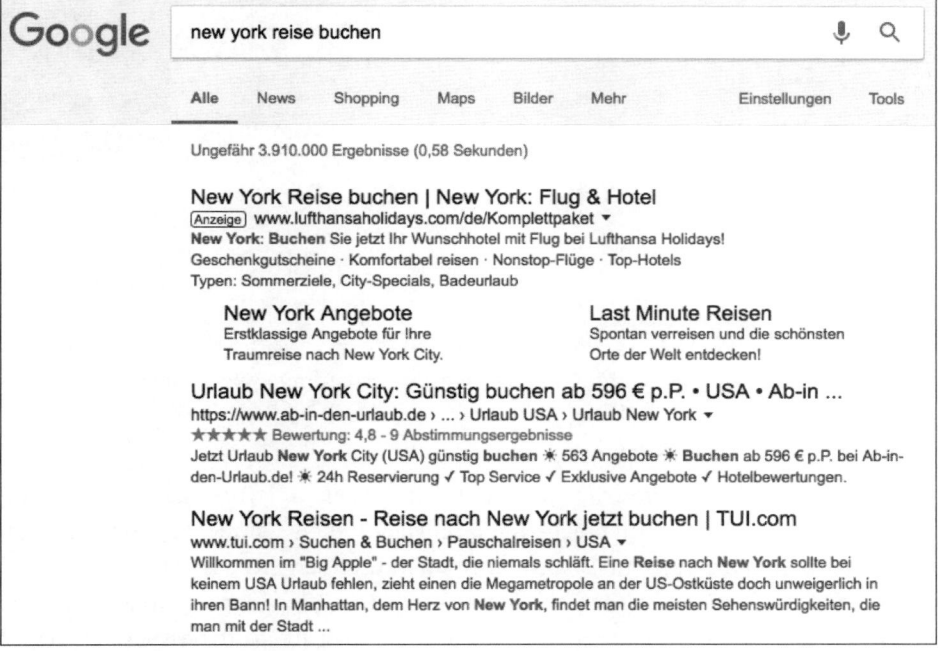

Abbildung 1.34 Passende Anzeigen zur Suchanfrage »New York Reise buchen«

Für die Anzeige unpassende Landing Page

Stellen Sie sicher, dass Ihre Anzeige auf den Suchbegriff und Ihr Angebot abgestimmt ist. Haben Sie mit Ihrer Werbeanzeige das Interesse des Besuchers gewinnen können, so leiten Sie ihn auf eine entsprechende Landing Page, die auf das spezielle Suchbedürfnis abgestimmt ist. Sonst laufen Sie Gefahr, dass Ihre Nutzer von der Zielseite sehr schnell wieder abspringen. Schauen wir uns noch einmal die Suchanfrage »New York Reise buchen« an. Klickt ein Interessent auf die Werbeanzeige von *Lufthansa Holidays*, so gelangt er auf eine Landing Page, die eine spezifische Auswahl an Reiseoptionen nach New York zulässt (siehe Abbildung 1.35).

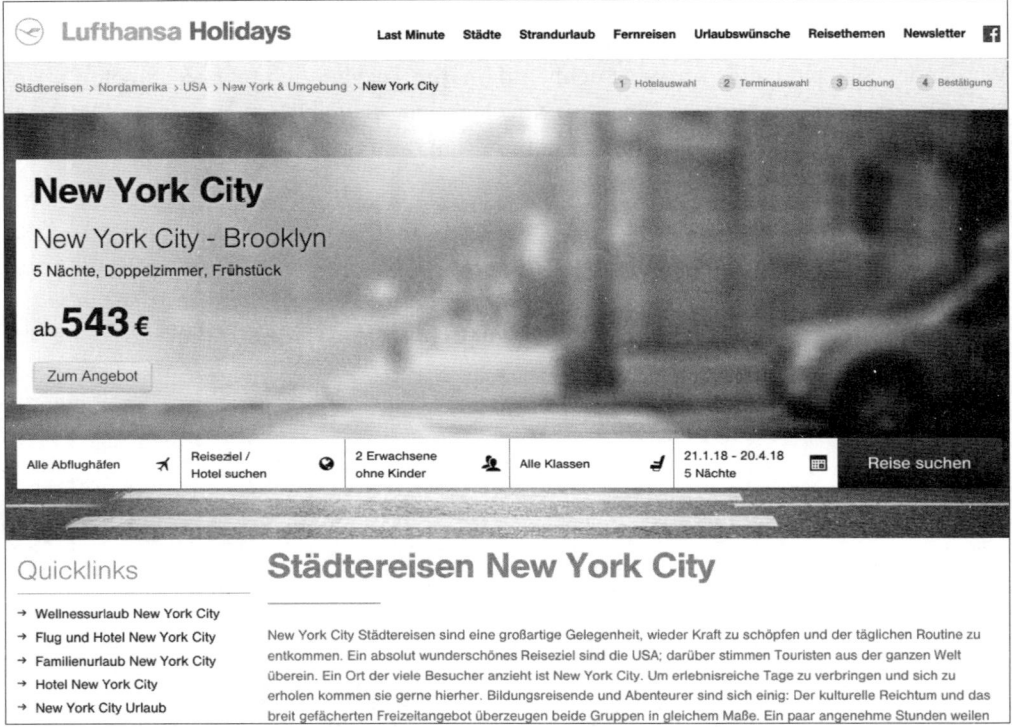

Abbildung 1.35 Eine zielgerichtete Landing Page zur Suchanfrage »New York Reise buchen«

Keine Optimierungsmaßnahmen

Wir empfehlen: Analysieren Sie kontinuierlich die Leistung Ihrer Kampagnen, und optimieren Sie an den entsprechenden Schwachstellen. Betrachten Sie Optimierungsmaßnahmen als Sparmaßnahmen, denn mit zielgerichteten Kampagnen erreichen Sie oft mehr für weniger Geld. Je besser Sie Ihre Kampagne ausrichten und je relevanter Google sie in Bezug auf die Suchanfrage einstuft, desto besser werden Ihre Ergebnisse sein. Google legt sehr viel Wert auf qualitative Anzeigen. Das reine Hochsetzen des *Cost-per-Click*-Preises (*CPC*) bringt langfristig keinen Mehrwert. Zudem sollten Sie in Erwägung ziehen, unterschiedliche Klickpreise bei verschiedenen Keywords zu verwenden. Mit dem Conversion-Tracking von Google können Sie sehr genau beobachten, welche Keywords und Anzeigen zu einer gewünschten Handlung auf der Website führen. Im Google-Ads-Konto stehen Ihnen dafür diverse Berichte zur Verfügung, die Sie für die Optimierung heranziehen können.

1.4.7   Misslungenes Bannermarketing

Bannermarketing – auch *Display-Marketing* genannt – ist ein Werbeinstrument der frühen Stunde im Internet. Es ist den Werbekampagnen aus dem klassischen Marketing besonders ähnlich, da Printanzeigen und Plakatwerbung quasi in das Internet übertragen wurden. Auch in diesem Bereich können sich schnell ärgerliche Fehler einschleichen. Einige davon werden wir Ihnen hier vorstellen.

Keine Ausrichtung auf die Zielgruppe

Ein häufiges Manko ist ein fehlendes Targeting – also die Ausrichtung von Werbemitteln auf eine bestimmte Zielgruppe. Damit nehmen Sie hohe Streuverluste und auch eine geringere Kampagnenleistung in Kauf. Legen Sie daher Ihr Augenmerk auf eine inhaltlich relevante Aussteuerung Ihrer Werbemittel, damit Ihre Bannerkampagne gute Leistungen erzielt. Wie Sie in Abbildung 1.36 sehen, werben Saturn und auch Hewlett-Packard auf der Website *www.chip.de*, die eine technikaffine Zielgruppe anspricht. Die Ausrichtung auf Zielgruppen lässt sich inzwischen recht genau steuern.

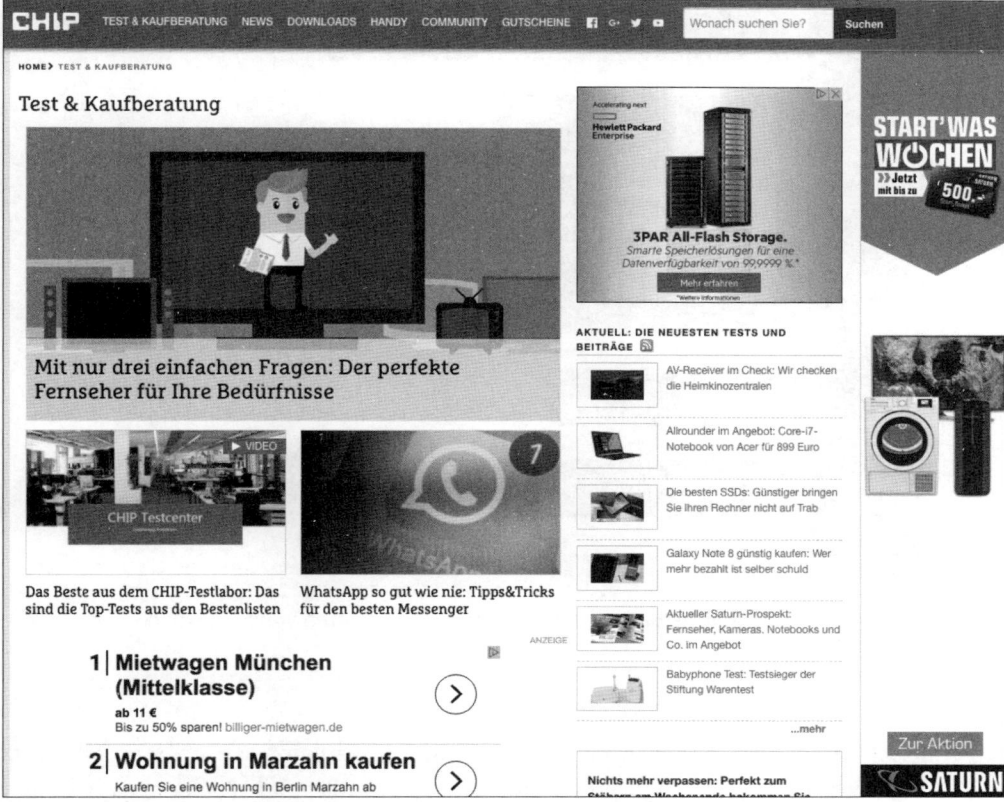

Abbildung 1.36 Bannerschaltung von Saturn auf »chip.de«

Schlechte Bannerwahl

Schonen Sie die Nerven Ihrer potenziellen Kunden, und vermeiden Sie aufpoppende oder blinkende Werbemittel! Die Verärgerung der Benutzer, die von den Bannern terrorisiert werden, kann auf Ihre Marke abfärben. Setzen Sie daher Bannerformate ein, die den Besucher einer Website nicht stören, und steuern Sie die Werbemittel möglichst passend zum inhaltlichen Kontext aus. Damit erhöhen Sie die Chance, echte Interessenten zu erreichen, die Ihr Werbemittel anklicken. Vermeiden Sie Banner, die sich nicht schließen lassen, Banner, die beim Scrollen mitwandern, oder Banner, die sich nach dem Schließen nach kurzer Zeit wieder öffnen.

Erstellen Sie stattdessen Bannersets (das heißt Banner in verschiedenen geläufigen Formaten) passend zu Ihrem Produktangebot. Betreiben Sie beispielsweise einen Online-Shop, so können Sie für die unterschiedlichen Kategorien jeweils eigenständige, inhaltlich abgestimmte Banner erstellen (siehe Abbildung 1.37). Damit sprechen Sie Ihre Zielgruppe genauer an. Ziehen Sie auch animierte Banner in Betracht, da hier der Gestaltungsspielraum wesentlich größer ist.

Abbildung 1.37 Animierte Banner in verschiedenen Formaten von Musicload

1.4.8   Unwirksames E-Mail-Marketing

E-Mail-Marketing gehört zu den meistgenutzten Werbeformen im Internet. Trotz dieser weiten Verbreitung werden immer noch grundlegende Fehler begangen. Um professionell E-Mail-Marketing zu betreiben, vermeiden Sie die im Folgenden beschriebenen Fehler.

Fehlende Angaben und Funktionen

Newsletter ohne Impressum gelten als unseriös. Kommen Sie deshalb der gesetzlichen Forderung nach, und geben Sie in Ihrem Newsletter Ihr Impressum an. Zudem ist gesetzlich festgelegt, dass es eine Möglichkeit für den Empfänger geben muss, sich von dem entsprechenden Newsletter wieder abzumelden. Stellen Sie diese Option möglichst einfach, z. B. mit einem Klick auf einen Abmeldelink, zur Verfügung (siehe Abbildung 1.38).

Abbildung 1.38 Ausschnitt aus dem Newsletter von »geo.de« mit Impressum und Abmeldelink am Ende

Kein eindeutiger Absender, keine ansprechende Betreffzeile, keine Personalisierung

Absender und Betreff sind entscheidende Kriterien dafür, ob ein Newsletter geöffnet wird oder direkt in den Papierkorb wandert. Investieren Sie also ausreichend Energie in die Formulierung der Betreffzeile. Der Betreff sollte konkret benennen, was der Empfänger verpasst, wenn er die E-Mail ignoriert, und dadurch neugierig auf den Inhalt machen. Der Absender sollte klar erkennbar sein.

Sprechen Sie Ihre Empfänger und potenziellen Kunden möglichst direkt und persönlich an, je nachdem, welche Daten Ihnen vorliegen (siehe Abbildung 1.39). Gehen Sie mit diesen Daten jedoch äußerst sensibel um. Es ist ärgerlich, wenn die erste Zeile eines Newsletters »Hallo, Frau Peter Meier lautet«.

Abbildung 1.39 Personalisierte Anrede beim Newsletter vom BUND e. V.

Kein Mehrwert

Wenn Sie einen festen Leserstamm für Ihren Newsletter aufbauen möchten, dann versorgen Sie Ihre Empfänger mit echten Informationen. Marketingtexte sind weitaus weniger interessant als Testergebnisse oder Hinweise auf Aktionen und konkrete Produktinformationen. Halten Sie möglichst fest, welche Themen bei der Leserschaft gut ankommen; die verschiedenen Tools zum Newsletter-Versand bieten hier oftmals entsprechende Möglichkeiten. Zudem sollten Sie auf ein strukturiertes Erscheinungsbild achten. Gliedern Sie die Inhalte, heben Sie Wichtiges hervor, oder stellen Sie es an den Anfang. Viele Leser überfliegen Newsletter lediglich und bleiben an den für sie interessanten Stellen hängen. Ihr Newsletter sollte zudem einen überschaubaren Umfang haben.

Unpassende Versandfrequenz

Stellen Sie sich vor, Ihr Newsletter ist ein Telefon. Rufen Sie Menschen an, wenn Sie nichts zu sagen haben, oder machen Sie leidenschaftlich Telefonterror? Verschaffen Sie sich nur Gehör, wenn Sie auch tatsächlich etwas zu sagen haben. Es gibt verschiedene Studien über den besten Wochentag zum Newsletter-Versand. Testen Sie verschiedene Versandzeiten, und analysieren Sie die entsprechenden Leistungen, da es kein Patentrezept für einen optimalen Versandzeitpunkt gibt.

Wenn Sie mehr zu den Themen rund um E-Mail-Marketing wissen möchten, legen wir Ihnen Kapitel 14, »E-Mail- und Newsletter-Marketing«, ans Herz.

1.4.9   Unentdecktes Potenzial

Ihre Website erzielt nicht die Leistung, die Sie sich wünschen? In der Praxis sind regelmäßige Tests und Maßnahmen zur Conversion-Optimierung noch wenig etabliert. Dabei bergen Sie enormes Potenzial, denn niemand kann besser sagen, was Kunden wollen, als die Kunden selbst. Der erste Schritt ist also schon getan, wenn Sie Tests und Optimierungsmaßnahmen fest in Ihre Abläufe einplanen. Jedoch können dabei verschiedenste Fehler passieren. Vor einigen werden wir Sie auf den folgenden Seiten warnen.

Gar nicht testen

Nicht Sie, sondern Ihre Kunden entscheiden, was sie wollen. Warum also nicht die Entscheidung den Kunden überlassen? Es gibt verschiedene Möglichkeiten, eine Website zu testen. Fragen Sie Ihre Zielgruppe, was ihr fehlt oder was missverständlich ist. Kundenorientierung lautet hier das Motto. Integrieren Sie Tests in den Prozess Ihrer Website-Erstellung. In jeder Phase, von der Konzeption über das Online-Stellen bis zur regelmäßigen Optimierung, bieten sich Tests an. Über Web-Analytics-Daten sowie Befragungen und Testgruppen können Sie sich ein recht genaues Bild von Ihren Besuchern machen. Sie werden staunen, welche Ergebnisse ans Tageslicht kommen. Darauf wären Sie in internen Diskussionen möglicherweise nicht gekommen.

Unklare und ungenaue Testergebnisse

Testen Sie nicht um des Testens willen. Analysieren Sie Schwachstellen Ihrer Website, und überlegen Sie sich genau, welche Elemente und Bereiche Sie austesten möchten. Ihnen sollte das Ziel des Tests unbedingt klar vor Augen stehen. Überlegen Sie sich daher im Vorfeld genau, was Sie mit einem Test erreichen möchten.

Angenommen, Sie haben einen aktiven Landing-Page-Test, bei dem Sie beispielsweise zwei unterschiedliche Handlungsaufforderungen testen. Nun möchten Sie weitere Veränderungen an Ihrer Website vornehmen und ändern auf allen Seiten die Buttonfarbe und tauschen auch auf den Testseiten Bilder aus. Um aussagekräftige Ergebnisse zu erzielen, sollten Sie Ihre Varianten während des Testzeitraums nicht verändern, auch wenn sie nicht unmittelbar das Testelement (in diesem Fall die Handlungsaufforderung) betreffen. Sie verändern jedoch das Zusammenspiel der Elemente auf der Website, und das kann unterschiedliche Auswirkungen haben. Vermeiden Sie es daher unbedingt, einen aktiven Test zu verändern.

Zu kurzes Testen

Beim Testen ist Geduld angebracht. Warten Sie, bis Ihr Test statistisch signifikante Ergebnisse liefert. Leichte Schwankungen, insbesondere wenn Sie Details auf Ihrer Website testen, sind normal. Gerade wenn Sie Websites testen, deren Traffic sich in Grenzen hält, müssen Sie mit einer längeren Testphase rechnen und sollten Tests nicht frühzeitig beenden.

Fehlendes Vertrauen

Im Internet haben Sie nur einen Bruchteil einer Sekunde Zeit, Vertrauen zu wecken. Unseriöse und suspekte Websites werden schnell wieder verlassen. Arbeiten Sie daher mit vertrauensbildenden Elementen, wie beispielsweise Siegeln, Auszeichnungen, Referenzen und Kundenstimmen. Stellen Sie sich die Frage, was Kunden möglicherweise von einem Kauf abhält, und eliminieren Sie diese Aspekte. Parship präsentiert sowohl Auszeichnungen, Siegel und Kundenmeinungen als auch Erfolgsgeschichten (siehe Abbildung 1.40).

Abbildung 1.40 Vertrauensbildende Elemente bei Parship

Unklare oder fehlende Handlungsaufforderung

Fordern Sie Ihre Nutzer zu einer konkreten Aktion auf. Die Handlungsaufforderung sollte Ihrem Website-Ziel entsprechen und das wichtigste Element Ihrer Website sein. Alle anderen Elemente sollten diese Aufforderung möglichst unterstützen. Testen Sie unterschiedliche Formulierungen, und stellen Sie Ihren sogenannten *Call to Action (CTA)* im sichtbaren Seitenbereich dar, so dass der Nutzer ihn, ohne zu scrollen, sehen kann. Mühelos erkennbar ist der Call-to-Action-Button auf der Website *linkedin.com*, wie Sie in Abbildung 1.41 sehen.

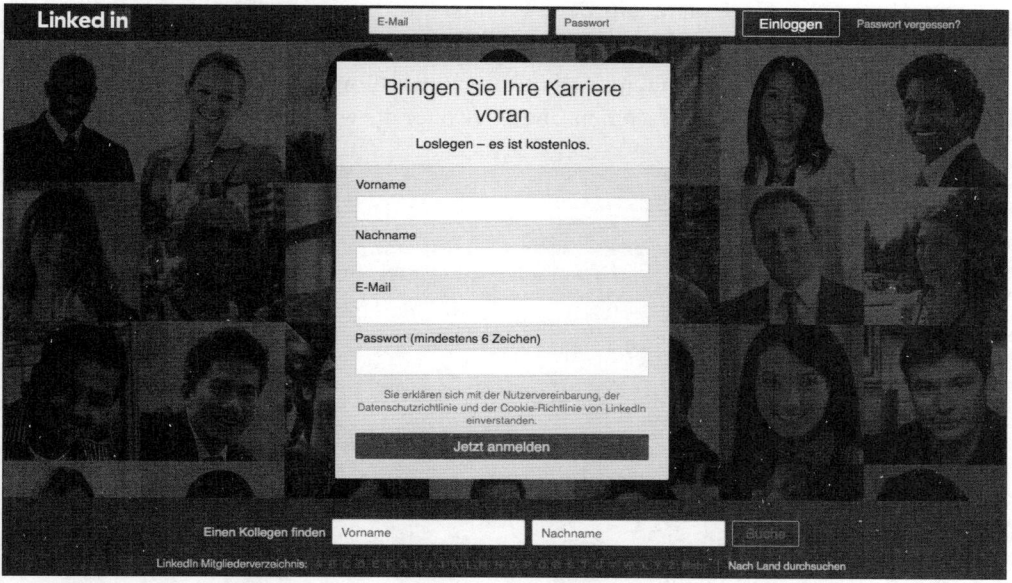

Abbildung 1.41 Der Call to Action bei LinkedIn

Detailliertere Informationen zur Conversion-Optimierung und zu Testverfahren finden Sie in Kapitel 8, »Conversion-Rate-Optimierung (CRO)«, und in Kapitel 9, »Testverfahren«.

1.4.10   Unzureichende Monetarisierung

Wenn Sie eine Website betreiben, möchten Sie möglichst viele Besucher haben. Ein Ziel kann aber auch sein, direkt über die Website möglichst viel Geld zu verdienen. Oftmals werden jedoch Websites aufgesetzt, die dieses Ziel nicht genügend erreichen. Schauen wir uns also häufige Fehler an. Wenn Sie ein nichtkommerzieller Website-Betreiber sind, können Sie diese Punkte überspringen. Grundlegend ist hier, wie zu Anfang dieses Kapitels beschrieben, eine durchdachte Strategie.

Fehlender Überblick über die Einnahmequellen und den Markt

Kennen Sie bereits alle Möglichkeiten, Einnahmen im Internet zu erzielen? Sie sollten sich informieren, wenn Sie im Internet aktiv werden wollen. Dies ist ein sehr spezieller und schneller Markt, der ständig neuen Entwicklungen unterliegt. Daher raten wir allen Neueinsteigern, sich ausführlich über die Möglichkeiten des Internets und die Methoden zu informieren und diese auszutesten. Auch eine Kombination verschiedener Geschäftsmodelle ist denkbar. So beruht beispielsweise das Geschäftsmodell von eBay auf verschiedenen Standbeinen: Zum einen handelt es sich hier um einen Online-Marktplatz, auf dem Produkte verkauft werden (Provisionsmodell). Zum anderen werden Einnahmen über die Vermarktung von Werbeflächen generiert (siehe Abbildung 1.42). In Kapitel 18, »Monetarisierung – Einnahmen mit der Website erzielen«, geben wir Ihnen einen Überblick über die wichtigsten Einnahmequellen.

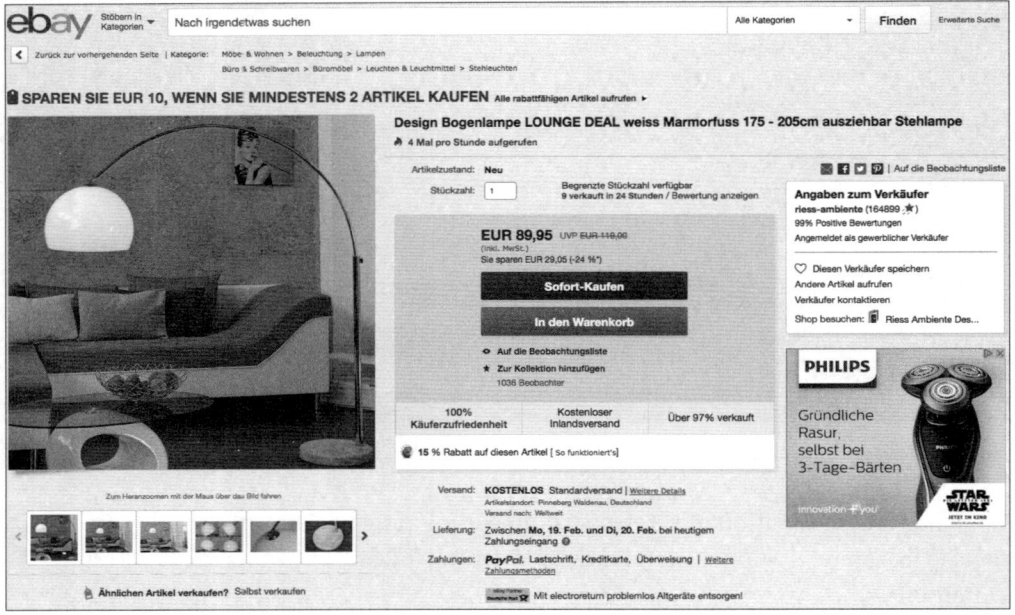

Abbildung 1.42 eBay-Produktseite mit Bannerplatzierung von Philips

Falsche Affiliate-Programme

Es kommt häufiger vor, dass Website-Betreiber Affiliate-Programme einbinden, ohne dass Einnahmen erzielt werden. Dies kann daran liegen, dass nur selten auf die Zahlen geschaut wird und die Affiliate-Banner nur nebenbei in die Website integriert wurden. Häufiger ist es der Fall, dass einfach die falschen Affiliate-Programme eingebunden werden, die die Website-Nutzer nicht ansprechen und folglich nicht angeklickt werden. Wir empfehlen Ihnen hier: Ganz oder gar nicht! Wenn Sie sich für das

Affiliate-Marketing entscheiden, dann ziehen Sie es konsequent durch. Schauen Sie regelmäßig auf Klickraten, und testen Sie verschiedene Programme gegeneinander, um die größtmögliche Effizienz Ihrer Anzeigenflächen zu bekommen. Testen Sie auch verschiedene Bannerplatzierungen auf Ihrer Website, variieren Sie die einzelnen Programme, und tauschen Sie sich mit den Affiliates aus. Gerade im Affiliate-Marketing kann ein enger, partnerschaftlicher Kontakt zwischen Affiliate und Werbetreibendem sinnvoll sein.

Anzeigen werden manuell oder ineffizient platziert

Bei kleineren Website-Betreibern sieht man häufig, dass Werbeflächen manuell platziert und in den Quellcode integriert werden. Bedenken Sie, dass jede Änderung der Anzeigen Aufwand bedeutet. Nutzen Sie daher besser automatische Werbeprogramme, die die Banner anhand von Algorithmen ausliefern. Dies leistet z. B. Google AdSense mit thematisch auf Ihre Website abgestimmten Anzeigen. Ziehen Sie auch den Einsatz eines Adservers in Erwägung, mit dem Sie zentral alle Werbeflächen steuern können.

Häufig sieht man Werbeanzeigen, die an ungünstigen Stellen platziert sind und die mit hoher Wahrscheinlichkeit niemand anklicken wird. Überdenken Sie daher genau das Konzept für die Platzierung von Werbung auf Ihrer Website. Eventuell fahren Sie sogar besser, wenn Sie irrelevante Werbeflächen einfach weglassen. Sie belästigen damit Ihre Besucher weniger, und Ladezeiten können auch davon profitieren. Eventuell erreichen Sie also durch das Weglassen von Anzeigen mittelfristig höhere Einnahmen, da Nutzer Ihre Website gerne wiederholt aufrufen. Messen Sie zudem die Performance jeder einzelnen Anzeigenfläche.

1.5   Online-Marketing per Agentur

In einigen Fällen ist es sinnvoll, die Arbeit mit der Website an spezielle Online-Marketing-Agenturen abzugeben (auch *Outsourcing* genannt) oder Beraterleistungen hinzuzuziehen. Wenn Sie beispielsweise nicht die Zeit aufbringen können, sich intensiv mit Kampagnen bzw. Maßnahmen zu beschäftigen, oder einzelne Optimierungsschritte im Vorfeld mit einem Experten besprechen möchten, bietet sich das an. Im Folgenden geben wir Ihnen einige Hinweise, worauf Sie bei der Auswahl eines geeigneten Dienstleisters achten sollten.

Im ersten Schritt sollten Sie sich ein Bild davon machen, welche Agenturen und Dienstleister es am Markt gibt. Dabei sollten Sie sich bewusst machen, wofür genau Sie externe Unterstützung benötigen. Möchten Sie beispielsweise eine größere Kampagne durchführen, kann eine Online-Agentur sinnvoll sein. Vielleicht möchten Sie aber auch über ein bestimmtes Zeitfenster punktuell Expertentipps hinzuziehen, so macht gegebenenfalls ein externer Berater für Sie mehr Sinn. Die Entscheidung lässt sich also nicht allgemein festlegen und hängt von Ihrem individuellen Vorhaben und auch von Ihrem Budget ab.

Online-Marketing-Agenturen nach Umsatzvolumen 2017

Der Bundesverband Digitale Wirtschaft (BVDW) veröffentlicht jährlich ein Internet-agentur-Ranking (nachzulesen unter *www.agenturranking.de*), sortiert nach Umsatz-volumen pro Jahr. Für 2017 ergab sich danach folgende Liste der zehn größten Agenturen:

1. SapientRazorfish
2. Plan.Net Gruppe
3. team neusta
4. Reply – Digital Experience
5. UDG United Digital Group
6. PIA Performance Interactive Alliance für digitales Marketing GmbH
7. diconium GmbH
8. Publicis Pixelpark GmbH
9. SinnerSchrader AG
10. diva-e Digital Value Enterprise GmbH

Darüber hinaus gibt es viele weitere deutlich kleinere Online-Agenturen, die sich zum Teil auf Einzelbereiche spezialisiert haben. Die größeren Agenturen treffen Sie aller Wahrscheinlichkeit nach auch auf populären Messen wie der dmexco in Köln an. Am Ende des Buchs, in Anhang A, finden Sie eine Liste relevanter Veranstaltungen, auf denen Sie Agenturen und weitere Dienstleister treffen können.

Nachdem Sie sich einen Marktüberblick verschafft haben, erfolgt im zweiten Schritt eine Vorselektion anhand Ihrer Bedürfnisse. Auswahlkriterien können dabei z. B. Unternehmensalter, -größe, Referenzen und Kompetenzen sowie die örtliche Nähe sein. Sicherlich spielt bei einer partnerschaftlichen Zusammenarbeit immer auch Sympathie eine wichtige Rolle. Wie schon erwähnt, ist ebenfalls das Budget ein Ent-scheidungskriterium – daher sollten Sie sich auch ein Bild über die jeweiligen Hono-rare verschaffen.

Nun haben Sie eine Vorauswahl an Dienstleistern getroffen (wir empfehlen, etwa vier Anbieter auszuwählen), die Sie in einem dritten Schritt kontaktieren. Dazu sollten Sie Eckdaten zu Ihrem Vorhaben, Ihre Anforderungen, Ihren Zeitrahmen und Ihr Ziel möglichst konkret zusammenstellen.

Vorbereitung für eine Agenturzusammenarbeit (Briefing)

Die Zusammenstellung aller wichtigen Informationen zu Ihrem Vorhaben für einen externen Dienstleister wird auch als *Briefing* bezeichnet. Darin sollten Sie beispielsweise folgende Fragen beantworten:

▶ eigene Kurzvorstellung mit Angaben zu Ihrer Website und Kontakt
▶ Zielvorstellung:
  – Welche Zielgruppe möchten Sie ansprechen?
  – Kenntnisse zur Zielgruppe
  – Was möchten Sie erreichen?
  – In welchem Zeitrahmen möchten Sie Ihr Ziel erreichen?
▶ bisherige (Marketing-)Maßnahmen und Erfolge/Erfahrungen
▶ Angaben zu möglichen Wettbewerbern und deren Websites
▶ Zuständigkeiten und Ansprechpartner auf Agentur- und Auftraggeberseite
▶ Gestaltungsrichtlinien (Corporate Design) und Informationen zu Materialien (z. B. Bildmaterialien, Produktabbildungen)
▶ technische Eckdaten bzw. Besonderheiten (z. B. CMS-System, Tracking-System)
▶ Vorgehensweise und einzelne Maßnahmen in Absprache mit dem Dienstleister
▶ konkreter Budgetrahmen und Honorarvorstellungen

Achten Sie darauf, dass Ihr Briefing alle notwendigen Informationen enthält, die Ihr Dienstleister benötigt, um ein entsprechendes Angebot bzw. Lösungskonzept zu erstellen. Sie sollten Ihre Angaben jedoch nicht zu eng fassen, um auch noch Gestaltungsspielraum zu ermöglichen.

Je nachdem, was Sie in Auftrag geben möchten (z. B. Website-Erstellung, Redesign, Online-Marketing-Kampagne), können Sie sich zum einen ein Angebot zusenden lassen oder zum anderen in aufwendigeren Fällen auch einen sogenannten *Agentur-Pitch* (Agenturausschreibung) ansetzen. Das bedeutet, dass verschiedene Anbieter Lösungskonzepte präsentieren und Sie anschließend die passendste Agentur beauftragen. Diese Pitch-Präsentationen werden teilweise vergütet – auch dies sollten Sie im Vorfeld besprechen. In Falle eines Pitches kommen in der Praxis auch Geheimhaltungsvereinbarungen (*Non-Disclosure-Agreement*, *NDA*) zum Einsatz, die festlegen, dass das Vorhaben nicht an die Öffentlichkeit gelangt. In einer derartigen schriftlichen Vereinbarung wird festgehalten, dass interne Informationen streng vertraulich behandelt werden und nicht an Dritte weitergegeben werden dürfen.

Planen Sie einen Agentur-Pitch möglichst in einem kurzen Zeitraum – gegebenenfalls sogar am gleichen Tag –, so dass Sie eine gute Vergleichbarkeit der Dienstleister ermöglichen. Abgesehen von der Lösungspräsentation sollten auch Sie den Dienstleister beim Pitch-Termin genau kennenlernen, um eine Entscheidung fällen zu können. Dazu gehört beispielsweise die Klärung folgender Punkte:

▸ (erfolgsbasierte) Vergütungsmodelle insbesondere für Online-Marketing-Kampagnen

▸ Vertragslaufzeiten

▸ Exklusivitätsrechte (Wettbewerbsausschluss)

▸ Referenzen, Zertifikate und Auszeichnungen

Wir empfehlen Ihnen, im Anschluss an die einzelnen Pitch-Präsentationen ausreichend Zeit für Nachfragen und Diskussionen einzuplanen. Der letzte Schritt besteht darin, den passendsten Anbieter auszuwählen.

Fehler beim Agentur-Pitch vermeiden

Das Gallup Institut und der Marketing Club Österreich untersuchten die wichtigsten Fehler bei einem Pitch sowohl auf Agentur- als auch auf Unternehmensseite. So ärgern sich Agenturen beispielsweise über mangelnde Wertschätzung, zu wenig Aufmerksamkeit während des Pitches und über zu unbefriedigende Briefing-Kenntnis der Jury. Auf Unternehmensseite liegen die Fehler der Agenturen z. B. in zu wenig Kundenempathie, Unpünktlichkeit und schlechter Präsentationsleistung.

Damit die Zusammenarbeit mit einem externen Dienstleister möglichst reibungslos funktioniert, sollten Sie auf einige Punkte besonders Acht geben: Ein enger und direkter Kontakt zu Ihrem Ansprechpartner ist hier besonders wichtig. Wenn Ihre Agentur nicht ortsansässig ist, kann es sinnvoll sein, regelmäßige Vor-Ort-Gespräche zu vereinbaren. Legen Sie Meilensteine fest, also Termine, an denen Sie Zwischenziele erreicht haben möchten. Im Allgemeinen ist iteratives Arbeiten empfehlenswert, bei dem jeweils kleine Projektpakete bearbeitet werden. Dokumentieren Sie genau, wann welche Absprachen getroffen wurden, und lassen Sie sich Vereinbarungen (z. B. telefonische Absprachen) zusätzlich schriftlich bestätigen (beispielsweise per E-Mail). Legen Sie Teillieferungen und Teilabnahmen fest, bei denen Sie einzelne Schritte einer größeren Umsetzung freigeben. Bedenken Sie, dass diese Abnahmeprozesse einige Zeit in Anspruch nehmen und Ihre Korrekturen umgesetzt werden müssen. Besprechen Sie auch die Anzahl der Korrekturschleifen mit Ihrem Dienstleister, damit die zeitlichen Fristen nicht gefährdet werden.

Und Sie ahnen es vielleicht schon: Auch die Steuerung einer Agentur ist mit Arbeit verbunden. Ein hundertprozentiges Outsourcing an Externe gibt es nicht. Mit den nun folgenden Buchkapiteln wollen wir Ihnen Hilfestellung für die ersten Schritte zu einer erfolgreichen Website geben.

Kapitel 2
Content – zielgruppengerechte Inhalte

»Content ist zwar nicht alles –
aber ohne Content ist alles nichts.«
– Frei nach Arthur Schopenhauer

In diesem zweiten Kapitel lernen Sie, welche Inhalte auf Ihrer Website vorhanden sein sollten, damit Sie Ihre Zielgruppen erreichen. Zunächst erläutern wir Ihnen, welche Bedeutung Content heutzutage im Online-Marketing hat und warum wir das Thema so weit vorn im Buch platziert haben. Im Anschluss lernen Sie die wichtigsten Pfeiler einer *Content-Strategie* kennen. Wir zeigen Ihnen hier beispielsweise, wie Sie mithilfe des Persona-Ansatzes mehr über Ihre Zielgruppe erfahren und worauf Sie bei Ihren zentralen Botschaften achten sollten. Danach erklären wir Ihnen, was es mit dem seit einigen Jahren so populär gewordenen Begriff *Content-Marketing* auf sich hat. Sie lernen, warum es so wichtig ist, Content-Maßnahmen gut zu planen, und erhalten Tipps für Ihren eigenen Redaktionsplan. Schließlich zeigen wir Ihnen, wie Sie auf Ihre Inhalte aufmerksam machen können und woran Sie merken, ob Ihr Content erfolgreich ist. Das Kapitel endet mit einem Kurzüberblick »to go« und einer Checkliste.

Bevor Sie sich mit Ihrer eigenen Website in die unterschiedlichen Online-Marketing-Disziplinen stürzen und verschiedene Werbeformen ausprobieren, sollten Sie noch einen Moment innehalten. Was haben Sie eigentlich im Web anzubieten? Sind Ihre Inhalte verständlich und zielgruppengerecht aufbereitet? Welche Alleinstellungsmerkmale unterscheiden Sie von Ihren Konkurrenten? Und fördern Ihre Inhalte wirklich den Eindruck, den Sie bei Ihren Besuchern hinterlassen möchten? Wir raten Ihnen, an dieser Stelle ehrlich zu sich selbst zu sein, auch wenn Sie auf Ihre Website bereits (berechtigterweise) stolz sein dürfen. Versetzen Sie sich in die Rolle eines unbedarften neuen Users, der zu Ihrer Zielgruppe gehört und Ihre Website zum ersten Mal sieht. Sind Sie immer noch zufrieden mit Ihren Webinhalten? Falls ja, können Sie dieses Kapitel getrost überspringen; falls nicht, sind Sie hier goldrichtig.

2.1 Content – Dessert oder Grundnahrungsmittel?

Content ist eines der am häufigsten gebrauchten Schlagwörter im Online-Marketing in den letzten Jahren. Insbesondere seit 2011 ist das Interesse an Content-Marketing sprunghaft angestiegen. Wie Sie in Abbildung 2.1 anhand der Entwicklung der Google-Suchanfragen in Deutschland sehen, ist der Begriff in kurzer Zeit ungeheuer populär geworden und hat schnell zu anderen Disziplinen wie Social Media Marketing aufgeschlossen.

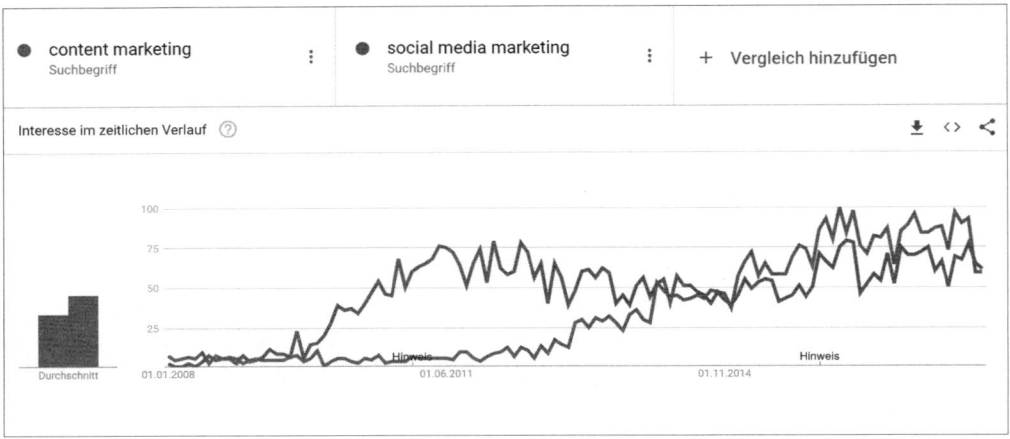

Abbildung 2.1 Entwicklung von Suchanfragen in Google Trends

Content-Marketing ist aber nicht nur ein modischer Branchentrend, sondern eine der am stärksten wachsenden Online-Marketing-Disziplinen der letzten Jahre. Bereits im Jahr 2013 investierten gemäß einer Studie des schweizerischen Marktforschungsinstituts *zehnvier 310* befragte Unternehmen in Deutschland, Österreich und der Schweiz insgesamt 5,8 Mrd. € in Content-Marketing. Content-Marketing machte bereits damals im deutschsprachigen Markt rund 20 % der gesamten Marketingbudgets aus. Einer Studie des Content Marketing Institutes zufolge betrug der Anteil im Jahr 2017 (allerdings für Nordamerika und mit Fokus auf B2C-Marketing) durchschnittlich bereits 26 %. Abbildung 2.2 zeigt die genaue Verteilung. Beide Studien kommen außerdem zu dem Ergebnis, dass die Investitionen in Content-Marketing in den nächsten Jahren weiter ansteigen werden (siehe Abbildung 2.3). Eine andere Untersuchung der bekannten britischen Agentur Econsultancy, bei der mehr als 3.000 Marketingverantwortliche nach ihren zukünftigen Investitionen gefragt wurden, kam 2017 zu dem Ergebnis, dass Content-Marketing – neben Social Media Marketing – nach wie vor zu den Disziplinen gehört, die auch in Zukunft mit deutlich höheren Marketingbudgets ausgestattet werden.

Nach mehreren Jahren, in denen Content-Marketing zu den stärksten Wachstumsdisziplinen im Online-Marketing gehörte, hat sich die Disziplin inzwischen in vielen

Marketingabteilungen etabliert und gehört heute zum festen Bestandteil im digitalen Marketing-Mix. Sie fragen sich sicher, wieso so ein traditionelles Thema wie Content überhaupt erwähnenswert ist. Sollten gute Inhalte im Internet nicht eigentlich selbstverständlich sein?

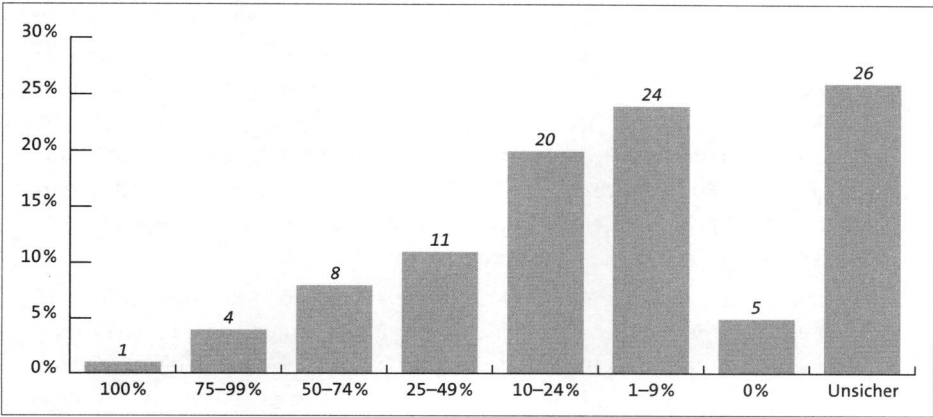

Abbildung 2.2 Anteil des Content-Marketing-Budgets am gesamten Marketingbudget (Quelle: Content Marketing Institute)

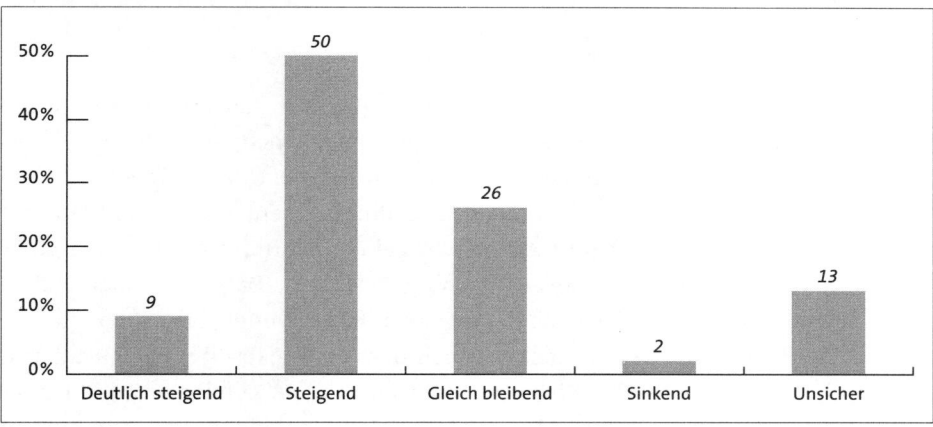

Abbildung 2.3 Erwartung an die Entwicklung des Content-Marketing-Budgets in den nächsten 12 Monaten (Quelle: Content Marketing Institute)

Ein Rückblick: Google Panda und der Content-Boom

Viele Jahre lang war das World Wide Web nicht bekannt für herausragende Inhalte. Verantwortlich dafür waren insbesondere Suchmaschinen wie Google. Diese beurteilten Inhalte nämlich bis ins Jahr 2011 nicht danach, wie wertvoll diese für User waren. Stattdessen überprüften Google und Co. in erster Linie, wo und wie oft in einem Text bestimmte Wörter auftauchten, und verglichen diese Wörter mit den Keywords einer Suchanfrage. Da Suchmaschinen schon damals der Hauptlieferant von Website-Besuchern waren, hatte dies zur Folge, dass Website-Betreiber hauptsächlich Inhalte erstellten, um auf vorderen Suchergebnispositionen zu landen.

Die Qualität der Inhalte litt unter diesen Vorzeichen massiv, da Content vor allem Suchmaschinen gefallen musste. Ein wichtiges Kriterium für Texte war z. B. die sogenannte Keyword-Dichte, also der Anteil, wie häufig ein bestimmter Begriff in einem Text vorkam. Auch automatisiert erstellte Inhalte waren keine Seltenheit. Rund um suchmaschinenoptimierte Texte entstand sogar ein eigenständiges Geschäftsmodell, sogenannte *Content Farms*. Auf solchen Websites wurden hunderttausende Inhalte angeboten mit dem einzigen Zweck, über Suchmaschinenergebnisse Besuche zu generieren und diese über Werbung zu monetarisieren.

Erst im Jahr 2011 schob Google dieser Praxis einen Riegel vor. Mit dem Algorithmus-Update *Panda* wurden Websites bestraft, deren Inhalte keinen oder nur einen geringen Wert für User hatten. Betroffen waren hauptsächlich Websites, die auf Quantität statt auf Qualität gesetzt hatten, Inhalte lediglich kopiert hatten, einen hohen Anteil leerer Seiten unterhielten oder Seiten, auf denen sich viele Anzeigen oder Affiliate-Links fanden. Seit 2011 gab es mehrere Aktualisierungen des Algorithmus, die dazu führten, dass hochwertige Inhalte in Suchergebnissen immer besser positioniert wurden. Infolgedessen wuchs auch bei Website-Inhabern das Interesse an Qualitäts-Content.

Erst das Panda-Update von Google im Jahr 2011 sorgte dafür, dass minderwertige und nur für Suchmaschinen optimierte Inhalte keine Chance mehr auf hohe Positionen in Suchergebnissen hatten. Infolgedessen stieg seit 2011 bei Unternehmen die Nachfrage nach hochwertigem userfreundlichem Online-Content massiv an. Wenn Sie sich heute auf die Suche nach Informationen zu einem bestimmten Thema machen, finden Sie häufig nicht nur Inhalte von Online-Zeitungen, Ratgebern oder Online-Foren, sondern in vielen Fällen auch Beiträge von Unternehmen, die neben Inhalten zu ihrer Marke und ihrem Kernangebot auch über eine Vielzahl unterschiedlicher Themen berichten, die für ihre Zielgruppe relevant sind. In Abbildung 2.4 sehen Sie ein Beispiel des Schweizer Online-Marktplatzes Galaxus. In seinem Newsletter macht er nicht nur auf attraktive Produktangebote aufmerksam, sondern greift auch allgemeine Ratgeberthemen auf (»So trägst du deine Mütze«) und verbindet diese Inhalte auf der Zielseite (siehe Abbildung 2.5) geschickt mit Kaufempfehlungen, die für die Zielgruppe der Newsletter-Empfänger interessant sein könnten.

Wir werden zunächst konkretisieren, was wir unter dem Begriff Content eigentlich verstehen. Inhalte lassen sich einerseits thematisch unterscheiden. Zunächst gibt es Inhalte, die das Unternehmen und den Markenkern darstellen. Hiervon zu unterscheiden sind Darstellungen des Produktangebots und der Dienstleistungen, wie die Angebote aus dem Ausverkauf oder die Wintersport-Highlights der neuen Saison.

Schließlich gibt es Inhalte, die auf den ersten Blick in keinem direkten Zusammenhang zum Unternehmen oder seinen Angeboten stehen, sondern Themen aufgreifen, die für User nützlich oder unterhaltsam sind. Wenn heutzutage von Content-Marketing die Rede ist, versteht man darunter in vielen Fällen vor allem solche weitestgehend produktneutralen Inhalte und deren Planung, Erstellung und Verbreitung. Streng genommen können allerdings auch Marken- und Angebotsinhalte zum Content-Marketing gezählt werden. Abbildung 2.6 illustriert diese drei Ebenen von Content am Beispiel einer bekannten deutschen Hautpflege-Marke.

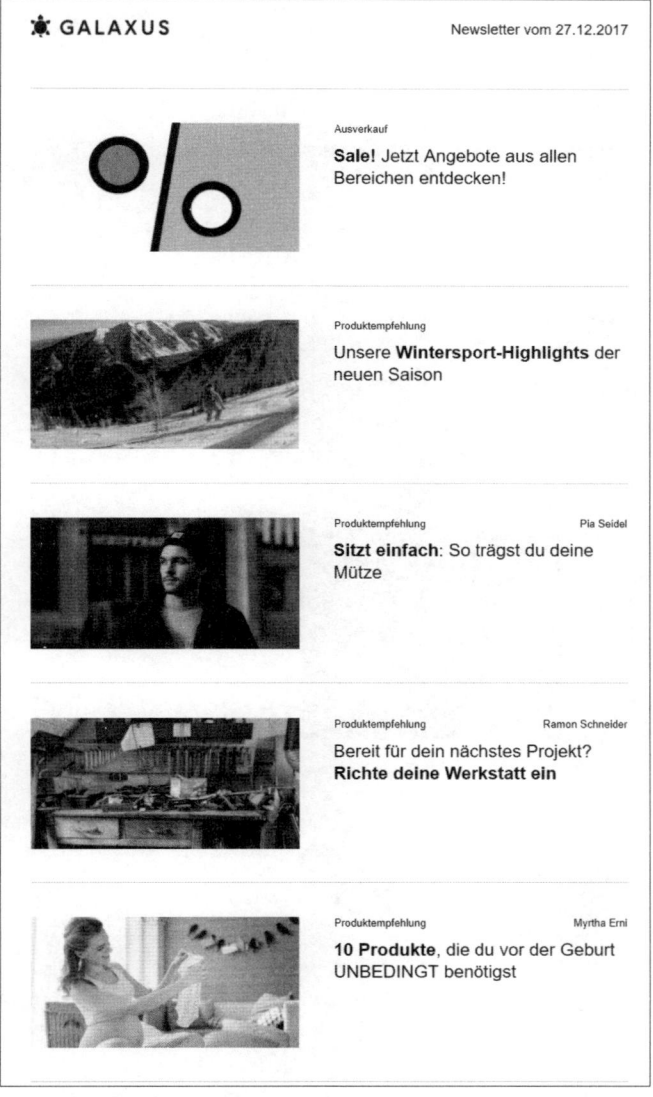

Abbildung 2.4 Content-Marketing im Newsletter des Schweizer Online-Marktplatzes Galaxus

Sitzt einfach: So trägst du deine Mütze

 Pia Seidel · am 21.12.2017
Bilder: Thomas Kunz

Schnee und Eis müssen kein Moodkiller sein: Mützen bringen uns als Wärmespender sowie Muntermacher mit ihren Farben und zahlreichen Formen durch den Winter. Sie pimpen jedes Outfit. Unterschätzt wird oft auch ihre Rolle als Retter in der Not an «Bad-Hair-Days». Hier kommen 7 Wege, wie du Beanies stylen kannst, damit's kuschelig und abwechslungsreich wird – denn die Saison ist noch lang.

1. Als «High-top beanie»

Am liebsten tragen wir diese Mützen lässig mit der Spitze zum Himmel gerichtet. Das lässt uns auch gleich um ein paar Zentimeter wachsen. Besonders schön sind sie in gedeckten Farben oder knallrot im Tiefseetaucher-Stil.

2. Klassisch als «Cuffed beanie»

Weil doppelt besser hält, heizt uns die klassische, umgeschlagene Variante ordentlich ein. Bevorzugt wird er in Hip-Hop-Kreisen getragen und findet seinen Ursprung in der Arbeitsbekleidung. Farbig und im Rippenmuster wird die Mütze zum Hingucker.

High-top beanie links: Carhartt, Cuffed beanie rechts: Burton

Kopfschutz   Mütze   Mütze

17.90
Carhartt Acrylic Watch Hat
★★★★★

20.60
Coal The Uniform (One Size)

21.– statt vorher 35.–[1]
Coal The Yesler (One Size)

Abbildung 2.5 Geschickte Verbindung von nützlichen Ratgeberinhalten und Kaufempfehlungen bei Galaxus

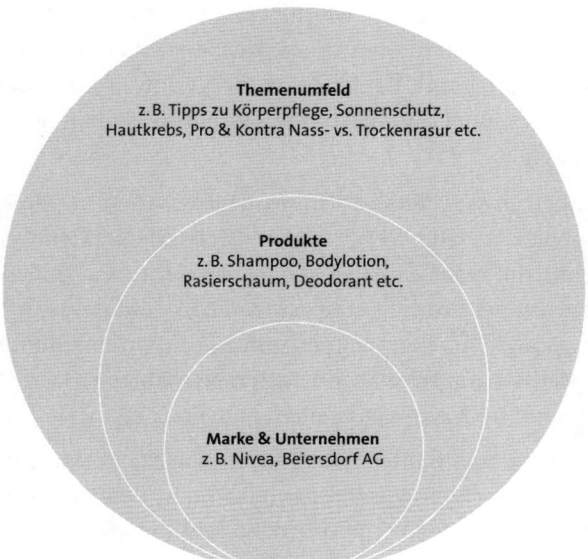

Abbildung 2.6 Thematische Ebenen von Content

Andererseits kann der Begriff Content auch danach unterschieden werden, an welchem Ort, in welcher Form und zu welchem Zweck die Inhalte im Internet erscheinen. Möglich ist z. B. eine Unterscheidung in folgende Content-Gruppen:

▶ **Navigationsinhalte**: z. B. Bezeichnungen von Kategorien, interne Verlinkungen, Filtermöglichkeiten

▶ **Serviceinhalte**: z. B. FAQ, Kontaktseite

▶ **Redaktionelle Inhalte**: z. B. Blogbeiträge, Ratgeber

▶ **Marketing-Content**: z. B. Anzeigentexte, Newsletter-Texte, Landing Pages

▶ **Inhalte zum Angebot**: z. B. Produkttexte, Herstellerinformationen, Kaufempfehlungen

▶ **User-generated Content**: z. B. Kommentare, Bewertungen

▶ **Social-Media-Inhalte**: z. B. Facebook-Posts, Tweets auf Twitter, Social-Media-Profile

▶ **SEO-Inhalte**: z. B. Meta-Informationen wie Page Title und Meta-Description

▶ **Funktionale Inhalte**: z. B. Fehlermeldungen, Hilfstexte zur Benutzerführung, automatisierte Inhalte

Der Begriff Content umfasst also grundsätzlich alle Inhalte einer Website. Obwohl die Liste keineswegs vollständig ist, merken Sie vielleicht schon jetzt, dass Sie bei der Arbeit mit Online-Inhalten zuallererst Prioritäten setzen müssen. An welchen Inhalten möchten Sie arbeiten? Welche Inhalte möchten Sie neu erstellen oder erstellen lassen? Hierzu sollten Sie sich zunächst überlegen, welche Ziele Sie mit Ihren Content-Maßnahmen verfolgen und welche Zielgruppen Sie ansprechen wollen. Mit welchen Inhalten Sie sich beschäftigen, hängt entscheidend von Ihrer Content-Strategie ab. Mehr über die einzelnen Elemente einer Content-Strategie erfahren Sie im folgenden Abschnitt 2.2, »Content-Strategie«.

Es gibt viele weitere Abgrenzungen und Systematiken des Begriffs Content. Einig sind sich alle Modelle aber darüber, dass jede Website, jeder Social-Media-Kanal, ja ein Großteil des Internets ohne Inhalte nicht denkbar ist. Und auch für Ihre Online-Marketing-Maßnahmen ist hochwertiger Content eine notwendige Voraussetzung. Newsletter benötigen Themen, Google-Ads-Kampagnen erfordern Anzeigentexte und passende Zielseiten, Social-Media-Kanäle verlangen nach regelmäßigen Aktualisierungen, Videos und Online-Banner nach einer passenden Bildsprache.

Die Inhalte Ihrer Website sind das Fundament Ihres Erfolgs im Online-Marketing und unerlässliche Basis für viele weitere Marketingdisziplinen, die Sie in den weiteren Kapiteln nach und nach kennenlernen werden. Viele Werbemaßnahmen lassen sich sehr viel effektiver und kostengünstiger ergreifen, wenn Sie über eine stabile und zielgruppenrelevante inhaltliche Basis verfügen. Verschieben Sie die Erstellung hochwertiger Inhalte daher nicht auf den Sankt-Nimmerleins-Tag. Sie haben hiermit eine einmalige Chance, sich von Ihren Konkurrenten abzusetzen, indem Sie Ihren Besuchern Inhalte bieten, die das Vertrauen in Ihre Marke und Ihr Unternehmen stärken, Ihr Angebot erlebbar machen und nützliche Informationen zur Verfügung stellen. Legen Sie dabei stets Wert auf eine hohe Qualität der Inhalte – auch dann, wenn Sie Dienstleister mit der Erstellung Ihres Contents beauftragen. Content ist ein Grundnahrungsmittel, kein Dessert, auf das man im Notfall verzichten kann. Ein 5-Gänge-Menü ohne Wasser, Zwiebel, Öl oder Salz zuzubereiten, würde Ihnen ja auch im Traum nicht einfallen – stimmt's?

Content und Commerce – eine heikle Kombination

Im Beispiel des Online-Marktplatzes Galaxus haben Sie gesehen, wie professionelle Websites versuchen, hochwertigen und nützlichen Content mit Kaufempfehlungen zu vereinen. Diese Verbindung ist nicht ganz unproblematisch – ist doch der User primär auf der Suche nach Informationen und nicht nach Produkten. Stellen Sie sich z. B. vor, Sie möchten in Ihrem Haus neue Fliesen verlegen, suchen bei Google nach passenden Ratgebervideos und landen auf der Website eines Baumarktes. Hauptsächlich möchten Sie nun wissen, worauf beim Verlegen von Fliesen zu achten ist, wo häufig Fehler gemacht werden und welche Fallstricke gegebenenfalls existieren. Zeigt man Ihnen nun neben dem Video ausschließlich Kaufempfehlungen, werden Sie die Website des Baumarktes sicher nicht in besonders guter Erinnerung behalten.

Andererseits erstellen Sie Ihre hochwertigen Inhalte natürlich nicht aus reiner Nächstenliebe. Wenn Sie Ihren potenziellen Kunden gratis nützlichen Content zur

Verfügung stellen, sollten Sie sich dafür interessieren, ob und in welchem Ausmaß sich dies für Sie auch monetär auszahlt. Hier gilt es, kurzfristige und langfristige Monetarisierung voneinander zu unterscheiden. Langfristig werden Sie bestenfalls einen neuen Kunden generieren, der sich bei seiner nächsten Kaufentscheidung an Ihre Inhalte erinnert und immer wieder gern auf Ihre Website zurückkehrt. Zu beachten ist hier also der *Customer Lifetime Value*.

Bei der Gestaltung müssen Sie darauf achten, Ratgeberinhalte und Produktempfehlungen in einem gesunden Verhältnis zu mischen. Content-Commerce-Anbieter wie Styla (*www.styla.com/de/*) haben sich auf die Verschränkung von Inhalten und Shop-Interaktionen spezialisiert. In Abbildung 2.8 sehen Sie die Einstiegsseite eines Magazins zum Thema Urban Gardening des Baumarkts OBI. Ein dort verlinkter Artikel z. B. über Hochbeete – vgl. Abbildung 2.7 – vermischt gekonnt Ratgeberinhalte mit Produktempfehlungen.

Abbildung 2.7 Kombination von nützlichen Ratgeberinhalten mit Produktempfehlungen bei OBI

Abbildung 2.8 Urban-Gardening-Themenwelt des Baumarkts OBI

2.2   Content-Strategie

Vielleicht fragen Sie sich, weshalb Sie überhaupt eine Content-Strategie benötigen und nicht sofort mit der Erstellung von Inhalten loslegen können. Die Antwort ist simpel: Sie sollten zunächst wissen, was Sie wem und zu welchem Zweck mitteilen wollen. Andernfalls laufen Sie angesichts der Vielfalt an Content-Möglichkeiten Gefahr, dass Sie sich mit Ihren Maßnahmen verzetteln, Inhalte erstellen, die Ihre Zielgruppen nicht interessieren oder keine messbaren Erfolge mit sich bringen. Viele Content-Initiativen sind im Sande verlaufen und wurden früher oder später eingestellt, weil sie nicht Teil einer integrierten und strategisch fundierten Planung waren. Machen Sie nicht den gleichen Fehler, und beschäftigen Sie sich zunächst intensiv mit Ihren Zielgruppen und den Zielsetzungen Ihrer Maßnahmen.

2.2.1   Zielgruppen definieren mit Personas

In Kapitel 1, »Der Weg zur erfolgreichen Website«, haben Sie bereits gelernt, wie Sie insbesondere mithilfe von Web-Analytics-Daten mehr über Website-Besucher erfahren. Wenn Sie allerdings vor der Aufgabe stehen, Inhalte zu erstellen, die für bestimmte User relevant sein sollen, genügen diese Informationen nicht. Einerseits geben diese Daten nur anonymisiert Aufschluss über technisch erfassbare Nutzerinformationen wie das verwendete Gerät oder die geografische Herkunft des Besuchers. Andererseits repräsentieren die Daten nur jene User, die Ihre Website ohnehin schon besuchen. Wenn Sie neue Inhalte für potenziell neue Zielgruppen erstellen, die Sie systematisch ansprechen möchten, müssen Sie eine konkretere Vorstellung von diesen Menschen haben. Ein solch anschauliches und lebendiges Bild von Ihrer Zielgruppe erhalten Sie mithilfe von *Personas*.

Personas sind fiktive Nutzerprofile, die konkrete Personen einer Zielgruppe in ihren Eigenschaften und Gewohnheiten charakterisieren. Alle Beschreibungen einer Persona werden üblicherweise in einem Steckbrief zusammengefasst, wie sie ihn in Abbildung 2.9 sehen. Er enthält neben dem Namen, Alter, Geschlecht und Beruf der Persona auch eine Charakterisierung von Vorlieben, Hobbys, Interessen und Abneigungen sowie häufig auch Angaben zum Internetnutzungsverhalten. Je lebendiger und detaillierter eine Persona entwickelt wird, desto besser kann sie Ihnen dabei helfen, die Erwartungen Ihrer Zielgruppen an die Inhalte auf Ihrer Website zu verstehen. Hierzu müssen Sie zunächst mehr über Ihre Zielgruppen erfahren.

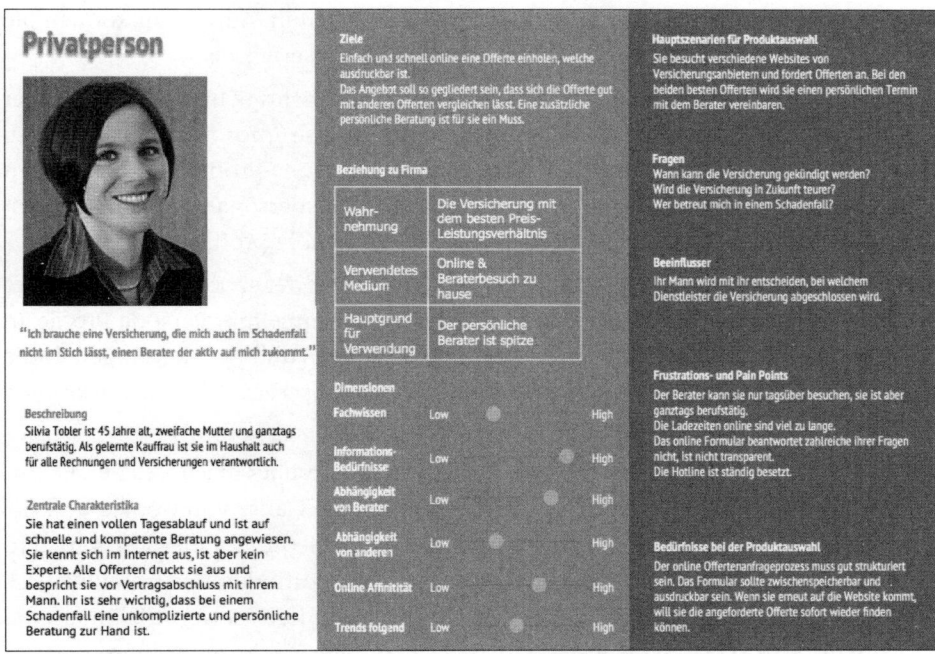

Abbildung 2.9 Beispiel eines Persona-Steckbriefs (Quelle: Usable Brands)

Zielgruppenrecherche

Um aussagekräftige und authentische Persona-Profile erstellen zu können, müssen Sie Ihre Zielgruppen genau kennenlernen und so viele Informationen wie möglich über Ihre potenziellen Kunden sammeln. Zusätzlich zu den bereits in Kapitel 1, »Der

Weg zur erfolgreichen Website«, erwähnten Web-Analytics-Daten haben Sie viele Möglichkeiten, mehr über Ihre Zielgruppen zu erfahren:

▶ **Befragungen**: Sprechen Sie Ihre Zielgruppen direkt an, und bringen Sie in Erfahrung, mit welchen Charakteren Sie es zu tun haben. Dies kann auf Messen und Kongressen ebenso geschehen wie im täglichen Kundenkontakt. Auch Online-Befragungen eignen sich, um mehr über Ihre Zielgruppen zu erfahren. Umfragetools wie SurveyMonkey (*www.surveymonkey.de*) enthalten zertifizierte Vorlagen und Beispielfragen und sind in der Basisversion kostenlos. Auch mit Google-Formularen (*www.google.com/intl/de/forms/about*) lassen sich gratis einfache und aussagekräftige Kundenumfragen aufsetzen.

▶ **Blogs, Foren, Videoplattformen und Social-Media-Portale**: Werden Sie aktiv in Blogs und Communitys, die sich mit den für Sie relevanten Themen beschäftigen. Finden Sie heraus, welche Fragen dort gestellt und welche Probleme diskutiert werden. Versuchen Sie, ein Gefühl dafür zu entwickeln, mit welcher Klientel Sie es zu tun haben, indem Sie auch auf Zwischentöne achten. Außerdem können Sie aktiv Fragen stellen, um mehr über Ihre Zielgruppe zu erfahren.

▶ **Sales**: In Verkaufsgesprächen treten immer wieder wichtige Informationen über Ihre Zielgruppen zutage. Sorgen Sie dafür, dass diese Informationen zu Ihnen gelangen, damit Sie sie bei der Erstellung Ihrer Persona-Profile berücksichtigen können. Stellen Sie außerdem sicher, dass Ihr Verkaufspersonal genügend sensibilisiert ist und Ihnen regelmäßig Rückmeldung zu Kundenprofilen gibt.

▶ **Kundenservice**: Auch Ihr Kundenservice verfügt über tief greifendes Wissen über Ihre Kunden. Nutzen Sie dieses Wissen bei der Erstellung Ihrer Persona-Profile. In Ihrer Content-Strategie können Sie dann auf die Fragen und Themen eingehen, die Ihre Zielgruppe tatsächlich bewegen. Auch in Kundenservice-Gesprächen können kleinere Befragungen eingebunden werden.

▶ **Keyword-Recherchen**: Verschaffen Sie sich einen Überblick, nach welchen Begriffen Ihre Zielgruppen in Suchmaschinen suchen. Die Daten von Google und Co. sind ein reichhaltiger Fundus, um mehr über beliebte Themen, Fragen und Recherchegewohnheiten Ihrer Zielgruppen herauszufinden. In Abschnitt 4.5, »Keyword-Recherche – die richtigen Suchbegriffe finden«, zeigen wir Ihnen, wie Sie Schritt für Schritt eine professionelle Keyword-Recherche durchführen.

▶ **Marktstudien**: Zahlreiche Marktforschungsinstitute veröffentlichen regelmäßig Studien zu einer Vielzahl unterschiedlicher Themen. Recherchieren Sie daher Studien zu Ihrem Thema, die Ihnen mehr über Ihre Zielgruppen verraten. Behalten Sie auch Ihre Wettbewerber und ihre Publikationen im Auge. Die Markt- und Fallstudien (*Case Studies*) Ihrer Konkurrenten können Ihnen ebenfalls wertvolle Hinweise für Ihre Persona-Steckbriefe liefern.

Persona-Profile erstellen

Nachdem Sie so viele Daten wie möglich gesammelt und geordnet haben, können Sie sich an die Erstellung der Persona-Profile machen. Mit 4 bis 5 Profilen decken Sie in den meisten Fällen schon einen Großteil Ihrer Zielgruppen ab.

Bestandteile eines Persona-Steckbriefs

Einige Informationen gehören zu jedem Persona-Profil, andere sind je nach Verwendungszweck variabel. Folgende Bestandteile sollten in einem Persona-Steckbrief aber im Normalfall enthalten sein:

- ► Name
- ► Foto
- ► demografische Daten (Alter, Geschlecht, Familienstand, Nationalität, Beruf, Einkommen)
- ► Charakter- und Verhaltenseigenschaften
- ► Überzeugungen und Abneigungen
- ► Internetnutzungsgewohnheiten
- ► bevorzugte Marken
- ► bevorzugte Inhalte und Inhaltsformate
- ► Erwartungen und Bedürfnisse beim Website-Besuch

Außerdem sollte ein Persona-Profil immer einige einleitende Sätze beinhalten, die die Person kurz und treffend beschreiben. Auch ein fiktives Zitat der Person hilft dabei, sich ein authentisches Bild von seiner Zielgruppe zu machen.

Je vollständiger, ausführlicher und konkreter ein Profil ist, desto besser erfüllt es seinen Zweck, Ihnen und Ihren Kollegen die Zielgruppen plastisch zu vergegenwärtigen. Wir empfehlen Ihnen daher, Ihre ausformulierten Persona-Steckbriefe auszudrucken und an einem zentralen Ort in Ihrem Unternehmen oder Ihrer Abteilung aufzuhängen. Bei der Planung und Erstellung neuer Inhalte haben Sie auf diese Art Ihre Zielgruppen stets vor Augen und können z. B. Ihre Themenauswahl und Ihren Sprachstil kritisch hinterfragen. Konkrete und ausführliche Persona-Profile eignen sich darüber hinaus auch gut als Ausgangspunkt für die zukünftige Content-Recherche. Wenn Sie ein lebendiges Bild Ihrer Zielgruppe vor Augen haben, fällt es Ihnen leichter, sich zu überlegen, welche Informationen, Themen und Content-Formate für Ihre Zielgruppen interessant sein könnten.

Auf *www.usability-toolkit.de* finden Sie einige Beispiele für Persona-Steckbriefe. Abbildung 2.10 zeigt beispielsweise Daniel Storm, einen Hobbyfotografen. Das Profil legt besonderen Fokus auf sein Einkaufs- und Internetnutzungsverhalten sowie auf seine Einstellung zu Fair-Trade-Produkten. Auf der Website von Hubspot, einem führenden Anbieter von Inbound-Marketing- und Sales-Software, finden Sie unter *offers.hubspot.de/kostenlose-vorlage-buyer-personas* außerdem eine kostenlose Vorlage, mit deren Hilfe Sie Ihre Zielgruppen-Segmente leichter erstellen, organisieren und nutzen können.

Persona: Daniel Storm

Beruf

Daniel (29) arbeitet als freiberuflicher Fotograf. Seine Aufträge bekommt er hauptsächlich aus der Industrie, er versucht aber auch, als Landschaftsfotograf Fuß zu fassen. Daher reist er sehr viel und hat vor allem in Asien Zustände gesehen, die er gerne verändern würde.

Freizeit

In seiner Freizeit macht Daniel gerne Sport, wie z.B. Klettern. Außerdem interessiert er sich für Kunst und besucht gelegentlich Ausstellungen. Seine Freunde, mit denen er gerne etwas unternimmt, sind ihm wichtig. Momentan ist Daniel Single und wohnt alleine in einer gemütlichen Wohnung.

Einkaufsverhalten

Umweltschutz ist für ihn genauso ein Thema wie fairer Umgang mit Menschen, da er schon viele Missstände gesehen hat. Auch bei Kleidung legt er viel Wert auf fairen Handel. Leider ist es sehr schwierig Kleidung zu finden, die auch seinem Geschmack entspricht, da die Anbieter oftmals ein Öko-Image verkaufen.

Internetnutzung

Daniel nutzt verschiedene Angebote im Internet sehr aktiv und schreibt unregelmäßig in einem eigenen Blog über seine Reisen. Sowohl seine Bankgeschäfte als auch Kundenkontakte wickelt er online ab. Die Marke WearItFair kennt er schon länger und bestellt sie manchmal über www.ebay.de. Auch auf der Seite www.armedangels.de kauft er gerne ein und beteiligt sich in der Community.

Abbildung 2.10 Beispiel eines Persona-Profils (Quelle: »www.usability-toolkit.de«)

2.2.2   Ziele

Die Erstellung von Content ist kein Selbstzweck. Wie jede andere Marketingmaßnahme müssen sich auch Inhalte am Erfolg messen lassen, den sie für Ihr Unternehmen oder Ihre Website erzielen. Werden Sie sich daher im Vorfeld Ihrer Content-Aktivitäten zunächst über die Ziele klar, die Sie erreichen wollen. Ihre Maßnahmen werden auf diese Weise fokussierter, verbindlicher und wirksamer, da sie sich einer gemeinsamen Stoßrichtung unterordnen. Vermeiden Sie es aber, zu allgemeingültige Ziele zu formulieren (»Umsatz erhöhen«). Brechen Sie übergreifende Unternehmensziele stattdessen auf konkrete und messbare Teilziele herunter, und wenden Sie hierbei das sogenannte SMART-Prinzip an, das Sie bereits in Kapitel 1, »Der Weg zur erfolgreichen Website«, kennengelernt haben.

Damit Sie eine Vorstellung von möglichen Zielen Ihrer Content-Maßnahmen erhalten, haben wir Ihnen einige Beispiele sinnvoller Zielformulierungen zusammengestellt:

- 100 neue Leads in den nächsten drei Monaten generieren (z. B. durch den Download eines Whitepapers)

- Social-Media-Interaktionen im Vergleich zum Vormonat um 10 % erhöhen (z. B. durch verstärkte Posting-Frequenz)

- 1.000 neue User durch SEO-Traffic gewinnen (z. B. durch Themenplanung aufgrund von Keyword-Recherchen)

- Markenbekanntheit erhöhen (z. B. durch intensive Beteiligung in themenrelevanten Blogs oder Foren)

- Image als Themenführer aufbauen oder festigen (z. B. durch ein unternehmens- und angebotsneutrales Themenglossar)

- Absprungraten auf Landing Pages um 10 % reduzieren (z. B. durch gezielte Optimierung der vorhandenen Inhalte)

- Callcenter-Kosten in den nächsten 12 Monaten um 5 % senken (z. B. durch Investitionen in hochwertige und nutzerfreundliche Ratgeberinhalte)

- Besuchszeiten und Konversionsraten auf Ihrer Website erhöhen (z. B. durch Verbesserung der internen Verlinkung)

- Reduzierung der Retourenquote (Rücksendequote) um 10 % bis zum Jahresende (z. B. durch verbesserte Produktempfehlungen)

Wie Sie sehen, ist die Bandbreite möglicher Ziele von Content-Maßnahmen enorm groß. Bei der Vielfalt an möglichen Content-Aktivitäten ist dies nicht weiter verwunderlich. Setzen Sie aus diesem Grund klare Prioritäten, und identifizieren Sie jene Ziele, die mit vergleichsweise geringem Aufwand am meisten zu Ihrem Unternehmensziel beitragen. Denken Sie dabei immer auch an den wirtschaftlichen Wert Ihrer Inhalte, und messen Sie ihn. Je nach Ziel ergeben sich anschließend ganz unterschiedliche Schwerpunkte für Ihre Content-Maßnahmen.

2.2.3 Markenpositionierung und Customer Journey

Sie wissen nun, für wen und zu welchem Zweck Sie Content erstellen. Wir werden Ihnen nun noch einige Hinweise geben, die Ihnen bei der Entscheidung helfen sollen, welche Inhalte Sie erstellen, und die dafür sorgen, dass Ihr Content sich von der Vielzahl konkurrierender Inhalte im Internet abhebt.

Sie haben bereits zu Beginn dieses Kapitels gelesen, dass viele Unternehmen in den letzten Jahren ihre Budgets für Content-Marketing-Maßnahmen deutlich erhöht haben. Entsprechend viele Inhalte sind seit 2011 im Internet publiziert worden – und dies nicht nur von Nachrichten- oder Ratgeberportalen, sondern von Unternehmen jeglicher Art und Größe. Damit Sie angesichts dieses Überangebots mit Ihren eigenen Inhalten überhaupt noch auffallen und einen positiven Eindruck bei Ihren Zielgruppen hinterlassen, müssen Sie sich über die Einzigartigkeit und Unverwechselbarkeit Ihrer Marke und Ihres Angebots im Klaren sein.

Bevor Sie also über konkrete Inhalte nachdenken, sollten Sie Ihre Marke und Ihr Angebot klar positionieren. Klar positionierte Marken geben Ihren Kunden Orientierung, schaffen Vertrauen und fördern Kundenbindung und Kaufentscheidung. Um zu erfahren, ob Ihre Marke bzw. Ihr Angebot prägnant positioniert ist, sollten Sie folgende Kriterien überprüfen:

- **Vision**: Eine klare Markenpositionierung enthält eine Vision. Werden Sie sich klar darüber, welches Ziel Sie langfristig für Ihr Unternehmen und Ihre Dienstleistung anstreben. Ihre Vision sollte herausfordernd und mutig, aber dennoch realisierbar sein.

- **Botschaft und Leistungsversprechen**: Ihre Markenpositionierung sollte getragen sein von einer fokussierten Kernbotschaft und einem klar verständlichen Leistungsversprechen. Ein Beispiel hierfür sehen Sie in Abbildung 2.11. Der Website-Dienstleister Jimdo verbindet Vision und Leistungsversprechen in einer prägnanten Kernbotschaft: »Mach's dir leicht. Erstelle deine Website mit Jimdo.«

- **Kundenbedürfnis**: Eine prägnante Botschaft und eine kühne Vision helfen Ihnen nicht, wenn Ihr Angebot an den Bedürfnissen der Verbraucher vorbeigeht. Hinterfragen Sie Ihre Marke und Ihre Produkte daher kritisch hinsichtlich ihres Marktpotenzials. Wie Sie in Abschnitt 2.2.1, »Zielgruppen definieren mit Personas«, gesehen haben, können Sie eine Vielzahl von Daten zusammentragen, um die Bedürfnisse potenzieller Kunden realistisch einzuschätzen.

- **Alleinstellungsmerkmal (Unique Selling Proposition [USP])**: Was unterscheidet Ihr Angebot von vergleichbaren Angeboten Ihrer größten Konkurrenten? Warum sollte sich ein Kunde gerade für Sie entscheiden und Ihnen treu bleiben? Sind Sie besonders günstig, bieten Sie einen einzigartigen Kundenservice, oder haben Ihre Produkte unverwechselbare Vorzüge? Stellen Sie diese Alleinstellungsmerkmale oder USPs bei Ihren Content-Aktivitäten konsequent in den Vordergrund.

- **Langfristigkeit**: Schließlich sollte Ihre Markenpositionierung beständig und auf mehrere Jahre angelegt sein. Sämtliche kurzfristigen Marketingmaßnahmen, insbesondere Content-Aktivitäten, sollten auf Ihre gesamtheitliche Positionierung abgestimmt sein. Der Erfolg Ihrer Content-Maßnahmen, mit denen Sie Ihre Marke Schritt für Schritt auf- und ausbauen, zeigt sich nicht im einmaligen Anstieg von Besucherzahlen, sondern im kontinuierlichen Zugewinn neuer zufriedener Kunden und in der Festigung bestehender Kundenbeziehungen über viele Jahre hinweg.

Es ist wichtig, dass Sie sich über die Besonderheiten Ihrer Marke und Ihres Angebots, über Ihren *Markenkern*, bewusst werden, bevor Sie sich an die Detailplanung Ihrer Content-Marketing-Maßnahmen machen. Content ist notwendig, um Ihre Marke aufzubauen und mit Leben zu füllen. Alle Inhalte, die Sie erstellen, sollten daher zur Positionierung Ihrer Marke passen. Hierzu gehört auch, dass Sie sich über den Stil, die Tonalität und das Qualitätsniveau Ihrer Inhalte Gedanken machen. Der erste Eindruck, den Sie mit Ihren Inhalten bei Ihren Besuchern hinterlassen, wird nicht nur geprägt von dem Informationsgehalt (»Was?«) Ihres Contents, sondern auch von der Art und Weise (»Wie?«), mit der diese Inhalte kommuniziert werden. Richten sich Ihre Inhalte an ein Fachpublikum? Dann sollten Sie auf eine stark vereinfachende Darstellung möglicherweise verzichten. Wenn Sie hingegen ein jüngeres Publikum ansprechen wollen, das auf Ihren Content in Social-Media-Kanälen aufmerksam wird, sollten Sie vor allem grafische Inhalte zur Verfügung stellen. Setzen Sie in allen Fällen auf Qualität! Billig und massenhaft eingekaufter Content bei Textdienstleistern wird nicht nur von Google bestraft. Er beschädigt langfristig vor allem die Wahrnehmung Ihrer Marke.

Abbildung 2.11 Leistungsversprechen und Kernbotschaft auf der Homepage von Jimdo

Vergegenwärtigen Sie sich außerdem, dass Ihre Zielgruppen mit ganz unterschiedlichen Bedürfnissen auf Ihre Website gelangen. Einige Besucher sind vielleicht ganz zufällig auf Ihrer Homepage gelandet. Andere suchen nach Informationen zu einem bestimmten Thema und stoßen hierbei auf ein Whitepaper in Ihrem Blog. Wieder andere User sind auf der Suche nach einem konkreten Produkt und steuern zielsicher Ihren Online-Shop an. Stellen Sie sicher, dass Sie Ihren Besuchern in jeder Situation bzw. in allen Phasen ihres Kaufinteresses, d. h. in der gesamten sogenannten *Customer Journey*, relevante und verständliche Inhalte anbieten, die zu Ihrer Markenpositionierung passen.

Vergessen Sie auch nicht, dass Internetnutzer heute in den meisten Fällen verschiedene Geräte nutzen, um sich auf die Suche nach Informationen oder konkreten Angeboten zu machen. Gerade für Recherchen benutzen wir heutzutage in den meisten Fällen unser Smartphone. Sorgen Sie daher insbesondere dafür, dass Ihre Inhalte für Smartphone-User genauso nützlich sind wie für Nutzer von Desktop-Geräten wie PC oder Laptop.

Bedenken Sie auch, dass Internetnutzer nicht nur auf Ihrer Website mit Ihrem Angebot und Ihrem Unternehmen in Berührung kommen. Je nachdem, welche Marketingkanäle Sie zur Verbreitung Ihrer Marke und Ihrer Produkte nutzen, können User über viele verschiedene Wege auf Ihre Inhalte stoßen. Abbildung 2.12 illustriert die Vielfalt der Quellen, über die ein Besucher mit Ihren Inhalten in Berührung kommen kann. Achten Sie darauf, dass Sie in all diesen Kanälen, also entlang der gesamten Customer Journey, ein einheitliches Bild Ihrer Marke präsentieren.

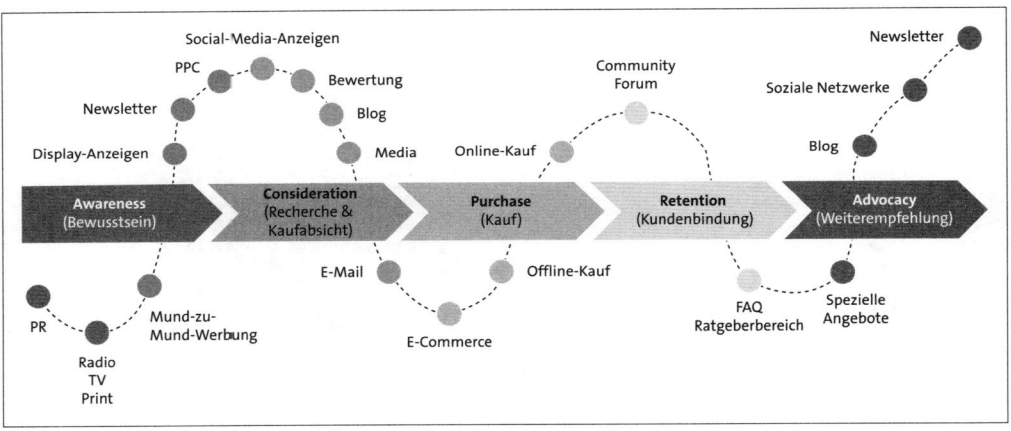

Abbildung 2.12 Kanäle zur Content-Verbreitung entlang der Customer Journey

2.2.4   Content-Audit

Bevor Sie sich an die eigentliche Content-Planung machen, sollten Sie sich in einem letzten Schritt einen Überblick verschaffen, welche Inhalte bereits vorhanden sind. In einem solchen sogenannten *Content-Audit* sollten Sie alle Inhalte zusammentragen und bewerten, die auf Ihrer Website existieren oder in anderer Form, z. B. nur als Printpublikation, zur Verfügung stehen.

Sie fragen sich vielleicht, wozu Sie sich diese ganze Arbeit machen sollten. Für einen Content-Audit sprechen viele Gründe:

▶ Sie erkennen, ob Ihr bestehender Inhalt zu Ihren definierten Zielen und Zielgruppen sowie zu Ihrer Markenpositionierung passt.

▶ Sie finden heraus, ob Ihre Inhalte Ihre potenziellen Kunden in allen Phasen der Customer Journey ansprechen bzw. wo es allenfalls Lücken gibt.

▶ Sie beurteilen Ihren Content hinsichtlich Tonalität und Qualität.

▶ Sie entdecken SEO-Schwachstellen und strukturelle Schwächen auf Ihrer Website.

▶ Sie können zukünftige Content-Maßnahmen besser priorisieren.

▶ Sie können den Umfang Ihrer zukünftig notwendigen Content-Arbeiten realistischer einschätzen.

Nur wenn Sie einen Überblick über Ihre aktuellen Inhalte haben, besitzen Sie eine verlässliche Grundlage für Ihre weitere Content-Planung. Sie erkennen Lücken, Schwachstellen und Optimierungspotenziale und können diese, abgestimmt auf Ihre Ziele, priorisieren. Je nach Ausgangslage kann es sinnvoll sein, eine Bestandsaufnahme Ihres gesamten Contents zu machen oder sich auf einen Teilbereich (z. B. Produkttexte) oder einen bestimmten Aspekt (z. B. Abdeckung der Customer Journey) zu konzentrieren. Sie sollten dabei stets quantitative und qualitative Content-Audits voneinander unterscheiden.

Mit einem quantitativen Content-Audit verschaffen Sie sich einen Überblick über sämtliche Inhaltsdaten, die zu einem bestimmten Zeitpunkt auf Ihrer Website vorhanden sind. Hierzu gehören z. B.:

▶ URL

▶ Webserver-Statuscode (z. B. 200, 301, 404 – um festzustellen, ob Ihre Inhalte in einem Browser überhaupt aufgerufen werden können)

▶ Überschriften und Zwischenüberschriften

▶ Textlänge

▶ Metatexte wie der Page Title oder das Meta-Tag description

▶ eingehende und ausgehende Verlinkungen

▶ Dateiformat des Inhalts (z. B. HTML, PDF, JPG)

Solch eine quantitative Bestandsaufnahme kann leicht mit speziellen sogenannten *Crawling-Tools* gemacht werden. Ein sehr bekanntes Crawling-Tool ist der Screaming Frog, der »schreiende Frosch« (*www.screamingfrog.co.uk/seo-spider/*). Das Tool liest automatisch sämtliche Inhalte einer Website aus und stellt das Ergebnis in Tabellenform zur Verfügung. Darüber hinaus gibt der Screaming Frog Aufschluss über die Klicktiefe, also die Anzahl an Klicks, die man benötigt, um von der Startseite zu einem spezifischen Content zu gelangen (siehe Abbildung 2.13). Bis zu 500 Seiten können mit dem Screaming Frog kostenlos ausgelesen werden.

Kernstück Ihres Content-Audits ist aber eine qualitative Analyse. Sie ist sehr viel aufwendiger, da Inhalte meist manuell beurteilt werden müssen. Falls möglich sollten

Sie daher im Vorfeld eines qualitativen Content-Audits einen speziellen Fokus definieren oder mehrere Personen mit der Analyse betrauen. Folgende Aspekte können Bestandteil eines qualitativen Content-Audits sein:

▶ Aktualität der Inhalte

▶ Tonalität

▶ Aufbau, Gliederung, Lesbarkeit, Verständlichkeit

▶ passend zu Zielen

▶ passend zur Markenpositionierung

▶ passend zu Persona-Profilen

▶ Eignung für verschiedene Phasen der Customer Journey

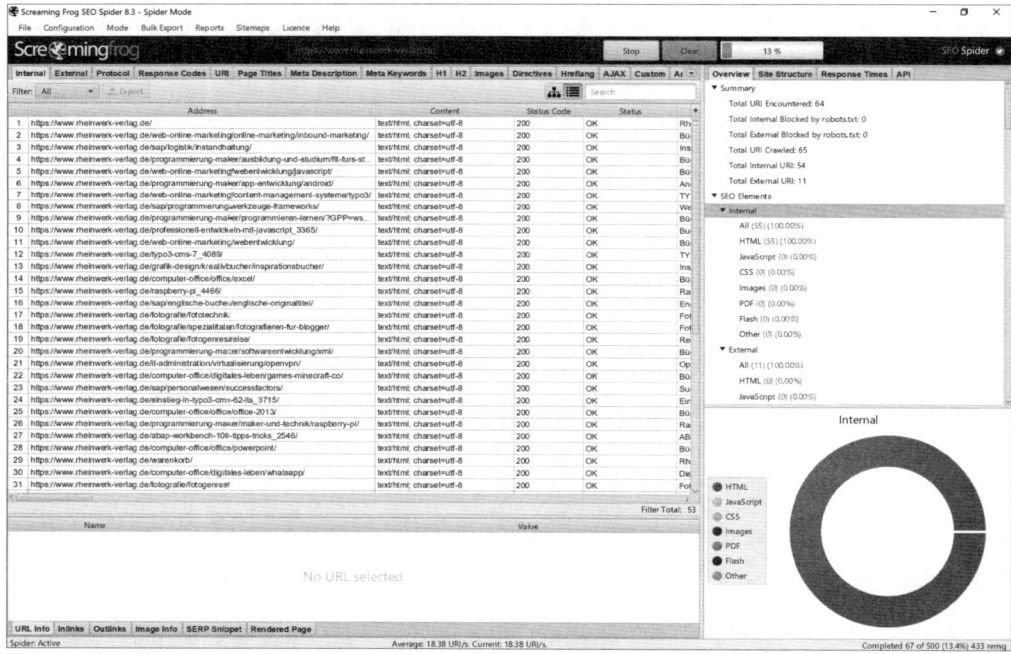

Abbildung 2.13 Quantitativer Content-Audit mit dem Screaming Frog

Erstellen Sie eine Excel-Datei, und ordnen Sie alle Analysekriterien in Spalten an. Während des Audits werden Sie an verschiedenen Stellen Optimierungspotenziale identifizieren (»Inhalte entfernen«, »Text aktualisieren«, »SEO-Maßnahmen«, »Inhalt stärker an Persona XY ausrichten« …). Halten Sie auch diese nächsten Schritte in einer separaten Spalte fest. Am Ende des Content-Audits können Sie auf diese Weise genau bestimmen, wo der Handlungsbedarf am größten ist, und definieren, welche konkreten Maßnahmen Sie in welcher Reihenfolge ergreifen. Sie merken es vielleicht selbst: Wir sind mitten in der Content-Planung angekommen.

Tipp für das Arbeiten mit mehreren Personen an einem einzigen Dokument

Wenn Sie – wie z. B. im Fall eines qualitativen Content-Audits – mit mehreren Personen an demselben Dokument arbeiten, bietet es sich an, statt mit lokalen Dateien mit Technologien zu arbeiten, die die Datei online für alle Beteiligten aktuell halten. Die Dokumente werden z. B. via Microsoft OneDrive oder Google Drive auf einem Online-Speicherplatz abgelegt und können von verschiedenen Usern gleichzeitig bearbeitet und kommentiert werden.

2.3   Content-Marketing

Sie haben nun wichtige strategische Vorüberlegungen angestellt, sind sich über Ihre Zielgruppen klar geworden, haben Ziele definiert und sich einen Überblick über bereits vorhandene Inhalte gemacht. Wahrscheinlich sind Sie während des Content-Audits auch schon auf erste Ideen gekommen, wo Sie weiter an Ihren Inhalten arbeiten möchten. Im nächsten Schritt geht es nun darum, sämtliche möglichen Maßnahmen zu sammeln und in eine für alle Beteiligte transparente und handhabbare Planung zu überführen.

2.3.1   Content planen

Die Planung Ihrer Content-Aktivitäten vollzieht sich in mehreren Schritten, die wir Ihnen nun erläutern werden. Nicht immer ist es sinnvoll, dass ein Schritt streng nach dem anderen erfolgt. Sie sollten aber die verschiedenen Elemente der Planung einordnen können, um möglichst effizient erste Content-Aktivitäten auf den Weg zu bringen.

Themensammlung

Vergegenwärtigen Sie sich zunächst nochmals die Ergebnisse Ihrer Content-Strategie, und sammeln Sie auf dieser Grundlage alle potenziellen Content-Maßnahmen, die Ihnen in den Sinn kommen. Dabei kann es sich sowohl um Optimierungen bestehender Inhalte als auch um völlig neuen Content handeln. Beziehen Sie bei der Themen- und Ideensammlung verschiedene Personen Ihres Unternehmens ein. Stellen Sie dabei aber sicher, dass alle Beteiligten die wichtigsten Eckpfeiler Ihrer Content-Strategie und die zentralen Ergebnisse Ihres Content-Audits kennen. Schränken Sie die Themensammlung in dieser Phase aber noch nicht durch zu viele Vorgaben ein (Budgets, Ressourcen, technische Restriktionen). Stellen Sie stattdessen ausführlich Ihre Zielgruppen (Persona-Profile) vor, und ermutigen Sie andere Teilnehmer, auf dieser Basis ihren Ideen freien Lauf zu lassen. Aussortieren können Sie in einem zweiten Schritt immer noch. Die erste Themensammlung kann in einem gemeinsamen

Brainstorming (Workshop) oder getrennt voneinander anhand eines kurzen Leitfadens erfolgen, in dem die wichtigsten strategischen Rahmenbedingungen zu Zielen, Zielgruppen und Markenpositionierung zusammengefasst sind.

Tools für die Themensammlung

Es existieren diverse Tools, die Sie bei der Themensammlung unterstützen und mit deren Hilfe Sie Ihre eigenen Ideen anreichern können. Einige dieser Tools stellen wir Ihnen hier kurz vor:

- **Buzzsumo** (*buzzsumo.com*): Buzzsumo ist eine Suchmaschine, die Inhalte danach sortiert, wie häufig diese in sozialen Netzwerken geteilt werden. Außerdem spürt das Tool sogenannte *Top Influencer* auf, also Personen, die mit ihren sozialen Interaktionen großen Einfluss auf eine Social-Media-Community haben. Die Basisfunktionen von Buzzsumo sind kostenlos. Seit Oktober 2017 gehört Buzzsumo zu Brandwatch (*www.brandwatch.com*), einem der bekanntesten Dienstleister im Bereich Social Media Monitoring.
- **Übersuggest** (*ubersuggest.org*): Bei der Eingabe von Suchbegriffen in Google schlägt die Suchmaschine automatisch beliebte ähnliche Suchanfragen vor. Wenn Sie Ihre relevanten Suchbegriffe mit Fragwörtern wie »Wie?« oder »Warum?« kombinieren, erhalten Sie auf diese Art wertvolle Content-Ideen. Mit dem Tool Übersuggest können Sie sämtliche Keywords auslesen, die in diesem Google-Feature erscheinen.
- **Quora** (*de.quora.com*): Das Portal Quora liefert Antworten auf Fragen, zu denen noch wenige hochwertige Inhalte im Web existieren. Wenn Sie sich für den Newsletter anmelden, können Sie sich regelmäßig über angesagte Themen informieren lassen, die besonders viel Aufmerksamkeit im Internet erfahren.
- **W-Fragen-Tool** (*www.search-one.de/w-fragen-tool/*): Das W-Fragen-Tool von Kai Spriestersbach informiert darüber, welches die am häufigsten gesuchten Fragen rund um ein Thema bzw. einen Begriff sind. Unter Berücksichtigung der eigenen Persona-Profile können Sie so die Themen identifizieren, die User am meisten interessieren.

Rahmenbedingungen

Nach der Themensammlung haben Sie nun im Idealfall eine lange Liste möglicher Content-Ideen, die Sie weiterverfolgen können. Damit Sie all diese Ideen in einen Aktionsplan überführen können, geht es nun an die Filterung und Priorisierung der Themen. Hierzu sollten Sie sich zunächst für jede einzelne Maßnahme über die Rahmenbedingungen klar werden, die es zu berücksichtigen gilt. Insbesondere folgende Fragen sollten Sie im Rahmen Ihrer Content-Planung klären:

- Welchen Stellenwert hat die einzelne Maßnahme im Rahmen der gesamten Content-Strategie? Wie stark trägt sie zur Zielerreichung bei?

- ▶ Wie viele interne Personen müssen bei einer Content-Aktivität involviert werden? Wie hoch ist der gesamte interne Zeitaufwand?

- ▶ Welche fixen Deadlines gibt es?

- ▶ Welche externen Kosten fallen an, z. B. für Texter, Webagenturen, Entwickler, Content-Agenturen?

- ▶ Welche technischen Restriktionen gibt es?

- ▶ Welches Budget steht insgesamt zur Verfügung? Mit welchen ungefähren Kosten ist für jede einzelne Content-Maßnahme zu rechnen?

Wenn Sie die wichtigsten Informationen zu jeder Content-Aktivität zusammengestellt haben, haben Sie eine solide Basis, um Ihre Maßnahmen zu priorisieren.

Guter Content ist nicht kostenlos!

Häufig werden die Kosten für hochwertige Inhalte unterschätzt. Das liegt einerseits daran, dass viele Dienstleister Texte zu Dumpingtarifen anbieten, deren Qualität dann aber meist zu wünschen übrig lässt. Andererseits werden interne Aufwände häufig gern vergessen. Oft müssen viele verschiedene Abteilungen und Personen involviert werden, bevor ein neuer Inhalt den Weg auf Ihre Website findet. Kalkulieren Sie daher bereits im Vorfeld großzügig, wie aufwendig und kostenintensiv eine einzelne Maßnahme für interne und externe Beteiligte ist.

Redaktionsplan

Alle Content-Maßnahmen, die nach der Filterung, Bereinigung und Priorisierung der Themensammlung übrig bleiben, sollten in einen zentralen Redaktionsplan einfließen. Der Redaktionsplan sollte das Herzstück Ihrer Content-Marketing-Arbeit sein und dient als zentrale Anlaufstelle für alle Beteiligten während der Planung und Produktion der Inhalte. Hier werden alle Informationen zur zeitlichen Planung, Erstellung, Anbindung und Verbreitung der Inhalte festgehalten. Dafür eignet sich eine tabellarische Datei, die Sie z. B. mit Microsoft Excel erstellen können. Noch einfacher handhabbar wird der Redaktionsplan, wenn Sie ihn im Internet z. B. mit einer Google-Tabelle (*www.google.de/intl/de/sheets/about/*) für alle Beteiligten zugänglich machen. Verschiedene Benutzer können dann gleichzeitig im Redaktionsplan arbeiten und sich von überallher einen Überblick über den aktuellen Status verschaffen.

Eine einheitliche Vorlage für einen Redaktionsplan existiert nicht. Man kann aber grundsätzlich zwei Bereiche unterscheiden, in denen einige Elemente fixer Bestandteil sein sollten:

- ▶ Allgemeine Informationen und zeitliche Übersicht
  - – Monat, Kalenderwoche und Tag der Veröffentlichung
  - – Redaktionsschluss

- Thema
- Beschreibung des Inhalts
- Keywords (SEO)
- Format (z. B. Blogpost, Teaser, Meta-Informationen, Video)
- (messbares) Ziel
- Zielgruppe (z. B. Persona-Profil)
- verantwortlicher Ansprechpartner
- Autor
- Status der Bearbeitung

▶ Verlinkung und Verbreitung

- Verlinkung von der Startseite, von Kategorieseiten oder anderen Seiten
- organische Verbreitung über Social-Media-Plattformen wie Facebook, Twitter, Google+, Pinterest oder XING
- bezahlte Promotionen über Social-Media-Plattformen
- Verbreitung über Suchmaschinen (SEO-Check)
- Verbreitung über spezielle Content-Plattformen wie YouTube, Instagram oder SlideShare
- Newsletter
- Pressemeldung
- Verbreitung in relevanten Online-Foren und Communitys
- Native Advertising
- Offline-Verbreitung z. B. als Print-Whitepaper

Optional können Sie im Redaktionsplan auch diejenigen Schritte aufführen, die der eigentlichen Erstellung der Inhalte vorgelagert bzw. nachgelagert sind. So kann z. B. auch die Themensammlung oder die Erfolgsauswertung Bestandteil des Redaktionsplans sein, indem Sie sie beispielsweise auf unterschiedliche Reiter verteilen. Im Internet finden Sie zahlreiche kostenlose Vorlagen für Redaktionspläne. *www.textbroker.de/8-tools-fuer-die-content-planung* bietet z. B. Vorlagen für Redaktionspläne, die Sie nach Belieben an Ihre Situation anpassen können.

2.3.2   Content erstellen

Sobald ihr Planungsgerüst steht, können Sie sich an die Produktion der Inhalte machen. Je nach Content-Format und Ziel können die Anforderungen an die Content-Erstellung sehr unterschiedlich sein. Wir werden Ihnen im Folgenden daher zunächst einen Überblick über einige wichtige Inhaltsformate geben. Im Anschluss widmen wir uns der Frage, unter welchen Umständen es sinnvoller ist, die Content-Produktion an externe Dienstleister auszulagern, und was dabei zu beachten ist.

Formate

Es gibt eine schier unendliche Vielzahl unterschiedlicher Content-Formate. Daher müssen wir an dieser Stelle eine Auswahl treffen, die aber einen Großteil der heute beliebten und erfolgreichen Formate abdeckt.

Texte | An der langen Content-Theke sind Texte das Wasser. Kaum ein Content-Format kommt völlig ohne Texte aus – sei es in geschriebener oder gesprochener Form. Mit Texten lassen sich komplexe Zusammenhänge ebenso darstellen wie einfache Checklisten. Dementsprechend groß ist das Spektrum an Textformaten, die im Internet populär sind. Es reicht von Artikeln und Blogposts über mehrseitige Whitepapers und E-Books zum Download bis hin zu Kleinstformaten wie Teaser-Texten oder Social-Media-Posts. Aber auch Produktbeschreibungen, Checklisten oder Marktstudien bestehen in erster Linie aus Texten.

Professionelle Texte in all diesen unterschiedlichen Formaten zu verfassen, ist keine Kleinigkeit und erfordert Know-how, Stilsicherheit und Erfahrung. Investieren Sie daher in Qualität! An Online-Texte werden besondere Ansprüche gestellt, da Internet-User ein anderes Leseverhalten an den Tag legen als bei analogen Medien. Mehr hierzu erfahren Sie in Abschnitt 7.7, »Die Navigation«. Umfangreichere Textformate wie Ratgeberbroschüren oder Whitepapers sind eine gute Möglichkeit, vor dem Download die Kontaktdaten der Interessenten abzufragen (siehe Abbildung 2.14).

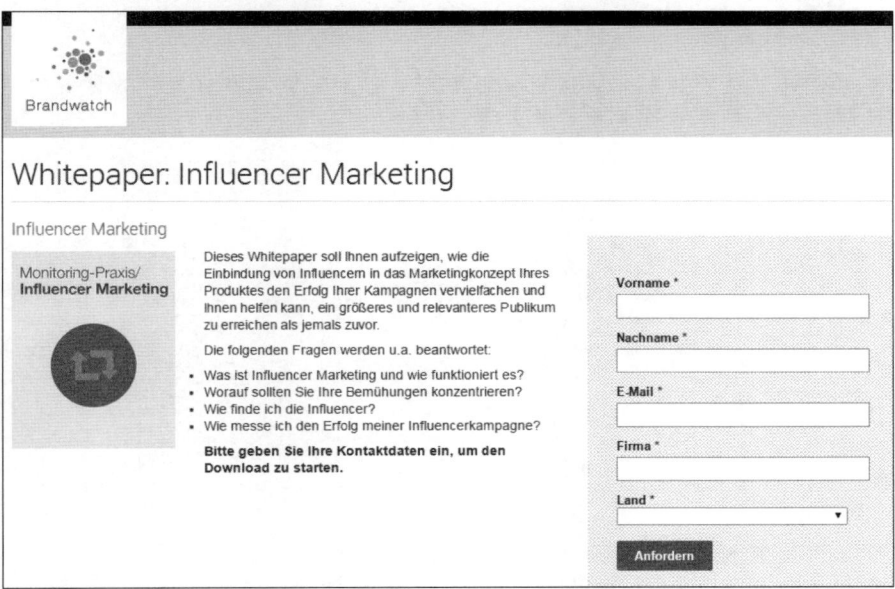

Abbildung 2.14 Download eines Whitepapers mit Kontaktformular bei Brandwatch

Bilder und Grafiken | Grafische Elemente wie Fotos, Illustrationen oder Diagramme ziehen per se die Aufmerksamkeit des Users auf sich – ob als den Text begleitende

Elemente oder isoliert. Vor allem in Social-Media-Netzwerken können Sie mit deutlich besseren Aufmerksamkeits- und Interaktionsraten rechnen, wenn Sie Ihre Inhalte mit grafischen Elementen anreichern. Auch hier empfehlen wir Ihnen, in hochwertiges Bildmaterial zu investieren, das zur Positionierung Ihrer Marke passt und sich von den Materialien der Konkurrenz positiv abhebt.

Eine besondere Möglichkeit, Textinformationen und grafische Elemente miteinander zu kombinieren, bieten sogenannte *Infografiken*. Informationen werden hier ansprechend aufbereitet sowie leicht verdaulich und einprägsam präsentiert. Internet-User wissen dies zu schätzen, weswegen Infografiken in den letzten Jahren ein besonders beliebtes Content-Format geworden sind (siehe Abbildung 2.15). Mit Tools wie Piktochart (*piktochart.com*) oder Infogram (*infogr.am*) können Sie einfache Infografiken selbst erstellen. Für aufwendigere, z. B. interaktive Infografiken sollten Sie sich an einen Spezialisten wenden.

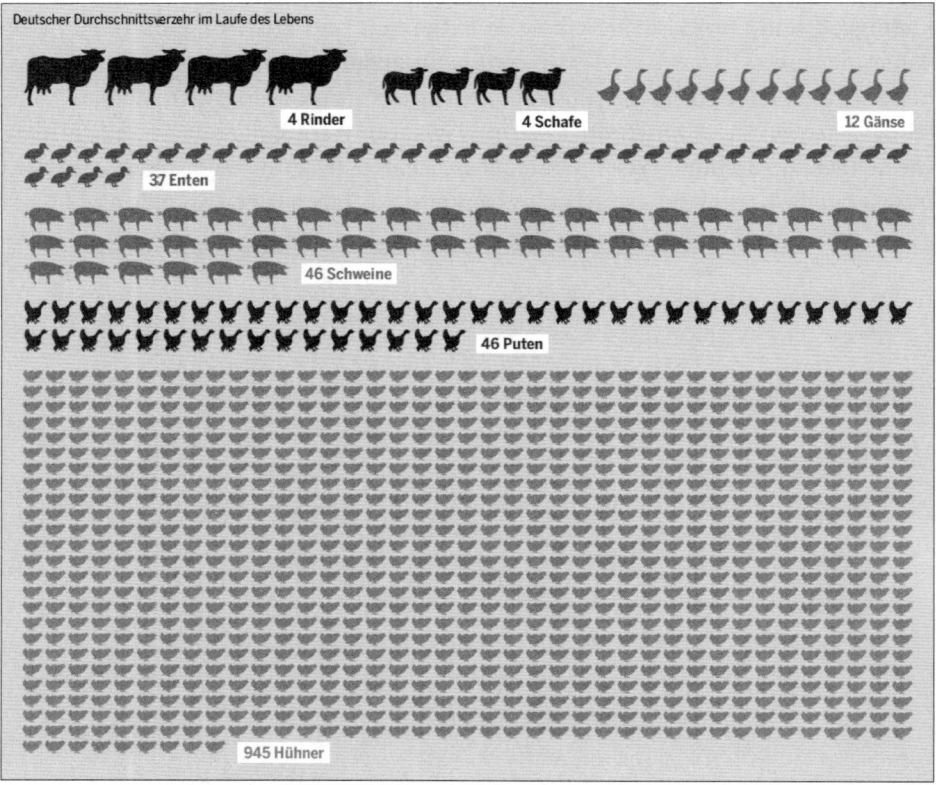

Abbildung 2.15 Infografik der Heinrich-Böll-Stiftung zum Fleischkonsum im Laufe eines Lebens

Video-Content | Ähnlich wie Bilder und Grafiken ziehen auch Videos die Aufmerksamkeit der Internet-User in besonderem Maß auf sich. Die Produktion professioneller Videos ist aufwendig, weshalb wir Ihnen raten, sich an einen Spezialisten zu wenden, wenn Sie ein Video erstellen wollen. Sonderformen von Videos sind sogenannte *Screencasts* (Bildschirmaufzeichnungen) sowie Erklärvideos, in denen in einfacher Weise, meist mithilfe von animierten Grafiken, ein Sachverhalt erläutert wird. Unter *www.youtube.com/watch?v=iefUrSvttQQ* finden Sie ein Video der Schwäbisch Hall, das auf einfache Art und Weise erklärt, wie Bausparen funktioniert (siehe Abbildung 2.16). Mehr zur Konzeption und Produktion erfolgreicher Videos erfahren Sie in Kapitel 16, »Video-Marketing«.

Abbildung 2.16 Erklärvideo von Schwäbisch Hall zum Thema Bausparen

Vorträge und Webinare | Wenn Sie zu Ihrem Fachgebiet Vorträge halten, erstellen Sie automatisch interessante Inhalte, die auch für die Besucher Ihrer Website interessant sind. Machen Sie daher Ihre Vorträge einem breiteren Publikum bekannt, indem Sie sie auf Ihrer Website oder speziellen Plattformen wie SlideShare (*de.slideshare.net*) publizieren.

Eine weitere Möglichkeit, Ihr Wissen online zu verbreiten, sind *Webinare*. Dabei handelt es sich um Online-Seminare, bei denen sich Teilnehmer in eine Videokonferenz einwählen und interaktiv einbringen können. Als Anbieter von Webinaren können Sie wertvolle Kontakte über das Internet knüpfen und sich als kompetenter Ansprechpartner zu einem Thema positionieren. Ein bekannter Anbieter von Webinar-Software ist GoToMeeting (*www.gotomeeting.com*).

Spiele | User im Internet wollen einerseits unterhalten, andererseits selbst aktiv werden. Eine gute Möglichkeit, beiden Interessen gerecht zu werden, bieten Spiele bzw. spielerische Elemente. Hierzu gehören sowohl klassische Online-Spiele als auch

Quizanwendungen, Rätsel, Gewinnspiele oder Wissens- oder Persönlichkeitstests. Im weitesten Sinn können auch ansprechend präsentierte Produktkonfiguratoren als spielerische Elemente verstanden werden (siehe Abbildung 2.17). Spiele haben den Vorteil, dass sich User länger als gewöhnlich mit einer Marke auseinandersetzen.

Abbildung 2.17 Produktkonfigurator von BMW

Produktion

Sie sehen: Je nach Content-Format sind die Anforderungen an die Erstellung von Inhalten sehr unterschiedlich. Nicht immer können Sie und Ihre Kollegen die Produktion des Contents allein bewältigen, da es Ihnen an Zeit, Know-how oder Erfahrung fehlt. Wir geben Ihnen daher einige Empfehlungen mit auf den Weg, die Ihnen dabei helfen sollen, zu entscheiden, unter welchen Umständen es sinnvoll ist, die Content-Produktion an externe Dienstleister auszulagern.

Bei Ihrer Entscheidung sollten Sie folgende Überlegungen berücksichtigen:

▶ Die Suche nach einem passenden externen Dienstleister nimmt etwas Zeit in Anspruch.

▶ Womöglich sind Sie nicht sofort mit den Arbeitsergebnissen zufrieden. Vor allem zu Beginn müssen Sie sich häufig und intensiv mit dem Dienstleister abstimmen.

▶ Interne Ansprechpartner können unkomplizierter einbezogen werden, wenn die Produktion innerhalb Ihres Unternehmens erfolgt.

▶ Gute Dienstleister sind teuer. Sie sind zwar nicht so nah am Geschehen, liefern aber wichtige Impulse von außen.

▶ Eine rein interne Content-Produktion kann zu Betriebsblindheit und Eintönigkeit führen. Wir raten Ihnen daher dazu, wenigstens punktuell externe Hilfe in Anspruch zu nehmen.

Eine Orientierungshilfe kann außerdem das Raster in Tabelle 2.1 bieten. Es unterscheidet einerseits, ob ein Content-Format regelmäßig oder nur sporadisch produziert werden muss, andererseits, ob die Produktion spezielles Know-how erfordert, das intern noch nicht existiert.

	Content-Format regelmäßig	Content-Format unregelmäßig
Know-how intern vorhanden	Versuchen Sie, Ihre Inhalte intern zu produzieren. Identifizieren Sie dabei genau, an welchen Stellen Sie an Ihre Grenze stoßen. Beziehen Sie punktuell externe Experten zur Qualitätssicherung ein, und bringen Sie auf diesem Weg frischen Wind in Ihre Content-Produktion.	Finden Sie heraus, wie lange es dauert, bis ein intern nur selten gebrauchtes Know-how wieder aktiviert ist. Hinterfragen Sie kritisch die Qualität der Inhalte. Konsultieren Sie externe Dienstleister gegebenenfalls zwecks einer Zweitmeinung.
Know-how intern nicht vorhanden	Legen Sie die Produktion zunächst in die Hände von Experten, und eignen Sie sich möglichst viel eigenes Wissen an. So halten Sie sich die Möglichkeit offen, eventuell zu einem späteren Zeitpunkt auf eine interne Produktion umzustellen.	Beauftragen Sie externe Dienstleister mit der Produktion.

Tabelle 2.1 Hilfsraster zur Entscheidungsfindung bei der Content-Produktion

Content-Richtlinien

Ob Ihr Content intern oder von externen Dienstleistern produziert wird – in beiden Fällen sind ausführliche Content-Richtlinien notwendig. Diese Guidelines enthalten sämtliche Leitlinien, die Texter, Grafiker und Content-Spezialisten bei der Produktion von Inhalten berücksichtigen müssen. Hierzu gehören z. B. die Grundzüge Ihrer Content-Strategie, allgemeine Texter-Regeln, Hinweise zu Besonderheiten bei der Markenkommunikation, eine firmenspezifische Sprachregelung, Hinweise zu Stil und Tonalität sowie technische Hilfestellungen z. B. hinsichtlich des Content-Management-Systems (CMS).

2.3.3   Content bekannt machen

Der beste Content wird nicht von Erfolg gekrönt sein, wenn niemand von ihm Kenntnis nimmt. Aus diesem Grund muss die systematische und zielgerichtete Verbreitung Ihrer Inhalte fester Bestandteil Ihrer Content-Marketing-Aktivitäten sein. Wir zeigen Ihnen daher im Folgenden, wie Sie effizient und zielgruppengerecht auf Ihre Inhalte aufmerksam machen können, um eine möglichst große Reichweite zu erzielen. Machen Sie sich keine falschen Hoffnungen: Wenn Sie sich nicht aktiv um die Bekanntmachung Ihrer Inhalte kümmern, wird Ihr mühsam produzierter Content mit ziemlicher Sicherheit in den Weiten des Internets unsichtbar bleiben.

Interne Verlinkung

Der einfachste Weg, auf Ihre neu erstellten Inhalte aufmerksam zu machen, ist es, sie von zentralen Orten aus zu verlinken. Die meisten Besucher starten ihren Besuch auf Ihrer Website wahrscheinlich auf der Startseite. Sorgen Sie dafür, dass Ihre besten, aktuellsten und aussagekräftigsten Inhalte hier prominent verlinkt sind. Auch thematisch passende Kategorieseiten sollten auf Ihren Content verlinken. Solche sogenannten *internen Promotionen* erhöhen die Zugriffszahlen auf Ihre Inhalte deutlich, wenn sie an passenden Stellen platziert sind. In Abbildung 2.18 sehen Sie, dass auf der Startseite des ADAC nicht nur das Produkt- und Serviceangebot verlinkt ist. Im Zentrum der Seite macht der Automobil-Club außerdem auf viele aktuelle und nützliche Inhalte aufmerksam (Reiserücktritt, richtig Starthilfe geben, Autobahnvignetten).

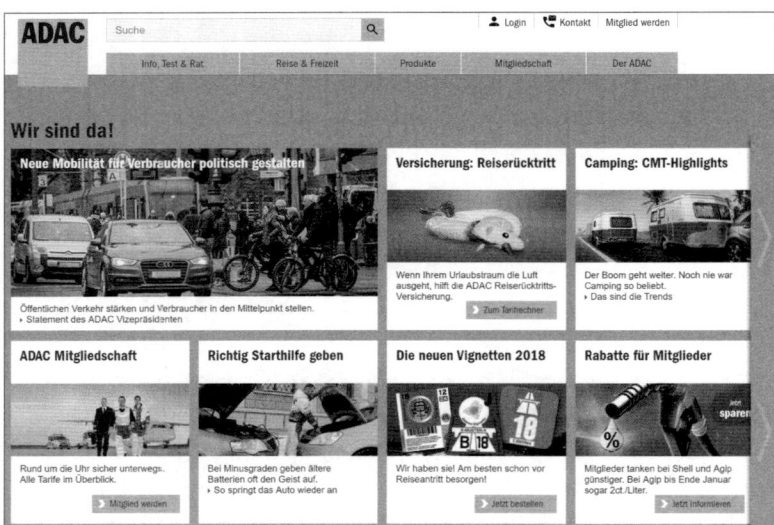

Abbildung 2.18 Interne Promotionen von Content auf der Startseite des ADAC

Wenn Sie Ihren Content von vielen passenden Stellen auf Ihrer Website verlinken, steigt außerdem die Relevanz der Inhalte für Suchmaschinen.

SEO

Suchmaschinen sind für die meisten User der häufigste Einstiegspunkt zu Webseiten und Inhalten. Sie sind damit ein zentrales Hilfsmittel, um Ihren Content bekannt zu machen. Voraussetzung hierfür ist natürlich, dass Ihre Inhalte für Suchmaschinen optimal aufbereitet sind, dass also z. B. häufig gesuchte Keywords in Ihren Inhalten auftauchen. Auch sollten Sie sich darum kümmern, dass Ihr Content von anderen Websites wahrgenommen und verlinkt wird. In Kapitel 5, »Suchmaschinenoptimierung (SEO)«, lernen Sie detailliert, worauf Sie bei der suchmaschinenfreundlichen Gestaltung Ihres Contents achten sollten.

Social Media

Soziale Medien bieten eine fabelhafte Möglichkeit, Ihre Inhalte bei Ihren Zielgruppen bekannt zu machen. Nutzen Sie dabei alle für Sie relevanten Social-Media-Netzwerke zur Verbreitung Ihrer Inhalte. Auf diese Weise platzieren Sie Ihren Content nicht nur bei Ihren direkten Anhängern. Als Multiplikatoren sorgen diese auch dafür, dass Ihre Inhalte weiterverbreitet werden. Durch dieses sogenannte *Content-Seeding* (»Säen von Inhalten«) kommt im Idealfall sogar ein viraler Verbreitungseffekt in Gang. Mit genügend großem zeitlichem Abstand können Sie Ihren Content auch mehrmals über ein und dasselbe Portal verbreiten. In diesem Fall sollten Sie vorab allerdings überprüfen, ob Ihre Inhalte noch aktuell sind. Die Streuung Ihres Contents über Social-Media-Netzwerke wird außerdem vereinfacht, indem Sie auf Ihren Webseiten Social-Media-Buttons integrieren, die es Ihren Usern leicht machen, die Inhalte in ihrem bevorzugten Netzwerk zu teilen. In Abbildung 2.19 sehen Sie, wie ein populärer Satireblog Social-Media-Interaktionen in seine Artikel integriert.

Abbildung 2.19 Integration von Social-Media-Buttons

In vielen Social-Media-Netzwerken können Sie Ihre Inhalte außerdem kostenpflichtig bewerben und damit deren Reichweite zusätzlich erhöhen. Mehr zu den Marketingmöglichkeiten in Social-Media-Kanälen und den Chancen und Grenzen mit viralem Marketing erfahren Sie in Kapitel 15, »Social Media Marketing«.

Native Advertising

Eine weitere Form der Content-Werbung ist das sogenannte *Native Advertising*. Hierbei werden Anzeigen im redaktionellen Umfeld einer Website geschaltet, die sich in Format, Stil und Gestaltung an ihre Umgebung anpassen und so nur noch schwer von diesem Umfeld zu unterscheiden sind (vergleiche Abbildung 2.20).

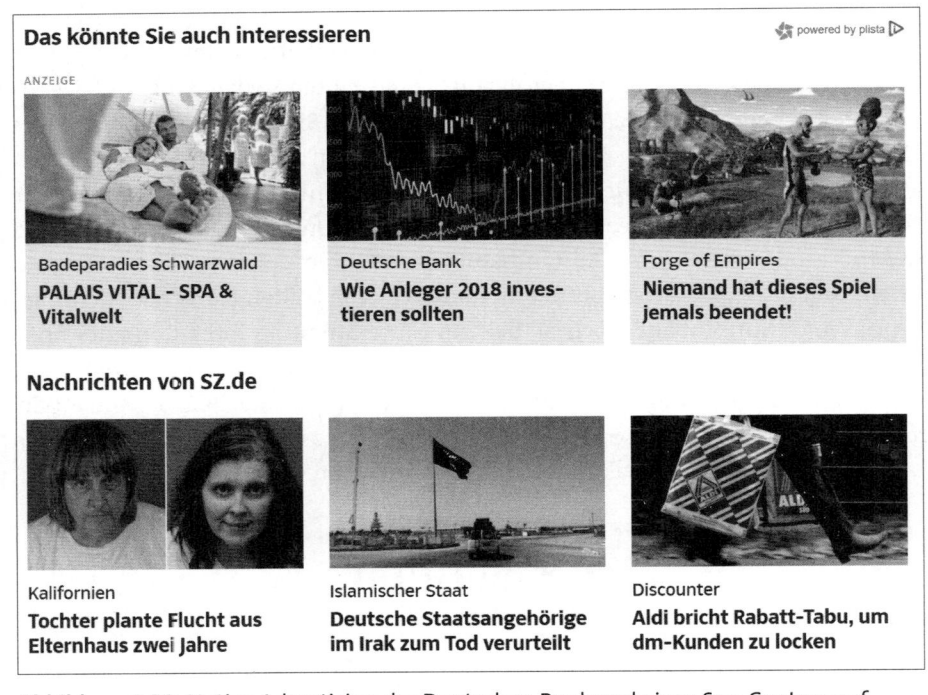

Abbildung 2.20 Native Advertising der Deutschen Bank und eines Spa-Centers auf »sueddeutsche.de«. Die Anzeigen passen sich optisch an das redaktionelle Umfeld an.

Online-PR

Wenn Online-Magazine, News-Publisher, Foren oder relevante Fachportale auf Ihre Inhalte verweisen oder sie gar selbst veröffentlichen, ist Ihnen eine große Reichweite gewiss. Denken Sie daher bereits in der Planungsphase darüber nach, wie Sie es schaffen können, dass einflussreiche Websites auf Ihren Content aufmerksam werden und diesen positiv aufgreifen. Ein wichtiges Kriterium an pressetaugliche Inhalte ist beispielsweise ihre fachliche Neutralität und Fundiertheit. Werbetexte haben in diesem Umfeld nichts verloren.

Unter Umständen können Sie im Vorfeld auch Exklusivpartnerschaften vereinbaren, die einer bestimmten Website das Erstrecht an der Verbreitung Ihrer Inhalte zusichert. Auch in passenden Foren und Communitys können Sie in angemessener Form und unter Beachtung der Richtlinien auf Ihre Inhalte aufmerksam machen. Mehr zu diesen Formen der Content-Streuung lesen Sie im folgenden Kapitel 3, »Online-PR – Public Relations, Pressearbeit und Influencer-Marketing im Internet«.

2.3.4   Content messen

Woran erkennen Sie, ob Ihre Content-Arbeit von Erfolg gekrönt ist? Wie können Sie die Vielzahl möglicher Maßnahmen sinnvoll priorisieren? Und wie können Sie Ihren Vorgesetzten davon überzeugen, dass sich Investitionen in Content-Marketing lohnen? Auf all diese Fragen werden Sie keine fundierten Antworten finden, wenn Sie Ihre Content-Marketing-Aktivitäten nicht messen. Content ist kein Selbstzweck, sondern steht im Dienst der Erreichung Ihrer Marketing- und Businessziele und der Positionierung Ihrer Marke. Wir zeigen Ihnen daher im Folgenden, welche Zahlen für die Erfolgsmessung Ihrer Content-Arbeit aussagekräftig sind, und weisen Sie auf einige Tools hin, mit denen Sie diese Daten erheben können.

Kennzahlen

Bevor Sie sich auf die Kennzahlen stürzen, empfehlen wir Ihnen, sich nochmals zu vergegenwärtigen, welches die übergeordneten Ziele Ihrer Content-Aktivitäten sind und welche Rolle dabei eine einzelne Maßnahme einnimmt. Ein und dieselbe Kennzahl ist nicht für alle Content-Maßnahmen gleichermaßen aussagekräftig. Wollen Sie beispielsweise mit Ihren Content-Aktivitäten die Bekanntheit Ihrer Marke erhöhen, sind andere Daten ausschlaggebend, als wenn Sie mehr Besucher auf Ihre Website ziehen oder User dazu bringen möchten, Ihr Kontaktformular auszufüllen. Die folgende Liste möglicher Kennzahlen sollten Sie also mit Ihren spezifischen Zielen abgleichen, um die für Sie aussagekräftigen Daten zu identifizieren.

Kennzahlen zur Website-Nutzung | Diese Daten erheben Sie mit einem Web-Analytics-Tool wie z. B. Google Analytics.

▸ Seitenaufrufe (Page Impressions): Wie oft wurde eine bestimmte Seite aufgerufen?

▸ Besuche (Visits): Wie oft wurde die Seite besucht?

▸ Interaktion (Content Engagement): Wie stark interagiert ein Besucher mit Ihrem Content? Scrollt er auf der Seite weiter, um den gesamten Content zu sehen? Startet er ein Video? Bedient er ein Slider-Element?

▸ Absprungrate (Bounce-Rate): Wie hoch ist der Anteil der Besuche, die nur eine Seite Ihrer Website angeschaut haben?

- ▶ Verweildauer (Time-on-Site): Wie lange dauerte ein Besuch auf Ihrer Website durchschnittlich?

- ▶ Seiten pro Besuch: Wie viele Seiten wurden durchschnittlich pro Besuch angeschaut?

- ▶ Direkte Besuche (Direct Traffic): Wie viele Besucher haben die URL Ihrer Website direkt im Browser eingegeben?

- ▶ Neue bzw. wiederkehrende Besucher: Wie hoch ist der Anteil neuer bzw. wiederkehrender Besucher?

- ▶ Conversion-Rate: Wie hoch ist der Anteil der Besuche, die auf der Website eine gewünschte Aktion tätigen (z. B. einen Kauf)?

Mehr zur Messung dieser Kennzahlen erfahren Sie in Kapitel 10, »Web-Analytics«.

Kennzahlen zur Präsenz in Suchmaschinen | Diese SEO-Zahlen liefern Ihnen sogenannte *Search Analytics Tools* wie Sistrix (*www.sistrix.de*) oder Searchmetrics (*www.searchmetrics.com*). Auch die Google Search Console (*www.google.com/webmasters/tools/home?hl=de*) stellt in diesem Bereich viele interessante Daten zur Verfügung.

- ▶ Rankings: Wie präsent ist Ihre Website für bestimmte Begriffe in Suchergebnissen? Wie steht es um Ihre Konkurrenz?

- ▶ Sichtbarkeitsindex: Wie sichtbar ist Ihre Website insgesamt in Suchergebnissen? Wie steht es hier um Ihre Konkurrenz?

- ▶ Duplicate Content: Über wie viele doppelte Inhalte verfügt Ihre Website?

- ▶ Interne Links: Wie gut sind Ihre Inhalte miteinander verlinkt?

- ▶ Backlinks: Wie viele Links von anderen Domains verweisen auf Ihre Website?

Kennzahlen zur Interaktion in Social-Media-Netzwerken | Tools wie Brandwatch (*www.brandwatch.com*), CX Social (*cxsocial.clarabridge.com*) oder Talkwalker (*www.talkwalker.com*) versorgen Sie mit zahlreichen Daten zur Interaktion mit Ihren Inhalten in Social-Media-Netzwerken.

- ▶ Social Buzz: Wie oft wird Ihr Unternehmen bzw. Ihr Inhalt in sozialen Netzwerken erwähnt?

- ▶ Anzahl Anhänger: Wie viele Anhänger haben Sie in den unterschiedlichen sozialen Netzwerken?

- ▶ Stimmungsbild (Sentiment): Wie wird qualitativ über Sie und Ihren Inhalt gesprochen?

- ▶ Interaktion (Engagement): Wie häufig werden Ihre Inhalte in sozialen Netzwerken geteilt bzw. weiterempfohlen (Likes, Shares, Re-Tweets etc.)?

- ▶ Share of Voice: Wie präsent sind Sie mit Ihren Inhalten im Vergleich zum Marktumfeld und Ihren Konkurrenten?

Marketing- und Business-Kennzahlen | Diese Kennzahlen sind die wichtigsten Daten, da sie über Erfolg oder Misserfolg Ihrer Geschäftsaktivitäten entscheiden. Die Erhebung der Daten ist dementsprechend aufwendig und erfolgt oft nur sporadisch oder gar nicht. Abhängig von den Zielen Ihrer Content-Aktivitäten sollten Sie die für Sie relevanten Marketing- und Business-Kennzahlen aber unbedingt im Auge behalten.

▶ Markenbekanntheit

▶ KUR (Kosten-Umsatz-Relation) bzw. ROI (Return on Investment), also die Rentabilität eines bestimmten Werbekanals

▶ Kosten pro Conversion, z. B. Kosten pro Newsletter-Anmeldung oder Kosten pro Online-Verkauf

▶ Gesamtumsatz und Umsatz pro Kanal

▶ Anteil an Neukunden bzw. an wiederkehrenden Kunden

▶ Customer Lifetime Value (CLV), also der gesamte »Wert«, den ein Kunde während seines »Kundenlebens« für Ihr Unternehmen hat

2.4   Konstanz, Konstanz, Konstanz

Konstanz ist nicht nur eine Stadt am Bodensee. Konstanz ist auch das wichtigste Erfolgsrezept für Ihre Content-Maßnahmen. Versprechen Sie sich von Ihren ersten Content-Aktivitäten nicht zu viel. Die Wahrscheinlichkeit, dass sich Ihre Inhalte von selbst wie ein Lauffeuer verbreiten, ist äußerst gering. Hierzu bedarf es einer guten Spürnase für Trends und Themen, viel Erfahrung mit Content-Produktion und Distribution – und vor allem: eines ordentlichen Quäntchens Glück. Erfolgreiches Content-Marketing basiert stattdessen in den allermeisten Fällen auf einer gut durchdachten Strategie, systematischer Planung und Beharrlichkeit. Zahlreiche Content-Initiativen sind erfolglos geblieben, weil sie ohne strategisches Fundament und strukturierte Planung durchgeführt oder nach einigen ersten erfolglosen Versuchen abgebrochen wurden.

Der Erfolg von Content-Marketing manifestiert sich nicht in plötzlich steigenden Besucherzahlen aufgrund einer besonders gelungenen Infografik, sondern in einer langsamen, aber stetigen Steigerung der Markenbekanntheit und einer kontinuierlichen Arbeit an der eigenen Positionierung. Bleiben Sie dabei stets Ihren eigens erarbeiteten strategischen Eckpfeilern und Ihren Qualitätsansprüchen treu. Jeder Content-Baustein, der im Lauf der Zeit übereinandergesetzt wird, trägt nach und nach seinen Teil zur Errichtung Ihres konsistenten Website-Gebäudes bei. Auch aus diesem Grund ist ein verbindlicher Redaktionsplan so wichtig. Er hilft Ihnen, bei der Vielzahl von Content-Baustellen den Überblick nicht zu verlieren und Ihre übergeordneten Ziele klar vor Augen zu haben. Arbeiten Sie daher kontinuierlich und in kleinen Schritten an der Verwirklichung Ihrer Strategie, anstatt Ihr Pulver in wenigen groß angelegten Initiativen zu verschießen. Sie sammeln dabei wertvolle Erfahrungen, die Sie nach und nach weiter ausbauen können.

Erliegen Sie außerdem nicht der Versuchung, sich nach einer erfolgreichen Content-Maßnahme zurückzulehnen. Nach dem Launch ist vor dem Launch. Content-Marketing ist kein Projekt, das nach erfolgreicher Durchführung zu einem Abschluss kommt, sondern ein kontinuierliches Grundrauschen, mit dem Sie sich bei Ihren Usern immer wieder in Erinnerung rufen. Nur wer glaubwürdig und nachhaltig stets zeitgemäße und zielgruppengerechte Inhalte veröffentlicht, wird seine Marke und sein Angebot dauerhaft positionieren können und einen bleibenden Eindruck hinterlassen.

2.5   Content to go

▶ Content-Marketing ist eine der am stärksten wachsenden Online-Marketing-Disziplinen der letzten Jahre. Die Budgets für Content-Maßnahmen sind in den letzten Jahren deutlich gestiegen. Vor allem die Suchmaschine Google hat diese Entwicklung befördert, da sie seit dem Algorithmus-Update Panda 2011 insbesondere qualitativ hochwertige Inhalte bevorzugt in Suchergebnissen ausspielt.

▶ Der Begriff Content umfasst grundsätzlich sämtliche Inhalte einer Website. Je nach Fokus können Inhalte nach ihrem Thema oder ihrer Funktion unterschieden werden. Inhalte sind die Basis für fast alle weiteren Online-Marketing-Maßnahmen.

▶ Eine Content-Strategie hilft Ihnen dabei, zu bestimmen, was Sie wem und wozu mitteilen wollen. Bestandteile einer Content-Strategie sind die Bestimmung von Zielen, Zielgruppen und Ihres Markenkerns.

▶ Personas sind erfundene Nutzerprofile, mit deren Hilfe Sie sich Ihre Zielgruppen besser vorstellen können. Je ausführlicher und lebendiger Personas sind, desto besser helfen sie Ihnen dabei, die Erwartungen Ihrer Zielgruppen an Ihre Inhalte zu erfüllen.

▶ Messbare Ziele sorgen dafür, dass Sie sich mit Ihren Content-Aktivitäten nicht verzetteln. Stellen Sie sicher, dass Ihre Content-Ziele zu Ihren übergeordneten Unternehmenszielen passen, und setzen Sie klare Prioritäten.

▶ Eine klare Marken- und Angebotspositionierung hilft bei der kontinuierlichen Erstellung von Inhalten. Diese können sich rund um einen prägnanten Markenkern ansiedeln und geben Content-Kampagnen einen klaren Fokus.

▶ Inhalte sollten für Besucher in allen Phasen ihres Kaufinteresses, also in der gesamten Customer Journey, zur Verfügung stehen. Auch über verschiedene Kanäle hinweg sollte ein einheitliches Bild der Marke präsentiert werden.

- Eine Themensammlung bündelt alle potenziellen Content-Maßnahmen. Die anschließende Filterung und Priorisierung der Themen mündet in einen Redaktionsplan.

- Texte, Bilder, Grafiken, Videos, Webinare und Spiele sind beliebte Content-Formate. Je nachdem, wie regelmäßig bestimmte Inhalte erstellt werden und wie viele interne Ressourcen zur Verfügung stehen, kann es sinnvoll sein, externe Dienstleister für die Content-Produktion zu beauftragen.

- Content-Guidelines helfen dabei, die Content-Strategie im Blick zu behalten, und geben Hinweise und Hilfestellungen zu Tonalität, Sprachregelung und Technik.

- Inhalte sollten auf verschiedenen Wegen bekannt gemacht werden. Interne Promotionen, eine suchmaschinengerechte Aufbereitung und Social-Media-Netzwerke tragen zur Verbreitung bei.

- Der Erfolg von Content-Marketing-Maßnahmen stellt sich oft erst nach mehreren Monaten ein. Konstanz und Beharrlichkeit sind der Schlüssel zu einer glaubwürdigen Verwirklichung einer Content-Strategie.

2.6 Checkliste Content

Haben Sie sich überlegt, welche messbaren Ziele Sie mit Ihren Content-Maßnahmen verfolgen?	
Haben Sie sich ein konkretes Bild von Ihrer Zielgruppe mithilfe von Persona-Profilen gemacht?	
Sind Ihre Marke und Ihr Angebot klar und unverwechselbar positioniert?	
Können Sie Ihre User in allen Phasen der Customer Journey mit relevanten Inhalten versorgen?	
Berücksichtigen Sie alle wichtigen Kanäle der Customer Journey?	
Haben Sie einen quantitativen und qualitativen Content-Audit durchgeführt?	
Haben Sie Themen und Ideen gesammelt und priorisiert?	
Haben Sie einen Redaktionsplan aufgestellt?	
Haben Sie sich genau überlegt, für welche Inhalte Sie externe Dienstleister beauftragen möchten?	
Haben Sie sich aktiv um die Verbreitung Ihrer Inhalte gekümmert?	
Messen Sie den Erfolg Ihrer Content-Aktivitäten?	

Tabelle 2.2 Checkliste Content

Kapitel 3

Online-PR – Public Relations, Pressearbeit und Influencer-Marketing im Internet

»Wenn ein junger Mann ein Mädchen kennengelernt hat und ihr sagt, was für ein großartiger Kerl er ist, so ist das Reklame. Wenn er ihr sagt, wie reizend sie aussieht, so ist das Werbung. Aber wenn das Mädchen sich für ihn entscheidet, weil sie von anderen gehört hat, was für ein feiner Kerl er wäre, dann ist das Public Relations.«
– Alwin Münchmeyer

Wenn Sie dieses Kapitel gelesen haben, wissen Sie um die Relevanz von Online-PR und sind sich zum einen bewusst, auf welche Art und Weise Sie wichtige Unternehmensmeldungen Journalisten zur Verfügung stellen, und zum anderen, wie Sie mit Meinungsbildnern (oder Multiplikatoren) aller Art in Kontakt treten. Sie erfahren beispielsweise, wie ein guter Online-Pressebereich aufgebaut ist und welche Inhalte nicht fehlen dürfen. Außerdem lernen Sie, wie Sie eine Pressemitteilung schreiben, damit sie von Journalisten publiziert wird, und worauf Sie achten müssen, wenn Sie Inhalte erstellen, die von Meinungsführern und Influencern aufgegriffen und weiterverbreitet werden sollen. Gegen Ende des Kapitels lesen Sie, wie die Bereiche Online-PR und Suchmaschinenoptimierung Hand in Hand gehen und wie Social-Media-Kanäle auch im Bereich der Online-PR eine wichtige Rolle spielen. Schließlich gibt es auch hier wieder einen Kurzüberblick »to go« und eine Checkliste am Ende des Kapitels.

Nachrichten sowie Inhalte jeglicher Art in Wort, Bild, Video und Ton werden zunehmend im Internet konsumiert. So vermeldete der Bundesverband Digitale Wirtschaft (BVDW) im September 2017, dass fast drei Viertel aller Befragten in Deutschland, Österreich und der Schweiz das Internet als Nachrichtenkanal und zur Informationsgewinnung nutzen (*www.bvdw.org*). Der Kampf zwischen Druckerschwärze und Pixel ist nicht neu, jedoch zeigen verschiedene Untersuchungen, dass das Internet als Nachrichtenquelle immer häufiger genutzt wird. Während Verlage für ihre Printmedien eine sinkende Leserzahl beklagen, freuen sich Online-Nachrichtenportale oftmals einer wachsenden Besucherzahl. Nach Angaben der Allensbacher Computer-

und Technik-Analysen, ACTA 2016, nutzen immer mehr User das Internet zur Gewinnung von tagesaktuellen Informationen (siehe Abbildung 3.1).

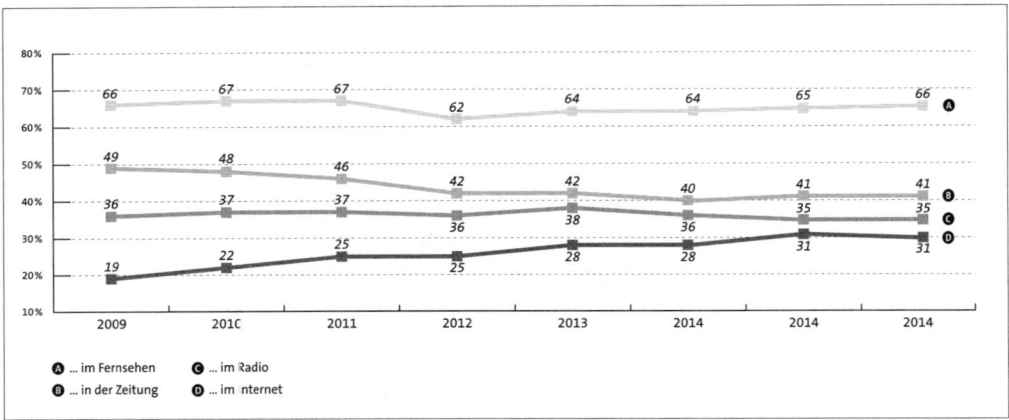

Abbildung 3.1 Nutzung unterschiedlicher Medien zum Nachrichtenkonsum (Quelle: ACTA 2009–2016)

Im Gegenzug verlieren Printmedien bereits seit Jahren markant an Lesern. Vor allem überregionale Tageszeitungen, aber auch Fach- und Publikumszeitschriften müssen kontinuierlich ihre Auflage reduzieren, da ihre Leserschaft sich zunehmend online informiert. Viele Verlage stehen aufgrund dieser Entwicklung vor der Herausforderung, ihre Angebote weiterhin finanzieren zu können. Aus diesem Grund haben in den letzten Jahren viele Zeitungen und Zeitschriften damit begonnen, nur einen Teil ihrer Online-Inhalte den Lesern kostenlos zur Verfügung zu stellen. Für einen uneingeschränkten Zugriff auf Nachrichten und Artikel müssen Leser in vielen Fällen heute bezahlen, wie beispielsweise bei BILDplus (*www.bild.de*). Folglich steigen die Auflagenzahlen solcher Digital-Abos in den letzten Jahren deutlich an.

Einer der Gründe, warum Online-Nachrichtenportale gegenüber gedruckten Medien so erfolgreich sind, ist der zeitliche Vorsprung, den das World Wide Web mitbringt: Denn bis eine Zeitungsnachricht gedruckt und ausgeliefert ist, gibt es im Netz schon die ersten Reaktionen auf die aktuellsten Meldungen. Im Internet ist die Kommunikation im Gegensatz zu den klassischen Medien bidirektional. Eine Nachricht wird also nicht mehr nur verbreitet und vom Empfänger aufgenommen, sondern vielmehr kann der Leser im Netz beispielsweise per Kommentar reagieren oder den Artikel über einen Social-Media-Kanal wie Facebook oder Twitter weiterverbreiten (siehe Kapitel 15, »Social Media Marketing«). Statt von einseitiger Nachrichtenverbreitung sprechen wir heute von einer Kombination aus Kommunikation und Interaktion. Damit eröffnen sich völlig neue Möglichkeiten – einerseits für die Leser, andererseits aber auch für Journalisten, PR-Verantwortliche in Unternehmen, Beeinflusser und Multiplikatoren von Meldungen. Im Folgenden werden wir uns also die Auswirkungen und Chancen im Bereich Online-PR und Influencer-Marketing genauer ansehen. Dabei gehen wir auch auf fließende Übergänge zu den Bereichen Social Media und Suchmaschinenoptimierung ein.

3.1   Pressearbeit im Internet

Gerade wenn Ihre Website und Ihr Unternehmen noch am Anfang stehen, möchten Sie möglichst schnell Ihre Reichweite vergrößern und effektive Pressearbeit leisten. Jedoch sind ausgerechnet dann oftmals die Ressourcen wie Zeit und Geld sehr knapp. Die Online-PR verspricht hier, eine effiziente und günstige Lösung zu sein, und kann im Vergleich zu einigen teuren Werbekampagnen eine gute Möglichkeit sein, auf sich aufmerksam zu machen.

Mit dem Internet bieten sich innerhalb der Presse- und Öffentlichkeitsarbeit vielfältige Möglichkeiten. Blogs, Podcasts, RSS-Feeds und auch soziale Netzwerke wie Facebook, Instagram und Twitter tragen ihren Teil dazu bei. Aber was ist eigentlich genau mit dem Begriff Online-PR gemeint? Online-PR bzw. *Online Relations* beschreibt Presse- und Öffentlichkeitsarbeit via Internet. Dazu gehören beispielsweise die Erstellung von Pressemitteilungen und anderer medienrelevanter Inhalte, der Aufbau von Kontakten zu Journalisten, Bloggern und Meinungsführern, aber auch Suchmaschineneinträge und der Kontakt zu Vergleichsplattformen und Webverzeichnissen. Ziel ist es, Aufmerksamkeit bei der Zielgruppe zu erreichen und das Unternehmen als kompetenten und vertrauenswürdigen Ansprechpartner im Marktumfeld zu positionieren.

Im Unterschied zur klassischen PR-Arbeit, die sich über Journalisten und Redaktionen an die Kunden richtet, kann bei Online-PR ein direkter Kundenkontakt und eine direkte Kommunikation bestehen (siehe Abbildung 3.2). Während bei der klassischen PR die Veröffentlichung nicht gewährleistet ist, bietet das Internet als Distributionskanal häufig direkte Publikationsmöglichkeiten, die sich sowohl an Medien als auch an die Zielgruppe richten können.

Somit zielt die Arbeit in der Online-PR darauf ab, relevante Inhalte zu erstellen und diese im Web zu publizieren und zu verteilen. Es gibt diverse Dienste, über die Sie Informationen auch kostenlos verbreiten können (z. B. *www.openpr.de*). Darüber hinaus sollten Sie einen Presseverteiler aufbauen, sich mit relevanten und einflussreichen Personen aus Ihrer Branche vernetzen und Social-Media-Kanäle nutzen, um Ihre Inhalte unter die Leute zu bringen und bei Ihren Zielgruppen bekannter und vertrauenswürdiger zu werden. Über die verschiedenen Publikationskanäle haben Sie also die Möglichkeit, Ihre Inhalte gezielter zu verteilen und über Rückkanäle Feedback zu erhalten. Das Informieren per Tageszeitung wird abgelöst durch Nachrichtenportale oder Social-Media-Netzwerke wie Facebook oder Twitter.

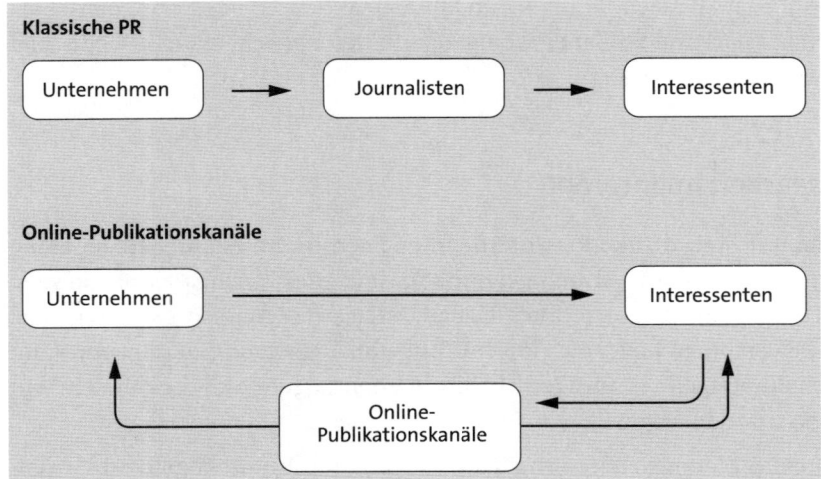

Abbildung 3.2 Klassische PR vs. Online-PR

Wie in vielen anderen Bereichen des Online-Marketings sind auch hier fließende Übergänge von On- und Offline-PR zu beobachten, denn Themen, über die offline berichtet wird, finden sich selbstverständlich – und durch den rasanten Charakter des Internets meistens schneller – im World Wide Web wieder. Geben Sie beispielsweise als Autor ein Interview für ein Printmagazin, wird es oftmals von Online-Medien aufgegriffen und umgekehrt.

Die unterschiedlichen Kanäle der Online-PR und wichtige Kriterien, die Sie bei der Umsetzung von Meldungen im Netz beachten sollten, werden wir Ihnen auf den folgenden Seiten näherbringen. Sie können auch eine PR-Agentur damit beauftragen, die Online- und Offline-Presse- und Kommunikationsarbeit für Sie zu übernehmen. Aber auch dann sollten Sie weiterlesen, denn Sie sollten wissen, welche Möglichkeiten Ihnen und Ihrer Agentur zur Verfügung stehen und wie Sie die Agentur am besten steuern.

Wie also suchen Menschen nach Informationen zu Unternehmen und Produkten, und wie erhalten sie diese? Für Sie als Website-Betreiber stellt also die Frage: Wie können Sie die für Sie relevanten Nutzer erreichen und mit Informationen versorgen?

Suchmaschinen

Wie Sie noch detaillierter in Kapitel 4, »Suchmaschinen – eine Einführung«, erfahren werden, zählen Suchmaschinen zu besonders wichtigen Informationsquellen im Internet. Damit spielen sie eine bedeutende Rolle bei Ihrer Online-PR-Arbeit. Wie gehen Sie selbst vor, wenn Sie bestimmte Informationen benötigen? Richtig: In den meisten Fällen werden Sie googeln. Aus diesem Grund ist es elementar, dass Ihre Website in den Suchmaschinenergebnissen leicht zu finden ist. Suchmaschinenoptimierte Inhalte und ihre entsprechenden Verlinkungen spielen dabei eine wesentliche Rolle. Achten Sie hierzu z. B. beim Verfassen einer Überschrift darauf, dass Sie Begriffe verwenden, die häufig bei Google und Co. gesucht werden. Inhalte und Suchmaschinenoptimierung (SEO) auf der einen und Online-PR auf der anderen Seite sind also zwei Bereiche, die eng miteinander verbunden sind. So zielen SEO-Maßnahmen darauf ab, eine Website gut in den Suchmaschinenergebnissen zu listen. Aber auch PR-Maßnahmen können ein gutes Ranking unterstützen, da hierdurch häufig hochwertige Links gewonnen werden. Die beiden Bereiche gehen also Hand in Hand.

Die Website und der Pressebereich

Der zweite, häufig eingeschlagene Weg, wenn Menschen (sowohl Interessenten als auch Journalisten oder andere Meinungsführer) nach (Unternehmens-)Informationen suchen, führt über Ihre Website. Stellen Sie den Suchenden daher wichtige Informationen entsprechend zur Verfügung. Viele Websites verwenden dafür einen speziellen Pressebereich, oft auch *Pressroom*, *Presselounge*, *Pressecenter* oder *Mediencenter* genannt. Gemeint ist damit ein Bereich Ihrer Website, der insbesondere die Zielgruppe Journalisten und Medienvertreter anspricht. Er sollte von der Startseite und jeder Unterseite aus verlinkt und einfach zu finden sein, damit kein Interessent lange suchen muss. Ziel ist es, Ihr Unternehmen mit hochwertigen Informationen und Materialien in verschiedenen Inhaltsformaten (Text, Bild, Video etc.) als kompetenten Ansprechpartner für Ihr Kerngebiet zu präsentieren. Da es gerade im Bereich Pressearbeit um Aktualität geht, sollte es selbstverständlich sein, dass ein Pressebereich immer auf dem aktuellen Stand ist und immer wieder mit neuen relevanten Informationen befüllt wird.

> **Zugriffsbeschränkung des Pressebereichs**
>
> Einige Pressebereiche sind nicht öffentlich zugänglich und nur via Registrierung zu erreichen. Da vertrauliche oder sensible Daten aber nicht in den Pressebereich gehören, empfehlen wir, den Pressebereich öffentlich zugänglich zu machen, um die Chance einer Berichterstattung zu erhöhen. Bedenken Sie auch, dass es neben professionellen Journalisten heute auch eine Vielzahl an Redakteuren, Bloggern und Multiplikatoren gibt, die sich über verlässliche Informationen für ihre Berichterstattung freuen. Keine dieser Zielgruppen steht gerne vor verschlossener Tür.

Wenn Sie einen Pressebereich erstellen möchten, sollten Sie daran denken, dass die Zeit von Journalisten knapp bemessen ist. Aus diesem Grund ist es sinnvoll, alle Informationen so gut aufbereitet und strukturiert wie möglich zur Verfügung zu stellen. Ansonsten laufen Sie Gefahr, dass sich ein Meinungsmacher aufgrund von Zeitmangel zur Recherche dazu entschließt, nicht über Ihr Unternehmen zu berichten.

Denken Sie auch daran, dass Informationen für Presse und Meinungsführer einen sachlichen Charakter haben sollten, und verzichten Sie daher auf allzu offensichtliche Werbebotschaften. Ihr Pressebereich überzeugt vor allem dann, wenn Sie Inhalte und Materialien mit echtem Mehrwert zur Verfügung stellen und Journalisten aus diesem Grund gerne zu Ihrer Website zurückkehren, weil sie wissen, dass sie mit den dort verfügbaren Informationen ihren nächsten Artikel anreichern können. Denken Sie daran: PR ist eine langfristige Marketingmaßnahme. Worauf es bei der Erstellung hochwertiger Inhalte ankommt, lernen Sie in Kapitel 2, »Content – zielgruppengerechte Inhalte«.

Beginnen Sie damit, Ihr Unternehmen in einigen wenigen Sätzen kurz vorzustellen. Darüber hinaus sollten Sie einen Pool an Bildmaterial zur Verfügung stellen, der es Journalisten erleichtert, möglichst anschaulich über Sie zu berichten. Neben Fotos Ihrer Geschäftsführung, verschiedenen Produktbildern oder Infografiken sollten Sie auch Videos anbieten. Das können Büroaufnahmen sein, Screencasts oder auch Ihre Produkte im Einsatz. Stellen Sie professionelles Bildmaterial in verschiedenen Auflösungen bereit. Für die Veröffentlichung im Web sollten 72 dpi als grober Anhaltspunkt reichen, für eine Printveröffentlichung gehen Sie von etwa 300 dpi aus. Wenn Sie eine große Bildauswahl anbieten, machen Sie es Medienvertretern einfacher, wenn Sie einen Überblick durch sogenannte *Thumbnails* (das heißt Miniaturbilder) zeigen. Ziehen Sie bei einem großen Bildpool auch eine Bildersuche in Erwägung (siehe Abbildung 3.3). Alle Bilder und Fotos sollten mit einem kurzen Beschreibungstext versehen sein. Hier können Sie den Journalisten auch Hinweise zur gewünschten Quellenangabe geben.

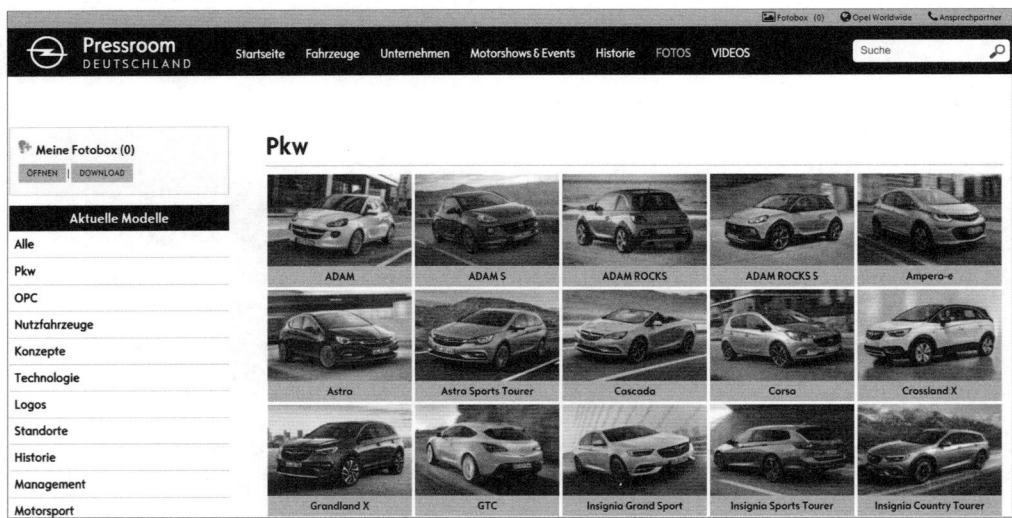

Abbildung 3.3 Die Fotoauswahl im Pressebereich von Opel Deutschland

Wichtiger Bestandteil eines Pressebereichs sind darüber hinaus Ihre Pressemitteilungen. Stellen Sie, beginnend mit der aktuellsten, eine Liste Ihrer Pressemitteilungen zur Verfügung. Wie bei Ihrem Bildmaterial sollten sowohl Überschrift als auch ein kurzer Beschreibungstext den Journalisten helfen, passende Meldungen schnell aufzufinden. Für lange zurückliegende Pressemitteilungen können Sie ein strukturiertes Archiv anlegen. Zur Zeitersparnis sollten diese Pressemitteilungen auch ohne .pdf-Download vollständig einsehbar sein, was aber das Anbieten der Pressemitteilung per .pdf- oder .doc-Dokument nicht ersetzen sollte.

Ergänzen Sie Ihre Pressemitteilungen mit relevanten Hintergrundinformationen wie Interviews oder Studien, damit ein Journalist sich schnell in die Thematik einarbeiten kann und wichtige Informationen zur Berichterstattung kurzerhand findet. Grundsätzlich können Sie Ihren Pressebereich mit sogenannten *Factsheets* (also einem Datenblatt) aus Zahlen und Fakten, Präsentationen, Fachartikeln und Interviews füllen. Ebenso beliebt bei Journalisten sind *Whitepapers*, *Infografiken* oder *E-Books*. Denken Sie auch an Video- und Audiodateien, wie beispielsweise Podcasts.

Ein weiterer elementarer Inhalt Ihres Pressebereichs ist die Angabe eines Pressekontakts für den Fall, dass ein Journalist oder Interessent die gewünschten Informationen nicht findet oder spezielle Fragen hat. Stellen Sie Ihren Pressesprecher oder Ansprechpartner möglichst mit Foto, Kurzbeschreibung und allen relevanten Kontaktmöglichkeiten vor. Hier dürfen E-Mail-Adresse, direkte Durchwahl, Fax- und Postadresse nicht fehlen. Anreichern können Sie die Angaben durch ein XING- und LinkedIn-Profil sowie Instant-Messenger-Informationen.

Zum guten Ton gehört darüber hinaus eine Aufnahmemöglichkeit in Ihren Presseverteiler (auf den wir im Folgenden noch genauer eingehen). Per Formulareintrag sollten sich Journalisten selbstständig in Ihren Verteiler ein- und austragen können. Auch hier gilt: Halten Sie die Hemmschwelle und den Aufwand für Meinungsmacher möglichst niedrig, indem Sie nur wenige Informationen in Ihrem Formular abfragen. Besonders bequem ist es, wenn der Interessent die Form und den Kanal der Information selbst wählen kann, beispielsweise per HTML oder Textdatei. Immer mehr Multiplikatoren beziehen Ihre Informationen auch über Social-Media-Kanäle wie Twitter. Bieten Sie auch dieser Zielgruppe eine komfortable Möglichkeit, regelmäßig über Ihre Neuigkeiten informiert zu werden. Zur bequemen Zustellungsart von Informationen zählt auch die Möglichkeit eines RSS-Feeds. Mehr dazu lesen Sie in Abschnitt 3.1.1, »Inhalte zur Verfügung stellen«.

Ein weiterer Bestandteil Ihres Pressebereichs kann auch ein sogenannter *Pressespiegel* sein. Hier präsentieren Sie On- und Offline-Publikationen zu Ihrem Unternehmen oder Ihrem Produkt in den Medien. Stellen Sie sicher, dass Ihnen jeweils die Nutzungsrechte für die Veröffentlichungen vorliegen. Wenn Ihr Unternehmen mit regelmäßigen und gegebenenfalls öffentlichen Veranstaltungen trumpfen kann, können Sie auch einen Terminkalender als Element im Pressebereich in Betracht ziehen.

Der Social Media Newsroom

In einem sogenannten *Social Media Newsroom* können Sie die einzelnen Social-Media-Kanäle Ihres Unternehmens in einem Überblick präsentieren. Das können z. B. das Unternehmensblog sein, die Facebook-Seite (*www.facebook.com*), ein Videokanal – z. B. auf YouTube (*www.youtube.com*) – mit entsprechenden Werbespots, Video-Interviews und Berichten, Unternehmens- und Produktbilder auf Fotoportalen wie Instagram (*www.instagram.com*) oder Pinterest (*www.pinterest.com*), Präsentationen beispielsweise auf Slideshare (*de.slideshare.net*), Diskussionsgruppen auf XING (*www.xing.com/de*) oder LinkedIn (*www.linkedin.com*) und natürlich ein Twitter-Account (*www.twitter.com*). Denken Sie auch an diverse Bookmarking-Dienste. Der Social Media Newsroom sollte eine Anlaufstelle für Besucher sein, die auf der Suche nach verschiedenen Informationen, Diskussionen und Meinungen zu Ihrem Unternehmen sind. Eine Sharing-Funktion (Teilen von Inhalten) sowie ein RSS-Feed sind passende Ergänzungen. Wägen Sie aber gut ab, ob Sie auch *User-Generated Content* zulassen möchten – es besteht die Gefahr, dass negative Stellungnahmen auf Ihrer Webpräsenz zu lesen sind. Über den Umgang mit negativen Äußerungen lesen Sie in Kapitel 15, »Social Media Marketing«.

Einen sehr umfassenden und integrierten Pressebereich und Social Media Newsroom stellt beispielsweise Coca-Cola Deutschland (*www.coca-cola-deutschland.de/media-newsroom*) zur Verfügung. Davon können Sie sich in Abbildung 3.4 einen Eindruck machen.

Social-Media-Kanäle

Journalisten recherchieren immer häufiger auch in sozialen Medien. Andere Online-Meinungsführer wie Blogger sind oft ausschließlich auf Twitter, Instagram und Co. unterwegs. Aber auch viele Leser von News und Hintergrundberichten nutzen soziale Medien, um sich in ihrem Stream oder ihrer Timeline über Neuigkeiten auf dem Laufenden zu halten. Hierzu abonnieren sie die Kanäle von bevorzugten Nachrichtenportalen, Unternehmen und Privatpersonen z. B. in einem RSS-Feed-Reader wie Feedly (*feedly.com*) und erhalten als Ergebnis einen personalisierten News-Überblick. Von welcher Seite man also das Thema auch anschaut: Um die für Sie relevanten Zielgruppen zu erreichen – seien es Journalisten oder (potenzielle) Kunden –, kommen Sie nicht darum herum, zumindest jene Social-Media-Kanäle aktiv zu pflegen, die auch Ihre User nutzen. Geschickt eingesetzt, können Portale wie Facebook, Twitter oder auch Instagram effiziente Plattformen sein, um Ihre relevanten Botschaften bei Multiplikatoren und Kunden zu positionieren. Mit Tools wie Buffer (*buffer.com*) können Sie Ihre News effizient auf verschiedenen Netzwerken verbreiten. Mehr zu diesen Themen lesen Sie in Kapitel 15, »Social Media Marketing«.

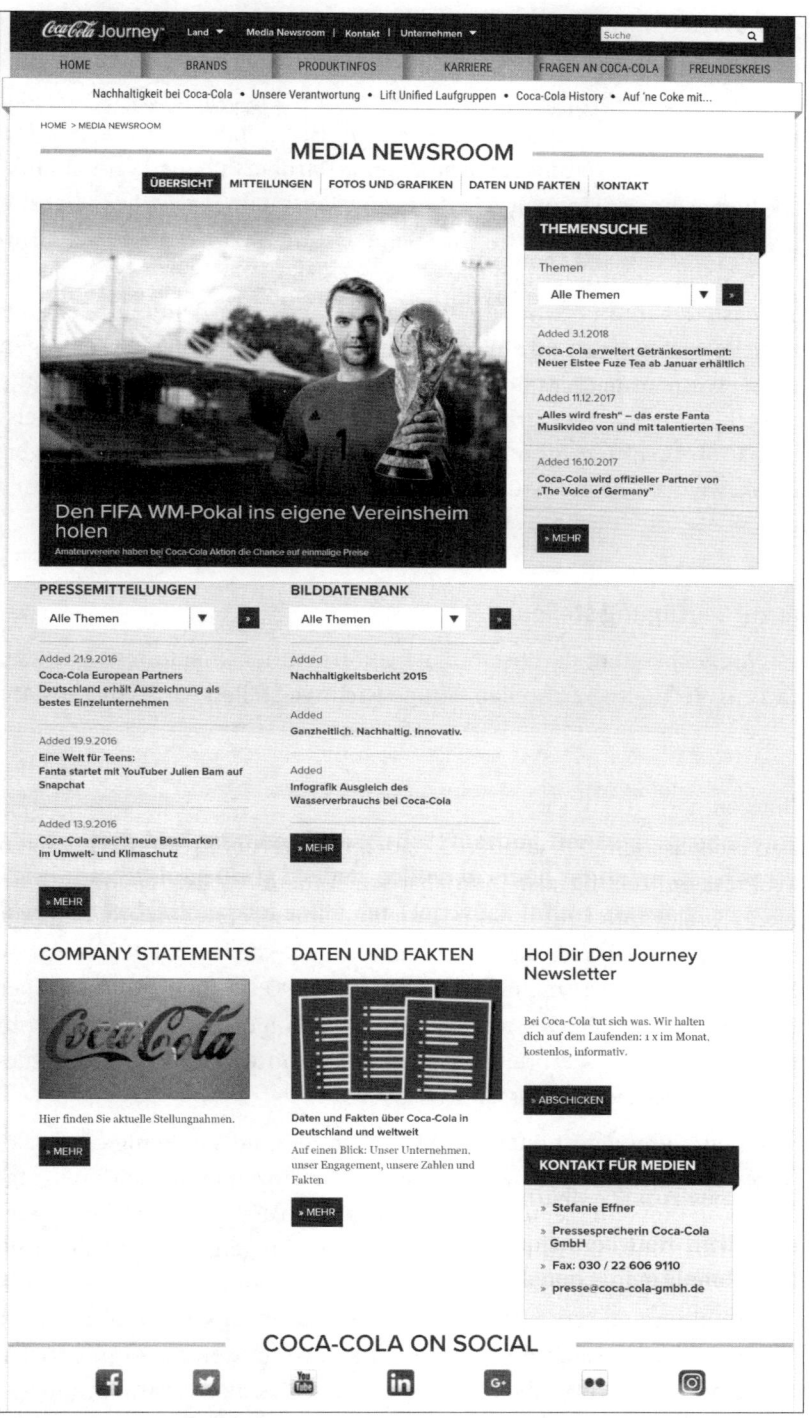

Abbildung 3.4 Der Pressebereich von Coca-Cola Deutschland

Standort- und Brancheneinträge sowie Verzeichnisse

Außer in Suchmaschinen sollte Ihre Website auch in den wichtigsten Standort- und Brancheneinträgen und Webverzeichnissen vertreten sein, um Interessenten zu erreichen. Tragen Sie Ihre Website daher in Verzeichnisse, wie beispielsweise *www.google.de/maps* oder auch *www.dasoertliche.de*, ein. Darüber hinaus können Link- und Bookmark-Verzeichnisse sinnvoll sein. Derartige Verlinkungen zu Ihrer Website können auch wieder positive Effekte für Ihr Suchmaschinen-Ranking mit sich bringen. Versprechen Sie sich allerdings nicht zu viel von solchen Verzeichnissen: Gegenüber der Frühphase des Internets hat die Bedeutung und auch Benutzung solcher Portale stark nachgelassen. Statt Ihre Website großflächig in sämtlichen Katalogen und Verzeichnissen einzutragen, sollten Sie die Zeit lieber in eine kurze Recherche der für Sie tatsächlich relevanten Branchenportale investieren. Sind Sie beispielsweise ein Logistikunternehmen, lohnt es sich, über einen Eintrag bei der Bundesvereinigung Logistik (*www.bvl.de*) nachzudenken. Solche Einträge sind freilich meistens nicht kostenlos. Wie so oft gilt aber auch hier: Qualität geht vor Quantität.

3.1.1   Inhalte zur Verfügung stellen

Es gibt diverse Möglichkeiten, darüber hinaus Unternehmensmeldungen aktiv zu verbreiten und zur Verfügung zu stellen. Einige wichtige stellen wir in diesem Abschnitt vor.

Pressemitteilungen

Anknüpfend an die klassische PR, können Sie auch im Internet Pressemitteilungen verbreiten. Via Pressemitteilung, also journalistisch aufbereitete Texte, übermitteln Sie standardgemäß relevante Unternehmensmeldungen an diverse Medien, damit diese sie publizieren, ohne dass für die Berichterstattung Kosten anfallen. Dabei werden die Meldungen, die im Normalfall ca. 1.000 bis 1.500 Zeichen umfassen, per E-Mail über einen Presseverteiler versandt. Sie erreichen mit dieser Methode sowohl Print- als auch Online-Medien. Verbreiten Sie Ihre Pressemitteilungen über verschiedenste Kanäle, wie beispielsweise Presseportale.

Bevor Sie jedoch eine Pressemitteilung verfassen, sollten Sie sich einige grundlegende Punkte bewusst machen: Zum einen erhalten die einzelnen Redaktionen täglich eine Vielzahl von Pressemitteilungen. Sie müssen also aus der Masse herausstechen und mit besonders interessanten und aktuellen Meldungen trumpfen, denn Sie konkurrieren mit zahlreichen weiteren Unternehmensmeldungen. Der Journalist hat die freie Auswahl und entscheidet, was und in welchem Umfang veröffentlicht wird. Zu den grundlegenden Fehlern gehört es, eine Pressemitteilung ohne ersichtlichen Grund und ohne eine wirkliche Meldung zu verschicken, das kann Ihrem Ruf in verschiedenen Redaktionen schaden. Informieren Sie stattdessen ausgewählte und zu Ihrer Nachricht auch passende Medien vielmehr über Umfrageergebnisse, Ihren Geschäftsbericht oder über innovative neue Angebote und Produkte. Informieren Sie sich in einer größeren Redaktion außerdem im Vorfeld, welcher Journalist sich am ehesten für Ihre Meldung interessieren könnte.

Zum anderen stehen die Journalisten in der Regel unter Zeitdruck, denn auch ihr Medium verlangt Aktualität. Daraus ergibt sich, dass Sie Ihre Pressemitteilung so gut aufbereitet wie möglich zur Verfügung stellen sollten und dass sie nicht bereits in anderen Kanälen, wie beispielsweise Blogs, lesbar sein sollte. Ziel sollte es sein, eine Pressemitteilung so anzubieten, dass sie ohne Anpassungen und weitere Arbeit des Journalisten publiziert werden könnte. Journalisten mögen neue, aktuelle, informative und gut aufbereitete Meldungen. Was Sie beachten sollten, damit Ihre Pressemitteilung nicht in der Flut an Meldungen untergeht, und wie Sie die Chance einer Publikation in relevanten Medien erhöhen, haben wir Ihnen in folgender Anleitung zusammengestellt.

Anleitung für eine gute Pressemitteilung

Bei Pressemitteilungen im Internet sind einige Besonderheiten zu berücksichtigen. Anders als bei der klassischen PR, bei der sich die Pressemitteilungen an Journalisten richten, erreichen die Pressemitteilungen im Netz sowohl Journalisten als auch Kunden. Das A und O einer guten Pressemitteilung sind dabei Mehrwert, Aktualität und Relevanz: Die Leser erwarten auf sie zugeschnittene transparente Informationen. Eine gute Pressemitteilung macht schon auf den ersten Blick einen strukturierten Eindruck. Der Leser kann durch entsprechende Formatierungen auch beim Scannen des Inhalts wesentliche Informationen erfassen. Die Struktur gleicht einer umgekehrten Pyramide (auch nachzulesen in Kapitel 7, »Usability – benutzerfreundliche Websites«), das heißt, die wichtigste Information steht zu Beginn der Meldung; Hintergrund- und Zusatzinformationen folgen. Damit haben es Journalisten leichter, sollten Sie die Pressemitteilung aus Platzgründen kürzen müssen – sie reduzieren den Text am Ende, ohne die eigentliche Kernaussage zu beeinflussen.

Nach einer »knackigen« Überschrift, die einerseits das Thema informativ umschreibt und andererseits zum Weiterlesen animiert, folgt üblicherweise ein kurzer *Leadtext* von wenigen Sätzen. Hier werden dann die sogenannten W-Fragen (Wer? Was? Warum? Wann? Wie? Wie viel?) beantwortet. Der Leser kennt nun die wichtigsten Fakten zum Sachverhalt.

Investieren Sie ausreichend Zeit in die Formulierung der ersten Sätze, und lassen Sie – ohne dass es den Schreibstil beeinflusst – wichtige Keywords in Ihre Formulierungen einfließen. In Fach- und Presseportalen wird zum Teil Überschrift und Leadtext angezeigt.

Versehen Sie Überschriften und Text mit relevanten Keywords (Schlüsselbegriffen), damit Ihre Neuigkeit von Suchmaschinen besser gefunden wird (mehr dazu lesen Sie in Kapitel 5, »Suchmaschinenoptimierung (SEO)«). Übertreiben Sie die Keyword-Platzierung aber nicht, Lesbarkeit und Mehrwert für den Nutzer sollten immer im Vordergrund stehen. An passender Stelle sollten Links auf passende Zielseiten (Landing Pages) integriert werden, die den Leser mit weiteren Informationen versorgen.

Versuchen Sie, Ihren Schreibstil an das jeweilige Medium und dessen Leserschaft anzupassen, und sehen Sie von Fachbegriffen ab. Bleiben Sie in jedem Fall informativ, und verwenden Sie eine klare, sachliche Sprache und kurze Sätze (14 bis 17 Wörter) mit aussagekräftigen Verben. Verzichten Sie auf Passivkonstruktionen, Fremd- und Füllwörter. Vermeiden Sie werbliche und wertende Formulierungen: Eine Pressemitteilung ist keine Werbekampagne. Gliedern Sie Ihren Text in Abschnitte, und fügen Sie Zwischenüberschriften ein.

Erklären Sie Abkürzungen, wenn Sie sich nicht vermeiden lassen, und beschreiben Sie schwierige Sachverhalte möglichst bildhaft und nachvollziehbar. Integrieren Sie an geeigneter Stelle ausdrucksstarke Zitate. Ergänzen Sie Ihre Meldung dann mit wichtigen Zusatzinformationen. Das können Produktinformationen, aber auch Zahlen, Daten und Fakten sein. Zum Schluss schließen Sie mit einem sogenannten *Abbinder* oder *Footer*, der Ihr Unternehmen in einigen kurzen Sätzen umschreibt.

Nicht fehlen darf darüber hinaus ein direkter Pressekontakt. Machen Sie es einem interessierten Journalisten so einfach wie möglich, Nachfragen zu stellen. Geben Sie daher Ihren Pressekontakt mit vollständigem Titel, Namen, Funktion, Position und gegebenenfalls Foto an. Dass alle möglichen Kontaktkanäle nicht fehlen dürfen, versteht sich von selbst.

Der Presseverteiler

Kontakte zu Journalisten und Multiplikatoren sind das A und O in der Pressearbeit – egal, ob online oder offline. Mit einem Presseverteiler ist eine Auflistung von Journalisten relevanter Medien gemeint, und zwar ein direkter Ansprechpartner. Darüber hinaus sollten auch andere Online-Meinungsführer wie Blogger in einem Presseverteiler enthalten sein. Aber wie erstellt und führen Sie nun so einen wichtigen Presseverteiler?

Zum einen besteht die Möglichkeit, dass sich Redakteure selbst eintragen, wenn Sie, wie bereits beschrieben, ein entsprechendes Aufnahmeformular in Ihrem Pressebereich zur Verfügung stellen. Die andere Möglichkeit ist, dass Sie bzw. Ihr Pressesprecher den direkten Kontakt zu Journalisten sucht. Das kann einen Anruf in der jeweiligen Redaktion bedeuten, bei dem man sich den entsprechenden Journalisten nennen lässt oder sich bei ihm vorstellt und eine Aufnahme in den Presseverteiler vereinbart. Entscheidend ist, dass der Presseverteiler immer auf dem aktuellen Stand gehalten wird, denn die Medienbranche ist schnell, und Ansprechpartner können rasant wechseln. Außerdem sollten Sie Ihren Presseverteiler gut strukturieren. Dabei bietet sich beispielsweise die Aufteilung nach Ort und Fachmedium an.

Machen Sie sich den Stellenwert eines Presseverteilers deutlich: Sie investieren sehr viel Zeit in eine gut geschriebene Pressemitteilung und verspielen gegebenenfalls die Chance einer Publikation, wenn Sie Ihre Meldung an einen falschen Ansprechpartner oder an eine sehr allgemeine Info-Adresse senden. Das ist vergebene Liebesmüh.

Handeln Sie darüber hinaus nach dem Grundsatz »Weniger ist mehr«, und senden Sie Ihre Pressemitteilung nur an relevante und gut ausgewählte Medien und Redakteure, die sich für Ihre Meldung potenziell interessieren. Wenn Sie Redaktionen mit für sie und ihre Leserschaft irrelevanten Meldungen überfluten, riskieren Sie, dass gar nicht mehr über Sie berichtet wird.

Pflegen Sie außerdem kontinuierlich den Kontakt zu den für Sie wichtigsten Journalisten und Meinungsführern. Damit sind einerseits ganz klassische Formen der Kontaktpflege gemeint wie Telefonate oder ein gemeinsamer Lunch. Andererseits bietet auch das Internet selbst eine Vielzahl an Möglichkeiten direkter oder indirekter Kontaktpflege: Finden Sie beispielsweise heraus, in welchen sozialen Medien ein Journalist aktiv ist, und beteiligen Sie sich an den dort stattfindenden Diskussionen.

Social Media Release & News Release

Im Gegensatz zur klassischen Pressemitteilung, die Sie gerade näher kennengelernt haben, adressiert ein sogenannter *Social Media Release* speziell Online-Medien, Blogger und weitere Multiplikatoren. Neben der textlich aufbereiteten Meldung wird hier auch Bild-, Audio- und Videomaterial zur Verbreitung angeboten. Um deutlich zu machen, dass Unternehmensnews im Internet nicht nur an Medien gerichtet sind, sondern auch andere Online-Meinungsführer und Kunden direkt ansprechen, hat sich im englischsprachigen Raum auch der Begriff *news release* etabliert.

Online-Presseportale und Aggregatoren

Über derartige Portale können Sie Ihre Neuigkeiten direkt veröffentlichen. Man unterscheidet dabei kostenpflichtige und kostenlose Dienste. Erstere sind die bekannten Agenturen, wie beispielsweise die dpa (Deutsche Presse Agentur, *www.dpa.com*). Darüber hinaus existieren kostenfreie, meistens werbefinanzierte Portale. Auch Google News (*news.google.com*) zählt zu den Nachrichtenportalen, die nach eigenen Angaben Meldungen aus mehr als 700 deutschsprachigen Nachrichtenquellen weltweit sammeln. Um bei Google News erscheinen zu können, müssen Unternehmen aber strenge technische und journalistische Kriterien erfüllen.

Auf die Eintragung Ihrer Inhalte in sogenannte Artikelverzeichnisse können Sie getrost verzichten. Viele Jahre lang haben Unternehmen dort (Fach-)Artikel in erster Linie mit dem Ziel eingestellt, Backlinks auf die eigene Website zu erhalten und dadurch die Platzierung ihrer Website in Suchergebnissen zu verbessern. Google und andere Suchmaschinen raten inzwischen offiziell von einem solchen Backlink-Aufbau ab.

E-Mail-Newsletter

Per E-Mail können Sie in regelmäßigen Abständen Neuigkeiten an einen festgelegten Empfängerkreis richten. Damit erinnern Sie Medienvertreter in bestimmten Abständen an Ihr Unternehmen. Achten Sie aber darauf, dass Sie wirklich eine Neuigkeit mit Mehrwert mitzuteilen haben. Ist ein Journalist interessiert, sollte er per Direktlink z. B. in Ihren Pressebereich gelangen, wo er sehr einfach weitere Informationen zur Meldung findet. Mehr dazu lesen Sie in Kapitel 14, »E-Mail- und Newsletter-Marketing«.

Podcasts

Einige Podcast-Empfehlungen stellen wir Ihnen in unseren Literaturtipps vor. Hören Sie doch mal rein, und entscheiden Sie, ob es auch für Sie sinnvoll sein könnte, Inhalte auf diese multimediale Art zur Verfügung zu stellen.

RSS-Feeds

Stellen Sie Ihren Interessenten Neuigkeiten per *RSS-Feed* (*Really Simple Syndication*) zur Verfügung. Stellen Sie sich einen RSS-Feed ähnlich wie einen Nachrichtenticker vor. Dabei abonniert ein Empfänger einen Feed (engl.: *to feed*, dt.: *füttern*) und erhält Neuigkeiten, ohne dabei regelmäßig die entsprechende Website aufrufen zu müssen. Diese Meldungen erhält er in einem Feedreader wie beispielsweise Feedly (*feedly.com*) oder Inoreader (*www.inoreader.com*), und er kann den angegebenen Link aufrufen, um die gesamte Nachricht zu lesen (siehe Abbildung 3.5).

Abbildung 3.5 Prinzip von RSS-Feeds

RSS-Feeds können also ein Instrument sein, Journalisten mit relevanten Informationen zu versorgen. Hier können Sie verschiedene Info-Channels anbieten und dem Journalisten ermöglichen, die für ihn und sein Medium relevanten Informationen zu abonnieren. Vorbildlich sind in diesem Zusammenhang beispielsweise die RSS-Feeds von Stiftung Warentest auf *www.test.de/rss/*, die Sie in Abbildung 3.6 sehen.

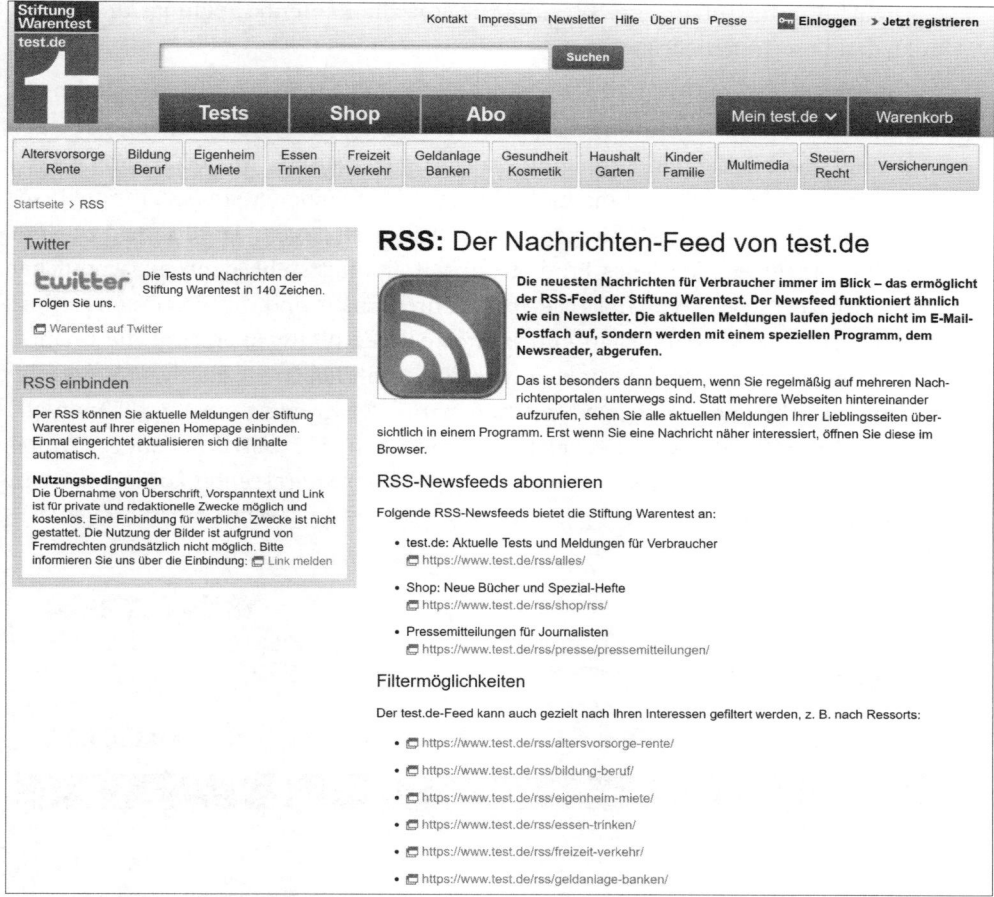

Abbildung 3.6 Verschiedene Nachrichten werden auf »www.test.de« auch via RSS für Verbraucher und Journalisten zur Verfügung gestellt.

Sollten Sie sich entschließen, Ihren Nutzern einen RSS-Feed anzubieten, dann tragen Sie diesen auch in entsprechende RSS-Verzeichnisse ein.

Whitepapers

Ein sogenanntes *Whitepaper* ist eine Möglichkeit für Unternehmen, sich als Experte auf einem bestimmten Kerngebiet zu positionieren. Das etwa 10 bis 15 Seiten umfassende Schriftdokument befasst sich mit einem Spezialthema und vermittelt dem Leser Wissen zu diesem Bereich. Da Informationen und Wissen besonders im Internetzeitalter nur wenige Klicks entfernt sind, lohnt es sich bei der Erstellung eines Whitepapers, auf eine Kernfrage einzugehen, die Ihre Zielgruppe und nicht die breite Masse beschäftigt. Fragen Sie dazu ruhig Ihre Vertriebskollegen nach häufigen Kundenfragen, oder stellen Sie Fallstudien mit praxisnahen Tipps zur Verfügung. Im

Optimalfall unterstützt dieses objektive Thema die Kaufentscheidung für Ihr Produkt, dann profitieren Sie zweifach.

Dabei glänzt der Autor mit Expertise und vermittelt möglichst objektiv und nicht werblich Know-how zu einer bestimmten Fachfrage. Dies kann durchaus mit Tipps und einer abschließenden Empfehlung abgerundet werden. Auch Glossare, Fakten und Hinweise für die Vertiefung in das Thema stellen einen Mehrwert für die Leser dar und machen ein gutes Whitepaper aus. Wichtig ist, dass im Unterschied zu einer Broschüre nicht ein spezielles Produkt im Mittelpunkt steht, denn ein werblicher Charakter wird schnell von der Leserschaft durchschaut und mit Vertrauensverlust bestraft. Denken Sie daran: Ein gutes, informatives Whitepaper birgt die Chance, empfohlen, verbreitet und verlinkt zu werden. Damit haben Sie gleich mehrere Fliegen mit einer Klappe geschlagen. Sie erhöhen Ihre Reichweite, ernten gegebenenfalls Backlinks und stärken das Vertrauen in Ihr Unternehmen. Zusätzlich dient ein Whitepaper der Leadgenerierung (also dem Gewinnen neuer Interessentenkontakte), wenn Sie beispielsweise einen Whitepaper-Download an eine E-Mail-Adressabfrage koppeln wie in Abbildung 3.7.

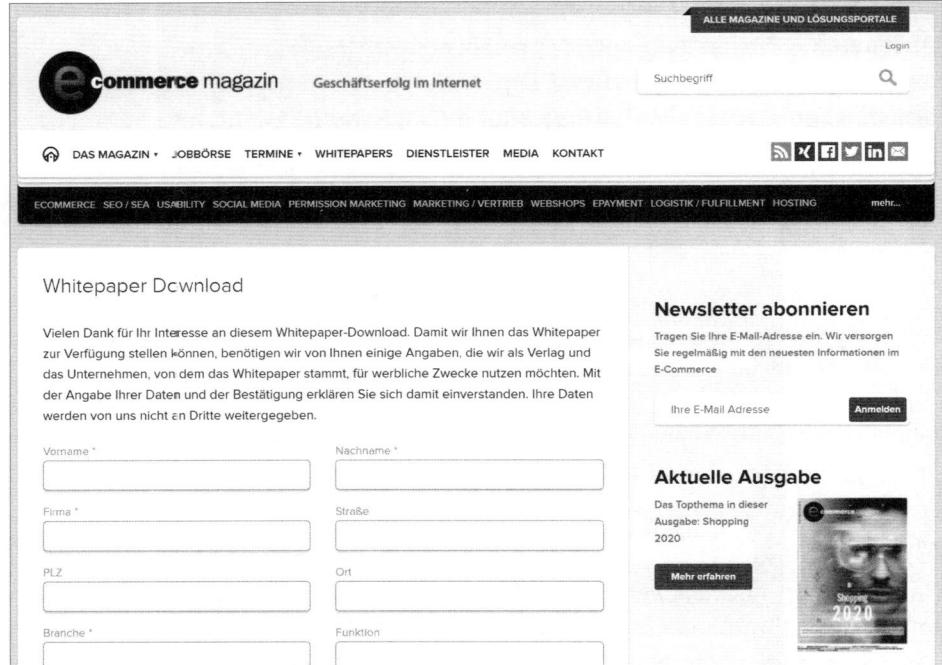

Abbildung 3.7 Leadgenerierung beim Download eines Whitepapers

Wenn Sie sich für die Erstellung eines Whitepapers entscheiden, sollten Sie sich bereits im Vorfeld genau überlegen, welche Zielgruppe Sie ansprechen möchten, welchen Nutzen Sie transportieren wollen und wie Sie das Whitepaper für Ihre Interessenten zugänglich machen. Die Ankündigung in einem Newsletter, Fachbeiträge, in denen Sie das Whitepaper erwähnen und verlinken, oder aber der Einsatz von diversen Social-Media-Kanälen sind nur einige Beispiele.

3.1.2   Mit Interessenten und Influencern in Kontakt treten

Nutzen Sie, wie eingangs beschrieben, die Möglichkeit im Internet, mit Ihren Interessenten direkt in Kontakt zu treten. Neben der Ansprache von Journalisten und Redakteuren sollten Sie Kontakt zu sogenannten *Influencern* (wörtlich übersetzt: *Beeinflusser, Meinungsbildner*) und Bloggern suchen, die sich insbesondere im Web 2.0 und den sozialen Medien bewegen. Einige Möglichkeiten dafür sind im Folgenden aufgeführt.

Blogs

Wie Sie in Kapitel 15, »Social Media Marketing«, im Detail lesen können, gibt es die digitalen Tagebücher en masse im Internet und zu nahezu allen (Spezial-)Themen. Auch Unternehmen können auf diese Weise mit Lesern in Kontakt treten, indem sie ein Unternehmensblog erstellen, wie beispielsweise das Unternehmensblog der Daimler AG (*blog.daimler.com*). Wie Sie sich vielleicht schon denken können, gibt es auch Blogverzeichnisse, in die Sie Ihr Unternehmensblog eintragen können. Verknüpfen Sie Ihr Unternehmensblog auch mit Ihren Social-Media-Kanälen. Zudem ist nicht jede News gleich eine Pressemitteilung. Dennoch können Sie Interessenten über Unternehmensgeschehnisse auf Ihrem Unternehmensblog auf dem Laufenden halten.

Darüber hinaus können Sie via Blogposts und Kommentarfunktion auf anderen Blogs aktiv werden und mit Interessengruppen kommunizieren. Schreiben Sie beispielsweise einen Fachartikel oder einen Gastbeitrag zu einem speziellen Kerngebiet und bieten diesen anderen themenrelevanten Blogs an; auch Interviews sind eine Variante. So können Sie sich zum einen als Experte positionieren und zum anderen oftmals auch auf Ihr Blog verlinken.

Online-Foren und Communitys

Mithilfe von Online-Foren und Communitys können Sie in direkten Kontakt mit Ihren Kunden treten. Erstellen Sie beispielsweise ein Forum, in dem Sie Produktfragen beantworten und somit einen besonderen Service für Ihre Kunden zur Verfügung stellen. Nutzen Sie zudem die Möglichkeit, über themenspezifische Communitys mit Ihren Interessenten zu kommunizieren. Dazu zählen auch Unternehmensprofile, z. B. auf Facebook, XING und LinkedIn.

Twitter

Den Microblogging-Dienst Twitter sind Sie auf den vorangegangenen Seiten schon häufiger begegnet. Auch dieser Dienst lässt sich im Bereich Online-PR nutzen. Je nach Branche tummeln sich hier viele Influencer, zu denen Sie den Kontakt suchen und pflegen sollten. Mit Tools wie FollowerWonk (*followerwonk.com*) oder Little Bird (*www.getlittlebird.com*) lassen sich Influencer identifizieren.

Newsgroups und Communitys

Als Newsgroups werden digitale Gruppen bezeichnet, die dem Austausch von Nachrichten zu einem Themenfeld dienen. Auch dies bietet eine Gelegenheit, Ihre Meldungen einzubringen. In vielen sozialen Netzwerken wie LinkedIn, Xing oder Google+ existieren Communitys, in denen Sie Ihre News platzieren können. Auch hier sollten Sie darauf achten, eine zu werbliche Ausrichtung zu vermeiden und stattdessen Inhalte mit Mehrwert in die Community einzubringen.

Es versteht sich von selbst, dass Sie auch in der Offline-Welt den Kontakt zu Journalisten und Multiplikatoren suchen sollten. Nutzen Sie Stammtische und PR-Treffs, und tauschen Sie sich mit Medienvertretern aus. Vielleicht ergeben sich so weitere Kontakte, die Sie direkt oder via Presseverteiler zukünftig ansprechen können.

Influencer-Marketing

Nicht nur klassische Journalisten oder etablierte Experten nehmen heutzutage Einfluss auf die Meinungsbildung im Internet. Gerade bei publikumswirksamen Themen kann es sich lohnen, auch mit Personen zu kooperieren, die sich in sozialen Netzwerken wie YouTube oder Instagram eine große Fangemeinde aufgebaut haben. Solche sogenannten Influencer verfügen nicht nur über eine hohe Reichweite, sondern auch über eine große Glaubwürdigkeit in ihrer Community (Abbildung 3.8).

Abbildung 3.8 Deutschlands erfolgreichste YouTuberin, Bianca Heinicke (»Bibi«), wirbt für den Reisekatalog von Neckermann.

3.1.3   Reputation Management, Markenauftritt und Online-Monitoring

Das sogenannte *Reputation Management*, auch als *Online Reputation Management* (*ORM*) bezeichnet, befasst sich mit allen Aktivitäten, die auf den Ruf einer Organisation oder Einzelperson abzielen. Der Ruf ist dabei das, was andere Personen Ihnen zusprechen, und dementsprechend fremdbestimmt. Zu beachten ist also, welche Suchmaschinenergebnisse erscheinen und wie positiv oder negativ die Meinungen und Diskussionen zu Ihrem Unternehmen in Foren und Blogs sind. Wie werden Sie wahrgenommen, und wie treten Sie auf? Weil das Internet sprichwörtlich nichts vergisst, sollten Sie Wert auf Ihr virtuelles Erscheinungsbild legen. Denn nach dem prominenten Zitat von Warren E. Buffet braucht es »zwanzig Jahre, um einen guten Ruf aufzubauen, und fünf Minuten, ihn zu zerstören«.

Entwickeln Sie ein System, mit dem Sie Ihren Ruf beobachten. Gute Werkzeuge bieten dabei Meldesysteme wie Google Alerts (*www.google.de/alerts*) oder Twitter-Alerts (*twitter.com/fema/alerts*) sowie professionelle kostenpflichtige Monitoring-Tools wie Brandwatch (*www.brandwatch.com*). Beim Online-Monitoring geht es um eine aktive und kontinuierliche Beobachtung zu Meinungs- und Stimmungsbildern im Zusammenhang mit Ihrem Unternehmen.

Darüber hinaus sollten Sie sogenannte *Clippings* im Auge behalten, also Publikationen zu Ihrem Unternehmen in Printmedien. Es gibt verschiedene Medienbeobachtungsdienstleister wie Meltwater (*www.meltwater.com*), die Ihnen in regelmäßigen Abständen Ihre Clippings zusenden. Auch Anlaufstellen für Drittmeinungen zu Ihrem Unternehmen wie Bewertungsportale oder Foren sollten Sie in Ihr Monitoring einbeziehen.

Schenken Sie den Meinungen über Ihre Website ausreichend Beachtung, und sehen Sie Feedback – auch negatives – als Hilfe an, da Sie dadurch wissen, wo Sie sich verbessern können. Die zweite Phase im ORM-Prozess ist die Interpretation. Erörtern Sie das, was über Sie gesagt wird, und reagieren Sie darauf. Es gilt zu entscheiden, welche Meinungen eine große Relevanz haben und in welcher Art und Weise und ob bzw. wie Sie reagieren sollten. Dies ist der dritte Prozessschritt. Seien Sie dabei ehrlich und transparent. Sie sollten sich und Ihren Internetauftritt klar positionieren. Achten Sie auf einen einheitlichen, klaren Markenauftritt und auf ein für Ihr Unternehmen vorteilhaftes Image.

Noch ein abschließender Tipp: Machen Sie es Ihren Nutzern so einfach wie möglich, Ihre Informationen zu verbreiten. Die klassischen PR-Kanäle sollten Sie so gut wie möglich mit sozialen Netzwerken koppeln. Erstellen Sie auf die einzelnen Medien ausgerichtete Inhalte. Nutzen Sie die vielfältigen Chancen, die Ihnen Social Media und Online-PR bieten. Sie können damit direkt Ihr Unternehmensimage im Internet steuern und den Kontakt zu bestehenden und neuen Kunden herstellen.

3.2   PR-Arbeit in sozialen Netzwerken

Wie schon erwähnt, sind die Bereiche Social Media Marketing und Online-PR nicht vollständig voneinander abzugrenzen. Es bestehen vielmehr fließende Übergänge zwischen den beiden Bereichen. Bei Facebook, Twitter, LinkedIn und Co. handelt es sich um sogenannte *Echtzeitmedien*, in denen sich Nutzer informieren und austauschen. Warum sollten sie dort nicht auch über Ihr Unternehmen sprechen?

Hier können Sie anknüpfen und diesen Kommunikationskanal für den Erfolg Ihres Unternehmens nutzen. Posten Sie Meldungen mit Mehrwert auf Facebook und anderen sozialen Medien, treten Sie mit den Interessenten und natürlich auch Journalisten, Bloggern und Multiplikatoren in Kontakt. Beantworten Sie Fragen, und reagieren Sie auf Kritik. Und vor allem: Machen Sie diese mit interessanten Inhalten und Aktionen auf sich aufmerksam. Beachten Sie dabei aber stets: Für die Kommunikation und Distribution von Inhalten in sozialen Netzwerken gilt das Gleiche wie für die klassische Kommunikation mit Medien: Erstellen und teilen Sie Inhalte mit Mehrwert, sprechen Sie die Sprache Ihrer User, passen Sie sich an die Gepflogenheiten des Kanals an, und vermeiden Sie allzu werbliche Aussagen.

In Ihrem Unternehmen sollten Sie genau festlegen, wer für die Kommunikation in Social-Media-Kanälen zuständig ist. In der Praxis ist es oftmals der Fall, dass immer mal wieder der ein oder andere Mitarbeiter aus unterschiedlichen Abteilungen Meldungen in sozialen Netzwerken veröffentlicht – und das ohne interne Abstimmung. Dies ist oftmals der Grund dafür, dass weder regelmäßig noch einheitlich kommuniziert wird und Social-Media-Maßnahmen erfolglos bleiben. Wir empfehlen Ihnen daher, die Zuständigkeiten klar zu definieren. Arbeiten Sie mit sogenannten *Social Media Guidelines*, die den Mitarbeitern klar aufzeigen, was und wie innerhalb der Netzwerke kommuniziert wird. Der Bundesverband Digitale Wirtschaft (BVDW) stellt beispielsweise einen solchen Leitfaden zum Download zur Verfügung. Hier könnte z. B. aufgeführt sein, welche Unternehmenszahlen öffentlich kommuniziert werden und welche nicht nach außen gegeben werden sollen. Darüber hinaus sollten die PR-Verantwortlichen die sozialen Medien genau im Auge behalten und das Stimmungsbild zum Unternehmen kennen. Mehr zum Thema Social Media Monitoring lesen Sie in Kapitel 15, »Social Media Marketing«.

3.3   Online-PR und Suchmaschinenoptimierung (SEO)

Auch die beiden Arbeitsfelder Online-PR und Suchmaschinenoptimierung (SEO) sind nicht als eigenständige, parallele Arbeitswelten zu begreifen, sondern sollten im Idealfall aufeinander abgestimmt sein, um wirkungsvolle Effekte zu erzielen. Schlüpfen Sie gedanklich einfach einmal in die Rolle eines Journalisten: Würde sich ein Teil Ihrer Recherchearbeit nicht auch in Suchmaschinen abspielen? Allein deshalb ist es sinnvoll, die Präsenz eines Unternehmens für Suchmaschinen zu optimieren, denn Journalisten stoßen auch über Google und Co. auf Inhalte, die im Zusammenhang mit Ihrem Unternehmen stehen. Somit ist eine Voraussetzung für gute Online-PR und SEO-Arbeit also eine detaillierte Keyword-Recherche. (Wie Sie relevante Schlüsselbegriffe für Ihr Unternehmen identifizieren, lesen Sie in Abschnitt 4.5, »Keyword-Recherche – die richtigen Suchbegriffe finden«). Haben Sie wichtige Keywords analysiert, sollten sie, wie bereits beschrieben, auch in Ihre PR-Inhalte einfließen. Spicken Sie daher, wenn möglich, Ihre Inhalte wie Pressemitteilungen, Fachbeiträge und Whitepapers mit relevanten Suchbegriffen, vor allem in der Überschrift Ihrer Publikation. Des Weiteren sollten Sie an passenden Stellen Links zu Ihrer Website integrieren. Auch hier gibt es somit Überschneidungen zwischen Online-PR und SEO.

Konnte man früher einmal mit einer quantitativen Verwendung von Schlüsselbegriffen in Texten bei Suchmaschinen punkten, optimiert auch Google stetig die Bewertungskriterien für sein Ranking. Nicht zuletzt durch die sogenannten *Panda-Updates* von 2011 bis 2015 (lesen Sie dazu Kapitel 5, »Suchmaschinenoptimierung (SEO)«) sollten Website-Betreiber zunehmend auf Benutzerfreundlichkeit (Usability) und Mehrwert für die Leser setzen. Achten Sie daher vordergründig auf eine gute und qualitativ hochwertige Berichterstattung, und bringen Sie Links und Keywords nur dann an, wenn sie passend und sinnvoll sind. Darüber hinaus gibt es diverse Möglichkeiten, Online-PR und Suchmaschinenoptimierung im Zusammenspiel effektiv einzusetzen.

Ein Beispiel sind sogenannte *Linkbaits* (mehr dazu lesen Sie in Kapitel 5, »Suchmaschinenoptimierung (SEO)«). Wie der englische Begriff *bait* (Köder, Lockmittel) vermuten lässt, sind damit Inhalte gemeint, die so aufbereitet sind, dass sie auf vielfache Verlinkung von anderen Websites und Multiplikatoren abzielen. Das können Ratgeber, Whitepapers, kreative Charity-Aktionen, viraler Content oder beispielsweise interessante Gewinnspiele sein. Der Online-PR-Anteil in einem Linkbait kann die Präsentation des Unternehmens, der Marke und des Images sein.

Ein weiterer Überschneidungspunkt von Suchmaschinenoptimierung und Online-PR ist die gezielte Platzierung von Meldungen in Presse- und Fachportalen. Wie Sie schon wissen, ist es sinnvoll, Inhalte mit relevanten Keywords und Links zu Ihrer Website zu versehen. Wenn Sie Ihre Beiträge und Pressemitteilungen nun in entsprechende Portale einstellen, generieren Sie sowohl eine größere Reichweite und steigende Aufmerksamkeit zum Thema als auch gleichzeitig Backlinks zu Ihrer Website. In der Regel sind die Meldungen dauerhaft eingestellt.

Die Qualität von Presseportalen

Hier scheiden sich die Expertengeister: Während einige Experten nach wie vor darauf zählen, dass Suchmaschinen per se neue, aktuelle Inhalte befürworten, argumentieren andere, dass die Sichtbarkeit einiger Portale seit geraumer Zeit sinkt und

> derartige Backlinks nicht mehr den gewünschten Effekt mit sich bringen. Wir sind der Meinung, dass wenige Backlinks aus Presseportalen in einem guten Mix mit anderen Linkbuilding-Maßnahmen (ein natürliches Linkprofil) durchaus sinnvoll, aber nicht als alleinige Handlungsweise effektiv sind. Versuchen Sie vielmehr, Links von diversen Autoritätsseiten (*Authority Sites*) zu generieren, und konzentrieren Sie sich auf für Sie branchenrelevante Verzeichnisse.

Online-PR und SEO haben einen gemeinsamen Bezugspunkt: *Unique Content*. Sowohl Suchmaschinen als auch Journalisten und Multiplikatoren lieben einzigartige und hochwertige Inhalte. Konzentrieren Sie sich daher bei Ihrer PR-Arbeit lieber auf wenige Inhalte, stecken Sie in diese aber Ihr ganzes Können und Herzblut. Seien es Pressemitteilungen, Videos, Whitepapers oder eine Studie: Einzigartige Inhalte überzeugen durch ihre Qualität und Unverwechselbarkeit. User und Suchmaschinen werden es Ihnen danken. Stellen Sie stattdessen Ihre Pressemitteilung beispielsweise mithilfe verschiedener Tools in zahlreiche Presseportale ein, so bleibt der Inhalt jeweils identisch. Ratsamer wäre hier, jeweils individuelle und zielgruppenspezifische Meldungen zu erstellen und diese nur in einzelne, gezielt ausgewählte Portale und Communitys einzustellen.

3.4 Online-PR to go

Mit unserer Checkliste und der Online-PR »to go« wollen wir es besonders denjenigen Lesern unter Ihnen erleichtern, die sich innerhalb kürzester Zeit über wichtige Punkte auf dem Gebiet der Presse- und Kommunikationsarbeit im Netz informieren möchten. Fangen wir also direkt an.

Der Bereich Online-PR beschreibt die Presse- und Öffentlichkeitsarbeit via Internet. Hier stehen einige Dienste zur Verfügung, über die Neuigkeiten auf kostenfreien Wegen verbreitet werden können. Machen Sie es Kunden, Interessenten und auch Journalisten auf ihrer Suche nach Informationen so einfach wie möglich: Bieten Sie ihnen beispielsweise eine »digitale Pressemappe« im Pressebereich Ihrer Website an, aber auch Vergleichsdienste und spezifische Branchenverzeichnisse sind Optionen. Da viele Nutzer per Suchmaschine nach Informationen recherchieren, ist eine Zusammenarbeit zwischen Suchmaschinenoptimierung (SEO) und Online-PR sinnvoll. Eine weitere Überschneidung der Pressearbeit im Netz besteht zu den Bereichen Social Media und Influencer-Marketing. Treten Sie mit Kunden, Interessenten und Meinungsmachern in Kontakt. Dabei ist auch das Social Media Monitoring wichtig, über das Sie ein Stimmungsbild zu Ihrem Unternehmen bekommen.

3.5   Checkliste Online-PR

Nehmen Sie die folgende Checkliste zur Hand, um häufige und gravierende Stolpersteine im Bereich Online-PR zu vermeiden. Anstatt zu straucheln, sollten Sie so mit sicheren Schritten zu Ihrem PR-Ziel gelangen.

Stolperstein Nr. 1

Bevor Sie mit der PR-Arbeit im Web beginnen, sollten Sie sich klar darüber sein, welche Zielgruppe Sie über welche Medien, Kanäle und Social-Media-Plattformen mit welchem Ziel ansprechen möchten. Haben Sie diese strategischen Fragen für sich beantwortet, können Sie mit einer strukturierten und zielgerichteten Pressearbeit beginnen, ohne auf Zufallspublikationen hoffen zu müssen.

Stolperstein Nr. 2

Beschränken Sie Ihr Presseengagement im Internet nicht allein auf den klassischen Weg der Pressemitteilung. Sie ist zwar ein wichtiges Instrument, aber nur eines von vielen: Nutzen Sie darüber hinaus die Möglichkeiten des World Wide Web, wie z. B. Newsletter, RSS-Feeds, Social Media, Influencer und Podcasts, um wichtige Informationen zur Verfügung zu stellen und zu verbreiten.

Stolperstein Nr. 3

In Anlehnung an den ersten Stolperstein, die PR-Strategie, sollten Sie auch bei der Auswahl der Kanäle, über die Sie kommunizieren, nachdenken. Überfluten Sie keine Redaktionen mit Ihren Pressemitteilungen, die weder zum Medium noch zur Leserschaft passen. Dann landet Ihre Nachricht mit großer Wahrscheinlichkeit schnell im Papierkorb, nicht zu vergessen, dass Sie Ihren guten Ruf riskieren. Wählen Sie also einige relevante Redaktionen gezielt aus, und versorgen Sie diese mit Ihrer gut aufbereiteten Pressemitteilung. Damit ist zwar eine Publikation nicht garantiert, und Sie sollten auch eine Absage sportlich nehmen. Jedoch führt das Motto »Qualität statt Quantität« durchaus eher zum Ziel.

Stolperstein Nr. 4

Tun Sie den Journalisten und sich selbst einen Gefallen, und bereiten Sie Ihre Pressemitteilung so auf, dass sie ohne Weiteres direkt veröffentlicht werden könnte. Damit sparen Sie dem Journalisten Arbeitszeit und erhöhen für sich die Chance, Ihre Meldung in einem themenrelevanten Medium zu platzieren. Wie Sie eine gute Pressemitteilung schreiben, haben Sie in Abschnitt 3.1.1, »Inhalte zur Verfügung stellen«, bereits gelernt.

Stolperstein Nr. 5

Sie holen mit Ihrer Website keine Journalisten und Interessenten ab, denn Sie bieten keinen Pressebereich an. Damit laufen Sie Gefahr, dass Journalisten bei ihrer Recherchearbeit all jene Informationen, die Sie eigentlich haben, nicht finden. Bieten Sie daher einen strukturierten Pressebereich an, in dem der Interessierte neben den neuesten Pressemeldungen auch Hintergrundinformationen, Audio-, Video- und Bildmaterial sowie eingebundene Social-Media-Profile schnell erreicht. Selbstverständlich darf der direkte Kontakt zu Ihrem Pressevertreter nicht fehlen, der für Nachfragen einfach über verschiedenste Wege zu erreichen ist.

Stolperstein Nr. 6

Kommunikation hat sich in Zeiten von Facebook, Twitter und Co. verändert und spielt sich heutzutage auch in sozialen Medien ab. Natürlich tummeln sich auch hier Journalisten und Meinungsmacher. Nutzen Sie soziale Medien, und treten Sie über Blogs, Foren und Communitys in direkten Kontakt mit Multiplikatoren und Ihren (potenziellen) Kunden. Influencer-Marketing, also das gezielte Einbeziehen von Personen mit großem Einfluss in sozialen Medien, ist eine weitere Option, auf sich und Ihr Angebot aufmerksam zu machen.

Stolperstein Nr. 7

On- und Offline-PR sind eng ineinander verzahnt, und trotz Internet ist der direkte Kontakt zu Journalisten nicht zu ersetzen. Greifen Sie zum Hörer, und kontaktieren Sie passende Redaktionen, besuchen Sie PR-Stammtische, und sprechen Sie auf Veranstaltungen Pressevertreter an. Dieses Netzwerk sollte sich auch in Ihrem gut gepflegten Presseverteiler widerspiegeln, den Sie punktuell und gezielt mit relevanten Informationen versorgen.

Stolperstein Nr. 8

Sie platzieren zwar regelmäßig Beiträge in verschiedensten Medien, ohne aber die Reaktionen darauf zu verfolgen. Entwickeln Sie ein Monitoring, um das Meinungsbild zu Ihrem Unternehmen zu beobachten. Treten Sie mit Ihren Kunden in Kontakt, und reagieren Sie sowohl auf Lob als auch auf Fragen, Anregungen und Kritik. So werden Sie als kompetenter und zuverlässiger Anbieter wahrgenommen und stärken Ihr Unternehmensimage.

Stolperstein Nr. 9

Formulieren Sie Ihre Berichte, Artikel und Pressemeldungen interessant, aber immer neutral, und stellen Sie den User-Mehrwert Ihrer Informationen in den Vordergrund. Kaufaufforderungen und Marketingsprache sind hier fehl am Platz. Glänzen Sie vielmehr mit Wissen, guter Recherchearbeit und raffinierten Formulierungen. Verkaufstexte werden von den Lesern dagegen schnell durchschaut, was zur Folge hat, dass Aufmerksamkeit und Interesse sinken.

Die Stolpersteine im Überblick

Haben Sie eine definierte Zielgruppe und eine präzise Kommunikationsabsicht?	
Schöpfen Sie alle für Sie sinnvollen Kanäle der Online-PR aus, wie z. B. RSS-Feeds, Social-Media-Kanäle, Newsletter, Blogs und Co.?	
Haben Sie einen gezielt ausgewählten Presseverteiler, und sprechen Sie tatsächlich nur relevante Medien an?	
Sind Ihre Pressemitteilungen so formuliert, dass sie unter Umständen direkt veröffentlicht werden könnten?	
Bieten Sie Journalisten einen gut strukturierten Pressebereich mit professionell aufbereiteten Informationen an?	
Treten Sie in Blogs, Foren und Communitys mit Multiplikatoren und Interessenten in Kontakt?	
Pflegen Sie einen engen, direkten und persönlichen Kontakt zu Pressevertretern?	
Haben Sie ein Monitoring eingeführt, über das Sie Reaktionen auf Ihre Presseberichte regelmäßig überwachen, damit Sie entsprechend reagieren können?	
Sind Ihre Texte ansprechend, interessant und nicht zu marketinglastig formuliert?	

Tabelle 3.1 Checkliste zur Vermeidung von Stolpersteinen in der Öffentlichkeitsarbeit im Internet

Kapitel 4

Suchmaschinen – eine Einführung

»Ich hatte den verrückten Einfall, das gesamte Web auf meinen
Computer herunterzuladen. Ich ließ meinen Doktorvater wissen,
dass es nur eine Woche dauern würde. Nach ungefähr einem Jahr
besaß ich einen kleinen Teil davon.«
– Google-Gründer Larry Page

In diesem Kapitel lernen Sie die Welt der Suchmaschinen im Internet genau kennen. Wir stellen Ihnen die bekanntesten Anbieter vor und werfen auch einen Blick auf Alternativen. Sie erfahren zudem, wie Suchmaschinen im Hintergrund arbeiten und wie Menschen die Suche im Internet nutzen. Mit diesem Grundwissen können Sie dann tiefer in die Nutzung von Suchbegriffen einsteigen. Am Ende finden Sie wie immer einen Kurzüberblick »to go«.

Suchmaschinen wie Google haben sich als Einstieg zum Surfen im Internet etabliert. Daher haben viele Internetnutzer eine Suchmaschine ihrer Wahl auch als Startseite ihres Browsers festgelegt. Bei Google, der mit Abstand größten Suchmaschine, werden pro Minute weltweit mehrere Millionen Suchbegriffe eingegeben. In Deutschland liegt die Zahl bei 100.000 Google-Suchanfragen pro Minute. Durch diese hohe Reichweite ist es für eine erfolgreiche Website sehr wichtig, auch in Suchmaschinen präsent zu sein und zu passenden Suchbegriffen gut gefunden zu werden. Wir nehmen Sie in diesem Kapitel mit in die Welt der Suchmaschinen und geben Ihnen einen Einblick in ihre Funktionsweise. Außerdem zeigen wir Ihnen, welche Suchmaschinen es gibt und auf welche Sie besonderes Augenmerk legen sollten. In den beiden darauffolgenden Kapiteln werden wir Ihnen Anleitungen geben, wie Sie von der hohen Nutzung der Suchmaschinen durch SEO (Suchmaschinenoptimierung) und SEA (Suchmaschinenwerbung) selbst profitieren können.

4.1 Suchmaschinen, Webkataloge, Meta- und Spezialsuchmaschinen

Beim Surfen im Internet stellt sich häufig die Frage, wie Sie an gewünschte Informationen oder Angebote gelangen. In den Anfangszeiten des Internets geschah dies meist über Webkataloge, also Verzeichnisse, in denen die verschiedenen Websites redaktionell in Kategorien einsortiert wurden. Bekannte Beispiele für Webkataloge waren Yahoo und das Open Directory Project DMOZ. Meist ehrenamtliche Editoren pflegten diese Verzeichnisse, in denen man zu allen möglichen Kategorien Websites fand. Beide Dienste gehören inzwischen der Vergangenheit an und wurden eingestellt. Im Laufe der Zeit nahm die Zahl der Internetseiten so rasant zu, dass die Gesamtheit der Inhalte im Netz nicht mehr über Webkataloge zu erfassen war. Darum entwickelten sich recht schnell Suchmaschinen für das Internet.

Suchmaschinen erstellen automatisiert einen mit Schlagwörtern versehenen Index von Internetseiten und bewerten die Relevanz der Website nach einer Reihe unterschiedlicher Faktoren. Die populärste Suchmaschine ist derzeit Google, das wir in Abschnitt 4.2.1, »Der Platzhirsch Google«, näher beschreiben.

Neben den Suchmaschinen haben sich auch sogenannte *Metasuchmaschinen* entwickelt, die die Ergebnisse verschiedener Suchmaschinen zu einem Ergebnis zusammenfassen. Beispiele hierfür sind Dogpile (*www.dogpile.com*), MetaCrawler (*www.metacrawler.com*) oder MetaGer (*metager.de*), ein Projekt des gemeinnützigen Vereins SUMA-EV in Kooperation mit der Universität Hannover.

Schließlich existiert eine Vielzahl von Spezialsuchmaschinen, die in den meisten Fällen allerdings nicht das gesamte Web durchforsten, sondern innerhalb der eigenen Angebote (bzw. innerhalb der Angebote ihrer Kooperationspartner) suchen. Hierzu zählen z. B. Preisvergleichsportale wie *www.idealo.de* oder *www.billiger.de* in Deutschland oder *www.toppreise.ch* in der Schweiz. Aber auch Dienste wie Google Maps dürfen Sie als spezielle Suchmaschine nicht vergessen – insbesondere, wenn Sie nicht nur eine Website haben, sondern auch an einem lokalen Standort Geld verdienen. Last, but not least: Wussten Sie eigentlich, welches die zweitgrößte Suchmaschine der Welt ist? Gemessen an der Anzahl an Suchanfragen ist die Videoplattform YouTube die Suchmaschine, die nach Google am häufigsten benutzt wird.

Für die Informationsbeschaffung im Internet konnten sich insbesondere Suchmaschinen und Spezialdienste gegen Webkataloge und Metasuchmaschinen durchsetzen. Die Vorteile aus schnellen Ergebnissen in Kombination mit hoher Qualität und Quantität konnten viele Internetnutzer überzeugen. Vielfach sind Suchmaschinen daher der Einstieg zum Surfen im Netz geworden. Dies zeigt sich auch in der Wahl der Browser-Startseite: Die laut einer Studie von Tomorrow Focus mit Abstand am häufigsten eingestellte Startseite ist Google mit 40,6 %. Weit abgeschlagen liegt T-Online mit 6,6 % auf dem zweiten Rang. Zudem bieten die meisten Internet-Browser eine Suchfunktion an, die direkt auf eine voreingestellte Suchmaschine führt. Daraus ergibt sich eine so hohe Popularität der Suchmaschinen, dass Sie als Website-Betreiber immer ein Auge auf die Entwicklungen des Suchmaschinenmarktes haben sollten. Die Studie *digital facts* der Arbeitsgemeinschaft Online Forschung (AGOF) bestätigte im März 2018, dass die Recherche in Suchmaschinen die am häufigsten genutzte Anwendung im Internet ist, sogar noch vor dem Versenden und Empfangen privater E-Mails. Demnach nutzen mehr als 93,7 % aller Internet-User in Deutschland regelmäßig Suchmaschinen (siehe Abbildung 4.1).

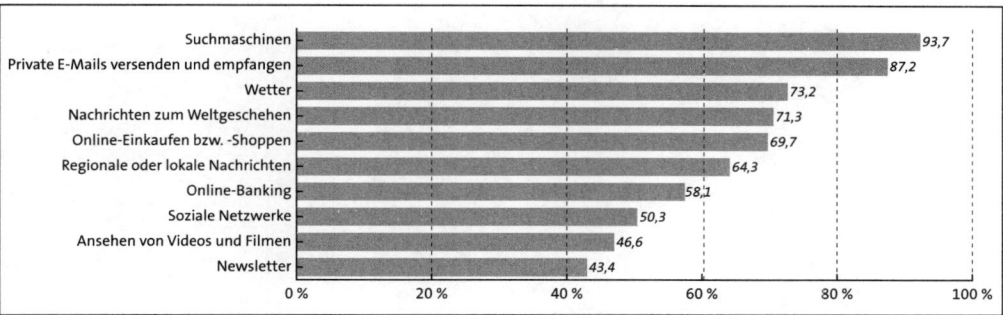

Abbildung 4.1 Häufig genutzte Themen im Internet (Quelle: AGOF)

Auf Smartphones ist die Suchmaschinennutzung die dritthäufigste Anwendung nach dem Telefonieren und der Kamera/Video-Funktion, wie der Branchenverband Bitkom herausfand. Dies zeigt die hohe Relevanz von Suchmaschinen im Internet und für Ihr Website-Marketing.

4.2   Welche Suchmaschinen gibt es?

Der Suchmaschinenmarkt wird aktuell von Google dominiert. Der erst relativ spät gestartete Dienst hat Konkurrenten auf die hinteren Plätze verdrängt. Microsoft mit der Suchmaschine Bing (*www.bing.com*) ist in Deutschland, Österreich und Schweiz der meistgenutzte Verfolger. Yahoo hat inzwischen nur noch eine Randbedeutung als Suchmaschine. Neben den international bekannten Suchmaschinen gibt es noch weitere Wettbewerber wie T-Online, die aber zumeist von den großen Suchmaschinen mit Ergebnissen beliefert werden.

StatCounter (*gs.statcounter.com*), ein Anbieter für Webstatistiken, ermittelt regelmäßig die Marktanteile für Suchmaschinen (siehe Abbildung 4.2). Die Zahlen für September 2018: Google liegt in Deutschland mit großem Vorsprung vorn mit 95,4 %, gefolgt von Bing mit 2,4 % und Yahoo mit einem Marktanteil von 0,8 %. DuckDuckGo (*duckduckgo.com*), eine recht neue und auf Privatsphäre spezialisierte Suchmaschine, hat einen noch recht kleinen Anteil von 0,5 %, und die Web.de-Suche folgt auf Platz fünf in Deutschland mit 0,4 %.

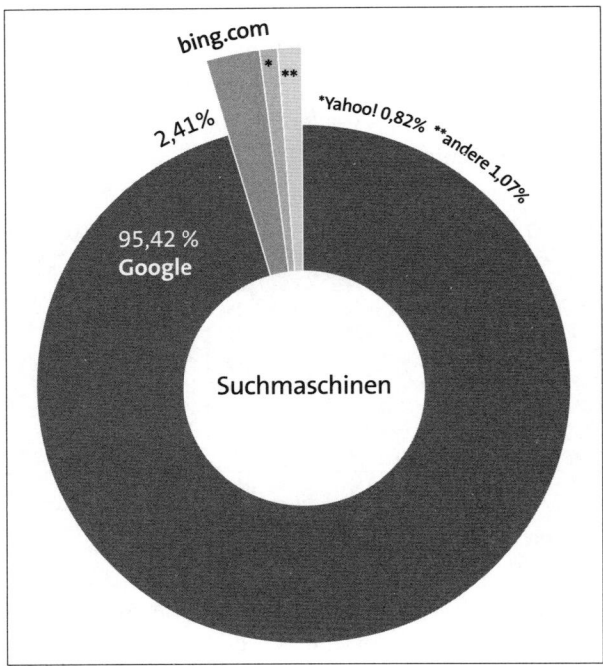

Abbildung 4.2 Marktanteile der Suchmaschinen in Deutschland (Quelle: StatCounter)

Für Österreich und die Schweiz ergeben sich ganz ähnliche Marktanteile. Diese Daten können Sie auf der Website von StatCounter ganz aktuell abfragen oder auch individuell für Ihre eigene Website mit Ihrem Web-Analyse-System. Haben Sie Google Analytics im Einsatz, so finden Sie diese Auswertung unter Akquisition • Quelle/ Medium, siehe Abbildung 4.3.

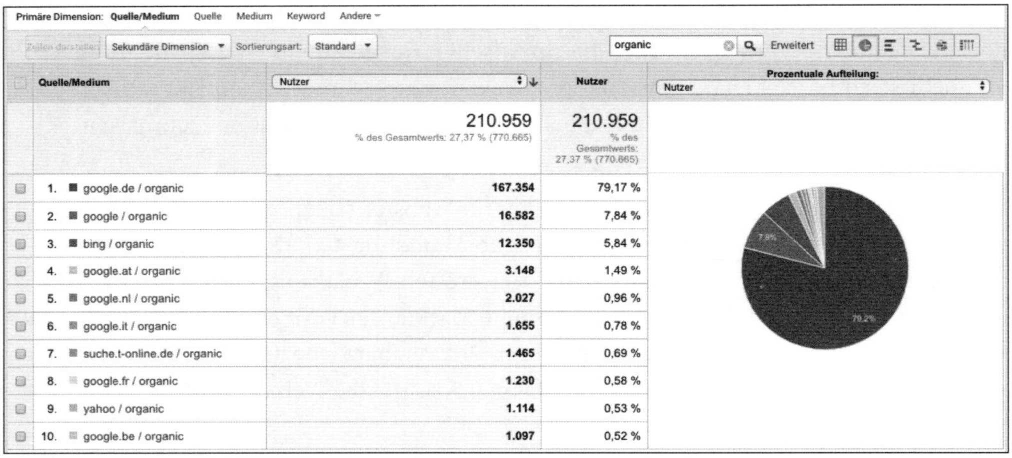

	Quelle/Medium	Nutzer	Nutzer	Prozentuale Aufteilung: Nutzer
		210.959 % des Gesamtwerts: 27,37 % (770.665)	210.959 % des Gesamtwerts: 27,37 % (770.665)	
☐	1. ■ google.de / organic	167.354	79,17 %	
☐	2. ■ google / organic	16.582	7,84 %	
☐	3. ■ bing / organic	12.350	5,84 %	
☐	4. ■ google.at / organic	3.148	1,49 %	
☐	5. ■ google.nl / organic	2.027	0,96 %	
☐	6. ■ google.it / organic	1.655	0,78 %	
☐	7. ■ suche.t-online.de / organic	1.465	0,69 %	
☐	8. ■ google.fr / organic	1.230	0,58 %	
☐	9. ■ yahoo / organic	1.114	0,53 %	
☐	10. ■ google.be / organic	1.097	0,52 %	

Abbildung 4.3 Anteil der Suchmaschinen-Nutzer auf der eigenen Website

Für den Vorreitermarkt USA wurden von StatCounter die in Tabelle 4.1 aufgeführten Marktanteile für Suchmaschinen erhoben. Sie erkennen daran, dass auch in den USA die Marktführerschaft von Google sehr hoch ist. Yahoo und Bing haben in den USA beide einen etwas höheren Marktanteil als hierzulande. Da Yahoo die Suchergebnisse von Bing ausliefert, kann der Marktanteil der von Bing ausgeführten Suchen auf über 10 % zusammengefasst werden.

Suchmaschine	Marktanteil USA
Google	86,2 %
Yahoo	7,1 %
Bing	5,6 %

Tabelle 4.1 Marktanteil der Suchmaschinen in den USA (Quelle: StatCounter, Stand: September 2018)

International gibt es aber noch weitere relevante Suchmaschinen wie *Baidu* (*www.baidu.com*) in China oder *Yandex* (*www.yandex.ru*) in Russland, die dort jeweils den größten Marktanteil haben. Baidu, die in China auch eine Suche für MP3-Musikdateien anbietet, gehört laut Statistik von Alexa Internet (*www.alexa.com/topsites*) zu den fünf weltweit am häufigsten aufgerufenen Websites. Als Suchmaschine erreicht Baidu in China einen Marktanteil von 66,5 %. Google erreicht hier nicht einmal 2 %, da die chinesische Regierung im Juni 2014 den Zugang zu Google-Diensten gesperrt hat. Kurioserweise hielt Google von 2004 bis 2006 auch einen Unternehmensanteil an Baidu von 2,6 %. Yandex, der bereits 1997 gegründete Marktführer in Russland, hat einen Anteil von 52,9 % am russischen Suchmaschinenmarkt und Google 43,3 % auf Basis der StatCounter-Statistiken.

Auf die drei für Deutschland und Europa relevantesten Suchmaschinen – Google, Yahoo und Bing – wollen wir hier weiter eingehen und Sie mit den Besonderheiten vertraut machen. Im Anschluss finden Sie noch eine Liste an weiteren Suchmaschinen. Sind Sie mit Ihren Website-Aktivitäten auch in anderen Ländern aktiv, sollten Sie immer ein Auge auf die lokalen Marktanteile der Suchmaschinen haben, damit Sie alle Möglichkeiten erfolgreich ausschöpfen können.

4.2.1   Der Platzhirsch Google

Google (*www.google.de*), aktuell die führende Suchmaschine weltweit, wurde im September 1998 von Larry Page und Sergey Brin gegründet. Das Unternehmen ging aus einem Forschungsprojekt der beiden Stanford-Studenten zu neuen Suchtechnologien für das Internet hervor. Was einmal klein anfing, hat sich zu einer gigantischen Größe entwickelt: Das als Google Inc. in einer Garage gestartete Unternehmen ist inzwischen börsennotiert und zählt zu den umsatzstärksten Firmen weltweit. Hier sehen Sie einen der ersten Screenshots der Google-Suchmaschine (siehe Abbildung 4.4). Sie können immer noch recht viel Ähnlichkeit mit der heutigen Version feststellen.

Abbildung 4.4 Die Google-Startseite von 1998

Beide Gründer standen 2017 im Alter von 44 Jahren auf Platz 12 bzw. 13 der Liste der reichsten Menschen der Welt, so die Angaben des US-amerikanischen Wirtschaftsmagazins Forbes (*www.forbes.com/wealth/billionaires*). Aktuell hat Google, das jetzt zum Mutterkonzern *Alphabet Inc.* gehört, weltweit mehr als 72.000 Mitarbeiter und machte im Jahr 2017 erstmals einen Umsatz von mehr als 100 Mrd. US$, bei einem Gewinn von 25 Mrd. US$. Der Aktienausgabepreis, als Google im August 2004 an die Börse ging, lag bei 85 US$, während der Börsenkurs heutzutage 1.000 US$ übersteigt. Damit ist Alphabet Inc. an der Börse aktuell mehr wert als solch große Unternehmen wie IBM, Intel oder HP. Die Haupteinnahmequelle des Unternehmens ist das Werbeprogramm *Google Ads*, das Google im Oktober 2000 unter dem Namen »AdWords« als Monetarisierungsstrategie startete. Werbetreibende können unter anderem auf den Suchergebnisseiten kleine Text- oder Produktanzeigen schalten und auf ihre Website verweisen. Weitere Informationen zum Google Ads Werbeprogramm und dazu, wie Sie es selbst nutzen können, finden Sie in Kapitel 6, »Suchmaschinenwerbung (SEA)«.

Google, das seinen Hauptsitz in Mountain View (Kalifornien) hat und an vielen Standorten weltweit vertreten ist, verfolgt das Ziel, die Informationen der Welt zu organisieren und allgemein nutzbar und zugänglich zu machen. Zu Google gehören auch die bekannte Videoplattform *YouTube* (mehr dazu in Kapitel 16, »Video-Marketing«) und die Blogplattform *Blogger.com*. Weltweites Kartenmaterial und Satellitenaufnahmen stellt das Unternehmen mit *Google Earth* und *Google Maps* kostenlos zur

Verfügung. Darüber hinaus bietet das Unternehmen hochauflösende Straßenansichten mit *Google Street View* an, die anfangs stark in die Kritik geraten sind. Auch das Projekt *Google Books*, bei dem möglichst viele Bücher digitalisiert und öffentlich zugänglich gemacht werden sollen, ist nach wie vor ein umstrittenes Projekt des Unternehmens. Mit Gmail, Google Fotos, Google Drive und Hangouts bietet Google zudem ein kostenloses Toolset für sämtliche Formen der Kommunikation und Zusammenarbeit. Google veröffentlichte im September 2008 einen eigenen Webbrowser namens *Chrome* und Ende 2009 das auf Linux basierende Betriebssystem *Chrome OS* für Netbooks. Das Betriebssystem *Android* für mobile Endgeräte wie Smartphones und Tablet-PCs wurde im Oktober 2008 von der Open Handset Alliance vorgestellt. Google gehört zu den stärksten Mitgliedern der Open Handset Alliance und übernimmt die federführende Verantwortung in der Weiterentwicklung des mobilen Betriebssystems. Hinzu kommen eigene Hardwareprodukte wie das Smartphone *Google Pixel*, der Sprachassistent *Google Home und Chromecast* als Fernseh-Streaming-Adapter. Außerdem gibt es diverse digitale Produkte für Werbetreibende und Softwareentwickler.

Der Einstieg in die Google-Welt erfolgt fast immer über den bekannten Suchschlitz, sei es auf der *google.de*-Startseite (siehe Abbildung 4.5), über den Browser Ihrer Wahl oder auf dem *Homescreen* des Android-Smartphones.

Abbildung 4.5 Die aktuelle »google.de«-Startseite (Stand: Januar 2018)

Auf der Startseite macht Google häufig mit sogenannten »Doodles« auf sich aufmerksam, die anstelle des Logos an besondere Ereignisse oder Personen erinnern; so z. B. am Tag der Arbeit (1. Mai), siehe Abbildung 4.6.

Abbildung 4.6 Google-Startseite mit Doodle auf einem Smartphone am 1. Mai 2018

Die Suchergebnisse werden in Form einer sortierten Liste ausgegeben. Diese ist standardmäßig auf zehn Ergebnisse pro Seite voreingestellt. In Ausnahmefällen – vor allem bei stark markenbezogenen Suchanfragen wie z. B. bei der Suche nach »Facebook« – präsentiert Google nur sechs oder sieben Suchergebnisse. Hinzu kommen zum Suchbegriff passende Werbeanzeigen aus dem Google-Ads-Programm. Die Suchergebnisseiten entwickeln sich immer weiter und unterliegen einer gewissen Evolution. So kommen häufig sogenannte *Universal-Search-Einblendungen* zum Vorschein, die z. B. Bilder, Videos, aktuelle Nachrichten und Landkarten zeigen. Solch eine Suchergebnisseite mit Universal-Search-Einblendungen sehen Sie, wenn Sie nach einem aktuellen Thema suchen. Ein Beispiel für eine Suchergebnisseite (*Search Engine Result Page*, *SERP*) zum Begriff »New York« sehen Sie in Abbildung 4.7.

Eine weitere Form eines speziellen Suchergebnisses ist seit 2012 der sogenannte *Knowledge Graph*. Bei sehr eindeutigen Suchanfragen, wie der Suche nach einer Stadt, einer berühmten Person oder auch einem bekannten Unternehmen, blendet Google hierbei rechts neben den klassischen Suchergebnissen eine Zusammenstellung der wichtigsten Informationen zum gesuchten Begriff ein. In Abbildung 4.8 sehen Sie eine Ergebnisseite für die Suche nach »Angela Merkel«, angereichert mit Bildern, einem Link zum passenden Wikipedia-Eintrag und biografischen Informationen.

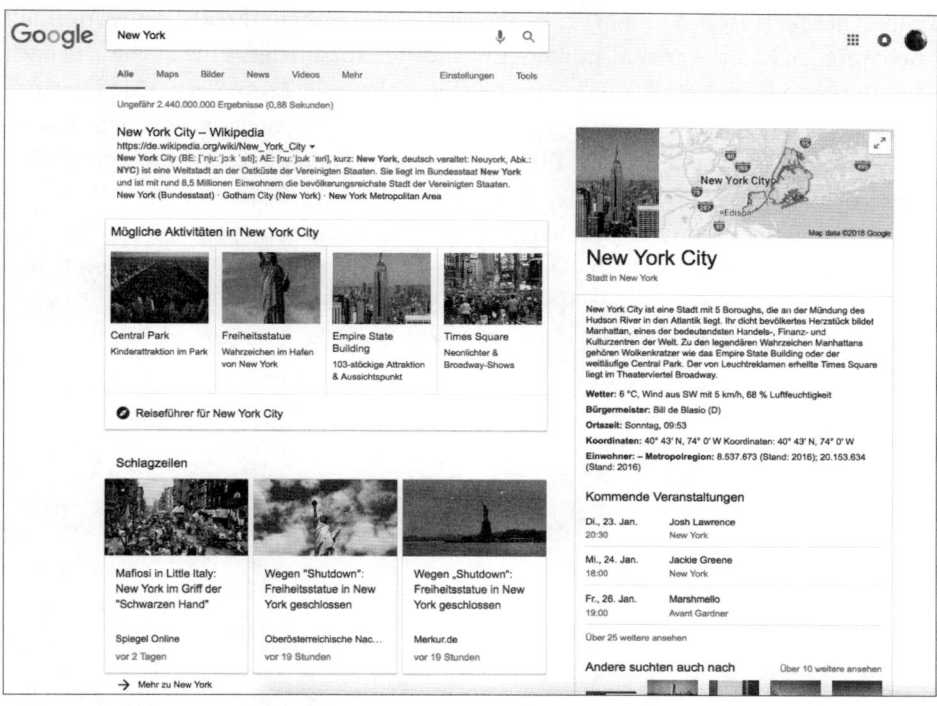

Abbildung 4.7 Google-Suchergebnisseite zum Begriff »New York«

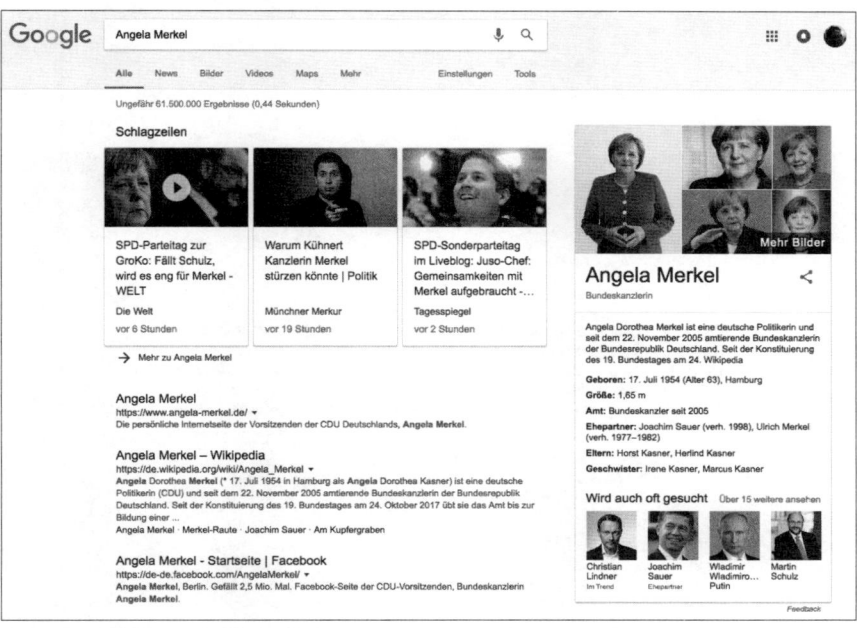

Abbildung 4.8 Knowledge-Graph-Einblendung bei der Google-Suche nach »Angela Merkel«

Immer häufiger ist außerdem zu beobachten, dass Google direkte Antworten auf Suchanfragen liefert – anstatt nur andere Websites aufzulisten. Eine Suche z. B. nach »Wetter Bodensee« liefert eine grafische Übersicht über Temperatur, Niederschlag und Wind der nächsten sieben Tage (siehe Abbildung 4.9). Auch die Suche nach Aktienkursen oder Sportergebnissen, die Eingabe von Rechenaufgaben oder von ausformulierten Fragen ergibt an erster Stelle keine Suchergebnisse anderer Websites, sondern direkte Antworten. Versuchen Sie es einmal selbst, und suchen Sie z. B. nach der Hauptstadt von Kolumbien, der Arbeitslosenquote in Norwegen oder den Ergebnissen der 1. Fußballbundesliga, oder fragen Sie Google, wie viel 493 geteilt durch 17 ergibt. Sie werden erstaunt sein, was Google alles weiß.

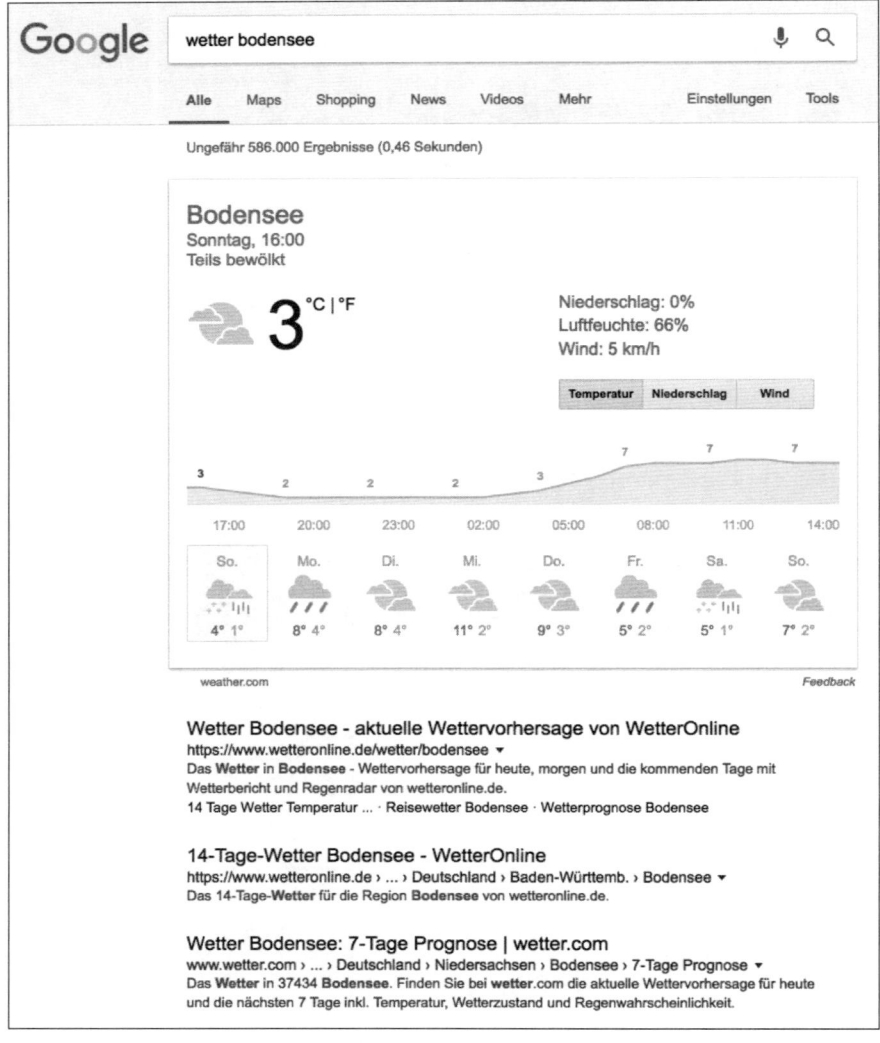

Abbildung 4.9 Google-Suchergebnisseite zu »Wetter Bodensee«

Seit Ende 2012 ist die Oberfläche von Google in einem neuen Design verfügbar. Die Navigation ist seitdem unterhalb des Suchfeldes platziert. Je nach Suchbegriff erscheinen passende Kategorien, wie z. B. SHOPPING, BILDER, MAPS, VIDEOS oder NEWS, mit deren Hilfe der User seine Suche weiter verfeinern und filtern kann. Mit einem Klick darauf können Sie sich die Suchergebnisse aus der Produktsuche, Bildersuche, Kartensuche oder Google News anzeigen lassen. Die Suchergebnisseiten werden kontinuierlich optisch überarbeitet. Die Änderungen zielen vor allem darauf ab, auch Benutzern, die Suchanfragen über mobile Endgeräte stellen, eine userfreundliche Suchergebnisseite zu präsentieren. So erhöhte Google im Jahr 2014 z. B. die Schriftgröße der verlinkten Suchergebnis-Überschrift, um Smartphone-Usern eine effizientere Suche zu ermöglichen. Außerdem wurden in 2017 die Werbeanzeigen von der rechten Spalte der Suchergebnisseite auf Computern entfernt und in die Hauptspalte integriert. Somit wurde das Layout an die mobile Darstellung mit nur einer Spalte angepasst (siehe Abbildung 4.10).

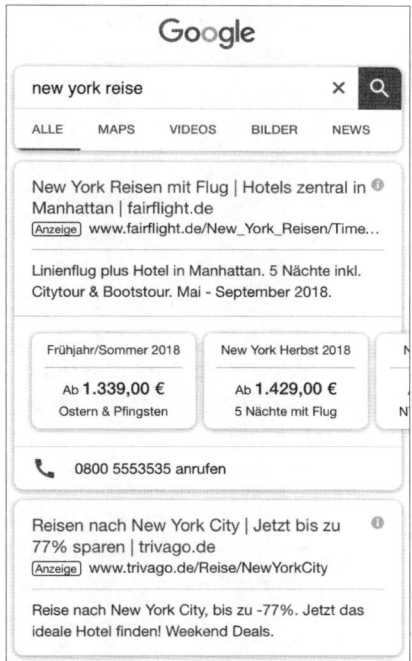

Abbildung 4.10 Mobile Google-Suchergebnisseite zu »New York Reise«

In der oberen Leiste der Desktop-Suche weist Google zudem auf die verschiedenen Google-Dienste wie *Gmail* und *Google Drive* hin. Außerdem finden Sie hier die Anmeldefunktion, mit der Sie sich bei Google registrieren können. Sobald Sie eingeloggt sind, erhalten Sie personalisierte Suchergebnisse. Google versucht, aus Ihrem Nutzerverhalten und Ihrem Standort die für Sie relevantesten Ergebnisse weiter oben anzuzeigen.

Google investiert außerdem beträchtliche Summen in Forschungsprojekte und macht immer wieder durch Übernahmen branchenfremder Unternehmen auf sich aufmerksam. So arbeitet das Unternehmen z. B. an der Entwicklung eines fahrerlosen Autos (*Google Driverless Car*), an der Versorgung abgelegener Gegenden mit Internet im Rahmen des Projekts *Loon* oder lancierte im Jahr 2014 den tragbaren Miniaturcomputer *Google Glass*. Größere Unternehmenskäufe der letzten Jahre waren z. B. die Übernahme von Motorola, der Erwerb der Navigationssoftware Waze oder der Kauf von Nest, einem Hersteller von Rauchmeldern und Thermostaten. Damit will Google auch in andere Aktivitäten des täglichen Lebens einsteigen.

Google hat in den meisten Ländern der Welt quasi eine Monopolstellung erreicht. Durch die herausragende Positionierung schaffte es das Unternehmen 2004 sogar mit dem Verb »googeln« in den Duden. Bei der Arbeit mit Suchmaschinen geht damit kein Weg an Google vorbei. Aufgrund dieser starken Verbreitung gehen wir in diesem Buch besonders auf Google ein, speziell in den Kapiteln zu Suchmaschinenwerbung und -optimierung. Trotzdem sollten Sie auch die anderen Suchmaschinen im Auge behalten, da sich sonst schnell eine starke Abhängigkeit von Google ergibt.

Google in der Diskussion

Wer sich eingehender mit dem Suchmaschinengiganten Google auseinandersetzen möchte, dem seien zwei Bücher empfohlen, zum einen *Wem gehört die Zukunft?* von Jaron Lanier und zum anderen *Die Vernetzung der Welt* von Eric Schmidt und Jared Cohen. Lanier plädiert dafür, dass Unternehmen wie Google für die Daten, die sie von ihren Usern erhalten, Geld bezahlen sollten, und erhielt für seine Arbeiten im Jahr 2014 den Friedenspreis des Deutschen Buchhandels. Google-CEO Schmidt und Jared Cohen, Chef von Googles Denkfabrik, beschreiben stattdessen die Digitalisierung von Wirtschaft und Gesellschaft als unausweichliche Tatsache, die vom Menschen gestaltet werden muss. Empfehlenswert ist es daher, beide Bücher zu lesen, um sich selbst eine Meinung zu bilden.

Wer lieber am Bildschirm liest, dem sei das GoogleWatchBlog (*www.googlewatch-blog.de*) empfohlen. Die Autoren berichten regelmäßig über das Phänomen Google in all seinen Facetten, schreiben über Google-Neuigkeiten und widmen sich auch kritischen Themen wie Datenschutz oder Wettbewerbsfragen.

4.2.2 Die ewigen Zweiten: Bing und Yahoo

Widmen wir uns nun noch den ewigen Zweiten hinter Google. Yahoo war lange Zeit die zweithäufigste Suchmaschine in Deutschland, verlor dann aber immer mehr an Relevanz, so dass Bing die zweite Position übernahm. Für September 2018 liegt laut StatCounter (*gs.statcounter.com*) der Suchmaschinen-Marktanteil für Bing bei 2,4 % und für Yahoo bei 0,8 %. Beide Suchmaschinen kooperieren schon länger, so spielt

Yahoo inzwischen nur noch Bing-Suchergebnisse aus und kann fast nicht mehr als eigenständige Suchmaschine angesehen werden. Hinzu kam die Auflösung des Yahoo-Konzerns in seine Einzelteile. Aber schauen wir uns beide Anbieter genauer an.

Die Suchmaschine Bing (*www.bing.com*) von Microsoft startete im Juni 2009, ist aber der direkte Nachfolger der Suchmaschine Microsoft *Live Search*. Bing bietet ebenso wie Google weitere Suchbereiche wie Bilder, Videos, News und Karten. Die Startseite präsentiert sich ähnlich wie andere Suchmaschinen minimalistisch mit einem Suchfeld (siehe Abbildung 4.11). Optisch aufgewertet wird die Startseite durch täglich wechselnde Hintergrundbilder.

Abbildung 4.11 Die Bing-Startseite (Stand: 21. Januar 2018)

Bing präsentierte sich zum Start als »Entscheidungsmaschine«. Sie soll dem Benutzer nützliche Antworten liefern, nicht nur reine Suchergebnisse. Im Vergleich zum Vorgänger Live Search wurde die Suchfunktion auch im Bereich von Bildern und Videos verbessert. Auch komfortable Sortier- und Filterfunktionen stehen zur Verfügung. Da Bing insbesondere in Europa nur einen geringen Marktanteil besitzt und hinter dem Platzhirsch Google weit zurückliegt, versucht Microsoft, durch Kooperationen z. B. mit Apple und Facebook in den letzten Jahren Boden gutzumachen. Die Integration in Apples Sprach-Assistenten *Siri* wurde aber inzwischen wieder von Google abgelöst.

Yahoo (*de.yahoo.com*), im Markennamen auch häufig mit Ausrufezeichen geschrieben (*Yahoo!*), präsentiert sich heute eher als Internetportal mit aktuellen Nachrichten, Wetter- und Finanzinformationen (siehe Abbildung 4.12). Zudem wird *Yahoo Mail* eingebunden, ein beliebter, kostenloser E-Mail-Service.

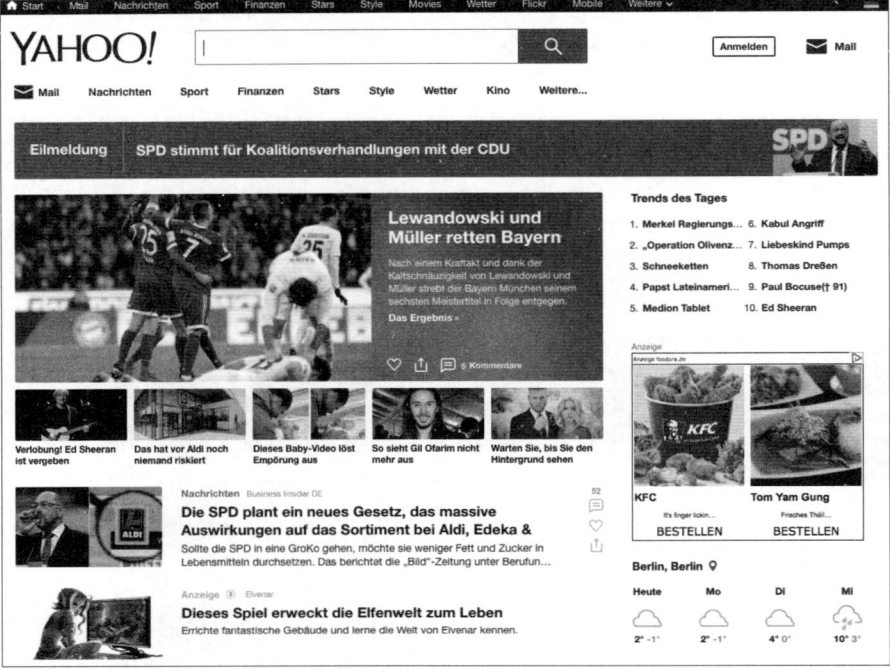

Abbildung 4.12 Die »de.yahoo.com«-Startseite

Die Suchfunktion erreicht man über den ganz oben platzierten Suchschlitz oder über den direkten Link zur Yahoo-Suche (*de.search.yahoo.com*, siehe Abbildung 4.13).

Abbildung 4.13 Die Startseite der Yahoo-Suche

Die Firma Yahoo hat eine belebte Geschichte hinter sich. Sie wurde im März 1995 von zwei Studenten der amerikanischen Stanford-Universität als ein Verzeichnis von empfohlenen Websites gegründet. Hervorgegangen war Yahoo aus dem im April 1994 gestarteten Internetverzeichnis »Jerry and David's Guide to the World Wide Web«. Jerry Yang und David Filo hatten damit einen der erfolgreichsten Webkataloge gestartet und bauten die Seite zu einer Suchmaschine aus. Yahoo ist die Abkürzung für »Yet Another Hierarchical Officious Oracle«, was so viel bedeutet wie »Noch so ein hierarchisches, übereifriges Orakel«.

2009 ging Yahoo mit Microsoft eine strategische Kooperation im Bereich der Suche ein. Die Suchtechnologie wird seitdem von Microsoft weiterentwickelt und von beiden Unternehmen gemeinsam genutzt. Yahoos Suchergebnisse werden seit August 2011 von Microsofts Suchmaschine Bing ausgeliefert. Die beiden Unternehmen kooperierten auch von 2012 bis 2016 im Rahmen der gemeinsamen Werbeplattform *Yahoo! Bing Network* (*http://contextualads.yahoo.net*) bei der Vermarktung von Anzeigenschaltungen auf den Suchergebnisseiten und Portalseiten. Yahoo stellte dabei die Mitarbeiter für Support und Anzeigenverkäufe hinter dem Werbenetzwerk.

Mit dem Antritt der ehemaligen Google-Managerin Marissa Meyer im Juli 2012 arbeitete Yahoo intensiv an einer strategischen Neuausrichtung. Ein Schwerpunkt lag dabei auf digitalen Magazinen mit Anzeigen, die ähnlich wie redaktionelle Inhalte aufgebaut sind (sogenanntes *Native Advertising*). Damit wollte Yahoo vor allem Nutzer von Tablets und Smartphones ansprechen. Zu Yahoo gehört außerdem der Fotodienst *Flickr* (*www.flickr.com*), auf dem Sie Ihre Fotosammlung hochladen und für andere Benutzern freigeben können, sowie die Blogplattform *Tumblr* (*www.tumblr.com*), die erst im Juni 2013 von Yahoo übernommen wurde.

Trotz aller Bemühungen ließen die Geschäftszahlen aber auf sich warten, so dass der Yahoo-Konzern zerschlagen und in Einzelteilen verkauft wurde. Die Yahoo-Marke inklusive Website, E-Mail-Dienst und den Plattformen *Tumblr* sowie *Flickr* wurde im Juli 2017 vom amerikanischen Großunternehmen und Mobilfunkanbieter *Verizon* übernommen und in dessen *Oath*-Netzwerk (*www.oath.com*) eingegliedert. Zu Oath gehören weitere Portale wie z. B. AOL (Übernahme im Mai 2015), TechCrunch und HuffPost.

Durch die – im Vergleich zu Google – geringe Nutzung ist auch die Konkurrenz für Suchmaschinenwerbung (SEA) und -optimierung (SEO) vergleichsweise gering. Da weniger Websites am *Bing-Ads*-Werbeprogramm (*https://advertise.bingads.microsoft.com/de-de*) teilnehmen, können sich zielgerichtete Kampagnen aus Effizienzgründen hier stärker lohnen, wenn auch nicht solch große Massen an Nutzern wie bei Google erreicht werden können. Die Details zur Suchmaschinenoptimierung und Bing Ads lernen Sie in Kapitel 6, »Suchmaschinenwerbung (SEA)«, kennen. Für die Suchmaschinenoptimierung gelten zum Großteil die gleichen Regeln wie für Google. Mehr zur Suchmaschinenoptimierung finden Sie in Kapitel 5, »Suchmaschinenoptimierung (SEO)«.

4.2.3 Weitere Suchmaschinen im Netz

Die großen Suchmaschinen in Europa und Amerika kennen Sie nun genauer. Es gibt aber noch weitere, von denen Sie vielleicht schon gehört haben. Zum einen gibt es international noch andere große Suchmaschinen, wie z. B. Yandex oder Baidu, zum anderen gibt es kleinere Suchmaschinen, die versuchen, sich mit ganz neuen oder alternativen Konzepten zu etablieren. Wir stellen Ihnen hier einige ausgewählte Suchmaschinen kurz vor und empfehlen Ihnen, einen Blick auf die Alternativen zu Google und Co. zu werfen.

Yandex

Yandex (*www.yandex.ru*) ist die größte Suchmaschine auf dem russischen Markt. Hier rangiert Google nur auf Platz 2. StatCounter gibt für Yandex in Russland einen Marktanteil von 54 % an und für Google 42 %. Wenn Sie mit Ihrer Website Kunden in Russland erreichen wollen, empfehlen wir Ihnen, sich im Netz weiter zu informieren, da wir uns in diesem Buch auf den deutschsprachigen Raum konzentrieren. Auch Yandex bietet ein Programm zur Anzeigenschaltung in den Suchergebnissen an, und zum Thema Yandex SEO finden Sie zahlreiche, nützliche Blogartikel im Netz. Unter der Adresse *www.yandex.com* finden Sie auch eine englische Version der Suchmaschine, wo Sie sich die Darstellung der Ergebnisliste genauer anschauen können.

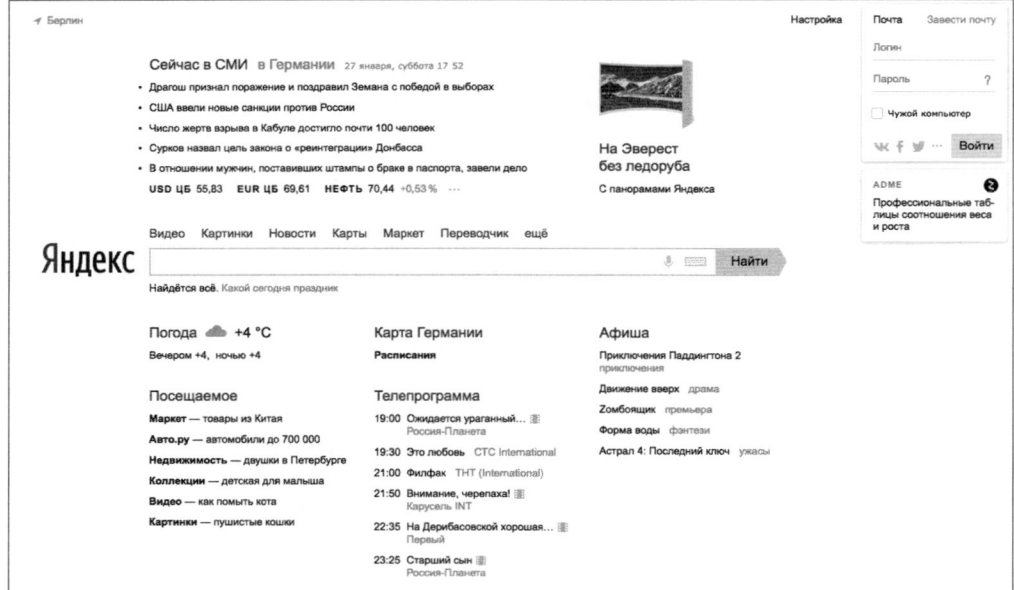

Abbildung 4.14 Die Yandex-Startseite

Baidu

Die Suchmaschine Baidu (*www.baidu.com*) ist der Platzhirsch in China. Durch den chinesischen Protektionismus haben andere Anbieter fast keine reelle Chance, sich auf diesem Markt zu behaupten. StatCounter gibt hier 65 % Marktanteil an, gefolgt von der mobilen Suchmaschine Shenma mit 20 %. Shenma gehört zum chinesischen Internetkonzern Alibaba. Durch die sehr hohe Bevölkerungszahl sind chinesische Kunden natürlich besonders interessant. Wenn Sie Ihre Website auch auf diese Nutzer ausrichten wollen, empfehlen wir Ihnen, sich ausführlicher mit Baidu zu beschäftigen und im Netz weitere Informationen zu recherchieren.

Abbildung 4.15 Die Baidu-Startseite

Wie schwer es Google auf diesem Markt hat, sehen Sie, wenn Sie die Domain *www.google.cn* aufrufen. Sie bekommen nur eine Vorschaltseite zu sehen und werden auf Google Hongkong verwiesen.

Kommen wir aber zu weiteren Suchmaschinen mit größerem Fokus auf Deutschland, Europa und die USA.

DuckDuckGo

»Die Suchmaschine, die Sie nicht verfolgt.« – so lautet das Versprechen der amerikanischen Suchmaschine DuckDuckGo (*duckduckgo.com*). Genau wie ihr europäisches Pendant Ixquick (*www.ixquick.com*) sammelt sie keine persönlichen Informationen ihrer User und wurde daher insbesondere nach Bekanntwerden des NSA-Abhörprogramms PRISM im Jahr 2013 weltweit bekannt und beliebt. Seit September 2014 lässt sich DuckDuckGo auf iPhones und iPads als Standardsuchmaschine auswählen. In Deutschland hat sich DuckDuckGo auf den vierten Platz in der Suchmaschinennutzung vorgearbeitet (0,6 % Marktanteil laut StatCounter). Suchmaschinenwerbung auf DuckDuckGo können Sie über das Bing-Ads-Programm schalten. Die Zukunft wird zeigen, ob sich diese neuere Suchmaschine etablieren kann.

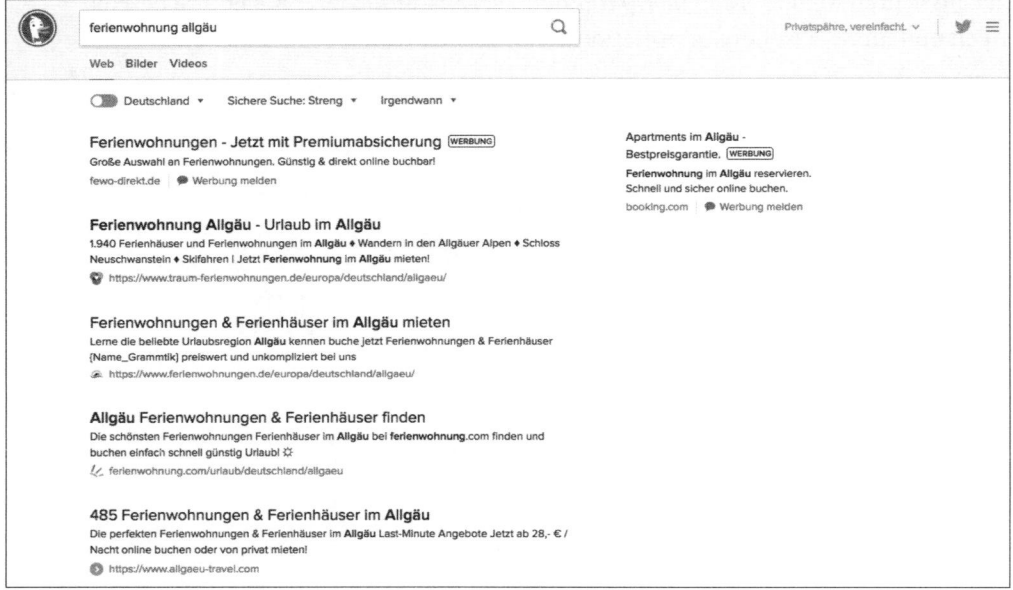

Abbildung 4.16 DuckDuckGo-Suchergebnisseite

T-Online-Suche

Durch die hohe Reichweite von T-Online in Deutschland wird auch dessen Suchmaschine (*suche.t-online.de*) häufig genutzt. *t-online.de* gehört inzwischen nicht mehr zur Telekom, sondern wurde an den Vermarkter Ströer Digital verkauft. Es hat heutzutage nur noch einen Marktanteil 0,23 % laut StatCounter-Daten. Die Suchergebnisse werden von Google geliefert und durch eigene Maßnahmen modifiziert. So entfernte T-Online 2014 im Zuge des Streits um das *Leistungsschutzrecht* die Websites *welt.de*, *bild.de* oder *express.de* aus seinen Suchergebnissen. Auch auf den T-Online-Suchergebnisseiten können Sie Werbung schalten und mit SEO in den Ergebnissen erscheinen. Da Google-Ergebnisse genutzt werden, gelten die gleichen Regeln wie für Google. In Kapitel 5 erfahren Sie alles Wissenswertes zum Thema Suchmaschinenoptimierung.

Abbildung 4.17 Die T-Online-Suche

Ask.com

Ask (*de.ask.com*) wurde 1996 unter dem Namen *Ask Jeeves* gegründet. Nutzer sollten ganze Fragen in die Suchmaschine eingeben können und passende Antworten bekommen, was sich aber nie durchsetzte. 2006 fand die Umbenennung in Ask.com statt. Seit 2006 gibt es auch eine deutsche Version mit einer Vorschaufunktion für Suchergebnisse. Die Besonderheit von Ask: Häufige Fragen rund um den gesuchten Begriff werden direkt im Suchergebnis eingeblendet. In letzter Zeit ist es aber eher ruhig um die Suchmaschine geworden, und die Nutzung ist stark zurückgegangen.

Fireball

Die Suchmaschine Fireball (*www.fireball.de*) entstand 1996 an der Technischen Universität Berlin. 1999 wurde sie für 120 Mio. € an Lycos Europe verkauft. Durch die Auflösung des Unternehmens Lycos wurde Fireball 2009 selbstständig und positioniert sich mit Antwortboxen, hoher Benutzerfreundlichkeit und einem eigenen Suchindex für Deutschland. 2016 wurde Fireball von der Münchener Fireball Labs GmbH übernommen und weiter betrieben. Die Nutzerzahlen sind aber weiterhin eher gering.

Ecosia

Ecosia (*www.ecosia.org*) ist eine neue deutsche Suchmaschine mit ökologischem Hintergrund. 80 % des Einnahmenüberschusses durch Klicks auf Anzeigen werden in das »Plant A Billion Trees«-Programm investiert. Eine beeindruckende Zahl von mehr als 20 Millionen Bäume konnten damit bereits gepflanzt werden. Zudem sorgt Ecosia für Transparenz und veröffentlicht monatliche Finanzberichte und aktuelle Baumpflanzprojekte. Die Suchergebnisse und Werbeanzeigen werden von Bing ausgeliefert. Trotz dieses lobenswerten Ansatzes ist Ecosia aber eher als Nischenprodukt anzusehen.

Exalead

Exalead (*www.exalead.com/search*) wurde in Frankreich gegründet und ging mit der ersten Version ihrer Suchmaschine 2004 online. Der Suchindex ist sehr groß und betrug im Jahr 2013 16 Mrd. Seiten. Suchergebnisse werden mit einem Vorschaubild ergänzt und können durch Filtermöglichkeiten eingeschränkt werden. Der Fokus von Exalead liegt aber inzwischen eher auf spezialisierte Suchmaschinenangebote für Geschäftskunden.

WolframAlpha

WolframAlpha (*www.wolframalpha.com*) startete mit großer öffentlicher Aufmerksamkeit im Mai 2009. Sie ist aber eher eine wissenschaftliche Suchmaschine, die Suchbegriffe algorithmisch bewertet und entsprechende Suchergebnisse präsentiert. Suchen Sie z. B. nach »planet«, werden Ihnen alle Planeten mit den passenden Zusatzinformationen geliefert. In der Suchmaschinennutzung konnte sich WolframAlpha allerdings nicht durchsetzen.

fragFINN

Die Suchmaschine fragFINN (*www.fragfinn.de*) wird von einem gleichnamigen Verein betrieben und hat es sich zum Ziel gesetzt, einen für Kinder sicheren Raum für die Internetrecherche zu bieten. Daher werden nur jugendfreie Webinhalte durchsucht. Nach Angaben der Betreiber wird der Index täglich aktualisiert. Unternehmen wie Microsoft, Google, 1&1 und die Deutsche Telekom unterstützen die Initiative.

4.3   Wie Suchmaschinen arbeiten

Suchmaschinen arbeiten nach einem komplexen Prozess, der in mehreren Schritten abläuft. Zuerst müssen Webseiten im Internet gefunden werden. Dies geschieht mithilfe von Programmen der Suchmaschinenanbieter, die als *Bots* oder *Crawler* bezeichnet werden. Bekannte Beispiele sind der *Googlebot* und *Bingbot*. Nach dem sogenannten *Crawling* werden die Webseiten analysiert, bewertet und in einen Katalog aufgenommen. Der Katalog wird auch als *Index* bezeichnet. Damit steht eine unvorstellbar große Datenbank an Webseiten zur Verfügung. Die eigentliche Suche wird vom Benutzer der Suchmaschine angestoßen. Die Suchmaschine arbeitet dann in einem sehr schnellen Prozess, durchsucht den Index, wählt relevante Ergebnisse aus, erstellt eine Sortierung (Ranking) und zeigt die Suchergebnisse sortiert an. Den gesamten Prozess veranschaulicht Abbildung 4.18.

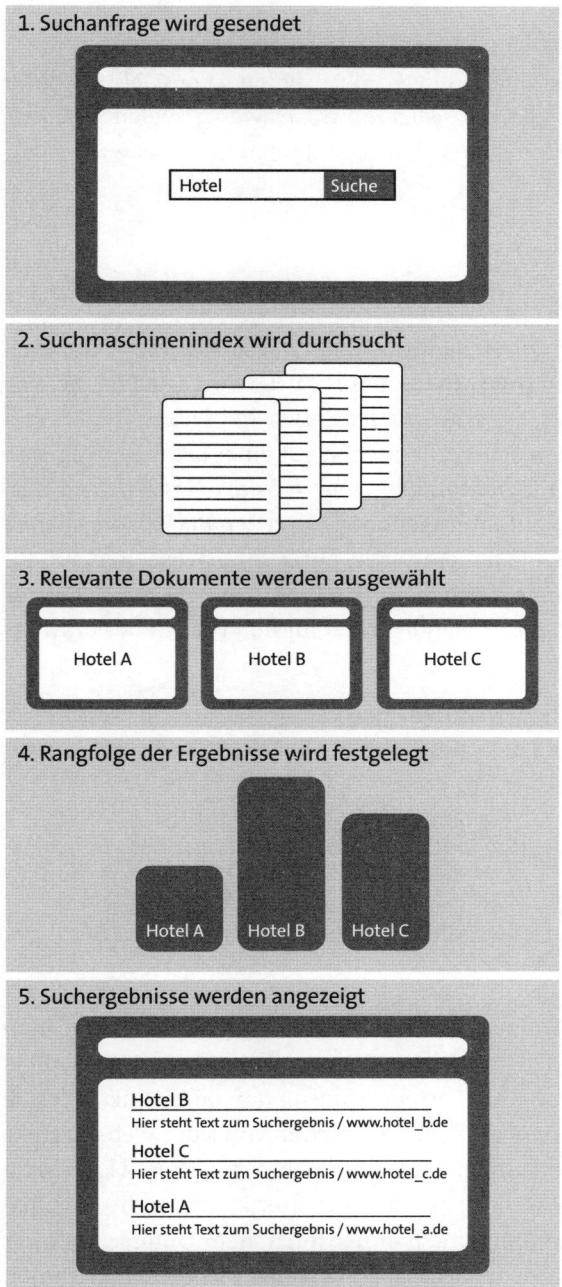

Abbildung 4.18 Die Arbeitsweise von Suchmaschinen

Wie das *Crawling* und die *Indexierung* bei Suchmaschinen genau geschieht, werden wir im Folgenden erklären. Zudem werfen wir einen Blick auf die Berechnung des Rankings in den Suchergebnislisten.

Wie funktioniert die Google-Suche?

Google bietet auch selbst direkte Informationen über die Funktionsweise seiner Suchmaschine an. Unter *www.google.com/search/howsearchworks/* finden Sie hilfreiche Erklärungen, Videos und weiterführende Hinweise, die Ihnen helfen, die Google-Suche besser zu verstehen.

4.3.1   Crawling und Indexierung

Suchmaschinen arbeiten mit Programmen, die *Crawler* oder *Robots* (kurz: *Bots*) genannt werden, um das Internet zu durchsuchen. Diese Crawler durchsuchen die Weiten des World Wide Web und erstellen einen Katalog aller Webseiten. Die Crawler folgen dabei den internen und externen Verlinkungen auf einer Seite. Pro Tag werden so von den großen Suchmaschinen Millionen von Websites durchsucht. Sie erkennen den Besuch eines Crawlers auf Ihrer Webseite durch den Blick in die *Logfiles* Ihres Webservers. Logfiles zeichnen jeden einzelnen Abruf Ihrer Webseiten auf. Ihr technischer Ansprechpartner für den Webserver kann Ihnen diese Daten sicher zur Verfügung stellen. Sie sehen dann z. B. folgende Zeilen für den Besuch des Crawlers der Suchmaschine Google mit dem Namen *Googlebot*:

```
66.249.72.20 - - [06/Jan/2018:02:52:20 +0100] "GET /tag/spiegel/ HTTP/1.1"
404 6977 "-" "Mozilla/5.0 (compatible; Googlebot/2.1; +http://www.google.com/
bot.html)"
```

Den Crawler der Suchmaschine Bing (*Bingbot*) erkennen Sie an folgendem Eintrag:

```
207.46.13.49 - - [06/Jan/2018:04:16:34 +0100] "GET /tag/berlin/ HTTP/1.1"
200 9473 "-" "Mozilla/5.0 (compatible; bingbot/2.0; +http://www.bing.com/
bingbot.htm)"
```

Nach dem Crawlen werden die einzelnen Seiten analysiert und nach verschiedenen Kriterien bewertet. Die Seiten werden dann in den Katalog der Suchmaschine aufgenommen. Dieser wird üblicherweise als *Suchmaschinenindex* bezeichnet. Welche Websites wie oft gecrawlt werden und wie viele Unterseiten von jeder Website abgerufen werden, bestimmen die Algorithmen der Suchmaschinen. Generell kann man sagen: Je bekannter Ihre Website im Internet ist, desto öfter kommen die Suchmaschinen-Crawler auf Ihrer Website vorbei und nehmen auch mehr Unterseiten Ihrer Domain in den Index auf – vorausgesetzt natürlich, Ihre Website legt Suchmaschinen bei diesem Prozess keine Steine in den Weg. In Kapitel 5, »Suchmaschinenoptimierung (SEO)«, lernen Sie, worauf Sie achten sollten, um Suchmaschinen eine effiziente Indexierung Ihrer gesamten Webseiten zu ermöglichen. Der gesamte Crawling-Prozess beginnt mit einer Liste von Internetadressen. Beim Durchsuchen dieser Websites erkennen die Suchprogramme Links auf jeder Seite und fügen diese zu einer Liste der zu crawlenden Seiten hinzu. Jede gecrawlte Seite wird dann von dem Suchmaschinen-Robot in eine Datenbank kopiert. Google bietet Ihnen auch einen Blick in das Crawling Ihrer Website an. So sehen Sie mit dem kostenlosen Tool *Google Search Console* (*www.google.com/webmasters/tools/home?hl=de*) im Bereich CRAWLING • CRAWLING-STATISTIKEN, wie viele Seiten der Googlebot pro Tag crawlt (siehe Abbildung 4.19). In Kapitel 5 erklären wir Ihnen, wie Sie die Google Search Console, früher *Google Webmaster Tools* genannt, für Ihre Website einrichten können.

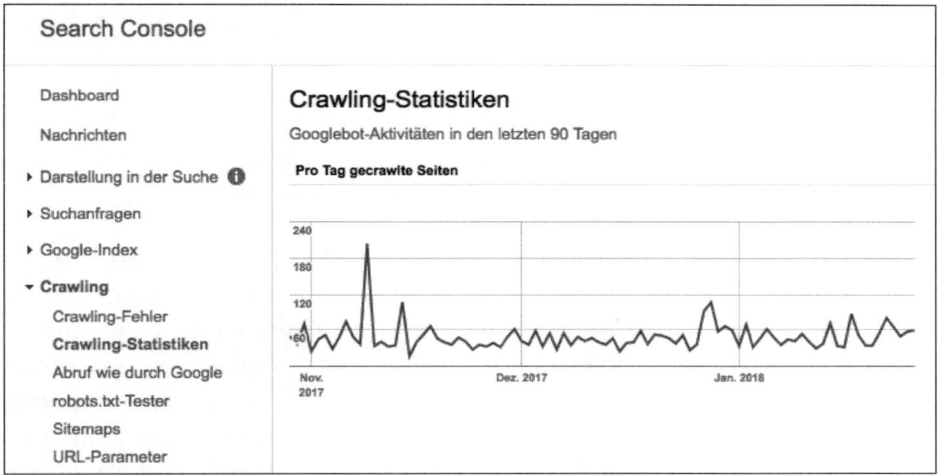

Abbildung 4.19 Crawling-Statistiken in der Google Search Console

Somit entsteht ein Index aller Wörter, die auf der Webseite vorkommen, und der Index verzeichnet auch, an welcher Stelle diese Wörter vorkommen. Der Prozess des Crawlings und der Indexierung kann ganz schnell erfolgen oder aber bei größeren Webseiten auch einige Tage in Anspruch nehmen.

4.3.2   Aufnahme in Suchmaschinen

Was müssen Sie also tun, um mit Ihrer Website in den Suchmaschinen gefunden zu werden? Ihre Website muss als Erstes von den wichtigsten Suchmaschinen gecrawlt und indexiert sein. Sie können dies für Ihre Seite prüfen, indem Sie eine Suchabfrage mit dem `site:`-Befehl starten, also z. B. `site:ihredomain.de`. Diese Funktion bieten fast alle Suchmaschinen. Daraufhin sollten Sie einzelne Seiten Ihrer Website sehen, die von der jeweiligen Suchmaschine erfasst sind. Für die Abfrage der Domain *spiegel.de* erscheinen in der Suchmaschine Bing 1.420.000 Ergebnisse (siehe Abbildung 4.20).

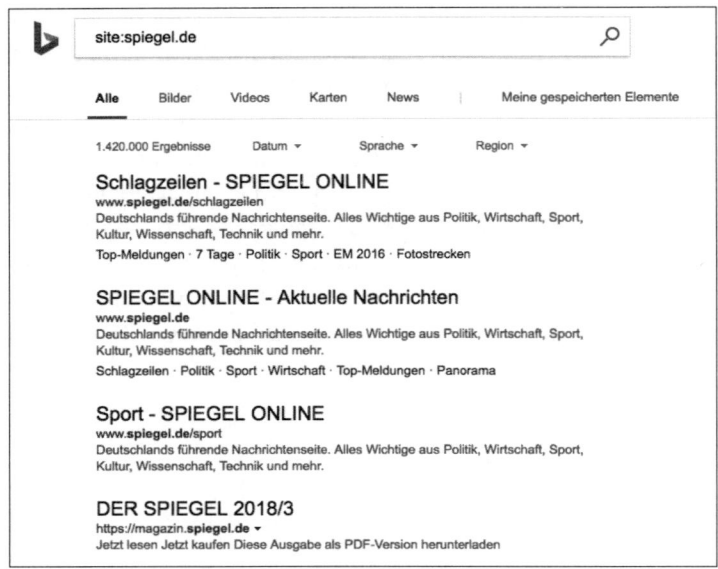

Abbildung 4.20 »site:«-Abfrage in Bing für die Domain »spiegel.de«

Ist Ihre Site noch nicht in einer der Suchmaschinen vorhanden, sollten Sie sie bei den Suchmaschinen anmelden. Der beste Weg, die Website aufnehmen zu lassen, besteht darin, von anderen Internetseiten Verlinkungen auf Ihre Seite zu bekommen. Dadurch erkennen die Suchmaschinenbetreiber, dass Ihre Seite neu verfügbar ist, und nehmen sie in ihren Suchindex mit auf. Sollten Sie auf die Schnelle aber keine Links zu Ihrer Website bekommen, können Sie diese manuell bei den Suchmaschinen anmelden. Dies erreichen Sie über verschiedene Formulare der Suchmaschinenbetreiber unter folgenden Adressen:

▶ Google: *www.google.com/webmasters/tools/submit-url* (siehe Abbildung 4.21)

▶ Bing: *www.bing.com/toolbox/submit-site-url*

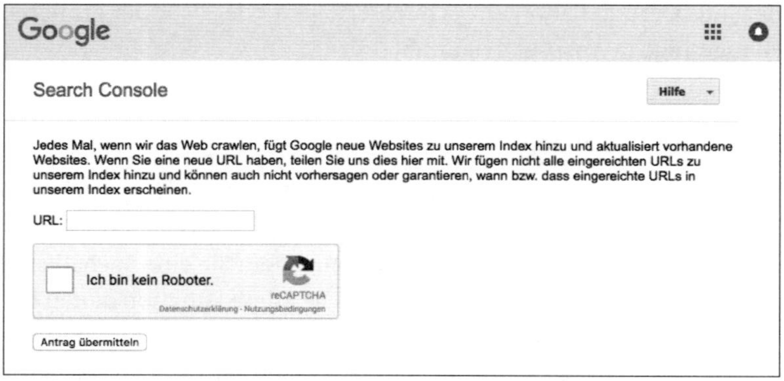

Google

Search Console

Hilfe ▾

Jedes Mal, wenn wir das Web crawlen, fügt Google neue Websites zu unserem Index hinzu und aktualisiert vorhandene Websites. Wenn Sie eine neue URL haben, teilen Sie uns dies hier mit. Wir fügen nicht alle eingereichten URLs zu unserem Index hinzu und können auch nicht vorhersagen oder garantieren, wann bzw. dass eingereichte URLs in unserem Index erscheinen.

URL:

☐ Ich bin kein Roboter.
reCAPTCHA
Datenschutzerklärung · Nutzungsbedingungen

Antrag übermitteln

Abbildung 4.21 Google-Formular zum Anmelden Ihrer Webseite

Die Aufnahme in seriöse Suchmaschinen ist grundsätzlich nicht mit Kosten verbunden. Einige Suchmaschinen boten in der Vergangenheit auch die bezahlte Aufnahme unter der Bezeichnung *Paid Inclusion* an. Der Vorteil ist dabei zumeist, dass eine schnellere Aufnahme stattfindet und Seiten häufiger gecrawlt werden. Solche Paid Inclusions wurden z. B. von Yahoo und Mirago angeboten. Ein höheres Ranking gegen Bezahlung wird von seriösen Suchmaschinenbetreibern nicht angeboten. Also lassen Sie die Finger von dubiosen Angeboten, die Ihnen eine Aufnahme in Suchmaschinen versprechen. Dies betrifft aber nur die normalen Suchergebnisse, die auch als *organische Suche* bezeichnet werden. Wollen Sie zusätzlich im Anzeigenbereich der Suchergebnisseiten gefunden werden, müssen Sie dafür Klickpreise bezahlen. Dies wird als Suchmaschinenwerbung oder auch *Paid Search* bezeichnet. Wir gehen auf die verschiedenen Möglichkeiten der Anzeigenschaltung in Suchmaschinen in Kapitel 6, »Suchmaschinenwerbung (SEA)«, näher ein.

4.3.3 Ranking-Kriterien für Suchmaschinen

Sobald ein Nutzer nun eine Suchanfrage eingibt, durchsucht die Suchmaschine den Index nach übereinstimmenden Seiten und zeigt dem Nutzer die relevantesten Ergebnisse an. Bei Google wird die Relevanz durch mehrere Hundert Faktoren bestimmt. Die ersten Suchmaschinen arbeiteten als Volltextsuchmaschinen und analysierten den Text einer Webseite. Anhand der Inhalte wurde eine Rangfolge der Webseiten erstellt. Dies geschah z. B. aufgrund der Häufigkeit der Suchbegriffe auf der Seite. Im Laufe der Zeit genügte dieses einzelne Kriterium aber nicht mehr, da immer mehr Webseiten entstanden und durch gezieltes Ändern der Texte das Ranking von Website-Betreibern leicht beeinflusst werden konnte.

Suchmaschinenanbieter mussten sich also immer mehr Gedanken über die Relevanz der Suchergebnisse machen. 1997 kamen die späteren Google-Gründer Larry Page und Sergey Brin auf die Idee, Webseiten anhand ihrer Verlinkungen im Internet zu bewerten. Ähnlich wie bei Fachbüchern die Zitierungen, werden Verlinkungen auf Webseiten als Empfehlungskriterium angenommen. Page und Brin forschten zu diesem Thema an der Universität in Stanford und entwickelten daraus den Algorithmus *PageRank*, der später patentiert wurde. Der PageRank ist gleichzeitig eine Kennzahl, die die Qualität und Quantität der Verlinkung eines Webdokuments ausdrückt, und hat einen Wert von 0 bis 10. Er errechnet sich aus einer Formel, die die einzelnen Links von anderen Webseiten gewichtet und zusammenfasst.

Der Google-PageRank

Unter dem Titel *The Anatomy of a Large-Scale Hypertextual Web Search Engine* publizierten Larry Page und Sergey Brin ihre Forschungsergebnisse dazu, wie eine Suchmaschine im Internet aufgebaut sein muss. Diese Publikation können Sie auch heute noch auf den Seiten der Universität Stanford unter der Adresse *infolab.stanford.edu/ ~backrub/google.html* abrufen. In der Publikation finden Sie auch die patentierte Berechnung der PageRank-Formel. Die Bezeichnung PageRank stammt vom Erfinder Larry Page und nicht, wie öfter falsch angenommen, von dem englischen Begriff *page* für Seite.

Der PageRank (*PR*) einer Seite *A* berechnet sich nach folgender Formel:

$$PR(A) = (1-d) + d\left(\frac{PR(T1)}{C(T1)} + \ldots + \frac{PR(Tn)}{C(Tn)}\right)$$

T1 bis *Tn* sind die Webseiten, die auf Seite *A* verlinken. Der PageRank der einzelnen linkgebenden Seiten wird durch die Anzahl der ausgehenden Links *C* der Seite dividiert. Mit dem Standardwert 0,85 für den Dämpfungsfaktor *d* ergibt sich damit der PageRank einer Seite.

Früher konnte der PageRank als ganzzahliger Wert zwischen 0 bis 10 einer Webseite mit Tools angezeigt werden. Inzwischen wird der Wert aber nicht mehr von Google veröffentlicht, da es zu Fehlinterpretationen und Manipulationen kam. Intern werden sicher viel genauere Zahlen verarbeitet. Einen PageRank von 10 erreichten nur die wenigsten Seiten, z. B. *www.whitehouse.gov*. Deutschsprachige Webseiten fand man erst ab einem PageRank von 9, darunter viele Seiten öffentlicher Einrichtungen wie *dfg.de* (Deutsche Forschungsgemeinschaft), *ethz.ch* (ETH Zürich) und *bmbf.de* (Bundesministerium für Bildung und Forschung).

Aus der Grundlagenforschung und der Entwicklung des PageRanks als Kriterium für die Relevanz einer Webseite im Internet entstand die Suchmaschine Google. Aber auch viele andere moderne Suchmaschinen verwenden die Verlinkungen als Ranking-Kriterium. Seitdem können die Ranking-Kriterien in On-Page- und Off-Page-Faktoren unterschieden werden. On-Page-Faktoren sind alle Einflussfaktoren auf Ihrer Webseite, z. B. Inhalte, interne Navigationsstrukturen oder der HTML-Quellcode. Auch die Ladegeschwindigkeit und die Usability spielen eine Rolle für die Bewertung einer Webseite. Seit 2014 achten Suchmaschinen auch explizit auf die Benutzerfreundlichkeit einer Website auf Smartphones und Tablets. Zu den Off-Page-Faktoren gehört alles, was sich außerhalb Ihrer Webseite abspielt. Das sind insbesondere externe Verlinkungen.

Sicher wissen Sie selbst, dass nichts schlimmer ist, als auf das Laden einer Webseite zu warten. Sparen Sie deswegen nicht an Ihrem Webserver, und sorgen Sie für schnelle Ladezeiten Ihrer Website. Bei sehr großen Websites mit einem internetbasierten Geschäftsmodell ist dies enorm wichtig, da langsame Seiten meist Umsatzeinbußen mit sich bringen. Die Ladegeschwindigkeit wird als Ranking-Kriterium ebenfalls erfasst. Des Weiteren ist die Klickhäufigkeit auf Suchergebnisse entscheidend. Dieser Faktor wird als *Klickrate* oder *CTR* (*Click-Through-Rate*) bezeichnet und beschreibt, wie oft Nutzer auf ein bestimmtes Suchergebnis im Verhältnis zu den Einblendungen klicken.

Die Ranking-Kriterien der Suchmaschinen unterliegen ständigen Änderungen, um sich den Entwicklungen des Internets anzupassen und den Nutzern noch bessere Suchergebnisse zu liefern. Google hat z. B. bekannt gegeben, dass es jährlich zwischen 300 und 400 Änderungen am Algorithmus gibt. Dies sind natürlich auch viele kleinere Änderungen und Korrekturen. Diese verschiedenen Ranking-Kriterien sind sehr wichtig für die Suchmaschinenoptimierung Ihrer Website. Wir werden in Kapitel 5, »Suchmaschinenoptimierung (SEO)«, genauer auf die einzelnen On-Page- und Off-Page-Ranking-Kriterien eingehen und Ihnen Tipps geben, wie Sie die einzelnen Faktoren für Ihre Website verbessern können.

4.4   Das Suchverhalten – wie Menschen Suchmaschinen nutzen

Nachdem Sie nun wissen, wie die Suchmaschinen arbeiten, ist es natürlich interessant, zu wissen, wie Menschen suchen, wenn sie vor ihren Computern sitzen. Dieser Suchprozess findet in mehreren Schritten statt. Zuerst muss sich der Nutzer natürlich für eine der Suchmaschinen entscheiden. Dann kann er oder sie mit der Suche beginnen. Hierfür sind vor allem die Suchbegriffe – auch *Keywords* genannt – ausschlaggebend, die von Internetnutzern eingegeben werden. Wir werden im Buch die Bezeichnungen Suchbegriff und Keyword synonym nutzen. Der letzte Schritt im Suchprozess ist das Auswählen eines oder mehrerer Suchergebnisse, die die Suchanfrage ausgeliefert hat.

4.4.1   Suchbegriffe eingeben

Sobald ein Internetnutzer eine Suchmaschine aufgerufen hat, kann er mit dem Eingeben von Suchbegriffen beginnen. Einige Suchmaschinen, wie z. B. Google, bieten auch Vorschläge für Suchbegriffe an, wenn mit dem Eintippen begonnen wird. Bei Google wird die Funktion als *Google Suggest* bezeichnet. Häufig gesuchte Begriffe werden somit als Erleichterung vorgegeben und können per Mausklick schnell ausgewählt werden. In Abbildung 4.22 sehen Sie, welche Vorschläge *google.de* für Suchbegriffe beim Eintippen von »reise« ausgibt. Solch eine Vorschlagsfunktion verändert natürlich das Suchverhalten der Nutzer, da sie häufig gesuchte Begriffe direkt vorgeschlagen bekommen und diese sofort auswählen, ohne den Suchbegriff weiter einzugeben. Häufig gesuchte Begriffe bekommen dadurch noch mehr Anfragen, selten gesuchte Begriffe werden dagegen noch weniger abgefragt.

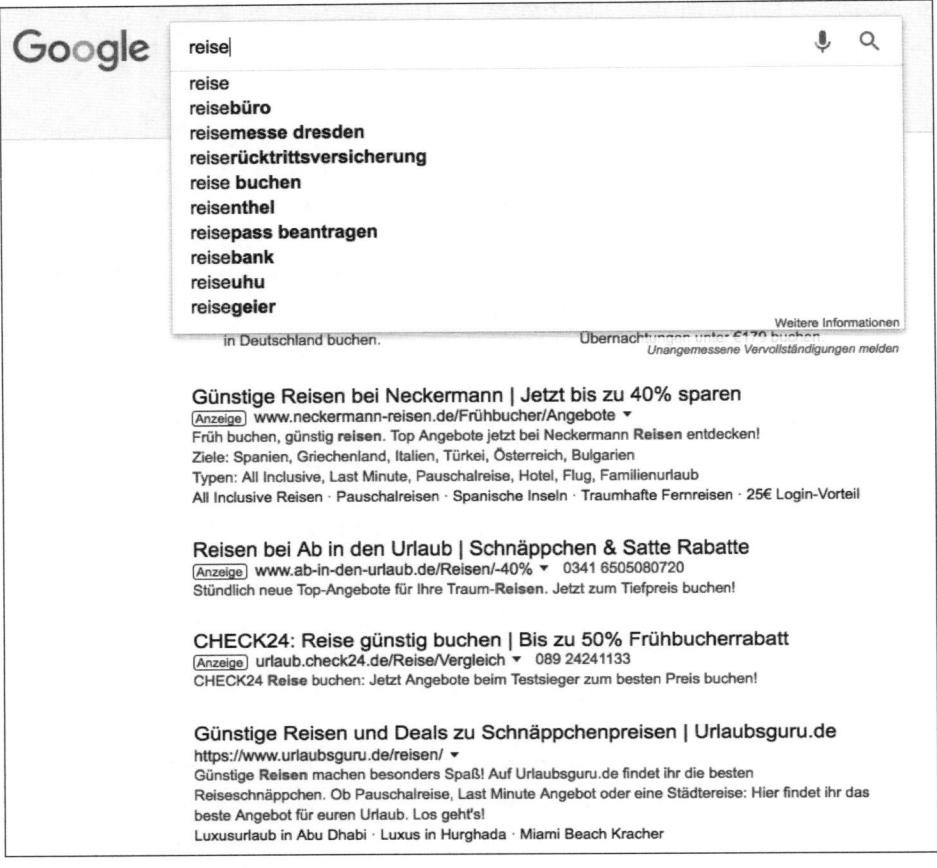

Abbildung 4.22 Vorschläge zum Suchbegriff »Reise«

Da viele Ergebnisse mit nur einem Suchbegriff zu ungenau sind, geht die Tendenz inzwischen zu Mehrwortkombinationen, indem die Suchenden Begriffe kombinieren, um passendere Suchergebnisse zu finden. Hier findet ein Lernprozess der Suchenden statt, die mit der Zeit feststellen, dass mit kombinierten Suchbegriffen bessere Ergebnisse zu finden sind. Insbesondere Zweiwortkombinationen stellen eine häufig genutzte Variante dar, z. B. die Kombination eines Suchbegriffs mit einem regionalen Zusatz wie »Zahnarzt Berlin«. Die häufigsten Suchanfragen bestehen aus einem Wort. Am zweithäufigsten wird mit einer Kombination aus zwei Wörtern gesucht und am dritthäufigsten mit Dreiwortkombinationen. Im Zuge der verstärkten Nutzung von Suchmaschinen mit Mobilgeräten wächst der Anteil der sogenannten Conversational Search, d. h. des Diktierens der Suchanfrage mittels Spracherkennung. Mit dieser Entwicklung steigt auch der Anteil an Mehrwort-Suchanfragen an.

Spaß mit Google Suggest

Über die Google-Suggest-Funktion, die häufig gesuchte Begriffe beim Eintippen eines Wortes vorschlägt, lässt sich tief in die Suchgewohnheiten der Internetnutzer blicken. Geben Sie z. B. eine bekannte Person oder einen Firmennamen und das Verb »ist« in die Suchmaschine ein, so bekommen Sie teils abstruse Vorschläge für Suchbegriffe. Für Angela Merkel wird beispielsweise »Angela Merkel ist der Babo« vorgeschlagen, für Apple »Apple ist doof« oder für Google selbst »Google ist momentan nicht erreichbar«.

Einen guten Überblick über sehr häufig gesuchte Begriffe finden Sie mit *Google Trends* (*https://trends.google.de/trends/*). Im Jahr 2017 wuchsen in Deutschland die Suchanfragen für die Begriffe »WM Auslosung«, »Bundestagswahl« und »Wahlomat« am schnellsten an. Daran erkennt man sehr schnell, was die breite Masse interessiert (siehe Abbildung 4.23). Inzwischen lassen sich häufige Suchanfragen auch auf tagesaktueller Basis finden. Die Informationen dafür liefert Google Trends im Bereich Trends für Suchanfragen (*www.google.com/trends/hottrends*) für viele Länder weltweit. Daran ist sehr gut zu erkennen, was die Menschen aktuell interessiert.

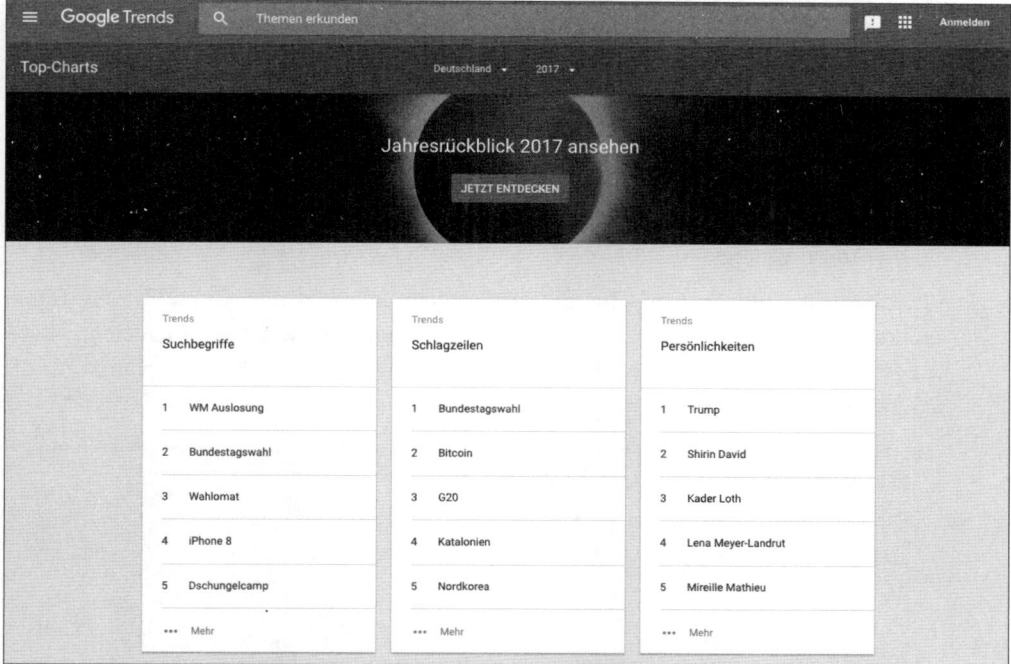

Abbildung 4.23 Google Trends mit den Top-Suchbegriffen aus 2017

In Google Trends haben Sie zudem die Möglichkeit im Bereich ERKUNDEN, eigene Suchbegriffe abzufragen und interessante Informationen zum Suchverhalten zu erhalten. Zum Beispiel unterliegt das Suchverhalten saisonalen Schwankungen. Es gibt Begriffe, die nur in einem bestimmten Zeitraum verstärkt gesucht werden, z. B. »Geschenke« zur Vorweihnachtszeit (siehe Abbildung 4.24).

Abbildung 4.24 Google-Trends-Auswertung für den Suchbegriff »Geschenke«

Google Trends bietet außer dem saisonalen Verlauf detailliertere Informationen durch die Filterung nach Regionen, Zeiträumen und Branchen. Zusätzlich können Sie die Daten zur weiteren Bearbeitung exportieren, und es werden ähnliche, verwandte Keywords angezeigt.

Suchbegriffe sind die Basis für die erfolgreiche Arbeit mit Suchmaschinen. Daher sollten Sie diesem Thema besondere Aufmerksamkeit widmen. In Abschnitt 4.5, »Keyword-Recherche – die richtigen Suchbegriffe finden«, gehen wir weiter auf die Analyse der Suchbegriffe ein.

> **Erfolgreicher suchen mit Suchoperatoren**
>
> Die Suchmaschinen bieten die Möglichkeit, Suchen mittels sogenannter *Operatoren* zu verfeinern. Hier geben wir Ihnen ein paar Tipps, wie Sie bei der Internetsuche erfolgreicher sind und genauer suchen können:
>
> ▶ Exakte Suche: Wollen Sie eine bestimmte Wortgruppe oder einen Satz suchen, der genau so auch auf einer Website vorkommt, so umschließen Sie die Suche mit Anführungszeichen, z. B.: "Aller Anfang ist schwer".

▶ **Ausschließende Suche:** Wollen Sie bestimmte Suchbegriffe ausschließen, um irrelevante Ergebnisse auszufiltern, so können Sie den Suchoperator - (Minus) verwenden, z. B.: `Schimmel -Pferd`.

▶ **Suche nach Inhalt auf einer Website:** Wollen Sie auf einer bestimmten Website nach spezifischen Inhalten suchen, so können Sie den `site:`-Operator nutzen, z. B.: `site:spiegel.de Hochwasser`. Hiermit suchen Sie Artikel zum Thema Hochwasser, beschränken die Suche aber auf die Domain *spiegel.de*.

▶ **Erweiterte Suche:** Google und Bing bieten erweiterte Suchmöglichkeiten an. Damit können Sie noch genauer nach bestimmten Inhalten suchen. Sie können z. B. das Veröffentlichungsdatum auf das letzte Jahr einschränken, die Sprache auswählen oder bestimmte Dateitypen angeben, z. B. PDF-Dateien. Bei Google finden Sie diese Optionen rechts unten in der Footerzeile unter EINSTELLUNGEN • ERWEITERTE SUCHE (siehe Abbildung 4.25).

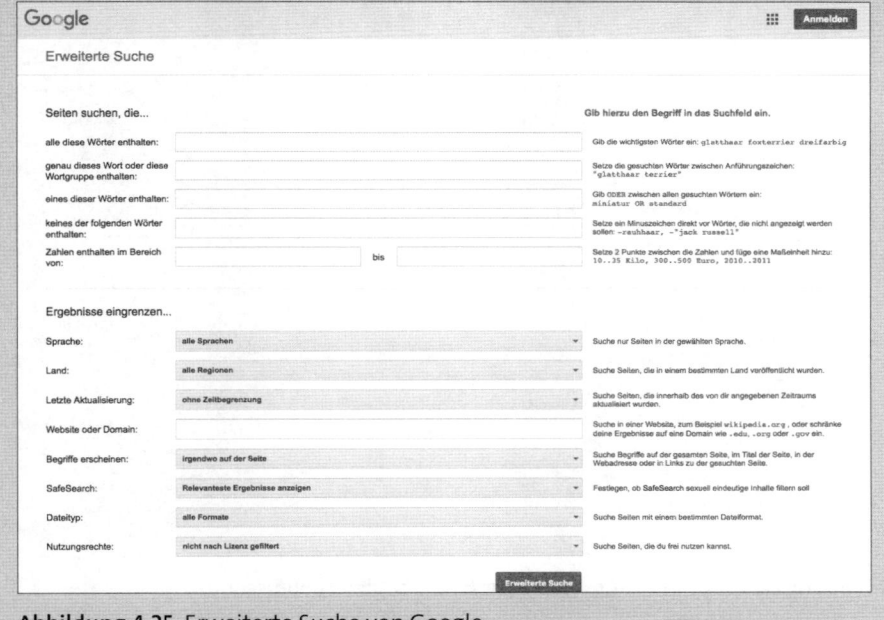

Abbildung 4.25 Erweiterte Suche von Google

4.4.2   Die Auswahl des Suchergebnisses

Wie wählen nun die Benutzer ein Suchergebnis aus? Dazu gibt es eine Reihe von Untersuchungen, die das Klickverhalten, aber auch die Augenbewegungen beobachten (sogenanntes *Eye-Tracking*). Besonders wichtig ist dabei die erste Suchergebnisseite, die ein Nutzer nach Eingabe eines Suchbegriffs erhält. Die Suchmaschinenbetreiber legen hier großen Wert auf schnelle und zum Suchbegriff relevante Suchergebnisse und Anzeigen. In einer von Google durchgeführten Eye-Tracking-Studie (»Eye Tracking Study«, *www.thinkwithgoogle.com*) können Sie den typischen Blickverlauf auf einer Suchergebnisseite sehen, siehe Abbildung 4.26.

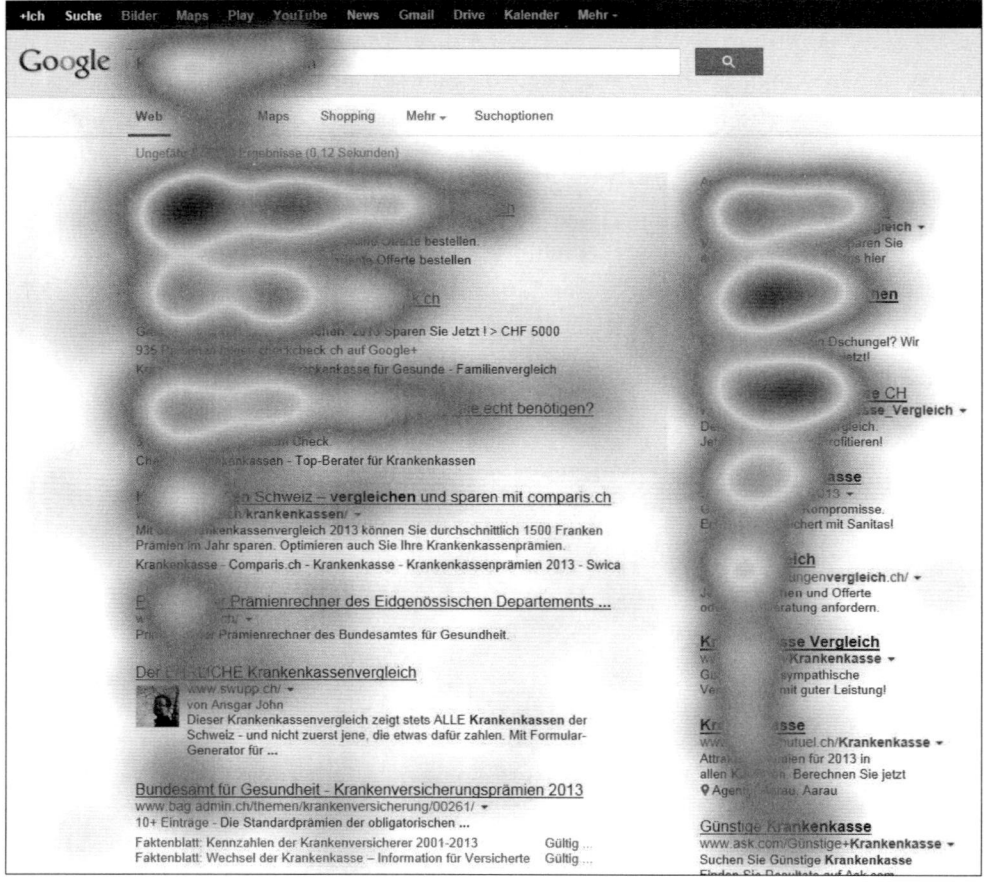

Abbildung 4.26 Eye-Tracking-Studie für eine Google-Ergebnisseite

Je dunkler die Farbe, desto länger blieben die Augen des Nutzers auf der jeweiligen Stelle der Seite. Man erkennt daran sehr gut, dass insbesondere die Suchergebnisse, die ohne Scrollen sichtbar sind, die erhöhte Aufmerksamkeit der Nutzer bekommen. Einer Studie von Google zufolge scrollen gerade einmal 21 % aller Google-Nutzer auf der ersten Suchergebnisseite und schauen sich die nicht unmittelbar sichtbaren Resultate überhaupt an. In diesem Zusammenhang spricht man auch oft vom *Goldenen Dreieck* (*Golden Triangle*), das heißt, die Aufmerksamkeit bewegt sich bei klassischen Suchergebnisseiten in einer Dreiecksform. Häufig werden nur die oberen Anzeigen und die ersten drei organischen Suchergebnisse zur Kenntnis genommen und angeklickt. Das bestätigen auch Untersuchungen zur Klickrate. Setzen Sie es sich daher zum Ziel, mit Ihrer Website für relevante Suchbegriffe im unmittelbar sichtbaren Bereich (*above the fold*) der Google-Suchergebnisseite aufzutauchen. Wenn der Nutzer erst nach unten scrollen muss, um Ihre Website zu finden, ist die Wahrscheinlichkeit groß, dass Sie komplett übersehen werden.

Noch ausgeprägter ist dieser Effekt auf mobilen Endgeräten wie Smartphones: Nur 16 % aller mobilen Endanwender scrollen in den nicht sichtbaren Bereich einer Suchergebnisseite (*below the fold*). Eine jüngere Google-Studie (»Performance von Mobile Search«) zeigte zudem, dass Nutzer von mobilen Geräten schneller auf Suchergebnisse klicken als Nutzer von Desktop-Computern. 13,7 Sekunden ist die durchschnittliche Betrachtungszeit auf Smartphones, bevor ein Ergebnis angeklickt wird. Bei Desktop-Suchen sind es 15,4 Sekunden bis zum Klick.

Die Einblendungen der Universal-Search-Ergebnisse und die Vielzahl von weiteren möglichen Darstellungsformen in Suchergebnissen haben einen großen Einfluss auf das Klickverhalten der Nutzer. Bestand eine Suchergebnisseite noch vor wenigen Jahren aus zehn blauen Textlinks, so existieren derzeit mit dem Knowledge Graph, angereicherten Suchergebnissen (*Rich Snippets*) oder Kartenausschnitten zahlreiche Darstellungsformen, die dazu führen, dass Nutzer häufig einen oder mehrere Blicke außerhalb des Goldenen Dreiecks riskieren. So werden z. B. Einblendungen aus dem News-Bereich und der Bildersuche häufig angeklickt, weil sie aufmerksamkeitserregende Bilder enthalten, die den Nutzer zum Klicken anregen. Damit ergeben sich in Eye-Tracking-Studien diverse unterschiedliche Profile bei den Bewegungen der Augen.

Auf der Suche nach dem passenden Resultat werden heute Suchergebnisse deutlich schneller gescannt als noch vor zehn Jahren. Einer Eye-Tracking-Studie der Agentur Mediative (*www.mediative.com*) aus dem Jahr 2014 zufolge hat sich die Zeit, die Internetnutzer auf einem Suchergebnis verweilen, seit 2005 fast halbiert auf nur etwas mehr als eine Sekunde. Außerdem ist wichtig zu wissen, dass insbesondere der ersten Suchergebnisseite starke Aufmerksamkeit geschenkt wird. Mit den Standardeinstellungen werden für die meisten Suchbegriffe zehn organische Ergebnisse angezeigt. Für Markenbegriffe gibt es teilweise auch weniger Resultate auf der ersten Seite. Zu den organischen Ergebnissen kommen bezahlte Anzeigen hinzu. Angereichert wird die Seite dann noch mit den oben genannten Universal-Search-Einblendungen. Nur ein geringer Anteil der Suchenden schaut sich auch noch die zweite oder gar dritte Suchergebnisseite an.

Der Tool-Anbieter Caphyon, bekannt durch das SEO-Tool *Advanced Web Ranking*, analysiert kontinuierlich das Klickverhalten auf die Suchergebnisse. Die Studie können Sie online einsehen (*www.advancedwebranking.com/cloud/ctrstudy/*) und selbst mit den erhobenen Daten arbeiten. Demnach gehen mehr als 90 % aller Klicks auf Suchergebnisse der ersten Seite (siehe Abbildung 4.27). Das bedeutet: weniger als 10 % aller Nutzer klicken auf ein Suchresultat, das auf der zweiten Suchergebnisseite oder weiter hinten erscheint.

Abbildung 4.27 Verteilung von Klicks auf Suchergebnisse (Quelle: Caphyon)

Daran erkennen Sie deutlich, dass die erste Suchergebnisseite enorm wichtig ist und dort vor allem die ersten Platzierungen von hoher Bedeutung sind. Da es aber nicht möglich ist, mit allen Suchbegriffen ganz vorn zu stehen, ist es wichtig, die für Sie richtigen Begriffe zu finden. Dies geschieht anhand einer ausführlichen Keyword-Recherche. Doch schauen wir uns zunächst noch die mobile Suche mit ihren Eigenheiten näher an.

4.4.3 Mobile und lokale Suche

Durch die Standortbestimmung mittels *GPS* (*Global Positioning System*) können Mobiltelefone feststellen, wo Sie sich gerade aufhalten. Dies können sich mobile Websites und Anwendungen zunutze machen und lokal passende Inhalte anbieten. Die mobile Suche hat Google bereits im Juni 2005 in Deutschland veröffentlicht. Große Entwicklungssprünge macht die mobile Suche aber erst, seitdem die Smartphones auch den Standort übermitteln können und damit lokalisierbar sind. Stellen Sie sich vor, Sie suchen in einer fremden Stadt ein nahe gelegenes Restaurant. Dann ist es wahrscheinlich, dass Sie in Ihrem Handy nach »Restaurant« suchen. Wenn Sie

Google als Suchmaschine nutzen, wird automatisch Ihr Standort abgefragt, und Sie bekommen passende lokale Ergebnisse angezeigt. In Abbildung 4.28 wird z. B. der Standort Berlin gewählt, weil das Handy genau dort geortet wird. Über *Google My Business* (ehemals *Google Places*) bekommen Sie nun verschiedene Lokalitäten angezeigt, die in Ihrer Umgebung liegen.

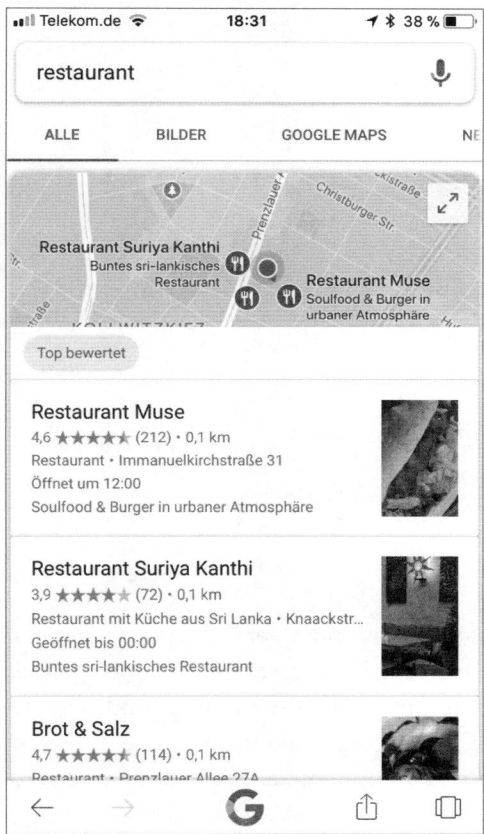

Abbildung 4.28 Mobile und lokale Google-Suche mit der Google-iPhone-App

Stationäre Anbieter, wie z. B. Restaurants, Hotels oder Supermärkte, sollten daher einen guten Google-My-Business-Eintrag vorweisen, um lokal gefunden zu werden. Unter *www.google.de/business/* können Sie Ihr eigenes Geschäft mit Adresse und Kontaktdaten eintragen (siehe Abbildung 4.29). Zudem können Sie Bilder, Videos und Öffnungszeiten angeben, die in Ihrem Eintrag dann erscheinen. Wie Sie diese Einträge einrichten und optimieren, beschreiben wir in Kapitel 5, »Suchmaschinenoptimierung (SEO)«.

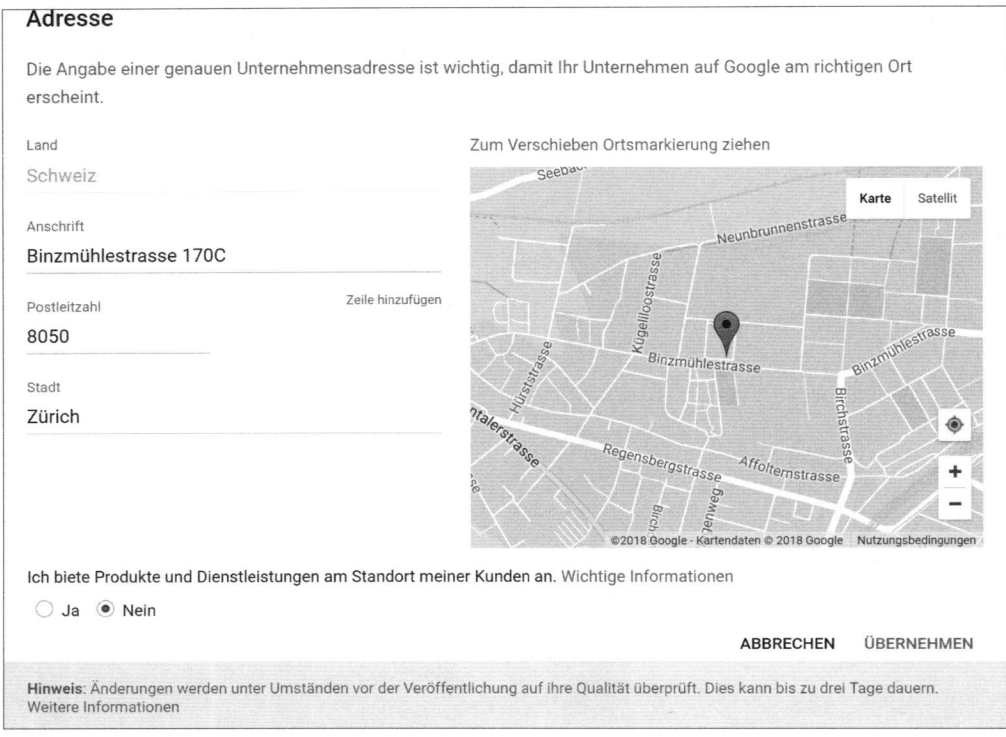

Abbildung 4.29 Eintragung in Google My Business

Facebook entwickelt mit Places ebenfalls lokale Anwendungen (*www.facebook.com/ places*). Hier können Personen mitteilen, wo sie sich gerade aufhalten, und spezielle Vergünstigungen von lokalen Anbietern bekommen. Mehr zu Facebook und den Werbemöglichkeiten lesen Sie in Kapitel 15, »Social Media Marketing«. Durch die neuen mobilen Suchmöglichkeiten sind Angebote und Apps entstanden, die standortbezogen auf lokale Angebote hinweisen. Ein Beispiel für eine lokale Anwendung ist die App von TripAdvisor (*tripadvisor.de*). Mit dieser App finden Sie Sehenswürdigkeiten in der Umgebung (siehe Abbildung 4.30). So können z. B. Fotos und Bewertungen anderer Reisender angezeigt werden. Eine weitere bekannte lokale Suchmaschine ist Yelp (*yelp.de*), mit der Sie z. B. Restaurants und Bars in der näheren Umgebung finden. Lokale Anwendungen sind auch denkbar für »Freundefinder«, um zu schauen, wer sich in der Nähe aufhält und sich spontan auf einen Kaffee treffen möchte. Oder Sie erhalten passende Wohnungsangebote, wenn Sie in einer ansprechenden Gegend sind. Wie Sie sehen, sind durch die neuen Smartphone-Funktionen viele interaktive Anwendungsmöglichkeiten vorstellbar.

Abbildung 4.30 TripAdvisor-App mit lokalen touristischen Informationen

4.5   Keyword-Recherche – die richtigen Suchbegriffe finden

Um bei Suchmaschinen gut gefunden zu werden, müssen Sie geeignete Suchbegriffe finden, nach denen Ihre Kunden und Website-Nutzer auch suchen. Diese Arbeit wird meist als *Keyword-Recherche* bezeichnet. Wir geben Ihnen hier eine Anleitung, wie Sie die richtigen Suchbegriffe finden, um mit Ihrer Website in Suchmaschinen erfolgreich vertreten zu sein. Die Keyword-Recherche bildet die Grundlage für die beiden folgenden Kapitel 5, »Suchmaschinenoptimierung (SEO)«, und Kapitel 6, »Suchmaschinenwerbung (SEA)«. Je genauer Sie die Keywords recherchieren, desto besser werden auch die Ergebnisse sein. Daher lohnt es sich, hier ausreichend Zeit zu investieren.

4.5.1   Die Keyword-Auswahl

Im ersten Schritt sollten Sie ein einfaches Brainstorming der möglichen Suchbegriffe und Themen vornehmen. Schauen Sie sich an, was Sie Kunden anbieten möchten, und versetzen Sie sich in die suchende Person. Mit welchen Begriffen würde ein Nutzer Ihr Angebot suchen? Erstellen Sie also eine Liste von Suchbegriffen, und denken Sie auch an Kombinationen, also zusammengesetzte Suchbegriffe. Für das Brainstorming können Sie auch Kollegen oder Bekannte hinzunehmen.

Als Beispiel nehmen wir an, dass Sie ein Hotel in Kiel an der Ostsee betreiben. In einem ersten Brainstorming kommen Sie auf die folgenden Suchbegriffe:

- Hotel
- Hotel Kiel
- Hotel Ostsee
- Unterkunft Kiel
- 4-Sterne-Hotel

Um die Liste möglicher Suchbegriffe noch zu erweitern, können Sie einen Blick auf Mitbewerberseiten werfen. Googeln Sie doch einfach mal nach »hotel kiel«, und schauen Sie sich die Suchergebnisse genau an. Bestimmt kommen Sie dann noch auf weitere Keywords:

- Übernachtung
- Wellnesshotel
- Tagungshotel
- Familienhotel
- Sporthotel

Die Liste gesammelter Suchbegriffe, die Ihr Angebot beschreibt, können Sie nun noch kombinieren, z. B. mit dem Ort, und dann zusammenstellen. Sie bekommen für unser Beispiel also die Liste aus Tabelle 4.2 mit 24 thematisch passenden Suchbegriffen. Haben Sie eine große Liste von Keywords, die Sie kombinieren wollen, sollten Sie mit Excel-Tabellen arbeiten oder auf weitere Tools zurückgreifen, die wir in Kapitel 6, »Suchmaschinenwerbung (SEA)«, vorstellen. Damit können Sie die Arbeit weitestgehend automatisieren und erhalten eine Liste aller möglichen Kombinationen.

Keywords	Kombination mit »Kiel«	Kombination mit »Ostsee«
Hotel	Hotel Kiel	Hotel Ostsee
Unterkunft	Unterkunft Kiel	Unterkunft Ostsee
4-Sterne-Hotel	4-Sterne-Hotel Kiel	4-Sterne-Hotel Ostsee
Übernachtung	Übernachtung Kiel	Übernachtung Ostsee
Wellnesshotel	Wellnesshotel Kiel	Wellnesshotel Ostsee

Tabelle 4.2 Suchbegriffe zum Thema »Hotel Kiel«

Keywords	Kombination mit »Kiel«	Kombination mit »Ostsee«
Tagungshotel	Tagungshotel Kiel	Tagungshotel Ostsee
Familienhotel	Familienhotel Kiel	Familienhotel Ostsee
Sporthotel	Sporthotel Kiel	Sporthotel Ostsee

Tabelle 4.2 Suchbegriffe zum Thema »Hotel Kiel« (Forts.)

Diese Liste von Keywords müssen Sie jetzt noch bewerten, um zu entscheiden, ob Sie damit gefunden werden möchten. Für eine erste einfache Analyse der Keywords können Sie diese selbst in Google suchen und schauen, welche Ergebnisse die Suchmaschine liefert. Sie sehen dann, wie viele Suchergebnisse es gibt und welche und wie viele Konkurrenten prominent erscheinen. Sie sehen auch, welche und wie viele Anzeigen bei Google geschaltet werden und ob es Universal-Search-Einblendungen, z. B. Kartenausschnitte, gibt. Wichtig ist jetzt noch zu wissen, wie oft monatlich nach diesen Begriffen gesucht wird. Als nützliches Werkzeug hat sich dafür der Google Keyword-Planer erwiesen, den Sie unter der Adresse *ads.google.com/KeywordPlanner* finden (siehe Abbildung 4.31).

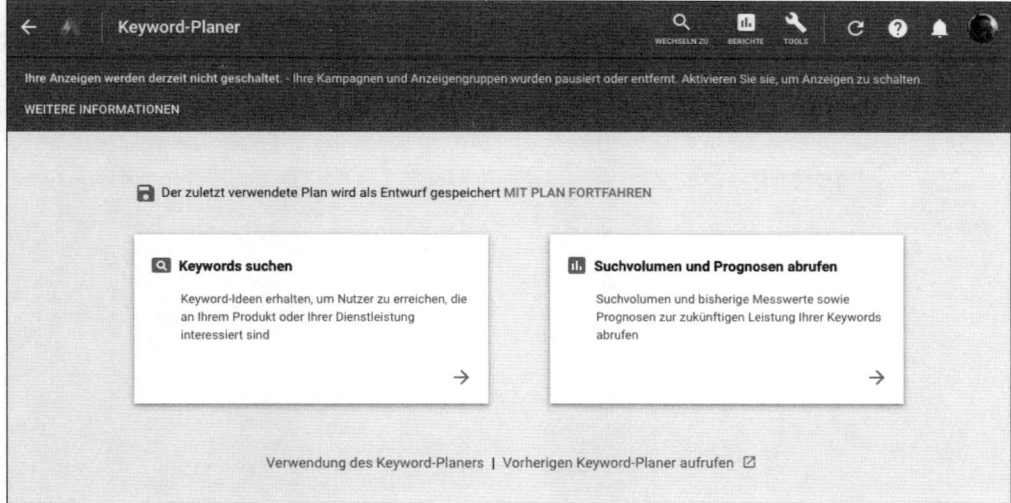

Abbildung 4.31 Der Google Keyword-Planer

Um den Google Keyword-Planer nutzen zu können, benötigen Sie ein Konto beim Google-Ads-Werbeprogramm, das Sie unter *ads.google.com* eröffnen können. Haben Sie keine Angst: Eine Kontoeröffnung bedeutet noch nicht, dass Sie nun gleich Werbung bei Google schalten und Geld ausgeben müssen – sie ist lediglich Voraussetzung für die Nutzung des wertvollen Keyword-Planers. Achten Sie dann darauf, dass

STANDORTE und SPRACHEN auf DEUTSCHLAND bzw. DEUTSCH eingestellt sind, damit Sie die auf Deutschland bezogenen Ergebnisse erhalten. Wenn Sie auch wissen möchten, wie oft in Österreich oder der Schweiz nach Ihren Begriffen gesucht wird, können Sie die Eingabe des Standorts auch weglassen. Im Keyword-Planer können Sie die Liste Ihrer gesammelten Keywords eingeben. Jeder Suchbegriff kommt dabei in eine Zeile in dem Textfeld IHR PRODUKT ODER IHRE DIENSTLEISTUNG. Nach dem Klicken auf IDEEN ABRUFEN bekommen Sie unter dem Tabellenblatt KEYWORD-IDEEN die Liste Ihrer eingegebenen Suchbegriffe und zusätzliche Vorschläge für ähnliche Begriffe. In einer interaktiven Grafik sehen Sie, wie sich die durchschnittliche Anzahl der monatlichen Suchanfragen saisonal ändert. Durch einen Klick auf die Spaltenüberschrift DURCHSCHNITTL. SUCHANFRAGEN PRO MONAT erhalten Sie die Sortierung nach den für das voreingestellte Land am häufigsten gesuchten Begriffen (siehe Abbildung 4.32). Wenn Sie keine Kampagne geschaltet haben, bekommen Sie leider nur relativ große Spannen zum monatlichen Suchvolumen angezeigt. Sobald Sie aber ein kleines Budget investieren, bekommen Sie genauere Zahlen zu den Google-Suchen. Die Spalten WETTBEWERB und VORGESCHLAGENES GEBOT werden vor allem dann für Sie interessant, wenn Sie die Begriffe bei Google buchen möchten (mehr hierzu erfahren Sie in Kapitel 6, »Suchmaschinenwerbung (SEA)«).

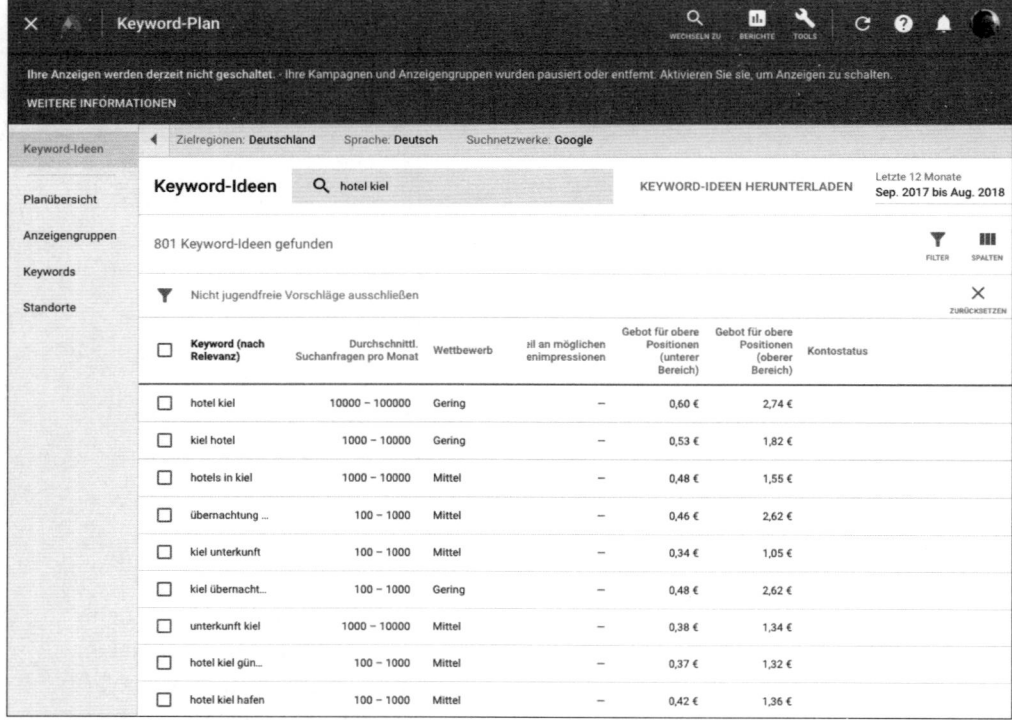

Abbildung 4.32 Ergebnisse im Google Keyword-Planer

An erster Stelle steht der Suchbegriff »hotels« mit mehr als einer Million Suchanfragen pro Monat. Zusätzlich zu den eingegebenen Suchbegriffen schlägt Ihnen der Keyword-Planer im unteren Bereich weitere thematisch passende Keywords vor, die Sie für Ihre Keyword-Recherche unbedingt sichten sollten. Wenn Sie diese Vorschläge nicht möchten und sich bei Ihrer Recherche auf Ihre eigene engere Auswahl konzentrieren wollen, wählen Sie in der linken Spalte die Option NUR IDEEN ANZEIGEN, DIE MEINEN SUCHBEGRIFFEN SEHR ÄHNLICH SIND aus.

Damit haben Sie jetzt eine gute Ausgangsbasis an Daten und können diese für weitere Analysen über die Funktion HERUNTERLADEN z. B. in Microsoft Excel exportieren. Mit dieser Liste an Suchbegriffen können Sie nun weiterarbeiten und die Begriffe für Ihre Webseite bewerten. Im ersten Schritt können Sie die einzelnen Suchbegriffe auf ihre Relevanz für die Website hin untersuchen. Zum Beispiel wird Ihnen von Google auch der Suchbegriff »gardasee hotel« vorgeschlagen, der offensichtlich nicht zu Ihrer Webseite passt. Gehen Sie also durch die Liste, und löschen Sie alle irrelevanten Keywords.

Im nächsten Schritt schauen Sie sich die Liste absteigend sortiert nach den monatlichen lokalen Suchanfragen an. Sie werden sehen, dass manche Begriffe sehr selten, andere sehr häufig gesucht werden. Sie bekommen anhand dieser Daten ein gutes Gespür dafür, wie Menschen suchen. Das beste Vorgehen ist daher, für jeden Suchbegriff zu überlegen, ob Internetnutzer mit diesem Suchbegriff genau Ihr Angebot suchen. Diese sogenannte *Suchintention* sollten Sie immer im Auge behalten. Bei den viel gesuchten Begriffen wie »hotel« können Sie z. B. davon ausgehen, dass nur sehr wenige Suchende genau Ihr Hotel finden möchten. Wir empfehlen Ihnen daher, die sehr häufig gesuchten Keywords genau zu überdenken. Dies hat auch den Hintergrund, dass der Wettbewerb für diese Suchbegriffe sehr groß ist und kleine Webseiten zu diesen Begriffen meist weniger oft gefunden bzw. angezeigt werden. Im Zusammenhang mit der Suchintention sollten Sie auch an die Konversionsrate (*Conversion-Rate*) denken, das heißt, mit welchen Suchbegriffen Besucher auf Ihre Seite kommen, die in unserem Beispiel dann auch wirklich ein Hotelzimmer buchen oder eine Buchungsanfrage stellen.

4.5.2   Die Long-Tail-Theorie

Wichtig für die Keyword-Recherche ist die sogenannte *Long-Tail-Theorie*, die besagt, dass auch mit Nischenprodukten hohe Umsätze erreicht werden können. Als Beispiel dafür dient der Musik- und Buchmarkt. Man muss nicht unbedingt die Topseller verkaufen, um viel Umsatz zu generieren, sondern man kann auch über ein sehr breites Angebot von wenig gefragten Titeln einen höheren Umsatz erzeugen. Dieser Long-Tail-Ansatz basiert auf den wissenschaftlichen Arbeiten von Malcolm Gladwell, die er in dem Buch *The Tipping Point: How Little Things Can Make a Big Difference* veröffentlichte. Chris Anderson – Chefredakteur des bekannten Wired Magazins – verhalf dem Konzept zu großer Bekanntheit, indem er unter dem Titel *The Long Tail* eine Analyse des Nischenansatzes anhand des amerikanischen Online-Musikdienstes *Rhapsody.com* veröffentlichte (*www.wired.com/2004/10/tail/*). Insbesondere im Internet bei digitalen Gütern und ohne regionale Bindung ist dieses Konzept von Vorteil, da der Aufwand für ein hohes Angebotsspektrum viel geringer ist als z. B. bei einem lokalen Buch- oder Plattenladen.

Dieses Prinzip können Sie für Ihre anvisierten Suchbegriffe verwenden. Jeder Suchbegriff hat, wie Sie gesehen haben, ein bestimmtes Suchvolumen, und es gibt einzelne Begriffe mit sehr hohen Werten. Dies sind die Topseller. Aber es gibt auch eine extrem große Breite an weiteren Suchbegriffen, die teilweise nur geringes Suchvolumen aufweisen. Schaffen Sie es aber, unter vielen von diesen Begriffen gefunden zu werden, so können Sie die gleichen oder höhere Ergebnisse erzielen als mit der Konzentration auf ein einziges Top-Keyword. Für unser Beispiel wären »Hotel« und »Hotel Kiel« die Topsuchbegriffe mit dem höchsten Suchvolumen. Aber rechnen Sie sich einmal die Summe der Suchvolumen der restlichen Keywords Ihrer Liste aus. Sie werden dann sehen, dass das Suchvolumen viel größer ist als das der Top-Keywords (siehe Abbildung 4.33). Zudem haben Sie mit den Long-Tail-Keywords eine viel größere Chance bei den Suchmaschinen, aufgrund des geringeren Wettbewerbs, weiter oben angezeigt zu werden. Bedenken Sie auch: Nutzer von Suchmaschinen sind äußerst kreativ bei der Eingabe von Suchbegriffen. Etwa 15 % aller Suchanfragen wurden vorher noch nie gestellt – ein Grund mehr, auf den Long Tail zu setzen.

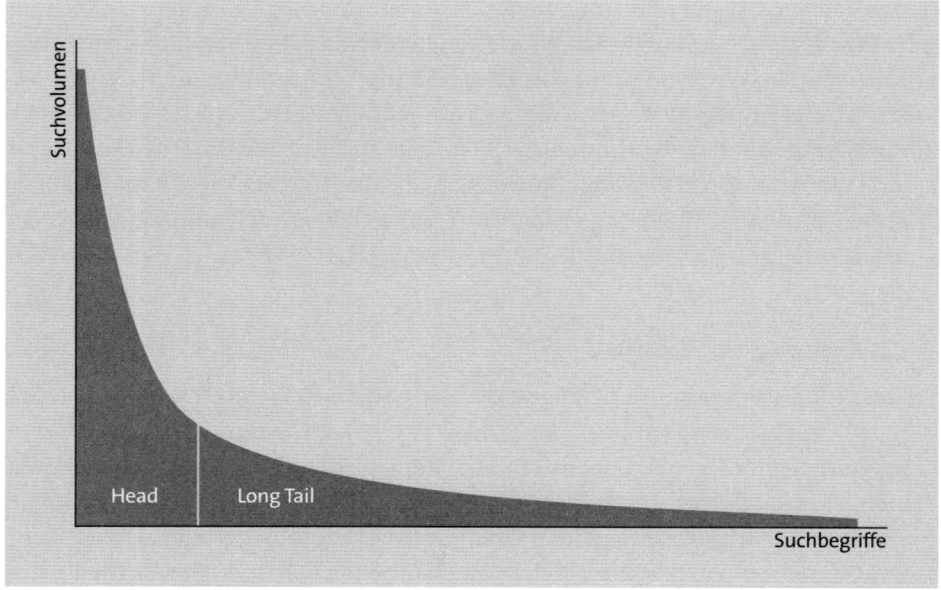

Abbildung 4.33 Der Long Tail bei Suchbegriffen

Sie haben jetzt also eine gute Auswahl der wichtigen Keywords für Ihre zukünftige Präsenz in den Suchmaschinen und wissen nun, mit welchen Begriffen Ihre Webseite gefunden werden soll.

Jetzt kennen Sie die Funktionsweise von Suchmaschinen und wissen, welche Suchmaschinen es aktuell gibt und welche Suchbegriffe für Ihre Webseite interessant sind. Soll Ihre Seite nun auch noch in Google und Co. zu den anvisierten Suchbegriffen möglichst weit oben gefunden werden, lesen Sie die folgenden beiden Kapitel. In Kapitel 5, »Suchmaschinenoptimierung (SEO)«, geben wir Ihnen Antwort auf die Frage, wie Sie in den kostenlosen, sogenannten organischen Suchergebnissen besser gefunden werden. In Kapitel 6, »Suchmaschinenwerbung (SEA)«, lernen Sie, wie Sie Anzeigen für bestimmte Suchbegriffe schalten und optimieren können.

4.6   Suchmaschinen to go

► Suchmaschinen werden von der Mehrheit der Internetnutzer als Einstiegspunkt zum Surfen im Internet genutzt. Google hat dabei in Deutschland einen Marktanteil von über 90 %, gefolgt von Bing und Yahoo.

► Suchmaschinen durchsuchen mit ihren Crawlern das Internet und indexieren Webseiten für ihren Gesamtkatalog an Seiten. Die meisten Suchmaschinen funktionieren als Volltextsuchmaschinen und analysieren somit den gesamten Inhalt einer Webseite. Jede Webseite einer Domain wird separat gecrawlt und indexiert.

► Suchmaschinen unterliegen ständiger Weiterentwicklung. So wurden in den letzten Jahren die Suchergebnisseiten immer weiter ausgebaut und mit Zusatzinformationen und -funktionen ausgestattet. Außer den Suchergebnissen finden Sie auch Anzeigen, aktuelle Nachrichten, Bilder, Produkte und lokale Ergebnisse auf den Ergebnisseiten der Suchmaschinen. Außerdem entwickeln sich Suchmaschinen mehr und mehr zu Antwortmaschinen, die gesuchte Informationen selbst bereitstellen, statt lediglich Websites aufzulisten, die dies tun.

► Durch die starke Nutzung von Suchmaschinen und somit ihre hohe Reichweite, allen voran bei Google, sind sie ein wichtiger Online-Marketing-Kanal, um Internetnutzer für das eigene Angebot zu erreichen.

► Die höchste Aufmerksamkeit erreichen Sie im oberen Drittel der ersten Seite der Suchergebnisse.

► Alle großen Suchmaschinen bieten dem Webmaster an, seine Website anzumelden und Informationen zum Status der Website über eigene Tools abzufragen.

Kapitel 5
Suchmaschinenoptimierung (SEO)

»Die Position des Suchergebnisses ist das wichtigste Kriterium für den Klick: In den Untersuchungsszenarien erfolgen 45 % der Klicks auf den oberen organischen Suchergebnissen, vier von zehn Klicks gehen auf die oberen linken Anzeigen.«
— BVDW Eye-Tracking-Studie

In diesem Kapitel lernen Sie, wie Sie in Suchmaschinen besser gefunden werden. Wir räumen mit den Mythen zum Thema SEO auf, erklären die Ranking-Faktoren und Maßnahmen, mit denen Sie höhere Positionen in Suchmaschinen, allen voran in Google, erhalten. Zudem gehen wir auf die zu beachtenden Aspekte bei einem möglichen Website-Relaunch und Domain-Umzug ein. SEO-Verbote und -Gebote bilden den Abschluss des Kapitels, gefolgt von einem Kurzüberblick »to go« und einer Checkliste.

Bei der Suchmaschinenoptimierung (Abkürzung *SEO* für *Search Engine Optimization*) geht es darum, möglichst gut in den natürlichen (organischen) Ergebnissen der Suchmaschinen gefunden zu werden. Im Englischen werden für SEO auch die Begriffe *Organic* oder *Natural Search Optimization* verwendet. Die Positionierung im Anzeigenbereich der Suchmaschinen wird dagegen als *SEA* (*Search Engine Advertising*) oder *Paid Search* bezeichnet. Häufig findet man in der Literatur für diese Disziplin auch die Bezeichnung *SEM* (*Search Engine Marketing*), was streng genommen nicht korrekt ist. Search Engine Marketing ist vielmehr die übergeordnete Disziplin der beiden Subdisziplinen SEO und SEA. Den Bereich SEA beschreiben wir in Kapitel 6, »Suchmaschinenwerbung (SEA)«, näher. Die Suchmaschinenoptimierung basiert auf einer ausführlichen Keyword-Recherche für Ihre Website, die wir in Abschnitt 4.5, »Keyword-Recherche – die richtigen Suchbegriffe finden«, erklärt haben. Um im SEO-Bereich erfolgreich zu sein, ist diese Analyse der relevanten Suchbegriffe sehr wichtig. Für welche Begriffe möchten Sie mit Ihrer Website möglichst gut positioniert sein? Die Keyword-Recherche steht also am Anfang der Suchmaschinenoptimierung. Danach geht es an die Optimierung des Website-Rankings in Suchmaschinen.

Wie Sie in Kapitel 4, »Suchmaschinen – eine Einführung«, schon erfahren haben, ist Google die Suchmaschine mit dem größten Marktanteil mit über 90 %. Daher werden wir uns in diesem Kapitel auch weitestgehend auf Google konzentrieren, aber auch ein paar Einblicke in Bing geben. Bei der Suchmaschinenoptimierung haben die meisten Aspekte und Maßnahmen aber die gleichen oder ähnliche Auswirkungen, so dass sie in den allermeisten Fällen keine separaten SEO-Strategien benötigen.

Im Bereich der Suchmaschinenoptimierung gibt es leider immer noch viel Unwissenheit, da auch die Suchmaschinenbetreiber ein großes Geheimnis um das Ranking der Suchergebnisse machen. Dadurch kommen immer wieder Mythen rund um die Suchmaschinenoptimierung auf. Diese sehen wir uns zunächst an, um etwas mehr Licht ins Dunkel zu bringen.

5.1   Mythen der Suchmaschinenoptimierung

Sicher haben Sie schon einiges über Suchmaschinenoptimierung gehört und gelesen. Im Internet kursieren sehr viele Tipps, die über Internetforen und Blogs diskutiert werden. Daher werden wir an dieser Stelle auf die Mythen über die Suchmaschinenoptimierung eingehen, die immer wieder im Netz oder in Gesprächen auftauchen. Wir wollen Sie damit für ein Thema sensibilisieren, das durchaus komplex, aber keine Hexerei, sondern solides Handwerk ist und ein wenig technisches, strategisches sowie betriebswirtschaftliches Denken erfordert. Das Ranking einer Website wird von vielen verschiedenen Faktoren beeinflusst. Google selbst gibt eine Zahl von über 200 Faktoren an, die als *Signale* einer Webseite bezeichnet werden. Sie können sich also nicht nur auf einen Faktor verlassen, um damit große Erfolge zu erzielen. Es gilt, an verschiedenen Stellen zu optimieren, die wir Ihnen im Folgenden vorstellen werden. Zuerst schauen wir uns aber die immer wieder aufkommenden Mythen zur Suchmaschinenoptimierung an.

1   **»Die wichtigen Suchbegriffe müssen in die Meta-Keywords geschrieben werden!«**

Die Annahme, dass wichtige Suchbegriffe in das Meta-Tag "keywords" geschrieben werden müssen, um besser zu ranken, ist veraltet, aber immer noch häufig zu lesen und zu hören. Zu Anfangszeiten der Suchmaschinen war dies eine erfolgreiche Methode, bessere Positionen zu erreichen. Dies wurde aber schnell missbraucht, indem sehr viele Begriffe verwendet oder unpassende Keywords angegeben wurden. Daher haben die meisten Suchmaschinenbetreiber entschieden, die Meta-Keywords nicht mehr auszuwerten. Verschwenden Sie also keine Zeit dafür. Trotzdem können Sie aber der Vollständigkeit halber die Meta-Keywords passend für jede Webseite mit drei bis zehn zutreffenden Begriffen ausfüllen.

2 »Suchmaschinenoptimierung ist kostenlos!«

Dadurch, dass die natürlichen Suchergebnisse in Suchmaschinen kostenlos angeboten werden, entsteht oft der Eindruck, Suchmaschinenoptimierung sei kostenlos. Zwar können viele Maßnahmen der Suchmaschinenoptimierung selbst vorgenommen werden, aber auch dies kostet Sie, Ihre Mitarbeiter oder für externe Dienstleister Zeit. Die Beratung durch SEO-Spezialisten oder die suchmaschinenfreundliche Programmierung der Website ist häufig aufwendig. Daher kostet SEO vor allem Personalressourcen, die natürlich nicht kostenlos sind. Im Vergleich zu anderen Online-Marketing-Maßnahmen ist SEO aber ein sehr kostengünstiger Kanal, da Sie keine regelmäßigen Kampagnenbudgets einsetzen müssen. Mit erfolgreicher Suchmaschinenoptimierung können Sie langfristig für viele Besucher auf Ihrer Website sorgen. Überlegen Sie sich also, wie viel Zeit und Geld Sie in SEO investieren möchten.

3 »Suchmaschinenoptimierung macht man am Anfang bei der Erstellung einer Website!«

Suchmaschinenoptimierung ist ein kontinuierlicher Prozess, mit dem man nie ganz fertig wird. Sie kennen es sicher selbst, dass man in vielen Dingen immer Verbesserungen vornehmen kann, z. B. bei der täglichen Arbeit, am eigenen Haus oder am Design einer Website. Ähnlich verhält es sich auch bei der Suchmaschinenoptimierung. Hier kommt hinzu, dass es ständig neue Entwicklungen an einer Website gibt, dass in regelmäßigen Zyklen ein Relaunch Ihrer Website ansteht und dass auch die Suchmaschinenalgorithmen ständig weiterentwickelt werden. Ständige Änderungen an der Website, der Wettbewerb mit anderen Websites und der sich kontinuierlich entwickelnde Suchmaschinenalgorithmus machen SEO zu einem stetigen und dynamischen Prozess, der kein wirkliches Ende hat, wenn Sie über einen längeren Zeitraum eine kontinuierliche Verbesserung Ihrer Positionen in Google und Co. erreichen wollen.

4 »Wir bringen Sie in Google auf Platz 1!«

Falsche Versprechen für Positionierungen finden Sie wahrscheinlich häufiger in Broschüren von unseriösen Suchmaschinenoptimierern oder Online-Agenturen. Lassen Sie sich hier nicht verwirren. Diese Versprechen sind in der Realität meist nicht umsetzbar. Außerdem sollten Sie nachfragen, zu welchem Suchbegriff eine Platz-1-Positionierung möglich ist. Da alle Website-Betreiber diese Position anstreben, sind viele Suchbegriffe stark umkämpft. Hier einen ersten Platz zu erreichen, ist oft sehr schwierig. Bietet Ihnen ein Dienstleister trotzdem diese Positionierung an, ist es wahrscheinlich, dass er mit nicht zu empfehlenden Methoden arbeitet, die das Vertrauen von Suchmaschinen in Ihre Website nachhaltig beeinträchtigen und dazu führen können, dass Google und Co. Sie zeitweise aus den Suchergebnissen verbannen.

5 »Text verstecken!«

Für die Suchmaschinenoptimierung brauchen Sie eine Menge Text. Manchmal wollen Sie aber eine Seite nicht mit Text vollstopfen. Was also tun? Oft kommt dann die Idee auf, den Text zu verstecken, z. B. am Ende der Seite im Footer, in einer mikroskopisch kleinen Schriftgröße oder gar mit weißem oder hellgrauem Text auf weißem Hintergrund. Lassen Sie die Finger davon! Versteckte Texte verstoßen gegen die Richtlinien der Suchmaschinen und helfen Ihnen nicht. Google und Co. reagieren allergisch auf jegliche Versuche, Suchmaschinen andere Inhalte anzuzeigen als Nutzern, und können inzwischen eine Webseite so wahrnehmen, wie dies ein menschlicher User auch tut. Für den Algorithmus einer Suchmaschine ist es relativ einfach, die Textfarbe mit der Hintergrundfarbe abzugleichen, und wenn dann ein Mitarbeiter von Google auf Ihre Seite schaut (sogenannte *Quality Rater*), müssen Sie mit zum Teil fatalen Konsequenzen für Ihr Suchmaschinen-Ranking leben.

6 »Bezahlte Keyword-Werbung führt auch zu einem besseren SEO-Ranking!«

Immer noch weit verbreitet ist die Annahme, dass man sich über eine Bezahlung bessere Rankings in den organischen Suchergebnissen erkaufen kann. Dies ist aber nicht der Fall. Auch die Korrelation eines besseren Rankings mit einem hohen Budget in der Keyword-Werbung über das Google Ads-Programm kann als Mythos bezeichnet werden, was Google auch so bestätigt. Wenn Sie Fälle entdecken, in denen hohe Google Ads Budgets mit guten organischen Ergebnissen zusammenhängen, liegt das meist daran, dass auch gute Suchmaschinenoptimierung betrieben wird.

7 »Für ein gutes Ranking brauche ich sehr viele Links!«

Wenn Sie sich schon etwas intensiver mit der Suchmaschinenoptimierung beschäftigt haben, werden Sie gehört haben, dass Links sehr wichtig für eine gute Platzierung in Suchergebnissen sind. Eingehende Links sind zwar ein wichtiger Faktor, aber achten Sie nicht ausschließlich auf die Anzahl der Links. Wichtiger noch ist die Qualität. Schauen Sie z. B. eher auf die Anzahl der Links von verschiedenen Domains und darauf, wie gut die verlinkenden Domains selbst verlinkt sind. Die Gesamtzahl an Links ist nicht richtig vergleichbar mit der Konkurrenz, da Links auf einer Domain hundert- bis tausendfach vorkommen können, z. B. durch die Integration eines Links im Footer-Bereich oder als fester Link in der Navigationsspalte (*Sidebar*).

Sie sehen, es gibt viele verschiedene Aspekte, die SEO komplex erscheinen lassen. Achten Sie bei Maßnahmen für die Suchmaschinenoptimierung Ihrer Website auf Ihr Bauchgefühl, und versetzen Sie sich in die Position eines Suchmaschinenbetreibers, wenn Sie die unterschiedlichen Maßnahmen und Aussagen bewerten. Sicher wollen Sie selbst ungern hintergangen werden, Das Gleiche gilt für die Suchmaschinen. Nutzen Sie also Ihren gesunden Menschenverstand für das Thema SEO, und Sie werden von einer kontinuierlich steigenden Besucherzahl profitieren.

5.2   SEO-Ranking-Faktoren – wie komme ich auf Platz 1?

Lassen wir die Mythen hinter uns, und gehen wir nun an die handfeste Suchmaschinenoptimierung, um bessere Positionierungen und damit mehr Besucher für Ihre Website zu erreichen. Wir werden Ihnen als Erstes die Grundprinzipien näherbringen und auf einige Eigenheiten im Google-Ranking eingehen, da Google für Sie die wichtigste Rolle unter den Suchmaschinen einnehmen wird. Über SEO-Tools wie Sistrix (*www.sistrix.de*) oder Searchmetrics (*www.searchmetrics.com*) können Sie das Ranking einzelner Websites in der Suchmaschine Google einsehen (siehe Abbildung 5.1). In den Tools gibt es Übersichten, welche Websites am besten in Google gefunden werden. Diese Websites können Sie als Beispiele für gute Suchmaschinenoptimierung ansehen und für eigene Ideen nutzen. Besonders Wikipedia gilt als *Best Practice* für die Suchmaschinenoptimierung mit qualitativ hochwertigen Inhalten, sinnvollen internen Querverlinkungen und vielen Verweisen von anderen Websites.

Top 10 SEO Visibility (1 to 10)		Weekly +
Number	**Domain**	**SEO Visibility 09/09/2018**
1	wikipedia.org	19,679,483
2	youtube.com	11,430,209
3	amazon.de	5,745,187
4	facebook.com	3,079,372
5	chip.de	2,715,659
6	ebay-kleinanzeigen.de	2,079,776
7	focus.de	1,595,767
8	computerbild.de	1,480,024
9	spiegel.de	1,389,869
10	ebay.de	1,370,851

Abbildung 5.1 Top 10 der meistgefundenen Websites in Google Deutschland (Stand September 2018, Quelle: Searchmetrics)

Solch hohe Niveaus an Sichtbarkeit in Google lassen sich nicht mit einem Schlag erreichen. In den folgenden Abschnitten erklären wir Ihnen, wie Sie Schritt für Schritt Ihr eigenes Ranking für Ihre Website verbessern können und damit immer besser in Google gefunden werden.

SEO-Tools

Für den Bereich der Suchmaschinenoptimierung haben sich inzwischen mehrere Hundert Tools entwickelt, so dass eine gute Übersicht schwerfällt. Es gibt große Tool-Pakete, aber auch viele kleine, spezialisierte Tools, die sich auf eine bestimmte Fragestellung konzentrieren. Die Tools Sistrix und Searchmetrics kommen bei den meisten größeren Unternehmen, die SEO professionell betreiben, zum Einsatz. Ergänzt werden sie durch Tools zum Crawling, zur Backlink-Bewertung und durch eigene Tool-Entwicklungen.

▶ **Searchmetrics Suite** (*www.searchmetrics.com*): Für die Suchmaschinenoptimierung großer, internationaler Websites empfiehlt sich der Einsatz der kostenpflichtigen Searchmetrics Suite. Das Berliner Unternehmen – vom SEO-Experten Marcus Tober gegründet (siehe »Website-Experten geben Auskunft« am Anfang dieses Buches) – bedient viele verschiedene Länder weltweit. Das komplexe System überwacht einen großen Satz an Keywords und Domains und bietet verschiedene Funktionen zur Analyse von Rankings und Inhalten an.

▶ **Sistrix Toolbox** (*www.sistrix.de*): In deutschen SEO-Kreisen ist die Sistrix Toolbox wohl das beliebteste Tool. Die vom SEO-Experten Johannes Beus entwickelte Toolbox liefert verschiedene Funktionalitäten für die Suchmaschinenoptimierung einer Website, z. B. wird über einen Sichtbarkeitsindex visualisiert, wie gut eine Website bzw. Domain in Google sichtbar ist. Zudem können Rankings und Backlinks analysiert werden.

5.2.1   Grundprinzipien für ein besseres Ranking in Suchmaschinen

In Kapitel 4, »Suchmaschinen – eine Einführung«, haben wir schon die grundlegende Arbeitsweise der Suchmaschinen beschrieben. Das Ranking in Suchmaschinen wird durch verschiedenste Faktoren bestimmt. Diese Faktoren werden auch als *Ranking-Signale* bezeichnet. Man unterscheidet bei der Suchmaschinenoptimierung zwischen On-Page- und Off-Page-Optimierung. Dies betrifft die verschiedenen Kriterien, nach denen Suchmaschinen die Webseiten, die sich in ihrem Index befinden, bewerten. In die On-Page-Optimierung fällt alles, was Sie auf der Website selbst ändern können. Denken Sie hier z. B. an Texte, Bilder, HTML-Quellcode, aber auch an Ladezeiten, Usability und vieles mehr. Die Off-Page-Optimierung beschäftigt sich mit allen externen Faktoren, die außerhalb der Website stattfinden. Dies sind insbesondere externe Verlinkungen, also Links von anderen Websites zu Ihrer. Diese grundlegenden Faktoren sind bei den meisten Suchmaschinen ähnlich, so dass Sie mit den meisten Optimierungsmaßnahmen bei allen Suchmaschinenanbietern gleichermaßen besser gefunden werden.

Doch welche Ranking-Faktoren sind nun am wichtigsten? Google selbst liefert dazu leider keine offiziellen Aussagen. Der Ranking-Algorithmus ist ein gut gehütetes Geheimnis. Daher müssen alternative Wege gefunden werden, um die Wichtigkeit der einzelnen Faktoren zu bestimmen. Häufig führen dafür spezialisierte Anbieter Korrelationsanalysen durch, die die Faktoren für die Suchmaschinenoptimierung gewichten. Oft findet im Nachgang solcher Studien aber auch eine Diskussion über Korrelation und Kausalität statt. Gemeint ist damit die Frage nach der tatsächlichen Ursache für ein hohes Ranking. Außerdem gibt es Expertenbefragungen, um dem Einfluss der einzelnen Ranking-Faktoren aufgrund von Erfahrungen näher zu kommen. Verschiedene Anbieter haben sich an die Analyse der Google-Rankingfaktoren gewagt, die wir Ihnen im folgenden Kasten näher vorstellen. Zumeist werden dabei die Suchergebnisse und mögliche relevante Signale statistisch analysiert. Einige Studien basieren zudem auf Expertenbefragungen. Wenn Sie sich tiefer mit der Materie beschäftigen wollen, lohnt sich auf jeden Fall ein Blick in diese Auswertungen.

> **Studien zu den Ranking-Faktoren**
>
> **Searchmetrics** (*www.searchmetrics.com/de/knowledge-base/ranking-faktoren/*): Searchmetrics, ein SEO-Tool-Anbieter aus Berlin, analysiert regelmäßig das Google-Ranking-Verhalten und veröffentlicht Studien dazu. Inzwischen wurde dazu übergegangen, die Ranking-Faktoren-Studie in verschiedene Branchen aufzuteilen, da hier große Unterschiede festgestellt wurden. So gibt es separate Auswertungen z. B. für die Bereiche E-Commerce, Reise, Medien, Gesundheit und Finanzen.
>
> **SEMrush** (*www.semrush.com/ranking-factors/*): Auch die Firma SEMrush analysiert die Suchergebnisse und ihre Einflussfaktoren. Dabei wurde herausgefunden, dass insbesondere Nutzersignale ein wachsender Faktor sind. Dazu zählen direkte Website-Aufrufe, Bounce-Rates und Verweildauer. Hinzu kommen die Faktoren Backlinks, Sicherheit und Content.
>
> **Moz** (*moz.com/search-ranking-factors*): Die Studie »Search Engine Ranking Factors 2015« evaluierte mehr als 90 mögliche Rankingfaktoren durch eine Korrelationsanalyse und die Befragung von 150 Experten. Auf den vorderen Plätzen stehen die Verlinkungsmetriken zum einen für die gesamte Website, aber auch für die eine einzelne Seite. Erst auf Platz 3 folgen »Keyword und Content-Based Features«, also die Verwendung von Suchbegriffen und Inhalten bzw. Text auf der einzelnen Webseite. Die Ergebnisse der Studie stammen aus dem Jahr 2015. Inzwischen kann man davon ausgehen, dass die Linkmetriken nicht mehr diese hohe Bewertung bekommen würden.
>
> **Search Engine Land** (*searchengineland.com/seotable*): Das Fachportal *Search Engine Land* veröffentlicht regelmäßig ein Periodensystem der SEO-Elemente, in Anlehnung an das bekannte Periodensystem aus der Chemie. Wenn Sie sich detaillierter mit der Suchmaschinenoptimierung beschäftigen wollen, empfehlen wir Ihnen, sich für diese Studie etwas Zeit zu nehmen und die ausführlichen Erklärungen zu den SEO-Erfolgsfaktoren zu lesen.

Sistrix (*www.sistrix.de/google-ranking-faktoren/*): Auch das SEO-Tool Sistrix widmet sich den Rankingfaktoren. Dafür gibt es zu den einzelnen Rankingfaktoren Diskussionsrunden mit Experten. Wenn Sie eher der audiovisuelle Typ sind, empfehlen wir diese interessante Videosammlung.

Sie sehen, dass es eine große Vielfalt an Untersuchungen zu den Ranking-Faktoren gibt. Behalten Sie des Weiteren im Kopf, dass Google über 200 Signale verwendet, um eine Webseite im Detail zu bewerten. Inzwischen veröffentlicht Google selbst einen Startleitfaden zum Thema SEO, den Sie unter *support.google.com/webmasters/answer/7451184?hl=de* finden. Dort erhalten Sie keine expliziten Tipps für bessere Rankings, aber bekommen Hinweise, wie Sie SEO richtig für Ihre Webseite umsetzen.

Im folgenden Abschnitt wollen wir Ihnen die etablierten Ranking-Faktoren vorstellen. Letztlich müssen Sie für sich selbst entscheiden, auf welche Faktoren Sie bzw. Ihr Wettbewerb besonderen Wert legt und worin Sie Zeit investieren wollen.

5.2.2   Die SEO-Ranking-Faktoren

Die Ranking-Faktoren der Suchmaschinenoptimierung können grob in fünf Bereiche eingeteilt werden. Dazu gehören die generelle Nutzererfahrung, die Inhalte, das technische SEO-Setup, die Navigationsstruktur und externe Verlinkungen. Zum Teil überschneiden sich diese Bereiche, aber wenn Sie diese fünf Aspekte ausreichend berücksichtigen, werden Sie bald Erfolge in Ihrem Suchmaschinenranking feststellen können.

Nutzersignale

Einer der vielleicht wichtigsten Ranking-Faktoren ist die allgemeine Nutzererfahrung. Google legt großen Wert auf die Zufriedenheit der Suchenden. Dies bei Milliarden an Suchen pro Tag sicherzustellen für alle nur erdenklichen Themen, ist natürlich kein einfaches Unterfangen. Lange Zeit war das Google-Ranking daher eher technisch geprägt. Google hat mit neuen Technologien wie dem *RankBrain*-Algorithmus und der Personalisierung für relevantere Ergebnisse gesorgt. Inzwischen haben sich in der SEO-Szene die Nutzersignale als Ranking-Faktor etabliert, auch wenn sie nicht immer ganz greifbar und messbar sind. Eine gute Nutzererfahrung (*User Experience*, kurz: *UX*) besteht dann, wenn Suchende das passende Ergebnis zur richtigen Zeit am richtigen Ort erhalten. Nutzersignale können z. B. über die Absprungrate oder die Verweildauer gemessen werden. Zu einer guten Nutzererfahrung gehört natürlich auch eine Website, die auf Smartphones und Tablets gut dargestellt wird. Da Nutzerfreundlichkeit nicht nur für ein gutes SEO-Ranking wichtig ist, widmen wir uns in diesem Buch dem Thema ausführlich in Kapitel 7, »Usability – benutzerfreundliche Websites«.

Zur weiteren Steigerung der Relevanz arbeiten die Suchmaschinen an der Personalisierung der Suchergebnisse. Die geschieht z. B. anhand des Suchverhaltens in der Vergangenheit oder aufgrund des Standorts, von wo Sie die Suchabfrage durchführen. Sicherlich haben Sie schon selbst festgestellt, dass Google in den allermeisten Fällen passende Ergebnisse weit oben anzeigt. Nicht umsonst sind dadurch die Beliebtheit und der Marktanteil von Google so hoch, und fast jeder nutzt Google täglich im Berufs- und Privatleben.

Inhalte

»Content is King!« sagt ein beliebter Ausspruch, der wohl von Microsoft-Gründer Bill Gates stammt. Inhalte sind also die Königsdisziplin. Dies gilt auch in der Suchmaschinenoptimierung. Zum einen liegt es daran, dass Suchmaschinen vor allem textliche Inhalte gut auslesen können, zum anderen sorgen gute und passende Inhalte für eine gute Nutzererfahrung. Damit sehen Sie schon eine Verbindung zum allgemeinen Ranking-Faktor Nutzersignale. Passende Inhalte zu erstellen, ist nicht immer ganz einfach und auch thematisch sehr unterschiedlich. In Kapitel 2, »Content – zielgruppengerechte Inhalte«, finden Sie viele wichtige Hinweise für eine gute Content-Strategie.

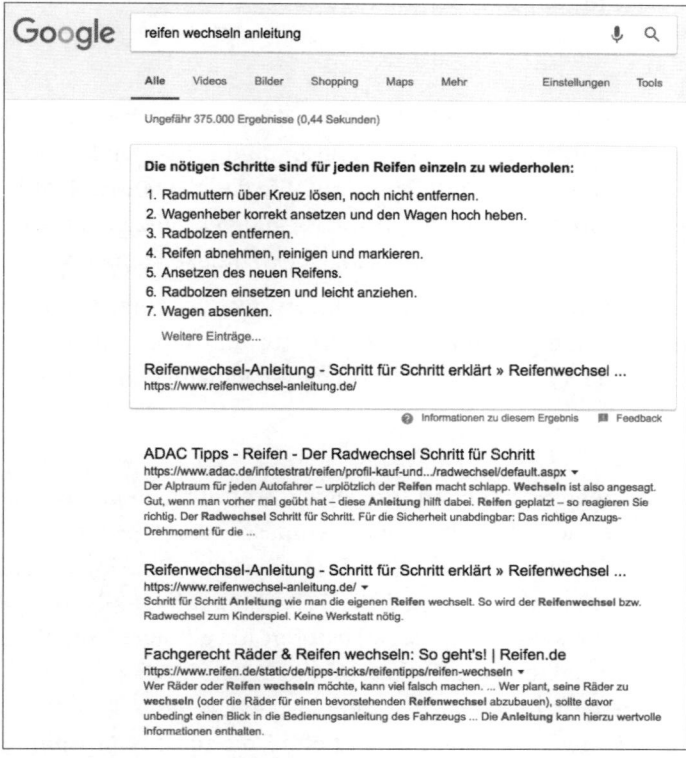

Abbildung 5.2 Suchergebnis-Snippets in Google

Inhalt wird nicht nur auf der Seite direkt angezeigt, sondern auch schon im Google-Suchergebnis. Die Webseitenauszüge werden als *Snippets* bezeichnet und setzten sich zumeist aus den Meta-Angaben Ihrer Website zusammen. So können Sie z. B. für jede einzelne Webseite einen Titel und eine kurze Beschreibung angeben. In Abbildung 5.2 sehen Sie die Snippets in den regulären Suchergebnissen. Zudem finden Sie ganz oben ein sogenanntes *Featured Snippet*, in dem schon sehr weitreichende Inhalte aus der Website angezeigt werden, um dem Nutzer ein schnelles, zufriedenstellendes Ergebnis zu liefern.

Technisches SEO

In Kapitel 4, »Suchmaschinen – eine Einführung«, haben wir schon die Funktionsweise von Suchmaschinen erklärt. Google und Co. müssen Milliarden von Webseiten auswerten, daher muss Ihre Website den Anforderungen der Suchmaschinen genügen. Technisches SEO stellt dafür die Grundlagen bereit. Insbesondere geht es dabei um den HTML-Quellcode und die Linkstruktur Ihrer Website. Für große Websites kommt hier zudem die effiziente Crawlbarkeit der Seiten durch Suchmaschinen ins Spiel. Weitere technische SEO-Aspekte sind die Ladegeschwindigkeit und das sichere Ausliefern von Webseiten mithilfe des HTTPS-Protokolls. Der Bereich technisches SEO bildet also die Grundlage für Ihre SEO-Bemühungen.

Navigationsstruktur

Die Navigationsstruktur spielt eine wichtige Rolle für die Nutzbarkeit Ihrer Website, aber auch für deren Suchmaschinenfreundlichkeit, da sie Einfluss auf das Ranking hat. Dies folgt insbesondere aus der internen Verlinkung, mithilfe derer Suchmaschinen-Crawler Ihre Webseiten und einzelne Inhalte finden. Zum anderen nutzen Suchmaschinen-Algorithmen die internen Links zur Bewertung der Wichtigkeit von Inhalten.

Eine gute Informationsarchitektur (engl. *information architecture*, kurz: *IA*) Ihrer Inhalte sorgt automatisch für eine gute Navigationsstruktur und somit gutes SEO-Website-Design. In Abschnitt 5.3.3 gehen wir näher auf diesen Ranking-Faktor ein.

Externe Verlinkungen

Externe Verlinkungen von anderen Seiten auf Ihre eigene Website galten lange als sehr wichtiger Ranking-Faktor und Hebel, um in den Suchmaschinen zu bestimmten Suchbegriffen weit oben angezeigt zu werden. Auch die *Moz*-Ranking-Studie (*moz.com/search-ranking-factors*) aus 2015 zeigt diese Bedeutung mit Link-Metriken auf Domain- und Seitenebene als die wichtigsten Faktoren für ein gutes Ranking. Vielfach wurde dieser Ranking-Faktor in der Vergangenheit aber durch »unnatürliche« Links von Website-Betreibern missbraucht. Daher hat Google den Algorithmus weiter angepasst und auch manuelle Maßnahmen getroffen, die zu einer Abstufung des Rankings einzelner Websites führten. Daher haben externe Verlinkungen als

Ranking-Faktor etwas an Bedeutung verloren. Trotzdem können Sie mit guten und relevanten Links Ihr Ranking in den Suchmaschinen weiter steigern. Hierfür kommt z. B. *Content-Marketing* ins Spiel, bei dem Sie interessante Inhalte schaffen, die Nutzer gern verlinken. Weitere Maßnahmen, Ihre externe Verlinkung zu verbessern, erfahren Sie in Abschnitt 5.5.

Damit haben Sie einen ersten Eindruck, worauf es bei der Suchmaschinenoptimierung grundlegend ankommt. Es sei aber darauf hingewiesen, dass die Ranking-Faktoren ständigen Änderungen unterliegen. Die Grundprinzipien werden sicher bestehen bleiben. Interessant bleibt zu beobachten, inwieweit die sozialen Ranking-Signale direkten Einfluss auf Suchergebnisse nehmen werden und inwieweit der Einfluss von starken Marken weiter zunehmen wird.

5.2.3   Besonderheiten im Ranking-Algorithmus von Google

Wie Sie schon wissen, geht es in der Suchmaschinenoptimierung in Europa und Amerika vor allem um Google. Prinzipiell arbeiten die meisten Suchmaschinen aber nach ähnlichen Kriterien, so dass die Optimierungen an Ihrer Website z. B. auch beim Ranking in Bing helfen. Google hat aber ein paar Eigenheiten, die wir Ihnen hier aufzeigen werden.

Google PageRank

In Abschnitt 4.3.3 haben wir Ihnen bereits den Google-PageRank-Algorithmus vorgestellt. Dies war und ist nach wie vor eine wichtige Grundlage für Bewertung von Suchergebnissen durch die Suchmaschine Google. Dieser Algorithmus bewertet die Verlinkungen einer Website als Empfehlungen und erstellt auf dieser Basis die Reihenfolge der Suchergebnisse. Jeder Website wird damit intern ein PageRank-Wert von 0 bis 10 zugewiesen. In der Vergangenheit war der PageRank öffentlich einsehbar und die Suchmaschinenoptimierung häufig nur über diesen Wert beurteilt. Inzwischen wird in der professionellen Suchmaschinenoptimierung aber nicht mehr auf den PageRank geachtet.

Google Hummingbird

Eine Erweiterung des PageRank-Algorithmus war die Einführung von Google *Hummingbird* (deutsch: Kolibri) im Jahr 2013. Der neue Algorithmus versteht die Absicht hinter einer Suchanfrage besser und liefert in vielen Fällen direkt die Antwort. Mit Google Hummingbird ist es auch weniger notwendig geworden, für jede Keyword-Variante separate SEO-Maßnahmen zu ergreifen, da Google Synonyme und den Bedeutungskontext einer Suchanfrage besser versteht. Die SEO-Branche wurde durch dieses Algorithmus-Update aufgewirbelt und öffnet sich seitdem stärker für Themen wie Usability und Content-Marketing.

Gemäß Google verbessert Hummingbird insbesondere die Suchergebnisse bei einer Sprachsuche (*Conversational Search*), da der neue Algorithmus den Sinn eines komplexen Satzes besser versteht. Damit reagiert der Suchmaschinengigant auch auf die rasant wachsende Nutzung von mobilen Endgeräten. Eine unmittelbare Konsequenz aus dieser Entwicklung ist zudem, dass die Diversität von Suchergebnissen abgenommen hat, da Google den Fokus auf die Bedeutung der Suchanfrage legt und Varianten, Synonyme oder Fehlschreibweisen vereinheitlicht.

Universal-Search-Ergebnisse und One-Boxes

Eine weitere Besonderheit von Google – die man inzwischen auch bei Bing findet – sind die sogenannten *Universal-Search-Ergebnisse*, also zusätzliche Einblendungen zu den regulären zehn Suchergebnissen. Denken Sie z. B. an Landkarteneinblendungen, Bilder, Videos und aktuelle News-Ergebnisse. Zusätzlich erscheinen auch immer häufiger an die Suchanfrage angepasste Infoboxen (sogenannte *One-Boxes*), z. B. bei Themen wie Wetter, Finanzen, Sportergebnissen, Kinoprogramm oder Flugplänen. Diese zusätzlichen Ergebnisse beeinflussen die Suchmaschinenoptimierung, da Google hier prominente Platzierungen anderweitig vergibt und zumeist auf eigene Angebote, wie z. B. Google News oder Google Finance, verweist (siehe Abbildung 5.3) – eine Praxis, für die Google immer wieder von vielen Seiten Kritik einstecken muss.

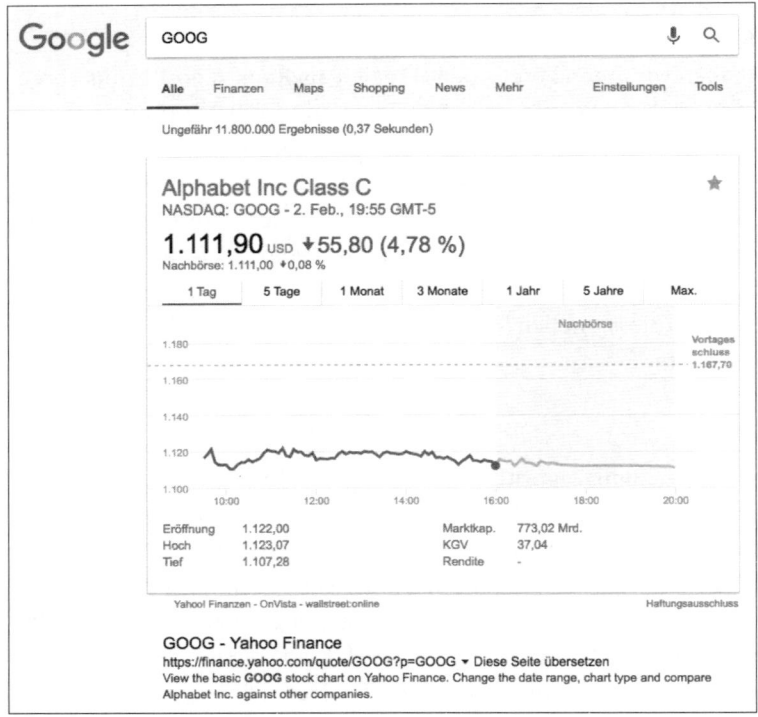

Abbildung 5.3 Google One-Box für Aktienkurse

Featured und Rich Snippets

Google reichert darüber hinaus immer mehr klassische Suchergebnisse – die aus einem verlinkten Titel, zwei Beschreibungszeilen und einer URL bestehen – um zusätzliche Informationen an. Bei Produkten können dies z. B. Angaben zum Preis oder zur Verfügbarkeit sein. Sogenannte *Featured Snippets* nehmen in der Ergebnisliste den ersten Platz ein. Manchmal wird dies auch als *Position Null* bezeichnet, da diese Platzierung über den regulären Suchergebnissen erscheint. Häufig finden Sie im Featured Snippet schon direkte Antworten zu Ihrer Suche.

Bei der Suche nach Kochrezepten finden sich im Suchergebnis häufig Bilder, Informationen zur Zubereitungszeit und Kalorienangaben (siehe Abbildung 5.4). Solche sogenannten *Rich Snippets* ziehen die Aufmerksamkeit und Klicks von Suchenden auf sich. In Abschnitt 5.4, »Einzelne Webseiten optimieren«, lernen Sie, wie Sie den Code auf Ihrer Webseite bearbeiten, damit Suchmaschinen wie Google Ihre Inhalte effizient auslesen und für die Darstellung als Rich Snippet verwerten können.

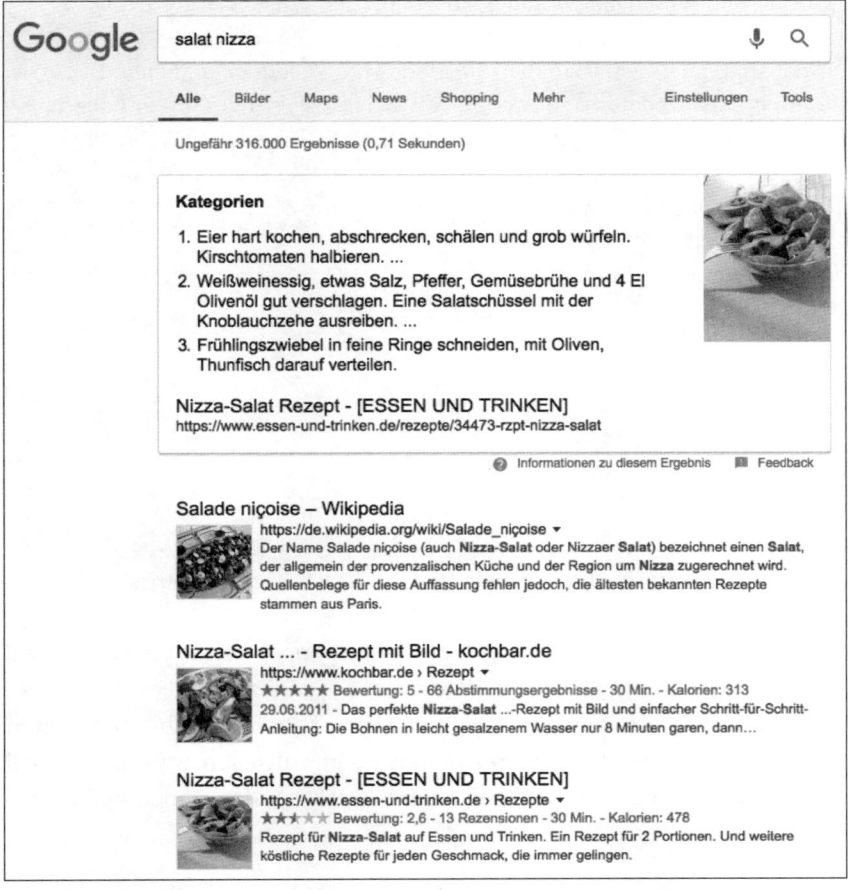

Abbildung 5.4 Featured und Rich Snippets in den Google-Suchergebnissen

Änderungen am Google-Algorithmus

Der Suchmaschinenalgorithmus ist bei Google nicht in Stein gemeißelt. Die Grundkonzeption aus On-Page- und Off-Page-Signalen bleibt zwar weiterhin bestehen, aber mit der Zeit werden die Algorithmen immer mehr verfeinert. Dies folgt aus der ständigen Weiterentwicklung in der Website-Programmierung und -gestaltung, dem ständigen Bemühen von Google, dem Nutzer das beste Suchergebnis zu bieten, und letztlich auch aus den teilweise negativ zu bewertenden SEO-Maßnahmen mancher Website-Betreiber, die kurzfristig häufig zu einem besseren Ranking einer Seite führen, die aber aus Nutzersicht nicht die besseren Ergebnisse darstellt. So muss Google regelmäßig mit kleineren und größeren Änderungen am Algorithmus nachsteuern. Der Suchmaschinenbetreiber gibt an, dass jährlich mehr als 500 Änderungen vorgenommen werden.

> **Die berüchtigten Google-Updates**
>
> Häufig wird in den einschlägigen Blogs und Magazinen über die großen Google-Updates gesprochen, da diese zum Teil größere negative Auswirkungen für einzelne Websites haben. Wahrscheinlich haben Sie schon vom *Panda-* oder *Pinguin-Update* gehört. Diese großen Updates sind aber nur ein kleiner Teil der gesamten Änderungen, die Google an seinem Algorithmus vornimmt. In SEO-Tools wie z. B. Searchmetrics oder Sistrix können Sie den Rankingverlauf einer Website prüfen und einen möglichen Google-Update-Einfluss sehen (siehe Abbildung 5.5).

Abbildung 5.5 Ranking-Verluste durch Google-Updates (Quelle: Searchmetrics)

Bei den Google-Panda-Updates, die seit 2011 bis heute etappenweise lanciert wurden, wurden vor allem Websites heruntergestuft, die schlechte Inhalte und eine schlechte Nutzererfahrung für den Suchenden enthielten. Sicher haben Sie selbst auch schon einmal erlebt, dass Sie mit den Suchresultaten nicht zufrieden waren. Hier will Google gegensteuern. Achten Sie also bei Ihren SEO-Aktivitäten unbedingt auf die Bedürfnisse der Suchenden.

Eine weitere wichtige Google-Änderung waren die Pinguin-Updates, die im Jahr 2012 starteten. Hier wurden vor allem Websites abgestraft, die es mit SEO übertrieben und z. B. viele minderwertige Backlinks eingekauft hatten. Diese Updates hatten aber weit geringere Ausmaße als das Panda-Update und betrafen eher kleinere Anbieter, die ihre Website massiv überoptimiert hatten. Sie sehen also, dass Google in seinen Algorithmusänderungen vor allem auf die Nutzererfahrung setzt. Daher sollten Sie bei allen SEO-Maßnahmen überlegen, welche Seite Sie zu einem Suchbegriff anbieten und ob Sie selbst als Nutzer mit dem Suchergebnis zufrieden wären. Machen Sie also für Ihre Website den Test, klicken Sie häufiger auf die Suchergebnisse, bei denen Ihre Website erscheint, und beurteilen Sie unvoreingenommen das Resultat. Damit können Sie Ihre eigene Website und auch andere gut bewerten. Mittel- bis langfristig werden Websites mit schlechter Nutzererfahrung in Google keine vorderen Plätze mehr erreichen.

Mobile-First Index

Google gab bereits im November 2016 bekannt, dass der Suchindex auf mobile Ergebnisse ausgerichtet wird. In der Vergangenheit wurde der Google-Index anhand der Desktop-Webseiten erstellt. Mit der starken Zunahme von Smartphones und mobilen Suchen, die inzwischen mehr als 50 % der gesamten Google-Suchen ausmachen, wurde es notwendig, die Ergebnisse anzupassen. Dieser sogenannte *Mobile-First Index* brauchte allerdings einige Jahre in der Umsetzung, da viele Websites noch nicht mobil optimiert umgesetzt waren und sich Inhalte zum Teil stark unterscheiden. Im Mai 2018 erhielten die ersten Website-Betreiber Informationen in der Google Search Console, dass ihre Website auf den Mobile-First Index umgestellt wurde.

5.2.4   SEO und Social Media

Man kann davon ausgehen, dass die Suchmaschinenoptimierung vom Bereich Social Media beeinflusst wird, da ein Großteil der Internetnutzer auch Social-Media-Angebote, wie Facebook oder Twitter, aktiv nutzen. Beispielsweise können über Facebook Nutzer, die mit LIKE- bzw. GEFÄLLT MIR-Buttons Websites oder einzelne Artikel bewerten, Rückschlüsse auf die Relevanz der entsprechenden Inhalte gezogen werden. Durch die hohen Nutzungszahlen von Social Networks entsteht eine große Masse an Personen, die fast demokratisch über Websites abstimmen kann. Dies ist ein Vorteil gegenüber der Bewertung von Verlinkungen als Ranking-Signal, weil es viel weniger Menschen gibt, die mit einer Website andere Seiten verlinken können.

Google selbst bestätigt die Verknüpfung von Social-Media-Signalen und dem Ranking allerdings nicht. Daher wird momentan eher von einem indirekten Einfluss von

Social Media auf das SEO-Ranking ausgegangen. Beide Effekte – gutes Ranking und viele soziale Signale – gehen auf eine andere Ursache zurück: hochwertiger Web-Content. Auch gemäß Aussagen der Suchmaschinen selbst sind soziale Signale wohl der am meisten überschätzte Ranking-Faktor überhaupt.

Auch wenn der direkte Einfluss der meisten sozialen Netzwerke auf Suchergebnisse unwahrscheinlich ist, sollten Sie die Chance der sozialen Medien nutzen und z. B. Buttons zum Empfehlen in Ihre Website integrieren. In Kapitel 15, »Social Media Marketing«, erklären wir, wie Sie diese Buttons nutzen und wie Sie Profile und Seiten in den verschiedenen Social Networks anlegen können.

5.3   Die suchmaschinenfreundliche Website

In diesem Abschnitt schauen wir uns Ihre Website als Ganzes an und geben Ihnen Optimierungsvorschläge. Damit schaffen Sie eine gute Basis für eine suchmaschinenfreundliche Website. Wie Sie einzelne Seiten für bestimmte Suchbegriffe optimieren, erklären wir Ihnen danach in Abschnitt 5.4. Wir empfehlen Ihnen, die folgenden Grundlagen umzusetzen und zu beachten, damit Sie eine gute Basis schaffen, um Ihre Website erfolgreich in Suchmaschinen zu platzieren.

5.3.1   Name und Autorität der Domain

Wenn Sie schon eine Website haben, verfügen Sie sicher auch über einen Domain-Namen wie *www.hotel-zur-see.de* oder *www.zahnarzt-peter-meier.de*. Wenn Sie eine neue Website aufsetzen wollen, empfehlen wir Ihnen, einen möglichst kurzen, einprägsamen Domain-Namen zu wählen. Sollten Sie aber bereits eine Domain besitzen, unter der Ihre Website schon länger gefunden wird, raten wir Ihnen von einem Wechsel des Domain-Namens ab. Wie bei einer neuen Adresse durch einen Umzug muss man sich diese einprägen und anderen bekannt geben. Ähnliches gilt für Suchmaschinen. Sollten Sie trotzdem den Domain-Namen ändern wollen, z. B. weil sich der Name Ihrer Firma geändert hat, beachten Sie bitte die Hinweise in Abschnitt 5.7.2.

Wenn Sie einen Domain-Namen wählen, der aus mehreren Wörtern besteht, trennen Sie die Wörter am besten mit Bindestrichen. Damit erhöhen Sie die Lesbarkeit des Domain-Namens, und auch Suchmaschinen können so die Wörter besser trennen. Optional ergänzen Sie Ihren Domain-Namen mit passenden relevanten Keywords, z. B. um einen Ortszusatz: *www.hotel-zur-see-kiel.de*. Aus der vorangehenden Keyword-Recherche (siehe Abschnitt 4.5, »Keyword-Recherche – die richtigen Suchbegriffe finden«) kennen Sie bereits die für Ihre Website relevanten Suchbegriffe. Bessere Rankings werden Sie mit dieser Platzierung des Keywords im Domain-Namen aber nicht erreichen. Verzichten Sie daher auch darauf, eine Vielzahl unterschiedlicher Domains zu eröffnen, um auf diesem Weg Suchmaschinenplatzierungen zu verbessern (*www.hotel-zur-see-ostsee.de*, *www.unterkunft-zur-see-kiel.de*, *www.sporthotel-zur-see-kiel* etc.).

Wenn Sie einen Domain-Namen wählen, müssen Sie sich für eine *Top-Level-Domain* (*TLD*) entscheiden. Damit sind die Endungen einer URL gemeint, wie z. B. *.com* oder *.de*. Bei einer Website, die an deutsche Besucher gerichtet ist, sollten Sie sich für die deutsche Top-Level-Domain *.de* entscheiden. Leider sind Sie bei den *.de*-Domains sehr eingeschränkt in der Auswahl, da mittlerweile schon über 16 Mio. *.de*-Adressen vergeben sind. Sie können die Verfügbarkeit von deutschen Domain-Namen bei der DENIC (*www.denic.de*) abfragen, der zuständigen Registrierungsstelle für *.de*-Domains. Im Internet stehen auch einige Tools zur Verfügung, mit denen Sie die Verfügbarkeit von Domain-Namen unter verschiedenen Top-Level-Domains nachschauen können, z. B. unter der Adresse *www.checkdomain.de/domains/suchen/* (siehe Abbildung 5.6).

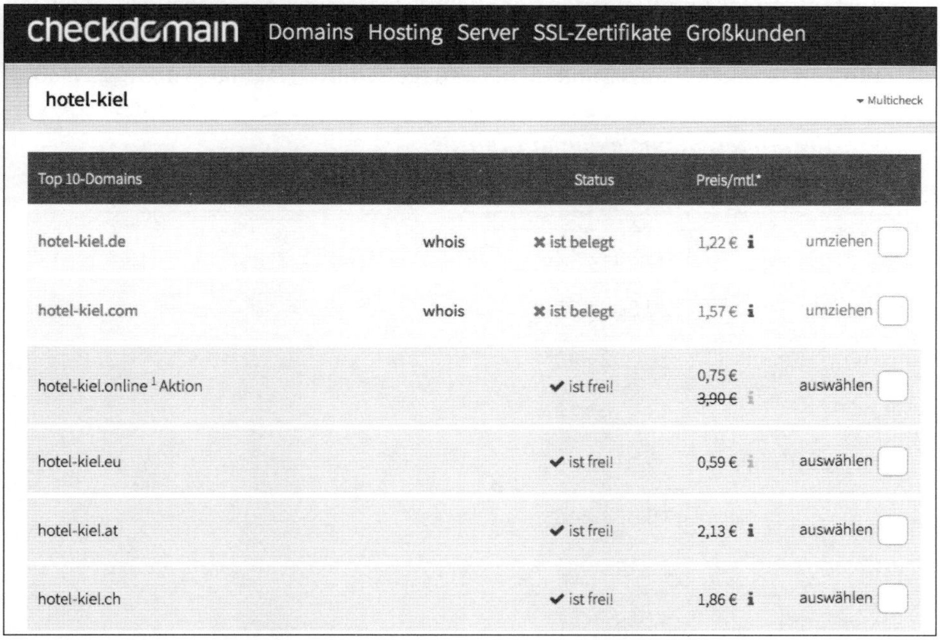

Abbildung 5.6 Recherche nach freien Domains (»checkdomain.de«)

Wenn Ihr gewünschter Domain-Name noch nicht registriert ist, dann haben Sie Glück und können zuschlagen. Den Domain-Namen können Sie bei Dienstleistern wie z. B. *checkdomain.de*, GoDaddy (*de.godaddy.com*) oder über Ihren Webhosting-Anbieter registrieren. Sollte Ihr Wunschname aber bereits registriert sein, bleibt Ihnen immer noch die Möglichkeit, den Domain-Namen dem aktuellen Inhaber der

Domain abzukaufen. Tippen Sie den Domain-Namen einfach in den Browser ein, und schauen Sie sich die erscheinende Website an. Manchmal stehen Seiten direkt zum Verkauf oder werden nicht mehr wirklich verwendet. Die Kontaktdaten finden Sie meist über das Impressum der Website oder über eine sogenannte *whois-Abfrage* bei der zuständigen Domain-Registrierungsstelle, also für Deutschland z. B. *denic.de*. Der Kaufpreis kann aber sehr unterschiedlich sein, von wenigen Hundert Euro bis zu mehreren Zehn- oder Hunderttausend Euro bei sehr gefragten Domain-Namen. Daher sollten Sie vorher gut überlegen, wie wichtig der spezifische Domain-Name ist. Falls ein Kauf nicht infrage kommt, können Sie Ergänzungen des Domain-Namens probieren, wie z. B. den bereits oben genannten Ortszusatz oder einen Kategoriebegriff wie »Hotel« oder »Zahnarzt«.

Wenn Sie im Ausland tätig sind, empfehlen wir Ihnen, den Domain-Namen mit der jeweils passenden länderspezifischen Top-Level-Domain (*country-code TLD*, *ccTLD*) zu nehmen. Also für Österreich *.at*, für die Schweiz *.ch*, für die Niederlande *.nl* etc. Damit ist in den lokalen Versionen der Suchmaschinen eine höhere Positionierung möglich als mit landesfremden Domain-Endungen. In Tabelle 5.1 sehen Sie eine Liste der zehn Top-Level-Domains mit den meisten registrierten Domains im August 2018. Die aktuellen Zahlen finden Sie auf den Seiten der DENIC unter *www.denic.de/wissen/statistiken/internationale-domainstatistik/*.

Top-Level-Domain	Anzahl Domains
.com	134.672.476
.cn (China)	20.868.593
.de (Deutschland)	16.252.890
.net	13.930.128
.uk (Großbritannien)	12.010.961
.org	10.334.248
.nl (Niederlande)	5.812.752
.ru (Russland)	5.069.348
.info	5.056.347
.br (Brasilien)	3.963.785

Tabelle 5.1 Anzahl registrierter Domains
(Quelle: DENIC, Stand: August 2018)

Sie sehen daran, dass der deutsche Domain-Markt weltweit der drittgrößte nach den *.com*- und *.cn*-Domains ist. Die Schweizer Top-Level-Domain *.ch* verfügt über 2 Mio.

Domains, die österreichische TLD *.at* hat 1,3 Mio. Domains. Neben den länderspezifischen gibt es die generischen TLDs (*gTLD*), zu denen *.org*, *.gov* und *.net* gehören. Zudem wurden von der internationalen Domain-Registrierungsstelle ICANN neue Top-Level-Domains eingeführt wie z. B. *.sport* oder *.berlin*, die Sie auch für Ihre eigene Website nutzen können. Bisher gibt es allerdings noch nicht allzu viele prominente Vertreter. Ein bekanntes Beispiel ist aber die interessante Domain *abc.xyz* von Alphabet Inc., Googles Mutterfirma.

Für die Suchmaschinenoptimierung ist neben dem Domain-Namen und der Top-Level-Domain zudem die Autorität einer Domain wichtig. Autorität (engl. *authority*) ist natürlich ein etwas schwammiger Begriff, wird in der SEO-Szene aber häufig für etablierte Seiten verwendet, die eine hohe Popularität haben, eine Marke sind oder sehr gute Inhalte zu bestimmten Themen bieten. Es ist daher schwierig, die Autorität an bestimmten Kennzahlen festzumachen. Häufig wird hier mit der Bekanntheit der Marke oder Domain argumentiert, z. B. wie oft diese in Google gesucht oder in den Browser eingegeben wird. Populär ist es, auf die sogenannte *Domain-Popularität* zu schauen, also wie viele andere Websites auf die eigene Seite verlinken. Mehr über die Verlinkungen und wie Sie die Domain-Popularität erfassen können, erfahren Sie in Abschnitt 5.5, »Verlinkungen im Netz – Off-Page-Optimierung«.

Eine höhere Autorität kann z. B. auch über das Alter einer Domain entstehen. Das Alter ist kein direkter Faktor für ein besseres Ranking, aber es kann davon ausgegangen werden, dass länger bestehende Webseiten schon recht viele externe Verlinkungen bekommen und sich damit einen Vertrauensfaktor bei den Suchmaschinen aufgebaut haben. Dieses Vertrauen wirkt sich positiv auf das Ranking aus. Sie können sich das Alter einer Domain über den Service *Wayback-Machine* unter *www.archive.org* ansehen. In Abbildung 5.7 finden Sie die Auswertung für die Domain *spiegel.de*. Sie erkennen daran, dass es die ersten Webseiten unter der Adresse *www.spiegel.de* bereits Ende 1996 gab und die Domain daher ein sehr hohes Internetalter aufweist.

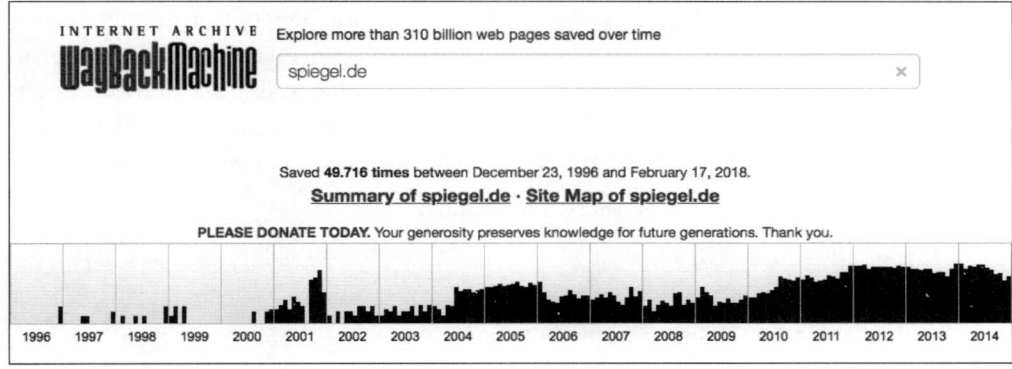

Abbildung 5.7 Domain-Alter von »spiegel.de« via Wayback-Machine

In mehr als 20 Jahren konnte sich die Domain *spiegel.de* somit ein großes Vertrauen bei den Suchmaschinen aufbauen. Daher empfehlen wir Ihnen, wenn Sie schon etwas länger eine Website und einen eigenen Domain-Namen haben, diesen beizubehalten.

5.3.2 Die Website-Tools der Suchmaschinenanbieter

Es ist ratsam, Ihre Website bei den großen Suchmaschinenbetreibern zu registrieren und sich als Inhaber der Seite zu verifizieren. Damit stehen Ihnen viele Daten und Informationen zur Verfügung, die die Suchmaschine zu Ihrer Seite kennt und berücksichtigt. Hier werden Ihnen die wichtigsten Kennzahlen zu SEO gezeigt, z. B. wie viele Besucher über die Suchmaschine zu Ihrer Website gelangen und für welche Suchanfragen Sie gefunden werden. Die Daten umfassen zudem interne und externe Links. Aber auch Fehler auf der Seite finden Sie schnell mit diesen Tools. Sie erhalten die Tools der beiden großen Suchmaschinen Google und Bing zum Registrieren Ihrer Website unter den folgenden Adressen; dort können Sie sich mit einem neuen oder bereits bestehenden Nutzerkonto von Google bzw. Microsoft anmelden:

► Google Search Console: *www.google.com/webmasters/tools*
► Bing Webmaster Center: *www.bing.com/toolbox/webmaster*

Wir empfehlen Ihnen auf jeden Fall die Registrierung Ihrer Website in der *Google Search Console* (ehemals *Google Webmaster Tools*), da Google, wie Sie schon gesehen haben, am weitaus häufigsten genutzt wird und für die Suchmaschinenoptimierung am wichtigsten ist. Sollten Sie noch etwas mehr Zeit für Ihre Website aufwenden wollen, ist auch die Registrierung bei Bing ratsam, weil Sie dort noch weitere Informationen zu Ihrer Website finden. Fangen wir also mit der Registrierung bei Google an. Wenn Sie in der Search Console bereits Websites registriert haben, zeigt die Startseite des Tools nach erfolgreichem Login eine vorhandene Website an, wie in Abbildung 5.8, ansonsten haben Sie bisher keine Website eingetragen und verifiziert.

Sie können hier die URL Ihrer Website eintragen und mit dem Button PROPERTY HINZUFÜGEN in die Search Console aufnehmen lassen. In dem erscheinenden Feld geben Sie dann die Adresse Ihrer Website ein, also z. B. *www.ihrewebsite.de*, und klicken auf WEITER. Sie müssen sich nun als Website-Inhaber authentifizieren und haben verschiedene Methoden, diese Überprüfung technisch vorzunehmen:

► eine HTML-Datei auf Ihren Server hochladen
► ein HTML-Meta-Tag zur Startseite Ihrer Website hinzufügen
► Ihr Google-Analytics-Konto verwenden
► Ihr Google-Tag-Manager-Konto verwenden
► bei Ihrem Domain-Namen-Anbieter anmelden

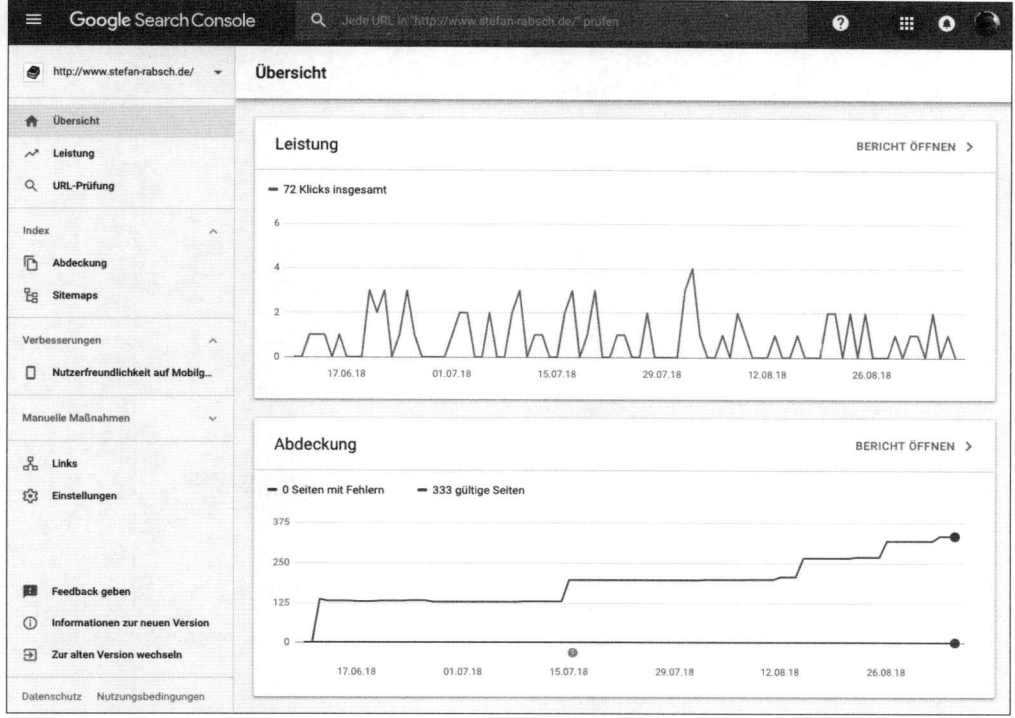

Abbildung 5.8 Startseite der Google Search Console

Wählen Sie die Methode aus, die für Sie oder Ihren Webmaster am einfachsten umzu-
setzen ist. Sollten Sie einen FTP-Zugang zu Ihrer Website haben, wählen Sie HTML-
DATEI. Dies ist für gewöhnlich die einfachste Methode und wird daher häufig von
Google empfohlen. Falls Sie bereits Administrator eines GOOGLE ANALYTICS-KON-
TOS oder eines GOOGLE TAG MANAGER-KONTOS sind, führen auch diese beiden
Methoden mit wenigen Klicks zum Erfolg. Bei der Methode HTML-TAG fügen Sie
einen Meta-Tag in den Quellcode Ihrer Website ein. Die Methode DOMAINNAMEN-
ANBIETER erfordert Änderungen in der Konfiguration des Webservers und ist damit
nur für professionelle Web-Administratoren umsetzbar. Wenn Sei nun z. B. die
Methode HTML-DATEI auswählen, bekommen Sie die einzelnen vorzunehmenden
Schritte angezeigt. Wenn Sie alle Schritte erfolgreich durchgeführt haben, können Sie
auf BESTÄTIGEN klicken (siehe Abbildung 5.9). Damit haben Sie sich als Website-Inhaber authentifiziert und können sich Detailinformationen zu Ihrer Website anzeigen
lassen oder Einstellungen vornehmen.

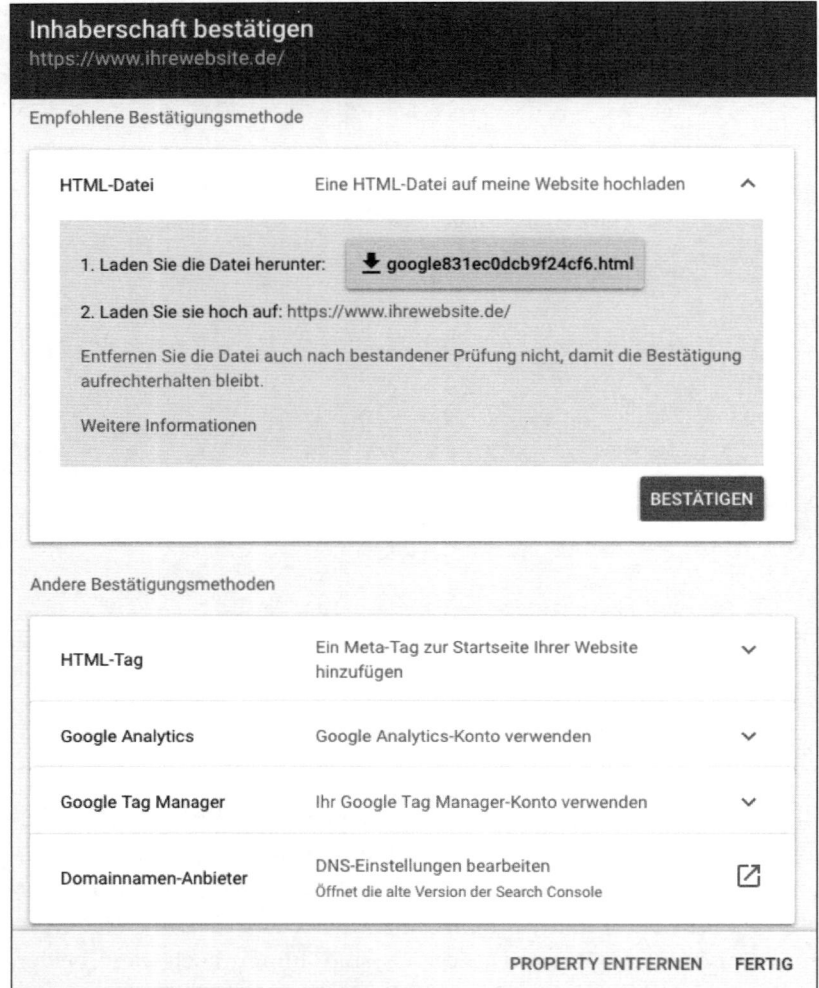

Abbildung 5.9 Bestätigung der Inhaberschaft in der Google Search Console

Wenn Sie eine der anderen Überprüfungsmethoden gewählt haben, können Sie die Eigentümerschaft Ihrer Website genauso gegenüber Google bestätigen. Denken Sie daran, dass Sie eventuell vorhandene Subdomains separat anlegen und verifizieren müssen. Bedenken Sie zudem, dass das Protokoll HTTP bzw. HTTPS, mit dem Sie Ihre Website ausliefern, auch verschiedene »Properties« in der Google Search Console benötigt. Dies ist besonders bei Website-Migrationen zu beachten oder wenn Sie beide Protokolle auf Ihrer Website benutzen. Der Vorgang der Verifizierung erfolgt bei der Suchmaschine Bing ganz ähnlich, wie Sie in Abbildung 5.10 sehen.

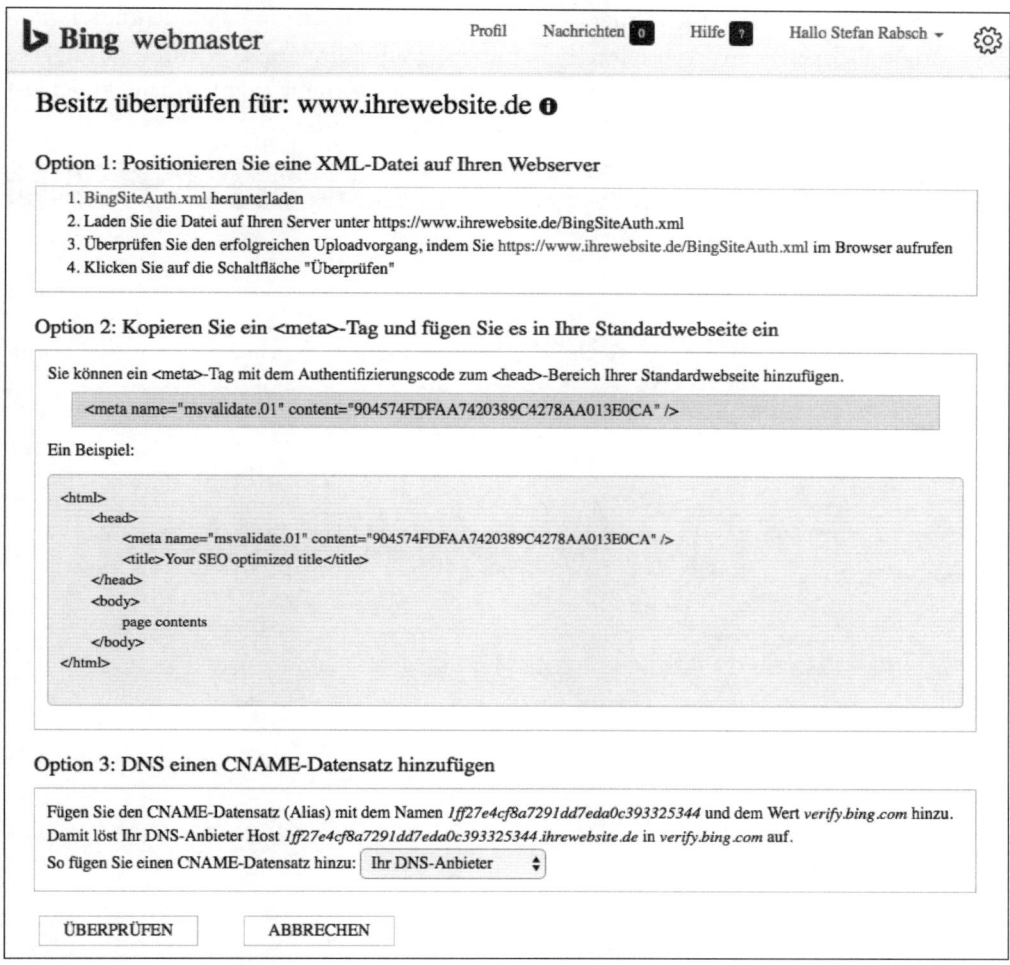

Abbildung 5.10 Verifikation der Website in Bing Webmaster Tools

Nach erfolgreicher Verifikation finden Sie die authentifizierte Website in der Liste der Websites. Wählen Sie jetzt eine bestimmte Website aus, um die Informationen abzurufen, die Google bzw. Bing Ihnen bereitstellen. Sie sehen dann eine Übersicht mit den wichtigsten Daten zu Ihrer Website und in der linken Spalte weitere Menüpunkte mit vielen zusätzlichen Funktionen. Ein wichtiger Bereich sind die Leistungsdaten, wie viele Nutzer über die Suchmaschinen auf Ihre Website gelangen (siehe Abbildung 5.11). Die Funktionen in der Search Console werden von Google laufend erweitert, um den Website-Betreibern möglichst umfangreiche Informationen zu geben, wie sie die Website suchmaschinengerecht aufbauen und Probleme erkennen können. Aufgrund der Vielzahl von Websites im Internet müssen die Suchmaschinenbetreiber hier tätig werden, damit sie mehr Einfluss auf die Suchmaschinen-freundlichkeit von Webseiten bekommen. Dadurch wird das Internet für die Suchmaschinen-Crawler besser durchsuchbar, es können mehr Inhalte indexiert und immer die relevantesten Ergebnisse angezeigt werden.

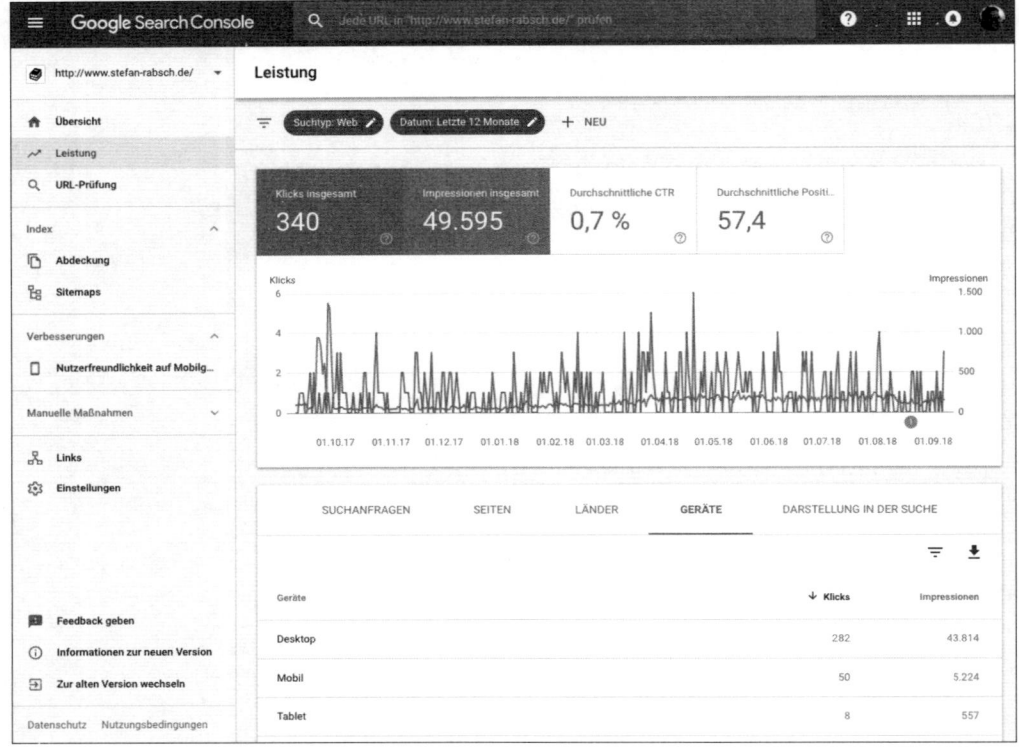

Abbildung 5.11 Leistungsdaten in der Google Search Console

Wenn Ihre Website schon etwas länger besteht, sehen Sie an dieser Stelle die Such-anfragen, die zu Ihrer Website führten, Crawling-Fehler, die beim Aufrufen der URLs durch den Suchmaschinen-Robot auftreten, und Informationen zur eventuell vorhandenen XML-Sitemap. Mit einem Klick auf die Pfeile der einzelnen Bereiche gelangen Sie zu den detaillierten Analysen. Diese Informationen helfen Ihnen insbe-sondere dann, wenn Sie technische Probleme beheben, einzelne Webseiten auf bestimmte Keywords hin optimieren oder Ihre Backlinks analysieren möchten. Anfang 2018 führte Google die neue Search Console mit zusätzlichen Funktionen und einem neuen Design ein. Eine wichtige Neuerung ist das längere Vorhalten von Daten, womit Sie jetzt die Klicks von Google zu Ihrer Website von vor 16 Monaten bis heute analysieren können (siehe Abbildung 5.12). Dies war in der alten Version auf 90 Tage beschränkt.

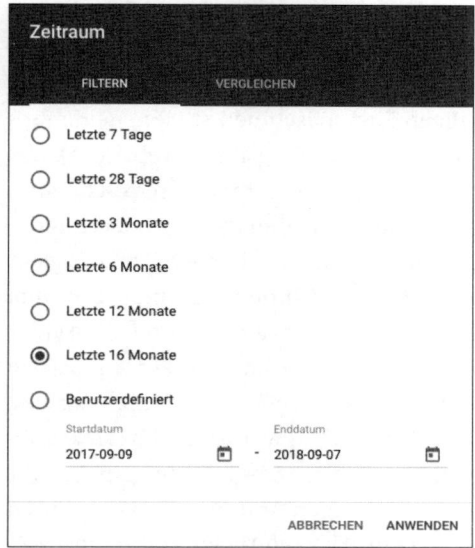

Abbildung 5.12 Auswahl des Zeitraums in der Google Search Console

Ähnliche Informationen erhalten Sie auch in den Werkzeugen, die Bing für Webmaster anbietet. Einen Einblick in die Bing Webmaster Tools bietet Abbildung 5.13. Neben dem DASHBOARD gibt es Informationsbereiche zum Crawling Ihrer Website durch den Bingbot, zur Indexierung Ihrer Seiten und zum Besucheraufkommen zu Ihrer Website über die Suchmaschine Bing.

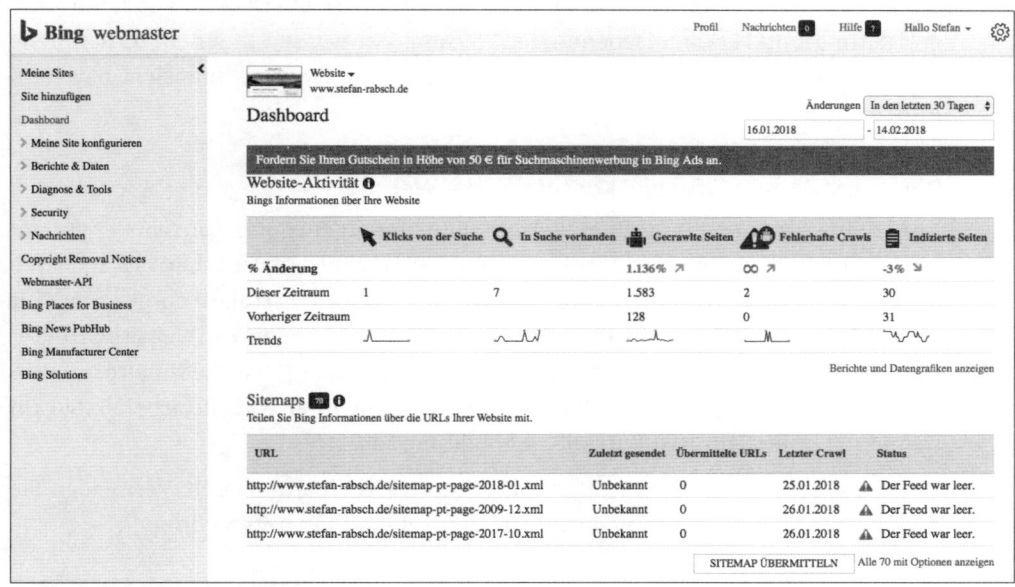

Abbildung 5.13 Dashboard der Bing Webmaster Tools

Wir empfehlen Ihnen die intensive Nutzung der angebotenen Tools von Google und Bing. Diese sind kostenlos und bieten Ihnen viele gute Informationen für die Optimierung Ihrer Website. Sie können in den Tools auch einen Antrag auf Entfernung bestimmter URLs aus dem Index der jeweiligen Suchmaschinen stellen. Beide Programme bieten Ihnen zudem Informationen zum Crawling Ihrer Website. Damit können Sie erkennen, wie oft Ihre Website von der Suchmaschine durchsucht wird. Haben Sie immer ein Auge auf diese Zahlen, da sie die Grundlage für eine erfolgreiche Aufnahme von Seiten in den Suchmaschinen darstellen. Je nach Abhängigkeit und Höhe des Suchmaschinen-Traffics empfehlen wir Ihnen, zumindest einmal wöchentlich oder einmal monatlich in diese Daten zu schauen, damit Sie Fehler schnell bemerken und reagieren können. Beide Tools verschicken automatisierte Nachrichten über Fehler. Sollten Sie Fehler auf Ihrer Website über die Search Console entdecken, lohnt es sich, einen prüfenden Blick darauf zu werfen und Korrekturen vorzunehmen. Zumeist handelt es sich dabei aber um sehr technische Aspekte. Ihr Webmaster sollte damit zurechtkommen und die nötigen Änderungen vornehmen können. Eine kontinuierlich steigende Dauer beim Herunterladen von Webseiten weist z. B. auf einen langsamen Webserver oder eine zu komplexe Programmierung der Website hin. Hier sollten Sie auf jeden Fall reagieren und Gegenmaßnahmen ergreifen.

5.3.3   Informationsarchitektur – Strukturen schaffen

Suchmaschinenoptimierung bedeutet auch, eine klare Informationsarchitektur für die Website zu schaffen. Schon in der Konzeptionsphase überlegen Sie sich die Kategorisierung und Hierarchieebenen der Website. Wir werden Ihnen an dieser Stelle zeigen, was Sie bei der Konzeption der Website aus Suchmaschinensicht beachten müssen.

Die Navigationsstruktur und Konzeption der Website

Am Anfang der Entstehung einer Website sollte immer ein gutes Konzept der gesamten Inhalte stehen. Eine klare Struktur hilft dabei sowohl den Besuchern als auch den Suchmaschinen bei der Bewertung Ihrer Website. Eine gute Struktur sorgt zudem für eine gute Usability der Website. In Abschnitt 7.6.2, »Methoden zur Website-Strukturierung«, finden Sie weitere Tipps dazu. Überlegen Sie sich, welche Inhalte auf welchen Seiten erscheinen sollen. Bei der Strukturierung Ihrer Website arbeiten Sie am besten mit einer Baumstruktur wie in Abbildung 5.14.

Eine Unterseite sollte immer nur ein bestimmtes Thema umfassen. Vermeiden Sie deshalb, möglichst viele Themen auf einer einzelnen Seite unterzubringen.

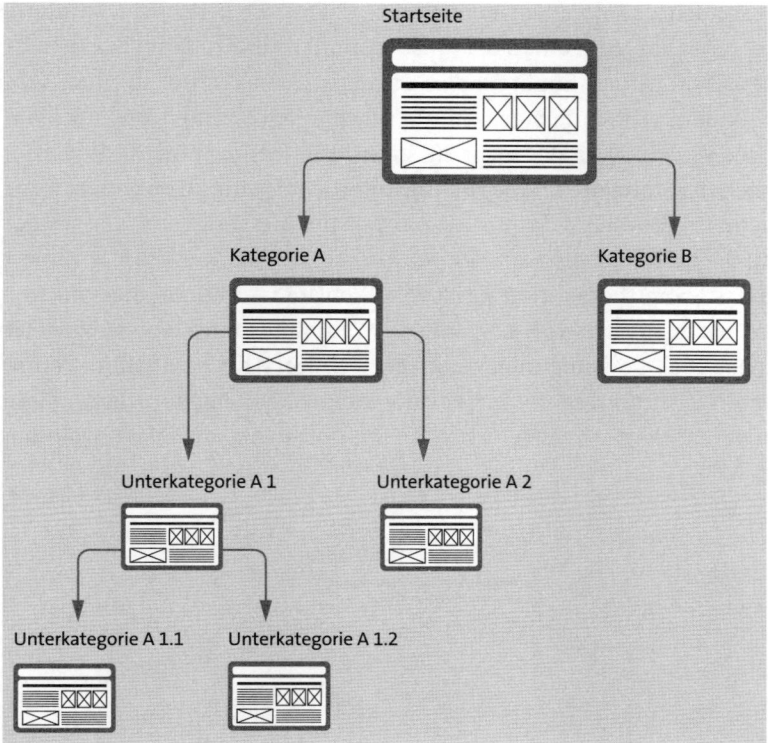

Abbildung 5.14 Baumstruktur einer Website

One-Page-Design

One-Page Design – häufig auch als *Single-Page Design* oder Einzelseiten-Design bezeichnet – beschreibt eine Methode der Webseiten-Entwicklung, eine Vielzahl oft ganz unterschiedlicher Inhalte auf einer einzigen Seite zu vereinen. In den letzten Jahren haben sich Einzelseiten-Designs aus verschiedenen Gründen wieder großer Beliebtheit erfreut. Auf der Website *onepagelove.com* finden Sie viele gelungene Beispiele solcher Single Pages. Auf den ersten Blick bietet eine solche Struktur viele Vorteile. So müssen Sie Ihre Nutzer nicht mit einer komplexen Navigation konfrontieren und können mit Ihren Inhalten auf einer Seite eine konsistente Geschichte Ihrer Produkte und Dienstleistungen erzählen. One-Page-Design birgt aber auch ein großes SEO-Risiko. Suchmaschinen können nämlich einer einzelnen Seite nicht sehr viel mehr als ein einzelnes Thema zuordnen. Wenn Sie nun auf einer Ihrer Webseiten sowohl von Ihrem Hotel als auch von Ihrem Restaurant und den Freizeitmöglichkeiten der Umgebung sprechen, hat es eine Suchmaschine schwer, zu beurteilen, für welches Thema diese Seite relevant ist. Seien Sie also vorsichtig mit diesem Ansatz. Falls Sie dennoch nicht auf One-Page-Design verzichten möchten, raten wir Ihnen, sich mit einem SEO-Spezialisten abzustimmen.

Der Startseite – oft auch als *Homepage* bezeichnet – sollten Sie besondere Aufmerksamkeit schenken. Sie kann zum einen der Einstiegspunkt für Ihre Besucher sein, ist aber auch meistens der Einstiegspunkt für die Suchmaschinen-Crawler, die Ihre Website analysieren. Zudem erhält die Startseite für gewöhnlich die meisten Links von anderen Seiten und ist somit aus SEO-Sicht die stärkste Seite Ihrer Website. Wir empfehlen Ihnen daher, die Startseite für die wichtigsten Suchbegriffe zu optimieren, die Ihre Website thematisch umfasst. Wenn wir das Beispiel des Hotels in Kiel wieder aufgreifen, sollte die Startseite also auf den Suchbegriff »Hotel Kiel« hin optimiert werden, da dies das Hauptthema Ihrer gesamten Website ist. Wie Sie dies machen können, erklären wir in Abschnitt 5.4, »Einzelne Webseiten optimieren«. Von der Startseite sollten Sie alle Oberkategorien verlinken, z. B. durch die Navigation. Verlinken Sie auch wichtige Unterkategorien oder sehr wichtige Unterseiten, damit diese dann direkt von der Stärke der Startseite profitieren und selbst an Stärke gewinnen (siehe Abbildung 5.15).

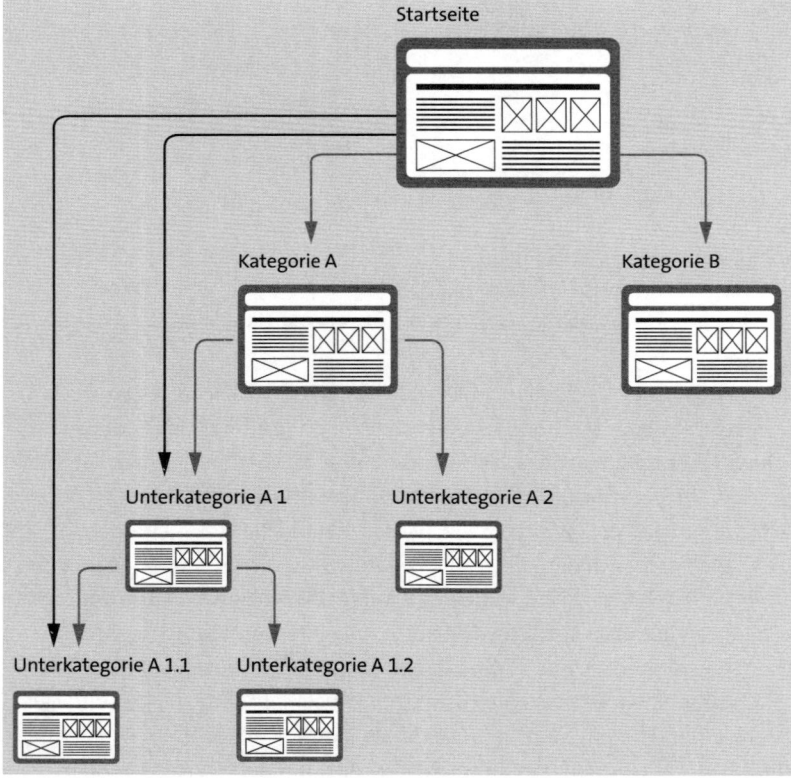

Abbildung 5.15 Baumstruktur mit Links auf Unterseiten: Dadurch, dass die Unterkategorie A 1.1 einen Link von der Startseite erhält, beurteilen Suchmaschinen sie wichtiger als die Unterkategorie A 1.2.

Stellen Sie umgekehrt sicher, dass Ihre Startseite von jeder Unterseite aus einen Link bekommt. Am besten erreichen Sie dies über die Verlinkung des Logos auf die Startseite. Damit erhält die Startseite viele interne Links und wird damit noch stärker.

Die URL-Struktur der Website

Wenn Sie eine Website neu aufsetzen, machen Sie sich unbedingt Gedanken über die URL-Struktur. Auch hier gilt: In der Kürze liegt die Würze. Achten Sie also auf möglichst kurze URLs. Möglich ist für Kategorie- und Unterkategorieseiten eine hierarchische URL-Struktur, die sich an die Kategorisierung Ihrer Website anlehnt. Sie können aber auch, insbesondere auf der untersten Ebene, z. B. bei Produkt-URLs, auf eine solche Verschachtelung verzichten. Achten Sie auch auf die Integration des Kategorienamens und passender Stichwörter in die URL, und verwenden Sie Bindestriche als Trennzeichen. Guten URLs kann man ablesen, wovon sie handeln. Machen Sie außerdem einen kleinen Test: Hätten Sie Lust, Ihre URLs am Telefon zu diktieren? Falls Sie diese Frage mit Nein beantworten müssen, sollten Sie gemeinsam mit Ihrem Webmaster und Ihren SEO-Spezialisten in Erwägung ziehen, Ihre URLs zu ändern. Gute Beispiele für Sites mit einer sehr guten URL-Struktur sind *zalando.de* (Beispiel: *www.zalando.ch/herrenbekleidung-business-hemden/*) und *otto.de* (Beispiel: *www.otto.de/damenmode/kategorien/blusen/flanellhemden/*).

Interne Linkstruktur

Achten Sie beim Setzen von internen Links auf Ihrer Seite darauf, dass der PageRank bzw. die Linkstärke durch die internen Links weitergegeben wird. Häufig wird hier von *PageRank-Vererbung* gesprochen. Das bedeutet, dass z. B. bei drei internen Links auf der Seite der PageRank der Seite zu jeweils einem Drittel auf die drei Unterseiten verteilt wird, wie Abbildung 5.16 veranschaulicht.

> **Tools zur Erfassung der Website-Struktur**
>
> Nicht immer ist das Erfassen einer Website-Struktur ganz einfach. Denken Sie z. B. an große Online-Shops wie Amazon oder Magazine wie Spiegel Online. Dort haben Sie meist Millionen von Unterseiten und Artikeln. Um Ihnen trotzdem einen Überblick zu ermöglichen, haben sich einige Tools etabliert, die die Seitenstruktur erfassen und damit ein ähnliches Bild aufzeigen, wie sie auch die Suchmaschinen-Crawler von Ihrer Website bekommen.
>
> ▶ **Audisto** (*audisto.com*): Mit Audisto (ehemals »Strucr«) können Sie Websites detailliert untersuchen lassen. Ein Crawler sucht hierzu die gesamte Website ab und bereitet die Ergebnisse in verschiedenen Berichten auf. Das Tool eignet sich insbesondere für große Websites mit komplexer Informationsarchitektur.
>
> ▶ **Screaming Frog** (*www.screamingfrog.co.uk/seo-spider/*): Der »schreiende Frosch« der gleichnamigen britischen Agentur ist ein Klassiker unter den SEO-Tools. Er

springt auf einer Website von Seite zu Seite und liest eine Vielzahl interessanter Daten aus. Diese lassen sich anschließend in verschiedenen Formaten exportieren und weiterverarbeiten.

▸ Weitere Crawling-Tools sind z. B. Botify, DeepCrawl und OnCrawl.

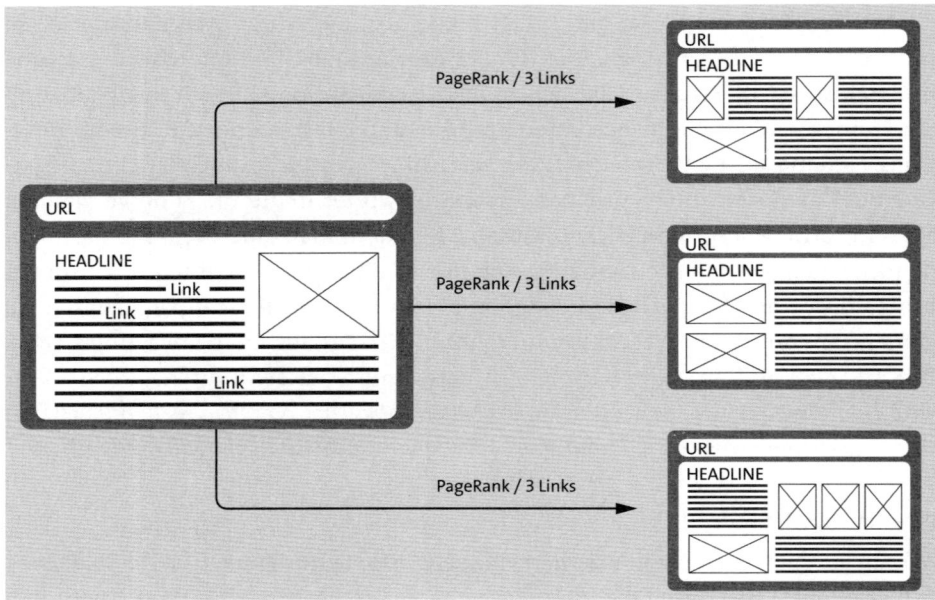

Abbildung 5.16 PageRank-Vererbung

5.3.4   Technische Voraussetzungen schaffen

Grundlegend für die Suchmaschinenoptimierung Ihrer Website ist, dass Sie die Website Suchmaschinen-Crawlern zugänglich machen. Dies wird als *Crawlability* bezeichnet. Ähnlich wie die *Accessibility* den Zugang aus Benutzersicht beschreibt, ist auch die Crawlability zu verstehen. Die schönste Website nutzt nichts, wenn die Crawler der Suchmaschinen nicht darauf zugreifen und sie damit in Google und Co. nicht indexieren können und sie dementsprechend auch nicht von potenziellen Besuchern gefunden wird. Außerdem dürfen Sie den Such-Robots keine Barrieren in den Weg legen. Barrieren entstehen für die Crawler z. B. durch den Einsatz von Flash oder durch JavaScript-Technologien oder auch durch die Nutzung von *IFrames*. Diese verhindern, dass Suchmaschinen Ihre Inhalte einlesen und auswerten. Zudem können Links nicht weiterverfolgt werden, so dass Unterseiten gar nicht erst gefunden werden. Wie gut Ihre Website gecrawlt wird, sehen Sie in der bereits vorgestellten Google Search Console. Sie finden die detaillierte Auswertung unter CRAWLING • CRAWLING-

STATISTIKEN. Dort wird die Aktivität des Crawlers *Googlebot* der letzten 90 Tage angezeigt. Sie sehen hier, wie viele Seiten Ihrer Website pro Tag gecrawlt werden, welche Datenmenge in Kilobytes heruntergeladen wird und wie schnell die Seiten aufgerufen werden konnten (siehe Abbildung 5.17).

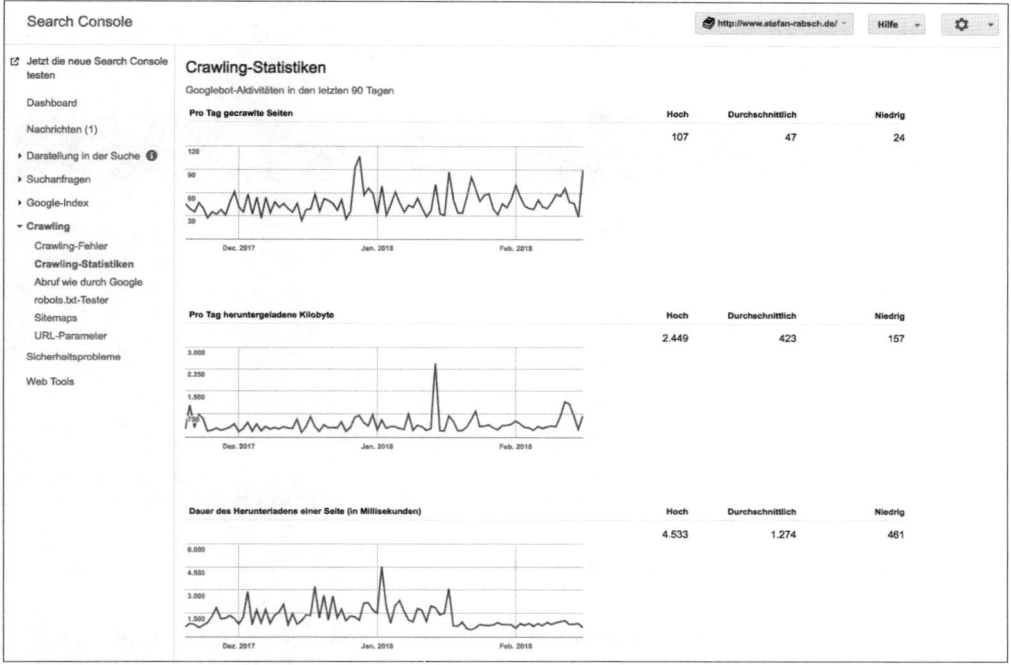

Abbildung 5.17 Google-Crawling-Statistiken

Sehr aufschlussreich sind die Daten für die Dauer des Herunterladens einer Seite. Sollten Sie hier negative Entwicklungen erkennen, also kontinuierlich steigende Ladezeiten, sollten Sie mit Ihrem technischen Ansprechpartner für die Website oder den Webserver-Betreibern sprechen. Ziehen Sie hierzu aber auch das spezielle Tool *PageSpeed Insights* von Google zurate. Sie finden es unter der Adresse *developers.google.com/speed/pagespeed/insights/*.

Der richtige Webserver kann Ihnen zu einer besseren Crawling-Rate verhelfen. Wenn Sie eine Website mit sehr vielen Besuchern pro Tag haben, sollten Sie sich bei Ihrem Webhoster informieren, ob und welche Maßnahmen notwendig sind, um eine schnelle Auslieferung Ihrer Webseiten zu garantieren. Für kleinere Websites mit weniger als 100.000 Besuchern pro Monat reichen aber in der Regel die normalen Webhosting-Angebote.

Achten Sie auf einen sauberen HTML-Quellcode Ihrer Website. Das Crawling und die Auslieferung einer Website geht viel schneller, wenn Sie schlanken HTML-Code erstellen. So können z. B. CSS-Angaben und JavaScript-Elemente in externe Dateien ausgelagert werden, und im Webseitenquellcode kann darauf verwiesen werden. Sie sollten außerdem valides HTML verwenden, das fehlerfrei ausgelesen werden kann. Mit dem *Markup Validation Service* des World Wide Web Consortium (W3C) können Sie unter der Adresse *validator.w3.org* den Quellcode Ihrer Website testen lassen und bekommen anschließend HTML-Fehler sowie Verbesserungsvorschläge angezeigt (siehe Abbildung 5.18).

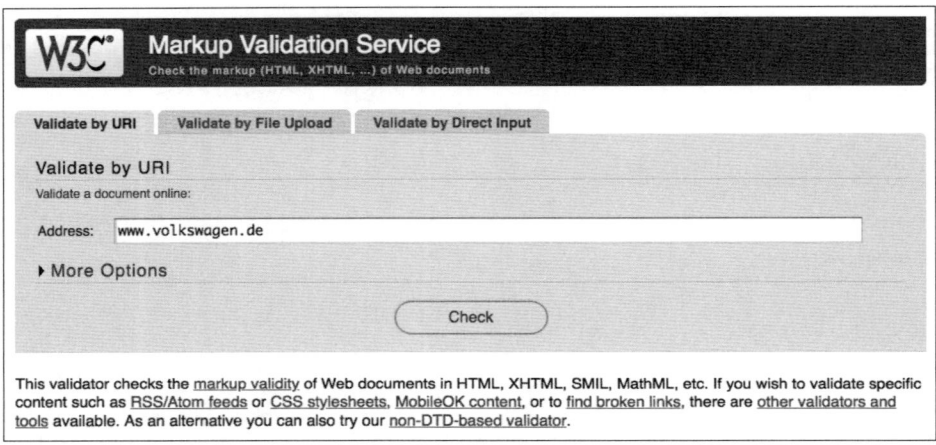

Abbildung 5.18 HTML-Markup-Validierung vom W3C

Nutzen Sie auch die bekannten HTML-Tags zur Strukturierung Ihrer Website. Insbesondere den Überschriften-Markups <h1> bis <h3> sollten Sie große Aufmerksamkeit schenken, da diese starke Aussagekraft für eine Suchmaschine haben und das Thema der Seite bestimmen. Verzichten Sie beim Seitenlayout auf die Nutzung der veralteten Frame-Technologie. Die Suchmaschinen werden es Ihnen danken und Sie mit besseren Rankings belohnen. Auch Seitenlayouts, die auf HTML-Tabellen beruhen, sollten der Vergangenheit angehören. Nutzen Sie zur Strukturierung der Seite div-Elemente und CSS-Angaben und neue Tags, die seit HTML5 zur Verfügung stehen, wie z. B. <nav>, <section> oder <aside>. Bilder, die Sie auf Ihrer Website verwenden, sollten durch Suchmaschinen auffindbar und auswertbar sein. Denken Sie daher an die Vergabe von sprechenden Dateinamen (z. B. *wellness-sauna-bereich.jpg*) und an das alt-Attribut im HTML-Code. Damit geben Sie Informationen über das Bild weiter, und diese können somit auch in der Bildersuche besser gefunden werden.

Ihre gesamte Website sollten Sie über das sichere HTTPS-Protokoll ausliefern. Dies erkennen Sie an der URL Ihrer Website im Web-Browser. Fängt diese mit https:// an, dann sind Sie schon auf der sicheren Seite. Damit wird der Datentransfer zwischen Server und Browser verschlüsselt. Bei Zahlungsvorgängen war HTTPS schon länger üblich. Nun wird es bei vielen Websites auch für alle anderen Seitenaufrufe verwendet. Google selbst hat diese Änderung sehr stark vorangetrieben und Ran-king-Vorteile versprochen, so dass viele Webseiten inzwischen mittels HTTPS aus-geliefert werden. Mehr als 75 % der Seitenaufrufe nutzen HTTPS, wie Sie auf der Website der Initiative *Let's Encrypt* (*letsencrypt.org/stats/*) sehen. Und auch in den Google-Suchergebnissen werden bereits mehr als 50 % HTTPS-Seiten in den Top-Platzierungen angezeigt, wie eine Analyse des SEO-Tool-Anbieters Sistrix zeigt (siehe Abbildung 5.19).

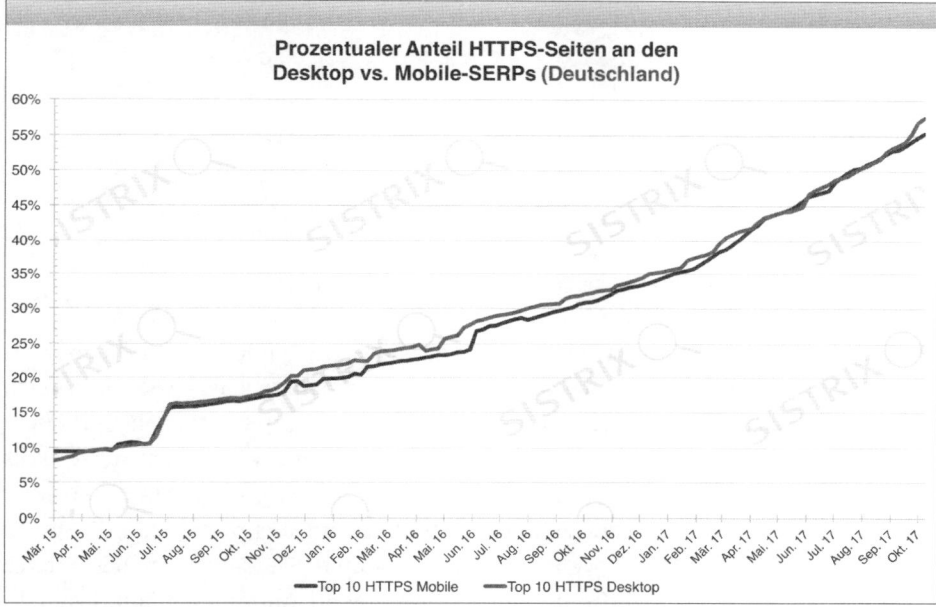

Abbildung 5.19 Anteil an HTTPS-Seiten in den Google-Suchergebnissen (Quelle: Sistrix)

Sollten Sie noch eine HTTP-Seite nutzen, planen Sie eine HTTPS-Migration zusam-men mit Ihrem technisch Verantwortlichen. Sie müssen dies nicht allein aus SEO-Gründen tun, sondern geben auch Ihren Website-Nutzern das gute Gefühl eines sicheren Surfens im Internet. In Abschnitt 5.7, »Website-Relaunch und Domain-Umzug«, gehen wir auf solche Website-Migrationen genauer ein, da sie leider mit ein paar Fallstricken verbunden sind, die beachtet werden müssen. Dennoch raten wir Ihnen, diesen Schritt in die Zukunft zu gehen und neue Websites gleich unter HTTPS ins Netz zu stellen.

5.3.5   Mobile und responsive Websites

Bereits heute ist der Anteil der Nutzer, die Google über Mobilgeräte aufrufen, mit inzwischen mehr als 50 % enorm groß. Diese Zahl variiert natürlich je nach Branche und Suchbegriff, aber Sie können sich selbst für Ihre Website die Zahlen anschauen und werden wahrscheinlich feststellen, dass Sie einen ähnlich hohen Anteil mobiler Nutzer haben. Sie finden diese Nutzungszahlen z. B. in der Google Search Console (siehe Abbildung 5.20) oder über Ihr Web-Analyse-Tool.

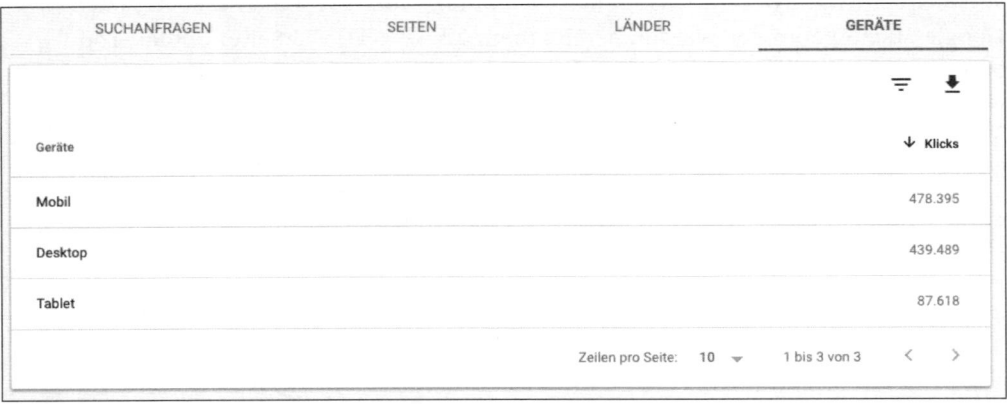

Abbildung 5.20 Suchanfragen nach Endgerät (Google Search Console)

Da Suchmaschinen ein großes Interesse daran haben, nur relevante und benutzerfreundliche Suchergebnisse anzuzeigen, achten sie darauf, dass Webseiten auch mobile Nutzer zufriedenstellen. Wenn Suchende auf ihrem Smartphone auf Suchergebnisse tippen und dann auf einer Seite landen, auf der der Text zu klein ist, Links zu nah beieinanderstehen oder gezoomt werden muss, so ist das nicht nur für Nutzer unangenehm, sondern wirft auch ein schlechtes Licht auf Suchmaschinen, die solche Webseiten vorschlagen. Als Website-Betreiber sollten Sie daher ein besonderes Augenmerk auf die Benutzerfreundlichkeit Ihrer Seiten auf Mobilgeräten legen. In der Google Search Console finden Sie Hinweise darauf, wie Sie die Usability Ihrer mobilen Website verbessern können: Unter VERBESSERUNGEN • NUTZERFREUNDLICHKEIT AUF MOBILGERÄTEN führt Google auf, ob Bedienelemente zu dicht platziert sind, der Darstellungsbereich nicht konfiguriert ist oder die Schriftgröße zu klein ist (siehe Abbildung 5.21).

Wenn Sie noch nicht über eine mobilfreundliche Website verfügen, haben Sie grundsätzlich die Wahl zwischen drei verschiedenen Konfigurationen. Die von Google empfohlene Variante ist das *responsive Design*. Die aufgerufene URL und der HTML-Code der Webseite bleiben hierbei gleich – unabhängig davon, ob die Seite auf einem Desktop-Gerät oder einem Mobilgerät aufgerufen wird. Bei der zweiten Konfiguration mittels *dynamischer Bereitstellung* (*Dynamic Serving*) bleibt die URL zwar gleich, der Code wird aber abhängig vom Endgerät (*User-Agent*) unterschiedlich ausgeliefert. Die dritte Variante ist die Bereitstellung einer mobilen Website auf einer separaten URL, häufig auf einer Subdomain nach dem Schema *m.domain.de*.

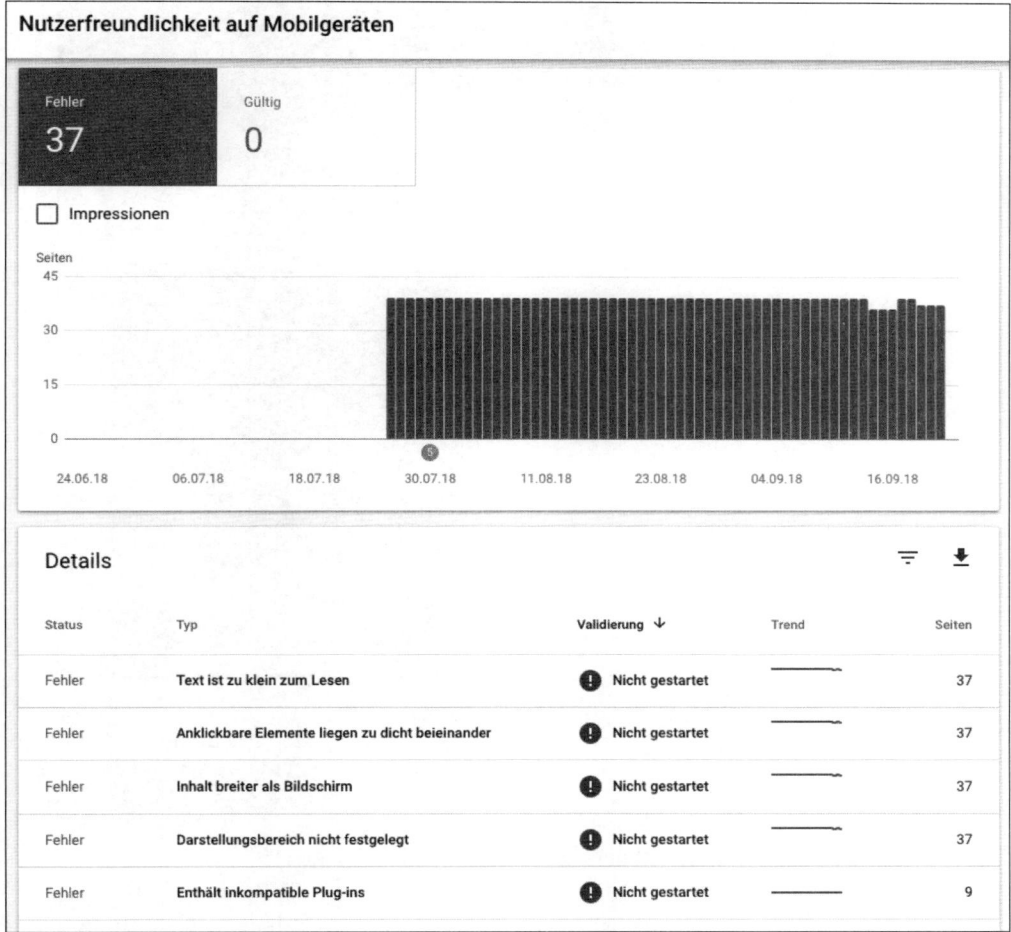

Abbildung 5.21 Hinweise zur »Nutzerfreundlichkeit auf Mobilgeräten« in der Google Search Console

Diese letzte Konfiguration wird bzw. wurde häufig gewählt, hat aber den großen Nachteil, dass Inhalte doppelt gepflegt und Webseiten teils doppelt programmiert werden müssen. Außerdem müssen hierbei spezielle SEO-Maßnahmen getroffen werden, so dass Suchmaschinen die beiden Websites als eine Einheit behandeln. Google stellt unter *developers.google.com/search/mobile-sites/* einen umfangreichen Leitfaden zur Verfügung mit Hinweisen, worauf Sie bei der Konfiguration und Optimierung Ihrer Website für Mobilgeräte achten müssen. Sie finden hier auch ein nützliches Tool (*search.google.com/test/mobile-friendly*), das analysiert, ob Ihre Seite für Mobilgeräte optimiert ist (siehe Abbildung 5.22).

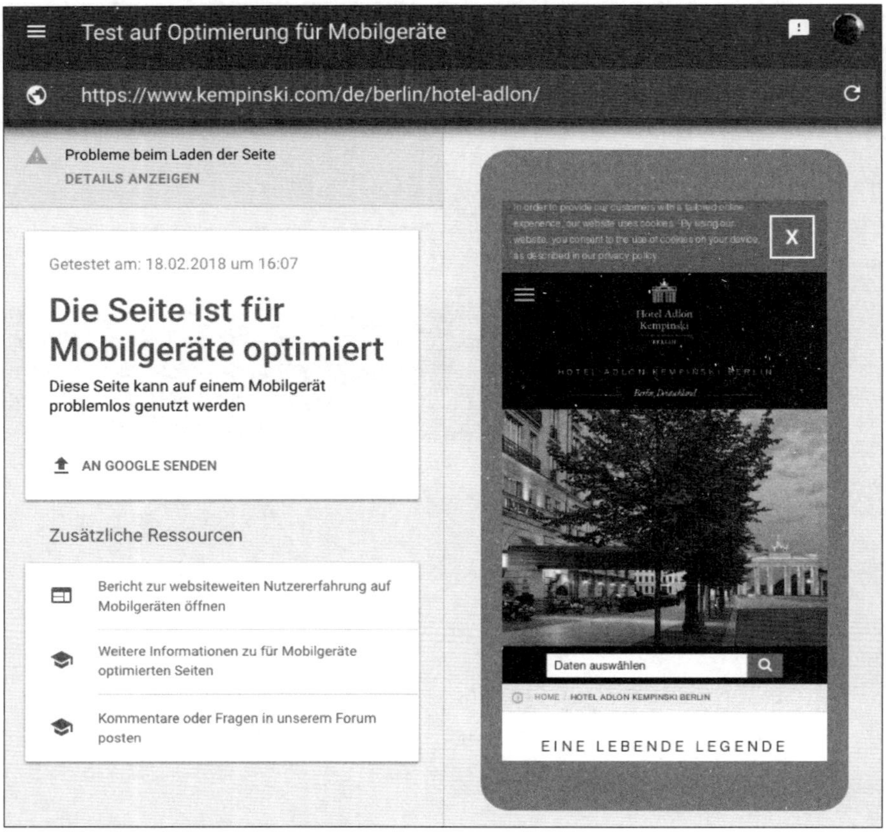

Abbildung 5.22 Test auf Optimierung für Mobilgeräte (Google)

Mobile und responsive Websites werden genutzt, um Inhalte gleichermaßen auf Desktop-Computern, Smartphones und Tablets benutzerfreundlich zugänglich zu machen. Mobile Websites können in Struktur, Inhalt und Navigation aber auch komplett von der Desktop-Website abweichen, z. B. wenn sie einen ganz spezifischen mobilen Anwendungsfall haben.

In der heutigen Zeit müssen Sie für Ihre Interessenten und Kunden auch mobil erreichbar sein. Daher sollten Sie sich mit der Konzeption und Implementierung einer mobilen Website beschäftigen, falls Sie dies noch nicht getan haben. Sie sollten also Ihre Informationen für mobile Nutzer aufbereiten und das Layout entsprechend anpassen. Durch das Aufkommen neuer, leistungsfähiger Smartphones wird in der mobilen Website-Entwicklung auf HTML5, CSS3 und JavaScript gesetzt. Damit können komplexe mobile Websites erstellt werden. Eine responsive Website wird so konfiguriert, dass sie auf Anforderungen des jeweiligen Geräts reagiert und Seitenelemente je nach Bildschirmgröße ausspielen kann. Das Layout kann sich hierbei fließend oder in Stufen, sogenannten *Breakpoints*, anpassen. In letzterem Fall spricht man auch von *adaptivem Webdesign*. Ein Beispiel für eine responsive Website ist *www.immobilienscout24.de* (siehe Abbildung 5.23). Machen Sie selbst einen Test, wenn Sie überprüfen möchten, ob eine Website responsiv ist. Verkleinern Sie hierzu die Bildschirmbreite Ihres Browserfensters, und beobachten Sie, ob sich das Design der Website dynamisch an die Größe anpasst.

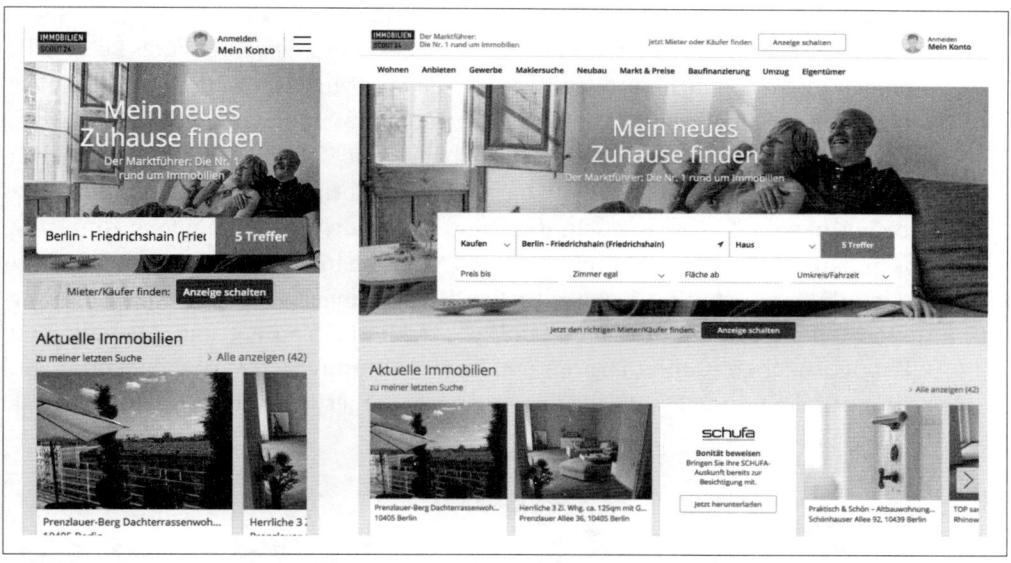

Abbildung 5.23 Responsive Website von »ImmobilienScout24.de«

Separate mobile Website oder Responsive Design?

Je schneller die Entwicklung immer neuer internetfähiger Mobilgeräte mit immer neuen Bildschirmgrößen voranschreitet, desto mehr Vorteile bietet responsives Webdesign gegenüber der Entwicklung einer getrennten mobilen Website. Auch Google empfiehlt Website-Betreibern, ihre Seiten auf responsives Webdesign umzustellen. Seit April 2015 werden Webseiten, die nicht für Mobilgeräte optimiert sind, in mobilen Suchergebnissen herabgestuft, so dass sie kaum noch auf den vorderen Suchpositionen erscheinen. Auch aus SEO-Sicht sind responsive Websites gegenüber separaten mobilen Websites zu bevorzugen, da weniger Konfigurationsaufwand notwendig ist. Wenn Sie selbst gerade an der Entwicklung einer neuen Website arbeiten, empfehlen wir Ihnen responsives Webdesign, da dieser Ansatz größere Zukunftssicherheit verspricht.

Wir empfehlen, sich Ihre eigene Website regelmäßig auf dem Smartphone anzuschauen und zu testen, ob alles ordnungsgemäß funktioniert und benutzerfreundlich ist. Möchten Sie sich mobile Webseiten auf einem Computer ansehen, können Sie z. B. im Internetbrowser Chrome die Entwicklertools zu Hilfe nehmen. Damit haben Sie auf dem Computer die Möglichkeit, die Website wie ein iPhone, iPad oder Samsung Galaxy aufzurufen. Gut programmierte Webseiten liefern Ihnen dann die mobilfreundliche Variante aus, und Sie können die Seite testen, ohne das Smartphone oder Tablet selbst zu nutzen.

Klären Sie im Vorhinein, welche besonderen Bedürfnisse Ihre mobilen Nutzer im Gegensatz zu den Benutzern Ihrer Desktop-Website haben. In Abbildung 5.24 sehen Sie mit der Website der Berliner Verkehrsbetriebe (*www.bvg.de*) ein gutes Beispiel für eine benutzerfreundliche mobile Website, die die Fahrplanauskunft in den Mittelpunkt stellt, wohingegen die Desktop-Seite mit mehr Bildmaterial und informativen Inhalten bestückt ist. Die Desktop-Website bietet eine Vielzahl von Auswahlmöglichkeiten, während die Funktionen auf der mobilen Website stark reduziert und auf das mobile Nutzerbedürfnis zugeschnitten sind: Reisende, die auf dem Weg zum Bahnhof sind und ihr Smartphone nutzen, sind z. B. daran interessiert, zu erfahren, ob ihr Zug pünktlich ist. Auskünfte zu aktuellen Verbindungen und Haltestelleninformationen stehen daher auf der mobilen Website klar im Vordergrund. Auch die Kontaktmöglichkeiten zu Ihrem Unternehmen (Telefonnummer, Kartenausschnitt, etc.) sollten auf einer mobilen Website prominenter dargestellt werden als auf der Desktop-Version.

Abbildung 5.24 Mobile- und Desktop-Website der Berliner Verkehrsbetriebe

Die meisten mobilen Datenverbindungen sind zurzeit noch langsamer als die Internetgeschwindigkeit, die Sie zu Hause oder im Büro haben. Achten Sie daher bei Ihrer mobilen Website auf die Ladezeiten, und gehen Sie z. B. mit Bildmaterial und Werbeeinblendungen eher sparsam um. Die relativ langen Ladezeiten im mobilen Bereich waren für Google der Anlass zur *AMP*-Initiative (*www.ampproject.org*). Die *Accelerated Mobile Pages* sorgen für schnelle Auslieferung der Webseiten-Inhalte an die Smartphone-Nutzer. Diese Technologie wurde speziell für Nachrichtenseiten eingeführt und wird inzwischen ebenfalls von E-Commerce-Anbietern genutzt. Auch Facebook liefert mit *Instant Articles* (*instantarticles.fb.com*) eine ähnliche Lösung für schnell ladende Inhalte, so dass Nutzer ohne Warten zu ihren angeklickten Inhalten kommen. Eine weitere neue Technologie sind sogenannte *Progressive Web Apps* (*PWA*), die die Web- und mobile App-Welt miteinander verknüpft. So können PWAs z. B. offline genutzt werden und müssen nicht wie Apps vor der Nutzung heruntergeladen werden. All diese Technologien sind ein Weg hin zu einem benutzerfreundlichen mobilen Internet. Die Zukunft wird zeigen, welche Systeme sich letztlich durchsetzen und etablieren werden.

5.4   Einzelne Webseiten optimieren

Widmen wir uns nun der Optimierung von einzelnen Unterseiten Ihrer Website. Wir gehen dabei auf die Optimierung der Inhalte auf der Seite ein und zeigen, wie Sie die Meta-Angaben richtig verwenden und die URL, unter der die Seite zu finden ist, richtig benennen.

5.4.1   Die Wahl des passenden Suchbegriffs für eine Webseite

Fragen Sie sich als Erstes, wenn Sie eine einzelne Webseite optimieren, mit welchen Suchbegriffen diese gefunden werden soll. Was ist das zentrale Thema der Webseite? Daher beginnt die Optimierungsarbeit mit einer ausführlichen Keyword-Recherche, auf die wir schon in Kapitel 4, »Suchmaschinen – eine Einführung«, näher eingegangen sind. Mit diesen Informationen haben Sie sich wahrscheinlich schon eine gute Keyword-Liste für Ihre Website zusammengestellt. Sie brauchen jetzt aber noch die Zuweisung von Keywords zu einzelnen Unterseiten Ihrer Website.

In Abschnitt 5.3, »Die suchmaschinenfreundliche Website«, haben Sie sich die Struktur der Webseite überlegt. Sie kennen daher die einzelnen Seiten, die Sie auf Ihrer Website anbieten. Zu jeder Unterseite können Sie jetzt eine Liste anlegen, die die entsprechenden Suchbegriffe enthält. Wir empfehlen Ihnen, für jede Unterseite ein Haupt-Keyword festzulegen und weitere Keywords dazuzunehmen, z. B. Synonyme oder die Singular- bzw. Pluralform des Suchbegriffs (siehe Tabelle 5.2). Welches das Haupt-Keyword ist, können Sie aus dem zuvor recherchierten Suchvolumen ablesen. Wir empfehlen Ihnen auch, pro Unterseite nicht mehr als drei Keywords auszuwählen. Falls Sie weitere Keywords anvisieren wollen, können Sie überlegen, ob Sie weitere für den Suchbegriff optimierte Unterseiten anlegen.

Webseite	Haupt-Keyword	Weitere Keywords
Startseite	Hotel Kiel	Unterkunft Kiel, Zimmer Kiel
Wellnessangebot	Wellness Kiel	Massage(n) Kiel, Sauna Kiel
Konferenzen	Konferenzhotel Kiel	Tagungshotel Kiel, Seminarraum Kiel
Restaurant	Restaurant Kiel	Gaststätte Kiel

Tabelle 5.2 Zuordnung von Keywords zu Unterseiten

Sie erkennen, dass Sie nicht für jede Seite ein Keyword zuweisen müssen, weil einige Unterseiten, wie z. B. Ihre Kontaktseite oder das Impressum, nicht suchmaschinenrelevant sind, da kaum ein Nutzer nach derartigen Informationen sucht. Für die Startseite Ihrer Website sollten Sie, wie schon erwähnt, das für Sie wichtigste Keyword auswählen, da Sie mit der Startseite die höchsten Erfolgschancen haben, gute Rankings in den Suchmaschinen zu erzielen. Dies liegt daran, dass es üblicherweise die stärkste Seite Ihrer gesamten Website ist, weil auf sie meist von allen Unterseiten zurück verlinkt wird und sie auch von anderen Websites die meisten Links erhält.

5.4.2   Inhalte optimieren

Nachdem Sie jetzt eine Sammlung von Suchbegriffen für Ihre einzelnen Unterseiten festgelegt haben, können Sie mit dem Optimieren der Inhalte beginnen. Wichtig ist, dass sich die Webseite mit dem Begriff beschäftigen muss, also thematisch relevant ist. Nehmen wir uns als Beispiel das Wellnessangebot eines Hotels. Wir haben dazu die passenden Suchbegriffe »Wellness Kiel«, »Massage(n) Kiel« und »Sauna Kiel« ausgewählt. Diese Begriffe können Sie in den Keyword-Planer von Google (*ads.google.com/ KeywordPlanner*) eingeben, um die einzelnen Suchbegriffe besser bewerten zu können (siehe Abbildung 5.25).

Sie sehen in der Auswertung, dass häufig nach »massage kiel«, »sauna kiel« oder »wellness kiel« gesucht wird. Auf der Zielseite können Sie nun Ihr Wellnessangebot genau beschreiben. Dies fängt mit der Hauptüberschrift einer Website an, die in HTML als <h1> markiert wird. Ihre Suchbegriffe sollten Sie in die Überschrift mit aufnehmen, z. B.:

```
<h1>Wellness in Kiel mit Massagen & Sauna</h1>
```

Danach folgt der Inhalt, in dem Sie Ihre ausgewählten Suchbegriffe verwenden sollten. Übertreiben Sie es aber nicht mit der Optimierung, und orientieren Sie sich nicht an starren Regeln wie der früher populären Keyword-Dichte (*Keyword Density*). Achten Sie stattdessen darauf, dass Sie einen leserfreundlichen Text erstellen, der neben den definierten Keywords auch Synonyme enthält und Begriffe, die vom Keyword-Planer vorgeschlagen werden. In unserem Beispiel wären das z. B. Begriffe wie »Thermalbad« oder »Ayurveda«.

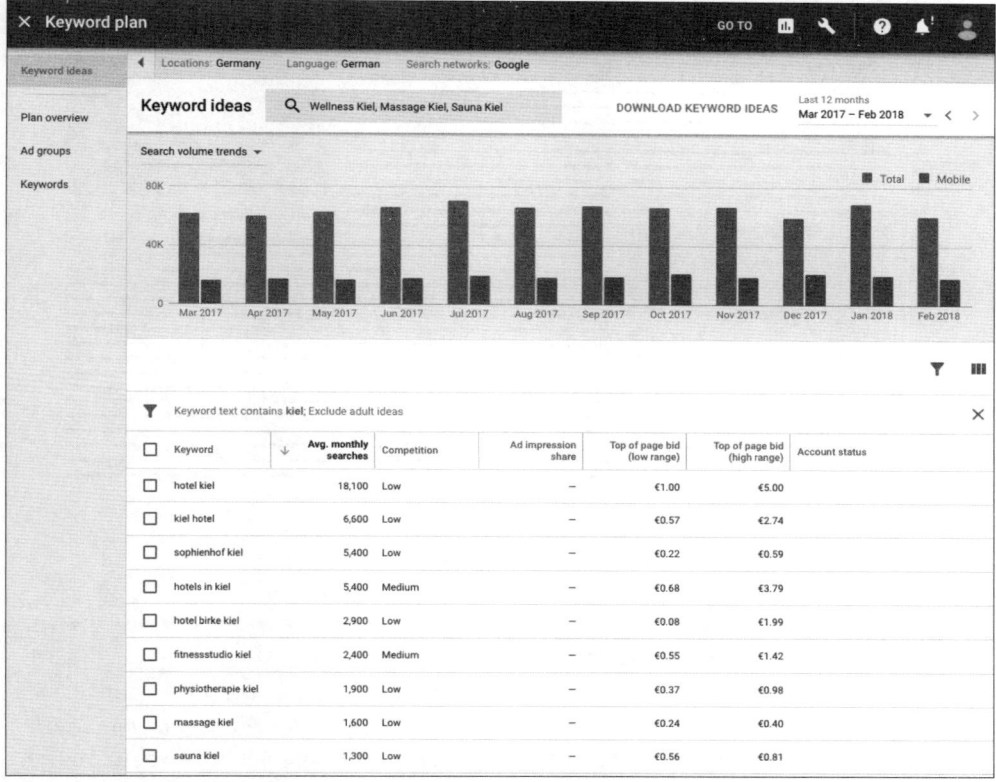

Abbildung 5.25 Auswertung von Suchbegriffen mit dem Keyword-Planer

Zu einer perfekt optimierten Webseite gehören auch Bilder. Wir empfehlen Ihnen, die Bilddatei unter dem passenden Suchbegriff abzuspeichern, also z. B. *wellness-kiel.jpg* oder *sauna-kiel.png*. Wenn Sie das Bild nun in die Webseite integrieren, können Sie ein `alt`-Attribut für das Bild vergeben. Diese Angabe soll das Bild textlich beschreiben und wird angezeigt, wenn das Bild nicht geladen wird. Zudem ist es eine Hilfe für Menschen mit Sehbehinderung, da es zur barrierefreien Internetnutzung beiträgt. Beschreiben Sie daher das Bild mit den von Ihnen ausgewählten Suchbegriffen:

```
<img src="images/sauna-kiel.png" alt="Sauna in Kiel" />
```

Aus diesen verschiedenen Empfehlungen zum Aufbau des Inhalts entsteht eine perfekt optimierte Webseite, die in Abbildung 5.26 abstrakt dargestellt ist. Nehmen Sie dies als Vorlage für alle suchmaschinenrelevanten Webseiten, die Sie neu erstellen.

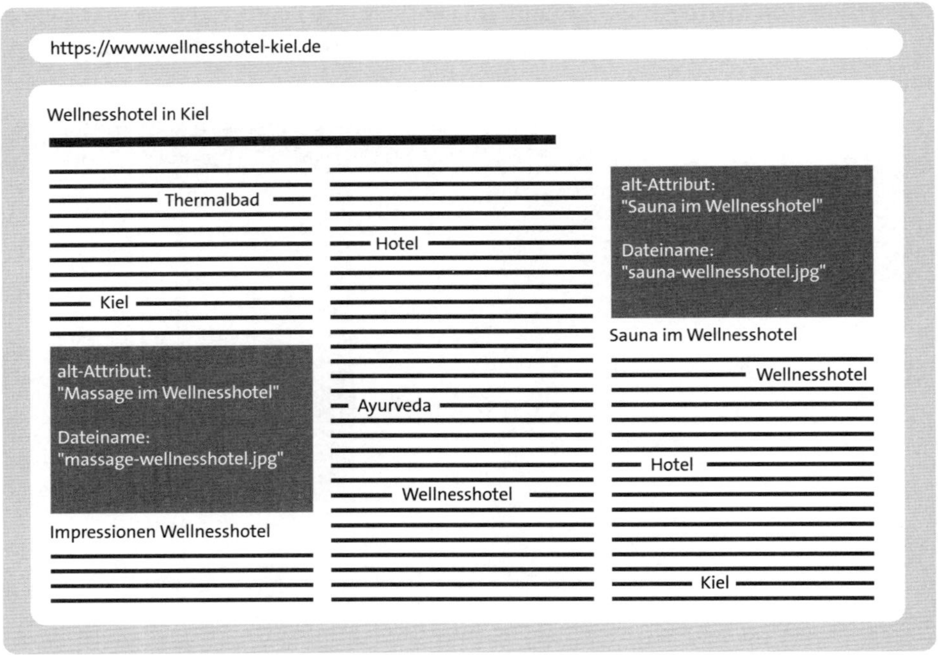

Abbildung 5.26 Die perfekt optimierte Webseite

Hinweis: Doppelte Inhalte vermeiden!

Ein häufiges SEO-Problem auf Websites sind doppelt oder mehrfach vorhandene gleiche Inhalte. Dies wird auch als *Duplicate Content* bezeichnet und meint im Speziellen, dass unter verschiedenen URLs die gleichen oder sehr ähnliche Inhalte zu finden sind. Dies sollten Sie unbedingt vermeiden, da Suchmaschinen sonst große Probleme haben, die richtige URL auszuwählen. Häufig entsteht dieser Duplicate Content z. B. durch Druckversionen, eine Filternavigation oder durch Seiten mit Paginierung. Doppelte Inhalte können zudem auf externen Websites entstehen, wenn Inhalte kopiert werden. Hier versuchen Suchmaschinen, nur das Original im Ranking anzuzeigen.

In Kapitel 4, »Suchmaschinen – eine Einführung«, haben Sie bereits gelernt, dass Google und Co. Suchanfragen immer besser in ihrer Bedeutung verstehen und bemüht sind, ihren Nutzern unmittelbar die Antwort auf ihre Frage im Suchergebnis auszugeben. Diesen Umstand können Sie sich als Betreiber einer Website zunutze machen, indem Sie Suchmaschinen dabei unterstützen, die Informationen auf Ihren Seiten in ihrer Bedeutung zu verstehen.

Ein Beispiel: Nehmen wir an, Sie verkaufen auf Ihrer Website Schuhe. Jeder Artikel verfügt über viele unterschiedliche Attribute wie Farbe, Größe oder Marke. Er ist außerdem entweder ein Herrenschuh oder Damenschuh und verfügt über eine Artikelnummer und einen Preis. All diese Informationen sind für Suchmaschinen nun zunächst nichts weiter als eine Abfolge von Zahlen und Buchstaben. Aus diesem Grund haben die großen Suchmaschinen *Google*, *Bing*, *Yahoo* und *Yandex* im Jahr 2011 eine Initiative gestartet, die es Website-Betreibern erlaubt, genau zu definieren, welcher Inhalt auf einer Seite welche Bedeutung hat. Unter *schema.org* finden Sie eine Vielzahl von Datentypen und zugehörigen Attributen, mit denen Sie Ihre Inhalte im Web anreichern können, so dass Suchmaschinen besser verstehen, dass z. B. eine Abfolge von Zahlen auf einer Produktseite ein Preis ist. Wenn Sie Ihre Webinhalte auf diesem Weg strukturieren, ist die Wahrscheinlichkeit sehr groß, dass Suchmaschinen dies auch im Suchergebnis würdigen. Ihre Suchergebnisse erscheinen dann angereichert um zusätzliche Informationen, weswegen eine solche Darstellungsform auch *Rich Snippets* genannt wird (siehe Abbildung 5.27, im organischen Ergebnis unterhalb der Produkt-Listings).

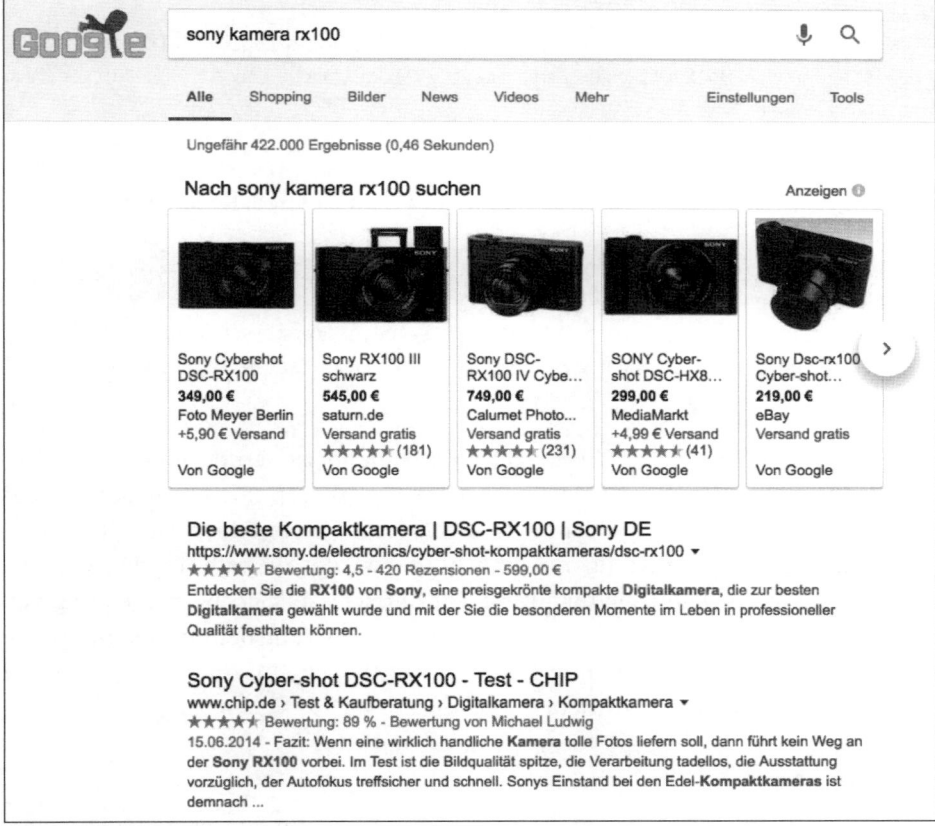

Abbildung 5.27 Preise und Bewertungen in angereicherten Suchergebnissen (Rich Snippets)

5.4.3 Meta-Angaben optimieren

Sehr wichtig für die Suchmaschinenoptimierung einzelner Seiten sind die sogenannten *Meta-Angaben* auf den Webseiten. Diese sehen Sie nicht direkt auf der Seite, sondern im HTML-Quellcode der Seite. Den Quellcode einer Webseite können Sie in Ihrem Internetbrowser einsehen, indem Sie mit der rechten Maustaste auf eine Webseite klicken und z. B. im Mozilla Firefox oder Google Chrome SEITENQUELLTEXT ANZEIGEN wählen. In einem sich neu öffnenden Fenster sehen Sie nun den HTML-Quellcode Ihrer Seite, der wiedergibt, wie Ihre Seite aufgebaut ist. Die Meta-Angaben finden Sie zwischen den HTML-Tags <head> und </head> ganz am Anfang des Quellcodes. Ein Ausschnitt aus dem Quellcode des Online-Wörterbuchs *dict.leo.org* sieht wie folgt aus:

```
<head itemscope="itemscope" itemtype="http://schema.org/WebSite">
    <meta http-equiv="content-type" content="text/html; charset=UTF-8">
    <meta name="keywords" content="LEO, German, Deutsch, English, Englisch,
Dictionary, Wörterbuch">
    <meta name="description" content="LEO.org: Ihr Wörterbuch im Internet für
Englisch-Deutsch Übersetzungen, mit Forum, Vokabeltrainer und Sprachkursen. Im
Web und als APP.">
    <link rel="alternate" hreflang="en" href="https://dict.leo.org/german-
english/">
    <link rel="alternate" hreflang="de" href="https://dict.leo.org/englisch-
deutsch/">
    <link rel="alternate" media="only screen and (max-width: 640px)" href=
"https://pda.leo.org/englisch-deutsch/">
    <link rel="canonical" href="https://dict.leo.org/englisch-deutsch/">
    <title>Englisch - Deutsch Wörterbuch - leo.org: Startseite</title>
</head>
```

Sehr wichtige Meta-Angaben für die Suchmaschinenoptimierung sind das <title>-Tag, das Meta-Tag "description" und das Meta-Tag "robots". Sie sehen, dass wir das Meta-Tag "keywords" nicht zu den wichtigen Meta-Angaben zählen. Diese Keyword-Angaben wurden früher häufig missbraucht und werden deshalb von den Suchmaschinenbetreibern weitgehend ignoriert. Oft herrscht aber noch die Meinung vor, dass man mit diesem Meta-Tag Suchmaschinenoptimierung betreiben könne. Wenden wir uns also den drei wichtigsten Meta-Angaben zu. Im Anschluss zeigen wir Ihnen noch weitere relevante Meta-Tags.

Das <title>-Tag

Besonderen Wert sollten Sie auf das <title>-Tag legen. Im Beispiel von *dict.leo.org* sieht es wie folgt aus:

```
<title>Englisch - Deutsch Wörterbuch - leo.org: Startseite</title>
```

Das <title>-Tag wird in Ihrem Internetbrowser in der oberen Fensterleiste ange-
zeigt und auch für Lesezeichen (*Bookmarks*) genutzt. Für die Suchmaschinenoptimierung ist dieses Tag wichtig, weil es zum einen direkt für die Darstellung des
Suchergebnisses verwendet wird und zum anderen die inhaltliche Bewertung der
Seite zulässt. In Abbildung 5.28 sehen Sie die Google-Suchanfrage für den Begriff
»Wörterbuch englisch«. Als erstes organisches Ergebnis, nach der Google-Überset-
zer-Funktion, erscheint dort *dict.leo.org*. Sie finden in der blauen Überschrift des
Suchergebnisses das <title>-Tag wieder. Diese Überschrift kann von den Nutzern
angeklickt werden, um zur Website zu gelangen. Sie sehen daran, dass das <title>-
Tag wichtige Informationen zum Inhalt Ihrer Webseite enthalten sollte, so dass
Benutzer auf Anhieb wissen, was sie auf der Seite erwartet. Ein gutes <title>-Tag
erhöht somit die Klickrate auf Ergebnisse. Zudem ist das <title>-Tag aber auch ein
wichtiger Ranking-Faktor. Das heißt, wenn Sie z. B. zum Begriff »Wörterbuch englisch« gefunden werden möchten, sollten Sie dieses Keyword auch im <title>-Tag
der Seite unterbringen. Dieses Vorgehen sehen Sie in Abbildung 5.28 am Beispiel von
dict.leo.org und *Pons*. Die Länge des <title>-Tags sollte den Wert von 50–60 Zeichen
nicht überschreiten, aber auch nicht zu kurz sein. Bedenken Sie zudem, dass der
<title>-Tag auch in den mobilen Suchergebnissen darstellbar sein muss und zu
lange Titel abgeschnitten werden.

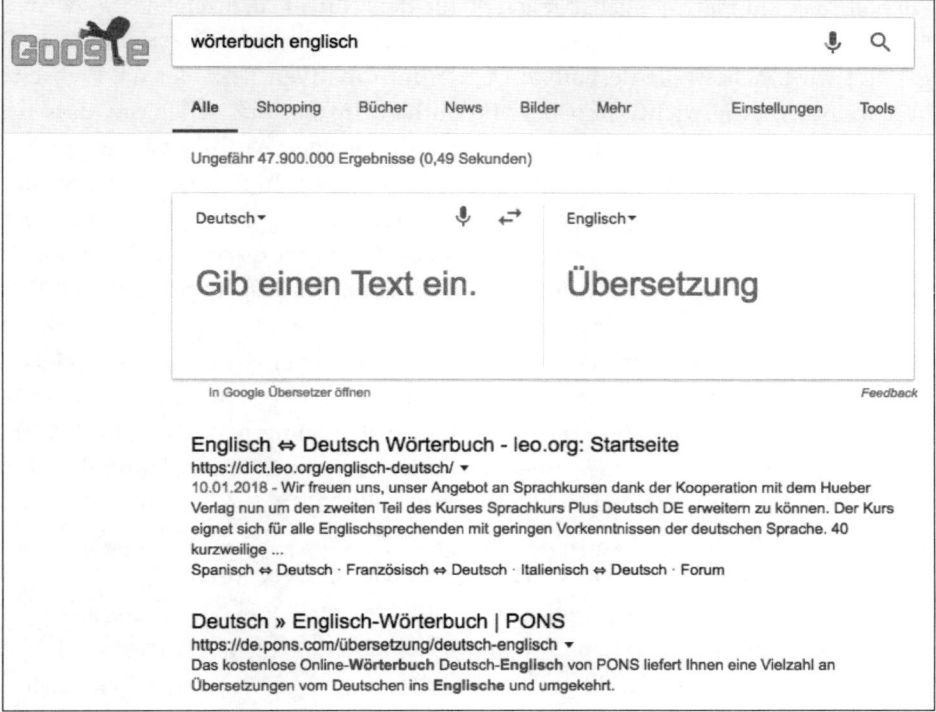

Abbildung 5.28 Google-Suchergebnis zu »Wörterbuch englisch«

Achten Sie also für jede Unterseite Ihrer Website auf ein individuelles, mit passenden Stichwörtern versehenes und nicht zu langes `<title>`-Tag. Wenn Sie einen bekannten Markennamen haben, können Sie ihn auch an das Ende des `<title>`-Tags setzen. Mit der größeren Bekanntheit eines Markennamens erhöhen Sie die Klickrate auf das Suchergebnis, da Benutzer schneller darauf klicken werden als auf eine vollkommen unbekannte Seite.

Die Meta-Description

Ähnlich wie das `<title>`-Tag ist auch das Meta-Tag "description" wichtig für die Suchmaschinenoptimierung der Seite. Im Beispiel von *dict.leo.org* ist es wie folgt aufgebaut.

```
<meta name="description" content="LEO.org: Ihr Wörterbuch im Internet für
Englisch-Deutsch Übersetzungen, mit Forum, Vokabeltrainer und Sprachkursen.
Im Web und als APP.">
```

Sie sehen also einen kurzen Beschreibungstext zu der Seite. Dieser wird häufig in den Suchergebnissen als sogenanntes *Snippet* unter dem `<title>`-Tag verwendet. In Abbildung 5.28 sehen Sie, dass der Inhalt der Meta-Description in diesem Fall nicht genutzt wird, sondern ein aktueller Auszug aus der Seite. Hier nimmt Google sich die Freiheit, das Snippet möglichst relevant für den Nutzer anzuzeigen. Im zweiten Suchergebnis, *de.pons.com*, sehen Sie, dass der Inhalt der Meta-Description hier 1:1 genutzt wird. Achten Sie deshalb auf einen informativen Text, der die Webseite beschreibt und die wichtigsten Begriffe enthält. Im Beispiel sehen Sie, dass bei Google die gesuchten Begriffe »Wörterbuch« und »englisch« im Suchergebnis fett markiert sind, wodurch sie mehr Aufmerksamkeit erhalten und das Suchergebnis von Nutzern somit eher angeklickt wird. Die Länge der Meta-Description können Sie auf 50 bis 300 Zeichen optimieren. Im Dezember 2017 wurde diese Anzahl von Google erhöht, so dass Sie mehr Platz in den Suchergebnissen erhalten konnten. Im Mai 2018 wurde diese Änderung allerdings wieder zurückgenommen Die optimale Anzahl an Zeichen müssen Sie also für sich selbst definieren und überlegen, was Sie bereits im Snippet zeigen möchten. Wundern Sie sich nicht, wenn Google manchmal einen völlig anderen Text statt der Meta-Description im Suchergebnis darstellt. Je nach Suchbegriff kann das Snippet einer Zielseite variieren, wenn Google glaubt, dass ein anderer Beschreibungstext bei einer bestimmten Suchanfrage relevanter ist.

Tipp: Vermeiden Sie Fehler in `<title>`-Tags und Meta-Descriptions

Beachten Sie, dass `<title>`-Tags und Meta-Descriptions nicht mehrfach für einzelne Seiten vergeben werden sollten. Ein häufiger Fehler vieler Website-Betreiber ist, dass dieses `<title>`-Tag gar nicht vergeben wird oder für alle Seiten den gleichen Inhalt hat. Über die Google Search Console sehen Sie unter DARSTELLUNG IN DER SUCHE •

HTML-Verbesserungen (siehe Abbildung 5.29), ob es Probleme bei den Meta-Beschreibungen oder den <title>-Tags gibt. Sie können dann fehlende, leere doppelte, zu kurze oder zu lange Meta-Tags beheben.

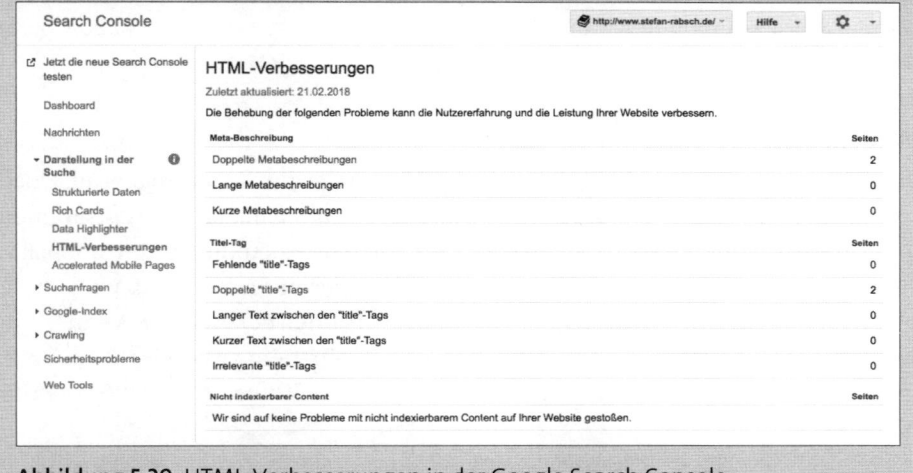

Abbildung 5.29 HTML-Verbesserungen in der Google Search Console

Die <title>-Tags und Meta-Descriptions der Seiten ändern Sie im Quellcode Ihrer Website. Je nachdem, wie Ihre Website programmiert ist, können Sie dies in einem HTML-Editor, im Content-Management-System (CMS) oder in der Online-Shop-Software entsprechend anpassen.

Das »robots«-Meta-Tag

Für die Suchmaschinenoptimierung ist das Meta-Tag "robots" von besonderer Bedeutung, da es angibt, wie die Suchmaschinen-Robots mit der einzelnen Webseite umgehen sollen. Über dieses Meta-Tag können Sie angeben, ob eine Webseite in den Index der Suchmaschinen aufgenommen werden soll. Insbesondere große Websites, die über mehr als 1.000 Unterseiten verfügen, sollten auf dieses Meta-Tag Wert legen. Die Homepage von *dict.leo.org* weist kein "robots"-Meta-Tag auf, wodurch von Suchmaschinen der folgende Standardwert angenommen wird.

```
<meta name="robots" content="index,follow" />
```

Mit dem Wert index geben Sie an, dass die Seite von Suchmaschinen indexiert werden soll. Soll dies nicht geschehen, notieren Sie an dieser Stelle noindex. Dies empfiehlt sich z. B. für Druckvarianten von Webseiten oder für interne Suchergebnisseiten, die nicht in den Index der Suchmaschinen gelangen sollen. Damit können Sie sehr gezielt steuern, welche Seiten von den Suchmaschinen aufgenommen werden sollen und welche nicht. Die zweite Angabe kann auf follow oder nofollow gesetzt werden und bezieht sich auf die Bewertung der Links auf der Webseite. `follow` ist dabei der Standardwert, der Links, wie gewohnt, bewertet. Mit `nofollow` können Sie dagegen alle Links auf der Seite entwerten, das heißt, die Links auf der Seite werden von Suchmaschinen nicht in die Berechnung des Rankings aufgenommen. Dies kann beispielsweise sinnvoll sein, wenn Sie viele externe Links zu Webseiten haben, deren Inhalte Sie nicht immer prüfen können.

Das Canonical-Tag

Das sogenannte *Canonical-Tag* ist eine weitere SEO-relevante Meta-Angabe im Quellcode einer Website. Darüber ist es möglich, Inhalte für Suchmaschinen zusammenzuführen. Das Canonical-Tag wird vor allem für die Behandlung von doppelten Inhalten genutzt, indem dem Suchmaschinen-Crawler mitgeteilt wird, wo sich der Originalinhalt befindet. Dies kann z. B. bei Druckversionen der Fall sein. Wenn Sie auf Ihrer Website eine Druckfunktion anbieten und darüber eine weitere URL des Artikels erzeugt wird, sollten Sie eine Canonical-Angabe einführen. Ist die URL der Printversion z. B.:

```
http://www.nachrichtenmagazin.de/2015/aktienkurse-gehen-in-die-hoehe.php?
version=print
```

dann sollte die Website im HTML-Code folgende Canonical-Angabe innerhalb des `<head>`-Bereichs im Quellcode enthalten, um den Suchmaschinen-Crawler darauf hinzuweisen, dass es sich um dieselben Inhalte handelt:

```
<link rel="canonical" href=" http://www.nachrichtenmagazin.de/2015/
  aktienkurse-gehen-in-die-hoehe.php"/>
```

Damit haben Sie eine gute Möglichkeit, doppelte Inhalte (*Duplicate Content*) zu vermeiden, zudem werden Verlinkungen zu beiden URLs zusammengeführt und stärken das Ranking der ursprünglichen Version des Inhalts. Wollen Sie z. B. einen Domain-Umzug durchführen, können Sie diese Canonical-Angabe auch dazu nutzen, von der alten Website auf eine neue Domain zu verweisen und damit die korrekte Indexierung sicherzustellen und die Linkstärke auf die neue Website zu übertragen. Näheres zum Thema Domain-Umzug finden Sie in Abschnitt 5.7, »Website-Relaunch und Domain-Umzug«.

Weitere SEO-Meta-Tags

In der HTML-Spezifikation stehen noch weitere Meta-Tags zur Verfügung. Sie können z. B. die Sprache Ihrer Website über das Meta-Tag `"language"` angeben, um eindeutig festzulegen, welche Sprache Sie verwenden.

```
<meta name="language" content="de" />
```

Wenn Sie mehrere Versionen Ihrer Website haben, die für unterschiedliche Sprachen und Länder gelten, gibt es außerdem eine Möglichkeit, Google den Zusammenhang zwischen den verschiedenen Versionen im Quellcode mitzuteilen. Nehmen wir an, Sie verfügen über einen Online-Shop und bieten Ihre Produkte auf unterschiedlichen URLs für Deutschland (*www.beispielshop.com/de/produkt.html*) und die Schweiz (*www.beispielshop.com/ch/produkt.html*) an. Damit Google versteht, welches Angebot für welches Land gilt und welche Suchergebnisse in Deutschland im Gegensatz zur Schweiz ausgespielt werden sollen, können Sie die beiden folgenden Zeilen im Quellcode der beiden Seiten ergänzen:

```
<link rel="alternate" href="http://www.beispielshop.com/de/
  produkt.html" hreflang hreflang="de-de"/>
<link rel="alternate" href="http://www.beispielshop.com/ch/
  produkt.html" hreflang hreflang="de-ch"/>
```

Eine spezielle Meta-Angabe ausschließlich für Google ist die Anweisung, ab wann eine Seite nicht mehr indexiert werden soll. Sinnvoll ist der Einsatz aber nur bei temporären Internetseiten, die nach einem bestimmten Zeitraum nicht mehr auffindbar sein sollen, z. B. Seiten für Gewinnspiele oder zeitlich begrenzte Sonderangebote.

```
<meta name="GOOGLEBOT" content="unavailable_after: 09-Jul-2013 14:00:00 GMT"/>
```

Strukturierte Daten

Wie schon weiter oben erwähnt, können Sie in ihrer Website sogenannte strukturierte Daten für Ihre Inhalte hinterlegen. Damit übermitteln Sie spezifische Daten z. B. zu angebotenen Produkten, Preisen, Veranstaltungen, Rezepten und vielem mehr. Sie erleichtern somit für Suchmaschinen das strukturierte Erfassen von Inhalten, die sonst nur unstrukturiert im Quelltext der Webseiten vorliegen. Im Hintergrund werden dazu Angaben mithilfe der *schema.org*-Klassifikation vorgenommen. Auf der Website *schema.org* und in der Google-Dokumentation unter *developers.google.com/search/docs/guides/intro-structured-data* finden Sie alle verfügbaren Datentypen, die Sie nutzen können. Die strukturierten Daten werden entweder direkt im Quellcode hinterlegt, bevorzugt im JSON-LD-Format. Im Folgenden sehen Sie ein Beispiel von Google für die Angabe von strukturierten Daten zu einer Veranstaltung (Datentyp: Event).

```
<script type="application/ld+json">
{
  "@context": "http://schema.org",
  "@type": "Event",
  "name": "Jan Lieberman Concert Series: Journey in Jazz",
  "startDate": "2017-04-24T19:30-08:00",
  "location": {
```

```
      "@type": "Place",
      "name": "Santa Clara City Library, Central Park Library",
      "address": {
        "@type": "PostalAddress",
        "streetAddress": "2635 Homestead Rd",
        "addressLocality": "Santa Clara",
        "postalCode": "95051",
        "addressRegion": "CA",
        "addressCountry": "US"
      }
    },
    "image": [
      "https://example.com/photos/1x1/photo.jpg",
      "https://example.com/photos/4x3/photo.jpg",
      "https://example.com/photos/16x9/photo.jpg"
    ],
    "description": "Join us for an afternoon of Jazz with Santa Clara resident
and pianist Andy Lagunoff. Complimentary food and beverages will be served.",
    "endDate": "2017-04-24T23:00-08:00",
    "offers": {
      "@type": "Offer",
      "url": "https://www.example.com/event_offer/12345_201803180430",
      "price": "30",
      "priceCurrency": "USD",
      "availability": "http://schema.org/InStock",
      "validFrom": "2017-01-20T16:20-08:00"
    },
    "performer": {
      "@type": "PerformingGroup",
      "name": "Andy Lagunoff"
    }
}
</script>
```

Listing 5.1 Strukturierte Daten im JSON-LD-Format (Quelle: Google)

Testtool für strukturierte Daten (Structured Data Testing Tool)

Google stellt ein Tool zur Verfügung, mit dem Sie Ihre und fremde Websites auf strukturierte Daten testen können. Unter *search.google.com/structured-data/testing-tool* können Sie überprüfen, ob der Code auf einer Webseite korrekt mit strukturierten Daten gemäß *schema.org* ausgezeichnet wurde. Das Tool liest alle zur Verfügung stehenden Daten aus und weist auf Fehler hin.

Falls Sie auf Ihrer Website Daten anbieten, die in den *schema.org*-Katalog passen, empfiehlt es sich, diese Meta-Daten auch zu kennzeichnen. Die Suchmaschinenbetreiber versuchen, die Inhalte im Netz zu sortieren und Nutzern zugänglich zu machen. Daher sind strukturierte Daten eine große Hilfe zur ordentlichen Erfassung der Inhalte.

OpenGraph-Tags

Die sogenannten OpenGraph-Tags sind weitere Meta-Angaben im Quellcode einer Webseite. Diese Tags stammen aus dem Open Graph Protocol (*ogp.me*) und werden vor allem für Social Media genutzt, z. B. beim Teilen von URLs auf Facebook. Die OpenGraph-Tags ermöglichen es, unter anderem einen Titel, eine Beschreibung und ein Bild zu übergeben, die dann dem Social-Media-Nutzer angezeigt werden. Wenn vorhanden, finden Sie die OpenGraph-Tags im Seitenquelltext, indem Sie nach »og:« suchen (siehe Listing 5.2).

```
<meta property="og:title" content="Electro-
Beats mit dem Lichtschwert dirigieren" />
<meta property="og:type" content="article" />
<meta property="og:url" content="http://www.20min.ch/digital/games/story/
Elektro-Beats-mit-dem-Lichtschwert-dirigieren-30200812" />
<meta property="og:image" content="http://www.20min.ch/images/content/3/0/2/
30200812/14/teaserbreit.jpg" />
<meta property="og:site_name" content="20 Minuten" />
<meta property="og:description" content="Lust auf einen Mix aus &
laquo;Star Wars&raquo; und &laquo;Guitar Hero&raquo;? Mit &laquo;Beat Saber&
raquo; werden Bubentr&auml;ume wahr. Das PC-
Game ist einer der ersten echten VR-Hits." />
```

Listing 5.2 OpenGraph-Tags (Quelle: 20min.ch)

5.4.4 Optimierung der URL – Datei- und Verzeichnisbenennung

Ihre optimierte Webseite finden Sie immer unter einer bestimmten URL, die Sie im Internetbrowser sehen. Wenn Sie die Möglichkeit haben, diese URL für Unterseiten selbst festzulegen, wählen Sie am besten eine kurze Bezeichnung, die auch den wichtigsten beschreibenden Begriff enthält. Schauen wir uns einige Beispiele für URLs von Unterseiten an. Wir beginnen mit einem Beispiel von *tagesschau.de*, das zwar das Themengebiet enthält, aber das Thema selbst nicht beschreibt:

www.tagesschau.de/wirtschaft/russland-bankenhilfe-101.html

Spiegel Online baut die URL-Struktur nach Kategorien auf, z. B. Politik und Ausland. Für die konkrete Unterseite werden die wichtigsten Keywords aus der Überschrift des Artikels in die URL mit aufgenommen.

www.spiegel.de/politik/deutschland/pegida-zentralrat-der-juden-nimmt-muslime-in-schutz-a-1009714.html

Ähnlich gut macht es die *Berliner Morgenpost*. In der folgenden URL sehen Sie, dass auch hier die komplette Überschrift des Artikels als URL genutzt wird und auch die Kategorie »Berlin« enthalten ist. Die Trennung der Wörter mit Bindestrichen ist dabei eine gute Lösung für Suchmaschinen und Nutzer, um die Begriffe deutlicher voneinander zu trennen.

www.morgenpost.de/berlin/article134751215/So-schoen-leuchtet-Berlin-zu-Weihnachten.html

Achten Sie bei der Vergabe von URLs also auf eine möglichst kurze Benennung, eine geringe Verzeichnistiefe, und integrieren Sie Keywords. Vermeiden Sie Umlaute und Sonderzeichen in den URLs. Wenn Sie Umlaute verwenden wollen, sollten Sie diese in der Form »ae«, »oe« und »ue« benutzen. Von Vorteil sind Suchbegriffe in der URL zusätzlich für die Anzeige in den Ergebnisseiten der Suchmaschinen. Kurze und eindeutige URLs haben zudem den Vorteil, dass sie eher im Netz verlinkt werden, womit wir zum nächsten SEO-Teilbereich kommen, der Off-Page-Optimierung.

5.5   Verlinkungen im Netz – Off-Page-Optimierung

Eine weitere Säule in der Suchmaschinenoptimierung neben dem suchmaschinenfreundlichen Aufbau der Website und der Optimierung von einzelnen Unterseiten sind die Verlinkungen im Netz zu Ihrer Website. Dieser SEO-Teilbereich wird als *Off-Page-Optimierung* bezeichnet. Wir werden Ihnen hier zeigen, wie gut Ihre Website in diesem Bereich bereits aufgestellt ist und wie Sie Verlinkungen zu Ihrer Website weiter ausbauen können. Im HTML-Quellcode von Webseiten finden Sie Links in folgendem Format dargestellt, als Beispiel ein Link zu Spiegel Online:

```
<a href="http://www.spiegel.de/">Spiegel Online</a>
```

Das HTML-Tag <a> steht für *Anchor* (Anker), und das zugehörige Attribut href bedeutet *hypertext reference*; danach folgt die Verlinkungsadresse.

Aber was bringen Backlinks genau für die Suchmaschinenoptimierung? Backlinks sind Verlinkungen anderer Websites zu Ihrer eigenen Seite. Jeder Link entspricht einer Empfehlung. Links gehen daher stark in die Bewertung der Suchergebnisse ein. Dieses Prinzip war auch Grundlage des Entstehens der Suchmaschine Google. Dabei sollten Sie aber beachten, dass nicht jeder Link von jeder Website gleich viel wert ist. Ein Link von einer großen Website, die vertrauenswürdig und themenrelevant ist und die selbst häufig verlinkt wird, ist viel mehr wert als hundert Links von kleinen, unbekannten Websites. Große, vertrauenswürdige Websites sind z. B. *spiegel.de* oder Websites von Universitäten. Diese unterschiedlichen Linkprofile sind in Abbildung 5.30 dargestellt. Website 2 erhält weniger Links als Website 1, dafür aber von größeren Websites, und gewinnt demnach auch mehr Vertrauen aufseiten der Suchmaschinen.

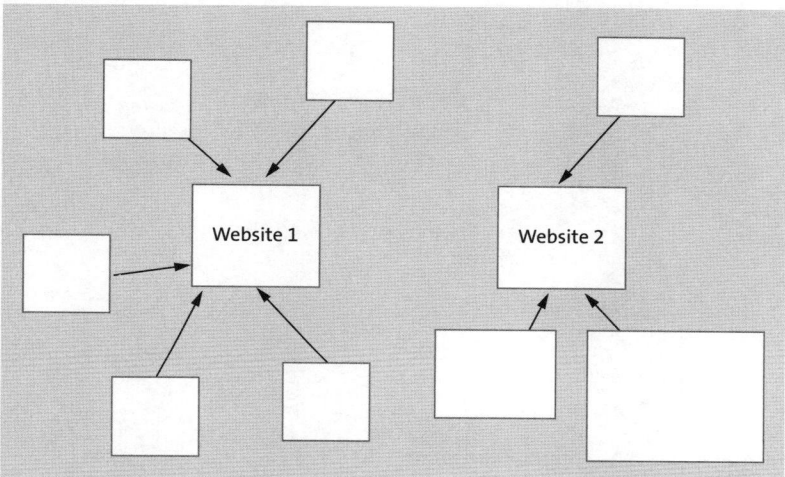

Abbildung 5.30 Unterschiedliche Backlinkprofile

5.5.1 Linkpopularität – wie viele Links habe ich?

Am Anfang ist es wichtig zu wissen, über wie viele Links Sie schon verfügen. Diese Zahl wird als *Linkpopularität* bezeichnet. In diesem Zusammenhang werden verschiedene Linkpopularitäten unterschieden. Die generelle Linkpopularität ist die Anzahl aller externen Links zu Ihrer Seite. Die Host-Popularität ist die Anzahl an Links von verschiedenen Hosts, also z. B. von verschiedenen Subdomains. Die Domain-Popularität zählt nur die Links von verschiedenen Domains, die IP-Popularität die Anzahl an Links von verschiedenen IPs, also Webserver-Adressen. Da sich aber viele Websites häufig eine IP-Adresse teilen, wird zusätzlich die Class-C-Popularität betrachtet, die die Anzahl an Links aus verschiedenen Rechnernetzen angibt. In Abbildung 5.31 sehen Sie die Verteilung der verschiedenen Popularitäten. Die Linkpopularität nimmt also je nach einschränkender Definition der Kennzahl ab. Dies ist auch leicht vorstellbar, da man z. B. von einer Domain mehrere Links bekommen kann und somit die Linkpopularität größer ist als die Domain-Popularität. Wenn Sie in das Thema gerade erst einsteigen, achten Sie vor allem auf die Domain-Popularität, die sich als Kennzahl in der Off-Page-Optimierung durchgesetzt hat. Als fortgeschrittener Website-Betreiber und Suchmaschinenoptimierer sollten Sie aber auch die anderen Kennzahlen kennen und im Auge behalten.

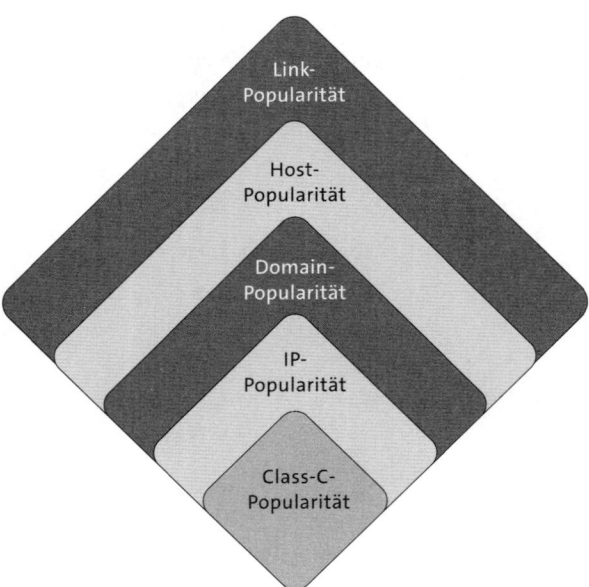

Abbildung 5.31 Unterschiedliche Linkpopularitäten

Die Anzahl Ihrer Links können Sie mit verschiedenen Tools abfragen. Einige werden wir Ihnen hier vorstellen. Durch unterschiedliche Technologien können die Zahlen aber stark variieren.

Wichtige Backlink-Tools

▶ **Links in Google Search Console**
Dies ist wohl die beste Quelle für Ihre Backlinks. Sie können in der Search Console die komplette Liste der externen Links, die Google für Ihre Website findet, ansehen und herunterladen. Sie finden diese Option in der Search Console unter SUCHANFRAGEN • LINKS ZU IHRER WEBSITE. Der Nachteil ist, dass Sie die Daten natürlich nur für Ihre eigene Site bekommen und leider nicht die Links für andere Websites sehen.

▶ **Sistrix, Searchmetrics, SEMrush, ahrefs, Majestic etc.**
Im Bereich der Suchmaschinenoptimierung haben sich einige umfassende Tools entwickelt, die auch über Analysefunktionen für Backlinks verfügen. Diese Tools sind kostenpflichtig, lohnen sich aber bei regelmäßiger und intensiver Nutzung.

▶ **Moz Open Site Explorer** (*moz.com/researchtools/ose/*)
Mit dem Open Site Explorer der Firma *Moz* können Sie beliebige Websites auf Backlinks überprüfen. In der kostenlosen Version wird Ihnen aber nur eine Auswahl der Backlinks angezeigt.

▶ **LinkResearchTools** (*www.linkresearchtools.de*)
Sehr professionelle, aber auch relativ teure Tools zum Finden und Analysieren

von Backlinks sind die von Christoph C. Cemper entwickelten LinkResearchTools. Zahlreiche Detailanalysen helfen bei der Analyse der Ausgangslage und der Entwicklung einer fundierten Linkaufbau-Strategie.

Das erwähnte Tool *Searchmetrics* (*www.searchmetrics.com*) gibt Ihnen einen Einblick in die unterschiedlichen Linkpopularitäten. In Abbildung 5.32 sehen Sie die verschiedenen Linkpopularitäten für die Domain *spiegel.de*. Die Domain-Popularität für Spiegel Online wird hier mit 117.902 unterschiedlichen Domains angegeben, die auf *spiegel.de* verlinken. Dies ist ein sehr hoher Wert für die Domain-Popularität einer Website.

Abbildung 5.32 Backlink-Kennzahlen für die Domain »spiegel.de« (Quelle: Searchmetrics)

Da nicht jede Website aus SEO-Sicht gleich viel wert ist, brauchen Sie noch einen Indikator für die Wichtigkeit oder Autorität einer Seite. In der Vergangenheit wurde dazu häufig der Google PageRank genutzt. Da der PageRank als Indikator aber nur noch wenig aussagekräftig ist und auch nicht mehr veröffentlicht wird (siehe Kapitel 4, »Suchmaschinen – eine Einführung«), haben viele Tools eigene Indikatoren entwickelt, um den Wert eines Links zu beurteilen (z. B. die *Searchmetrics Page Strength* oder die *Page Authority* im Open Site Explorer). Sie erhalten damit eine Zahl zur Bewertung eines Links von einer Website bzw. von einer Unterseite. Der Einfachheit halber können Sie aber auch wieder mit der Domain-Popularität zur Bewertung eines Links rechnen. Damit bekommen Sie ein gutes Gefühl für die Wichtigkeit einer Website und eines Links von dieser Seite.

5.5.2   Der Wert eines Links

Jetzt wissen Sie, wie Sie die Anzahl Ihrer Links und die von Wettbewerbern ermitteln können. Da es aber nicht nur auf die Quantität, sondern auch auf die Qualität ankommt, wollen wir uns in diesem Abschnitt noch ausführlicher mit dem Wert eines Links beschäftigen. Hier spielen viele verschiedene Punkte eine Rolle. Die wichtigsten Aspekte in der Linkbewertung werden wir Ihnen hier erklären. Da sich die

Suchmaschinenalgorithmen aber häufig ändern, kann es sein, dass mit der Zeit neue Faktoren hinzukommen oder sich bisherige anders gewichten.

Domain-Popularität der linkgebenden Seite

Die Qualität eines Backlinks, den Sie für Ihre Website bekommen, hängt – wie schon weiter oben erwähnt – maßgeblich von der Domain-Popularität ab. Sie können also den Linkwert als höher ansehen, wenn er von einer Seite kommt, die selbst häufig verlinkt ist. Das heißt, dass z. B. ein Link von *spiegel.de* mehr wert ist als einer von einem kleinen privaten Blog.

Nofollow-Links

Links können über das Attribut `rel="nofollow"` im HTML-Quellcode entwertet werden. Dies sorgt dafür, dass kein PageRank bzw. keine Linkstärke von dem Link weitergegeben wird. Im HTML-Code des Links erkennen Sie dies wie folgt:

```
<a href="http://www.spiegel.de/" rel="nofollow">Spiegel Online</a>
```

Verschiedene SEO-Tools, wie z. B. das Firefox-Add-on SearchStatus oder die Moz Toolbar, zeigen die Nofollow-Links farblich hinterlegt auf der Website an, damit müssen Sie nicht erst den Quellcode der Seite aufrufen. Ist bei einem Link kein `rel`-Attribut angegeben, so ist der Wert standardmäßig auf `follow` gesetzt und gibt damit den PageRank an Ihre Website weiter. Der Wert `rel="nofollow"` wurde 2005 von Google eingeführt, um Linkspam zu bekämpfen. Auch andere Suchmaschinen nutzen diesen Standard. Die Möglichkeit, Links zu entwerten, kann auch für eine gesamte HTML-Seite angegeben werden, ohne dies in allen Links wiederholen zu müssen. Dies erreichen Sie über das folgende Meta-Tag:

```
<meta name="robots" content="nofollow" />
```

Häufig finden Sie solche Nofollow-Links in Blogkommentaren oder in Foren und Communitys, wo Nutzer eigenständig Links setzen können. Damit schützen sich die Website-Betreiber vor übermäßiger Linksetzung zu SEO-Zwecken.

Anzahl der Links auf einer Seite

Einen wichtigen Einfluss auf den Wert eines Links nimmt die Anzahl der Links auf der linkgebenden Seite ein. Sie teilen sich immer die Linkstärke mit allen Links, die sich auf der Website befinden. Stellen Sie sich z. B. eine Linkliste vor, die mehrere Hundert Online-Shops auflistet oder im Gegensatz dazu einen speziellen Artikel mit nur einem einzigen Link. Angenommen, die Liste und der Artikel haben die gleiche Verlinkungsstärke, dann wird Ihnen der Artikellink mehr bringen, da Sie die Linkpower zu 100 % auf sich ziehen.

Der Linktext

Besonderes Augenmerk sollten Sie auf den Linktext legen, der auch als *Anchor-Text* bezeichnet wird. Dies ist der Text, der für den Nutzer des Links sichtbar ist. In unserem Beispiel ist dies *Spiegel Online*. Im HTML-Code finden Sie den Linktext zwischen dem öffnenden und schließenden <a>-Tag:

```
<a href="http://www.spiegel.de/">Spiegel Online</a>
```

Dieser Linktext gibt eine zusätzliche Information über den Inhalt der Website weiter. In unserem Beispiel sieht die Suchmaschine, dass es sich bei dem Link um Spiegel Online handelt. Dieser Linktext wird im Algorithmus der Suchmaschinen verwendet und lässt Ihre Seite zum Begriff des Linktexts besser auffinden. Daher können Sie versuchen, einen möglichst treffenden Linktext zu finden mit Begriffen, nach denen Ihre Nutzer suchen. Im Beispiel wäre das also möglicherweise Nachrichten bei Spiegel Online. Gehen Sie aber dezent mit solchen keywordhaltigen Anchor-Texten um, da Sie sonst Gefahr laufen, bei Suchmaschinen unter Spam-Verdacht zu geraten. Achten Sie darauf, dass Ihre Website hauptsächlich über Ihren Firmennamen oder Ihren Domain-Namen verlinkt wird, da dies einem natürlichen Linkprofil entspricht. Behalten Sie also eine natürliche Linktextverteilung im Auge, und arbeiten Sie vereinzelt mit Variationen der Linktexte.

Linkposition auf der Website

Eine zunehmend wichtigere Rolle spielt die Linkposition, also wo sich der Link innerhalb einer Website befindet. Eine Seite hat verschiedene Bereiche, wo sich der Link befinden kann. Im Allgemeinen gibt es auf Websites einen Header- und Footer-Bereich, also die Kopf- und Fußzeile einer Seite. Hinzu kommen der Navigationsbereich, der die Struktur der Website enthält, und der Content-Bereich mit den eigentlichen Inhalten. Häufig finden Sie zusätzlich eine Sidebar, dies ist meist eine Spalte mit Zusatzinformationen, die seitlich angeordnet ist. In all diesen Bereichen können sich Links befinden. Nach einer Studie von Moz (siehe Abbildung 5.33) übergeben Links aus dem Content-Bereich mehr Wert als Verlinkungen aus dem Footer-Bereich oder einer Sidebar.

Nicht nur die Position des Links spielt eine Rolle, sondern auch die Verlinkung innerhalb der Website. Auf einer Website gibt es wichtigere und unwichtigere Seiten, die mehr oder weniger gut verlinkt sind. Damit erzeugt ein Link mehr Wert, je mehr die Unterseite, von der er stammt, selbst verlinkt ist. Häufig ist die Startseite am besten verlinkt, danach folgen z. B. Kategorie- oder Rubrikenseiten aus der Navigation mit guter interner Verlinkung.

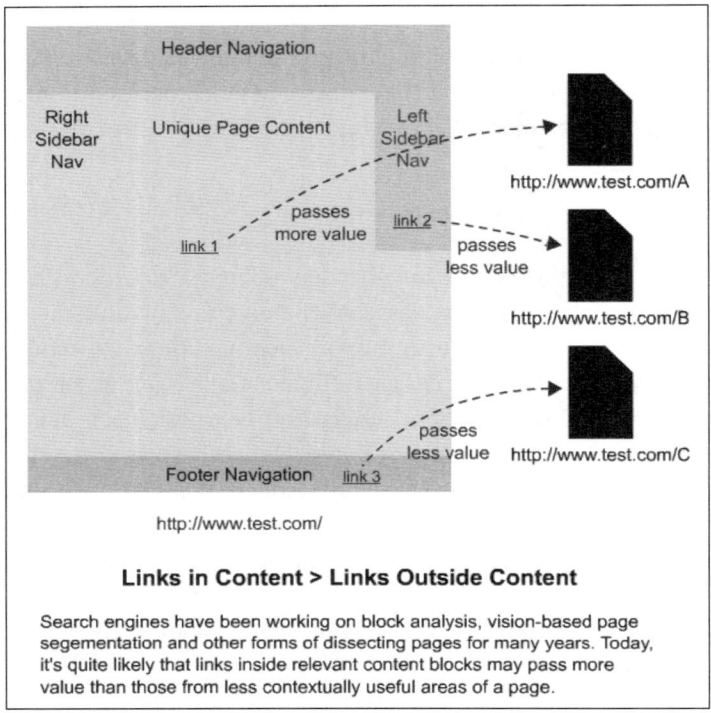

Abbildung 5.33 Linkpositionen innerhalb einer Webseite (Quelle: Moz)

Indexierung des Links

Damit ein Backlink auf das Ranking Ihrer Website Wirkung zeigen kann, ist es notwendig, dass der Link von Suchmaschinen gefunden werden kann. Eine Verlinkung aus einem geschlossenen Forum, auf das nur mit Passwort zugegriffen werden kann, ist z. B. für Suchmaschinen nicht einsehbar und erzeugt damit keinen SEO-Wert. Achten Sie daher darauf, dass die Seiten, von denen der Backlink kommt, auch von Google und Co. indexiert werden. Sie können dies mit der site-Abfrage in den Suchmaschinen prüfen, indem Sie die genaue URL, von der der Link stammt, mit `site:linkgebende-url` in die Suchabfrage eingeben und schauen, ob die entsprechende Webseite auftaucht. Erscheint die Seite, so ist die Wertigkeit des Links gegeben. Erscheint die Seite dagegen nicht, so können Sie davon ausgehen, dass keine Linkpower auf Ihre Seite übertragen wird. Bei ganz neuen oder kleineren Seiten kann die Indexierung aber einige Zeit in Anspruch nehmen. Die Indexierung ist daher erst später prüfbar.

Thematische Relevanz

Bei der thematischen Relevanz eines Links, also ob die Verlinkung von einer thematisch ähnlichen Website zu Ihnen kommen sollte, herrschte lange Zeit die Meinung vor, dass das thematische Umfeld keine wichtige Rolle spielt und die Links daher auch von verschiedensten Seiten kommen können und ihren Wert beibehalten. Diese Annahme beruhte darauf, dass Suchmaschinen noch nicht 100 %ig eine Seite einem Thema semantisch zuordnen können. Gehen wir allerdings von einer natürlichen Linkverteilung aus, so ist anzuraten, möglichst nur Links aus einem thematisch ähnlichen Umfeld zu bekommen. Häufig wird in diesem Zusammenhang auch von *Bad Neighborhood* gesprochen, also einer schlechten Nachbarschaft. Damit werden Links beschrieben, die sich in einem schlechten Umfeld befinden. Sie können sich sicher vorstellen, dass ein Link zu Ihrer Website, der neben *Poker*- und *Viagra*-Links steht, ein schlechtes Signal sendet. Die Links zu diesen Themen werden meist unnatürlich aufgebaut und können damit auch dem Wert Ihres Links schaden oder aber auch negative Auswirkungen haben, so dass Sie z. B. an Ranking verlieren.

Sie haben nun einen Überblick, anhand welcher Kriterien Sie einen Link zu Ihrer Website bewerten können. Oftmals kommt hier die Frage auf, wie sich ein Link monetär bewerten lässt. In einigen Blogs finden sich Ansätze zur preislichen Bewertung. Letztlich ist das System aber so komplex und von verschiedensten Faktoren abhängig, dass diese Bewertung sinnlos und nicht aussagefähig ist. Wir empfehlen Ihnen, einen Backlink nach obigen Kriterien zu bewerten und z. B. als »sehr gut«, »gut«, »neutral«, »schlecht« zu klassifizieren oder mit einer Skala von 0 bis 10 zu arbeiten. Damit haben Sie die Möglichkeit, Ihre einzelnen Verlinkungen besser zu beurteilen.

5.5.3   Der Linkaufbau – wie bekomme ich Links?

Nachdem Sie jetzt wissen, wie Backlink-Strukturen im Internet aussehen, und die Qualität eines Links einschätzen können, möchten Sie sicher auch wissen, wie Sie zu neuen Links für Ihre Website kommen. Leider ist der Linkaufbau (*Linkbuilding*) ein langer und kontinuierlicher Weg, den Sie gehen müssen – aber es lohnt sich. Die besten Quellen für Links sind Seiten, die selbst stark verlinkt sind und thematisch zu Ihrer Internetseite passen. Es gibt sehr verschiedene Wege, um an gute Links zu kommen. Sie sollten sich aber noch einmal in Erinnerung rufen, dass der Linkaufbau ein kontinuierlicher Prozess ist, der Woche für Woche neu bearbeitet werden muss. Wir haben Ihnen hier einige Aktionen zusammengestellt, die Sie recht leicht durchführen können, um gute Links aufzubauen.

Linkaufbau-Aktion 1: Gute, verlinkbare Inhalte schaffen

Die wichtigste Aktion ist das Bereitstellen interessanter Inhalte auf der Website, die gern verlinkt werden. Nicht umsonst erhalten z. B. große Nachrichtenportale oder gute Rezept- und Ratgeberseiten viele Backlinks. Dies ist die natürlichste Verlinkungsform, da die Links von allein gesetzt werden. Überlegen Sie daher, welche Inhalte Sie passend zu Ihrem Thema und Ihrer Zielgruppe anbieten können. Gut geeignet sind z. B. Leitfäden, Infografiken, Videos, Top-10-Listen oder aktuelle Nachrichten.

Linkaufbau-Aktion 2: Partner, Kunden und Lieferanten verlinken lassen

Sicher haben Sie, wenn Sie eine geschäftliche Website betreiben, auch gute Beziehungen zu Partnern, Lieferanten und Kunden. Nutzen Sie diese Kontakte, und bitten Sie sie, auf den eigenen Webseiten einen Link zu Ihrer Seite zu setzen. Sehr passend geht das z. B. über die Seiten zu Referenzen des Anbieters oder über Herstellerlinks, die auf Ihren Online-Shop hinweisen.

Linkaufbau-Aktion 3: Internetverzeichnisse und Webkataloge

Im Internet finden Sie viele Verzeichnisse, die Webseiten auflisten und sammeln. Oft können Sie hier Ihre Website kostenlos eintragen, wie z. B. GoYellow (*www.goyellow.de*). Achten Sie bei den Anbietern aber immer auf die Qualität der Internetverzeichnisse. Suchen Sie auch nach weiteren branchenspezifischen Verzeichnissen und ausgesuchten Webkatalogen, die zu Ihrem Angebot passen. Seien Sie aber auf der Hut vor vielen unseriösen Webkatalogen, die keinen Wert für Sie haben. Sie erkennen diese meist an schlechten Layouts, massiven Werbeeinblendungen oder der Pflicht, einen Backlink auf den Webkatalog selbst zu setzen.

Linkaufbau-Aktion 4: Social Sharing und Content-Curation-Dienste

Nutzen Sie die Möglichkeit von Social Media zur Verbreitung Ihrer Inhalte. Mittels Social Sharing Buttons auf Ihrer Website können Sie Nutzer dazu animieren, Inhalte auf Facebook, Twitter und Co. zu teilen (siehe Abbildung 5.34). Werfen Sie außerdem einen Blick auf Blog-Publishing-Dienste wie z. B. *Medium* (*medium.com*) oder sogenannte Content-Curation-Plattformen wie *Storify* (*storify.com*), über die Sie Ihre Inhalte weiterverbreiten können. Mehr zum Thema Content Curation erfahren Sie in Kapitel 2, »Content – zielgruppengerechte Inhalte«.

Abbildung 5.34 Social Bookmarks bei ZEIT Online

Linkaufbau-Aktion 5: Thematisch passende Linkpartner finden

Welche anderen Webseiten beschäftigen sich auch mit Ihrem Thema? Diese Seiten sind die perfekten Linkpartner für Sie. Aber wie finden Sie sie? Eigentlich ist das ganz einfach: Suchen Sie nach Ihrem Thema bei Google. Durch den Algorithmus treffen Sie auf den ersten Positionen Seiten an, die Google als relevant zu dem Suchbegriff einstuft. Schauen Sie sich also die ersten 20 bis 50 Ergebnisse an, und überlegen Sie, wie Sie eine Partnerschaft mit diesen Seiten eingehen können. Sie können z. B. Ihre Website empfehlen lassen, Gewinnspiele anbieten oder sich als Lieferant bzw. Händler mit einem Link zu Ihrer Website auflisten lassen. Wahrscheinlich werden Sie unter den Seiten auch einige Seiten finden, die als Konkurrenten angesehen werden können. Diese können Sie natürlich als potenzielle Quelle ausschließen. Ergänzen Sie die Liste möglicher Linkpartner, indem Sie sich mithilfe von Backlink-Tools wie Sistrix, ahrefs oder LinkResearchTools die Backlinks Ihrer wichtigsten Konkurrenten anschauen. Oft findet man auf diesem Weg eine Vielzahl neuer Linkmöglichkeiten. Die ermittelten Seiten können Sie am besten via E-Mail oder Telefon kontaktieren. Nutzen Sie auch Ihre bestehenden Kontakte, da dies eine Linkkooperation vereinfacht. Überlegen Sie, was Sie im Gegenzug bieten können. Hier eignet sich das Tauschen von Links oder das Anbieten von interessanten Inhalten. Vermeiden Sie möglichst das Kaufen oder Mieten von Links. Dies verstößt gegen die Richtlinien der Suchmaschinen, da Sie damit versuchen, Ihr Ranking zu manipulieren. Allzu offensichtliches Mieten oder Kaufen von Links führt Sie schnell ins Abseits bei den Suchmaschinen, so dass Sie viele Ihrer guten Positionen verlieren würden.

Linkaufbau-Aktion 6: Seiten, die über Sie oder Ihr Thema schreiben

Sollten Sie schon einen bekannteren Namen im Internet haben oder bereits über einen Markennamen verfügen, wird bestimmt auch über Sie berichtet, z. B. auf Nachrichtenseiten oder in Blogs. Sie finden diese Seiten recht leicht über die Abfragen in Suchmaschinen. In Google können Sie folgende Suche eingeben: `ihrefirma inurl:www.ihrewebsite.de`

Sie finden damit Webseiten, die den Begriff »ihrefirma« enthalten, aber nicht von Ihrer eigenen Website stammen. Diese Seiten sollten Sie, wenn es passend und noch nicht bereits erfolgt ist, freundlich um eine Verlinkung bitten.

Hilfreich ist auch die Recherche nach Ihrem Markennamen in Google News (*news .google.de*). Sie finden damit schnell aktuelle Nachrichtenartikel zu Ihrem Thema. Allerdings müssen Sie die Überprüfung, ob Ihre Seite verlinkt ist oder nicht, von Hand vornehmen. Empfehlenswert ist zudem das Einrichten von Google Alerts (*www.google.de/alerts*) auf den eigenen Namen oder das wichtigste Thema (siehe Abbildung 5.35). Damit bekommen Sie automatisch per E-Mail eine Meldung, wenn zu dem angegebenen Begriff eine neue Webseite veröffentlicht wird. Falls es thematisch passt, können Sie den Redakteur kontaktieren und um eine Verlinkung bitten.

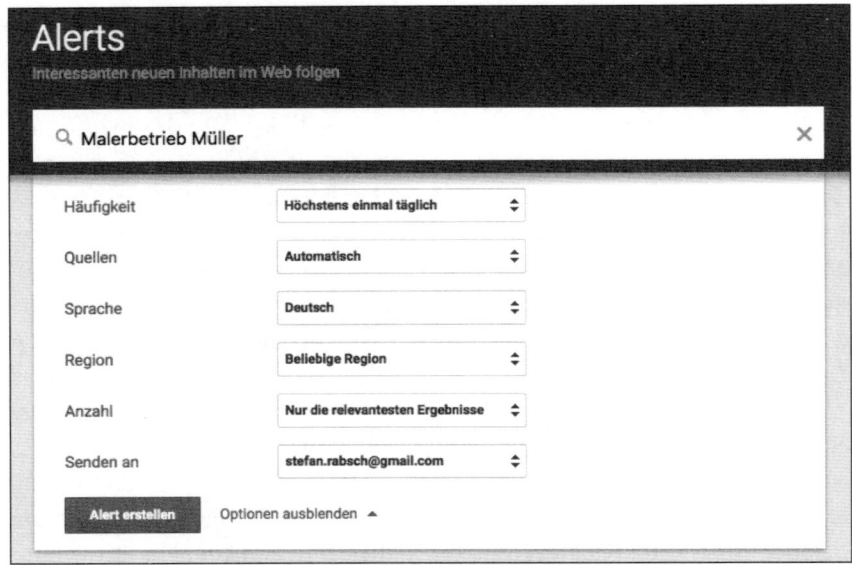

Abbildung 5.35 Erstellung eines Google Alerts

Linkaufbau-Aktion 7: Links reparieren

Häufig führen alte Links ins Leere, z. B. wenn Sie die Website-Struktur geändert haben. Die fehlerhaften Links (engl. *broken links*) führen dann zu nicht mehr vorhandenen Seiten und helfen Ihnen auch nicht mehr, Ihre Linkpopularität zu steigern. Daher sollten Sie diese Links aufspüren und ändern lassen. Falls eine Änderung nicht möglich ist, lassen sich Weiterleitungen auf die neue URL oder auf die Startseite anlegen. Fehlerhafte Seitenaufrufe für Ihre Website finden Sie z. B. in der Google Search Console über CRAWLING • CRAWLING-FEHLER.

Linkaufbau-Aktion 8: Linkbaits

Linkbaits (*Linkköder*) sind Aktionen, die für verstärkte, natürliche Links sorgen. Sie legen also einen Köder aus, um viele Links zu angeln. Hierbei gilt es, bei Website-Betreibern und Bloggern Aufmerksamkeit zu erregen. Inzwischen gibt es viele solcher Linkbait-Aktionen, so dass Sie im Vorfeld Ideen sammeln sollten und eine gute Planung voranstellen müssen. Im besten Fall erzielen Sie mit Ihrem Linkbait einen sogenannten *viralen Effekt*, so dass noch mehr Menschen z. B. durch soziale Netzwerke von der Aktion erfahren.

Als Anregung für Ihren eigenen Linkbait wollen wir Ihnen hier einige Aktionen vorstellen. Ein Beispiel für einen Linkbait zur Steigerung von Aufmerksamkeit und Backlinks ist das Hochschulranking der *Zeit* auf *https://ranking.zeit.de/che/de/*, das durch einen interaktiven Test auch Hilfe bei der Wahl des Studiengangs bietet. In Abbildung 5.36 sehen Sie das Tool, dem eine Rangliste der besten Universitäten zugrunde liegt und das durch die konkrete Entscheidungshilfe für Studenten einen großen Nutzer-Mehrwert verspricht. Es überrascht nicht, dass diese Seite zu den am häufigsten verlinkten Webseiten auf *www.zeit.de* gehört. Erstellen Sie also für Ihren Linkbait möglichst aktuelle und nützliche oder auch unterhaltsame Inhalte. Denkbar ist hier auch das Anbieten von kurzweiligen Online-Spielen, z. B. Sudoku (*sudoku.zeit.de*). Auch solche Seiten gehören oft zu denjenigen, die sehr häufig von anderen Websites verlinkt werden.

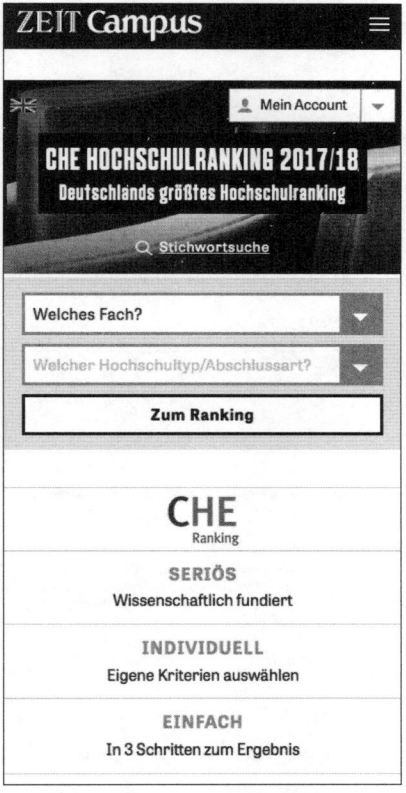

Abbildung 5.36 Linkbait »ZEIT Hochschulranking«

Eine zweite Möglichkeit für Linkbaits sind Charity-Aktionen. Beispiele gibt es hier viele für den ökologischen und sozialen Bereich. Einige Unternehmen fordern dazu auf, einen Button auf das eigene Blog oder die eigene Homepage zu setzen, um damit eine Charity-Aktion zu unterstützen. Die Buttons zeigen dann auf die Webseiten der Unternehmen, und die Unternehmen unterstützen im Gegenzug eine Wohltätigkeitsorganisation wie den WWF, Greenpeace oder soziale Projekte. Als Beispiel können Sie sich die Aktion »Mach's grün!« von kaufDA (*www.kaufda.de/umwelt/co2-neutral/*) anschauen, bei der Sie als Bloginhaber Ihr Blog mit dem Setzen eines Buttons CO2-neutral machen können (siehe Abbildung 5.37).

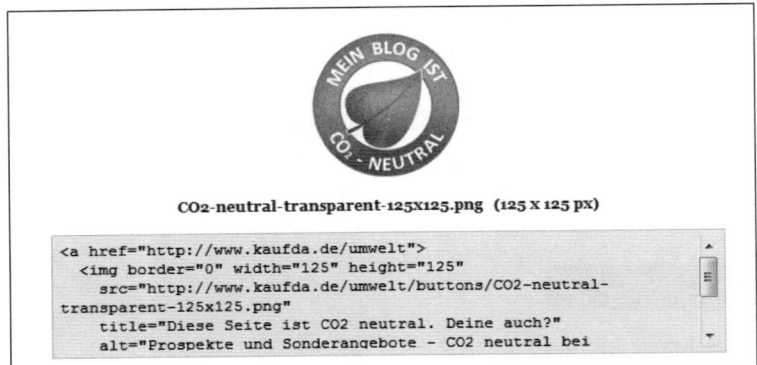

CO2-neutral-transparent-125x125.png   (125 x 125 px)

```
<a href="http://www.kaufda.de/umwelt">
  <img border="0" width="125" height="125"
    src="http://www.kaufda.de/umwelt/buttons/CO2-neutral-
transparent-125x125.png"
    title="Diese Seite ist CO2 neutral. Deine auch?"
    alt="Prospekte und Sonderangebote - CO2 neutral bei
```

Abbildung 5.37 Button für die Aktion »Mach's grün!« von KaufDa

Ähnlich sind auch die Spenden-Buttons von PayPal (*www.paypal.com/ch/cgi-bin/ webscr?cmd=_donate-intro-outside*) aufgebaut, bei der Website-Betreiber einen Spenden-Button für ihre Seite generieren können, der dann automatisch zu einer Spende via PayPal führt (siehe Abbildung 5.38).

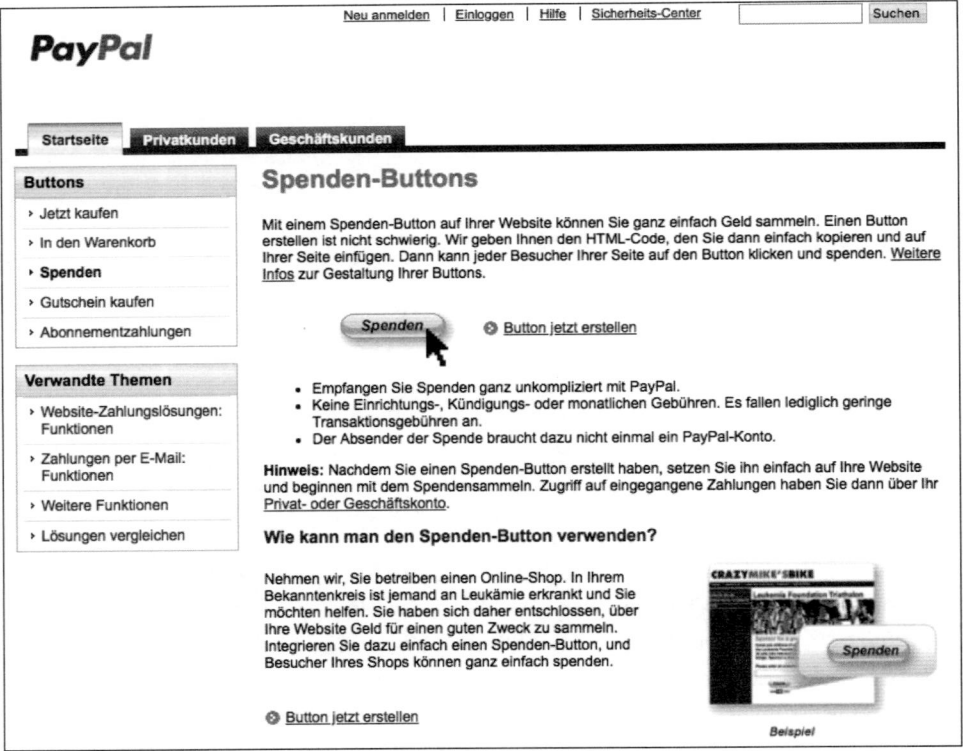

Abbildung 5.38 Linkbait: Spenden-Button von PayPal

Ein dritter Ansatz für gute Linkbaits sind Gewinnspiele. Regen Sie die Leute im Netz an, über Sie zu berichten. Jeder Beitrag nimmt dann an einer Verlosung teil. Im optimalen Fall schlagen Sie also mit Linkbait-Aktionen immer zwei Fliegen mit einer Klappe. Sie erreichen erhöhte Aufmerksamkeit für Ihre Website und sorgen gleichzeitig für weitere Links auf Ihre Website und somit für eine bessere Suchmaschinenoptimierung. Wichtig für einen erfolgreichen Linkbait ist eine gute Pressearbeit und Aktivität im Bereich Social Media wie Facebook oder Twitter, um die Reichweite der Aktion zu steigern. Wie Sie Social Media richtig für solche Aktionen nutzen können, lesen Sie in Kapitel 15, »Social Media Marketing«.

5.5.4   Gute und schlechte Links

Jetzt kennen Sie viele gute Methoden, um an Backlinks für Ihre Website zu gelangen. Sie haben auch gesehen, dass dies ein mühsamer Weg ist. Aber die Mühe lohnt sich! Wir warnen an dieser Stelle davor, sich den Weg zu vereinfachen und sich die Mühen zu ersparen. Ein schneller Weg wäre z. B., das Angebot an Backlinks bei *eBay* zu prüfen (siehe Abbildung 5.39).

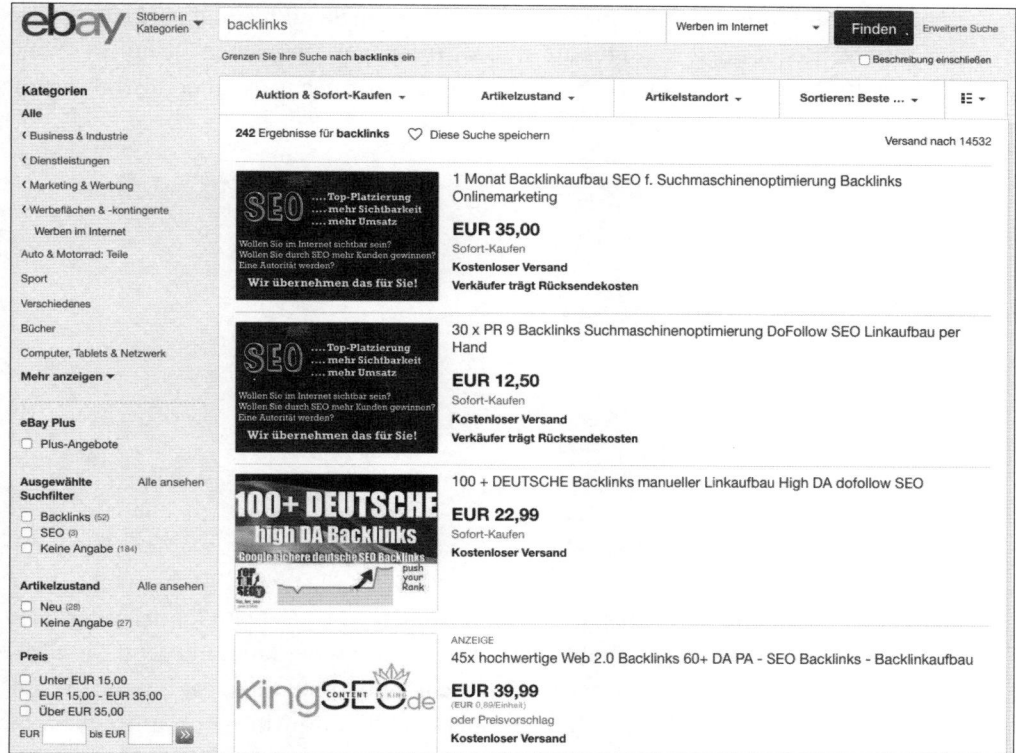

Abbildung 5.39 Backlink-Angebot bei eBay

Sie sehen dort Links, die Ihnen paketweise angeboten werden. Davon ist abzuraten, weil die Links meist eine geringe Qualität haben, teilweise auf irrelevanten Seiten gesetzt werden und für ein unnatürliches Linkwachstum sorgen. Hinzuweisen ist an dieser Stelle auch noch einmal auf die Google-Richtlinien für Webmaster (*support.google.com/webmasters/answer/35769?hl=de*). In diesen Richtlinien wird auf die Gestaltung und den Content von Websites eingegangen, zudem wird das Augenmerk auf die technische Umsetzung und Qualitätsansprüche gelenkt. Nehmen Sie sich die Zeit, und werfen Sie einen Blick in das Dokument, um die Regeln des Suchmaschinenbetreibers besser zu verstehen.

Nehmen Sie auch Abstand von Linkmarktplätzen, bei denen Sie Links für ein bestimmtes Thema einkaufen können. Auf solchen Marktplätzen kommen Linksuchende (*Advertiser*) mit potenziellen Linkgebern (*Publisher*) zusammen und können eine Kooperation vereinbaren. Meist handelt es sich dabei um eine thematisch geordnete Datenbank an Websites, aus denen man nach verschiedenen Kriterien auswählen kann. Natürlich ist dies eine schnelle Methode, um an Links zu kommen. Google kommuniziert aber klar in seinen Richtlinien, dass gekaufte Links nicht zulässig sind. Im schlimmsten Fall heißt das, dass Ihre Webseiten von Google für einen längeren Zeitraum abgewertet werden. Dieses sollten Sie unbedingt vermeiden. Die Sichtbarkeit bei Google kann bis auf null zurückgehen. Dies sehen Sie gut in Abbildung 5.40, dem Sichtbarkeitsverlauf einer Domain, die sich nach einer Abstrafung im Jahr 2013 nie mehr erholt hat.

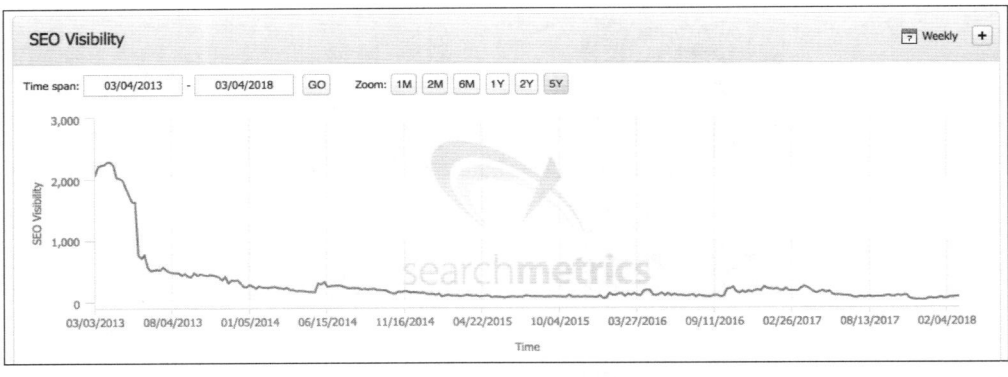

Abbildung 5.40 Google-Sichtbarkeit einer Domain mit Abstrafung (Quelle: Searchmetrics)

Trotzdem soll an dieser Stelle auch erwähnt werden, dass es beim Kaufen oder Mieten von Links nicht zwingend um eine rechtlich verbotene Handlung geht. Die wirkliche »Bestrafung« kann von den Suchmaschinenbetreibern selbst ausgehen und dafür sorgen, dass Ihre Website in den Suchmaschinen nicht mehr auffindbar ist. Daher können Sie auf eigene Verantwortung auch einiges ausprobieren. Vom massenhaften Eintragen in Webkatalogen und Bookmarking-Diensten raten wir an dieser Stelle ab. Sie haben dadurch keine Vorteile. Warnen wollen wir Sie auch vor unzähligen und eventuell automatisierten Links aus dem Ausland. Einzelne Links sind sicherlich nicht schädlich, aber große Mengen von ausländischen Links – insbesondere aus Regionen mit erhöhten Spam-Aktivitäten – können Ihrem Linkprofil schaden und Ihre Rankings nachhaltig beeinträchtigen.

Sollten Sie einmal tatsächlich das Gefühl oder die Gewissheit haben, dass minderwertige Links auf Ihre Website verweisen, oder sind Sie im schlimmsten Fall sogar Opfer einer Abstrafung geworden, sollten Sie zunächst mit den verlinkenden Webmastern in Kontakt treten und um Entfernung der Links bitten. Dokumentieren Sie diese Kontaktaufnahme, damit Sie sie notfalls auch Google vorlegen können. Falls Sie hiermit keinen Erfolg haben, können Sie versuchen, mithilfe des sogenannten *Disavow*-Tools von Google (*www.google.com/webmasters/tools/disavow-links-main*) die schlechten Links für ungültig zu erklären. Wenn Sie aufgrund einer Algorithmusänderung abgestraft wurden, bleibt Ihnen nun nichts anderes übrig, als auf ein neues Update des Algorithmus zu warten. Wurden Sie hingegen manuell, das heißt von einem Google-Mitarbeiter, abgestraft, können Sie nach der Bereinigung Ihres Linkprofils einen sogenannten *Reconsideration Request* einreichen und bei Google beantragen, dass Ihre Website neu bewertet wird (*https://search.google.com/search-console/manual-actions*). Hier können Sie auch überprüfen, ob Ihre Website von einer manuellen Abstrafung betroffen ist (siehe Abbildung 5.41).

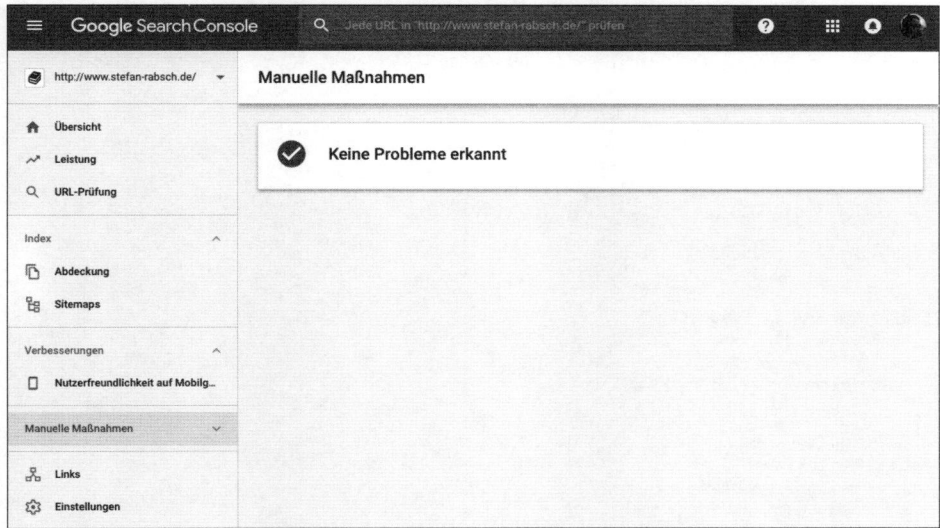

Abbildung 5.41 Übersicht zu manuellen Abstrafungen in der Google Search Console

5.6   Weitere Optimierungsmaßnahmen

Die Suchmaschinen bieten heutzutage zusätzliche Möglichkeiten an, mit denen Sie gefunden werden können und die über die übliche Ergebnisdarstellung hinausgehen. Dies betrifft z. B. Bilder, Videos, Nachrichten und Produkte. Sollten Ihnen hier passende Angebote zur Verfügung stehen, lohnt sich eine Optimierung dieser Inhalte.

5.6.1 Lokale Suche

Wenn Sie ein lokales Geschäft oder ein Filialnetz haben, dann können Sie dies in die lokale Suche der Suchmaschinen eintragen. In Google Maps sehen Sie dann Ihren Standort mit der Angabe weiterer Informationen, Ihrer Webadresse und Bildern. Außerdem lohnt sich dieser Eintrag, da bei einer lokalen Suchanfrage, z. B. nach »Zahnarzt Kiel«, auch gleich eine Karte mit Zahnärzten in der Nähe von Kiel angezeigt wird (siehe Abbildung 5.42). Zudem haben Sie in der lokalen Suche die Möglichkeit, Werbeanzeigen zu schalten und Ihre Standortinformationen mit diesen Google-Werbeanzeigen zu verknüpfen. Wenn Sie lokal aktiv sind, lohnt sich diese Investition. Wie Sie die Anzeigen buchen, erfahren Sie in Kapitel 6, »Suchmaschinenwerbung (SEA)«.

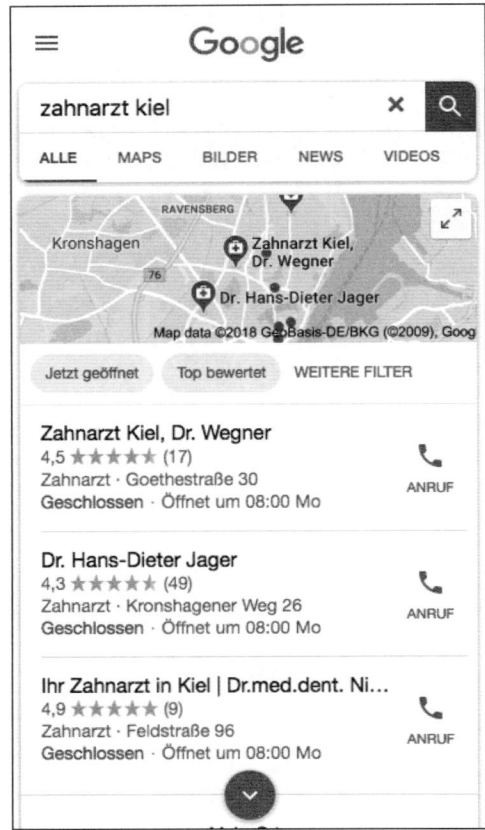

Abbildung 5.42 Google-Suchergebnisseite mit lokalen Integrationen

Ihren Eintrag bekommen Sie über das Programm *Google My Business* (früher *Google Places*) unter der Adresse *www.google.de/intl/de/business/*. Dieser Eintrag ist kostenfrei, und Sie sollten diese Möglichkeit nutzen, da Sie damit die Informationen, die Google über Ihr Unternehmen anzeigt, selbst bestimmen können (siehe Abbildung 5.43). Zur Verifikation Ihrer Angaben schickt Google Ihnen eine Karte, oder Sie nehmen die Verifikation per Telefon vor.

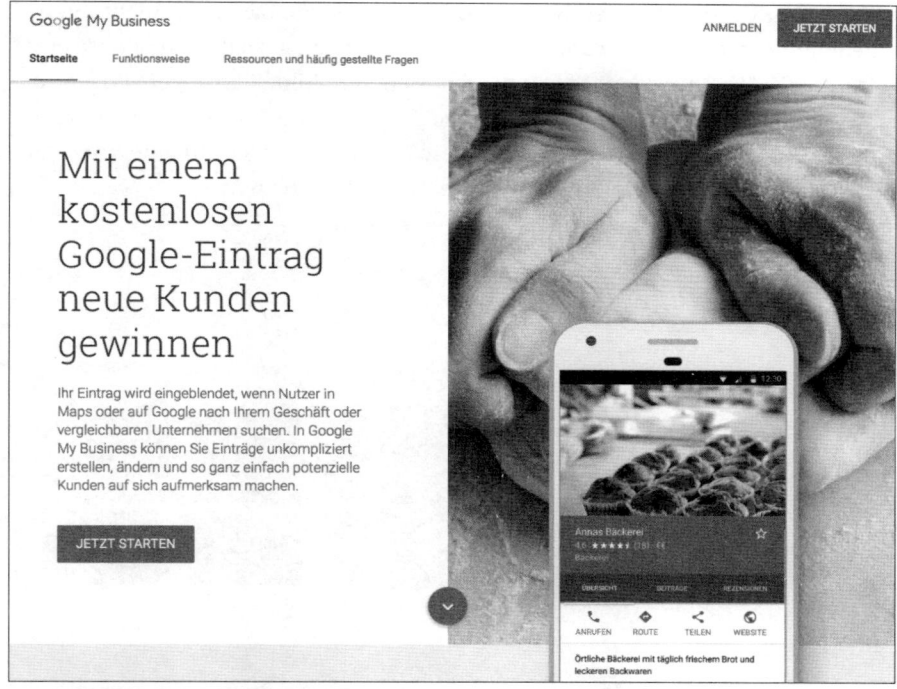

Abbildung 5.43 Google My Business

Ihren Eintrag sollten Sie ganz bewusst vornehmen und die Angaben genau überdenken. Wie würde ein Kunde lokal nach Ihrem Angebot suchen? Bleiben wir bei unserem Beispiel »Zahnarzt Kiel«, oder wäre es vielleicht besser, einen Stadtteil auszuwählen, wie z. B. »Zahnarzt Kiel Altstadt«? Versetzen Sie sich also in die Lage des Suchenden. Bei Benutzern, die in Ihrer direkten Nähe nach Ihnen suchen, ist die Wahrscheinlichkeit höher, dass sie Ihre Kunden oder – hier am Beispiel des Zahnarztes – Ihre Patienten werden. Außerdem haben Sie den Vorteil, dass Sie nicht mit mehreren Hundert Angeboten in den Suchergebnissen konkurrieren, sondern mit deutlich weniger Angeboten in Ihrem Ortsteil. Geben Sie also die passenden Informationen in *Google My Business* ein, damit Sie auch in den lokalen Suchergebnissen gut gefunden werden. Wichtig sind außerdem gute Rezensionen, also Sterne-Bewertungen Ihrer Kunden. Weisen Sie z. B. Ihre zufriedene Kundschaft auf diese Möglichkeit hin, oder erwähnen Sie dies in einem Newsletter.

5.6.2 Bildersuche

Auch für visuelle Inhalte bieten die Suchmaschinen spezielle Funktionen an. Sie können z. B. gezielt nach Bildern suchen. Sollten Sie eigenes Bildmaterial zur Verfügung haben, können Sie es auch den Suchmaschinen zur Verfügung stellen und darüber Besucher auf Ihre Website bekommen. Gerade über die veränderte Darstellung der Suchmaschinenergebnisse bei *google.de* werden die Kategorien wie Bilder- und Videosuche deutlicher. Über den Button TOOLS können Sie passende Suchfilter aus verschiedenen Kategorien auswählen. So können Besucher gezielt nach Bildern einer bestimmten Größe oder Farbe suchen oder sich nur Bilder anzeigen lassen, die lizenzfrei sind. In Abbildung 5.44 sehen Sie die Ergebnisseite der Bildersuche für den Begriff »San Francisco«. Durch den Klick auf ein Bild gelangen Sie auf eine Vorschaugalerie und können im Anschluss die Website des Bildes aufrufen.

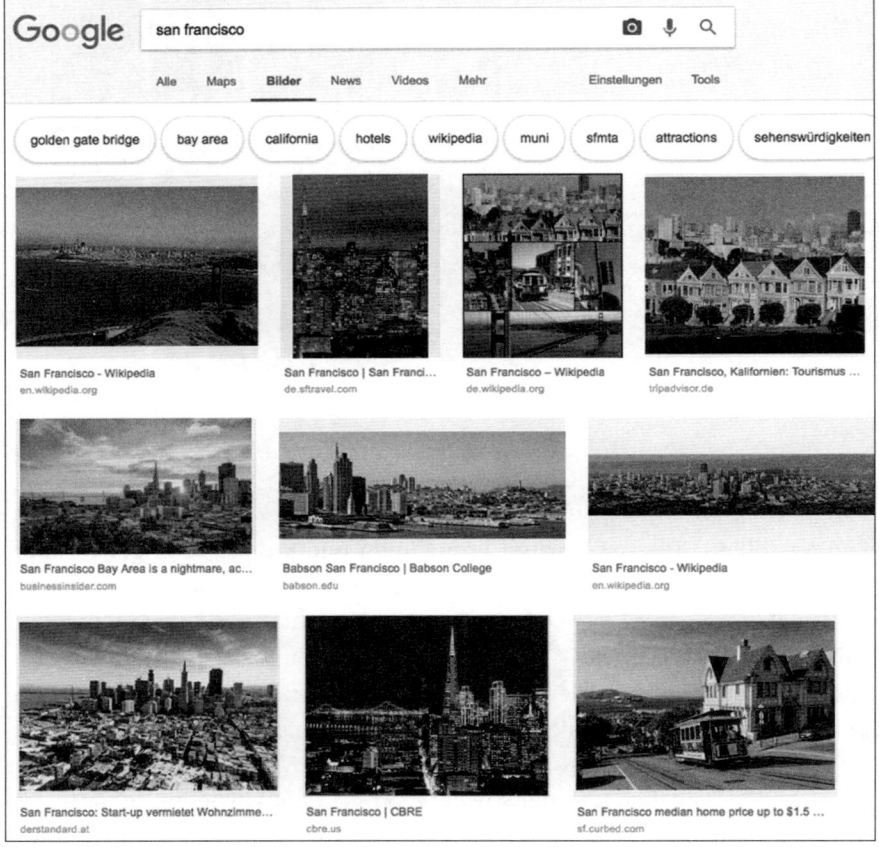

Abbildung 5.44 Google-Suchergebnisseite für Bilder

Google erkennt automatisch die Bilder Ihrer Website und nimmt sie in die Bildersuche auf, wenn Sie dies nicht unterbinden. Wenn Ihre Bilder auf den vorderen Positionen angezeigt werden sollen, empfiehlt sich eine sprechende Dateibezeichnung, die den Bildinhalt wiedergibt. Bezeichnen Sie ein Bild z. B. mit *golden-gate-san-francisco.jpg* anstatt einem nichtssagenden Dateinamen wie *img598369.jpg*. Damit helfen Sie der Suchmaschine, den Inhalt des Bildes zu verstehen. Außerdem sollten Sie ein beschreibendes alt-Attribut im HTML-Code für das Bild angeben, wie Sie im folgenden Beispiel sehen.

```
<img src="golden-gate-san-francisco.jpg" alt="Golden Gate Brücke in
San Francisco" />
```

Google verlässt sich natürlich nicht nur auf diese Angaben, sondern investiert in automatische Bilderkennung und analysiert das Klickverhalten der Nutzer auf die Bilder. In der Google-Bildersuche können Sie auch ähnliche Bilder suchen, indem Sie ein Bild über das Kamerasymbol im Suchschlitz hochladen.

> **Bilder-SEO**
>
> Die Optimierung von Bildern für die Suchmaschinen wird häufig als *Bilder-SEO* (oder als *Image SEO*) bezeichnet. Unter diesen Begriffen finden Sie im Internet viele weitere nützliche Tipps und Informationen. Hervorzuheben sei hier das Blog von Martin Mißfeldt (*www.tagseoblog.de*), der sich ausführlich und regelmäßig mit der Entwicklung der Bildersuche auseinandersetzt.

5.6.3   Google News

Wenn Sie über ein redaktionelles Angebot verfügen, empfiehlt sich die Nutzung von Nachrichten-Suchmaschinen. Eine der wichtigsten Suchmaschinen im Nachrichtenbereich ist Google News (*news.google.de*, siehe Abbildung 5.45). Hier werden aktuelle Artikel aus allen Themengebieten gesammelt. Durch den Klick auf einen Artikel gelangen Besucher direkt auf die Website des Nachrichtenanbieters.

Um in die Google News aufgenommen zu werden, müssen Sie einige technische und organisatorische Voraussetzungen erfüllen:

▸ Zuallererst müssen Sie Ihre Website mit den Nachrichteninhalten im *Google News Publisher Center* (*partnerdash.google.com/partnerdash/d/news*) anmelden.

▸ Websites, die auf Google News erscheinen, sollen Nachrichteninhalte sein, die journalistischen Standards entsprechen. Marketinginhalte, die ein Produkt oder eine Dienstleistung bewerben, aber auch rein informative Inhalte wie Wettervorhersagen haben auf Google News nichts verloren.

▸ Die Artikel-URLs müssen eindeutig und dauerhaft auffindbar sein. So sollte also jeweils ein Artikel unter einer eigenen URL liegen. Diese URL muss dann auch dauerhaft diesen Artikel enthalten und darf sich nicht ändern.

▶ Bei Artikeln, die nur mit Registrierung oder gegen Bezahlung aufrufbar sind, müssen Sie beachten, dass die Google-News-Crawler Ihre Inhalte trotzdem lesen können. Zudem können Sie für Leser, die über Google News kommen, die Artikel freigeben, damit die Besucher nicht von der kostenpflichtigen Registrierung abgeschreckt werden.

▶ Artikel-Überschriften sollten Sie eindeutig formulieren und diese im HTML-Code auch für den `<title>`-Tag und in der `<h1>`- oder `<h2>`-Überschrift verwenden.

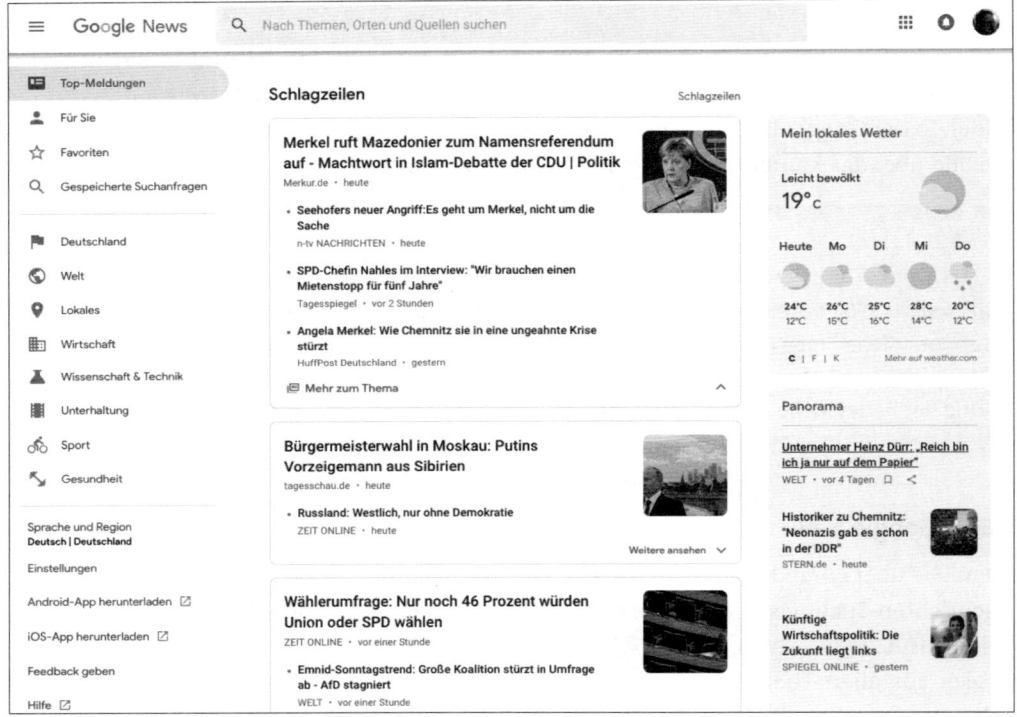

Abbildung 5.45 Google-News-Startseite

Weitere ausführliche Informationen zu den Voraussetzungen und technischen Feinheiten finden Sie in der umfangreichen Google-News-Hilfe unter *support.google.com/news/publisher#topic=4359865*.

Eine weitere optionale, aber vor allem für große Nachrichtenseiten empfehlenswerte Anforderung ist das Einreichen einer News-Sitemap. Dies ist eine XML-Datei, die Ihre Nachrichtenartikel enthält. Sie haben damit den Vorteil, dass die Artikel schneller aufgefunden und in die News-Suche aufgenommen werden können. Vor allem im schnelllebigen Nachrichtengeschäft ist dies von Vorteil. Zudem können Sie weitere Meta-Daten zum Artikel übergeben. Wie die XML-Datei programmiert werden muss, beschreibt Google genau unter *support.google.com/news/publisher/answer/74288?hl=de*. In die News-Sitemap brauchen Sie nur die Artikel der letzten zwei Tage aufzunehmen. Alle älteren Artikel bleiben 30 Tage in den Google News gelistet. Achten Sie außerdem darauf, dass Sie stets mit gleichen Sitemap-Dateien arbeiten, das heißt, diese aktualisieren, und vermeiden Sie es, bei jeder Aktualisierung neue Dateinamen zu erstellen. Wenn Sie die News-Sitemap erstellt haben, können Sie sie über die Google Search Console einreichen. Dort können Sie auch einstellen, dass es sich um eine News-Sitemap handelt. Mit der Abfrage `site:website.de` in Google News können Sie herausfinden, welche Artikel von einer Website aufgenommen wurden. So bekommen Sie einen guten Überblick, wie andere Websites und Nachrichtenportale die News-Suche von Google nutzen. *spiegel.de*, *focus.de* und *welt.de* sind z. B. deutsche Websites, die sehr gut in Google News vertreten sind.

Ein weiterer Vorteil ergibt sich aus der Integration der Nachrichten in die normale Websuche bei Google, was als *Universal Search* bezeichnet wird. Wenn Sie nach einem aktuellen Thema suchen, z. B. nach dem Dauerbrenner-Thema »Formel 1«, sehen Sie auch Suchergebnisse aus Google News – wie in Abbildung 5.46 unter SCHLAGZEILEN, in der Darstellung auf einem Tablet. Sie können sich sicher vorstellen, dass hier sehr viele Klicks auf die Nachrichten zustande kommen.

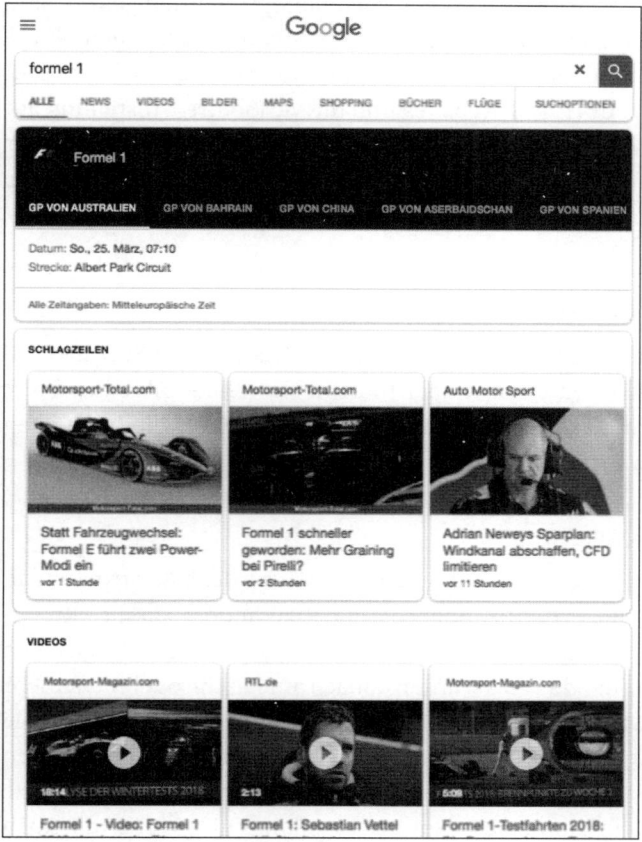

Abbildung 5.46 News-Einblendungen in der Google-Suche

5.6.4 Sprachsuche (Voice Search)

Eine neue Entwicklung sind Sprachsuchen, die über das Smartphone oder digitale Assistenten, wie z. B. Amazon *Alexa* oder Google *Home*, angeboten werden. Hier können Sie per Sprache nach Informationen suchen. Einige Besonderheiten ergeben sich durch wortreichere Suchanfragen im Vergleich zu Eingaben via Tastatur. Zudem können digitale Assistenten nur eine Antwort liefern und nicht mehrere Ergebnisse anzeigen, wie man es von den Suchmaschinen kennt.

Vieles steckt bei der Sprachsuche allerdings noch in den Kinderschuhen. Die ersten Firmen experimentieren mit speziellen Angeboten für die Sprachsuche. Wir empfehlen Ihnen, den Markt hier weiter zu beobachten und selbst per Sprache mit *Apples Siri* oder dem *Google Assistant* zu suchen. Damit bekommen Sie ein besseres Gefühl dafür, wie der aktuelle Stand der Entwicklung in der Sprachsuche ist.

5.7 Website-Relaunch und Domain-Umzug

Ein wichtiger Punkt, der auch zum Thema Suchmaschinenoptimierung gehört, sind Website-Relaunches und Domain-Umzüge. Beide Fälle können im Leben einer Website auftreten und haben für die Suchmaschinenoptimierung Konsequenzen. Zudem kommt durch den Wechsel auf HTTPS-Websites und die vermehrte Umstellung auf responsive Websites das Thema Relaunch und Migration für viele Website-Betreiber häufig auf den Tisch. Auf beide Fälle wollen wir im Folgenden näher eingehen. Was gibt es also bei einem Relaunch der Website zu beachten?

5.7.1 SEO-konformer Website-Relaunch

Ein Relaunch oder Redesign einer Website bedeutet aus Nutzer- und Suchmaschinensicht immer eine große Umstellung. Daher müssen Sie viele Punkte beachten, um keine Besucher zu verlieren. Wir wollen daher einige Problemfälle betrachten und Lösungsmöglichkeiten aufzeigen.

Problemfall 1: Änderung der URL-Struktur

Eines der größten Probleme beim Relaunch stellt die Änderung der URL-Struktur dar. Wir empfehlen Ihnen, die URL-Struktur möglichst nicht zu ändern, da dies Konsequenzen für Ihr Ranking hat. Alte Inhalte wären nicht mehr unter der gleichen Adresse aufrufbar, und bestehende Links würden danach auf falsche oder nicht mehr erreichbare Seiten zeigen. Lässt sich die URL-Änderung nicht vermeiden, sollten Sie auf Weiterleitungen zurückgreifen. Mit sogenannten *301-Redirects* können Sie Ihren Webserver so konfigurieren, dass jede alte URL auf eine inhaltlich passende neue URL umgeleitet wird. Dies ist nötig, damit Sie gewonnene Rankings nicht verlieren. Auch ein Wechsel hin zu einer HTTPS-Website stellt eine Änderung der URL-Struktur dar, und auch hier müssen Sie mit Weiterleitungen arbeiten, um weiterhin gut in Suchmaschinen auffindbar zu sein.

Problemfall 2: Änderung der internen Linkstruktur

Die interne Verlinkung Ihrer Seiten untereinander ist ein sehr wichtiger Punkt in der Suchmaschinenoptimierung. Die Suchmaschinen-Crawler können sich damit zum einen durch Ihre Seite bewegen und zum anderen erkennen, welche Seiten am wichtigsten sind. Achten Sie daher auf Ihr bestehendes Verlinkungskonzept, und bilden Sie es so gut wie möglich auf der neuen Website ab. Wenn sich auf Ihrer neuen Website die URLs ändern, achten Sie auch darauf, dass alle internen Links auf die neuen URLs verweisen und das richtige HTTP-Protokoll verwenden.

Problemfall 3: Löschen von alten Seiten

Häufig kommt es vor, dass mit dem Relaunch alte Seiten gelöscht werden oder einfach nicht beachtet oder umgezogen werden. Schlecht ist das insbesondere für Seiten mit wertvollen Backlinks und Seiten mit gutem Ranking. Verschaffen Sie sich vor dem Relaunch einen Überblick über die meistbesuchten URLs Ihrer Website und die URLs mit den meisten Backlinks. Die bestbesuchten Seiten Ihrer Website finden Sie über Ihr eingesetztes Web-Analytics-Tool, z. B. Google Analytics, oder über die Auswertung Ihrer Server-Statistiken. Häufig werden die Seiten, auf denen ein Besucher als Erstes auf Ihrer Website landet, als *Einstiegsseiten* oder *Zielseiten* bezeichnet. In Google Analytics finden Sie diese unter VERHALTEN • WEBSITECONTENT • ZIELSEITEN. In Abbildung 5.47 sehen Sie eine Auswertung dazu.

Legen Sie also besonderes Augenmerk auf die häufig aufgerufenen Einstiegsseiten, und sorgen Sie dafür, dass diese auch nach dem Relaunch aufrufbar sind. Klicken Sie sich zudem durch Ihre neue Seite, um »tote« Links zu finden und diese zu korrigieren. Sollte das Löschen der wichtigen URLs trotzdem nötig sein, können Sie Weiterleitungen auf die neue oder eine andere passende Seite anlegen.

Und welches sind Ihre am besten von anderen Websites verlinkten Unterseiten? Dies können Sie mithilfe verschiedener SEO-Tools ermitteln. In der Google Search Console finden Sie unter SUCHANFRAGEN • LINKS ZU IHRER WEBSITE • IHR AM MEISTEN VERLINKTER CONTENT bereits sehr viele Informationen zu den am häufigsten verlinkten Seiten. Andere Tools sind allerdings kostenpflichtig. Einen kleinen Einblick bekommen Sie mit dem Open Site Explorer (*moz.com/researchtools/ose/*). Geben Sie einfach Ihre Domain ein, und schauen Sie sich die Ergebnisse unter TOP PAGES an. Abbildung 5.48 zeigt die entsprechenden Ergebnisse für *www.bild.de*.

Zielseite	Akquisition			Verhalten		
	Sitzungen ↓	Neue Sitzungen in %	Neue Nutzer	Absprungrate	Seiten/Sitzung	Durchschnittl. Sitzungsdauer
	1.373 % des Gesamtwerts: 100,00 % (1.373)	86,89 % Durchn. für Datenansicht: 86,45 % (0,51 %)	1.193 % des Gesamtwerts: 100,51 % (1.187)	67,73 % Durchn. für Datenansicht: 67,73 % (0,00 %)	3,84 Durchn. für Datenansicht: 3,84 (0,00 %)	00:05:19 Durchn. für Datenansicht: 00:05:19 (0,00 %)
1. /	773 (56,30 %)	81,63 %	631 (52,89 %)	54,08 %	5,75	00:08:49
2. /online-marketing-events/	113 (8,23 %)	90,27 %	102 (8,55 %)	71,68 %	1,42	00:01:39
3. /seo-tools/	46 (3,35 %)	95,65 %	44 (3,69 %)	86,96 %	1,20	00:01:04
4. /about/	36 (2,62 %)	94,44 %	34 (2,85 %)	80,56 %	1,31	00:00:14
5. /allgemein/die-web-typen-zielgruppen-im-internet/	33 (2,40 %)	84,85 %	28 (2,35 %)	90,91 %	1,03	00:00:03
6. /studien/	33 (2,40 %)	100,00 %	33 (2,77 %)	81,82 %	1,24	00:00:50
7. /jobs/	30 (2,18 %)	96,67 %	29 (2,43 %)	93,33 %	1,23	00:00:32
8. /allgemein/ganz-neu-die-2-auflage-meines-buchs-erfolgreiche-websites/	27 (1,97 %)	100,00 %	27 (2,26 %)	96,30 %	1,04	00:00:01
9. /erfolgreiche-websites/	26 (1,89 %)	96,15 %	25 (2,10 %)	84,62 %	1,15	00:00:02
10. /allgemein/mein-buch-erfolgreiche-websites-ist-erschienen/	24 (1,75 %)	100,00 %	24 (2,01 %)	100,00 %	1,00	00:00:00

Abbildung 5.47 Einstiegsseiten (Zielseiten) einer Website (Quelle: Google Analytics)

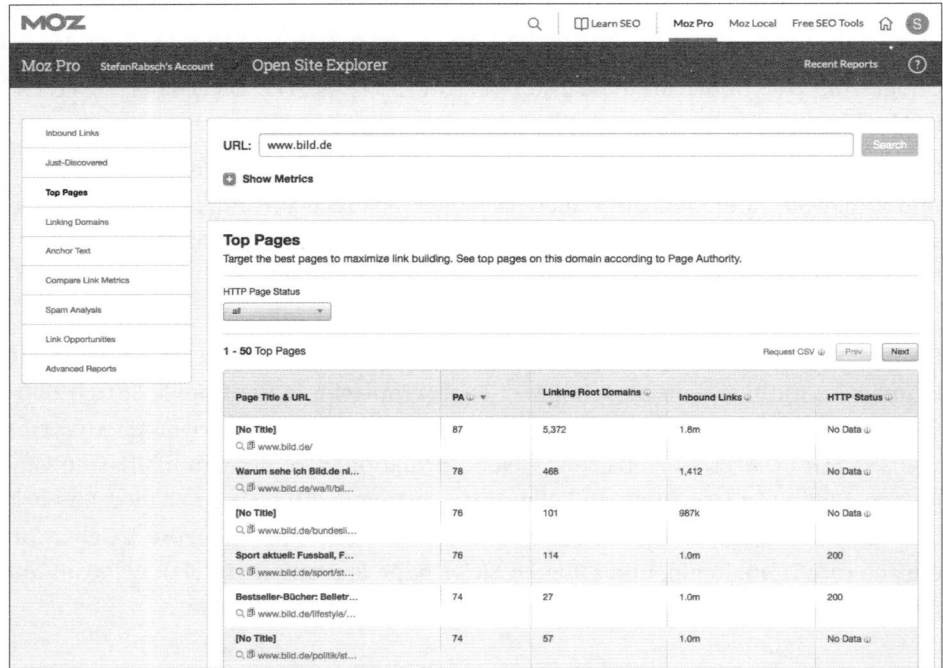

Abbildung 5.48 Analyse der meistverlinkten Seiten mit dem Moz Open Site Explorer

Anhand der angegebenen Liste können Sie nun sehen, welche URLs häufig verlinkt wurden, und sicherstellen, dass diese Seiten bestehen bleiben oder beim Relaunch eine Weiterleitung bekommen. Am sichersten ist es, sich nach dem Relaunch die Liste noch einmal vorzunehmen und die verschiedenen URLs durchzuklicken, um zu testen, ob die richtigen Inhalte erscheinen. Somit stellen Sie sicher, dass Ihnen keine Backlinks verloren gehen. Falls es sich um sehr viele URLs handelt, können Sie statt einer manuellen Prüfung auch mit sogenannten *Crawling-Tools* wie *Screaming Frog* arbeiten (*www.screamingfrog.co.uk*). Solche Tools prüfen automatisiert, ob URLs verfügbar sind, weitergeleitet werden oder nicht mehr existieren.

Problemfall 4: Wechsel des Webhostings

Eventuell wollen Sie mit dem Relaunch der Website auch das Webhosting ändern, also den Server wechseln, auf dem Ihre Webseiten liegen. Dies ist häufig der Fall, wenn der Server zu klein geworden ist in Bezug auf Speicherplatz oder Geschwindigkeit der Seitenauslieferung. Außerdem können technische Anforderungen einen Wechsel des Webhostings nötig machen. Vielleicht möchten Sie auch das sogenannte HTTP-Protokoll in HTTPS ändern, um Ihren Nutzern ein sichereres Surfen auf Ihren Webseiten zu ermöglichen. Ein solcher Wechsel bringt immer technische Probleme mit sich. Daher ist es ratsam, sich professionelle Unterstützung zu holen oder zu schauen, ob Sie beim gleichen Webhosting-Anbieter bleiben und einen größeren Server anfordern können.

Problemfall 5: Neue technische Systeme

Mit einem Relaunch geht oft einher, dass neue technische Systeme im Hintergrund verwendet werden, z. B. ein neues Content-Management-System (CMS) oder eine neue Shop-Software. Bei einem Wechsel solcher Systeme tauchen meist Probleme auf, da sie auf verschiedenen Konzepten beruhen und möglicherweise unterschiedlich programmiert sind. Sichtbar wird das z. B. an einer geänderten URL-Struktur. Besonders der (teilweise) Wechsel auf Webtechnologien wie *Flash* oder *Silverlight* sollte gut überlegt sein, da Suchmaschinen diese in der Regel nicht auswerten können. Damit verschenken Sie das Potenzial der Suchmaschinenoptimierung.

Haben Sie auch ein Augenmerk auf Ihre Navigation. Achten Sie darauf, dass die Suchmaschinen-Robots über Ihre Navigationslinks auf die Unterseiten Ihrer Website gelangen können. Häufig kommen bei größeren Websites und Online-Shops JavaScript-Navigationen zum Einsatz. Sorgen Sie dafür, dass die Links trotzdem im HTML-Code als <a>-Tags gekennzeichnet sind. Nur damit stellen Sie sicher, dass die Crawler Ihre internen Links finden und weiterverfolgen.

Problemfall 6: Änderung des Domain-Namens

Öfter wechselt mit dem Relaunch einer Website auch der Domain-Name. Solch eine Änderung sollte natürlich im Vorhinein gut überlegt sein, da sich Nutzer und auch die Suchmaschinen an den Domain-Namen gewöhnt haben. Sollte der Domain-Wechsel aber dennoch gewünscht sein, müssen Sie einige Punkte aus SEO-Sicht beachten, um Ihre Website weiterhin in den Suchmaschinen gut zu präsentieren. Im folgenden Abschnitt erklären wir Ihnen die notwendigen Schritte.

Um die beschriebenen Probleme, die mit einem Relaunch einer Website zusammen-hängen können, zu verhindern, empfehlen wir Ihnen, die einzelnen Punkte so früh wie möglich zu berücksichtigen. Natürlich ergeben sich aus einem Relaunch auch Chancen für eine nutzer- und suchmaschinenfreundlichere Website, z. B. in einer verbesserten Navigationsstruktur. Wenn also ein Relaunch ansteht, dann nutzen Sie gleich die Gelegenheit für die weitere Suchmaschinenoptimierung der Website.

5.7.2   SEO-konformer Domain-Umzug

Obwohl wir davon abraten, den Domain-Namen Ihrer Website zu ändern, kann es trotzdem manchmal notwendig werden, einen Wechsel vorzunehmen, beispiels-weise wenn sich der Firmenname ändert. Wenn dies der Fall ist, sollten Sie einige wichtige Punkte beachten, damit Sie weiterhin gut in den Suchmaschinen zu finden sind und keine Besucherverluste hinnehmen müssen. Sollten Sie im Rahmen des Domain-Umzugs auch ein Redesign Ihrer Seite vornehmen, empfehlen wir Ihnen, zuerst den Domain-Umzug durchzuführen und erst danach das Redesign der Web-site vorzunehmen. Sie vermeiden es so, Ihre Nutzer zu verwirren, und können auch auf Fehler besser reagieren, als wenn Sie beides, Domain-Umzug und Redesign, in einem Schritt angehen. Für den suchmaschinenkonformen Domain-Umzug sollten Sie folgende Schritte beachten:

1. Zuerst sollten Sie auf der neuen Domain alle Inhalte bereitstellen. Am besten in der gleichen URL-Struktur, wie die Website auch unter der alten Domain aufge-baut war. Sorgen Sie zudem dafür, dass alle internen Links auf die neue Domain zeigen. Erstellen Sie außerdem eine neue Datei *robots.txt* für Ihre neue Website. Stellen Sie sicher, dass Ihre neuen Seiten vor der Umstellung noch nicht von Google gecrawlt und indexiert werden und dass der Googlebot nach der Umstel-lung freien Zugang auf alle neuen Seiten hat.

2. Ihre alte und neue Domain sollten Sie in der Google Search Console registrieren und verifizieren. Dieses haben Sie wahrscheinlich schon für Ihre bestehende Seite vorgenommen. Richten Sie dies auch für die neue Domain ein. Lesen Sie bei Bedarf noch einmal in Abschnitt 5.3.2, »Die Website-Tools der Suchmaschinenan-bieter«, nach, wie Sie die Verifikation auf unterschiedliche Weise vornehmen können.

3. Legen Sie Weiterleitungen von Ihrer alten Domain auf die neue Domain und Unterseiten an. Diese Weiterleitungen nennen sich 301-Redirects und geben dem Server an, dass die URL permanent umgezogen ist. Jede alte URL sollte einen eigenen Redirect auf die entsprechende neue URL bekommen, damit Sie die Rankings übernehmen können. Ihr technischer Ansprechpartner kann Ihnen diese 301-Weiterleitungen anlegen. Testen Sie die Weiterleitungen ausführlich mit verschiedenen URLs Ihrer alten Domain.

4. In der Google Search Console können Sie dann den Domain-Umzug angeben. Die Funktion finden Sie, wenn Sie auf das Zahnrad oben rechts klicken und dann ADRESSÄNDERUNG auswählen. In Abbildung 5.49 sehen Sie das entsprechende Formular.

5. Für große, komplexe Websites empfiehlt sich auch der Einsatz einer XML-Sitemap für die neue Domain. Damit können Suchmaschinen die neuen URLs noch schneller durchsuchen.

6. Schauen Sie nun regelmäßig auf Ihre Rankings in Suchmaschinen, und werfen Sie einen Blick in den Bereich CRAWLING der Google Search Console. Dort sehen Sie, ob Probleme mit der neuen Domain auftreten.

7. Beachten Sie die weiteren Hinweise von Google zu einer Website-Verschiebung mit URL-Änderungen unter *support.google.com/webmasters/answer/6033085*.

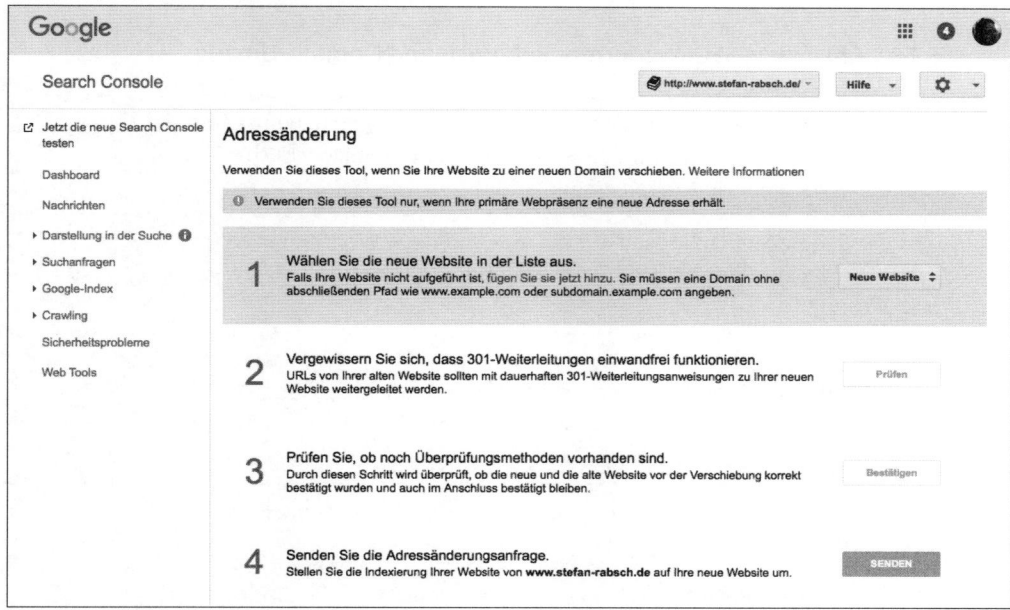

Abbildung 5.49 Website-Adressänderung in der Google Search Console

Lassen Sie auch externe Verlinkungen auf Ihre alte Domain ändern. Kontaktieren Sie einfach Ihre Linkgeber, und bitten Sie um die Änderung des Links auf die neue Domain. Einen aus Suchmaschinensicht erfolgreichen Domain-Umzug hat die Website des Rheinwerk Verlags vorgenommen. Hier wurde von der alten Adresse *galileo-press.de* auf *rheinwerk-verlag.de* gewechselt. In der Auswertung zur Sichtbarkeit der Domain in der Suchmaschine *google.de* mit dem Tool von Searchmetrics erkennen Sie den erfolgreichen Domain-Wechsel (siehe Abbildung 5.50). Die Website konnte damit die guten Rankings auf die neue Domain übertragen.

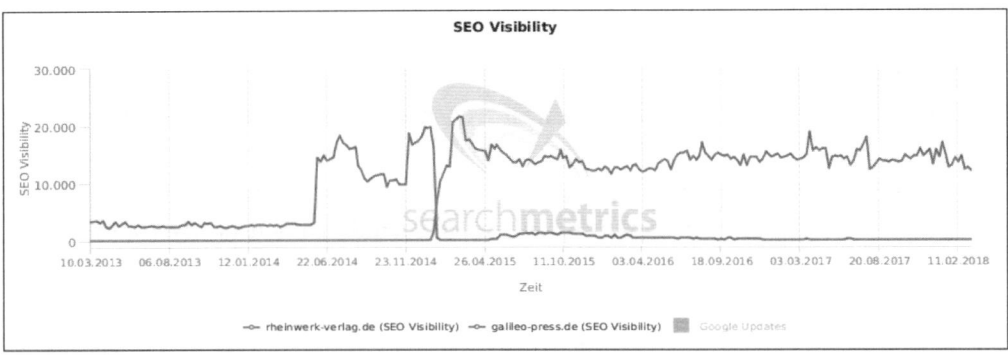

Abbildung 5.50 Sichtbarkeit in Google nach einem Domain-Umzug (Quelle: Searchmetrics)

5.7.3   Checkliste SEO-konformer Relaunch und Domain-Umzug

Bleibt die URL-Struktur erhalten, das heißt, sind die gleichen Inhalte unter derselben URL wieder auffindbar? Falls das nicht möglich ist: Wurden entsprechende Weiterleitungen eingerichtet?	
Ist die Google Search Console für die alte und neue Website eingerichtet und korrekt konfiguriert? Nutzen Sie die Google-Funktion zur Adressänderung?	
Sind alle Inhalte und alle Ressourcen wie Bilder, CSS- oder JavaScript-Dateien für Suchmaschinen-Crawler auffindbar und indexierbar? Checken Sie die Datei *robots.txt* und das Meta-Tag "robots" auf den wichtigsten Einstiegsseiten.	
Haben Sie das Auftreten von doppelten Inhalten auf verschiedenen URLs vermieden?	
Überprüfen Sie alle internen Links auf Ihrer Website auf Funktionstüchtigkeit.	

Tabelle 5.3 Checkliste zum SEO-konformen Relaunch und zum Domain-Umzug

Nutzen Sie XML-Sitemaps? Dann prüfen und aktualisieren Sie sie für die neue Website. Reichen Sie in einer Übergangszeit XML-Sitemaps ein, die sowohl neue als auch alte URLs enthalten. Suchmaschinen können auf diesem Weg besser die eingerichteten Weiterleitungen ermitteln.	
Ist Ihre 404-Fehlerseite nutzerfreundlich gestaltet? Im Zuge eines Relaunches können Fehler auftreten. Die Fehlerseite sollte aber nützliche Hinweise zur weiteren Navigation bieten.	
Wurden die wichtigsten externen Links angepasst, so dass Sie nach dem Relaunch auf Ihre neue Website verweisen? Passen Sie auch die Links auf Ihren eigenen Social-Media-Profilen an (Facebook, Twitter, LinkedIn etc.).	
Verschlechtern sich mit dem Relaunch die Ladezeiten Ihrer Webseiten? Sorgen Sie dafür, dass Ihre neue Website mindestens genauso schnell ist wie Ihre alte. Nutzen Sie hierfür frei zugängliche Online-Tools von Google und anderen.	
Sind alle Tracking-Pixel weiterhin auf der Website, damit das Web-Analytics-System auch künftig funktioniert?	
Überwachen Sie kurz vor, während und nach dem Relaunch intensiv die wichtigsten Berichte in der Google Search Console (Sitemaps, Indexierungsstatus, Crawling-Fehler, Suchanfragen) und den Traffic in Ihrem Web-Analytics-Tool.	

Tabelle 5.3 Checkliste zum SEO-konformen Relaunch und zum Domain-Umzug (Forts.)

5.8   Gebote und Verbote

Zu guter Letzt wollen wir noch auf die Gebote und Verbote in der Suchmaschinenoptimierung eingehen. Durch viel Unwissenheit entsteht auch eine gewisse Unsicherheit. Wenn Sie die Gebote und Verbote beachten, so befinden Sie sich auf der sicheren Seite und können von einem nachhaltigen Besucherzuwachs aus Suchmaschinen profitieren.

5.8.1   Gebote

Zunächst schauen wir uns die wichtigsten Gebote der Suchmaschinenoptimierung an, die Sie bei Ihren SEO-Maßnahmen unbedingt berücksichtigen sollten.

Suchmaschinenrichtlinien

Wenn Sie mit der Suchmaschinenoptimierung beginnen, sollten Sie sich zuerst die Richtlinien für Webmaster durchlesen. Alle großen Suchmaschinenanbieter verfügen über solche Leitfäden. Googles Richtlinien finden Sie unter *support.google.com/ webmasters/answer/35769?hl=de* (siehe Abbildung 5.51). Es werden sowohl Richtlinien zur Gestaltung und zum Inhalt von Websites als auch zur Technik gegeben. Ebenso wichtig sind die Qualitätsrichtlinien, nach denen sich Webmaster richten müssen. Damit möchte Google die Qualität der eigenen Suchergebnisse sicherstellen und nur Websites auflisten, die diesen Kriterien entsprechen.

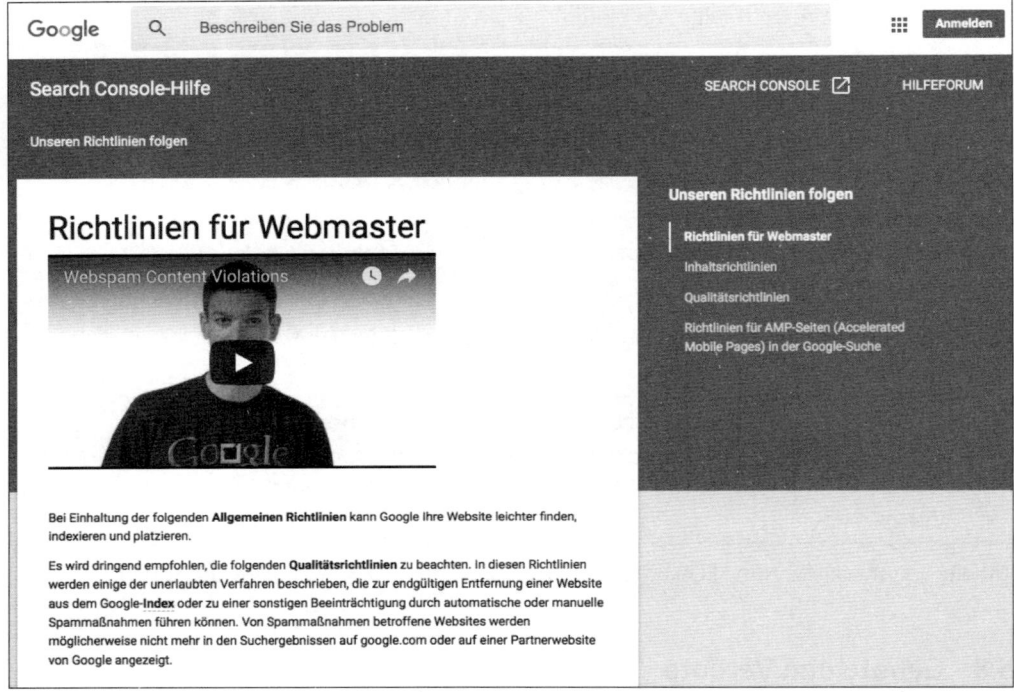

Abbildung 5.51 Googles Richtlinien für Webmaster

Black-Hat- vs. White-Hat-SEO

Wenn Sie schon etwas tiefer in die SEO-Materie eingestiegen sind und regelmäßig Blogs und Foren zum Thema lesen, ist Ihnen sicher schon einmal der Begriff *Black-Hat-SEO* untergekommen. Black-Hat-SEO bezeichnet Methoden der Suchmaschinenoptimierung, die gegen die Richtlinien der Suchmaschinen verstoßen. Alle sauberen Methoden werden dagegen als *White-Hat-SEO* bezeichnet. Da es wie immer auch eine Grauzone gibt, taucht auch der Begriff *Grey-Hat-SEO* häufiger auf. Sicher sind Sie jetzt gespannt auf die dunklen Methoden der Suchmaschinenoptimierung. Seien Sie aber noch einmal ausdrücklich vor diesen Methoden gewarnt. Häufig sind diese kurzfristig erfolgreich. Mittelfristig werden Sie damit aber in größere Probleme geraten. Daher werden wir auch nicht tiefer auf dieses Gebiet eingehen, da wir Sie vor schlechten Erfahrungen bewahren wollen.

Die häufigsten Black-Hat-Methoden sind das *Cloaking* und großflächiges automatisiertes Linkbuilding. Cloaking (von *to cloak* – verhüllen) bezeichnet das Irreführen des Suchmaschinen-Crawlers, indem diesem andere Inhalte geboten werden als normalen Benutzern, die die Seite ansehen. Dies kann mithilfe des *User-Agents*, den ein Webbrowser als Erkennung übermittelt, relativ einfach programmiert werden. Kommt der Crawler *Googlebot* auf die Webseite, bekommt er andere Inhalte zu sehen, als wenn normale Personen die Webseite aufrufen. Suchmaschinen können diese Manipulationsversuche erkennen, indem sie die Webseite ohne ihre spezielle Identifikation via *User-Agent* besuchen. Unterscheidet sich dann das Ergebnis, droht Ihnen der Ausschluss aus den Suchergebnissen.

Automatisierter Linkaufbau ist entstanden, weil externe Verlinkungen immer wichtiger wurden für das Ranking in Google. Wenn Sie als Website-Betreiber keine Zeit und Muße für das manuelle Sammeln von Links haben, behelfen Sie sich natürlich mit automatischen Methoden. So können automatisiert hundertfach Artikel mit Backlinks erstellt oder Blogkommentare und Foren automatisch befüllt werden. Hierbei können Sie aber schnell in das Visier der Suchmaschinenbetreiber geraten. Daher raten wir Ihnen, die Finger davon zu lassen, wenn Sie nicht mit den Konsequenzen rechnen wollen.

Optimierung für Mobilgeräte

Optimieren Sie Ihre Website nicht nur für die Darstellung und Nutzung auf Desktop-Geräten wie Laptops oder PCs. Denken Sie stets auch daran, dass Nutzer heutzutage in vielen Fällen mit ihrem Smartphone oder Tablet im Internet unterwegs sind. Bieten Sie auch diesen Leuten ein vollwertiges Erlebnis beim Surfen auf Ihren Webseiten. Nicht nur Ihre potenziellen Kunden, auch Google wird es Ihnen danken: Webseiten, die auch für mobile Endgeräte optimiert werden, werden bei mobilen Suchanfragen klar besser platziert.

Schnelle Ladezeiten

Google legt viel Wert auf eine gute Nutzererfahrung. Dazu gehört auch das Anbieten von Suchergebnissen, die schnell aufzurufen sind. Stellen Sie also nicht nur aus SEO-Sicht sicher, dass Ihre Webseiten schnell laden. Insbesondere mobile Webseiten sollten nicht langsam sein. Google will diesen Faktor auch ganz offiziell ab Juli 2018 in das Ranking einer Seite einberechnen. In Googles PageSpeed-Tool (*developers.google.com/speed/pagespeed/insights/*) können Sie das Abschneiden Ihrer Seite feststellen und Vorschläge für Optimierungsmaßnahmen aufrufen.

Sicheres Surfen

Eine Website, die über das HTTPS-Protokoll ausgeliefert wird, sollte inzwischen Standard sein. Wenn Sie also eine neue Website erstellen, achten Sie gleich darauf, nur

HTTPS in der URL zu verwenden. Damit werden die Inhalte zwischen Nutzer und Server verschlüsselt übertragen. Falls Sie noch eine Website auf dem unverschlüsseltem HTTP-Protokoll übertragen, sollten Sie eine Migration auf HTTPS ins Auge fassen. Mehr und mehr Suchergebnisse in den Top-Platzierungen sind heutzutage nur noch HTTPS-Seiten.

5.8.2   Verbote

Als Verbote gelten also alle Maßnahmen, die gegen die Richtlinien der Suchmaschinenbetreiber verstoßen. Einige spezielle Maßnahmen, die massive Auswirkungen haben, haben wir Ihnen als Black-Hat-Methoden beschrieben. Hiervon sollten Sie für Ihre Website Abstand nehmen. Weitere ähnliche Methoden wollen wir Ihnen hier vorstellen. Sie sind ebenfalls nicht zur Nachahmung gedacht und sollten vermieden werden.

Keyword-Stuffing

Das *Keyword-Stuffing* bezeichnet die Überoptimierung der Keyword-Dichte. Hierbei werden wichtige Suchbegriffe so häufig in einem Text und auf der gesamten Webseite genutzt, dass es als Manipulation der Suchergebnisse angesehen wird.

Versteckte Links und Texte

Über versteckte Links und Texte können ebenfalls Suchergebnisse manipuliert werden. Sie können z. B. viel mehr Text in den HTML-Code Ihrer Website schreiben, als Sie wirklich anzeigen. Dadurch täuschen Sie Inhalte vor, die Sie dem Nutzer gar nicht anbieten. Das Gleiche gilt für Links. Sie könnten z. B. Links an dubiose Websites von Ihrer Website verkaufen. Damit Nutzer diese Links nicht sehen müssen, können Sie diese verstecken, indem Sie z. B. die Schriftfarbe der Hintergrundfarbe anpassen. Auch diese Methoden sind für die Suchmaschinenbetreiber aber leicht zu erkennen und nicht zu empfehlen.

Übermäßiges Linkbuilding

Versuchen Sie nicht krampfhaft, mit allen möglichen und unmöglichen Methoden Links zu sammeln. Besonders von automatisiertem Linkbuilding, wie wir es im vorigen Abschnitt beschrieben haben, raten wir ab. Behalten Sie also Ihr gutes Bauchgefühl beim Linkaufbau, und verzichten Sie auf die Teilnahme an Linktauschprogrammen. Versetzen Sie sich in die Lage eines Suchmaschinenbetreibers, und versuchen Sie, die Links aus seiner Sichtweise zu bewerten. Somit werden Sie schnell erkennen, was gute und was schlechte Links sind.

Missbrauch von HTML-Tags

Was Sie über das Meta-Tag "keywords" gelernt haben, gilt für HTML-Tags ganz generell: Missbrauchen Sie diese Tags nicht. So haben viele Seitenbetreiber in den letzten Jahren z. B. Gebrauch von den Rich-Snippet-Auszeichnungen gemacht, um angereicherte Suchergebnisse zu erzielen und dadurch mehr Aufmerksamkeit zu erhalten. Häufig waren die zugehörigen Inhalte für den User gar nicht oder nur eingeschränkt sichtbar, so dass das Suchergebnis in die Irre führte. Unser Rat: Verzichten Sie auf solche Praktiken, wenn Sie kein Opfer von Abstrafungen werden möchten.

Wir hoffen, Ihnen mit dem Kapitel einige gute Hinweise zum Umgang mit Suchmaschinen gegeben zu haben. Begeben Sie sich also gleich an die Suchmaschinenoptimierung für Ihre Website. Mit den richtigen Maßnahmen werden Sie lange vom Erfolg profitieren und können sich bald über die ersten guten Rankings und langfristig an einem hohen Besucheraufkommen durch Suchmaschinennutzer freuen.

5.9   Suchmaschinenoptimierung (SEO) to go

▶ Suchmaschinenoptimierung (SEO) teilt sich in die Bereiche On-Page-Optimierung und Off-Page-Optimierung. Der Begriff On-Page-Optimierung beschreibt alle Optimierungsmaßnahmen direkt auf Ihrer Website. Off-Page-Optimierung dagegen bezeichnet alle Maßnahmen, die außerhalb Ihrer eigenen Website stattfinden.

▶ Grundlegend für die Arbeit in der Suchmaschinenoptimierung ist die Keyword-Recherche. Hierbei werden passende Suchbegriffe recherchiert und analysiert, damit Sie im Folgeschritt auf die richtigen Keywords optimieren können.

▶ Die Bewertung von Keywords erfolgt anhand des monatlichen Suchvolumens, der erwarteten Conversion-Rate und der Wettbewerbsintensität des Suchbegriffs. Wichtige Hilfsmittel sind der Google Keyword-Planer und das eigene Web-Analytics-System.

▶ Wichtig ist eine grundlegende Optimierung Ihrer gesamten Website. Dies bezieht sich vor allem auf die Informationsarchitektur und Navigationsstruktur der Website. Dazu gehört auch eine passende URL-Struktur der Seite. Vermeiden Sie Duplicate Content, also gleiche oder sehr ähnliche Inhalte, die unter mehreren URLs erreichbar sind. Arbeiten Sie hier von Anfang an ein gutes und klares Konzept aus.

▶ Stellen Sie sicher, dass all Ihre wichtigen Webseiten von Suchmaschinen gecrawlt und indexiert werden können. Vermeiden Sie unnötige Indexierungsbarrieren, z. B. Webtechnologien wie Flash oder das Blockieren von Website-Inhalten über die *robots.txt* Datei auf Ihrem Webserver.

▶ Achten Sie darauf, dass Ihre Webseiten auch für Nutzer optimiert sind, die Mobilgeräte wie Smartphones oder Tablets benutzen. Konfigurieren Sie Ihre Website für verschiedene Endgeräte, und helfen Sie Suchmaschinen dabei, diese Konfiguration zu verstehen. Google und Co. werden es Ihnen mit besseren Platzierungen danken.

▶ Wenn die Struktur und das technische Setup der gesamten Seite stehen, können Sie beginnen, einzelne Seiten zu optimieren. Wählen Sie den passenden Suchbegriff und bis zu zwei weitere ähnliche Begriffe, und bringen Sie diese im Text und in Überschriften unter. Achten Sie auch auf das `<title>`-Tag und das Meta-Tag `"description"`. Diese sollten Sie ebenfalls sinnvoll mit den Suchbegriffen füllen.

▶ In der Off-Page-Optimierung machen Sie Ihre Website im Internet bekannt. Links von anderen Webseiten können als Empfehlung für Ihre Website dienen und sind ein wichtiger Ranking-Faktor.

▶ Überlegen Sie sich, wie Sie Verlinkungen zu Ihrer Website bekommen können. Denken Sie z. B. an Lieferanten, Kunden, Kooperationspartner oder Presseartikel. Zudem können Sie mit interessanten Inhalten Aufmerksamkeit und Links auf sich ziehen.

▶ Vermeiden Sie SEO-Methoden, die als Spam angesehen werden oder gegen die Richtlinien der Suchmaschinen verstoßen. Erstellen Sie Webseiten für menschliche Nutzer, nicht allein für Suchmaschinen.

5.10   Checkliste Suchmaschinenoptimierung (SEO)

Ist Ihre Website bereits von Google indexiert (`site:`-Abfrage)?	
Haben Sie Ihre Website in der Google Search Console angemeldet?	
Haben Sie eine suchmaschinenfreundliche Informationsarchitektur und URL-Struktur?	
Sind wichtige Unterseiten und die Startseite gut innerhalb Ihrer Website verlinkt?	
Sind Meta-Informationen wie das `<title>`-Tag und die Meta-Description optimal hinsichtlich Eindeutigkeit, Länge und Keywords gewählt?	
Verwenden Sie die HTML-Attribute unter *schema.org*, um Ihre Webinhalte für Suchmaschinen semantisch auszuzeichnen?	
Ist Ihre Website für die Benutzung auf Mobilgeräten optimiert?	
Nutzen Sie Textlinks für die Navigation?	

Tabelle 5.4 Checkliste zur Suchmaschinenoptimierung

Nutzen Sie die passenden Suchbegriffe auf Ihrer Website häufig genug und in wichtigen HTML-Tags wie z. B. Überschriften?	
Verfügen Bilder auf Ihrer Website über einen aussagekräftigen Datei-namen, und sind sie mit passenden `alt`-Attributen versehen?	
Bieten Sie qualitative Inhalte und Serviceangebote auf Ihrer Website?	
Sind alle Links auf Ihrer Website funktionstüchtig? Vermeiden Sie fehler-hafte Links?	
Haben Sie eine Strategie erarbeitet, wie Sie mehr Aufmerksamkeit und Links im Internet für Ihre Website bekommen?	
Befolgen Sie die Qualitätsrichtlinien von Google?	

Tabelle 5.4 Checkliste zur Suchmaschinenoptimierung (Forts.)

Kapitel 6
Suchmaschinenwerbung (SEA)

»Wenn Anzeigen Bestandteil der Informationssuche werden,
sind sie keine Anzeigen mehr.«
– Brad Geddes

In diesem Kapitel lernen Sie die Vor- und Nachteile von Suchmaschinenwerbung kennen. Wir stellen Ihnen die größten Marktplayer vor und zeigen Ihnen von Grund auf, wie Sie eine Google-Ads-Kampagne aufsetzen. Wir gehen auf Optimierungsmaßnahmen ein, ziehen eine Grenze zwischen Google Ads und Google AdSense, zeigen Ihnen auch die Arbeit mit dem AdWords Editor und dem Google Ad Manager und geben abschließende Empfehlungen. Die Möglichkeiten der Werbeschaltung im Google-Display-Netzwerk finden Sie in Kapitel 12, »Display-Marketing«. Das Kapitel endet mit einem Kurzüberblick »to go« und einer Checkliste.

Haben Sie sich auch schon einmal darüber geärgert, dass Werbeprospekte Ihren Briefkasten verstopfen? Überspringen Sie die Anzeigen in Ihrer Tageszeitung? Schimpfen Sie über Werbeblöcke, die Ihren Lieblingsfilm im Fernsehen unterbrechen? Tagtäglich werden wir mit Werbung konfrontiert, die uns in vielen Situationen als lästig erscheint und uns bei unserer eigentlichen Tätigkeit unterbricht – wir schmeißen Prospekte in den Müll, blättern weiter und schalten um. Wäre es nicht viel besser, Angebote und Informationen zu erhalten, wenn wir gerade danach suchen?

Nehmen wir einmal an, Sie möchten einen Urlaub buchen. Sie wälzen Kataloge, fragen Freunde und Bekannte nach verschiedenen Reisezielen, lassen sich im Reisebüro beraten und haben die Qual der Wahl bei der Vielzahl der Angebote. Wahrscheinlich suchen Sie auch im Internet, denn das tun sehr viele Menschen: Schätzungen zufolge belaufen sich im Jahre 2018 die Suchanfragen bei Google weltweit auf etwa 10 Milliarden pro Tag.

Tipp: Wonach hat die Welt gesucht

Unter *trends.google.de* können Sie sich die Topsuchanfragen bei Google, gefiltert nach Jahr, Land und Kategorien, ansehen und bekommen eine Einschätzung, was die Welt bewegt. Sie können bei Google Trends auch nach konkreten Begriffen oder Themen suchen, um herauszufinden, wie sich die Anzahl an Suchanfragen im Verlauf der Zeit verändert hat.

Sie haben daher eine ganz andere Ausgangssituation als bei klassischer Werbung, und die Überzeugungsarbeit, die Sie als Werbetreibender leisten müssen, fällt unter Umständen geringer aus, da der Benutzer schon auf der Suche nach einer Lösung für sein Bedürfnis ist (siehe Abbildung 6.1). Sie sehen: Suchmaschinenwerbung ist eine zentrale digitale Pull-Marketing-Disziplin.

Abbildung 6.1 Klassisches Marketing (»Push«-Marketing) im Vergleich zu Suchmaschinenwerbung (»Pull«-Marketing)

In der Online-Branche wird häufig auch von Suchmaschinenmarketing (*Search Engine Marketing*, SEM) gesprochen, was bei genauerem Hinsehen nicht ganz richtig ist, aber in der Praxis sehr häufig so verwendet wird. Suchmaschinenmarketing umfasst sowohl die Suchmaschinenoptimierung (*Search Engine Optimization*, SEO; siehe dazu Kapitel 5) als auch die Suchmaschinenwerbung (*Search Engine Advertising*, SEA). Vergleichen Sie dazu Abbildung 6.2.

Abbildung 6.2 Begriffsverwendung in Sachen Suchmaschinenwerbung

Da das Abrechnungssystem der bezahlten Anzeigen auf Klicks beruht (mehr dazu in Abschnitt 6.2.8, »Die Kosten«), wird hier zum Teil auch von Pay-per-Click-Marketing (*PPC-Marketing* oder auch *PPC-Advertising*) gesprochen. *Keyword-Advertising* ist ein weiterer Begriff, der hier oftmals Verwendung findet, ebenso wie *Sponsored Links*, *Sponsored Listing* und *Paid Search Marketing*.

Aber was verbirgt sich hinter dem System mit den vielen Namen? Schauen wir uns eine Suchergebnisseite (eine sogenannte SERP, also *Search Engine Result Page*) von Google einmal näher an (siehe Abbildung 6.3).

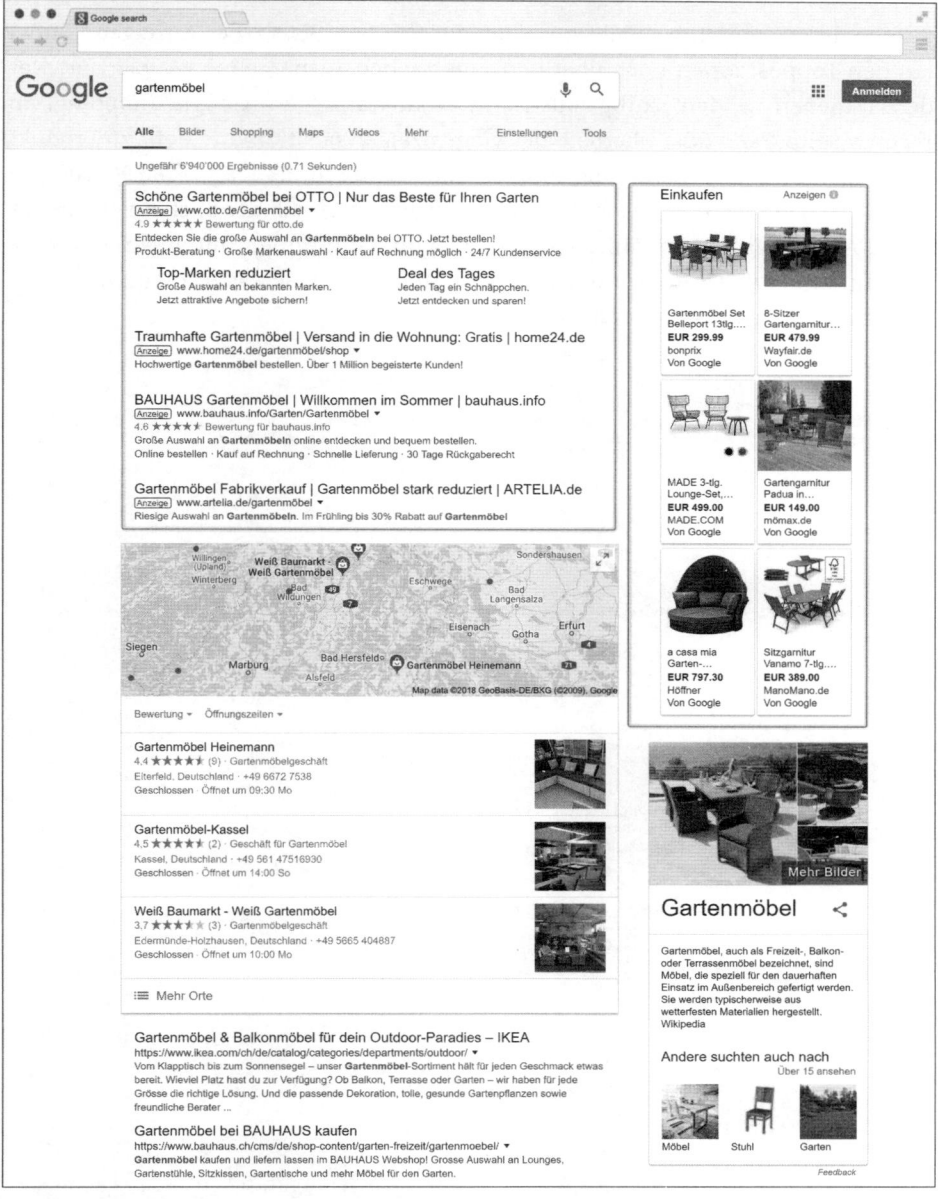

Abbildung 6.3 Organischer und bezahlter Bereich (hier umrandet) der Suchergebnisseite von »www.google.de«

Die Ergebnisse der Suchmaschine lassen sich in zwei Gruppen unterteilen: Zum einen gibt es organischen Suchergebnisse. Sie befinden sich mittig und sind standardmäßig die ersten zehn Treffer, die Google zum eingegebenen Suchbegriff anzeigt. Organische Suchergebnisse können aber auch in speziellen Formaten in Erscheinung treten, wie im Beispiel in Abbildung 6.3 als Standorteinträge oder in der rechten Spalte als gesondert dargestellter lexikalischer Eintrag.

Zum anderen werden bezahlte Anzeigen ausgeliefert. Bis zu vier Anzeigen können auf den Toppositionen noch über den organischen Suchergebnissen platziert werden. Daneben werden häufig illustrierte Produktanzeigen (Google Shopping) am rechten Seitenrand oder oberhalb der vier Anzeigen positioniert. Mehr zu Produktanzeigen mit Google Shopping erfahren Sie in Abschnitt 6.2.4, »Die Werbenetzwerke«. Schließlich liefert Google auch Anzeigen unterhalb der Suchergebnisse aus (siehe Abbildung 6.4). Bezahlte Werbeeinblendungen werden mit einem dezenten, grün umrandeten Hinweis »Anzeige« dargestellt und lassen sich so von den unbezahlten Suchergebnissen unterscheiden.

Abbildung 6.4 Google liefert auch Anzeigen unterhalb der organischen Suchergebnisse aus, wie in diesem Beispiel bei der Suchanfrage »Gartenmöbel«.

Der Großteil der Internetnutzer, und das belegen zahlreiche Studien, schaut sich nur die erste Ergebnisseite der Suchmaschine an. Das werden Sie sicherlich selbst kennen.

Google selbst arbeitet stetig am Erscheinungsbild der Google-Suchergebnisseite und nimmt regelmäßig Veränderungen vor, die es sich lohnt, genauestens zu beobachten. So existiert beispielsweise eine Kopfleiste über den Suchergebnissen, über die Benutzer nach Bildern, Videos, Nachrichten oder Standorten suchen oder ihre Suche nach Sprache, Land und Zeiträumen filtern können. Zudem orientiert sich die Gestaltung der Suchergebnisse heute primär an der Darstellung auf Mobilgeräten, da etwa 60 % aller Suchanfragen auf Google über ein Mobilgerät erfolgen. Diese Sucheinstellungen werden passend zur Suchanfrage eingeblendet und können je nach Eingabe variieren. Ziel ist es laut Google, die Suche schneller und flexibler zu gestalten. Mehr zu den SERPs und der sogenannten *Google Universal Search* erfahren Sie in Kapitel 4, »Suchmaschinen – eine Einführung«.

Einen insbesondere für Online-Shops immer wichtiger werdenden Teil des Google-Ads-Werbeprogramms nimmt die Produktsuche *Google Shopping* ein. Diese Produktanzeigen erscheinen sowohl innerhalb der normalen Websuche (siehe Abbildung 6.5) als auch in der expliziten Produktsuche, die über den Reiter *Shopping* erreichbar ist. Waren solche Produkteinblendungen bis ins Jahr 2012 noch gratis, so erwirtschaftet Google heute einen sehr großen Teil der Werbeeinnahmen über Shopping-Anzeigen. Mehr zum Thema Google Shopping erfahren Sie in Abschnitt 6.2.4, »Die Werbenetzwerke«.

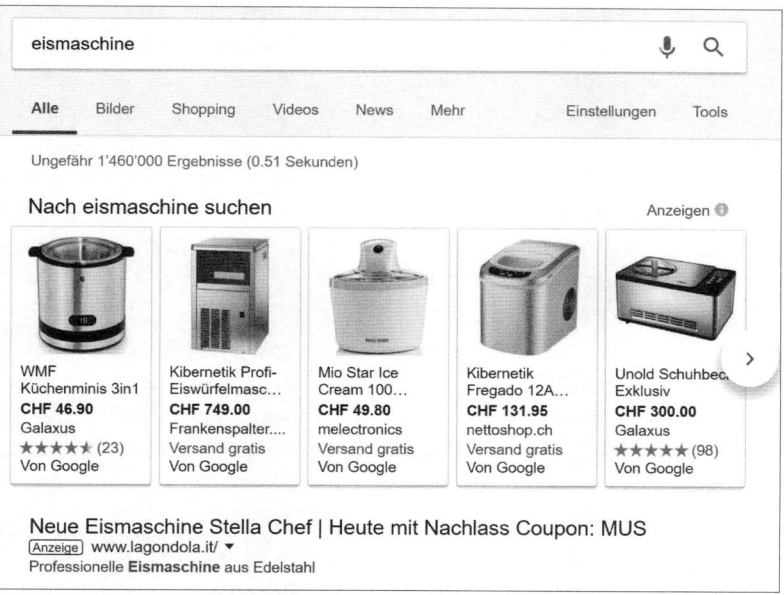

Abbildung 6.5 Anzeigenschaltung bei der Suche nach Produkten, hier am Beispiel der Suchanfrage »Eismaschine«

Kleine Geschichte der Suchmaschinenwerbung

Analog zu den üblichen Anzeigen aus dem Printbereich wurde 1994 die Bannerwerbung im World Wide Web eingeführt: Das Online-Magazin *HotWired.com* zeigte das erste Werbebanner von AT&T zu einem stolzen monatlichen Preis von 30.000 US$. Auch das Abrechnungsverfahren nach dem *Tausender-Kontakt-Preis* (TKP) – auch *Cost-per-Mille* (CPM) genannt – lehnt sich an Offline-Maßnahmen aus der nicht digitalen Welt an und ist noch heute im Display-Marketing gang und gäbe.

Vier Jahre später, 1998, brachte die Produktsuchmaschine *GoTo.com* eine Alternative zum Bannermarketing ins Spiel: So wurde es Werbetreibenden ermöglicht, für definierte Suchanfragen Einträge in den Ergebnissen der Suchmaschine zu platzieren. Dies basierte auf einem Auktionsverfahren. Erstmalig wurde hier Werbung anhand eines Informationsbedürfnisses eingeblendet. Die sogenannte *kontextbezogene Werbung* nahm ihren Lauf.

Unter dem Namen Overture legte *GoTo.com* seinen Fokus im Jahr 2001 auf die Werbevermittlung. Das Unternehmen wurde 2003 von seinem Kunden Yahoo für 1,7 Mrd. US$ aufgekauft. Seit 2005 ist es unter dem Namen *Yahoo! Search Marketing* bekannt. Seit 2012 wurden die Märkte Deutschland, Österreich und Schweiz über Microsofts Werbeplattform Bing Ads abgewickelt. Die Übernahme von Yahoo durch das Telekommunikationsunternehmen Verizon im Jahr 2017 und die Überführung in das Verizon-Tochterunternehmen Oath – gemeinsam mit anderen Tech-Firmen wie AOL oder TechCrunch – wird neue Konstellationen im Werbemarkt hervorbringen.

Google hingegen war bis zur Einführung seines Werbeprogramms AdWords im Herbst 2000 eine werbefreie Suchmaschine. Drei Jahre später wurde AdSense (siehe Abschnitt 6.3, »Google Ads vs. AdSense«) gestartet, ein System, das es Werbetreibenden ermöglicht, Anzeigen auf der eigenen Website einzublenden und an den Erlösen beteiligt zu werden. So vergleichsweise spät Google sein Werbeprogramm lanciert hat, so konsequent hat das Unternehmen es in den letzten fast 20 Jahren zu einem mächtigen und finanzstarken Gesamtprodukt ausgebaut, das inzwischen aus einer Vielzahl an Komponenten besteht. Viele hiervon lernen Sie in diesem Kapitel, aber auch in Kapitel 12, »Display-Marketing«, und in Kapitel 16, »Video-Marketing«, kennen. Seit Oktober 2015 operiert Google formell als Teil des zu diesem Zweck gegründeten Mutterkonzerns Alphabet.

Die früher unter dem Namen Ask Jeeves bekannte Suchmaschine bot seit 2005 als *Ask.com* das *Ask Sponsored Listing* an, bezieht seine Anzeigen aber inzwischen von Google. Auch das Werbenetzwerk Bing Ads von Microsoft muss hier erwähnt werden, ebenso wie *Yandex.Direct* der russischen Suchmaschine Yandex. Die Werbemöglichkeiten bei Bing und Yandex orientieren sich heute stark am Branchenführer Google, bieten aber in manchen Bereichen nur einen reduzierten Funktionsumfang.

Die Relevanz der kontextbezogenen Werbung gewann an Bedeutung: So tätigten verschiedene Suchmaschinen wie Google mit DoubleClick und AdMob sowie Verizon mit dem Erwerb von Yahoo und AOL in den letzten Jahren diverse Investitionen in Werbevermarkter. Während die organischen Ergebnisse zunächst im Vordergrund standen und die Werbeanzeigen eher der Finanzierung dienten, ist bereits heute ein großer Anteil der Suchergebnisse kostenpflichtig.

Im Juli 2018 ordnete Google seine Werbeproduktpalette unter zwei neuen Marken. Aus Google AdWords wurde *Google Ads*, eine Zusammenführung von Suchmaschinenwerbung, Display-Werbung und Video-Marketing für Unternehmen jeder Größe. Die programmatischen Werbelösungen von *DoubleClick* (DoubleClick Bid Manager, DoubleClick Campaign Manager, etc.) und die erweiterte Analytics-Lösung *Google Analytics 360 Suite* wurden unter der Marke *Google Marketing Platform* neu lanciert.

Dass das Thema Suchmaschinenwerbung immer mehr an Bedeutung gewinnt, lässt sich anhand der weltweiten Werbeausgaben ableiten. Nicht nur der gesamte Online-Werbemarkt wächst stetig. Ein anhaltend großer Anteil des Online-Marketing-Budgets wird hierbei für Suchmaschinenwerbung investiert. Google nimmt dabei – insbesondere im deutschsprachigen Raum – einen bedeutenden Stellenwert ein. Die Haupteinnahmequelle des Unternehmens und verantwortlich für etwa 85 % der Umsätze im ersten Geschäftsquartal 2018 (gemäß Geschäftsbericht des Mutterkonzerns Alphabet unter *abc.xyz/investor/*) ist das im Oktober 2000 mit 350 Kunden eingeführte Programm *Google AdWords*, das im Juli 2018 in *Google Ads* umbenannt wurde..

Im ersten Quartal 2018 belief sich der Gewinn von Google auf 9,4 Mrd. US$ bei einem Umsatz von 31,1 Mrd. US$ (siehe Abbildung 6.6). Etwa 22 Mrd. US$ wurden dabei über die eigenen Seiten erwirtschaftet (siehe Abbildung 6.7).

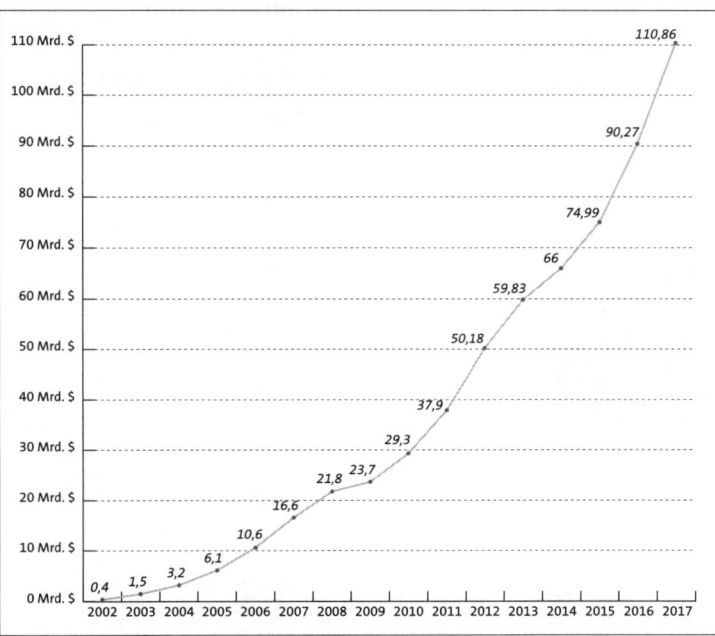

Abbildung 6.6 Umsatzentwicklung von Google in den Jahren 2002–2017 (Quelle: Statista)

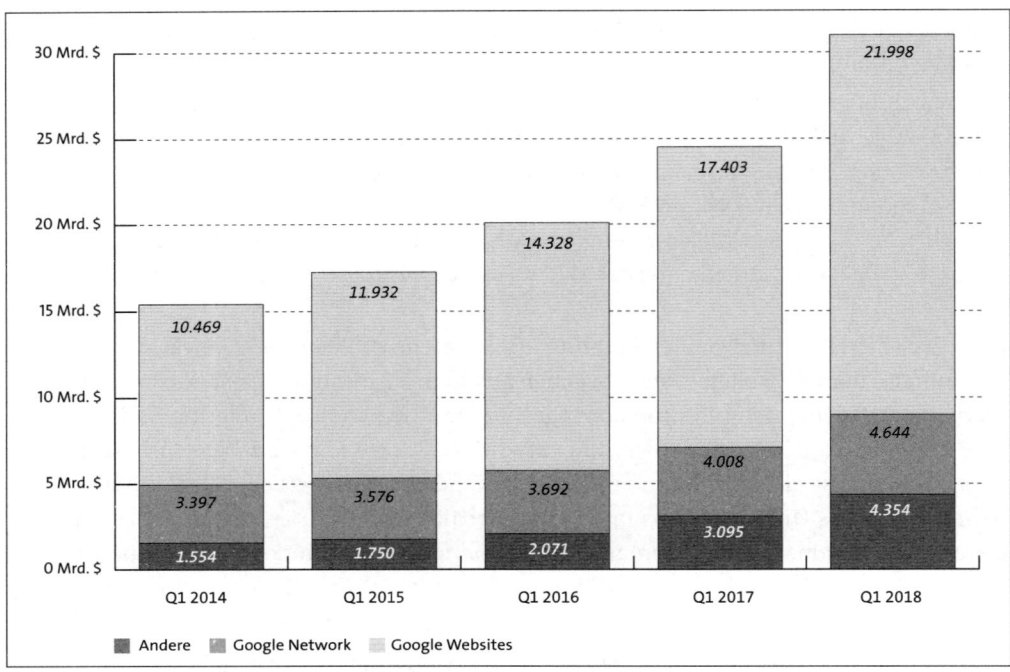

Abbildung 6.7 Umsatzentwicklung nach Angaben von Google

Auch andere Suchmaschinen bieten PPC-Werbeprogramme (*Pay-per-Click*) – also Modelle, bei denen Werbetreibende pro Klick auf eine Anzeige bezahlen. Die bekanntesten neben Google Ads sind wie beschrieben Bing Ads (auch ausgespielt z. B. auf Yahoo und AOL) und Yandex.Direct (siehe Abbildung 6.8).

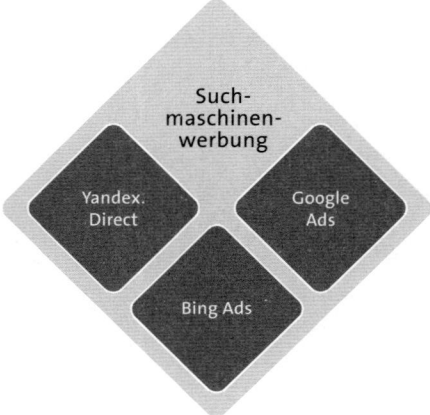

Abbildung 6.8 Google Ads, Bing Ads und Yandex.Direct dominieren die Suchmaschinenwerbung.

Auch andere Unternehmen haben Pay-per-Click-Werbung als wichtige Einnahme-quelle erkannt: Zu erwähnen ist an dieser Stelle das 2004 gegründete soziale Netz-werk *Facebook*. Obwohl es sich hier nicht um eine klassische Suchmaschine handelt, sollen Ihnen die *Facebook Ads* nicht vorenthalten werden. Hier können beispiels-weise Bild- und Textanzeigen innerhalb des Netzwerks angezeigt und Veranstaltun-gen oder die eigene Website beworben werden. Mehr dazu lesen Sie in Kapitel 15, »Social Media Marketing«.

Aber wenden wir uns nun wieder der Spitze der Marktführerschaft in der Suchma-schinenwerbung zu: Die folgenden Seiten befassen sich ausschließlich mit Google Ads. Sie lernen die Vorteile, aber auch die Grenzen und Risiken kennen, erfahren, wie Google-Ads-Kampagnen strukturiert sind, wie Sie Suchbegriffe definieren und attraktive Anzeigentexte schreiben. Sie werden lernen, wie die Platzierung der Anzei-gen funktioniert und warum die Relevanz der Anzeige eine wichtige Rolle spielt. Wir werden Ihnen hilfreiche Tools vorstellen und Ihnen Testmöglichkeiten und Optimie-rungshilfen an die Hand geben, damit Sie mehr aus Ihren Kampagnen herausholen. Da das Werbeprogramm Bing Ads sich in sehr vielen Bereichen stark an Google Ads anlehnt, können Sie viele in diesem Kapitel erläuterte Prinzipien fast nahtlos auf Bing übertragen. Google-Kampagnen können sogar mithilfe weniger Klicks in Bing Ads importiert werden.

Sie haben bereits Erfahrungen mit Suchmaschinenwerbung gesammelt und selbst Kampagnen aufgesetzt und betreut? Dann können Sie die folgenden Seiten über-springen und bei Abschnitt 6.2.9, »Leistungsmessung und Optimierung«, wieder ein-steigen. Dort werden Sie hilfreiche Tipps zur Optimierung Ihrer Kampagnen finden. Auch innerhalb der Benutzeroberfläche und der verschiedenen Funktionalitäten nimmt Google regelmäßig Anpassungen vor. Wenn Ihre Aktivitäten im Bereich Google Ads zeitlich schon etwas zurückliegen, können Sie im Folgenden mehr über die Handhabung der aktuellen Benutzeroberfläche erfahren.

6.1   Vor- und Nachteile

Was ist nun das Besondere an Suchmaschinenwerbung und speziell an Google Ads? Auf den nächsten Seiten skizzieren wir Ihnen die Vor- und Nachteile der Suchmaschi-nenwerbung bei Google Ads.

6.1.1   Die Vorteile

Die Vorteile kann man sich am besten klarmachen, wenn man unterschiedliche Wer-bemöglichkeiten vergleicht. Nehmen wir einmal eine klassische Printanzeige.

Der Preis

Verglichen mit einer Printanzeige, für die man oftmals fünfstellige Beträge investieren muss (TV- und Radiowerbung liegt in einem ähnlichen oder auch höheren Preissegment), können Sie bei Google Ads schon für wenig Geld Anzeigen schalten. Es gibt weder Druck- noch Versandkosten, keinen Mindestumsatz und keine Aktivierungsgebühr. Stattdessen legen Sie selbst fest, wie hoch Ihr durchschnittliches Tagesbudget ist. Für Ihre Google-Suchanzeige zahlen Sie im Unterschied zu Print, TV oder Radio per Klick, das heißt nur, wenn ein interessierter Benutzer auf Ihre Anzeige geklickt hat und zu Ihrer Zielseite weitergeleitet wurde. Auf diese Weise kann man auch ohne großes Budget eine effiziente Werbekampagne starten.

Die Reichweite

Fast 90 % der deutschen Internetnutzer verwenden Google als Suchmaschine an einem Desktop-Gerät – bei Mobilgeräten liegt der Anteil sogar bei 98 %. Durch das unendliche Themenspektrum sind Werbetreibenden keine Grenzen gesetzt, und sie können für annähernd alles werben, da das Thema vom User durch seine Suchanfrage bestimmt wird. Die Auswahl eines Mediums für Printanzeigen dürfte da schon schwieriger sein.

Die Schnelligkeit

Im Unterschied zu einer Printanzeige, die einiger Vorlaufzeit bedarf und häufig mit vergleichsweise hohen Herstellungskosten einhergeht, können Sie eine einfache Google-Textanzeige direkt und ohne großen Aufwand selbst schalten, nachdem Sie sie bei Google im Werbeprogramm angelegt haben. Lediglich die Erstellung automatisierter Anzeigen (z. B. für Google Shopping) ist initial etwas aufwendiger.

Die Flexibilität

Anders als bei Printanzeigen können Sie jederzeit Anpassungen an den Google-Ads-Einstellungen vornehmen, die Ausrichtung nach und nach verfeinern, verschiedene Anzeigen parallel schalten, Ihr Budget anpassen und mehr aus Ihrer Kampagne herausholen.

Der Kontakt zur Zielgruppe

Sind Sie sich bei Ihrer Printanzeige sicher, dass die Leser sie sehen und als relevant erachten? Mit Google Ads können Sie die Streuverluste sehr gering halten – vorausgesetzt, Sie kümmern sich um die genaue Ausrichtung und kontinuierliche Optimierung Ihrer Kampagnen. Ihre Anzeige wird zielgenau ausgeliefert, wenn eine entsprechende Suchanfrage gestellt wurde. Dies geschieht mithilfe von *Keywords* (Schlüsselbegriffen), die Sie festlegen können. Angenommen, Sie verkaufen Fußballschuhe über Ihren Online-Shop und legen »Fußballschuh« als Keyword fest. Ihre

Anzeige wird bei Google dann angezeigt, wenn ein Benutzer nach »Fußballschuh« sucht. Sie können also ziemlich sicher sein, dass der Nutzer Ihre Anzeige nicht als störend empfindet. Mit verschiedenen Einstellungen können Sie Ihre Anzeigen außerdem speziell auf Ihre Zielgruppe ausrichten (z. B. nach Regionen, Orten und Sprachen) und auch bestimmte Tageszeiten der Anzeigenauslieferung bestimmen. So können Sie durch eine genaue Ausrichtung auf Ihre Zielgruppe unnötige Kosten vermeiden.

Der Traffic

Neben den Werbeeffekten und der direkten Kundenansprache sind Google-Suchanzeigen auch eine interessante Möglichkeit, schnell und mit guter Messbarkeit mehr Besucher (Traffic) auf die eigene Website zu leiten. Eine Printanzeige hat es da schon schwieriger. Nur ein kleiner Bruchteil der Leser Ihrer Anzeige wird den Weg zu Ihrer Website finden – und wenn er doch auf Ihrer Website landet, lässt sich nur schwer ermitteln, ob er zuvor Ihre Anzeige gesehen hat oder nicht.

Die Messbarkeit

Der große Vorteil bei allen Online-Marketing-Maßnahmen besteht in der Messbarkeit der Werbeaktivitäten. Auch bei Google Ads kann man sehr genau nachvollziehen, wie oft welche Anzeige angesehen bzw. angeklickt wurde. Sie können sich jederzeit Berichte zu Ihren Kampagnen ansehen. Zudem können Sie mit dem sogenannten *Conversion-Tracking* die Erreichung Ihrer Kampagnenziele genau nachvollziehen und haben eine enorme Transparenz, wie viel Ihnen die Investition in Google Ads effektiv bringt. Printanzeigen sind diesbezüglich eingeschränkt. Zwar wissen Sie, wie oft eine Anzeige gedruckt wurde; wie oft sie tatsächlich bewusst wahrgenommen wurde, werden Sie allerdings nicht herausfinden können.

Die Prognose

Mit verschiedenen Tools, die wir Ihnen im Folgenden noch vorstellen werden, können Sie die Häufigkeit der Suchanfragen, die Kosten der Anzeigenschaltung, die Mitbewerber und weitere Einzelheiten recht gut im Vorfeld prognostizieren. Bei Printanzeigen gehen die Kenntnisse oftmals nicht über die Reichweite des Mediums und die Zielgruppe hinaus.

Die Kostenkontrolle

Sie selbst bestimmen per Tagesbudget, wie viel Sie für die Schaltung Ihrer Anzeigen ausgeben möchten, und können den Maximalpreis pro Klick für die einzelnen Keywords festlegen. Ist das Budget für einen Tag verbraucht, werden Ihre Anzeigen nicht mehr geschaltet. So ist es auch kleinen und mittleren Unternehmen möglich, diesen Werbekanal zu nutzen.

Google Ads stellen also einen recht günstigen und insbesondere effizienten Weg dar, Zielgruppen zu erreichen und Kunden anzusprechen. Sowohl im Vergleich zu Offline-Werbemaßnahmen als auch gegenüber verschiedenen anderen Online-Werbekanälen bieten Google Ads als Pull-Marketing-Kanal diverse Vorteile.

> **Die Kombination von TV-Werbung und Suchmaschinenwerbung wirkt sich positiv auf die Markenbekanntheit und die Produktsuche aus**
>
> In einer gemeinsamen Studie von Google mit dem Agenturnetzwerk Dentsu Aegis Resolutions im Oktober 2015 stellte sich heraus, dass Suchmaschinenwerbung die Wirkung einer TV-Kampagne wesentlich verstärkt und dass TV-Kampagnen umgekehrt zu einem starken Wachstum an Suchanfragen führen. Für die Studie wurde der Effekt von mehr als 100.000 TV-Spot-Ausstrahlungen von insgesamt fast 100 Produktkampagnen untersucht. Nachweislich führte eine TV-Kampagne zu durchschnittlich 4,2 % mehr Suchanfragen nach den entsprechenden Produkten. Die parallele Nutzung von Medien (TV und Smartphone) unterstreicht demnach die Notwendigkeit einer integrierten Marketingstrategie. Mehr zu diesem Thema erfahren Sie in Kapitel 17, »Crossmedia-Marketing«.

6.1.2 Die Grenzen und Risiken

Natürlich gibt es auch eine Kehrseite der Medaille: Das Google-Ads-System hat einige Grenzen, die wir Ihnen an dieser Stelle nicht vorenthalten wollen.

Produkte

Erwähnenswert sind z. B. Produkte, die sich mit dem Distributionskanal Internet noch schwertun, obwohl der Bedarf nach diesen Produkten vorhanden ist. Mineralwasser oder Brötchen werden z. B. noch selten über das Internet bestellt. Es ist aber wahrscheinlich eine Frage der Zeit, dass auch solche Produkte zukünftig verstärkt online eingekauft werden: Supermärkte wie Edeka (*www.edeka24.de*) oder REWE (*shop.rewe.de*) investieren bereits intensiv in ihre Online-Auftritte.

Bekanntheit

Der Vorteil, dass mit Google Ads dann Anzeigen ausgeliefert werden, wenn Benutzer danach suchen, stellt gleichzeitig auch eine Grenze dar: Benutzer suchen nur Produkte, die sie kennen. Woher sollten sie sonst wissen, dass sie existieren? Neue Produkte werden also erst gesucht, wenn sie bereits bekannt sind und Menschen von ihnen gehört oder gelesen haben. Viele Marketingexperten starten daher zunächst mit einer Branding-Kampagne bei der Markteinführung eines neuen Produkts. Auch hier bietet Google mit dem Google-Display-Netzwerk Möglichkeiten für Werbetreibende, die Sie in Kapitel 12, »Display-Marketing«, kennenlernen.

Strategie und Gefahr von Streuverlusten

Laut Google gestaltet sich das Erstellen einer Google-Ads-Kampagne schnell und einfach. Dennoch sollten Sie sich als Advertiser schon im Vorfeld über die Kampagnenziele, die Keyword-Auswahl und die Werbeaussage der Anzeigen Gedanken machen, denn die Anzeigenposition ist unter anderem von der Klickrate abhängig und diese wiederum von der Attraktivität der Anzeige und der Relevanz der Keywords. Viele Faktoren bestimmen hier den Erfolg. Besonders eine zu breit gefächerte Zielgruppe kann unnötige Kosten verursachen. Schnell ist viel Budget ausgegeben worden, ohne dass die gewünschten Effekte eintreten. Lesen Sie daher weiter, und lernen Sie, wie Sie erfolgreiche Google-Ads-Kampagnen aufsetzen.

Keyword-Auswahl

Einige beliebte Keywords haben einen recht teuren Klickpreis. Besonders Schlüsselbegriffe aus dem Versicherungs- und Finanzbereich zählen zu den teuren Keywords. In der Vergangenheit waren beispielsweise der Begriff *Detektei* oder Mehrwortkombinationen wie *Wirtschaftsdetektei Frankfurt* besonders kostspielig, ebenso wie beispielsweise die Keywords *Outplacement, Onlinekredit mit Sofortzusage* oder *Kinderpatenschaft*. Für all diese Begriffe kostet ein einziger Klick auf eine Anzeige auf *www.google.de* mehr als 20 €.

Analyse und Optimierung

Manche Kampagnen brauchen viel Optimierung, bevor sie sich als erfolgreich entpuppen. Machen Sie sich mit dem Gedanken vertraut, dass Sie nicht nur Kampagneneinstellungen, sondern eventuell auch die Usability (lesen Sie dazu Kapitel 7, »Usability – benutzerfreundliche Websites«) oder die Struktur Ihrer Website verbessern müssen. Sie sollten sich unbedingt auf die Analyse verschiedener Kennzahlen einstellen, um mehr aus Ihrer Kampagne herauszuholen.

Zeitaufwand

Anzeigen, die zu selten geklickt werden, werden von Google nicht mehr ausgeliefert und müssen optimiert werden. Die Kontrolle und Optimierung insbesondere von großen Google-Ads-Kampagnen kann daher sehr zeitintensiv sein.

Conversion-Tracking

Über das Google-Ads-Conversion-Tracking (siehe Abschnitt 6.2.9, »Leistungsmessung und Optimierung«) lässt sich eine definierte Handlung des Benutzers (z. B. ein Kauf) recht gut nachvollziehen. Einige Benutzer setzen sich aber gerne Lesezeichen. Nehmen wir an, ein Benutzer gelangt über eine Google-Ads-Anzeige auf Ihre Zielseite, führt aber nicht gleich die gewünschte Handlung (in unserem Beispiel also einen Kauf) aus, sondern merkt sich die Webseite per Lesezeichen (*Bookmark*). Kehrt er nun nach mehreren Tagen wieder auf Ihre Website zurück, kann Google dies nur Ihrer Kampagne zuordnen, wenn es innerhalb von 30 Tagen geschieht. Auch das Analysetool Google Analytics (siehe Kapitel 17, »Crossmedia-Marketing«) stößt hier an seine Grenzen. In solchen Fällen ist der Einsatz von kostenpflichtigen Analysetools empfehlenswert. Es ist aus diesen Gründen wichtig, dass Sie sich bei der Analyse Ihrer Kampagnen auch mit der Funktionsweise verschiedener Messmethoden auseinandersetzen. Dies gilt im Übrigen auch für alle anderen Online-Marketing-Kanäle.

Klickbetrug

Eine weitere Problematik, die auch alle anderen nach Klicks abgerechneten Werbemaßnahmen betrifft, stellt der *Klickbetrug* (*Click Fraud*) dar: Hiermit sind vorsätzlich getätigte Klicks z. B. der Konkurrenz gemeint, um die Kosten des Werbenden in die Höhe zu treiben oder um die eigene Anzeigenposition zu verbessern. Diese Klicks können manuell getätigt oder durch automatische Tools ausgeführt werden. Als Werbender haben Sie nur wenige Möglichkeiten, Klickbetrug zu erkennen und zu vermeiden. In Deutschland ist die Klickbetrugrate Untersuchungen zufolge aber deutlich geringer als in den USA. Google versucht, Klickbetrug mit Filter- und Monitoringtechniken sowie einem Mitarbeiterteam so gut wie möglich zu erkennen und herauszufiltern, und stellt die dadurch verursachten Kosten den Werbetreibenden nicht in Rechnung. Unter *www.google.com/intl/de_ALL/ads/adtrafficquality/index.html* erfahren Sie, wie Google das Thema Klickbetrug handhabt.

Sie sind neugierig geworden und wollen mehr über Google Ads erfahren? Dann lesen Sie weiter! An dieser Stelle sei allerdings darauf hingewiesen, dass das Thema Suchmaschinenwerbung und Google Ads ganze Bücher füllen könnte. Auf den folgenden Seiten haben wir das gesamte Spektrum auf die wichtigsten Punkte komprimiert. Am Ende des Buches finden Sie ausgewählte Literatur- und Surftipps, mit denen Sie das Thema Suchmaschinenwerbung bei Bedarf noch weiter vertiefen können.

6.2   Suchmaschinenwerbung mit Google Ads

Wie sehen nun die ersten Schritte aus, wenn Sie sich zu Suchmaschinenmarketing mit Google Ads entschlossen haben? Machen wir uns dazu noch einmal den Ablauf klar: Ein Benutzer hat ein Informationsinteresse oder eine Kaufabsicht und gibt eine Suchanfrage in die Eingabemaske von Google ein. Das Google-Ads-System liefert auf diese Anfrage passende Anzeigen aus, die dem Benutzer direkt unter der Suchanfrage erscheinen (siehe Abbildung 6.9). Ist die Anzeige interessant für den Suchenden, klickt er darauf und landet auf einer Webseite des Werbetreibenden, der sogenannten Landing Page – im Beispiel eine Kategorieseite des Online-Händlers Amazon (siehe Abbildung 6.10).

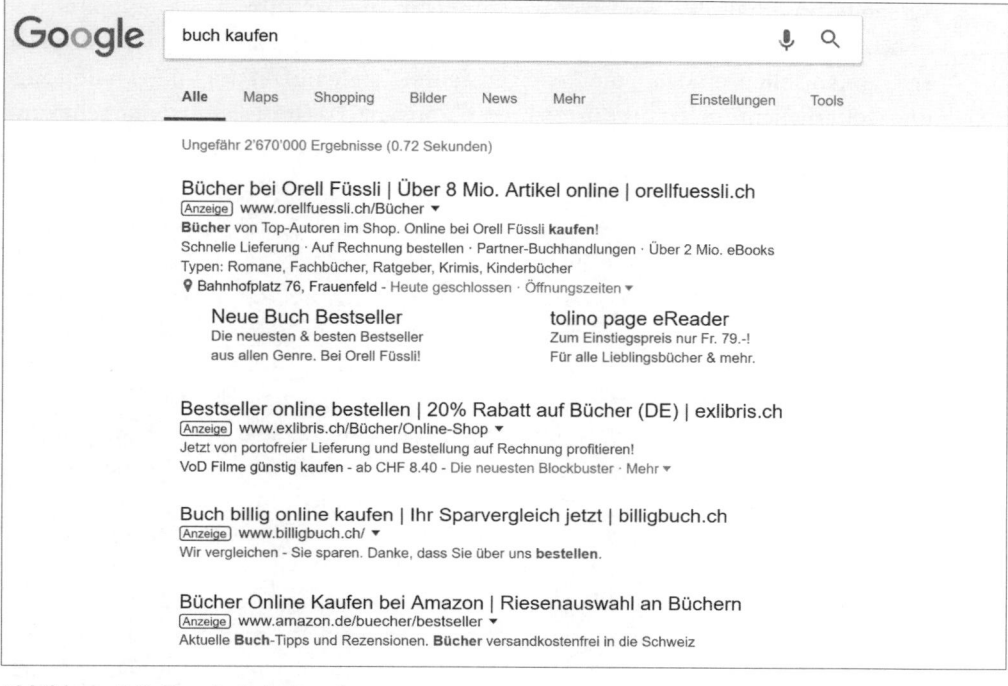

Abbildung 6.9 Google-Ads-Anzeigen

Abbildung 6.10 Landing Page des Online-Shops Amazon

Sie sehen, innerhalb der Werbekampagne gibt es einige Schritte, die Sie definieren und optimieren können: Sie legen die Suchbegriffe (Keywords) fest, für die Ihre Anzeigen erscheinen sollen, erstellen die Anzeigen, leiten den Benutzer auf Ihre Landing Page und steuern nicht zuletzt die Kosten Ihrer Kampagne. Das hört sich erst mal sehr kompliziert an. Wir werden hier die einzelnen Schritte besprechen. Außerdem werden Sie einige Tipps finden, um Anfängerfehler von Beginn an zu vermeiden.

> **Kostenlose Hilfe zu Google Ads**
>
> Zahlreiche kostenlose Quellen stehen zur Verfügung, um Sie bei Fragen in jeder Phase der Kampagnenarbeit zu unterstützen. Erste Anlaufstelle sollte stets die äußerst ausführliche und vollständige offizielle Google-Ads-Hilfe sein, die Sie unter *support.google.com/google-ads/?hl=de#topic=3119071* finden. Hier sind zahlreiche Artikel und Videos verfügbar, die Ihnen nicht nur die Grundfunktionen, sondern auch komplexere Einstellungsmöglichkeiten detailliert erläutern. Sollten Sie hier keine Antwort auf Ihre Frage finden, bietet Google mit der Advertiser Community (*www.de.advertisercommunity.com*) eine Plattform zum thematischen Austausch mit anderen Nutzern, Fachexperten und Google-Mitarbeitern. Nach der Registrierung können Sie hier selbst Fragen einstellen oder nach Nutzern suchen, die eine ähnliche Frage bereits hatten. Außerdem finden Sie hier Online-Seminare zu verschiedenen Themen rund um Google Ads für Anfänger und Fortgeschrittene. Auf der Suche nach Google-Ads-Antworten werden Sie hier bestimmt fündig. Eine weitere reichhaltige Quelle, mit der Sie Ihr Wissen ausbauen können, sind die Gratis-Kurse *Atelier Digital* von Google, die unter *learndigital.withgoogle.com/atelierdigital-de* verfügbar sind.

6.2.1   Das Google-Ads-Konto

Ihre erste Handlung als Google-Advertiser besteht darin, ein Google-Ads-Konto zu eröffnen. Dazu rufen Sie in Ihrem Browser die Seite *ads.google.com/intl/de_de/home/* auf. Alternativ können Sie auch auf der Google-Startseite am unteren Seitenrand auf den Link WERBEPROGRAMME klicken.

> **AdWords Express**
>
> »Einfach online werben«, lautet die Devise von AdWords Express. Dabei handelt es sich um ein komplett automatisiertes Werbeprogramm, das sich speziell an kleinere lokale Unternehmen richtet, die noch wenig Erfahrung im Bereich Online-Marketing haben. Für die Nutzung des Dienstes benötigen Unternehmen nicht einmal eine Website und auch kein Ladengeschäft: Ein Eintrag bei Google My Business und eine Postadresse genügen. Unternehmen, die lokal ihre Angebote bewerben wollen, können Anzeigen schalten, die neben den Google-Suchergebnissen im Web sowie auf Mobiltelefonen, Google Maps und relevanten Partner-Websites erscheinen. Gerechtfertigt

wird der Name *Express* dadurch, dass keine Keywords recherchiert werden und nur Minimaleinstellungen vorgenommen werden müssen (siehe Abbildung 6.11).

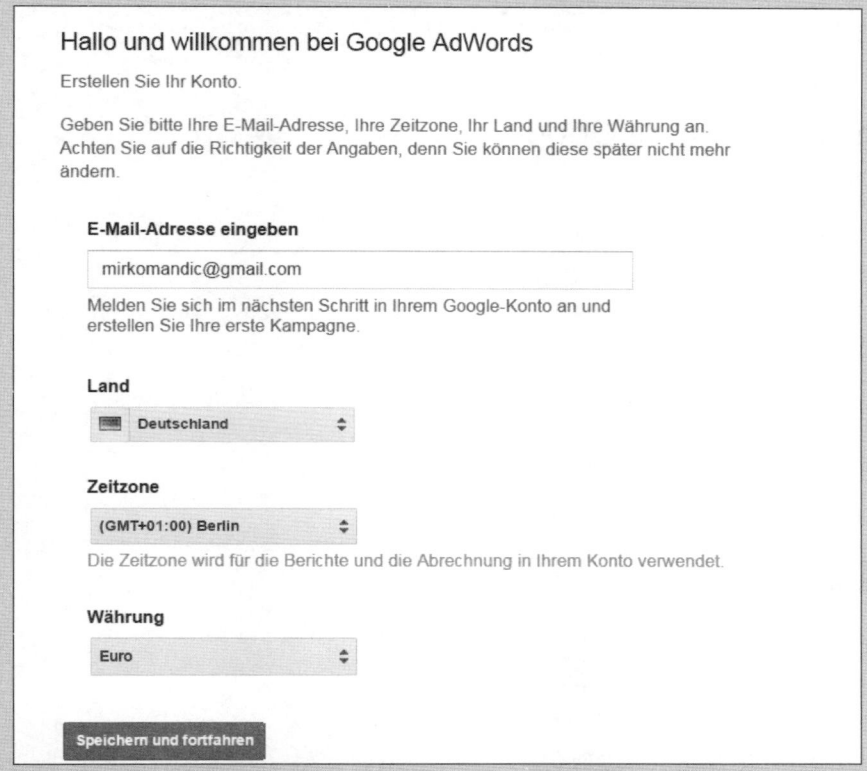

Abbildung 6.11 Simpel gehaltene Eingabemaske für Anzeigen in Google AdWords Express

So kann beispielsweise ein Restaurantbetreiber sehr genau in seinem Einzugsgebiet werben. Werbetreibende, die bereits ein Google-Ads-Konto besitzen, kommen nicht in den Express-Genuss, da es sich hier im Prinzip nur um eine vereinfachte Eingabemaske vor dem ursprünglichen Google-Ads-System handelt. Jedoch können Advertiser bei AdWords Express auch keine eigenen Optimierungen vornehmen und müssen dabei auf Google vertrauen. Weitere Informationen zu AdWords Express lesen Sie unter *www.google.de/adwords/express/*.

Nun können Sie ein neues Google-Ads-Konto anlegen (siehe Abbildung 6.12).

Sie werden zunächst aufgefordert, folgende Informationen zu hinterlegen:

1. Nutzernamen (E-Mail-Adresse) für Ihr Konto festlegen
2. Namen der Website (Domain) angeben
3. Speichern und fortfahren

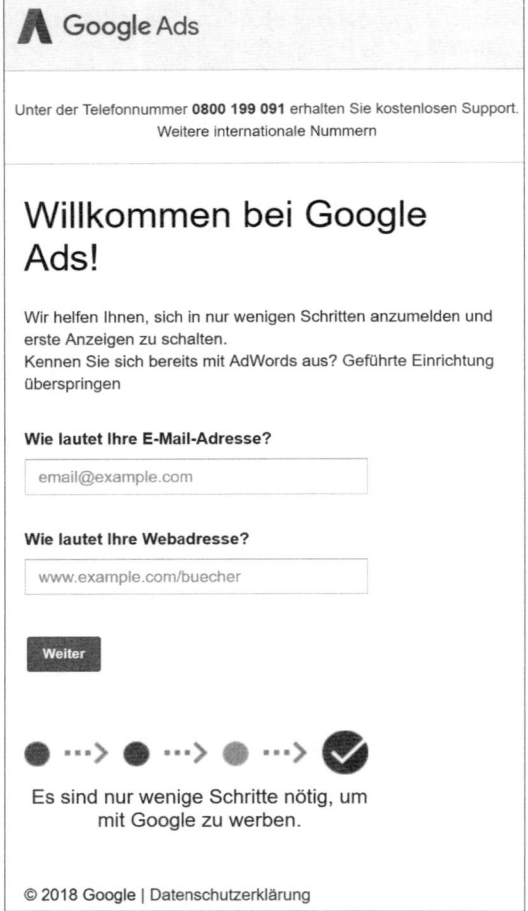

Abbildung 6.12 Startseite von Google Ads

Wenn Sie Nutzernamen und Passwort angeben, werden Sie aufgefordert, sich mit der angegebenen E-Mail-Adresse anzumelden. Falls Sie bereits ein Google-Konto besitzen, können Sie die bestehenden Login-Daten verwenden und müssen sich nicht für verschiedene Google-Dienste verschiedene Zugangsdaten merken. Andernfalls bestimmen Sie E-Mail-Adresse und Passwort neu. Google bietet auch die Möglichkeit, sich in mehreren Konten gleichzeitig anzumelden. Dies kann hilfreich sein, wenn Sie beispielsweise im gleichen Browser Ihr Google-Mail- und mit einer anderen E-Mail-Adresse Ihr Google-Ads-Konto verwenden. Beachten Sie aber, dass eine Mehrfachanmeldung in mehreren Google-Ads-Konten im selben Browserfenster nicht möglich ist. Nähere Details zu dieser Einstellung finden Sie unter *support.google.com/accounts/answer/1721977?hl=de*.

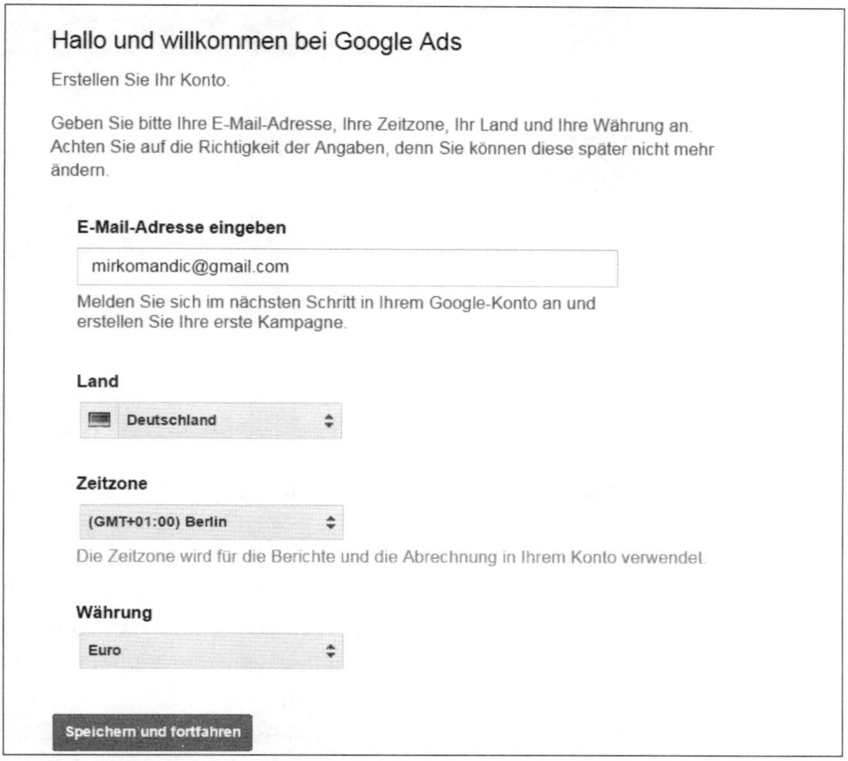

Hallo und willkommen bei Google Ads

Erstellen Sie Ihr Konto.

Geben Sie bitte Ihre E-Mail-Adresse, Ihre Zeitzone, Ihr Land und Ihre Währung an. Achten Sie auf die Richtigkeit der Angaben, denn Sie können diese später nicht mehr ändern.

E-Mail-Adresse eingeben

mirkomandic@gmail.com

Melden Sie sich im nächsten Schritt in Ihrem Google-Konto an und erstellen Sie Ihre erste Kampagne.

Land

Deutschland

Zeitzone

(GMT+01:00) Berlin

Die Zeitzone wird für die Berichte und die Abrechnung in Ihrem Konto verwendet.

Währung

Euro

Speichern und fortfahren

Abbildung 6.13 Basisangaben bei der Eröffnung eines Google-Ads-Kontos

Häufige Fehler vermeiden: Zeitzone und Währung festlegen

Bedenken Sie bei der Festlegung des Landes, der Zeitzone und der Währung: Alle drei Angaben können im Nachhinein nicht mehr geändert werden. Alle Kosten Ihrer Kampagnen werden nur in der von Ihnen angegebenen Währung erhoben und akzeptiert. Die Zeitzonenangabe ist insbesondere für die Berichterstellung wichtig.

Wenn Sie ein neues Konto erstellt haben, müssen Sie dieses noch bestätigen, indem Sie auf den Link in der E-Mail klicken, die Google Ihnen zusendet. Danach können Sie sich jederzeit mit Ihren Benutzerdaten in Ihrem Google-Ads-Konto anmelden. Der erste Schritt ist geschafft, Sie sind jetzt im Besitz eines GooglesAds-Kontos.

Anfängern sei empfohlen, sich zunächst einmal in dem Google-Ads-Konto zu orientieren. Wie Sie in Abbildung 6.14 erkennen, verfügt Google Ads über eine vertikale Hauptnavigation, über die Sie alle wichtigen Bereiche im Konto erreichen. Sie werden während Ihrer Arbeit in Google Ads merken, dass sich diese Navigation erweitert und verändert – je nachdem, welche Kampagnen Sie bereits angelegt haben und in welchem Bereich Sie gerade navigieren.

Abbildung 6.14 Startseite im Google-Ads-Konto mit Hauptnavigation am linken Seitenrand

Das Konto ist noch nicht aktiv. Das bedeutet, es werden noch keine Anzeigen geschaltet, bis Sie Zahlungsinformationen übermittelt haben. Über das Schraubenschlüssel-Symbol in der Kopfleiste erreichen Sie die Seite ABRECHNUNG UND ZAHLUNGEN. Die Zahlungsmöglichkeiten sind abhängig von der gewählten Währung und dem Land der Rechnungsadresse. Wenn Sie Euro als Währung gewählt haben und in Deutschland Ihr Google-Ads-Konto besitzen, können Sie zwischen Bankkonto, Kredit- oder Debitkarte, Überweisung oder Überweisung per GiroPay wählen. Innerhalb der einzelnen Zahlungsvarianten können Sie jederzeit wechseln. Sie haben aber nicht die Möglichkeit, von einer Vorauszahlungsoption zur Nachzahlung zu wechseln oder umgekehrt. Auf der Website *billing.google.com/payments/u/0/paymentsinfofinder* können Sie sich die möglichen Varianten anzeigen lassen.

Schon in wenigen Minuten können Sie nun eine erste Kampagne mit einer Anzeigengruppe, einer Anzeige und einigen Keywords erstellen sowie ein Budget hinterlegen. Wahrscheinlich kribbelt es schon in Ihren Fingern, und Sie möchten sofort Ihre erste Kampagne anlegen und Anzeigen schalten. Es ist jedoch sinnvoll, sich erst einmal die Struktur des Google-Ads-Kontos klarzumachen. Haben Sie sich diese Struktur eingeprägt, können Sie Ebene für Ebene durchgehen und entsprechende Einstellungen durchführen.

6.2.2   Die Kontostruktur

Das Google-Ads-Konto ist hierarchisch aufgebaut. Nehmen wir zum Vergleich eine Stadt, beispielsweise Berlin. Die Hauptstadt lässt sich in verschiedene Stadtteile unterteilen; jeder Stadtteil wiederum umfasst verschiedene Wohnblocks, diese schließlich eine Vielzahl an Wohnungen. Ähnlich ist auch ein Google-Ads-Konto in verschiedene Ebenen aufgeteilt: Die oberste Hierarchie ist das Konto selbst, analog zu unserem Beispiel wäre das die Stadt Berlin. Auf dieser Ebene loggen Sie sich mit Ihrer E-Mail-Adresse und Ihrem Passwort ein und können Zahlungsinformationen einsehen. Um bei unserem Beispiel zu bleiben: Auch in der realen Welt melden Sie sich beim Bürgeramt Ihrer Stadt an.

Kontozugriff

Sie haben die Möglichkeit, weitere Nutzer für Ihr Google-Ads-Konto freizuschalten und ihnen verschiedene Rechte zuzuweisen. Google unterscheidet zwischen Administrator-, Standard- und Lesezugriff sowie Nutzern, die nur E-Mail-Benachrichtigungen empfangen dürfen. Unter *support.google.com/google-ads/answer/1704346?hl=de* finden Sie eine Übersicht über die verschiedenen Zugriffsebenen und die damit verbundenen Rechte. Hilfreich ist in diesem Zusammenhang auch der *Änderungsverlauf*, den Sie in der vertikalen Navigationsleiste ganz unten finden. Hier können Sie sich alle Änderungen anzeigen lassen und sehen zudem Datum, Uhrzeit und Nutzer.

Die einzelnen Kampagnen sind vergleichbar mit den verschiedenen Stadtteilen unserer exemplarischen Stadt. Wenn Sie beispielsweise einen Online-Shop betreiben, können Sie so für jede Produktsparte eine eigene Kampagne anlegen. Sie sollten Wert darauf legen, Ihr Konto von Beginn an möglichst übersichtlich aufzubauen, da spätere Auswertungen dann wesentlich besser nachvollzogen werden können. Auch für den Fall, dass Sie einmal einem Mitarbeiter oder einer Agentur Ihre Kampagnen übergeben, ist es hilfreich, wenn die Kontostruktur leicht verständlich und nachvollziehbar ist. Auf Kampagnenebene legen Sie zudem die Ausrichtung auf die Zielgruppe fest, indem Sie z. B. das Werbenetzwerk, die geografische Ausrichtung und die Spracheinstellungen bestimmen. Dies kann pro Produktsparte variieren, daher wäre es auf Kontoebene wenig sinnvoll. Sie können hier auch das Tagesbudget bestimmen, das Sie für die einzelnen Kampagnen hinterlegen möchten. Wie Sie später noch im Detail lesen werden, stellen Sie auf Kampagnenebene auch die Verteilungseinstellungen und das Enddatum ein und können z. B. einzelne IP-Adressen hinterlegen, für die Ihre Anzeigen nicht geschaltet werden sollen.

Kommen wir zu den Wohnblocks: Diese entsprechen in dem Google-Ads-Konto den einzelnen Anzeigengruppen. Die Ebene der Anzeigengruppen beinhaltet, wie der Name schon sagt, die Anzeigen. Eine Anzeigengruppe muss mindestens eine Anzeige enthalten, unbedingt empfehlenswert sind mehrere Anzeigen. Ebenso befinden sich hier die Wohnungen, also die Keywords, für die Ihre Anzeigen erscheinen sollen, und gegebenenfalls auch Placements (Webseiten, auf denen Ihre Anzeige erscheint; dazu folgt mehr in Kapitel 12, »Display-Marketing«). Manche Kampagnen – z. B. dynamische Suchnetzwerk-Kampagnen – benötigen keine Keywords und werden über andere Ausrichtungseinstellungen gesteuert.

Account-Limitierungen

Google-Ads-Konten sind limitiert. Konkret heißt das, dass bis zu 10.000 aktive und pausierte Kampagnen in einem Konto angelegt werden können. Jede Kampagne kann bis zu 20.000 Anzeigengruppen und die wiederum bis zu 20.000 Keywords oder andere Ausrichtungsmöglichkeiten (z. B. Placements oder Zielgruppenlisten) umfassen. Insgesamt kann das Limit bis auf 3 Mio. Keywords und 4 Mio. Anzeigen (aktiv und pausiert) ausgereizt werden. Pro Anzeigengruppe sind außerdem bis zu 50 aktive Textanzeigen und 300 Bildanzeigen erlaubt. Auch andere Elemente in Ihrem Google-Ads-Konto sind begrenzt. Eine Übersicht finden Sie unter *support.google.com/google-ads/answer/6372658?hl=de*.

Abbildung 6.15 zeigt die Google-Ads-Kontostruktur auf einen Blick.

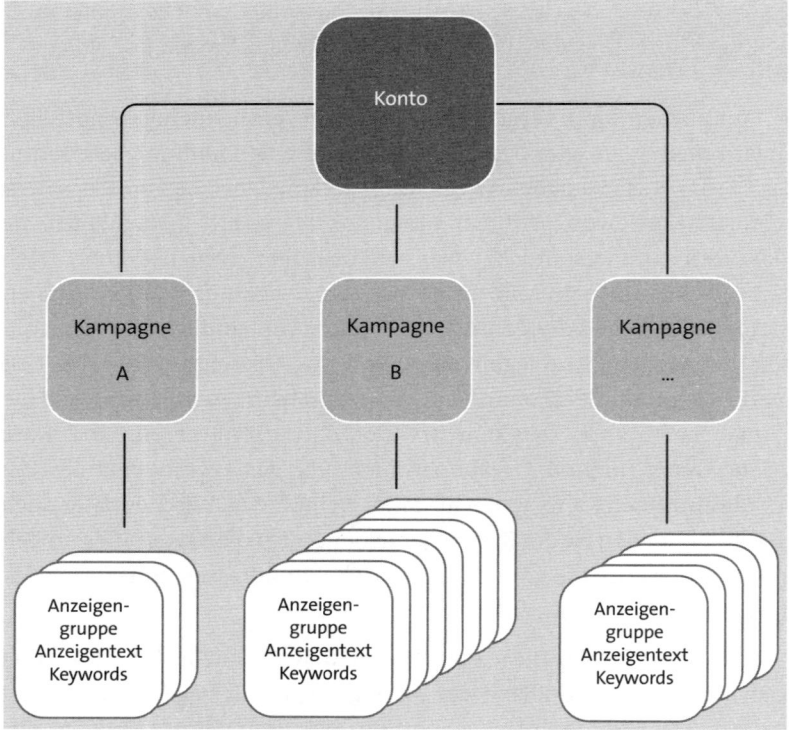

Abbildung 6.15 Die Kontostruktur bei Google Ads

Sie haben auch die Möglichkeit, mit dem sogenannten *Kundencenter* (auch als *MCC* bezeichnet für *My Client Center*) verschiedene Konten zu verwalten (daher wird auch die Bezeichnung *Verwaltungskonto* verwendet). Dieses Rahmenkonto wird häufig von Agenturen eingesetzt, die verschiedene Google-Ads-Konten betreuen.

Häufige Fehler vermeiden: klare Kontostruktur schaffen

Warum ist nun eine durchdachte Kontostruktur so wichtig? Die Kontostruktur hat zwei grundlegende Ziele: Zum einen können Sie so viel besser Ihre Zielgruppe passend ansprechen, zum anderen erleichtert Ihnen eine gute Kontostruktur die Handhabung und Optimierung Ihres Accounts. Verglichen mit der Offline-Welt würde kein Warenhaus alle Angebote zusammen auf einer Ebene präsentieren. So sind Kaufhäuser in Ebenen und Abteilungen strukturiert.

Achten Sie daher auch bei Google Ads unbedingt von Beginn an auf eine klare Konto- und Kampagnenstruktur. Machen Sie sich schon im Vorfeld Gedanken über Ihr gewünschtes Ziel und die Zielgruppe, die Sie ansprechen möchten. Oft ist es hilfreich, wenn Sie sich schon vorab eine Struktur überlegen und sie zunächst auf Papier bringen, bevor Sie im Google-Ads-Konto aktiv werden. Google empfiehlt Betreibern von Webshops, die verschiedenen Kampagnen anhand des individuellen Produktsortiments anzulegen. Wenn Sie z. B. Computer verkaufen, dann sollten Sie eine Kampagne für Notebooks anlegen, eine weitere Kampagne für Monitore, eine dritte für Zubehör usw. Achten Sie auf eine sinnvolle und einheitliche Benennung der Kampagnen. Wenn Sie beispielsweise über verschiedene Kampagnen im Suchnetzwerk auf Deutsch und Englisch verfügen und im gleichen Konto auch Kampagnen im Google-Display-Netzwerk unterhalten (siehe Abschnitt 12.1.8, »Bannermarketing mit dem Display-Netzwerk von Google«), so vergeben Sie Kampagnennamen wie z. B. »suche-deutsch-notebooks«, »suche-englisch-notebooks« oder »display-deutsch-notebooks«. Das erleichtert Ihnen die nachträgliche Analyse bestimmter Kategorien. Alternativ können Sie Kampagnen auch mit sogenannten »Labels« versehen.

Die einzelnen Kampagnen sollten aus Anzeigengruppen bestehen, die ebenfalls thematisch sortiert sind, im Fall von Notebooks etwa nach Marken, Bildschirmgrößen oder anderen häufig gesuchten Subkategorien. Versuchen Sie, Ihre Kontostruktur so klar wie möglich zu halten und Anzeigengruppen mit wenigen, aber sehr zielgenauen Keywords und Anzeigentexten zu erstellen. So legen Sie den Grundstein für eine zielgerichtete und effiziente Bewerbung Ihres Angebots.

Unter dem Schraubenschlüssel-Symbol können Sie die Kontoeinstellungen bearbeiten. Wenn Sie anderen Usern Zugriff auf Ihr Konto geben, Ihre Rechnungen von Google prüfen möchten, Ihr Konto mit anderen Google-Diensten verknüpfen oder beispielsweise die Einstellungen zu Benachrichtigungen bearbeiten möchten, die Sie von Google erhalten, dann sind Sie hier richtig.

Google-Dienste verknüpfen: Google Ads und Google Analytics

Wenn Sie Ihr Google-Ads-Konto mit Ihrem Google-Analytics-Konto verbinden möchten, dann können Sie das über das Schraubenschlüssel-Symbol unter der Rubrik Einrichtung auf der Seite Verknüpfte Konten tun, wenn Sie in der Auswahlansicht auf Google Analytics klicken (siehe Abbildung 6.16, mehr zu Google Analytics lesen Sie in Kapitel 10, »Web-Analytics«). Sie erhalten hier eine Aussicht aller Datenansichten aus Google Analytics, die für eine Verknüpfung zur Verfügung stehen. Um eine Verknüpfung zwischen Google Ads und Google Analytics herstellen zu können, müssen Sie Administratorrechte besitzen, und die sogenannte AUTOMATISCHE TAG-KENNZEICHNUNG muss aktiviert sein. Hierbei handelt es sich um einen Parameter, der beim Klick auf Ihre Anzeige an die Zielseiten-URL angehängt wird, damit mithilfe von Google Analytics gemessen werden kann, wie ein Nutzer sich nach dem Anzeigenklick auf Ihrer Website verhalten hat.

Eine Verknüpfung von Google Ads und Google Analytics bringt Ihnen viele Vorteile. Sie können z. B. untersuchen, wie die Besucher, die auf Ihre Anzeigen klicken, Ihre Webseiten nutzen oder an welchen Stellen sie Ihre Website verlassen. Außerdem können Sie basierend auf Google-Analytics-Daten Besuchersegmente (sogenannte *Remarketing-Listen*) bilden, denen Sie spezielle Anzeigen ausspielen können. Mehr zum Thema Remarketing erfahren Sie in Kapitel 12, »Display-Marketing«.

In Abbildung 6.16 sehen Sie, dass Sie Ihr Google-Ads-Konto noch mit einer Vielzahl weiterer Dienste verknüpfen können, z. B. mit Ihrem YouTube-Konto, dem Google Merchant Center oder der Search Console.

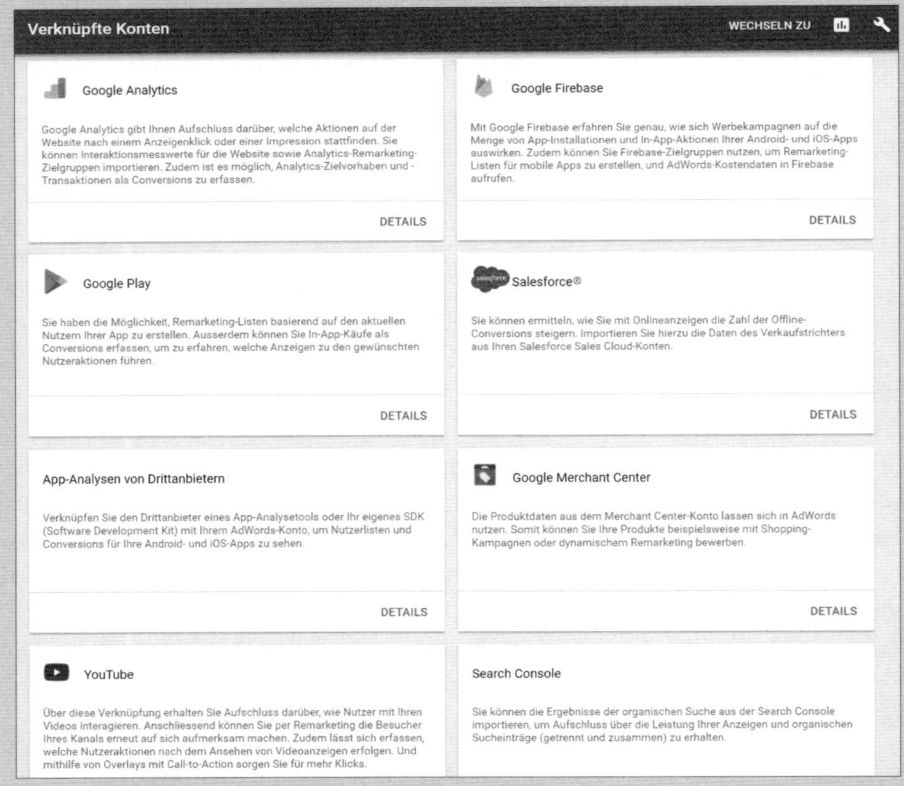

Abbildung 6.16 Verknüpfung des Google-Ads-Kontos mit anderen Diensten

6.2.3   Die Kampagne

Sie möchten nun endlich Ihre erste Google-Ads-Kampagne schalten? Wir führen Sie nun durch die einzelnen Schritte, die zum Anlegen einer Google-Ads-Kampagne notwendig sind. Diese sind prinzipiell an den Suchprozess eines Benutzers angelehnt, wie Sie in Abbildung 6.17 sehen.

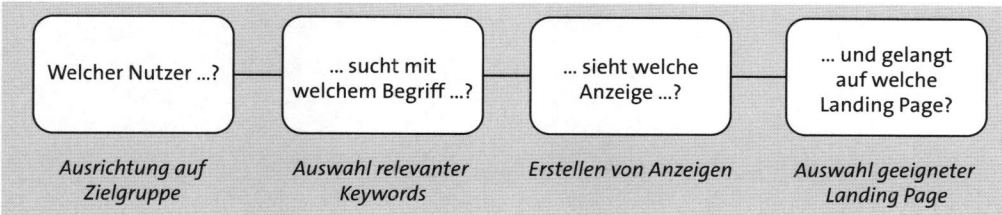

Abbildung 6.17 Wesentliche Schritte, um eine Google-Ads-Kampagne aufzusetzen

Die Schritte lauten:

- die Ausrichtung auf die Zielgruppe
- die Auswahl relevanter Keywords
- das Erstellen von Anzeigen
- das Festlegen einer geeigneten Landing Page (die per Klick auf eine Anzeige erreicht wird)
- und schließlich die Bestimmung des Budgets

Wenn Sie Ihr Google-Ads-Konto neu angelegt haben, finden Sie unter dem Reiter KAMPAGNEN ein Pluszeichen in einem blauen Kreis. Sie haben danach die Auswahl zwischen fünf verschiedenen Kampagnentypen und können hierüber festlegen, wo Ihre potenziellen Besucher Ihre Anzeigen sehen. Die Option SUCHNETZWERK sorgt dafür, dass Ihre Anzeigen in der Google-Suche und anderen Google-Suchdiensten sowie bei Partnern im Suchnetzwerk geschaltet werden. Erlaubt sind hier Textanzeigen. Über die Option DISPLAYNETZWERK hingegen können Sie Google-Anzeigen auf anderen Websites buchen. Mehr hierzu erfahren Sie in Kapitel 12, »Display-Marketing«. Zu dem Kampagnentyp SHOPPING erfahren Sie später in diesem Kapitel mehr. Den Kampagnentyp VIDEO werden wir in Kapitel 16, »Video-Marketing«, näher erläutern. Mit dem Kampagnentyp UNIVERSELLE APP-KAMPAGNE schließlich können Sie dafür sorgen, dass Ihre App häufiger installiert wird. Vereinzelte Hinweise zu diesem Thema finden Sie in Kapitel 1, »Der Weg zur erfolgreichen Website«. Da sich dieses Buch aber auf die Optimierung und Vermarktung von Websites konzentriert, können wir an dieser Stelle nicht näher auf diesen Kampagnentyp eingehen.

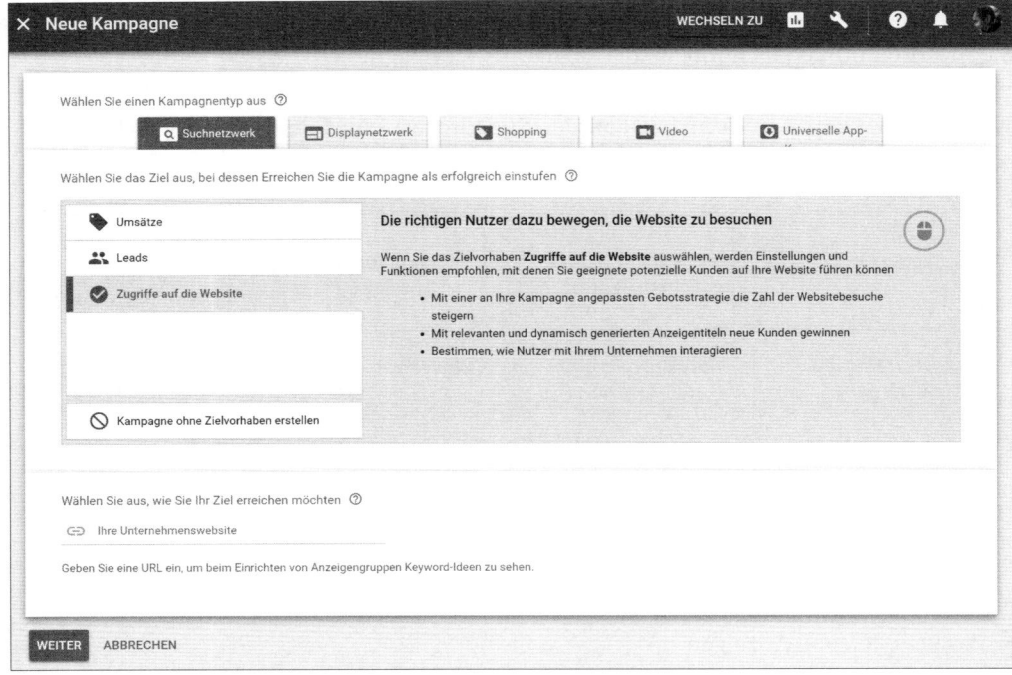

Abbildung 6.18 Wahl des Kampagnentyps und Kampagnenziels

Konzentrieren wir uns also an dieser Stelle zunächst auf Kampagnen im Google-Suchnetzwerk. Nach der Auswahl des Kampagnentyps können Sie zunächst das primäre Zielvorhaben Ihrer Kampagne definieren. Je nach hinterlegtem Ziel schlägt Google Ihnen bei der weiteren Kampagnenarbeit Einstellungen und Funktionen vor, die dieses Ziel unterstützen. Sie haben die Wahl zwischen drei Zielen:

▶ UMSÄTZE: Wenn Ihre Kampagne hauptsächlich darauf abzielt, Ihre Online-Umsätze zu steigern, sollten Sie diese Einstellung wählen. Google empfiehlt Ihnen dann z. B. Gebotsstrategien, die zu Klicks führen, die mit höherer Wahrscheinlichkeit Umsätze generieren.

▶ LEADS: Wählen Sie diese Einstellung, wenn es Ihnen primär um die Gewinnung neuer Kunden oder Kontakte geht.

▶ ZUGRIFFE AUF DIE WEBSITE: Mit diesem Zielvorhaben empfiehlt Ihnen Google Einstellungen und Funktionen, die die Anzahl und Qualität der Besuche auf Ihrer Website erhöht.

Wenn Sie bereits Erfahrung mit der Erstellung von Kampagnen in Google Ads haben, können Sie auf diese Konfiguration des Zielvorhabens auch verzichten bzw. das Ziel zu einem späteren Zeitpunkt hinzufügen. Definieren Sie danach einen Kampagnennamen. Geben Sie einen möglichst eindeutigen Namen ein, damit Sie bei verschiedenen Kampagnen nicht den Überblick verlieren. Dann beginnen Sie mit der Ausrichtung auf

Ihre Zielgruppe. Google Ads bietet Ihnen eine Vielzahl von Möglichkeiten, ein umfangreiches *Targeting*, das heißt eine genaue Zielgruppenansprache, vorzunehmen. Dies erreichen Sie beispielsweise über die geografische Ausrichtung Ihrer Kampagne und die Spracheinstellungen, die wir Ihnen im Folgenden näher erklären.

Werbenetzwerke

Google bietet Ihnen bei der Konfiguration Ihrer neuen Kampagne an, Ihre Anzeigen zusätzlich zum Suchnetzwerk auch im Displaynetzwerk auszuspielen. Wir raten Ihnen hiervon dringend ab. Wenn Sie im Google-Display-Netzwerk (GDN) Werbung schalten möchten, sollten Sie stattdessen lieber eine separate Kampagne erstellen (siehe Kapitel 12, »Display-Marketing«).

Ausrichtung auf die Zielgruppe

In welchen Ländern oder Orten möchten Sie mit Ihren Anzeigen Benutzer erreichen, und welche Sprache sprechen Ihre potenziellen Kunden? Je genauer Sie Ihre Zielgruppe definieren und die Einstellungen an Ihre Ziele anpassen, desto eher vermeiden Sie unnötige Kosten.

Die Ortsauswahl

Für die Ausrichtung Ihrer Kampagne auf bestimmte Orte haben Sie viele Möglichkeiten: So können Sie direkt Länder, Gebiete, Regionen und Städte auswählen und auch benutzerdefinierte Gebiete festlegen und alles miteinander kombinieren. Das bedeutet, dass Sie Ihre Anzeigen z. B. in Mexiko und in der Stadt Barcelona schalten können (siehe Abbildung 6.19). Hier gibt Google schon erste Anhaltspunkte zur Reichweite.

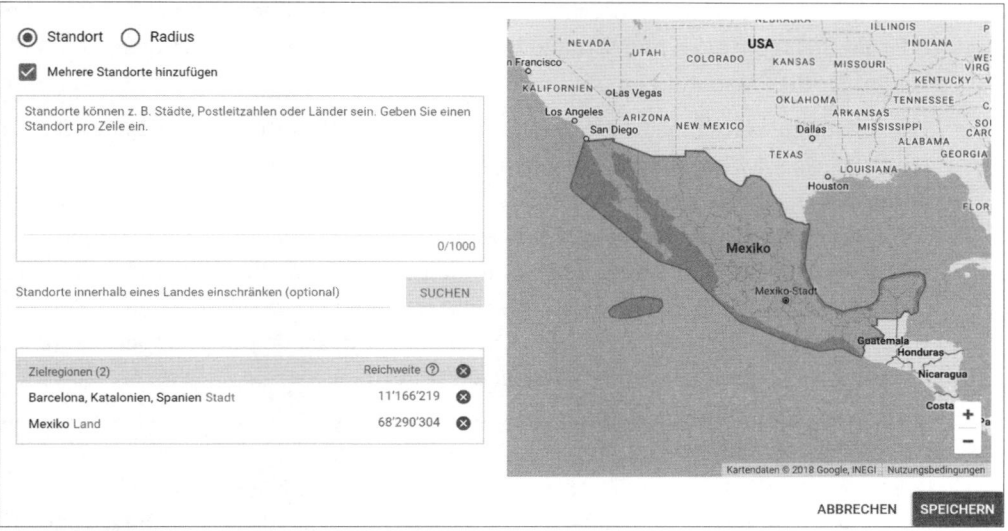

Abbildung 6.19 Kampagneneinstellungen: Orte auswählen

Wenn Sie beispielsweise einen Pizza-Service betreiben und Ihre Pizzen nur innerhalb einer bestimmten Stadt wie Hamburg ausliefern, dann sollten Sie Ihre Einstellungen so anpassen, dass Ihre Google-Ads-Anzeigen auch nur in Hamburg angezeigt werden. Sie können auch einen Umkreis um ein Zielgebiet definieren, wie in Abbildung 6.20 beispielhaft der Radius 20 km um Hamburg. Wenn Sie z. B. Ihre Pizzen nicht weiter als 20 km von Ihrem Standort ausliefern, können Sie dies bei den Einstellungen berücksichtigen.

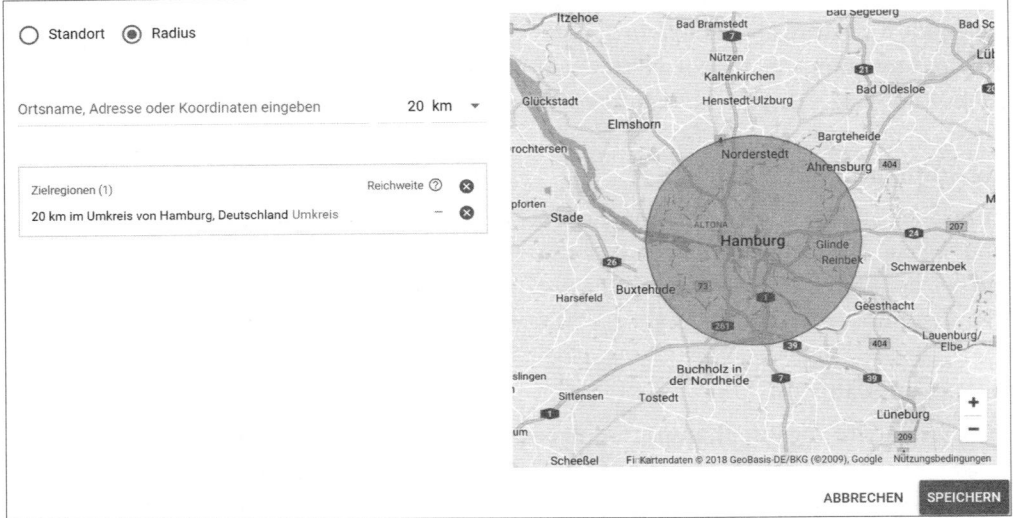

Abbildung 6.20 Ortsauswahl 20 Kilometer im Umkreis von Hamburg

So können Sie sehr genau bestimmen, wo Ihre Anzeigen geschaltet werden sollen oder nicht. Da Sie auch hier Streuverluste und unnötige Kosten vermeiden können, sollten Sie die Einstellungen mit Bedacht wählen.

Wie Sie sehen, können Sie Anzeigen nur für einen bestimmten geografischen Radius schalten (*Google Geo-Targeting*). Möglich ist diese genaue Ansprache der Zielgruppe einerseits über den *physischen Standort* des Benutzers, der entweder über die IP-Adresse oder den Gerätestandort (bei Mobilgeräten z. B. via GPS, WLAN oder Bluetooth) festgestellt wird. Andererseits sammelt Google natürlich auch Informationen über Standortvorlieben, wenn etwa der Nutzer einen Ortsnamen bei einer Suchanfrage verwendet hat oder an diesem Ort bereits gewesen ist. In den meisten Fällen beruht die Standortzuordnung aber auf der IP-Adresse.

> **Tipp: Wie ist meine IP**
>
> Wie Ihre Nummer auf Ihrem Personalausweis, so besitzt jeder Computer eine eindeutige Nummer, die Aufschluss über seinen Standort gibt. Daher sind Rückschlüsse auf die Region möglich, und Anzeigen können entsprechend eingeblendet werden.

Aber Achtung: Eindeutig und exakt ist die Zuordnung der IP-Adresse zu einem geografischen Standort nicht immer. Dennoch gilt die IP-Adresse aus datenschutzrechtlicher Sicht als personenbezogene Information. Auf der Website *Wie ist meine IP* (*www.wieistmeineip.de*) können Sie Ihre eigene IP-Adresse nachsehen. Zudem werden Ihnen Ihr Betriebssystem, Ihr Browser, Ihr Land und Provider angezeigt, und Sie können die Geschwindigkeit Ihrer Internetverbindung messen.

Mit den erweiterten Standortoptionen bietet Google seit Frühjahr 2012 folgende Auswahlmöglichkeiten, um Nutzer zu erreichen – oder (falls gewünscht) von einer Bewerbung explizit auszuschließen:

▶ Nutzer in meiner Zielregion bzw. die danach suchen oder sich dafür interessieren (empfohlen)

▶ Nutzer in meiner Zielregion

▶ Nutzer, die nach meiner Zielregion suchen oder sich dafür interessieren

Die erste Option berücksichtigt sowohl den physischen als auch den relevanten Standort des Users. Bei der zweiten Option werden nur physische Standortinformationen wie IP-Adresse oder Gerätestandort zum Anzeigentargeting verwendet, bei der dritten Option nur relevante.

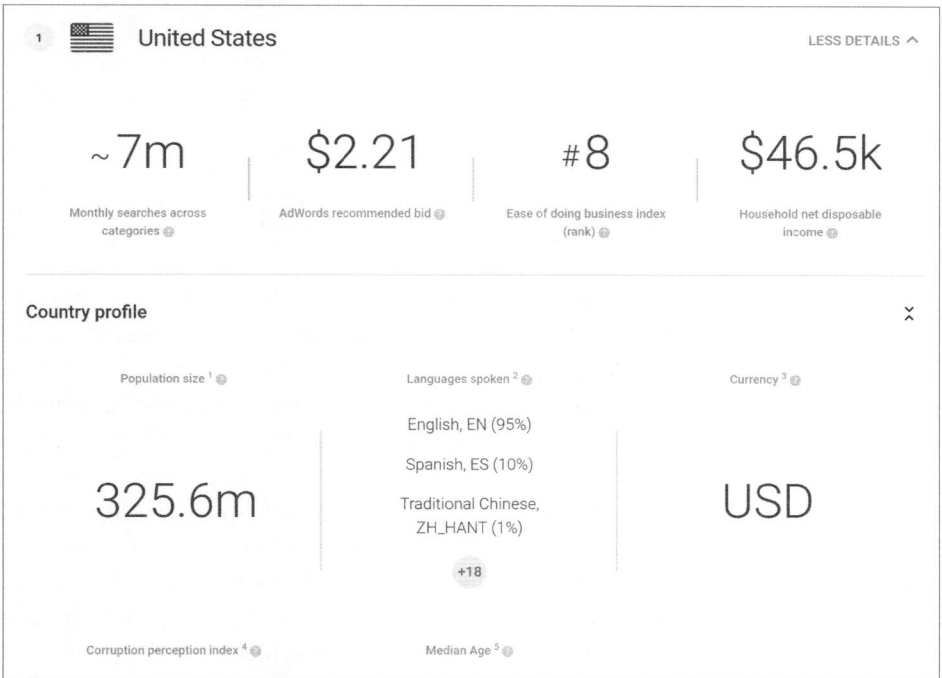

Abbildung 6.21 Internationale Marktinformationen im Google Market Finder

Für internationale Werbetreibende bietet Google den sogenannten *Market Finder* (*marketfinder.thinkwithgoogle.com*) an. Mit diesem Tool können Werbetreibende das Marktpotenzial ihres Produkts oder Ihrer Dienstleistung in anderen Ländern prüfen. Nach Eingabe der Website-URL scannt Google die Kategorien der Seiten und schätzt das Potenzial für die einzelnen Länder hinsichtlich der Anzahl relevanter Suchanfragen. Sie finden hier auch Informationen zu Rahmenbedingungen in anderen Märkten – wie beispielsweise Kauf- und Zahlungsverhalten, durchschnittliches Haushaltseinkommen, demografische Informationen und vieles mehr (siehe Abbildung 6.21).

Die Sprachauswahl

Je nachdem, wie die Spracheinstellung der Google-Benutzeroberfläche gesetzt ist, kann das Google-Ads-System erkennen, wo Anzeigen geschaltet werden (siehe Abbildung 6.22). Befindet sich beispielsweise ein Türkisch sprechender Nutzer in Deutschland, hat aber die Sprache der Benutzeroberfläche von Deutsch auf Türkisch umgestellt, kann er türkischsprachige Anzeigen sehen, wenn Sie Ihre Kampagne nicht nur auf Deutsch, sondern auch auf Türkisch ausgerichtet haben.

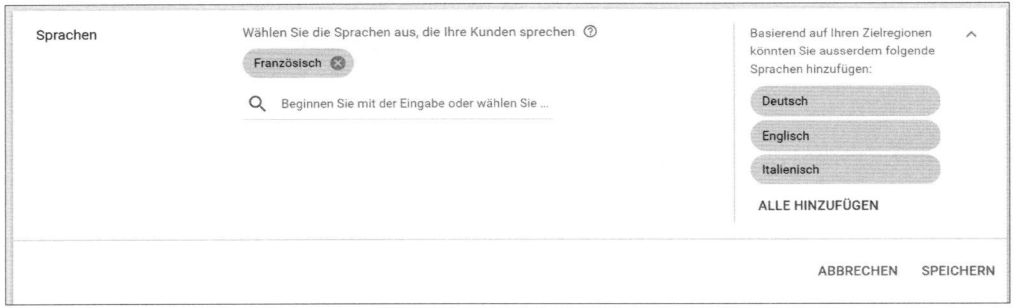

Abbildung 6.22 Sprachauswahl in den Kampagneneinstellungen

Beachten Sie aber, dass Nutzer häufig mehrere Sprachen sprechen und auch in mehreren Sprachen suchen, z. B. sowohl in Deutsch als auch in Türkisch. In solchen Fällen ist es sinnvoll, dass Sie eine Kampagne auf beide Sprachen ausrichten. So stellen Sie sicher, dass auch Nutzer mit einer türkischsprachigen Benutzeroberfläche deutschsprachige Anzeigen sehen, wenn sie deutsche Begriffe suchen. Aber auch hier ist Vorsicht geboten: Kampagnen mit Keywords, die sprachlich nicht eindeutig sind (wie z. B. das Wort »Hotel«), sollten Sie nicht auf mehrere Sprachen ausrichten. Ansonsten laufen Sie Gefahr, dass englischsprachige Nutzer deutsche Anzeigen sehen, wenn sie z. B. nach »Computer« suchen. Hier empfiehlt sich die Erstellung getrennter Kampagnen für jede Sprache. Bedenken Sie außerdem bei der Ausrichtung auf Sprachen, dass Ihre Anzeigen nicht übersetzt werden und in der jeweiligen Sprache formuliert sein müssen.

Gebotsanpassungen für Gerätetypen

Wenn Sie eine neue Kampagne in Google Ads erstellen, so werden Ihre Anzeigen auf sämtlichen Gerätetypen ausgespielt – also auf Smartphones, Desktop-Geräten und Tablets. Eine besondere Konfiguration ist nicht notwendig. Google behandelt alle Gerätetypen diesbezüglich gleich. Wenn Sie aber nach einiger Zeit bemerken, dass die verschiedenen Gerätetypen in unterschiedlichem Ausmaß zur Erreichung Ihrer Kampagnenziele beitragen, sollten Sie Gebotsanpassungen für Gerätetypen in Erwägung ziehen. So könnte es z. B. sein, dass Nutzer von Smartphones deutlich häufiger etwas kaufen als Benutzer von Laptops oder anderen Desktop-Geräten.

In Abbildung 6.23 sehen Sie, wie sich die Erfolgswerte einer Kampagne je nach Gerätetyp unterscheiden können. Die letzten beiden Spalten geben die Kosten und den Umsatz (Conversion-Wert) pro Gerätetyp an. Da über Smartphones und Tablets in diesem Beispiel deutlich häufiger bzw. zu verhältnismäßig geringen Kosten etwas verkauft wurde als auf Desktop-Computern, hat sich der Werbetreibende dazu entschlossen, die Gebote für eine Anzeigenschaltung auf Smartphones und Tablets um 50 % zu erhöhen, diejenigen für Desktop-Geräte aber um 20 % zu senken. Sie als Werbetreibender haben durch solche Gebotsanpassungen die Möglichkeit, die Anzeigenschaltung auf Smartphones, Tablets und Desktop-Geräten separat zu steuern. Sie können Gebote um bis zu 900 % erhöhen und um bis zu 90 % senken.

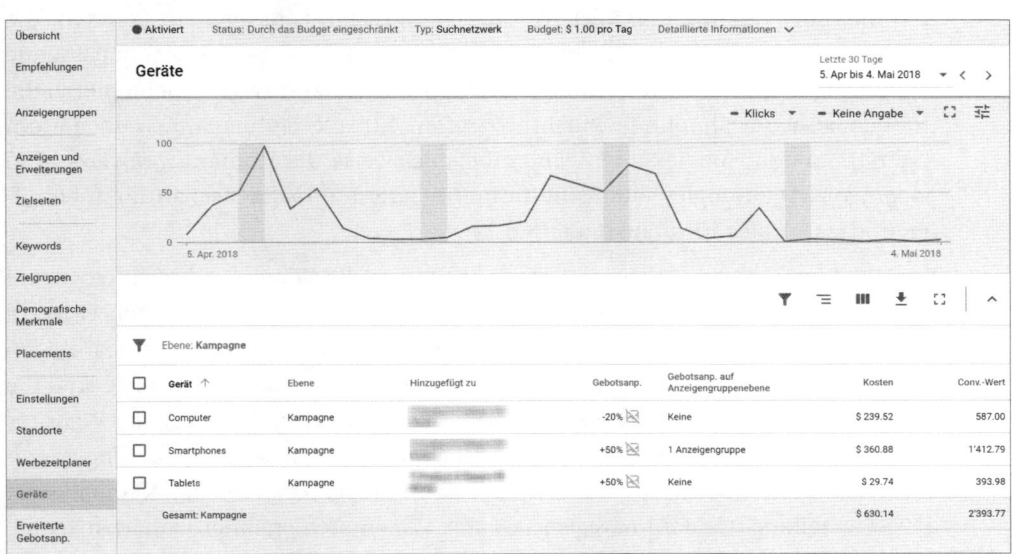

Abbildung 6.23 Gebotsanpassungen für die Anzeigenschaltung auf Desktop-Geräten, Smartphones und Tablets

Ein vollständiger Verzicht auf einen bestimmten Gerätetyp durch eine Senkung der Gebote um 100 % ist also nicht möglich. Wählen Sie den Reiter GERÄTE in der vertikalen Navigationsleiste, um für Anzeigen auf allen Gerätetypen Gebotsanpassungen vorzunehmen. Mehr zu Geboten lernen Sie in Abschnitt 6.2.8, »Die Kosten«.

Remarkting-Listen für Suchnetzwerk-Anzeigen (RLSA)

Sie können auch Informationen über Ihre Website-Besucher nutzen, um Ihre Kampagne effizienter auszurichten. Mit sogenannten Remarkting-Listen für Suchnetzwerk-Anzeigen (RLSA) definieren Sie hierzu in einem ersten Schritt diejenigen Nutzer, die Sie gesondert ansprechen möchten – z. B. Besucher Ihrer Website, die sich bevorzugt Ihre Angebote für Damen anschauen. Sucht ein solcher Nutzer beim nächsten Mal nach einem relevanten Keyword, können Sie ihm direkt eine Anzeige zeigen, die auf seine Präferenz abgestimmt ist und ihn zum Damenangebot führt.

6.2.4   Die Werbenetzwerke

Beim Konfigurieren einer Kampagne für das Suchnetzwerk können Sie wählen, ob Sie Ihre Anzeigen nur für die Google-Suche oder auch für das Google-Suchnetzwerk und das Google-Display-Netzwerk (GDN) schalten möchten (siehe Abbildung 6.24).

Wie Sie schon am Kapitelbeginn gelesen haben, werden Suchanzeigen innerhalb von Google-Suchergebnisseiten auf den ersten vier Topergebnissen über und auch unterhalb der organischen Suchergebnisse angezeigt. Gibt also ein Benutzer die Suchanfrage »blaue Sandalen« ein, veröffentlicht das Google-Ads-System passende Textanzeigen oder bebilderte Google-Shopping-Produktanzeigen (siehe hierzu die Infobox »Google Shopping: Pflichtprogramm für alle Online-Shops« in diesem Kapitel). Zu den Google-Seiten zählen beispielsweise die Domains *google.de* und *google.com*. Die Google-Seiten sind immer bei der Kampagnenschaltung inbegriffen und lassen sich nicht ausschließen.

Darüber hinaus bietet Google anderen Websites an, die Google-Suchtechnologie auf ihren Seiten einzubinden. Wenn Sie in Ihren Kampagneneinstellungen GOOGLE SUCHNETZWERK-PARTNER EINBEZIEHEN auswählen, können Ihre Werbeanzeigen auch auf diesen Ergebnisseiten ausgeliefert werden. Prominente Beispiele sind die Websites *www.gmx.de* oder *www.t-online.de*. Im Suchnetzwerk der Partner-Websites haben Sie nicht die Möglichkeit, einzelne Seiten von der Anzeigenschaltung auszuschließen, wohl aber im Display-Netzwerk. Beim Anlegen einer neuen Kampagne ist diese Einstellung standardmäßig ausgewählt. Wir empfehlen Ihnen, zunächst an dieser Einstellung nichts zu ändern. Nach einigen Wochen sollten Sie aber einen Blick in die Erfolgswerte Ihrer Kampagne werfen. Wenn die Suchnetzwerk-Partner nicht in ähnlich gleichem Maße zu den Zielen Ihrer Kampagne beitragen wie die Google-Suche selbst, sollten Sie die Auswahl wieder rückgängig machen.

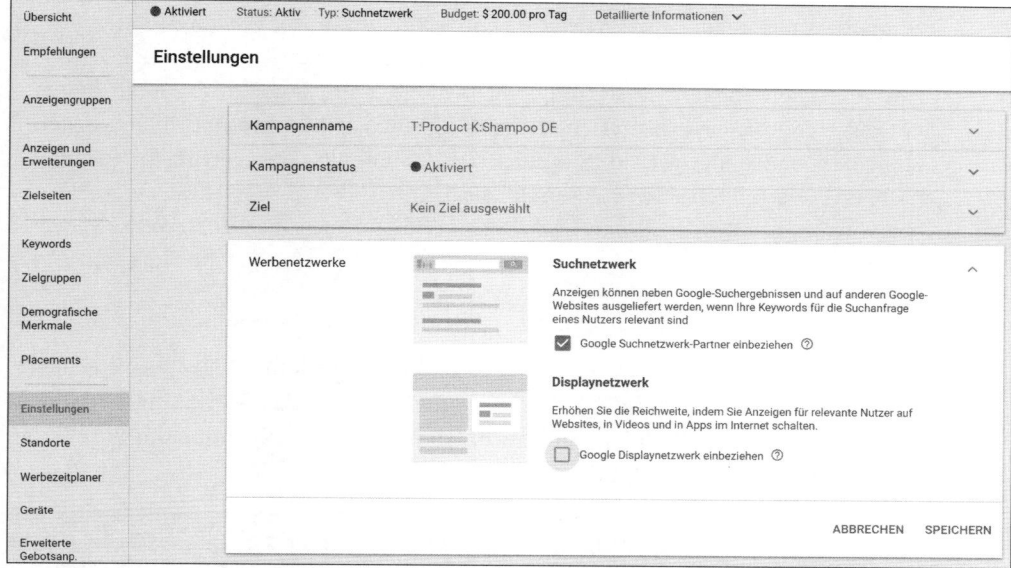

Abbildung 6.24 Auswahl der Werbenetzwerke bei der Konfiguration einer Kampagne in Google Ads

Zusammenfassend umfasst das Google-Such-Werbenetzwerk also die klassische Google-Suche, weitere Websites, die die Suche integriert haben, und auch andere Google-Dienste wie die lokale Suche auf Google Maps und die Produktsuche auf Google Shopping.

Das Google-Display-Netzwerk bietet die Möglichkeit, Werbeanzeigen auf unzähligen anderen Websites sowie auf YouTube, in einer Vielzahl an Apps und im hauseigenen E-Mail-Dienst Gmail auszuliefern. Möglicherweise haben Sie sich schon einmal gefragt, wieso Sie auf einer Nachrichten-Website oder auf einem Kleinanzeigenportal Google-Ads-Anzeigen sehen. All diese Websites gehören zum Google-Display-Netzwerk und stellen über das AdSense-System Online-Werbeflächen zur Verfügung. Google steuert dabei die Anzeigen thematisch passend zur Publisher-Website aus. Zudem haben Advertiser hier die Möglichkeit, sogenannte *Placements* (also die Websites, die die Anzeigen einblenden) auszuwählen. Im Unterschied zum Such-Werbenetzwerk können im Display-Netzwerk auch Banner, Videoanzeigen und weitere Formate eingeblendet werden, die im Such-Werbenetzwerk nicht möglich sind.

> **Tipp: Separate Kampagnen für Such-Werbenetzwerk und Display-Netzwerk**
>
> Beim Anlegen einer neuen Kampagne bietet Google auch die Option, Ihre Anzeigen zusätzlich zum Such-Werbenetzwerk im Display-Netzwerk auszuspielen. Mit der Option Google Displaynetzwerk einbeziehen können Sie diese Ausrichtung in den

Kampagneneinstellungen aktivieren (siehe Abbildung 6.24). Wir raten Ihnen aber dringend von dieser Einstellung ab. Sofern Sie mit Google Ads nicht nur erste Gehversuche machen, sondern ernsthafte Budgets in Ihre Kampagnen investieren, können Sie mit einer solchen integrierten Ausrichtung einen nicht unwesentlichen Schaden anrichten und unnötig Geld ausgeben. Ziele, Steuerung, Budgetzuteilungen und Erfolgsauswertungen sind zu unterschiedlich, um in einer einzigen Kampagne effizient verwaltet zu werden. Wenn Sie sowohl im Google-Such-Werbenetzwerk als auch im Display-Netzwerk werben möchten, sollten Sie sich die Zeit nehmen und separate Kampagnen aufsetzen.

Weitere Details zur Werbeschaltung auf YouTube und anderen Websites mithilfe des Google-Display-Netzwerks lesen Sie in Kapitel 12, »Display-Marketing«, sowie in Kapitel 16, »Video-Marketing«. Wir konzentrieren uns im Folgenden auf die Werbeschaltung im Google-Such-Werbenetzwerk.

Google Shopping: Pflichtprogramm für alle Online-Shops

Für Online-Händler das mit Abstand wichtigste Werbenetzwerk in Google Ads ist Google Shopping. Suchen Nutzer nach Produkten oder signalisieren sie mit ihrer Suchanfrage eine mögliche Kaufabsicht, so liefert Google in einem eigenen Bereich (entweder oberhalb oder rechts der restlichen Suchergebnisse) Anzeigen mit konkreten Produktinformationen. Die Produktanzeige erscheint neben anderen relevanten Produktanzeigen und enthält ein Bild, einen Titel, den Preis, den Namen des Online-Shops, Hinweise zu Versandkosten und Produktbewertungen, sofern diese Daten vom Händler zur Verfügung gestellt werden. Seit 2017 muss Google zudem durch den Hinweis VON GOOGLE kenntlich machen, dass die Anzeige Teil des eigenen Preisvergleichsdienstes ist. Vorausgegangen war dieser Maßnahme ein Kartellrechtsurteil der Europäischen Kommission, die Google eine Geldbuße von 2,4 Mrd. EUR auferlegte, da das Unternehmen seine marktbeherrschende Stellung als Suchmaschine missbraucht habe, um den eigenen Preisvergleichsdienst Google Shopping gegenüber anderen Anbietern zu bevorzugen. Seit Sommer 2018 sind andere Preisvergleichsdienste – sogenannte Comparison Shopping Services (CSS) – für die Auktion zugelassen. Sie erhalten zwecks Wettbewerbsförderung starke finanzielle Anreize. Als Online-Shop sollten Sie sich die Möglichkeit, Ihre Google-Shopping-Anzeige über einen solchen Preisvergleichsdienst auszuspielen, unbedingt genauer anschauen.

Trotzdem ist Google Shopping eine beispiellose Erfolgsgeschichte – und zwar sowohl für Google selbst als auch für Online-Händler, die mit Google-Shopping-Kampagnen nicht selten die Hälfte ihres gesamten Umsatzes erwirtschaften. Damit Sie als Werbetreibender in diesen Anzeigen mit Ihren Produkten erscheinen, müssen Sie neben einem Google-Ads-Konto auch über ein Konto im *Google Merchant Center* verfügen.

Abbildung 6.25 Einblendung von Produktanzeigen bei der Suche nach konkreten Produkten oder bei Suchanfragen mit Kaufabsicht

Unter *www.google.be/intl/de/retail/solutions/merchant-center/* können Sie sich im Google Merchant Center als Händler registrieren (siehe Abbildung 6.26) und danach alle relevanten Informationen zu Ihren Produkten in einem sogenannten *Produkt-feed* zur Verfügung stellen.

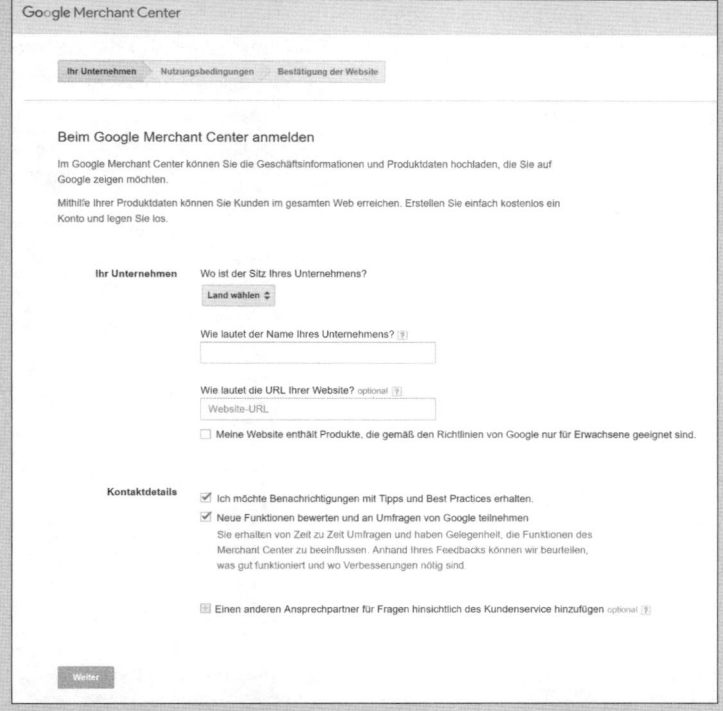

Abbildung 6.26 Registrierung im Google Merchant Center

Dieser Produktfeed ist eine lange Liste all Ihrer Produkte und deren Merkmale wie einem Titel, einer Beschreibung, einer eindeutigen ID, der Verfügbarkeit, einem Preis, Versandkosten und vielen anderen Informationen. Eine Übersicht aller Produktdaten, die in einem Produktfeed enthalten sein sollten, finden Sie unter *support.google.com/ merchants/answer/7052112?hl=de*. Der Feed wird dynamisch aus Ihrem Online-Shop-System erstellt und ist aus diesem Grund stets aktuell. Kontaktieren Sie am besten den technischen Ansprechpartner für Ihre Website, wenn Sie bei der Erstellung Ihres dynamischen Produktfeeds Unterstützung benötigen.

Nach der Verknüpfung des Google-Merchant-Center-Kontos mit dem Google-Ads-Konto können Sie Google-Shopping-Kampagnen anlegen. Hierzu wählen Sie beim Erstellen einer neuen Kampagne den Kampagnentyp SHOPPING. Google weiß nun, dass für diese Kampagne die Produktinformationen aus dem Produktfeed des verknüpften Google Merchant Centers verwendet werden können. Daher müssen Sie bei Google-Shopping-Kampagnen auch keine Keywords hinterlegen. Stattdessen bestimmen der Produktfeed und Ihre sonstigen Kampagneneinstellungen wie z. B. Gebotsstrategien, wann eine Anzeige geschaltet wird. Eine spezielle Möglichkeit der Steuerung von Google-Shopping-Kampagnen sind sogenannte *Inventarfilter*, mit deren Hilfe Sie nur auf einen Teil der Produkte im Produktfeed zugreifen und z. B. eine Kampagne für eine einzelne Marke anlegen können (siehe Abbildung 6.27). Entscheidend für die effiziente Bewirtschaftung von Google-Shopping-Kampagnen ist ein möglichst vollständiger, aktueller und technisch funktionsfähiger Produktfeed. Achten Sie daher darauf, dass Ihr Feed regelmäßig aktualisiert wird und die Datenqualität hoch ist. Hinweise und Fehlermeldungen im Google Merchant Center im Bereich ARTIKEL • DIAGNOSE sollten Sie sich zu Herzen nehmen.

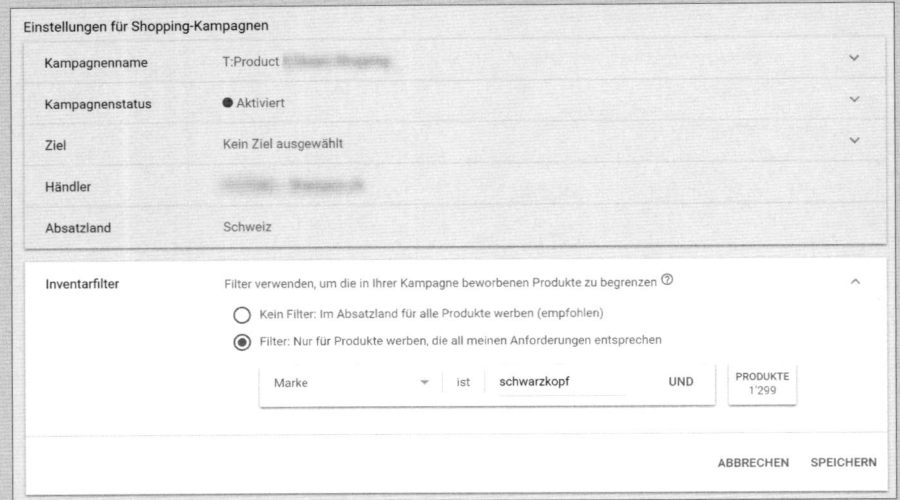

Abbildung 6.27 Inventarfilter in den Einstellungen für Google-Shopping-Kampagnen

Google Shopping kann auch von Händlern mit lokalen Verkaufsstandorten genutzt werden. Sucht ein User z. B. mit dem Smartphone nach einem bestimmten Produkt, können ihm sogenannte *Anzeigen mit lokaler Produktverfügbarkeit* gezeigt werden. Diese weisen ihn darauf hin, in welchen Geschäften in der unmittelbaren Nähe das Produkt verfügbar ist, und führen zu einer weiteren Google-Seite, der sogenannten *Verkäuferseite*. Diese enthält den Standort, einen Link zur Wegbeschreibung und die Telefonnummer des Ladens. Lokale Händler benötigen also nicht einmal eine Website, um ihre Produkte bei Google Shopping zu bewerben. Mit sogenannten *Merchant Promotions* können Sie Ihre Anzeigen auf Google Shopping zusätzlich erweitern. Um sich von anderen Produkten und Werbetreibenden zu unterscheiden, können Sie hier z. B. mit Rabatten, Geschenken oder kostenlosem Versand auf sich aufmerksam machen und damit die Klickrate, den CPC und die Conversion-Rate optimieren.

Vielleicht finden Sie es unheimlich, dass Google selbst die Schaltung Ihrer Anzeigen übernimmt. Seien Sie aber unbesorgt: Google-Shopping-Kampagnen können Ihnen vor allem bei einem großen Sortiment viel Arbeit ersparen, generieren erfahrungsgemäß viele Besuche und qualifizierte Leads und sind hochrentabel. Im Unterschied zu klassischen Kampagnen im Suchnetzwerk, die über Keywords ausgesteuert werden, ist die Kaufabsicht von Nutzern, die auf eine Google-Shopping-Anzeige klicken, klar erkennbar, was zu der hohen Effizienz dieser Anzeigen führt. Ein weiterer Vorteil von Google-Shopping-Kampagnen ist, dass Werbetreibende in bezahlten Suchergebnissen doppelt präsent sein können: mit einer oder mehreren Produktanzeigen und gleichzeitig mit einer normalen Textanzeige. Wenn Sie also über einen Online-Shop verfügen, führt kein Weg an Google Shopping vorbei. Beachten Sie aber, dass nicht alle Produktkategorien bei Google Shopping beworben werden können. So gibt es beispielsweise Einschränkungen bei alkoholischen, sexuell anzüglichen oder glücksspielbezogenen Produkten.

6.2.5   Die Keywords

Bevor wir uns den Anzeigen und Anzeigengruppen widmen, schauen wir uns zunächst die Keywords an. Wie wir bereits beschrieben haben, legen Sie innerhalb Ihrer Google-Ads-Kampagne Keywords, also Schlüsselbegriffe, fest, zu denen Ihre Anzeigen erscheinen sollen. Im Folgenden werden wir diese beiden Bezeichnungen synonym verwenden.

Die richtige Auswahl der Keywords ist daher von großer Bedeutung und kann auch einige Zeit in Anspruch nehmen. Da Google Ads auf dem CPC-Modell (Cost-per-Click-Modell) basiert, zahlen Sie als Werbetreibender jedes Mal, wenn ein Benutzer auf Ihre Anzeige klickt. Ihre Keyword-Auswahl sollte also bedacht sein, denn sie hat Einfluss auf die entstehenden Kosten. Besonders die Themenbereiche Versicherungen, Darlehen, Hypotheken, Rechtsanwälte, Kredite und Juristen, aber auch Kinder-Patenschaften sind mit hohen CPCs verbunden.

Im Folgenden werden Sie erfahren, wie Sie relevante Keywords ermitteln, welche hilf-reichen Tools Sie für Ihre Keyword-Recherche verwenden können, welche Keyword-Optionen Sie einstellen können und welche Richtlinien Sie beachten sollten.

Die Keyword-Recherche

Sie wissen nun, dass Keywords grundlegend wichtig für Ihre Google-Ads-Kampagne sind. Mit gut ausgewählten Keywords erreichen Sie Ihre potenziellen Kunden und können Einfluss auf die anfallenden Kosten nehmen. Aber wie identifizieren Sie diese Keywords? Dazu gibt es verschiedene Vorgehensweisen. Einige erläutern wir im Folgenden.

Keywords sammeln

Im ersten Schritt werden Keywords gesammelt, mit denen Benutzer nach Ihrem Ange-bot suchen könnten. Im zweiten Schritt sollten Sie diese Sammlung bereinigen, um wirklich nur die relevanten und zielgerichteten Keywords zu verwenden. Keywords zu identifizieren, kann über ganz verschiedene Wege passieren. Wir stellen Ihnen einige effektive Möglichkeiten vor. Einen ersten Überblick können Sie sich hier verschaffen:

Auf einen Blick: Möglichkeiten der Keyword-Recherche

- ▶ Kundensicht
- ▶ Freundes- und Bekanntenkreis
- ▶ Blogs und Foren
- ▶ Twitter und Facebook
- ▶ Wikipedia und Lexika
- ▶ eigene Website und Werbematerialien
- ▶ Kundengespräche
- ▶ Google-Suche und Google Suggest (Autocomplete)
- ▶ Meta-Tags
- ▶ Konkurrenten-Websites und ihre Meta-Tags
- ▶ Synonyme
- ▶ ausschließende Keywords
- ▶ Webanalyse-Daten
- ▶ Keyword-Tools wie z. B. der Google Keyword-Planer

Als oberstes Gebot gilt hier, sich in Ihre Kunden hineinzuversetzen. Was, denken Sie, könnten ihre Suchanfragen sein? Mit welchen Begriffen suchen Benutzer nach Ihren Produkten bzw. Dienstleistungen? Seien Sie dabei möglichst kreativ, und orientieren Sie sich an Ihrer angelegten Kampagnenstruktur. Das bedeutet, dass Sie pro Kam-pagne und Anzeigengruppe eine eigene Keyword-Liste erstellen sollten. Verkaufen

Sie beispielsweise Computer, dann sollten Sie eine Keyword-Liste für Ihre Anzeigen-gruppe »Notebooks« anlegen und eine gesonderte Liste für Ihre Anzeigengruppe »Laptops« – auch wenn es sich dabei um synonyme Begriffe handelt (siehe dazu auch den Unterabschnitt »Sammlung bereinigen und strukturieren« in Abschnitt 6.2.5). Vergessen Sie aber nicht, möglichst Begriffe zu sammeln, die ein Suchender in der Suchmaschine Google eingeben würde.

Sie sollten auch in Ihrem Freundes- und Bekanntenkreis fragen. Oftmals kommen hier Suchbegriffe zum Vorschein, an die Sie womöglich noch gar nicht gedacht haben. Auch Blogs und Foren oder der Kurznachrichtendienst Twitter können hilfreiche Informationen liefern (mehr zu Twitter erfahren Sie in Kapitel 15, »Social Media Marketing«). Welche Ausdrücke kommen in Tweets zu Ihrem Thema vor? Wie wird in Diskussions-foren über Ihr Produkt oder Ihre Dienstleistung gesprochen? Welche weiteren Begriffe werden auf thematisch relevanten Websites verwendet? Selbstverständlich bietet auch Facebook eine weitere Quelle, zusätzliche Keywords zu recherchieren. Darüber hinaus kann auch ein Blick in Wikipedia oder Lexika hilfreich sein. Natürlich können Sie auch aus Ihren Kundengesprächen wichtige Informationen ziehen. Notieren Sie sich alle Ideen in einer Keyword-Liste. Stellen Sie weitere Begriffe zusammen, indem Sie sich Ihre Produkte und Dienstleistungen, Ihre Website und Ihre Werbematerialien genau ansehen. Oft kommt es vor, dass wichtige Keywords vergessen werden und man durch Betriebsblindheit den Wald vor lauter Bäumen nicht sieht.

Darüber hinaus kann die Google-Suche aufschlussreich sein: Wenn Sie in das Einga-befeld der Suche bei Google einen Begriff eingeben, werden Ihnen schon beim Tip-pen dieses Begriffs weitere Vorschläge angezeigt. Diese Möglichkeit, die Sie in Kapi-tel 4, »Suchmaschinen – eine Einführung«, schon kennengelernt haben, trägt den Namen *Google Suggest* (siehe Abbildung 6.28).

Abbildung 6.28 Google Suggest (Autocomplete) zeigt Ihnen beim Eingeben Ihrer Suchanfrage ähnliche Begriffe an

Mit dem Tool Ubersuggest (*neilpatel.com/ubersuggest/*) können Sie die Möglichkeiten von Google Suggest voll ausnutzen. Der Webdienst ermittelt zu einem eingegebenen Suchbegriff alle von Google vorgeschlagenen Keywords.

Kuriositäten: Google Suggest und Eastereggs

Was Googie-Nutzer suchen und was innerhalb von Google Suggest vorgeschlagen wird, kann dabei schon zum Schmunzeln führen, wie das Beispiel aus Abbildung 6.29 zeigt.

Zudem gibt es auch sogenannte *Eastereggs*, die in der Suche versteckt sind: Geben Nutzer beispielsweise »Do a Barrel Roll« als Suchanfrage ein, so dreht sich das Browserfenster um 360 Grad wie ein Flugzeug beim Looping. Fans des Kultbuches »Per Anhalter durch die Galaxis« können sich von Google auch die Frage aller Fragen beantworten lassen, indem sie nach »the answer to life, the universe and everything« suchen.

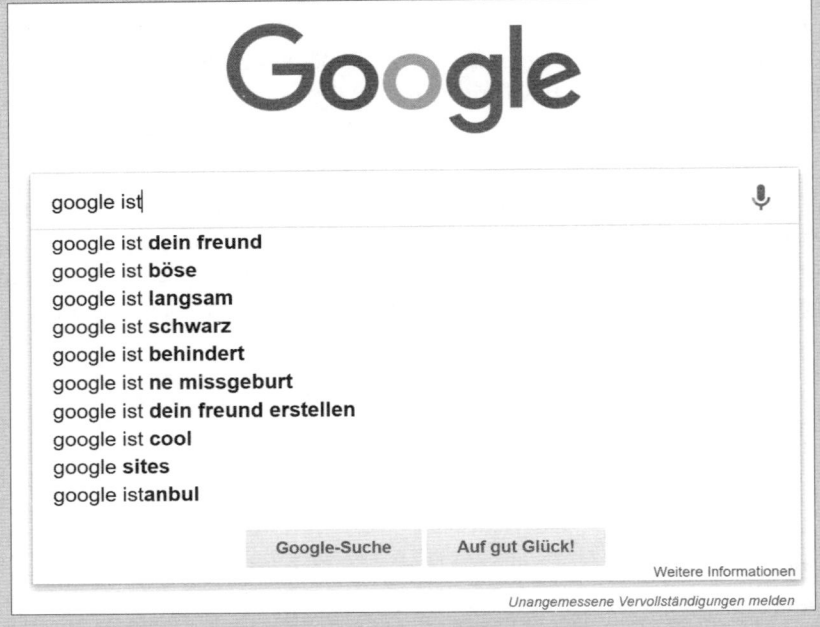

Abbildung 6.29 Kuriose Google-Suggest-Vorschläge

Zusätzlich finden Sie unter den organischen Suchbegriffen verwandte Suchanfragen (siehe Abbildung 6.30). Hier können Sie weitere Ideen für Ihre Keyword-Liste sammeln. Achten Sie aber darauf, dass die Begriffe auch zu Ihrem Angebot passen.

Darüber hinaus können Sie von Ihren Konkurrenten lernen: Sehen Sie sich deren Anzeigentexte genauer an, und identifizieren Sie Suchbegriffe. Auch die Konkurrenten-Websites und Quelltexte können aufschlussreich sein.

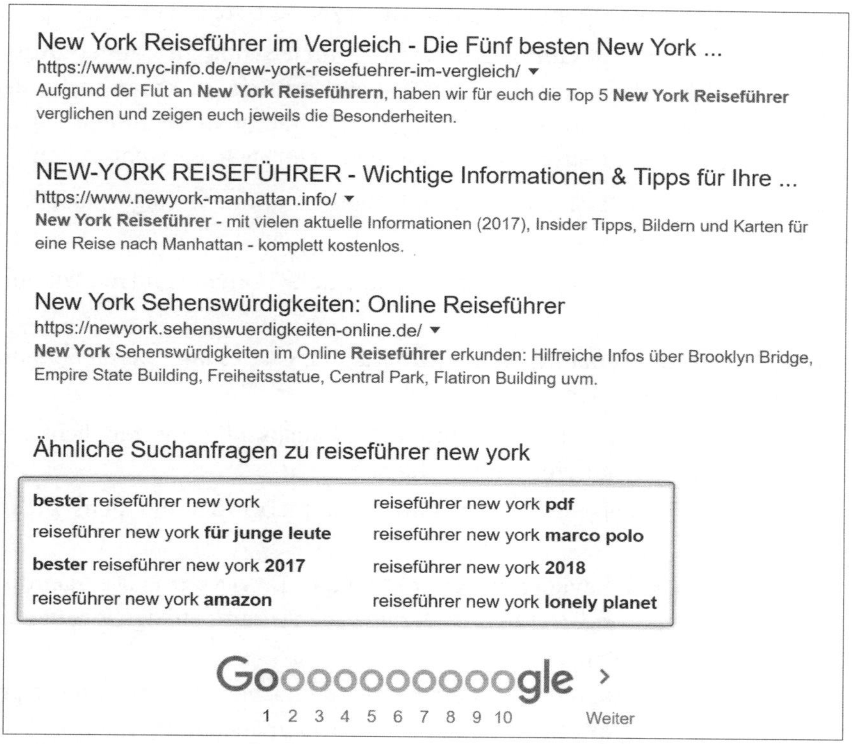

New York Reiseführer im Vergleich - Die Fünf besten New York ...
https://www.nyc-info.de/new-york-reisefuehrer-im-vergleich/ ▾
Aufgrund der Flut an **New York Reiseführern**, haben wir für euch die Top 5 **New York Reiseführer**
verglichen und zeigen euch jeweils die Besonderheiten.

NEW-YORK REISEFÜHRER - Wichtige Informationen & Tipps für Ihre ...
https://www.newyork-manhattan.info/ ▾
New York Reiseführer - mit vielen aktuelle Informationen (2017), Insider Tipps, Bildern und Karten für
eine Reise nach Manhattan - komplett kostenlos.

New York Sehenswürdigkeiten: Online Reiseführer
https://newyork.sehenswuerdigkeiten-online.de/ ▾
New York Sehenswürdigkeiten im Online **Reiseführer** erkunden: Hilfreiche Infos über Brooklyn Bridge,
Empire State Building, Freiheitsstatue, Central Park, Flatiron Building uvm.

Ähnliche Suchanfragen zu reiseführer new york

bester reiseführer new york	reiseführer new york **pdf**
reiseführer new york **für junge leute**	reiseführer new york **marco polo**
bester reiseführer new york **2017**	reiseführer new york **2018**
reiseführer new york **amazon**	reiseführer new york **lonely planet**

Goooooooooogle ›

1 2 3 4 5 6 7 8 9 10   Weiter

Abbildung 6.30 Verwandte Suchbegriffe werden Ihnen unter den organischen
Suchergebnissen angezeigt.

Tipp: Meta-Tags einer Webseite

Empfehlenswert sind auch die Informationen, die Sie aus den Meta-Tags einer Website ziehen können. Diese sehen Sie, indem Sie die rechte Maustaste drücken und
den Seitenquelltext aufrufen. Dort finden Sie Zeilen, die mit `<title>`, `<meta name=
"description"` oder `<meta name="keywords"` anfangen und Ihnen oft wichtige
Keywords der entsprechenden Website anzeigen. Mehr zu Meta-Tags erfahren Sie in
Kapitel 5, »Suchmaschinenoptimierung (SEO)«.

Je nachdem, welches Ziel Sie mit Ihrer Google-Ads-Kampagne verfolgen, können Sie
Ihre Keyword-Liste auch mit sogenannten *indirekten Keywords* erweitern. Diese
Keywords beziehen sich nicht direkt auf Ihr Produkt oder Ihre Dienstleistung, son-
dern bewerben Randangebote, wie beispielsweise Ihren Newsletter oder ein Gratis-E-
Book zu einem bestimmten Thema. Mithilfe der indirekten Keywords haben Sie die
Möglichkeit, mit zumeist günstigeren Begriffen potenziell interessierte Zielgruppen
anzusprechen und die Bekanntheit Ihres Angebots zu erhöhen.

Mit Synonymen und Mehrwortkombinationen die Keyword-Liste erweitern

Als Nächstes sollten Sie Ihre gesammelten Begriffe durch Synonyme, andere Ausdrucksweisen und auch Mehrwortkombinationen erweitern. Hier kommen auch Singular- und Pluralformen sowie lokale Ergänzungen wie Städtenamen infrage. Auch alternative Schreibweisen und Falschschreibweisen können Sie in Betracht ziehen.

Es gibt zahlreiche kostenlose Tools, die Sie zu Hilfe nehmen können. Einige haben wir Ihnen hier zusammengestellt:

- *www.openthesaurus.de*: Dieses Tool ist spezialisiert auf Synonyme und Assoziationen.
- *www.semager.de*: In der semantischen Suchmaschine gibt es am oberen Seitenrand den Link Verwandte Wörter.
- *www.woerterbuch.info*: Hier haben Sie unter dem Suchschlitz die Möglichkeit, einen Checkbutton für Synonyme auszuwählen.
- *services.canoo.com*: Klicken Sie auf den Link Wortbildung unter dem Suchschlitz.
- *www.more-fire.com/tools*: Navigieren Sie zur Keyword Datenbank. Die Agentur morefire bietet auch den *Google AdWords Wrapper*, den wir uns auf den folgenden Seiten noch genauer ansehen werden.
- *www.dwds.de*: Steht für »Digitales Wörterbuch der deutschen Sprache« und zeigt z. B. in seinem DWDS-Wortprofil weitere Begriffe zu einer Suchanfrage an.
- *www.woxikon.de*: Über die Navigation können Sie sich auch Synonyme für eingegebene Begriffe anzeigen lassen.
- *trends.google.de*: Hier können Sie sich beispielsweise darüber informieren, ob es saisonale und regionale Suchmuster für Keywords gibt. Dies kann für Ihre Einstellungen auf Zielregionen interessant sein. Auf den folgenden Seiten zeigen wir Ihnen die Möglichkeiten von Google Trends noch genauer.

Tipp: Übersetzungstools

In verschiedenen Übersetzungstools, wie beispielsweise *dict.cc* oder *dict.leo.org*, können Sie Keywords in eine Sprache übersetzen und wieder zurückübersetzen lassen. Auf diese Weise werden Ihnen zum Teil weitere Vorschläge angezeigt.

Natürlich gibt es auch viele kostenpflichtige Tools, die Sie bei der Keyword-Recherche unterstützen können, wie die Sistrix Toolbox (*www.sistrix.de*), Searchmetrics (*www.searchmetrics.com*) oder XOVI (*www.xovi.de*). Sie sehen mithilfe solcher Tools beispielsweise, für welche Keywords Ihre eigene Website oder die Ihrer Konkurrenten bereits in Suchmaschinen sichtbar sind.

Ein kleiner Hinweis am Rande: Sollten Sie schon eine aktive Google-Ads-Kampagne besitzen, dann schauen Sie sich im Reiter Keywords den Bericht Suchbegriffe an, um mehr über die Schlüsselwörter zu erfahren, mit denen Benutzer auf Ihre Website gelangt sind. Sie lernen mithilfe dieser Daten viel darüber, welche Sprache Ihre potenziellen Kunden sprechen.

Webanalyse

Auch Daten aus der Webanalyse können Sie bei Ihrer Keyword-Recherche unterstützen. Viele Analysetools und auch eigene Logfile-Auswertungen geben Ihnen noch manche Suchbegriffe an, die Nutzer zu Ihrer Website führten. Wenn Ihre Website über eine interne Suche verfügt, sollten Sie sich auch anschauen, welche Begriffe Ihre Besucher dort eingeben.

Der Keyword-Planer

Das wohl bekannteste Tool in Zusammenhang mit der Keyword-Recherche ist der *Google Keyword-Planer*. Wir nennen ihn hier bewusst zum Schluss, da auch die vorherigen Vorgehensweisen gute Quellen sind, Keywords zu identifizieren, und nicht außer Acht gelassen werden sollten. Dennoch ist der Keyword-Planer von Google besonders hilfreich für Nutzer, die in den Google-Werbenetzwerken Anzeigen schalten möchten. Sie haben einen kurzen Einblick in das Tool schon im vorigen Kapitel bekommen. Wir werden Ihnen die Handhabung im Hinblick auf Suchmaschinenwerbung im Folgenden detaillierter erläutern.

Sie können den Keyword-Planer nur aufrufen, wenn Sie in Ihrem Google-Ads-Konto eingeloggt sind. Rufen Sie zunächst die URL *ads.google.com/aw/keywordplanner/home* auf, und melden Sie sich dann in Ihrem Google-Ads-Konto an, oder navigieren Sie in Ihrem Konto über das Schraubenschlüssel-Symbol in der Kopfleiste zum Keyword-Planer (siehe Abbildung 6.31).

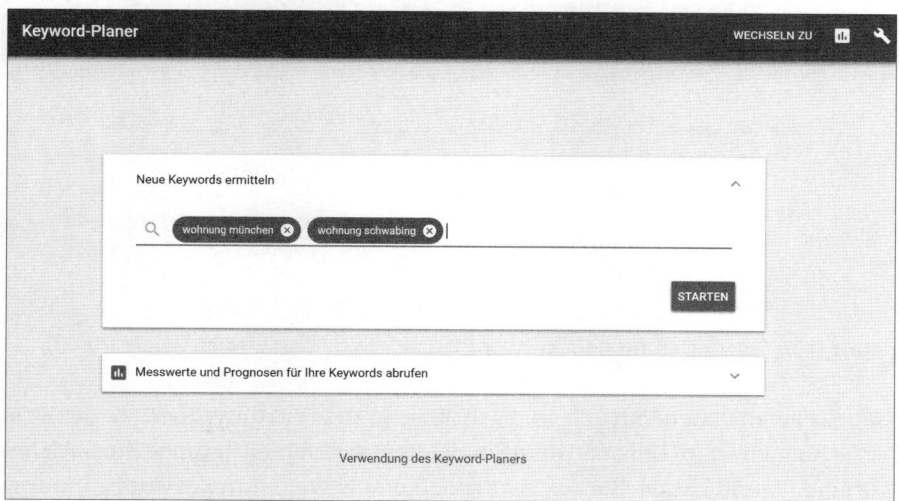

Abbildung 6.31 Keyword-Planer im Google-Ads-Konto

Da Sie zur Nutzung des Keyword-Planers in Ihrem Konto angemeldet sind, berücksichtigt das Tool Ihre Kampagneneinstellungen und -leistungen automatisch, und Sie können weitere Vorschläge zu Ihren bisherigen Keywords anfordern. Genießen Sie diese Variante aber mit Vorsicht, wenn Sie ein sehr umfangreiches Google-Ads-Konto mit verschiedensten Kampagneneinstellungen haben.

Hier können Sie nun Ihre zuvor zusammengestellten Keywords eingeben, Kategorien oder Webseiten eintragen. Bei Letzterem werden Ihnen Keywords vorgeschlagen, die zum Inhalt der angegebenen Seite passen. Eine Kombination ist ebenfalls möglich, um detailliertere Ergebnisse zu erzielen. Auch haben Sie die Möglichkeit, eine entsprechende Kampagne bzw. Anzeigengruppe auszuwählen, für die die weiteren Keywords gedacht sind.

In den Bereichen ZIELREGIONEN, SPRACHE und SUCHNETZWERKE können Sie Länder- und Spracheinstellungen angeben, diverse Filter (z. B. KEYWORD-TEXT, DURCHSCHNITTLICHE SUCHANFRAGEN PRO MONAT oder WETTBEWERB) einstellen und Daten für verschiedene Endgeräte anzeigen lassen. Auch können Sie Begriffe definieren, die bei der Suche eingeschlossen oder ausgeschlossen werden sollen.

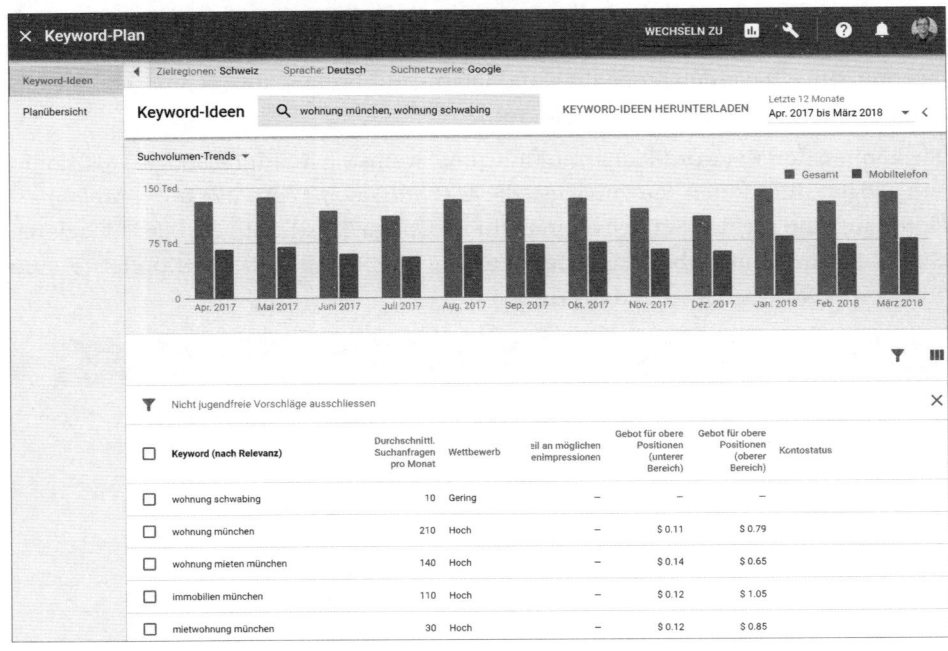

Abbildung 6.32 Ergebnisse aus dem Keyword-Planer

Machen Sie einen ersten Versuch, und geben Sie in das Feld unter NEUE KEYWORDS ERMITTELN einen Begriff ein, von dem Sie glauben, dass Ihre Zielgruppe ihn auch bei Google eingibt, und klicken Sie auf STARTEN. Ihnen werden nun Keywords und verschiedene zugehörige Daten angezeigt. Wenn Sie Keywords auswählen, können Sie

sie gleich bestehenden Anzeigengruppen zuordnen. Vor allem aber sehen Sie in der Ergebnisliste die durchschnittlichen monatlichen Suchanfragen in der von Ihnen angegebenen Zielregion, eine Einschätzung des Konkurrenzumfeldes für jedes einzelne Keyword sowie einen Vorschlag für ein sinnvolles Erstgebot für obere Positionen, falls Sie das Keyword in Ihre Kampagnen übernehmen wollen. All diese Informationen erleichtern Ihnen die Entscheidung, ob die Keywords für Ihre Kampagne interessant sind. Die Grafik zeigt Ihnen saisonale Schwankungen der letzten 12 Monate oder eine Aufschlüsselung nach Gerätetyp oder Standort. Noch genauere Informationen zum zeitlichen und regionalen Interesse für einzelne Suchbegriffe liefert Ihnen *Google Trends* (siehe Abbildung 6.33).

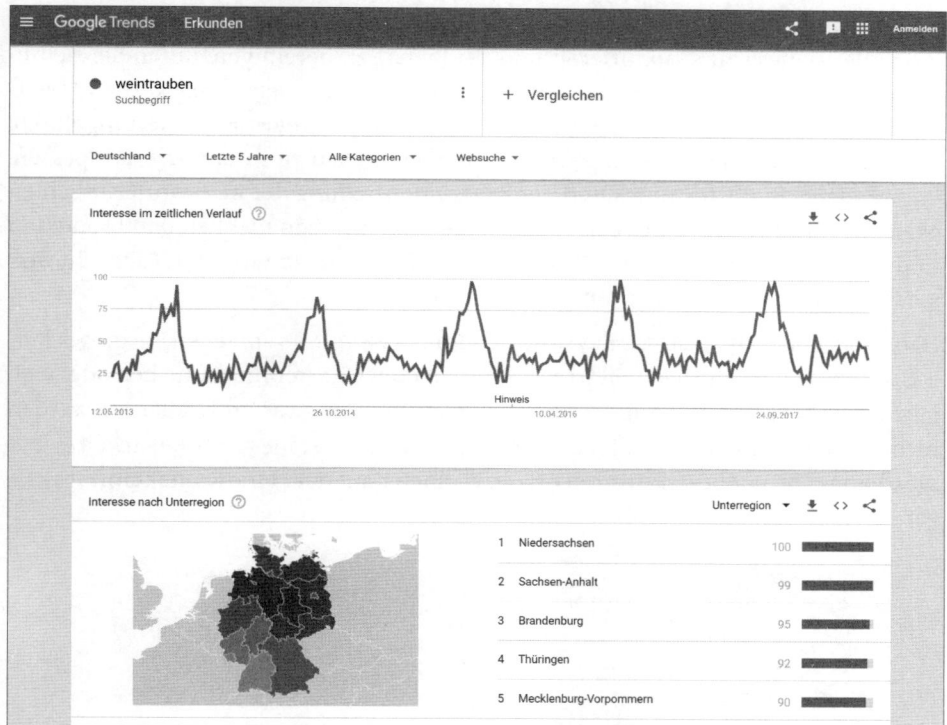

Abbildung 6.33 Zeitliches und regionales Interesse nach einem Begriff ermitteln mithilfe von Google Trends

Sie sehen dann einen zeitlichen Verlauf über das Suchinteresse des jeweiligen Keywords. Darüber hinaus können Sie sich das regionale Suchvolumen anzeigen lassen. Dies ist unter Umständen für die Ausrichtung Ihrer Kampagne auf Zielregionen wichtig.

Zudem werden Ihnen im Keyword-Planer Begriffe angezeigt, die mit Ihrer Anfrage in Verbindung stehen. In dem Beispiel »Wohnung München« sind das Begriffe wie beispielsweise »Wohnung mieten München«, »Immobilien München« und »Mietwohnung München«.

Wenn Sie sich entschieden haben, welche Keywords Sie verwenden möchten, wählen Sie sie am Zeilenanfang im Keyword-Planer aus, wählen eine Anzeigengruppe aus, entscheiden sich für eine Keyword-Option und klicken auf ZU PLAN HINZUFÜGEN, um sie einer bestehenden Kampagne zuzuweisen. Sie haben auch die Möglichkeit, sich die Keyword-Liste herunterzuladen (den entsprechenden Link finden Sie in der obersten Menüleiste).

Sammlung bereinigen und strukturieren

Sie haben nun vermutlich eine relativ lange Liste mit Keywords zusammengestellt. Jetzt gilt es, diese zu strukturieren und bei Bedarf zu bereinigen. Rufen Sie sich in Erinnerung, dass Sie Kosten sparen, wenn Sie möglichst zielgenaue Keywords verwenden. Gehen Sie also dahingehend noch einmal Ihre Keyword-Sammlung durch, und streichen Sie diejenigen Keywords, die nicht genau zu Ihrem Angebot passen. Während des Brainstormings und der Zusammenstellung der Keyword-Liste schleichen sich oftmals Wörter ein, die bei genauerem Hinsehen nicht zu den Produkten und Dienstleistungen passen. Einwort-Keywords sind in den meisten Fällen zu weit gefasst und verursachen vermutlich zu hohe Kosten.

Haben Sie beispielsweise das Keyword »Gitarre« gewählt, so sprechen Sie möglicherweise Benutzer an, die nach Gitarrenunterricht oder Gitarrenmusik suchen oder vielleicht eine Gitarre kaufen möchten. Die Zielgruppe ist zwar groß, aber Sie werden nicht alle Bedürfnisse befriedigen können. Sie haben also eine große Reichweite, aber die Chance, Ihr Werbeziel zu erreichen (z. B. einen Kauf oder eine Kontaktanfrage), ist gering (siehe Abbildung 6.34).

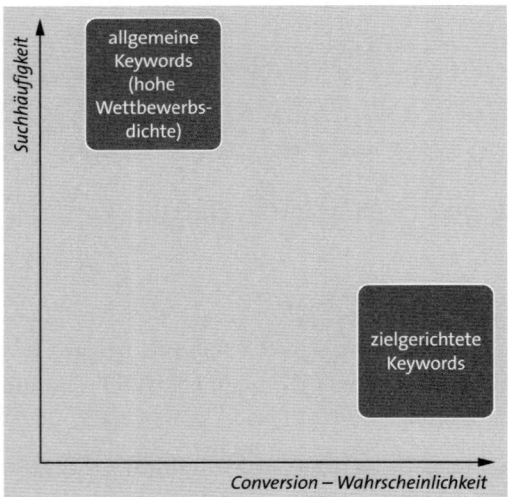

Abbildung 6.34 Wählen Sie passende Keywords, um eine gute Conversion-Rate zu erzielen.

Auch Ihre Anzeigenleistung kann darunter leiden, da Sie wahrscheinlich viele Impressions (Werbeeinblendungen), aber wenig Klicks erzielen werden. Verwenden Sie daher lieber Keywords, die aus mehreren Wörtern bestehen, dafür aber sehr genau auf Ihre Zielgruppe abgestimmt sind. Sie minimieren dadurch Streuverluste und setzen Ihr Kampagnenbudget effizient ein.

Es ist empfehlenswert, von Beginn an auch Ihre Keyword-Liste thematisch zu strukturieren. Machen wir uns dies an einem Beispiel klar. Nehmen wir an, Sie verkaufen Pullover, und Sie haben sich die Begriffe »Pullover«, »Pulli«, »Sweatshirt« und »Hoody« als Keywords überlegt. Darüber hinaus haben Sie die Keywords »rot«, »blau« und »weiß« identifiziert sowie »kaufen«, »bestellen« und »shop«. Sie merken bereits an dieser Stelle, dass sich innerhalb Ihrer Keyword-Liste Themenbereiche herauskristallisieren, die Sie miteinander kombinieren können. Somit können Sie auch die Mehrwortkombination »Pulli blau kaufen« als Keyword verwenden. Es gibt einige Tools, mit denen Sie automatisch Keywords miteinander kombinieren können. Eines davon finden Sie unter dem Namen *Google AdWords Wrapper* auf der Seite *www.more-fire.com* (siehe Abbildung 6.35).

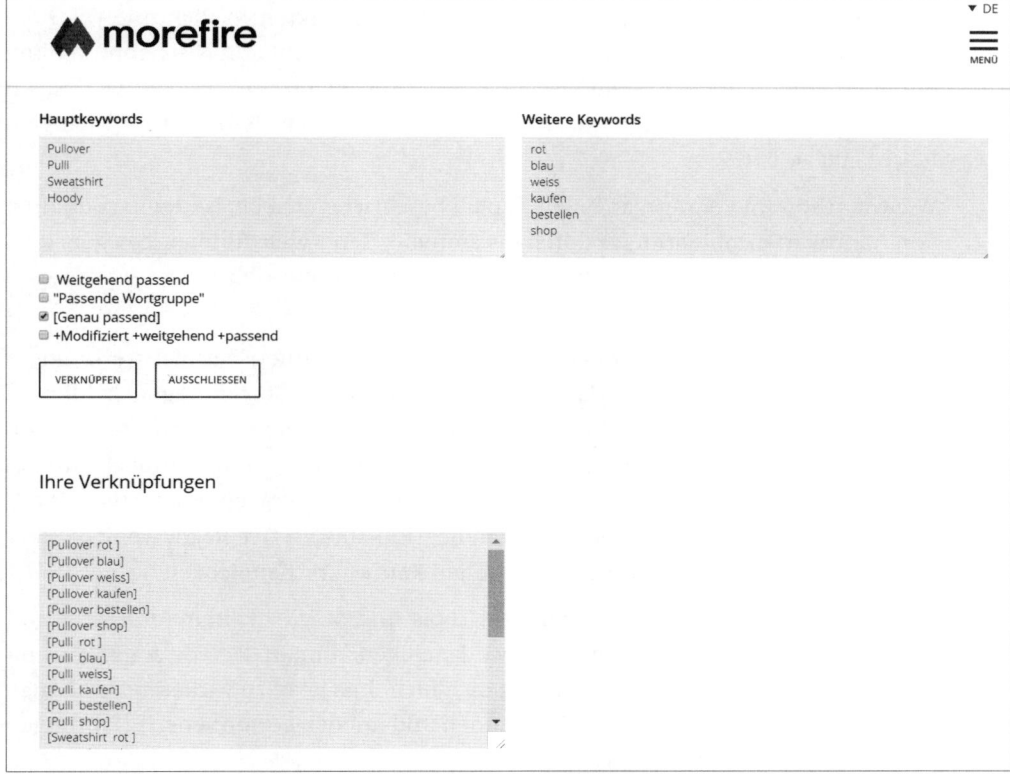

Abbildung 6.35 Der Google AdWords Wrapper kombiniert Keywords miteinander

Neben einem weiteren Tool unter *www.internet-marketing-inside.de/AdWords-Keyword-Generator-Tool.html* hilft Ihnen auch der AdWords Editor bis einschließlich Version 12.2 (siehe Abschnitt 6.2.12, »Der AdWords Editor«) dabei, Keyword-Listen miteinander zu kombinieren und im Konto zu hinterlegen. Solche Mehrwortkombinationen haben in der Regel kein sehr hohes Suchvolumen. Sie sind aber sehr speziell, und die Wahrscheinlichkeit einer Conversion ist höher.

Hinweis: Auf sinnvolle Kombinationen achten

Mit den vorgestellten Tools ist es recht einfach und wenig zeitintensiv, Keyword-Listen miteinander zu kombinieren. Bedenken Sie aber, dass Mehrfachkombinationen, die kaum gesucht werden, das Konto nur künstlich ausdehnen, was die Bearbeitung und Optimierung verkompliziert und den Überblick erschwert. Verwenden Sie daher nur Keyword-Kombinationen, die wirklich zu Ihrem Angebot passen und Sinn ergeben.

Nach dem *Long-Tail-Prinzip* (was übersetzt so viel wie *langer Schwanz* bedeutet), das Sie schon in Kapitel 4, »Suchmaschinen – eine Einführung«, kennengelernt haben, verändert sich das Kaufverhalten von den Massenmärkten in Richtung Nischenmärkte. Demnach können Unternehmen mit einer Vielzahl von Nischenprodukten durchaus erfolgreich sein. Viele Nischenprodukte erzeugen zunächst keinen riesigen Umsatz, können aber langfristig sehr lukrativ sein nach dem Motto »Kleinvieh macht auch Mist«.

Wie wir schon im vorangegangenen Kapitel beschrieben haben, ist die Verwendung von Mehrwortkombinationen durchaus sinnvoll, denn viele Studien belegen, dass sich das Suchverhalten der Nutzer immer mehr in Richtung Mehrwort-Suchanfragen entwickelt und spezifischer wird.

Haben Sie vielleicht schon einmal nach einem Produktnamen, beispielsweise einem Handymodell, mit genauer Klassifikation gesucht? Die Suchanfragen in diesem Bereich werden wohl vergleichsweise überschaubar sein, dennoch kann man davon ausgehen, dass derart Suchende ein konkretes Kauf- bzw. Informationsbedürfnis haben. Als Werbetreibender profitieren Sie hier einerseits von einer günstigen Wettbewerbssituation, denn gerade Long-Tail-Begriffe sind in der Regel weniger stark umkämpft, und andererseits von einer hohen Kaufwahrscheinlichkeit.

Wir haben Ihnen nun eine Vielzahl von Tools und Möglichkeiten vorgestellt, mit denen Sie Ihre Keyword-Recherche bewerkstelligen können. Gerade Anfängern im Google-Ads-Bereich sei aber empfohlen, sich nicht im Detail zu verlieren. So können Sie zunächst mit einem Teilbereich beginnen und mit den gewonnenen Erfahrungen Ihre Keyword-Liste verfeinern.

Die fünf Keyword-Optionen

Google Ads bietet Ihnen fünf sogenannte *Keyword-Optionen*, mit denen Sie festlegen können, wie genau Ihr Keyword mit der Suchanfrage eines Benutzers in Google übereinstimmen muss, damit eine Anzeigenschaltung ausgelöst wird. Möchten Sie in Ihrem Google-Ads-Konto Keywords hinzufügen, so achten Sie auf einen sinnvollen Einsatz der Keyword-Optionen. Keyword-Optionen können nur im Such-Werbenetzwerk verwendet werden. Im Display-Netzwerk steht nur eine Keyword-Option zur Verfügung: Alle Suchbegriffe werden als weitgehend passend behandelt.

Bedenken Sie hierbei, dass die Einstellungen der Keyword-Optionen wesentliche Auswirkungen auf Ihre Anzeigenschaltung haben. Diese beeinflusst wiederum die Klicks, die Klickrate, den Klickpreis, die Anzeigenposition und möglicherweise auch die Conversion-Rate. Darum sollten Sie sich gut überlegen, welche Keyword-Option für Sie am sinnvollsten ist.

Weitgehend passende Keywords (Broad Match) | Dies ist die Standardeinstellung bei Google Ads. Das heißt, wenn Sie keine anderen Einstellungen vornehmen, sind Ihre Keywords als weitgehend passend definiert. Eine Anzeigenschaltung wird ausgelöst, wenn Ihr Keyword weitgehend mit der Suchanfrage eines Benutzers übereinstimmt. »Weitgehend« meint hier, dass sowohl der Singular als auch der Plural des Keywords möglich sind, Synonyme und andere Varianten des Keywords infrage kommen und auch Ergänzungen sowie Änderungen in der Wortabfolge.

Empfehlenswert sind in der Regel Keywords, die aus mehreren Wörtern bestehen, da sie schon genauer beschreiben, was das Angebot umfasst. So sollten Sie, wenn Sie Reiseführer über Frankreich verkaufen, nicht nur das Wort »Frankreich« als Keyword festlegen. Ihre Anzeigen könnten dann bei weitgehend passender Einstellung auch angezeigt werden, wenn Benutzer z. B. nach »Politik in Frankreich«, »Käse Frankreich« oder »Schauspieler aus Frankreich« suchen.

Nehmen wir das Keyword *Reiseführer Frankreich*, das Sie beispielsweise für Ihre Kampagne festgelegt haben. Auch die Suchanfragen »Reiseführer für Frankreich«, »Reiseführer Frankreich kaufen«, »Frankreich Reiseführer«, »Ich suche Reiseführer Frankreich«, »Reiseführer Frankreich und Bretagne«, »Reiseführer«, »Reiseplanung Frankreich« und Ähnliche können eine Anzeigenschaltung auslösen. Folgende Vor- und Nachteile dieser Keyword-Option sollten Ihnen bewusst sein:

Vorteilhaft ist, dass Ihre Anzeigen auch bei Varianten und Synonymen Ihres Keywords geschaltet werden können, an die Sie bei Ihrer Keyword-Recherche möglicherweise nicht gedacht haben, die aber durchaus relevant sind. Ihr Rechercheaufwand ist daher vermutlich geringer. Durch die vermehrte Anzeigenschaltung erzielen Sie zahlreiche Einblendungen Ihrer Anzeigen und unter Umständen auch mehr Klicks.

Sie sollten aber auch folgende nachteilige Punkte bedenken: Sie gehen ein erhöhtes Risiko ein, mehr für Ihre Anzeigen zahlen zu müssen. Bei dieser Keyword-Option kann unter Umständen auch der Begriff »Frankreich« oder »Frankreich Urlaub« eine Anzeigenschaltung auslösen. Die Klickpreise für die Thematik *Urlaub* können deutlich teurer sein als das Thema *Reiseführer*. Google kann hier aber nicht unterscheiden.

Zudem wird bei der weitgehend passenden Einstellung für Ihr Keyword *Reiseführer Frankreich* unter Umständen auch bei der Suchanfrage »Reiseführer Italien« Ihre Anzeige ausgelöst, was in Fachkreisen unter dem Namen *Expanded Broad Match* bzw. *Extended Broad Match* bekannt ist.

Die Keyword-Option WEITGEHEND PASSEND liefert Ihnen mit hoher Wahrscheinlichkeit mehr Impressions und möglicherweise auch mehr Klicks. Die Benutzer, die auf Ihre Landing Page kommen, sind aber deutlich weniger zielgerichtet. Somit fallen für Sie unnötige Klickkosten an, da Sie höhere Streuverluste in Kauf nehmen müssen.

Möglicherweise fallen aber auch keine oder weniger Klicks an. Bleiben wir bei unserem Beispiel *Reiseführer Frankreich*. Benutzer, die gezielt nach einem Urlaub in Frankreich suchen, werden wohl weniger auf eine Anzeige für Reiseführer klicken. Wenn nicht geklickt wird, fallen für Sie auch keine Klickkosten an. Bedenken Sie aber, dass die Klickrate (oder CTR = Click-Through-Rate) bei exakten Übereinstimmungen in die Berechnung des Qualitätsfaktors einfließt. Google Ads schaltet Anzeigen nicht mehr, die für eine Variation eines Keywords angezeigt wurden und eine niedrige CTR haben. Somit können unnötig viele, aber auch wenige Klicks nachteilig für Ihre Kampagne sein.

Ihre Anzeigentexte können nicht mehr so genau mit der Suchanfrage übereinstimmen, wenn Sie eine Vielzahl von Keyword-Varianten zulassen. Dies kann sich beträchtlich auf die Klickrate auswirken, denn Benutzer klicken eher auf Anzeigen, die gut zu ihrer Suchanfrage passen.

Die Konkurrenz schläft nicht. Seien Sie sich also nicht zu sicher, dass Ihre Anzeigen bei der Vielzahl von Möglichkeiten immer geschaltet werden. Stehen andere Advertiser mit genaueren oder besser passenden Keywords zur Verfügung, werden diese Anzeigen vom Google-Ads-System geschaltet. Darüber hinaus sind die Daten zur Auswertung weniger genau, als wenn Sie die einzelnen Varianten selbst als Keywords definiert hätten.

Weitgehend passende Keywords eignen sich vor allem dann, wenn Sie sich (wozu wir Ihnen nicht raten!) nicht viel Zeit für eine Keyword-Recherche nehmen wollen oder können. Durch die Verwendung von weitgehend passenden Keywords lernen Sie außerdem den Sprachgebrauch Ihrer Zielgruppe kennen und können die relevanten Keywords, die eine Anzeigenschaltung auslösen, wiederum separat buchen. Seien Sie aber vorsichtig mit dieser Keyword-Option, und verwenden Sie bei Broad-Match-Keywords gleichzeitig auch *auszuschließende Keywords* (*Negative Match*), um irrelevante Anzeigenschaltungen zu minimieren. Mehr über die Keyword-Option NEGATIVE MATCH lernen Sie gleich in diesem Kapitel.

Modifizierer für weitgehend passende Keywords (Broad Match Modifier) | Mit dem BROAD MATCH MODIFIER (zu Deutsch: MODIFIZIERER FÜR WEITGEHEND PASSENDE KEYWORDS) haben Werbetreibende die Möglichkeit, die Auslieferung ihrer weitgehend passenden Keywords besser anzupassen. Die sehr weit gefassten Broad-Match-Keywords können auch Anzeigen bei weniger gut passenden Suchanfragen auslösen. Eine Möglichkeit, Keywords zielgenauer einzusetzen und Suchanzeigen besser auszusteuern, liefert der Modifizierer für weitgehend passende Keywords: Mit einem Pluszeichen versehen, wird aus dem Schlüsselbegriff ein modifiziert weitgehend passendes Keyword. Das bedeutet, dass Synonyme und weitere Begriffe nicht mehr vom Google-Ads-System verwendet werden, wohl aber weiterhin Falschschreibweisen, Abkürzungen, Ein- und Mehrzahl, Wortstamm und Akronyme. Verwenden Sie beispielsweise das Keyword *+Reiseführer Frankreich*, so ist der Begriff »Reiseführer« modifiziert weitgehend passend.

»Reisefürer Frankreich« würde somit eine Anzeigenschaltung auslösen (Falschschreibweisen sind ja weiterhin zulässig), ebenso »Reiseführer Provence« (denn Frankreich ist nicht mit einem Pluszeichen versehen, wodurch weiterhin auch ähnliche Begriffe verwendet werden können). Die Suchanfrage »Reiseinformationen Frankreich« würde keine Anzeigenschaltung auslösen, da »Reiseinformationen« nur ein ähnlicher Begriff wie »Reiseführer« ist. Mit der Verwendung des Broad Match Modifiers können Sie die Relevanz Ihrer Google-Ads-Besuche deutlich erhöhen, erhalten unter Umständen aber weniger Besuche, da es seltener zu einer Anzeigenschaltung kommt. Auch beim Modifizierer für weitgehend passende Keywords ist es sinnvoll, gleichzeitig auszuschließende Keywords einzubuchen, um die Zielgenauigkeit Ihrer Anzeigen weiter zu erhöhen. Ein sinnvolles auszuschließendes Keyword wäre in diesem Fall z. B. das Keyword »gebraucht« – natürlich unter der Voraussetzung, dass Sie nur neue Reiseführer verkaufen.

Passende Wortgruppe (Phrase Match) | Wenn Sie sich dafür entscheiden, Ihre Keywords etwas genauer zu bestimmen, können Sie die Keyword-Option PASSENDE WORTGRUPPE verwenden. Dazu setzen Sie einfach Anführungszeichen um Ihre Keywords. Das Google-Ads-System erkennt dann, dass eine Anzeigenschaltung nur ausgelöst werden soll, wenn Ihr Keyword genau in der Reihenfolge gesucht wird. Egal ist dabei, ob davor oder danach noch weitere Wörter eingegeben werden. Wie beim Broad Match Modifier werden Synonyme und weitere Begriffe nicht vom Google-Ads-System für eine Anzeigenschaltung verwendet, wohl aber weiterhin Falschschreibweisen, Ein- und Mehrzahl oder sehr ähnliche Varianten. Synonyme und entferntere Varianten des Keywords werden bei dieser Einstellung nicht mehr zugelassen. In unserem Beispiel *Reiseführer Frankreich* würde hier also eine Anzeigenschaltung ausgelöst, wenn Benutzer nach »Reiseführer Frankreich 2018«, »neuer Reiseführer Frankreich« oder »Reisefürer Frankreich« suchen, nicht aber, wenn die Suchanfrage »Bücher Frankreich« oder »Frankreich Urlaub« lautet.

Mit dieser Keyword-Option können Sie also Ihre Anzeigenschaltung besser steuern. Sie müssen sich aber bewusst machen, dass Sie bei der Keyword-Recherche mehr Vorarbeit leisten müssen, um möglichst viele relevante Suchanfragen abzudecken. Synonyme und entferntere Varianten müssen Sie selbst definieren. Die höhere Zeitinvestition kann sich aber durchaus auszahlen.

Genau passende Keywords (Exact Match) | Wie der Name vermuten lässt, stellen Sie mit der Keyword-Option GENAU PASSEND sicher, dass Ihre Anzeigen nur ausgeliefert werden, wenn Ihre Keywords mit der Suchanfrage exakt übereinstimmen oder wenn Begriffe verwendet werden, die Ihrem Keyword sehr ähnlich sind. Wenn Sie diese Option wählen möchten, dann setzen Sie Ihr Keyword in eckige Klammern. Auf Ihrer Tastatur müssen Sie dazu in den meisten Fällen [Alt Gr] + [8] bzw. [Alt Gr] + [9] drücken.

Diese Keyword-Option ist die genaueste. Wenn Sie also Ihr Keyword mit *[Reiseführer Frankreich]* definieren, können Sie sicher sein, dass Ihre Anzeige nur ausgeliefert wird, wenn jemand genau nach »Reiseführer Frankreich« oder einer sehr nahen Variante oder Fehlschreibweise sucht. Die Reihenfolge der Wörter muss exakt übereinstimmen, davor und danach dürfen keine weiteren Begriffe stehen. Wichtig zu wissen: Das Google-Ads-System ignoriert, wie bei allen Keyword-Optionen, die Groß- und Kleinschreibung.

Sie erhalten mit dieser Keyword-Option im Vergleich zu den anderen die wenigsten Einblendungen, können sich aber sicher sein, dass Sie sehr zielgerichtet Benutzer erreichen. Darüber hinaus können Sie Ihre Anzeigentexte deutlich besser auf Ihre Keywords abstimmen und höhere Klickraten erzielen. Bedenken Sie aber auch, dass die Erstellung, Verwaltung und fortlaufende Ergänzung genau passender Keywords äußerst zeitaufwendig sein kann. Um möglichst viele relevante Exact-Match-Keywords zu sammeln, sollten Sie auch einige Keywords einbuchen, die weniger enge Grenzen für eine Anzeigenschaltung setzen. Werfen Sie dann regelmäßig einen Blick in den Bericht SUCHBEGRIFFE, so dass Sie Ihre Liste genau passender Keywords kontinuierlich ausbauen können. Wir empfehlen Ihnen ganz grundsätzlich, mindestens zwei Keyword-Optionen miteinander zu kombinieren, damit Sie eine breitere Zielgruppe erreichen und dennoch präzise Anzeigen schalten können. Als besonders effizient hat sich die Kombination aus MODIFIZIERER FÜR WEITGEHEND PASSENDE KEYWORDS und GENAU PASSEND erwiesen.

Auszuschließende Keywords (Negative Match) | Sie können auch verhindern, dass Ihre Anzeigen für bestimmte Begriffe geschaltet werden. Machen Sie sich also Gedanken darüber, wann Ihre Anzeigen nicht geschaltet werden sollen. Für diese Einstellung verwenden Sie das Minuszeichen vor Ihrem Keyword. Wenn Sie beispielsweise Reiseführer für Frankreich verkaufen, dann können Sie Begriffe wie »Roman« und »Comic« ausschließen. Auch andere Länder wie »Spanien« oder »Türkei« sind sinnvoll, wenn sich Ihr Angebot ausschließlich auf Frankreich bezieht. Das Gleiche gilt für die Begriffe »ausleihen« und »Verleih«. Das Ausschließen von Marken und Produkten kann ebenso sinnvoll sein, um nur die Benutzer anzusprechen, die nach Alternativen suchen. Wörter wie »gratis«, »umsonst« und »kostenlos« sollten Sie ausschließen, wenn Sie Ihre Waren verkaufen – diese Suchenden können Sie nicht bedienen.

Kennen Sie sogenannte *Teekesselchen*? Das sind Wörter mit der gleichen Bezeichnung, aber einer unterschiedlichen Bedeutung, wie z. B. der »Käfer«. Er kann einerseits ein Tier oder auch ein Auto bezeichnen. Das gleiche Prinzip sollten Sie auch bei Ihren auszuschließenden Keywords berücksichtigen. Gibt es Begriffe, die vielleicht etwas völlig anderes bedeuten könnten? In unserem angeführten Beispiel sollten Sie als Autoverkäufer z. B. die Wörter »Tier« und »Insekt« ausschließen, da sie nicht in Verbindung mit Ihrem Angebot, dem Auto, stehen. Zudem ist es ratsam, Suchanfragen zu Ihren gesammelten Keywords zu machen. Produkte und Dienstleistungen, die dann beworben werden, aber nicht zu Ihrem Angebot passen, sollten Sie in Ihrer Google-Ads-Kampagne als auszuschließende Keywords eingeben.

Haben Sie bereits eine Google-Ads-Kampagne, können Sie unter KEYWORDS • SUCHBEGRIFFE herauslesen, mit welchen Suchanfragen Benutzer Ihre Anzeigen gesehen haben (siehe Abbildung 6.36). Diese Informationen können Sie sowohl zum Hinzufügen als auch zum Ausschließen von Keywords verwenden.

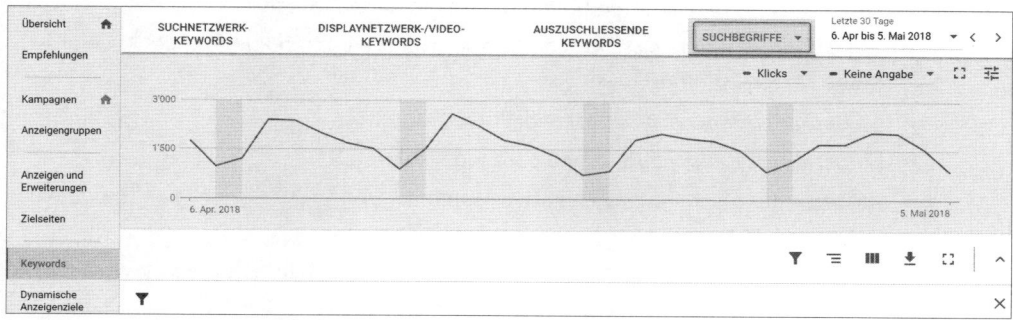

Abbildung 6.36 Suchbegriffe anzeigen im Google-Ads-Konto

Auszuschließende Keywords sind sowohl bei weitgehend passenden (Broad Match) als auch bei Keywords der passenden Wortgruppe (Phrase Match) möglich. Sie kommen nicht bei exakten Keywords (Exact Match) zum Tragen, da diese per Definition keine Zusätze erlauben. Die auszuschließenden Keywords können selbst wieder als weitgehend passend, passende Wortgruppe oder exakt definiert werden.

Ihr Motto sollte lauten: keine Kampagne ohne auszuschließende Keywords. Durch auszuschließende Keywords können Sie unnötige Anzeigenschaltungen vermeiden. Sie ersparen sich Klicks von einer Zielgruppe, die Sie nicht bedienen können, und können somit die Qualität Ihrer Kampagne deutlich steigern. Sie sollten daher gezielt auszuschließende Keywords festlegen. Da die gleichen auszuschließenden Keywords oft für mehrere Kampagnen sinnvoll sind, empfehlen wir Ihnen, eine zentrale LISTE MIT AUSZUSCHLIESSENDEN KEYWORDS zu führen und diese Liste allen Kampagnen hinzuzufügen. Bei einer späteren Aktualisierung oder Erweiterung der Ausschlussbegriffe müssen Sie dann nur noch die Liste bearbeiten. Änderungen werden dann automatisch auf alle Kampagnen übertragen.

Eselsbrücke für die Keyword-Optionen

Wenn Sie sich die verschiedenen Keyword-Optionen nur schlecht merken können, hier eine kleine Eselsbrücke: Je mehr Sie das Keyword mithilfe von Satzzeichen (Pluszeichen, Anführungszeichen, eckigen Klammern) eingrenzen, desto genauer ist Ihr Keyword definiert. Wenn Sie gar kein Satzzeichen verwenden, ist die Anzeigenschaltung auch möglich, wenn Synonyme oder andere Varianten als Suchanfrage eingegeben werden oder bei unterschiedlicher Reihenfolge der Wörter. Grenzen Sie Ihr Keyword mit Anführungszeichen ein, dann ist es schon etwas genauer definiert, das heißt, Ihre Anzeigen werden dann geschaltet, wenn Ihr Keyword in gleicher Reihenfolge gesucht wird – davor und danach können weitere Begriffe stehen. Ihr Keyword ist am exaktesten festgelegt, wenn Sie es mithilfe von eckigen Klammern kennzeichnen. Eine Anzeige wird nur geschaltet, wenn Ihr Schlüsselbegriff buchstabengenau, als sehr nahe Variante oder in Singular- oder Pluralform so gesucht wird.

▶ *Reiseführer Frankreich* = weitgehend passend, Broad Match
▶ *+Reiseführer +Frankreich* = Modifizierer für weitgehend passende Keywords, Broad Match Modifier
▶ *"Reiseführer Frankreich"* = passend, Phrase Match
▶ *[Reiseführer Frankreich]* = genau passend, Exakt Match
▶ *-Italien* = auszuschließend, Negative Match

In Abbildung 6.37 sehen Sie noch einmal auf einen Blick, wie sich die Keyword-Optionen auf die gewünschte Zielgruppe auswirken.

Wenn Sie sich nicht sicher sind, welche Keyword-Option für Sie am geeignetsten ist, dann sei Ihnen empfohlen, alle Keyword-Optionen auszuprobieren. Anhand der jeweiligen Klickraten können Sie ablesen, welche Einstellungen für Sie am sinnvollsten sind.

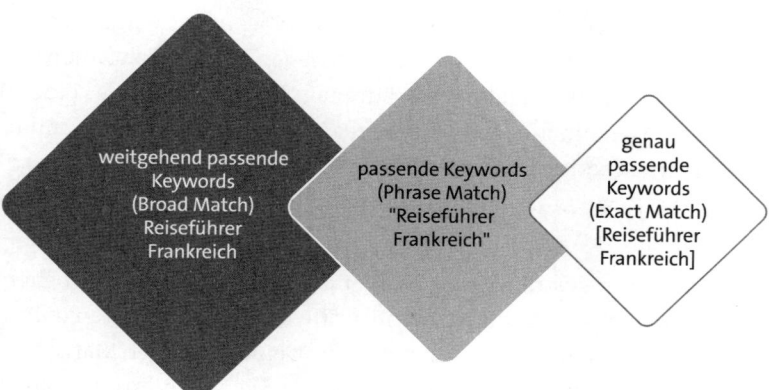

Abbildung 6.37 Auswirkungen der Keyword-Optionen auf die Zielgruppenansprache: Eine Einschränkung der Keyword-Optionen macht die Zielgruppe kleiner, aber relevanter.

Falschschreibweisen

Viele Benutzer vertippen sich bei ihrer Suchanfrage, anderen scheint die Schreibweise auch weniger wichtig zu sein, wird doch von Google mit MEINTEN SIE auch die vermeintlich richtige Schreibweise angezeigt. Laut Google sind mindestens 7 % aller Suchanfragen orthografisch oder grammatikalisch fehlerhaft. Sämtliche Keyword-Optionen – außer natürlich der Option NEGATIVE MATCH – erlauben daher die Anzeigenschaltung auch bei offensichtlichen Fehlschreibweisen. Dennoch kann es für Sie als Google-Ads-Advertiser sinnvoll sein, absichtlich auch Falschschreibweisen als Keyword festzulegen und sich nicht auf die Einblendungsmechanismen der Keyword-Optionen zu verlassen.

Wenn Sie beispielsweise die Falschschreibweise *Reisführer* statt *Reiseführer* als Keyword festlegen, dann ist die Übereinstimmung mit der fehlerhaften Suchanfrage höher als bei dem weitgehend passenden Keyword *Reiseführer*. Hier ist aber oftmals der Einzelfall zu betrachten, denn die unterschiedlichen Schreibweisen können sich auf die Klickrate auswirken. Dann können Sie z. B. mit einer Anzeigengruppe nur für Falschschreibweisen arbeiten.

Gesetze und Richtlinien

Wir haben Ihnen in den vorangegangenen Abschnitten gezeigt, wie Sie eine Keyword-Liste zusammenstellen und strukturieren. Außerdem haben Sie gelernt, welche Keyword-Optionen Ihnen zur Verfügung stehen. Es gibt nun noch rechtliche Aspekte in Verbindung mit Keywords, die Sie kennen sollten.

Es kam in der Vergangenheit immer wieder die Frage auf, ob die Verwendung von Markennamen, beispielsweise die der Konkurrenz, als Keyword rechtlich zulässig sei. Darf also beispielsweise *Pepsi Cola* mit dem Keyword *Coca Cola* werben, oder liegt hier eine Markenverletzung oder ein Wettbewerbsverstoß vor? In der Vergangenheit entschieden hier die Gerichte unterschiedlich. Seit den neuen Markenrichtlinien von Google für Europa, die auf der Entscheidung des Europäischen Gerichtshofes (EuGH) basieren, ist es möglich, Markennamen als Keywords zu verwenden, auch wenn es nicht der eigene Markenname ist. Bedenken Sie bei der Keyword-Option WEITGE-HEND PASSEND, dass das Google-Ads-System eventuell auch konkurrierende Marken nennt.

Konkurrenten dürfen also ungestraft Ihren Markennamen als Keywords buchen. Umgekehrt dürfen Sie natürlich auch die Markenbegriffe Ihrer Konkurrenten in Ihre Keyword-Listen einfügen. Vermeiden Sie es aber tunlichst, einen fremden Markenna-men in Ihren eigenen Anzeigentexten zu verwenden, da Sie sich hiermit strafbar machen. Abgesehen von der Rechtslage sollten Sie sich aber fragen: Ist es wirklich sinnvoll, mit einer Anzeige zu erscheinen, wenn User offensichtlich nach Ihrem Kon-kurrenten suchen? Niedrige Klickraten dürften Ihnen gewiss sein, was die gesamte Qualität Ihrer Anzeigengruppen senkt. Wir raten Ihnen stattdessen dazu, Kosten und Mühen lieber in den Aufbau Ihrer eigenen Marke zu investieren, so dass potenzielle Kunden zukünftig nach Ihnen suchen. Sollten Sie feststellen, dass ein Konkurrent mit Ihrem Markennamen in seinen Anzeigentexten wirbt, können Sie sich auf der Seite *services.google.com/inquiry/aw_tmcomplaint?hl=de* mit einer Markenbeschwerde an Google wenden. Sollten Sie sich hinsichtlich juristischer Aspekte unsicher bei der Ver-wendung bestimmter Keywords sein, empfehlen wir Ihnen, den Expertenrat eines Anwalts einzuholen, der sich auf Suchmaschinenmarketing spezialisiert hat.

Strukturierung der Kampagne

Angenommen, Sie haben eine Liste mit für Ihr Angebot relevanten Keywords zusam-mengestellt. Es wäre nun nicht ratsam, nur eine Anzeigengruppe zu erstellen und die komplette Keyword-Liste dort zu hinterlegen. Denn ein auf die Suchanfrage abge-stimmter Anzeigentext ist enorm wichtig und wirkt sich auf Ihre Klickrate und den Qualitätsfaktor aus. Wenn Sie alle Keywords in eine einzige Anzeigengruppe legen, wird sich dies nicht unbedingt vorteilhaft auf Ihre Kampagnenergebnisse auswirken. Wir empfehlen Ihnen daher das sogenannte *Siloing* oder *Clustering*. Unterteilen Sie Ihre zusammengestellte Keyword-Liste in unterschiedliche Themenwelten bzw. Silos, und verteilen Sie diese auf Kampagnen und Anzeigengruppen.

Wie wir schon am Beispiel eines Computerhändlers erwähnt haben, sollten Sie, wenn Sie beispielsweise im Immobilienbereich tätig sind, eine Anzeigengruppe für Ihre Wohnungsangebote, eine für Ihre Häuser und noch eine weitere für Ihre Angebote rund um den Umzug anlegen (siehe Abbildung 6.38). Betreiben Sie einen Online-Shop, so können Sie sich gut an Ihren Produktkategorien orientieren. Für Ihre Anzei-gengruppe zum Thema Wohnung können Sie nun viel passendere Anzeigentexte entwickeln.

Dies mag vielleicht auf den ersten Blick sehr zeitaufwendig aussehen, aber bedenken Sie, dass eine gute Kampagnenstruktur Ihre Kosten gering halten kann. So können Sie verschiedene Optimierungsmaßnahmen an den einzelnen Anzeigengruppen vornehmen und viel zielgerichteter agieren.

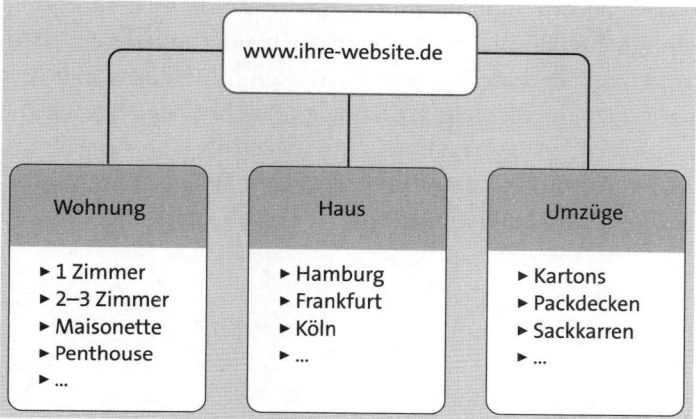

Abbildung 6.38 Siloing – strukturieren Sie Ihre Kampagne nach Themenwelten Ihrer Website.

Kontostruktur: Kampagnen nach Zielen strukturieren

Auch auf Kampagnenebene sollten Sie sich die Struktur genau überlegen. So können Sie beispielsweise eine Kampagne mit dem Ziel *Bekanntheitsgrad steigern* anlegen, eine weitere mit dem Ziel des Abverkaufs und wieder eine weitere, die sich auf bestimmte Aktionen, saisonale Ereignisse oder bestimmte Länder bezieht. Wir empfehlen dringend, eine eigenständige Kampagne anzulegen, wenn Sie das Google-Display-Netzwerk verwenden möchten (mehr dazu erfahren Sie in Kapitel 12, »Display-Marketing«).

Schauen wir uns im Folgenden an, wie Sie ansprechende Anzeigentexte formulieren und welche Anzeigenformate zur Verfügung stehen.

6.2.6 Die Anzeigen

Der nächste Schritt auf dem Weg zu Ihrer Google-Ads-Kampagne besteht in der Formulierung Ihrer Anzeigentexte. Damit Ihre Kampagne geschaltet werden kann, genügt bereits eine einzige Anzeige. Es ist aber empfehlenswert, gleich mehrere Anzeigentexte für Ihre Werbebotschaft zu formulieren. Die klassische Anzeigenvariante ist die Textanzeige. Weitere mögliche Anzeigenformate erklären wir Ihnen auf den folgenden Seiten.

Die Textanzeige

Textanzeigen stellen den einfachsten Anzeigentyp in Google Ads dar. Während klassische Textanzeigen im Google-Display-Netzwerk weitestgehend durch *responsive Anzeigen* abgelöst wurden, spielen sie in der Google-Suche und im Suchnetzwerk nach wie vor eine zentrale Rolle. Auch dort dürften sogenannte *responsive Suchanzeigen* zukünftig eine wichtigere Rolle spielen. Als Werbetreibender müssen Sie dann nur noch einige Varianten an Überschriften und Textzeilen hinterlegen, den Rest erledigt Google automatisch. Wenn Sie in Ihrem Google-Ads-Konto eine Kampagne auswählen, unter ANZEIGEN UND ERWEITERUNGEN • ANZEIGEN auf das Plus im blauen Kreis klicken und + TEXTANZEIGE aufrufen, gelangen Sie zu einer Eingabemaske für Ihre Textanzeige (siehe Abbildung 6.39).

Abbildung 6.39 Eingabemaske für Textanzeigen im Google-Ads-Konto

Wie Sie sehen, besteht eine klassische Textanzeige üblicherweise aus fünf Elementen: zwei Anzeigentiteln, einem beschreibenden Textfeld, einer finalen URL (die Zielseite der Anzeige) sowie einer angezeigten URL, der zwei Pfade angehängt werden können. Alle Zeilen haben eine Buchstabenbegrenzung. So darf jeder der beiden Anzeigentitel aus maximal 30 Zeichen bestehen, die Beschreibung darf nicht länger als 80 Zeichen sein, und auch die angezeigte URL darf eine Begrenzung von 15 Zeichen pro Pfad nicht überschreiten (jeweils inklusive Leerzeichen). Für alle Sprachen gilt dieselbe maximale Zeichenanzahl.

Praktischerweise zeigt Ihnen die Eingabemaske direkt bei der Erstellung der Anzeigentexte rechts im Eingabefeld an, wie viele Zeichen Sie noch eingeben können. Darüber hinaus wird Ihnen die Anzeige, wie Sie sie gerade eingegeben haben, direkt daneben in zwei Vorschauvarianten angezeigt – abhängig davon, ob die Anzeige auf einem Mobilgerät (Smartphone) oder auf einem Desktop-Gerät erscheint. Zusätzlich zu diesen vier Eingaben legen Sie noch die finale URL fest, also die Seite, auf der ein Nutzer nach dem Klick auf Ihre Anzeige landen soll.

6

Häufige Fehler vermeiden: relevante finale URLs angeben

Achten Sie bei der Angabe von finalen URLs darauf, dass Sie dem Benutzer möglichst das liefern, was er sucht. Angenommen, Sie verkaufen Schuhe, und Ihre Anzeige wird für die Suchanfrage *schwarze Gummistiefel* ausgeliefert. Ein Benutzer klickt auf Ihre Anzeige. Was denken Sie, wird er auf der Zielseite erwarten? Richtig, schwarze Gummistiefel.

Leiten Sie den Suchenden hingegen auf die Startseite Ihres Online-Shops oder lediglich auf die Kategorie *Schuhe*, wird er zu Recht verärgert sein. Er hat schließlich schon deutlich gemacht, was er sucht, und ist nun gezwungen, sich durch Ihren Shop zu klicken, bis er schwarze Gummistiefel gefunden hat. Nicht verwunderlich ist daher, dass viele Benutzer an dieser Stelle die Website wieder verlassen. Vermeiden Sie hier den häufigen Fehler, und stellen Sie unbedingt sicher, dass Sie eine möglichst passende Zielseite auswählen. Im obigen Beispiel sollte der Nutzer also nicht nur in der Kategorie *Gummistiefel* landen, sondern bestenfalls bereits bei der gefilterten Vorauswahl *schwarzer* Gummistiefel. Denken Sie immer an einen roten Faden zwischen Suchanfrage, Anzeige und Zielseite. Sie erhöhen so die Wahrscheinlichkeit, dass der Besucher auf Ihrer Website bleibt. In manchen Fällen, z. B. bei sehr relevanten Keywords in Ihrer Kampagne, kann es sinnvoll sein, eigens für diese Keywords spezielle Landing Pages, also Zielseiten, zu erstellen. Mehr zu diesem Thema erfahren Sie in Kapitel 8, »Conversion-Rate-Optimierung (CRO)«.

Anzeigen- und Ziel-URL

Was ist nun der Unterschied zwischen der finalen URL und dem angezeigten Pfad? Während der angezeigte Pfad (bestehend aus Domain-Name und zwei Verzeichnissen von maximal je 15 Zeichen), wie der Name vermuten lässt, direkt in der Anzeige zu sehen ist, legen Sie mit der finalen URL fest, auf welche Webseite die Benutzer gelangen, wenn sie auf Ihre Anzeige klicken. Finale URL und angezeigter Pfad müssen nicht exakt übereinstimmen. Die Verzeichnisse im angezeigten Pfad müssen noch nicht einmal real existieren.

Übereinstimmung von Domain- und Zieladresse

Die Bezeichnung URL bedeutet *Uniform Ressource Locator* und ist die Adresse für eine bestimmte Webseite. Sie setzt sich in der Regel aus dem Protokoll (*https://*), der Subdomain (*www*), der Domain (*ihr-webshop*), der Top-Level-Domain (*.de*) und dem Pfad oder Verzeichnis (*/angebot-xy/*) zusammen und sieht beispielsweise so aus: *https://www.ihr-webshop.de/angebot-xy/*. Als finale URL in Ihrem Google-Ads-Konto können Sie existierende Webseiten angeben, die genauer auf Ihr Angebot leiten, beispielsweise: *www.ihr-webshop.de/schuhe/gummistiefel/schwarz/.* Derartige Ziel-URLs sehen zum Teil sehr kryptisch aus oder sind extrem lang (z. B. *www.ihr-web-shop-de/angebot/kampagne_mai2018.html?catid=98765&pricefrom=10&priceto=100*). Aus diesem Grund können Sie im Google-Ads-Werbeprogramm Anzeigenpfade angeben, die beispielsweise so aussehen: *www.ihr-webshop.de/kampagne2018/gummistiefel/.* Sie dürfen zwar eine andere Subdomain verwenden, die Domain und Top-Level-Domain müssen aber gleich sein.

Warum ist das sinnvoll? Stellen Sie sich vor, Sie betreiben einen Online-Shop und verkaufen Sommerkleider. Sie möchten Ihren potenziellen Kundinnen deutlich machen, dass sie mit dem Kick auf die Anzeige direkt auf die Sommerkleider und nicht auf die Startseite Ihres Online-Shops gelangen, denn Sie wissen, dass das Ihre Kundinnen abschrecken könnte. Daher wählen Sie als Anzeigen-URL z. B.: *www.ihr-webshop.de/sommerkleider*, auch wenn diese URL in Ihrem Online-Shop nicht existiert. Derartige URLs werden auch *sprechende URLs* genannt. Als Ziel-URL geben Sie die tatsächliche Website-URL an, die die Klickenden direkt zu den Sommerkleidern leitet. Diese Ziel-URL kann beispielsweise so aussehen: *www.ihr-webshop.de/mode/damen?kategorieid=12345.*

Google hat für finale URLs einige Richtlinien festgelegt, die zu berücksichtigen sind: So müssen die Inhalte der Zielseite verfügbar sein, die Seite darf sich nicht im Aufbau oder Umbau befinden, denn Sie können sicher nachvollziehen, dass derartige Zielseiten für die Benutzer nicht zufriedenstellend sind. Die Zielseite sollte in allen Browsern und auf unterschiedlichen Geräten zur Anzeige passende Inhalte liefern. Inhalte oder Anwendungen, die die Ladezeit Ihrer Webseite deutlich verzögern, sollten Sie unbedingt vermeiden. Ebenso muss die Zielseite voll funktionsfähig sein, aber das sollten Sie auch aus eigenem Interesse sicherstellen, da Sie sonst für Klicks bezahlen müssen, die Ihnen keinen Wert generieren.

Die Zielseite muss in einem Browserfenster geöffnet werden können, ohne dass andere Programme, wie beispielsweise der Adobe Acrobat Reader, verwendet werden müssen. PDF-Dokumente können aber dennoch auf der Zielseite verlinkt werden. Darüber hinaus muss der Benutzer über den Zurück-Button des Browsers wieder auf die Ausgangsseite gelangen können. Sogenannte Pop-up- und Pop-under-Fenster (weitere Browserfenster, die sich über oder unter dem bereits geöffneten Browserfenster öffnen) sind nicht erlaubt. Diese Vorgaben werden von Google automatisch geprüft. Ihre Anzeigen werden nicht geschaltet, sollten Sie sich nicht an diese Richtlinien halten.

Wenn Sie sich eingehender mit den Richtlinien von Google Ads zu Ziel-URLs auseinandersetzen möchten, lesen Sie diese beispielsweise unter *support.google.com/ads-policy/answer/6368661?hl=de* nach.

Veränderte Reihenfolge

Google experimentiert laufend an der Darstellung der Anzeigen und ihrer Elemente. Zu beobachten ist, dass die Reihenfolge der Textanzeige variieren kann: So gibt ein Werbetreibender zunächst zwei Anzeigentitel, Textbeschreibung, eine Anzeigen-URL und eine Ziel-URL im Konto an. Ausgegeben werden kann jedoch z. B. eine veränderte Reihenfolge, nämlich: Titel, angezeigte URL und schließlich erst die Beschreibung.

Texten für Anzeigen

Wie Sie bereits im vorigen Abschnitt erfahren haben, sind die Anzeigentexte auf eine gewisse Zeichenanzahl beschränkt. In allen Sprachen stehen Ihnen also nur maximal 140 Zeichen (exklusive der angezeigten URL) zur Verfügung, um Ihre Werbebotschaft so gut wie möglich zu kommunizieren und Ihre Anzeige so attraktiv zu gestalten, dass Suchende darauf klicken. Falls Sie bisher noch keine Anzeigentexte formuliert haben, werden Sie mit hoher Wahrscheinlichkeit noch vor dem Problem stehen, dass Sie sich einen Anzeigentext überlegt haben, dieser aber um nur wenige Zeichen die Begrenzung überschreitet. Ihnen bleibt dann nichts anderes übrig, als sich neue Formulierungen zu überlegen. Sie sollten also so präzise wie möglich Ihre Anzeigentexte gestalten. »Kurz und knackig« lautet dabei die Devise.

Sie haben also mit wenig Platz zu kämpfen und müssen innerhalb von Sekundenbruchteilen die Aufmerksamkeit der Suchenden auf Ihre Anzeige ziehen. In Abbildung 6.40 sehen Sie Werbeanzeigen für die Suchanfrage »Kühlschrank«.

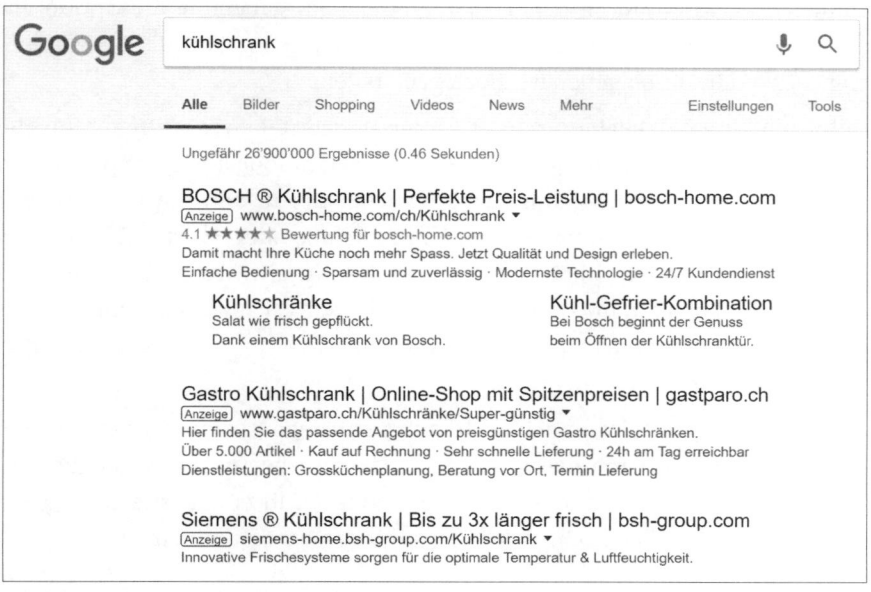

Abbildung 6.40 Google-Ads-Anzeigen bei der Suchanfrage »Kühlschrank«

Sie sehen, einige Anzeigen fallen eher ins Auge, weil sie viele Möglichkeiten der Anzeigengestaltung nutzen, andere sind eher unauffällig. Wie schaffen Sie es nun, mit Ihren Anzeigen möglichst viel Aufmerksamkeit zu erzielen? Dieser Frage widmen wir uns auf den nächsten Seiten.

Anzeigentitel

Im Vergleich zu den beschreibenden Textzeilen und der angezeigten URL wird die Überschrift einer Anzeige Untersuchungen zufolge um ein Vielfaches mehr gelesen. Sie wird in der Anzeigenansicht wie ein Link blau dargestellt. Außerdem ist die Schriftgröße im Vergleich zum Anzeigentext und der angezeigten URL leicht größer. Diese Überschrift wird in Google Ads aus zwei separaten Anzeigentiteln gebildet, die durch einen senkrechten Strich (auch bekannt unter der Bezeichnung »Pipe«) in der Anzeigendarstellung miteinander verbunden werden (siehe Abbildung 6.40). Mit guten Anzeigentiteln können Sie also mehr Aufmerksamkeit generieren und damit Ihre potenzielle Zielgruppe besser auf Ihr Angebot lenken. Bedenken Sie, dass Sie mit Ihrer Anzeige sowohl gegen die organischen Suchergebnisse als auch gegen die Anzeigen Ihrer Konkurrenz antreten und um die Aufmerksamkeit des Benutzers buhlen. Überlegen Sie sich daher die beiden Anzeigentitel sehr genau; sie können sehr wichtig für den Weg zu Ihrem nächsten Kunden sein. Erstellen Sie zwei Titel, die seinem Suchbedürfnis entsprechen, indem Sie das Keyword aufgreifen.

Bei der Suche nach dem passenden Suchergebnis halten Google-User danach Ausschau, ob das von ihnen Gesuchte in den Resultaten enthalten ist. Stellen Sie daher wenn möglich Ihr Keyword an den Titelanfang. Zudem haben Sie die Option, Ihr Keyword automatisch in Ihren Anzeigentext zu integrieren. Auf die sogenannte *Dynamic Keyword Insertion* gehen wir noch genauer ein.

Wie Sie in Abbildung 6.41 sehen, schafft es der Werbetreibende Animalia für die Suchanfrage »Hundeversicherung« auf Platz zwei in den Google-Ads-Toppositionen über den organischen Suchergebnissen. Hier wie auch in den meisten anderen Google-Suchanzeigen ist das Keyword *Hundeversicherung* oder *Haustierversicherung* im Titel enthalten. Anders hingegen schaltet das Unternehmen Axa hier eine Anzeige, ohne das Keyword im Titel zu nennen. Dies wird sich wahrscheinlich negativ in der Klickrate bemerkbar machen, da die Anzeige vom Benutzer als weniger relevant erachtet wird.

Achten Sie im Anzeigentitel wie auch im gesamten Anzeigentext unbedingt auf eine korrekte Orthografie und Grammatik. Bedenken Sie, dass die Anzeige womöglich der erste Kontaktpunkt ist, den ein potenzieller Kunde zu Ihrer Website und Ihrem Unternehmen hat. Mit Rechtschreibfehlern hinterlassen Sie keinen seriösen Eindruck.

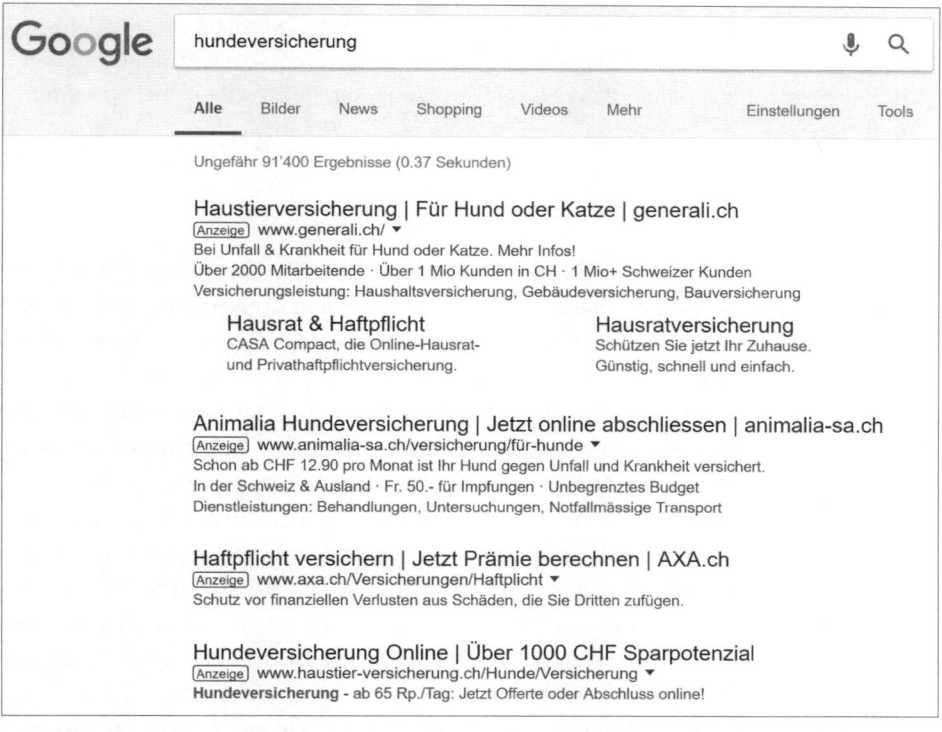

Abbildung 6.41 Bezahlte Google-Suchergebnisse für das Keyword »Hundeversicherung«

Überlegen Sie sich eine klare Werbebotschaft. Je nachdem, was Sie mit Ihrer Anzeige erreichen möchten, können Anzeigentitel folgende Elemente enthalten:

▶ Daten und Fakten (z. B. Auszeichnungen wie »Testsieger«)

▶ provokante Anzeigentitel oder rhetorische Fragen (z. B. »Deprimiert?«)

▶ Versprechen, Garantien und Rabatte (z. B. »Jetzt 20 % sparen«)

▶ Warnungen (z. B. »Vorsicht vor Billigwaschmitteln«)

▶ Aktuelles und Anlassbezogenes (z. B. »Sekt zum Jahreswechsel«)

▶ Aufforderungen und Call to Actions (z. B. »Jetzt Traummann finden«)

Erweiterte Textanzeigen

Wenn Sie Google Ads schon länger nutzen, wundern Sie sich vielleicht, dass Sie in Ihrem Konto ältere Anzeigen entdecken, die nur über einen einzigen Anzeigentitel, dafür aber über zwei Beschreibungsfelder verfügen. Hierbei handelt es sich um sogenannte *Standardtextanzeigen*, die im Verlauf des Jahres 2017 durch sogenannte *erweiterte Textanzeigen* abgelöst wurden. Seit 31. Januar 2017 können nur noch erweiterte Textanzeigen erstellt und bearbeitet werden. Ältere Standardtextanzeigen bleiben zwar weiterhin aktiv, können aber nicht bearbeitet werden. Falls Sie also noch auf aktive Standardtextanzeigen in Ihrem Konto stoßen sollten, empfehlen wir Ihnen die schnellstmögliche Umstellung auf erweiterte Textanzeigen. Ihnen stehen dort insgesamt auch mehr Zeichen zur Verfügung, um Ihre Werbebotschaft zu formulieren.

Beschreibung

Ist ein Keyword in der Beschreibung enthalten, werden Sie sehr wahrscheinlich eine bessere Klickrate erreichen. Machen wir uns die logische Konsequenz einmal deutlich: Ein Benutzer gibt beispielsweise in der Suchmaschine die Suchanfrage »Immobilien München« ein. Nehmen wir einmal an, dass Sie in der Immobilienbranche tätig sind und für dieses Keyword Suchanzeigen schalten. Ein Benutzer wird wohl eher auf eine Anzeige klicken, deren Text auch »Immobilien München« enthält, als auf eine Anzeige, die beispielsweise »Eigentumswohnungen und mehr« verspricht. Versuchen Sie, somit eine direkte Verbindung zwischen Suchanfrage und Ihrer Anzeige zu schaffen. Verwenden Sie nun Ihre Keywords im Anzeigentext, profitieren Sie nicht nur durch erhöhte Aufmerksamkeit, sondern wahrscheinlich auch von einer höheren Klickrate. Um den Faden weiterzuspinnen: Die Klickrate wiederum fließt in den Qualitätsfaktor (siehe Abschnitt 6.2.8, »Die Kosten«) ein. Der Qualitätsfaktor ist mitverantwortlich für die Anzeigenposition. Zudem spielt die Klickrate eine Rolle, wenn es um die Klickpreise geht. Mit einem passenden Anzeigentext können Sie also auch Ihre Kosten senken (siehe Abbildung 6.42).

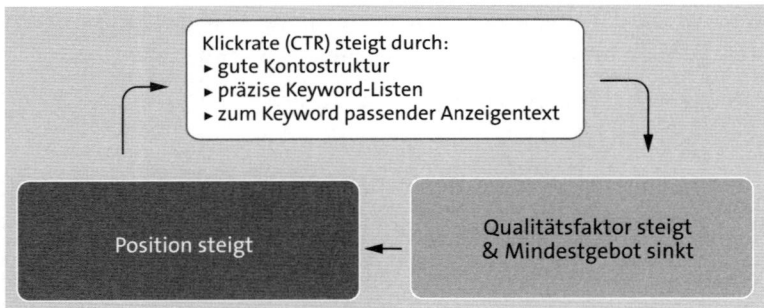

Abbildung 6.42 Einfluss des Anzeigentextes auf die Klickrate und den Kampagnenerfolg (eigene Darstellung in Anlehnung an Optimierungstipps von Google)

Es lohnt sich also, Zeit in die Formulierungen der Anzeigentexte zu investieren, denn selbst kleine Veränderungen im Anzeigentext können große Wirkung zeigen. Bedenken Sie bei der Verwendung von (Produkt-)Namen, dass unbekannte Namen, Marken und Domains weniger gesucht werden. Hier ist es sinnvoller, den Schwerpunkt auf den Produktnutzen zu legen und spezielle Angebote oder Verkaufsargumente (wie Rabatte oder Aktionen) zu benennen. Auch Preise können Sie erwähnen. Versuchen

Sie, dem Benutzer möglichst viele Informationen zu Ihrem Angebot zur Verfügung zu stellen. So können Sie Ihre Zielgruppe schon mit dem Anzeigentext genauer einkreisen: Suchende, die mit einem Preis, der im Anzeigentext angegeben ist, nicht einverstanden sind oder Gratisprodukte suchen, werden nicht auf Ihre Anzeige klicken.

Gute Suchanzeigen enthalten neben dem Zusammenhang mit der Suchanfrage oftmals in der ersten Textzeile ein Produktversprechen bzw. Produktvorteile (zum Teil auch mit Zahlen belegt, wie »50 % Rabatt«) und in der zweiten Textzeile eine Handlungsaufforderung, die auch als *Call to Action* bezeichnet wird. Diese Aufforderung kann beispielsweise durch die Wörter »kaufen«, »bestellen«, »anmelden«, »suchen«, »informieren« oder ähnliche ausgedrückt werden, die z. B. mit einem Ausrufezeichen noch verstärkt werden.

Bei der Formulierung der Anzeige sollten Sie neben der Zeichenbeschränkung darauf achten, dass Sie kurze Botschaften formulieren, die flexibel getrennt werden können. Bedenken Sie, dass die Darstellung der Anzeige variieren kann und dann die Gefahr besteht, dass die Botschaft Ihrer Anzeige bei unpassenden Zeilensprüngen schwerer erfasst werden kann. Achten Sie darauf, dass die 80 Zeichen, die den Anzeigentext definieren, klar strukturiert sind und dass Ihre Anzeige eine einheitliche, leicht erfassbare und integrierte Botschaft vermittelt. Der User sollte eine deutliche Vorstellung davon haben, was ihn auf der Zielseite erwartet.

Die Anzeigen-URL (angezeigte Pfade)

Die letzte Zeile Ihrer Textanzeige besteht aus Ihrer Anzeigen-URL, die sich aus Ihrer Domain und (optional) zwei angezeigten Pfaden je maximal 15 Zeichen zusammensetzen. Den Unterschied zwischen Anzeigen-URL und finaler URL haben Sie bereits kennengelernt. Die angezeigte URL ist also nicht zwangsläufig die Seite, auf die der Benutzer nach dem Klick geleitet wird, sondern diejenige, die innerhalb Ihrer Anzeige zu sehen ist.

Nach dem Anzeigentitel ist die angezeigte URL diejenige Zeile, die die meiste Aufmerksamkeit der Benutzer auf sich zieht. Auch hier gilt: Wählen Sie die angezeigten Pfade mit Bedacht. Wenn es Ihnen möglich ist, sollten Sie auch in den angezeigten Pfaden Ihr Keyword verwenden, so dass der User eine klare Vorstellung davon bekommt, welche Inhalte er auf der Zielseite zu erwarten hat. Wie bereits gesagt, erlaubt es Google, die angezeigten Pfade im Rahmen der durch die finale URL vorgegebenen Domain frei zu wählen. Besonders wichtig: Geben Sie eine finale URL an, die den Benutzer direkt auf das Angebot, die Dienstleistung oder die Information führt, die er über seine Suchanfrage deutlich gemacht hat. Damit bietet Ihnen Google die Chance, den Suchenden die Unsicherheit zu nehmen, auf die Anzeige zu klicken. Zudem können Sie die angezeigten Pfade nutzen, um Sonderaktionen aufzugreifen, z. B. mit *www.ihre-website.de/gewinnspiel*. In Abbildung 6.43 sehen Sie die Google-Ergebnisse zur Suchanfrage »Anzug maßgeschneidert«.

Wie Sie auf den Toppositionen sehen, enthält die Anzeige von *suitopia.ch* das Keyword »maßgeschneidert« in der angezeigten URL. *hockerty.ch* ergänzt die Anzeigen-URL mit zwei angezeigten Pfaden »schneidern« und »anzug«, *tailorstore.ch* verwendet hingegen weniger relevante Pfade: »Hemden« und »designen«. *hockerty.ch* leitet den klickenden Besucher auf die Webseite *www.hockerty.ch/de-ch/Herren/herrenanzug-nach-mass/*, die die Angebote zum Thema individueller Herrenanzug präsentiert. In den Anzeigentexten von *suitopia.ch* und *hockerty.ch* werden Vorzüge des Angebots, wie z. B. Qualität, Preisangabe und Versandkosten, herausgestellt. Diese Anzeigen passen gut zur Suchanfrage und sind daher insgesamt gelungen. Bei der Anzeige von *tailorstore.ch* fällt auf, dass der Text weder das Keyword aufgreift noch einen Zusammenhang zu Maßanzügen aufzeigt, obwohl auf der Website auch Maßanzüge verfügbar sind. Dies wird sich unter Umständen im Klickverhalten der Nutzer widerspiegeln.

Die angezeigte URL darf Umlaute, aber keine Sonderzeichen enthalten. Domains in den Anzeigen-URLs werden ausschließlich in Kleinschreibweise dargestellt (auch wenn Advertiser sie mit Großbuchstaben im Google-Ads-Konto angegeben haben). Dies gilt allerdings nur für die Domain-Bezeichnung, nicht für die angezeigten Pfade. Zudem werden jeweils Subdomains (also *www.*) automatisch ergänzt.

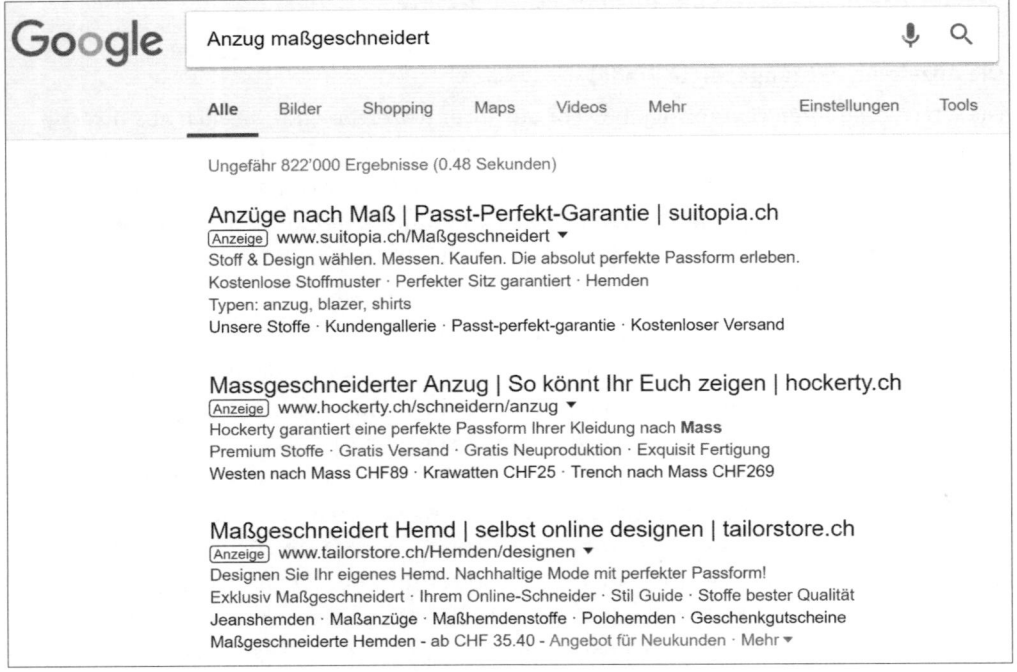

Abbildung 6.43 Google-Suchanzeigen zur Suchanfrage »Anzug maßgeschneidert«

Google-Richtlinien zum Anzeigeninhalt

Google hat einige Richtlinien aufgestellt, die bei dem Verfassen von Textanzeigen eingehalten werden müssen. Die folgenden Punkte sind nur ein Auszug dieser Richtlinien. In der Google-Ads-Hilfe unter *support.google.com/adspolicy/answer/6021546? hl=de* können Sie die Richtlinien vollständig nachlesen. Als Faustregel gilt: Google gestattet nur Anzeigen, »die unmissverständlich und professionell gestaltet sind und Nutzer zu relevanten, nützlichen Inhalten weiterleiten, mit denen sie leicht interagieren können«.

▶ Verwenden Sie korrekte Grammatik und Rechtschreibung sowie logische Inhalte. Eine Ausnahme von dieser Vorgabe ist nur dann sinnvoll, wenn Fehler im allgemeinen Sprachgebrauch sehr häufig sind.

▶ Satzzeichen dürfen nicht unnötig wiederholt werden. Ebenso sind Ausrufezeichen im Anzeigentitel nicht erlaubt. Es darf nur ein Ausrufezeichen innerhalb des gesamten Anzeigentextes enthalten sein.

▶ Nicht erlaubt sind unnötige Wiederholungen von Wörtern oder Wortgruppen.

▶ Zeichen wie Buchstaben, Zahlen und Symbole dürfen nur in ihrer allgemeinen Bedeutung verwendet werden. Beispielsweise wäre »2 S jetzt« für »Tu es jetzt« unzulässig.

▶ Seien Sie sparsam bei der Verwendung von Großschreibung. Übermäßige Großschreibung, wie beispielsweise »GRATIS«, ist unzulässig. Großschreibung ist lediglich erlaubt bei markenrechtlich geschützten Begriffen, geläufigen Abkürzungen und Gutscheincodes.

▶ Akzeptiert werden vergleichende Werbeaussagen wie »Günstiger als« oder »Besser als« nur, wenn sie auf der Zielseite entsprechend belegt werden. Dies kann beispielsweise durch Testergebnisse geschehen.

▶ Preisangaben oder Vergünstigungen, die im Anzeigentext erwähnt werden, müssen auf der Zielseite mit maximal zwei Klicks angezeigt werden.

▶ Bei der Verwendung von Superlativen, wie beispielsweise »Nummer 1«, muss dies auf der Zielseite von unabhängigen Dritten bestätigt werden. Kundenstimmen zählen nicht dazu.

▶ Beschimpfungen und Diskriminierungen sind nachvollziehbarerweise untersagt.

▶ Die Verwendung des Markennamens der Konkurrenz im Anzeigentext ist nicht erlaubt. Sollten Konkurrenten Ihren Markenbegriff in Anzeigentexten verwenden, können Sie dies über das Formular für Markenbeschwerden unter *services. google.com/inquiry/aw_tmcomplaint?hl=de* an Google melden.

Darüber hinaus sind alle Inhalte verboten, die gewaltverherrlichend, anzüglich und/ oder pornografisch sind. Glücksspiel, Waffen, Prostitution sind thematisch ebenso verboten wie Tabak- und Drogenkonsum sowie unter bestimmten Voraussetzungen auch Alkoholkonsum.

Abgelehnte Anzeigen

Beachten Sie, dass Suchanzeigen von Google auf die Einhaltung der Google-Richtlinien geprüft werden. Sollten Ihre Anzeigentexte nicht den Vorgaben entsprechen, lehnt Google die Anzeigen ab. Sie können diese Anzeigen aufrufen, verbessern und in einem zweiten Versuch schalten.

Gehen Sie dazu auf ANZEIGEN UND ERWEITERUNGEN, und klicken Sie über der Statistiktabelle auf die Zeile, in der Sie links das kleine Symbol eines Filters sehen. Hier können Sie einen neuen Filter erstellen (siehe Abbildung 6.44). Der Filter zur Anzeige von abgelehnten Anzeigen ist als STANDARDFILTER hinterlegt.

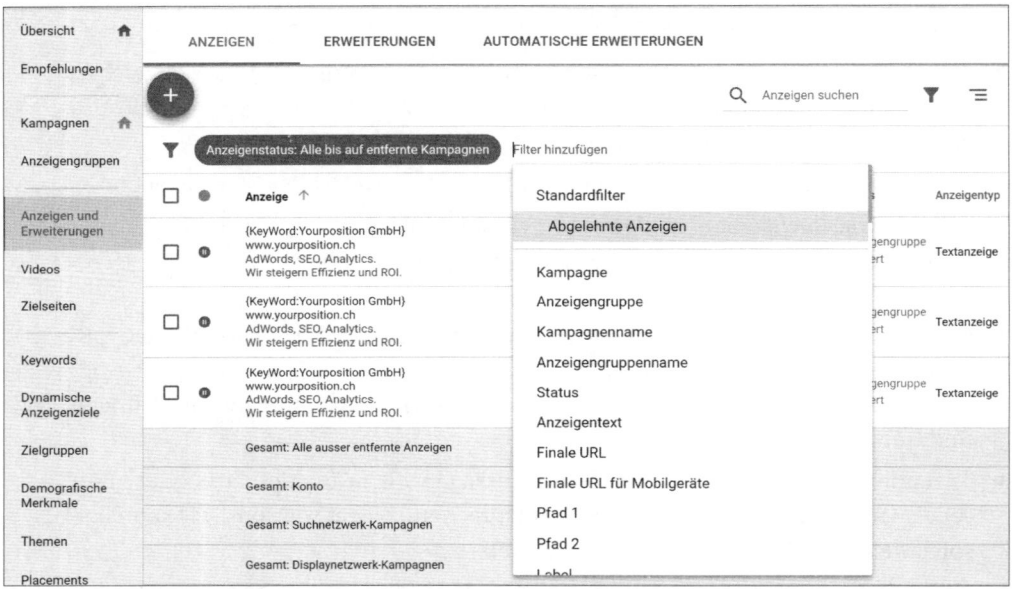

Abbildung 6.44 Filter erstellen, um abgelehnte Anzeigen zu überprüfen

Wenn Sie den Grund für die Ablehnung einer Anzeige erfahren möchten, werfen Sie einen Blick in die Spalte STATUS. Diese Spalte gibt Aufschluss darüber, ob Ihre Anzeige ausgeliefert werden kann. Falls Ihre Anzeige abgelehnt wurde – beispielsweise weil Sie markenrechtlich geschützte Begriffe im Anzeigentext verwendet haben –, erfahren Sie hier den Grund der Ablehnung und erhalten Tipps zur Korrektur der Anzeige. Sie können die Anzeige überarbeiten und auf SPEICHERN klicken. Die Statusanzeige ändert sich in WIRD ÜBERPRÜFT, die Anzeige wird also von Google neu geprüft und freigegeben oder erneut abgelehnt. Üblicherweise werden Anzeigen innerhalb eines Werktages überprüft. Bevor Sie eine Anzeige erneut zur Überprüfung einreichen, sollten Sie sicher sein, dass Sie den Verstoß gegen die Richtlinie behoben haben. Eine wiederholte Ablehnung von Anzeigen kann dazu führen, dass Google Ihr gesamtes Google-Ads-Konto sperrt.

Anzeigenschaltung

Google Ads bietet Ihnen zwei Varianten, wie Ihre Anzeigen ausgeliefert werden sollen. Zum einen können Sie zwischen einer Schaltungsmethode STANDARD und einer beschleunigten Auslieferungsmethode wählen. Bei der standardmäßigen Schaltungsmethode wird Ihr Tagesbudget gleichmäßig über 24 Stunden verteilt. Bei der beschleunigten Methode hingegen werden Ihre Anzeigen häufiger geschaltet, was dazu führen kann, dass Ihr Tagesbudget eventuell schon am Vormittag aufgebraucht ist und für den Rest des Tages keine Anzeigen mehr geschaltet werden. Sie finden die Einstellungen zur Schaltungsmethode unter EINSTELLUNGEN • KAMPAGNENEINSTELLUNGEN. Zum anderen können Sie zwischen einer leistungsabhängigen und einer leistungsunabhängigen Anzeigenschaltung wählen. Diese Einstellung finden Sie unter EINSTELLUNGEN • KAMPAGNENEINSTELLUNGEN • ANZEIGENROTATION. Mit der Anzeigenrotation legen Sie fest, wie Ihre verschiedenen Anzeigen innerhalb einer Anzeigengruppe geschaltet werden sollen (siehe Abbildung 6.45). Bei der leistungsabhängigen Variante werden erfolgreichere Anzeigen häufiger geschaltet. Wählen Sie eine leistungsunabhängige Anzeigenrotation (UNBESTIMMTE ANZEIGENROTATION), so werden Ihre Werbeanzeigen möglichst im gleichen Verhältnis ausgeliefert.

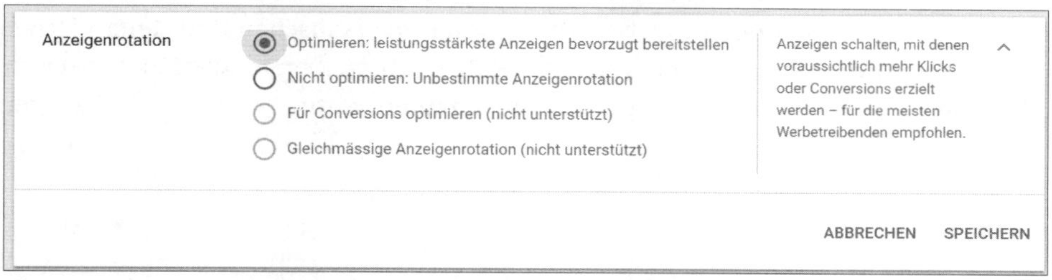

Abbildung 6.45 Einstellung der Anzeigenrotation im Google-Ads-Konto

Tipp: Split-Testing

Bei der Formulierung der Anzeigentexte ist Kreativität gefragt. Schauen Sie sich ruhig die Anzeigen Ihrer Konkurrenten an, und lernen Sie von ihnen. Auch hier gilt: testen, testen, testen. Mit der Einstellung der Anzeigenschaltung UNBESTIMMTE ANZEIGENROTATION werden die Anzeigen gleich verteilt geschaltet, und Sie können ein sogenanntes *Split-Testing* durchführen: Schalten Sie beispielsweise pro Anzeigengruppe zwei unterschiedliche Anzeigen.

Über die genaue Auswertung im Google-Ads-Konto können Sie schnell die Leistung der Anzeigen vergleichen. So ist es möglich, Ihre Anzeigen sukzessive zu verbessern. Sie sollten sich Ihre Testergebnisse notieren. Möglich ist auch die Schaltung von weiteren alternativen Anzeigentexten. Dies macht aber die Auswertung komplexer. Beginnen Sie bei Ihren Tests zunächst mit größeren, inhaltlichen Unterschieden. Sie können dann immer detaillierter werden. So hat sich gezeigt, dass sogar die Kommasetzung innerhalb eines Anzeigentextes die Leistung um ein Vielfaches steigern kann.

> **Vorsicht:** Bei jeder noch so kleinen Änderung am Anzeigentext werden die bisherigen Leistungswerte auf null zurückgesetzt. Das bedeutet, Sie verlieren die Informationen über die bisherige Leistung der Anzeigentexte. Das Gleiche passiert bei Änderungen über den AdWords Editor (siehe Abschnitt 6.2.12, »Der AdWords Editor«). Pausieren Sie daher lieber eine Anzeige, die Sie nicht mehr verwenden möchten, anstatt sie zu löschen oder zu überschreiben.

Aufmerksamkeit durch hervorgehobene Keywords

Beachten Sie bei der Erstellung Ihrer Textanzeigen, dass Google im Text enthaltene Keywords häufig fett darstellt. Wird beispielsweise das Keyword *Gartenmöbel* bei Google gesucht und enthält Ihr Anzeigentext genau dieses Keyword *Gartenmöbel*, dann wird dieser Begriff fett angezeigt. Dies funktioniert in der Regel bei exakter Übereinstimmung oder auch bei nahen Varianten. Wie Sie bereits im vorherigen Kapitel 5, »Suchmaschinenoptimierung (SEO)«, gelernt haben, arbeitet Google intensiv daran, Suchanfragen nicht nur als Abfolge von Begriffen, sondern auch semantisch, d. h. in Ihrer Bedeutung, besser zu verstehen. Vor diesem Hintergrund werden immer häufiger auch ähnliche Formen des Keywords fett hervorgehoben. Die Qualität dieser für den Benutzer nicht sichtbaren grammatikalischen und semantischen Analyse wird weiter zunehmen. Nutzen Sie als Werbetreibender die Möglichkeiten, die Ihnen hervorgehobene Keywords bieten, um mehr Aufmerksamkeit zu erzeugen (siehe Abbildung 6.46).

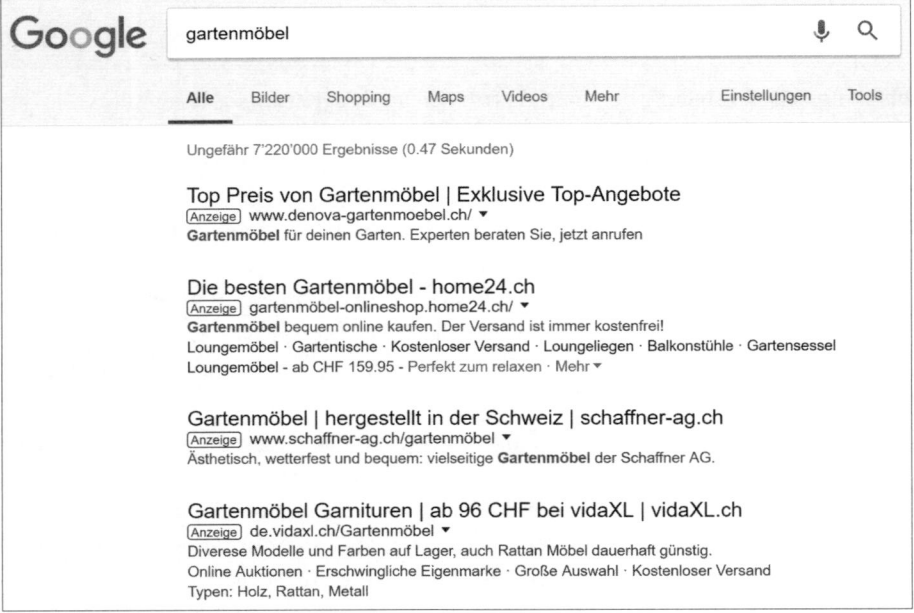

Abbildung 6.46 Mehr Aufmerksamkeit durch hervorgehobene Keywords erzeugen

Keyword-Platzhalter (Dynamic Keyword Insertion)

Sie können in Ihren Anzeigentexten Variablen bzw. Keyword-Platzhalter einfügen, und zwar sowohl im Titel und in den Textzeilen als auch in der Anzeigen-URL. In Fachkreisen wird hier auch von *Dynamic Keyword Insertion (DKI)* gesprochen. Diese Platzhalter werden mit geschweiften Klammern gekennzeichnet. Wenn Sie Windows benutzen, rufen Sie die geschweiften Klammern auf Ihrer Tastatur mit [Alt Gr] + [7] bzw. [Alt Gr] + [0] auf. Der Vorteil von Platzhaltern besteht darin, dass Google hier in Echtzeit das Keyword einsetzt, das die Schaltung der Anzeige ausgelöst hat. Sie verwenden den Keyword-Platzhalter, indem Sie beispielsweise die Überschrift Ihrer Anzeige mit {Keyword:(Alternativbegriff)} festlegen. Definieren Sie, wie in Abbildung 6.47, für die Überschrift {Keyword:Netbook}, dann wird das System zunächst versuchen, das Keyword einzusetzen, das die Anzeigenschaltung auslöst. Sollte dies nicht den Google-Vorgaben entsprechen und länger als 25 Zeichen sein, dann wird der alternative Text, in diesem Fall »Netbook«, angezeigt.

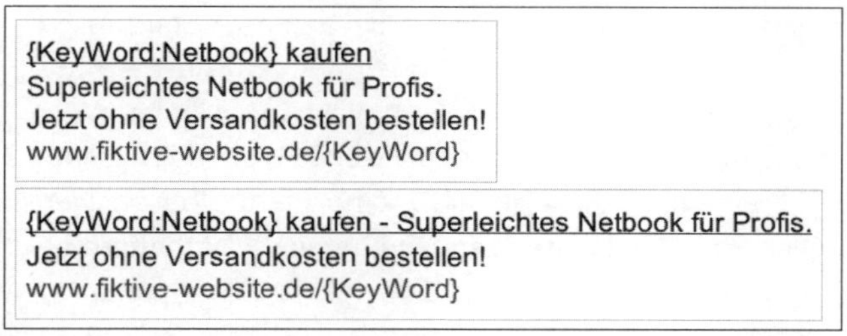

> {KeyWord:Netbook} kaufen
> Superleichtes Netbook für Profis.
> Jetzt ohne Versandkosten bestellen!
> www.fiktive-website.de/{KeyWord}
>
> {KeyWord:Netbook} kaufen - Superleichtes Netbook für Profis.
> Jetzt ohne Versandkosten bestellen!
> www.fiktive-website.de/{KeyWord}

Abbildung 6.47 Beispiel für Platzhalter beim Anlegen einer Textanzeige

Der Platzhalter besteht also aus drei Elementen: der geschweiften Klammer, der Bezeichnung Keyword und einem alternativen Text. Beachten Sie, dass die Dynamic Keyword Insertion nur funktioniert, wenn Sie diese Elemente richtig verwenden. Je nachdem, wie Sie den Befehl Keyword schreiben, wird auch Ihr Schlüsselwort integriert, das heißt:

- {keyword: }: Alles wird kleingeschrieben.
- {Keyword: }: Das erste Wort beginnt mit einem Großbuchstaben.
- {KeyWord: }: Alle Wörter beginnen mit Großbuchstaben.

Darüber hinaus funktionieren {KEYWord: } (hier werden das gesamte erste Wort und der erste Buchstabe aller weiteren Wörter großgeschrieben) und {KeyWORD: }, wobei die letzte Variante bedeutet, dass alle Wörter des Suchbegriffs mit einem Großbuchstaben beginnen und einzelne Wörter in Großbuchstaben dargestellt werden.

Vor und nach dem Platzhalter können Sie weitere Wörter verwenden, in unserem Beispiel also {Keyword:Netbook} kaufen. Sie sollten dabei aber darauf achten, dass es immer zu sinnvollen und grammatikalisch richtigen Varianten kommt, denn sonst ist die Wahrscheinlichkeit für einen Klick auf die Anzeige gefährdet, und Sie riskieren

Ablehnungen Ihrer Anzeige seitens Google. Auch in der Anzeigen-URL ist die Verwendung eines Platzhalters möglich. So können Sie beispielsweise das Keyword nach Ihrer Domain anzeigen: `www.ihre-seite.de/{Keyword:Netbooks}`.

Probieren Sie es aus: Erstellen Sie zusätzlich zu Ihren statischen Textanzeigen auch Anzeigen mit dynamischen Keyword-Platzhaltern, und vergleichen Sie die Klickraten (CTR).

Platzhalter richtig verwenden und häufige Fehler vermeiden

Viele Google-Ads-Anfänger kennen die effektive Funktion von Platzhaltern nicht, andere begehen unnötige Fehler. Hier sind einige Tipps, wie Sie Platzhalter richtig verwenden und Fehler vermeiden:

Achten Sie darauf, dass Sie den Platzhalter in Ihrer Anzeige richtig angeben. Schleichen sich an dieser Stelle Fehler ein, wie z. B. Leerzeichen an der falschen Stelle, dann funktioniert der Platzhalter nicht mehr. Benutzer sehen dann einen kryptisch anmutenden Anzeigentext. Verwenden Sie die Platzhalter nur bei einer sehr gut ausgewählten Keyword-Liste. Andernfalls können Kombinationen in Ihrem Anzeigentext erscheinen, die keinen Sinn ergeben oder grammatikalisch nicht korrekt sind. Wenn Sie eine Keyword-Liste verwenden, die sehr groß ist und viele weitgehend passende Keywords umfasst, sollten Sie eine Extra-Anzeigengruppe für Platzhalter anlegen. Zudem sollten Sie sicherstellen, dass Sie bei der Verwendung von Platzhaltern bei weitgehend passender Keyword-Option eine sinnvolle Zielseite anzeigen können.

Andernfalls sind die Nutzer enttäuscht und verlassen Ihre Website sofort wieder – und Sie bezahlen für unnötige Klicks. Bei Einwort-Keywords sollten Sie darauf achten, dass Sie zusätzlich einen Alternativtext angeben, z. B. `{Keyword:Bücher}` `Online-Shop`. Lautet die Suchanfrage »Buch«, wird als Anzeigenüberschrift »Buch Online-Shop« ausgegeben.

Der Vorteil der Dynamic Keyword Insertion ist, dass die Suchanfrage dann direkt in Ihrer Textanzeige erscheint und zudem in Anzeigentext und angezeigter URL fett hervorgehoben wird. Dies kann sich positiv auf die Klickraten Ihrer Anzeigen auswirken. Sie sollten dennoch vorsichtig mit dieser sehr effektiven Möglichkeit umgehen. Da Keyword-Platzhalter sowohl in der Überschrift als auch in den Textzeilen der Anzeige sehr flexibel sind, sollten Sie darauf achten, dass in jedem Fall sinnvolle Anzeigentexte entstehen, und dies regelmäßig kontrollieren. Es gibt immer wieder Beispiele von wenig durchdachter Verwendung von Platzhaltern.

Die Anzeigenformate

Neben den beschriebenen Textanzeigen bietet Google weitere Anzeigenformate. Obwohl diese teils für das Display-Netzwerk oder YouTube und nicht für das Such-Werbenetzwerk gelten, werden wir sie hier kurz vorstellen (mehr zur Werbeschaltung auf anderen Websites mithilfe von Google Ads erfahren Sie in Kapitel 12, »Display-Marketing«):

- Universelle App-Anzeigen
- dynamische Suchnetzwerk-Anzeigen
- Bildanzeigen
- responsive Anzeigen
- Lightbox-Anzeigen
- Videoanzeigen
- Nur-Anrufanzeigen

Nicht alle Anzeigenformate sind für alle Kampagnentypen verfügbar. Unter *support.google.com/google-ads/answer/1722124?hl=de* finden Sie eine aktuelle Übersicht über alle Formate und deren Verwendung.

Universelle App-Anzeigen | Wenn Sie über eine mobile App verfügen, können Sie eine Kampagne erstellen, die Ihre App auf allen wichtigen Plattformen von Google bewirbt, also beispielsweise im Suchnetzwerk, auf YouTube, Google Play oder im Google-Display-Netzwerk. Bei diesen sogenannten *universellen App-Kampagnen* (UAC) müssen Sie keine speziellen Anzeigen mehr erstellen. Einige wenige Informationen genügen, damit Google automatisch Anzeigen erstellt und diese gemäß Ihrer Zielvorgaben auf passenden Werbeplattformen ausspielt. Sie müssen lediglich einige Werbebotschaften, grundlegende Kampagneneinstellungen wie Gebote, Budgets, Sprachen und Regionen sowie optional Bilder und Videos (sogenannte »Anzeigenassets«) festlegen (siehe Abbildung 6.48). Alles Weitere erledigt Google selbst.

Sie können insgesamt 20 unterschiedliche *Anzeigenassets* – also Bilder, Videos oder HTML5-Dateien – auswählen. Anzeigen werden auf dieser Basis automatisch erstellt und an die Darstellung der jeweiligen Plattformen angepasst. Dabei wird auch die Anzeigenrotation automatisch festgelegt, und Gebote werden so angepasst, dass Ihre App möglichst oft heruntergeladen wird bzw. eine bereits heruntergeladene App im gewünschten Sinn genutzt wird. Universelle App-Anzeigen werden ausschließlich auf Geräten ausgespielt, die mit deren Inhalt kompatibel sind. Mit einem Klick auf die Anzeige gelangen Ihre Besucher z. B. direkt zum App-Shop, wo sie Ihre App herunterladen können.

Bei der Konfiguration der universellen App-Kampagne haben Sie die Wahl zwischen zwei Kampagnenzielen. Wenn Sie die Kampagne hauptsächlich zur Gewinnung neuer Nutzer Ihrer App einsetzen möchten, wählen Sie in den Einstellungen unter KAMPAGNENOPTIMIERUNG die Option ANZAHL DER INSTALLATIONEN. Möchten Sie hingegen eher die bereits bestehenden Nutzer der App zur Benutzung animieren, sind Sie mit IN-APP-AKTIONEN besser bedient. Voraussetzung für letztere Option ist allerdings eine intakte Messung der Conversions innerhalb der App (vergleiche hierzu Kapitel 10, »Web-Analytics«).

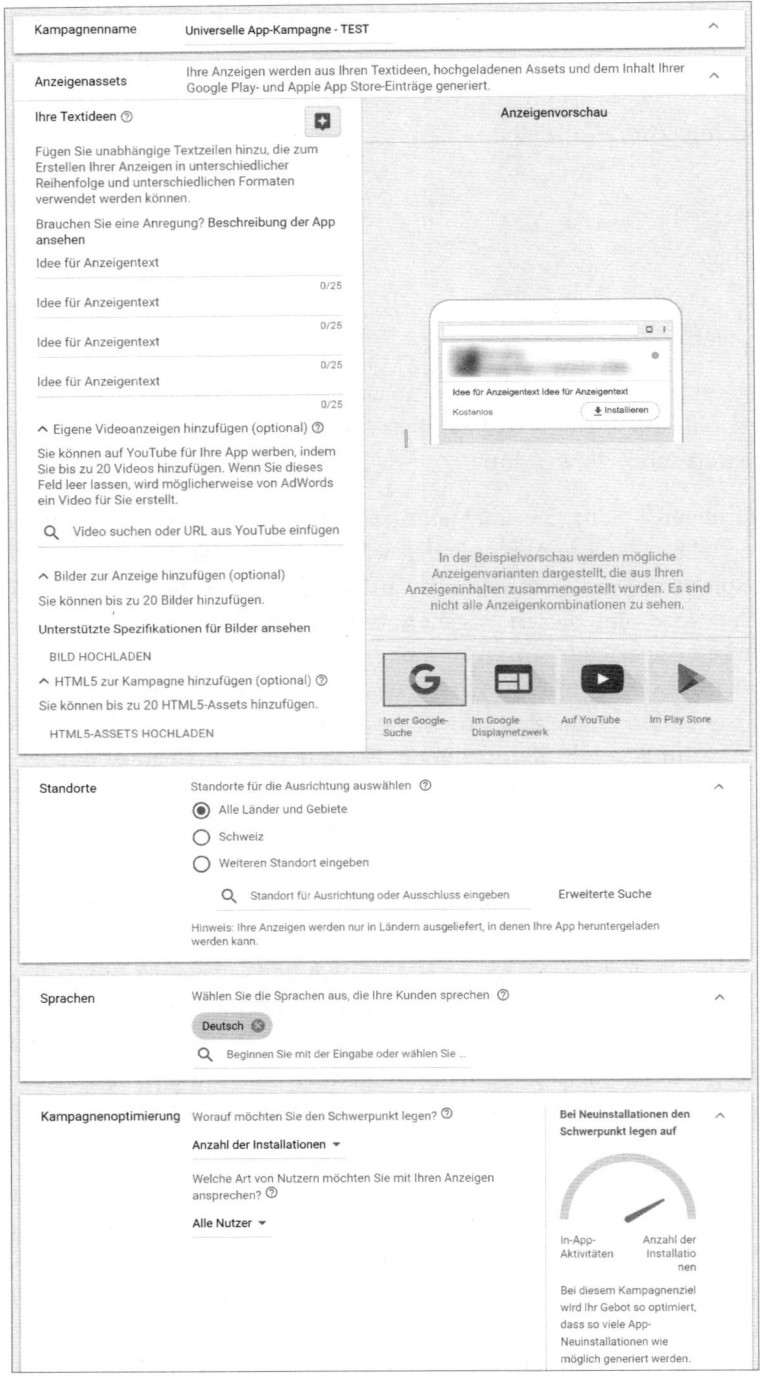

Abbildung 6.48 Erstellen einer universellen App-Kampagne mit automatischer Anzeigenerstellung

Wenn Ihre App häufiger aus den App-Shops von Apple oder Google heruntergeladen wird, verbessert sich auch das Ranking Ihrer App bei einer Suche im App-Store. Dies kann dazu führen, dass weitere potenzielle Kunden Ihre App auch auf organischem Weg finden und herunterladen.

Kampagnenmanagement in der Zukunft: Automatisierung und Machine Learning

Universelle App-Kampagnen (UAC) sind ein gutes Beispiel für den Paradigmenwechsel, der sich im Kampagnenmanagement derzeit vollzieht. Da Google immer besser versteht, worum es auf Ihrer Website oder in Ihrer App geht und welche Ziele Sie dort aller Voraussicht nach verfolgen, benötigt das Unternehmen nur noch wenige Informationen, um ein für Sie optimales Kampagnensetup auf die Beine zu stellen, Anzeigen gleich selbst zu generieren und dort auszuspielen, wo sie am ehesten zum Erfolg führen. Durch die Rückkoppelung an die Erfolgsauswertung der Kampagnen verbessert sich ein solches automatisiertes Vorgehen kontinuierlich selbst (*Machine Learning*). Auch andere Anzeigen- und Kampagnentypen wie Google Shopping oder dynamische Suchnetzwerk-Anzeigen müssen heutzutage kaum noch manuell verwaltet werden.

Dynamische Suchnetzwerk-Anzeigen | Mit den sogenannten *dynamischen Suchnetzwerk-Anzeigen* stellt Google eine weitere Werbevariante zur Verfügung, die zusätzlich zu den normalen Anzeigen geschaltet werden kann. Das Google-System analysiert dabei Ihre Website und ihren Inhalt und erstellt automatisch eine dynamische Anzeige, wenn eine Suchanfrage gestellt wird, die zu Ihrem Angebot passt. Als Werbetreibender müssen Sie keine Keywords oder Zielseiten hinterlegen. Stattdessen können Sie Bereiche Ihrer Website für dynamische Anzeigen angeben und auch ausschließen. Die Anzeige wird generiert aus der Suchanfrage und themenrelevantem Text Ihrer Website.

Sie erstellen eine Kampagne mit dynamischen Suchanzeigen, indem Sie eine Kampagne vom Typ SUCHNETZWERK anlegen und in den Anzeigen die Option + DYNAMISCHE SUCHNETZWERK-ANZEIGE wählen. Anzeigentitel und finale sowie angezeigte URL werden dynamisch erstellt. Lediglich den Beschreibungstext können Sie manuell definieren (siehe Abbildung 6.49).

Dynamische Suchnetzwerk-Anzeigen bieten eine Reihe von Vorteilen:

▶ **Geringer Verwaltungsaufwand**: Der Aufwand zur Verwaltung Ihrer Kampagnen reduziert sich drastisch, da Sie nicht mehr für jedes einzelne Produkt Keywords, Gebote und Ziel-URLs hinterlegen müssen. Google erstellt die Anzeigen selbst auf Basis der eigens gewonnenen Kenntnis über die Website. Gerade bei großen Websites verringert sich der Verwaltungsaufwand der Kampagnen dadurch enorm.

▶ **Relevante Anzeigentitel und Anzeigen-URLs**: Da das Google-System die Anzeige automatisch generiert und dabei Wörter aus der Suchanfrage des Nutzers berücksichtigt, ist sichergestellt, dass der Anzeigentitel und die angezeigte URL stets relevant sind.

▶ **Hohe Kontrolle**: Sie bestimmen selbst, für welche Bereiche Ihres Webangebots dynamische Suchanzeigen geschaltet werden sollen. Sie können die Gruppierung vornehmen anhand bestimmter Kategorien, URLs oder Seitenfeeds. Falls Sie Produkte vorübergehend nicht liefern können, können Sie die Schaltung der entsprechenden Anzeigen auch kurzfristig pausieren. Wie bei klassischen Textanzeigen können Sie außerdem auszuschließende Keywords hinterlegen, um die Anzeigenschaltung bei bestimmten Suchanfragen zu verhindern.

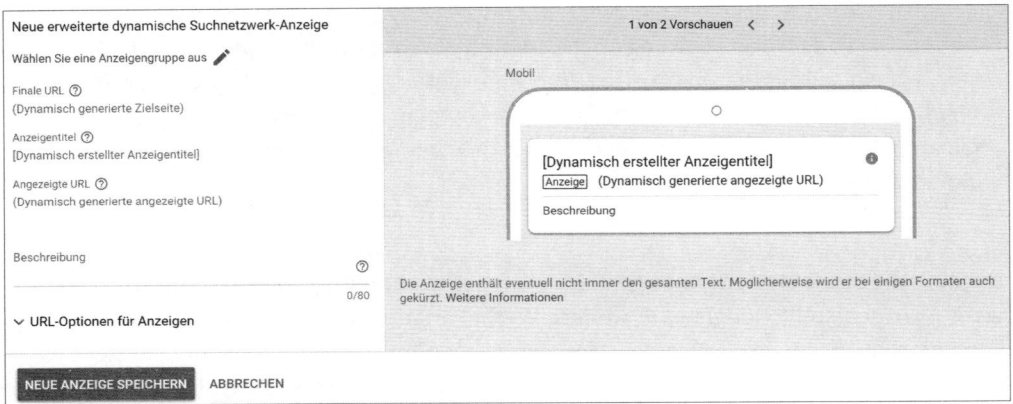

Abbildung 6.49 Erstellen einer dynamischen Suchnetzwerk-Anzeige

Dynamische Suchnetzwerk-Anzeigen sind vor allem für umfangreiche Websites wie Online-Shops eine sinnvolle Ergänzung zu Kampagnen, die auf Keywords basieren. Weitere Details können Sie der Google-Hilfe unter *support.google.com/google-ads/answer/2471185?hl=de* entnehmen.

Bildanzeigen | Bildanzeigen entsprechen der bekannten Bannerwerbung. Auch derartige Formate können Sie in Ihre Google-Ads-Kampagne integrieren. So ist es möglich, statische oder animierte Image-Anzeigen einzubinden. Dazu steht Ihnen das Google-Display-Netzwerk zur Verfügung. Das bedeutet, dass Ihre Werbemittel auf anderen Websites integriert werden können. Wenn Sie sich jetzt schon überlegen, auch Bildanzeigen in Ihre Kampagne einzubinden, dann sollten Sie als Erstes überprüfen, ob Sie bereits eine separate Kampagne für das Display-Netzwerk erstellt haben. Innerhalb des Such-Werbenetzwerks sind Bildanzeigen nicht möglich.

Der Vorteil von Bildanzeigen liegt darin, dass Sie mit Grafiken die Aufmerksamkeit der Benutzer auf Ihr Werbemittel lenken können. Mit Google-Ads-System können Sie dabei Ihre Kampagne sehr genau auf Ihre Zielgruppe ausrichten.

Wenn Sie sich an die bereits beschriebene Kontostruktur erinnern, sind Anzeigen den einzelnen Anzeigengruppen zugeordnet. Klicken Sie zum Hochladen von Bildanzeigen daher auf ANZEIGEN UND ERWEITERUNGEN, und wählen Sie nach Klick auf das blaue Plus DISPLAYNETZWERK-ANZEIGEN HOCHLADEN. Sie können nun bereits bestehende Bildanzeigen hochladen und müssen nur noch eine Anzeigengruppe und eine finale URL festlegen (siehe Abbildung 6.50). Beim Klick auf den Link UNTER-STÜTZTE GRÖSSEN UND FORMATE erhalten Sie einen Überblick über die möglichen Formate. Eine vollständige Übersicht über gängige Werbebanner-Formate finden Sie in Kapitel 12, »Display-Marketing«.

Hier müssen Sie aber bedenken, dass einige Pixel jedes Formats für die Anzeigen-URL vorgesehen sind und daher nicht der komplette Bereich für die Bildanzeige zur Verfügung steht. Bilder können in den Formaten JPG, GIF, PNG und ZIP und auch animiert (HTML5, GIF) sein. Animationen dürfen höchstens 30 Sekunden dauern und dürfen sich wiederholen. Bei der Farbwahl sollten Sie unbedingt RGB-Farben verwenden. Ihre Bilder dürfen die Größe von 150 KByte nicht überschreiten.

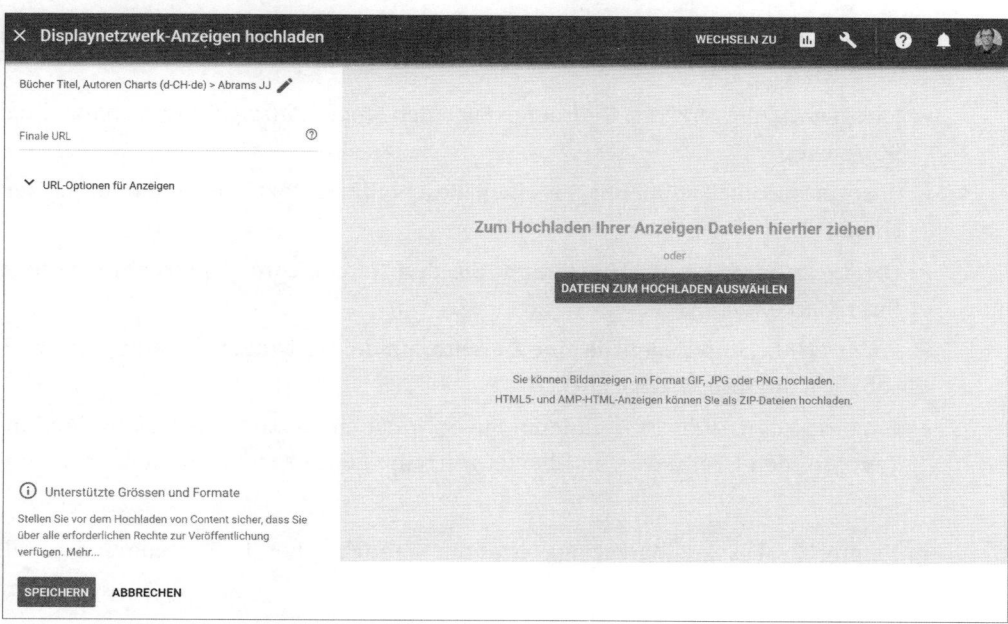

Abbildung 6.50 Neue Bildanzeige hochladen

Beachten Sie, dass Google seit Januar 2017 keine Flash-animierten Bilder akzeptiert. Pro Anzeigengruppe besteht ein Limit von 300 Bildanzeigen. Beachten Sie auch, dass

Bildanzeigen unter Umständen weniger gute Klickraten als beispielsweise Textanzeigen liefern können, da sie von Benutzern oftmals als Werbung ausgeblendet werden (sogenannte *Banner Blindness*).

Sinnvolles Benennen von Bildanzeigen

Achten Sie darauf, dass Sie Ihre Bildanzeigen sinnvoll benennen. Schnell stehen Sie vor der Situation, dass Sie einen Bericht analysieren möchten und die Werbemittel nicht mehr zuordnen können. Dabei sollte die Benennung nicht zu lang sein (maximal 50 Zeichen), Kampagne und Anzeigengruppe sowie das Motiv und das Format enthalten.

Responsive Anzeigen | Für die Erstellung von responsiven Anzeigen müssen Sie zunächst verschiedene Basiselemente Ihrer Anzeige (Bilder, Anzeigentitel, Zielseite, Logo etc.) definieren. Auf dieser Grundlage erstellt Google dann automatisch Bild- und Textanzeigen für das Display-Netzwerk in unterschiedlichen Größen und Darstellungsformen. Folgende Anzeigenelemente müssen Sie festlegen:

▶ BILDER: Sie können zwei verschiedene Bilder oder ein Bild in zwei Formaten hinzufügen.

▶ KURZER ANZEIGENTITEL: Definieren Sie einen kurzen Anzeigentitel von maximal 25 Zeichen.

▶ LANGER ANZEIGENTITEL: Definieren Sie einen langen Anzeigentitel von maximal 90 Zeichen.

▶ BESCHREIBUNG: Definieren Sie einen Beschreibungstext von maximal 90 Zeichen.

▶ UNTERNEHMENSNAME: Hinterlegen Sie den Namen Ihres Unternehmens oder Ihrer Marke.

▶ FINALE URL: Hinterlegen Sie eine Zielseite, auf die der Nutzer weitergeleitet wird, sobald er auf Ihre Anzeige klickt.

▶ CALL-TO-ACTION-TEXT: Definieren Sie optional einen passenden Call-to-Action-Text, um den User davon zu überzeugen, eine gewünschte Handlung auszuführen.

In Kapitel 12, »Display-Marketing«, erfahren Sie mehr über die Vorteile und Erstellung responsiver Anzeigen.

Tipp: View-through-Conversion-Tracking

Zur Erfolgsbewertung Ihrer Anzeigen im Display-Netzwerk und auf YouTube bietet sich unter anderem das sogenannte *View-through-Conversion-Tracking* an. Sie erreichen die Informationen über den Reiter KAMPAGNEN, indem Sie die Spaltenansicht —

über das Symbol drei vertikaler Balken – anpassen und VIEW-THROUGH-CONV. auswählen (siehe Abbildung 6.51). Hier werden die Conversions gemessen, die innerhalb
eines Monats erreicht werden, wenn Benutzer eine Anzeige zunächst zwar gesehen,
aber nicht geklickt haben und die Conversion auf der beworbenen Seite zu einem
späteren Zeitpunkt erfolgte. Hat beispielsweise ein Benutzer eine Website besucht,
auf der Ihre Image-Anzeige oder Ihre responsive Anzeige im Display-Netzwerk
geschaltet wird, wird dies per Cookie registriert. Wenn dieser Benutzer einige Tage
später (aber innerhalb eines Monats) dann eine Conversion auf Ihrer Seite durchführt, wird dies Ihrer Image-Anzeige als View-through-Conversion zugeschrieben,
was Aussagen zur Effizienz dieser Anzeige zulässt. Mehr zum Thema Erfolgsmessung
lesen Sie in Abschnitt 6.2.9, »Leistungsmessung und Optimierung«.

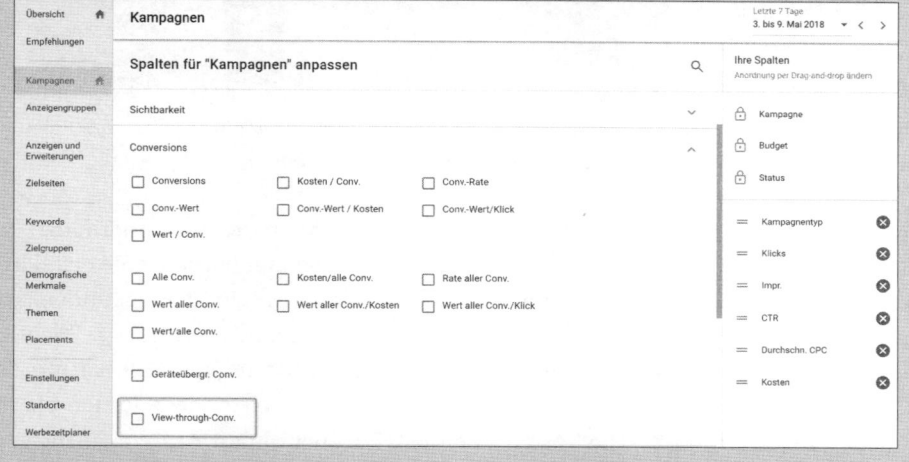

Abbildung 6.51 View-through-Conversions im Google-Ads-Konto anzeigen

Lightbox-Anzeigen | Interaktive Lightbox-Anzeigen sind ebenfalls nur im Display-
Netzwerk von Google möglich. Website-Betreiber müssen ihrerseits dieses Anzeigenformat (Größen und Formate) für ihre Website zulassen. Unter *Lightbox-Anzeigen*
versteht man Anzeigen, mit denen der Nutzer auf verschiedene Arten interagieren
kann. Dies kann beispielsweise eine Bildanzeige sein, die vergrößert wird, sobald der
Nutzer die Maus darüber bewegt. Häufig kommen in interaktiven Lightbox-Anzei-
gen auch Videos zum Einsatz, die den Benutzer zur Interaktion auffordern und so die
Marke emotionaler erlebbar machen (siehe Abbildung 6.52). Ihrer Kreativität sind
dabei keine Grenzen gesetzt. So können Sie in Ihrer Anzeige auch ein interaktives
Spiel oder einen Katalog platzieren. In sogenannten Hover-to-Play-Anzeigen können
Videos auch ausgelöst werden, wenn ein User zwei Sekunden lang die Maus über der
Anzeige bewegt.

Abbildung 6.52 Beispiel einer Lightbox-Anzeige von Kitkat auf der Startseite von
»www.stern.de«: Hier kann der User innerhalb der Anzeige ein Video abspielen.

Interaktive Lightbox-Anzeigen lassen sich mit allen Ausrichtungsmethoden im
Google-Display-Netzwerk kombinieren. Als Werbetreibender bezahlen Sie erst dann,
wenn User mit Ihrer Anzeige interagieren, diese also z. B. mehr als 3 Sekunden lang
maximieren (sogenannte CPE- bzw. Cost-per-Engagement-Abrechnung). Wichtige
Kennzahlen zur Erfolgsauswertung sind die Interaktionsrate (vergleichbar mit der
Klickrate) sowie die Kosten pro Interaktion (CPE); die Preismodelle lernen Sie im
Detail in Abschnitt 6.2.8, »Die Kosten«, kennen. Darüber hinaus können Sie die geo-
grafische Ausrichtung und die Ausrichtung auf Sprachen bestimmen, damit Ihre
Anzeigen nur Ihrer Zielgruppe angezeigt werden.

Videoanzeigen | Videoanzeigen können einerseits wie auch Image-Anzeigen im
Google-Display-Netzwerk geschaltet werden, unter der Voraussetzung, dass die Web-
seitenbetreiber dieses Format zugelassen haben. Andererseits können Ihre Videoan-
zeigen auch bei YouTube geschaltet werden. Damit Sie ein Video für eine Anzeige in
Google Werbenetzwerken verwenden können, müssen Sie es zunächst auf YouTube
hochladen. Wenn Sie danach eine neue Videoanzeige erstellen, fordert Google Ads
Sie zur Eingabe einer YouTube-URL auf. Danach können Sie sämtliche Einstellungen
Ihrer Anzeige vornehmen (siehe Abbildung 6.53).

Verschiedene Anzeigenformate stehen Ihnen zur Verfügung – abhängig davon, welches Zielvorhaben Sie bei der Kampagne hinterlegt haben. Möchten Sie mit Ihrer
Kampagne z. B. hauptsächlich Zugriffe auf Ihre Website generieren, eignen sich sogenannte *TrueView In-Stream-Anzeigen*. Diese werden Videos auf YouTube vorgeschal-
tet und können nach 5 Sekunden übersprungen werden. Ein Vorteil dieser TrueView

In-Stream-Anzeigen ist unter anderen, dass Kosten nur anfallen, wenn ein Nutzer sich Ihre Anzeige 30 Sekunden lang bzw. bis zum Ende ansieht oder wenn er mit dem Video interagiert. Das bedeutet, dass beispielsweise Klicks auf die Startsequenz keine Kosten verursachen. Daneben stehen Video-Discovery-Anzeigen, Bumper-Anzeigen und Out-Stream-Anzeigen zur Verfügung. Je nach Format haben Sie die Wahl zwischen verschiedenen Abrechnungsmodellen. Bei der Variante des CPM-Preismodells, das bei Bumper-Anzeigen zur Anwendung kommt, bezahlen Sie beispielsweise für die Impressionen (Einblendungen) Ihres Werbemittels.

Zum Erstellen einer Videoanzeige klicken Sie in einer Videokampagne auf den Tab ANZEIGEN und dann auf das Pluszeichen im blauen Kreis. Nach der Eingabe Ihrer YouTube-URL haben Sie die Auswahl zwischen verschiedenen Arten von Videoanzeigen (siehe Abbildung 6.53), die wir uns in Kapitel 16, »Video-Marketing«, noch detaillierter ansehen.

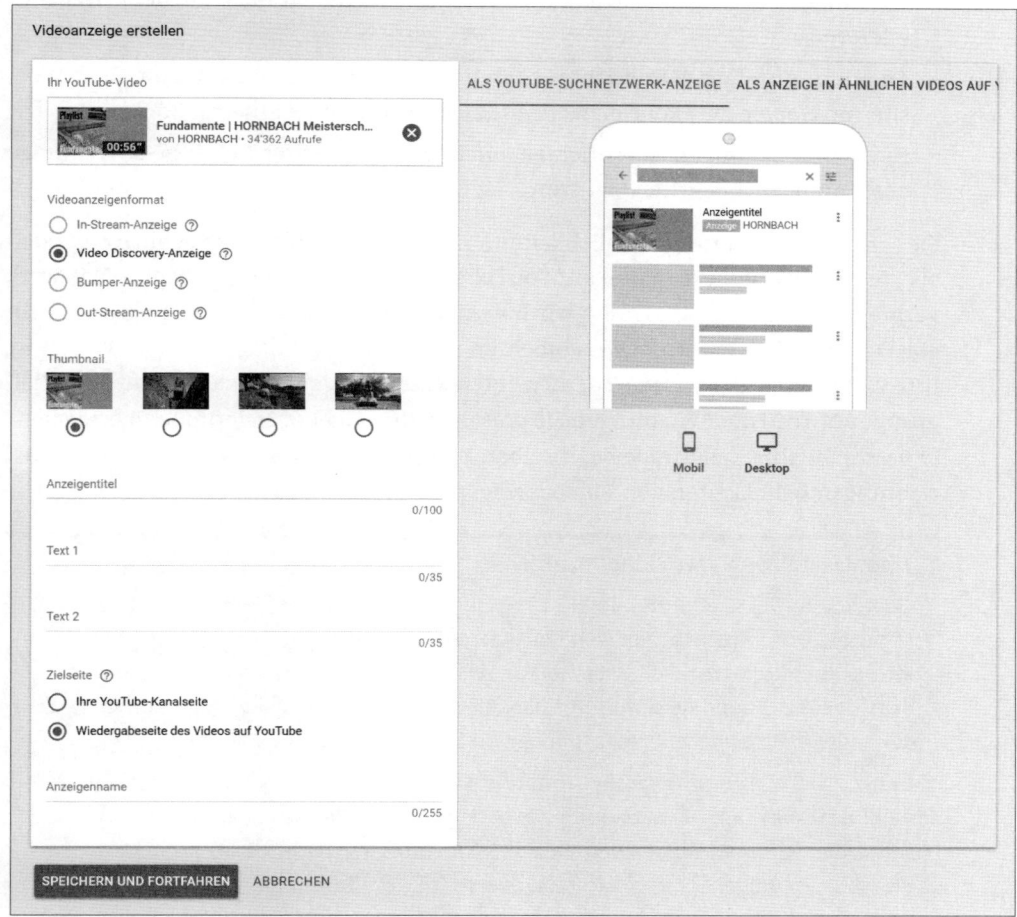

Abbildung 6.53 Erstellung einer Videoanzeige in Google Ads

Auch bei Videoanzeigen können Sie genau steuern, wer Ihre Videos sehen soll. Hierzu können Sie verschiedene Targeting-Möglichkeiten miteinander kombinieren, wobei sich die Ausrichtung auf Zielgruppen von einer Ausrichtung auf Inhalte unterscheiden lässt. Zu zielgruppenspezifischen Ausrichtungsmöglichkeiten gehören:

▶ **demografische Merkmale**: Anzeigen ausgerichtet nach Altersgruppe, Geschlecht, Elternstatus oder Haushaltseinkommen der gewünschten Zielgruppe

▶ **Interessen**: Anzeigen ausgerichtet auf User, die sich für bestimmte Themen interessieren, etwa für Fallschirmsprünge, oder aber in einer bestimmten Lebensphase sind (z. B. gerade umziehen)

▶ **Remarketing-Listen**: Anzeigen ausgerichtet auf User, die bereits mit Ihren Inhalten in Berührung waren

Eine Ausrichtung auf Inhalte hingegen orientiert sich am Werbeumfeld der Anzeige:

▶ **Placements**: Anzeigen platziert auf einzelnen YouTube-Kanälen, Videos, Websites oder Apps

▶ **Themen**: Anzeigen ausgerichtet nach bestimmten YouTube-Inhalten oder Websites im Google-Display-Netzwerk, die zu bestimmten Themen gehören

▶ **Keywords**: Anzeigen ausgerichtet auf User, die in ihrer YouTube-Suchanfrage bestimmte Suchbegriffe benutzen

Sie sehen: Die Steuerungsmöglichkeiten sind vielfältig. Falls Sie tatsächlich ein Video als Werbemittel benutzen und auf YouTube oder über das Google-Display-Netzwerk verbreiten möchten, empfehlen wir Ihnen, im Vorfeld zunächst einige grundsätzliche Fragen zu beantworten: Wen möchten Sie mit Ihrem Video erreichen? Wie alt ist Ihre Zielgruppe? Für welche Themen interessiert sie sich? Wonach sucht Ihre Zielgruppe auf YouTube? Wo müssen Sie präsent sein, um diese Zielgruppe zu erreichen? Je besser Sie Ihre Zielgruppe beschreiben können, desto besser können Sie die Ausrichtungsmöglichkeiten von Videoanzeigen nutzen.

Tipp: Gestaltung von Videoanzeigen

Google empfiehlt eine maximale Länge Ihrer Videoanzeigen von weniger als drei Minuten. In der Regel sehen sich Benutzer aber nur knapp die erste Minute an. Stellen Sie also Ihre wichtigste Botschaft an den Anfang Ihres Videos, um sicherzugehen, dass der Zuschauer sie aufnimmt. Google empfiehlt eine Videolänge von etwa 30 Sekunden mit der Kernbotschaft in den ersten 10 Sekunden.

Denken Sie an *Infotainment* (Information + Entertainment): Ihr Videoinhalt sollte sowohl unterhaltsam als auch informativ sein. Eventuelle musikalische Untermalung sollte die Stimmen auf keinen Fall übertönen. Es reicht nicht aus, ein attraktives Startbild zu zeigen. Das gesamte Video sollte qualitativ hochwertig sein, um Zuschauer nicht zu enttäuschen. Unter *creatoracademy.youtube.com* erhalten Sie zahlreiche Tipps, die Ihnen bei der Erstellung erfolgreicher Videos helfen.

Nur-Anrufanzeigen | Nur-Anrufanzeigen haben das Ziel, Nutzer dazu zu bewegen, Ihr Unternehmen anzurufen. Der Titel der Anzeige besteht lediglich aus Ihrer Telefonnummer. Nur-Anrufanzeigen werden ausschließlich auf Smartphones ausgespielt. Beim Klick – bzw. beim Tippen – auf die Anzeige ruft der Nutzer direkt bei Ihnen an.

Sie erstellen eine Nur-Anrufanzeige, indem Sie unter ANZEIGEN UND ERWEITERUNGEN auf das Pluszeichen im blauen Kreis klicken und + NUR ANRUFANZEIGE auswählen. Geben Sie Ihren Unternehmensnamen, eine Telefonnummer, zwei Textzeilen sowie eine angezeigte URL an (siehe Abbildung 6.54).

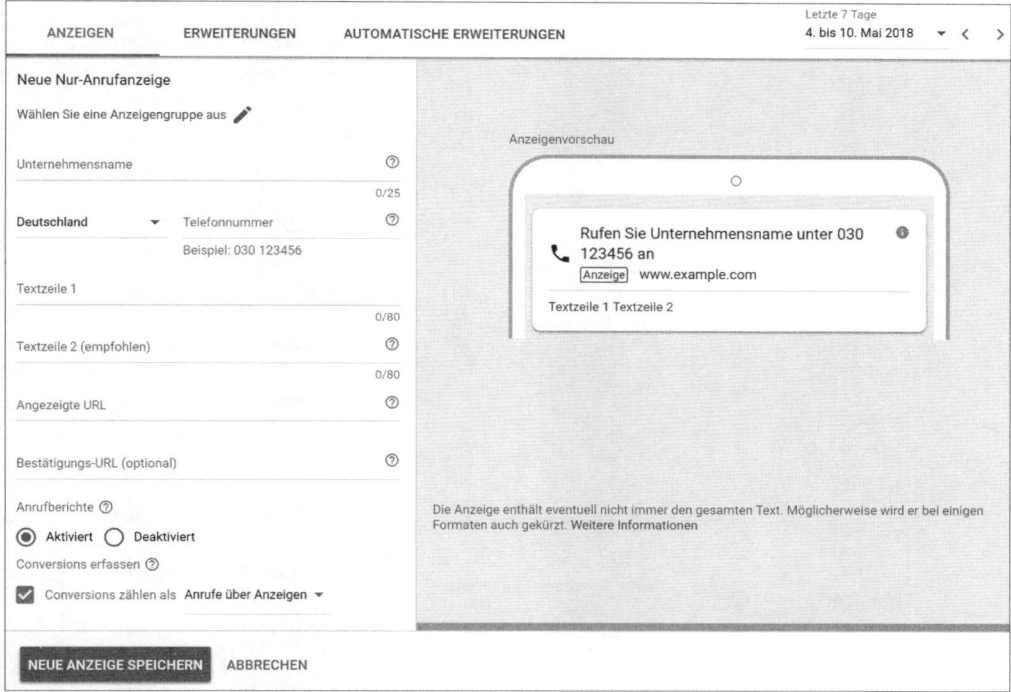

Abbildung 6.54 Erstellen einer Nur-Anrufanzeige in Google Ads

Anzeigenerweiterungen

Bei Anzeigenerweiterungen handelt es sich um zusätzliche Informationen bei einer Textanzeige, wie beispielsweise eine Adresse oder Telefonnummer (Standorterweiterungen und Anruferweiterungen), Seitenlinks zu den sogenannten Sitelink-Erweiterungen oder aber Sonderaktionen (Angebotserweiterungen). Daneben können Sie Ihre Anzeigen um Zusatzinformationen in Form eines beschreibenden Textes erweitern. Außerdem können Sie Ihre Anzeigen, wenn sie auf Mobilgeräten ausgespielt werden, mit einem Hinweis auf Ihre mobile App ausstatten oder Ihre Telefonnummer ergänzen. Anzeigenerweiterungen können sowohl im Google-Such-Werbenetzwerk als auch im Google-Display-Netzwerk ausgeliefert werden. Schließlich steht eine ganze Reihe an automatischen Erweiterungen zur Verfügung. Wenn aus Ihrer Website beispielsweise ersichtlich ist, dass es eines Ihrer Unternehmensziele ist, möglichst viele Telefonanrufe zu erhalten, kann Google möglicherweise automatische Anruferweiterungen einrichten.

Um Ihre Anzeigen entsprechend zu erweitern, wählen Sie in Ihrem Google-Ads-Konto unter ANZEIGEN UND ERWEITERUNGEN den Tab ERWEITERUNGEN und fügen eine neue Erweiterung hinzu, indem Sie auf das Pluszeichen klicken (siehe Abbildung 6.55).

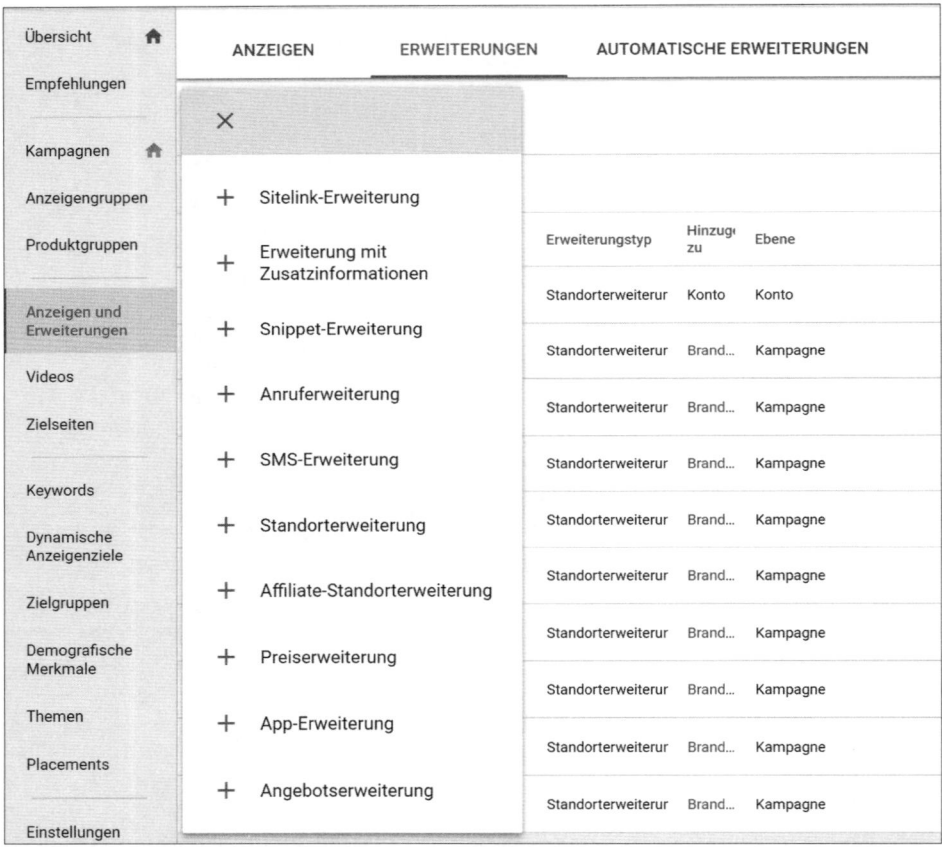

Abbildung 6.55 Auswahl der Anzeigenerweiterung im Google-Ads-Konto

▶ **Sitelink-Erweiterungen**: Sie können Ihrer Textanzeige mehrere Seitenlinks hinzufügen (siehe Abbildung 6.56), die unterhalb Ihrer Anzeige zusätzlich zur angezeigten URL ergänzt werden. Sitelinks werden je nach Gerät und Anzeigenposition unterschiedlich ausgeliefert. Auf Desktop-Geräten können bis zu sechs Links zusätzlich zur Anzeige-URL dargestellt werden, auf Smartphones und Tablets bis zu acht Links nebeneinander in einer horizontal scrollbaren Ansicht.

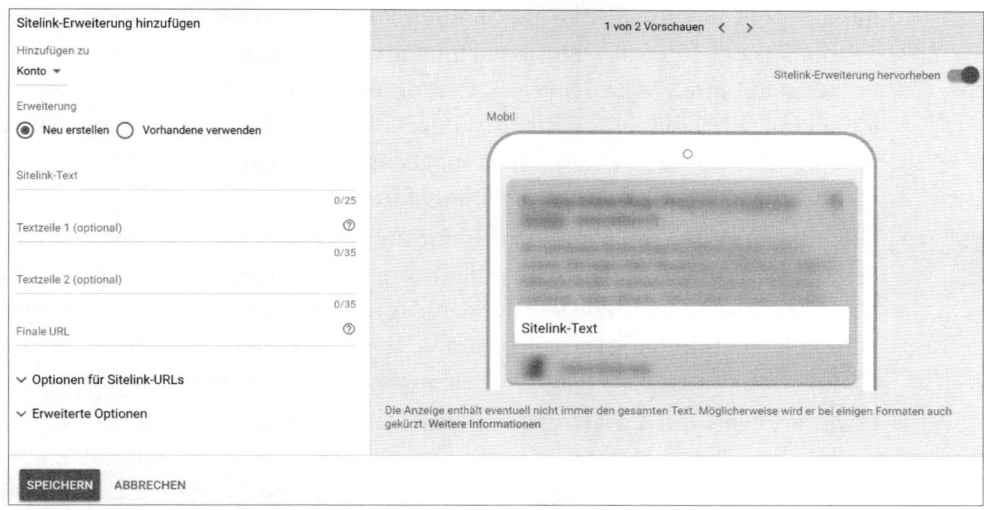

Abbildung 6.56 Sitelink-Erweiterung hinzufügen

Ihre erweiterte Anzeige könnte dann so aussehen wie das Beispiel aus Abbildung 6.57.

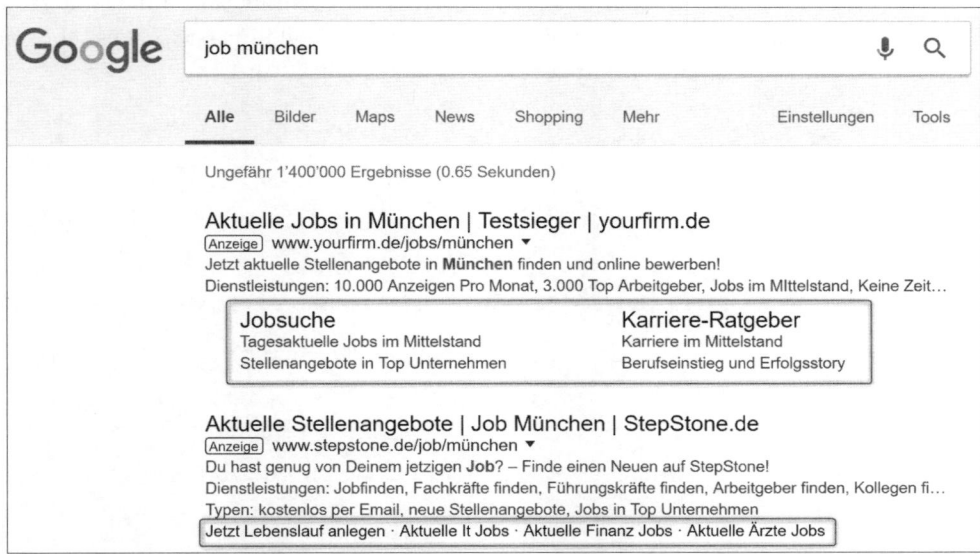

Abbildung 6.57 Beispiel für Sitelink-Erweiterungen bei der Suchanfrage »Job München«

Mit dieser Anzeigenerweiterung können Sie Suchenden weitere wichtige Themenbereiche Ihrer Website bzw. Ihres Angebots anzeigen und Ihnen die Navigation dorthin ersparen, da sie direkt auf den Sitelink klicken können. Für einen Klick auf einen Sitelink fallen dieselben Kosten an wie für einen Klick auf einen Anzeigentitel der gleichen Anzeige. Klicks auf einen Sitelink können Sie in den Berichten separat auswerten, so dass Sie herausfinden, welche Sitelinks besonders wertvolle Besucher auf Ihre Website bringen. Sitelink-Titel sind auf 25 Zeichen beschränkt, die optionalen Beschreibungstexte auf je 35 Zeichen. Achten Sie darauf, dass die jeweilige Bezeichnung der Sitelinks möglichst kurz (damit mehrere Links angezeigt werden können) und aussagekräftig formuliert ist.

Sitelink-Erweiterungen können auch nur für einen bestimmten Zeitraum eingeblendet werden. Wenn Sie z. B. eine befristete Aktion haben, können Sie in Google Ads einen Zeitplan hinterlegen, der dafür sorgt, dass bestimmte Sitelinks nur bis zum Ablaufdatum der Aktion erscheinen. Noch besser eignen sich für einen solchen Verwendungszweck allerdings die sogenannten Angebotserweiterungen.

▶ **Erweiterungen mit Zusatzinformationen**: Am Anfang des Kapitels haben Sie gelernt, dass Textanzeigen aus zwei Überschriften zu je 30 Zeichen und einer 80 Zeichen langen Beschreibung bestehen. Anzeigenerweiterungen mit Zusatzinformationen erlauben es Ihnen, diese Einschränkungen zu lockern, indem Sie Ihren Textanzeigen weitere 25 Zeichen an zusätzlichen Informationen hinzufügen. Das können z. B. Hinweise zu Versandkosten, Alleinstellungsmerkmalen oder Garantieleistungen sein. Zusatzinformationen erweitern Ihre Anzeige üblicherweise um eine zusätzliche Textzeile. Da Sie auf diese Weise mehr Präsenz durch eine zusätzliche Zeile in den Suchergebnissen zeigen (siehe Abbildung 6.58), ist es sehr wahrscheinlich, dass auch Ihr Angebot häufiger angeklickt wird.

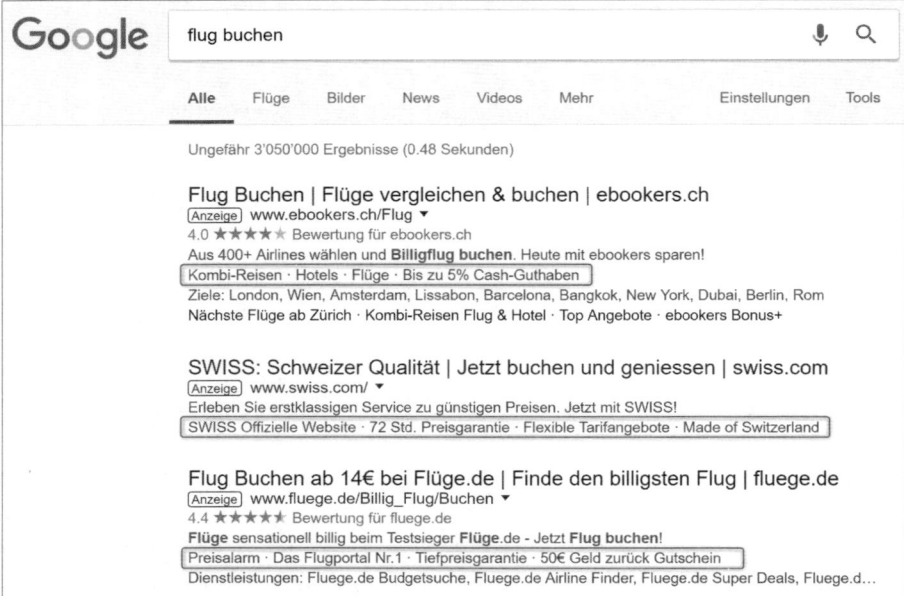

Abbildung 6.58 Beispiel einer Anzeigenerweiterung mit Zusatzinformationen bei dem Suchbegriff »Flug buchen«

▶ **Snippet-Erweiterung**: Auch mit Snippet-Erweiterungen können Sie Ihre Anzeige um zusätzliche Textelemente erweitern, indem Sie bestimmte Aspekte Ihrer Produkte und Dienstleistungen hervorheben und Nutzern auf diese Weise eine Vorschau auf Ihr Angebot bieten. Hierzu müssen Sie zunächst einen sogenannten »Titel« definieren, also eine Kategorie, die am ehesten Ihren Produkten oder Ihren Dienstleistungen entspricht. Zur Auswahl stehen beispielsweise Titel wie Marken, Modelle, Studiengänge oder Ziele. Danach können Sie bis zu 10 Werte definieren, die der Titel annehmen kann (siehe Abbildung 6.59). In Abbildung 6.58 sehen Sie in der Anzeige von *ebookers.ch*, wie die Snippet-Erweiterung mit dem Titel »Ziele« ausgespielt wird.

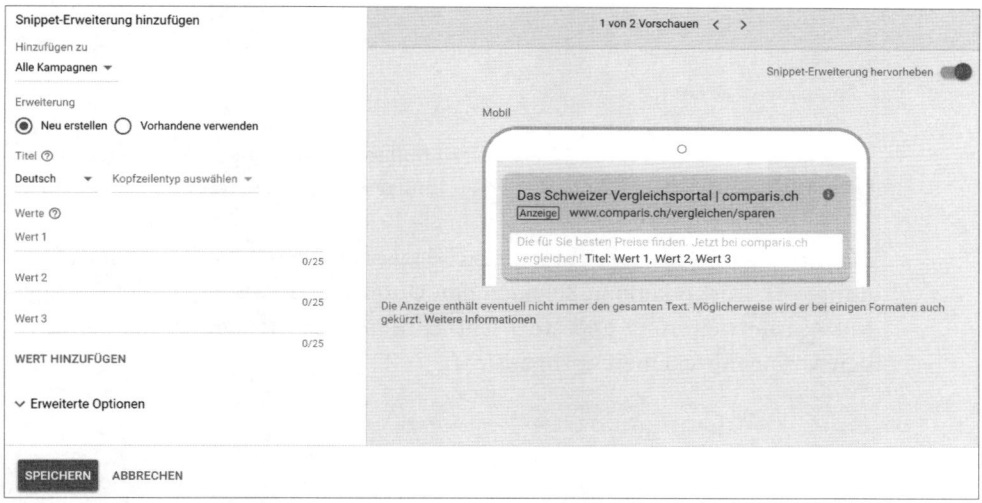

Abbildung 6.59 Hinzufügen einer Snippet-Erweiterung in Google Ads

▶ **Anruferweiterungen**: Mithilfe von Anruferweiterungen haben Nutzer die Möglichkeit, die hinterlegte geschäftliche Telefonnummer über eine anklickbare Schaltfläche direkt anzurufen (auch als *Click-to-Call* bezeichnet). Dies gilt für Benutzer, die beispielsweise die Google-Suche, Google Maps für Handys oder die Google Mobile App nutzen. Ein Klick auf eine Telefonnummer kostet dabei dasselbe wie ein Klick auf einen Anzeigentitel. In den Einstellungen können Sie dafür sorgen, dass Anruferweiterungen bevorzugt auf Smartphones ausgespielt werden, Desktop-PCs oder Laptops lassen sich aber nicht vollständig unterbinden. Anruferweiterungen können so eingestellt werden, dass sie nur erscheinen, wenn Anrufe in Ihrem Unternehmen entgegengenommen werden können. In Ihrem Konto sieht die Eingabemaske dafür so aus wie in Abbildung 6.60 gezeigt. Laut Google können sich die Klickraten bei Anzeigen mit Anruferweiterungen deutlich erhöhen.

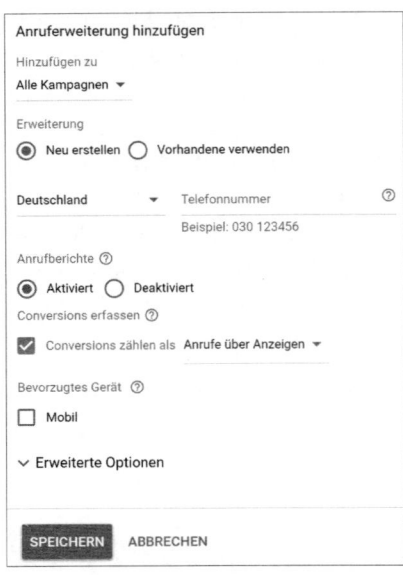

Abbildung 6.60 Eingabemaske zur Einstellung der Anruferweiterung

Ihre erweiterte Anzeige könnte dann so aussehen wie in dem Beispiel aus Abbildung 6.61. Dort erkennen Sie auch den Unterschied zwischen einer Textanzeige mit Anruferweiterung und einer Nur-Anrufanzeige, bei der bereits der Klick auf den Anzeigentitel einen Anruf auslöst.

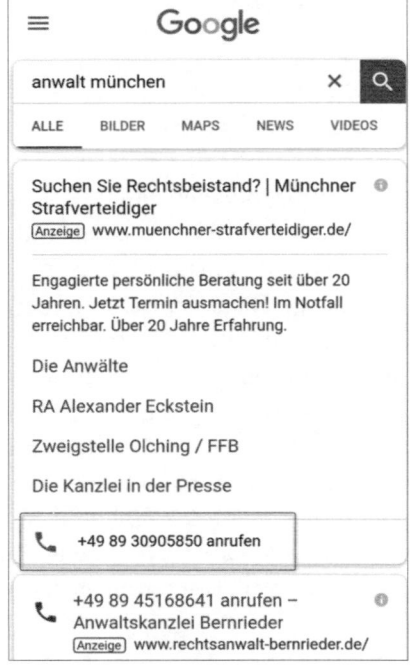

Abbildung 6.61 Beispiel einer Anruferweiterung bei dem Suchbegriff »Anwalt München«

▶ **Standorterweiterungen**: Bei der Standorterweiterung ist die Verknüpfung eines Google-My-Business-Kontos mit der Google-Ads-Kampagne erforderlich (siehe Abbildung 6.62). Mit *Google My Business* können Sie einen kostenlosen Google-Maps-Eintrag erstellen, in dem Sie Adresse, Öffnungszeiten, Fotos und viele weitere lokale Informationen Ihres Unternehmens anzeigen können. Sie können Ihre Anzeigen mit Standorterweiterung so steuern, dass sie dann ausgeliefert werden, wenn erkennbar ist, dass ein Suchender sich in der Zielregion befindet und sein Suchbegriff einen regionalen Bezug aufweist.

Sucht beispielsweise ein Nutzer nach »Friseur Frankfurt« und ist Ihre Anzeige darauf ausgerichtet, so wird die erweiterte Anzeige mit Verweis auf Ihren Unternehmensstandort ausgeliefert. Dies gilt für das Such-Werbenetzwerk, Google Maps, die Suche über Mobilgeräte und Websites im Display-Netzwerk. Auf Mobilgeräten erscheinen die Anzeigen mit weiteren Optionen, z. B. der Möglichkeit, sich sofort eine Wegbeschreibung zum Standort anzeigen zu lassen. Laut Google weisen Anzeigen mit Standorterweiterungen eine deutlich höhere Klickrate aus.

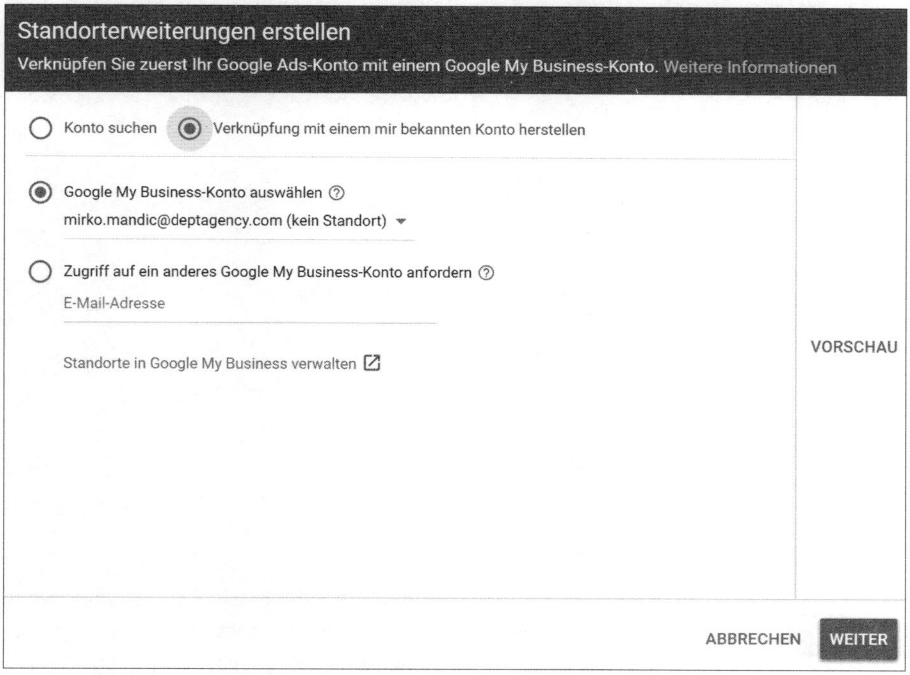

Standorterweiterungen erstellen
Verknüpfen Sie zuerst Ihr Google Ads-Konto mit einem Google My Business-Konto. Weitere Informationen

○ Konto suchen ◉ Verknüpfung mit einem mir bekannten Konto herstellen

◉ Google My Business-Konto auswählen ⑦
mirko.mandic@deptagency.com (kein Standort) ▼

○ Zugriff auf ein anderes Google My Business-Konto anfordern ⑦
E-Mail-Adresse

Standorte in Google My Business verwalten ☑

VORSCHAU

ABBRECHEN   WEITER

Abbildung 6.62 Verknüpfung des Google-My-Business-Kontos mit dem Google-Ads-Konto

Ihre Anzeige sieht dann etwa so aus wie das Beispiel in Abbildung 6.63.

Abbildung 6.63 Anzeige mit Standorterweiterung bei dem Suchbegriff »Zahnarzt Stuttgart«

▶ **App-Erweiterung**: Wenn Sie über eine mobile Android- oder iOS-App verfügen, können Sie mithilfe von App-Erweiterungen Ihre User von der Textanzeige direkt zum Download der App in den Google Play Store oder den Apple App Store führen. Zur Einrichtung der App-Erweiterung benötigen Sie den Paketnamen (Android) bzw. die App-ID (iOS) Ihrer mobilen App. Nach der Einrichtung erkennt Google Ads dann automatisch, mit welchem Gerät ein User die Anzeige aufruft, und liefert den entsprechenden Link zum Download der passenden App. Ein User, der mit einem Android-Smartphone bei Google sucht, erhält demnach in der App-Erweiterung einen Link zum Google Play Store – wie im Beispiel in Abbildung 6.64.

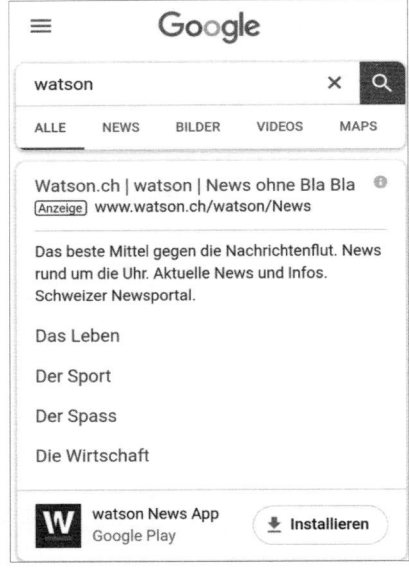

Abbildung 6.64 Beispiel einer App-Erweiterung bei dem Suchbegriff »Watson« in der Schweiz

Vor dem Einsatz von App-Erweiterungen sollten Sie sich Ihre Werbeziele gut überlegen. Bei Textanzeigen mit App-Erweiterungen können User sowohl auf Ihre Website als auch auf Ihre App zugreifen. Wenn Sie vor allem daran interessiert sind, dass User Ihre App herunterladen, sollten Sie eher auf eigene universelle App-Kampagnen (UAC) setzen.

Anzeigenerweiterungen mit Verkäuferbewertungen

Vielleicht haben Sie schon Anzeigen bemerkt, die besonders durch die enthaltenen gelben Sterne ins Auge springen. Anzeigen mit sogenannten *Verkäuferbewertungen* sind sehr aufmerksamkeitsstark. Die Sterne stammen laut Google aus unterschiedlichen seriösen Quellen wie dem Dienst *Google Kundenrezensionen*, eigenen Umfragen, Google-Shopping-Bewertungen und Bewertungen von unabhängigen Bewertungs-Websites wie Trusted Shops oder eKomi. Sie werden von Google automatisch in die Anzeige eingebunden. Damit eine Chance besteht, dass diese Sterne von Google ausgeliefert werden, müssen Sie einige Kriterien erfüllen. So müssen z. B. eine Mindestzahl von 150 Erfahrungsberichten und eine Gesamtbewertung von mindestens 3,5 Sternen vorliegen, die von unterschiedlichen Nutzern stammen.

▶ **Preiserweiterung**: Auf bis zu 8 zusätzlichen Karten können Sie mithilfe von Preiserweiterungen Ihr Angebot ausführlicher präsentieren und mit Preisen versehen (siehe Abbildung 6.65). Nutzer gelangen nach einem Klick direkt auf die Produktseite des entsprechenden Angebots. Preiserweiterungen können auf Mobilgeräten wie auch auf Desktop-Computern und Laptops ausgespielt werden.

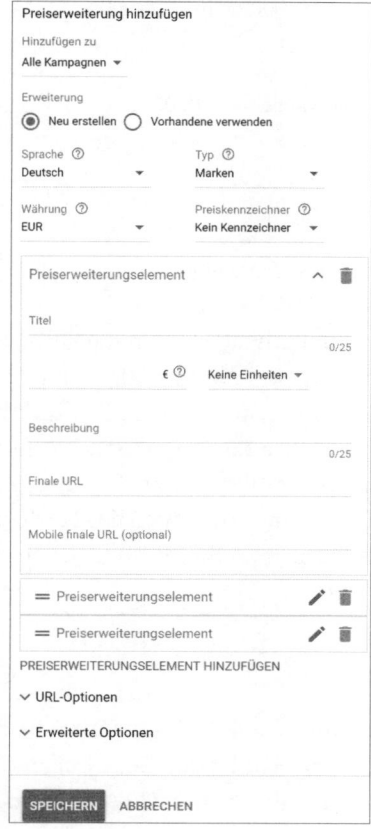

Abbildung 6.65 Hinzufügen einer Preiserweiterung in Google Ads

▶ **Angebotserweiterung**: Wenn Sie Ihre Kunden auf ein besonderes Angebot aufmerksam machen möchten, sollten Sie sich mit Angebotserweiterungen vertraut
machen. Diese erscheinen auffällig unter Ihrer Anzeige und lassen sich mit besonderen Ereignissen in Verbindung bringen wie Muttertag, Schulbeginn, besonderen
Aktionszeiträumen oder Feiertagen. Wie die meisten anderen Anzeigenerweiterungen können Angebotserweiterungen auf Konto-, Kampagnen- oder Anzeigengruppenebene verwendet werden. In Abbildung 6.66 sehen Sie ein Beispiel für eine
Angebotserweiterung bei der Suche nach Blumensträußen.

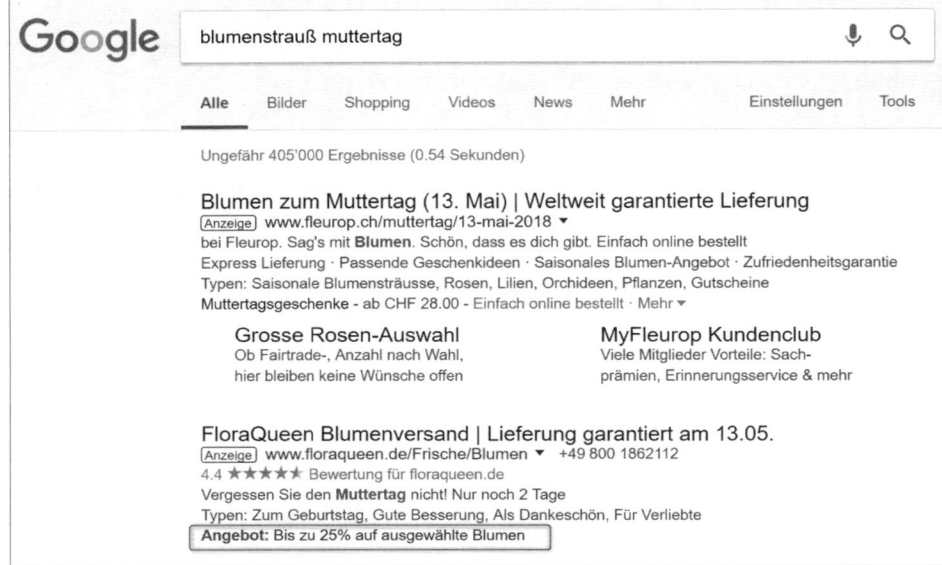

Abbildung 6.66 Angebotserweiterung in einer Google-Suchanzeige

Sie haben nun schon viele wichtige Elemente für Ihre Kampagne kennengelernt. Sie
wissen nun, wie das Google-Ads-Konto aufgebaut ist, wie Sie Ihre Zielgruppe ansprechen, welche Anzeigenformate Ihnen zur Verfügung stehen, wie Sie attraktive
Textanzeigen und Anzeigenerweiterungen gestalten, Ihre Kampagne strukturieren
sollten und wie Sie relevante Keywords festlegen. Ihnen fehlen nur noch wenige Einstellungen, um Ihre Kampagne starten zu können. Das sind zum einen das Festlegen
passender Zielseiten und zum anderen die Einstellungen zu Ihrem Budget, um die
Kosten im Blick zu behalten. Beginnen wir mit Ersterem.

6.2.7   Die richtige Landing Page

Eine sogenannte *Landing Page* – in Google Ads häufig *finale URL* genannt – ist die
Seite, auf der der Nutzer nach dem Klick auf Ihre Anzeige landet. Bei Google-Ads-
Anzeigen legen Sie diese Landing Page mit der Angabe der finalen URL fest. Google

betont, dass die Landing Page dem Suchenden einen Mehrwert verschaffen soll. Wie wir schon bei den Richtlinien zur Ziel-URL angerissen haben (siehe Abschnitt 6.2.6, »Die Anzeigen«), muss die Landing Page einen klaren Bezug zu Ihrer Anzeige herstellen. Google lässt daher die Qualität der Landing Page in den sogenannten Qualitätsfaktor einfließen, zu dem Sie mehr in Abschnitt 6.2.8, »Die Kosten«, lernen. Die AdWords-Spider *AdsBot*, *AdsBot Mobile Web* und *AdsBot Mobile Web Android* untersuchen die Landing Page dazu auf unterschiedliche Kriterien, die nicht vollständig öffentlich kommuniziert werden. Die Nutzererfahrung mit der Zielseite wie auch die erwartete Klickrate und die Relevanz der Anzeige sind hingegen bekannte Kriterien. Zur Nutzererfahrung gehört z. B. die Ladezeit der Zielseite. Sie sollte möglichst gering sein, denn das schont die Nerven der Suchenden. Der Qualitätsfaktor entscheidet außerdem mit darüber, wie viel Geld Sie in die Hand nehmen müssen, um eine bestimmte Anzeigenposition zu erhalten. Haben Sie also eine gute und relevante Landing Page, sparen Sie auch Werbekosten.

Aber nicht nur die Suchmaschine sollte ein Interesse an einer passenden Landing Page haben. Auch Sie kommen Ihrem Werbeziel ein Stück näher, wenn Sie eine gute Ziel-URL angeben. Aber welche Kriterien sollte eine gute Landing Page nun erfüllen? Da das Thema Landing Page ein weites Feld ist und immer der konkrete Fall (denn die Werbeziele können ganz unterschiedlich sein) gesondert zu betrachten ist, werden wir Ihnen im Folgenden einige Tipps an die Hand geben, wie Sie eine gute Landing Page auswählen bzw. neu erstellen. Darüber hinaus bietet Kapitel 8, »Conversion-Rate-Optimierung (CRO)«, weitere Informationen zum Thema Landing Page.

Wie wir schon mehrfach erwähnt haben, sollten Sie nicht den Fehler begehen und Ihrem Besucher zumuten, sich selbst durch Ihre Website zu klicken. Vielmehr sollten Sie sein Suchbedürfnis stillen und ihm auf der Landing Page genau das anzeigen, was er sucht. Das können ganz unterschiedliche Elemente sein. Sucht der Benutzer ein Produkt, das Sie in Ihrem Produktportfolio anbieten, sollten Sie ihn direkt auf diese Produktdetailseite leiten. Spannen Sie einen roten Faden aus Keyword, Anzeigentext und Landing Page. Stellen Sie sich folgendes Beispiel vor: Sie haben einen Online-Shop, in dem Sie Schuhe verkaufen, und schalten Google Ads. Wenn Ihre Anzeige nun z. B. bei der Suchanfrage »rote Schuhe« erscheint, so sollte der User nach Klick auf die Anzeige auf einer Landing Page landen, auf der nur alle roten Schuhe Ihres Shops zu finden sind. Eine Landing Page mit Schuhen in sämtlichen Farben wäre hier unpassend, da der User mit seiner Suchanfrage ja bereits ein klares Interesse signalisiert hat.

Wenn Sie einen ersten Eindruck bekommen möchten, wie Google die Qualität Ihrer Zielseite bezogen auf eine bestimmte Suchanfrage einschätzt, können Sie sich den Qualitätsfaktor sowie seine drei Einflussfaktoren – Nutzererfahrung mit der Zielseite, erwartete Klickrate und Anzeigenrelevanz – für jedes Keyword anzeigen lassen.

Gehen Sie hierzu in den Bereich Keywords, und blenden Sie zusätzliche Spalten ein, indem Sie auf das Symbol klicken, das drei vertikale Balken zeigt. Navigieren Sie danach zum Bereich Qualitätsfaktor, und wählen Sie die zusätzlichen Spalten aus (siehe Abbildung 6.67). Wenn Google die Nutzererfahrung mit der Zielseite als unterdurchschnittlich beurteilt, sollten Sie Ihre Zielseite unbedingt optimieren oder eine andere passendere Zielseite auswählen.

Stellen Sie auf Ihrer Landing Page den Produktnutzen klar in den Vordergrund. Wichtig ist dabei, dass Sie Ihr Alleinstellungsmerkmal, auch *USP* (*Unique Selling Proposition*) genannt, auf der Landing Page klar hervorheben. Sie haben dazu nur wenige Sekunden Zeit, denn schon mit einem Klick kann Ihr potenzieller Kunde Ihre Seite verlassen und vielleicht sogar zur Konkurrenz wandern. Holen Sie Ihre Zielgruppe sowohl emotional als auch rational ab.

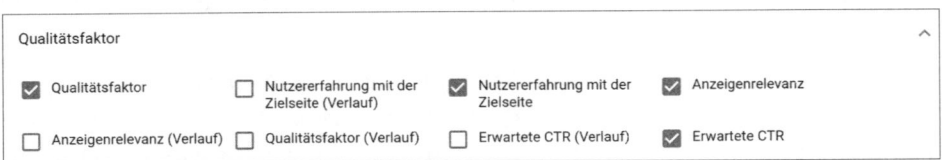

Abbildung 6.67 Nutzererfahrung mit Ihrer Zielseite im Google-Ads-Konto visualisieren

Darüber hinaus sollten Sie Ihrem potenziellen Kunden alle wichtigen Informationen auf einen Blick *above the fold* anzeigen. Diese Bezeichnung hat ihren Ursprung im klassischen Printbereich und meint »über dem Falz«. Wird beispielsweise eine Zeitung im Kiosk ausgelegt, wird deutlich, dass nur der obere Bereich der Titelseite sichtbar ist. Übertragen auf den Online-Bereich, ist hier der sichtbare Bereich des Monitors gemeint. *Below the fold* ist also der Teil einer Webseite, der erst mit dem Scrollen sichtbar wird. Daher ist es ratsam, die wichtigsten Elemente im oberen, sichtbaren Seitenbereich zu präsentieren, da sonst die Möglichkeit besteht, dass Benutzer sie nicht sehen.

Durch die unterschiedlichen Monitorgrößen kann der sichtbare Bereich von Benutzer zu Benutzer unterschiedlich sein. Wählen Sie daher eine entsprechende Größe, um dem Großteil der Benutzer gerecht zu werden. Unter *quirktools.com/screenfly* steht ein hilfreiches Tool zur Verfügung, mit dem Sie sich Ihre Website für unterschiedliche Bildschirm-Größen anschauen können. Bedenken Sie bei der Wahl Ihrer Landing Page auch, dass mehr als die Hälfte aller Suchanfragen bei Google auf Mobilgeräten erfolgen. Sorgen Sie also dafür, dass Ihre Besucher auch dann einen guten Eindruck von Ihrer Website haben, wenn sie die Seite mit einem Smartphone oder einem Tablet aufrufen.

Ihre Landing Page sollte genau durchdacht sein. Benutzer entscheiden innerhalb von Sekunden, ob ihnen die Webseite einen Mehrwert verschafft oder ob sie die Seite wieder verlassen. Ihre Aufgabe als Werbetreibender besteht nun darin, den Mehrwert Ihres Angebots so zu präsentieren, dass dem Suchenden der Nutzen so schnell wie möglich bewusst wird. Wiederholen Sie daher Angebote, die Sie im Anzeigentext angekündigt haben, auf der Landing Page (siehe dazu auch die Google-Richtlinien unter *support.google.com/adspolicy/answer/6008942*), und vermeiden Sie möglichst Werbung oder andere Elemente auf Ihrer Zielseite, die den Benutzer ablenken könnten. Durch die überzeugende Darstellung der Vorteile soll dann die gewünschte Handlung durchgeführt, also eine Conversion generiert werden. Dabei sollten sowohl psychologische Aspekte als auch Kriterien aus dem Bereich Usability berücksichtigt werden (siehe hierzu auch das Kapitel 7, »Usability – benutzerfreundliche Websites«). Eine Landing Page muss also vielen Anforderungen gerecht werden. Verglichen mit einem Produktkauf in einem realen Geschäft, wo der Interessent das Produkt anfassen kann, eine Beratung erhält und gegebenenfalls zur Kasse begleitet wird, muss eine Landing Page alle diese Aufgaben übernehmen.

In der Online-Branche gehen die Expertenmeinungen auseinander, was die Kernelemente einer Landing Page betrifft. Je nachdem, welches Werbeziel Sie verfolgen, können diese Kriterien ganz unterschiedlich sein. Jede Landing Page ist anders gestaltet, und das Zusammenspiel der einzelnen Elemente führt zu verschiedenen Benutzerreaktionen. Allgemeingültige Faustregeln sind hier nicht möglich. Bei einigen Elementen scheint aber größtenteils Einigkeit zu bestehen.

Die sieben Elemente einer Landing Page

▶ Überschrift und Leadtext: aussagekräftig, überzeugend und mit Darstellung der Alleinstellungsmerkmale (USPs)

▶ erklärender, nützlicher und leicht verständlicher Fließtext

▶ Heroshot (z. B. interessantes und erklärendes Bild oder Video)

▶ Aufzählung von Nutzen und Leistungsversprechen (z. B. USP, Einsparpotenziale)

▶ Trustelement (z. B. Kunden-Statements, Zertifizierungen)

▶ eindeutiger Call to Action (z. B. Button, Newsletter-Registrierung)

▶ übersichtlicher und klarer Aufbau sowie Links zu weiterführenden Informationen und Kontaktmöglichkeiten

Wir möchten an dieser Stelle aber darauf hinweisen, dass eine Landing Page immer im Gesamtbild und auch im Zusammenhang mit Ihrem Werbeziel betrachtet werden muss. Weitere Informationen zu den Themen Landing Page und Conversion-Rate-Optimierung lesen Sie in Kapitel 8, »Conversion-Rate-Optimierung (CRO)«.

Neben den angesprochenen Elementen sollten Sie zudem einige Punkte aus dem Bereich der Suchmaschinenoptimierung beachten. Ausführlich können Sie sich dazu in Kapitel 5, »Suchmaschinenoptimierung (SEO)«, informieren. An dieser Stelle seien nur einige Hinweise angebracht, die Sie bei Ihrer Landing Page berücksichtigen sollten. Um den Zusammenhang zur Suchanfrage und zu Ihrer Anzeige herzustellen, sollten Sie unbedingt darauf achten, dass das Keyword sowohl in der Überschrift als auch im Text Ihrer Landing Page integriert ist. Stellen Sie den Content Ihrer Landing Page so dar, dass er von den AdsBots problemlos gelesen werden kann.

Legen Sie Wert auf einen sauberen HTML-Code. Markieren Sie beispielsweise Überschriften mit den entsprechenden Tags <h1>, <h2> etc., und verwenden Sie bei der Integration von Bildern ein relevantes alt- und Titel-Attribut.

Schließen Sie den Googlebot nicht von Ihrer Seite aus. Dies können Sie sicherstellen, indem Sie z. B. überprüfen, ob die Datei *robots.txt*, die Sie unter der Adresse *www.ihre-website.de/robots.txt* finden, folgende Zeile enthält:

```
User-agent: AdsBot-Google Disallow: /
```

Ist dies der Fall, kann der Google-Bot Ihre Seite nicht analysieren. Sie sollten diese Zeile daher entfernen.

Verwenden Sie sprechende URLs für Ihre Landing Page, in denen Sie möglichst das Keyword oder den Kundennutzen angeben, beispielsweise *www.ihre-website.de/newsletter-anfordern*.

Auch im Titel der Seite, dem sogenannten *Page Title*, sollte das Keyword platziert sein. Viele Benutzer verfahren bei ihrer Suche nach dem sogenannten *Tabbed Browsing*. Dabei öffnen sie mehrere Zielseiten von Suchergebnissen und Anzeigen per rechte Maustaste in einem neuen Tab. Ihre Landing Page steht dann im direkten Vergleich mit Ihren Wettbewerbern. Geringe Ladezeiten und das Keyword im Seitentitel können dann von Vorteil sein.

Fehlerseiten

Fehlerseiten (auch *404-Seiten* genannt) sind immer ärgerlich – sowohl für den Benutzer als auch für den Werbetreibenden, der für Anzeigen bezahlt, die Besucher dann auf eine Fehlerseite leiten. Sie sollten Nutzer also immer auf eine aktuelle und nicht veraltete Landing Page leiten, denn auch Google mag Fehlerseiten nicht. Vor allem auf einer großen und dynamischen Website sind sie jedoch nicht gänzlich auszuschließen. Versuchen Sie daher auch mit einer Fehlerseite, die Besucher aufzufangen, und bieten Sie ihnen Möglichkeiten, zum Produktangebot zu gelangen oder einfach weiter zu navigieren. Wichtig sind dabei die Kommunikation, warum die eigentliche Seite nicht angezeigt werden kann, und die Optionen, die ein Besucher nun hat. Dies kann z. B. eine Suchmaske sein, weiterführende Links oder eine Kontakt- bzw. Hilfeangabe. Denkbar sind an dieser Stelle auch Bestseller oder besonders beliebte Seiten Ihrer Website.

Obwohl die Berücksichtigung der Qualität einer Landing Page im Qualitätsfaktor durchaus plausibel und nachvollziehbar scheint, darf nicht außer Acht gelassen werden, welchen enormen Einfluss Google damit auf die Darstellung von Inhalten im gesamten Internet nimmt. Grundsätzlich kann ein Benutzer selbst entscheiden, wie relevant eine Website für ihn ist oder eben nicht ist, indem er sie einfach mit einem Klick wieder verlässt. Für Sie als Advertiser muss das Ziel sein, eine möglichst gute Conversion-Rate und damit Ihre Werbeziele zu erreichen. Auch hier sollten Sie testen, testen und nochmals testen. Wir stellen Ihnen einige Testverfahren in Kapitel 9, »Testverfahren«, vor.

6.2.8   Die Kosten

Sie haben nun die meisten wichtigen Einstellungen für Ihre Google-Ads-Kampagne vorgenommen und stehen kurz davor, die Werbeanzeigen starten zu können. Ihnen fehlt lediglich die Einstellung zu Ihrem Budget.

Im Werbeprogramm Google Ads haben Sie die Möglichkeit, Ihr Budget zu begrenzen, und können dadurch Schreckenssituationen beim Anblick Ihrer Rechnung vermeiden. Ihnen stehen verschiedene Abrechnungsmodelle zur Verfügung wie das CPC-Modell (Cost-per-Click), das CPM-Modell (Cost-per-Mille) und das CPA-Modell (Cost-per-Acquisition). Für Videoanzeigen existiert außerdem das CPV-Modell (Cost-per-View), das wir Ihnen in Kapitel 16, »Video-Marketing«, näher erläutern. Wir gehen auf den folgenden Seiten näher auf die wichtigsten Kostenmodelle ein und erläutern Ihnen die einzelnen Funktionsweisen. Wir beginnen mit dem CPC-Modell.

Zunächst müssen Sie den maximalen Klickpreis für Ihre Keywords festlegen, den das System auf keinen Fall überschreitet. Dazu legen Sie auf Anzeigengruppenebene Ihr Standardgebot fest (siehe Abbildung 6.68). Dieser Betrag wird zunächst für alle Keywords der Anzeigengruppe übernommen.

Wenn Sie für Ihre Keywords unterschiedliche Beträge festlegen möchten, müssen Sie bei den Gebotseinstellungen in Ihrem Google-Ads-Konto unter KAMPAGNEN • EINSTELLUNGEN • GEBOTE die Option MANUELLER CPC. wählen (siehe Abbildung 6.69). Wenn Sie hingegen eine automatisierte Gebotsstrategie wählen, reguliert Google automatisch die Gebote, um Ihr hinterlegtes Ziel zu erreichen.

Abbildung 6.68 Standardgebot für eine Anzeigengruppe festlegen

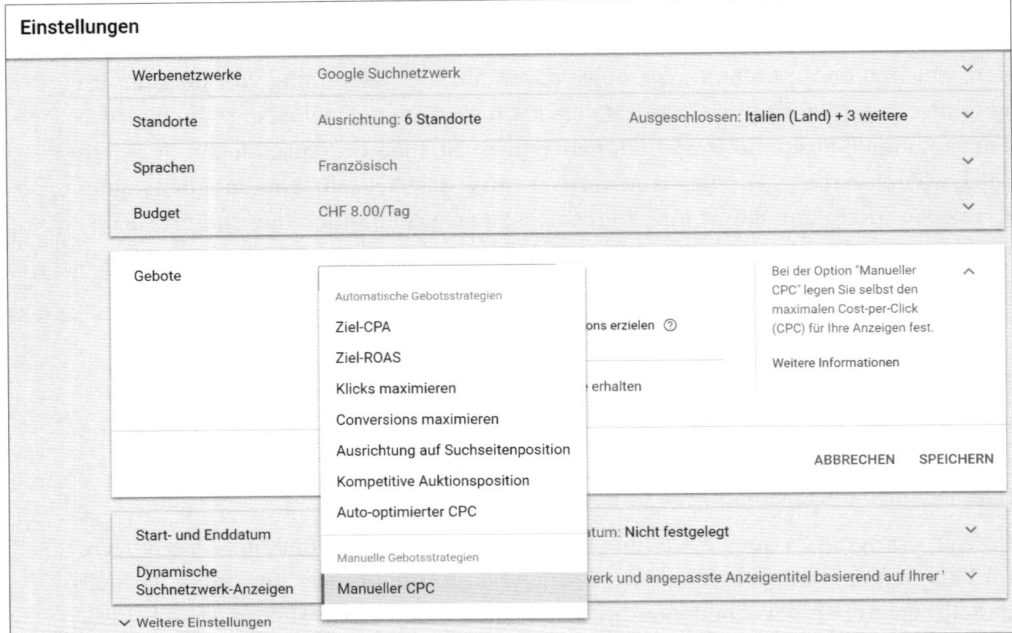

Abbildung 6.69 Manuelle Gebotsstrategie im Google-Ads-Konto

Um eins vorwegzunehmen: Diesen Preis müssen Sie nicht für jeden Klick bezahlen, er ist Ihre individuell festgelegte Obergrenze, die Sie für einen Klick zu bezahlen bereit sind (daher auch die Bezeichnung *Max. CPC*).

Angenommen, Sie legen für Ihr Keyword *Blumenstrauß Versand* einen maximalen CPC von 0,50 € fest. Ein Mitbewerber, der das gleiche Keyword verwendet, gibt seinen CPC mit 0,26 € an. Aus Ihrer Perspektive hätte es auch gereicht, 0,27 € zu bieten, um Ihren Konkurrenten zu überbieten und Ihre Anzeigenposition zu halten. Google Ads analysiert die Gebote der Mitbewerber und reduziert Ihr Gebot auf das Mindestmaß, das notwendig ist, um Ihre Position zu halten. So zahlen Sie auch tatsächlich nur 0,27 €. Erst wenn Ihr Mitbewerber seinen CPC auf 0,51 € erhöht, überbietet er Ihr Klickgebot und verdrängt Ihre Anzeige weiter nach unten, da Sie als Zahlungsgrenze 0,50 € festgelegt haben.

Gebotssimulatoren

Sollten Sie bereits über eine bestehende Google-Ads-Kampagne verfügen, bieten Ihnen verschiedene *Gebotssimulatoren* bei der Festlegung des maximalen Klickpreises und des Tagesbudgets Hilfe.

Mit dem normalen Gebotssimulator wird Ihnen ein Schätzwert angezeigt, wie viele Klicks und Impressionen Sie in den letzten sieben Tagen erzielt hätten, wenn Sie Ihr Gebot erhöht oder gesenkt hätten. Gebotssimulatoren können für Kampagnen im

---

Such-Werbenetzwerk, Display-Netzwerk, für Google-Shopping-Kampagnen und Video-Kampagnen verwendet werden.

Klicken Sie zur Ansicht des Gebotssimulators z. B. auf den Reiter KEYWORDS und dann auf das Symbol, das Ihnen hinter der Angabe zum maximalen CPC angezeigt wird (dies ist ein kleiner Graph). Sie erhalten dann die geschätzten Klicks, Impressionen und Kosten für verschiedene maximale CPC-Werte (siehe Abbildung 6.70). Google versucht damit nicht, eine zukünftige Leistung zu prognostizieren und garantiert daher nicht für das tatsächliche Eintreten dieser Werte.

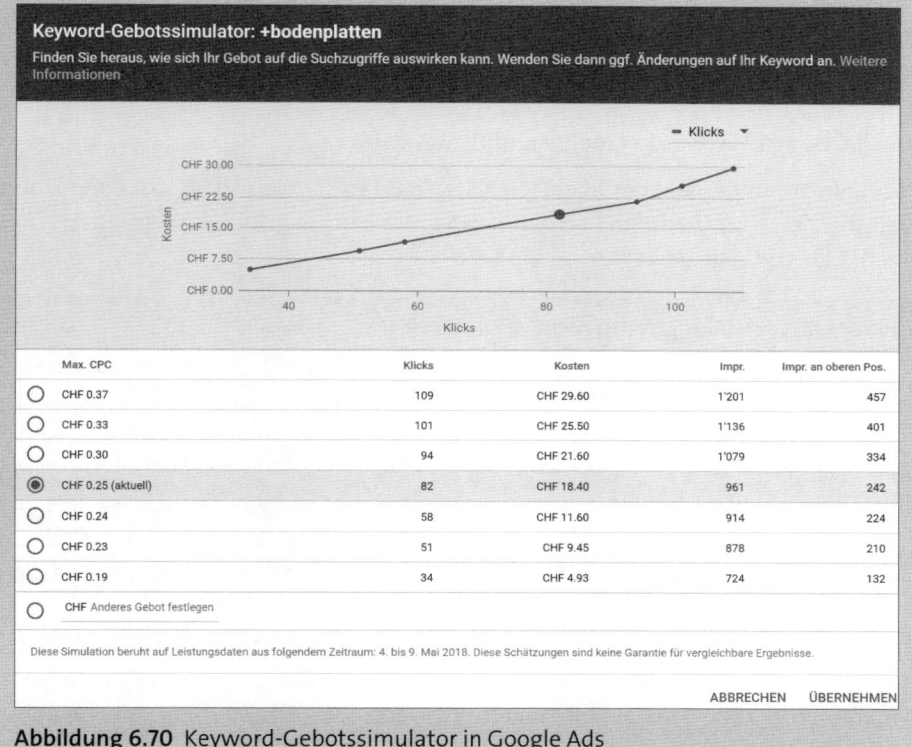

Abbildung 6.70 Keyword-Gebotssimulator in Google Ads

Wäre der Klickpreis allein für die Anzeigenposition verantwortlich, würde die Platzierung auf einem reinen Auktionsverfahren basieren. Die Qualität der Anzeige sowie die Relevanz zur Suchanfrage wären dabei nicht berücksichtigt. Sie können sich schon denken, dass dies nicht im Interesse von Google liegt und daher das Klickgebot nicht der einzige Faktor für die Ermittlung der Anzeigenposition ist.

Der CPC für ein Keyword hängt von vielen unterschiedlichen Faktoren ab. Es lässt sich also schwer sagen, in welchem Kostenrahmen sich Keywords bewegen. Die Kosten können zwischen wenigen Cents und vielen Euros liegen. Damit Sie aber ein grobes Gefühl dafür bekommen, zeigen wir Ihnen im Folgenden einige Beispiel-

Keywords und ihre Klickpreise (ermittelt im Google Keyword-Tool) – allerdings mit dem Hinweis, dass diese sich jederzeit ändern können:

▶ *[risikolebensversicherung]*: ungefährer CPC (Suche) 18,21 €

▶ *[hauskauf kredit]*: ungefährer CPC (Suche) 8,45 €

▶ *[lebensversicherung verkaufen]*: ungefährer CPC (Suche) 6,61 €

▶ *[hauskauf tipps]*: ungefährer CPC (Suche) 2,88 €

▶ *[kauf eigentumswohnung]*: ungefährer CPC (Suche) 2,41 €

▶ *[urlaub vergleich]*: ungefährer CPC (Suche) 2,34 €

▶ *[all inklusive urlaub]*: ungefährer CPC (Suche) 2,05 €

▶ *[reiseführer frankreich]*: ungefährer CPC (Suche) 0,41 €

(Quelle: Google Keyword-Planer, Stand 11. Mai 2018)

Das Keyword mit einem der höchsten Klickpreise war im Jahr 2016 laut einer Untersuchung des Unternehmens Searchmetrics der Suchbegriff *[outplacement]* – mit einem CPC von sage und schreibe 57,53 €.

> **Platz 1 lässt sich langfristig nicht erkaufen**
> Natürlich sind die obersten Positionen im bezahlten Bereich der Suchergebnisseite von Google enorm begehrt. Immer wieder gibt es Advertiser, die versuchen, mit einem besonders hohen Klickpreis den ersten Platz mit ihrer Anzeige zu halten, was auch als *Ego Bidding* bezeichnet wird. Dieses regelmäßige Erhöhen der Gebote ohne Rücksicht auf wirtschaftliche Verluste kann aber nicht lange gut gehen. Für Google ist die Relevanz einer Anzeige extrem wichtig. Wenn eine gut positionierte Anzeige nur sehr selten angeklickt wird, kann sie ihre Position nicht lange halten.

Daher werden wir Ihnen im Folgenden erläutern, wie der tatsächliche Klickpreis ermittelt wird und in welchem Zusammenhang die Positionierung der Anzeige steht. Wir werden darüber hinaus die Frage beantworten, warum Relevanz so wichtig ist und was sich hinter dem sogenannten Qualitätsfaktor verbirgt.

Die Berechnung des Klickpreises

Um sicherzustellen, dass ein Mehrwert für den Suchenden geschaffen wird, kommt zu dem beschriebenen Auktionsprinzip der sogenannte Qualitätsfaktor ins Spiel. Was aber ist der Qualitätsfaktor?

Der Qualitätsfaktor

Bis 2005 errechnete sich die Platzierung der Anzeigen einerseits aus dem Klickpreis und andererseits aus der Klickrate. Im Umkehrschluss bedeutete dies, dass durch die

Erhöhung der Klickpreise oder die Optimierung der Klickrate eine bessere Anzeigenposition erreicht werden konnte:

Klickpreis × Klickrate = Anzeigenposition

So konnte man für reine Werbeseiten recht günstig Besucher generieren und von den Werbeeinnahmen profitieren.

Auf die Qualität und Relevanz zur Suchanfrage wurde kaum Wert gelegt, was nicht im Interesse Googles sein konnte. Denn nur dann, wenn Benutzern ein positives Sucherlebnis geschaffen und auf den Zielseiten ihr Suchbedürfnis befriedigt wird, werden sie die Suchmaschine wieder verwenden. Nur so können wiederum Werbeplätze verkauft und Umsatz generiert werden. Weil also unter anderem auch die Zielseiten berücksichtigt werden sollten, führte Google den Qualitätsfaktor ein.

An dieser Stelle sei erwähnt, dass es sich nicht um einen Qualitätsfaktor handelt, sondern um mehrere. Denn Qualitätsfaktoren werden sowohl im Such- als auch im Display-Netzwerk ermittelt und verwendet und kommen auch bei unterschiedlichen Anzeigentypen ins Spiel. Daher setzen sich die Qualitätsfaktoren aus verschiedenen Kriterien zusammen, die unterschiedlich stark mit einfließen. Wie Sie sehen, ist das Prinzip äußerst dynamisch. Wir schauen uns die Qualitätsfaktoren zur Positionsermittlung sowie für das Gebot der ersten Seite genauer an (siehe Abbildung 6.71).

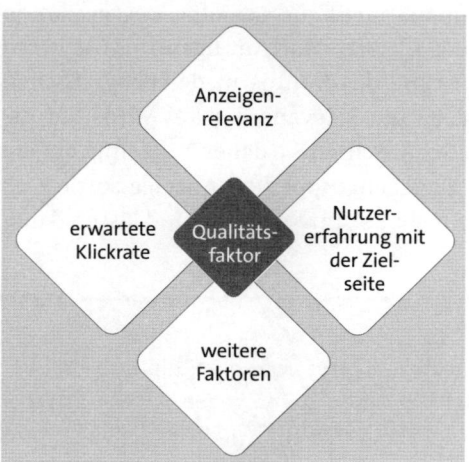

Abbildung 6.71 Kriterien für den Qualitätsfaktor

Der **Qualitätsfaktor** (*Quality Score*) setzt sich aus verschiedenen Faktoren zusammen, die vom Google-Ads-System ermittelt werden (siehe Abbildung 6.71). Welche das sind und wie stark die einzelnen Faktoren berücksichtigt werden, wird von Google nicht vollständig kommuniziert. Zudem wurden die Faktoren seit der Einführung weiter verfeinert. Bekannt sind z. B. folgende Komponenten:

▶ **Erwartete Klickrate (CTR)**: Eine hohe erwartete Klickrate ist ein Hinweis auf einen guten Anzeigentext und einen Zusammenhang zur gestellten Suchanfrage. Sie fließt daher in den Qualitätsfaktor mit ein – Experten schätzen dieses Kriterium als recht hoch ein. Jedoch berücksichtigt Google, dass Anzeigen auf hohen Positionen, mit Anzeigenerweiterungen oder in besonderen Anzeigeformaten häufiger angeklickt werden, und reguliert dies, indem die Anzeigen eine höhere Klickrate aufweisen müssen.

▶ **Anzeigenrelevanz**: Als Zeichen für Qualität berücksichtigt Google auch, wie stark der Zusammenhang zwischen der Suchanfrage und dem Anzeigentext ist.

▶ **Nutzererfahrung mit der Zielseite**: Google berücksichtigt auch die Qualität der Zielseite, indem es deren Inhalte analysiert. Sie sollten daher darauf achten, dass der Content für die Google-AdsBots lesbar ist und relevante, klar strukturierte, verständliche und hilfreiche Inhalte zur Suchanfrage präsentiert (und z. B. das entsprechende Keyword enthält). Darüber hinaus hat die Ladegeschwindigkeit der Zielseite einen Einfluss auf den Qualitätsfaktor. Dies ist durchaus nachvollziehbar, denn Sie haben sich sicherlich selbst schon einmal über sehr langsam aufbauende Webseiten geärgert.

Alle drei Metriken sowie der integrierte Qualitätsfaktor lassen sich für jedes Keyword im Google-Ads-Konto einblenden. Nutzen Sie diese Daten, um den Qualitätsfaktor kontinuierlich zu optimieren. Darüber hinaus fließt die Leistung des gesamten Google-Ads-Kontos mit ein, die anhand der Klickrate für Anzeigen und Keyword berechnet wird. Einfluss hat auch die Leistung des Kontos in der geografischen Region der Anzeigenschaltung. Insgesamt ist die Relevanz der Keywords auf die Anzeigen und auf die Suchanfrage entscheidend. Achten Sie daher unbedingt auf ein optimales Zusammenspiel von Keyword, Anzeigengruppe und Anzeige sowie Zielseite. Weitere Faktoren werden von Google nicht bekannt gegeben und lassen daher Spielraum für Spekulationen.

Hinweis: Historische Leistung

Erst beim Löschen eines Keywords oder Anzeigentextes wird auch die historische Leistung selbiger nicht mehr berücksichtigt. Pausieren Sie hingegen Keyword oder Anzeigentext, bleibt die Historie erhalten.

Der Qualitätsfaktor in Ihrem Google-Ads-Konto

In Ihrem Google-Ads-Konto wird Ihnen der Qualitätsfaktor in Kennzahlen von eins bis zehn angegeben, wobei zehn dem bestmöglichen Wert entspricht.

Sie können sich den Qualitätsfaktor und seine Bestandteile in Ihrem Konto anzeigen lassen, indem Sie die entsprechende Kampagne auswählen, auf den Reiter KEYWORDS klicken und die Spalten anpassen. Google Ads zeigt Ihnen für jedes Keyword, wie die unterschiedlichen Aspekte des Qualitätsfaktors bewertet werden (siehe Abbildung 6.72).

↓ Klicks	Qualitätsfaktor	Anzeigenrelevanz	Nutzererfahrung mit der Zielseite
6'835			
528	10 von 10	Überdurchschnittlich	Überdurchschnittlich
495	10 von 10	Überdurchschnittlich	Überdurchschnittlich
494	10 von 10	Überdurchschnittlich	Überdurchschnittlich
328	8 von 10	Überdurchschnittlich	Durchschnitt

Abbildung 6.72 Bewertung des Qualitätsfaktors und seiner Teilaspekte

Der Zusammenhang zwischen Klickpreis und Qualitätsfaktor

Sie haben nun gelernt, was der maximale Klickpreis und der Qualitätsfaktor sind. Kommen wir zurück zur Ausgangsfrage und schauen uns den Zusammenhang der beiden Kennzahlen an. Diese beiden Werte werden benötigt, um die sogenannte *Rangwertziffer* zu ermitteln. Die höchste Rangwertziffer entspricht dem Anzeigenrang eins. Nach diesem Anzeigenrang werden die Anzeigen positioniert. Zur Ermittlung werden der maximale CPC und der Qualitätsfaktor multipliziert:

maximaler CPC × Qualitätsfaktor = Rangwertziffer

Schauen wir uns dies in Tabelle 6.1 an einem fiktiven Beispiel an.

Werbetreibender (Advertiser)	Maximaler CPC	Qualitäts- faktor	Rangwertziffer	Anzeigen- rang
A	1,00 €	1	1,00 (= 1,00 × 1)	3
B	0,70 €	3	2,10 (= 0,70 × 3)	1
C	0,50 €	4	2,00 (= 0,50 × 4)	2
D	0,30 €	2	0,60 (= 0,30 × 2)	4

Tabelle 6.1 Beispiel für die Berechnung der Rangwertziffer

Sie sehen, dass Advertiser A sein maximales Klickgebot mit 1,00 € festgelegt hat. Multipliziert mit dem von Google Ads ermittelten Qualitätsfaktor von 1, ergibt sich eine Rangwertziffer von 1. Seine Mitbewerber B und C erreichen trotz niedrigeren Gebots durch bessere Qualitätsfaktoren aber eine höhere Rangwertziffer, wodurch die Anzeige von Werber A nur auf dritter Position landet, obwohl sein Klickpreis höher ist (vergleichen Sie auch Abbildung 6.73).

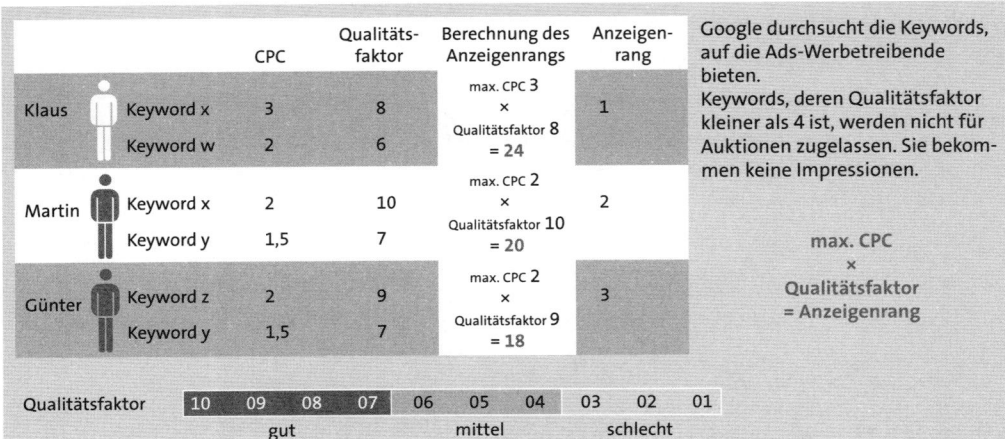

Abbildung 6.73 Ausschnitt aus einer Infografik zum Anzeigenrang (Quelle: eigene Darstellung in Anlehnung an »www.pulpmedia.at«)

Sie sehen also, dass der maximale CPC nicht allein ausschlaggebend für die Anzeigenposition ist, sondern dass der Qualitätsfaktor eine bedeutende Rolle spielt. So kann ein höherer Qualitätsfaktor die Kosten bei gleichbleibender Position senken. Zudem kann ein höherer Qualitätsfaktor zu einer besseren Positionierung der Anzeige führen, was sich positiv auf die Klickraten auswirken kann, denn Anzeigen auf den oberen Positionen werden erfahrungsgemäß häufiger angeklickt. Eine höhere Klickrate führt unter Umständen auch zu mehr Conversions.

Drängeln um den besten Platz: Keyword-Jamming

Diese Berechnungsweise ermöglicht es Mitbewerbern, den Klickpreis taktisch in die Höhe zu treiben, was unter der Bezeichnung *Keyword-Jamming* bekannt ist. Dabei setzt ein Advertiser seinen maximalen Klickpreis derart in die Höhe, dass er nur knapp unter dem seines Konkurrenten liegt. Bezweckt wird dabei, dass der Genötigte nun für jeden Klick seinen vollen maximalen CPC bezahlen muss.

Der unter Druck gesetzte Werbetreibende kann seinen maximalen CPC dann aber so reduzieren, dass er wieder unter dem Mitbewerber liegt. Dieser muss dann nur das für das Jamming erhöhte Klickgebot für jeden Klick bezahlen. Es ist daher unbedingt ratsam, die Kampagnen, Gebote und Platzierungen genauestens zu beobachten und kontinuierlich anzupassen

Anzeigen, die einen sehr geringen Qualitätsfaktor aufweisen, werden unter Umständen gar nicht angezeigt. Der Meistbietende gelangt nicht automatisch auf den ersten Anzeigenrang, wenn Google die Anzeige als nicht relevant genug für die Suchanfrage erachtet.

Ermittlung des effektiven Klickpreises

Sie wissen nun, nach welcher Formel der Anzeigenrang bestimmt wird. Aber wie viel müssen Sie nun tatsächlich für Ihre Anzeigenklicks bezahlen? Um den sogenannten *effektiven CPC* zu ermitteln, wenden Sie folgende Formel an:

Rangwertziffer des Nachfolgers ÷ eigener Qualitätsfaktor + 0,01 €
= effektiver CPC

Das Addieren von 0,01 € ist notwendig, um Ihren Konkurrenten zu überbieten. Ist das Mindestgebot für ein Keyword allerdings höher als der effektive CPC, wird dieser Betrag berechnet.

Für unser Beispiel ergibt sich der effektive CPC aus Tabelle 6.2.

Werbe-treibender (Advertiser)	Maximaler CPC	Qualitäts-faktor	Rangwert-ziffer	Anzeigen-rang	Effektiver CPC
B	0,70 €	3	2,10	1	0,676 = (2,00 ÷ 3 + 0,01)
C	0,50 €	4	2,00	2	0,26 = (1,00 ÷ 4 + 0,01)
A	1,00 €	1	1,00	3	0,61 = (0,6 ÷ 1 + 0,01)
D	0,30 €	2	0,60	4	Mindestgebot

Tabelle 6.2 Der effektive CPC

Der letzte Advertiser hat per Definition keinen Nachfolger, die Formel lässt sich daher nicht anwenden. Er bezahlt das für das jeweilige Keyword geschätzte Gebot für die erste Seite.

Gebotsschätzung für die erste Seite

Das Mindestgebot wurde abgelöst durch die *Gebotsschätzung für die erste Seite* (auch *First Page Bid Estimate*). Das ist ein Schätzwert, der angibt, welchen Betrag der Werbetreibende für ein Keyword bezahlen muss, damit es eine Anzeigenschaltung auf der ersten Suchergebnisseite auslöst. Die angegebenen Werte basieren auf dem Qualitätsfaktor und der Mitbewerbersituation.

Bieten Sie dennoch nur so viel, wie Sie zu zahlen bereit sind – die Gebotsschätzung für die erste Seite ist keine Garantie für eine Anzeigenposition. Diese wird, wie gehabt, aus Qualitätsfaktor und maximalem CPC berechnet.

An diesem Beispiel wird ersichtlich, dass der Qualitätsfaktor einen wesentlichen Einfluss auf den Klickpreis hat und somit ein gutes Werkzeug ist, um Kosten zu reduzieren, denn viel geklickte Anzeigen sind für Google ein Zeichen für Relevanz zur Suchanfrage. Sie werden daher mit einer guten Position und einem günstigeren Klickpreis belohnt. Advertiser C bezahlt für seine Anzeige auf der zweiten Position deutlich weniger als Advertiser A für die dritte Anzeigenposition. C wird für seinen höheren Qualitätsfaktor von Google belohnt.

Andersherum: Erhöht beispielsweise Advertiser A seinen Qualitätsfaktor von 1 auf 5, ergibt sich für ihn einerseits eine Rangwertziffer von 5, also der höchste Anzeigenrang im Vergleich zu seinen Wettbewerbern. Andererseits reduziert sich sein Klickpreis von vormals 0,61 € auf 0,43 € (siehe Tabelle 6.3).

Werbetreibender (Advertiser)	Maximaler CPC	Qualitätsfaktor	Rangwertziffer	Anzeigenrang	Effektiver CPC
B	0,70 €	3	2,10	2	0,676 = (2,00 ÷ 3 + 0,01)
C	0,50 €	4	2,00	3	0,16 = (0,60 ÷ 4 + 0,01)
A	1,00 €	5	5,00	1	0,43 = (2,10 ÷ 5 + 0,01)
D	0,30 €	2	0,60	4	Mindestgebot

Tabelle 6.3 Advertiser A erhöht seinen Qualitätsfaktor von 1 auf 5.

In Abbildung 6.74 ist ein weiteres Beispiel grafisch dargestellt.

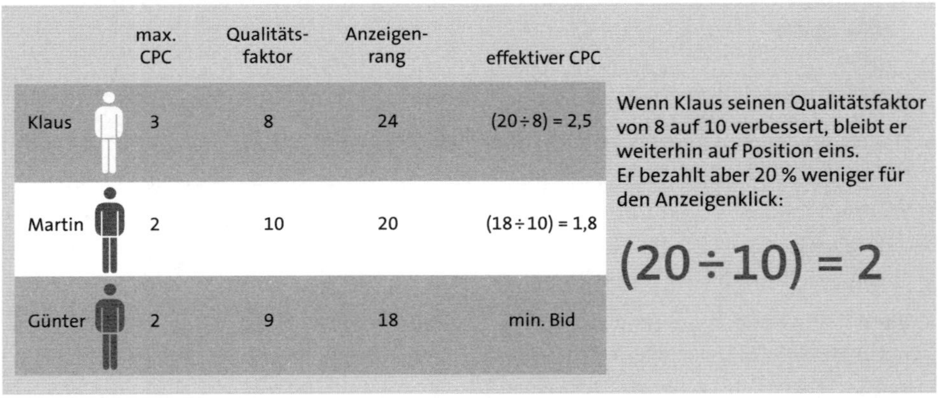

	max. CPC	Qualitätsfaktor	Anzeigenrang	effektiver CPC	
Klaus	3	8	24	(20 ÷ 8) = 2,5	Wenn Klaus seinen Qualitätsfaktor von 8 auf 10 verbessert, bleibt er weiterhin auf Position eins. Er bezahlt aber 20 % weniger für den Anzeigenklick:
Martin	2	10	20	(18 ÷ 10) = 1,8	$(20 \div 10) = 2$
Günter	2	9	18	min. Bid	

Abbildung 6.74 Ausschnitt aus einer Infografik zum effektiven CPC (Quelle: eigene Darstellung in Anlehnung an »www.pulpmedia.at«)

Bei diesem Rechenbeispiel ist zu berücksichtigen, dass in der Realität oftmals viel mehr Advertiser miteinander konkurrieren. Zudem können sich Klickgebote ändern und Kampagnen neu gestartet oder pausiert werden. Auch die Klickrate (CTR) ändert sich, was, wie Sie wissen, wiederum Einfluss auf den Qualitätsfaktor hat. Das gesamte Konstrukt ist also in der Realität sehr viel komplexer und flexibler.

> **Smart Bidding und automatisierte Gebotsstrategien**
>
> Mit *Smart Bidding* wird eine Funktion in Google Ads bezeichnet, die Klickpreise automatisch anpasst. Sollte die laufende Datenanalyse von Google zeigen, dass ein Klick voraussichtlich keine Conversion hervorrufen wird, senkt Google automatisch die Kosten. Dabei werden zahlreiche Faktoren berücksichtigt, um das je nach Situation optimale Gebot zu berechnen. Sie selbst steuern die Gebote hauptsächlich durch die Wahl einer passenden Gebotsstrategie, wie z. B. einen maximalen CPA oder ein gewünschtes Verhältnis von Umsatz und Kosten (ROAS). Smart Bidding entscheidet dann bei jeder einzelnen Auktion, welches CPC-Gebot abgegeben wird, und berücksichtigt dabei nicht nur die Suchanfrage, sondern auch den Kontext des Nutzers, z. B. das verwendete Gerät, demografische Merkmale oder die Tageszeit. Sie können auch vorgeben, dass Sie für ein gegebenes Budget möglichst viele Klicks erhalten möchten oder mit Ihren Anzeigen auf einer bestimmten Position erscheinen wollen.

Der *auto-optimierte CPC* ist eine Option für manuelle Gebotsstrategien. Es handelt sich um eine Einstellung für Kampagnen im Such-Netzwerk und im Display-Netzwerk, mit der die maximalen CPC-Gebote automatisch (jeweils maximal um 70 %) erhöht oder gesenkt werden mit dem Ziel, mehr Conversions und einen geringen CPA zu erreichen. Voraussetzung für diese Funktion ist das Conversion-Tracking, das Sie in Abschnitt 6.2.9, »Leistungsmessung und Optimierung«, kennenlernen. Die entsprechenden Einstellungen nehmen Sie ebenfalls in den Kampagneneinstellungen unter GEBOTE vor (siehe Abbildung 6.75).

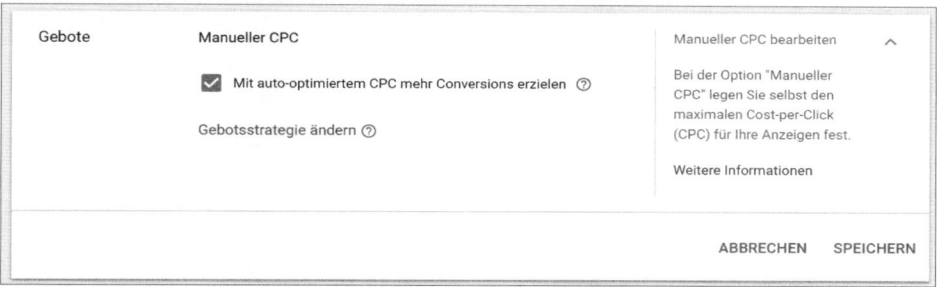

Abbildung 6.75 Aktivieren des auto-optimierten CPC im Google-Ads-Konto

Wir empfehlen Ihnen grundsätzlich die Verwendung einer automatisierten Gebotsstrategie – unter der Voraussetzung, dass Sie sich über Ihre Kampagnenziele vollends im Klaren sind. Insbesondere wenn Sie mit Ihrer Website Umsätze generieren, sollten Sie sich mit Smart-Bidding-Gebotsstrategien wie *Ziel-ROAS* oder *Conversions maximieren* vertraut machen. Wenn Sie allerdings erst kleine Gehversuche in Google Ads machen, sollten Sie einen manuellen CPC festlegen, um zunächst ein Gefühl für die Klickpreise in Ihrem Begriffsumfeld zu erhalten. Wenn Sie größere Budgets in Google Ads einsetzen, empfehlen wir Ihnen, den Einsatz separater Tools zum Gebotsmanagement wie DoubleClick Search, intelliAd oder Marin zu prüfen. Beachten Sie aber, dass solche Tools technisch anspruchsvoll sind und mit zusätzlichen Kosten einhergehen.

Wie eingangs erwähnt, gibt es neben dem CPC-Preismodell bei Google Ads auch die Abrechnungsverfahren nach dem CPM- oder CPA-Modell. Auch diese beiden Verfahren werden wir kurz ansprechen.

Das CPM-Preismodell

Als Werbetreibender wünschen Sie sich wahrscheinlich, dass User auf Ihre Anzeige *klicken*. Je nach Werbeziel ist dies aber nicht immer eine sinnvolle Erfolgsmessung. Wenn Sie z. B. eine neue Marke bei Ihrer Zielgruppe bekannt machen wollen, genügt es, wenn Ihre Anzeige von möglichst vielen Usern *gesehen* wird. In solchen Fällen kann die Gebotsstrategie *sichtbarer CPM* sinnvoll sein. CPM steht für *Cost-per-Mille* und ist analog zu dem *Tausender-Kontakt-Preis* (*TKP*) zu verstehen. Hier fallen Kosten pro tausend Werbeeinblendungen an, die im sichtbaren Bereich für den Nutzer erfolgen. Die Klicks auf die Werbeeinblendungen werden dabei nicht berücksichtigt. Im Google-Suchnetzwerk steht dieses Abrechnungsmodell nicht zur Verfügung, sondern nur im Display-Netzwerk. Sie erreichen diese Einstellungsoption in Ihrem Google-Ads-Konto, indem Sie die entsprechende Kampagne auswählen und auf den Reiter EINSTELLUNGEN klicken. Unter dem Abschnitt GEBOTE können Sie dann die Gebotsstrategie auswählen (siehe Abbildung 6.76).

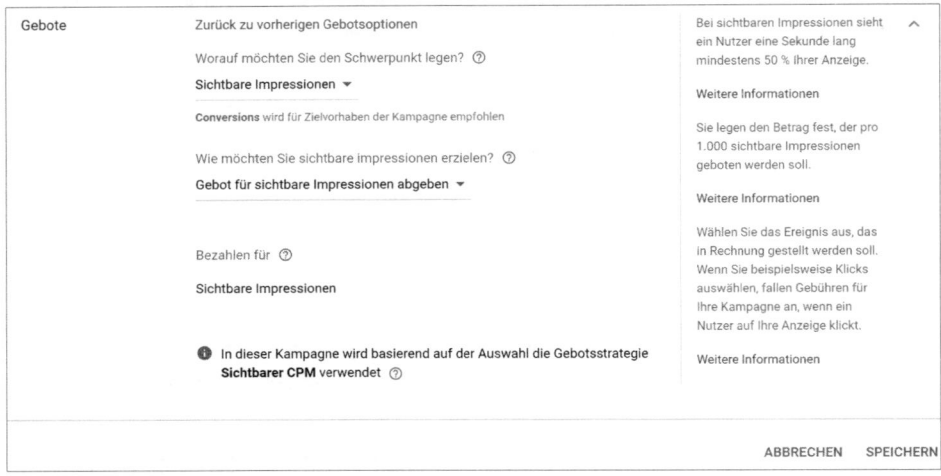

Abbildung 6.76 Sichtbare Impressionen als Gebotsstrategie festlegen

Wie wir schon im Zusammenhang mit den Werbenetzwerken in Abschnitt 6.2.4, »Die Werbenetzwerke«, erläutert haben, können das Display-Netzwerk und das CPM-Abrechnungsmodell durchaus sinnvoll sein, wenn Sie ein neues Produkt einführen oder einen Namen bekannter machen möchten. Der CPM wird mit folgender Formel berechnet:

CPM = Kosten der Schaltung ÷ Reichweite × 1.000

Das CPA-Preismodell

Die Kennzahl beschreibt Ihre Einnahmen im Verhältnis zu den Kosten, die Ihnen durch Google-Ads-Werbung entstehen, und ist damit eine wichtige Bewertungs-kennzahl für Ihre Kampagnenleistung. Belaufen sich beispielsweise Ihre monatlichen Kosten bei Google Ads auf 450 €, und erzielen Sie in diesem Zeitraum neun Conversions (z. B. Produktkäufe), dann haben Sie für eine Conversion 50 € bezahlt. Die Formel für den *CPA* (*Cost-per-Acquisition*, also Kosten pro Akquise), der auch als *CPO* (*Cost-per-Order*, also Kosten pro Bestellung) bezeichnet wird, lautet daher:

CPA = Gesamtkosten ÷ Conversions

Wenn Sie ein kostspieliges Produkt mit einer hohen Gewinnspanne verkaufen, kann sich dieser CPA für Sie bereits lohnen, das hängt von Ihrem Angebot ab.

Portfolio-Gebotsstrategien

Gebotsstrategien können umso besser arbeiten, je umfangreicher die Datengrundlage ist, auf deren Basis die Berechnungen von Geboten erfolgen. Sehr kleine Kampagnen beeinträchtigen daher die Funktionsweise automatisierter Gebotsstrategien. Wenn Sie über mehrere kleine Kampagnen verfügen, kann es aus diesem Grund sinnvoll sein, mehrere Kampagnen (oder auch Anzeigengruppen oder einzelne Keywords) über eine einzige Gebotsstrategie zu steuern. In diesem Fall spricht man von einer *Portfolio-Gebotsstrategie*. Stellen Sie sich beispielsweise vor, Sie verfügen über einen kleinen Online-Shop mit mehreren Kategorien. Statt nun jede einzelne Kategorie mit einer Gebotsstrategie zu versehen, können Sie eine einzige Portfolio-Gebotsstrategie für sämtliche Kampagnen definieren. Google Ads investiert Ihr Budget in diesem Fall in denjenigen Bereichen, in denen am ehesten Umsatz zu erwarten ist. Sie erstellen Portfolio-Gebotsstrategien nicht in einer einzelnen Kampagne, sondern im Bereich GEMEINSAM GENUTZTE BIBLIOTHEK, den Sie über das Schraubenschlüssel-Symbol in der Kopfzeile erreichen.

Das Tagesbudget

Mit dem Tagesbudget legen Sie fest, wie viel Sie pro Tag für Ihre Google-Ads-Anzeigen ausgeben möchten. Das Werbeprogramm schaltet Ihre Anzeigen so lange, bis Ihr Tagesbudget aufgebraucht ist. Mit den Einstellungen zur Anzeigenauslieferung können Sie festlegen, wie dieser Verbrauch gehandhabt werden soll: Sie können bei der sogenannten Schaltungsmethode zwischen den Optionen STANDARD und BESCHLEUNIGT wählen. Ihr Tagesbudget wird in beiden Fällen eingehalten.

Mit der Standardeinstellung legen Sie fest, dass Ihre Anzeigen gleichmäßig über den Tag hinweg verteilt ausgeliefert werden. Sie verhindern damit, dass Ihr Budget schon in den Morgenstunden vollständig aufgebraucht wird und Ihre Anzeigen für den restlichen Tag nicht mehr zu sehen sind.

Die alternative Einstellung BESCHLEUNIGT stellt sicher, dass die Anzeigen im Rahmen Ihres Tagesbudgets so schnell wie möglich ausgeliefert werden. Ihr Tagesbudget wird damit, soweit es möglich ist, ausgeschöpft. Mit dieser Einstellung sind Ihre Anzeigen aber möglicherweise am Nachmittag nicht mehr sichtbar, da das Tagesbudget bereits vollständig aufgebraucht ist.

Sie erreichen diese Einstellung in Ihrem Google-Ads-Konto, indem Sie Ihre entsprechende Kampagne auswählen, auf den Reiter EINSTELLUNGEN klicken und unter GEBOT die für Sie geeignete Variante auswählen (siehe Abbildung 6.77).

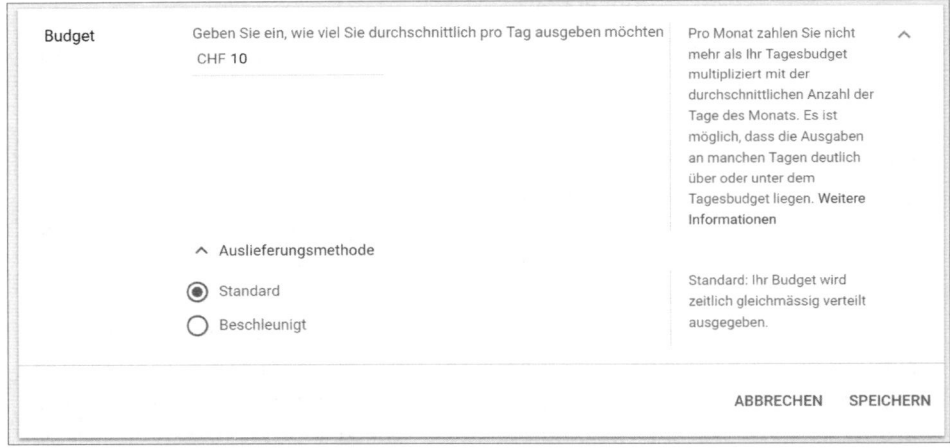

Abbildung 6.77 Auslieferungsmethode für Ihre Anzeigen

Sie haben bereits festgestellt, dass das Google-Ads-System alles andere als starr ist und besonders flexibel auf diverse Einstellungen reagiert. Das System versucht daher, schlechte Tage auszugleichen, an denen möglicherweise nicht so viele Klicks oder Conversions generiert werden und das Tagesbudget nicht komplett ausgeschöpft wird. Dazu werden möglicherweise an anderen Tagen um bis zu 100 % höhere Kosten generiert, als Ihr Tagesbudget eigentlich erlauben würde. Dies bezeichnet Google als *Mehrauslieferung*. Der fällige Betrag für einen Abrechnungszeitraum wird aber nie überschritten. Das bedeutet: Wenn Sie Ihre Kampagnen für einen kompletten Monat (Google rechnet mit 30,4 Tagen) schalten und ein Tagesbudget von 15 € angesetzt haben, dann wird der Betrag 456 € (also 30,4 × 15 €) nicht überschreiten.

Die *monatliche Belastungsgrenze* ist also der Wert, der von Google nicht überschritten wird. Nehmen wir an, Sie verwenden ein Tagesbudget von 20 € für einen Monat. Google multipliziert dies mit 30,4 und erhält den Wert 608 €. Sollten in einem Kalendermonat jedoch 615 € Kosten anfallen, wird Ihnen nur die monatliche Belastungsgrenze in Rechnung gestellt, sofern sich das Budget im Verlauf des Monats nicht geändert hat. Sollte dies der Fall sein, dann wird keine monatliche Belastungsgrenze berechnet, das Tageslimit besteht aber weiterhin. Ohne Änderung des Tagesbudgets würde Ihnen Google im obigen Beispiel also 7 € zurückerstatten.

6

Gemeinsame Budgets

Sie können jeder Kampagne ein eigenes Tagesbudget zuweisen oder ein gemeinsames Budget für mehrere Kampagnen definieren. Sie sollten diese Option in Erwägung ziehen, wenn für Sie hauptsächlich das Gesamtbudget ausschlaggebend ist und es Ihnen weniger wichtig ist, in welcher Kampagne welches Budget zum Einsatz kommt. Google Ads sorgt dann automatisch dafür, dass diejenigen Kampagnen bevorzugt werden, die eine hohe Rentabilität versprechen. Gemeinsame Budgets definieren Sie im Bereich GEMEINSAM GENUTZTE BIBLIOTHEK, den Sie über das Schraubenschlüssel-Symbol in der Kopfleiste erreichen.

Google schlägt Ihnen in Ihrem Google-Ads-Konto ein Budget für Ihre Kampagne vor. Das empfohlene Tagesbudget orientiert sich an der möglichen Anzahl an Klicks, die Ihre Anzeigen pro Tag erhalten können. Liegt Ihr festgelegtes Tagesbudget tiefer als dieser Betrag, so zeigt Ihnen Google dies neben Ihrer Kampagne in der Spalte STATUS an. Ein Klick auf den Link DURCH DAS BUDGET EINGESCHRÄNKT zeigt Ihnen an, wie viele zusätzliche Klicks Sie erhalten können, wenn Sie Ihr Budget erhöhen (siehe Abbildung 6.78).

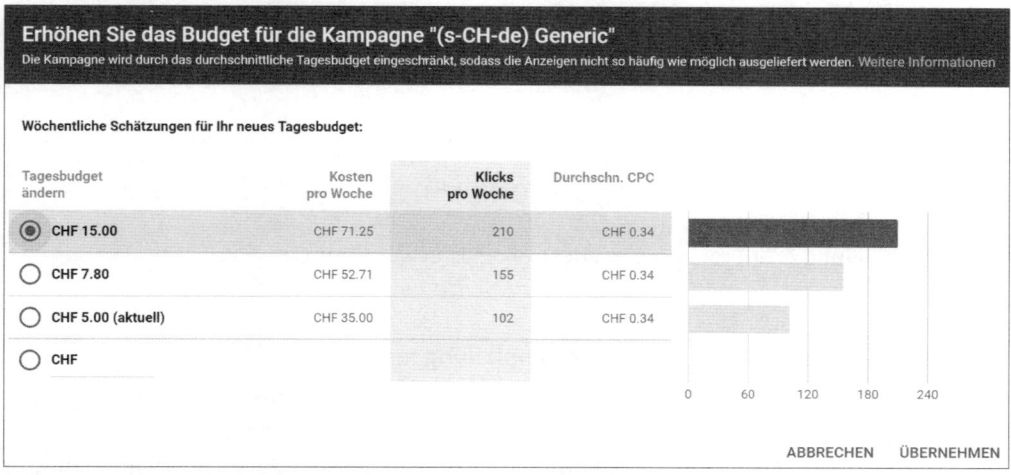

Abbildung 6.78 Budgetsimulator für unterschiedliche Tagesbudgets

Sie müssen diesen Betrag nicht zwangsläufig übernehmen – er ist eher als Richtwert zu verstehen, an dem Sie sich orientieren können. Vielmehr sollten Sie Ihre eigene Budgetgrenze einstellen. Sind Sie sich unsicher bei der Höhe des Betrags, empfehlen wir Ihnen eine Testphase. Stellen Sie Ihr Tagesbudget ein, und analysieren Sie nach einem gewissen Zeitraum die Leistungen Ihrer Kampagne. Entscheiden Sie dann, welche Optimierungsmaßnahmen (mehr dazu lesen Sie auch im folgenden Abschnitt) sinnvoll sein könnten, und entscheiden Sie, ob Anpassungen an Ihrem Tagesbudget notwendig sind.

Wenn Sie mit Ihren Kampagnen lediglich so viele Klicks wie möglich erzielen möchten, reicht es mit der *automatischen Gebotsstrategie* aus, ein Tagesbudget festzulegen, anhand dessen Google dann die höchstmögliche Anzahl der zu erreichenden Klicks berechnet und automatisch die CPC-Gebote anpasst. Sie nehmen diese Einstellung vor, indem Sie unter EINSTELLUNGEN • GEBOTE Ihrer Kampagne die Option KLICKS MAXIMIEREN auswählen.

Traffic- und Conversion-Prognosen im Keyword-Planer

Mit dem *Keyword-Planer*, den Sie bereits als Hilfsmittel für die Keyword-Recherche kennengelernt haben, steht Ihnen auch ein Prognose-Tool zur Verfügung (siehe Abbildung 6.79), mit dessen Hilfe Sie Schätzungen über Klicks, Impressionen und Kosten von Keywords sowie zu erwartende Conversion-Zahlen erhalten, die sich aber nur auf das Such-Werbenetzwerk beziehen. Sie können diese Schätzungen bei der Festlegung Ihres Budgets berücksichtigen.

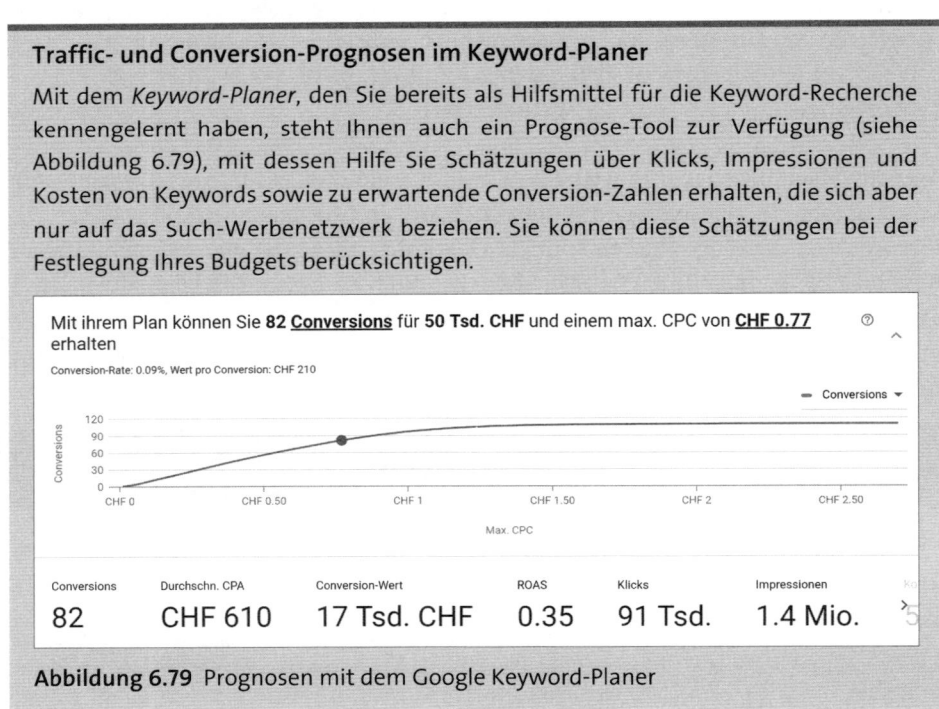

Abbildung 6.79 Prognosen mit dem Google Keyword-Planer

Start- und Enddatum sowie Anzeigenplanung festlegen

Neben dem Tagesbudget müssen Sie dem Google-Ads-System noch mitteilen, wie lange Sie Ihre Kampagne schalten möchten. Dazu legen Sie ein Start- und ein Enddatum bei den Kampagneneinstellungen fest (siehe Abbildung 6.80). Wenn Sie unter

ENDDATUM die Angabe KEINES machen, laufen Ihre Kampagnen weiter, bis Sie sie pausieren oder entfernen.

Abbildung 6.80 Eingabemaske für das Start- und Enddatum Ihrer Kampagne

Zudem können Sie Ihre Anzeigen nur zu bestimmten Tages- oder Nachtzeiten ausliefern lassen. Diese Einstellung nehmen Sie in Ihrem Google-Ads-Konto im Bereich WERBEZEITPLANER vor. Stellen Sie die Tage und Uhrzeiten ein, an denen Ihre Anzeigen ausgespielt werden sollen (siehe Abbildung 6.81).

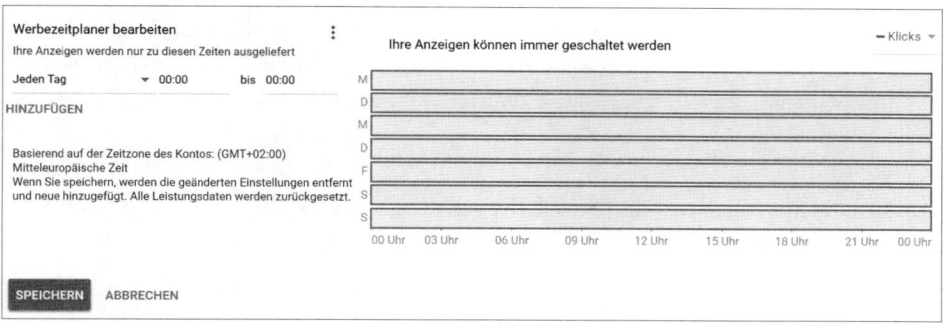

Abbildung 6.81 Der Werbezeitplaner zur Einstellung der Anzeigenplanung

Mit der folgenden Checkliste können Sie überprüfen, ob Sie die wichtigsten Einstellungen vorgenommen haben, um Ihre Google-Ads-Kampagne nun zu aktivieren.

Checkliste, bevor Sie Ihre Kampagne aktivieren. Haben Sie …

▶ … einen eindeutigen Kampagnennamen vergeben?
▶ … die gewünschten Werbenetzwerke aktiviert?
▶ … das Start- und Enddatum der Kampagne festgelegt?
▶ … ein Tagesbudget oder gemeinsames Budget bestimmt?
▶ … die Sprach- und regionale Ausrichtung auf Ihre Zielgruppe abgestimmt?
▶ … die Anzeigenauslieferung nach Ihren Wünschen eingestellt?
▶ … eine Gebotsstrategie definiert?

- ▶ … Ihre Kampagne in sinnvolle Anzeigengruppen unterteilt?
- ▶ … ausschließende Keywords ergänzt und Keyword-Optionen überprüft?
- ▶ … gegebenenfalls Kategorien und Websites für Kampagnen ausgeschlossen?
- ▶ … auf Keywords abgestimmte Anzeigen(-Variationen) formuliert?
- ▶ … gegebenenfalls bei Textanzeigen mit Platzhaltern gearbeitet und Richtlinien eingehalten?
- ▶ … relevante Landing Pages festgelegt, die die vorgegebenen Richtlinien einhalten?
- ▶ … gegebenenfalls das Conversion-Tracking aktiviert?
- ▶ … ein entsprechendes Abrechnungsmodell gewählt und Höchstwerte festgelegt?

Wenn Sie alle Punkte überprüft haben, ist es nun Zeit, Ihre Kampagne zu aktivieren. Falls Sie Ihr Google-Ads-Konto neu angelegt haben, müssen Sie noch die Informationen zur Zahlungsweise übermitteln. Zudem wird Ihre Umsatzsteuer-Identifikationsnummer abgefragt.

Tipp: Google-Startguthaben

Für Neukunden hält Google aktuell ein Startguthaben bereit. Sie können sich unter der URL *https://ads.google.com/intl/de_de/start/* registrieren und erhalten einen Gutscheincode über 75 € per E-Mail zugeschickt, mit dem Sie Ihr Startguthaben einlösen können.

Ändern Sie anschließend den Status der Kampagne in AKTIV. Nach kurzer Zeit werden Ihre Anzeigen geschaltet. Sie sind nun aktiver Google-Ads-Werbetreibender. Gratulation!

6.2.9   Leistungsmessung und Optimierung

Einer der größten Vorteile, die das Online-Marketing mit sich bringt, ist die präzise Messbarkeit der Werbemaßnahmen. Wie wir bereits zu Beginn angesprochen haben, haben Sie auch bei Google Ads eine gute Leistungskontrolle: So werden Ihnen wichtige Kennzahlen bereits in Ihrem Konto angezeigt. Einige dieser Kennzahlen haben wir schon näher erläutert. Weitere Hinweise zu der Bedeutung der Messdaten finden Sie in unserem Glossar am Ende des Buches und in Kapitel 10, »Web-Analytics«. Diese Kennzahlen sollten Sie dazu verwenden, Maßnahmen zu definieren, die Ihre Kampagnenleistung verbessern, und Ihr Budget so effizient wie möglich einzusetzen.

Regelmäßige Überprüfung

Um Ihre Google-Ads-Kampagne steuern zu können, ist eine regelmäßige Überprüfung notwendig. Wenn Sie sich in Ihrem Google-Ads-Konto anmelden, sollten Sie einige Dinge stetig kontrollieren. Zunächst zeigt Google Ihnen gegebenenfalls Benachrichtigungen und Optimierungsvorschläge auf der Startseite an, die Ihr Konto betreffen. Darüber hinaus sollten Sie natürlich die Kampagnenleistung überprüfen. Stellen Sie einen Zeitraum ein, der nicht zu groß ist, damit Sie ein gutes Gefühl für die aktuelle Leistung erhalten – empfehlenswert ist hier ein Zeitrahmen bis zu einem Monat. Schauen Sie sich dann Ihre Keywords und Ihre Anzeigen an. Bei den Keywords sollten Sie insbesondere die CTR, die Anzeigenposition, den Keyword-Status und den Qualitätsfaktor unter die Lupe nehmen. Bei den Anzeigen hingegen spielt insbesondere die CTR eine wichtige Rolle. Wenn Sie das Conversion-Tracking verwenden (mehr dazu im folgenden Abschnitt), sollten Sie sich zusätzlich Ihre Conversion-Leistung ansehen. Nehmen Sie anschließend entsprechende Justierungen vor.

Conversion und Conversion-Tracking

Von großer Bedeutung für die Erfolgsmessung Ihrer Google-Ads-Kampagne sind die Kennzahlen *Conversions* und *Conversion-Rate*.

Eine Conversion tritt dann ein, wenn ein Benutzer Ihrer Website eine gewünschte Handlung durchführt und beispielsweise Ihr Produkt bestellt. Die sogenannte Conversion-Rate beschreibt das Verhältnis der konvertierten Benutzer zu allen Benutzern der Website, in unserem Beispiel also alle Käufer im Verhältnis zu allen Besuchern.

Das Schöne daran ist: Sie bestimmen selbst, wie die Conversion definiert ist. Das kann eine Anmeldung, eine Anfrage, ein Download oder ein Kauf sein, aber auch der Download Ihrer App, ein Anruf bei Anzeigen mit Anruferweiterungen oder auch nur der Aufruf einer bestimmten Seite – je nachdem, auf welches Ziel Ihre Werbekampagne ausgelegt ist (lesen Sie dazu auch Kapitel 8, »Conversion-Rate-Optimierung (CRO)«).

Denken Sie beispielsweise an ein Autorennen: Wenn Sie messen möchten, welche Fahrzeuge das Ziel erreichen, müssen Sie zunächst wissen, wie viele Fahrer am Rennen teilnehmen, und eine Ziellinie ziehen, die das Streckenende signalisiert. Auch in Ihrer Google-Ads-Kampagne können Sie mit dem sogenannten *Conversion-Tracking* Ziele definieren und somit Kampagnenerfolge messen. Sollten Sie kein Conversion-Tracking verwenden und auch keine Web-Analytics-Daten auswerten (lesen Sie hierzu auch Kapitel 10, »Web-Analytics«), können Sie (je nach Ziel Ihrer Kampagne) nur schwer bis gar nicht beurteilen, ob Ihre Werbekampagne überhaupt erfolgreich ist.

Sie haben mit dem Conversion-Tracking eine Messkontrolle, die Sie sowohl im Such- als auch im Display-Netzwerk anwenden können. Dafür müssen Sie oder Ihr Webmaster einen minimalen technischen Eingriff vornehmen: Damit Ihre Conversion gemessen werden kann, müssen Sie einen kleinen Codeschnipsel in die Seite einbauen, auf der der Benutzer das Ziel erreicht und somit die von Ihnen festgelegte Ziellinie überschritten hat. Möchten Sie beispielsweise messen, wie viele Benutzer sich für Ihren Newsletter, den Sie mit Ihren Google-Ads-Anzeigen bewerben, ange-meldet haben, dann integrieren Sie den Codeschnipsel in die Seite, die dem Benutzer anzeigt, dass seine Newsletter-Anmeldung erfolgreich war.

Sie haben auch die Möglichkeit, mehrere Conversions parallel zu messen, also bei-spielsweise zum einen Verkäufe und zum anderen Newsletter-Anmeldungen. Für diese Art von Tracking werden zwei Codeschnipsel benötigt, die in die entsprechen-den Bestätigungsseiten integriert werden müssen.

Den entsprechenden Codeschnipsel können Sie sich sehr einfach von Google anzei-gen lassen, indem Sie sich in Ihrem Google-Ads-Konto anmelden und auf das Schrau-benschlüssel-Symbol in der Kopfleiste klicken. Sie finden dort im Bereich MESSUNG das Menü CONVERSIONS. Dort wählen Sie zunächst die Conversion-Aktion aus, die am ehesten Ihrer Zielsetzung entspricht (siehe Abbildung 6.82).

Abbildung 6.82 Auswahl des Conversion-Typs

Wenn Ihre Conversion auf Ihrer Website erfolgt (statt als Telefonanruf oder in Ihrer App), wählen Sie im ersten Schritt die Option WEBSITE. Sie haben danach die Möglich-keit, verschiedene Einstellungen Ihrer Conversion zu definieren (siehe Abbildung 6.83).

► **Conversion-Name**: Geben Sie Ihrer neuen Conversion-Aktion einen Namen, z. B. »Anmeldung Newsletter«.

► **Kategorie**: Hier können Sie angeben, ob es sich bei Ihrer Conversion um einen Kauf/Verkauf, eine Anmeldung, eine Anfrage oder das Aufrufen einer Schlüssel-seite handelt.

► **Wert**: Hier definieren Sie den Wert der Conversion für Ihr Unternehmen. Wenn Sie als Conversion z. B. die Registrierung für Ihren Newsletter definieren, sollten Sie hier hinterlegen, welchen Betrag Sie für eine zusätzliche Registrierung auszugeben bereit sind. Sie wählen in diesem Fall die Option GLEICHEN WERT FÜR JEDE CONVERSION VERWENDEN. Falls Ihre Conversion ein Verkauf in Ihrem Online-Shop ist, wählen Sie stattdessen die Option UNTERSCHIEDLICHE WERTE FÜR JEDE CONVERSION VERWENDEN, da der Wert abhängig von der Warenkorbgröße ist.

▶ **Zählmethode**: Legen Sie hier fest, ob mehrfache Conversions nach Klick auf Ihre Anzeige gezählt werden sollen. Falls Sie z. B. die Registrierung für Ihren Newsletter oder einen Download als Conversion messen, sollten Sie die Option EINE wählen. Eine Mehrfachanmeldung oder ein mehrfacher Download wird dann nicht doppelt gewertet. Die Zählmethode ALLE eignet sich stattdessen bei Conversions wie Verkäufe.

▶ **Conversion-Tracking-Zeitraum**: Sie definieren hier den Zeitraum, wie lange Google Ads nach einem Klick auf eine Anzeige eine Conversion messen soll. Wenn Sie z. B. wissen, dass Ihre Benutzer sehr lange abwägen und vergleichen, bevor sie ein Produkt auf Ihrer Website kaufen, können Sie hier den Conversion-Tracking-Zeitraum ändern. Als Standardzeitraum sind 30 Tage eingestellt.

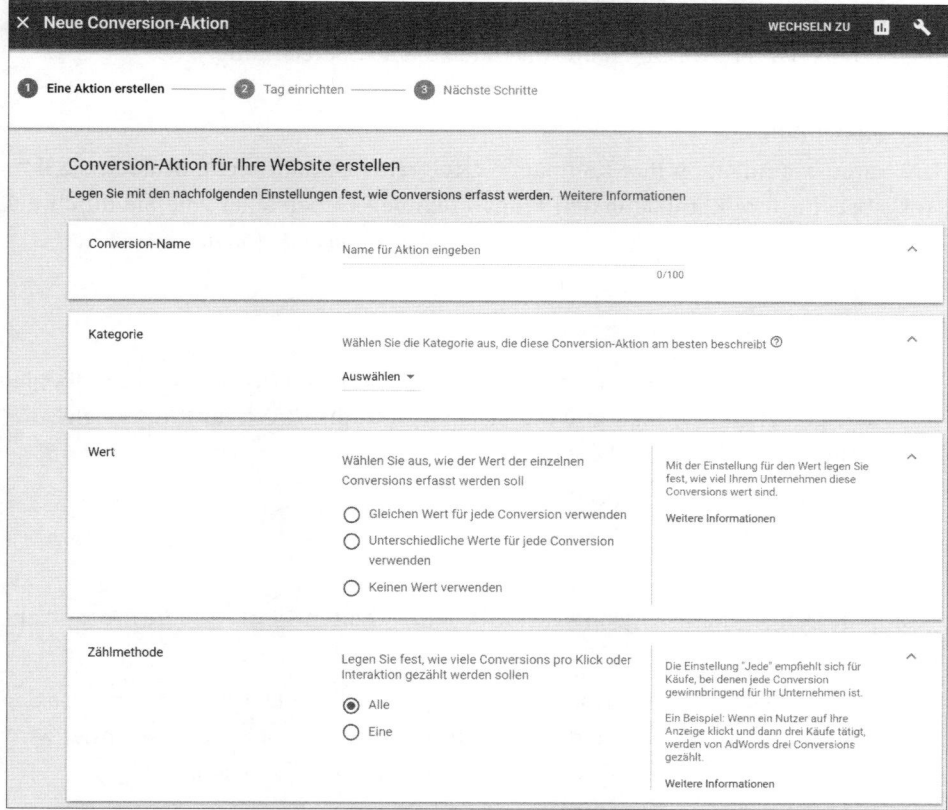

Abbildung 6.83 Konfiguration der Conversion-Einstellungen im Google-Ads-Konto

Nachdem Sie die Einstellungen definiert haben, generiert Google Ihnen im letzten Schritt einen Code, den Sie auf Ihrer Ziel-Webseite einbauen müssen. Google bietet Ihnen unter *support.google.com/google-ads/answer/1722054?hl=de* eine ausführliche Hilfestellung, was Sie bei der Integration des Codeschnipsels berücksichtigen sollten.

Nachdem der Codeschnipsel integriert ist, bekommen Sie, nachdem ein Benutzer eine Conversion durchgeführt hat, diese in Ihrem Konto angezeigt.

Das Conversion-Tracking funktioniert aufgrund eines Cookies, das zunächst bei einem Klick auf Ihre Anzeige gesetzt wird. Dem Benutzer, der dann auf Ihrer Landing Page beispielsweise eine Newsletter-Anmeldung vornimmt, wird eine Conversion zugeschrieben, da das Cookie ausgelesen wird.

Es ist jedoch sinnvoll, das Conversion-Tracking zunächst einmal zu testen, damit Sie sichergehen, dass Sie auf Grundlage dieser und anderer Kennzahlen Optimierungsmaßnahmen definieren können. Das Conversion-Tracking kann jederzeit gestoppt werden – Sie können ganz einfach den Codeschnipsel wieder entfernen.

Sie können nun also die erreichten Conversions und die Conversion-Rate in Ihrem Konto einsehen. Aber was bedeutet dies für Ihren wirtschaftlichen Kampagnenerfolg? Dazu erläutern wir Ihnen im Folgenden die ROI-Berechnung.

ROI-Berechnung

Um herauszufinden, ob Ihre Kampagne erfolgreich ist oder nicht, müssen Sie Ihre Ausgaben für Ihre Kampagne den Einnahmen gegenüberstellen, die Sie durch die Kampagne erzielen. Dieser Wert wird als *ROI* (*Return on Investment*) bezeichnet.

Mit folgender Formel wird der ROI berechnet:

ROI = (Umsatz – Kosten) ÷ Kosten

Haben Sie beispielsweise in einem bestimmten Zeitraum 1.000 € über Ihre Google-Ads-Anzeigen eingenommen und im gleichen Zeitraum 700 € für Ihre Google-Ads-Kampagne ausgegeben, lautet die Rechnung:

ROI = (1.000 € – 700 €) ÷ 700 €
ROI = 300 € ÷ 700 €
ROI = 0,43

Multiplizieren Sie dieses Ergebnis mit 100, dann erhalten Sie als ROI die Prozentzahl 43 %.

Eine weitere Kennzahl zur Erfolgsbeurteilung Ihrer Google-Ads-Kampagne ist der *ROAS* (*Return on Ad Spending*), der mit *Umsatz durch Werbekosten* berechnet wird (beim ROI dividiert man den Gewinn durch die Kosten, siehe oben).

Eine andere Kennzahl ist der *CPA* (*Cost-per-Acquisition*), den wir schon kurz beschrieben haben. Sie sollten sich im Vorfeld einer Kampagne überlegen, wie viel Sie für eine

Conversion ausgeben können, um wirtschaftlich zu agieren. Hier müssen natürlich Margen berücksichtigt werden. Es ist daher gut nachvollziehbar, dass ein CPA für ein hochpreisiges Angebot anders aussehen wird als für ein Angebot im Niedrigpreissegment.

Sie fragen sich nun, warum Sie sich die Conversion-Kennzahlen ansehen und sich mit der ROI-Berechnung und CPA-Festlegung beschäftigen sollten? Ganz einfach: Auf Grundlage dieser Zahlen können Sie Entscheidungen hinsichtlich der Optimierung Ihrer Kampagnen treffen, die nicht auf einem Bauchgefühl basieren. So können Sie Ihren wirtschaftlichen Erfolg steigern.

Schauen Sie sich daher Ihren Conversion-Prozess sehr genau an. Die gewünschte Handlung eines Benutzers steht erst am Ende eines Prozesses und ist mit einem Trichter vergleichbar. Aus diesem Grund werden viele Analysen zum Conversion-Prozess in Trichterform dargestellt. So geschieht das auch in dem Tool *Google Analytics*, zu dem Sie in Kapitel 10, »Web-Analytics«, mehr erfahren.

Betreiben Sie beispielsweise einen Online-Shop und bewerben Ihre Produkte mit Google Ads, so steht Ihre Conversion, nämlich der Produktkauf, am Trichterende. Der Benutzer durchläuft zunächst einen Prozess, der z. B. darin besteht, eine Suchanfrage zu stellen, Ihre Suchanzeige anzuklicken, auf Ihre Landing Page zu gelangen, ein Produkt auszuwählen, es in den Warenkorb zu legen, alle Zahlungs- und Lieferinformationen anzugeben, um letztendlich das gewünschte Produkt zu erwerben. Abbildung 6.84 zeigt beispielhaft einen Conversion-Prozess (oder auch *Path to Conversion*, also *Conversion-Pfad*, genannt) für einen Produktkauf, hier exemplarisch ausgehend von der Startseite.

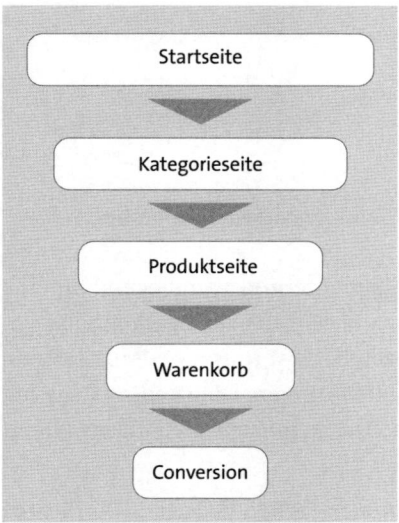

Abbildung 6.84 Conversion-Trichter für einen Online-Shop

Wenn Sie den Conversion-Trichter optimieren möchten, sollten Sie sich die Stellen im Prozess ansehen, an denen die meisten Interessenten abspringen. Ihr Ziel sollte es sein, diese Absprungraten zu verringern und mehr Besucher zu konvertieren.

Im folgenden Abschnitt werden wir näher auf das Thema Optimierung dieses Prozesses eingehen und Ihnen wichtige Stellschrauben innerhalb von Google Ads erläutern, damit Sie die Leistung Ihrer Kampagnen verbessern können. Darüber hinaus erfahren Sie mehr zum Thema Conversion-Optimierung in Kapitel 8, »Conversion-Rate-Optimierung (CRO)«.

Verschiedene Stellschrauben zur Kampagnenoptimierung

Stellen Sie sich vor, Sie sind Fußballspieler, und Ihr Trainer ist mit Ihrer aktuellen Gesamtleistung bisher nicht zufrieden. Höchstwahrscheinlich wird er also Ihren Trainingsplan nicht allein auf eine Konditionsverbesserung abändern. Sie werden auch Muskelaufbau und Dribbelübungen machen müssen.

Vergleichbar hierzu gibt es auch bei Ihrer Google-Ads-Kampagne verschiedene Stellschrauben, wie Sie Ihre Kampagnenleistungen verbessern können. Diese Stellschrauben sind im Wesentlichen die Keywords, die Anzeigen und die Landing Page, wie Sie in Abbildung 6.85 sehen.

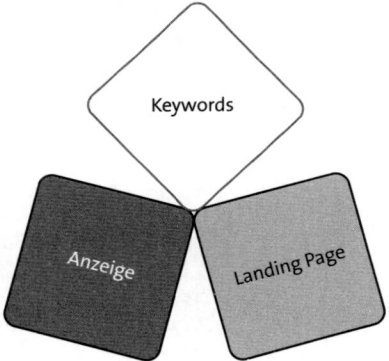

Abbildung 6.85 Die wesentlichen Stellschrauben bei der Kampagnenoptimierung

Dies ist auch nachvollziehbar, denn genau diese Elemente sind grundlegend für eine positive Benutzererfahrung. Das Keyword muss mit der Suchanfrage übereinstimmen, damit Ihre Anzeige geschaltet wird. Die Anzeige selbst muss wiederum attraktiv formuliert sein und den Suchenden zum Klicken bringen. Die Landing Page hat daraufhin die Aufgabe, dem Benutzer das Angebot so zu präsentieren, dass er überzeugt ist und eine gewünschte Handlung durchführt.

Sie sehen, hier ist fortwährendes Feintuning an vielen Stellen gefragt. Sicherlich ist jede Kampagne individuell zu analysieren und zu optimieren. Es würde daher den Rahmen dieses Buches sprengen, auf die Vielzahl der Optimierungsmöglichkeiten detailliert einzugehen. Wir haben uns darum auf die grundlegenden Möglichkeiten beschränkt und empfehlen Ihnen bei weiterem Bedarf hinsichtlich der Kampagnenoptimierung unsere Literaturtipps im Anhang. Im Folgenden geben wir Ihnen einige bewährte Tipps, wie Sie mit den einzelnen Stellschrauben Ihre Kampagne kontinuierlich optimieren können.

Die Keywords

Überprüfen Sie Ihre Keyword-Liste genau. Sie ist ausschlaggebend für den Kontakt mit potenziellen Kunden, denn Ihre Anzeigen werden von Google auf die Suchanfrage hin abgestimmt ausgeliefert. Ein häufiger Fehler ist hier die Auswahl von zu allgemeinen Begriffen. Gehen Sie daher Ihre Keyword-Liste noch einmal genau durch, und versuchen Sie, sich in die Lage des Suchenden zu versetzen. Sind Sie sicher, dass Sie das Bedürfnis des Suchenden mit Ihrem Angebot stillen können? Grenzen Sie Ihre Keyword-Liste enger ein, und vergessen Sie nicht, Ihrer Kampagne auch ausschließende Keywords hinzuzufügen.

Ein anderes Problem können zu kurze Keyword-Listen sein. Erinnern Sie sich noch einmal an die vielen Möglichkeiten der Keyword-Recherche, und bauen Sie Ihre Liste weiter aus. Google schlägt Ihnen in Ihrem Werbekonto auch weitere Keywords vor, die Sie problemlos direkt in Ihre Kampagne übernehmen können. Vergessen Sie dabei nicht, dass auch Long-Tail-Begriffe (siehe Abschnitt 6.2.5, »Die Keywords«) sehr lukrativ sein können.

Eine weitere lohnende Überprüfung können die Keyword-Optionen sein. Rufen Sie sich die möglichen Auswirkungen in Erinnerung: Verwenden Sie die Keyword-Option Weitgehend passend, erreichen Sie wahrscheinlich mehr Besucher, aber nicht so zielgerichtet, wie es wahrscheinlich bei den Optionen Passende Wortgruppe oder Genau passend der Fall wäre. Allerdings ist hier der Personenkreis, der angesprochen wird, deutlich geringer. Diese Optimierung Ihrer Keywords kann positive Auswirkungen auf deren Qualitätsfaktor haben. Sprechen Sie eine zu große Benutzergruppe an, laufen Sie Gefahr, dass Ihr Budget durch nicht zielgerichtete Klicks schnell verbraucht ist.

Darüber hinaus ist, wie Sie bereits wissen, die Struktur Ihres Kontos wichtig. Sortieren Sie also Ihre Keyword-Listen und Anzeigengruppen, und strukturieren Sie sie derart, dass Sie für die Keywords in jeder einzelnen Anzeigengruppe auf das Keyword abgestimmte Anzeigentexte formulieren können.

Achten Sie darauf, dass Ihre Keywords nicht mehrfach in Ihrem Konto verwendet werden. Sie konkurrieren dann miteinander, und wie auch bei der natürlichen Auslese gewinnt das stärkere Keyword, also das mit der besseren Leistung. Vermeiden Sie doppelte Keywords in Ihrem Konto, um Kosten nicht in die Höhe zu treiben und die Anzeigenposition nicht zu verschlechtern.

> **Tipp: Mit dem AdWords Editor nach doppelten Keywords suchen**
>
> In der obersten Menüleiste des AdWords Editors können Sie unter Tools • Identische Keywords suchen nach Duplikaten suchen. Weitere Informationen zum AdWords Editor lesen Sie in Abschnitt 6.2.12, »Der AdWords Editor«).

Unterteilen Sie Ihre Anzeigengruppen genau, und bedenken Sie das Siloing (siehe Abschnitt 6.2.5, »Die Keywords«). Oftmals bringen Anzeigengruppen mit wenigen, aber präzise ausgewählten Keywords die besten Ergebnisse, da hier sehr gut abgestimmte Anzeigentexte erstellt werden können.

Einen ähnlichen Ansatz hat die sogenannte *Peel-and-Stick-Methode*: Hier empfiehlt Perry Marshall, Keywords mit äußerst guter Leistung in eine gesonderte Anzeigengruppe zu schieben. Dadurch können einerseits genaue Textanzeigen und Zielseiten festgelegt werden, und die Klickrate leidet andererseits nicht unter der Leistung schlechterer Keywords.

Die Anzeige

Sollten Sie feststellen, dass Ihre Anzeigen schlechte Klickraten aufweisen, lesen Sie erneut den Abschnitt zur Erstellung von Google-Ads-Textanzeigen (siehe Abschnitt 6.2.6, »Die Anzeigen«). Hier haben oftmals schon einzelne Zeichen und Buchstaben enorme Auswirkungen auf die Klickrate. Heben Sie Ihre Anzeigen von denen Ihrer Mitbewerber ab, indem Sie Keywords und eine konkrete Handlungsaufforderung integrieren. Benennen Sie aktuelle Sonderaktionen oder Rabatte, und sortieren Sie Ihre Keywords in Anzeigengruppen, zu denen Sie passende Anzeigentexte formulieren können.

Formulieren Sie daher unbedingt verschiedene Varianten von Textanzeigen, und lassen Sie sie im Split-Testing gegeneinander antreten.

> **Tipp: Entwürfe und Tests**
>
> Im Bereich Entwürfe und Tests stehen Ihnen diverse Möglichkeiten zur Verfügung, Varianten Ihrer Kampagnen und Anzeigen miteinander zu vergleichen. Sie können Tests innerhalb Ihrer Kampagnen aufsetzen und haben die Möglichkeit, Tests im Bereich Keywords, Gebote, Anzeigen und Placements durchzuführen. Nehmen wir an, Sie möchten herausfinden, ob eine Anzeigenvariation zu besseren Leistungen führt, so können Sie für die gleichen Keywords parallel Ihre ursprüngliche und Ihre alternative Anzeige verwenden. Stellen Sie fest, dass Sie mit Ihrer Annahme richtig lagen und die neue Anzeige besser funktioniert, können Sie diese für alle Keywords übernehmen.

Wenn Sie eine bestehende Anzeige verändern, und sei es nur durch ein einziges Zeichen, löscht Google die bisherigen Leistungsdaten dieser Anzeige. Die Statistik wird auch gelöscht, wenn Sie Ihre Anzeigen in eine andere Anzeigengruppe verschieben. Daher empfehlen wir Ihnen, wenn Sie Änderungen ausprobieren möchten, eine weitere Anzeige zu erstellen und nicht eine bestehende Anzeige zu überarbeiten. Da beide Varianten geschaltet werden, können Sie bestimmen, welche Anzeige die besseren Leistungen erzielt. Lassen Sie den Test laufen, bis Sie statistisch relevante Leistungsdaten gesammelt haben.

Abbildung 6.86 Einrichtung von Kampagnentests in Google Ads

Manchmal lässt es sich nicht vermeiden, Änderungen an den Anzeigentexten vorzunehmen. Stellen Sie sich danach auf einen leicht schwankenden Qualitätsfaktor ein – dieser Wert sollte sich aber schnell wieder einpendeln. Sie sollten diese Schwankungen eher in Kauf nehmen, als einem Kunden falsche oder schlechte Anzeigentexte zu liefern.

Versuchen Sie bei der Formulierung, Ihr Angebot so präzise wie möglich zu präsentieren. Spannen Sie den roten Faden zu der Suchanfrage, indem Sie Keyword-Platzhalter (*Dynamic Keyword Insertion*, siehe Abschnitt 6.2.6, »Die Anzeigen«) richtig verwenden.

Tipp: Tool zur Anzeigenvorschau und -diagnose

Versuchen Sie zu vermeiden, selbst auf Ihre eigenen Anzeigen zu klicken. Natürlich möchten Sie sehen, wie Ihre Anzeige Ihren Kunden präsentiert wird. Beachten Sie aber, dass Sie dadurch Impressionen generieren und Ihre Klickrate negativ beeinflussen.

Dies kann wiederum den Qualitätsfaktor und auch Ihre Anzeigenposition senken. Es ist daher Vorsicht geboten. Aus diesem Grund stellt Google seinen Werbetreibenden ein Tool zur Anzeigenvorschau und -diagnose zur Verfügung (siehe Abbildung 6.87). In Ihrem Google-Ads-Konto finden Sie in der Kopfleiste bei Klick auf das Schraubenschlüssel-Symbol im Bereich PLANUNG das Tool ANZEIGENVORSCHAU UND –DIAGNOSE, mit dem Sie Ihre Anzeigen testen können, ohne dass Sie die Messwerte beeinflussen.

Wenn Sie mit diesem Tool die Auslieferung überprüfen, werden Leistungsdaten Ihrer Kampagnen nicht verändert. Zudem verändert Google seine Suche immer mehr in Richtung Personalisierung. War eine Anzeige für Sie schon einmal nicht interessant, kann es sein, dass Google sie Ihnen weniger bis gar nicht anzeigt, da sie ja offensichtlich nicht relevant für Sie ist. In dem Tool zur Anzeigenvorschau und -diagnose werden derartige Auslieferungskriterien nicht berücksichtigt.

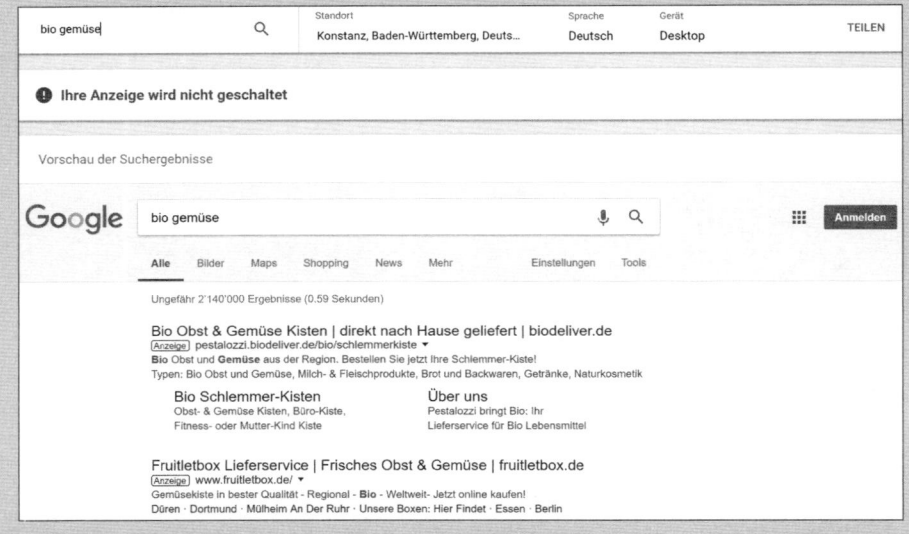

Abbildung 6.87 Das Tool zur Anzeigenvorschau und -diagnose

Die Landing Page

Grundlegend wichtig ist die richtige Auswahl der Landing Page. Leiten Sie den Benutzer auf die Seite, die ihm das Angebot präsentiert, das am besten zu seiner Suchanfrage passt. Überprüfen Sie darüber hinaus die Leistung Ihrer Landing Page, indem Sie Ihr Google-Ads-Konto mit Ihren Web-Analytics-Daten verknüpfen (lesen Sie hierzu in Abschnitt 6.2.2, »Die Kontostruktur«, nochmals nach). Die Kennzahlen *Absprungrate* und *Verweildauer* können hier die ersten aufschlussreichen Daten liefern.

Stellen Sie sich selbst die Frage: Wird Ihr Angebot ansprechend präsentiert? Holen Sie den Benutzer mit seiner entsprechenden Anfrage mithilfe Ihrer Landing Page ab? Berücksichtigen Sie die Grundelemente einer Landing Page? Mit verschiedenen Tools können Sie die Seite sehr genau analysieren. Dies sind beispielsweise Mouse-Tracking-Tools, die die Bewegung der Maus durch den Benutzer festhalten. Heatmaps sind eine weitere Möglichkeit, die Elemente einer Zielseite zu überprüfen. Hier wird farblich markiert, welche Bereiche einer Webseite besonders stark angeklickt werden und welche nicht. Weitere Analysemöglichkeiten stellen wir Ihnen in Kapitel 10, »Web-Analytics«, detaillierter vor.

Testen Sie unterschiedliche Elemente Ihrer Landing Page, wie beispielsweise verschiedene Formulierungen, Farben, Grafiken und Bilder oder die Anordnungen der einzelnen Elemente. Auch wenn Sie am liebsten alles auf einmal testen möchten: Testen Sie nacheinander, sonst erhalten Sie keine eindeutigen Ergebnisse.

Mit *Google Optimize* haben Sie die Möglichkeit, verschiedene Varianten von Landing Pages zu testen. Hier müssen Sie oder Ihr Webmaster einen speziellen Code in Ihre Website integrieren. Dann werden die verschiedenen Testvarianten unterschiedlichen Nutzern gezeigt (z. B. A/B-Test oder multivariater Test). Sie erhalten anschließend einen genauen Bericht zu den Leistungen der einzelnen Varianten. Hierzu lesen Sie mehr in Kapitel 9, »Testverfahren«.

Neben den drei Hauptstellschrauben können Sie auch Ihre Konto- und Kampagneneinstellungen anpassen. Überprüfen Sie daher, wann und wie Ihre Anzeigen ausgeliefert werden. Wie Sie bereits wissen, haben Sie bei Google Ads die Möglichkeit, Ihre Anzeigen nur zu bestimmten Tages- und Nachtzeiten auszuliefern oder sich auf bestimmte Wochentage zu beschränken. Stellen Sie beispielsweise fest, dass Sie Conversions nur tagsüber erzielen, dann können Sie festlegen, dass Ihre Anzeigen nicht in der Nacht ausgeliefert werden.

Darüber hinaus können Sie die Anzeigenschaltung, wie Sie wissen, gleichmäßig oder anfrageabhängig vornehmen. Auch hier sollten Sie experimentieren, wie Sie die besten Ergebnisse erzielen. Ebenfalls kann es sinnvoll sein, die geografische Ausrichtung Ihrer Kampagne anzupassen. Schalten Sie Ihre Anzeigen wirklich nur dort, wo Sie Kundenbedürfnisse befriedigen können. Sie haben bei Google Ads die Möglichkeit, den Auslieferungskreis sehr genau zu bestimmen.

Erhöhen Sie nicht zwangsläufig Ihre maximalen Gebote, wenn Sie mit der Leistung Ihrer Kampagne nicht zufrieden sind. Versuchen Sie zunächst, die Relevanzkette (Suchanfrage, Ihre Keywords, Ihre Anzeige, Ihre Landing Page) zu verbessern. Erst dann sollten Sie mit unterschiedlichen Geboten arbeiten.

Darüber hinaus spielen die Werbenetzwerke eine wichtige Rolle. Wie wir bereits beschrieben haben, sollten Sie für das Such- und das Display-Netzwerk jeweils eigenständige Kampagnen anlegen. Für das Display-Netzwerk gilt außerdem: Wenn Sie noch mehr potenzielle Kunden per Display-Netzwerk ansprechen möchten, richten Sie Ihre Kampagne nach Ihrem anvisierten Werbeziel aus. Das bedeutet, dass Sie zielgerichtet Placements verwenden sollten, wenn Sie Ihre Marke bekannt machen möchten und ein Branding-Ziel verfolgen (placementbezogene Ausrichtung). Sind hingegen direkte Reaktionen der Benutzer angestrebt, bietet sich eher die Auswahl von zielgerichteten Keywords an (keywordbezogene Ausrichtung). Die Anzeigen im Display-Netzwerk werden von Google so ausgeliefert, dass sie zum Inhalt der publizierenden Website passen. Hier sind präzise Keyword-Listen besonders wichtig, damit Ihre Werbung nur dort erscheint, wo sie potenzielle Interessenten ansprechen kann.

Nutzen Sie zur Optimierung Ihrer Kampagnen im Display-Netzwerk die Leistungsdaten Ihrer Placements. Eine Möglichkeit besteht darin, die entsprechende Kampagne und den gewünschten Zeitraum auszuwählen und dann die einzelnen Leistungsdaten der Placements zu analysieren. Sie können sich dort die vollständigen URLs ansehen und die Daten auch herunterladen. Bei Unterseiten (z. B. Kategorien von Websites) stoßen Google Ads hier jedoch teilweise an ihre Grenzen.

So können Sie überprüfen, auf welchen Websites Ihre Anzeigen ausgeliefert wurden. Stellen Sie dabei fest, dass Google Ihre Anzeigen auf Websites schaltet, die für Sie nicht relevant sind, sollten Sie diese Placements ausschließen. Dazu kann auch das Ausschließen von Websites und Kategorien hilfreich sein.

Berichte

In Ihrem Google-Ads-Konto haben Sie die Möglichkeit, sich eine Reihe von Berichten anzeigen zu lassen, diese in verschiedenen Formaten zu exportieren oder sie sich beispielsweise per E-Mail zusenden zu lassen.

In der Kopfleiste finden Sie ein Symbol, das ein Balkendiagramm zeigt. Sie finden in diesem Bereich BERICHTERSTELLUNG viele Möglichkeiten, Ihre Google-Ads-Daten zusammenzustellen und zu visualisieren. In der linken Spalte finden Sie alle Metriken, die für einen Bericht zur Verfügung stehen. Verschieben Sie diese einfach mit Ihrer Maus in die Ansicht rechts (siehe Abbildung 6.88). Über die diversen Spalten-, Segment- und Filtereinstellungen können Sie Ihre Daten bearbeiten. Mit Klick auf das kleine Pfeilsymbol in der Kopfzeile können Sie die Tabelle als Bericht herunterladen. Sie wird automatisch gespeichert und kann über den Link BERICHTE im gleichen Bereich wieder aufgerufen werden. Sie haben die Möglichkeit, diese Daten per E-Mail in bestimmten zeitlichen Abständen zu verschicken. Zur Optimierung Ihrer Kampagne kann das Analysieren Ihrer Leistungsberichte sehr hilfreich sein. Welcher Bericht die meiste Aussagekraft für Ihre Optimierungsmaßnahmen hat, lässt sich pauschal nicht sagen. Dies hängt von Ihren Werbezielen und den bisher erreichten Kampagnenleistungen ab. Versuchen Sie mithilfe von Berichten, Schwachstellen zu identifizieren.

Abbildung 6.88 Erstellung eines Berichts in Google Ads

Suchtrichter-Analyse

Wie Sie sicher selbst an Ihrem eigenen Suchverhalten feststellen können, ist nicht zwangsläufig immer der Suchbegriff, den Sie als ersten verwendet haben, auch derjenige, über den Sie dann beispielsweise eine Bestellung abschließen.

Oftmals sieht der Prozess so aus, dass Sie Ihre Suche immer weiter verfeinern. So kann es beispielsweise sein, dass Sie bei einer Reisebuchung zunächst »Reise Spanien« als Suchanfrage eingeben. Danach stellen Sie fest, dass Ihnen sowohl Auto- als auch Schiffs- und Flugreisen angeboten werden. Sie grenzen Ihre Suche also weiter ein, suchen nach »Flugreise Spanien« und erhalten in der Ergebnisliste verschiedene Fluggesellschaften, die Reisen nach Spanien anbieten. Auch diese Suchergebnisse sind für Sie noch nicht treffend genug. Sie geben daher das Keyword »Pauschalurlaub Spanien Flug« ein. Dieses Spielchen geht noch eine Weile so weiter, da Sie nun noch verschiedene Anbieter vergleichen und Empfehlungen zu einzelnen Angeboten lesen. Erst danach – und möglicherweise sogar erst einige Tage später – haben Sie sich für ein Angebot entschieden und buchen schließlich Ihre Reise.

Wie beispielsweise bei einem Fußballspiel nicht der Torschütze allein für einen Erfolg verantwortlich ist, sondern auch alle Mitspieler, die beim Aufbauspiel und beim Passen beteiligt sind, damit ein Tor geschossen werden kann, sind auch hier die vorherigen Suchanfragen nicht zu ignorieren (siehe Abbildung 6.89).

Abbildung 6.89 Beispielhafte Conversion-Kette bei einer Urlaubsbuchung

Im Durchschnitt, so eine von Google veröffentlichte Erhebung, wird zwölfmal gesucht, bevor eine Reise gebucht wird. Für Advertiser war zunächst nicht ersichtlich, wie der Suchprozess aussah, und sie konnten die Conversion nur der letzten Suchanfrage bzw. dem letzten geklickten Keyword zuordnen. In vielen Fällen ist das letzte Keyword eine Marke, was zur falschen Bewertung von Marken-Keywords führte, da vorausgegangene Keywords nicht berücksichtigt und möglicherweise sogar gelöscht oder pausiert wurden. Ähnliches gilt für Anzeigen auf Mobilgeräten, die häufig noch nicht zu einer Conversion führen, da sich der Nutzer noch informiert.

Seit einiger Zeit können Sie diesen sogenannten *Suchtrichter* (*Search Funnel*) auch in Ihrem Google-Ads-Konto einsehen und dadurch Ihre Keywords besser bewerten. Hinter dem Schraubenschlüssel-Symbol in der Kopfleiste finden Sie unter Messung den Bereich Attribution für Suchnetzwerk. Dort erhalten Sie zahlreiche Informationen zu vorbereiteten Conversions und geräteübergreifenden Aktivitäten, die Ihnen helfen, Ihre Kampagnenleistung besser zu verstehen (siehe Abbildung 6.90).

Abbildung 6.90 Attributionsberichte in Google Ads

Mit der Auswahl Gerätepfade im linken Seitenbereich können Sie sich z. B. die Wege ansehen, die Ihre Nutzer über verschiedene Geräte bis hin zur Conversion durchlaufen (das Google-Ads-Conversion-Tracking ist hier vorausgesetzt). Auf dieser Basis können Sie dann z. B. fundierter entscheiden, welche Kampagne Sie mit welchem Budget ausstatten und welche gerätespezifischen Gebotsanpassungen Sie machen.

Diese speziellen Berichte können Sie bei der Optimierung Ihrer Google-Ads-Kampagnen unterstützen. Es ist jedoch zu berücksichtigen, dass sowohl organische Suchergebnisse als auch andere Werbemittel (Newsletter, TV-Spots etc.) zu diesem Kaufverhalten beitragen können.

Labels

Zur verbesserten Übersicht und individuelleren Filtermöglichkeiten bieten Google Ads die sogenannten *Labels* an. Damit soll eine bessere Organisation und Strukturierung im Konto möglich sein. Sie können Ihre wichtigsten Suchbegriffe unter dem Tab KEYWORDS mit einem Label versehen und anschließend danach filtern.

6.2.10 Zehn Optimierungsmaßnahmen

Im Folgenden haben wir Ihnen zehn Maßnahmen zusammengestellt, die bei verschiedenen Schwachstellen helfen können. Sie werden feststellen, dass viele Maßnahmen und Resultate eng zusammenhängen und daher nicht immer als Einzelmaßnahme betrachtet werden können. Unsere Tipps erheben nicht den Anspruch auf Vollständigkeit und müssen je nach Werbeziel und Individualfall betrachtet und angepasst werden.

1. Ich habe den Überblick verloren und weiß nicht, wo ich anfangen soll, zu optimieren

Viele Werbetreibende legen zunächst keinen großen Wert auf eine übersichtliche Kampagnenstruktur und legen nur eine Kampagnen an, die alle Keywords enthält. Sie können somit weder eine genaue Ausrichtung auf die Zielgruppe vornehmen (geografische und sprachliche Ausrichtung) noch das Budget für verschiedene Angebote unterschiedlich wählen. Darüber hinaus können die Anzeigentexte nicht exakt auf die Keywords abgestimmt werden, was sich negativ auf die Anzeigenleistung auswirken kann. Achten Sie daher auf eine sortierte Kampagnenstruktur, und legen Sie getrennte Kampagnen für das Such- und das Display-Netzwerk sowie mehrere Anzeigengruppen pro Kampagne an. Separate Kampagnen nach Themenwelten, Saisonalitäten, lokalen Ausrichtungen und Marken können ebenso sinnvoll sein. So können Sie präzise Optimierungsmaßnahmen flexibel für einzelne Anzeigengruppen vornehmen.

2. Ich weiß nicht, welche Daten ich zur Definition von Optimierungsmaßnahmen verwenden soll

Bedenken Sie, dass beispielsweise zweistellige Klickzahlen noch nicht aussagekräftig genug sind, um Maßnahmen zur Optimierung zu definieren. Sie müssen kein Statistik-Ass sein, um nachvollziehen zu können, dass 30 Klicks auf eine Anzeige noch nicht zur Bewertung von deren Effizienz ausreichen. Hier ist ein wenig Geduld gefragt, bis statistisch relevante Daten vorhanden sind. Erst dann sollten Sie Schlüsse daraus ziehen. Nutzen Sie Tools wie den PPC G-test Calculator unter *tools.seobook. com/ppc-tools/calculators/split-test.html*, um die statistische Signifikanz Ihrer Daten zu testen. Um die Klickrate zu erhöhen, überprüfen Sie z. B. Ihre Keyword-Listen und die Formulierung Ihrer Anzeigentexte. Sie sollten sowohl die Daten in Ihrem Google-Ads-Konto analysieren als auch die Chance nutzen, sich gezielte Berichte anzeigen zu lassen. Wichtig ist, dass Sie in regelmäßigen Abständen die Leistung Ihrer Kampagnen überprüfen. Rufen Sie sich den »roten Faden« ins Gedächtnis, das heißt die Abstimmung von Keyword-Auswahl über Anzeigen bis hin zur Landing Page, und optimieren Sie sie mit den einzelnen Stellschrauben.

3. Ich habe zu wenige Klicks

In diesem Fall gibt es verschiedene Ansatzpunkte: Überprüfen Sie Ihre Keyword-Optionen, und fügen Sie Ihren Kampagnen weitere Keywords und im Display-Netzwerk auch Placements hinzu. Es kann auch sinnvoll sein, weitere Bereiche Ihres Angebots einzubeziehen, die Sie bisher noch nicht als Keyword verwendet haben.

Verwenden Sie Ihre Keywords eine Zeit lang in der Option WEITGEHEND PASSEND (Broad Match). Analysieren Sie danach die Suchanfragen, und fügen Sie diejenigen thematisch passenden Keywords in der Option GENAU PASSEND Ihrer Kampagne hinzu, die relevant sind und viele Klicks erzielt haben. Während Sie diesen Keywords eigene Gebote zuweisen können, dienen die anderen Schlüsselbegriffe dazu, weitere relevante Keywords zu identifizieren.

Es kann empfehlenswert sein, die besten Keywords in eine gesonderte Anzeigengruppe zu verlagern und dieser einen höheren maximalen CPC zuzuweisen. Zudem schlägt Google Ihnen im Werbekonto weitere Keywords vor. Erweitern Sie Ihre Keyword-Liste mit einer erneuten Keyword-Recherche. Kontrollieren Sie Ihre sprachliche und geografische Kampagnenausrichtung sowie die Anzeigenauslieferung. Testen Sie verschiedene Anzeigenformate. Bevor Sie Ihr Tagesbudget erhöhen, sollten Sie immer erst versuchen, Ihren Qualitätsfaktor zu verbessern.

4. Ich habe zu viele Klicks (aber wenige Conversions)

Wenn Sie mit zu vielen Klicks zu kämpfen haben, ist Ihre Keyword-Liste wahrscheinlich nicht präzise genug. Überprüfen Sie Ihre Schlüsselbegriffe. Einwort-Kombinationen sollten Sie möglichst nicht verwenden, da sie sich oftmals nicht präzise genug auf Ihr Angebot beziehen. Ebenso sollten Sie Ihre Keyword-Optionen kontrollieren. Verwenden Sie auszuschließende Keywords bzw. auszuschließende Placements. Das ist besonders wichtig, wenn Ihre Keyword-Liste viele weitgehend passende (Broad Match) Keywords enthält. Zudem kann eine schlechte Conversion-Rate auch durch eine unpassende Landing Page hervorgerufen werden. Schauen Sie sich in diesem Fall Kapitel 8, »Conversion-Rate-Optimierung (CRO)«, an.

5. Meine Klickrate (CTR) ist schlecht

Kontrollieren Sie Ihre Anzeigentexte: Ist Ihr Keyword im Titel oder im Anzeigentext enthalten (z. B. durch die Verwendung von Platzhaltern)? Haben Sie besondere Merkmale zu Ihrem Produkt sowie Rabatte und Sonderleistungen hervorgehoben? Haben Sie eine konkrete Handlungsaufforderung formuliert und die Richtlinien von Google berücksichtigt? Nutzen Sie die Möglichkeiten der *Dynamic Keyword Insertion* sowie sinnvolle Anzeigenerweiterungen? Sie sollten verschiedene Varianten verfassen und sie gegeneinander testen. Dafür ist die leistungsunabhängige Anzeigenschaltung notwendig. So werden die Anzeigen gleichmäßig ausgeliefert, und Sie können anhand der Kennzahlen sehen, welche Anzeige bessere Klickraten erzielt. Schon minimale Änderungen können Ihre Klickrate beeinflussen. Überarbeiten Sie auch Ihre Display-Anzeigen.

Wie Sie wissen, beschreibt die CTR das Verhältnis von Klicks und Impressionen. Sie können die Impressionen beeinflussen, indem Sie ausschließende Keywords verwenden. Damit werden Ihre Anzeigen nur dann angezeigt, wenn sie zu Ihrem Angebot passen. Überprüfen Sie die Auswahl von Keywords und Placements, um Ihre Anzeigen möglichst zielgerichtet auszuliefern.

Kontrollieren Sie die Größe Ihrer Anzeigengruppe: Sind zu viele Keywords einer Anzeigengruppe zugeordnet und nur recht wenige Anzeigentexte formuliert, kann kaum eine gute Klickrate erzielt werden, da die Anzeigentexte in den wenigsten Fällen genau zu den Keywords passen. Arbeiten Sie an der Verbesserung Ihrer CTR, um Ihren Qualitätsfaktor zu verbessern und damit Ihre Kosten auf Dauer zu senken.

6. Ich weiß nicht, welchen maximalen CPC ich festlegen soll

Möchten Sie sehr kurzfristig eine bessere Anzeigenposition erreichen, kann es sinnvoll sein, Ihr maximales CPC-Gebot eher höher anzusetzen. Gerade bei neu angelegten Keywords in Ihrem Google-Ads-Konto kann zunächst ein höherer CPC und damit eine höhere Anzeigenposition eine positive Wirkung haben, denn weiter oben präsentierte Anzeigen werden erfahrungsgemäß häufiger von suchenden Benutzern angeklickt. So bauen Sie eine gute Klickrate auf (die bei neuen Keywords noch nicht vorhanden sein kann) und beeinflussen wiederum den Qualitätsfaktor positiv. Dies hat zur Folge, dass Sie Ihre Kosten wieder senken können. Bei sehr leistungsstarken Keywords kann es durchaus ratsam sein, den CPC zu erhöhen. Es sollte aber immer das Ziel sein, einen guten Qualitätsfaktor, also relevante Anzeigen, zu erreichen, anstatt regelmäßig das Gebot zu erhöhen. Setzen Sie sich zudem intensiv mit den verschiedenen Möglichkeiten automatisierter Gebotsstrategien auseinander, die Google Ads zu bieten hat.

7. Ich möchte meine Kosten senken

Dies ist wohl ein Wunsch, den alle Werbetreibenden hegen. Wie Sie schon gelesen haben, werden die Kosten Ihrer Kampagne von der Relevanz beeinflusst, die durch den Qualitätsfaktor ausgedrückt wird. Versuchen Sie daher, Ihren Qualitätsfaktor zu verbessern, um Ihre Kosten zu senken bzw. einen besseren ROI zu erzielen. Der Qualitätsfaktor hat Einfluss auf die Klickpreise und somit auf Ihre Gesamtkosten.

Sie sollten aber nicht nur die Relevanz erhöhen, sondern auch solche Klicks vermeiden, die nicht zielführend sind und Kosten, aber keine Conversions verursachen. Dies erreichen Sie beispielsweise durch das Ausschließen von Keywords und Placements und eine präzise Keyword-Liste sowie abgestimmte Anzeigentexte. Überprüfen Sie die Leistung Ihrer Kampagnen regelmäßig.

8. Ich erreiche mit meiner Kampagne nur sehr wenige Conversions

Ebenso wie das Senken der Kosten sollte eine hohe Conversion-Rate und damit ein guter ROI das Ziel eines jeden Werbetreibenden sein. Eine Möglichkeit ist, die Wahl Ihrer Landing Page zu überprüfen. Leiten Sie den Suchenden direkt zu Ihrem Angebot, und präsentieren Sie dieses benutzerfreundlich und attraktiv? Haben Sie einen roten Faden gespannt zwischen Suchanfragen, Anzeige und Landing Page? Gehen Sie den gesamten Verkaufszyklus einmal durch, und überprüfen Sie Ihre Keyword-Liste. Ist sie präzise auf Ihr Angebot abgestimmt, und enthält sie ausschließende Suchbegriffe? Sind Ihre Anzeigentexte ansprechend formuliert, beinhalten sie optimalerweise das Keyword sowie Preise und weitere Vorteile? Haben Sie die verschiedenen Anzeigenerweiterungen in Erwägung gezogen? Lesen Sie zur Vertiefung Kapitel 8, »Conversion-Rate-Optimierung (CRO)«, um Anregungen zur Verbesserung Ihrer Landing Page zu erhalten. In Kapitel 9, »Testverfahren«, erfahren Sie mehr zu Testmöglichkeiten, um Ihre Landing Page verbessern zu können. Prüfen Sie Layout und Usability Ihrer Landing Page.

Es kann sinnvoll sein, das Gebot für Keywords mit guter Leistung zu erhöhen und es für Keywords mit schlechter Leistung zu senken. Zu guter Letzt sollten Sie Ihr Conversion-Tracking überprüfen. Manchmal ist die Ursache des Problems auch ein technisches. Berücksichtigen Sie auch Benutzer verschiedener Browser und solche, die möglicherweise Cookies deaktivieren und bei denen eine Conversion-Messung nicht möglich ist.

9. Ich möchte den Qualitätsfaktor verbessern

Wie Sie in Abschnitt 6.2.8, »Die Kosten«, gesehen haben, setzt sich der Qualitätsfaktor aus verschiedenen Kriterien zusammen, von denen aber nicht alle bekannt sind.

Die bekannten Faktoren sind aber verbesserungsfähig. Dies sind zum einen die voraussichtliche CTR (Verbesserungsvorschlag siehe oben), die Landing Page und die

Anzeigenrelevanz. Überprüfen Sie zudem die Ladezeit Ihrer Landing Page. Insgesamt sollten Sie die Relevanz Ihrer Anzeigen und Ihrer Landing Page zur Suchanfrage verbessern. Anzeigen und Keywords mit schlechtem Qualitätsfaktor sollten Sie löschen.

10. Ich weiß nicht, wie ich meine Kampagne für das Display-Netzwerk optimieren soll

Kampagnen im Google-Display-Netzwerk werden häufig vernachlässigt. Achten Sie darauf, die Leistungen regelmäßig zu kontrollieren, und schließen Sie Keywords und Placements aus, die nicht zielgerichtet sind. Überprüfen Sie Placements nach Kategorien und manuell hinzugefügten Placements.

Wichtig bei allen Maßnahmen zur Optimierung Ihrer Kampagne ist die konsequente Leistungsüberprüfung. Bedenken Sie, dass Sie mit der Optimierung nie wirklich fertig sein werden. Eine Leistungsoptimierung Ihrer Kampagne ist ein ständiger Kreislauf, und viele Nebenbedingungen können den aktuellen Status Ihrer Kampagne schnell verändern (z. B. das Wettbewerbsumfeld, aktuelle Ereignisse und damit veränderte Suchanfragen und vieles mehr). Optimieren Sie Ihre Kampagne Schritt für Schritt, und nehmen Sie nicht zu viele Veränderungen auf einmal vor, denn nur so können Sie feststellen, ob eine Optimierungsmaßnahme erfolgreich war oder nicht. Wir gehen auf das Thema in Kapitel 12, »Display-Marketing«, noch genauer ein.

6.2.11 Bid Management

Sie haben inzwischen einen Eindruck davon gewonnen, wie viele Optimierungsmaßnahmen und individuelle Anpassungen an einer Google-Ads-Kampagne vorgenommen werden können, um möglichst gute Ergebnisse zu erzielen. Advertiser mit vielen unterschiedlichen Kampagnen und hohen Werbebudgets stehen oftmals vor der Aufgabe, diesen Anpassungen gerecht zu werden. Das manuelle Drehen an den unterschiedlichen Stellschrauben scheint oft nicht möglich. Daher bieten sogenannte *Bid Management Tools* eine automatische Optimierung an. Dabei wird der *Bid* (das Gebot) für Keywords, Anzeigengruppen, Kampagnen kontinuierlich angepasst mit dem Ziel, einen größtmöglichen wirtschaftlichen Erfolg zu erzielen. Da Bid Management Tools zumeist nicht kostenlos sind, lohnt sich ihr Einsatz erst ab einem größeren Werbekostenbudget.

Automatisierte Regeln

Mit der Funktion *automatisierte Regeln* können Sie Vorgaben zur automatischen Anpassung Ihrer Kampagnen machen und sich manuellen Optimierungsaufwand sparen. Beispielsweise können Sie festlegen, dass Keywords mit schlechten Leistungswerten automatisch pausiert werden sollen. Hierzu klicken Sie in der Kopfleiste auf das Schraubenschlüssel-Symbol und dann im Bereich BULK-AKTIONEN auf REGELN. Sie können nahezu jeden Bereich Ihres Kontos mithilfe von automatisierten Regeln steuern, wie Sie in Abbildung 6.91 sehen.

+	Kampagnenregeln
+	Anzeigengruppenregeln
+	Keyword-Regeln
+	Anzeigenregeln
+	Regeln für Displaynetzwerk-Keywords
+	Regeln für Themen
+	Placement-Regeln
+	Zielgruppenregeln
+	Regeln für Altersgruppe
+	Geschlechterregeln
+	Regeln für Elternstatus
+	Regeln für Einkommensbereich

Abbildung 6.91 Festlegen von automatisierten Regeln im Google-Ads-Konto

Automatisierte Änderungen mit Skripts

Eine fortgeschrittene Variante, automatisierte Änderungen in Ihrem Google-Ads-Konto vorzunehmen, sind *Skripts*. Mithilfe von JavaScript-Code können Sie mit Skripts z. B. automatisiert Gebote ändern, Keywords pausieren oder sogar externe Daten wie Lagerbestände beim Bid Management Ihrer Keywords berücksichtigen. Vor allem wenn Sie über ein umfangreiches Konto verfügen, sollten Sie (oder ein Kollege mit JavaScript-Kenntnissen) sich unbedingt mit Skripts beschäftigen, da Sie mithilfe von Skripts manuelle Arbeiten drastisch reduzieren können.

Eine geeignete Agentur finden

Sollte Ihnen die Kampagnenoptimierung zu komplex erscheinen, müssen Sie nicht sofort das Handtuch werfen. Es gibt zahlreiche Agenturen und Dienstleister, die auf die Erstellung und Optimierung von Google-Ads-Kampagnen spezialisiert sind. Sie haben dann die Qual der Wahl. Schauen Sie sich die Referenzen, die Mitarbeiter und deren Ausbildung genau an, bevor Sie sich entscheiden. Google bietet ein Zertifizierungsprogramm an, an dem sowohl Einzelpersonen als auch Agenturen teilnehmen können. Hier müssen in regelmäßigen Abständen Fachprüfungen abgelegt werden. Erst dann dürfen sich die Dienstleister oder Agenturen mit einem Zertifizierungssiegel von Google schmücken. Mit der *Google Partnersuche* soll es Unternehmen erleichtert werden, eine geeignete Agentur zu finden. Damit ist ein Verzeichnis gemeint, das zertifizierte Agenturen auflistet. Mehr dazu finden Sie unter *www.google.de/partners/*.

6.2.12   Der AdWords Editor

Mit dem *AdWords Editor* stellt Google Ihnen ein kostenfreies Tool zur Verfügung, das es Ihnen ermöglicht, auch offline an Ihren Kampagnen zu arbeiten. Unter *ads.google.com/intl/de_de/home/tools/ads-editor/* können Sie das Tool herunterladen und installieren. Es funktioniert für Mac und PC. Als Nächstes laden Sie Ihre Google-Ads-Kampagnen herunter. Nun können Sie sie offline bearbeiten und danach Ihre Änderungen wieder hochladen. Die Online-Bearbeitung ist weiterhin möglich. Wenn Sie dann mit dem AdWords Editor arbeiten möchten, laden Sie einfach den aktuellen Stand Ihrer Online-Kampagnen herunter.

Sie fragen sich, welche Vorteile das hat? Ein Hauptvorteil ist, dass sich Kampagnen mit dem AdWords Editor sehr viel effizienter verwalten und bearbeiten lassen und dass auch das Offline-Bearbeiten möglich ist. Grundsätzlich steht das Tool jedem zur Verfügung, es empfiehlt sich aber besonders zur Verwaltung mehrerer Konten oder bei einer enormen Anzahl an Kampagnen, Anzeigengruppen, Anzeigen und Keywords bzw. Placements. Dies ist z. B. für Agenturen empfehlenswert, die mehrere Kunden im Bereich Google Ads betreuen. Sie können Ihren Änderungen Kommentare hinzufügen, damit auch andere Bearbeiter wichtige Informationen zu Bearbeitungsschritten sehen. So haben Sie auch später einen guten Überblick darüber, wer die Änderungen durchgeführt hat und zu welchem Zeitpunkt dies geschehen ist. Zudem können Sie das gesamte Konto oder einzelne Kampagnen exportieren und somit anderen Bearbeitern Ihre Änderungsvorschläge weiterleiten.

Besonders vorteilhaft ist das schnelle Durchführen von umfangreichen Änderungen: Wenn Sie online in Ihrem Google-Ads-Konto beispielsweise eine Vielzahl von Keywords bearbeiten, kann die Bearbeitung in der Google-Ads-Oberfläche einige Zeit in Anspruch nehmen. Mit dem AdWords Editor können Sie Bearbeitungen sehr viel schneller durchführen und diese nach der Fertigstellung hochladen.

Generell können Sie alle Bearbeitungen (das heißt das Hinzufügen, Bearbeiten, Pausieren und Löschen) auf den verschiedenen Kontoebenen auch offline vornehmen (siehe Abbildung 6.92). Mit umfangreichen Sucheinstellungen können Sie benutzerdefinierte Ansichten einstellen.

Unter der sogenannten *Bulk-Bearbeitung* versteht man das gleichzeitige Vornehmen von Änderungen an verschiedenen ausgewählten Elementen oder auch in mehreren Kampagnen gleichzeitig. So können Sie z. B. URLs oder Gebote für alle ausgewählten Elemente gleichzeitig ändern. Auch die bekannte Funktion SUCHEN UND ERSETZEN ist möglich. Auch ermöglicht es Ihnen der AdWords Editor beispielsweise, nach identischen Keywords zu suchen.

Darüber hinaus können Sie ganze Kampagnen oder nur Teile davon kopieren und wunderbar als Vorlage verwenden. Auch die Funktion Drag & Drop ist mit dem AdWords Editor möglich: So können Sie Elemente in der Baumstruktur des Kontos ganz einfach an eine andere Position verschieben.

> ### Tipp: Kampagnenentwurf
>
> Mit dem AdWords Editor können Sie eine Kampagne auf Probe erstellen, das heißt, sie ist zunächst nur im Editor sichtbar. Sie können auch einer bestehenden Kampagne den Status KAMPAGNENENTWURF zuweisen. Erst zu dem Zeitpunkt, wenn Sie den Status in AKTIV ändern, werden die Inhalte hochgeladen.

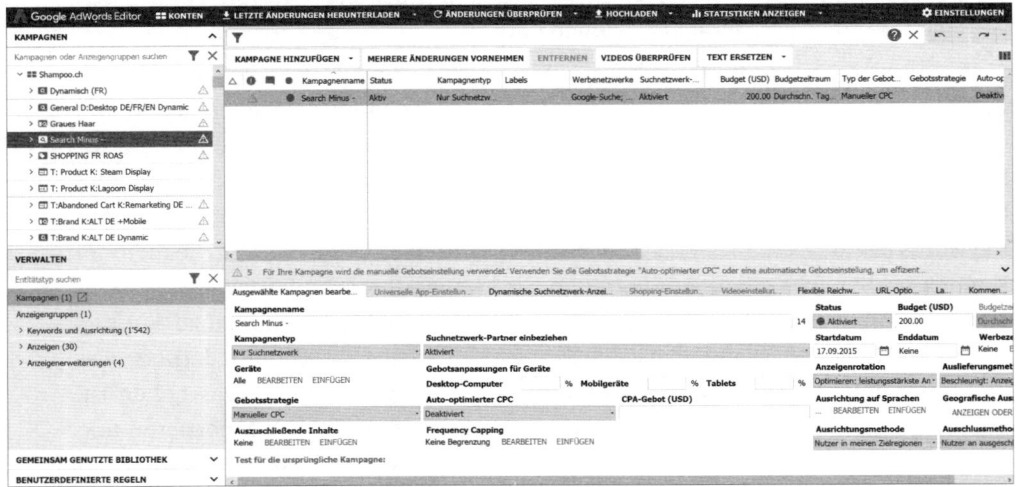

Abbildung 6.92 Mit dem AdWords Editor können Sie Ihre Kampagnen offline bearbeiten.

Einen entscheidenden Vorteil bietet die Funktion der Sicherheitskopien. So können Sie von jedem Status quo Ihrer Bearbeitung Sicherungen erstellen. Sollte sich herausstellen, dass eine umfangreiche Bearbeitung Ihrer Kampagnen nicht zum gewünschten Erfolg führt, sondern im Zweifelsfall die Kampagnenleistung sogar negativ beeinflusst, können Sie mit der Sicherungskopie den gewünschten (alten) Stand wieder aufrufen und in Ihrem Konto hochladen. Der alte Stand ist damit wiederhergestellt.

Sie können Statistiken zu Ihrer Kampagnenleistung anzeigen lassen oder auch herunterladen. Klicken Sie hierzu in der Toolbar auf die Schaltfläche STATISTIKEN AN-ZEIGEN. Sie haben zudem die Möglichkeit, die Statistiken zu sortieren. Lassen Sie sich beispielsweise alle Keywords anzeigen, die inaktiv sind, und erhöhen Sie dann beispielsweise ganz einfach für all diese Keywords das Gebot prozentual um 10 % (sofern Sie dies für die richtige Optimierungsstrategie halten).

Es gibt eine Reihe von sogenannten Shortcuts, die Ihnen das Arbeiten mit dem Ad-Words Editor erleichtern, da Sie anstelle der Menüauswahl eine bestimmte Tastenkombination verwenden können. Eine Auflistung der Shortcuts und viele andere wertvolle Tipps zum Umgang mit dem AdWords Editor finden Sie unter *support. google.com/adwords/editor/*.

6.3   Google Ads vs. AdSense

Sie haben nun erfahren, wie Sie mit dem Werbeprogramm Google Ads effektive Kampagnen schalten können. An einigen Stellen haben wir dabei schon das zweite Werbeprogramm, nämlich Google AdSense, erwähnt. Wir werden Ihnen im Folgenden den Unterschied zwischen den beiden Werbeprogrammen näher erläutern. Weitere Informationen zu AdSense finden Sie darüber hinaus in Kapitel 18, »Monetarisierung – Einnahmen mit der Website erzielen«.

Bei Google Ads haben Sie die Möglichkeit, Ihre Anzeigen auch auf anderen Websites zu integrieren. Und hier kommt AdSense ins Spiel, denn es stellt sozusagen den Gegenpart dar: Hier haben Sie als Website-Betreiber die Möglichkeit, die Google Ads zu platzieren, und werden an jedem Klick beteiligt, den ein Nutzer auf eine Anzeige tätigt. Das Programm analysiert dabei den Inhalt Ihrer Website und wählt automatisch die Anzeigen aus, die zum Content Ihrer Site passen. Somit präsentieren Sie Ihrer Zielgruppe themenrelevante Anzeigen beispielsweise als Text-, Image- oder responsive Anzeige. Sie können die Anzeigendarstellung an die Darstellung Ihrer Website anpassen und z. B. die Farben oder die Größe der Anzeigenblöcke bearbeiten. Zudem können Sie Anzeigen Ihrer Konkurrenten verweigern. Durch die redaktionellen Richtlinien im Google Ads-Programm werden nur Anzeigen geschaltet, die diesen Vorgaben entsprechen. Sie als Publisher der Werbeanzeigen werden monatlich an den Klickeinnahmen beteiligt. Um an dem AdSense-Werbeprogramm teilnehmen zu können, müssen Sie sich mit Ihrer Website bewerben, wobei keine Kosten auf Sie zukommen. Darüber hinaus müssen Sie einen Code in Ihre Website integrieren, damit Werbeanzeigen geschaltet werden können.

In Abbildung 6.93 sehen Sie die wesentlichen Unterschiede der beiden Werbeprogramme noch einmal auf einen Blick.

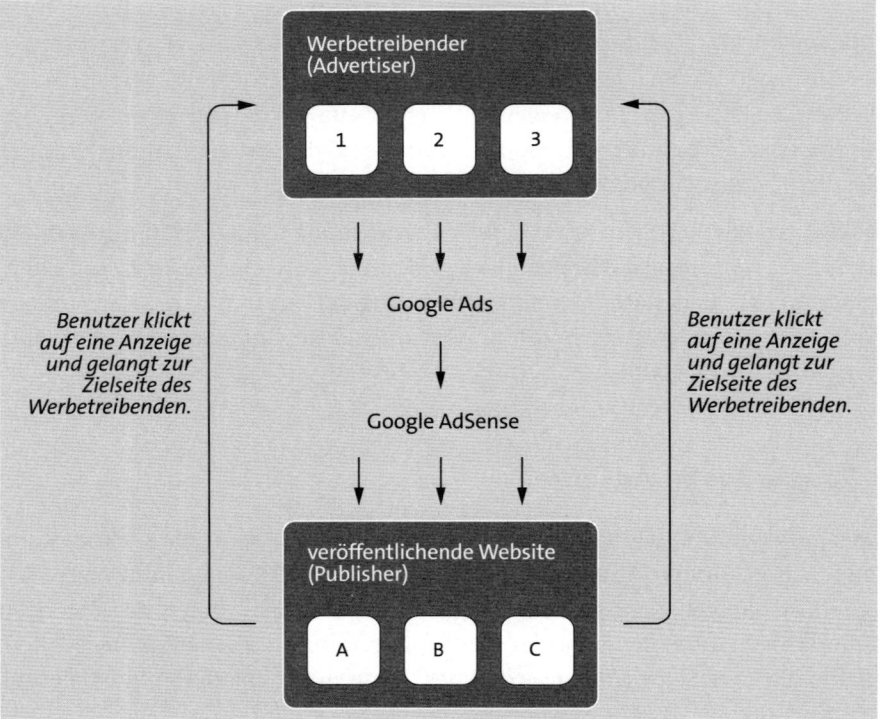

Abbildung 6.93 Der Zusammenhang der Werbeprogramme Google Ads und Google AdSense

6.4 Empfehlung

Das Werbeprogramm von Google ist eine effektive Möglichkeit, eine Zielgruppe in dem Moment anzusprechen, wenn sie ein konkretes Suchbedürfnis hat. Bei dem richtigen Einsatz sind Google Ads eine besonders transparente und im Vergleich zu anderen Werbemedien durchaus kostengünstige Möglichkeit, potenzielle Kunden zu erreichen.

Wir empfehlen Ihnen als Google-Ads-Anfänger, zunächst kleinere Bereiche Ihres Angebots zu bewerben, um Erfahrungen sammeln zu können und Ihre Kosten gering zu halten. Wichtig sind vor allem die konsequente Beobachtung der Kampagnenleistung sowie das Testen von diversen Optimierungsmaßnahmen. Letztendlich gewinnen Sie die größte Erkenntnis, wenn Sie testen, testen, testen. Google gibt Ihnen einige sehr hilfreiche Tools an die Hand, mit denen Sie Ihre Kampagnenleistung verbessern. Sie sollten aber niemals Ihr eigentliches Werbeziel aus den Augen verlieren.

Tipps zur Vertiefung in das Thema

Wie eingangs beschrieben, ist das Thema Google Ads sehr komplex und kann allein ganze Bücher füllen. Wir haben Ihnen in diesem Kapitel die grundlegenden Punkte nähergebracht, die Sie zum Aufsetzen und Optimieren einer Google-Ads-Kampagne wissen sollten. Sollten Sie darüber hinaus mehr Informationsbedarf haben, dann empfehlen wir die angegebenen Quellen am Ende des Buches.

6.5   Suchmaschinenwerbung (SEA) to go

▶ Die großen Suchmaschinen wie Google und Bing bieten zusätzlich zu den sogenannten organischen Suchergebnissen die Möglichkeit, Werbeanzeigen zu schalten. Diese erscheinen am rechten Seitenrand und ober- sowie unterhalb der
organischen Suchergebnisse. Die Anzeigen sind mit einem farbigen Label *Anzeige*
beschriftet. Das Werbeprogramm des Marktführers Google heißt Google Ads. Aufgrund der marktbeherrschenden Stellung von Google in Europa konzentrieren
sich die folgenden Hinweise auf Google Ads. Bing hat ein in vielen Aspekten sehr
ähnliches Werbeprogramm.

▶ Auch wenn die Bezeichnung SEM (Search Engine Marketing), die auch die Suchmaschinenoptimierung (SEO) umfasst, weit verbreitet ist, wird die Suchmaschinenwerbung, also die Anzeigenschaltung bei den Suchergebnissen, korrekterweise als
SEA (Search Engine Advertising) bezeichnet.

▶ Im Vergleich zu anderen Marketingmöglichkeiten im Internet bieten Anzeigen
mithilfe von Keywords geringe Streuverluste und erreichen den Nutzer genau in
dem Moment, in dem er etwas sucht.

▶ Grundlegend beim Keyword-Advertising ist die Recherche nach relevanten und
zum Angebot passenden Suchbegriffen. Eine gute Recherchequelle ist dabei der
Google Keyword-Planer. Darüber hinaus existieren zahlreiche weitere Hilfsmittel
und Tools, die Sie heranziehen können.

▶ Werbetreibende legen für ihre Anzeigen bestimmte Keywords fest und erstellen
dazu passende Anzeigen, um ihre Werbebotschaft zu übermitteln. Diese Anzeigen
bestehen aus zwei Anzeigentiteln, dem Anzeigentext und schließlich der angezeigten URL (Anzeigen-URL). Zusätzlich wird eine finale URL festgelegt, die den
Nutzer, der eine Anzeige anklickt, auf die Website des Werbetreibenden leitet.
Zudem sind verschiedene Anzeigenerweiterungen möglich.

▶ Von großer Bedeutung ist die Relevanz zwischen Suchanfrage, Anzeige und Landing Page. Google bewertet die Anzeigen mit dem sogenannten Qualitätsfaktor
(Quality Score), der auch ausschlaggebend für die Positionierung der Anzeige ist
und in die Kostenberechnung einfließt.

- Suchmaschinenwerbung ist auch unter dem Begriff CPC-Marketing oder PPC-Marketing bekannt, da der Werbende erst dann bezahlt, wenn eine Anzeige angeklickt wird (Cost-per-Click, Pay-per-Click). Sie haben die Möglichkeit, ein Tagesbudget festzulegen, das von dem Werbesystem nicht überschritten wird und Ihnen damit Kostenkontrolle gewährleistet. Da die Qualität einer Anzeige besonders wichtig ist, wird die Anzeigenposition nicht allein über den Klickpreis bestimmt. Das bedeutet: Anzeigenpositionen lassen sich durch Geld allein nicht kaufen.

- Im Werbesystem werden Ihnen Kennzahlen, z. B. die Conversion-Rate, zur genauen Leistungskontrolle ausgewiesen. So ist es möglich und auch unbedingt empfehlenswert, die Kampagnen regelmäßig zu überprüfen und kontinuierlich Feinjustierungen vorzunehmen.

- Neben den Textanzeigen können Sie weitere Werbeformate, wie z. B. responsive Anzeigen oder Videoanzeigen auf anderen Websites, im sogenannten Display-Netzwerk oder (im Fall von Videoanzeigen) bei YouTube aussteuern. Auch für Mobilgeräte existieren spezielle Anzeigenformate wie Nur-Anrufanzeigen.

- Einige Unternehmen beschäftigen spezielle Online-Marketing-Agenturen für die Organisation von Suchmaschinenwerbung. Grundsätzlich kann sich aber jeder Website-Betreiber ein Werbekonto erstellen und Anzeigen schalten.

6.6   Checkliste Suchmaschinenwerbung (SEA)

Haben Sie eine detaillierte Keyword-Recherche durchgeführt und Schlüsselwörter identifiziert, die zu Ihrem Angebot passen? Berücksichtigen Sie Keyword-Optionen wie Broad, Phrase und Exact Match sowie Broad Match Modifier?	
Ergänzen Sie regelmäßig Ihre Keyword-Liste um neue, relevante Begriffe?	
Haben Sie ausschließende Keywords (Negatives) festgelegt, und ergänzen Sie sie regelmäßig?	
Ist Ihr Google-Ads-Konto sinnvoll strukturiert und in verschiedene Kampagnen und Anzeigengruppen unterteilt?	
Haben Sie Ihre Länder-, Sprach- und Budgeteinstellungen überprüft? Passt die Reichweite zu Ihrem Unternehmen? Ist das eingestellte Budget ausreichend?	
Haben Sie die Einstellungen zur Anzeigenauslieferung überprüft?	

Tabelle 6.4 SEA-Checkliste

6

Haben Sie für jede Anzeigengruppe mindestens zwei Anzeigen formuliert, die eine attraktive Werbebotschaft transportieren?
Haben Sie an sinnvollen Stellen innerhalb Ihrer Anzeigen mit der Dynamic Keyword Insertion gearbeitet?
Haben Sie passende Landing Pages ausgewählt, die ebenfalls das entsprechende Keyword bzw. Angebot enthalten?
Haben Sie auch das Display-Netzwerk für Ihre Kampagne in Betracht gezogen und Keywords für das Display-Netzwerk in einer eigenen Kampagne angelegt?
Haben Sie Websites identifiziert, die im Display-Netzwerk gute und weniger gute Ergebnisse erzielen, und entsprechende Anpassungen vorgenommen?
Haben Sie zur Erfolgskontrolle Ihrer Anzeigen Conversion-Ziele definiert und einen Conversion-Code in die entsprechenden Websites integriert?
Überprüfen Sie in regelmäßigen Abständen die Ergebnisse Ihrer Anzeigen, und nehmen Sie entsprechende Optimierungsmaßnahmen vor?
Nehmen Sie Maßnahmen vor, um den Qualitätsfaktor zu erhöhen?
Verwenden Sie automatisierte Regeln oder Skripts, um Ihre Kampagnen zu optimieren?

Tabelle 6.4 SEA-Checkliste (Forts.)

Kapitel 7
Usability – benutzerfreundliche Websites

»Mache die Dinge so einfach wie möglich –
aber nicht einfacher.«
– Albert Einstein

Die Speisekarte für dieses Kapitel: In diesem Kapitel servieren wir Ihnen als Aperitif die Bedeutung von Benutzerfreundlichkeit und Barrierefreiheit. Im Hauptgang erfahren Sie, welche Prinzipien Sie bei Ihrer Website berücksichtigen sollten, damit sie zu einer Wohlfühloase in der Internetwüste wird. Dazu reichen wir Ihnen wichtige Aspekte der Gestaltungslehre (Farblehre und Wahrnehmungsgesetze). Zum Nachtisch haben wir Ihnen neben wichtigen Geboten der Usability wie immer einen Kurzüberblick und eine Checkliste zusammengestellt. Guten Appetit!

Haben Sie ein Lieblingsrestaurant? Wenn Sie sich einmal genau überlegen, warum Sie so gerne dorthin gehen, kommen Ihnen wahrscheinlich Dinge in den Sinn wie: ausgezeichnetes Essen, tolle Atmosphäre und schnelle, freundliche Bedienung. Sie fühlen sich dort einfach gut aufgehoben.

Übertragen auf das World Wide Web, werden Sie das auch kennen. Welche Websites im Internet sind Ihre Lieblingsseiten, und welche Websites besuchen Sie besonders oft? Diese Online-Präsenzen bieten Ihnen Informationen oder Produkte – also einen Mehrwert – auf eine benutzerfreundliche Art und Weise: keine langen Ladezeiten unabhängig vom Endgerät und auch kein mühevolles Suchen, weil die Seiten gut strukturiert sind und Sie sich problemlos orientieren können. Sie fühlen sich auf diesen Websites wohl und kommen gerne zurück. Vielleicht haben Sie ein solches Phänomen auch schon bemerkt, wenn Sie im Web recherchiert haben: Eigentlich wollten Sie nur mal schnell etwas nachschauen, und plötzlich sind Sie ganz vertieft in die Inhalte. Hier funktioniert Usability erstklassig.

Damit auch Ihr Internetauftritt zur Lieblingsseite einer Vielzahl von Benutzern wird, sollten Sie genau dies anstreben: Die Besucher sollen den Aufenthalt auf Ihrer Website als angenehm empfinden. Im Fachjargon wird dieses Nutzungserlebnis als *User Experience (UX)* bezeichnet. Bei mobilen Angeboten spricht man entsprechend von *Mobile User Experience (mUX)*. Besucher sollen, ähnlich wie in ihrem Lieblingsrestaurant, mit Ihren Angeboten zuvorkommend »bedient« werden. Ihre Website sollte Ihr Angebot schnell und besonders (benutzer-)freundlich anbieten.

Um dieses Behagen hervorzurufen, sind im Restaurant verschiedene Dinge nötig: Sie sollten beispielsweise einen schnellen Überblick über die Speisekarte erhalten, Ihr Lieblingsgericht problemlos finden, das Essen muss wirklich gut sein, die Bedienung sollte schnell und freundlich sein, Ihre Fragen sollten beantwortet werden, und die Dekoration sollte angenehm und nicht überladen wirken.

Für ein Restaurant klingt das schön und gut, aber wie schaffen Sie das mit Ihrer Website? Wenn Sie das interessiert, sollten Sie unbedingt weiterlesen.

7.1   Benutzerfreundlichkeit (Usability)

Bevor Sie sich den ersten Happen zu Gemüte führen, gehen wir noch einmal einen Schritt zurück. Wie ist das Restaurant eigentlich zu Ihrem Lieblingsrestaurant geworden (wenn wir einmal davon absehen, dass es Ihnen vielleicht empfohlen wurde)? Bei der Vielzahl von Gaststätten und Lokalen steht der Restaurantbesitzer vor einer Herausforderung: Wenn sein Gasthaus schon von außen nichtssagend und unscheinbar aussieht, die Speisekarte nicht ansprechend ist und für Hungrige gar nicht erkennbar ist, dass hier ein ausgezeichneter Koch am Werk ist, werden die Gäste fernbleiben.

Ein ähnliches Szenario spielt sich online ab: Benutzer, die auf einer Website landen und sich dort nicht wohlfühlen oder nicht das finden, was sie suchen, werden sehr schnell wieder verschwinden. In der Literatur unterscheiden sich die Zeitangaben diesbezüglich nur geringfügig. Festzuhalten ist, dass Benutzer innerhalb von wenigen (Bruchteilen von) Sekunden die Entscheidung fällen, auf einer Website zu bleiben oder diese wieder zu verlassen.

Der Anspruch, die Lieblingsseite vieler Menschen zu werden, ist nicht nur eine »Frage der Höflichkeit«, wie es der amerikanische Usability-Experte Steve Krug bezeichnet, sondern Ihnen können potenzielle Kunden entgehen. Wie er in seinem Buch »Don't make me think« beschreibt, sollte Otto Normalbesucher keine Denkarbeit leisten müssen, um eine Website zu verstehen, denn »wenn etwas zu schwer zu benutzen ist, benutzt man es nicht«.

Nach der Marktstudie der AGOF (Arbeitsgemeinschaft Online Forschung), digital facts 2017-03, ist der Einkauf im Internet schon fast Normalität: 70,9 % der Internetnutzer kaufen online ein. Ein ansprechender und angenehmer Webauftritt ist für Sie also auch aus wirtschaftlicher Perspektive durchaus erstrebenswert. In der Betriebswirtschaft würde man so etwas als *Win-win-Situation* bezeichnen: Der Besucher profitiert, weil er einen Mehrwert durch Ihre Website erhält und sich dort wohlfühlt bzw. sein Bedürfnis befriedigen kann, und Sie profitieren durch mehr Benutzer und gegebenenfalls auch erhöhte Einnahmen. Usability wird damit zu einem Erfolgsfaktor für Ihren Internetauftritt (siehe Abbildung 7.1).

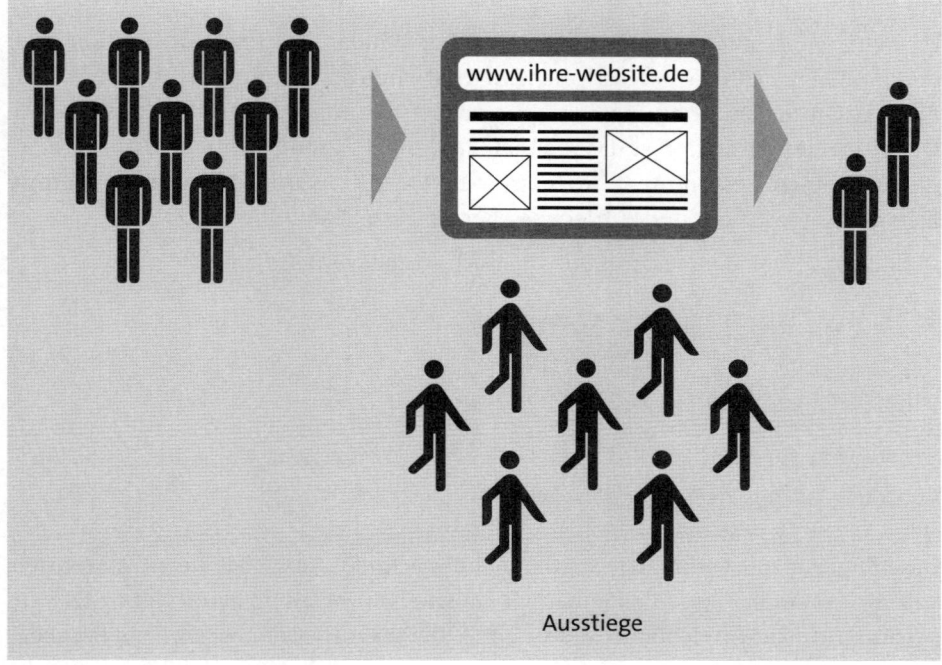

Abbildung 7.1 Usability ist ein Erfolgsfaktor, denn schlecht benutzbare Websites werden schnell wieder verlassen.

Was bedeutet aber nun Benutzerfreundlichkeit, auch *Usability* genannt? Usability wird mit Begriffen wie *Bedienbarkeit*, *Benutzbarkeit*, *Benutzerfreundlichkeit* und auch *Verwendbarkeit* übersetzt. In Deutschland wird mittlerweile zunehmend der Begriff *Usability* verwendet. Alle Bezeichnungen beziehen sich dabei auf den Dialog zwischen Mensch und Maschine, in diesem Fall der Website. Benutzer interagieren mit einer Website: Das Lesen der Inhalte, Scrollen auf der Seite, Klicken von Links oder Absenden von Suchanfragen verdeutlicht, dass Menschen eine Website »benutzen«. Das macht auch der Ausdruck Usability selbst schon deutlich: Usability setzt sich zusammen aus den Wörtern *to use* (benutzen) und *ability* (Fähigkeit, Können, Befähigung), bezeichnet also die Fähigkeit, etwas zu benutzen. Das bedeutet andersherum: Eine Website, die nicht nutzbar ist, ist auch unbrauchbar und kann dementsprechend nicht zum Erfolg führen.

Machen Sie also Ihre Website »usable«, und schenken Sie Ihren Besuchern ein positives Surferlebnis, damit sie sich bei Ihnen zurechtfinden, gerne zurückkehren und Ihre Kunden werden. Im Zusammenhang mit dem Begriff Usability wird oftmals auch die Bezeichnung *Ease of Use* verwendet, was so viel bedeutet wie *Bedienkomfort* oder eben auch *Benutzerfreundlichkeit*. Bei der Beschäftigung mit Usability steht also der Benutzer im Mittelpunkt.

Usability wurde auch von der Internationalen Standardisierungsorganisation (ISO) definiert. In der DIN EN ISO 9241, die vom Deutschen Institut für Normung (DIN) von der internationalen Normungsorganisation ISO übernommen wurde, liest sich diese Definition so: »Usability ist das Ausmaß, in dem ein Produkt durch bestimmte Benutzer in einem bestimmten Nutzungskontext genutzt werden kann, um bestimmte Ziele effektiv, effizient und zufriedenstellend zu erreichen.«

Abbildung 7.2 soll den Zusammenhang noch einmal verdeutlichen.

Abbildung 7.2 Begriffserklärung Usability

Das klingt zunächst einmal nach grauer Theorie. Im Klartext bedeutet dies, Websites so klar verständlich und bedienbar wie möglich zu gestalten, damit der Nutzer ein gewünschtes Ziel erreicht (z. B. online ein Produkt kauft). Denn wie soll ein Besucher Ihr Angebot nutzen, wenn er Ihre Seite nicht versteht oder sie nur mit großer Mühe verwenden kann? Mark Pearrow, Autor verschiedener Usability-Bücher, sagte treffend: »User centered design (UCD) is a keystone of good Website Usability«, was so viel bedeutet wie: »Anwenderbezogenes Design ist der Schlüssel zu einer guten Website-Usability.«

Die vielen Variablen innerhalb der Definition (bestimmte Benutzer, bestimmter Nutzungskontext und bestimmte Ziele) lassen schon erkennen, dass sich nur schwer Faustregeln festhalten lassen. Wie so oft gilt es, jeden Einzelfall individuell zu betrachten, ganz nach dem Motto »It depends« (sinngemäß: »Es kommt darauf an«). Dennoch werden wir Ihnen im Folgenden einige Prinzipien erläutern, die auf den Großteil von Websites und auf mobile Angebote zutreffen und von vielen Usability-Tests belegt wurden.

Usability vs. User Experience

Wie wir bereits eingangs beschrieben haben, hängen die beiden Begriffe Usability und User Experience eng miteinander zusammen, sind aber nicht das Gleiche. Während Usability die Benutzbarkeit in einer Situation anspricht, bezeichnet die User Experience ein Nutzererlebnis, das sowohl gut als auch schlecht sein und sich auf Bereiche vor und nach der Nutzung beziehen kann. Neben der Usability spielen bei dem Nutzererlebnis auch die Aspekte *Look* und *Feel* eine wichtige Rolle. Somit nimmt die Usability nur einen Teil innerhalb der User Experience ein (siehe Abbildung 7.3).

Während mit dem *Look* vorrangig gestalterische Aspekte gemeint sind und diese sehr subjektiv wahrgenommen werden, ist mit *Feel* vor allem die Reaktion der Website auf eine Interaktion gemeint, also beispielsweise ein Hinweis oder ein Symbol, das anzeigt, dass Daten geladen werden.

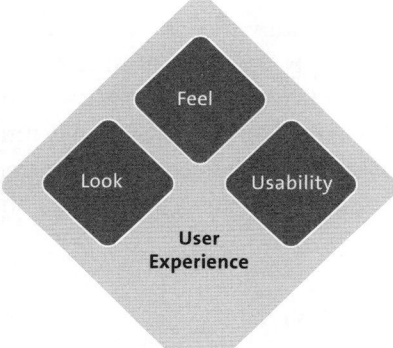

Abbildung 7.3 Teilbereiche der User Experience

Inzwischen stellen Nutzer oftmals gesteigerte Ansprüche an Websites und besuchen Internetpräsenzen mit einer sehr hohen Erwartungshaltung – oder verlassen diese häufig frustriert und schnell. Eigenschaften wie Attraktivität, Innovation, Einfachheit, Nützlichkeit, Vertrauenswürdigkeit und Zuverlässigkeit sind nur einige Beispiele für ein positives Nutzererlebnis.

Hilfsmittel: Pattern Libraries

Sogenannte *Pattern Libraries* beschreiben eine Sammlung verwendeter Frontend-Elemente. Im Unterschied zu einem Styleguide der Gestaltungsprinzipien definiert, umfasst eine Pattern Library auch Verhaltensweisen von und Interaktionen mit Elementen, die wiederholt in verschiedenen Kontexten auftreten. So beispielsweise das Element Button, das beispielsweise innerhalb von Formularen, als Call to Action oder bei Suchfunktionen verwendet wird. Webentwickler nutzen Pattern Libraries unter anderem, um einen möglichst einheitlichen Auftritt und eine hohe Konsistenz innerhalb einer Website zu gewährleisten. Gerade für große, umfangreiche Websites mit zahlreichen Unterseiten kann der Einsatz von Pattern Libraries sehr hilfreich sein.

Wahrscheinlich sind Sie jetzt hochmotiviert, die ersten Schritte zu unternehmen, um Ihre Website benutzerfreundlich zu gestalten. Wir müssen Ihnen aber gleich zu Beginn eine Illusion rauben: Sie können Usability trotz diverser Checklisten und

Prüfverfahren für Ihre Website *nicht gewährleisten*. Sie sprechen mit Ihrem Internet-auftritt eine riesige Zahl von Menschen an, die ganz unterschiedlich sein können: So kann sowohl ein technisch versierter Teenager genauso gut Ihre Website besuchen wie Ihre achtzigjährige Großmutter. Auch die technischen Voraussetzungen können grundlegend unterschiedlich sein: Breitband-Internetverbindungen stehen bei-spielsweise sehr alten und langsamen Computern gegenüber. Denken Sie auch an behinderte oder körperlich beeinträchtigte Surfer – auch sie sollten Ihre Website bequem benutzen können (mehr dazu im folgenden Abschnitt).

Wie der Koch in Ihrem Lieblingsrestaurant stehen Sie nun vor einer Herausforde-rung: Es muss allen schmecken. Ob es Ihren Gästen schmeckt, finden Sie nur heraus, wenn Sie sie fragen (oder wenn Ihr Restaurant regelmäßig voll besetzt ist). Sie sollten daher (Usability-)Tests durchführen (lesen Sie dazu Kapitel 9, »Testverfahren«), um die Bedienbarkeit Ihrer Website zu verbessern. Konzentrieren Sie sich auf Ihre Gäste, dann wird Ihr Restaurant bzw. Ihre Website zum Erfolg.

7.2   Abgrenzung Barrierefreiheit (Accessibility)

Vielleicht können Sie sich noch an den letzten Stromausfall bei Ihnen zu Hause erin-nern? Plötzlich ist es stockfinster, und Sie tappen sprichwörtlich im Dunkeln. In der-artigen Situationen wird einem schnell bewusst, wie unbeholfen man ist, wenn man in seiner Sinneswahrnehmung eingeschränkt ist.

Hier setzt *Barrierefreiheit* (*Accessibility*) an, die sich damit beschäftigt, Anwendungen so zur Verfügung zu stellen, dass auch Menschen mit (körperlichen) Einschränkun-gen sie benutzen können. Dazu gehören beispielsweise blinde oder sehbehinderte Nutzer, taube und motorisch beeinträchtigte Surfer sowie Menschen, die Schwierig-keiten haben, sich zu konzentrieren. Gerade für sie ist der Computer eine Möglich-keit, sich zu integrieren und am gesellschaftlichen Leben teilzuhaben.

Behinderte Menschen in Deutschland

Wie viele Menschen genau betroffen sind, ist schwer zu sagen. Laut Angaben des Deutschen Blinden- und Sehbehindertenverbands e. V. (DBSV, *www.dbsv.org*) wer-den blinde und sehbehinderte Menschen in Deutschland gar nicht erfasst. Zu DDR-Zeiten wurden demnach auf Grundlage der Empfänger für Blindengeld jährlich Zah-len veröffentlicht. Im Zuge der Wiedervereinigung wurde diese Zahl auf ganz Deutschland hochgerechnet. Um auch die Sehbehinderten zu bestimmen, wurde mit Erfahrungswerten gerechnet. So nimmt man an, dass in Deutschland ca. 650.000 Blinde und sehbehinderte Menschen leben. Andere Schätzwerte auf Basis von Daten der Weltgesundheitsorganisation WHO gehen sogar von der doppelten Anzahl aus. Wenn Sie sich jetzt bewusst machen, dass weitere Behinderungen hinzukommen, um die Gesamtzahl der behinderten Menschen zu bestimmen, stellen Sie fest, dass diese eine beachtliche Größe hat, die Sie als Website-Betreiber durchaus berücksichtigen sollten.

Machen Sie sich bewusst, dass Sie hier die Möglichkeit haben, mit zum Teil einfachen Anpassungen an Ihrer Website Menschen mit Behinderungen wesentlich zu helfen, da diese auf barrierefreie Websites angewiesen sind. Zudem bringt gerade diese Benutzergruppe ein hohes Kaufpotenzial mit. Von derartigen Verbesserungen werden jedoch all Ihre Besucher profitieren. So unterstützen Sie auch Benutzer, die eine Lese- oder Konzentrationsschwäche haben, veraltete Geräte verwenden, durch äußere Einflüsse (wie beispielsweise Lärm) beeinträchtigt werden oder übermüdet und nur schwer aufnahmefähig sind.

Auf der Website des Bundesministeriums für Gesundheit können Besucher beispielsweise im oberen Website-Bereich eine *Leichte Sprache* oder *Gebärdensprache* auswählen und sich über weitere Benutzerhinweise wie Schriftgrößen und Navigationsmöglichkeiten informieren (siehe Abbildung 7.4).

Abbildung 7.4 Benutzerhinweise zur Barrierefreiheit auf »www.bundesgesundheitsministerium.de«

Vielleicht haben Sie auch schon einmal das Symbol für verschiedenen Schriftgrößen, den dreifachen Buchstaben »A« auf einer Website gesehen? Mit Klick auf das Symbol können Nutzer sich die Schriftgröße der Website nach Ihren Wünschen anpassen. Im folgenden Beispiel der Deutschen Post DHL Group sehen Sie zudem die Möglichkeit, sich die Inhalte der Website vorlesen zu lassen (siehe Abbildung 7.5).

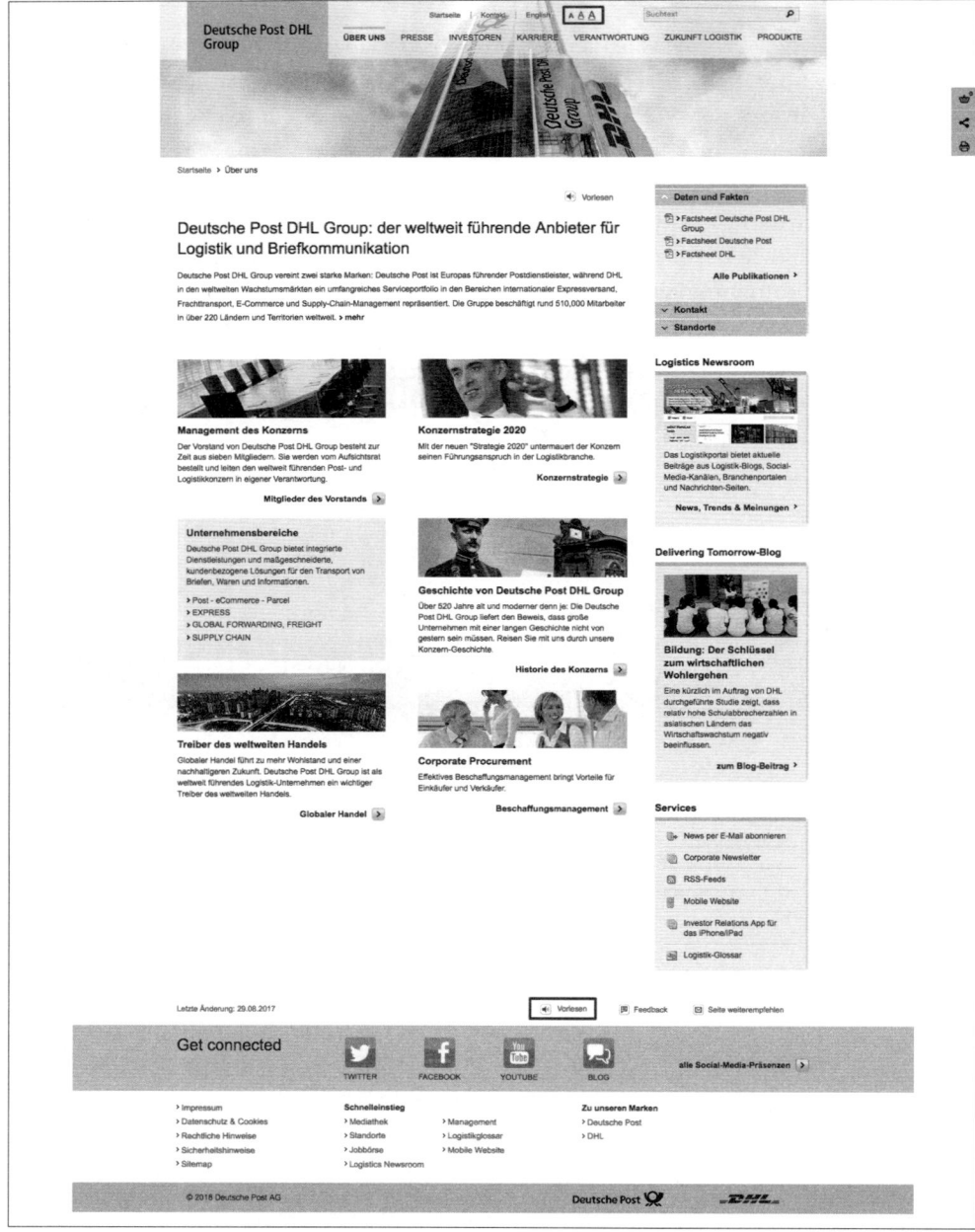

Abbildung 7.5 Auf »www.dpdhl.com« können Nutzer die Schriftgröße anpassen oder sich den Seiteninhalt vorlesen lassen.

Im Folgenden stellen wir Ihnen weitere Möglichkeiten vor, Ihre Website hinsichtlich der Barrierefreiheit zu optimieren. Das muss nicht bedeuten, dass Sie Abstriche machen müssen, sondern es gilt, Ihre Inhalte allen Benutzern zugänglich zu machen. Häufig hört man in diesem Kontext auch die Forderung nach einem *universellen Design*, das den Anforderungen aller Nutzer gerecht wird. Wir können im Rahmen dieses Buches nicht auf alle Möglichkeiten detailliert eingehen, werden Ihnen aber einige wichtige und wirkungsvolle Maßnahmen vorstellen. Manche Optimierungsmaßnahmen können zentral konfiguriert werden und wirken sich daher auf Ihre gesamte Website aus. Wenn Sie die Barrierefreiheit einzelner Inhalte verbessern möchten, sollten Sie mit Ihrer Startseite und den am häufigsten besuchten Webseiten beginnen und sich dann den untergeordneten Seiten widmen.

7.2.1   Sieben Tipps, wie Sie die Barrierefreiheit Ihrer Website verbessern

Grundsätzlich sollten Sie den Inhalt Ihrer Website in eine Reihenfolge bringen, die auch beim Vorlesen per *Screenreader* (*Bildschirmlesesoftware*) und ohne CSS (siehe unten) sinnvoll und verständlich ist. Wir raten Ihnen dringend dazu, Ihre Website einmal per Screenreader anzuhören, um einen Eindruck davon zu bekommen, wie Benutzer mit Sehschwierigkeiten Ihre Seiten wahrnehmen. Einige bekannte Screenreader stehen zum Download zur Verfügung, wie z. B. NonVisual Desktop Access (NVDA), ein kostenloser Open-Source-Screenreader (*www.nvaccess.org*), oder JAWS, ein sehr weit verbreiteter, aber kostenpflichtiger Reader des Unternehmens Freedom Scientific (*www.freedomsci.de*). Wenn man erst einmal erkannt hat, wie mühsam der Besuch einer Website für Nutzer mit eingeschränkten Sinnen sein kann, sind die folgenden sieben Tipps womöglich einfacher nachzuvollziehen.

Zudem ist im Hinblick auf Barrierefreiheit auch die stetig wachsende Nutzung mobiler Endgeräte mit diversen Displaygrößen und Auflösungen zu berücksichtigen. Viele Geräte haben bereits sogenannte *assistive Technologien* integriert, die die Bedienung vereinfachen sollen. Dazu gehören Screenreader, Spracheingaben, Vergrößerungsmöglichkeiten sowie Tastatur- und Audioeinstellungen. Grundsätzlich sollten Sie die Empfehlungen für die barrierefreie Website-Gestaltung auch für mobile Angebote berücksichtigen.

Tipp 1: Bedienung

Gestalten Sie Ihre Inhalte so, dass sie per Tastatur (Tabulatortaste, Pfeiltasten) und ohne Mausbedienung einfach zu erreichen sind. Integrieren Sie auf den einzelnen Webseiten einen Link, der zum Hauptinhalt führt, um eine bessere Orientierung innerhalb der Website zu ermöglichen. Bei Links sollten Sie generell darauf achten, dass Sie präzise und aussagekräftige Linktexte verwenden, die angeben, wohin die

Verlinkung führt. Gehen Sie daher sparsam um mit Linktexten wie z. B. KLICKEN SIE HIER. Damit optimieren Sie Ihre Website im Übrigen gleichzeitig auch für Suchmaschinen. Blinde Benutzer sind in der Regel auf Screenreader angewiesen und entscheiden nach den ersten gehörten Wörtern, ob sie einen Link verwenden oder zu einem anderen Seitenbereich wechseln.

Tipp 2: Text

Gerade bei Texten sollten Sie auf eine klare Struktur achten. Markieren Sie beispielsweise Überschriften und Tabellen mit den üblichen HTML-Codes, sprich, verwenden Sie ein <h1>-Tag für eine Überschrift erster Ordnung. Halten Sie Ihre Texte möglichst kurz, und formulieren Sie sie leicht verständlich. Bedenken Sie, dass Ihre Inhalte von Menschen mit unterschiedlicher Bildung, Intellekt und Erfahrung verstanden werden sollten. Bieten Sie eine einfache Möglichkeit, die Schriftgröße Ihrer Texte zu verändern (siehe vorangegangenes Beispiel in Abbildung 7.5). Achten Sie darüber hinaus darauf, dass Sie die Möglichkeit der Textvergrößerung nicht unterbinden, weil Sie feste Größen eingestellt haben.

Tipp 3: Bilder

Verwenden Sie alt-Texte für Bilder, damit sie von Screenreadern gelesen werden können. Dies ist auch aus Sicht der Suchmaschinenoptimierung sinnvoll. Diese alt-Texte werden immer dann dargestellt, wenn ein Bild nicht angezeigt werden kann oder dies vom Browser unterbunden wird. Achten Sie, wie bereits erwähnt, auch bei der Verlinkung von Bildern auf beschreibende Linktexte. Zum Beispiel könnte die Integration eines Bildes mit dem Brandenburger Tor wie folgt aussehen:

```
<img src="brandenburgertor.jpg" alt="Das Brandenburger Tor in Berlin"/>.
```

alt-Texte sollten nicht nur bei Bildern, sondern auch bei Symbolen oder Aufzählungszeichen Verwendung finden. Grundsätzlich ist Text aber Bildern vorzuziehen. Sollte – z. B. bei einem sehr komplexen Bild mit hohem Informationsgehalt – ein alt-Text nicht ausreichen, sollten Sie einen längeren beschreibenden Text ergänzen.

Sollten Sie eine Hintergrundfarbe oder ein Hintergrundbild innerhalb Ihrer Website verwenden, legen Sie ein besonderes Augenmerk auf ausreichend Kontrast. Wird jedoch die Lesbarkeit in Mitleidenschaft gezogen, raten wir Ihnen, Hintergrundbild oder -farbe wegzulassen oder Nutzern die Option anzubieten, den Kontrast zu verstärken. Auf der Website der Charité (*www.charite.de*) können Sie neben der Schriftgröße auch den Kontrast einstellen (siehe Abbildung 7.6).

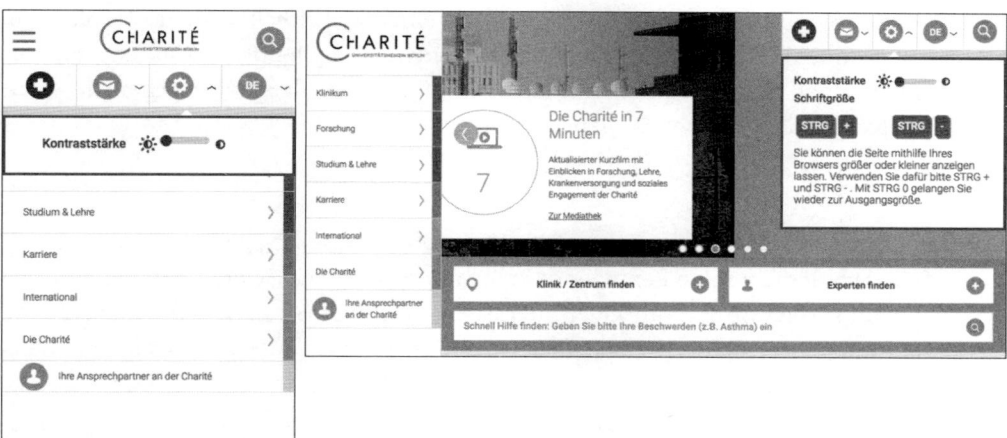

Abbildung 7.6 Kontrasteinstellungen auf der mobilen und der Desktop-Ansicht der Charité

Tipp 4: Farben

Generell sollten Sie beherzigen, keine Unterscheidungen aufgrund der Farbe darzustellen. (Farben-)Blinde Nutzer oder Menschen mit einer Rot-Grün-Sehschwäche können dies nicht wahrnehmen. Ergänzen Sie in solchen Fällen eindeutige Beschriftungen.

Tipp 5: Formulare

Gestalten Sie Ihre Formulare so, dass sie beim Vorlesen durch einen Screenreader durch eine logische Positionierung der Eingabefelder und der entsprechenden Beschriftungen (z. B. PLZ EINGEBEN) verständlich sind. Prüfen Sie das Springen zum nächsten Feld per ⇥-Taste.

Sollten Sie mit *Timeouts* arbeiten (d. h., für bestimmte Aktionen steht dem Nutzer eine definierte Zeitspanne zur Verfügung, bevor die Interaktion abgebrochen wird), bedenken Sie, dass eingeschränkte Benutzer z. B. für das Ausfüllen von Formularen länger benötigen, und gestalten Sie die Timeouts entsprechend lang genug.

Tipp 6: Videos und Animationen

Dank entsprechender Technik können blinde und sehbehinderte Menschen auch Videos oder Animationen »sehen«. Dies funktioniert aber nur, wenn Sie für Videos Textabschriften oder inhaltsreiche Zusammenfassungen hinterlegen und synchrone Untertitel einblenden. Bei Animationen benötigt jedes Element eine passende Beschreibung. Gehen Sie mit animierten Darstellungen jedoch sparsam um, und verwenden Sie sie nur, wenn sie für die Benutzer einen wesentlichen Mehrwert schaffen. Insbesondere Flimmern sollte vermieden werden. Bei Epileptikern können Flimmer-Effekte einen Anfall verursachen. Zudem empfinden die meisten Besucher Flimmern als störend, daher sollten Sie generell darauf verzichten.

Tipp 7: HTML und CSS

Content und seine Formatierung (also HTML und CSS) sollten getrennt angelegt werden, da eingeschränkte Benutzer das CSS im Browser deaktivieren können, um sich eine für sie lesbare Seite anzeigen zu lassen. Überprüfen Sie im Allgemeinen, ob Ihre Seite auch für Behinderte zugänglich ist, die beispielsweise CSS, Scripts oder Applets deaktiviert haben, und stellen Sie die Inhalte per Text dar.

> **Tipp: Das Tool »Wave«**
>
> Zur Überprüfung Ihrer Website auf Barrierefreiheit können Sie das Tool *Wave* (*http://wave.webaim.org*) verwenden. Es zeigt Ihnen Schwachstellen hinsichtlich der Accessibility auf und gibt an entsprechenden Stellen Hinweise für die Optimierung.

7.2.2   Hilfsmittel für Behinderte

Neben individuellen Einstellungen der Farbwiedergabe, der Helligkeit, des Kontrasts oder der Fenstergröße können auch größere Monitore sehbehinderten Menschen helfen, eine Website besser zu benutzen. Es gibt aber noch weitere Hilfsmittel, die bei der Benutzung von Websites unterstützen. Einige werden wir kurz vorstellen.

Wie wir schon knapp angerissen haben, sind sogenannte *Screenreader* Programme zur Sprachausgabe von Websites. Der Text einer Website wird den Benutzern vorgelesen.

Mit der sogenannten *Braillezeile* ist ein spezielles Endgerät gemeint, das den Bildschirmtext in der Blindenschrift Braille wiedergibt. Oftmals wird bei der Verwendung die Braillezeile mit einem Screenreader kombiniert, da die Inhalte so gehört und getastet und somit besser aufgenommen werden können.

Menschen, deren Sehkraft eingeschränkt ist, nutzen bestimmte Einstellungen des Betriebssystems oder auch spezielle Programme, die z. B. Bildschirminhalte deutlich vergrößern. Auch Großschrifttastaturen, also Tastaturen, deren Beschriftung wesentlich größer dargestellt ist, können die Bedienung des Computers vereinfachen.

Weitere Details zu Computerhilfen für blinde und sehbehinderte Menschen finden Sie beispielsweise unter *www.incobs.de*.

7.2.3   Gesetze

Seit 1994 ist in Artikel 3 des Grundgesetzes Folgendes verankert:

> *»[...] Niemand darf wegen seiner Behinderung benachteiligt werden.«*

Zudem hält das Gesetz zur Gleichstellung behinderter Menschen bzw. das Behindertengleichstellungsgesetz (BGG) in seinem § 4 Barrierefreiheit Folgendes fest:

> *»Barrierefrei sind [...] Systeme der Informationsverarbeitung, akustische und visuelle Informationsquellen und Kommunikationseinrichtungen sowie andere gestaltete Lebensbereiche, wenn sie für behinderte Menschen in der allgemein üblichen Weise, ohne besondere Erschwernisse und grundsätzlich ohne fremde Hilfe zugänglich und nutzbar sind.«*

2002 gab das Bundesministerium der Justiz die »Verordnung zur Schaffung barrierefreier Informationstechnik nach dem Behindertengleichstellungsgesetz«, auch BITV (Barrierefreie-Informationstechnik-Verordnung) genannt, heraus. Aktuell sind Websites der Behörden der Bundesverwaltung zur Einhaltung dieser Verordnung verpflichtet, bei allen anderen Websites ist die Umsetzung freiwillig. Seit dem 22. September 2011 ist die BITV 2.0 in Kraft und ersetzt die bisherige Regelung. Im Detail können Sie die Verordnung unter *www.bitvtest.de/bitvtest/das_testverfahren_im_ detail/vertiefend/infothek/artikel/lesen/bitv-20.html?cHash=acd0b9870a023ba86a7a dc0cd941fbf1* nachlesen. Folgende, hier auszugsweise zitierte Anforderungen der Priorität I wurden festgelegt:

Prinzip 1: Wahrnehmbarkeit

▶ Für jeden Nicht-Text-Inhalt, der dem Nutzer oder der Nutzerin präsentiert wird, ist eine Text-Alternative bereitzustellen, die den Zweck dieses Inhalts erfüllt.

▶ Für zeitgesteuerte Medien sind Alternativen bereitzustellen.

▶ Inhalte sind so zu gestalten, dass sie ohne Informations- oder Strukturverlust in unterschiedlicher Weise präsentiert werden können.

▶ Nutzerinnen und Nutzern ist die Wahrnehmung des Inhalts und die Unterscheidung zwischen Vorder- und Hintergrund so weit wie möglich zu erleichtern.

Prinzip 2: Bedienbarkeit

▶ Für die gesamte Funktionalität ist Zugänglichkeit über die Tastatur sicherzustellen.

▶ Den Nutzerinnen und Nutzern ist ausreichend Zeit zu geben, um Inhalte zu lesen und zu verwenden.

▶ Inhalte sind so zu gestalten, dass keine epileptischen Anfälle ausgelöst werden.

▶ Der Nutzerin oder dem Nutzer sind Orientierungs- und Navigationshilfen sowie Hilfen zum Auffinden von Inhalten zur Verfügung zu stellen.

Prinzip 3: Verständlichkeit

▶ Texte sind lesbar und verständlich zu gestalten.

▶ Webseiten sind so zu gestalten, dass Aufbau und Benutzung vorhersehbar sind.

▶ Zur Fehlervermeidung und -korrektur sind unterstützende Funktionen für die Eingabe bereitzustellen.

Prinzip 4: Robustheit

▶ Die Kompatibilität mit Benutzeragenten einschließlich assistiver Technologien ist sicherzustellen.

Um Barrieren abzubauen, wurde vom *World Wide Web Consortium* (W3C) (*www.w3.org*) eine Initiative namens *Web Accessibility Initiative* (WAI) ins Leben gerufen. Und falls Sie jetzt denken, »Es reicht mit den Begriffen und Abkürzungen« – falsch gedacht. Denn die WAI präsentierte im Jahr 1999 die sogenannten WCAG, die *Web Content Accessibility Guidelines 1.0*, die Sie in englischer Sprache unter folgender URL nachlesen können: *www.w3.org/TR/WCAG10*.

Die aktuelle Version, nämlich die WCAG 2.0, wurde Ende 2008 herausgegeben, da insbesondere technische Aspekte überholt waren (*www.w3.org/TR/WCAG20*). Demnach sollen Websites nach dem POUR-Prinzip gestaltet sein:

▶ P – *perceivable*: wahrnehmbar

▶ O – *operable*: bedienbar

▶ U – *understandable*: verständlich

▶ R – *robust*: robust

Kommt Ihnen das bekannt vor? Diese vier Prinzipien finden Sie auch unter den Anforderungen des BITV 2.0, wie Sie sie im Vorangegangen gelesen haben. Sie beziehen sich auf die Richtlinien der WCAG 2.0, die Sie in deutscher Übersetzung unter *www.w3.org/Translations/WCAG20-de/* im Detail finden.

Es ist zu erwarten, dass 2018 Neuerungen in Form der WCAG 2.1 veröffentlicht werden. Die WCAG-Richtlinien sind auch in der europäischen Norm EN 301 549 enthalten.

Abschließend sei gesagt, dass sich bis heute die Einführung eines verbindlichen und nachhaltigen Zertifizierungsstandards für barrierefreie Websites als schwierig gestaltet.

7.3   Usability – der Benutzer steht im Fokus

Sie wissen nun um die Wichtigkeit von Usability und Accessibility und was genau unter diesen Begriffen zu verstehen ist. Die Benutzer Ihrer Website, ihre Wünsche und Erwartungen stehen im Mittelpunkt. Wer aber sind die Besucher, wie verhalten sie sich, und was erwarten sie von Ihrem Webauftritt?

Um diese Fragen zu klären, schauen wir uns noch einmal die Definition von Usability genauer an. Darin heißt es: bestimmte Benutzer, bestimmter Nutzungskontext und bestimmte Ziele effektiv, effizient und zufriedenstellend erreichen.

7.3.1   Bestimmte Benutzer

Wir haben es bereits schon einmal angerissen: Bei der Benutzergruppe Ihrer Website handelt es sich um eine heterogene Gruppe. Ihre Benutzer können ganz unterschiedlichen Altersklassen angehören, unterschiedliche Erfahrungen und Vorkenntnisse mit dem Web mitbringen und körperlich beeinträchtigt sein. Je genauer Sie Ihre Zielgruppe kennen, desto besser können Sie sich auf sie einstellen und sie optimal »bedienen«.

Obwohl es laut ARD/ZDF-Onlinestudie 2017 ca. 62 Mio. Internetnutzer in Deutschland gab, kommen immer wieder auch Internetanfänger hinzu. Bedenken Sie im Hinblick auf Ihre Website, dass sie sowohl für erfahrene Benutzer als auch für Neulinge im Internet klar und einfach zu bedienen sein muss. Bedenken Sie aber auch, dass Internetnutzer heutzutage oft viele Erfahrungen auf vielen unterschiedlichen Websites gemacht haben und (meist intuitiv) ein scharfes Gespür dafür haben, wenn sie sich auf einer Website nicht wohlfühlen.

Auch der Suchmaschinengigant Google stellt die Nutzer-Orientierung ins Zentrum seiner Unternehmensphilosophie, die Sie unter *www.google.com/about/philosophy.html* nachlesen können. Bei Google heißt das: »Der Nutzer steht an erster Stelle, alles Weitere folgt von selbst.«

7.3.2   Bestimmter Nutzungskontext

Im Zusammenhang mit dem Nutzungskontext sind folgende zwei Aspekte zu berücksichtigen:

1. Was ist die Zielsetzung der Website?
2. In welcher Situation besucht ein Benutzer die Website – bzw. salopp ausgedrückt: Wie ist der Benutzer drauf?

Um Ersterem gerecht zu werden, muss der Benutzer auf Anhieb erkennen können, was der Kern und der zentrale Mehrwert einer Website ist. Gute Websites ziehen die Benutzer schon beim ersten Anblick an und geben einen unmittelbaren Überblick. Denken Sie also bei der Gestaltung Ihrer Website daran: Für den ersten Eindruck gibt es keine zweite Chance. Insbesondere wenn der Einstieg auf Ihre Website eine Suchmaschine war (ein Benutzer Ihre Website also noch nicht gekannt und beispielsweise bei Google eine Suchanfrage gestellt hat und Ihre Website eines der Suchergebnisse war), entscheiden die Benutzer innerhalb weniger Sekunden, ob sie auf der Website bleiben oder sie wieder verlassen. Stellen Sie also den Mehrwert Ihres Angebots heraus, und verschaffen Sie Ihren Besuchern einen schnellen Überblick über die Möglichkeiten und Angebote auf Ihrer Website. Dies gilt nicht nur für die Startseite: Benutzer von Suchmaschinen landen bei spezifischen Suchanfragen häufig nicht auf Ihrer Startseite, sondern z. B. auf einer Kategorie- oder Produktseite. Ihre Aufgabe als Website-Betreiber ist es, Ihren Internetauftritt so einfach und klar verständlich wie möglich zu gestalten – unabhängig davon, an welcher Stelle ein Nutzer seinen Website-Besuch bei Ihnen beginnt. Wie schon der Nobelpreisträger für Literatur George Bernard Shaw sagte: »Bildung kann man dadurch beweisen, dass man die kompliziertesten Dinge auf einfache Art zu erläutern versteht.«

Wird Usability berücksichtigt und gut umgesetzt, fällt dies oftmals nicht auf, ist sie hingegen schlecht, wird dies häufig bemängelt. Obwohl Usability immer erlebt wird, werden meistens nur schlechte Umsetzungen wahrgenommen.

Der zweite Aspekt im Zusammenhang mit dem Nutzungskontext ist die Situation, in der die Benutzer auf Ihre Website treffen. Die Gegebenheiten, unter denen die Benutzer im Web unterwegs sind, können sehr vielfältig und sehr unterschiedlich sein. Das Verhalten der Benutzer ist sowohl situations- als auch tagesformabhängig. Zeitdruck und auch das Vertrauen in eine Website können eine wichtige Rolle spielen. Das kennen Sie sicherlich von sich selbst: Manchmal stehen Sie unter Zeitdruck oder sind müde oder abgelenkt, ein anderes Mal surfen Sie eher zum Zeitvertreib, mal sind Sie gut gelaunt, ein anderes Mal schlecht drauf. Zudem ist die stetige Zunahme von Zugriffen über mobile Endgeräte zu berücksichtigen. Nutzer surfen immer häufiger auch, wenn sie unterwegs sind.

In den meisten Fällen sind die Benutzer in Eile und haben weder Zeit noch Muße, lange Ladezeiten in Kauf zu nehmen oder mehrfach auf Websites zu suchen, bis sie eine Lösung ihres Problems gefunden haben. Mit wenigen Klicks können sie eine andere Website aufrufen, auf der sie übersichtlicher und freundlicher empfangen und besser bedient werden. Bei der Masse an Websites im Internet (das sind 2017 immerhin über 1,7 Milliarden weltweit; der aktuelle Stand ist einzusehen unter: *www.internetlivestats.com/total-number-of-websites/#trend*) und der zunehmend globalen Konkurrenz ist das eine ernst zu nehmende Angelegenheit, die Sie sich als Website-Betreiber zu Herzen nehmen sollten.

Nach dem Usability-Experten Jakob Nielsen ist der Zurück-Button das Navigationselement, das vom Benutzer am zweithäufigsten geklickt wird (nach dem Klicken von Hypertext-Links). Bei dieser Sicherheit – nämlich mit sehr wenig Aufwand schnell wieder zum Ausgangspunkt zurückzukehren – fackeln die Benutzer nicht lange, wenn eine Website nicht dem entspricht, was sie suchen und erwarteten. Sie wägen nicht lange das Für und Wider ab, sie entscheiden sich für die erstbeste Möglichkeit.

Satisficing – die erstbeste Option

Seien Sie ehrlich: Wie oft haben Sie bereits eine Gebrauchsanleitung vollständig gelesen? Das werden die wenigsten von Ihnen mit einem klaren »Das mache ich immer« beantworten. Haben Sie sich beispielsweise eine neue Digitalkamera gekauft, möchten Sie gleich drauflosknipsen und nicht erst alle Einstellungen zur Belichtung und Fokussierung lesen. Das Phänomen, von dem hier die Rede ist, kennen Sie möglicherweise unter dem Begriff »Trial and Error« (Versuch und Irrtum). Viele Menschen möchten Dinge direkt ausprobieren und »benutzen«, ganz nach dem Motto »Learning by Doing«.

Viele Menschen verhalten sich im Internet ähnlich und möchten ihre Ansprüche zufriedenstellend erfüllt wissen. Sie überfliegen Websites und wählen nicht zwangsläufig die beste Option, sondern die nächstliegende. Einerseits geht das viel schneller, als verschiedene Möglichkeiten zunächst zu überdenken und abzuwägen, zum anderen ist es auch überhaupt kein Problem, falls man mit seiner Annahme falschliegt: Ein Klick, und man ist wieder in der Ausgangssituation.

Das bedeutet nicht, dass Benutzer grundsätzlich alles ausprobieren, um an ihr Ziel zu kommen. Neben den Nutzern, die Ihre Website wieder verlassen, wenn sie nicht »funktioniert«, gibt es auch diejenigen, die den Fehler bei sich suchen. Sie versuchen sich weiter auf Ihrer Website, weil sie keine Alternative kennen oder den Aufwand einer erneuten Suche meiden möchten. Meistens ist dies mit einer steigenden Frustration verbunden.

Einige Benutzer geben nach wie vor komplette URLs in das Suchfeld von Suchmaschinen ein. Nicht etwa, weil das so gedacht ist, sondern vielmehr, weil es funktioniert und sie auch auf diese Weise zu ihrem Ziel kommen. Nach Steve Krug wollen Menschen nicht zwangsläufig wissen, *wie* sie zu ihrem Ziel kommen, sie wollen vor allem, *dass* sie zu ihrem Ziel kommen. Steigen Sie beispielsweise in Ihr Auto, um von A nach B zu fahren, dann möchten Sie primär in B ankommen und nicht unbedingt wissen, wie Ihr Auto funktioniert. Wenn Sie bequem B erreichen, werden Sie auch bei der nächsten Fahrt mit dem Auto fahren (oder dies zumindest in Erwägung ziehen). Benutzer, die auf Ihrer Website landen, bringen zunächst ein gewisses Maß an Interesse mit; sie haben meistens eine positive Grundstimmung. Enttäuschen Sie sie nicht durch schwer bedienbare und undurchdringliche Websites – oder gehen Sie noch in Restaurants, in denen Sie schon ein Haar in der Suppe gefunden haben?

Die Erwartungshaltung an eine Website hängt aber auch von den Zielen ab, die ein Benutzer erreichen möchte, und kann daher sehr unterschiedlich sein. Angenommen, Sie stehen unter Zeitdruck und brauchen schnell bestimmte Informationen von einer Website. Dann kann ein langwieriges Intro, also eine Animation, die beim Aufrufen einer Website angezeigt wird, eher negativ wirken. Vielleicht haben Sie selbst solch eine Situation schon erlebt. Surfen Sie allerdings im Web, um unterhalten zu werden, so kann ein derartiges Intro auch imponieren.

7.3.3 Bestimmte Ziele effektiv, effizient und zufriedenstellend erreichen

Im Folgenden möchten wir Ihnen die drei Eigenschaften der Definition, wie Ziele erreicht werden sollen, näher erläutern.

Effektivität

Zunächst ist die Rede von Effektivität. Für den Benutzer steht die Frage »Kann ich mit dieser Website mein Ziel erreichen?« im Mittelpunkt. Es gilt, den Benutzer bei seiner Zielerreichung optimal zu unterstützen. Betreiben Sie beispielsweise einen Online-Shop, so können diverse Hilfestellungen – wie die Angabe einer Service-Telefonnummer, transparente Informationen zu Versandkosten oder ein Link zu häufig gestellten Fragen – hilfreich sein. Helfen Sie Ihrem potenziellen Kunden so präzise und umfassend wie möglich. Such-, Filter- und Sortiermöglichkeiten können ein Beispiel dafür sein. Bei einer Suchfunktion können Suchvorschläge (auch *Autosuggest-Funktion* bezeichnet) unterstützen.

Effizienz

Zusätzlich zur effektiven Zielerreichung soll ein Ziel auch effizient erreicht werden. Dabei ist der Aufwand gemeint, den ein Benutzer aufbringen muss, um sein Bedürfnis zu befriedigen. Muss ein Interessent sehr lange warten, bis sich Elemente oder sogar die gesamte Website aufgebaut haben, werden ihm bei einer präzisen Suchanfrage Hunderte Suchergebnisse angezeigt, weiß er nach den ersten Klicks nicht mehr, wo er sich befindet, oder verirrt er sich innerhalb einer unübersichtlichen Navigation, dann kann von Effizienz keine Rede sein.

Die 3-Klick-Regel

Strukturell bzw. architektonisch würde das bedeuten, dass Websites eine möglichst flache Struktur aufweisen müssen (darauf gehen wir im Folgenden noch näher ein). Flache Strukturen bedeuten wiederum, dass von einem einzelnen Ausgangspunkt viele Auswahlmöglichkeiten bestehen. Es gilt also, dem Benutzer nicht möglichst viele Mausklicks abzunehmen, sondern möglichst viel Denkarbeit.

Vielleicht haben Sie in diesem Zusammenhang schon mal von der sogenannten *3-Klick-Regel* gehört, die besagt, dass Benutzer maximal dreimal klicken sollten, um das zu finden, wonach sie suchen. Andernfalls würden sie die Website enttäuscht wieder verlassen.

Wie wir bereits beschrieben haben, sollten Sie versuchen, dem Benutzer ein positives Erlebnis zu verschaffen. Wenn Ihnen eine Website gefällt und Sie sich dort wohlfüh-

---

len und Ihr Ziel erreichen, werden Sie wahrscheinlich nicht die Klicks zählen, die Sie zur Zielerreichung benötigt haben. Sicherlich sollte sich die Anzahl der Klicks in Grenzen halten. Nutzer, die sich erst durch viele Navigationsstufen klicken müssen, bis sie in einer gewünschten Produktkategorie landen, werden Ihre Website wahrscheinlich schon vorher verlassen.

Die 3-Klick-Regel beschreibt also einen wichtigen Sachverhalt, unserer Meinung nach geht es aber vor allem darum, dass dem Benutzer die Klicks leichtfallen, und nicht nur um die Quantität der Klicks. Sollten die Benutzer hingegen bei den einzelnen Aktionen unsicher sein, auf Seiten gelangen, die sie nicht erreichen wollten, oder Inhalte sehen, die sie nicht erwartet haben oder die sie nicht interessieren, dann werden sie die Website aller Wahrscheinlichkeit nach und ohne gute Erinnerung schnell verlassen.

7

Wir machen das noch einmal an einem bildhaften Vergleich fest: Stellen Sie sich vor, Sie spazieren durch den Wald und benutzen einen Ihnen unbekannten Weg. Ständig stoßen Sie dort auf große Steine und dicke Baumstämme, die Ihnen den Weg versperren oder Ihren Spaziergang maßgeblich beeinträchtigen. Sie müssen die Steine umgehen und die Baumstämme überwinden, was Ihnen sehr viel Mühe bereitet. Wahrscheinlich werden Sie zunehmend daran denken, dass es besser gewesen wäre, einen alternativen Weg zu gehen. Sie sind sich jedoch schon sicher: Diese Route werden Sie nicht noch einmal laufen. Sofern Sie Ihr Ziel problemlos erreichen, ist es Ihnen lieber, einen Weg zu gehen, der weder Steine noch Baumstämme, also keinerlei Hindernisse hat, auch wenn dieser möglicherweise ein Stückchen länger ist.

So ist es auch im Web: Die Benutzer sollten das Gesuchte schnell und problemlos erreichen können. Wenn Sie als Website-Betreiber sowohl Usability als auch Accessibility und gelernte Konventionen (mehr dazu folgt in Abschnitt 7.4, »Konventionen«) berücksichtigen, so ebnen Sie Ihren Benutzern einen geraden Weg ohne Hindernisse. Fangen Sie also gleich an, Steine aus dem Weg zu räumen.

Zufriedenheit

Auch der dritte Aspekt der Definition – die Zufriedenheit der Nutzer – ist ausschlaggebend. Es stellt sich die Frage: Fühlt sich der Besucher auf der Website wohl? Wenn wir zurück an das Eingangsbeispiel eines Restaurantbesuchs denken, werden Sie das Lokal wohl nur ein zweites Mal aufsuchen, wenn Sie zufrieden waren. Dies ist sicherlich eine subjektive Wahrnehmung und kann daher von Benutzer zu Benutzer unterschiedlich sein. Jedoch gilt auch hier: Der Benutzer steht im Mittelpunkt.

Feature Creep

Achten Sie darauf, Ihre Website nicht mit zu vielen Funktionen zu überladen (in der Webentwicklung wird dies *Feature Creep* genannt). Nutzer sollten eine leicht verständliche, übersichtliche Website vorfinden und deren Hauptfunktionalität direkt erkennen. Verzichten Sie daher auf unnötige Funktionalitäten, und versuchen Sie, Ihre Benutzer mit klarem Fokus durch Ihr Webangebot zu führen. Setzen Sie Prioritäten, und zeigen Sie Ihren Besuchern nur diejenigen Funktionen, die wirklich nützlich für ihn sind und ihm dabei helfen, sein Ziel schnell zu erreichen.

Wir werden Ihnen in den nächsten Abschnitten einige Prinzipien vorstellen, die Sie hinsichtlich Usability, Barrierefreiheit und Konventionen berücksichtigen sollten. Viele Hinweise werden Ihnen sofort einleuchten. Wenn Sie aber mal genau darauf achten, werden Sie feststellen, dass selbst die plausibelsten Dinge auf vielen Websites nicht berücksichtigt werden. In solchen Fällen wird unnötig Potenzial verschenkt.

7.4 Konventionen

Sie wissen nun, dass Sie es mit einer heterogenen Gruppe von Benutzern zu tun haben, die diverse Ansprüche an eine Website stellt und die unterschiedliche Erfahrungen und Grundvoraussetzungen mitbringt. Zudem sollten Sie berücksichtigen, dass Benutzer sich Dinge merken, sie erlernen und sie nach einer Weile sogar in erlernter Weise erwarten. Die Rede ist von sogenannten *Konventionen* (*Usage Patterns*). Konventionen sind wie ungeschriebene Gesetze und haben sich mit der Zeit entwickelt. Eine der bekanntesten Konventionen ist das Einkaufswagensymbol. Aber auch ein Briefsymbol wird als E-Mail-Funktion erkannt, während ein kleines Häuschen als *Home* bzw. *Startseite* bekannt ist. Auf mobilen Websites haben sich drei waagerechte Linien als Symbol für die Navigation (auch *Hamburger-Menü* bezeichnet) etabliert. Die Lupe ist bekanntermaßen eine Suchfunktion. Und Logos werden beispielsweise an der oberen linken Website-Ecke erwartet.

Es gibt viele dieser Konventionen, die sich bisher unterschiedlich stark durchgesetzt haben. Allgemein kann man sagen, dass Elemente von größerer Bedeutung sind, wenn sie groß angezeigt werden, bzw. von geringerer Bedeutung, wenn sie kleiner dargestellt werden. Denken Sie an die Parallele zur Textdarstellung in der Tageszeitung: Es wird erwartet, dass der Name der Zeitung oben bzw. oben links steht. Darüber hinaus werden Schlagzeilen wesentlich größer dargestellt als der folgende Text.

Design vs. Funktion

Im Zusammenhang mit Konventionen gibt es oftmals Uneinigkeit: Es kommt vor, dass Webdesigner sich Konventionen widersetzen und etwas ganz Neues, Innovatives entwerfen, um ihrer kreativen Aufgabe gerecht zu werden. Bedenken Sie jedoch, dass Konventionen einfach sind. Und was einfach ist, wird sofort verstanden und gerne benutzt. Wer also gegen Konventionen verstößt, geht das Risiko ein, dass die Art und Weise der Darstellung zwar neu und kreativ ist, aber nicht verstanden wird.

Schon haben Sie Ihren Benutzern wieder einen Stein in den Weg oder ein Haar in die Suppe gelegt. Der Königsweg besteht also darin, Konventionen zu beachten, aber dennoch neue und einzigartige Webdesigns zu entwerfen, die Ihren Besuchern in Erinnerung bleiben. Sollten Sie jemals vor der Entscheidung für das eine oder das andere stehen, raten wir Ihnen dazu, sich für die Konventionen zu entscheiden – denn Benutzer möchten, wie der Name schon sagt, etwas benutzen. Für sie sind Konventionen unheimlich hilfreich. Elemente müssen nicht lange gesucht werden, sie befinden sich dort, wo sie erwartet werden. Das verschafft eine gewisse Sicherheit und Vertrautheit und erzeugt ein Gefühl von Behaglichkeit und auch Vertrauen in die Seriosität des Angebots. Werden Erwartungen bzw. erlernte Konventionen missachtet, bedeutet das für den Benutzer Irritation, Denkarbeit und erneutes Lernen. Ist er dazu nicht bereit, besteht die Gefahr, dass er die Website verunsichert wieder verlässt.

Aus diesem Grund ist auch Konsistenz ein wichtiges Kriterium. So sollten beispielsweise Navigationselemente (die wir in Abschnitt 7.7, »Die Navigation«, noch detaillierter beschreiben) auf allen Seiten in gleicher Weise dargestellt werden. Eine Navigation wird horizontal im oberen Seitenbereich und vertikal am linken Seitenrand erwartet. Auch eine interne Suchfunktion sollte konstant an der gleichen Website-Position verwendet werden. Suchfelder werden ebenfalls im oberen Seitenbereich erwartet. Eine weitere Konvention sind Links. Benutzer haben gelernt, das Begriffe, die farbig (oftmals blau) und unterstrichen dargestellt werden, Hypertext-Links sind. Wurde ein Link besucht, wird er als besucht gekennzeichnet (z. B. durch farbliche Änderung). Weitere Informationen zur Verwendung von Links und Buttons finden Sie in Abschnitt 7.9, »Buttons und Links«.

Um Ihnen die Relevanz von Konventionen zu veranschaulichen, sehen Sie in Abbildung 7.7 die gleiche Website mit dem Unterschied, dass rechts einzelne Elemente anders positioniert bzw. anders dargestellt wurden als links. Welche Seite würde Ihnen auf Anhieb eher zusagen?

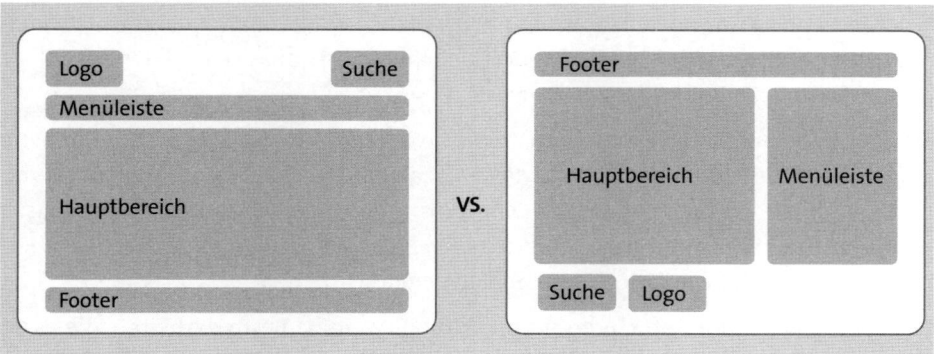

Abbildung 7.7 Welcher Website-Aufbau ist Ihnen geläufiger?

Wie Sie sehen, ist es unter Umständen sehr verwirrend, wenn erlernte Konventionen nicht eingehalten werden. Das kennen Sie vielleicht auch aus anderen Alltagssituationen. Wenn Sie beispielsweise in den Supermarkt gehen, nachdem dort Regale umgestellt und Produkte umsortiert wurden, müssen Sie sich zunächst zurechtfinden und neu orientieren. Sie haben sich daran gewöhnt, dass die Einkaufswagen am Eingang stehen und die Zigaretten an der Kasse zu kaufen sind. Ist dies plötzlich nicht mehr so, heißt es, nachzudenken. Ihr Ziel sollte es also sein, Websites erwartungskonform zu präsentieren und sich dennoch gleichzeitig von der Masse an Konkurrenz-Websites abzusetzen.

7.5   Usability und mobile Endgeräte

Neben den unterschiedlichen Benutzern mit heterogenem Erfahrungsschatz und den unterschiedlichen Kontexten der Benutzung werfen wir nun einen Blick auf die unterschiedlichen Endgeräte der Benutzung. Vorab sei gesagt, dass das Gros der Usability-Empfehlungen für Websites auch auf die mobile Darstellung adaptiert werden kann. Einer der zentralen Unterschiede ist sicherlich die kleinere Displaygröße von mobilen Endgeräten. Dies sollte schon bei der Entwicklung von Websites berücksichtigt werden. Wie Sie bereits in Kapitel 5, »Suchmaschinenoptimierung (SEO)«, gelernt haben, gibt es dafür prinzipiell drei verschiedene Konfigurationen:

1. das responsive Design
2. die dynamische Bereitstellung
3. Mobile-Website (häufig auf einer Subdomain, z. B. *m.domainname.de*)

Im Folgenden berücksichtigen wir ausschließlich die erste und auch die von Google empfohlene Variante des responsiven Designs. Weitere Informationen zu den anderen Optionen lesen Sie in Abschnitt 5.3.5, »Mobile und responsive Websites«.

Das sogenannte *responsive Design* beschreibt eine Darstellungsweise, die sich an das entsprechende Endgerät anpasst, und zwar plattformübergreifend unter der gleichen URL. Das Layout der Seite verändert sich hierbei automatisch auf der Grundlage der Größe und der Funktionen des Geräts.

Sie können selbst einen Test machen, wenn Sie überprüfen möchten, ob eine Website responsiv ist. Verkleinern Sie hierzu die Bildschirmbreite Ihres Browserfensters, und beobachten Sie, ob sich das Design der Website dynamisch an die Größe anpasst. Zudem können Sie unter *www.google.com/webmasters/tools/mobile-friendly/* überprüfen, wie Ihre Seite auf Mobilgeräten dargestellt wird.

Dennoch gibt es hinsichtlich der mobile Usability einige Besonderheiten, die es zu berücksichtigen gilt: So gehen wir in den folgenden Abschnitten auch auf mobile

Aspekte von z. B. der Navigation, der Suchfunktion, von Formularen, Buttons und Touch-Icons sowie diversen Eingabehilfen ein.

7.6   Strukturierung der Website

Wenden wir uns also der Organisation Ihrer Website zu. In diesem Zusammenhang wird häufig der Begriff *Informationsarchitektur* (*IA*) verwendet. Nach Wikipedia bedeutet das:

> »*Informationsarchitektur bezeichnet den Prozess der Gestaltung der Struktur eines Informationsangebots. Zur Informationsarchitektur eines Informationsangebotes zählen die sinnvolle Unterteilung der Inhalte, die Navigationswege und Suchmöglichkeiten innerhalb des Angebots und die gebrauchstaugliche Gestaltung des Zugangs zu den Informationen.*«

Damit ist also gemeint, dass alle Informationen einer Website strukturiert, unterteilt, übersichtlich angeordnet und entsprechend benannt werden (was auch als *Labeling* bezeichnet wird). Sie kategorisieren also den Inhalt Ihrer Website in verschiedene Rubriken und vergeben entsprechende Bezeichnungen, damit Ihre Inhalte möglichst schnell und effizient erfasst werden. Mit einer guten Informationsarchitektur helfen Sie Ihren Benutzern, Inhalte problemlos zu finden und einzugrenzen und Ihre Website einfach zu benutzen. Eine gute Informationsstruktur ist damit wesentlicher Bestandteil auf dem Weg zum Website-Erfolg.

7.6.1   Website-Struktur ist nicht gleich Navigation

Während die Website-Struktur die Inhalte einer Website in logische Bereiche einteilt und das Verhältnis der Seiten zueinander bestimmt, ist die Navigation die Möglichkeit für die Benutzer, zu den einzelnen Bereichen zu gelangen bzw., wie der Name schon sagt, zu navigieren. Navigation und Struktur müssen nicht immer den gleichen Prinzipien gehorchen. Es kann beispielsweise sinnvoll sein, in der Navigation direkt auf eine Seite zu verlinken, die strukturell auf einer sehr tiefen Hierarchiestufe angesiedelt ist.

Sitemap

Wahrscheinlich sind Ihnen *Sitemaps* von Websites geläufig. Eine Sitemap stellt listenartig dar, welche Seiten eine Website umfasst. In Abbildung 7.8 sehen Sie einen Ausschnitt der Sitemap (bzw. Inhaltsübersicht) der Website *www.bundespraesident.de*.

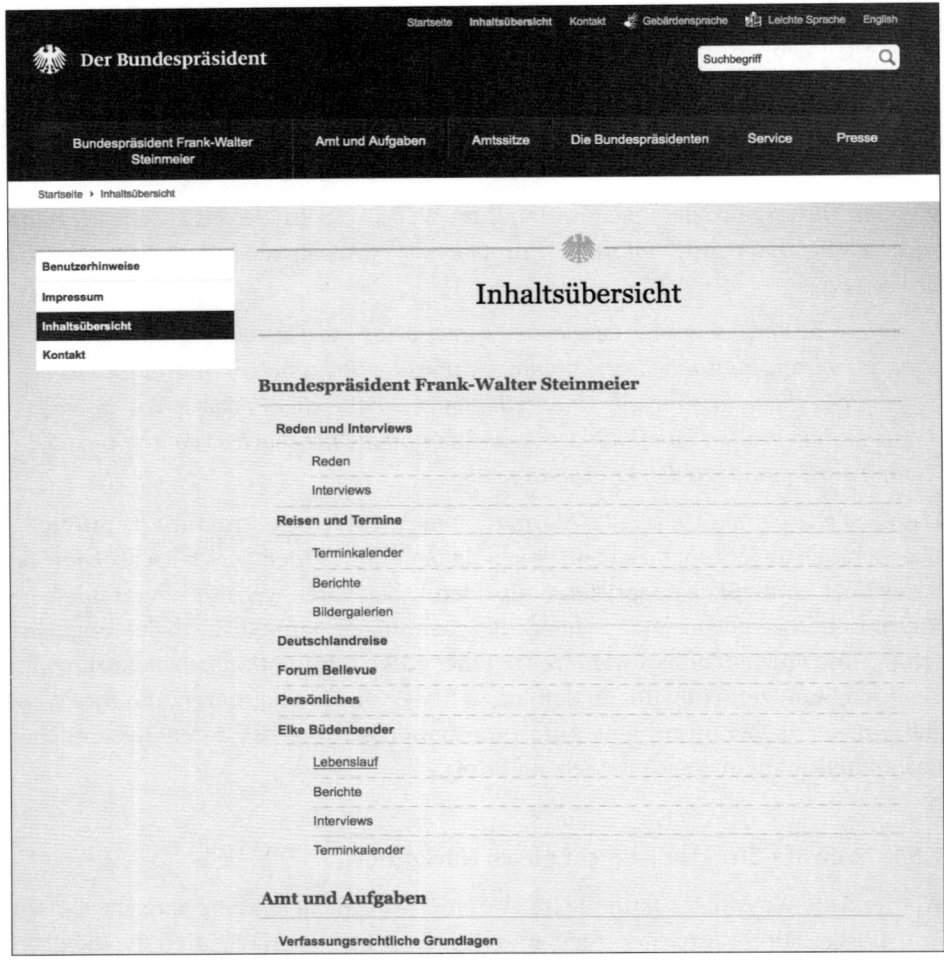

Abbildung 7.8 Sitemap/Inhaltsübersicht der Website »www.bundespraesident.de«

Was ist aber nun der Unterscheid zwischen einer Navigation und einer Sitemap? Nehmen wir einmal das Beispiel Impressum oder AGB. Diese beiden Webseiten werden wahrscheinlich in der Sitemap aufgeführt, müssen aber nicht zwangsläufig einen Platz in der Navigation einnehmen.

Impressum, AGB und Datenschutz können beispielsweise auch im Footer (der Fußzeile) angeordnet werden, wie im folgenden Beispiel von *www.lufthansa.de* zu sehen (siehe Abbildung 7.9).

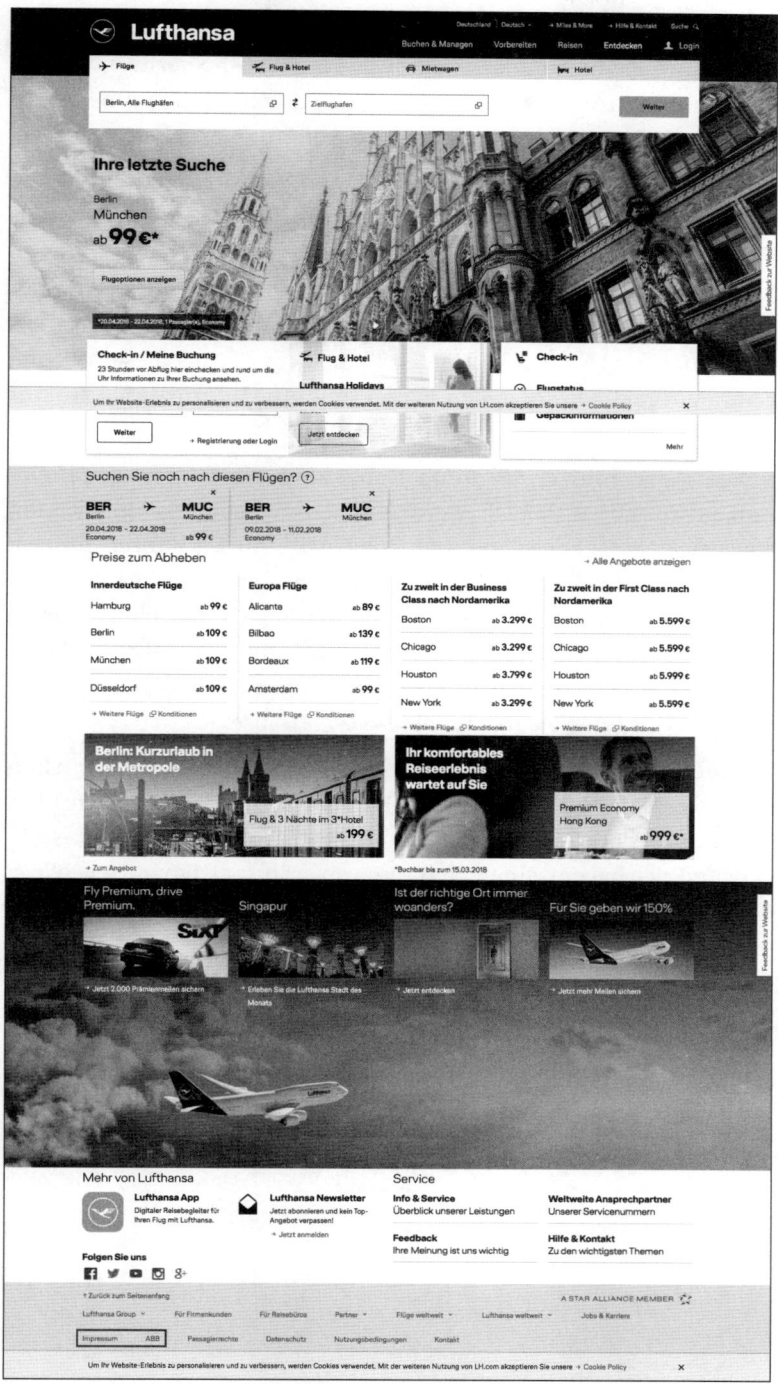

Abbildung 7.9 Die Lufthansa-Startseite mit Impressum und ABB (Allgemeine Beförderungsbedingungen) im Footer

7.6.2   Methoden zur Website-Strukturierung

Wir gehen in diesem Buch davon aus, dass Sie bereits eine Website besitzen. Sollten Sie aber die vorhandene Struktur nach dem Lesen dieses Kapitels für überarbeitungswürdig halten, werden wir Ihnen einige Tipps zur Strukturierung nicht vorenthalten.

Es gibt verschiedene Herangehensweisen, die Inhalte Ihrer Website zu strukturieren. Abzuraten ist von dem *Top-down-Vorgehen*. Dabei wird mit der Konzeption der Startseite begonnen, und die einzelnen Themen werden dann verschiedenen Rubriken zugeordnet. In der Regel bleibt bei dieser Methode aber immer mal der ein oder andere Themenbereich übrig. Der wird dann oftmals notdürftig in die Navigation gepresst, was in den meisten Fällen zulasten der Usability geht. Aus diesem Grund werden wir Ihnen einige Praktiken vorstellen, wie Sie eine gute Informationsstruktur erarbeiten.

Eine Methode ist das sogenannte *Card-Sorting*. Dabei werden alle Themen auf einzelne Karteikarten geschrieben. Danach werden zusammengehörige Inhalte auf einen Kartenstapel gelegt. Sie sehen schon sehr früh bestimmte Strukturen, die sich herauskristallisieren. Vergeben Sie dann für jeden Kartenstapel einen übergeordneten Begriff (Label). Die gleiche Vorgehensweise können Sie auch mit Anhängern Ihrer Zielgruppe durchführen, das heißt, Sie fordern Ihre Benutzer auf, Ihre Website-Inhalte in für die Benutzer verständliche und zusammengehörige Stapel zu sortieren. Mehr zu Usability-Tests lesen Sie in Kapitel 9, »Testverfahren«.

Darüber hinaus können *Wireframes* hilfreich sein. Ein Wireframe bezeichnet den Entwurf eines Designs, in diesem Fall Ihrer Website. Es handelt sich dabei zunächst um ein Modell, das heißt, es ist noch recht abstrakt und grafisch nicht vollendet. Statische Wireframes bieten sich bei einzelnen Webseiten an, während dynamische Wireframes das Navigieren von einer zur nächsten Webseite veranschaulichen. Sie bestehen dementsprechend aus mehreren Seiten, die miteinander zusammenhängen. In Abbildung 7.10 sehen Sie ein Beispiel für einen dynamischen Wireframe.

Abbildung 7.10 Beispiel für einen dynamischen Wireframe

Wenn Sie bereits in einem konkreten Design experimentieren möchten, sollten Sie zunächst visuelle Prototypen – sogenannte *Mockups* – erstellen. Mockups geben Ihnen bereits ein gutes Gefühl für das Aussehen Ihrer Website, Wireframes sind im Gegensatz hierzu eine konzeptionelle Vorstufe.

Rapid Prototyping

Unter *Rapid Prototyping* versteht man im Zusammenhang mit Websites die schnelle Erstellung eines Prototyps, der verschiedenen *Stakeholdern* (Interessenvertretern wie z. B. Benutzern, Entwicklern, Designern) zur Abstimmung vorgelegt und anschließend entsprechend deren Wünschen angepasst wird. In iterativen Entwicklungsprozessen, die aus den drei sich wiederholenden Phasen Entwicklung – Abstimmung – Anpassung bestehen, können so die einzelnen Ansprüche schon früh integriert werden. Dies macht Rapid Prototyping zu einer effizienten Methode, da Feedback schnell und kontinuierlich in den Entwicklungsprozess einfließen kann.

Nachdem Sie Ihre Website-Inhalte grob eingeteilt haben, sollten Sie die Feingliederung vornehmen. So können Sie beispielsweise nach Themen, Zielgruppen oder Lösungen sortieren, je nachdem, welcher Ansatz für Ihr spezielles Angebot am sinnvollsten ist.

Ein voller Werkzeugkoffer

Es gibt eine Vielzahl von hilfreichen Tools im Netz, die Ihnen bei der Erstellung eines Wireframes bzw. Mockups behilflich sein können. Dies sind beispielsweise *balsamiq.com*, *cacoo.com*, *pencil.evolus.vn*, *moqups.com* oder *hotgloo.com*, um Ihnen nur einige zu nennen. In einem späteren Entwicklungsstadium sind Plug-ins wie z. B. unter *diigo.com* hilfreich, mit deren Hilfe man Layouts und Webseiten kommentieren kann.

Strukturebenen

Ähnlich wie die Organisationsstruktur in Unternehmen kann auch eine Website unterschiedliche Ebenen enthalten. Abgesehen von ausgefallenen Strukturen spricht man dann von flachen oder tiefen Site-Strukturen. Bevorzugen Sie eher tiefe Site-Strukturen, so gibt es viele Unter- und Unterunter-Seiten.

Für den Benutzer hat das die Konsequenz, dass er auf einer besuchten Website wenige Auswahlmöglichkeiten hat, aber diverse Ebenen (siehe Abbildung 7.11).

Abbildung 7.11 Beispiel für eine tiefe Website-Struktur

Umgekehrt hat ein Benutzer auf einer Website mit einer flachen Website-Struktur viele Auswahlmöglichkeiten und wenige Unterebenen (siehe Abbildung 7.12).

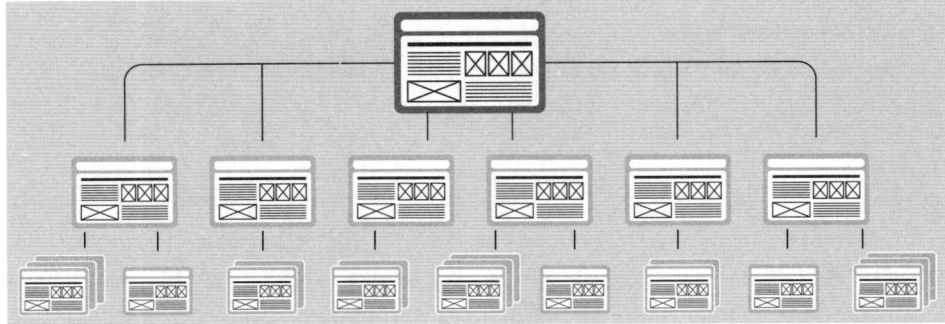

Abbildung 7.12 Beispiel einer flachen Website-Struktur

Bezüglich der Website-Strukturen gibt es keine allgemeingültigen Regeln, die einzuhalten sind. Solange der Benutzer problemlos die Inhalte der Website erreichen kann, ist alles denkbar. An dieser Stelle sei aber darauf hingewiesen, dass aus Gründen der Suchmaschinenoptimierung flache Hierarchien oft Vorteile mit sich bringen. Beim Crawlen taucht der Bot nicht gern in die Tiefen einer Website hinab. Auch für Nutzer mobiler Endgeräte eignen sich flache Website-Strukturen oftmals besser, bringen Sie doch die Besucher in der Regel in nur wenigen Schritten an das gewünschte Ziel.

Wählen Sie also eine Struktur, bei der Ihre Nutzer möglichst effizient und intuitiv die gewünschten Inhalte erreichen. Meist handelt es sich dabei um eine Mischform aus flacher und tiefer Website-Struktur. Verkaufen Sie z. B. Smartphones, bietet es sich an, alle Smartphones unterhalb einer entsprechenden Kategorie anzubieten (tiefe Struktur). Die wichtigsten und beliebtesten Produkte dieser Kategorie sollten aber auch von Ihrer Startseite erreichbar sein (flache Struktur).

Single-Page Design

Der Extremfall einer flachen Website-Struktur ist das sogenannte *Single-Page Design* (auch *One-Page Design*). Hierbei handelt es sich um ein Konzept, bei dem die gesamte Website oder ein jeweils großer Website-Bereich auf einer einzigen Seite platziert ist. Durch *Anker* (Sprungmarken) kann der Besucher auf der Seite einzelne Themen ansteuern. Falls Sie im Wesentlichen über ein einziges Angebot verfügen, das Sie im Internet präsentieren möchten, sollten Sie sich dieses Konzept näher anschauen. Sie ersparen Ihrem Besucher auf diese Art die Navigation und können dieses Format dazu nutzen, Ihr Angebot »in einem Guss« vorzustellen. Verstärken können Sie dies noch durch das sogenannte *Parallax Scrolling*. Hierbei entsteht während des Scrollens beim Nutzer ein räumlicher Tiefeneffekt. Nicht zu empfehlen ist das Single-Page Design, wenn Sie viele Informationen oder Angebote in unterschiedlichen Kategorien anbieten. Außerdem sollten Sie beim One-Page Design die Ladezeiten im Blick behalten, da die einzelne Seite schnell schwerfällig werden kann, wenn sie mit allzu vielen Inhalten überfrachtet wird.

Die magische Sieben

Machen wir einen Ausflug in die Welt des menschlichen Gehirns. Wir können und möchten hier keine medizinischen Erkenntnisse wiedergeben, sondern auf sehr vereinfachte Art und Weise das menschliche Gehirn beleuchten. Das menschliche Gehirn lässt sich in drei Bereiche einteilen: das Langzeitgedächtnis, das Kurzzeitgedächtnis und das sensorische Gedächtnis. Während Letzteres die Informationen der Sinnesorgane verarbeitet, werden im Langzeitgedächtnis Informationen abgespeichert, die zu einem späteren Zeitpunkt wieder abgerufen werden können. So können Sie sich beispielsweise an die Namen Ihrer früheren Klassenkameraden erinnern, auch wenn Sie sich über Jahre nicht gesehen haben. Mit dem Kurzzeitgedächtnis speichern wir – wie der Name schon sagt – Informationen nur kurz, also temporär, ab. Können wir an bestimmte Dinge anknüpfen und halten wir sie für wichtig, dann werden sie ins Langzeitgedächtnis befördert.

Nach dem Psychologen George A. Miller (*The Magical Number Seven, Plus or Minus Two: Some Limits on Our Capacity for Processing Information*) können Menschen maximal sieben (plus/minus zwei) Informationen gleichzeitig aufnehmen, was auch als sogenannte *millersche Zahl* bezeichnet wird. Bei allen Dingen, die darüber hinausgehen, wird es schwierig.

Sicherlich gibt es Menschen mit besonderer Gedächtnisleistung, wir sprechen hier aber von dem Gros der Menschen. Was hat das aber mit Ihrer Website zu tun? Sie sollten die magische Sieben bei der Strukturierung Ihrer Website im Hinterkopf haben. Versuchen Sie, dem Benutzer nicht mehr als sieben Auswahlmöglichkeiten innerhalb einer Navigation zu bieten (siehe Abbildung 7.13). In der Kürze der Zeit kann er den Überblick über seine Optionen nicht behalten und sich bei einer Vielzahl von Alternativen überfordert fühlen.

Abbildung 7.13 Sieben Menüpunkte auf »www.bvg.de« (Desktop- und Mobile-Ansicht)

Aber auch hier weisen wir darauf hin, dass es sich bei der magischen Sieben nicht um eine Pauschalaussage handelt. Es gibt durchaus Websites, die mit mehr als sieben Strukturpunkten sehr gut funktionieren, denn anders als in dem Versuch müssen sich Besucher einer Website die Navigation beispielsweise nicht einprägen, wenn sie weiterhin immer sichtbar ist. Eine wichtige Lehre sollten Sie dennoch aus der millerschen Zahl ziehen: Bieten Sie den Besuchern auf Ihrer Website nicht zu viele Auswahlmöglichkeiten.

Tipp: Zu viele Auswahlmöglichkeiten vermeiden

Abgesehen von der magischen Sieben fällt es, wie Untersuchungen belegen, Menschen oftmals schwer, eine Entscheidung zu treffen, wenn ihnen eine große Auswahl geboten wird. Ist die Auswahl hingegen kleiner, fallen die Entscheidungen in der Regel leichter. Der Psychologe Barry Schwartz hat 2004 in seinem Buch »The Paradox of Choice« beschrieben, dass zu viele Auswahlmöglichkeiten oft dazu führen, dass Menschen zögerlich, unsicher und weniger zielorientiert handeln. Auch hier spielen sicherlich noch andere Faktoren (wie Zeit, Stimmung etc.) eine Rolle, was eine Pauschalaussage nicht ermöglicht. Sie können diese Ergebnisse aber bei der Website-Gestaltung berücksichtigen und austesten.

7.6.3   Typen von Webseiten

Sie wissen nun, wie Sie Ihre Website strukturieren sollten. Bevor wir uns im Folgenden der Navigation widmen, also der Art und Weise, wie Benutzer die einzelnen strukturierten Bereiche Ihrer Website erreichen, schauen wir uns noch die verschiedenen Arten von Webseiten an. Es gibt sicherlich einige Ausnahmen, doch auf die meisten Websites treffen folgende drei Webseitentypen zu:

- Homepage/Startseite
- Kategorieseite
- Detailseite

Die Menge an Kategorie- und Detailseiten hängt von der Informationsarchitektur der Website ab. Je nachdem, wie viele Ebenen eine Website enthält, können diese ganz unterschiedlich sein. Sonderfälle bilden darüber hinaus Seiten, die Formulare beinhalten. Diese werden wir in Abschnitt 7.10, »Formulare«, genauer beleuchten. Zusätzlich gibt es sogenannte *Landing Pages*. Diese *Landeseiten* oder *Zielseiten* schauen wir uns im Detail in Kapitel 8, »Conversion-Rate-Optimierung (CRO)«, an.

Die Startseite (Homepage)

An die Homepage oder auch Startseite werden sehr viele Anforderungen gestellt. Zum einen soll sie die Zielgruppe ansprechen, sie abholen und den Kern der Seite vermitteln. Sie soll die zentrale Botschaft transportieren, Lösungen, Angebote und den Gesamtzusammenhang aufzeigen, seriös und glaubhaft auftreten. Der Besucher muss die Hierarchie und die unterschiedlichen Bereiche der Website erkennen können, sollte sich durch die Inhalte angesprochen fühlen und auch in andere Website-Bereiche eintauchen können bzw. auf besondere Angebote hingewiesen werden. Aus der Sicht der Suchmaschinenoptimierung ist die Aufgabe der Homepage im Regelfall, mit der Marke (engl. *brand*) eine gute Positionierung in Suchmaschinen zu erreichen.

Sie merken, die Gestaltung einer Startseite ist ein komplexes Thema, bei dem oft Einschränkungen hingenommen oder Kompromisse gemacht werden müssen, um allem gerecht zu werden. Die Homepage hat insofern eine Sonderrolle inne. Auch eine Navigation auf der Startseite kann von der Navigation auf den Unterseiten abweichen. Eine unterschiedliche Darstellungsweise bedeutet aber nicht, dass sich die Bereiche inhaltlich unterscheiden sollten. Auch wenn die Navigation auf der Homepage eine andere ist, sollte die Struktur und Kennzeichnung dieselbe sein wie auf den restlichen Webseiten. In Abbildung 7.14 sehen Sie als Beispiel die Startseite des Sportartikelherstellers Nike.

Abbildung 7.14 Die Startseite »www.nike.com«

Die Kategorieseite

Die Kategorieseiten (oder Rubrikseiten) sind vergleichbar mit den Rubriken einer Zeitung. So ist beispielsweise Ihre Tageszeitung in unterschiedliche Rubriken (in der Verlagswelt *Bücher* genannt) eingeteilt. Auch Websites und besonders Webshops lassen sich im Regelfall in Kategorien und Unterkategorien einteilen. Aus SEO-Sicht wird bei Kategorieseiten angestrebt, mit bestimmten allgemeinen Keywords (z. B. »Schuhe«) eine gute Suchmaschinenpositionierung zu erreichen. Dem Nutzer soll so eine bessere Orientierung ermöglicht werden. Er erhält einen besseren Überblick über das Angebot. Unterstützen Sie ihn dabei, diese Angebotsübersicht nach seinem Suchbedürfnis zu überblicken, zu sortieren und zu filtern.

Abbildung 7.15 zeigt als Beispiel die Kategorieseite »Herren« von »*www.nike.com*«.

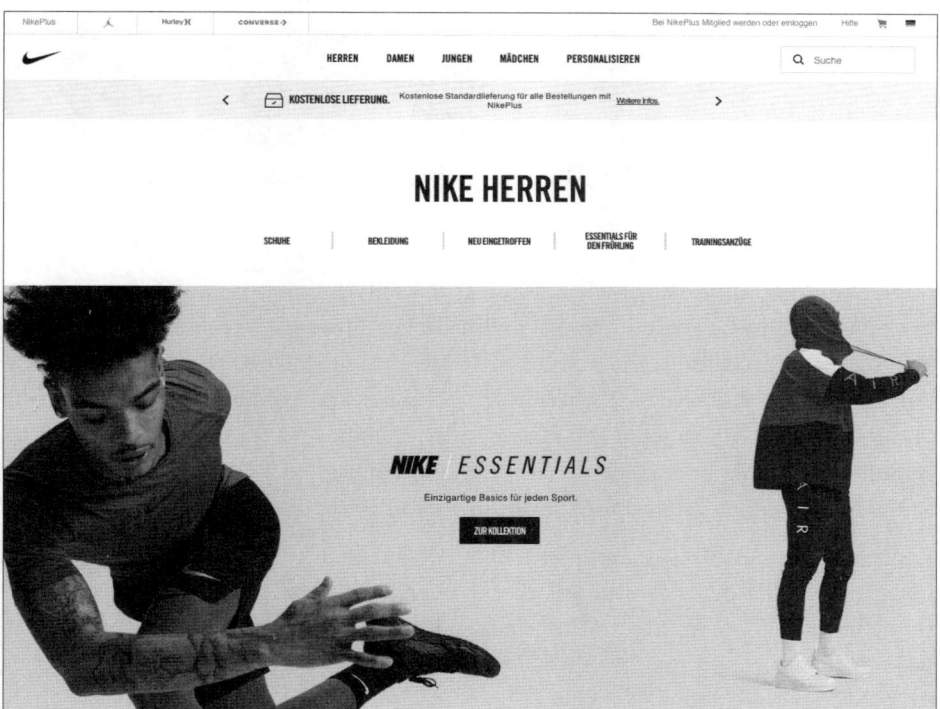

Abbildung 7.15 Kategorieseite »Herren« auf »www.nike.com«

Mit Klick auf den Untermenüpunkt Bekleidung gelangt der Nutzer zu den einzelnen Produkten, die dieser Kategorie zugeordnet sind (siehe Abbildung 7.16).

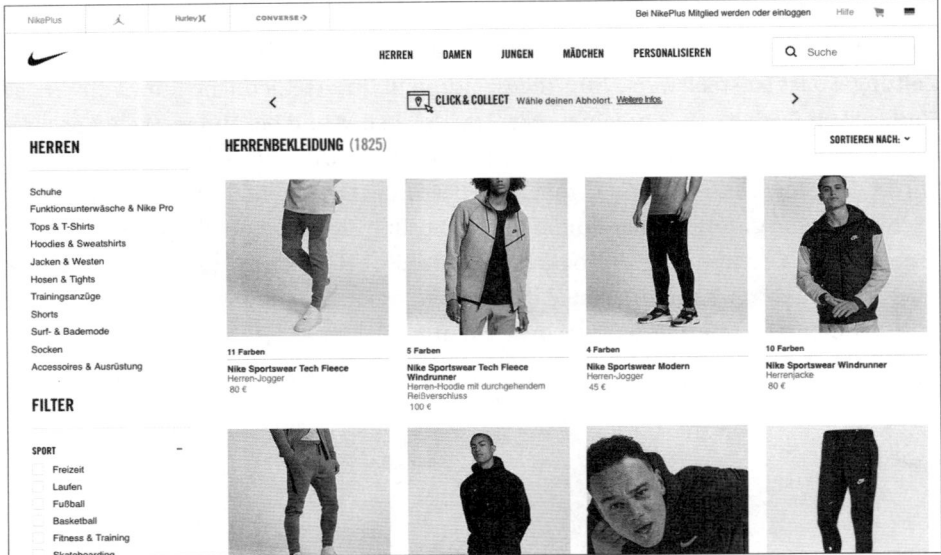

Abbildung 7.16 Bekleidungsprodukte in der Kategorie »Herren« auf der Website von Nike

Die Detailseite

Angelehnt an Online-Shops können Sie sich wahrscheinlich schon ausmalen, was mit einer Detailseite gemeint ist: Hier wird ein bestimmtes Produkt im Detail vorgestellt. Die Produktseite sollte den Informationsdurst des Nutzers zum Produkt stillen, das heißt, hier sollte er Antworten auf seine Fragen zum Produkt erhalten. Präsentieren Sie Ihr Angebot mit einem individuellen Text möglichst ansprechend, stellen Sie Vorteile heraus, und machen Sie es so greifbar wie möglich (z. B. durch verschiedene Bilder, Zoom-Möglichkeiten oder Blickwinkel).

Vergessen Sie darüber hinaus nicht, eine Möglichkeit zum Kauf anzubieten, und informieren Sie Ihre Interessenten über die Verfügbarkeit und Lieferzeiten. In unserem vorangegangenen Beispiel könnte dies eine Produkt-Detailseite sein, wie Sie sie beispielhaft in Abbildung 7.17 sehen.

Die Einteilung nach Kategorie- und Detailseiten entspricht nicht nur dem Aufbau von Online-Shops. Sie können sie auch auf andere Websites adaptieren. So ist beispielsweise eine Kategorieseite einer Informations-Website wie *www.zeit.de* die Rubrik WIRTSCHAFT (siehe Abbildung 7.18). Ein einzelner Artikel entspricht dann einer Detailseite.

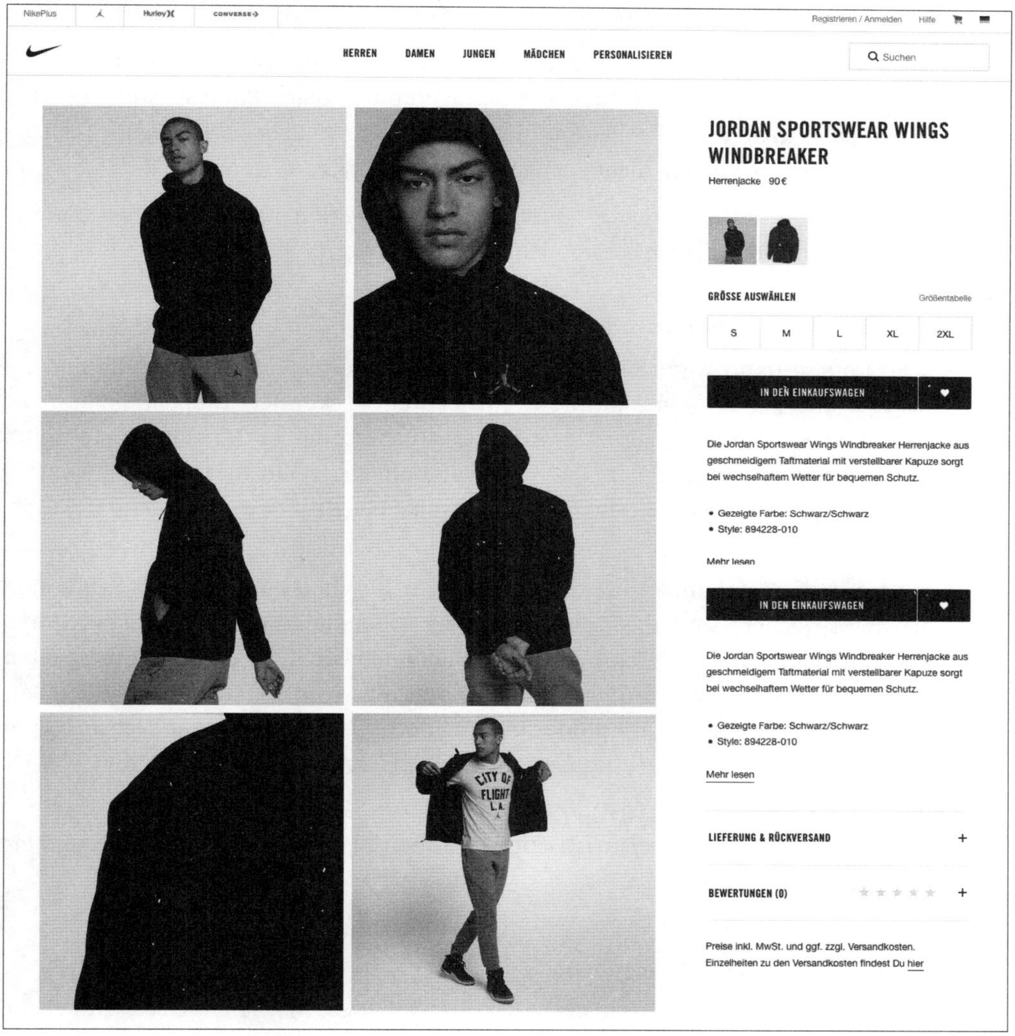

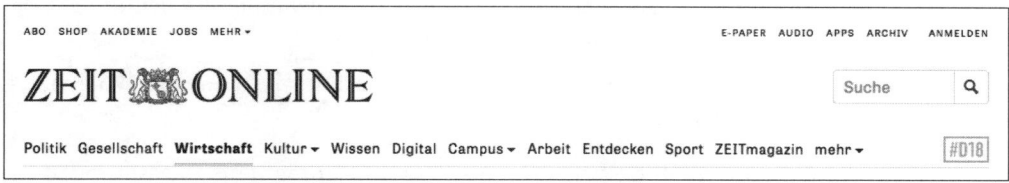

Abbildung 7.17 Produktdetailseite im Online-Shop von Nike

ABO   SHOP   AKADEMIE   JOBS   MEHR ▾

E-PAPER   AUDIO   APPS   ARCHIV   ANMELDEN

ZEIT✥ONLINE

Suche   🔍

Politik Gesellschaft **Wirtschaft** Kultur ▾ Wissen Digital Campus ▾ Arbeit Entdecken Sport ZEITmagazin mehr ▾   #D18

Abbildung 7.18 Auswahl einer Kategorie auf »www.zeit.de«

7.6.4 Was darf nicht fehlen, was sollten Sie vermeiden?

Wenn wir wieder zurück an unser Lieblingsrestaurant denken, was sollte nun unbedingt auf der Speisekarte stehen? Wir betrachten im Folgenden insbesondere Websites, die Produkte verkaufen (E-Commerce), was aber nicht bedeutet, dass die meisten angesprochenen Aspekte nicht auch auf andere Websites anwendbar sind.

Beginnen wir mit den Gerichten, die auf keinen Fall fehlen dürfen, bevor wir uns diejenigen anschauen, die Sie besser nicht anbieten sollten.

Kontaktdaten und Impressum

Insbesondere dann, wenn Sie einen Webshop betreiben, sollten Sie Kontaktdaten gut sichtbar angeben, an die sich Ihre Besucher wenden können. Denken Sie an reale Geschäfte, wo (im Optimalfall) immer Verkaufspersonal zur Verfügung steht, um Fragen zu beantworten und im Kaufprozess behilflich zu sein. Idealerweise geben Sie mehrere Kontaktwege an, wie es beispielsweise bei Otto (*www.otto.de*) der Fall ist (siehe Abbildung 7.19).

Mit wenigen Ausnahmen (bei diesbezüglicher Unsicherheit sollten Sie mit einem Juristen sprechen) sind alle Websites laut § 5 »Allgemeine Informationspflichten« des Teledienstgesetzes (TDG) dazu verpflichtet, »leicht erkennbar, unmittelbar erreichbar und ständig verfügbar« ein Impressum anzugeben. Wenn Sie einen derartigen Link in die Navigation oder in den Footer (Fußbereich Ihrer Website) integrieren, sollten Sie diese Vorgaben ausreichend erfüllen. Inhaltlich sind für das Impressum folgende Punkte vorgeschrieben:

- Name und Anschrift (bei juristischen Personen zusätzlich die Rechtsform und die Vertretungsberechtigten)
- Kontaktmöglichkeiten (Adresse und E-Mail)
- bei Tätigkeiten mit behördlicher Zulassung die zuständige Aufsichtsbehörde
- das Handels-, Vereins-, Partnerschafts- oder Genossenschaftsregister, in das Sie eingetragen sind, inklusive der entsprechenden Registernummer
- bei bestimmten Berufen die entsprechende Kammer, die gesetzliche Berufsbezeichnung und der Staat, der diese vergeben hat, sowie die Bezeichnungen der berufsrechtlichen Regelungen und deren Zugang
- gegebenenfalls Ihre Umsatzsteueridentifikationsnummer bzw. die Wirtschafts-Identifikationsnummer

Wenn Sie Meinungsbildung beispielsweise durch Kommentare zulassen oder Geschäftsabschlüsse tätigen, müssen Sie weitere Angaben machen. Wir empfehlen Ihnen, Ihr Impressum von einem Juristen überprüfen zu lassen. Verstöße können zu hohen Geldbußen führen. In Kapitel 14, »E-Mail- und Newsletter-Marketing«, finden Sie zudem einen entsprechenden Auszug aus dem Telemediengesetz.

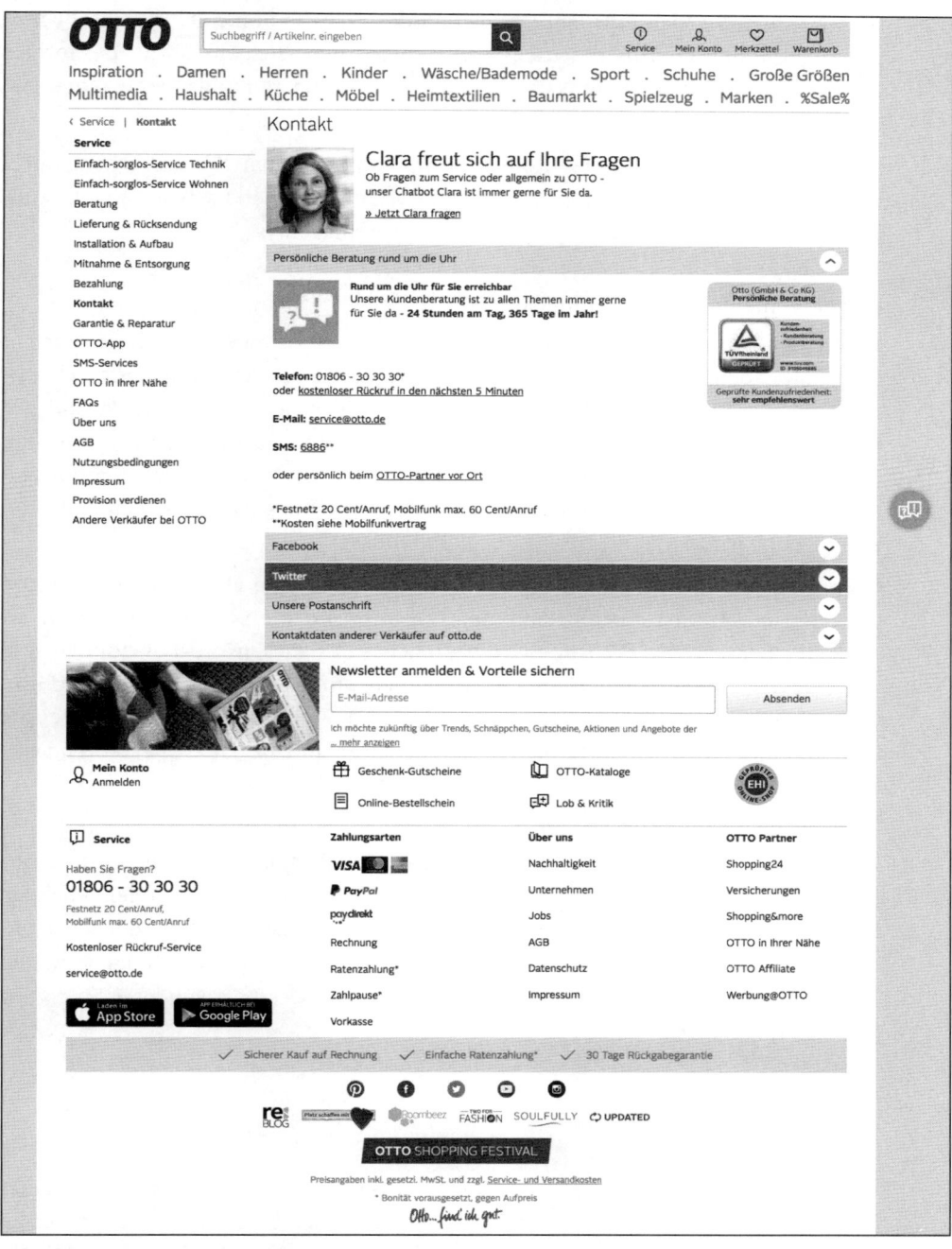

Abbildung 7.19 Kontaktmöglichkeiten bei »www.otto.de«

Sollten Sie ein Webanalyse-Tool wie z. B. Google Analytics verwenden, muss dies ebenfalls im Impressum oder in separaten Datenschutzbestimmungen ausgewiesen sein. Nehmen Sie sich etwa ein Beispiel an der Website von Axel Springer: Unter *www.axelspringer.com/de/datenschutzerklaerung* finden sich ausführliche Hinweise zur Sammlung, Nutzung und Weitergabe personenbezogener und nicht personenbezogener Daten.

Schnelle Hilfe bei der Erstellung eines Impressums finden Sie außerdem unter *www.e-recht24.de/impressum-generator.html*. Hier wird Ihnen nach der Angabe einiger Informationen ein Muster-Impressum vorgeschlagen.

Besser vermeiden: jegliche Ablenkungen

Vermeiden Sie Dinge, die vom Wesentlichen ablenken. Wenn Sie jetzt dieses Buch in der Hand haben, dann sehen Sie selbstverständlich die Wörter auf der aufgeschlagenen Seite. Sie nehmen darüber hinaus aber noch sehr viel mehr wahr: Da sind z. B. Dinge in der Umgebung und Geräusche. Diese werden aber vom menschlichen Gehirn weitestgehend ausgeblendet. Bewegungen sind jedoch schwieriger auszublenden. Bei Bewegungen sind wir sehr schnell abgelenkt und schauen auf, um festzustellen, ob wir in irgendeiner Art reagieren müssen.

Online verhält es sich ähnlich. Sehen wir sich bewegende Elemente am Monitor, obwohl wir eigentlich konzentriert einen Text lesen möchten, so ist unsere Aufmerksamkeit eingeschränkt. Website-Betreiber machen sich diesen Effekt oft zunutze und verwenden sich bewegende Elemente absichtlich, um die Aufmerksamkeit der Besucher darauf zu lenken. Sie halten Ihren Besuchern Dinge sprichwörtlich unter die Nase, die sie unter Umständen nicht sehen möchten und die daher eher störend wirken.

Sogenannte *Pop-ups*, also Elemente, die aufspringen bzw. »aufpoppen« und Teile des geöffneten Browserfensters überlagern, sind nur ein Beispiel dafür, was Benutzer oftmals als störend empfinden. Vermeiden Sie sie so weit wie möglich, oder gehen Sie äußerst sparsam damit um. Viele Benutzer verwenden derweil *Pop-up-Blocker*, um derartige Störungen von vornherein auszuschließen. 2017 belief sich der Anteil an Internetnutzern in Deutschland, die einen Werbeblocker verwendeten, auf 28 % (Quelle: *statista.com*).

7.7 Die Navigation

Wie bereits gesagt wurde, ist die Informationsarchitektur das Grundgerüst einer Website. Die Navigation ermöglicht dem Besucher, die einzelnen Bereiche zu erreichen. Gäbe es keine Navigation, wüsste der Benutzer weder, wie vielfältig eine Website ist, noch, wo er sich befindet. Viele Webseiten würden unentdeckt bleiben, wenn sie nicht mithilfe von Links verknüpft wären oder Benutzer zufälligerweise die Webseite per URL aufriefen. Die Nutzer würden sich verloren fühlen, da sie sich räumlich nicht orientieren könnten und nicht wüssten, wo sie sind. Wenn die Zusammenhänge fehlen, bleibt den Besuchern oftmals nur der Zurück-Button übrig, der einer der meistgeklickten Links auf Websites ist. Auch *Lesezeichen* (*Bookmarks*) werden in solchen Situationen gerne zur Hilfe genommen. Eine gute Navigation kann also schon auf den ersten Blick Vertrauen schaffen. Sie sollte Hierarchieebenen leicht erkennen lassen und den Benutzern ein Gefühl für die Breite und Tiefe der Website vermitteln. Kernthemen sollten bereits innerhalb der Navigation deutlich werden.

Rufen Sie sich in Erinnerung, dass die Benutzer Ihrer Website oftmals in Eile sind und aufgrund dessen die Inhalte nicht lesen, sondern nur überfliegen. Je einfacher, aussagekräftiger und verständlicher eine Navigation ist, desto besser lässt sie sich bedienen, was zur Zufriedenheit der Benutzer führt.

Sie kennen das vielleicht aus dem Urlaub: Sie sind in einem fremden Land angekommen, dessen Sprache Sie nicht beherrschen, und möchten zu Ihrem Hotel. Naheliegend sind zwei Möglichkeiten: Entweder Sie lesen Straßenschilder und machen sich allein auf den Weg, oder Sie fragen jemanden. Ähnlich verhält es sich im Internet: Benutzer, die eine fremde Website besuchen, können entweder per Navigation versuchen, ihr Ziel zu erreichen, oder sie verwenden Hilfen, wie beispielsweise eine Suchfunktion. Usability-Experte Jakob Nielsen unterscheidet zwischen *suchdominanten* und *linkdominanten Benutzern*. Die Gruppe der suchdominanten Benutzer präferiert das Verwenden der Suchfunktion auf einer Website. Die linkdominanten Besucher browsen selbst mithilfe von Links durch eine Website. Selbstverständlich gibt es auch Menschen, die sowohl das eine als auch das andere Verhalten aufweisen. Wir werden uns beide Möglichkeiten genauer anschauen und Ihnen Tipps geben, wie Sie eine gute Navigation und Suchfunktion anbieten können.

Eine Navigation hat grundsätzlich drei Aufgaben: Sie soll dem Benutzer anzeigen, wo er sich innerhalb einer Website befindet, ihm einen Überblick über das Gesamtangebot einer Website bieten und ihn darüber hinaus dabei unterstützen, das Gesuchte problemlos zu finden. Damit ist eine Navigation für den Benutzer für die Interaktion mit der Website ein wesentlicher Bestandteil. Bevor wir uns den Navigationsarten zuwenden, widmen wir uns noch kurz den Bezeichnungen der Navigation und der einzelnen Seitenbereiche.

Es ist elementar wichtig, dass sich die Benutzer unter den einzelnen Begriffen in der Navigation etwas vorstellen können. Verglichen mit der Offline-Welt wäre eine schlechte Navigationsbezeichnung wie ein Verkehrsschild, das Ihnen unbekannt ist und von dem Sie nicht wissen, was Sie damit anfangen sollen. So kann es schnell zu Unfällen kommen. Verwenden Sie daher bekannte Bezeichnungen bei Navigationsbereichen, und kreieren Sie keine neuen exotischen Ausdrücke, die erst beim zweiten Hinsehen einleuchten. Überlegen Sie sich, welche Bedeutungen (*Semantik*) die Begriffe in Ihrer Navigation noch haben können und was Benutzer darunter verstehen könnten. Beachten Sie, dass die Bezeichnungen in der Navigation in keinem weiteren Zusammenhang stehen, sondern allein eine eindeutige Aussagekraft haben sollten. Berücksichtigen Sie auch die konsistente, einheitliche Bezeichnung, und vermeiden Sie verschiedene Begriffe für identische Webseiten.

Orientieren Sie sich bei der Benennung der Navigationselemente auch an den Ergebnissen Ihrer Keyword-Recherchen aus Abschnitt 4.5, »Keyword-Recherche – die richtigen Suchbegriffe finden«, und seien Sie dabei möglichst konkret. Wenn Sie beispielsweise einen Online-Shop betreiben und dort Bücher und E-Books verkaufen, so sollten Sie Ihre Navigationsbereiche auch so bezeichnen und auf zu allgemeine Begriffe (»Medien«) oder wenig gebräuchliche Synonyme (»Elektronische Bücher«) verzichten.

7.7.1   Navigationsarten

Es werden verschiedene Arten von Navigationen unterschieden (beachten Sie, dass es in der Literatur keine einheitliche Begriffsbezeichnung für die verschiedenen Navigationsarten gibt):

- globale Navigation (auch Hauptnavigation, persistente Navigation)
- lokale Navigation
- Breadcrumb-Navigation (Brotkrumenpfade)
- Sonderfall: die Suchfunktion

Die globale Navigation

Die globale Navigation, die auch als *Hauptnavigation* oder *persistente Navigation* bezeichnet wird, ist eine Konstante, die sich auf jeder einzelnen Seite einer Website in gleicher Art und Positionierung befinden sollte. Ausnahmen können hier die Startseite oder auch Formulare und spezielle Landing Pages bilden.

Die Navigation zeigt an, dass sich der Benutzer noch auf derselben Seite befindet, und bietet ihm die Möglichkeit, sich zu orientieren.

Nach Steve Krug beinhaltet die globale Navigation – inklusive oberem Seitenbereich, dem sogenannten *Header* – fünf Elemente:

1. Zum einen enthält sie eine *Website-Kennung*, beispielsweise ein Logo, das sich für gewöhnlich am linken oberen Seitenrand befindet.
2. Zudem sollte der Benutzer immer die Möglichkeit haben, *zurück* zum Start zu gehen. Oftmals wird dies durch die Verlinkung des Logos gelöst oder auch einen Home- bzw. Startseite-Button. In Fachkreisen herrscht Uneinigkeit darüber, welche der beiden Varianten die bessere ist. Viele Benutzer haben inzwischen gelernt, dass die Website-Kennung bzw. das Logo einer Seite mit der Startseite verlinkt ist. Unterscheidet sich die Startseite extrem von den restlichen Webseiten, dann ist zusätzlich ein Startseitenlink sinnvoll.

3. Drittens sollte eine *Suchfunktion* nicht fehlen. Wir haben die suchdominanten Benutzer bereits angesprochen und gehen im Folgenden noch genauer auf sie ein.

4. Als viertes Element sind die *Sektionen/Rubriken* zu nennen. Sie heißen zum Teil auch *Hauptsektionen* oder *primäre Navigation*. Damit sind die Kategorien gemeint, die Sie unter anderem bei der Website-Strukturierung festgelegt haben. In der Struktur der Website sind die Sektionen die erste Ebene. Sie sollten bei der Erarbeitung Ihrer Seitenstruktur die Sektionen unbedingt berücksichtigen. Viele Besucher steigen über Suchmaschinen in Ihre Website ein und gelangen direkt auf eine Unterseite. Bieten Sie ihnen auch hier eine konsistente Navigation und optimale Orientierungshilfe.

5. Zu guter Letzt enthält die globale Navigation die sogenannte *Hilfsnavigation* (auch *Utilitys* genannt). Damit sind Links gemeint, die dem Benutzer dabei helfen, die Website zu benutzen. Dazu gehören Links wie Kontakt, Login, Datenschutz, Hilfe oder Verweise zu Social-Media-Profilen. Obwohl sie auch auf jeder Seite platziert sein sollten, ist die Gewichtung geringer, was meistens durch eine kleinere Darstellung zum Ausdruck gebracht wird. Von mehr als fünf Utilitys ist abzuraten.

In Abbildung 7.20 und Abbildung 7.21 sehen Sie als Beispiele die Umsetzung der globalen Navigation auf den Seiten *www.tchibo.de* und *www.dm.de*. Sie enthalten alle oben genannten fünf Elemente.

Abbildung 7.20 Die globale Navigation von Tchibo

Abbildung 7.21 Die Website-Navigation auf »www.dm.de«

Die sogenannte *Sticky Navigation* erfreut sich zunehmender Beliebtheit. Sie finden Sie zum Beispiel auf der Website *mitvergnuegen.com*, auf *bayer.de* oder im vorangegangenen Beispiel von *nike.com*. Hier bleibt die globale Navigation trotz Scrollens am oberen Seitenrand verankert und bietet damit den Nutzern einen festen Orientierungspunkt (siehe Abbildung 7.22). Auch Facebook und Twitter arbeiten beispielsweise mit einer fixen Navigation.

Abbildung 7.22 Die globale Navigation ist auf »mitvergnuegen.com« fest am oberen Seitenrand verankert.

Die lokale Navigation

Die lokale Navigation befindet sich oftmals am linken Webseitenrand. Sie enthält die Webseiten, die zu einer bestimmten Hauptsektion gehören. In dem folgenden Beispiel von Cewe sind alle Unterseiten zum Thema *Grußkarten* in der lokalen Navigation in der linken Spalte zu finden (siehe Abbildung 7.23). Wichtig ist, dass sich die zugehörige globale Navigation dabei nicht verändert, dass in diesem Beispiel also weiterhin der globale Navigationsbereich Grußkarten erhalten bleibt (und ausgewählt dargestellt wird).

In manchen Fällen wird die lokale Navigation auch horizontal unterhalb der primären Navigation dargestellt wie auf *aldi-sued.de* (siehe Abbildung 7.24, Kategorie RATGEBER mit Auswahl GRILLEN). Hier können die angebotenen Grill-Themen anschließend über eine vertikale Navigation am linken Webseitenrand ausgewählt werden.

Abbildung 7.23 Lokale Navigation auf der Website auf »www.cewe.de«

Abbildung 7.24 Lokale Navigation auf »www.aldi-sued.de«

Einige Unternehmen stellen die lokale Navigation auch mit Icons dar, wie beispielsweise Apple (siehe Abbildung 7.25).

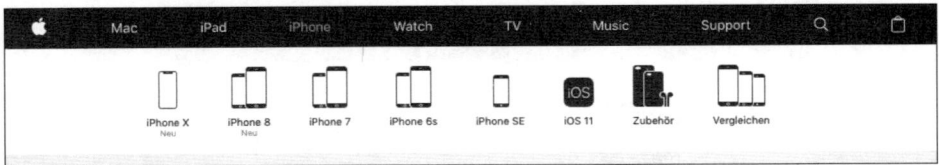

Abbildung 7.25 Apple verwendet Produkt-Icons in der horizontalen, lokalen Navigation.

Die Breadcrumb-Navigation

Erinnern Sie sich an das Märchen von Hänsel und Gretel? Die beiden Kinder wurden von ihren Eltern aus finanzieller Not im Wald ausgesetzt. Zuvor hatte der Junge aber die Pläne seiner Eltern belauschen können und weiße Steine den Weg entlang gelegt, um zurück nach Hause zu finden. Das Vorhaben der Eltern ging nicht auf, weshalb sie einen erneuten Versuch unternahmen. Diesmal streute Hänsel Brotkrumen, die allerdings von Vögeln gefressen wurden. Daraufhin verlaufen sich die Geschwister im Wald und entdecken schließlich das Hexenhaus. Den Rest der Geschichte kennen Sie wahrscheinlich. Angelehnt an dieses Märchen ist die Bezeichnung *Breadcrumb* entstanden. Diese Art der Navigation zeigt dem Benutzer den Pfad von der Startseite zur aktuellen Seite an (siehe Abbildung 7.26).

Abbildung 7.26 Breadcrumb-Navigation am Beispiel der Website »www.zalando.de«

Wie Sie an dem Beispiel der Abbildung erkennen, wird die Breadcrumb-Navigation in Kombination mit der globalen und der lokalen Navigation verwendet. In der Regel wird der Brotkrumenpfad unterhalb der Hauptnavigation angezeigt. Es wird eine kleinere Schriftart verwendet, und die einzelnen Schritte werden mit dem >-Zeichen oder |-Zeichen voneinander getrennt. Zum Teil wird der Pfad mit dem Hinweis SIE BEFINDEN SICH HIER angereichert und/oder fett dargestellt. Es lässt sich darüber streiten, ob ein solcher Hinweis notwendig ist. Wichtig ist aber, dass dem Benutzer deutlich wird, wo bzw. auf welcher Seitenebene er sich befindet. Heben Sie daher die aktuelle Seite beispielsweise farbig, fett oder mit Symbolen hervorgehoben ab.

Es gibt verschiedene Möglichkeiten des Aufbaus einer Breadcrumb-Navigation. Im Beispiel von *zalando.de* gibt der Brotkrumenpfad an, an welchem Ort innerhalb der Informationsarchitektur die aktuelle Seite statisch angesiedelt ist. Die Breadcrumbs können aber auch dynamisch erstellt werden und den konkreten Pfad beschreiben, den ein Besucher eingeschlagen hat, um auf die aktuelle Seite zu gelangen. Ein und dieselbe Seite kann in einem solchen Szenario unterschiedliche Breadcrumb-Navigationen enthalten und ist insbesondere für Suchmaschinen schwer interpretierbar. Wir raten Ihnen daher dazu, Ihren Brotkrumenpfad statisch anhand der Informationsarchitektur Ihrer Website aufzubauen.

Sonderfall: die Suchfunktion

Für die suchdominanten Benutzer Ihrer Website ist eine Suchfunktion entscheidend. Wenn Sie sich mit der Suchfunktion auf Ihrer Website beschäftigen, sollten Sie immer im Hinterkopf haben, dass die Suchergebnisse elementar für den Produktverkauf bzw. den Kern Ihrer Website sind.

Die Suchfunktion ist also eine Ergänzung zum Navigieren per Menü und bietet sich insbesondere bei komplexen und umfangreichen Websites an. Sie ermöglicht es, auf direktem Wege beispielsweise eine Produktdetailseite aufzurufen. Bei kleineren Websites mit weniger Inhalten wird möglicherweise keine Suchfunktion benötigt. Das hängt aber von einer übersichtlichen Navigation ab, die dem Nutzer einfache Einstiegswege eröffnet.

Prinzipiell sollte eine Suchfunktion problemlos zu finden sein. Anstatt einen Menüpunkt *Suche* innerhalb der Navigation zu platzieren, sollten Sie ein offensichtliches Eingabefeld vorziehen, das auf jeder Webseite an gleicher Position zu finden ist. Etabliert haben sich die Positionen im oberen rechten – zum Teil auch im oberen linken oder zentralen – Webseitenbereich. Eine gut funktionierende Suche kann das Vertrauen eines Benutzers in die Website unterstützen. »Gut« bedeutet dabei, dass die Suche möglichst schnell präzise Suchergebnisse ausgeben sollte. Die Funktionsweise einer Suche ist mittlerweile weitestgehend bekannt und muss in den meisten Fällen nicht näher erläutert werden. Für äußerst komplexe Websites können klare Tipps und Instruktionen dennoch hilfreich sein. Ihr Ziel sollte es sein, eine Suchfunktion zur Verfügung zu stellen, die so einfach wie möglich zu bedienen ist.

Im Allgemeinen besteht eine Suchfunktion lediglich aus einem Eingabefeld, das für nahezu alle Möglichkeiten genügend Zeichen aufnehmen können sollte. Achten Sie also auf eine ausreichende Größe des Eingabefeldes. Zusätzlich befindet sich hinter dem Eingabefeld ein Button, dessen Bezeichnung beispielsweise *Suche* heißt oder (wie auf *www.amazon.de*) ein Lupensymbol ist. Das klingt erst einmal einleuchtend, dennoch werden hier immer wieder Usability-Fehler begangen. Verwenden Sie also beispielsweise keine unklaren Bezeichnungen. Wenn ein Benutzer auf Ihre Website kommt und etwas suchen möchte, dann schwebt in seinem Kopf vermutlich das Wort »Suche«. Selbst wenn Sie nur geringfügig andere Formulierungen verwenden, gehen Sie das Risiko ein, dass Ihre Benutzer, wenn auch nur kurz, überlegen müssen.

Sie können den Benutzer bei seiner Suche unterstützen, indem Sie eine *Autosuggest*-Funktion integrieren. Sie kennen diese Funktion wahrscheinlich von der Google-Suche oder von *www.amazon.de* – dem Paradebeispiel eines Online-Shops, der seinen Nutzern aufgrund der schieren Größe des Sortiments eine exzellente interne Suche zur Verfügung stellt. Hier wird schon bei der Eingabe der ersten Buchstaben in das Suchfeld eine Vorschlagsliste angezeigt, die sich mit jedem weiteren eingegebenen Zeichen entsprechend verfeinert. Hilfreich ist hier zudem die Angabe der Treffer pro vorgeschlagenem Wort oder eine Vorschau-Illustration konkreter Suchergebnisse.

Idealerweise werden auch Rechtschreib- oder Tippfehler erkannt, und es werden Suchergebnisse (mit der richtigen Schreibweise) ausgeliefert. Sogenannte *phonetische Suchfunktionen* können dem Besucher die Suche erleichtern: Hier werden verschiedene Schreibweisen, Rechtschreibfehler und Mehrfachzuordnungen berücksichtigt.

Sollten Sie in Erwägung ziehen, Ihren Benutzern verschiedene Suchoptionen anzubieten, sollten Sie bedenken, dass Ihre Benutzer dann nachdenken müssen, welche Suchoption sie verwenden sollen. Für einen Großteil der Anwender von Suchfunktionen sind diverse Kategorien und Optionen überfordernd. Wenn Sie dennoch der Meinung sind, dass Benutzer Suchfilter angeben können sollten, ist ein Link *Erweiterte Suche* (zusätzlich zur Schnellsuche) eine mögliche Lösung.

Die Website *www.eventim.de* löst die Aufgabe mit einer Suchfunktion, die bei der Eingabe Suchvorschläge inklusive deren Anzahl einsortiert in verschiedene Kategorien vorschlägt (siehe Abbildung 7.27).

Die Suchfunktion für mobile Endgeräte

Insbesondere für Nutzer mobiler Endgeräte spielt die Suchfunktion auf Websites eine wichtige Rolle. Zeigen Sie daher den Suchschlitz stets an, und verstecken Sie die Suche nicht in Ihrem Menü. Berücksichtigen Sie, dass sich auf den z. T. deutlich kleineren Displays häufig Tippfehler bei der Eingabe von Suchanfragen ergeben. Hier kann eine Rechtschreibkorrektur und *Auto-Complete* (automatische Vervollständigung) bzw. *Auto-Suggest*-Funktion (automatischer Vorschlag) hilfreich sein. Dennoch sollten Sie dem Nutzer die Wahl lassen, ob er nach seinem Eingabebegriff oder nach dem korrigierten Vorschlag suchen möchte. Auch die Darstellung der Such-ergebnisse ist elementar. Die bereits beschriebenen Filter können hier ebenso hilfreich sein. Mobile Endgeräte bieten in diesem Zusammenhang weitere Vorteile: Sucht ein Nutzer mobil in einem Online-Shop nach einem Produkt, kann ihm z. B. die Verfüg-barkeit dessen über die Standortbestimmung in einem lokalen Geschäft in seiner Nähe direkt angezeigt werden.

Berücksichtigen Sie, dass einige mobile Surfer ihre Suche eventuell unterbrechen müssen, weil Sie zum Beispiel gerade unterwegs sind. Bieten Sie Ihnen die Möglich-keit, die Suche zu speichern, sich Produkte zu merken oder per Link zu schicken oder in sozialen Medien zu teilen.

Unabhängig davon, mit welchem Endgerät der Nutzer Ihre Seite besucht, sollten Inhalte ohne vorherige Registrierung erreichbar sein. Auch das Markieren von Pro-dukten für eine Wunschliste sowie der Produktkauf sollten ebenfalls ohne Anmel-dung mit einem Gast-Account möglich sein.

Für ein positives Nutzererlebnis ist die Funktionsweise, Schnelligkeit und Präzision der Suche elementar. Zum einen sollte die Suche möglichst schnell Ergebnisse lie-fern. Stellen Sie daher sicher, dass die Abfragen nicht zu lange dauern. Vorbildlich arbeitet auch hier die Google-Suche. So erhalten Sie beispielsweise bei der Suchan-frage »Schuhe« ungefähr 45.300.000 Ergebnisse in 0,54 Sekunden (laut Angaben, die von Google unter dem Sucheingabefeld angezeigt werden, Stand 17. März 2018). Zum anderen zählt die Qualität der Suchergebnisse bzw. die Präzision der Suche. Geben Sie beispielsweise ein einzelnes Suchfeld an (ohne die Auswahlmöglichkeit weiterer Kategorien), so geht der Besucher davon aus, dass global und ohne Einschränkung gesucht wird. Es sollte also das Suchen nach Begriffen genauso möglich sein wie das Suchen nach Artikelnummern (besonders relevant für Nachbestellungen), sofern es sich bei der Website um einen Online-Shop handelt. Dementsprechend sollten dann auch die Suchergebnisse aussehen. Das Paradebeispiel liefert auch hier der Online-Shop *amazon.de*.

Auch die Darstellung der Suchergebnisse ist entscheidend. Allgemein sollten diese so übersichtlich wie möglich präsentiert werden. Eine große Anzahl an Suchergebnis-sen ist wenig hilfreich, wenn sie nicht benutzerfreundlich aufbereitet wird. Das kann zum einen geschehen, indem die Ergebnisse in einer Liste angezeigt werden, deren beste Ergebnisse weiter oben stehen. Darüber hinaus gibt es die sogenannte Galerie-darstellung, die Sie in Abbildung 7.28 sehen. Verschiedene Filter- und Sortiermöglich-keiten helfen dem Benutzer, das für ihn beste Ergebnis schneller zu identifizieren, beispielsweise neue von gebrauchten Artikeln zu unterscheiden oder nach Artikel-standort zu filtern. Zudem kann eine Auswahl an verschiedenen Darstellungen (z. B. Liste oder Galerie) und der Menge der Suchergebnisse (z. B. 25, 50, 100 oder 200 Ergebnisse pro Seite) hilfreich sein. Zeigen Sie dem Benutzer die Anzahl der

Gesamttreffer an. Dies dient der Entscheidungsfindung, ob die Suche mit einer detaillierteren Suchabfrage neu ausgeführt wird oder ob die Suchergebnisse durchgesehen werden. Im eBay-Beispiel (siehe Abbildung 7.28) kann die Suche auch gespeichert und ähnliche Angebote gruppiert werden. Nutzer können zudem nach weiteren Details wie beispielsweise nach Miniaturbildgröße, Versandkosten, Angaben zum Verkäufer oder der Restzeit der Angebote filtern.

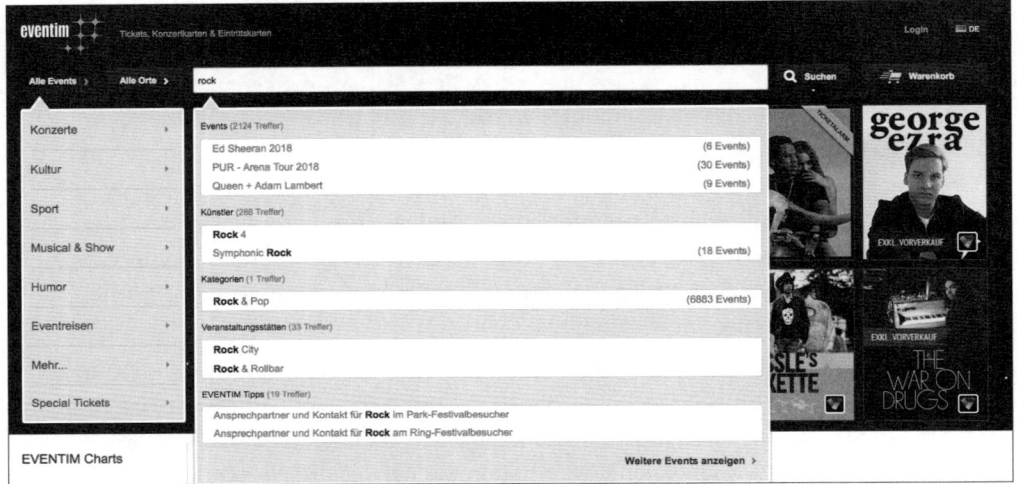

Abbildung 7.27 Die Suchfunktion bei Eventim

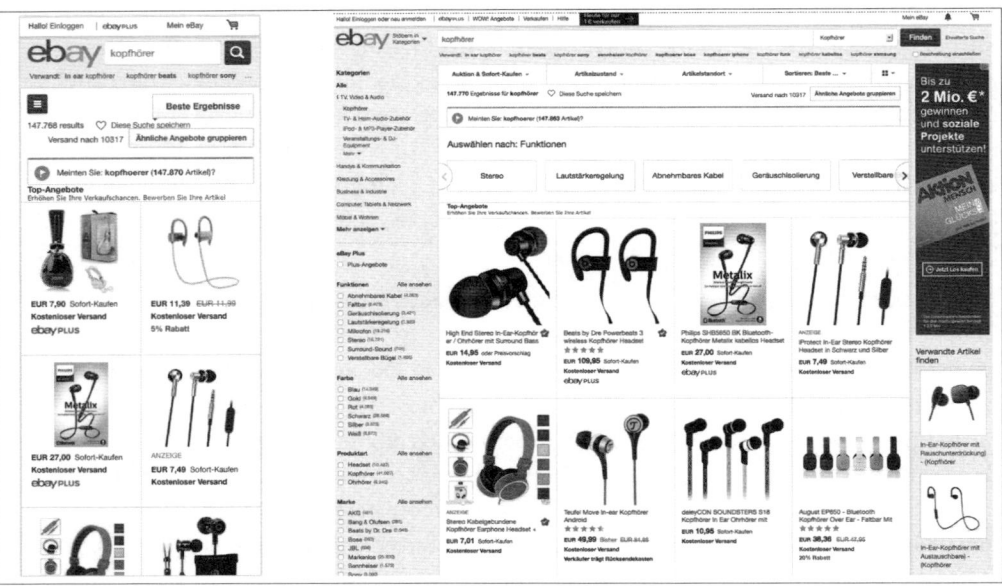

Abbildung 7.28 Beispiel für die Darstellung der Suchergebnisse (Web und mobil) zum Suchbegriff »Kopfhörer« bei eBay

Während die Gewichtung der Suchergebnisse per Liste eine Rolle spielt, wird die Aufmerksamkeit der Benutzer bei der Darstellung per Galerieansicht gleichmäßiger auf die Suchergebnisse verteilt.

Analyse der Webanalyse-Daten und »Best Bets«

Insbesondere die genaue Analyse der Daten aus Ihrem Webanalyse-Tool – in vielen Fällen ist dies Google Analytics – kann nützliche Ergebnisse für die Optimierung der internen Suche liefern. Richtig konfiguriert können Webanalyse-Tools viele interessante Aktivitäten der Nutzer auf Ihrer Website messen. Mehr hierzu lernen Sie auch in Kapitel 10, »Web-Analytics«.

Mithilfe solcher Webanalyse-Daten können Sie ermitteln, welche Suchanfragen die Benutzer Ihrer Website stellen und wie sie sich nach ihrer Suche verhalten. Auf diese Weise können Sie z. B. auch suchdominante mit linkdominanten Besuchern vergleichen. Filtern Sie insbesondere die Topsuchbegriffe heraus. Vielleicht können Sie temporäre Veränderungen feststellen und Ihr Angebot dahingehend anpassen? Wir empfehlen Ihnen, die eigene Suchfunktion auch selbst zu verwenden. Das ist eine weitere Möglichkeit, Fehlerquellen oder Schwachstellen zu identifizieren. Sollten Sie feststellen, dass wichtige Bereiche und Begriffe besonders häufig gesucht werden, so kann es sinnvoll sein, diese fest in der Navigation zu verankern, um das Nutzererlebnis zu optimieren.

	Suchbegriff	Einmalige Suchen gesamt	Ergebnisse Seitenaufrufe/Suche	% Suchausstiege	% Verfeinerungen der Suche	Zeit nach Suche	Durchschnittliche Suchtiefe
		20.554 % des Gesamtwerts: 42,30 % (48.595)	1,49 Durchn. für Datenansicht: 1,48 (0,37 %)	25,81 % Durchn. für Datenansicht: 26,71 % (-3,36 %)	31,36 % Durchn. für Datenansicht: 29,50 % (6,31 %)	00:02:01 Durchn. für Datenansicht: 00:02:05 (-3,53 %)	1,85 Durchn. für Datenansicht: 1,90 (-2,99 %)
1.	schneeketten	157 (0,76 %)	4,04	28,03 %	4,10 %	00:04:53	4,55
2.	bosch	140 (0,68 %)	2,01	49,29 %	13,52 %	00:04:00	1,85
3.	lampen	129 (0,63 %)	1,53	27,13 %	34,01 %	00:01:09	1,10
4.	holz	122 (0,59 %)	2,08	30,33 %	24,02 %	00:03:15	1,89
5.	stabilo	114 (0,55 %)	1,43	82,46 %	6,75 %	00:00:39	0,54
6.	maxi cosi	95 (0,46 %)	1,91	21,05 %	19,34 %	00:02:21	2,64
7.	lampe	90 (0,44 %)	1,39	32,22 %	34,40 %	00:01:35	1,30
8.	led	89 (0,43 %)	2,25	25,84 %	18,00 %	00:04:13	2,79
9.	dachbox	85 (0,41 %)	1,61	17,65 %	7,30 %	00:02:56	1,98
10.	box	81 (0,39 %)	2,00	24,69 %	18,52 %	00:03:02	3,69

Abbildung 7.29 Bericht in Google Analytics über die häufigsten Suchbegriffe

Es kann auch sinnvoll sein, die Suchergebnisse zu optimieren. Auf Ihrer eigenen Website können Sie durchaus Einfluss darauf nehmen, was als Erstes angezeigt werden soll, was auch als *Best Bets* bezeichnet wird. Hoa Loranger und Jakob Nielsen empfehlen, eine Auflistung der besten Ergebnisse für häufige Suchabfragen zu hinterlegen. Wird eine solche Suchabfrage gestartet, erscheinen erst die Best Bets, dann die algorithmisch berechneten Ergebnisse.

> Schauen Sie sich die Suchergebnisse für die häufigsten und interessantesten Suchanfragen an, und fügen Sie gegebenenfalls Spitzentreffer Ihrer Best-Bets-Liste hinzu.

Im Zusammenhang mit der Darstellung von vielen Suchergebnissen (oder Datenmengen) fällt oftmals auch das Wort *Paginierung*. Dabei werden die Informationen auf verschiedene Seiten aufgeteilt und mittels Seitennummerierung dargestellt (ähnlich wie in einem Katalog). Benutzer können vor- und zurückblättern. Paginierung wird oftmals bei Online-Shops angewendet, um eine Vielzahl von Suchergebnissen darzustellen, die nicht auf eine Webseite passen bzw. extrem langes Scrollen mit sich bringen. Aus Sicht der Suchmaschinenoptimierung ist es dabei wichtig, dass auch die Unterseiten für die Suchmaschinen erreichbar sind. Statt auf paginierte Inhalte setzen Websites – wie z. B. Facebook – heute häufig auch auf das sogenannte *Infinite Scrolling*. Hierbei werden Inhalte automatisch nachgeladen, sobald ein Benutzer das Ende der Seite erreicht hat. Auch Buttons oder Links die weitere Suchergebnisse anzeigen, sind in diesem Zusammenhang denkbar.

Eine erfolglose Suche kann für den Besucher sehr unbefriedigend sein. Teilen Sie dem Suchenden mit, dass die Suchabfrage keine Treffer erzielen konnte, und bieten Sie ihm Hilfestellungen. Das können Tipps sein, wie eine erneute Suche aussehen kann. Zudem kann es sinnvoll sein, alternative Suchergebnisse anzuzeigen, wie Sie in Abbildung 7.30 sehen:

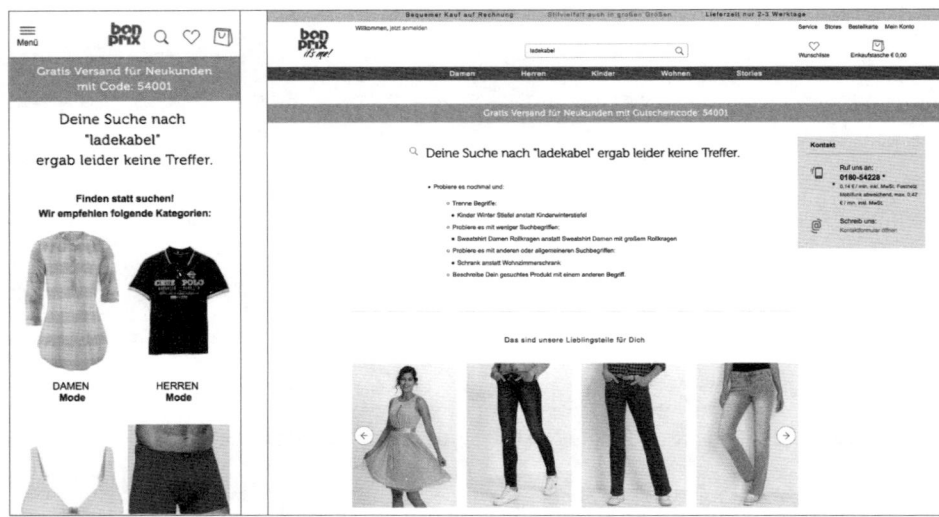

Abbildung 7.30 Tipps zur Suchanfrage sowie Alternativvorschläge bei »bonprix.de« (Desktop- und Mobile-Ansicht)

7.7.2   Navigationskonzepte

Neben den einzelnen Navigationsarten haben sich auch verschiedene Navigations-konzepte entwickelt, die wir Ihnen im Folgenden vorstellen werden. Darüber hinaus findet man immer wieder sehr kreative und innovative Navigationen, auf die wir im Rahmen dieses Buches leider im Einzelnen nicht eingehen können.

Listennavigation

Die wohl nächstliegende Form der Darstellung verschiedener Bereiche stellt eine Liste dar. Unterbereiche, wie z. B. die lokale Navigation, werden kleiner dargestellt, um die verschiedenen Website-Ebenen bzw. die Tiefe der Website anzudeuten, wie Sie am Beispiel der Sky-Navigation in Abbildung 7.31 sehen.

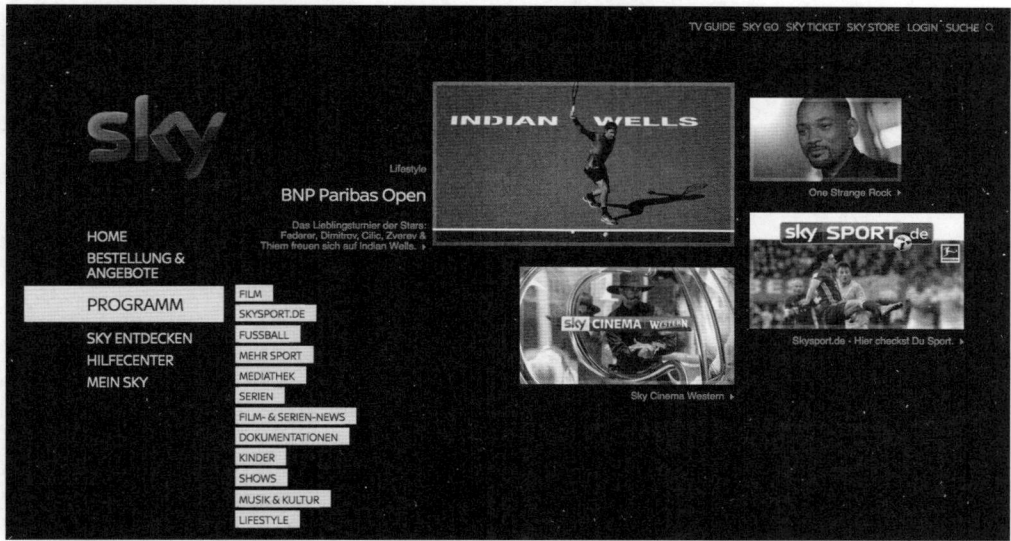

Abbildung 7.31 Listennavigation auf der Website »www.sky.de«

Man spricht von einem sogenannten *Flyout*, wenn sich weitere Unterkategorien bei Klick oder Mouseover (im vorangegangenen Beispiel horizontal nach rechts) ange-zeigt werden.

Auswahlmenüs, Dropdown-Menüs und Rollover-Menüs

Eine andere Darstellungsart sind Auswahlmenüs, die Sie wahrscheinlich von der Sprach- oder Länderauswahl her kennen (siehe Abbildung 7.32).

Auswahlmenüs können auch angezeigt werden, wenn Sie mit der Maus über ein-zelne Hauptrubriken fahren (sogenannte Rollover-Menüs) oder auf diese klicken. Dann werden Ihnen weitere Auswahloptionen angezeigt, wie Sie in Abbildung 7.33

auf der Website des ADAC (*www.adac.de*) sehen. Auswahlmenüs sind eine praktische Möglichkeit, viele Inhalte platzsparend anzuzeigen.

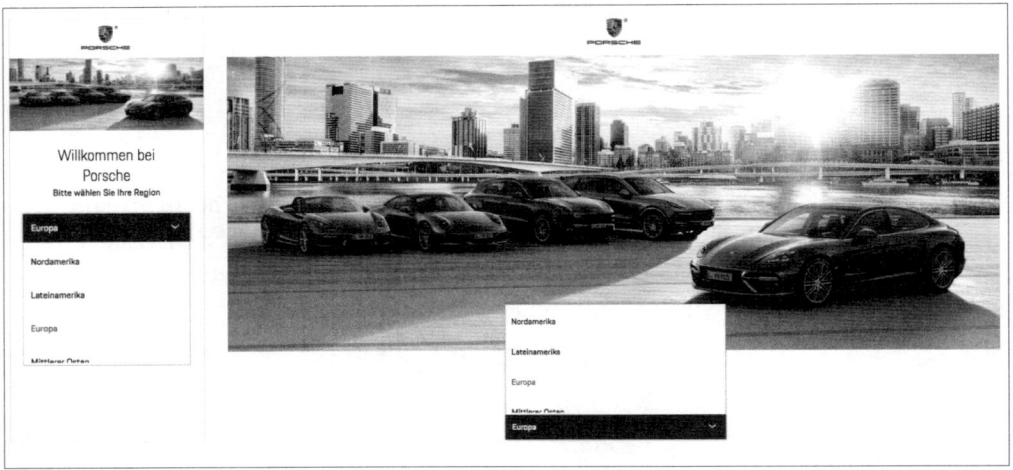

Abbildung 7.32 Dropdown-Menü auf »www.porsche.com«

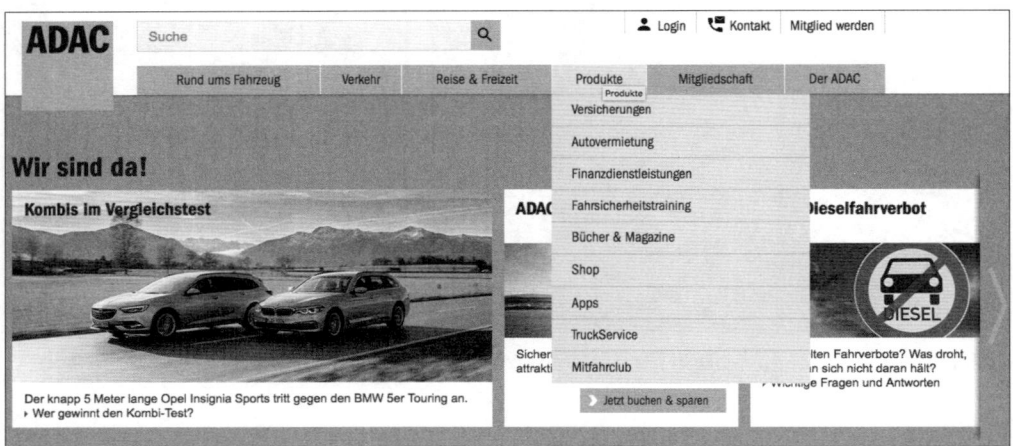

Abbildung 7.33 Dropdown-Menü auf der Website des ADAC

Da viele Websites über ein sehr großes Angebot verfügen, wurden in den letzten Jahren auch sogenannte *Mega-Dropdown-Menüs* sehr beliebt. Wenn Sie mit der Maus über eine Hauptkategorie in der Navigation fahren oder klicken, öffnet sich – oft über den ganzen Bildschirm – ein großes Auswahlmenü, das Links zu weiteren Unterkategorien enthält (siehe Abbildung 7.34 und Abbildung 7.35). Auf diese Weise können sich Nutzer einen schnellen Überblick über das gesamte Angebot einer Website machen und schneller finden, wonach sie auf der Suche sind. In den folgenden Beispielen wird das Mega-Dropdown-Menü außerdem genutzt, um auf Aktionen bzw.

Kollektionen hinzuweisen. Einige Unternehmen integrieren auch Kurzformulare (z. B. zur Newsletter-Anmeldung) in derartige Menüs.

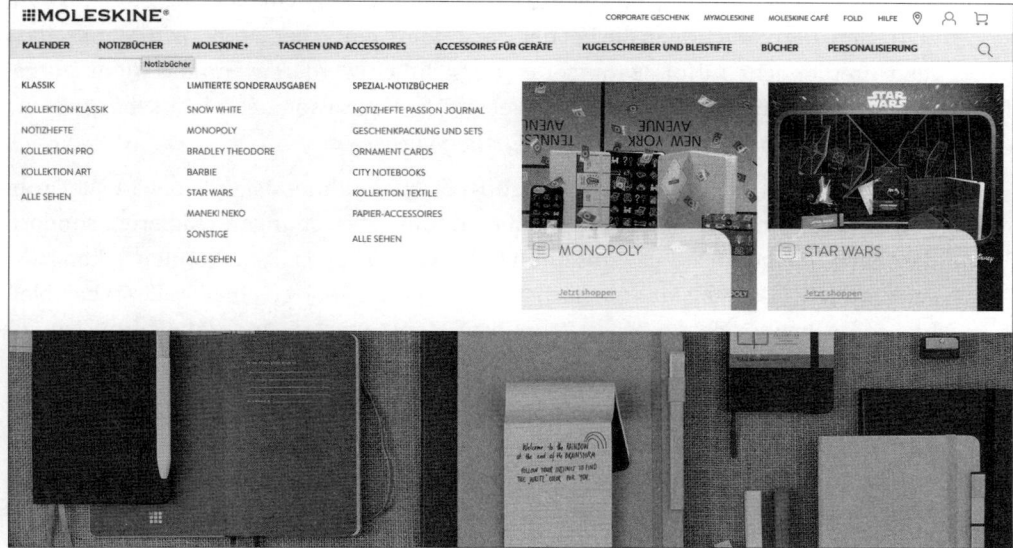

Abbildung 7.34 Mega-Dropdown-Navigation auf der Website von Moleskine

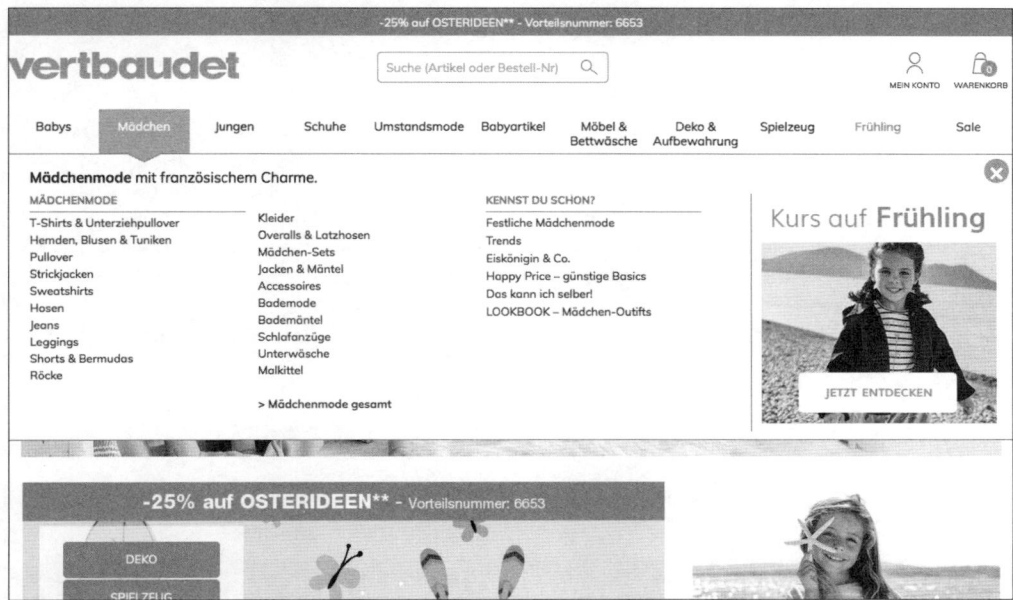

Abbildung 7.35 Neben den Kategorien wird auch auf die Frühlingskollektion im Mega-Dropdown-Menü auf Vertbaudet hingewiesen.

Achten Sie bei der Verwendung von Dropdown-Menüs darauf, dass sie dem Benutzer deutlich werden, ohne dass er darüber nachdenken muss. Zudem sollten sie nicht gleich wieder verschwinden, bevor der Benutzer die Möglichkeit hatte, eine Auswahl zu treffen. Berücksichtigen Sie bei der Darstellung einfacher Dropdown-Menüs, dass die Unterbereiche für die Benutzer erst ersichtlich werden, wenn das Menü aufgeklappt ist. Scannt ein Besucher Ihre Website, kann er also noch nicht sehen, welche Themen sich noch auf den einzelnen Ebenen verbergen.

Achten Sie insbesondere bei mehrstufigen Auswahlmenüs und bei Mega-Dropdowns darauf, dass sie nicht zu sensibel auf Mausbewegungen reagieren, sondern dass Nutzer bequem zur gewünschten Unterkategorie wechseln können. Jakob Nielsen empfiehlt, dass die Maus zunächst eine halbe Sekunde an einer Stelle stehen bleiben sollte, bevor sich das Mega-Dropdown-Menü anpasst. Andernfalls tun sich vor allem ältere und weniger geübte Besucher schwer mit der Benutzung der Navigation.

In diesem Zusammenhang möchten wir auch das von Nielsen so bezeichnete *Problem der Diagonale* erwähnen. Schauen Sie sich hierzu zunächst Abbildung 7.36 an. Stellen Sie sich nun vor, Sie möchten von der Hauptkategorie Multimedia direkt zur Unterkategorie Smartphone navigieren. In den meisten Fällen – wie bei *www.otto.de* – ist dies problemlos möglich. Häufig aber wechselt das Mega-Dropdown-Menü bereits in dem kurzen Moment, in dem Sie über die benachbarte Hauptkategorie wechseln (in unserem Beispiel die Kategorie Haushalt). Vielleicht haben Sie selbst als Nutzer auch schon Erfahrungen mit dem Diagonalproblem und einer zu sensibel reagierenden Navigation gemacht. Dann wissen Sie umso besser, dass Sie diese Erfahrung Ihren Besuchern lieber ersparen.

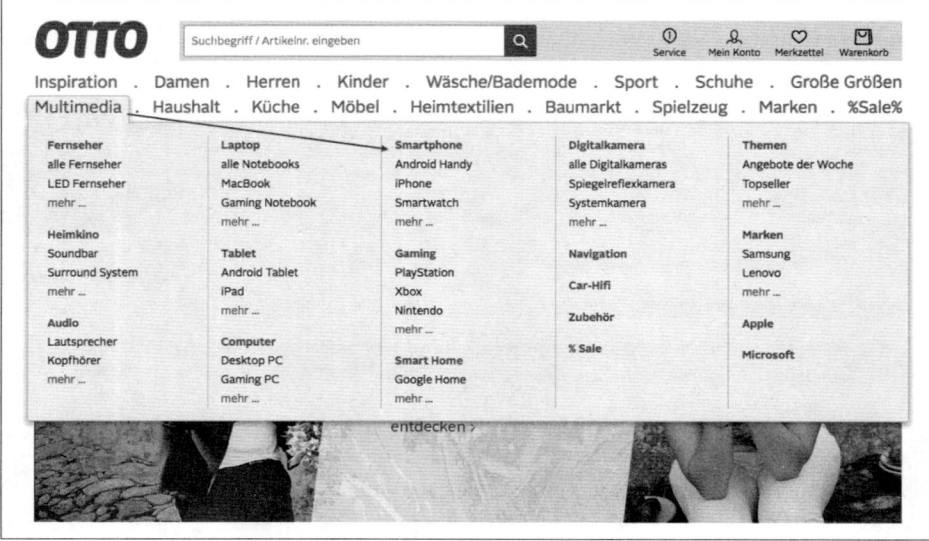

Abbildung 7.36 Problem der Diagonale auf »www.otto.de«

Registernavigation

Bei der Registernavigation werden verschiedene Reiter, angelehnt an die Offline-Welt, dargestellt. Sie kennen bestimmt Schubladen, die verschiedene Register enthalten und oftmals in Arztpraxen zu finden sind. Auf Websites wird dieser Effekt aufgegriffen, indem Registerkarten angedeutet werden, die häufig auch Räumlichkeit vermitteln. Wichtig bei der Gestaltung von Registern ist die optische Hervorhebung des ausgewählten Reiters (siehe Abbildung 7.37 und Abbildung 7.38). Das kann z. B. durch eine andere Farbe geschehen, die von Rubrik zu Rubrik unterschiedlich ist. Bei jedem Wechsel des Benutzers in eine andere Rubrik bzw. einen anderen Themenbereich sollte der entsprechende Reiter hervorgehoben werden.

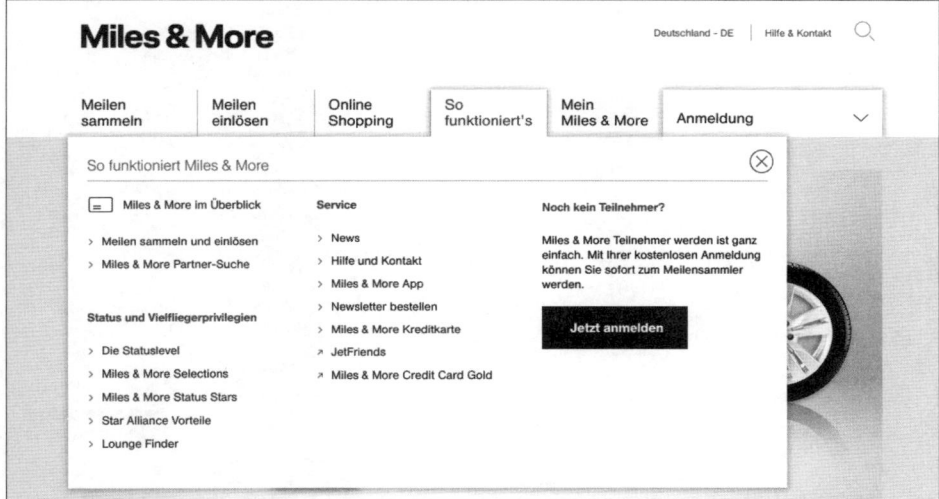

Abbildung 7.37 Miles & More kombiniert die Registernavigation mit dem Mega-Dropdown-Menü.

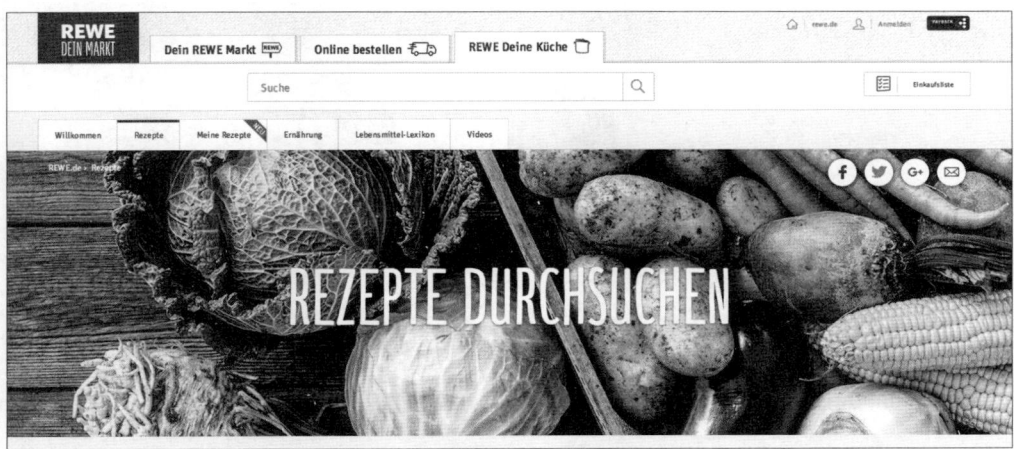

Abbildung 7.38 Auch Rewe nutzt eine Registernavigation.

Filternavigation

Viele Websites – insbesondere Online-Shops und Suchportale – verfügen oft über ein so großes Angebot, dass sich dieses im Rahmen von Kategorien und Unterkategorien kaum benutzerfreundlich aufbereiten lässt. Aus diesem Grund setzen viele Websites heutzutage zusätzlich zur Kategorisierung auch eine sogenannte *Filternavigation* (oder *Facettennavigation*) ein. Der Nutzer hat hier die Möglichkeit, innerhalb einer Kategorie das Sortiment auf seine Bedürfnisse einzuschränken. So können die Besucher von *www.billiger.de* in der Kategorie »Sommerreifen« das große Produktangebot exakt nach ihren Wünschen filtern und sich nur Reifen einer bestimmten Marke, in einer gewissen Preisspanne oder mit geeigneter Größe (Breite, Querschnitt, Durchmesser) anzeigen lassen (siehe Abbildung 7.39).

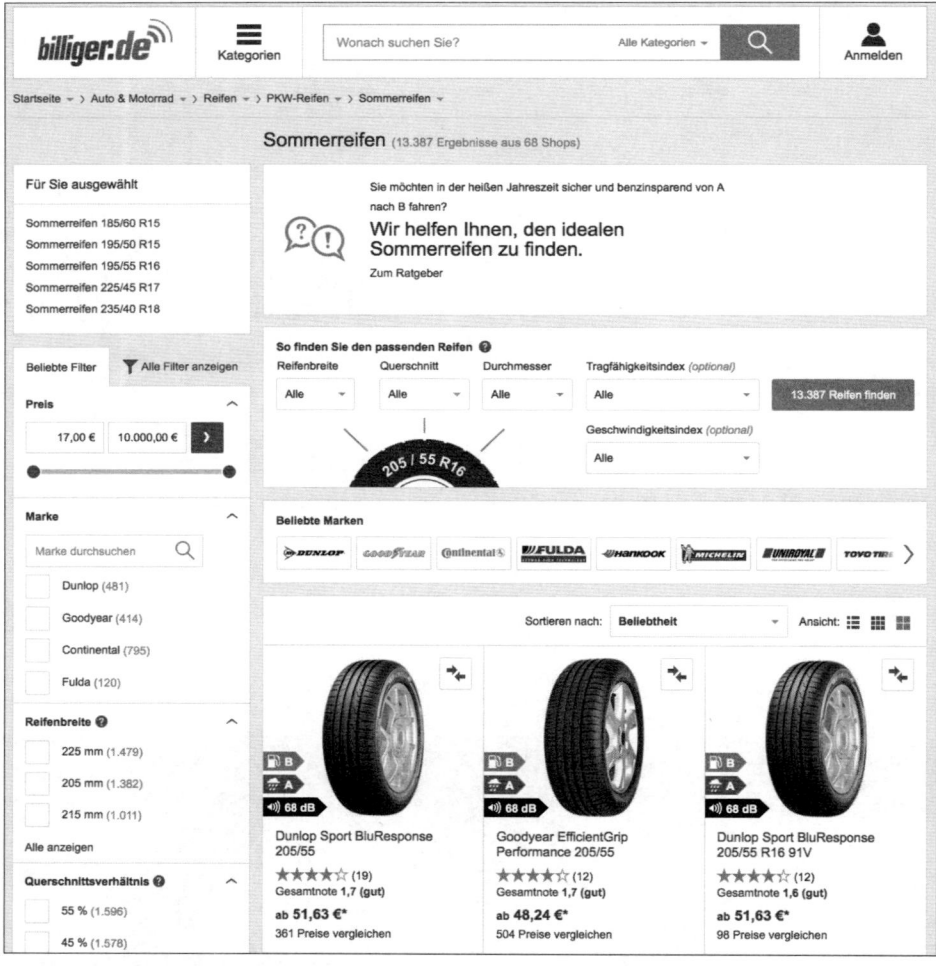

Abbildung 7.39 Umfangreiche Filternavigation auf »www.billiger.de«

Tag-Navigation

Tags sind eine Sammlung von Schlagwörtern, die wie ein Namensschild an Inhalte angeheftet werden. Tags kommen heute vor allem in Blogs zum Einsatz und ergänzen die Hauptnavigation, um einzelne Beiträge inhaltlich zu gruppieren. Wählt der Nutzer ein Schlagwort aus, werden ihm alle Beiträge angezeigt, die mit dem Tag versehen sind. Ein Beispiel für eine ergänzende Tag-Navigation zeigt Abbildung 7.40 auf der Website t3n.

Abbildung 7.40 Beispiel für eine ergänzende Tag-Navigation auf »www.t3n.de«

Klappmenüs, Ziehharmonika bzw. Akkordeon

Als Klappmenü, Ziehharmonika oder auch Akkordeon bezeichnet man die Funktion von aufklappbaren Elementen. Wie Sie beispielsweise im Bereich HILFE & KONTAKT von PayPal sehen (siehe Abbildung 7.41), können hier die einzelnen Hilfethemen per Klick auf- und zugeklappt werden. Das spart nicht nur Platz, sondern ist auch überschaubarer für den Benutzer. Diese Darstellungsweise werden Sie häufig bei mobilen Ansichten finden, da hier die Platzersparnis bei kleinen Displays besonders vorteilhaft ist. Voraussetzung zur Nutzung und daher möglicher Nachteil ist, dass der Benutzer erst aktiv das Akkordeon aufklappen muss, um die Inhalte zu sehen. Ansonsten bleiben sie ihm verborgen. Aus Sicht der Suchmaschinenoptimierung kann der Einsatz von Klappmenüs kritisch sein, denn oftmals werden mit diesem Hilfsmittel viele Themenbereiche angesprochen. Dabei ist es schwierig, eine gewisse thematische Relevanz und Keyword-Dichte zu erreichen. Bedenken Sie zudem, dass die Klappfunktion nicht funktioniert, wenn Benutzer JavaScript deaktiviert haben. In diesem Fall werden alle Inhalte im aufgeklappten Zustand dargestellt.

Es kann hilfreich sein, wenn der erste Bereich des Akkordeons bereits aufgeklappt ist. Das hat den Vorteil, dass der Benutzer direkt sieht, dass ihn Inhalte hinter den Bereichen erwarten, auch wenn er ein Plus- oder Minuszeichen bzw. ein Pfeil-Icon (zum Aufklappen des Menüs) zunächst nicht wahrnimmt.

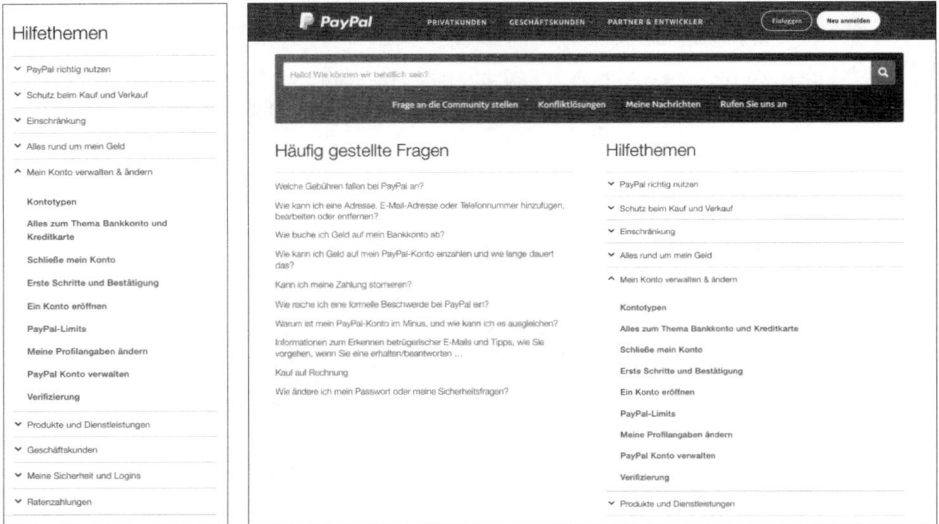

Abbildung 7.41 Klappmenü bei PayPal (Web- und Mobil-Ansicht)

Navigationskonzepte für mobile Endgeräte

Immer mehr Menschen benutzen heute ihr Smartphone oder ihr Tablet, um sich Websites anzusehen. Während die Hauptnavigation auf Websites für Desktop-Geräte wie PC oder Laptop meistens waagerecht ausgerichtet ist, werden die Navigationselemente auf mobilen Websites aufgrund des sehr viel schmaleren Bildschirms fast ausschließlich vertikal angeordnet. In den meisten Fällen kommt hierbei eine Kombination von Listennavigation, Dropdown-Menü und Klappmenü zum Einsatz.

Die Navigation ist für mobile Ansichten meist durch drei kurze, untereinander angeordnete waagerechte Striche erkennbar, das sogenannte *Hamburger-Symbol*. Auf der mobilen Ansicht der Deutschen Post, *www.deutschepost.de*, öffnen sich nach einem Klick auf dieses Symbol in einer vertikalen Liste die Hauptkategorien (siehe Abbildung 7.42). Durch einen weiteren Klick auf das Pluszeichen rechts neben einer Kategorie werden entsprechende Unterkategorien angezeigt, wobei sich der Inhalt der Seite nach unten verschiebt.

Abbildung 7.42 Vertikale Navigation auf der mobilen Website der Deutschen Post

In einigen Fällen ist es sinnvoll, die Navigationspunkte in der mobilen Darstellung zu modifizieren oder zu reduzieren. Das bedeutet, dass beispielsweise bei einer Website für Autovermietung die Fahrzeug-Auswahl und Buchung zentraler Bestandteil der Navigation werden, und andere Menüpunkte, die eventuell sogar ablenken, in der mobilen Ansicht in den Hintergrund rücken. Basieren sollten derartige Entscheidungen aber auf einer detaillierten Auswertung des Kundenverhaltens auf mobilen Endgeräten.

Ein weiteres, stark verbreitetes Navigationskonzept für mobile Endgeräte ist die sogenannte *Off-Canvas-Navigation*. Hierbei schiebt sich der Navigationsbereich nach einem Klick auf das Hamburger-Symbol seitlich auf den Bildschirm. Der Inhalt wird entweder überdeckt oder verschoben. Die Navigation der mobilen Website von *www.meinestadt.de* (siehe Abbildung 7.43) überlagert von rechts kommend den Inhalt. Vor allem für größere Websites ist die Off-Canvas-Navigation eine gute Wahl, da der Besucher einen sehr guten Überblick erhält, ohne seine momentane Seite aus den Augen zu verlieren.

Abbildung 7.43 Off-Canvas-Navigation auf der mobilen Website von »www.meinestadt.de«

(Fat) Footer

Mit dem *Footer* ist der untere, abschließende Website-Bereich gemeint, der vergleichbar ist mit der Fußzeile eines Printdokuments. Er sollte, wie die globale Navigation auch, auf allen Webseiten identisch sein und dient ebenso dazu, dem Nutzer Orientierung zu geben. Sogenannte *Fat Footer* sind, wie der Name vermuten lässt, besonders umfangreiche Footer, die insbesondere bei Websites mit einem sehr großen Umfang Verwendung finden.

Häufig, und daher schon als Konvention zu berücksichtigen, sind im Footer Kontaktinformationen, Social-Media-Profile, Service- und Partnerlinks, rechtliche Hinweise (z. B. Impressum, Datenschutz) und bei Online-Shops auch Bezahlmethoden und Trust-Symbole (Siegel, Auszeichnungen etc.) zu finden. Einige Seitenbetreiber zeigen im Footer die gesamte Sitemap. Dies kann zum einen für Nutzer hilfreich sein, Inhalte schneller zu finden. Es bietet aber auch für Suchmaschinen den Vorteil, dass wichtige Seiten und Themen global verlinkt sind. Zur Conversion-Optimierung kann es auch sinnvoll sein, Handlungsaufforderungen (Call to Actions) in den Footer aufzunehmen. Viele der genannten Inhalte sind in Abbildung 7.44, dem Footer von *www.conrad.de*, zu sehen.

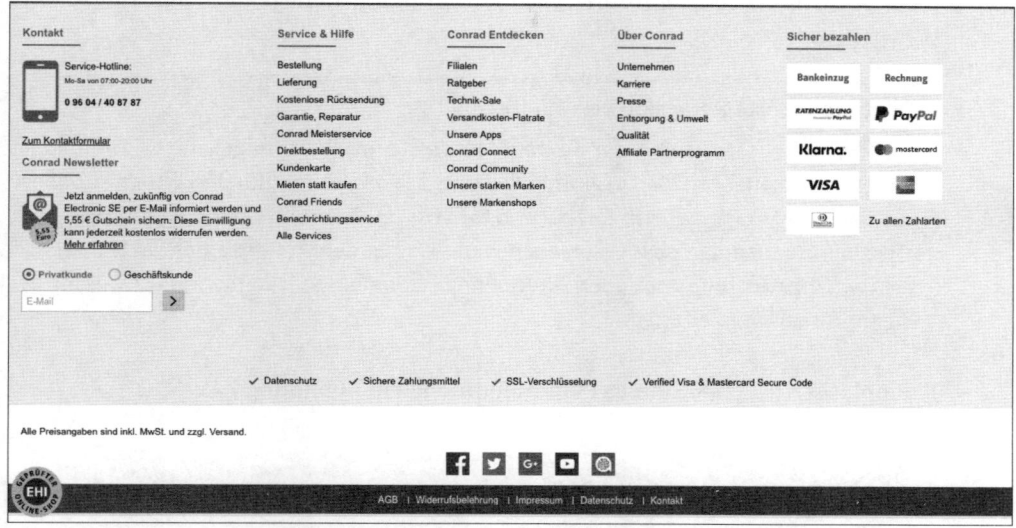

Abbildung 7.44 Der Fat Footer von Conrad

7.8   Texten für das Netz

Ein Zitat von Willi Brandt lautet: »Die besten Reden sind die, die nicht gehalten werden. Die zweitbesten sind die scharfen, die drittbesten die kurzen.« Der frühere Bundeskanzler beschreibt hier das, was wir allgemein unter der Redewendung »Langer Rede kurzer Sinn« verstehen.

Überfordern Sie Ihre Benutzer nicht mit endlos langen Texten. Das Lesen am Monitor ist anstrengender als auf Papier. Zudem lesen Menschen am Monitor erwiesenermaßen langsamer und haben schneller ermüdete Augen. Darüber hinaus wissen Sie, dass die Benutzer es im Internet meistens eilig haben und konkurrierende Websites nur ein paar Klicks entfernt sind. Daher überfliegen (scannen) sie Texte nur und entscheiden innerhalb weniger Sekunden, ob sie die Website möglicherweise wieder verlassen.

Die meisten Besucher »lesen« Websites also nicht, sondern überfliegen diese. Sie scannen die Inhalte und suchen nach der Lösung ihres Problems oder Bedürfnisses. Sie kennen das bestimmt vom »Zappen« im Fernsehen oder vom »Durchblättern« in Zeitschriften. Sie schalten rasant durch die einzelnen Kanäle oder überfliegen die Seiten von Magazinen. Sie stoppen erst, wenn Ihr Blick an etwas Interessantem haften bleibt. Und diesen Effekt gilt es hervorzurufen: Fangen Sie das Interesse des Besuchers ein, indem Sie ihm interessante, spannende Inhalte liefern und schnell zum

Kern Ihres Angebots kommen. Beginnen Sie mit den wichtigsten Informationen, und gehen Sie dann ins Detail. Nicht jeder Besucher Ihrer Website wird die Inhalte komplett lesen. Im Folgenden werden wir Ihnen einige grundlegende Dinge mit auf den Weg geben.

Die umgekehrte Pyramide von Nielsen

Nach Jakob Nielsen sollte der Textaufbau der Form einer umgekehrten Pyramide ähneln. Das bedeutet, die Zusammenfassung mit den elementarsten Informationen wird an den Anfang gesetzt, Detail- und Hintergrundinformationen folgen. Dahinter steht die Überlegung, dass Leser, auch wenn sie nur den Anfang eines Textes lesen, die wichtigsten Informationen aufnehmen können. Sie kennen dieses Prinzip bestimmt aus der Zeitung.

Exemplarisch sehen Sie dieses Pyramidenmodell in Abbildung 7.45.

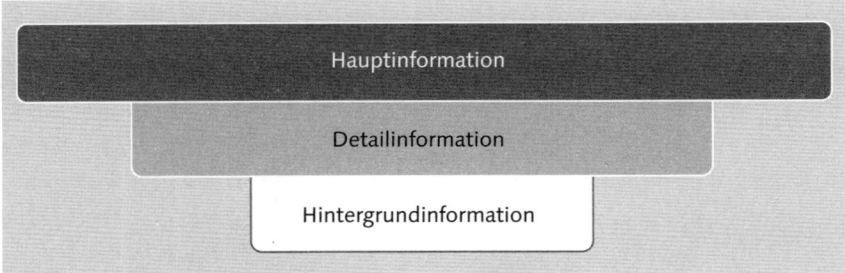

Abbildung 7.45 Pyramidenartiger Textaufbau nach Jakob Nielsen

Versuchen Sie, sich insgesamt möglichst kurz zu fassen und kurze Sätze zu formulieren. Strukturieren Sie Ihre Inhalte durch Zwischenüberschriften, und heben Sie wichtige Abschnitte hervor. Berücksichtigen Sie, dass es unterschiedliche Möglichkeiten gibt, wie Besucher in Ihre Website einsteigen. Inhalte sollten daher in sich geschlossen sein und sich nicht über verschiedene Seiten hinweg aufbauen. Versuchen Sie, den Benutzer abzuholen und anzusprechen, und vermeiden Sie passive Formulierungen. Vielmehr sollten Sie aktiv und so spannend wie möglich schreiben. Stellen Sie Ihr Angebot klar und deutlich dar. Arbeiten Sie den Nutzen und Mehrwert Ihres Angebots heraus, und übermitteln Sie Ihre Kernbotschaft. Alle Elemente der Webseite sollten dazu beitragen.

Dabei können Sie sich an den sieben Ws orientieren, einer Fragetechnik, die insbesondere von Journalisten angewandt wird (dies ist aber nicht bei jedem Inhalt notwendig). Beantworten Sie auf der Website,

- wer
- was
- wo
- wann
- wie und
- warum

etwas verwenden sollte. Damit sollten Sie die Kernfragen der Interessenten beantwortet haben. Sie können das Ganze noch mit Referenzen oder Testsiegeln untermauern. Insgesamt sollte klar werden, was Ihr Angebot für den Benutzer persönlich bedeutet und worin seine individuellen Vorteile bestehen.

Stellen Sie sich einen direkten Dialog vor, indem Sie gleich zur Sache kommen. Vermeiden Sie überflüssige Beschreibungen, und entfernen Sie Füllwörter und Füllsätze, die keinen Mehrwert bieten. Konzentrieren Sie sich auf nützliche Informationen für Ihre Besucher. Halten Sie es beim Texten wie Arthur Schopenhauer (deutscher Philosoph, 1788–1860): »Jedes überflüssige Wort wirkt seinem Zweck gerade entgegen.«

Dass Sie dabei die deutsche Rechtschreibung und auch die Regeln der Grammatik beachten, sollte nicht extra erwähnt werden müssen. Tippfehler wirken unseriös, Sie riskieren damit das Vertrauen Ihrer Besucher. Prüfen Sie Ihre Texte daher selbst, über ein Lektorat oder per Rechtschreibprüfung von Textverarbeitungsprogrammen.

Wie im wahren Leben sollten Sie Ihre Wortwahl Ihrem Gegenüber anpassen: So werden Sie beispielsweise mit Kleinkindern anders sprechen als mit Ihrem Chef. Sprechen Sie die Sprache Ihrer Nutzer, und verwenden Sie Begriffe, die Sie in Ihrer Keyword-Recherche ermittelt haben. Die sprachliche Anpassung an Ihre Zielgruppe sollte aber in keinem Fall aufgesetzt wirken, da sonst schnell ein unglaubwürdiger Eindruck entsteht. Allgemein sollten Sie wenig Fach- und Fremdwörter verwenden und diese im Zweifelsfall erklären. Geben Sie sich nicht der Illusion hin, dass englische Bezeichnungen zwangsläufig verstanden werden.

Fordern Sie keine unnötige Denkarbeit von Ihren Besuchern, und bleiben Sie bei klaren, unmissverständlichen deutschen Bezeichnungen. Vermeiden Sie zudem zwei- und mehrdeutige Begriffe. Auch Fachbegriffe, die Ihnen vielleicht eindeutig vorkommen mögen, sind nicht jedem Besucher geläufig. Setzen Sie keine Vorkenntnisse voraus, sondern bieten Sie, wenn nötig, kleine Hinweise und Hilfestellungen. Ein Tipp: Wenn Ihre neunzigjährige Großmutter Ihre Webseite problemlos versteht, dann liegen Sie mit Ihren Formulierungen meistens richtig.

Im Allgemeinen sollten Bezeichnungen einheitlich verwendet werden. Verschiedene Schreibweisen, wie beispielsweise bei dem Begriff *E-Mail* (der manchmal auch als *Mail* oder *E-Post* oder gar orthografisch fehlerhaft als *email*, *eMail*, *Email* auftaucht), sollten Sie möglichst vermeiden. Bleiben Sie auch innerhalb Ihrer Formulierungen konstant, und bezeichnen Sie Ihre *Startseite* beispielsweise nicht abwechselnd auch als *Home*, *Homepage*, *Einstieg*, *Start* oder *Zuhause*.

Was die Seitenlänge anbelangt, gibt es sowohl für sehr kurze als auch für lange Webseiten Best-Practice-Beispiele (Musterbeispiele). Sollten Sie jedoch eine lange Webseite planen und vom Besucher viel Scrollen verlangen, können Links, die zum Anfang der Seite springen, hilfreich sein. Seitliches Scrollen sollten Sie hingegen unabhängig vom Endgerät vermeiden. Nach einer Studie von Jakob Nielsen im Frühjahr 2010 liegen 80 % der Aufmerksamkeit der Benutzer *above the fold*, also im sichtbaren Bereich. Obwohl die Benutzer scrollen, liegen nur 20 % der Aufmerksamkeit *below the fold*, also unter dem sichtbaren Webseitenbereich. Je länger die Seite ist, desto wichtiger wird ihre Strukturierung. Die Platzierung von wichtigen Elementen und einem zentralen Call To Action im sichtbaren Webseitenbereich hat sich seit Jahren für viele Websites bewährt und gilt mittlerweile als »Best Practice«. Dennoch sei an dieser Stelle gesagt, dass Nutzer gerade durch den vermehrten Einsatz verschiedener Endgeräte durchaus daran gewöhnt sind, zu scrollen, und Pauschalaussagen nicht gemacht werden können. Hier gilt es, den Nutzer zu überzeugen und gerade bei längeren Websites zu einer Conversion zu leiten (mehr dazu lesen Sie in Kapitel 8, »Conversion-Rate-Optimierung (CRO)«).

Darüber hinaus sollten Sie Ihren Besuchern das Überfliegen der Inhalte so leicht wie möglich machen. Verwenden Sie daher Überschriften, Unterüberschriften und Absätze mit den dafür vorgesehenen HTML-Tags <h1> bis <h6>. An sinnvollen Stellen kann es sich auch anbieten, mit Auflistungen zu arbeiten. Listen können schneller erfasst werden als Text und werden von Besuchern gerne gelesen, da sie auf übersichtliche und prägnante Weise Informationen darstellen.

Die Formatierungen mit z. B. Überschriften, Zwischenüberschriften, Hervorhebungen und Auflistungen helfen auch Benutzern mobiler Endgeräte beim Erfassen von Texten. Achten Sie für die Darstellung auf kleinen Displays auf eine passende Größe und Position von Texten, so dass Inhalte nicht aus dem Sichtfeld laufen.

Wichtige Satzbausteine können fett hervorgehoben werden. Bilder und Grafiken sind ein gutes Mittel, lange Texte auf Webseiten aufzulockern. Vergeben Sie jeweils Bildunterschriften, und verlinken Sie, sofern es sinnvoll ist, auch die integrierten Darstellungen. Vergessen Sie dabei nicht, auch Image-Tags zu vergeben, die das Bild oder die Grafik beschreiben. Dies ist sowohl für die Verwendung von Screenreadern als auch aus der Sicht der Suchmaschinenoptimierung wichtig.

Da das Lesen am Monitor für die Augen sehr anstrengend sein kann, drucken sich viele Besucher Webseitentexte aus. Bieten Sie daher eine Druckversion an, beispielsweise als PDF. Dabei ist es für den Benutzer hilfreich, die Dateigröße des PDFs zu kennen. Verlinken Sie auch eine kostenlose Version eines PDF-Readers. Alternativ können Sie auch HTML-Druckversionen anbieten.

Um dennoch ein angenehmes Lesen am Monitor zu ermöglichen, sollten Sie darauf achten, dass Sie Ihre Inhalte lesbar darstellen. Wählen Sie eine Schriftgröße, die auch ohne Lupe erkennbar ist und nur von wenigen Besuchern verändert werden muss, und stellen Sie sicher, dass die Schriftgröße ebenfalls veränderbar ist. Wenn Sie eine Schrift mit Serifen (mehr dazu finden Sie in Abschnitt 7.14.3, »Typografie«) verwenden, sollten Sie Ihre Texte etwas größer darstellen. Entscheiden Sie sich möglichst für eine websichere Schrift, die problemlos von unterschiedlichen Systemen dargestellt werden kann. Sie sollten darüber hinaus auf angenehme Kontraste achten und optimalerweise schwarze Schrift auf weißem Hintergrund verwenden. Von heller Schrift auf hellem Hintergrund ist beispielsweise abzuraten. Auch Hintergrundbilder können dazu führen, dass die Inhalte nur schlecht lesbar sind. Wählen Sie einen ausreichend großen Zeilenabstand, und berücksichtigen Sie, dass die Verwendung von Blocksatz zu unausgeglichenen Textbildern führen kann. Mit einer linksbündigen Textausrichtung können Sie hingegen nichts falsch machen. Bei allen Aspekten der Textdarstellung hilft es, wenn Sie sich vor Augen führen, dass Menschen mit unterschiedlichen Fähigkeiten und Einschränkungen Ihre Website besuchen.

Zu guter Letzt noch einige Hinweise aus der Perspektive der Suchmaschinenoptimierung: Wie Sie in Abschnitt 5.4.2, »Inhalte optimieren«, im Detail lesen können, sollten Sie innerhalb Ihrer Texte wichtige Keywords verwenden. Streuen Sie diese sowohl in Überschriften und Zwischenüberschriften als auch in den Text. Integrieren Sie wichtige Keywords auch in das `<title>`-Tag und die Meta-Description Ihrer Website. Steigen Sie in Kapitel 5, »Suchmaschinenoptimierung (SEO)«, ein, wenn Sie Näheres dazu erfahren möchten.

7.9   Buttons und Links

Eine der Errungenschaften und Grundlage des World Wide Web sind die Links. Durch die Technik der Links müssen Sie nicht von Seite zu Seite blättern, sondern können gleich an inhaltlich relevanter Stelle in eine andere Website oder Webseite eintauchen.

Sie als Website-Betreiber müssen dabei eines im Auge behalten: Die Benutzer dürfen zu keiner Zeit orientierungslos durch Ihre Seite irren. In Abschnitt 7.7, »Die Navigation«, haben wir dieses Thema bereits angesprochen. Aber auch bei der Verwendung von Links und Buttons sollten Sie einige Hinweise beachten: Machen Sie Ihre Website nicht zu einem Ratespiel. Wenn Sie Links verwenden, sollten diese für den Nutzer auch erkennbar sein. Vielleicht denken Sie jetzt, das sei vollkommen logisch und es sei überflüssig, dies zu erwähnen. Leider kommt es jedoch immer noch häufig vor, dass Links nicht als solche gekennzeichnet werden.

Dabei ist es so einfach: Links sind andersfarbig (häufig blau) und unterstrichen (oder zumindest eins von beidem). Daran haben sich die Benutzer inzwischen gewöhnt, und sie wissen, dass sie auf derartige Dinge klicken können und weitergeleitet werden. Umgekehrt sollten auch nur die Textpassagen als Link gekennzeichnet sein, die wirklich eine Verlinkung darstellen. Vermeiden Sie daher die Verwendung von nicht verlinkter andersfarbiger oder unterstrichener Schrift. Um dem Benutzer eine Hilfe zu geben, welche Links er bereits besucht hat, wechseln diese Links in der Regel ihre Farbe. Bei vielen Seiten wird die Linkfarbe anhand des Corporate Designs gewählt. Wichtig ist die einheitliche und deutliche Kennzeichnung von Links.

Achten Sie auch bei der Wahl der Linktexte darauf, dass dem Benutzer angezeigt wird, was ihn bei einem Klick auf den Link erwartet. Wählen Sie dabei aussagekräftige Formulierungen. »Hier klicken« ist wenig hilfreich für Ihre Benutzer. Es sollte auch nur so viel Text wie nötig als Linktext verwendet werden. Sehr lange Linktexte sind nicht besonders gut lesbar. Und auch hier sollten Sie Aspekte aus der Suchmaschinenoptimierung im Kopf haben: Im Linktext können und sollten wichtige Keywords verwendet werden, die den Inhalt der Zielseite möglichst aussagekräftig beschreiben.

Ähnlich verhält es sich mit Buttons: Auch diese sollten so dargestellt werden, dass sie offensichtlich klickbar sind und Benutzer nicht darüber nachdenken müssen. Es reicht nicht aus, dass sich der Mauszeiger (*Cursor*) von einem Pfeil in eine zeigende Hand verwandelt (siehe Abbildung 7.46), wenn der Benutzer ihn über den Begriff zieht (*Rollover-* bzw. *Mouseover-Effekt*).

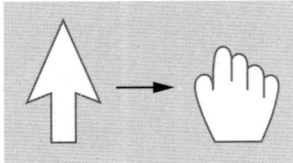

Abbildung 7.46 Der Cursor verändert sich, wenn Sie mit der Maus über ein klickbares Element fahren.

Vielmehr sollte offensichtlich dargestellt sein, dass es sich um ein klickbares Element handelt. Zudem sollten Sie anzeigen, ob dieses Element gerade aktiv oder inaktiv ist – beispielsweise durch unterschiedliche Farbgebung oder Transparenz. Legen Sie Wert auf eine möglichst einheitliche Darstellung Ihrer Buttons, und seien Sie vorsichtig bei Positionsveränderungen.

Auch das Thema Konsistenz spielt bei Links und Buttons eine Rolle: Zeigen Sie dem Benutzer schon mit entsprechenden Beschriftungen, dass er auf der richtigen Zielseite gelandet ist. So sollte ein Link oder Button mit der Bezeichnung »Produktdetails« auch zu einer Seite führen, deren Überschrift »Produktdetails« lautet. So machen Sie dem Benutzer die Orientierung leichter: Er weiß, was passiert, wenn er auf einen Link/Button klickt, und dies wird bestätigt, wenn er auf der entsprechenden Zielseite landet. Arbeiten Sie mit sogenannten *Ankern*, wenn der entsprechende Inhalt weiter unten auf einer langen Zielseite steht. So springt der Benutzer gleich zu dem für ihn relevanten Inhalt.

Gehen Sie sparsam mit Links um, die auf andere Webseiten verweisen. Sie möchten Ihren Benutzern Ihre Angebote präsentieren und nicht die eines anderen Anbieters. Derartige Verweise können gut am Ende einer Webseite verwendet werden. Bei ihrer Betätigung sollte sich ein neues Browserfenster öffnen, damit Sie Ihren Besucher nicht verlieren und damit der Benutzer immer noch die Möglichkeit hat, dieses Fenster zu schließen, um auf Ihrer Seite zu verweilen.

Links und Buttons auf mobilen Endgeräten

Für die Darstellung auf Smartphones und Tablets sollten Sie darauf achten, dass Links bzw. Touch-Elemente genügend groß und nicht zu dicht nebeneinander platziert sind. Wenn Sie ein Smartphone besitzen, werden Sie sicher auch schon die Erfahrung gemacht haben: Allzu schnell hat man mit dem Daumen einen unerwünschten Link erwischt und muss sich mühsam wieder in die Ausgangslage zurückmanövrieren. Machen Sie es Ihren mobilen Besuchern einfacher, und gestalten Sie Links, Buttons und Interaktionselemente so groß und mit genügend Abstand zum Nachbarelement, dass Nutzer sie bequem und zielgerichtet bedienen können. Eine eindeutige Kennzeichnung ist wie bei der Desktop-Ansicht ebenso für die Ansicht auf mobilen Endgeräten wichtig. Neben der angemessenen Größe für Buttons, Links und Touch-Elemente sollten sie auch eine gute Erreichbarkeit per Daumen sicherstellen.

Abbildung 7.47 Großzügig angeordnete klickbare Elemente auf »www.dm.de«

> **Tipp: Google Search Console**
>
> Seit Oktober 2014 gibt auch Google Website-Betreibern konkrete Hinweise zur Verbesserung der mobilen Benutzerfreundlichkeit ihrer Websites. Ein separater Bericht in der Google Search Console (siehe Abschnitt 5.3.2, »Die Website-Tools der Suchmaschinenanbieter«) weist Webmaster auf Probleme bei der mobilen Usability hin. So weist das Tool beispielsweise auf Links oder Interaktionselemente hin, die zu dicht nebeneinander platziert wurden, und überprüft die Schriftgröße und den Darstellungsbereich.

Zusammenfassend kann man sagen: Die Verwendung von Links und Buttons sind kein Such- und Ratespiel. Zeigen Sie so offensichtlich wie möglich, was klickbar ist und wohin der Klick führt.

7.10   Formulare

Sie kennen das bestimmt aus dem Alltag: Formulare sind bürokratisch und machen nicht besonders viel Spaß. Am liebsten schiebt man sie zur Seite und vermeidet sie, wenn es möglich ist. Ähnlich verhält es sich auch im Internet.

Obwohl uns Formulare fast überall im Netz begegnen (z. B. bei Newsletter-Anmeldungen, Logins und Bestellungen), sollten Sie sie nur dort einsetzen, wo es wirklich nötig ist, da sie oftmals einen unpersönlichen Charakter haben. Es ist besonders wichtig, dass Sie sich mit der Gestaltung von Formularen auseinandersetzen, sofern Sie welche auf Ihrer Website verwenden. Dies kann zwar sehr zeitaufwendig sein, aber die Mühe lohnt sich, wenn Sie bedenken, dass ausgefüllte (Bestell-)Formulare Ihnen auch einen wirtschaftlichen Erfolg bringen können. Denn gerade Formulare haben starken Einfluss auf Ihre Conversion-Rate und somit auf Ihren Erfolg.

Das gesamte Thema Formulargestaltung ist recht komplex. Formulare müssen individuell und abgestimmt auf die jeweilige Zielgruppe gestaltet werden. Daher gehen wir an dieser Stelle nur auf die elementarsten Punkte ein, die Sie beachten sollten.

Zunächst einmal sollten Sie Ihre Formulare so kurz wie möglich halten. Für jeden Nutzer ist das Ausfüllen eines Formulars zunächst einmal mühsam – insbesondere, wenn er per Smartphone oder Tablet auf Ihrer Website unterwegs ist. Vermeiden Sie jegliches Nebenrauschen, also alle Elemente, die den Benutzer vom Ausfüllen des Formulars ablenken könnten. Fragen Sie sich bei jedem Eingabefeld, ob Sie diese Informationen von Ihrem Benutzer wirklich benötigen oder ob Sie auch ohne sie auskommen oder diese gegebenenfalls zu einem späteren Zeitpunkt, zum Beispiel auf einer Bestätigungsseite, abfragen können. So müssen Sie beispielsweise nicht verschiedene Kontaktmöglichkeiten eines Interessenten erfragen, wie eine Rufnummer und eine E-Mail-Adresse. Hier sollten Sie nicht beide Informationen als

Pflichtangabe deklarieren, sondern möglicherweise die Benutzer entscheiden lassen, auf welche Art und Weise sie kontaktiert werden möchten.

Vermeiden Sie zudem möglichst auch das Abfragen von Informationen, die Benutzer erst suchen müssen. Oder kennen Sie beispielsweise all Ihre Kundennummern auswendig? Wenn Sie zu viele Informationen abfragen, erhöhen Sie das Risiko, dass falsche Angaben gemacht werden oder die Absprungrate in die Höhe schnellt. In beiden Fällen ist Ihnen damit nicht geholfen.

Wie bei der Navigation sollten Sie auch hier Wert auf die Bezeichnung der Eingabefelder legen. Die Benutzer sollten sofort wissen, welche Informationen von ihnen verlangt werden. Sowohl kleine Symbole neben der Beschriftung als auch ein präziser Text, der leicht ausgegraut innerhalb des Formularfeldes erscheint und beim Klick ins Feld verschwindet, können Ihre Benutzer hier unterstützen.

Auch die Art und Weise, wie die Informationen einzugeben sind, sollte so eindeutig und einfach wie möglich sein. Denken Sie an einen persönlichen Dialog aus der Offline-Welt, und geben Sie, sofern nötig, Hilfestellung zu den einzelnen Eingabefeldern. So können Sie kurze Erläuterungen beispielsweise zur Eingabe einer Telefonnummer oder eines Passwortes geben und erklären, welche Zeichen und Schreibweisen möglich und welche nötig sind. Sie kennen wahrscheinlich Beispiele für die Eingabe von Geburtsdaten, die so oder ähnlich aussehen: [TT] [MM] [JJJJ]. Stellen Sie derartige Hinweise unmittelbar in der Nähe des entsprechenden Eingabefeldes dar. Treiben Sie es aber mit Hinweisen nicht auf die Spitze, denn derartige Vorgaben können für die Benutzer auch lästig sein. Beim Registrierungsformular für ein Google-Konto sehen Sie beispielsweise die Hilfestellung zur Angabe des Passwortes. Zudem werden die Eingabefelder rot umrandet, wenn Eingaben erforderlich oder inkorrekt sind. (siehe Abbildung 7.48).

Markieren Sie (wie gesehen) Pflichtfelder, also die Angaben, die Sie unumgänglich von den Benutzern benötigen. Gehen Sie mit Pflichtfeldern aber ebenfalls möglichst sparsam um. Ihre Benutzer werden sich bei den einzelnen Eingaben fragen, wofür Sie diese Informationen von ihnen benötigen.

Auch die Länge der Eingabefelder spielt eine Rolle. So sollten Sie schon bei der Formulargestaltung darauf achten, dass die Felder in etwa so lang sind, wie vermutlich die Eingaben der Benutzer sein werden (eine Auswertung der bisher eingegebenen Daten kann dabei Aufschluss geben). Sowohl zu lange als auch zu kurze Eingabefelder können verwirrend sein, da sich die Benutzer fragen, was sie wohl zu viel oder zu wenig angegeben haben. Außerdem sollten Besucher stets auf einen Blick lesen können, was sie in ein Feld eingegeben haben. Wenn Sie Ihre Besucher dazu auffordern, ein Passwort einzugeben, sollte dieses bei der Eingabe mit Sternchen, Punkten oder ähnlichen Zeichen unkenntlich gemacht werden, damit Personen, die ebenfalls auf den Bildschirm blicken, nicht mitlesen können. Nutzer sollten aber die Möglichkeit haben, das Passwort auch während der Eingabe einzublenden, so dass sie die Richtigkeit kontrollieren können.

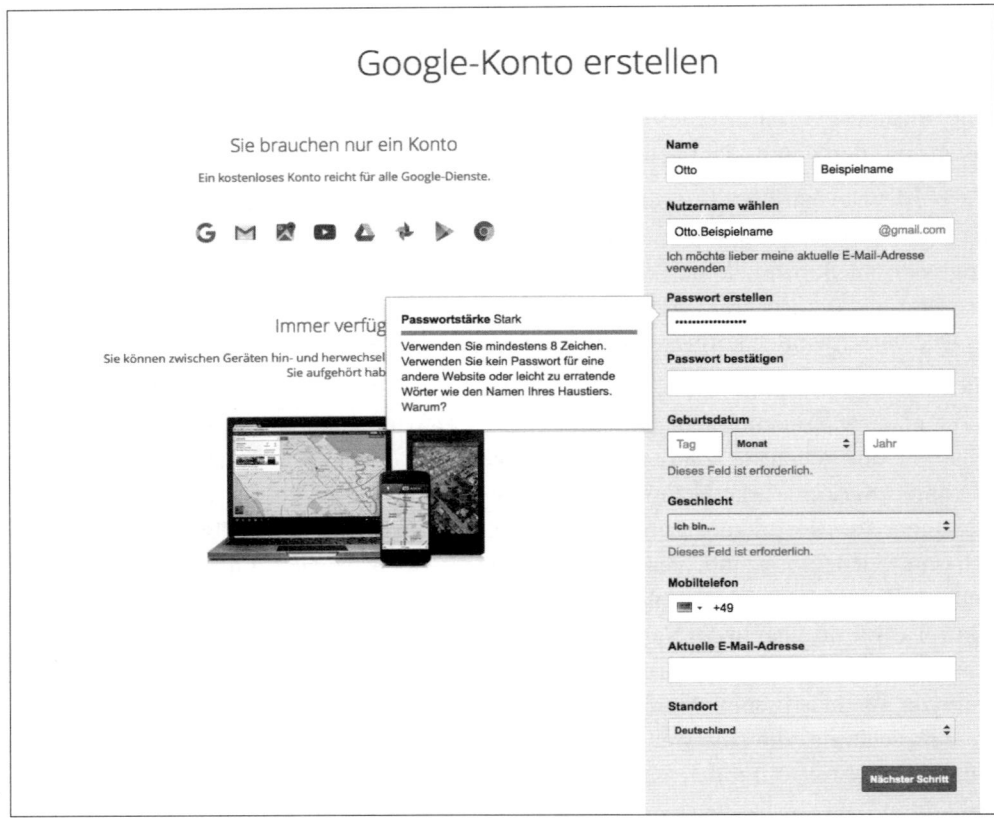

Abbildung 7.48 Google-Formular unter »https://accounts.google.com«

Wenn Sie Ihren Benutzern eine Auswahl an Möglichkeiten innerhalb Ihres Formulars bereitstellen möchten (z. B. Ortsangaben oder Jahreszahlen), kann dies beispielsweise per Dropdown-Menü geschehen. Achten Sie aber darauf, Ihre Optionen alphabetisch oder in einer sinnvollen Art und Weise zu sortieren, damit Benutzer eine schnelle Auswahl treffen können. Wägen Sie das Für und Wider bei dieser Variante aber genau ab: Einerseits werden Sie als Website-Betreiber wahrscheinlich valide Daten erhalten. Andererseits sollten Sie aber bedenken, dass die Benutzer das Schreiben unterbrechen müssen und bei einer sehr umfangreichen Auswahl möglicherweise das Scrollen nicht vermeiden können.

Formulare und Bestellprozesse für mobile Endgeräte optimieren

Gerade bei Kauf- und Bezahlprozessen, die heutzutage vermehrt über Smartphones und Tablets getätigt werden, ist neben einer hohen Geschwindigkeit auch eine gute

Bedienbarkeit von besonderer Bedeutung. Kaufprozesse, die in der Regel Formulare umfassen, sollten eine gute Nutzerfreundlichkeit aufweisen, denn sonst laufen Sie Gefahr, viele mobile Warenkorb- und Formular-Abbrecher zu generieren.

Verwenden Sie für die Eingabe verschiedener Formulardaten entsprechende Keyboard-Types. Das bedeutet, dass sich die Eingabetastatur auf mobilen Endgeräten entsprechend verändert, z. B. für E-Mail-Eingaben oder eine Datumsauswahl. Ein entsprechendes Beispiel dazu finden Sie in Abschnitt 8.8, »Mobile LPO«). Ziehen Sie auch Ausfüllhilfen wie eine automatische Rechtschreibkorrektur und Autovervollständigung in Erwägung. Eingeloggte Nutzer sollten auf mit ihren Daten vorausgefüllte Formulare stoßen, um eine erneute Eingabe zu vermeiden. Eine Korrektur der Daten sollte allerdings dennoch möglich sein. (Diese Empfehlung gilt endgerätunabhängig).

Fragen Sie auch mobil nur die nötigsten Informationen ab, und reduzieren Sie die einzelnen Schritte eines Kauf- und Bezahlprozesses auf ein Minimum. Dienste wie PayPal können sich hier als hilfreich erweisen. Die Orientierung kann durch eine Statusleiste unterstützt werden, die den jeweiligen Gesamtfortschritt anzeigt. Da Nutzer auf kleinen Displays vermehrt scrollen müssen, kann es sinnvoll sein, den Gesamtpreis stets anzuzeigen. Nutzer, die innerhalb einzelner Prozessschritte springen, sollten bereits getätigte Eingaben nicht erneut machen müssen. Prüfen Sie auch den Einsatz von Click-to-Call-Buttons oder Links, mit denen ein Nutzer beispielsweise Ihre Service-Hotline direkt anrufen kann, ohne die Telefonnummer manuell eingeben zu müssen.

In einigen Fällen ist es sinnvoll, Formulare dynamisch zu gestalten, wie zuvor erwähnt. Das bedeutet, dass Angaben, die Benutzer während des Besuchs auf Ihrer Website gemacht haben, schon im Formular in den entsprechenden Eingabefeldern eingetragen sind. Das kann für die Besucher erheblich den Aufwand verringern, muss aber individuell entschieden werden. Wir weisen Sie darauf hin, dass sogenannte *Default-Werte*, also die Angaben, die übernommen werden, wenn nichts anderes eingegeben wird, wohlüberlegt sein sollten. Andernfalls können schnell Fehler auftreten.

Ähnlich wie in einem Verkaufs- oder Beratungsgespräch sollten Sie auch bei Formularen so gut wie möglich mit den Benutzern kommunizieren und ihnen Rückmeldung zu ihren Eingaben geben. Es gibt verschiedene Möglichkeiten, wie Sie Ihren Benutzern signalisieren, dass ihre Eingabe gültig war. Auch Instagram (siehe Abbildung 7.49) arbeitet hier mit Häkchen und Fehlermeldungen, um den Nutzern eine korrekte Eingabe zu bestätigen oder Korrekturhinweise zu geben. Zudem wird in diesem Beispiel der vordere Teil der angegebenen E-Mail-Adresse (»Otto Muster«) automatisch als Benutzername übernommen, was aber durch den Benutzer editiert werden kann.

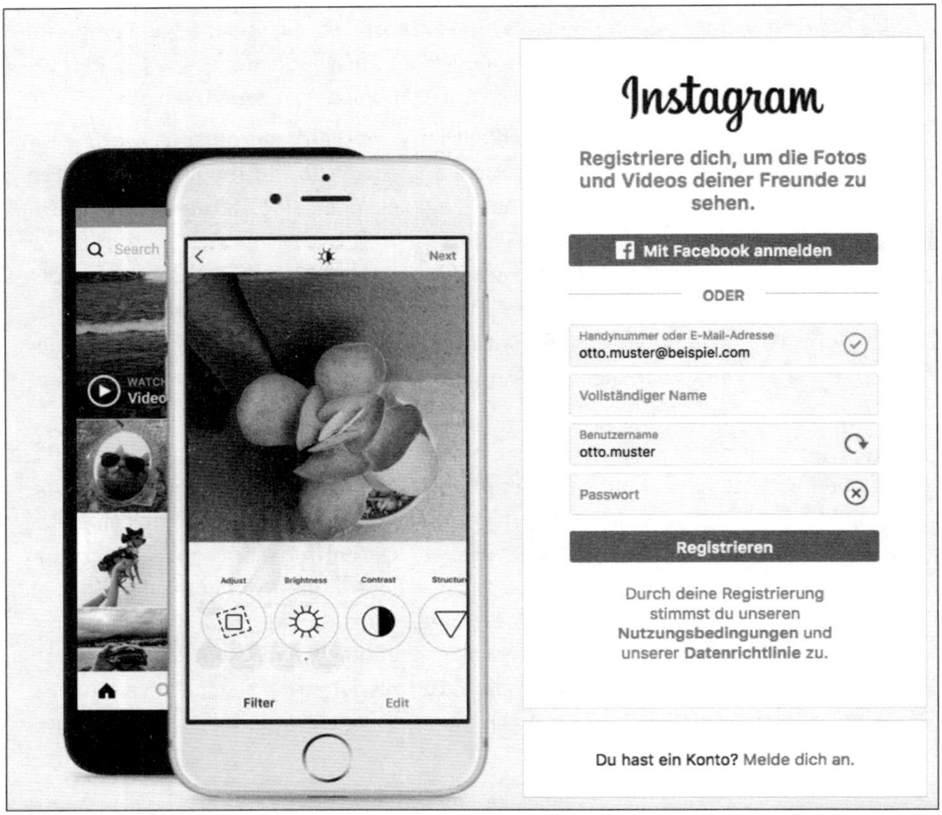

Abbildung 7.49 Anmeldeformular bei Instagram

Sollte es sich um eine fehlerhafte Eingabe handeln, so teilen Sie dies dem Benutzer mit. Die Fehlermeldungen sollten dabei zum einen deutlich machen, um welche Eingabe es sich im Formular handelt, und diese entsprechend hervorheben. Zum anderen sollten Fehlermeldungen so formuliert sein, dass sie den Fehler präzise beschreiben und auch Verbesserungsvorschläge enthalten. Trennen Sie Fehlermeldungen auch in ihrer Darstellung vom restlichen Formularinhalt, indem Sie beispielsweise die Schriftfarbe Rot verwenden. Stellen Sie sicher, dass die korrekten Eingaben erhalten bleiben, sonst muten Sie Ihrem Benutzer doppelten Aufwand zu.

Mithilfe von Ajax oder JavaScript besteht die Möglichkeit, schon bei der Eingabe der Daten zu überprüfen, ob die Angaben valide sind. Der Benutzer erhält also schon sehr frühzeitig eine Rückmeldung vom System, wie Sie am vorangegangenen Beispiel von Instagram (*www.instagram.com*) sehen.

Beachten Sie zudem, dass viele Surfer der Preisgabe von persönlichen Daten im Internet skeptisch gegenüberstehen. Je nachdem, um welche Art eines Formulars es sich handelt, muss zudem aus juristischen Gründen die Zustimmung zu AGB und Datenschutz von Benutzern eingeholt werden. Dies geschieht meist per Checkbox, also über ein Kästchen, das per Mausklick angehakt wird. Verstärken Sie aber zusätzlich das Vertrauen Ihrer Benutzer und Ihren seriösen Eindruck, indem Sie kurz erläutern, was mit den persönlichen Daten geschieht und wozu sie verwendet werden. So können Hinweise nach dem Motto »Ihre Daten werden sicher übermittelt und nicht an Dritte weitergegeben« eine gewisse Sicherheit schaffen. Ebenfalls unterstützend kann die erneute Auflistung der Vorteile Ihres Angebots im Formular sein, um Zweifeln des Nutzers entgegenzuwirken, die beim Ausfüllen aufkommen können.

Captchas und reCAPTCHA

Sogenannte *Captchas* haben Sie wahrscheinlich schon einmal beim Absenden von Formularen gesehen: Das sind die verschwommen oder verzogen dargestellten Buchstaben und Zeichen, die Sie entziffern und in ein Eingabefeld übertragen sollen (siehe Abbildung 7.50). Sie dienen als Spam-Schutz und sollen verhindern, dass Formulare automatisiert von Programmen ausgefüllt werden. Wenn Sie Captchas einsetzen wollen, sollten Sie Ihren Benutzern eine kurze Erklärung bieten, warum sie sich mit diesem Zeichenrätsel auseinandersetzen sollen.

Captchas sind bei Nutzern selten beliebt, da sie oft nur schwer zu entziffern sind und den Website-Besuch unterbrechen. Ende 2014 wurde daher von Google ein neues System mit dem Namen *reCAPTCHA* lanciert, mit dessen Hilfe man sich durch simples Bestätigen einer Checkbox als menschlicher Nutzer identifizieren kann. Mehr hierzu erfahren Sie unter *www.google.com/recaptcha/*.

Abbildung 7.50 Google reCAPTCHA erspart dem Nutzer die Eingabe kryptischer Zeichenfolgen.

Beenden Sie Ihr Formular mit einer klaren Handlungsaufforderung, die aus einem Button mit eindeutiger Beschriftung besteht, z. B. »Absenden«. Auch hier kann es vorteilhaft sein, wenn dieser Button *above the fold*, also noch im sichtbaren Monitorbereich, liegt. Wir raten Ihnen aber davon ab, lange Formulare zusammenzuquetschen, beispielsweise durch verkürzte Eingabefelder oder durch Weglassen von wichtigen Hinweisen, nur damit das Formular vollständig zu sehen ist. In diesen Fällen empfehlen wir Ihnen, Ihr Formular auf mehrere Seiten aufzuteilen. Zeigen Sie dann dem Benutzer an, welche und wie viele Schritte noch folgen bzw. an welcher Stelle des Ausfüllens er sich befindet. Was Sie wahrscheinlich intuitiv machen werden: Teilen Sie Ihr Formular in inhaltlich zusammengehörige Abschnitte ein, beispielsweise in Kontaktinformationen, Zahlungsinformationen usw., und gruppieren Sie diese Eingabefelder entsprechend, oder verteilen Sie sie auf mehrere Seiten.

Umstritten – der Reset-Button oder Reset-Link

Umstritten ist die Verwendung eines Reset-Buttons oder -Links, der das Löschen aller bisher getätigten Eingaben hervorruft und häufig in besonders langen Formularen Anwendung findet. Usability-Experte Jakob Nielsen, ein Gegner der Reset-Funktion, ist der Auffassung: »The Web would be a happier place if virtually all Reset buttons were removed. This button almost never helps users, but often hurts them.«

Sie sollten sich genau überlegen, ob Sie einen derartigen Button oder Link benötigen, da Reset-Buttons oft mit dem eigentlichen Bestätigungs-Button des Formulars verwechselt werden und hohes Frustrationspotenzial bergen. Unserer Meinung nach kommen die meisten Formulare sehr gut ohne diese Funktion aus. Falls Sie sie dennoch verwenden möchten, empfehlen wir Ihnen, den Absenden- und den Reset-Button möglichst weit entfernt voneinander zu positionieren und die Buttons auch in der Größe und Darstellung voneinander abzugrenzen. So können Sie beispielsweise für Ihren Formularabschluss einen Button und als Reset-Funktion einen weniger auffälligen Link verwenden.

Ist das Formular vollständig ausgefüllt, abgeschickt und alles in bester Ordnung, so vermitteln Sie dem Benutzer, was als Nächstes passiert. Dies können Erfolgsnachrichten wie »Vielen Dank, wir haben Ihre Bestellung erhalten« sein oder auch Hinweise, dass die Übermittlung der Daten einen Augenblick dauert, bevor es weitergeht. Andernfalls sind Benutzer oftmals irritiert und befürchten, dass ihre Eingaben nicht optimal verarbeitet wurden. Sie können sich schon vorstellen, was dann passiert? Genau, der beliebte Zurück-Button wird geklickt. Stellen Sie also sicher, dass Sie Ihren Benutzern, Kunden oder Interessenten jeweils den nächsten Prozess-Schritt deutlich machen. Sprechen Sie sie, sofern Ihnen die entsprechenden Informationen vorliegen, dann persönlich an. Im gesamten Ablauf sollten Sie Ihren Benutzern zu jeder Zeit die Möglichkeit bieten, eine Beratung in Anspruch zu nehmen, beispielsweise durch die Angabe von Servicenummern. Wenn Sie beispielsweise einen Online-Shop betreiben, sollten Sie darauf achten, Informationen von Ihren Bestandskunden nicht mehrfach abzufragen. Eine gute Möglichkeit bietet hier eine Login-Lösung, bei der der Benutzer nur bei der ersten Bestellung seine kompletten Informationen eintragen muss, bei erneuten Bestellungen aber auf seine bereits getätigten Angaben zurückgreifen kann. Dies erspart Zeit und Mühe. Sie kennen diesen Vorgang vielleicht von Bestellungen bei dem Online-Shop von *amazon.de*. Hier haben Sie nach dem Login Zugriff auf Ihre persönlichen Daten und können diese jederzeit anpassen.

Zu guter Letzt legen wir Ihnen noch ans Herz, Ihre Formulare und ihre Funktionalität regelmäßig zu testen. So kann allein die Beschriftung oder die Reihenfolge der Eingabefelder schon die Conversion-Rate beeinflussen. Sowohl Nutzerbefragungen als auch Mouse-Tracking-Tools und weitere Testverfahren, die wir Ihnen in Kapitel 9, »Testverfahren«, detaillierter vorstellen werden, können besonders aufschlussreiche Ergebnisse liefern.

7.11   Bilder und Grafiken

Kennen Sie den Ausdruck *Bleiwüste*? Er stammt ursprünglich vom Druckverfahren Bleisatz und beschreibt einen schlecht leserlichen Text, der mit engen Zeilenabständen kaum strukturiert ist und keine Bildelemente enthält – eben eine Wüste aus Buchstaben. Und damit sind wir beim Thema, denn Bilder und Grafiken können Texte erheblich auflockern. Das sollten Sie sich bei der Gestaltung Ihrer Website zunutze machen. Denn Bilder übermitteln Informationen schneller als Text und transportieren zudem eine bestimmte Atmosphäre. Darüber hinaus prägen sich Bilder oftmals besser ein als Textinformationen. Bilder können ebenso Ihre Marke transportieren und unterstützen.

Auch komplexe Zusammenhänge und die Verwendung von Produkten können mittels Bildern oder Infografiken gut dargestellt werden. Produktdetails und Bilder, die Produkte im Einsatz zeigen, können das Produktverlangen verstärken (siehe Abbildung 7.51). Dies können Sie sich besonders bei Online-Shops zunutze machen.

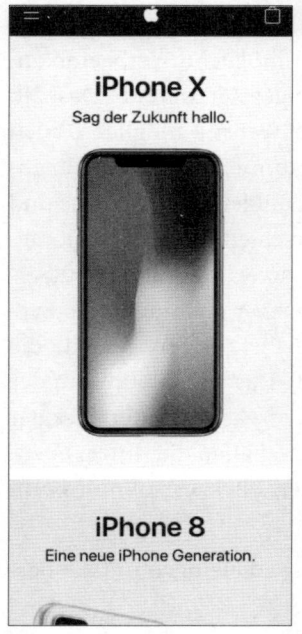

Abbildung 7.51 Apple arbeitet geschickt mit dem Einsatz von Bildern (Mobile- und Desktop-Ansicht).

Gerade weil Bilder viel bewirken, kann die Bildauswahl aufwendig und schwierig sein, ist aber besonders wichtig und oftmals diese Mühe wert. Achten Sie darauf, dass Sie realistische Bilder verwenden. Legen Sie Wert auf einen einheitlichen Stil und eine konsistente Bildsprache. In der Regel sollten verschiedene Bildcharaktere nicht miteinander kombiniert werden, also beispielsweise Schwarz-Weiß-Darstellungen nicht mit farbigen Fotos zusammen verwendet werden. Auch bei der Verwendung von Bildern und Grafiken sollten Sie einige Punkte zugunsten der Usability berücksichtigen. Gerade in diesem Bereich ist es allerdings schwierig, allgemeingültige Aussagen zu treffen. Wir werden im Folgenden aber auf einige elementare Aspekte näher eingehen.

Große Bilder verursachen – insbesondere wenn Besucher mit Mobilgeräten im Internet unterwegs sind – lange Ladezeiten, und lange Ladezeiten sind gleichzusetzen mit langen Wartezeiten für den Benutzer. Vermeiden Sie diese Situation, indem Sie mit Grafikprogrammen die Bildgröße entsprechend fürs Web und mobile Endgeräte anpassen. Für die Darstellung im Internet benötigen Sie nicht die hohen Auflösungen, die im Printbereich erforderlich sind. Merken Sie sich als Faustregel: Ein 600 × 400 Pixel großes Bild sollte im Web nicht größer als 100 KByte sein. Je kleiner Sie Bilder ohne deutlichen Qualitätsverlust komprimieren können, desto besser.

Auch die Quantität des Einsatzes von Bildern spielt eine Rolle. Überladen Sie Ihre Webseiten nicht mit einer Bilderflut, die vom eigentlichen Inhalt Ihrer Seite ablenkt. Hintergrundbilder können ebenso Unruhestifter sein. Generell sollten Sie jeweils den Gesamteindruck Ihrer Webseite beurteilen und auch mögliche Werbeeinblendungen berücksichtigen, die dem Besucher zusätzlich angezeigt werden. Deshalb sollten Sie oder Ihr Webdesigner bei der Erstellung Ihrer Website möglichst auch keine sogenannten Werbeblocker verwenden, also Programme, die Werbeeinblendungen unterbinden. Es gibt viele Studien zum Einsatz von Bildern auf Websites und deren unterschiedlicher Wirkung. Gespiegelte Bilder, verschiedene Bildpositionierungen oder unterschiedliche Bildausschnitte können beispielsweise die Benutzerhandlungen maßgeblich beeinflussen. So fand eine ältere, aber recht populäre Eye-Tracking-Studie heraus, dass Besucher einer Website in die Richtung schauen, in die die dargestellten Personen schauen (siehe Abbildung 7.52). Das bedeutet, wenn der Blick geradeaus gerichtet ist, schauen Nutzer die Personen direkt an. Ist der Blick der dargestellten Person in eine andere Richtung gewendet, so schauen die Nutzer ebenfalls auf diese Elemente. Somit können also Gesichter den Blickverlauf von Besuchern beeinflussen.

Hier empfehlen wir Ihnen, verschiedene Bilder zu testen, um diejenigen mit der besten Wirkung zu analysieren.

Bildunterschriften, besonders solche, die Zusatzinformationen liefern, helfen Ihren Benutzern, die Thematik zu erfassen, ohne zwangsläufig den gesamten Content lesen zu müssen.

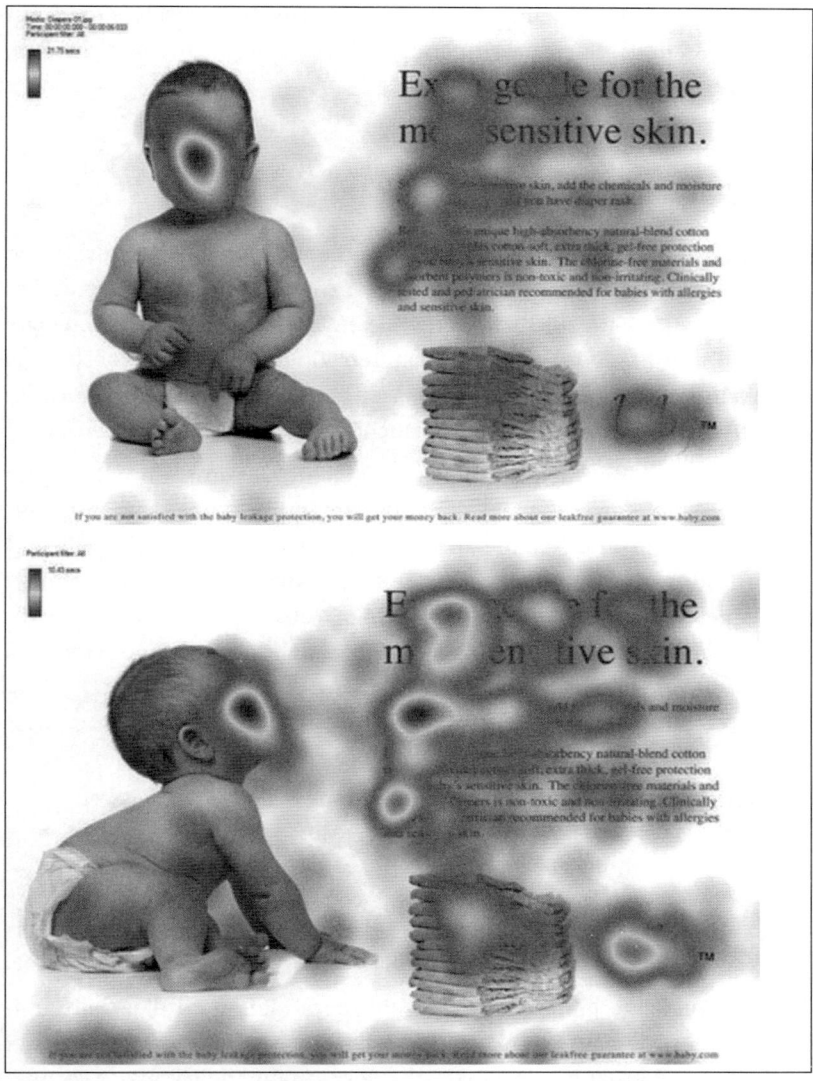

Abbildung 7.52 Eye-Tracking-Beispiel zum Einfluss der Blickrichtung auf Bildern

Einen Sonderfall stellen Webshops und ihre Produktdarstellungen dar. Hier gilt es, dem Benutzer das Angebot im digitalen Raum so greifbar wie möglich zu machen. Denken Sie an ein Geschäft, in dem Sie die Waren mit verschiedenen Sinnen wahrnehmen können. Im Internet müssen Bilder einen Großteil dieser Gefühle und Wahrnehmungen transportieren. So kann es sinnvoll sein, Produktabbildungen aus verschiedenen Perspektiven und mit Zoom-Funktion zur Verfügung zu stellen. Immer wieder sind auch animierte Bilder und Produktvideos zu sehen, die wir im Folgenden genauer betrachten.

Bei der Verwendung von Bildern und Grafiken verweisen wir abschließend auf unsere Hinweise aus Sicht der Suchmaschinenoptimierung, die Sie in Abschnitt 7.16, »SEO und Usability«, finden.

7.12   Multimedia (Audio, Video)

Multimediale Anwendungen, wie der Einsatz von Audio- und Videodateien, können einer Website einen lebendigen Charakter verleihen. Inzwischen begegnen uns audiovisuelle Beiträge vermehrt beim Surfen im Netz. Viele Websites betreiben einen eigenen YouTube-Kanal und binden die dort gehosteten Videos auf ihrer Website ein. Wie Sie bereits erfahren haben, ist YouTube die zweitgrößte Suchmaschine weltweit. Nutzer sind es heutzutage oft gewohnt, Videos auch im Internet anzuschauen.

Sie als Website-Betreiber sollten sich also die Frage stellen: Wie kann ein Video (oder auch eine Audiodatei) den Kern der Webseite aufwerten und ein positives Nutzererlebnis unterstützen? Bestimmte Abläufe können per Video beispielsweise sehr gut erläutert werden und das Lesen von langen Texten ersparen. Das Unternehmen Kärcher stellt beispielsweise ein Erklärvideo auf seiner Website zu seinem Service für Mietgeräte bereit (siehe Abbildung 7.53). Neben der Vorstellung von Produkten und Dienstleistung ist auch eine Unternehmenspräsentation per Video denkbar.

Screencasts

Sogenannte *Screencasts* sind Filme, bei denen Sie Ihre Bildschirmaktivitäten per Video aufzeichnen. Sie können auf diese Weise z. B. Prozesse und Abläufe darstellen und beschreiben, eine Anleitung geben und zeigen, wie beispielsweise eine Software zu benutzen ist. Im weitesten Sinne kann man sich darunter eine audiovisuelle Gebrauchsanweisung vorstellen.

Nachdem Flash-Videos lange Jahre hohe Verbreitung fanden, wird die Weiterentwicklung der Adobe-Technologie ab Ende 2020 nicht weiterverfolgt und bereits seit einiger Zeit von offenen Formaten wie HTML5 abgelöst. Unabhängig von der Technik sei aber gesagt: Seien Sie vorsichtig mit Multimedia-Elementen, die den Nutzer in seinem Website-Besuch unterbrechen oder aufhalten. Zudem ist die Erstellung von multimedialen Inhalten unter Umständen sehr kostenintensiv, was Sie aus wirtschaftlicher Sicht ebenfalls berücksichtigen sollten. Videos, die für das Internet erstellt werden, konkurrieren mit einer weitaus größeren Anzahl an Alternativen als im klassischen TV. Erstellen Sie daher keine ausschweifenden und langatmigen Videos, sondern kommen Sie, ebenso wie in Ihren Texten, schnell und kurzweilig auf den Punkt. Bei der Auswahl entsprechender Videoplattformen kommen zudem Usability-Aspekte ins Spiel. Neben YouTube sind beispielsweise Vimeo (*vimeo.com*) und Dailymotion (*dailymotion.com*) bekannte Alternativen.

Abbildung 7.53 Einbindung eines Erklärvideos zum Mietangebot von Kärcher

Sie sind beim Surfen wahrscheinlich auch schon mal auf einer Website mit Hintergrundmusik gelandet. Meistens reagieren Benutzer genervt und suchen die Funktion, mit der sie den Sound ausstellen können. Überlegen Sie sich also wirklich gut, ob Sie Musik benötigen oder eher Ihre Benutzer damit belästigen, und bieten Sie eine offensichtliche Abschaltmöglichkeit an. Im Gegensatz dazu können Sounds gut dafür eingesetzt werden, wenn falsche Eingaben gemacht werden. Dann unterstützt

Sound die Aufmerksamkeit der Benutzer. Bedenken Sie auch, dass mobile Surfer in Situationen sein können, in denen Audio besonders störend ist. Wägen Sie hier gut ab. Wir empfehlen Ihnen, sich im Zweifelsfall gegen Musik zu entscheiden.

Produktvideos sind auch hier gesondert zu betrachten: Sie können den Kaufprozess unterstützen, da sie näher an das Erlebnis in einem realen Geschäft kommen, als es statische Websites ohne multimediale Anwendungen schaffen. Produktdetails können besser herausgestellt und in Aktion gezeigt werden (siehe Abbildung 7.54).

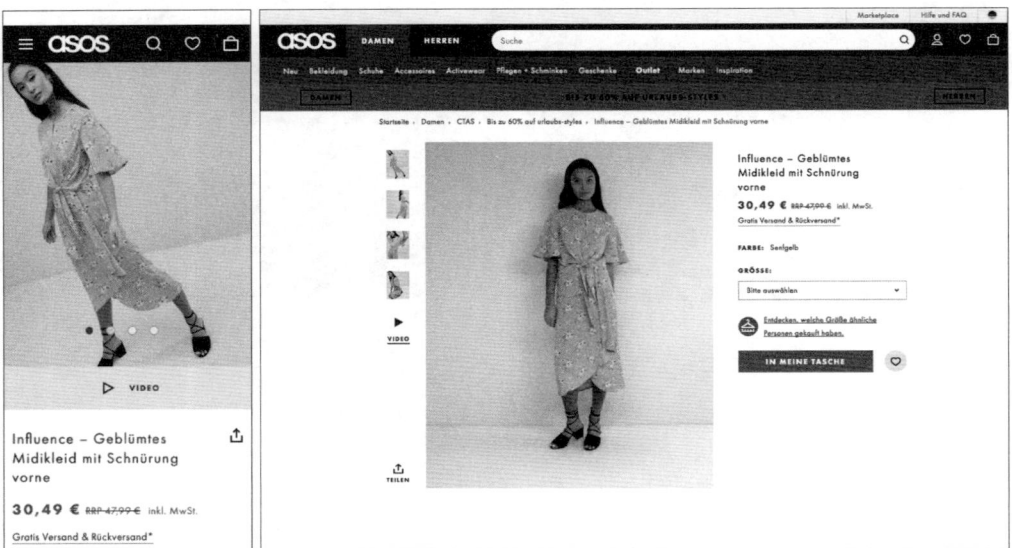

Abbildung 7.54 Beispiel einer Produktpräsentation mit Video auf »www.asos.de« (Mobile- und Desktop-Ansicht)

7.13 Technische Aspekte

Sicherlich haben die Benutzer auch gewisse Erwartungen an die Websites, die sie besuchen. Vor allem möchten sie das Gesuchte schnell finden. Und »schnell« bedeutet in diesem Fall einerseits, dass die Seiten schnell geladen werden, und andererseits, dass die Nutzer sich gut orientieren können und in wenigen Schritten zu dem Gesuchten finden. Wenn weder das eine noch das andere funktioniert, verärgern Sie den Benutzer.

Stellen Sie sich vor, Sie sitzen in besagtem Lieblingsrestaurant und warten unglaublich lange auf Ihr Essen. Und wenn es dann endlich serviert wird, stellen Sie fest, dass der Kellner Ihnen das falsche Gericht serviert. Sie sind natürlich doppelt frustriert. So ist es auch in der virtuellen Welt: Sollte Ihre Website sehr lange Ladezeiten haben und dem Benutzer dann nicht das liefern, was er erwartet hatte, verärgern Sie ihn gleich zweifach.

Auch für Google spielt die Ladezeit einer Website eine wichtige Rolle. Wenn Sie sich nicht sicher sind, wie Ihre Website bei der Beurteilung der Ladezeit abschneidet, können Sie das relativ einfach überprüfen.

Überprüfung der Ladezeit

Im Internet gibt es eine Reihe von kostenlosen Tools, mit denen Sie die Ladezeit Ihrer Website kontrollieren können. Wir haben Ihnen zwei Tools als Beispiele ausgewählt, die sich größtenteils in der Darstellung der Ergebnisse unterscheiden. Unter *developers.google.com/speed/pagespeed/insights/* können Sie Ihre Website-Ladegeschwindigkeit mit einem Tool von Google analysieren und erhalten auch konkrete Verbesserungsvorschläge. Eine weitere Möglichkeit, die Ladezeit einer Website zu testen, bietet Pingdom unter *tools.pingdom.com*. Hier werden detailliert die Ladezeiten für jede einzelne Datei einer Webseite aufgeführt.

7.14   Designaspekte

Haben Sie dieses Buch aufgrund seines Aussehens gekauft? Die Beurteilung nach dem Aussehen kommt durchaus vor – auch bei Websites. In diesem Abschnitt nehmen wir Sie mit auf einen kurzen Ausflug in die Welt der Designer und Kreativen. Damit eine Website angenehm und harmonisch erscheint, müssen einige wichtige Gestaltungs- und Wahrnehmungsregeln berücksichtigt werden, die wir Ihnen im Folgenden näherbringen werden. Sie werden danach kein Designexperte sein, aber Sie werden wichtige Grundprinzipien der Gestaltung kennen und können sich diese für Ihre Seite zunutze machen. Wenn Sie darüber hinaus mehr zum Thema (Web-)Design erfahren möchten, geben wir Ihnen in unseren Literaturtipps einige Empfehlungen. Beachten Sie bei allen Designregeln, dass sie zugunsten der Usability gebrochen werden können. Für alle hier gezeigten Beispiele gilt: Es gibt sicherlich Gegenbeispiele, wir sind hier aber von der breiten Masse ausgegangen.

Generell wurden mit der Entwicklung des Internets nicht alle Maxime des Designs über den Haufen geworfen, sondern eine Vielzahl ebenfalls verwendet. So bleibt ein Farbkreis auch im Web ein Farbkreis, und Gesetzmäßigkeiten aus Layoutgestaltung und Typografie werden weiterhin berücksichtigt. Unterschiede gibt es aber dennoch: Stellen Sie sich einmal vor, man könnte in einer aufgeschlagenen Zeitung Texte heranzoomen, scrollen und direkt zu anderen themenrelevanten Artikeln springen. Die Formate im Printbereich sind – im Gegensatz zum Web – aber starr. Nutzen Sie die Flexibilität im Web, um die Besucher bestmöglich zu bedienen. Das Design spielt auch eine besondere Rolle, wenn es um den Wiedererkennungswert und die Markenbildung geht. Achten Sie hier besonders auf einen einheitlichen Auftritt und eine konsequente Verwendung. Wir schildern Ihnen im Folgenden in aller Kürze Wahrnehmungsgesetze und empfehlen Ihnen, diese bei der Website-Gestaltung zu berücksichtigen, um Irritationen seitens Ihrer Besucher zu vermeiden. Ihr Einfluss und ihre Wirkung sollten nicht unterschätzt werden.

7.14.1   Die Wahrnehmungsgesetze

Figur und Grund

Dieses Wahrnehmungsgesetz beschreibt die Differenzierung von Wichtigem und Unwichtigem, in diesem Fall von Vordergrund und Hintergrund. Durch dieses Filtern tritt eine Figur hervor, die in der Regel geschlossen ist, während der die Figur umgebende Hintergrund/Grund keine Begrenzung hat und sich auch in Farbe und Helligkeit von der Figur unterscheidet (siehe Abbildung 7.55).

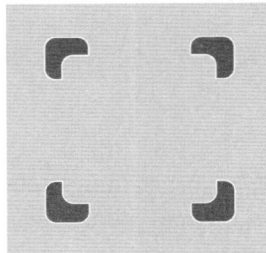

Abbildung 7.55 Figur und Grund

Ein sehr populäres Beispiel für dieses Wahrnehmungsgesetz stammt von dem dänischen Psychologen Edgar Rubin mit seinem Bild »Rubinische Vase«, das Sie in Abbildung 7.56 sehen:

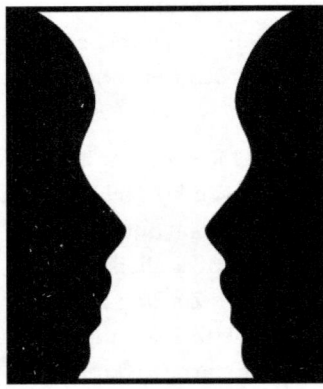

Abbildung 7.56 Was sehen Sie: Zwei schwarze Gesichter oder eine weiße Vase in der Bildmitte?

Siehe dazu auch das t3n-Logo in Abbildung 7.69.

Nähe

Nähe verbindet. Dieses Wahrnehmungsgesetz besagt, dass Elemente, die näher aneinander positioniert sind und geringe Abstände haben, als zusammengehörig wahrgenommen werden (siehe Abbildung 7.57). Positionieren Sie also auf Ihrer Website inhaltlich zusammengehörige Elemente auch nah beieinander. Dies trifft wie beschrieben sowohl bei Formularen als auch generell bei der Gruppierung von Elementen zu.

Abbildung 7.57 Gesetz der Nähe

Eine Zusammengehörigkeit lässt sich allein aus der Positionierung der einzelnen Wörter in der Navigation von *www.zalando.de* erkennen (siehe Abbildung 7.58).

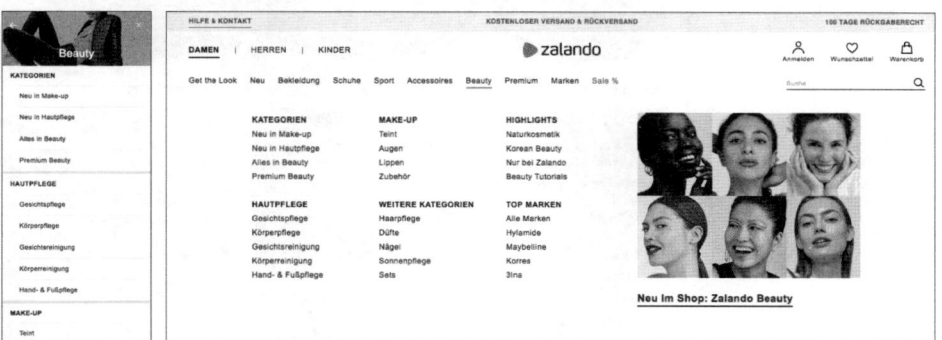

Abbildung 7.58 Durch Nähe und Abstand werden Zugehörigkeiten deutlich (Mobile- und Desktop-Ansicht).

Ähnlichkeit

Nicht nur die Nähe, auch die Ähnlichkeit verbindet. So werden Elemente, die sich ähnlich sind (und dies kann sich sowohl auf die Größe, Form oder Farbe als auch auf die Helligkeit beziehen), ebenfalls als zusammengehörig wahrgenommen, wie Sie es in Abbildung 7.59 sehen. Achten Sie also bei Ihrer Website darauf, dass ähnliche Dinge auch in ähnlicher Art und Weise dargestellt werden.

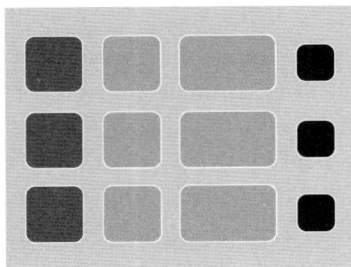

Abbildung 7.59 Gesetz der Ähnlichkeit

Auf der Website von 1&1 (*www.1und1.de*) unterstützen die unterschiedlichen
Boxenelemente die Strukturierung in limitierte und limitfreie Angebote (siehe Abbildung 7.60).

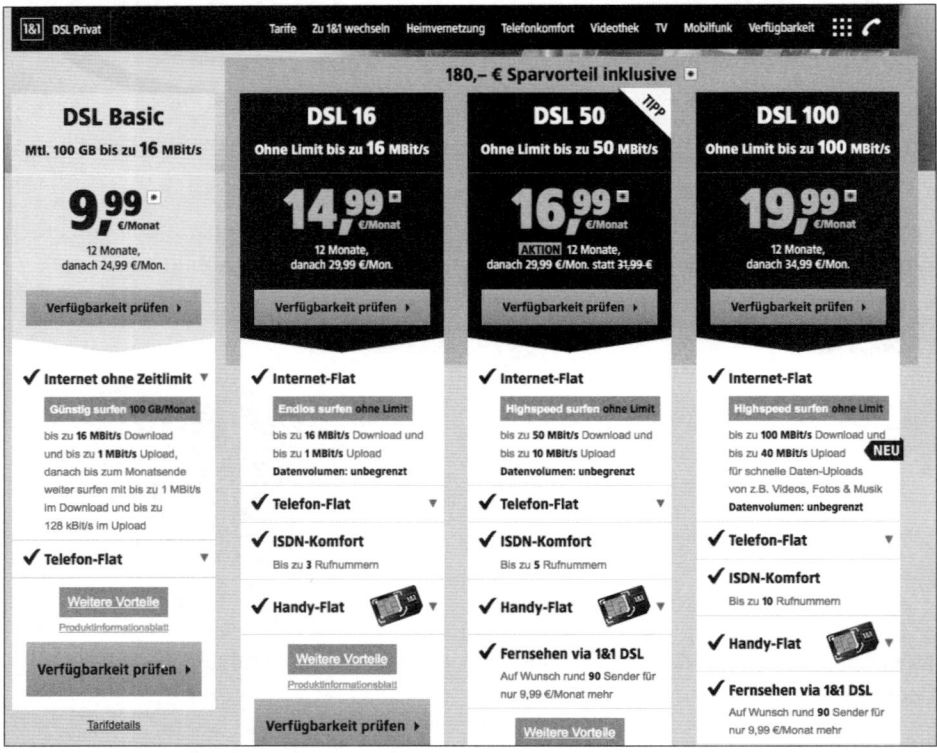

Abbildung 7.60 Darstellung der DSL-Pakete bei 1&1

Geschlossenheit

Menschen ergänzen, wenn nötig, Dinge, um bevorzugt geschlossene Formen zu sehen, auch wenn diese gar nicht dargestellt werden. Dieses Phänomen ist auch unter
dem Begriff *Gestaltschluss* oder *Gestaltzwang* geläufig. Das Gesetz der Geschlossen-

508

heit besagt, dass Linien, die eine geschlossene Form bilden, eher als zusammengehörig erfasst werden. Besonders in der Logogestaltung findet dieses Wahrnehmungsgesetz Anklang. Achten Sie bei Ihrer Website-Gestaltung also unbedingt auf eine ganzheitliche Betrachtung Ihrer Seite, da geschlossene Formen hinzuinterpretiert werden können. In Abbildung 7.61 können Sie gut erkennen, dass Elemente, die beispielsweise ein Quadrat umschließen, als eine Einheit erfasst werden.

Abbildung 7.61 Gesetz der Geschlossenheit

Die folgenden beispielhaft ausgewählten Logos machen sich dieses Gestaltungsgesetz zunutze: Offene Formen werden von uns als geschlossen angesehen.

Abbildung 7.62 Logobeispiele für das Wahrnehmungsgesetz der Geschlossenheit

Prägnanz bzw. Einfachheit

Für dieses Wahrnehmungsgesetz wird auch die Bezeichnung *Gesetz der guten Gestalt* verwendet. Menschen bevorzugen Formen, die sich eindeutig vom Hintergrund abheben bzw. von anderen Formen unterscheiden. Dabei gilt es, Elemente so präzise und einfach darzustellen wie möglich. Menschen bevorzugen einfache Dinge. In Abbildung 7.63 werden Sie wahrscheinlich einen Kreis und ein Rechteck erkennen und keine zusammengehörige Figur. Wir versuchen, möglichst einfache Dinge wahrzunehmen. Eliminieren Sie auf Ihrer Website alles Überflüssige, und konzentrieren Sie sich auf das Wesentliche.

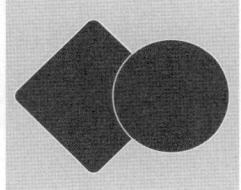

Abbildung 7.63 Gesetz der Prägnanz

Flat Design

Mit *Flat Design* (oder *Material Design*) wird ein Stil bezeichnet, der bewusst auf den Einsatz räumlich wirkender Gestaltungsmittel wie Schattierungen oder 3-D-Elemente verzichtet. Dieser minimalistisch anmutende Stil setzt gemäß dem Prinzip der Einfachheit auf flache Gestaltungsflächen und konzentriert sich auf das Wesentliche. Bekannte Beispiele sind das Design des Betriebssystems Windows 8 und die Social-Media-Plattform Pinterest.

Flat Design legt den Fokus auf Funktionalität, Übersichtlichkeit und Einfachheit. Außerdem reduziert es Ladezeiten und ist leichter übertragbar auf unterschiedliche Bildschirmgrößen, Betriebssysteme und Browser.

Fortsetzung

Menschen suchen beim Betrachten nach Linien, um sich an ihnen zu orientieren. Werden Linien erkannt, so werden sie auch fortgeführt. Eine Linie, die sich beispielsweise mit einer anderen Linie kreuzt, wird trotzdem weiterverfolgt (siehe Abbildung 7.64). Berücksichtigen Sie bei Ihrer Website, dass eine Reihe von Elementen unterbewusst weitergeführt wird. Dieses Wahrnehmungsgesetz ist auch unter der Bezeichnung *Prinzip des guten Verlaufs* bekannt.

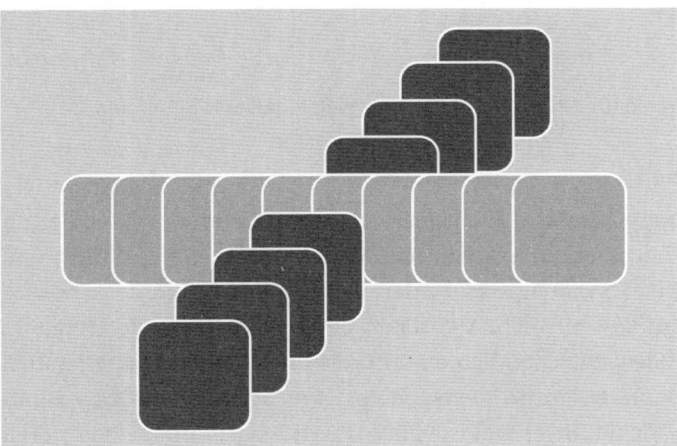

Abbildung 7.64 Gesetz der Fortsetzung

Folgen Ihre Augen auch dem Bogen, den die einzelnen Kontaktlinsen-Kategorien bei *linsenplatz.de* bilden (siehe Abbildung 7.65)?

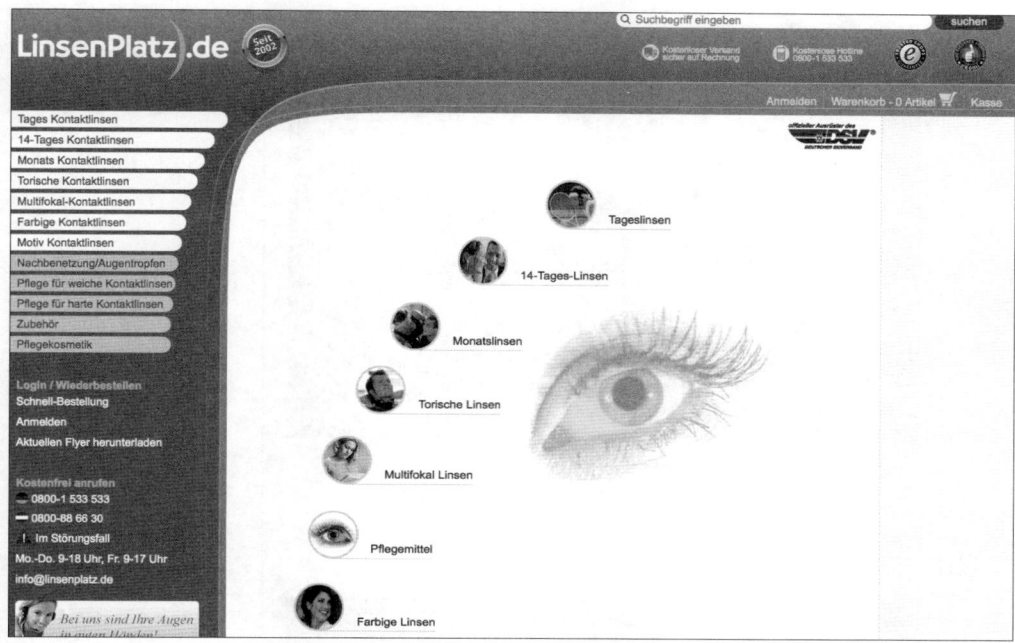

Abbildung 7.65 Die einzelnen Elemente bei LinsenPlatz bilden eine Linie.

Symmetrie

Wir empfinden Elemente, die symmetrisch dargestellt werden, eher als zusammengehörig als asymmetrische (siehe Abbildung 7.66). Besonders gut funktioniert dieser Effekt bei achsensymmetrischer Anordnung von Elementen. Berücksichtigen Sie dieses Gesetz besonders bei Texten im Spaltenlayout.

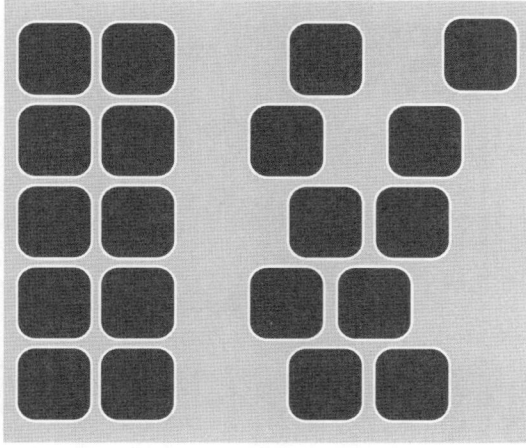

Abbildung 7.66 Gesetz der Symmetrie

Abbildung 7.67 Symmetrische Anordnung von Artikelanlesern auf »mitvergnuegen.com«

Erfahrung

Das Erfahrungsgesetz beschreibt den Umstand, dass Menschen Fehlendes hinzufügen und dabei auf ihren Erfahrungsschatz zurückgreifen. Insbesondere bei Icons funktioniert dieser Effekt sehr gut. Eine extrem reduzierte Darstellung wird (bei guten Icons) dennoch vom Betrachter in ihrer Aussage verstanden (siehe Abbildung 7.68).

Abbildung 7.68 Gesetz der Erfahrung

Das Magazin t3n, dessen Lektüre wir Ihnen übrigens wärmstens empfehlen, verwendet auf seiner Website *www.t3n.de* dieses Gesetz im Header bei der Darstellung seines Printmagazins (siehe Abbildung 7.69).

Abbildung 7.69 Gesetz der Erfahrung bei »www.t3n.de«

Gemeinsames Schicksal

Das Wahrnehmungsgesetz des gemeinsamen Schicksals sollten Sie besonders bei der Animation berücksichtigen, da es sich mit Bewegungen von Figuren befasst und daher auch den Namen *Gesetz der gemeinsamen Bewegung* trägt. Es besagt, dass Elemente, die sich ähnlich schnell in die gleiche Richtung bewegen, als Einheit aufgefasst werden.

7.14.2 Farben

Wir können in diesem Buch leider nicht das komplette Thema Farbenlehre behandeln, da es äußerst komplex ist. Wir werden aber in diesem Abschnitt auf einige wichtige Aspekte näher eingehen. Die Wahrnehmung von Farbe ist natürlich sehr subjektiv und kann von Mensch zu Mensch unterschiedlich empfunden werden. Darum gibt es weder Richtig noch Falsch.

Sie kennen bestimmt den Ausdruck *Signalfarbe*. Ein häufiges Beispiel ist hier die Farbe Rot, die insbesondere Gefahr vermittelt. Farben haben also eine (subjektive) Wirkung und können Gefühle hervorrufen oder verstärken. Blau vermittelt in der Regel einen seriösen Eindruck und wirkt beruhigend, aber kalt. Gelb hingegen ist eine warme Farbe, die einen heiteren, möglicherweise aber auch nervösen Eindruck schaffen kann. Farben dienen also dazu, eine bestimmte Atmosphäre zu vermitteln. Sie sollten sich daher über die Farbwahl für Ihre Website im Vorfeld Gedanken machen. Auch die Quantität an Farbverwendung hat ihre Wirkung. So »brüllen« viele grelle Farben auf einer Website Sie eher an und haben Marktschreier-Qualitäten, während sehr wenige oder keine Farben zurückhaltend und leise »sprechen«. Mit Bedacht ausgewählte Farben sprechen klar und deutlich.

Farben können auch Kontraste verstärken. Besonders die sogenannten *Komplementärfarben* haben diese Wirkung. Sie liegen sich im Farbkreis gegenüber, beispielsweise Rot und Grün oder Blau und Orange. Diese Komplementärfarben begegnen Ihnen regelmäßig im Alltag, z. B. bei Ampeln.

Achten Sie bei der Verwendung von Farben für Text auf eine gute Lesbarkeit und auf eine möglichst einheitliche Verwendung der Farben. Grelle Farben oder schlechte Kontraste können für den Betrachter sehr anstrengend sein. Gerade bei Überschriften und Zwischenüberschriften bietet sich die Hervorhebung durch Farben an. Im Internet gibt es zahlreiche Tools, mit denen Sie die Verwendung von Farben, z. B. hinsichtlich ausreichender Kontraste, überprüfen können. Ein entsprechendes Tool ist beispielsweise der *Color Contrast Checker*, der Ihnen unter *webaim.org/resources/contrastchecker* zur Verfügung steht. Die Website *colororacle.org* stellt kostenlos ein Tool zur Verfügung, das Ihnen anzeigt, wie Menschen mit Sehschwächen bzw. eingeschränkter Farbwahrnehmung Ihre Seite betrachten.

7.14.3 Typografie

Ein weiterer Designaspekt der Website-Gestaltung betrifft die Typografie. Auch hier können wir aufgrund der Komplexität des Themas nur auf einzelne wichtige Punkte näher eingehen. Betonen möchten wir eine gewisse Konsistenz, was die Schriftart und die Schriftgröße anbelangt: Vermeiden Sie die Verwendung von zu vielen unterschiedlichen Schriftarten und -größen, da Sie sonst eine unangenehme Unruhe und möglicherweise einen unseriösen Eindruck erwecken.

Fonts (Schriftarten)

Mit der Schriftart (*Font*), die Sie innerhalb Ihrer Website verwenden, können Sie die Wirkung der Texte beeinflussen. Es kann Probleme verursachen, wenn Sie Schriftarten in Ihre Website einbetten, da diese von verschiedenen Browsern unterschiedlich angezeigt werden könnten. Halten Sie sich besser an die sogenannten *websicheren Schriften* wie Arial oder Verdana. Das sind Schriftarten, die in HTML zur Verfügung stehen, standardmäßig bei den meisten Betriebssystemen installiert sind und dementsprechend identisch angezeigt werden.

Darüber hinaus gibt es die Möglichkeit des sogenannten *Image Replacements*. Hier gibt es wiederum einige Varianten. Im Grunde geht es aber darum, den üblichen HTML-Text durch eine Bilddatei zu ersetzen. So bleibt zwar die Darstellung unabhängig vom Browsertyp gleich, jedoch können Grafiken im Browser auch deaktiviert werden und längere Ladezeiten nach sich ziehen. Darüber hinaus kann diese Methode negative Auswirkungen aus SEO-Sicht haben, da Suchmaschinen mit dem Auslesen von Bildern Schwierigkeiten haben. Das Image Replacement ist also mit Vorsicht zu genießen.

Schauen Sie sich einige websichere Schriften und ihre Wirkung im Folgenden genauer an:

▶ Times: Diese Schriftart zählt zu den meistverwendeten Fonts überhaupt. Sie hat Serifen, das sind kleine Striche an den Buchstabenenden. Times wird der Schriftklasse der Antiqua-Schriften zugeordnet und hat eine seriöse Ausstrahlung.

▶ Arial: Sie wird der Kategorie Sans-Serif-Schrift (auch Groteskschriftart) zugeordnet, weil sie keine Serifen enthält. Ihr Auftritt ist moderner und schlichter als der von Times. In der Lesbarkeit stehen sich die beiden Fonts aber in nichts nach. Unsere Empfehlung an dieser Stelle: Verwenden Sie bei kleinen Schriftgrößen eher die serifenlose Arial.

▶ Courier: Die Schriftart Courier stammt aus den Zeiten der Schreibmaschine und stellt alle Zeichen in gleicher Breite dar. Die Schrift Courier wirkt zum Teil überholt, kann aber als Stilmittel auf Blogs oder News-Portalen zum Einsatz kommen, um das Handwerkliche der Textproduktion zu betonen.

▶ Verdana: Diese Schriftart wurde entwickelt, um eine optimale Darstellung am Bildschirm zu ermöglichen und eine gute Lesbarkeit zu gewährleisten. Die Optik wirkt klar und unaufdringlich.

Akzente setzen (Hervorhebungen)

Sie haben verschiedene Möglichkeiten, einzelne Passagen Ihrer Texte hervorzuheben. Sie verlieren jedoch Ihren Effekt, wenn Sie sie nicht sparsam einsetzen. Die trivialste ist wahrscheinlich die Fett-Darstellung. Verwenden Sie hier jedoch bevorzugt die *Bold*-Variante Ihrer Schriftart, die die fetten Buchstaben optimal darstellt, und klicken Sie nicht einfach auf den aus Textverarbeitungsprogrammen bekannten Fett-Button. Mit diesem werden die Buchstaben einfach nur dicker angezeigt, während die Bold-Variante auch Proportionen und Abstände berücksichtigt.

> **Achtung: Seien Sie konsequent!**
>
> Vermeiden Sie es, Textstellen durch Unterstreichung zu betonen. Benutzer gehen bei unterstrichenen Wörtern womöglich von einem Link aus und sind irritiert, wenn sie nicht weitergeleitet werden. Aber auch Fett-Hervorhebungen oder andere Farbwerte werden heute häufig zur Darstellung von Links verwendet. Eines sollten Sie immer bedenken: Seien Sie in der Unterscheidung zwischen Hervorhebungen und Verlinkungen konsequent, und machen Sie es Ihren Nutzern so einfach wie möglich, Links von Akzenten zu unterscheiden.

Innerhalb der Navigation Ihrer Website oder bei Einzelwörtern besteht auch die Möglichkeit, mit Versalien, also Großbuchstaben, zu arbeiten. Es ist aber nicht ratsam, Versalien für einen längeren Text einzusetzen, da dies zulasten der Lesbarkeit geht.

Strukturierung

Wie wir schon mehrfach erwähnt haben, sind gut strukturierte Texte besonders wichtig. Arbeiten Sie daher mit Überschriften und Zwischenüberschriften sowie Bildern und Grafiken zur Auflockerung. Verwenden Sie Absätze bei neuen inhaltlichen Aspekten, und machen Sie Ihren Benutzern das Erfassen der Webseite so leicht wie möglich. Sehr lange Texte können Benutzer davon abhalten, sich mit der Seite auseinanderzusetzen. Aufzählungslisten sind schneller zu erfassen als ausformulierter Text. Sie müssen nicht zwangsläufig mit *Bulletpoints* (Aufzählungspunkten) beginnen, sondern können auch durch kleine Symbole und Icons aufgelockert werden. Für einige Zusammenhänge bieten sich Tabellen an; eine andere Möglichkeit sind (Info- oder Hinweis-)Kästen, wie Sie sie aus diesem Buch hier kennen.

7.15 Komposition und Positionierung der Elemente

Nachdem Sie jetzt die unterschiedlichen Prinzipien der Wahrnehmung kennen, gehen wir nun in aller Kürze auf einzelne Kompositionselemente ein. Wie schon Albert Einstein sagte: »Nichts kann existieren ohne Ordnung.« Wenn Sie beim Arrangieren Ihrer Website-Objekte auf die folgenden Punkte achten, können Sie die Bedeutung einzelner Bereiche hervorheben, eine Hierarchie der Elemente hervorrufen, bestimmte Aspekte mehr oder weniger betonen und den Kern Ihrer Website deutlicher herausstellen. Der Benutzer sollte auf den ersten Blick erkennen, was er auf der Website tun kann. Wie Sie bereits in Abschnitt 7.7, »Die Navigation«, erfahren haben, unterstützen Sie dies beispielsweise durch eine klare, visuelle Hierarchie.

Wie Sie wissen, ist der erste Eindruck einer Website der entscheidende. Möchten Sie seriös auftreten, achten Sie darauf, den Benutzer nicht mit einer Reizüberflutung zu überfordern. Wählen Sie z. B. keine zu grellen Farben oder blinkenden Elemente, das hat Marktschreier-Qualität. Vermeiden Sie aber auch visuelle Überflutung bzw. *visuelles Rauschen* (*Visual Noise*) durch eine Fülle an Elementen und Informationen, die von der eigentlichen Aussage ablenken.

Legen Sie ein besonderes Augenmerk auf eine gewisse Konsistenz. Eine einheitliche Gestaltung untermauert Ihren (Marken-)Auftritt und unterstützt den Wiedererkennungswert. Zudem sollten Sie die Benutzer nicht durch Elemente irritieren, die beispielsweise ihre Position verändern oder gänzlich verschwinden. Vielmehr sollte es Ihr Ziel sein, dem Benutzer ein vertrautes Terrain zu bieten, in dem er sich zurechtfindet.

7

Das F-Muster

Nach Jakob Nielsen ähnelt der Blickverlauf von Benutzern einer Website dem Buchstaben F und verläuft also zunächst horizontal und schließlich vertikal (*F-shaped Pattern*). Der Blickverlauf kann selbstverständlich variieren und besteht nicht zwangsläufig aus zwei waagerechten und einem vertikalen Blick. Es können durchaus auch E- oder L-Formen entstehen. Auf Mobilgeräten dominiert aufgrund der Größe des Bildschirms der vertikale Blick- und Scrollverlauf. Sicher ist jedoch, dass die Seite schnell überflogen wird. Zudem sollten Sie, wie schon angesprochen wurde, besonders wichtige Informationen an den Anfang Ihrer Seite stellen.

Linien

Wie Sie schon gelesen haben, sucht das menschliche Auge Linien in Bildern und Grafiken. Auch wenn diese nicht vorhanden sind, suchen wir Fluchtlinien zur Orientierung. Daher legen Grafiker im Gestaltungsprozess oft (Linien-)Raster an und richten einzelne Formen danach aus, um eine angenehme Bildkomposition zu schaffen.

Größe und Position

Wenn Sie einzelne Elemente größer als andere darstellen, werden sie vom Betrachter in der Regel als wichtiger eingestuft. Auch die Platzierung von Objekten auf der Website spielt eine Rolle und kann, wenn sie auffallend anders ist, an Bedeutung gewinnen.

Paper Prototyping

Zeichnen Sie die einzelnen Website-Elemente jeweils auf ein Stück Papier, oder drucken Sie Ihre Wireframes aus, und schneiden Sie die einzelnen Objekte aus. Dann probieren Sie durch Verschieben der Papiere in der Anordnung der Objekte herum, bis Sie eine zufriedenstellende Variante gefunden haben. Diese sogenannte *Paper-Prototyping*-Methode ist unter Umständen zeitsparender, als verschiedene Entwürfe am Computer zu erstellen, und ist besonders bei der Teamarbeit eine gute Möglichkeit zur Entwicklung einer Website.

Kontrast

Gegensätzlichkeit steigert den Kontrast. So können Elemente in vielerlei Hinsicht Kontrast erzeugen: beispielsweise in Farbigkeit (hell/dunkel), Größe (klein/groß), Nähe (nah/fern) und Form (rund/eckig). Websites, die mit Kontrasten arbeiten, können vom Betrachter oftmals besser überflogen werden.

Leserichtung und sichtbarer Bereich

In unserem Kulturkreis gehen wir von einer Leserichtung von links nach rechts aus. Berücksichtigen Sie diesen Verlauf bei der Positionierung Ihrer Website-Elemente. Wie Sie schon bei den Wahrnehmungsgesetzen der Nähe und Geschlossenheit (siehe Abschnitt 7.14.1, »Die Wahrnehmungsgesetze«) gelesen haben, sollten Sie Objekte, die zusammengehören, auch entsprechend anordnen. Durch die in den letzten Jahren stark wachsende mobile Internetnutzung hat sich die Leserichtung verändert. Besucher erwarten in diesem Kontext, dass sich Website-Elemente vertikal aufeinander beziehen.

In jedem Fall sollten Sie die wichtigsten Objekte *above the fold* arrangieren. Damit ist aber nicht gemeint, dass Sie den sichtbaren Website-Bereich mit Informationen vollstopfen sollten (siehe den folgenden Abschnitt zu Whitespace und Simplicity).

Sie sollten bedenken, dass Ihre Nutzer eine Vielzahl unterschiedlicher Bildschirmgrößen verwenden. Um einen größtmöglichen Teil der Betrachter zufriedenzustellen, sollten Sie auf *Responsives Webdesign* setzen. Hierbei passt sich das Design der Seite automatisch an die Bildschirmgröße an. Website-Elemente wie Navigation, Seitenspalten und Texte werden je nach Screen unterschiedlich angeordnet.

Abbildung 7.70 Responsives Webdesign bei »curved.de«: Die Website-Elemente passen sich bei kleinerer Bildschirmgröße automatisch an (Mobile- und Desktop-Ansicht).

Mobile First

Vielleicht haben Sie schon einmal von diesem Denkansatz gehört? Zentraler Punkt ist, dass bei der Website-Konzeption zunächst die mobile Darstellung berücksichtigt wird. Dies kann sich positiv im Hinblick auf die Usability auswirken, da zunehmend mehr Nutzer Angebote über Smartphone und Tablet in Anspruch nehmen. So wurde Ende 2016 erstmals die Nutzung an stationären Desktop-Geräten von dem Anteil der Internetnutzung über Mobilgeräte übertroffen. Vor diesem Hintergrund gilt beim Webdesign und der Entwicklung von Web-Konzepten häufig der Grundsatz *Mobile First*. Dahinter steht die Idee, neue digitale Plattformen zunächst für die mobile Nutzung zu entwickeln, bevor die Desktop-Version konzipiert wird. Neben der größeren Reichweite kann so auch für die Desktop-Version eine möglichst einfache Benutzung erreicht werden.

Whitespace und Simplicity

Mit dem Begriff *Whitespace* (oder *typografischer Weißraum*) sind Leerräume bzw. Freiräume gemeint. Whitespace ist also das Nichtvorhandensein von Inhalten. Damit sind beispielsweise Bereiche zwischen Elementen auf einer Website gemeint, wie Zeilenabstände und Umrandungen. Websites, die nach dem Motto »weniger ist mehr« mit viel Whitespace gestaltet werden, sollen einen minimalistisch schlichten, aber professionellen Eindruck vermitteln und den Benutzern ein einfacheres Scannen ermöglichen. Gerade auf Smartphones oder Tablets kann ein minimalistisches Design für schnellere Orientierung und Fokussierung auf das Wesentliche sorgen. Positiver Nebeneffekt von Simplicity können auch schnellere Ladezeiten sein.

Aber auch dann, wenn Sie kein Fan von Whitespace sind, sollten Ihre Seiten nicht überladen wirken und die Betrachter überfordern. Um Reizüberflutung und Unruhe zu vermeiden, sollten Sie Whitespace und Simplicity bei der Website-Gestaltung beherzigen. Zwischen den vielen aufdringlichen und überladenen Websites kann dies für Besucher durchaus »erholsam« sein. Sie sollten das Ganze aber auch nicht auf die Spitze treiben, sonst können Websites auch verlassen und freudlos aussehen.

Stellen Sie sich vor, Sie ziehen in eine sehr kleine Wohnung um. Wahrscheinlich werden Sie erst einmal alles aussortieren, was nicht unbedingt untergebracht werden muss. Zudem werden Sie die Wände vermutlich weiß oder sehr hell streichen, damit die Räume größer wirken. Ähnlich können Sie mit Ihrer Website verfahren. Finden Sie heraus, was den Kern Ihrer Seite wirklich transportiert, und entfernen Sie überflüssige Elemente. Der französische Autor Antoine de Saint-Exupéry war der Ansicht: »Perfektion haben wir nicht dann erreicht, wenn man nichts mehr hinzufügen kann, sondern wenn man nichts mehr weglassen kann.« Denken Sie an die Startseite der Suchmaschine Google, die sowohl Whitespace als auch Simplicity veranschaulicht.

Goldener Schnitt

Vielleicht können Sie sich noch an diesen Begriff aus dem Kunstunterricht erinnern. Der Goldene Schnitt, der auch als *göttliche Teilung* bezeichnet wird, beschreibt eine bestimmte Aufteilung von Flächen mit dem Ziel, einen möglichst ästhetisch ansprechenden (Bild-)Eindruck zu schaffen. Ein Bild wird dabei in rechteckiger Form dargestellt und die Breite annähernd in zwei Drittel zu einem Drittel aufgeteilt. Der genaue Wert liegt bei 61,8 % der Breite. Zur Berechnung dieses Proportionsgesetzes können Sie die Breite durch 1,62 (bzw. 1,61803...) teilen. Dazu können Sie auch diverse kostenfreie Tools im Netz verwenden. Wie Sie in Abbildung 7.71 sehen, ergeben sich mit dem Goldenen Schnitt immer ein Quadrat und ein Rechteck, das das gleiche Verhältnis von Länge und Breite aufweist wie das ursprüngliche Rechteck.

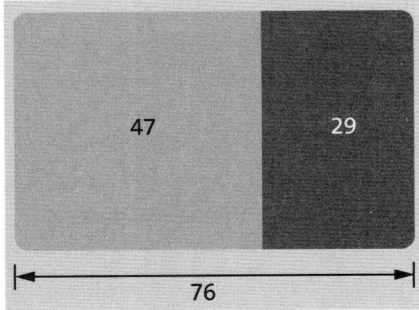

Abbildung 7.71 Beispiel für den Goldenen Schnitt (76 ÷ 1,62 = 46,9)

In diesem Zusammenhang sei auch die sogenannte *Drittelregel* kurz erwähnt. Hier wird die rechteckige Bildfläche sowohl horizontal als auch vertikal in Drittel geteilt. An den Schnittpunkten der Trennlinien sollten die Objekte platziert werden, die besondere Aufmerksamkeit erfordern (siehe Abbildung 7.72).

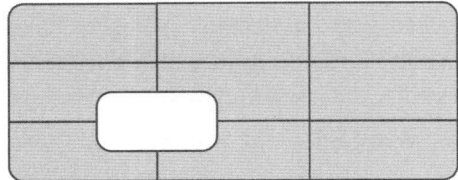

Abbildung 7.72 Die Drittelregel

Layouts

Vor dem Siegeszug mobiler Endgeräte und der Verbreitung des responsiven Webdesigns als neuem Paradigma der Webentwicklung unterschied man häufig zwischen starren, dynamischen und elastischen Layouts. Viele kleinere und ältere Websites arbeiten immer noch mit diesen Layouts. Starre oder auch feste Layouts verändern sich nicht in ihrer Ansicht, egal, mit welcher Monitorgröße die Website betrachtet

wird. Dynamische Layouts hingegen passen sich der Monitorgröße an. Unschön können hier aber Inhalte aussehen, die sich dadurch über die gesamte Website erstre-
cken und schlechter zu lesen sind. Elastische Layouts verändern sich proportional je
nach Schriftgröße, das heißt, vergrößert oder verkleinert man den Text, vergrößert
bzw. verkleinert man auch proportional alle anderen Elemente auf der Website.
Wenn Sie eine neue Website planen, sollten Sie von diesen veralteten Layoutkonzep-
ten die Finger lassen und auf responsives Design setzen. Prüfen Sie zudem, ob der
Text, den Sie verwenden, bei unterschiedlichen Seitenbreiten lesbar bleibt, denn zu
breite Texte sind schlecht lesbar. Das ist auch der Grund, warum beispielsweise in
Zeitungen mit Spalten gearbeitet wird. Mit etwa acht bis zwölf Wörtern pro Zeile sollten Sie ganz gut liegen.

Bedenken Sie, dass insbesondere lange Seiten, bei denen die Benutzer viel scrollen
müssen, gut strukturiert werden sollten. Hier kann es in einigen Fällen sinnvoll sein,
sogenannte *Toplinks* zu integrieren, über die der Leser wieder an den Seitenbeginn
springen kann.

Wenn Sie als Website-Betreiber nicht die einzige Person sind, die Entscheidungen
bezüglich des Webdesigns Ihres Online-Auftritts fällt, so haben Sie vielleicht schon
festgestellt, dass eine Website oftmals die Ansprüche von verschiedenen Menschen
und somit unterschiedlichen Positionen erfüllen muss. So treffen beispielsweise
Designer, Entwickler, Marketingfachleute und Produktmanager ihre Entscheidungen
aus unterschiedlichen Blickwinkeln. Wir hoffen, dass wir Ihnen in diesem Kapitel
einige Aspekte mit auf den Weg gegeben haben, mit denen Sie bei Ihrer nächsten
internen Diskussionsrunde argumentieren können.

Wie wir schon mehrfach betont haben, gibt es kaum Pauschalaussagen zum Thema
Usability. Der beste Weg ist meistens das Testen. Hierzu lernen Sie in Kapitel 9,
»Testverfahren«, mehr. Abschließend werden wir im Folgenden noch den Zusammenhang zwischen Website-Design und Suchmaschinenoptimierung genauer beleuchten.

7.16   SEO und Usability

Suchmaschinenoptimierung und Usability sind keine gegensätzlichen Perspektiven.
Wenn Sie sich anschauen, wie Besucher auf Ihre Seite gelangen, werden Sie wahrscheinlich feststellen, dass auch Suchmaschinen den Traffic zu Ihrer Internetpräsenz
steuern. So wird ein Benutzer, der einen bestimmten Suchbegriff in eine Suchmaschine eingibt, zu Ihnen geleitet, wenn die Suchmaschine Ihre Website für ausreichend relevant für dieses Thema erachtet. Auf Ihrer Website sollte der Benutzer dann
das entsprechende Suchwort wiederfinden. So ist es beispielsweise aus dem Usabi-
lity-Blickwinkel wichtig, dem Benutzer das Gefühl zu geben, dass er auf der richtigen

Website gelandet ist. Auch aus SEO-Sicht ist die Verwendung der entsprechenden Keywords auf der Website ausschlaggebend, da dadurch die Positionierung der Website bei der Suchmaschine beeinflusst werden kann.

Usability ist auch wichtig für die Suchmaschinenoptimierung

Google optimiert mit mehreren Hundert Updates pro Jahr seinen Algorithmus mit dem Ziel, unpassende Suchergebnisse zu erkennen und die Qualität der rankenden Websites zu verbessern. Mit dem im August 2011 in Deutschland erstmals ausgerollten und seitdem kontinuierlich aktualisierten sogenannten *Panda*-Update und auch mit dem *Pinguin*-Update sortiert Google schlechte Websites fleißig aus den Suchergebnissen aus. SEO-Experten können feststellen, dass gerade diejenigen Websites mit geringem Mehrwert für die Nutzer und mit einer Vielzahl an Links, die nur aus Gründen der Suchmaschinenoptimierung gesetzt wurden, als Verlierer aus einem Update hervorgehen. Gute, benutzbare Websites, die Nutzern qualitative und einmalige Inhalte zur Verfügung stellen, werden mit besserer Positionierung belohnt. Darüber hinaus berücksichtigt Google die Benutzerfreundlichkeit einer Website auf Mobilgeräten und empfiehlt explizit den Einsatz des responsiven Designs. Auch schnelle Ladezeiten werden von Google gerne gesehen und sind bereits seit 2010 offizieller Faktor für eine gute Platzierung in Suchergebnissen. Ein Übermaß an Werbung auf Websites – besonders wenn sie *above the fold* positioniert ist – wird eher negativ von Google bewertet.

Sie sollten also darauf achten, dass Sie mit häufig nachgefragten Keywords innerhalb Ihrer Navigation, Ihrer Überschriften und Ihrer Texte arbeiten. So erfüllen Sie auch die Erwartungen der Besucher. Einem Nutzer sollte schnellstmöglich klar werden, was er auf dieser Seite tun kann und wo er für seine Bedürfnisse relevante Inhalte findet. Auch Bezeichnungen von Links sollten so eindeutig wie möglich gewählt werden. Versuchen Sie, auch wenn der vorgesehene Platz begrenzt ist, entsprechende Bezeichnungen zu verwenden und nicht auf Synonyme auszuweichen. Im weiterführenden Text sollten Sie dann aber auch Synonyme verwenden, damit Sie es mit der Keyword-Platzierung nicht übertreiben.

Themen und Produkte, die durchgehend relevant sind, sollten auch entsprechend fest in der Navigation enthalten sein. Verstecken Sie wichtige Themen nicht in untergeordneten Bereichen Ihrer Navigation. Sie sind sowohl für Ihre Benutzer als auch für Suchmaschinen schwerer zu finden. In solchen Fällen bieten Dropdown- oder Mega-Dropdown-Menüs (siehe den Unterabschnitt »Auswahlmenüs, Dropdown-Menüs und Rollover-Menüs« in Abschnitt 7.7.2) eine gute Möglichkeit oder aber die Anzeige der frequentiertesten Bereiche, z. B. der meistgelesenen Artikel. Darüber hinaus kann es aber auch sinnvoll sein, vorübergehende Themen für kurze Zeit in die Navigation aufzunehmen. Gerade bei Events ist für den Zeitraum mit einem erhöhten Suchvolumen zu rechnen. Sie sollten dann aber auch entsprechende Inhalte bieten, um Benutzer nicht zu verärgern. Das Tool *Google Trends* (*google.de/trends*) bietet eine Möglichkeit, die Nachfrage zu zeitlicher Relevanz anzeigen zu lassen. Sie sollten schon bei der Entwicklung Ihrer Website darauf achten, dass Sie temporäre Navigationspunkte integrieren und auch Erweiterungen Ihres Angebots vornehmen können.

Abschließend werden wir Ihnen noch drei beispielhafte Überschneidungspunkte von Design und SEO darstellen:

▶ Mit gutem Design können Sie Ihre Besucher (emotional) ansprechen. Gute Inhalte und gutes Design führen zu erhöhter Aufmerksamkeit, das Scrollen und das Browsen nehmen zu, und Besucher bleiben länger auf Ihrer Seite. Auch die Bereitschaft, die Seite weiterzuempfehlen, steigt. Aus Suchmaschinensicht profitieren Sie, da die Benutzer dann eher bereit sind, Ihre Website zu verlinken, teilzunehmen, Lesezeichen zu setzen usw.

▶ Wenn Sie ausgezeichnete Grafiken erstellen und auf Ihrer Website integrieren, können Sie sie sehr gut als Linkbait verwenden.

▶ Sollte Ihre Website ein Forum oder eine Community sein, kann gutes Design anregen, an ihr teilzunehmen. Sie sollten Ihre Mitglieder mit Elementen versorgen, die sie auf ihrer Website integrieren können, um auf Ihre eigene Website hinzuweisen.

7.17 Usability-Gebote

Wir haben Ihnen zum Ende dieses Kapitels einige wichtige Usability-Gebote zusammengestellt. Diese erheben weder den Anspruch auf Vollständigkeit, noch sind sie Pauschalaussagen. Es ist jeweils individuell zu entscheiden, ob diese Gebote für Ihre Website sinnvoll sind. Sie geben aber zumindest eine Richtung vor und bieten Denkanstöße. Prüfen Sie Ihre Website, und merzen Sie schwerwiegende Usability-Fehler aus.

▶ **Gebot 1: Du sollst alle Benutzer bedienen**
Die Benutzer Ihrer Website können gänzlich unterschiedlich sein, diverse technische Voraussetzungen haben, körperlich eingeschränkt sein, unterschiedliche Erfahrungen mitbringen oder sich in besonderen Situationen befinden. Berücksichtigen Sie eine barrierefreie Gestaltung Ihrer Website (siehe Abschnitt 7.2, »Abgrenzung Barrierefreiheit (Accessibility)«), und machen Sie Ihre Inhalte einer möglichst breiten Besuchergruppe zugänglich. Vergessen Sie hierbei auch nicht diejenigen Nutzer, die über Mobilgeräte Ihre Website besuchen, und verschaffen Sie auch Ihren mobilen Benutzern ein positives Weberlebnis. Sorgen Sie dafür, dass sich Ihre Website an die Bildschirmgröße Ihrer Nutzer anpasst, und setzen Sie auf responsives Webdesign.

▶ **Gebot 2: Du sollst eine einfache Orientierung ermöglichen**

Bieten Sie Ihren Benutzern eine logische Seitenstruktur, innerhalb derer sie sich orientieren können und wichtige Keywords wiederfinden. Achten Sie darauf, dass insbesondere die Navigation nicht von anderen Elementen überlagert wird und somit nicht verwendet werden kann. Verwenden Sie Ihre Struktur einheitlich, damit Benutzer auch auf Unterseiten wissen, dass sie noch auf Ihrer Website surfen. Die Benutzer müssen den Kern der Website schnell erfassen können. Ihnen muss klar werden, was sie auf der Seite tun können und wie sie zu weiteren Informationen gelangen. Prüfen Sie auch die Navigation für mobile Endgeräte in dieser Hinsicht. Gerade bei komplexen Websites sollten Sie eine leicht ersichtliche Suchfunktion anbieten, die brauchbare Suchergebnisse liefert. Verstecken Sie keine Inhalte durch leicht übersehbare Links. Links sollten klar als solche erkennbar sein. Arbeiten Sie mit sprechenden Linktexten, und prüfen Sie Ihre verwendeten Links, damit sie nicht ins Leere führen. Den Nutzern sollte jederzeit bewusst sein, wo sie sich befinden. Zeigen Sie ihnen die aktive Seite unterschiedlich zu den inaktiven Seiten an. Breadcrumbs (siehe Abschnitt 7.7.1, »Navigationsarten«) können insbesondere bei umfangreichen Websites ebenfalls als Orientierungshilfe dienen. Verlinken Sie Ihr Logo, denn viele Benutzer haben inzwischen gelernt, dass sie darüber zur Startseite gelangen. Halten Sie sich möglichst an erlernte Konventionen.

▶ **Gebot 3: Du sollst den Benutzern Inhalte optimal präsentieren**

Stellen Sie Ihren USP (*Unique Selling Proposition*, Alleinstellungsmerkmal) in den Vordergrund, und heben Sie die Vorteile Ihres Angebots hervor. Fassen Sie sich dabei so präzise und knapp wie möglich, und vermeiden Sie Smalltalk und überflüssige Umschreibungen. Halten Sie Ihre Inhalte aktuell und kompakt. Strukturieren Sie Ihren Content, um ein einfaches Scannen der Seiten zu ermöglichen, und unterstützen Sie Ihre Aussagen durch eine einheitliche Bildsprache, die Ihren Markenkern beschreibt. Überprüfen Sie die Darstellung Ihrer Inhalte in gängigen Browsern und Bildschirmgrößen, und machen Sie eine Qualitätssicherung. Benutzer sind schnell verärgert, wenn Inhalte nur mit bestimmten Programmen zugänglich sind oder wenn von ihnen zu viele Informationen abgefragt werden, bevor sie etwas tun können.

▶ **Gebot 4: Du sollst eine angenehme Atmosphäre schaffen**

Visuelles Rauschen und Reizüberflutung sind zu vermeiden. Legen Sie hingegen Wert auf eine angenehme, unaufdringliche Atmosphäre. Farben sollten dezent und einheitlich verwendet werden. Berücksichtigen Sie bei der Gestaltung Ihrer Website bekannte Wahrnehmungsgesetze (siehe Abschnitt 7.14.1, »Die Wahrnehmungsgesetze«). Achten Sie auf ausreichend Whitespace und Simplicity.

▶ **Gebot 5: Du sollst den Benutzer nicht stören oder irritieren**

Vermeiden Sie Pop-up- oder ähnliche, sich bewegende Elemente, die das Browsen

Ihrer Benutzer unterbrechen und erheblich stören. Besucher sind verärgert über Kontrollverluste, die entstehen, wenn sie Inhalte angezeigt bekommen, die sie nicht aufgerufen haben. Multimediale Inhalte sollten vom Benutzer selbst gesteuert werden können. Benutzer verbinden mit Pop-ups größtenteils Werbung und schließen sie schnellstmöglich. Zudem erweitern viele Benutzer ihre Browser um Pop-up-Blocker, so dass Inhalte nicht angezeigt werden. Vermeiden Sie bestmöglich jegliche irritierenden Elemente, die vom eigentlichen Inhalt ablenken. Das können bestimmte Farbkombinationen sein, die ein Flimmern hervorrufen, aber auch Elemente, die ihre Position verändern oder gänzlich verschwinden.

▶ Gebot 6: Du sollst Benutzer nicht warten lassen

Überprüfen Sie die technischen Aspekte, und vermeiden Sie lange Ladezeiten, die beispielsweise durch die Verwendung von großen Bilddateien hervorgerufen werden können. Bei Downloads und multimedialen Inhalten sollten Sie daher die Dateigröße und Abspiellänge angeben und Benutzer über Warte- bzw. Ladezeiten informieren. Sorgen Sie auch dann für akzeptable Ladezeiten, wenn Ihre Nutzer ihr Smartphone oder Tablet benutzen.

▶ Gebot 7: Du sollst deine Benutzer nicht aufdringlich ausfragen

Verlangen Sie Ihren Besuchern nur die Informationen ab, die Sie unbedingt benötigen. Formulare sollten so knapp wie möglich gehalten und gut strukturiert sein. Achten Sie auf eine präzise Bezeichnung und eine ausreichende Größe der Eingabefelder. Das Ausfüllen von Formularen sollte vollständig per Tastatur möglich sein, das heißt, Benutzer sollten ⇆-Tasten zum Springen in das nächste Eingabefeld verwenden können und auch die ↵-Taste zum Abschicken des Formulars. Geben Sie bei mehrseitigen Formularen auch die noch folgenden Schritte an (Details zu Formularen finden Sie in Abschnitt 7.10, »Formulare«).

▶ Gebot 8: Du sollst mit dem Benutzer kommunizieren

Geben Sie Ihren Benutzern Rückmeldungen, wenn sie mit der Website interagieren. Zeigen Sie an, was als Nächstes passieren wird, und schaffen Sie möglichst positive Nutzererlebnisse. Zeigen Sie Fehlermeldungen bei falschen Eingaben an, die Hilfestellungen und Lösungsmöglichkeiten bieten.

▶ Gebot 9: Du sollst Vertrauen schaffen

Zeigen Sie sich hilfsbereit. Benutzer sollten jederzeit eine einfache Möglichkeit haben, mit Ihnen Kontakt aufzunehmen. Dies gilt insbesondere bei Online-Shops. Treten Sie als Website-Betreiber nicht anonym auf, sondern schaffen Sie größtmögliche Transparenz.

▶ Gebot 10: Du sollst deine Benutzer wieder bedienen

Einige Funktionen erleichtern es den Benutzern, Ihre Seite erneut aufzurufen. So können Sie Bookmarking-Möglichkeiten integrieren, Newsletter und RSS-Feeds anbieten. Halten Sie Ihre Benutzer auf dem Laufenden. Auch die Möglichkeit zur Weiterempfehlung per E-Mail oder in sozialen Netzwerken sei hier erwähnt.

7.18   Usability to go

▶ Mit dem Begriff *Usability* ist so viel wie Bedienbarkeit und Benutzerfreundlichkeit gemeint. Bezieht sie sich auf Websites, spricht man daher von *Web Usability*. *User Experience* ist nicht mit Usability gleichzusetzen, denn sie bezeichnet das Nutzererlebnis.

▶ Usability trägt zum Website-Erfolg bei, denn wenn Websites nicht oder nur schwer nutzbar sind, reagieren die Besucher oftmals mit dem Verlassen einer Website.

▶ Accessibility (Barrierefreiheit) zielt darauf ab, dass Websites auch für Menschen mit (körperlichen) Einschränkungen nutzbar und zugänglich sind.

▶ Nutzer haben mit dem Surfen im Netz einige Dinge gelernt – diese sind zu Konventionen geworden, die auch von den Surfern erwartet werden. So gehen viele Benutzer davon aus, dass ein Logo in der oberen linken Ecke einer Webseite zu finden ist. Eine Missachtung von Konventionen kann zu Verwirrung führen.

▶ Die Strukturierung einer Website und die leichte Orientierung spielen eine große Rolle innerhalb der Web Usability. Der Nutzer sollte immer wissen, wo er sich gerade befindet und wie er zu gewünschten Informationen navigieren kann.

▶ Texte sollten für die Nutzer aufbereitet werden, damit sie schnell die gewünschten Informationen erhalten. So sollten Sie mit Überschriften, Zwischenüberschriften, Absätzen, Auflistungen und Farb- oder Fett-Markierungen arbeiten. Viele Besucher überfliegen eine Website nur und lesen nicht die Einzelheiten. Berücksichtigen Sie bei der entsprechenden Content-Aufbereitung diverse Endgeräte und Displaygrößen.

▶ Buttons und Links sollten als solche erkennbar dargestellt werden und eine klare Handlungsaufforderung enthalten.

▶ Gute Formulare sind möglichst kurz gehalten und fragen nur die Informationen ab, die tatsächlich erforderlich sind.

▶ Bilder sollten mit Bedacht ausgewählt werden, da sie häufig große Aufmerksamkeit auf sich ziehen.

▶ Von großer Bedeutung ist eine schnelle Ladezeit, denn Besucher sind ungeduldig. Legen Sie hier also ein besonderes Augenmerk auf die Geschwindigkeit Ihrer Site.

▶ Berücksichtigen Sie verschiedene Gestaltungsgesetze, wählen Sie passende Farben und Schriften, und bedenken Sie Whitespace (freie Flächen), so dass Sie eine stimmige Website zur Verfügung stellen.

▶ Immer häufiger benutzen Menschen Mobilgeräte wie ihr Smartphone oder ihr Tablet, um im Internet zu surfen. Bieten Sie auch diesen Besuchern einen benutzerfreundlichen Zugang zu Ihrer Website, und passen Sie deren Darstellung an die Bildschirmgröße Ihrer Nutzer an.

7.19   Checkliste Usability

Halten Sie die im Web üblichen Konventionen ein?	
Gelangt der Besucher mit einem Klick auf Ihr Logo auf die Startseite?	
Bieten Sie eine übersichtliche Navigation, die Besuchern eine einfache Orientierung ermöglicht?	
Liefert Ihre Suche (sofern Sie eine Suchfunktion anbieten) nützliche Such- ergebnisse? Fehlermeldungen sollten im Allgemeinen den Fehler konkret beschreiben und eine wirkliche Hilfestellung bieten.	
Bieten Sie dem Besucher Rückmeldungen, das heißt, weiß er immer, was als Nächstes passieren wird?	
Sind Links und Buttons als solche erkennbar?	
Ist Ihre Website auch für Menschen optimal bedienbar, die mit ihrem Smartphone oder ihrem Tablet im Internet surfen?	
Setzen Sie multimediale Inhalte mit Bedacht ein, und vermeiden Sie weitestgehend Ton?	
Sind Ihre Texte für die Besucher entsprechend aufbereitet, das heißt, haben Sie eine angenehme Textstruktur mit Zwischenüberschriften, Absätzen und Hervorhebungen geschaffen, und verwenden Sie eine angemessene Textlänge?	
Wurden Ihre Texte auf korrekte Rechtschreibung überprüft?	
Nennen Sie Dinge beim Namen, und vermeiden Sie exotische Wortkreationen?	
Verwenden Sie Bezeichnungen einheitlich?	
Haben Sie grundlegende Gestaltungsgesetze berücksichtigt?	
Haben Sie angemessene Schriftgrößen und Kontraste gewählt?	
Sind Ihre Formulare kurz und knapp, und fragen Sie nur die nötigsten Infor- mationen ab?	
Können Nutzer auf einfachem Wege Ihre Kontaktdaten einsehen?	
Ist Ihre 404-Fehlerseite so aufbereitet, dass sie Nutzern Hilfestellungen gibt?	

Tabelle 7.1 Checkliste zur Usability

Haben Sie Ihre Website in verschiedenen gängigen Browsern überprüft?	
Enthält Ihr Impressum alle notwendigen Angaben?	
Ist Ihre Website auch für Menschen nutzbar, die in einer bestimmten Weise eingeschränkt sind?	

Tabelle 7.1 Checkliste zur Usability (Forts.)

Kapitel 8

Conversion-Rate-Optimierung (CRO)

»Ich will niemanden verführen, ich will überzeugen.«
– Edith Cresson, französische Politikerin

In diesem Kapitel lernen Sie die Bedeutung und Relevanz von Begriffen wie Conversion, Conversion-Rate und Conversion-Rate-Optimierung kennen. Sie erfahren, was eine Landing Page ist, lernen wichtige Elemente dieser Zielseiten kennen, wissen um die Wichtigkeit von Vertrauens- und Überzeugungsarbeit im Internet und erfahren, was sich hinter dem Begriff Neuromarketing verbirgt. Ein Kurzüberblick und eine Checkliste am Ende des Kapitels helfen beim Memorieren.

Der Atem ist ruhig, der Blick fokussiert, der Bogen gespannt. Sportler beim Bogenschießen sind Konzentrationskünstler und haben genau ein Ziel vor Augen: Sie möchten wortwörtlich ins Schwarze treffen. Alle Ablenkung muss ausgeblendet werden. Das Einzige, was zählt, ist der Pfeil in der Mitte der Zielscheibe. Dieser Vergleich passt gut zu unserer Thematik. Sie als Website-Betreiber sind der Bogenschütze, die Besucher Ihrer Website entsprechen dem Pfeil, und das Ziel, das Sie mit Ihrer Website erreichen möchten, ist der Mittelpunkt der Zielscheibe, das Bull's Eye – ein Volltreffer. Genau darum geht es in diesem Kapitel: Wie schaffen Sie es, den Besucherstrom auf Ihrer Website so zu leiten, dass die Benutzer Ihr Website-Ziel erreichen? Die Antworten sind natürlich abhängig von den anvisierten Zielen und den verschiedenen Websites. Darum muss immer individuell betrachtet werden, welche Optimierungsmaßnahme im Einzelfall sinnvoll erscheint. Wir werden Ihnen im Folgenden einige Maßnahmen vorstellen, die Sie auf jeden Fall in Betracht ziehen und überdenken sollten.

Wie die Sportler sich aufwärmen, so werden wir uns zum Aufwärmen zunächst die Begrifflichkeiten genauer ansehen und uns mit einem leichten Stretching dem Conversion-Optimierungsprozess widmen. Bei richtiger Pulsfrequenz schauen wir uns die Elemente einer Landing Page und den Entscheidungsprozess der Zielgruppe detaillierter an. Danach wenden wir uns der Disziplin der Landing-Page-Optimierung zu. Krempeln Sie also die Ärmel hoch, es wird möglicherweise schweißtreibend.

8.1 Begrifflichkeiten

Gerade im Online-Marketing wird eine Vielzahl von zumeist englischen Fachbegriffen verwendet. Einige leuchten sofort ein, bei anderen kann der Eindruck von »Fachchinesisch« entstehen. Damit keine Missverständnisse auftreten, möchten wir uns zunächst einige Begrifflichkeiten näher anschauen, bevor wir uns dann – Achtung, Fachbegriff! – der *Conversion Rate Optimization (CRO)* widmen.

Conversion

Dieser Begriff tauchte bereits in einigen vorherigen Kapiteln auf, soll aber hier noch einmal genauer beleuchtet werden: Eine *Conversion* bezeichnet eine gewünschte, messbare Handlung, die von einem Benutzer durchgeführt wird. Angenommen, Sie möchten mit Ihrer Website erreichen, dass sich viele Besucher für Ihren Newsletter anmelden. Jeder Besucher, der sich nun in das Newsletter-Formular einträgt und dieses abschickt, tätigt eine Conversion bzw. konvertiert. Seine Wurzeln hat das Wort Conversion im Lateinischen. Es kommt von *convertere*, was *wenden* bedeutet. In der Religion wird das Wort Konversion ebenfalls verwendet und bezeichnet dort den Übertritt zu einer anderen Konfession. Übertragen auf das Web, kann man von einem Übertritt eines Interessenten in die Gruppe der Käufer sprechen, sofern es sich um einen Online-Shop handelt. Es gilt also, aus Besuchern Käufer zu machen.

Eine Conversion kann ganz unterschiedlicher Natur sein und wird von Ihnen als Website-Betreiber bestimmt. Sie hängt davon ab, was das Ziel Ihrer Website ist. Verkaufen Sie beispielsweise über Ihren Internetauftritt Wein, dann kann eine Conversion auch darin bestehen, dass ein interessierter Besucher Ihrer Website eine Bestellung abgibt. Sind Sie beispielsweise Betreiber einer Community, kann eine Conversion gänzlich anders aussehen und beispielsweise die Anmeldung zur Gemeinschaft sein. Auch Klicks auf Werbemittel können als Conversion angesehen werden.

Conversion-Rate (CR)

Die *Conversion-Rate* (zu Deutsch: *Konversionsrate*) bezeichnet das Verhältnis von Besuchern auf Ihrer Website zu den Besuchern, die eine gewünschte Handlung ausführen, also eine Conversion tätigen. Ziehen wir nochmals das Beispiel von einem Produktverkauf heran, dann ist die Conversion-Rate das Verhältnis zwischen den Käufern auf Ihrer Website zu allen Besuchern auf Ihrer Website. Die Formel sieht also wie folgt aus:

Conversion-Rate = Käufer ÷ Besucher

Abbildung 8.1 veranschaulicht diese Begrifflichkeiten.

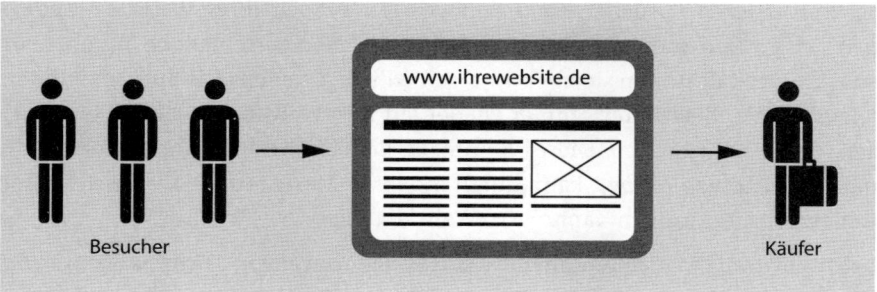

Abbildung 8.1 Conversion-Rate im Online-Shop: Besucher werden Käufer

Die Bestimmung der Conversion-Rate ist wichtig, um die Wirksamkeit von Werbemaßnahmen beurteilen zu können. Ob eine Conversion-Rate gut oder schlecht ist, hängt letztendlich damit zusammen, ob Sie als Website-Betreiber Ihre Ziele erreichen und wirtschaftlich profitabel agieren.

Länder-, geräte- und branchenspezifische Unterschiede

Während hierzulande Konversionsraten oftmals bis zu einer Größenordnung von 10 % verzeichnet werden, können sich einige Unternehmen in Amerika bereits über höhere zweistellige Konversionsraten freuen. Zu berücksichtigen sind hier aber beispielsweise kulturelle Unterschiede, wie z. B. die Nutzung von Kreditkarten, die in den USA weitaus mehr verbreitet sind. Auch in Deutschland sind durchaus hohe Konversionsraten möglich. Daneben unterscheiden sich die Konversionsraten auch je nach Gerät, mit dem eine Website besucht wird. Desktop- und Tablet-Anwender konvertieren häufig ähnlich stark, Benutzer von Smartphones haben meist eine schlechtere Konversionsrate. Auch gibt es durchaus branchenspezifische Unterschiede. So verfügen beispielsweise Online-Shops, die Blumen verkaufen, nicht selten über eine sehr gute Konversionsrate.

Abhängig von der Branche, in der Sie tätig sind, und auch von der Art Ihres Website-Ziels bzw. Ihrer Conversion, können die Raten gänzlich unterschiedlich sein. So ist beispielsweise für die Anmeldung zu einem kostenlosen Newsletter eine höhere Conversion-Rate zu erwarten als für den Kauf eines Produkts im hohen Preissegment, da ein Nutzer hier eine weitaus höhere Hürde überwinden muss.

Der Conversion-Trichter (Conversion Funnel)

So wie sich die Art der Conversion unterscheiden kann, so kann auch der Weg, den ein Website-Besucher durch Ihre Website nimmt, um eine Conversion zu erreichen, unterschiedlicher Natur sein (dieser Weg ist auch unter dem Namen *Conversion-Pfad* bekannt). Dies hängt damit zusammen, dass die Besucher unterschiedliche Interessen verfolgen und diverses Grundwissen bei dem Besuch Ihrer Website mitbringen.

Häufig konvertieren Besucher nicht beim ersten Besuch Ihrer Website, sondern schauen sich erst auf anderen Seiten um und vergleichen verschiedene Angebote im Internet. Im Idealfall stoßen sie über unterschiedliche Quellen (z. B. Suchmaschinen, Vergleichsportale, Newsletter) immer wieder auf Ihre Website, bis sie, oft erst nach Wochen, einen Kauf tätigen. Dieses komplexe Benutzerverhalten im Internet, die sogenannte *Customer Journey*, kann durch moderne Messmethoden erfasst werden (mehr hierzu erfahren Sie in Kapitel 10, »Web-Analytics«).

Für Website-Betreiber ist außerdem die Analyse des *Conversion-Trichters* (*Conversion Funnel*) besonders interessant. In Abbildung 8.2 sehen Sie einen exemplarischen Conversion-Trichter, der den Weg von einer sogenannten *Landing Page* (siehe 8.4) bis zur Conversion beschreibt. Wie für einen Trichter üblich, wird er in vertikaler Richtung immer schmaler, denn auf dem Weg zu einer Conversion verringert sich üblicherweise die Anzahl der Besucher. Wie Sie es schaffen, dass viele Besucher konvertieren, werden wir Ihnen auf den nächsten Seiten beschreiben.

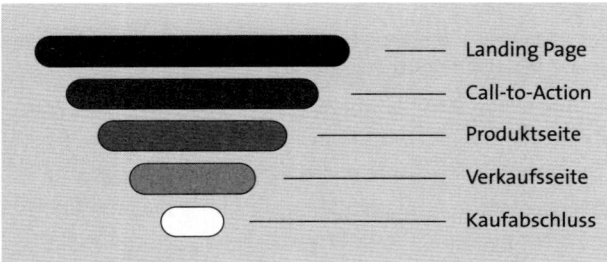

Abbildung 8.2 Exemplarischer Conversion-Trichter (Conversion Funnel)

In diesem beispielhaften Conversion-Trichter gelangen die Besucher zunächst auf eine Landing Page. Die interessierten Besucher folgen der Handlungsaufforderung dieser Seite (dem *Call to Action*) und erreichen somit eine Produktseite. Alle anderen Besucher, deren Interesse nicht angesprochen wurde, verlassen die Landing Page wieder. Die Besucher, die nach einem derartigen Produkt gesucht haben und dieses kaufen möchten, gelangen daraufhin auf die Verkaufsseite. Einige von diesen Besuchern sind von Ihrem Angebot überzeugt und tätigen dort eine Conversion, z. B. einen Kauf.

Als Website-Betreiber können Sie sich also das Ziel setzen, jeden einzelnen dieser Schritte zu optimieren, das heißt die Conversion-Rate von einer Seite zur nächsten jeweils zu erhöhen.

Von der Micro-Conversion zur Macro-Conversion

Wenn Sie sich intensiver mit Conversion-Rate-Optimierung beschäftigen, werden Sie immer wieder auf die Begriffe *Micro-Conversion* und *Macro-Conversion* stoßen. Was ist damit gemeint?

Betreiber eines Online-Shops möchten mit ihrer Website in erster Linie Produkte verkaufen. Die wichtigste Conversion in einem Online-Shop ist also eine Bestellung. Dieses Hauptziel einer Website nennt man Macro-Conversion.

Für Seitenbetreiber kann es aber durchaus wichtig sein, auch vorgängige Aktivitäten ihrer Besucher als Conversion zu definieren. Nehmen wir an, ein Online-Shop hat eine Conversion-Rate von 10 %, das heißt, jeder zehnte Besucher kauft etwas. Gleichzeitig nehmen wir an, dass nur 12 % aller Besucher ein Produkt in den Warenkorb legen. Mit anderen Worten: Entscheidet sich ein Benutzer, ein Produkt in den Warenkorb zu legen, wird er mit großer Wahrscheinlichkeit auch zum Käufer. Die Bemühungen im Bereich Conversion-Rate-Optimierung sollten sich in diesem Fall also auf ein Zwischenziel fokussieren – das Hinzufügen eines Artikels zum Warenkorb. Dieses Zwischenziel nennt man auch Micro-Conversion.

Conversion Rate Optimization (CRO)

»Schon wieder ein Fremdwort!«, werden Sie jetzt vielleicht denken. Aber dieses sollten Sie sich besonders gut merken, denn es hat sich in letzter Zeit zunehmend in den Köpfen von Unternehmern und Website-Betreibern festgesetzt. Die Rede ist von der *Conversion-Rate-Optimierung*. Was das ist?

Die Conversion-Rate-Optimierung (Optimierung der Konversionsrate) befasst sich mit sämtlichen Maßnahmen, die die Conversion-Rate einer Website steigern. Wenn Sie sich die Formel der Conversion-Rate noch einmal ins Gedächtnis rufen, bedeutet das im Klartext, mehr Besucher zu konvertieren, sprich in vielen Fällen: aus Besuchern mehr Käufer zu machen. So zielen Maßnahmen darauf ab, die Abbruchrate im Kaufprozess (sofern die definierte Conversion ein Kauf ist) zu verringern. Anders ausgedrückt: Die Conversion-Rate-Optimierung befasst sich mit Maßnahmen, die bei gleichbleibendem Besucheraufkommen (Traffic) die Conversions steigern. In Abbildung 8.3 wird dieser Begriff nochmals auf einen Blick ersichtlich.

Die Conversion-Rate-Optimierung gewinnt zunehmend an Bedeutung, und viele Unternehmen erkennen das wirtschaftliche Potenzial, das in ihr steckt. CRO-Experte Tim Ash meinte dazu bereits im Jahr 2010 im Online-Magazin *Suchradar*: »I would not be surprised to see a ›Director of Landing Page Optimization‹, ›Chief Conversion Officer‹ or similar roles emerge within companies or interactive agencies.«

Die damalige Prophezeiung ist heute in vielen Unternehmen Realität. Vor allem Online-Shops, aber auch andere Angebotsportale beschäftigen inzwischen spezialisierte CRO-Experten oder sogar ganze Abteilungen. Erfolgreich sind also nicht die Websites und Unternehmen, deren Optimierungsstrategie rein auf eine Traffic-Steigerung abzielt, sondern vielmehr diejenigen, die auch an ihrer Conversion-Rate arbeiten. Hat diese eine akzeptable Rate erreicht, kann durch gezielte Maßnahmen der Besucherstrom einer Website erhöht werden.

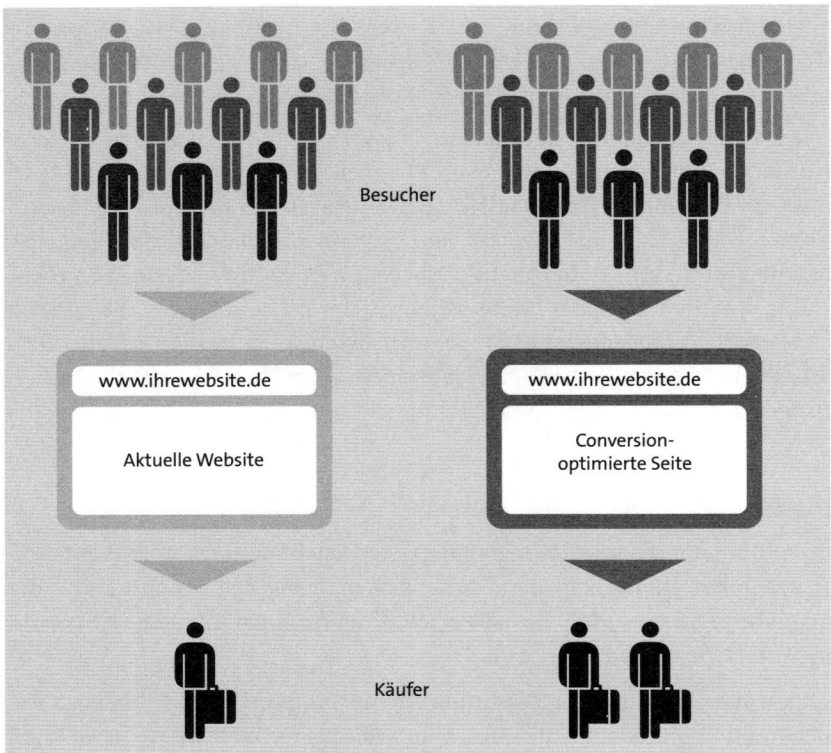

Besucher

www.ihrewebsite.de

Aktuelle Website

www.ihrewebsite.de

Conversion-
optimierte Seite

Käufer

Abbildung 8.3 Conversion-Rate-Optimierung (CRO)

Mobile Optimization

Viele Nutzer verwenden mobile Endgeräte, um im Internet zu surfen und beispielsweise nach Produkten und Dienstleistungen zu suchen – Tendenz steigend. Als Website-Betreiber sollten Sie, falls noch nicht geschehen, unbedingt darauf reagieren und
Ihr Angebot auch für Tablets, Smartphones und Co. optimieren. Wenn Sie darauf
abzielen, Ihre mobilen Angebote hinsichtlich der Conversions zu optimieren, spricht
man dementsprechend von *Mobile Optimization*. Innerhalb der CRO sollte die mobile
Optimierung immer inbegriffen sein.

Google Academy for Ads

Dass sich auch der Suchmaschinengigant Google mit Themen wie der Conversion-
Optimierung befasst, beweist sein Prüfungs- und Zertifizierungsprogramm *Academy
for Ads* (*https://academy.exceedlms.com*). Hier werden zahlreiche Online-Kurse angeboten, die unter anderem das Thema Optimierung umfassen. Nach erfolgreich
abgelegter Prüfung können diverse Zertifikate erworben und veröffentlicht werden.
Auf diese Weise bekommen Unternehmen eine Hilfestellung bei der Suche nach
einem passenden Partner.

Im Zusammenhang mit der CRO sind verschiedene Themenbereiche involviert, denn es gilt herauszufinden, was den Besucher davon abhält, ein Produkt zu kaufen bzw. eine Conversion durchzuführen. Experten gehen davon aus, dass etwa 97 % der Besucher einer Website den Internetauftritt wieder verlassen und keine Conversion tätigen – eine ernüchternde Zahl, die untermauert, wie viel Potenzial in der Conversion-Rate-Optimierung steckt. Hier geht es um eine übergeordnete Disziplin, die diverse Themenbereiche involviert. So kommen psychologische und technische Aspekte ins Spiel; die Usability (siehe Kapitel 7, »Usability – benutzerfreundliche Websites«) kann optimiert werden, ebenso wie die Funktionen einer Website oder beispielsweise die Ladegeschwindigkeit. Die Stellschrauben sind also sehr vielfältig.

Die CRO ist keine Aufgabe, die sich, einmal erledigt, für immer abhaken lässt. Stattdessen ist sie als Prozess zu verstehen, denn das Umfeld von Websites ist dynamisch, und äußere Umstände können sich jederzeit verändern.

8.2   Warum ist die Conversion-Rate so wichtig?

Schauen wir uns zur Beantwortung dieser Frage eine (fiktive) Beispielrechnung an. Angenommen, Sie messen auf Ihrer Website einen Besucherstrom von 10.000 Besuchern pro Monat. Aktuell verzeichnen Sie eine Conversion-Rate von 1 %, das bedeutet, dass 100 Besucher in Ihrem Online-Shop etwas kaufen. Nehmen wir an, dass Sie mit Ihrer Website das Ziel verfolgen, Bücher zu verkaufen, und dass der durchschnittliche Warenkorb etwa 25 € beträgt. Dann nehmen Sie durch diese 100 Käufer 2.500 € ein.

Stellen Sie sich nun vor, Sie können durch verschiedene Optimierungsmaßnahmen Ihre Conversion-Rate auf 1,5 % erhöhen, also einen Anstieg von 0,5 % erzielen – wir wollen nicht überheblich sein. Damit ergibt sich ein Einnahmenanstieg von 1.250 € durch die Conversion-Rate-Optimierung, wie Sie in Tabelle 8.1 sehen.

	Vorher	Nachher
Besucher	10.000	10.000
Conversion-Rate	1 %	1,5 %
Käufer	100	150
Ø Warenkorb	25 €	25 €
Einnahmen	2.500 €	3.750 €

Tabelle 8.1 Beispielrechnung für eine gesteigerte Conversion-Rate

An dieser sehr einfachen, aber deutlichen Beispielrechnung sehen Sie, dass schon eine leichte Steigerung der Conversion-Rate wesentlichen Einfluss auf die Umsatzgenerierung Ihrer Website hat. In der Realität müssten Sie noch berücksichtigen, dass Sie gewonnene Kunden auch halten und zum Wiederkauf bewegen können.

Tipp: Conversion-Rate-Rechner

Im Internet finden Sie verschiedene Conversion-Rate-Rechner, die Ihnen diese Leistungsveränderung veranschaulichen, so beispielsweise das Tool von Trakken unter *www.trakken.de/tools/conversion-rate/* (siehe Abbildung 8.4). Tragen Sie hier Ihre aktuelle und neue Conversion-Rate ein, geben Sie bestehende Besucheranzahl, Umsatz pro Conversion und Anzahl der Conversions an. Das Tool errechnet Ihnen anschließend den Einfluss auf Ihre Kennzahlen bei Veränderung der Conversion-Rate.

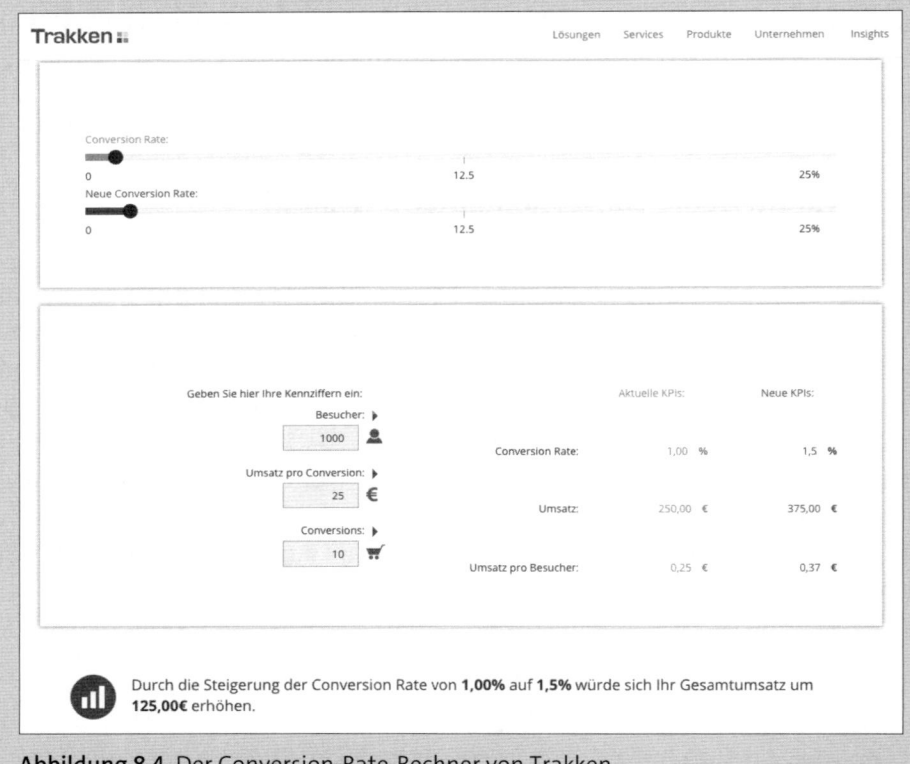

Abbildung 8.4 Der Conversion-Rate-Rechner von Trakken (www.trakken.de/tools/conversion-rate/)

»Ja«-Sager, »Nein«-Sager und »Vielleicht«-Sager

Geben Sie sich jedoch nicht der Illusion hin, dass eine Conversion-Rate von 100 % erreichbar wäre, dass also alle Besucher Ihrer Website genau die gewünschte Handlung ausführen würden. Die Besucher sind gänzlich unterschiedlich, und Sie werden es nicht jedem recht machen können. Für einige wird Ihr Produkt bzw. Angebot nicht infrage kommen (»Nein«-Sager), andere hingegen werden es beziehen (»Ja«-Sager).

Es gibt aber noch einen dritten Teil von Besuchern, die der Experte Tim Ash als »Maybes« bezeichnet, also die »Jein«-Sager. Sie kommen als Käufer infrage, sind aber noch nicht vollständig überzeugt. Und hier wird es interessant: Genau dieser Anteil an Interessenten ist die Stellschraube zu einer höheren Conversion-Rate.

In Anlehnung an die Darstellung in Tim Ashs Buch »Landing Page Optimization« sehen Sie in Abbildung 8.5 den Sachverhalt noch einmal verdeutlicht.

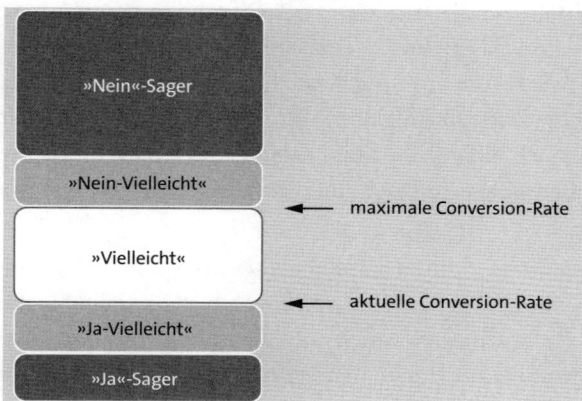

Abbildung 8.5 »Ja«-Sager, »Nein«-Sager und »Jein«-Sager nach Tim Ash

Das Ziel ist also die Überzeugung der Unentschlossenen, insbesondere der Gruppe »Ja/Vielleicht« und »Vielleicht«, um mit einer Website erfolgreich zu sein.

Wie Sie nun wissen, ist die Wichtigkeit der Conversion-Optimierung nicht zu unterschätzen, da sie direkten Einfluss auf den Umsatz hat. Fangen Sie daher noch heute an zu optimieren, und etablieren Sie den CRO-Prozess als festen Bestandteil in Ihren Unternehmensabläufen.

8.3   Der Prozess der Conversion-Rate-Optimierung

Sie kennen nun die genaue Bedeutung der Fachbegriffe, und Ihnen ist auch die Relevanz der Conversion-Rate und ihrer Optimierung bewusst. Da wird es Ihnen sicherlich einleuchten, dass CRO kein Parallelprojekt ist, das man mal »ebenso nebenbei« abwickeln kann. Die Conversion-Rate-Optimierung ist, ähnlich wie die Usability-Optimierung (siehe Kapitel 7, »Usability – benutzerfreundliche Websites«) und der Einsatz der Testverfahren (siehe Kapitel 9, »Testverfahren«), ein wiederkehrender Prozess, mit dem Sie eigentlich nie fertig sind. Das hört sich möglicherweise nach Sisyphusarbeit an, aber wenn Sie bedenken, welchen Einfluss die CRO auf Ihren (monetären) Erfolg haben kann, so sollte dieser Punkt doch motivieren. Darum sollten Sie auch nicht zu lange mit der CRO warten. Aber wie fangen Sie nun an, Ihre Website zu verbessern, um erfolgreicher zu sein?

Wir schauen uns zunächst den allgemeinen Conversion-Rate-Optimierungsprozess an. In vier Schritten können Sie Ihre Website systematisch verbessern. Grundsätzlich lässt sich diese Vorgehensweise natürlich auch auf die Optimierung Ihrer mobilen Angebote übertragen.

1. Schwachstellen aufdecken

Um etwas zu verbessern, sollte man zunächst relevante Sachverhalte kennen bzw. analysieren. Und das ist auch schon das richtige Stichwort: Der Conversion-Rate-Optimierung sollte in der Regel eine Website- und Besucheranalyse vorausgehen. Grundsätzlich ist es daher wichtig, dass Sie mit dem Besucherverhalten auf Ihrer Website vertraut sind. Sie sollten sich ein genaues Bild darüber verschaffen, wie die Conversions auf Ihrer Website entstehen, und sich über Ihre Zielgruppe so gut wie möglich im Klaren sein.

Versuchen Sie, Besucher zu segmentieren, die sich ähnlich verhalten, analysieren Sie die häufigsten Einstiegsseiten, und schauen Sie sich an, über welche Kanäle Sie die meisten Conversions erzielen. Überprüfen Sie auch die Webseiten, die eine vergleichsweise hohe Absprungrate aufweisen. Versuchen Sie, möglichst viele Fragen zu klären: Was reizt die Besucher womöglich an Ihrem Angebot, womit haben sie jedoch offensichtlich Schwierigkeiten, welche Fragen haben die Interessenten, wie seriös und glaubwürdig wirkt Ihr Angebot, und was ist Ihr bester Vertriebskanal?

Eine Kernfrage aber lautet: Was hält Interessenten von einer Kaufentscheidung ab? Hand aufs Herz: Wie oft haben Sie sich schon mit Ihren Kunden und Interessenten unterhalten? Fragebogen zur Kundenmeinung sind nur eine Möglichkeit, die hier Abhilfe schaffen kann. Mithilfe von Webanalysetools (siehe dazu auch Kapitel 10, »Web-Analytics«) können Sie das Verhalten von Benutzern auf Ihrer Website analysieren und auswerten. Schauen Sie sich Ihren Conversion-Trichter an, und analysieren Sie die Pfade Ihrer Website-Besucher. Wo springen die Besucher ab, und was sind kritische Stellen in Ihrem Conversion-Pfad? Zudem können Heatmaps und Clickmaps verschiedener Webseiten Optimierungspotenziale ans Tageslicht bringen. Die Schwierigkeit wird nicht darin bestehen, die Daten zusammenzutragen, sondern vielmehr darin, die Bedeutung der Daten und deren Zusammenhänge zu erkennen.

Angenommen, Sie betreiben einen Online-Shop und stellen in Ihrer Analysephase fest, dass kaum ein Besucher auf Ihren »Jetzt kaufen«-Button klickt. Der erste Schritt ist getan, Sie haben eine Schwachstelle aufgedeckt.

2. Gegenmaßnahmen überlegen

Doch das Erkennen von Schwachstellen ist noch nicht des Pudels Kern. Die Herausforderung liegt nun darin, eine Vermutung aufzustellen, warum Nutzer nicht bzw. nur wenig auf diesen Button klicken. Es könnte sein, dass der Button zu klein ist, die

Farbe wenig auffällig, der Button nicht im sichtbaren Bereich der Seite positioniert ist, sondern *below the fold*, dass die Bezeichnung »Jetzt kaufen« nicht ansprechend genug ist und vieles mehr. Sie merken schon, es gibt vielfältige Möglichkeiten, und wir sprechen hier auch von Vermutungen, solange diese Hypothesen noch nicht mit messbaren Zahlen belegt werden können. Berücksichtigen Sie den Markt, in dem Sie agieren, und schauen Sie sich zudem Ihre Mitbewerber an. Lassen Sie Bedürfnisse aus anderen Perspektiven in Ihre Überlegungen einfließen. Auch Usability-Tests, in denen Probanden ihre Schwierigkeiten mit einer Testaufgabe beschreiben, können hier hilfreich sein. Nun besteht die Schwierigkeit darin, die Vermutung herauszugreifen, die Ihnen am wahrscheinlichsten erscheint. Beispielsweise gehen Sie davon aus, dass die Positionierung des Buttons nicht optimal ist. Auf Grundlage dieser Annahme sollten Sie sich eine Optimierungsmaßnahme überlegen, die eine Steigerung von angenommenen x % hervorruft. In diesem Fall möchten Sie den schlecht sichtbaren Button beispielsweise *above the fold*, also im sichtbaren Webseitenbereich, platzieren.

3. An die Arbeit

Daraufhin folgt die Umsetzung der Optimierungsmaßnahme. Legen Sie dabei fest, was wie und wo verändert werden sollte. Berücksichtigen Sie dabei auch Auswirkungen auf andere Elemente und Webseiten.

4. Überprüfen

Es gilt nun, die Frage zu beantworten, ob Ihre Vermutung aus Phase 2 gerechtfertigt war und die Optimierungsmaßnahmen erfolgreich sind. Daher ist es sinnvoll, schon vor der Umsetzung bzw. währenddessen (in Form von A/B-Tests und multivariaten Tests) die Maßnahmen zu evaluieren. (Weitere Informationen zu Testverfahren finden Sie in Kapitel 9, »Testverfahren«).

Fazit

Zusammenfassend und sehr plakativ ausgedrückt, lässt sich also der Prozess folgendermaßen festhalten:

Was ist nicht gut? → Warum ist es nicht gut (Hypothese), und was kann ich dagegen tun? → Etwas dagegen tun → Hat es geholfen?

Abbildung 8.6 zeigt den Prozess der Conversion-Rate-Optimierung auf einen Blick. Sie sehen hier auch, dass Conversion-Rate-Optimierung ein kontinuierlicher Prozess ist. Nach der Umsetzung der ersten Optimierungsmaßnahmen und der Analyse der Auswirkungen können und sollten Sie sich an die nächsten Schwachstellen machen.

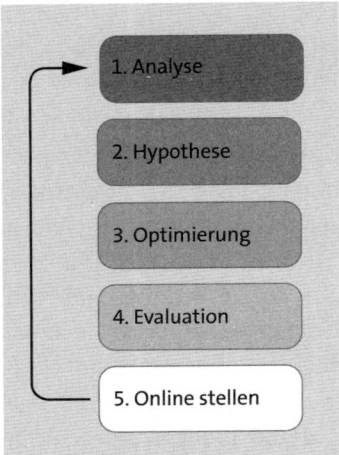

Abbildung 8.6 Der CRO-Prozess

LPO ist nicht gleich CRO

Um eins deutlich hervorzuheben: Die sogenannte *Landing-Page-Optimierung (LPO)* ist nicht dasselbe wie die *Conversion-Rate-Optimierung (CRO)*. Während die Landing-Page-Optimierung sich mit der Verbesserung einer einzelnen Seite – nämlich der Landing Page – befasst, bezieht sich die Conversion-Rate-Optimierung auf Maßnahmen, die die gesamte Website umfassen und das Ziel anstreben, die Conversion-Rate zu steigern. Von *Mobile Optimization* spricht man, wenn die Optimierung von mobilen Seiten gemeint ist.

Um etwas konkreter zu werden, möchten wir im Folgenden näher auf die Begrifflichkeit der Landing Page und auf deren Optimierung eingehen. Viele Maßnahmen der Landing-Page-Optimierung sind dabei auch auf andere Webseiten und mobile Angebote anwendbar.

8.4   Die Landing Page

Eine Landing Page, oder zu Deutsch *Landeseite*, *Einsprungseite* oder *Zielseite*, ist die Seite, auf der ein Benutzer »landet«, wenn er beispielsweise einen Link, ein Werbemittel oder ein Suchergebnis anklickt. Das bedeutet, dass der Besucher auf eine spezielle Seite gelenkt wird, um eine bestimmte Benutzeraktion oder ein bestimmtes Ergebnis hervorzurufen. Wenn Sie an unser Eingangsbeispiel mit dem Bogenschützen denken, dann übernimmt die Landing Page sozusagen das Lenken des Pfeils auf die Zielscheibe, und zwar im besten Fall in deren Mittelpunkt. Die Landing Page ist also die Verbindung zwischen dem Zugang zur Website (z. B. ein Werbemittel) und der Conversion (siehe Abbildung 8.7). Somit ist die Landing Page von großer Bedeutung. Sie soll den Interessenten empfangen und zur Conversion führen.

Abbildung 8.7 Eine Landing Page knüpft an den Zugang an und führt im Optimalfall zu einer Conversion.

Wichtig ist daher ein konsistenter roter Faden, der einen Zusammenhang zwischen Zugang, Landing Page und tatsächlichem Abschluss herstellt. Ist kein Zusammenhang zwischen Zugang und Landing Page gegeben, ist das unter Umständen für den Besucher verwirrend, und er verlässt die Seite wieder. Hat ein Besucher z. B. bei Google nach »Joggingschuhen« gesucht, sollte er nicht auf einer Seite landen, die neben Joggingschuhen auch andere Schuhe aufführt, da dies seiner Erwartungshaltung widerspricht. Geben Sie Ihren Interessenten daher das Gefühl, dass sie auf Ihrer Seite genau richtig sind. Ansonsten geben Sie möglicherweise viel Geld für eine (z. B. Banner- oder Google-Ads-)Kampagne aus, ohne jedoch Umsatz zu generieren. Hilfreich kann es besonders bei Google-Ads -Kampagnen sein, bestimmte Schlüsselwörter, die im Anzeigentext verwendet werden, auch auf der Landing Page zu verwenden, um die Zusammengehörigkeit zu unterstreichen.

Insbesondere bei Online-Shops wird das Ziel verfolgt, ein bestimmtes Produkt zu verkaufen. Daher steht in der Regel ebendieses Produkt im Mittelpunkt der Zielseite. Die Landing Page ist also mit einem Verkäufer in einem Geschäft vergleichbar. Er möchte dem Interessenten ein Produkt oder eine Dienstleistung näherbringen, dessen Vorteile aufzeigen und ihn zum Kauf bewegen. Jegliche Ablenkungen von der eigentlichen Handlungsaufforderung – das kann sogar die Navigation betreffen – sollten daher weitestgehend vermieden werden. Ein Verkäufer im Geschäft erwähnt ja auch nicht laufend, wo der nächste Ausgang ist.

Eine Landing Page kann eine bestehende Seite einer Website sein oder eine speziell für eine bestimmte Thematik erstellte separate Website, eine sogenannte *Microsite*. Es gibt beispielsweise Landing Pages, die speziell für ein Gewinnspiel gestaltet wurden und daher auch nur temporär eingesetzt werden. Sie legen letztendlich fest, welche Seite eine Landing Page und somit ein Einstieg in Ihre Website ist. So kann eine Startseite, eine Suchergebnisseite, eine Kategorie- oder Detailseite oder eine speziell entwickelte Landing Page zum Einsatz kommen. Letztere hat den enormen Vorteil, dass sie gezielt auf Besucherbedürfnisse abgestimmt werden kann. Wie wir bereits in Kapitel 6, »Suchmaschinenwerbung (SEA)«, erwähnt haben, liefern spezielle Landing Pages die besten Ergebnisse.

Die Startseite ist keine optimale Landing Page

Stellen Sie sich vor, Sie geben eine Zieladresse in Ihr Navigationsgerät ein. Aber anstatt Sie zu der eingegebenen Straße und Hausnummer zu navigieren, leitet Sie Ihr Navigationsgerät nur bis zum entsprechenden Ortsschild, und Sie müssen sich ab dort selbst orientieren. Das ist frustrierend, und das ist es nicht minder im Internet.

Nehmen wir beispielsweise an, Sie erhalten einen Newsletter, in dem ein Produkt beworben wird, das Ihr Interesse weckt. Sie klicken auf den angegebenen Link in der E-Mail und landen auf der Startseite eines Ihnen unbekannten Online-Shops. Von dort aus müssen Sie sich, wenn Sie nicht schon abgeschreckt sind, selbst auf den Weg zu dem Produkt machen. Vielen Interessenten ist dies zu aufwendig, und sie verlassen die Website an dieser Stelle. Ihre E-Mail-Kampagne war somit vergebene Liebesmüh.

Besser als die eigentliche Startseite wäre in diesem Fall die entsprechende Produktdetailseite oder auch eine spezielle Landing Page. Hier besteht die Möglichkeit, den Interessenten abzuholen und seinen Erwartungen gerecht zu werden.

Wie in diesem Beispiel deutlich wird, bietet sich die Startseite in den meisten Fällen nicht als Landing Page an. Eine Ausnahme beispielsweise ist TV- oder Radiowerbung, innerhalb derer die Startseite angegeben bzw. genannt wird, da sich Zuhörer und Zuschauer die URL so besser merken können. Dennoch wird die Startseite in der Praxis auch im Netz oftmals als Landing Page verwendet. Auch Suchergebnisseiten oder Kategorieseiten sind keine besonders gute Wahl. Angenommen, Sie klicken auf ein Banner, das Joggingschuhe zum Aktionspreis bewirbt. Wenn Sie nun auf dieses Werbemittel klicken und auf die Kategorieseite »Sportschuhe« geleitet werden, so stehen Sie als Suchender vor der Herausforderung, unter Tennisschuhen, Fußballschuhen, Basketballschuhen und Laufschuhen die beworbenen Joggingschuhe zu finden. Auch auf der entsprechenden Produktdetailseite kann es sein, dass das Angebot mit dem Aktionspreis nicht ersichtlich wird. Aus diesem Grund ist es empfehlenswert, eine eigens für diese Aktion erstellte Landing Page zu verwenden. Sie sollte dem Interessenten genau die beworbenen Schuhe und entsprechenden Sonderkonditionen anbieten. Damit wirken Sie hohen Absprungraten zumeist entgegen. Landing Pages spielen also eine entscheidende Rolle für den Erfolg einer Kampagne. Diese Seiten werden zum Teil unter einer speziellen Domain gehostet. Die Eröffnung oder Nutzung einer neuen Domain sollten Sie sich aber in jedem Fall gut überlegen: Nutzer, die Ihre Website bereits kennen, verstehen möglicherweise nicht sofort, dass die neue Domain ebenfalls Teil Ihres Angebots ist. Auch in Suchmaschinen werden Sie mit einer neuen Domain zunächst kaum Chancen haben, auf einer der oberen Suchpositionen zu erscheinen.

Je nachdem, in welchem Gesamtkontext die Landing Page eingesetzt wird, kann auch ihre Gestaltung gänzlich unterschiedlich sein. Grundsätzlich wird bei einer Landing

Page versucht, den Erwartungen der Besucher gerecht zu werden. Dies ist kein leichtes Unterfangen, daher können sogenannte *Landing-Page-Tests* durchgeführt werden. Wir werden uns dem Thema Landing-Page-Optimierung in Abschnitt 8.7 widmen.

Benutzer können auf sehr verschiedenen Wegen auf eine Landing Page gelangen. Das kann, wie bereits erwähnt, beispielsweise eine Werbekampagne sein, in der diverse Werbemittel (beispielsweise Banner) zum Einsatz kommen. Darüber hinaus werden Landing Pages im Bereich der Suchmaschinenwerbung eingesetzt, bei den sogenannten Pay-Per-Click-Kampagnen (mehr zu diesem Thema lesen Sie in Kapitel 6, »Suchmaschinenwerbung (SEA)«). Denkbar sind ebenso Links in E-Mail-Kampagnen, Blogposts oder Pressemitteilungen. Abbildung 8.8 veranschaulicht diese Zugänge.

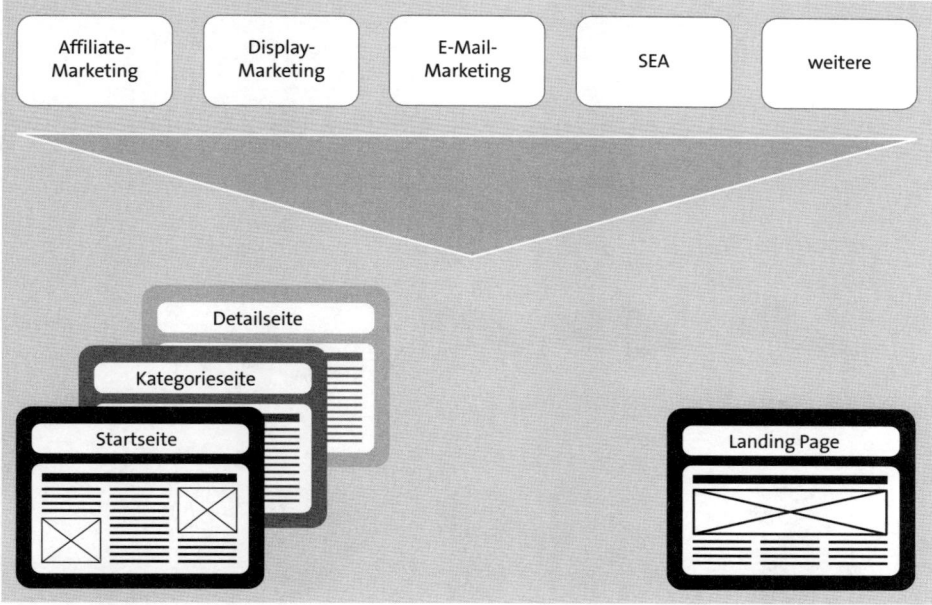

Abbildung 8.8 Zugänge zu einer Landing Page

Darüber hinaus kommen Offline-Zugänge infrage, die Sie sicherlich auch schon gesehen haben. Das kann beispielsweise ein Plakat sein, auf dem eine Webadresse angezeigt wird, ebenso wie TV- oder Radiobeiträge und alle Arten von Printmedien, z. B. Flyer. Während die Zugänge bei Online-Medien gut nachzuvollziehen und transparent sind (über sogenannte *Referrer*), ist dies bei Offline-Zugängen deutlich schwieriger, da hier der Nutzer einen Medienbruch überwinden muss. Aus diesem Grund wird vorzugsweise mit leicht zu merkenden URLs gearbeitet. Zudem können Codes genannt werden, die dann auf der Landing Page von Nutzern eingegeben werden sollen. Auf diese Weise ist auch hier ein Tracking möglich. Mehr dazu lesen Sie in Kapitel 17, »Crossmedia-Marketing«. Die Herausforderung besteht aber immer darin, die Interessenten mit einer Landing Page so abzuholen, dass sie eine Conversion durchführen.

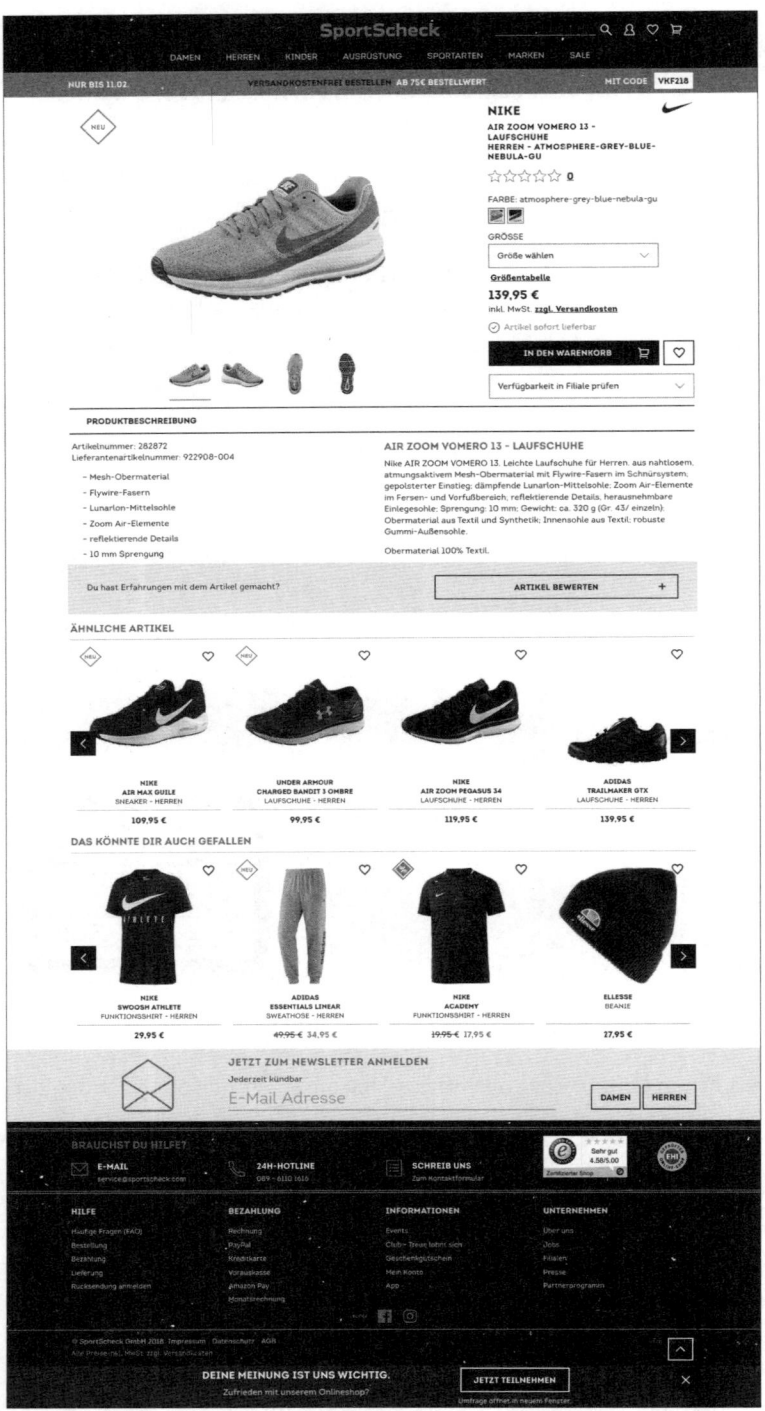

Abbildung 8.9 Beispiel für eine Produkt-Landing-Page von »www.sportscheck.com«

Auch inhaltlich lassen sich verschiedene Arten von Landing Pages unterscheiden. Zum einen kann es insbesondere im E-Commerce um Produktverkauf oder bestimmte Dienstleistungen gehen, wie beispielsweise in Abbildung 8.9 zu sehen ist. Landing Pages können auch Gewinnspiele oder bestimmte Aktionen enthalten (siehe Abbildung 8.10). Aber nicht nur Online-Shops verwenden Landing Pages. Auch Websites, bei denen es um Informationen, wie beispielsweise Communitys und Zeitungen, geht, können Landing Pages verwenden.

Abbildung 8.10 Landing Page zu einer Sonderaktion auf »www.muellermilch.de«

Um Missverständnisse zu vermeiden, gehen wir kurz auf weitere Bezeichnungen ein, die häufig in Verbindung mit der Thematik Landing-Page-Optimierung verwendet werden, jedoch unterschiedliche Bedeutungen haben:

▶ **Microsite**: Eine sogenannte *Microsite* ist eine wenig komplexe Website. Sie wird in der Regel unter anderer Domain oder Subdomain und parallel zu der Haupt-Website geführt und kann gänzlich unterschiedlich strukturiert und gestaltet sein. Verglichen mit dem TV-Bereich können Sie sich eine Microsite wie eine Sondersendung zu einem Spezialthema vorstellen. Ähnlich wie Landing Pages finden Microsites häufig Verwendung bei Produkteinführungen oder temporären Maßnahmen wie Gewinnspielen.

▶ **Brückenseite**: Die Brückenseite (auch *Doorway Page*, *Jump Page*, *Gateway Page*, *Bridge Page* oder *Satellitenseite* genannt) ist eine Zwischenseite, die aus Gründen der Suchmaschinenoptimierung bestimmte Keywords enthält, um eine gute Auffindbarkeit bei Suchmaschinen zu erreichen. Besucher werden von dort auf die eigentliche Hauptseite weitergeleitet. Je nachdem, wie die Brückenseiten gestaltet sind, können sie von Suchmaschinen ausgeschlossen werden. Mehr zu Manipulationsversuchen lesen Sie in Kapitel 5, »Suchmaschinenoptimierung (SEO)«.

8.5   Elemente einer Landing Page

Welche Inhalte sind aber nun unverzichtbar für eine Landing Page? Leider ist dies allgemein nicht festzulegen, da es immer auf den Gesamtkontext und das individuelle Website-Ziel ankommt. Dennoch scheinen sich Experten bei einigen Elementen größtenteils einig zu sein. Wir werden Ihnen im Folgenden sieben Kernelemente einer Landing Page vorstellen. Diese Elemente müssen nicht zwangsläufig Inhalt Ihrer Landing Page sein, aber Sie sollten sie bei der Erstellung Ihrer Landeseite in Betracht ziehen.

Sollten Sie sehr unterschiedliche Produkte oder Informationen anbieten, ist es in einigen Fällen sinnvoll, verschiedene Landing Pages zu erstellen. Nur so können Sie gezielt auf die Bedürfnisse und Erwartungen der Zielgruppe eingehen, wichtige Keywords integrieren und die Interessenten bestmöglich abholen. Eine klare Zieldefinition sollte am Anfang jeder Umsetzung stehen.

Darüber hinaus spielt selbstverständlich der Besucher der Landing Page eine bedeutende Rolle. Welche Erwartungen hat der Nutzer Ihrer Landing Page, und was ist seine Absicht? Möchte er sich nur umsehen und informieren, oder ist er tatsächlich auf der Suche nach einem speziellen Produkt und bringt eine Kaufabsicht mit? Wird er auf dem Weg zur Conversion abgelenkt oder unterbrochen? Mit einer guten Landing Page können Sie die Motivation Ihrer Interessenten unterstützen, ein Produkt zu beziehen bzw. eine Conversion durchzuführen.

Wenn Sie sich nun entschieden haben, zusätzlich zu Ihrer Website einige neue Landing Pages zu erstellen, so sollten Sie vorab einen kurzen Moment innehalten. Beantworten Sie sich zunächst ehrlich die Frage: Warum ist es überhaupt notwendig, zusätzliche Landing Pages zu erstellen? Oder etwas zugespitzt ausgedrückt: Warum ist Ihre Website eigentlich nicht so user- und conversionfreundlich, dass sie die Erstellung zusätzlicher Landing Pages überflüssig macht? Bedenken Sie stets, dass jede einzelne Seite Ihrer Website eine potenzielle Lande- oder Einstiegsseite sein kann, wenn beispielsweise Besucher über organische Suchergebnisse zu Ihren Seiten finden oder ein Link Ihrer Website in sozialen Netzwerken verbreitet wird. Bevor Sie sich also an die Erstellung neuer Landing Pages machen, sollten Sie zunächst Ihre vorhandenen Seiten im Hinblick auf Usability und Benutzerführung überprüfen.

8.5.1   Die sieben Elemente einer Landing Page

Im Folgenden betrachten wir eingehender einige Elemente, die eine Landing Page enthalten kann:

- Headline
- Heroshot
- Fließtext
- Aufzählung
- Leadtext
- Trustelement
- Call to Action

Headline

Die Überschrift (Headline) spielt eine entscheidende Rolle. Ihre Aufgabe ist es, dem Benutzer schnell zu zeigen, dass er auf einer für ihn und sein Bedürfnis hilfreichen Seite gelandet ist. Hierzu ist es wichtig, dass der zentrale Mehrwert des Angebots schnell ersichtlich wird. Besucher erfassen oft in Sekundenbruchteilen, ob ein Angebot für sie relevant ist oder nicht, und nehmen zunächst den Anfang und das Ende eines Satzes wahr. Achten Sie daher bei der Gestaltung der Headline vor allem darauf, dass Beginn und Abschluss Ihrer Überschrift aussagekräftig sind. Die Startseite der Website *skype.com./de* in Abbildung 8.11 enthält eine solche optimierte Headline.

Abbildung 8.11 Headline auf »www.skype.com/de/«

Darüber hinaus muss die Überschrift so formuliert sein, dass das Interesse des Benutzers zum Weiterlesen geweckt wird. Wie schaffen Sie es nun, dieses auch in der Zeitungsbranche bekannte Prinzip umzusetzen? Gute Headlines erwischen den Leser oft emotional. Er ist beispielsweise ergriffen, interessiert oder belustigt und somit angeregt, weiterzulesen. Eine gute Headline hat also das Ziel, das Interesse des Besuchers zu wecken und ihn auf der Website zu halten.

Wenn Sie eine Landing Page für eine Google-Ads-Kampagne gestalten, dann kann es sinnvoll sein, wie bei Ihrem Anzeigentext auch, das Keyword in der Headline aufzugreifen. Dies spannt den roten Faden von Anzeigentext zur Landing Page und schafft zudem einen Wiedererkennungswert. Stellen Sie möglichst schon mit der Headline den Kundennutzen explizit in den Vordergrund.

Heroshot

Der sogenannte *Heroshot* beschreibt ein Bild- oder Videoelement auf der Landing Page, das den Inhalt unterstützt. Da sich Menschen Bilder gut einprägen können, ist der Heroshot ein hilfreiches Element auf einer Landing Page. Der »Held«, der den Kundennutzen schafft, wird also bildhaft dargestellt. Ist Ihr Ziel beispielsweise, ein Produkt zu verkaufen, so präsentieren Sie es ähnlich einem Schaufenster. Ist Ihr Angebot stark erklärungsbedürftig, können Sie auch mit einfachen Visualisierungen oder Erklärvideos arbeiten. In diesem Zusammenhang wird auch der Fachbegriff *Key Visual* verwendet. Je nach Werbeziel können dies auch Stimmungsbilder sein, Maskottchen bzw. Grafiken oder Abbildungen, mit denen sich die Betrachter identifizieren können. Wir gehen später noch genauer auf den Effekt der Zugehörigkeit ein, aber schon an dieser Stelle sei erwähnt, dass Menschen sich an anderen Menschen – besonders an erfolgreichen, attraktiven Personen – orientieren. Zeigt ein Heroshot also Personen, die bestimmte Produkte verwenden, kann sich dies verkaufsfördernd auswirken. Der Benutzer soll eine für ihn vorteilhafte Situation assoziieren, die durch das Angebot hervorgerufen wird. Heroshots können also das Verlangen nach dem Produkt oder Angebot steigern. Unser Tipp: Verwenden Sie individuelle, authentische und professionelle Bilder, die den Nutzen Ihres Angebots transportieren.

Heroshots können Benutzer auf emotionaler Ebene ansprechen und dienen zudem als *Eye-Catcher*, das heißt, sie ziehen die Aufmerksamkeit auf sich. Haben Sie schon mal ein Bild gesehen, bei dessen Betrachtung Sie dachten, »Ich kann nicht wegsehen« oder »Diese Augen schauen mich direkt an«? Vielleicht geht es Ihnen so, wenn Sie sich den Heroshot in Abbildung 8.12 ansehen. Die Frau auf der Landing Page der Techniker Krankenkasse schaut den Betrachter direkt an. In diesem Fall sind die Heroshots sehr gut gewählt worden und entfalten ihre psychologische Wirkung. Betrachter erwidern den Blick von Personen. Studien haben gezeigt, dass Menschen dem Blickverlauf von Personen auf Bildern folgen. Schaut beispielsweise ein *Hero* zu dem angepriesenen Produkt, so werden auch die Blicke der Betrachter auf dieses Produkt gelenkt. Das können Sie sich bei der Auswahl Ihres Heroshots zunutze machen.

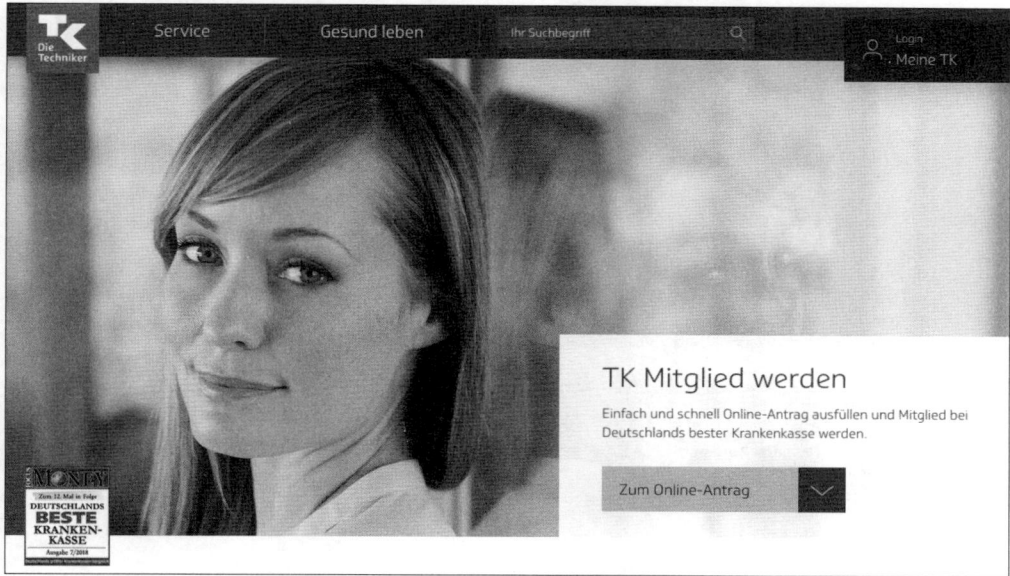

Abbildung 8.12 Beispiel für einen Heroshot bei der Techniker Krankenkasse (www.tk.de)

Unabhängig vom Inhalt des Heroshots ist der anzustrebende Effekt immer derselbe: Analog zu dem AIDA-Modell geht es darum, Aufmerksamkeit und Interesse zu wecken, im besten Fall auch das Verlangen zu steigern und den Betrachter zu einer Aktion zu (ver-)führen. Durch die psychologische Wirkung können Heroshots die Conversion-Rate maßgeblich unterstützen.

Stellen Sie sicher, dass Heroshot und weiterer Inhalt aufeinander abgestimmt sind. Achten Sie darauf, dass die Bildsprache in dem Prozess Zugang → Landing Page → Conversion einheitlich und aufeinander abgestimmt ist.

Fließtext

Der Benutzer möchte ein Problem lösen oder ein bestimmtes Bedürfnis befriedigen. Formulieren Sie Ihren Fließtext also aus der Perspektive des Suchenden. Nicht Ihr Angebot, sondern sein Mehrwert steht im Mittelpunkt. Arbeiten Sie den Kundennutzen klar heraus, und sprechen Sie beispielsweise nicht von »Wir bieten«, sondern von »Sie profitieren«. In Abbildung 8.13 sehen Sie einen beispielhaften Leadtext auf der Landing Page des Versicherers Ergo Direkt, der die Notwendigkeit für sein Produkt und den Mehrwert unterstreicht.

Abbildung 8.13 Beispiel Leadtext zum Angebot auf »https://ergodirekt.de«

Einige Benutzer scannen Ihre Landing Page nach den Schlüsselbegriffen, die sie noch von der Suchanfrage und der Anzeige her im Kopf haben. Ein Benutzer, der auf eine Landing Page gelangt, schaut zunächst, ob er hier richtig ist. Findet er ein entsprechendes Keyword, kann er für sich abhaken, dass diese Seite zumindest einen Zusammenhang zu seinem Schlüsselbegriff hat. Aus diesem Grund ist es empfehlenswert, Keywords auch in den Fließtext zu integrieren und das Leistungsversprechen Ihrer Anzeige erneut aufzugreifen. Machen Sie es diesen Benutzern leicht, und heben Sie die Schlüsselbegriffe z. B. fett hervor. Kombinieren Sie die Keywords mit Ihren Verkaufsargumenten oder weiteren Begriffen wie »gratis«, »kostenlos« oder »unverbindlich«, wenn diese auf Ihr Angebot zutreffen.

Achten Sie darauf, den Benutzer mit dem Fließtext in Richtung Conversion zu steuern. Innerhalb des Fließtextes sollten alle Fragen des Benutzers beantwortet und jegliche Bedenken ausgeräumt werden. Dies ist elementar, um die Kaufentscheidung des Interessenten zu unterstützen. Beschreiben Sie wichtige Details, fragen Sie sich, was den Benutzer davon abhalten könnte, sich für Ihr Produkt zu entscheiden, und lassen Sie keine Zweifel zu. Bieten Sie dem Benutzer vielmehr bildhafte Beschreibungen Ihres Angebots, stellen Sie die Vorteile deutlich heraus, und zeigen Sie auf, dass Ihr Angebot seine Bedürfnisse befriedigt.

Stellen Sie die wichtigsten Informationen an den Anfang des Fließtextes, und achten Sie auf eine gute Struktur, die sowohl Überschriften als auch Teilüberschriften enthält. Die Sätze sollten kurz und prägnant sein. Ebenso sollte der gesamte Fließtext möglichst kurz sein. Versuchen Sie, ihn auf das Wesentliche zu verkürzen, denn verglichen mit Printmedien ist die Lesegeschwindigkeit im Web langsamer, und die Augen ermüden schneller. Vermeiden Sie Fremdwörter und Fachausdrücke, wenn Sie nicht sicher sind, dass jeder Leser sie versteht.

Aufzählung

Benutzer unterscheiden sich in der Art, wie sie eine Webseite betrachten: So lesen beispielsweise einige Benutzer Texte vollständig, andere wiederum gar nicht, und wieder ein anderer Teil scannt den Text. In diesem Zusammenhang werden zwei Fachbegriffe unterschieden. Das *Skimmen* beschreibt das Überfliegen einer Website und die Suche nach visuellen Anziehungspunkten. Das *Scannen* verläuft ähnlich, aber schon etwas genauer. So werden beispielsweise Bildunterschriften, fett markierte Passagen und Links wahrgenommen.

Fitts' Law

1954 formulierte Paul Fitts ein Gesetz, das die Zeit beschreibt, die benötigt wird, um ein Ziel, wie beispielsweise den Klick auf einen Button, zu erreichen. Sie wird berechnet mit der Funktion aus der Entfernung zum Ziel (Button) und der Größe des Ziels. Um die Mathematiker unter Ihnen zufriedenzustellen, zeigen wir hier die vielfach modifizierte Formel:

$$T = a + b \ log_2\left(1 + \frac{D}{W}\right)$$

T (oder auch *MT*) bezeichnet die *Movement Time*, *a* beschreibt den zeitlichen Abschnitt, während *b* die dem Gerät anhaftende Geschwindigkeit beschreibt. *D* entspricht der *Distance* (Distanz) und *W* der *Width* (Breite).

Sie wecken das Interesse derjenigen Benutzer, die keinen Text lesen, mit dem Heroshot. Den Benutzern, die den Text vollständig lesen, bieten Sie mit dem Fließtext notwendige Informationen. Mit Aufzählungslisten können Sie sehr gut diejenigen Benutzer ansprechen, die Ihre Seite scannen (siehe Abbildung 8.14). Damit die Vorteile Ihres Angebots dennoch in der Kürze der Zeit schnell ersichtlich werden, sollte die Aufzählungsliste nicht mehr als sieben Punkte beinhalten. Rufen Sie sich die magische Sieben aus Kapitel 7, »Usability – benutzerfreundliche Websites«, ins Gedächtnis, oder lesen Sie den entsprechenden Abschnitt erneut (siehe Abschnitt 7.6.2, »Methoden zur Website-Strukturierung«).

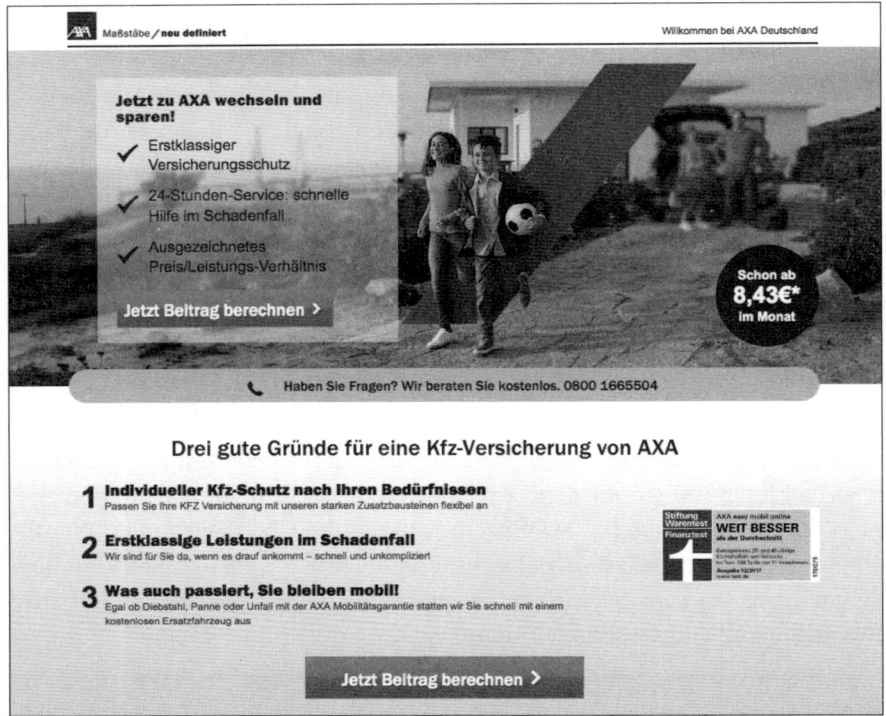

Abbildung 8.14 Aufzählung am Beispiel von »www.axa.de«

Zudem zeigen Sie mit Aufzählungen, dass Sie den Mehrwert Ihres Angebots auf den Punkt bringen können. Stellen Sie daher den Kundennutzen Ihres Angebots in der lesefreundlichen Form einer Aufzählung dar. Der versprochene Mehrwert ist somit sehr prägnant auf einen Blick ersichtlich. Priorisieren Sie Ihre Aufzählung nach Wichtigkeit, und stellen Sie den größten Vorteil an den Anfang, den zweitgrößten an das Ende. Sie unterstreichen den Mehrwert, den Ihr Angebot verschafft, wenn Sie statt Bulletpoints (also Punkten als Aufzählungszeichen) Elemente verwenden, die mit Positivem assoziiert werden. Dies können beispielsweise Häkchen (wie in Abbildung 8.14) oder Pluszeichen sein.

Leadtext

Wie bereits beschrieben, benötigt nicht jede Landing Page zwangsläufig einen *Leadtext*. Jedoch gerade bei erklärungsbedürftigen Produkten reicht eine Aufzählung unter Umständen nicht aus. Im Leadtext sollten weitere Angaben zum Angebot gemacht und dessen Vorteile benannt werden. Sie bedienen damit diejenigen Besucher, die Texte auf Webseiten lesen und nicht nur punktuell scannen. Der Leadtext sollte mögliche Fragen, die ein Interessent mitbringt, beantworten. Stellen Sie sich auch hier die Frage: Warum könnte ein Nutzer das Angebot nicht in Anspruch nehmen wollen? Mehr zum Texten im Netz erfahren Sie in Kapitel 7, »Usability – benutzerfreundliche Websites«. Im Unterschied zum Fließtext, der in der Regel eher kurz gehalten ist, kommt ein Leadtext insbesondere bei erklärungsbedürftigen Angeboten zum Einsatz.

Trust

Bedenken Sie, dass durchaus Benutzer auf Ihre Landing Page gelangen werden, die noch nie von Ihnen und Ihrem Angebot gehört haben. Zudem können sie durch die verschiedenen Wege zu Ihrer Website auch in tieferen Ebenen einsteigen und müssen nicht zwangsläufig über die Startseite zu Ihnen gekommen sein. In der fremden Umgebung muss der Besucher daher zunächst einmal Vertrauen gewinnen. Er fragt sich vermutlich, ob er an ein seriöses Angebot geraten ist, ob die Qualität des Angebots wirklich das hält, was es verspricht, ob der angegebene Preis berechtigt ist, ob seine Daten bei Ihnen sicher sind oder ob er eine zusätzliche Beratung in Anspruch nehmen kann. Verglichen mit der realen Welt, können Sie sich vorstellen, dass sich ein potenzieller Kunde plötzlich in der Elektroabteilung eines Kaufhauses wiederfindet, ohne dass er weiß, in welchem Geschäft er sich eigentlich befindet.

Mit den folgenden Elementen können Sie derartigen Zweifeln entgegenwirken und Ängste abbauen: Stellen Sie sich vor, und zeigen Sie, wer hinter Ihrem Angebot steckt. Dies kann beispielsweise durch einen Link ÜBER UNS gelöst werden. Auch ein Foto Ihrer Geschäftsführung mit Unterschrift kann Vertrauen schaffen. Geben Sie Kontaktdaten und – falls vorhanden – Ihre Servicetelefonnummer für mögliche Nachfragen an. In unserem Beispiel mit dem Kaufhaus würde auch ein Mitarbeiter seine Hilfe anbieten.

Präsentieren Sie Aussagen Dritter, da deren Glaubwürdigkeit enorm ist. Dies können Testimonials sein (also positive Kundenmeinungen zu Ihrem Unternehmen oder Angebot) ebenso wie Auszeichnungen und Siegel, wie beispielsweise das von Trusted Shops (*www.trustedshops.de*). Auch wenn Sie die Logos von Kreditinstituten oder der Presse implementieren, kann das die Conversion-Rate enorm steigern. Nennen Sie Testergebnisse und Studien oder Erwähnungen in Fachzeitschriften (z. B. von Stiftung Warentest), und geben Sie Referenzen an. Integrieren Sie Sicherheitsgarantien, geben Sie Ihre Datenschutzbestimmungen an, und erwähnen Sie Rückgaberechte.

Auf der Landing Page von Verivox (siehe Abbildung 8.15) sehen Sie verschiedene Trustelemente im Einsatz: So wurden in der rechten oberen Website-Ecke bekannte Logos und die Firmenzugehörigkeit (»Ein Unternehmen der ProSiebenSat1 Group«) platziert. Unter der Headline wird mit zwei Siegeln gearbeitet. Als Heroshot wurde der bekannte Komiker Mario Barth als Testimonial eingesetzt. Bei dem Eingabefeld der Postleitzahl wird mit einer »Nirgendwo-Günstiger-Garantie« geworben und darüber hinaus wird das Angebot mit diversen Kundenmeinungen (»Das sagen unsere Kunden«) untermauert.

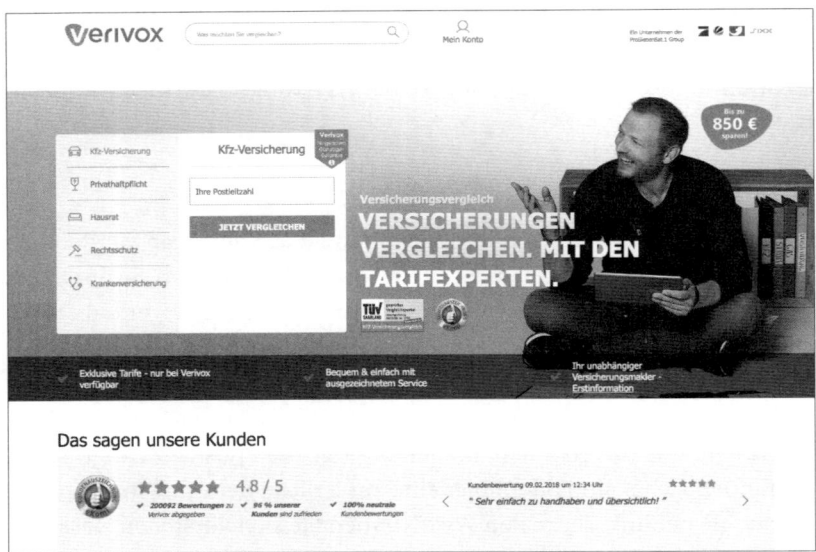

Abbildung 8.15 Vertrauensbildende Elemente auf »www.verivox.de«

Wenn Sie die Möglichkeit haben, Ihre Landing Page zu personalisieren und somit direkt auf den Benutzer abzustimmen, sollten Sie dies nutzen. Insgesamt sollten Sie auf das Gesamterscheinungsbild Wert legen. Häufig werden Sie bei der Auswahl einer Landing Page auf eine bestehende Seite Ihrer Webseite zurückgreifen. Hier ist der Gestaltungsspielraum insofern begrenzt, als sich das Design an Ihrer gesamten Website orientiert. Die Landing Page muss aber nicht zwingend am Stil Ihrer Website orientiert sein. In manchen – wenngleich nicht allen – Fällen ist eine vom restlichen Webauftritt losgelöste Zielseite durchaus sinnvoll (wie eingangs bereits erwähnt wurde). Design und Inhalte sollten aber immer auf das Werbemittel abgestimmt sein und für einen guten ersten Eindruck sorgen. Für einen seriösen Auftritt sind Rechtschreibfehler ein absolutes Tabu. Lassen Sie also auch Ihre Landing Pages Korrektur lesen.

Werbung sollte, wenn überhaupt, nur äußerst gut bedacht auf einer Landing Page zum Einsatz kommen und auf keinen Fall störend wirken. Der seriöse und vertrauenerweckende Eindruck wird dadurch gegebenenfalls in Mitleidenschaft gezogen. Die werbenden Elemente sollten als solche gekennzeichnet sein. Wir empfehlen Ihnen jedoch, auf Werbung auf Ihrer Landing Page komplett zu verzichten.

Es ist ratsam, die sogenannten Trustelemente dort zu integrieren, wo möglicherweise Zweifel aufkommen könnten, denn dort ist ihre Wirkung besonders effektiv. Enthält Ihre Landing Page beispielsweise ein Formular und werden Benutzerdaten abgefragt, sollten Sie genau dort mit Trustelementen arbeiten. Die Angst vor Datenmissbrauch ist eine Hemmschwelle, die der Benutzer zunächst überwinden muss. Daher sollten Sie nahe dem Eingabefeld z. B. hervorheben, dass die Dateneingabe sicher ist und Informationen beispielsweise nicht weitergegeben werden.

Call to Action (CTA)

Der sogenannte *Call to Action* beschreibt eine klare Handlungsaufforderung und ist das Zentrum und Ziel Ihrer Landing Page. Analog zum AIDA-Modell (siehe Kapitel 6, »Suchmaschinenwerbung (SEA)«) entspricht der Call to Action dem letzten Schritt des theoretischen Ansatzes (*Action*).

Eine gut strukturierte Zielseite führt den Blickverlauf des Benutzers zu der Anweisung, die ihm unmissverständlich zu verstehen gibt, was als Nächstes zu tun ist (siehe Abbildung 8.16). Steve Krug bringt es mit dem Titel seines Buches auf den Punkt: »Don't make me think«.

Abbildung 8.16 Der CTA-Button »30 Tage kostenlos testen« bei »www.audible.de«

Tipp: Der 5-Sekunden-Test

Die Website *https://usabilityhub.com/five-second-test* ist eine gute Möglichkeit, herauszufinden, wie klar und unmissverständlich Ihre Landing Page bei Nutzern ankommt. Sie können einen Screenshot oder Entwurf Ihrer Landing Page sowie einige Fragen einstellen. Tester haben fünf Sekunden Zeit, Ihre Seite anzusehen, und werden anschließend aufgefordert, die hinterlegten Fragen zu beantworten. Im Anschluss werden Ihnen die Daten zur Verfügung gestellt. Sie können natürlich auch selbst einen derartigen Test durchführen.

Wie in einem realen Verkaufsgespräch haben Sie nun alle Vorzüge Ihres Angebots erläutert und möchten den Interessenten dazu bewegen, eine gewünschte Handlung zu tätigen. Seien Sie dabei also so eindeutig wie möglich. Ausrufungszeichen unterstreichen die Aufforderung zusätzlich (Imperativ). Gestalten Sie Ihre Handlungsaufforderung auffällig, und machen Sie sie zu einem Blickfang (*Eye-Catcher*). Unabhängig von Ihrem Conversion-Ziel sollte der Call to Action beim Betrachten der Seite klar hervorgehoben sein. Von Animationen ist jedoch abzuraten, da derartige Darstellungen oftmals als Werbung wahrgenommen und vom Benutzer ausgeblendet werden. Platzieren Sie Ihren Call to Action möglichst im sichtbaren Bereich der Website, also *above the fold*, und wiederholen Sie die Handlungsaufforderung bei längeren Landing Pages.

Tipp: Der Second Call to Action

Es kann auch sinnvoll sein, mit einem sogenannten *Second Call to Action* zu arbeiten. Das bedeutet, dass ergänzend zu der primären Handlungsaufforderung ein zweiter, aber weniger prominent dargestellter Call to Action eingesetzt wird (siehe Abbildung 8.17). Nehmen wir einmal an, Sie vertreiben über Ihren Online-Shop Uhren. Die Besucher, die sich noch nicht zu einem Kauf entschließen können, können mit einer Handlungsaufforderung bedient werden, die eine weniger große Hürde darstellt. Das kann z. B. die Anmeldung zu Ihrem regelmäßig erscheinenden Newsletter sein. So haben Sie zwar Ihr primäres Ziel (den Uhrenverkauf) nicht erreicht, den Interessenten aber dennoch an sich gebunden und können ihn zu einem späteren Zeitpunkt möglicherweise überzeugen und zum Kauf bewegen. Selbstverständlich ist eine sekundäre Handlungsaufforderung von der jeweiligen Website und dem anvisierten Ziel abhängig. Berücksichtigen Sie dabei aber, dass ein Second Call to Action auch eine Ablenkung vom primären Ziel darstellt.

In Abbildung 8.17 sehen Sie, dass das Unternehmen Dropbox mit seinem primären CTA-Button 30 TAGE KOSTENLOS TESTEN in erster Linie mit einem Probemonat Interessenten für sein Softwareprodukt gewinnen möchte. Der in den Hintergrund getretene Second CTA-Link JETZT KAUFEN soll diejenigen Besucher ansprechen, die bereits von dem Produkt überzeugt sind.

Abbildung 8.17 Beispiel für zwei Second-CTAs auf »www.dropbox.com«

Achten Sie darauf, dass Button- und Linktexte aussagekräftig sind und das beschreiben, was im nächsten Schritt passiert, und geben Sie Ihren potenziellen Kunden somit Sicherheit. Die richtige Wortwahl kann entscheidenden Einfluss auf die Conversion-Rate haben. Waren Sie möglicherweise bei Online-Käufen auch schon einmal verunsichert, ob Sie nun in dem aktuellen Schritt eine Bestellung abschließen oder ob noch ein weiterer Schritt im Bestellprozess folgt? Vermeiden Sie daher grundsätzlich Formulierungen wie »Hier klicken«. Dies ist für den Besucher nicht eindeutig. Achten Sie vielmehr darauf, dass Sie entsprechende Buttons und Links mit einem klaren, unmissverständlichen Call to Action versehen.

Sie kennen nun sieben mögliche Elemente, die dazu beitragen können, Ihre Landing Page zu verbessern. Wie eingangs beschrieben, sind dies keine unbedingt notwendigen Elemente, jedoch werden viele von Experten empfohlen. So erkennen Sie wahrscheinlich einige Elemente wieder, die in der folgenden »Anatomie einer perfekten Landing Page« empfohlen werden (siehe Abbildung 8.18).

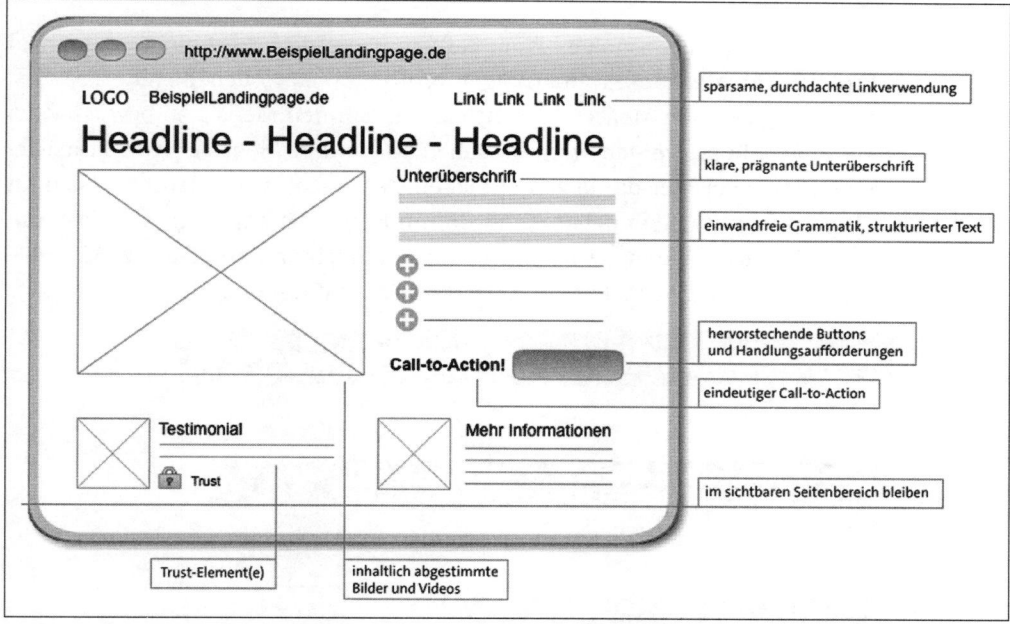

Abbildung 8.18 Die Anatomie einer perfekten Landing Page (Quelle: eigene Darstellung in Anlehnung an »www.formstack.com«)

Weitere Anreize können den Benutzer zusätzlich dazu bewegen, eine Conversion durchzuführen. So können Sie beispielsweise bei einem Produktverkauf zum einen eine Knappheit (*Scarcity*) der Menge betonen (z. B. nur noch fünf Artikel auf Lager, nur noch ein Zimmer verfügbar) oder andererseits eine zeitliche Limitierung unterstreichen, wie z. B. Amazon, dessen Blitzangebote maximal 4 Stunden verfügbar sind (siehe Abbildung 8.19). Das gleiche Prinzip wird beispielsweise bei »Limited Editions« oder bei begrenzten »Early-Bird-Tickets« angewandt.

Abbildung 8.19 Blitzangebote auf der Startseite von »www.amazon.de«

Das Kommunizieren von Erfolgen kann bei Benutzern den psychologischen Effekt hervorrufen, ebenfalls vom Produktnutzen profitieren zu wollen. Zugehörigkeit ist ein weiterer Aspekt, den Menschen anstreben. So können Menschen bewusst oder unbewusst beeinflusst werden, wenn sie sehen, was andere Menschen tun. Bestseller sind ein weiteres Beispiel, da sie verdeutlichen, dass schon viele Menschen sich für dieses Produkt entschieden haben. Oder Communitys, die anzeigen, wie viele Mitglieder sich bereits angemeldet haben. Menschen möchten dazugehören. Stimulieren Sie also Ihre Besucher, zu konvertieren (siehe Abbildung 8.20).

Abbildung 8.20 Zeitliche Limitierung und Zugehörigkeit werden auf der rechten Seite des Groupon-Angebots vermittelt.

Auch Zusatzangebote können Anreize schaffen, die zur gewünschten Handlung führen. Dazu gehören z. B. Rabatte oder der Erlass von Versandkosten oder Gratisbeigaben.

Wie Sie wahrscheinlich schon vermuten, gilt auch hier das Motto: testen, testen, testen. So können Sie hilfreiche Ergebnisse ermitteln, ob beispielsweise ein Link oder ein Button eine höhere Conversion-Rate erzielt, wie ein Call-to-Action-Button für Ihr Werbeziel aussehen sollte (Farbe, Größe, Form, Platzierung etc.) oder wie die Aufforderung zu formulieren ist.

8.5.2   Weitere relevante Aspekte für eine Landing Page

Neben den beschriebenen sieben Elementen sollten Sie noch einige weitere Hinweise bei der Gestaltung Ihrer Landing Page in Erwägung ziehen. Zunächst einmal gilt es, den Benutzer auf Ihrer Zielseite zu halten. Er muss sich auf Ihrer Landing Page gut aufgehoben fühlen und sollte zur Conversion geleitet werden. Sie haben bereits viel Energie dafür aufgebracht, den Benutzer auf Ihre Seite zu führen. Jetzt sollten Sie ihn nicht kurz vor dem Ziel (der Conversion) wieder verlieren.

Bieten Sie ihm daher so wenig Ablenkung und Ausstiegsmöglichkeiten wie möglich. Präsentieren Sie vielmehr die Lösung, nach der der Benutzer sucht. Eliminieren Sie alle Inhalte, die nicht zu der gewünschten Handlung führen, und zeigen Sie vorzugsweise keine Werbung oder weitere Angebote aus Ihrem (Produkt-)Portfolio. Achten Sie darauf, dass Sie möglichst wenige Verlinkungen integrieren, die von der Website wegführen. Wenn es sich nicht vermeiden lässt, Links zu verwenden, dann sollten sich diese in einem neuen Tab oder Fenster öffnen, damit der Benutzer die Landing Page weiterhin geöffnet hat.

Überfordern Sie Ihre Interessenten nicht mit einer Vielzahl von Optionen und Informationen. Bei der Hauptnavigation gehen die Meinungen auseinander. Während einige Experten der Meinung sind, sie als Orientierungshilfe weiterhin anzuzeigen, argumentieren Gegenstimmen, sie biete zu viele Ausstiegsmöglichkeiten. Allgemeingültig lässt sich dies nicht festlegen, und Sie sollten hier testen, um eine für Sie passende Lösung zu finden. Sie sollten die navigationslose Variante aber zumindest in Betracht ziehen, da gerade die Navigation einen aufmerksamkeitsstarken Bereich einnimmt, der womöglich auch anders gut genutzt werden könnte.

Eine klare Struktur ist also ebenfalls elementar für eine Landing Page. Ein Benutzer urteilt innerhalb von wenigen Sekunden, ob die Seite für ihn interessant und relevant ist oder nicht. Neben der inhaltlichen Relevanz spielt auch die Anordnung der Elemente eine wichtige Rolle. Positionieren Sie alle Elemente so, dass sie den Benutzer zum Call to Action leiten. Wenn Sie sich nicht sicher sind, sortieren Sie zunächst Ihre Elemente. Stellen Sie sich dazu die Frage, welche Komponenten die Conversion gezielt unterstützen und für sie unabdingbar sind. Dies können bei einem Produkt-kauf beispielsweise ein Formular sowie ein Bestell-Button sein. Alle anderen Bestandteile werden unter Zusatzinformationen verbucht. Dazu zählen unter anderem die Trustelemente. Nun gilt es, die Bereiche so anzuordnen, dass ein klarer Lesefluss möglich wird. Der typische Blickverlauf eines Benutzers ähnelt nach Jakob Nielsen einem F (*F-shaped Pattern*), das heißt, der Benutzer wandert zunächst zweimal horizontal über die Seite, danach am linken Seitenrand vertikal entlang. Dieser Blickverlauf geschieht unbewusst, die Aufmerksamkeit liegt danach zumeist in der Mitte der Seite. Es kann daher sinnvoll sein, alle Conversion-Elemente zentral anzuordnen und alle unterstützenden Komponenten in die Seitenbereiche zu verlagern. Dies ist aber wieder individuell zu entscheiden und kann nicht als Standardlösung dienen.

Auf Smartphones dominiert stattdessen der vertikale Blickverlauf. Um auch Ihre mobilen Benutzer optimal zur Conversion zu führen, sollten Sie vor allem hier darauf achten, dass der Mehrwert Ihres Angebots schnell ersichtlich wird. Da die kleinere Bildschirmgröße dazu führt, dass auf einen Blick nur wenige Informationen sichtbar sind, sollten Sie Ihre Inhalte umso besser strukturieren und Ihren Benutzern häppchenweise zur Verfügung stellen. Da es für mobile Nutzer überdies mühsam sein kann, sich auf Ihrer Landing Page zu orientieren, empfehlen wir Ihnen außerdem, den Call to Action mehrmals auf der Seite zu platzieren, so dass die Benutzer nicht auf die Suche nach dem CTA gehen oder gar ans Seitenende scrollen müssen. Bei Formularen sollten Sie sich insbesondere bei mobilen Angeboten auf die notwendigsten Formularfelder beschränken. Wir empfehlen Ihnen, falls möglich lediglich die E-Mail-Adresse abzufragen. Nicht vergessen sollten Sie außerdem Ihre Telefonnummer, so dass Nutzer Sie per Klick direkt anrufen können – auf einem Smartphone eine eigentlich offensichtliche Conversion.

Machen Sie es Ihren potenziellen Kunden so einfach wie möglich, und greifen Sie erlernte Konventionen auf. Beispielsweise haben sich Benutzer daran gewöhnt, dass Links im World Wide Web farbig und oftmals unterstrichen dargestellt werden. Dies sollten Sie auch im Umkehrschluss beachten und nur Links auf diese Art darstellen. Weitere Hinweise zu Konventionen lesen Sie in Kapitel 7, »Usability – benutzerfreundliche Websites«.

Abhängig von dem jeweiligen Werbeziel und Angebot kann auch die Länge einer Landing Page ganz unterschiedlich ausfallen. Nachvollziehbarerweise ist bei einem Standardprodukt weniger Überzeugungsarbeit nötig als bei einem komplizierten oder extrem kostspieligen Produkt. Eine Newsletter-Anmeldung wird also weniger Argumente benötigen, als beispielsweise ein Versicherungsabschluss, wo die Landing Page zwangsläufig etwas länger ausfallen wird. Ihr Angebot sollte jedoch immer klar und schnell ersichtlich sein. Um umfangreiche Informationen auf einer Landing Page übersichtlich darzustellen, eignet sich zum Beispiel auch die Aufteilung der

Inhalte auf verschiedene Reiter (siehe Abbildung 8.21), ausklappbare Erklärungstexte (sogenannte *Akkordeons*) oder eine Auswahl über verschiedene Themenkacheln.

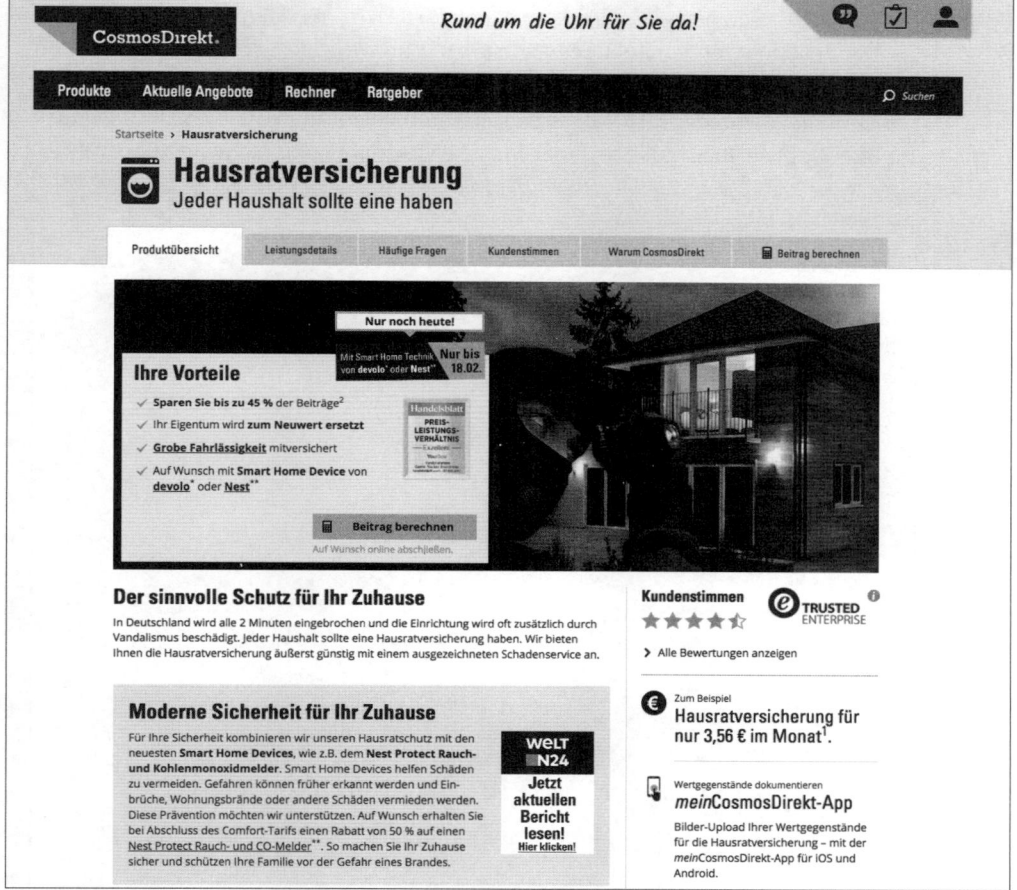

Abbildung 8.21 »cosmosdirekt.de« verwendet Reiter zur Darstellung seines Angebotes.

Es gibt Best-Practice-Beispiele (also Erfolgsbeispiele) für sehr conversionstarke kurze wie auch lange Landing Pages, die zum Teil auch als *Scrollpages* bezeichnet werden. Als Advertiser (Werbetreibender) müssen Sie den richtigen Umfang für Ihre Zielseite finden. Halten Sie sich an den Grundsatz: so viele Informationen wie nötig, aber so wenige wie möglich. Sollte sich herausstellen, dass Ihre Landing Page recht lang wird, sollten Sie, wie bereits erwähnt, Inhalte geschickt und übersichtlich anordnen und Ihren Call to Action an verschiedenen Stellen wiederholen. Dies liegt darin begründet, dass ein Benutzer mit einer Kaufabsicht einen Bestell-Button immer vor Augen haben und ihn nicht suchen müssen sollte, wenn er dann genügend Informationen erhalten hat und zur Conversion bereit ist.

Tipp: Kompatibilitäts-Browsercheck

Benutzer verwenden unterschiedliche Browser und deren Versionen. Daher sollten Sie Ihre Website in den verschiedenen gängigen Browsern testen und überprüfen, ob die Darstellung Ihren Vorstellungen entspricht und wichtige Elemente im sichtbaren Bereich dargestellt werden. Die meistgenutzten Browser sehen Sie in Abbildung 8.22 auf Grundlage von *de.statista.com* oder in Ihrem Web-Analytics-System individuell für Ihre Website. Beachten Sie dabei auch die sichtbaren und nicht sichtbaren Bereiche (*above the fold* und *below the fold*) auf unterschiedlichen Endgeräten.

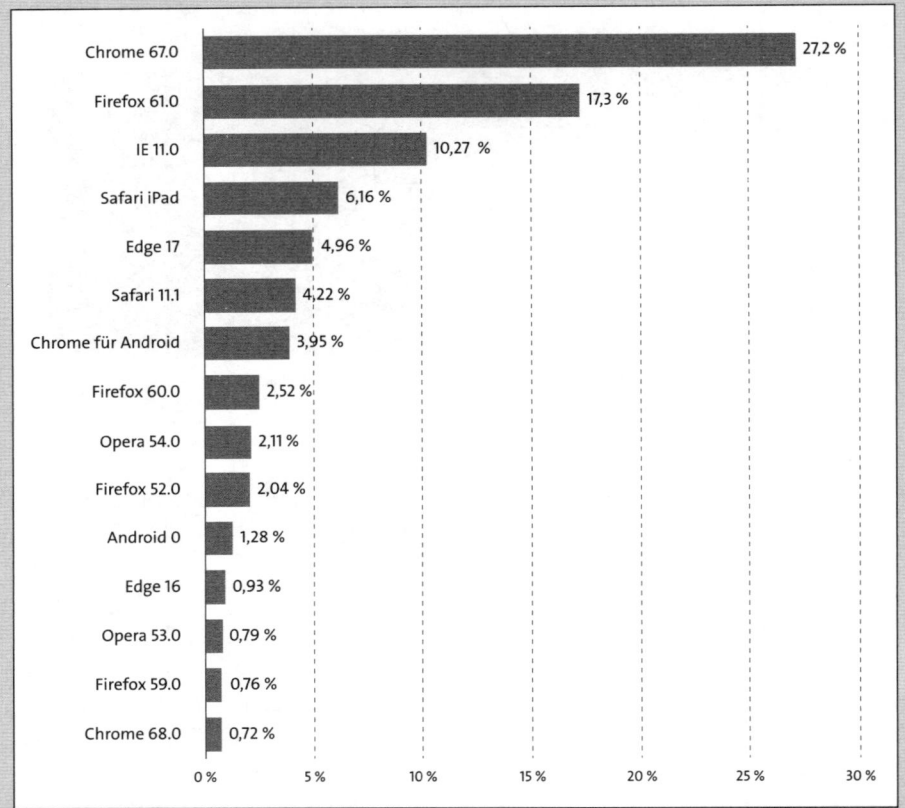

Abbildung 8.22 Marktanteile der meistgenutzten Browserversionen in Deutschland im Juli 2018 (Quelle: statista.com)

Sie sollten unbedingt auch die Ladezeiten nicht nur Ihrer Landing Pages, sondern auch allgemein Ihrer Website berücksichtigen und optimieren, denn kein Kunde wartet gerne. Überprüfen Sie daher regelmäßig diesen Zeitfaktor z. B. mit dem Online-Tool Pingdom unter *tools.pingdom.com*. Insbesondere bei Mobilgeräten ist die Ladegeschwindigkeit der Website elementar. Google stellt dazu ein Tool namens *Test my site* (unter *https://testmysite.withgoogle.com*) zur Verfügung, das den Hinweis zur Optimierungsnotwendigkeit enthält: »Bei den meisten Websites bricht die Hälfte der Nutzer den Besuch während des Ladevorgangs ab.« Wenn Sie hier die URL Ihrer Website eintragen, werden deren Ladezeit und der geschätzte Besucherverlust auf Grund der Ladezeit ermittelt. Da die mobile Optimierung auch zu den Ranking-Faktoren der organischen Suchergebnisse zählt, sollten Sie die Ladezeit unbedingt berücksichtigen. Mehr zum Thema Suchmaschinenoptimierung (SEO) erfahren Sie in Kapitel 5.

8.5.3   Sonderfall: Formulare

Eine Besonderheit stellen Formulare dar. Viele Advertiser begehen hier den Fehler und fragen alle für sie wichtigen Informationen ab. Sie vergessen dabei, sich in die Lage des Benutzers zu versetzen. Die Eingabe benötigt eine gewisse Zeit, und der Benutzer ist oftmals ungeduldig. Höchstwahrscheinlich fragt er sich, warum er diese Angaben machen soll, und bricht im ungünstigsten Fall eine Conversion-Handlung ab. Stellen Sie sich also bei jedem Eingabefeld die Frage: »Brauche ich diese Informationen unbedingt?« Nehmen wir einmal das Beispiel für ein Auswahlfeld »Herr« oder »Frau« innerhalb der Abfrage einer Anschrift. In den meisten Fällen lässt sich anhand des Vornamens genau erkennen, um welches Geschlecht es sich handelt. Wägen Sie selbst ab, ob Sie in den wenigen Fällen von Vornamen wie beispielsweise »Kim« eine Trefferquote von 50 % riskieren möchten oder Benutzer gegebenenfalls von vornherein durch viele Abfragen möglicherweise abschrecken.

Viele Benutzer sind äußerst sensibel, was ihre persönlichen Daten anbelangt. Sie fürchten beispielsweise den Missbrauch ihrer Zahlungsinformationen oder Spam. Geben Sie Ihren potenziellen Kunden daher vielmehr ein Gefühl von Sicherheit. Reduzieren Sie Ihre Formularabfragen auf das Allernötigste, und bieten Sie diverse Zahlungsmöglichkeiten an. Vor allem die Zahlung auf Rechnung erfreut sich bei Kunden großer Beliebtheit und sorgt für hohe Konversionsraten. Überlegen Sie sich darüber hinaus die Verwendung von Pflichtfeldern gut. Studien zufolge sind Benutzer eher auf einer Folgeseite dazu bereit, weitere Angaben zu machen, als wenn diese Information als optionales Feld schon auf der Landing Page abgefragt wird. Liegt beispielsweise der Fall vor, dass sowohl die Angabe einer E-Mail als auch der kompletten Anschrift vonnöten ist, sollten Sie testen, auf der ersten Seite nur die E-Mail-Adresse und erst auf der Bestätigungsseite die Anschrift abzufragen. Je nach Länge des Formulars kann es aber auch sinnvoll sein, Besuchern gleich alle Formularfelder zu zeigen, statt sie auf der ersten Seite zu locken, um sie auf Seite 2 mit einem überlangen Formular vor den Kopf zu stoßen. Ein Test gibt in jedem Fall Aufschluss. Mehr zu Testverfahren erfahren Sie im nächsten Kapitel 9, »Testverfahren«.

Die Danke-Seite eines Formulars bietet sich im Übrigen hervorragend zum Upselling (also dem Anbieten von einer hochwertigeren Variante des Angebots) oder zur Kundenbindung an. Hier können Sie auch Ihren Newsletter oder Gutscheine anpreisen, zum Weiterempfehlen anregen oder auf Ihre Social-Media-Profile verweisen. Darüber hinaus kann die Zufriedenheit der Benutzer an dieser Stelle gut erfragt werden. Weitere Informationen zur Gestaltung von Formularen finden Sie in Kapitel 7, »Usability – benutzerfreundliche Websites«.

> **Machen Sie den Test!**
>
> Sie haben inzwischen eine ganze Menge über wichtige Elemente einer Landing Page erfahren. Aber wie sieht es nun in der Praxis aus? Machen Sie einmal einen Selbsttest: Klicken Sie auf verschiedene Banner oder Werbeanzeigen, sehen Sie sich die entsprechenden Landing Pages an, und bewerten Sie diese für sich. Wie wir schon eingangs verdeutlicht haben, sind die beschriebenen Elemente keine unbedingte Notwendigkeit, und letztendlich spricht eine gute Conversion-Rate für eine gute Landing Page. Sie werden jedoch vermutlich erstaunt sein, wie viele Webseiten auch die grundlegenden Dinge einer Landing Page nicht berücksichtigen – und damit vorhandenes Potenzial nicht voll ausschöpfen.

8.5.4   Messung von Landing Pages

Bevor wir uns nun näher der Zielgruppe zuwenden, möchten wir noch kurz auf einige wichtige Kennzahlen eingehen, die mit Landing Pages im Zusammenhang stehen. Zunächst einmal ist die *Bounce-Rate* oder *Absprungrate* zu nennen. Die Bounce-Rate beschreibt, wie hoch der Anteil an Besuchern ist, die auf eine Webseite gelangen und sofort wieder gehen. »Sofort« meint dabei wenige Sekunden, so dass man davon ausgehen kann, dass die Besucher auch nicht lesen bzw. sich informieren. Sie sind also nicht interessiert an der Webseite und verlassen diese wieder. Wie Sie sich schon denken können, ist eine hohe Bounce-Rate also ungünstig für Ihre Landing Page.

Im Gegensatz dazu ist eine hohe *Click-Through-Rate* (*CTR*) bei Landing Pages wünschenswert. Die Click-Through-Rate beschreibt die Klicks im Verhältnis zu den Impressions. Damit gibt sie Auskunft über die Wirksamkeit Ihrer Landing Page, wenn Sie sich beispielsweise die CTR Ihres Call-to-Action-Buttons ansehen. Denn diejenigen Besucher, die auf den CTA-Button klicken, sind potenziell an Ihrem Angebot interessiert. Damit hat die Landing Page ihre Aufgabe erfüllt.

Sicherlich sind auch die Optik und Angaben zu Umsatz und ROI Kriterien für die Beurteilung einer Landing Page wichtig. Darüber hinaus können Sie Ihre Landing Page auch mithilfe von verschiedenen Testverfahren wie Eye-Tracking und Mouse-Tracking überprüfen. Welche Testverfahren es gibt und wie sie üblicherweise verwendet werden, lesen Sie in detaillierter Form in Kapitel 9, »Testverfahren«.

8.6   Der Entscheidungsprozess der Zielgruppe

Sie haben nun viele wichtige Elemente und Aspekte kennengelernt, die Sie für Ihre Landing Page in Betracht ziehen sollten. Dennoch kommt es auf die Entscheidung des Benutzers an, ob er eine Conversion durchführt oder nicht. Im realen Leben kann ein Schaufenster noch so ansprechend gestaltet, das Personal noch so gut geschult und der Service erstklassig sein – die letztendliche Entscheidung trifft der Besucher.

Sie kennen das vielleicht von sich selbst: Wenn Sie einkaufen, dann wägen Sie das Für und Wider eines Produkts ab, bis Sie letztendlich eine Entscheidung für oder gegen das Angebot fällen. Manchmal geht das in Sekundenschnelle, und manchmal dauert es schon ein Weilchen. Nichts anderes geschieht im Internet. Benutzer durchlaufen einen Entscheidungsprozess, und Sie als Website-Betreiber können diesen Entscheidungsprozess mehr oder weniger stark beeinflussen.

Aus diesem Grund werden wir uns in diesem Abschnitt den Entscheidungsprozess der Zielgruppe genauer ansehen und Ihnen wichtige Werkzeuge an die Hand geben, die Ihnen dabei helfen, die Entscheidung Ihrer potenziellen Kunden positiv zu beeinflussen.

8.6.1   Vertrauen schaffen und glaubwürdig sein

Für den ersten Eindruck gibt es sprichwörtlich keine zweite Chance. Das bedeutet, dass Nutzer eine Website wieder verlassen, wenn sie ihnen uninteressant oder unseriös erscheint. Sie als Website-Betreiber stehen nun vor der Herausforderung, dass Sie kurzweilig Aufmerksamkeit von Ihren potenziellen Kunden geschenkt bekommen und sich von anderen Angeboten abheben müssen. Innerhalb dieser kurzen Zeit müssen Sie sowohl das Interesse des potenziellen Kunden wecken als auch als der Anbieter auftreten, der seine Bedürfnisse erfüllen kann – besonders dann, wenn er Ihre Website noch nicht kennt.

Zwei wesentliche Merkmale sind dabei Vertrauen und Glaubwürdigkeit. Hat ein Benutzer kein Vertrauen in eine Website oder erscheint sie ihm unglaubwürdig, wird er mit hoher Wahrscheinlichkeit keine Conversion durchführen. Laut dem Landing Page Experten Tim Ash zeigen Untersuchungen, dass sich Nutzer innerhalb von 50 Millisekunden einen ersten Eindruck von Ihrer Landing Page verschaffen. Die Herausforderung besteht also darin, in extrem kurzer Zeit Vertrauen zu vermitteln und eine hohe Abbruchrate zu vermeiden und so die Conversion-Rate positiv zu beeinflussen. So sollten Sie allen möglichen Befürchtungen, die ein Interessent mitbringt, mit überzeugenden Argumenten entgegentreten. Im besten Fall lassen Sie Ängste gar nicht erst entstehen, indem Sie beispielsweise schon im Vorfeld

Angaben zu Transaktionen, Lieferungen und Rückgaberechten machen. Im World Wide Web haben Sie jedoch nicht die gleichen Möglichkeiten wie in einem realen Verkaufsgespräch. Wie schaffen Sie es also, Vertrauen aufzubauen und glaubwürdig aufzutreten?

Wenn Sie an mögliche Elemente einer Landing Page zurückdenken, haben wir Ihnen bereits im Unterabschnitt »Trust« in Abschnitt 8.5.1 einige Möglichkeiten aufgezeigt, Vertrauen zu schaffen. Insbesondere Empfehlungen anderer Kunden können sich positiv auf das Kaufverhalten auswirken. Fragen Sie Ihre Kunden daher aktiv danach, wie sie Ihren Service bewerten. Negative Aspekte sollten Sie umgehend ausbessern und positive Kundenmeinungen anderen Besuchern zugänglich machen. Derartige Aussagen stehen bei Interessenten hoch im Kurs. Sie verdeutlichen, welche Erfahrungen andere Personen in der gleichen Situation gemacht haben. Wenn diese Erfahrungen positiv sind, schafft das Vertrauen. Denn Menschen passen sich gerne an und orientieren sich an anderen vermeintlich erfolgreichen Personen – besonders wenn die Empfehlenden den Interessenten ähnlich sind. Wie im Bereich des Neuromarketings herausgefunden wurde (mehr dazu erfahren Sie in Abschnitt 8.6.3), kaufen Menschen eher von Verkäufern, die ihnen ähneln. Dies sollten Sie insbesondere bei der Auswahl Ihrer Heroshots beherzigen und diese auf Ihre Zielgruppe abstimmen.

Auch Institutionen können einen Beitrag zur Vertrauensbildung leisten: So sind die Meinungen von anderen Unternehmen für Website-Besucher interessant. Zeigen Sie also Ihre Referenzen. Zudem können auch Pressestimmen zur Vertrauensbildung beitragen. Preise und Auszeichnungen haben eine starke Wirkung. Im Prinzip leiht man sich an dieser Stelle die Akzeptanz von bekannten Marken und Institutionen. Haben Sie keine Scheu, sich mit Lorbeeren zu schmücken. In Abbildung 8.23 präsentiert der *Hotel Reservation Service HRS* im unteren Seitenbereich verschiedene Testsiegel und Auszeichnungen. Es kann durchaus sinnvoll sein, einige dieser Trustelemente *above the fold*, also im sichtbaren Seitenbereich, zu platzieren, damit sie nicht übersehen werden.

Auch Marken können vertrauensbildend wirken und Ängste minimieren. Manche Benutzer tendieren dann dazu, eher ein Markenprodukt zu beziehen als ein unbekanntes, nach dem Motto »Der gute Ruf muss ja irgendwoher rühren«. Aber nicht jeder Anbieter genießt einen hohen Bekanntheitsgrad und hat eine geläufige Marke. Marken müssen aufgebaut und gepflegt werden – keine Aufgabe, die von heute auf morgen zu erledigen ist. Auf Ihrer Website können Sie auch von der Bekanntheit anderer Marken profitieren. Wenn Besucher in Ihrem Online-Shop z. B. mit Kreditkarte bezahlen können, sollten Sie überlegen, beispielsweise die Logos von Visa und Mastercard auf Ihrer Website zu integrieren. Der hohe Wiedererkennungswert dieser Marken schafft bei Ihren Besuchern Vertrauen.

Abbildung 8.23 Einsatz von Auszeichnungen als Trustelement auf der Website von HRS (www.hrs.de)

Ebenso wie ein klarer Markenauftritt spielt auch ein ansprechendes Design eine entscheidende Rolle. In diesem Zusammenhang hat sich auch der Fachbegriff *Credibility-based Design* entwickelt, also Design, das die Glaubwürdigkeit unterstützt. Ein ansprechendes, klares und professionelles Design kann einen guten Eindruck hervorrufen. Denken Sie an Gottfried Kellers »Kleider machen Leute«. Einige Gestaltungsgrundlagen haben wir bereits in Kapitel 7, »Usability – benutzerfreundliche Websites«, beschrieben. Die Untersuchung *Aesthetics and credibility in web site design* von David Robins und Jason Holmes hat gezeigt, dass die Ästhetik einer Seite das Vertrauen ihrer Besucher in ihre Glaubwürdigkeit beeinflusst. Wie ästhetisch eine Website ist, hängt dabei von dem subjektiven Empfinden der Betrachter ab und kann also von Person zu Person unterschiedlich sein. Versuchen Sie daher, Ihren Besuchern eine klare und übersichtliche Website zu präsentieren, und vermeiden Sie einen Überfluss an Elementen und Auswahlmöglichkeiten, die schnell überfordern. Stellen Sie sich immer die Frage: Unterstützt das Design meine Handlungsaufforderung? Wenn nicht, sollten Sie es dringend überarbeiten. Und im Zweifelsfall gilt ohnehin: Testen Sie verschiedene Varianten, und lassen Sie Ihre Nutzer entscheiden.

8.6.2 Überzeugung

Gehen wir noch einmal zurück zu unserem Beispiel mit dem Verkaufsgespräch in der realen Welt. Können Sie sich beispielsweise einen Autoverkäufer vorstellen, der nicht versucht, Sie zu dem Kauf eines Wagens zu bewegen? Dabei gilt es, überzeugende Argumente gezielt einzusetzen. Der wohl schon oft gehörte Ausspruch »Überzeugen Sie sich selbst« suggeriert schon, dass es an Überzeugung nicht mangeln darf. Auch in der Online-Welt und für Websites gilt die gleiche grundlegende Frage: Wie überzeugen Sie Ihre Kunden von Ihrem Angebot? Wenn Sie sich den Conversion-Prozess Ihrer Website anschauen, müssen Sie sich die Frage beantworten, welche Antworten ein Kunde zu welcher Zeit erwartet.

In diesem Zusammenhang hat sich auch der Fachausdruck *Persuasive Design* (*überzeugendes Design*) entwickelt. Falls Sie jetzt denken, Sie haben mit guter Usability schon Ihren Teil zur Überzeugungsarbeit geleistet, ist dies weit gefehlt. Im Unterschied zur Usability, die darauf abzielt, Dinge einfach und problemlos zu benutzen, geht es beim Persuasive Design darum, die Besucher zu bewegen, etwas überhaupt zu benutzen bzw. angestrebte Ziele umzusetzen. Angenommen, Sie haben einen Haufen dreckiges Geschirr in Ihrer Küche und Ihr Ziel ist sauberes Geschirr, dann geht es bildlich gesprochen bei der Usability darum, wie Sie nun einfach und bequem das Geschirr sauber bekommen, nachdem Sie sich entschlossen haben, es zu reinigen. Eine mögliche Lösung wäre hier z. B. ein Geschirrspüler. Beim Persuasive Design geht es aber darum, dass Geschirr überhaupt sauber zu bekommen, das heißt, sich selbst (oder auch andere) davon zu überzeugen, das Geschirr sauber zu machen.

Beim Persuasive Design von Websites gibt es nun verschiedene Ansätze. Wie auch bei allen anderen Aspekten des Themas Conversion-Rate-Optimierung lassen sich an dieser Stelle keine allgemeingültigen Tipps festhalten. Aber gehen Sie einmal von sich selbst aus. Wir bleiben einmal bei dem Beispiel mit dem dreckigen Geschirr. Wie lassen Sie sich nun dazu bewegen, das Geschirr sauber zu machen? Zum einen sind hier die *intrinsische* und die *extrinsische Motivation* zu nennen. Bei der intrinsischen Motivation treibt einen ein innerer Wille an. Beispielsweise sind Sie einfach genervt, wenn Sie das dreckige Geschirr sehen und Ihre Küche komische Gerüche annimmt. Bei der extrinsischen Motivation hingegen versprechen Sie sich eine Reaktion auf Ihre Handlung. Beispielsweise werden Sie belohnt, wenn Sie endlich abgewaschen haben, oder bestraft (in welcher Form auch immer), wenn Sie das Geschirr weiterhin dreckig lassen. Auch im Web können Sie mit intrinsischer und extrinsischer Motivation arbeiten. Im ersten Fall können Sie eine Handlung beispielsweise so angenehm wie möglich oder sogar spielerisch aufbereiten, dass sie nicht mehr als Aufgabe, sondern als Spaß verstanden wird. Zum zweiten Fall, der extrinsischen Motivation, gehören z. B. Anerkennung, Zugehörigkeit und Bestätigung. Beim Persuasive Design lautet das Motto also: »Jedes Pixel soll überzeugen.«

Des Weiteren ist das *Prinzip der Gegenseitigkeit* zu nennen. Es beruht darauf, dass Beschenkte das Gefühl haben, etwas zurückgeben zu müssen. Dabei sind sie oftmals großzügig und überschreiten den Wert des eigentlichen Geschenks. So kann es sinnvoll sein, kostenlose Informationen, einen Einstiegsgutschein oder einen kostenlosen Versand zu bieten. Die Kopplung an eine Mindestbestellmenge oder Ähnliches vernichtet jedoch diesen Gegenseitigkeitseffekt schnell.

8.6.3   Neuromarketing

Verschiedenste Fachbereiche beschäftigen sich schon seit Jahren mit der Überzeugungskraft. Sowohl Psychologen als auch Verhaltensökonomen und Neurowissenschaftler zählen zu diesen Fachkreisen. Neuromarketing ist ein spezieller Bereich des Marketings, der sich damit beschäftigt, was potenzielle Kunden überzeugt, sich für oder gegen ein Produkt bzw. eine Dienstleistung zu entscheiden. Dabei wird insbesondere untersucht, welche Gehirnbereiche beim Anblick von verschiedenen Angeboten stimuliert werden. Hier wird eine Brücke zwischen den Gehirnaktivitäten und dem beobachtbaren Verhalten geschlagen. Es geht also darum, was im Entscheidungsprozess im Gehirn abläuft und wie man diese Abläufe beeinflussen kann. Diskussionen, auf die wir hier nicht weiter eingehen werden, entstehen dabei hinsichtlich der Manipulation von Menschen.

Bei den Untersuchungen im Neuromarketing kommen sogenannte *Hirnscanner* zum Einsatz, was die Kosten der Forschung oftmals in die Höhe treibt. Die sogenannte *fMRT* (funktionale Magnet-Resonanz-Tomografie) oder auch die Elektroenzephalografie (*EEG*) bezeichnen Verfahren, mit deren Hilfe angezeigt wird, welche Gehirnareale in bestimmten Situationen beansprucht werden. Dies ist möglich, da die entsprechenden Hirnbereiche dann stärker durchblutet werden. Welche Emotionen bei der Testperson hervorgerufen werden, kann im Verlauf der Untersuchung nicht exakt festgestellt werden, wohl aber, wie stark ausgeprägt sie sind und ob sie positiv oder negativ sind.

Ein äußerst prominentes Experiment wurde vom Forscherteam McClure, Read, Tomlin, Cypert und Montague 2004 veröffentlicht. Dabei handelte es sich um einen Blindtest zwischen Coca-Cola und Pepsi. Ohne die Marke zu kennen, konnte man feststellen, dass Pepsi besser abschnitt. Als die Marke den Testpersonen bekannt gegeben wurde, wurden bei der Marke Coca-Cola deutlich mehr Gehirnregionen beansprucht als bei Pepsi. Dieses Beispiel macht die Diskrepanz zwischen Verstand und Verhalten deutlich. Hier setzt das Neuromarketing an.

Inzwischen konnten schon diverse wichtige Erkenntnisse gewonnen werden. Einige davon werden wir kurz ansprechen, die Sie für die Konzeption einer Website und bei der Gestaltung einer Landing Page anwenden können bzw. die Sie im Hinterkopf haben sollten:

▶ **Menschliche Entscheidungen werden überwiegend unbewusst getroffen.** Nur ein kleiner Part geschieht bewusst. Laut Martin Lindstrom, dem Autor des Buches »Buyology: Warum wir kaufen, was wir kaufen«, erfolgen 85 % der Entscheidungen, die Menschen treffen, unbewusst. Das beschreiben auch Dirk Held und Christian Scheier in ihrem Buch »Wie Werbung wirkt. Erkenntnisse des Neuromarketing«: In einem Experiment konnte festgestellt werden, dass Amerikaner dreimal häufiger französischen Wein kaufen, wenn französische Hintergrundmusik gespielt wird. Wird hingegen deutsche Hintergrundmusik gespielt, wurde dreimal mehr deutscher Wein verkauft. Die Käufer konnten sich dabei nicht bewusst an die Hintergrundmusik erinnern. Viele Signale laufen also unbewusst ab, und Käufer können sie in den meisten Fällen nicht in Worte fassen.

  Eine weitere Untersuchung zeigte ähnliche Ergebnisse. So wurden Probanden befragt, ob sie durch die Warnhinweise auf Zigarettenschachteln abgeschreckt seien und weniger rauchen würden. Dies wurde zumeist bejaht. Die Gehirnscans konnten dies jedoch nicht bestätigen. Demzufolge regten die Warnhinweise ein Gehirnareal an, das auch als Suchtzentrum gilt und das Verlangen – in diesem Fall nach einer Zigarette – auslöst.

▶ **Menschen passen sich anderen Menschen an.** Sie können dieses Verhalten in Ihrem täglichen Umfeld beobachten. Die Lautstärke der Stimme passt sich an ein leise sprechendes Gegenüber an, der Gang wird langsamer, wenn man neben älteren Leuten geht. Wenn Sie dies lesen und gäääähnen müssen, können Sie die Spiegelneuronen, die dafür verantwortlich sind, selbst erleben. Auf das Kaufverhalten bezogen bedeutet dies, dass Menschen sich daran orientieren, was andere schon gekauft haben. Aus diesem Grund sollten sie vertrauensbildende und verknappende Elemente auf Ihrer Website einsetzen, da Menschen instinktiv das Bedürfnis haben, Teil einer Gruppe zu sein.

▶ **Menschliche Entscheidungen sind emotional.** Salopp ausgedrückt, verkaufen Sie keine Produkte, sondern Gefühle. Conversions entstehen im Kopf. Insbesondere Marken werden oft an Gefühle gekoppelt. Untersuchungen belegen, dass beim

Betrachten starker Marken die gleichen Gehirnregionen aktiviert werden wie bei dem Betrachten von religiösen Bildern. Oder achten Sie einmal darauf, auf welche Zeit viele (Deko-)Uhren in Geschäften gestellt sind. Oftmals ist es zehn Minuten nach zehn oder zehn vor zwei – weil die Zeiger einer analogen Uhr so mit einem lachenden Gesicht in Verbindung gebracht werden und positive Emotionen hervorrufen. Stellen Sie also sicher, dass Ihre Besucher sich auf Ihrer Seite wohlfühlen. Dafür sorgen Sie mit klaren Botschaften, gängigen Designkonventionen, einer eindeutigen Benutzerführung und einem glaubwürdigen Leistungsversprechen.

► **Sinneseindrücke beeinflussen Entscheidungen.** Einige Unternehmen machen sich diese Erkenntnis zunutze. So werden bestimmte Düfte (wie z. B. Vanille) eingesetzt, um das Kaufverhalten zu stimulieren (in diesem Fall das von Käuferinnen von Damenbekleidung). Das ist auch der Grund, warum in einigen Supermärkten Backautomaten zu finden sind. Nach Ergebnissen von Neurowissenschaftlern regt der Backduft Kunden an, mehr zu kaufen. Kommen Sinneseindrücke (sehen, hören, riechen, tasten, schmecken) gleichzeitig im Gehirn an, können sie sich gegenseitig beeinflussen und verstärken.

Abschließend lässt sich festhalten, dass das Neuromarketing das Potenzial mitbringt, menschliche Entscheidungsprozesse besser zu verstehen. Es wird aber nicht dazu führen, Maßnahmen zu entwickeln, die eine Person unweigerlich zu einem Kauf bewegen. Dazu ist das Gehirn viel zu komplex und sind die Menschen zu unterschiedlich. Dies ist letztlich auch der Grund, warum es so schwierig ist, im Bereich der Conversion-Rate-Optimierung pauschale Empfehlungen auszusprechen. Je nach Zielgruppe, Botschaften und Werbekanälen kann ein und dieselbe Maßnahme in einem Fall die Conversion-Rate steigern, im anderen Fall kontraproduktiv sein. Beobachten Sie immer genau die Effekte Ihrer Optimierungen, und werten Sie Ihre Web-Analytics-Daten aus. Setzen Sie, wo immer möglich, auf A/B-Tests, und lassen Sie Ihre Besucher über die Maßnahmen auf Ihrer Website entscheiden.

8.6.4   Häufige Fehler vermeiden

Bevor wir uns verschiedenen Testverfahren widmen, stellen wir Ihnen zunächst noch häufige Fehler im Zusammenhang mit Landing Pages vor, die es zu vermeiden gilt. Gehen Sie diese elementaren Aspekte durch, wenn Sie Ihre Landing Page bewerten, und stellen Sie sicher, dass Sie keinen dieser Fehler begehen. Manchmal steckt man sehr viel Arbeit in eine Landing Page und verliert sich in Details, so dass schließlich grundlegende Dinge vergessen werden. Mit diesen Punkten sollte das nicht mehr der Fall sein:

► **Sie haben keinen klaren Call to Action.** Zeigen Sie Ihren Besuchern, was sie tun können, um ihr Bedürfnis zu stillen. Alle Elemente Ihrer Landing Page sollten auf eine klar formulierte Handlungsaufforderung hinführen, die auch visuell hervorgehoben wird. Ziehen Sie insbesondere bei der Darstellung auf mobilen Endgeräten das Wiederholen des CTAs in Erwägung, da auf den kleinen Displays vermehrt gescrollt werden muss.

▶ **Sie erfüllen nicht die Erwartungen der Besucher.** Benutzer kommen mit einem bestimmten Anspruch auf Ihre Website. Treffen Sie mit Ihrem Angebot die Erwartungen der Suchenden, und ist Ihr Produkt relevant genug? Hier ist insbesondere der rote Faden zwischen Suche, Werbemittel und Website ausschlaggebend. Innerhalb von Bruchteilen von Sekunden entscheiden sich Besucher, ob eine Seite für sie von Interesse ist, und verlassen diese gegebenenfalls wieder. Dies hat maßgeblichen Einfluss auf die Conversion-Rate. Verwenden Sie daher entsprechende Keywords auf der Landing Page, und sagen Sie klar und deutlich, was Sie bieten.

▶ **Ihre Landing Page enthält zu viele Ablenkungen und Auswahlmöglichkeiten.** Sie möchten mit Ihrer Website ein Ziel erreichen. Machen Sie sich erneut klar, welches das ist, und überprüfen Sie, ob es Elemente gibt, die nicht zu diesem Ziel führen. Überfordern Sie Ihre Besucher nicht mit zu vielen Entscheidungsmöglichkeiten. Machen Sie sich klar, dass jedes Pixel Ihrer Website dazu beiträgt, eine Conversion durchzuführen oder den Benutzer von ebendieser abhält. Konzentrieren Sie sich auf diejenigen Elemente, die zu einer Conversion hinführen, und eliminieren Sie alle weiteren.

▶ **Sie treten nicht glaubwürdig/vertrauenerweckend auf.** Was könnte Nutzer davon abhalten, Ihr Produkt zu kaufen bzw. auf Ihr Angebot einzugehen? Hier spielt besonders das Vertrauen eine große Rolle. Die sogenannte *Credibility* (Glaubwürdigkeit) schlägt sich oftmals in der Kennzahl der Abbruchrate nieder. Setzen Sie sich mit den Grundlagen des Persuasive Designs auseinander, und fügen Sie Trustelemente auf Ihrer Seite hinzu.

▶ **Sie kommunizieren nicht klar bzw. die Landing Page enthält zu viel Text.** Inhalt und Gestaltung der Landing Page sollten klar und eindeutig den Kundennutzen, das Leistungsversprechen und die Handlungsaufforderung übermitteln. Präsentieren Sie Produktvorteile und deren Mehrwert. Hier steht die Frage im Mittelpunkt: Welchen Wert hat das Produkt oder Angebot für den Nutzer, und wie lukrativ ist es? Dies ist das A und O für die Conversion-Rate-Optimierung. Vermitteln Sie mithilfe psychologischer Aspekte Dringlichkeit. Schreiben Sie keine Romane, sondern bringen Sie den Kundennutzen kurz und prägnant auf den Punkt.

▶ **Sie fragen zu viele Informationen ab.** Dies bezieht sich auf Formulare. Fragen Sie wirklich nur die Informationen ab, die Sie zwangsläufig benötigen. Alles andere können Sie zu einem späteren Zeitpunkt erfragen, da es sich sonst negativ auf Ihre Conversion-Rate niederschlagen könnte. Überlegen Sie sich genau, ob eine Registrierung vor einem Kaufabschluss notwendig ist. In vielen Fällen kann eine optionale Registrierung positiven Einfluss auf die Conversion-Rate nehmen. Helfen Sie dem Nutzer, und füllen Sie bekannte Informationen im Formular bereits aus.

▶ **Sie sorgen nicht für ausreichende Stimulation.** Besucher sind träge. Wenn sie nicht explizit motiviert werden, auf der Website zu bleiben, ist die Wahrscheinlichkeit groß, dass sie nach einiger Zeit einfach auf der nächsten Website weitersurfen. Motivations- oder Stimulationsimpulse können beispielsweise Verknappungselemente sein. Ein Konzertbesucher, der weiß, dass es nur noch wenige Tickets für eine Veranstaltung gibt, entschließt sich höchstwahrscheinlich schneller zu einem Kauf. Aber auch Wettbewerbe oder Spielelemente (*Gamification-Elemente*) können Besucher motivieren, sich eingehender mit Ihrem Angebot zu beschäftigen.

▶ **Sie halten Ihre Versprechen nicht.** Achten Sie darauf, dass Sie die Versprechen, die Sie innerhalb Ihres Werbemittels geben, auch auf der Landing Page einhalten. Der rote Faden sollte nicht durchtrennt werden.

Um Kunden zu halten, sollten Sie auch Wert darauf legen, was nach einer Conversion geschieht. Das beginnt mit einer Danke-Seite. Klickt ein Nutzer auf BESTELLUNG ABSENDEN, sollte ihm umgehend mitgeteilt werden, dass seine Handlung erfolgreich war. Bedanken Sie sich bei Ihrem neu gewonnenen Kunden für das entgegengebrachte Vertrauen, und erläutern Sie, wie die nächsten Schritte aussehen. Informieren Sie ihn beispielsweise, wann die Lieferung voraussichtlich eintreffen wird und an wen er sich bei weiteren Fragen wenden kann. Kunden bewerten einen Kaufprozess bis zum Eintreffen der Ware oder dem Erhalt einer Dienstleistung. Die einzelnen Schritte sollten also genauestens überprüft werden, denn nur zufriedene Kunden werden zu Stammkunden und empfehlen Sie gerne weiter.

8.7 Landing-Page-Optimierung (LPO)

Sie kennen nun die schwerwiegendsten Fehler einer Landing Page und wichtige überzeugende Elemente und Vorgehensweisen. In diesem Abschnitt werden wir uns der Optimierung Ihrer Landing Page widmen, kurz gesagt: der LPO. Die Bezeichnung Landing-Page-Optimierung bezieht sich auf die Effizienz der Landeseite. Wie gut eignet sie sich als Brücke zwischen Werbemittel und Ziel? Holt sie Besucher optimal ab, und leitet sie diese zu einem definierten Ziel?

Die Verbesserung Ihrer Landeseite ist ein iterativer Prozess, denn *die* funktionierende Landing Page gibt es nicht. Wie Sie vielleicht schon vermuten, kommt hier auch das Testen von Landing Pages ins Spiel. Testen Sie verschiedene Varianten von Landing Pages, um zu ermitteln, welche Seite die besten Ergebnisse hervorruft. Integrieren Sie die Landing-Page-Optimierung als festen Bestandteil in Ihre Arbeitsabläufe.

Wie gehen Sie dafür am besten vor? Wir haben Ihnen bereits einige wichtige Kennzahlen genannt, die mit Landing Pages in Verbindung stehen. Ermitteln Sie also die bestehenden Schwachstellen, indem Sie sich beispielsweise die Bounce-Rates und

Click-Through-Rates (CTR) genauestens ansehen. Bounce-Rates sollten innerhalb einer Verbesserung also sinken, während die CTR ansteigen sollten. Dabei sollten Sie selbstverständlich auch die Conversion-Rate nicht außer Acht lassen. Die Verweildauer kann Auskunft darüber geben, wie interessant die Inhalte auf Ihrer Landing Page für die Benutzer sind. Eine hohe Verweildauer kann ein Indiz dafür sein, dass die Inhalte genau gelesen und angesehen werden (umgekehrt kann eine hohe Verweildauer auch bedeuten, dass Nutzer nicht die gewünschten Inhalte finden; dies würde sich dann auch in einer hohen Ausstiegsrate bemerkbar machen). Insbesondere bei Online-Shops spielen weitere Kennzahlen, wie die Anzahl an Leads und Sales sowie das Aufrufen des Warenkorbs, eine besondere Rolle. Welche Möglichkeiten es für die Analyse derartiger Kennzahlen gibt, lesen Sie in Kapitel 18, »Monetarisierung – Einnahmen mit der Website erzielen«. Gerade bei Online-Shops sollten Sie Kaufprozesse so simpel wie möglich halten, einen klaren und kurzen Prozess anstreben und unnötige Schritte eliminieren.

Tipp: Landing Page Analyzer

Wenn Sie in wenigen Minuten einige Tipps zu Ihrer Landing Page erhalten möchten, können Sie das Tool *Landing Page Analyzer* (*vwo.com/landing-page-analyzer*) verwenden. Sie geben die entsprechende URL in die Eingabezeile ein und beantworten 21 Fragen. Anschließend erhalten Sie Hinweise zu den Aspekten Relevanz, Motivation, Call to Action, Ablenkung und Unterbrechung.

Vergessen Sie dabei nicht, immer den Gesamtkontext im Auge zu haben. Eine Landing Page stellt die Verknüpfung zwischen Werbemittel und Ziel dar. Eine isolierte Betrachtung wäre aus diesem Grund also wenig sinnvoll. In Kapitel 9, »Testverfahren«, stellen wir Ihnen Testmöglichkeiten vor, die Sie auch für Ihre Landing Pages verwenden können.

8.8   Mobile LPO

Wie Sie sicherlich wissen, steigen die Zahlen zur mobilen Nutzung von Websites stetig. Diese Entwicklung wird auch von Google unterstrichen, indem der Suchmaschinenriese die Optimierung für mobile Endgeräte 2017 für einen Rankingfaktor erklärte. Mehr dazu lesen Sie in Kapitel 5, »Suchmaschinenoptimierung (SEO)«. Neben technischen Eigenschaften, die Sie zum Beispiel mit dem kostenlosen Tool *Test my site* von Google (*https://testmysite.withgoogle.com*) überprüfen können, sollte Sie sich im Zusammenhang mit der mobilen Optimierung Ihrer Landing Page aber noch weitere Themen bewusst machen: Nutzer, die mobile Angebote verwenden, sind oftmals gerade unterwegs und benötigen daher umgehend Problemlösung oder die Befriedigung Ihrer Suchbedürfnisse. In der Vielzahl der Fälle spielt dabei die örtliche Nähe, aber auch die Geschwindigkeit eine entscheidende Rolle. Stellen Sie sich daher die Frage: Ist Ihr Angebot schnellstmöglich und an einem Ort verfügbar, an dem Ihr Interessent es braucht?

Wenn Sie einen Online-Shop besitzen, sollten Sie den gesamten Kaufprozess von der Suche bis zur Bestellbestätigung so zur Verfügung stellen, dass er auch auf einem Smartphone leicht durchführbar ist. Bieten Sie zum Beispiel auf Ihrer Suchergebnisseite verschiedene Filter und Darstellungen wie Listen oder Galerieansichten an, um die Ansicht so angenehm wie möglich zu machen und einen guten Überblick zu schaffen. Legt der Kunde einen Artikel in den Warenkorb, können ebenso wie bei Websites Trustelemente (siehe 8.5.1) den Kaufvorgang unterstützen. Gerade bei mobilen Endgeräten besteht häufig Skepsis im Hinblick auf den Bezahlvorgang und die Eingabe von sensiblen Daten.

Da Ihnen auf den kleinen Smartphone-Displays deutlich weniger Platz zur Verfügung steht, sollten Sie diese Flächen so geschickt wie möglich füllen. Aufzählungen (siehe Abschnitt 8.5.1, »Die sieben Elemente einer Landing Page«) sind dabei ein beliebtes Stilmittel. CTAs sollten Sie mehrfach wiederholen – mobile Nutzer sind an das Scrollen gewöhnt und sollten die Handlungsaufforderung stets vor Augen haben. Denkbar ist in diesem Zusammenhang auch ein *Sticky Button*, also ein Button, der beim Scrollen an der Seite »klebt« und mitläuft. Da für mobile Nutzer das Telefonieren ebenso üblich ist wie das Scrollen, können auch Click-to-Call-Buttons hilfreich sein. Jegliche Eingabe, die vom Nutzer abgefragt wird, sollten Sie für Mobilgeräte optimieren und nutzerfreundlich gestalten. Nutzen Sie daher entsprechenden *Keyboardtypes*, also verschiedene Eingabetastaturen je nach Nutzerabfrage z. B. für die E-Mail-Eingabe oder Datumsauswahl (siehe Abbildung 8.24).

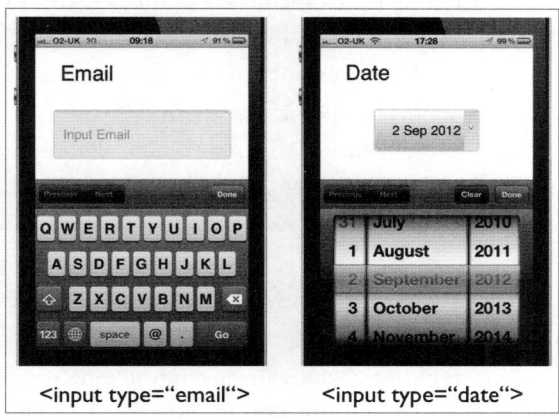

<input type="email">   <input type="date">

Abbildung 8.24 Beispiel für verschiedene Keyboard-Types

Mehr zum Thema benutzerfreundliche Websites auch auf Mobilgeräten lesen Sie in Kapitel 7, »Usability – benutzerfreundliche Websites«.

Sie sehen, eine Vielzahl an Empfehlungen für die LPO lassen sich auch auf die Optimierung von mobilen Landing Pages adaptieren. Dennoch sollten Sie sich immer vor Augen führen, in welchem Kontext Ihre Nutzer Ihr Angebot mobil aufsuchen, und technische, zeitliche, örtliche Aspekte sowie die mobile Benutzerfreundlichkeit berücksichtigen.

8.9   Conversion-Rate-Optimierung to go

▶ Die *Conversion Rate Optimization* (Optimierung der Konversionsrate, CRO) befasst sich mit sämtlichen Maßnahmen, die die Conversion-Rate einer Website steigern, ohne den Traffic zu steigern. Damit spielt sie eine wichtige Rolle für den Erfolg einer Website.

▶ Der CRO-Prozess ist ein Kreislauf, angefangen mit dem Aufdecken der Schwachstellen (Hypothesenbildung) über die Umsetzung von Optimierungsmaßnahmen bis hin zur Überprüfung der getroffenen Annahmen.

▶ Die Landing-Page-Optimierung ist nur ein Teilbereich der CRO, denn sie befasst sich ausschließlich mit der Verbesserung von Landing Pages, während sich die Conversion-Rate-Optimierung auf die gesamte Website bezieht.

▶ Die Landing Page beschreibt die Seite, auf die ein Nutzer gelangt, wenn er auf ein Werbemittel geklickt hat. Die Landing Page hat damit die Aufgabe, den Benutzer abzuholen und ihn zu einer definierten Handlung (der Conversion) hinzuführen. Ablenkungen und eine Vielzahl von Ausstiegsmöglichkeiten für den Nutzer sind daher zu vermeiden.

▶ In vielen Fällen ist es sinnvoll, spezielle Landing Pages anzulegen, denn es sollte ein roter Faden zwischen Nutzerbedürfnis, Werbemittel und Landing Page entstehen. Die Startseite einer Website ist damit in vielen Fällen keine gute Landing Page.

▶ Landing Pages können gänzlich unterschiedlich gestaltet sein, denn auch die Ziele von Werbemaßnahmen können sich deutlich unterscheiden. Einige Elemente werden häufig verwendet, hier muss aber individuell entschieden werden. Diese Elemente sind: Headline, Leadtext, Fließtext, Heroshot, Aufzählung, Trustelement und Call to Action.

▶ Formulare sollten kurz und knapp gehalten sein (Mehr zu Formularen finden Sie in Abschnitt 7.1, »Benutzerfreundlichkeit (Usability)«).

▶ Vertrauen, Relevanz, Orientierung, Überzeugung, Glaubwürdigkeit und eine komfortable Usability sind ausschlaggebende Kriterien für den Erfolg einer Landing Page.

▶ Für die mobile LPO können viele Aspekte der LPO adaptiert werden. Jedoch spielen für mobile Nutzer die Aspekte Geschwindigkeit und örtliche Nähe eine besondere

Bedeutung und sollten unbedingt berücksichtigt werden. Bieten Sie zudem entsprechend optimierte und leicht bedienbare Elemente für die deutlich kleineren Displays und Eingabetastaturen.

8.10   Checkliste Conversion-Rate-Optimierung

Haben Sie eine passende, relevante Landing Page ausgewählt oder gegebenenfalls speziell für Ihre Werbemaßnahme erstellt?	
Haben Sie Wert auf einen roten Faden zwischen Benutzerbedürfnis, Werbemittel und Landing Page gelegt?	
Ist Ihre Landing Page klar und übersichtlich strukturiert, und bietet sie dem Besucher eine schnelle Orientierung?	
Stellen Sie den Kundennutzen und die Vorteile Ihres Angebots deutlich heraus?	
Enthält Ihre Landing Page wichtige überzeugende Elemente, z. B. Siegel, Garantien, Referenzen?	
Fordern Sie Ihre Besucher mit einem klaren Call to Action zu einer Handlung auf, und stellen Sie sie nicht vor zu viele Handlungs- und Auswahlmöglichkeiten?	
Sind die wichtigsten Elemente und insbesondere der Call to Action im sichtbaren Bereich der Seite (*above the fold*) positioniert?	
Wiederholen Sie Ihre Handlungsaufforderung bei längeren Landing Pages im nicht sichtbaren Bereich der Seite (*below the fold*) und bei der mobilen Ansicht?	
Haben Sie Ausstiegs- und Ablenkungsmöglichkeiten weitestgehend entfernt?	
Haben Sie sichergestellt, dass Ihre Landing Page keine unnötigen Werbeanzeigen enthält?	
Treten Sie glaubwürdig und vertrauensvoll auf? Stellen Sie sich die Frage: Was könnte einen Nutzer davon abhalten, zu konvertieren und beispielsweise ein Produkt zu kaufen?	
Fragen Sie bei Formularen wirklich nur die wichtigsten Informationen ab?	
Bieten Sie eine Danke-Seite nach durchgeführter Conversion, die weitere Schritte erläutert?	

Tabelle 8.2 Checkliste zur Conversion-Rate-Optimierung

Kapitel 9
Testverfahren

»Ihre Website wird in jedem Fall auf Usability getestet.
Wenn Sie es nicht selbst tun, dann tun es Ihre Kunden.«
– Jakob Nielsen (Usability-Experte)

In diesem Kapitel erfahren Sie, warum das Testen von Websites sinnvoll ist. Sie erhalten einen Überblick über verschiedene Testverfahren, sowohl über Expertentests als auch selbst durchgeführte Tests. Sie erfahren außerdem, warum es wichtig ist, zunächst Hypothesen über mögliche Optimierungspotenziale auf Ihrer Website und Ihren mobilen Angeboten aufzustellen, und wie Sie diese Hypothesen z. B. in einen A/B-Test oder in einen multivariaten Test überführen. Technische, inhaltliche und zeitliche Aspekte des Testens werden ebenso thematisiert. Am Ende des Kapitels erhalten Sie, wie in diesem Buch üblich, einen Kurzüberblick »to go« und eine Checkliste zum Website-Testing.

Mussten Sie schon das ein oder andere Mal mit verschiedenen Interessenvertretern (*Stakeholdern*) über die Gestaltung Ihrer Website diskutieren? Oder waren Sie schon einmal hin- und hergerissen, welches Layout oder welche Funktion für die Zielerreichung Ihrer Website besser wäre? Mithilfe von Tests und soliden Daten lassen sich klare Aussagen zur Leistungsoptimierung treffen. Oftmals sind die Ergebnisse verblüffend und belehren uns eines Besseren, denn das Verhalten der Besucher lässt sich nicht mit Sicherheit voraussagen. Es bringt also nichts, sich in endlosen Diskussionen zu verlieren. Sie sollten nicht annehmen, dass Entwickler und Projektmanager wissen, was Benutzer wollen. Sie können sich ihres Fach- und Hintergrundwissens nicht entledigen und eine objektive Beurteilung einer Website abgeben – noch weniger, wenn sie an der Entwicklung der Website beteiligt waren. In diesem Zusammenhang spricht man auch von der sogenannten *Highest Paid Person's Opinion* (*HiPPO*). Die HiPPO, also die Meinung des Ranghöchsten, muss aber nicht die richtige sein – letztendlich entscheiden die Besucher der Website über deren Erfolg. Ihnen bleibt also nichts anderes übrig, als Ihre Website zu testen, um Schwachstellen aufzudecken und gegensätzliche Meinungen der Stakeholder datenfundiert zu entkräften.

Ohne Tests lassen sich keine Pauschalaussagen darüber treffen, was Besucher wollen, denn ihre Absichten, der Gesamtkontext, die Branche und die Websites ergeben ein äußerst dynamisches Umfeld. Lassen Sie besser Ihre Benutzer entscheiden, und fangen Sie an zu testen. So können Sie herausfinden, welche Bedürfnisse auf Kundenseite bestehen, und Ihre Website dahingehend verbessern.

Bei der sogenannten *Website Optimization*, also der Leistungssteigerung Ihrer Website, können verschiedene Testverfahren zum Einsatz kommen. Diese können unterschiedlich umfangreich, aufwendig und kostspielig sein. Wir werden Ihnen im Folgenden einige dieser Testmöglichkeiten vorstellen. Außerdem werden wir Ihnen zeigen, welche Phasen Sie bei der Durchführung eines der bekanntesten Testverfahren – des sogenannten A/B-Tests – durchlaufen sollten. Jedoch ist das Website-Testing ein weites Feld, und es gibt Experten, die sich allein darauf spezialisiert haben. Wir können im Rahmen dieses Buches leider nur auf einige Testverfahren eingehen, legen Ihnen aber unsere weiterführenden Informationen (Anhang A) ans Herz, sollten Sie tiefer in die Thematik einsteigen wollen.

Mobile Angebote testen

Vielleicht bieten Sie Ihr Produkt oder Ihre Dienstleistung auch über mobile Websites oder Apps an. Da sich der Optimierungsprozess für mobile Angebote nicht grundlegend von denen der Desktopangebote unterscheidet, sollten Sie die vorgestellten Prinzipien auch hier berücksichtigen. Für die technische Umsetzung sei darauf hingewiesen, dass einige Tools z. B. auch die Erstellung von A/B-Tests für mobile Apps anbieten, wie beispielsweise der Visual Website Optimizer von Wingify (*https://vwo.com*).

Alle Testmethoden lassen sich in einen fortlaufenden Optimierungsprozess eingliedern. Wie Sie in Abbildung 9.1 sehen, ist die Optimierung einer Website ein Kreislauf – man ist quasi nie fertig und betreibt nie eine perfekte Website. Das geht schon deswegen nicht, weil sich diverse Nebenbedingungen und somit auch die Anforderungen an eine Website ändern können. Das können z. B. das Wetter sein sowie Feiertage, soziale, politische, wirtschaftliche und auch sportliche Ereignisse. Ebenso können Trends innerhalb der Branche und technologischer Fortschritt Einfluss auf das Benutzerverhalten haben.

Wie Sie sehen, ist das hier dargestellte sehr vereinfachte Vorgehen der Optimierung ein iterativer, also ein sich wiederholender Prozess. Daher können Sie auch Ihre Website als einen dynamischen Schauplatz ansehen, der anhand verschiedener Testergebnisse laufend weiterentwickelt werden kann.

Wir werden uns in diesem Kapitel verschiedenen Testmethoden widmen sowie Besonderheiten und Schwierigkeiten aufzeigen. Jedoch schon zu Beginn legen wir Ihnen Folgendes ans Herz: Es ist wichtig, dass Sie überhaupt testen! Oder fallen Ihnen auf Anhieb etablierte Produkte ein, die sich keiner Prüfung unterziehen mussten? Auch in anderen Branchen hat das Testen von Produkten einen festen Platz gefunden, um monetären Verlusten und Imageschäden vorzubeugen. Erfolgreiche Online-Unternehmen – wie z. B. Google oder Amazon – haben erkannt, dass ihre Websites keine statischen Gebilde sind, sondern sich kontinuierlich weiterentwickeln müssen. Im Rahmen sehr vieler paralleler Tests überprüfen diese Unternehmen daher regelmäßig ihre Angebote und arbeiten so ständig an der Optimierung der Benutzerfreundlichkeit.

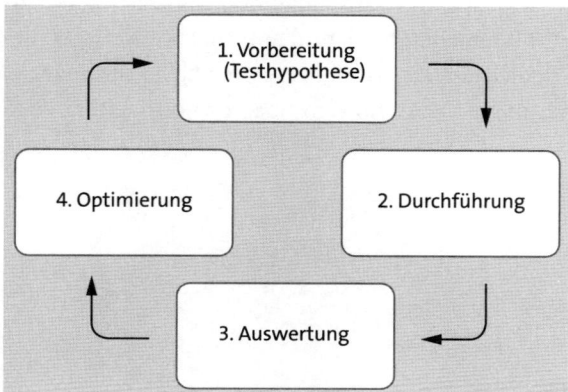

Abbildung 9.1 Der Testprozess: Vorbereitung (Testhypothese),
Durchführung, Auswertung, Optimierung

Ein Hinweis noch, bevor es losgeht: Im Folgenden wird zum Teil der Begriff *User* verwendet. Er ist gleichzusetzen mit den *Benutzern* Ihrer Website, wird aber in Fachkreisen üblicherweise in der englischen Version verwendet.

9.1   Potenzialanalyse und Hypothesenbildung

Stellen Sie sich vor, Sie betreiben – wie das Unternehmen *Wix.com* – eine Plattform, auf der sich User registrieren sollen, um eine eigene Website zu erstellen (siehe Abbildung 9.2).

Abbildung 9.2 Startseite von »de.wix.com« – einer Plattform zur
Erstellung eigener Websites

Stellen Sie sich nun außerdem vor, dass Sie bei der Durchsicht Ihrer Web-Analytics-Daten feststellen, dass zwar viele Besucher Ihre Seite aufrufen, sich aber kaum ein User bei Ihnen registriert. Ihre Conversion-Rate ist also vergleichsweise gering. Sie vermuten, dass der Button JETZT STARTEN durch den fehlenden Kontrast zum Hintergrund von Ihren Besuchern leicht übersehen wird, und entscheiden sich aus diesem Grund dafür, die Schaltfläche deutlicher darzustellen (vergleiche Abbildung 9.3), weil Sie vermuten, dass sich durch diese Maßnahme mindestens doppelt so viele User bei Ihnen registrieren.

Abbildung 9.3 Startseite von »de.wix.com« mit veränderter Farbe des Call-to-Action-Buttons (fiktives Beispiel)

Ohne es vielleicht bemerkt zu haben, haben Sie in diesem sehr vereinfachten, fiktiven Beispiel mit diesen wenigen Überlegungen bereits alle wichtigen Aspekte der Vorbereitungsphase eines Tests durchlaufen:

▶ Sie haben **Daten erhoben**, mit deren Hilfe Sie eine Aussage zum Verhalten Ihrer Besucher treffen konnten – in diesem Fall Web-Analytics-Daten. Mehr zu Web-Analytics-Daten erfahren Sie in Kapitel 10, »Web-Analytics«.

▶ Sie haben auf Grundlage der vorhandenen Daten eine **Schwachstelle** auf Ihrer Website erkannt: Der Anteil der Besucher, der sich bei Ihnen registriert (= Conversion-Rate), ist sehr niedrig.

▶ In einem nächsten Schritt haben Sie ein **Potenzial** zur Optimierung Ihrer Website identifiziert – in unserem Beispiel der Kontrast des Buttons zum Hintergrund.

▶ Sie haben eine **Hypothese** formuliert und mit einem **messbaren Ergebnis** verknüpft: Sie vermuten, dass eine deutlichere Darstellung des Buttons dazu führt, dass sich Ihre Conversion-Rate mindestens verdoppelt.

In einem ersten Schritt geht es also zunächst darum, Daten zu erheben, mit denen Sie einschätzen können, ob Ihre Website tatsächlich auf den User ausgerichtet und für ihn einfach nutzbar ist. Die wenigsten Benutzer sind bereit, sich lange mit einer Website zu befassen, die äußerst undurchsichtig und kompliziert ist. So stehen die Fragen im Raum: Kann sich der Besucher schnell orientieren, sind die Inhalte entsprechend aufbereitet, und weiß er sofort, was der Kern der Website ist?

Aussagekräftige Antworten auf diese Fragen bekommen Sie nur, wenn Sie Daten erheben und analysieren und auf dieser Basis Hypothesen zu Optimierungspotenzialen entwickeln und entsprechend testen. Das Ziel der Tests ist es, die Nutzbarkeit der Website zu verbessern. Als positiver Effekt lässt sich an dieser Stelle festhalten, dass eine hohe Nutzerfreundlichkeit oftmals auch größere Kundentreue und bessere Conversion-Rate bedingt.

Um Informationen über die Schwachstellen Ihrer Website zu erhalten, können Sie entweder Experten befragen oder das Verhalten der User untersuchen. In beiden Fällen erhalten Sie Hinweise zu möglichen Problemen auf der Seite, die Sie dann mithilfe von Website-Tests verifizieren können. Wir werden in diesem Kapitel sowohl auf Expertenanalysen als auch auf benutzerzentrierte Usability-Untersuchungen detailliert eingehen.

> **Beta-Tests vs. Usability-Tests**
>
> Sie kennen vielleicht sogenannte *Beta-Tests* einiger Unternehmen. Sie starten bei einer Produktveröffentlichung zunächst mit einer Beta-Version. Die Beta-Version ist eine noch unfertige (Neu-)Entwicklung. Damit soll überprüft werden, ob die neue Anwendung bzw. das neue Produkt tadellos funktioniert bzw. ob und welche Probleme bei der Anwendung auftreten. Beta-Tests zielen insbesondere auf technische Aspekte ab. Neben dem Testen in der Entwicklungsphase mit ausgewählten Personen hat sich auch eine öffentlich zugängliche Beta-Version inzwischen etabliert. Dabei wird die Entwicklung direkt den Endkunden zur Verfügung gestellt. Ein Beispiel dafür ist das *TestTube* von YouTube unter *www.youtube.com/testtube*, wo Nutzer nach Angaben von YouTube »Funktionen testen, an denen unsere Programmierer und Entwickler zurzeit tüfteln« und Rückmeldung dazu geben können.
>
> Im Gegensatz dazu wird mit einem Usability-Test geprüft, wie einfach und intuitiv sich eine Website nutzen lässt – der Test ist daher insbesondere auf den Inhalt der Seite bezogen.

9.1.1   Expertenanalysen

Wenn Sie den Entschluss gefasst haben, Ihre Seite zu testen, ist schon mal ein sehr wichtiger Schritt getan. Nun müssen Sie entscheiden, ob Sie Experten beauftragen möchten, die sich auf die Suche nach Schwachstellen auf Ihrer Website machen, oder ob Sie – auf direktem oder indirektem Weg – Ihre User selbst befragen. Oftmals ist dies eine Budgetfrage, jedoch müssen Tests nicht teuer sein, wie der Usability-

Experte Jakob Nielsen betont. In beiden Fällen sollten Sie sich jedoch darauf einstellen, dass Ergebnisse frustrieren können. Man kann sich manchmal nicht vorstellen, welche Schwierigkeiten Nutzer mit einer Website oder mobilem Angebot haben, in dessen Erstellung sehr viel Zeit und Mühe geflossen sind. Aber sehen Sie es positiv: Nur wer Fehler erkennt, kann diese auch beheben.

Expertenanalysen oder Rückmeldungen von Usern (siehe Abschnitt 9.1.2, »User-Feedback«) helfen Ihnen also dabei, plausible Hypothesen aufzustellen, welche Maßnahmen auf Ihrer Website dazu führen, dass Ihre User sich wohler fühlen, sich einfacher zurechtfinden und besser konvertieren. Die durch Experten oder User identifizierten Optimierungspotenziale sollten Sie dann in einem A/B-Test überprüfen (siehe Abschnitt 9.2, »A/B-Tests«).

Sollten Sie sich dafür entscheiden, die Aufgabe der Usability-Analyse in die Hände eines Experten zu legen, können Sie sich zunächst zurücklehnen und die Profis arbeiten lassen. Es haben sich hier verschiedene Methoden etabliert, auf zwei davon werden wir im Folgenden näher eingehen.

Cognitive Walkthrough

Zunächst einmal ist der sogenannte *Cognitive Walkthrough* (*kognitiver Durchgang*) zu nennen. Hier versetzt sich der Experte in die Lage eines Benutzers, ähnlich wie ein Schauspieler, der sich in seine Rolle einfindet, und durchläuft gezielt vorher definierte Handlungsabläufe und Beispielaufgaben. Dabei steht die Frage im Raum, ob der Nutzer diesen Weg auch gegangen wäre. Der Experte macht sich bei jedem Prozessschritt Notizen und vermerkt Schwachstellen (auch *Failure Stories* genannt), die auf Seiten des Benutzers auftreten könnten (siehe Abbildung 9.4).

Abbildung 9.4 Funktionsweise des Cognitive Walkthrough

Beispiele für derartige Prozesse können Einkaufsprozesse sein oder das Ausfüllen von bestimmten Formularen, z. B. von Registrierungs- oder Buchungsformularen.

Ein Charakteristikum des Cognitive Walkthroughs ist also, dass das Augenmerk auf einen bestimmten Prozess und nicht auf die gesamte Anwendung gerichtet wird. Das Ziel dieser Methode ist es, Schwachstellen zu ermitteln und Hilfestellung bei der Optimierung zu geben.

Gerade bei diesem Vorgehen ist die Auswahl eines geeigneten Fachmanns entscheidend für die Ergebnisse. Achten Sie darauf, dass Ihr Spezialist viel Weberfahrung, gute Menschenkenntnis und Empathie mitbringt sowie in gestaltungspsychologischen Erkenntnissen bewandert ist. Es ist empfehlenswert und in der Praxis bewährt, dass bis zu fünf Experten unabhängig voneinander einen Cognitive Walkthrough durchführen.

Heuristische Evaluation

Die zweite Methode, die wir Ihnen vorstellen, ist die sogenannte *heuristische Evaluation*. Sie wurde bereits 1990 von Rolf Molich und Jakob Nielsen entwickelt. Anhand verschiedener Aspekte, der Heuristiken, analysieren verschiedene Experten (empfohlen sind dabei drei bis fünf) unabhängig voneinander eine Website. Mithilfe dieser Methode sollen nach Nielsen drei Viertel aller Schwachstellen identifiziert werden können. Folgende Heuristiken (hier sinngemäß übersetzt) sind dabei festgelegt worden:

1. *Simple and natural dialogue* (einfacher und natürlicher Dialog)
2. *Speak the users' language* (die Sprache der Benutzer treffen)
3. *Minimize the users' memory load* (das Gedächtnis der Benutzer nicht über Gebühr beanspruchen)
4. *Consistency* (Konsistenz/Einheitlichkeit)
5. *Feedback* (Rückmeldung)
6. *Clearly marked exits* (klar gekennzeichnete Ausgänge)
7. *Shortcuts* (Tastenkürzel; das bedeutet: Erfahrene Benutzer sollten Shortcuts benutzen können, die weniger geübte Nutzer jedoch nicht irritieren dürfen.)
8. *Precise and constructive error messages* (präzise und konstruktive Fehlermeldungen)
9. *Prevent errors* (Fehlervermeidung)
10. *Help and documentation* (Hilfe und Dokumentation)

Anschließend werden die identifizierten Schwachstellen zusammengetragen, bewertet, priorisiert und im Optimalfall mit einem Lösungsvorschlag versehen.

Ein weiteres Modell, Schwachstellen auf einer Website zu identifizieren, stammt von André Morys, einem der führenden Experten für Conversion-Rate-Optimierung in Deutschland. Morys unterscheidet sieben sogenannte *Ebenen der Konversion*, die darüber entscheiden, ob User sich auf einer Website wohlfühlen (und im Idealfall konvertieren, also z. B. zum Käufer werden) oder eben nicht. Vor allem die ersten sechs Ebenen liefern viele Ideen für Optimierungspotenziale einer Website:

1. *Relevanz*: Ist das Angebot für den User relevant? Passt es z. B. zu seiner Suchanfrage? Passt es zur Sprache des Users? Ist es verständlich? Greifen Sie innere Fragen des Users auf?

2. *Vertrauen*: Ist das Design Ihrer Website glaubwürdig? Wird Ihrer Marke ausreichend Platz eingeräumt? Nutzen Sie Gütesiegel und Trustelemente? Enthält Ihre Website Kundenmeinungen?

3. *Orientierung*: Geben Sie einen guten Überblick über Ihr Angebot? Ermöglichen Sie verschiedene Zugänge zu Ihrem Angebot? Wie steht es um die Qualität Ihrer internen Suchergebnisse?

4. *Stimulanz*: Verfügt Ihre Website über überzeugende Inhalte? Präsentieren Sie Ihr Angebot ansprechend? Verfügen Sie über attraktive Preise, Versandbedingungen oder sonstige Anreize?

5. *Sicherheit*: Geben Sie Ihren Usern das Gefühl, dass sie selbst entscheiden können? Existiert eine Service-Hotline? Ist Ihr Angebot zu jeder Zeit transparent?

6. *Komfort*: Verlangen Sie nur die nötigsten Informationen? Ermöglichen Sie unterschiedliche Zahlungsarten? Bieten Sie Ihren Usern an kniffligen Stellen Unterstützung an, und nehmen Sie ihre Fragen vorweg?

7. *Bewertung*: Kümmern Sie sich auch nach der Conversion um Ihren Kunden? Wie sorgen Sie dafür, dass Ihr Kunde auch Kunde bleibt?

Es gibt noch zahlreiche weitere Methoden, die in diesem Zusammenhang angewandt werden können. Einige stellen wir Ihnen am Ende dieses Kapitels in Abschnitt 9.7, »Weitere Testmöglichkeiten«, kurz vor. Da die Ergebnisse von Expertenanalysen extrem abhängig von der Expertise der Fachleute sind, empfehlen wir Ihnen, eine Kombination aus Expertenanalysen und User-Feedback. Prinzipiell können die Methoden aber einzeln angewendet werden.

9.1.2   User-Feedback

User-Feedback kann seinerseits nochmals unterschieden werden, und zwar einerseits in für den User bewusstes Feedback, das in Testlabors (z. B. durch Eye-Tracking, siehe im später folgenden Unterabschnitt, »Eye-Tracking«) oder in den eigenen vier Wänden abgefragt wird. Bei Letzterem sollten Sie jedoch eine ruhige, ungestörte Atmosphäre gewährleisten. Der Ort ist abhängig vom Testumfang und von der notwendigen Technik für den Test.

Andererseits haben Sie auch die Möglichkeit, User-Feedback einzuholen, ohne dass Benutzer sich dieses Feedbacks explizit bewusst sind. Sie fragen sich, wie das funktionieren soll? Es existieren zahlreiche Tools, die Ihnen detailliert Aufschluss über die Aktivitäten der Benutzer auf Ihrer Website geben. Neben Web-Analytics-Tools wie Google Analytics, die Sie in Kapitel 10, »Web-Analytics«, näher kennenlernen, gibt es Tools wie z. B. Crazyegg (*www.crazyegg.com*). Sie zeichnen genau auf, wo sich User mit der Maus aufhalten, wohin sie klicken, wie sie die Maus bewegen oder wie weit sie auf einer Seite nach unten scrollen. All diese Daten können Sie nutzen, um besser zu verstehen, wie ein Benutzer sich auf Ihrer Website verhält und an welchen Stellen er womöglich Schwierigkeiten hat.

Schnell und einfach

Sie können zu jeder Zeit im Entwicklungsprozess einer Website schnell und einfach Feedback einholen. Obwohl sie vielleicht etwas rudimentär wirken, können sie doch elementare Schwachstellen entblößen. Sie kennen das vielleicht: Manchmal sieht man den Wald vor lauter Bäumen nicht. Dann kann es sinnvoll sein, die zu testende Website oder auch Ihre App einer beliebigen Person (diese ist möglichst im Entwicklungsprozess nicht eingebunden) zu zeigen und sie zu fragen, ob sie den Kern der Seite/App erkennt.

Gehen wir zunächst auf das bewusste User-Feedback (z. B. im Labor) ein. Der Ablauf eines solchen Feedbacks lässt sich in folgende Phasen einteilen:

▶ Vorbereitungsphase

▶ Testphase

▶ Auswertungsphase

▶ Optimierungsphase

Die Vorbereitungsphase

Innerhalb der Vorbereitungsphase gilt es, Versuchspersonen zu akquirieren. Es ist wünschenswert, dass diese so gut wie möglich der anvisierten Zielgruppe der Website entsprechen. Jedoch ist dies kein Muss und wird zum Teil überbewertet. Wir empfehlen, eher mehrfach mit beliebigen Personen zu arbeiten, als nur einmalig zu testen, und dafür mit äußerst sorgfältig ausgewählten Probanden. Damit schließen wir uns der Meinung vieler Experten an. Um elementare Fehler einer Website aufzudecken, reichen nach Jakob Nielsen und Steve Krug schon drei bis fünf Personen aus, was den Rekrutierungsaufwand recht gering halten sollte. Für Ihre Website können Sie also auch bedenkenlos Verwandte oder Bekannte fragen.

Nielsen fand heraus (nachzulesen unter *www.nngroup.com/articles/why-you-only-need-to-test-with-5-users/*), dass Feedbacks von fünf Benutzern ca. 85 % aller Website-Probleme aufdeckten, während 15 Benutzer annähernd alle Probleme identifizieren können. Die schwerwiegendsten Probleme werden üblicherweise von den ersten beiden Benutzern entdeckt, die weiteren Benutzer bestätigen diese in der Regel und finden weitere Schwachstellen. Wenn Sie nur zwei Benutzer befragen, wird oftmals die Hälfte der Schwachstellen erkannt.

User-Feedbacks müssen nicht zwangsläufig teuer sein. Wie Sie in Abbildung 9.5 sehen, machen Sie den größten Sprung zwischen null und einem Benutzer. Das bedeutet, dass jeder noch so kleine Test besser ist als gar keiner.

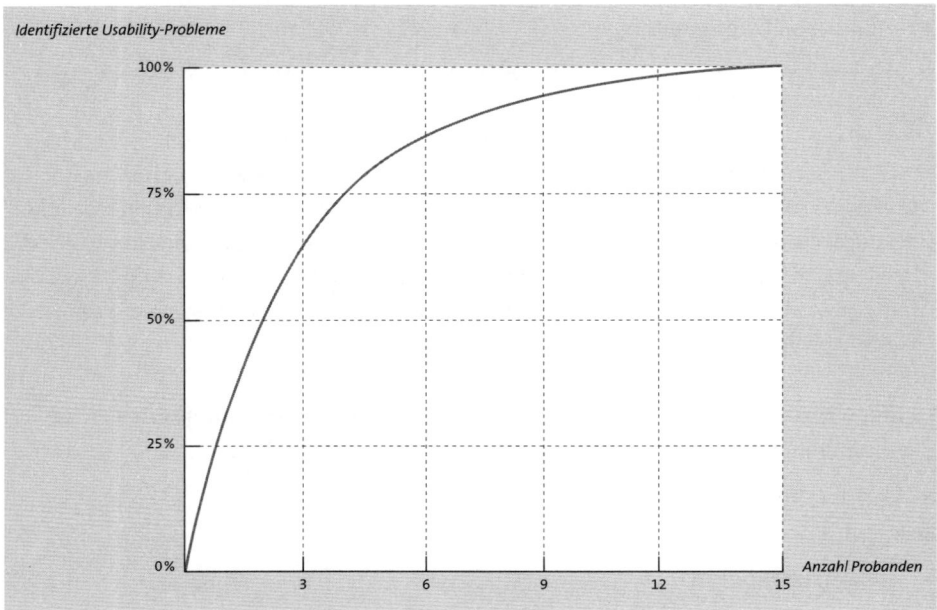

Abbildung 9.5 Anzahl der Testpersonen (eigene Darstellung in Anlehnung an Jakob Nielsen)

Außerdem sollten Sie, um aussagekräftige Ergebnisse zu erhalten, jedoch Personen ausschließen, die an der Umsetzung der Website beteiligt waren. Wenn Sie den Personen eine Aufwandsentschädigung bieten, verdeutlichen Sie die Wertschätzung ihrer Meinung. Sie können mit den ausgewählten Probanden schon vor der eigentlichen Testphase Gespräche führen, um den Kenntnisstand und Erfahrungen zum Thema bzw. zum Produkt zu erfragen. Auch die Auswahl eines Versuchsleiters muss nicht aufwendig sein. Ratsam ist es aber, eine geduldige Person auszuwählen, die sich während des Tests äußerst zurückhält. Dennoch gilt nach wie vor das Motto »Prinzipiell kann jeder Tests durchführen«.

Auch der Ort, an dem Usability-Tests durchgeführt werden können, ist grundsätzlich frei wählbar. Achten Sie jedoch darauf, dass bereits vor dem Test genau festgelegt wird, was dem Probanden am Bildschirm gezeigt werden soll. Bereiten Sie den Test-Computer bzw. das mobile Testgerät so vor, dass keine historisch gespeicherten

Daten Einfluss auf den Test nehmen können, indem Sie beispielsweise entsprechende Cookies löschen und den Cache leeren. Es bietet sich an, den Testablauf per Videokamera zu filmen. So können Sie Reaktionen der Testpersonen im Nachgang analysieren. Denken Sie in der Akquise-Phase daran, die Einwilligung der Probanden einzuholen, und schenken Sie der Kamera während des Tests keine Aufmerksamkeit.

Die Testphase

Die Testphase besteht darin, dass der Proband typische Aufgaben auf der Website erledigt mit dem Ziel, Schwachstellen und Unklarheiten zu identifizieren. Diese Aufgaben können beispielsweise darin bestehen, Kontaktdaten herauszufinden, ein bestimmtes Produkt (sofern es sich um einen Online-Shop handelt) in den Warenkorb zu legen oder den Kern einer Seite zu beschreiben. Die Aufgaben können in ihrer Schwierigkeit zunehmen. Dies ist sinnvoll, damit sich die Testperson zunächst an die fremde Situation gewöhnen kann. Achten Sie jedoch darauf, nicht zu viele Vorgaben zu machen, damit der Test nicht zu realitätsfern ausfällt.

Die Testperson wird aufgefordert, laut zu denken (auch bekannt unter dem Begriff *Thinking aloud*), das heißt, ihre Gedanken bei der Benutzung der Website zu kommentieren. Der Testleiter hat dabei die Aufgabe, den Probanden kontinuierlich zu ermutigen, seine Gedanken in Worte zu fassen. Dies ist unter anderem wichtig, um seine Handlungen nachvollziehen zu können. Der Vorteil von lautem Denken ist: Sie erfahren, was der Benutzer spontan denkt, erwartet, sucht, empfindet usw. Es ist nicht möglich, derartige Erkenntnisse im nachgelagerten Interview zu erörtern, da sie dann nicht mehr spontan sind und sich die Probanden unter Umständen auch weniger genau an die Situation erinnern. Greifen Sie jedoch auf keinen Fall in die Versuche der Probanden, die Aufgabe zu lösen, ein. Hilfestellungen sind ein absolutes Tabu.

Zudem kann auch das sogenannte *Teaching back* angewandt werden. Dabei wird eine Gruppe von Testpersonen gleichmäßig aufgeteilt. Ein Teil hat zunächst die Aufgabe, sich die zu testende Website genau anzusehen, und soll anschließend dem zweiten Teil der Probanden erklären, was man auf der Seite tun kann. Anhand der Erklärungen erfahren Sie, ob und wie gut der Kern der Webseite erkannt wurde.

In der Regel sieht auch der Versuchsleiter die Website auf einem eigenen Bildschirm und sitzt der Testperson gegenüber. Zudem kann Testsoftware zum Einsatz kommen, die den gesamten Testablauf auf dem Bildschirm per Video aufzeichnet. Hier gibt es zahlreiche kostenpflichtige, aber auch Freeware-Programme (z. B. CamStudio, *camstudio.org*), die das leisten. Diskussionen vor und innerhalb des Usability-Tests sind ausgeschlossen. Der Versuchsleiter beobachtet die Handlung des Probanden und macht sich optimalerweise Notizen. Das Beobachten und Protokollieren kann auch auf zwei Personen aufgeteilt werden. Stellen Sie sicher, dass allen Testpersonen die gleichen Aufgaben gestellt werden, und überfordern Sie die Probanden nicht mit zu vielen Aufgaben. Oftmals findet im Anschluss eine Nachbefragung statt, die sich inhaltlich auf das Produkt oder vergleichbare Produkte bezieht.

Prinzipiell gilt die beschriebe Vorgehensweise gleichermaßen für Websites und Angebote für mobile Endgeräte.

Die Auswertungsphase

Innerhalb der Auswertungsphase werden Notizen und Videodaten aller Testpersonen ausgewertet, die beobachteten Schwachstellen analysiert und idealerweise mit dem Entwickler bzw. Projektteam besprochen. Im Anschluss daran wird oftmals ein Gesamtbericht mit den gewonnenen Erkenntnissen erstellt. Häufig auftretende Probleme, die per User-Feedbacks identifiziert werden können, sind z. B.:

▶ unübersichtliche Navigation und eine überladene Website

▶ unpräzise Bezeichnungen, die dazu führen, dass Testpersonen nicht das finden, was sie suchen

▶ Unklarheit über Möglichkeiten, die der Benutzer auf der Seite hat

▶ technische Defizite, die durch Falscheingaben der Testpersonen entstehen (z. B. Fehlermeldungen bei Formularen)

Insbesondere die ersten beiden Punkte können zu einem Orientierungsverlust der Benutzer führen und sollten unbedingt verbessert werden.

Sie sollten bei der Auswertungsphase jedoch berücksichtigen, dass Probanden eben auch nur Menschen sind und gänzlich unterschiedlich auf Situationen reagieren. So kann es beispielsweise sein, dass Versuchspersonen durch die ungewohnte Testsituation extrem aufgeregt sind. Vielleicht sind sie aber auch schüchtern oder desinteressiert. Es kann zudem der *Hawthorne-Effekt* eintreten, wonach Probanden ihr Verhalten ändern, wenn sie wissen, dass sie beobachtet werden. Hier sind vielfältige Verhaltensweisen möglich, und ein Test kann niemals alle Situationen abbilden.

Die Optimierungsphase

Anhand der Ergebnisse aus einem Usability-Feedback können nun Optimierungsmaßnahmen an der Website oder App vorgenommen werden. Priorisieren Sie dafür die Schwachstellen, je nachdem, wie schwerwiegend sie sind. Zu diesen Problemen müssen anschließend entsprechende Lösungsvorschläge erarbeitet werden, und es muss festgelegt werden, welche davon sukzessive umzusetzen sind. Im Mittelpunkt sollte die Frage stehen: Was ist der Kern der Website bzw. der App, und was soll der Benutzer hier tun können? Achten Sie dabei darauf, dass es oftmals sinnvoller ist, Elemente zu reduzieren oder sogar zu entfernen, als Erklärungsversuche zu ergänzen. Kürzen Sie lange Schritte sinnvoll ab, und ersparen Sie Ihren Benutzern unnötige

Arbeit. Denken Sie jedoch bei allen Veränderungen daran, dass sie auch Auswirkungen auf andere Seiten(-Bereiche) haben können.

Wie wir eingangs beschrieben haben, ist das Website-Testing ein Kreislauf. Sie sollten also nach Optimierungsarbeiten einen weiteren Test durchführen, der Ihre Maßnahmen im besten Fall bestätigt und gegebenenfalls bisher unentdeckte Schwachstellen ans Tageslicht bringt. Wie schon kurz angerissen, ist es in vielen Fällen sinnvoll, verschiedene Testmethoden miteinander zu kombinieren. So können Sie aus den Ergebnissen des User-Feedbacks auch eine Hypothese entwickeln, die Sie dann in einem A/B-Test überprüfen. Mehr hierzu erfahren Sie in Abschnitt 9.2, »A/B-Tests«.

Eye-Tracking

Mit dem *Eye-Tracking* ist die Analyse der Blickbewegung gemeint, die als Bestandteil von User-Feedbacks im Labor zum Einsatz kommen kann. Sie wird auch als *Okulografie* bezeichnet. Wir bewegen die Augen unbewusst beim Betrachten einer Website. Der sogenannte *Scanpfad* (also der Blickverlauf der Augen) ist daher ein Indiz dafür, welche Seitenelemente höhere Bedeutung haben. Aufgrund der notwendigen Technik wird Eye-Tracking häufig in speziellen Labors durchgeführt. Dabei kommen spezielle Hilfsmittel und -geräte zum Einsatz, die die Blickbewegung der Betrachter bzw. der Testpersonen per Video aufnehmen. Diese Geräte werden *Eyetracker* genannt und können sowohl mobilen Charakter haben als auch externe Geräte sein. So können beispielsweise Helmkameras (auch *Head-mounted Eyetracker* genannt) zum Einsatz kommen, die auf dem Kopf des Probanden befestigt werden. Eine Kamera ist dabei auf die Pupillen der Testperson gerichtet und zeichnet den Blickverlauf auf.

Zu den externen Geräten, die auch als *Remote Eyetracker* bezeichnet werden, gehören frei stehende sowie installierte Kameras. Sie werden in der Regel neben oder unter dem Monitor angebracht oder können in den Bildschirm integriert sein. Einerseits ermöglicht dies eine sehr realistische Testsituation, andererseits sollten die Probanden dennoch darauf hingewiesen werden, sich nicht zu stark zu bewegen. Bei den externen Augenkameras werden die Augen der Testperson anvisiert und deren Blickverlauf verfolgt und aufgezeichnet (siehe Abbildung 9.6).

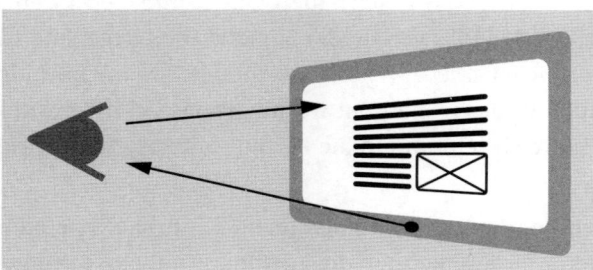

Abbildung 9.6 Prinzip des Eye-Trackings

Je nachdem, welcher Eyetracker-Typ zur Anwendung kommt, kann eine annähernd realistische Situation erzeugt werden, die auch gewisse Bewegungsfreiheit zulässt. Dennoch empfiehlt es sich, auch hier dem Probanden z. B. in Vortests die Möglichkeit zu geben, sich zunächst mit der ungewohnten Situation anzufreunden.

Nach dem Einstellen und Kalibrieren der Eyetracker und gegebenenfalls einem Vortest beginnt die eigentliche Testphase. Im Rahmen des User-Tests stellt ein Testleiter dem Probanden Aufgaben und beobachtet Aktionen und Reaktionen der Versuchsperson. Die dabei entstehenden Daten werden aufgezeichnet und analysiert.

Eye-Tracking mit Simulatoren

Da das Eye-Tracking durchaus seinen Preis haben kann, wurden mit der Zeit spezielle Programme entwickelt, die derartige Tests simulieren sollen. Wir sind der Meinung, dass solche Programme »echtes« Eye-Tracking nicht ersetzen können und allenfalls eine zusätzliche Möglichkeit bieten, eine Website zu analysieren. Das liegt beispielsweise schon allein daran, dass es nicht möglich ist, den Nutzerkontext zu berücksichtigen oder verschiedene Besuchertypen zu unterscheiden.

Unabhängig davon, welcher Eyetracker-Typ zum Einsatz kommt, ist es mit den Aufzeichnungen des Blickverlaufs möglich, diese auf die Website zu übertragen. Innerhalb der Website-Optimierung besteht das Ziel darin, zu ermitteln, welche Seitenbereiche oder Elemente wie intensiv angesehen wurden und welche gar keine Beachtung fanden. Dabei sind die Kennzahlen Zeit und das fokussierte Element bzw. der fokussierte Bereich elementar. Deren Analyse gibt Aufschluss darüber, welche Bereiche und Inhalte für den Nutzer besonders interessant und wichtig sind und wie sich der Besucher orientiert. Die Ergebnisse werden in der Regel in einem Bericht dargestellt, der diejenigen Bereiche der Website farbig kennzeichnet, die besonders intensiv angesehen werden. Mithilfe einer derartigen Auswertung erhalten Sie Informationen darüber, was wahrgenommen wird (*Hot Spot Analysis*), woran der Blick der Testpersonen haften bleibt und was daher möglicherweise besonders interessant ist (*Area of Interest*) und wie der Blickverlauf (*Visual Guiding*) aussieht.

Auf dieser Grundlage können Sie erneut Hypothesen bilden, wie Sie Ihre Website entsprechend modifizieren sollten, um den Blickverlauf der Benutzer weitestgehend zu lenken und Ihr Website-Ziel zu erreichen. Diese Hypothesen sollten Sie dann mithilfe eines A/B-Tests verifizieren. Auch in der frühen Entwicklungsphase von Websites können die Erkenntnisse sehr hilfreich sein und in die Layout- und Seitenentwürfe einfließen.

Obwohl das Eye-Tracking durch den Einsatz spezieller Technik (oftmals in einem Labor) auch ein gewisses Budget erfordert, können die Ergebnisse äußerst aussagekräftig sein und sind aktuell durch andere Testverfahren nicht zu ermitteln (z. B. Blickverlauf oder Fokussierung einzelner Elemente und Seitenbereiche).

Mouse-Tracking und Klick-Tracking

Kommen wir nun zum User-Feedback, das nicht nur im persönlichen Kontakt, sondern auch mithilfe von Tracking-Tools anonymisiert und mit einer größeren Anzahl an Usern ermittelt werden kann. Das Mouse-Tracking ist ein solches Verfahren. Dabei wird, wie der Name vermuten lässt, die Bewegung des Mauszeigers aufgezeichnet. Spezielle Untersuchungen haben ergeben, dass etwa ein Drittel der Internetnutzer die Maus beim Lesen einer Website mit bewegt. So kann man es sich zunutze machen, dass einige Benutzer ihre Aufmerksamkeit quasi mit dem Mauscursor anzeigen. Mouse-Tracking lässt sich auf verschiedene Arten durchführen: Zum einen gibt es das sogenannte *Remote-Mouse-Tracking*. Hier ist es notwendig, eine entsprechende Software auf dem Test-Rechner zu installieren. Dies kann aber auch ohne spezielle Software aufgenommen werden (*nicht reaktives Mouse-Tracking*). Die dritte Variante ist die Durchführung von Mouse-Tracking in einem speziellen Testlabor.

Werden insbesondere die Klicks per Maus auf einer Website untersucht, spricht man auch von *Klick-Tracking*. So können Sie beispielsweise Usability-Probleme identifizieren, da Sie sehen, ob und wo Benutzer klicken, obwohl ein Klick von Ihnen gar nicht angestrebt wurde. Viele (zumeist kostenpflichtige) Tools stehen zur Verfügung, die Mausaktivitäten, Klicks und auch Scrolling-Bewegungen Ihrer User visualisieren können. Auch Google Analytics und Universal Analytics bieten Auswertungen zu Klickaktivitäten.

Die Ergebnisse können in unterschiedlicher Form dargestellt werden. Oftmals kommen hier sogenannte *Heatmaps*, *Clickmaps* oder *Movementmaps* zum Einsatz.

Drei »Maps« im Vergleich: Heatmaps, Clickmaps und Movementmaps

Heatmaps: Stellen Sie sich eine Wärmebildkamera vor. Mit derartigen Kameras werden besonders warme Bereiche farbig hervorgehoben. Ähnlich funktioniert das Prinzip der Heatmaps. Sie zeigen in unterschiedlich farbigen Abstufungen, welche Bereiche einer Website besonders interessant für die Probanden bzw. Nutzer waren und welche weniger Beachtung fanden. Extrem hoch frequentierte Bereiche werden mit einem kräftigen Rotton dargestellt. Zahlreiche Anbieter, wie beispielsweise CrazyEgg (*www.crazyegg.com*) oder Clicktale (*www.clicktale.com*), bieten ihre Analysen unter anderem in Form von Heatmaps an.

Clickmaps: Eine Clickmap zeigt an, welche Elemente von Besuchern einer Website angeklickt wurden. Es können auch Elemente angezeigt werden, die nicht verlinkt sind, aber von den Besuchern angeklickt wurden, weil sie eine Verlinkung vermuteten. Auch Clickmaps bzw. Touchmaps können in Form einer Heatmap dargestellt werden.

Movementmaps: Innerhalb von Movementmaps werden die Bewegungen der Maus durch den Benutzer erfasst. Diese können nach dem gleichen Prinzip wie bei einer Heatmap dargestellt werden; eine andere Darstellungsweise sind Mausverläufe per Strichlinien.

> Darüber hinaus gibt es z. B. die **Scrollingmaps** (z. B. von *www.m-pathy.com* oder *www.clicktale.com*). Diese Darstellungsweise zeigt an, inwiefern Besucher auf einer Website scrollen und wie weit.

Abbildung 9.7 zeigt beispielhaft eine ältere Heatmap der Website *The Guardian*. Die Darstellung zeigt deutlich, dass der obere linke Website-Bereich vergleichsweise häufig verwendet wird.

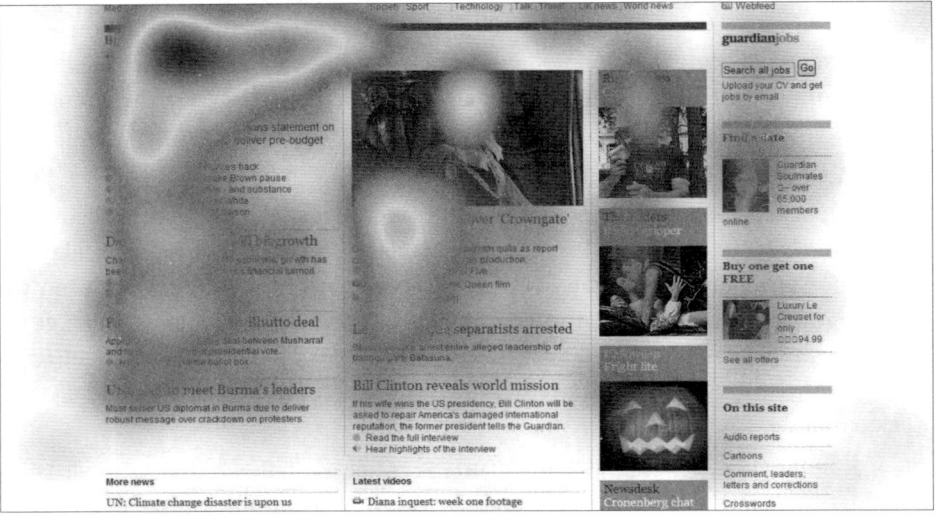

Abbildung 9.7 Heatmap der Website »www.theguardian.com«

> **Speedy Gonzales – die schnellste Maus von Mexiko**
>
> Die Computermaus ist ein viel benutztes Eingabegerät und legt täglich einen weiten Weg zurück. Obwohl Sie selbst die Maus nur wenige Zentimeter bewegen, ist die Strecke am Monitor schon um einiges länger. Wenn Sie wissen möchten, wie lang die Wegstrecke ist, die Ihre Computermaus täglich zurücklegt, können Sie Tools wie den Mousometer (*www.mousometer.de*) verwenden.

Ob Sie sich dafür entscheiden, Ihre Website von Experten beurteilen zu lassen, oder ob Sie – sei es auf direktem Weg oder mittels Tracking-Tool – das Feedback Ihrer User einholen: In jedem Fall sollten Sie nach dieser ersten Phase eine Vielzahl von Optimierungsideen für Ihre Website gesammelt haben. Wahrscheinlich haben Sie eine ziemlich konkrete Vorstellung davon, welche Maßnahmen Sie sofort auf Ihrer Website umsetzen wollen. Seien Sie aber geduldig, und überstürzen Sie bei der Umsetzung nichts. Bedenken Sie, dass Sie bisher nur Hypothesen aufgestellt haben. Lassen Sie Ihre User entscheiden, ob sie sich mit einer neuen Website-Variante tatsächlich wohler fühlen. In einem nächsten Schritt geht es daher zunächst darum, diese Hypothesen von Ihren Besuchern überprüfen zu lassen. Das hierfür gängigste Verfahren ist der sogenannte A/B-Test.

9.2   A/B-Tests

A/B-Tests (zum Teil auch als *Split-Run-Tests* bezeichnet) haben das Ziel, zwischen zwei unterschiedlichen Varianten die bessere zu identifizieren. Der Name beruht auf der Aufteilung der Zielgruppe. Die gesamte Gruppe wird gleichmäßig unterteilt in eine Gruppe A und eine Gruppe B. Dementsprechend bekommt die erste Gruppe eine Website-Variante zu sehen, nämlich die Ausgangsversion, während die Gruppe B eine andere Variante, nämlich die zu testende Version, angezeigt bekommt. Schließlich wird analysiert, welche Variante besser funktioniert, das heißt, welche Version die besseren Ergebnisse erzielt (siehe Abbildung 9.8). Durch das Aufteilen der Zielgruppe und das zeitgleiche Testen wird der Einfluss externer Faktoren (z. B. Wetter, Feiertage, Events etc.) minimiert, die bei einem Test, der nacheinander abliefe, die Ergebnisse beeinflussen würden. Anschließend kann die Gewinnerseite weiterverwendet und ein neuer Test mit weiteren Optimierungsmaßnahmen gestartet werden.

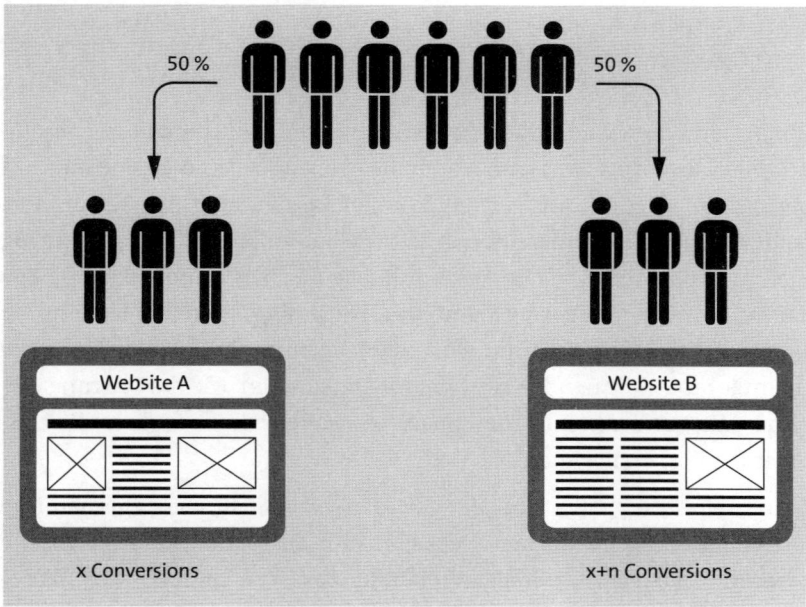

Abbildung 9.8 Exemplarische Funktionsweise eines A/B-Tests

Schauen wir uns dieses Verfahren an einem Beispiel an: Angenommen, Sie vertreiben Produkte über Ihre Website und möchten herausfinden, wie der Bestell-Button benannt werden sollte. In Ihrer Ausgangsversion heißt der Button »Absenden«. Sie stellen die Hypothese auf, dass Ihre User aufgrund der Beschriftung des Buttons unsicher sind, was sie auf der Zielseite erwartet. Sie erstellen daher eine zweite Version des Buttons und nennen ihn »Jetzt bestellen«. Innerhalb Ihres A/B-Tests wird nun der »Absenden«-Button an 50 % der Besucher dieser Webseite ausgeliefert. Die anderen 50 % sehen den »Jetzt bestellen«-Button. Wenn Sie nun die Bestelldaten innerhalb des Testzeitraums analysieren, können Sie feststellen, welche Variante besser funktioniert, und diese Variante nach abgeschlossenem Test für die gesamte Zielgruppe verwenden.

> **Wichtig: Nur ein Element testen**
>
> Damit Ihre Ergebnisse aussagekräftig bleiben, ist es grundlegend wichtig, dass Sie innerhalb eines A/B-Tests immer nur eine Variable testen. Sie können den Test auch um mehrere Varianten erweitern. Dann entsteht beispielsweise aus einem A/B-Test ein A/B/C/D-Test. Hier spricht man auch von *A/B/n-Tests*. Wie gesagt, ist es aber elementar, jeweils nur ein Element (hier könnten das beispielsweise vier verschiedene Varianten einer Webseitenüberschrift sein) gegeneinander zu testen, alle anderen Elemente der Webseite sollten aber bei allen vier Versionen identisch sein. Vergleichen Sie nicht Äpfel mit Birnen, sondern immer nur Äpfel mit Äpfeln und Birnen mit Birnen. Andernfalls sollten Sie sich für einen multivariaten Test entscheiden, den wir im Folgenden noch beschreiben werden.

Neben einzelnen Elementen können Sie auch eine komplett neue Version der gesamten Webseite gegen Ihre Ausgangsseite testen, beispielsweise eine Login-Seite mit völlig anderem Layout. Bei der Auswertung können Sie hier aber nur bestimmen, welche Seite die besseren Ergebnisse hervorgerufen hat – nämlich mehr Benutzer, die sich eingeloggt haben. Sie können keine Aussage darüber treffen, welches Element auf der Seite dafür ausschlaggebend war. Nachteilig können hier erhöhte Erstellungskosten für die neue Variante sein. Testen Sie hingegen einzelne Elemente in Ihrem Gesamtkontext, können Sie zwar nicht herausfinden, wie die Leistung dieses Elements in einem anderen Zusammenhang aussieht, aber Sie können die Leistung des Elements selbst analysieren.

Es kann sinnvoll sein, von groß nach klein zu testen. Das heißt: Sie beginnen Ihre Tests mit zwei völlig unterschiedlichen Webseiten. Sobald Sie die bessere Webseite identifiziert haben (beispielsweise stellt sich heraus, dass Version B besser funktioniert), verfeinern Sie Ihre Tests. Sie verwenden nun als Ausgangsversion die Webseite B und testen ein einzelnes Element, beispielsweise ein Bild, wieder in zwei Varianten. Alles andere bleibt in Ihrem neuen Test gleich. In einem derartigen Testverlauf können Sie Ihre Webseite kontinuierlich verbessern.

> **Raten Sie mal!**
>
> Die Website *whichtestwon.com* stellt regelmäßig A/B-Tests vor und lädt Besucher ein, zu raten, welche Variante die besseren Ergebnisse erzielt. Sie können die Beispiele nutzen und mitraten, um ein ziemlich gutes Gespür dafür zu bekommen, an welchen Stellschrauben Sie drehen können, um die Usability Ihrer Website zu verbessern.

Für alle Experten in Sachen Statistik unter Ihnen ist es selbstverständlich, dass zwei Faktoren entscheidend sind, um aussagekräftige und statistisch relevante Ergebnisse zu erhalten: der Traffic, der auf die Testseiten führt, und die Differenz der jeweiligen Conversion-Rate. Die meisten Testtools berücksichtigen eine statistische Signifikanz. Es gibt aber auch eine Reihe von kostenlosen Tools, die Sie zusätzlich verwenden können, um die Relevanz der Ergebnisse zu ermitteln und das Risiko zu minimieren, dass Ihr Testsieger nur zufällig gewonnen hat. Eines davon finden Sie beispielsweise unter *vwo.com/ab-split-test-significance-calculator/*.

Ist der Traffic sehr gering oder sind die Conversion-Raten zu ähnlich, kann dies Auswirkungen auf die Testdauer haben. Klare Unterschiede werden sich schneller feststellen lassen als leichte Nuancen der Leistungssteigerung. Brechen Sie einen aktiven Test jedoch nicht zu früh ab. In diesem Fall können weitere Tools eine Hilfestellung sein, die die verbleibende voraussichtliche Testdauer errechnen. Eines dieser Tools ist unter *vwo.com/ab-split-test-duration/* erreichbar oder als Excel-Tabelle unter *vwo.com/blog/ab-test-duration-calculator/*.

> **Tipp: Von der Hypothese zum Test**
>
> Kombinieren Sie verschiedene Verfahren wie beispielsweise das Eye-Tracking mit einem nachgelagerten A/B-Test. Mithilfe der Analyse des Blickverlaufs können Sie zunächst Schwachstellen ermitteln und hieraus Hypothesen zu potenziellen Optimierungsmaßnahmen bilden. Setzen Sie diese um, und prüfen Sie anschließend Ihre Maßnahmen per A/B-Test. Lassen Sie auch die Ergebnisse von Nutzerbefragungen in Ihre A/B-Tests einfließen.

9.3   Multivariate Tests

Im Gegensatz zu einem A/B-Test werden bei einem sogenannten *multivariaten Test* (*MVT*) mehrere Versionen von Elementen erstellt, die in Kombinationen diverse Seitenvarianten bilden. So können Sie beispielsweise für eine Webseite verschiedene Produktbilder, verschiedene Überschriften, verschiedene Button-Beschriftungen und verschiedene Farben testen. Abbildung 9.9 verdeutlicht dies.

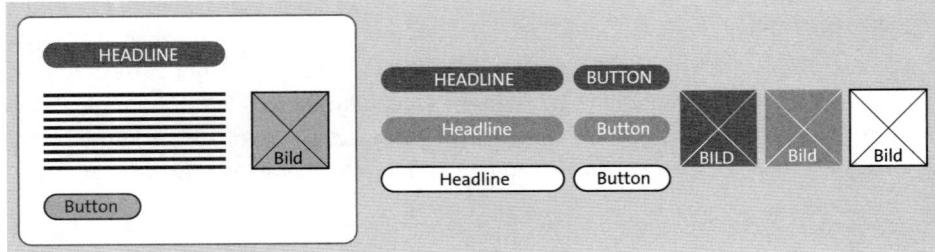

Abbildung 9.9 Verschiedene Testelemente in einem multivariaten Test

Kombinieren Sie diese Möglichkeiten nun miteinander, erhalten Sie eine Vielzahl von Website-Varianten (siehe Abbildung 9.10).

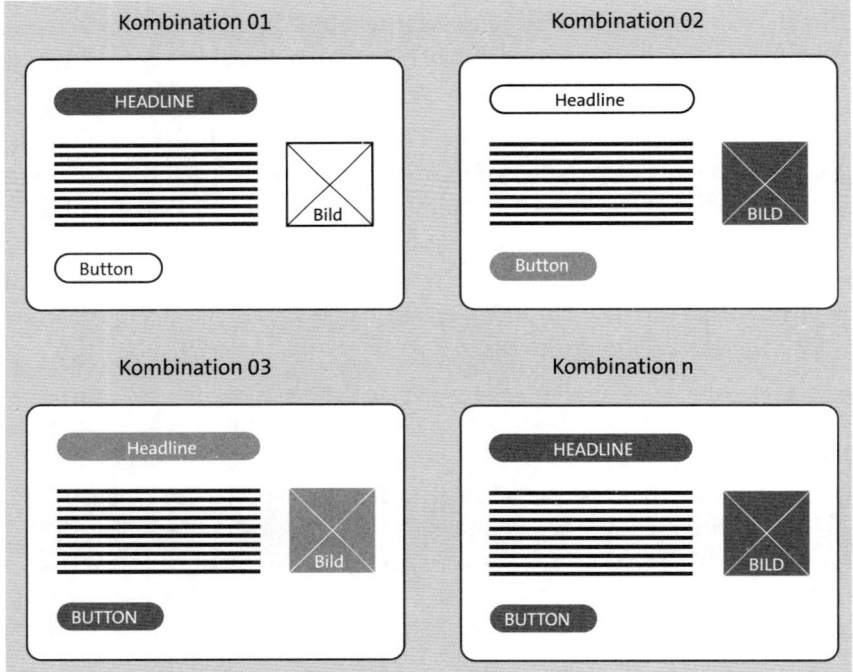

Abbildung 9.10 Der multivariate Test: Die Kombination verschiedener Variablen ergibt diverse Testvarianten.

Man unterscheidet dabei das *Full Factorial Design* und das *Fractional Factorial Design* (auch *Taguchi-Methode* genannt). Während beim Full Factorial Design alle möglichen Kombinationen getestet werden, werden beim Fractional Factorial Design nur einige der möglichen Kombinationen in den Test aufgenommen.

Je nach Methodik werden die einzelnen Kombinationen gegeneinander getestet, indem sie der Zielgruppe gleichmäßig verteilt angezeigt werden. So kann die beste

Kombination der Elemente ermittelt werden. Dies ist aber nur möglich, wenn Sie sich im Vorfeld überlegt haben, wie das entsprechende Webseitenziel definiert ist. Das können beispielsweise Verkäufe oder auch Button-Klicks etc. sein. Hier ist jeweils die Conversion-Rate entscheidend, also das Verhältnis von Besuchern insgesamt zu Besuchern, die eine gewünschte Handlung ausführen.

Sowohl bei einem A/B-Test als auch bei einem multivariaten Test sollte die Ausgangsvariante (Kontrollvariante) in den Test einbezogen werden. Andernfalls ist die Veränderung zur Ausgangslage nicht zu bewerten.

Der Gesamtzusammenhang

Ein multivariater Test erscheint nun äußerst komplex und im Vergleich zu einem A/B-Test vielleicht auch ein bisschen kompliziert. Außerdem befürchten Sie eine lange Testdauer, da für aussagekräftige Ergebnisse das Besucheraufkommen auf den einzelnen Testvarianten hoch genug sein muss. Damit geben wir Ihnen recht. Dennoch lohnt es sich, in bestimmten Fällen einen multivariaten Test einem A/B-Test vorzuziehen, denn hier geht es um Abhängigkeiten, Zusammenhänge und den Gesamtkontext.

Angenommen, Sie führen einen A/B-Test durch mit dem Ergebnis, dass für Ihre Seite graue Schriftfarbe auf Buttons am besten funktioniert. In einem weiteren A/B-Test probieren Sie verschiedene Buttonfarben aus, und die Ergebnisse zeigen, dass Grau als Hintergrundfarbe die beste Wirkung hat. Was wäre nun die logische Konsequenz? Genau, graue Schrift auf einem grauen Button – das ist in Kombination aber wenig sinnvoll und würde voraussichtlich auch zu weniger guten Ergebnissen führen. (Eine sehr anschauliche Erklärung dazu finden Sie von Henner Heistermann auf der Seite *www.shopstrategen.de*.)

Mithilfe eines multivariaten Tests hätten Sie diese offensichtlich ungünstige Kombination schnell erkannt. Behalten Sie beim Testen also stets im Hinterkopf, dass auch ungünstige Kombinationen auftreten können. Spielen Sie diese daher vor dem Testen gedanklich durch. Insbesondere bei A/B-Tests und multivariaten Tests sollten Sie berücksichtigen, dass es einige unkontrollierbare Variablen gibt, auf die Sie keinen Einfluss nehmen können. So kann beispielsweise ein Konkurrent innerhalb Ihres Testzeitraums den Preis seines Angebots drastisch ändern. Das kann unter Umständen Auswirkungen auf Ihre Testergebnisse haben.

9.4   Weiterleitungstests

Die sogenannten *Weiterleitungstests*, auch *Redirect Tests* oder *Split URL Tests*, gehören zur Gruppe der A/B-Tests, unterscheiden sich aber darin, dass nicht Seitenelemente, sondern verschiedene URLs oder auch Subdomains getestet werden. Wenn Ihre Website beispielsweise unter *www.ihreSeite.de* aufzurufen ist und Sie eine Subdomain unter *neu.ihreSeite.de* testen möchten, bietet sich ein Weiterleitungstest an.

Besonders geeignet ist diese Art von Tests für gänzlich neue Webdesigns, wenn Sie beispielsweise den Relaunch Ihrer Startseite planen. Empfehlenswert ist dabei die Verwendung eines sogenannten Canonical-Tags, um keine Nachteile bezüglich Ihrer Suchmaschinenrankings zu provozieren. Mehr zum Thema Suchmaschinenoptimierung lesen Sie in Kapitel 5, »Suchmaschinenoptimierung (SEO)«.

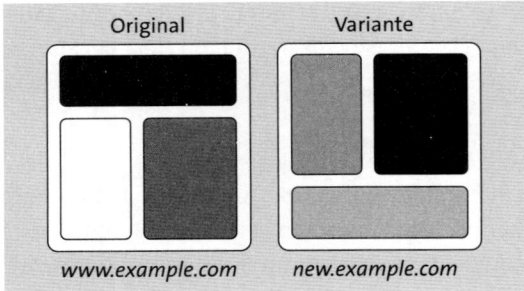

Abbildung 9.11 Funktionsweise Weiterleitungstest (Quelle: google.com)

9.5   (Technische) Umsetzung von Tests

Sie kennen nun einige Testverfahren, aber wie genau sind sie anzuwenden? Wir haben bereits die Abläufe (Vorbereitung, Durchführung, Analyse und Optimierung) kurz angerissen. Jetzt werden wir insbesondere auf einige technische Aspekte eingehen, die sich beispielsweise auf die Auslieferung der verschiedenen Testvarianten auf die Zielgruppe beziehen.

Es gibt zahlreiche Tools, die sich für das Testen von Websites und mobilen Anwendungen anbieten. Eines davon ist der *Visual Website Optimizer* (*https://vwo.com*), ein anderes *Optimizely* (*www.optimizely.de*). Auch Adobe bietet innerhalb seiner Marketing Cloud mit *Adobe Target* eine entsprechende kostenpflichtige Lösung für verschiedene Testverfahren an (*www.adobe.com/de/marketing-cloud/target.html*).

Auch viele Tracking-Tools bieten inzwischen ebenfalls das Abbilden von A/B-Tests und multivariaten Tests an. Wenn Sie also ein Analysetool verwenden, dann bringen Sie in Erfahrung, ob diese Möglichkeit besteht. So bietet beispielsweise Google mit seinem Tool *Google Optimize* (*https://optimize.google.com/*) die Möglichkeit, komplette A/B/n-Tests und weitere aufzusetzen, durchzuführen und auszuwerten. Darüber hinaus gibt es vielfältige kostenlose und kostenpflichtige Alternativen, die z. B. unter *www.conversion-rate-experts.com/split-testing-software/* in einer Übersicht aufgelistet sind. Wir beschränken uns hier auf die genannte Google-Lösung.

Testen mit Google Optimize

Google bietet zwei Varianten seines Tools Google Optimize an: Die kostenlose Basisversion und Google Optimize 360, mit erweiterten Funktionalitäten. Eine vergleichende Übersicht finden Sie unter *https://marketingplatform.google.com/about/ optimize/compare/*. Im Folgenden konzentrieren wir uns auf die erstgenannte Version.

Ein Hinweis vorab: Um Google Optimize zu verwenden, sind einige weitere Google-Tools Voraussetzung. So sollten Sie beispielsweise ein Google-Analytics-Konto besitzen, um die Testdaten entsprechend erfassen zu können. Mehr zum Thema Google Analytics erfahren Sie in Kapitel 10, »Web-Analytics«. Darüber hinaus sollten Sie den Browser Chrome und die Optimize-Erweiterung installieren, die Sie im Webstore unter *www.google.com/chrome/* kostenfrei einbinden können. Mit der Erweiterung können Sie mithilfe des sogenannten visuellen Editors Content-Änderungen an der zu testenden Website vornehmen und beispielsweise Bilder, Texte oder das Layout verändern.

Registrieren Sie sich zunächst für Google Optimize (unter *https://marketingplatform. google.com/about/optimize/*), oder melden Sie sich mit Ihrem bestehenden Google-Konto an (siehe Abbildung 9.12).

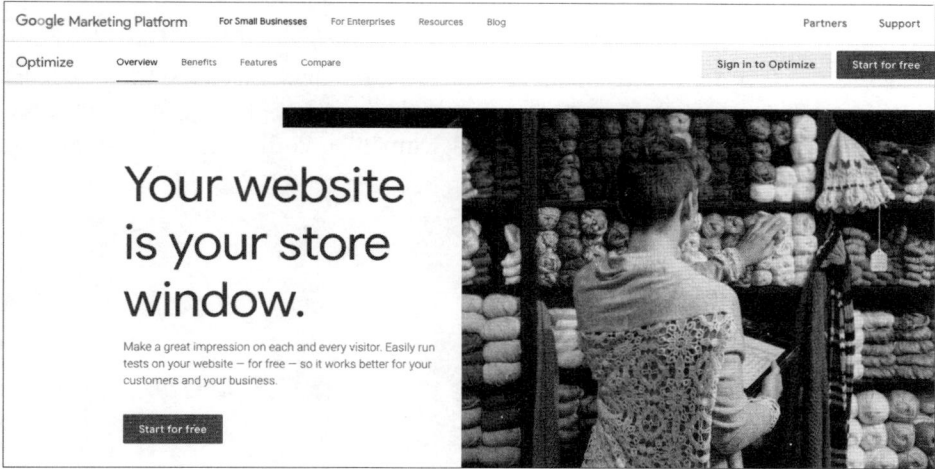

Abbildung 9.12 Anmeldung für Google Optimize

Klicken Sie nach der Anmeldung auf den Button TEST ERSTELLEN. Es öffnet sich anschließend ein Fenster, in dem Sie zunächst einen Testnamen vergeben und Ihre Website eintragen können. Außerdem bestimmen Sie nun auch die Testart (siehe Abbildung 9.13).

In den nun folgenden Einrichtungsschritten werden Sie aufgefordert, mindestens eine Testvariante anzulegen, Ziele auszuwählen und die Ausrichtung zu bestimmen. Um Ziele zu definieren und Testdaten zu erfassen, müssen Sie zunächst eine Verknüpfung zu einer Google Analytics Property und Datenansicht herstellen. Google bietet dazu detaillierte Hilfestellungen. Das Testziel ist der notwendige Messwert, nach dem der Test bewertet wird. Das ist z. B. der Aufruf einer Webseite, die ein Besucher erreicht, wenn er die von Ihnen gewünschte Handlung ausgeführt hat (beispielsweise eine Bestellbestätigungsseite).

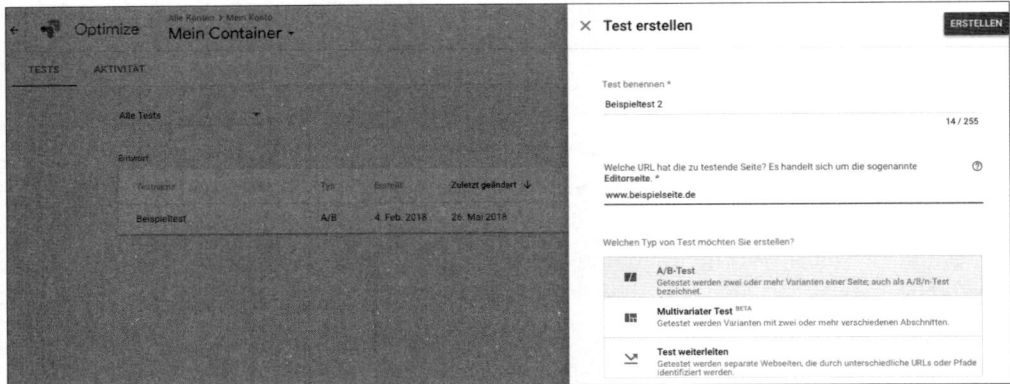

Abbildung 9.13 Erstellen eines neuen Tests in Google Optimize

In den Einstellungen zur AUSRICHTUNG bestimmen Sie den Prozentsatz der Besucher, die in den Test einbezogen werden sollen. Zudem legen Sie die Gewichtung der Nutzer fest. Eine denkbare Auswahl ist, wie in Abbildung 9.14 gezeigt, einen Prozentsatz des Test-Traffics von 100 % und die gleichmäßige Verteilung des Traffics über alle Varianten.

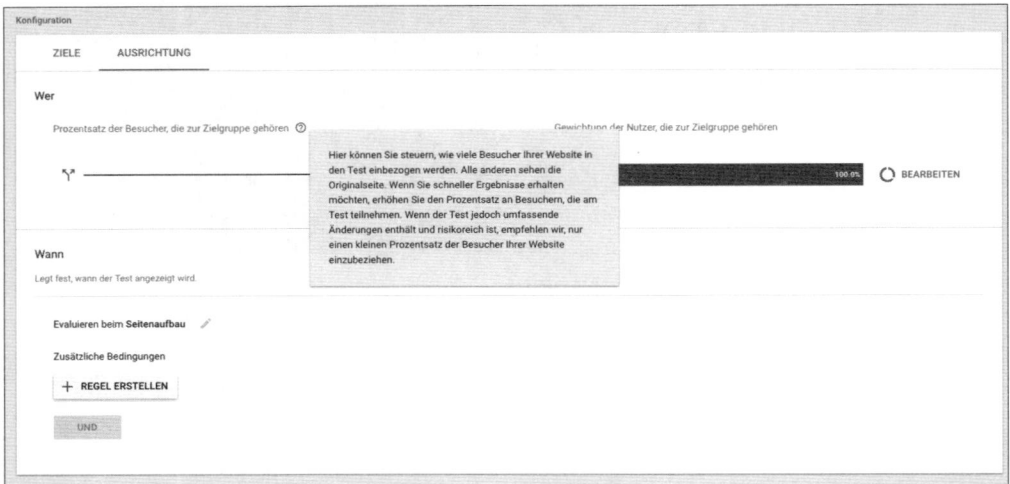

Abbildung 9.14 Einstellungen zur Ausrichtung in Google Optimize

Zudem können Sie mit Klick auf den Button REGELN ERSTELLEN die Ausrichtung Ihres Tests spezifizieren und diverse Regeltypen festlegen. So können Sie beispielsweise eine Ausrichtung auf Nutzer aus bestimmten Städten einstellen, denen Sie in

Ihrem Test ein bestimmtes Angebot anzeigen. Zur Verfügung stehen beispielsweise Regeltypen nach Verhalten oder Technologie.

Um verschiedene Testvarianten anzulegen, ist ein Klick auf den Link VARIANTE ER-STELLEN notwendig. Mit der Optimize-Erweiterung, die wir eingangs erwähnt haben, werden Sie automatisch zu der von Ihnen angegebenen Website weitergeleitet. Dort können Sie mithilfe des visuellen Editors nun Veränderungen vornehmen.

In Abbildung 9.15 sehen Sie am Beispiel der Website *www.autoscout24.de* bei der Kennzeichnung ❶ wie die ursprüngliche Buttonfarbe von Orange in Grün verändert wurde (Editiermöglichkeit siehe Kennzeichnung ❷). In der oberen Menüleiste (Kennzeichnung ❸) können Sie zudem den Vorschaumodus über das Dropdown-Menü verwenden, um sich die Veränderungen auch in der Tablet-Vorschau oder Mobilvorschau anzeigen lassen.

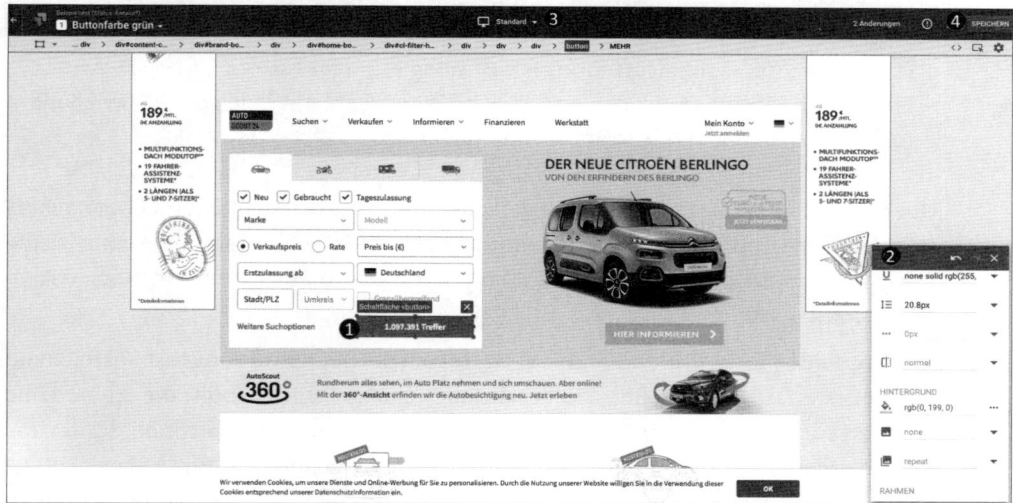

Abbildung 9.15 Änderung der Buttonfarbe auf »www.autoscout24.de« mithilfe des visuellen Editors von Google Optimize

Speichern Sie Ihre Änderungen mit Klick auf den Button oben rechts (siehe Kennzeichnung ❹). Sie werden anschließend wieder zurück zur Google-Optimize-Oberfläche geleitet.

Damit der Test ausgeführt werden kann, muss die Website, die Sie testen möchten, das Optimize-Snippet enthalten. Es wird direkt Ihrem Google-Analytics-Tracking-Code hinzugefügt und ermöglicht das korrekte Aussteuern des Tests. Auch dazu bietet Google eine ausführliche Anleitung. Ihr Webmaster kann Ihnen bei der Einrichtung mit Sicherheit behilflich sein.

Mit einem Klick auf den Button TEST STARTEN führen Sie Ihren Website-Test aus. Google empfiehlt eine Testlaufzeit von mindestens zwei Wochen, um Traffic-

Schwankungen innerhalb der Wochentage einzubeziehen. Darüber hinaus sollte bei mindestens einer Variante die Wahrscheinlichkeit, die ursprüngliche Variante zu übertreffen, bei 95 % liegen.

Cookies stellen sicher, dass ein Nutzer, der eine bestimmte Variante gesehen hat, auch bei einem Folgebesuch die entsprechende Seite angezeigt bekommt. Dies ist wichtig, da sonst die Gefahr besteht, Benutzer zu verwirren. Stellen Sie sich vor, Sie führen einen Test durch, der unterschiedliche Preisangaben eines Produkts enthält. Ohne Cookies bestünde das Risiko, dass der gleiche Besucher sowohl Variante A als auch bei einem Folgebesuch Variante B und damit zwei unterschiedliche Preise für das gleiche Produkt zu sehen bekommt. Haben Benutzer allerdings JavaScript bzw. Cookies deaktiviert, kann dies nicht sichergestellt werden. Erfahrungsgemäß machen das aber die wenigsten Surfer.

> **Tipp: Das Nutzerforum zu Google Optimize**
>
> Das englischsprachige Nutzerforum von Google unter *www.en.advertisercommunity.com/t5/Google-Optimize/ct-p/optimize_category* bietet eine gute Hilfestellung für alle Fragen rund um Tests mit Google Optimize.

Über den Tab BERICHTE können Sie den gestarteten Test anschließend überwachen. Hier sehen Sie unter anderem, wie hoch die Wahrscheinlichkeit einer Variante ist, die Ausgangsversion zu übertreffen. Sie können die Daten auch in Ihrem Google-Analytics-Konto einsehen.

Wir empfehlen Ihnen, Ihren Test nicht zu früh zu beenden und zunächst ausreichend Zahlenmaterial zu sammeln. Wie beschrieben gibt es einige Tools, die Sie zu Hilfe nehmen können, um die Zeit bis zur statistischen Relevanz auszurechnen. Sollten die Ergebnisse nicht aussagekräftig sein, kann das verschiedene Gründe haben: Entweder haben zu wenige Menschen die Seite besucht, oder die Testvarianten waren zu ähnlich, um einen Unterschied feststellen zu können.

Haben Sie durch einen Test aber deutliche Ergebnisse erzielen können, geht es nun an die Optimierung der Website. In diesem Fall können Sie die bessere Variante als Ausgangsversion verwenden und weitere Tests durchführen.

> **Tipp: Vor-Testen mittels Landing-Page-Test**
>
> Manchmal bietet es sich an, parallel zum normalen Website-Betrieb einen Test zu fahren. Dies kann beispielsweise der Fall sein, wenn Sie größere Eingriffe an Ihrer Startseite vornehmen möchten. Dann kann es sinnvoll sein, die Startseite als Testseite »nachzubauen« und weitere Varianten zu erstellen. Statt des organischen Traffics, der weiterhin auf Ihre Startseite geleitet wird, können Sie nun bezahlten Traffic (beispielsweise über Google-Ads-Kampagnen) auf Ihre Test-Startseite und deren Varianten lenken. So läuft Ihre Website im Normalbetrieb, und Sie können parallel

dazu überprüfen, welche Änderungen an Ihrer Startseite zu guten Ergebnissen führen. Sobald Sie aussagekräftige Testergebnisse erhalten, können Sie sie auf Ihrer eigentlichen Startseite umsetzen und haben damit das Risiko minimiert, dass die Änderungen negative Effekte nach sich ziehen. Weitere Informationen zu Landing-Page-Tests erhalten Sie in Kapitel 8, »Conversion-Rate-Optimierung (CRO)«.

9.6   Die Qual der Wahl – die Auswahl und Laufzeit der Tests

Sie haben nun einige Vorgehensweisen und die Bedeutung des Testens kennengelernt. Im Folgenden werden wir Ihnen einige Anhaltspunkte geben, welche Webseiten und -elemente getestet werden und wie lange die Tests durchgeführt werden sollten.

9.6.1   Testelemente und -seiten auswählen

Grundsätzlich kann jede Website getestet werden. Die Auswahl der zu testenden Webseiten hängt aber auch mit den Zielen zusammen, die Sie mit den Seiten erreichen möchten. Streben Sie beispielsweise eine hohe Abonnentenzahl für Ihren Newsletter an, so könnten Sie Ihr Registrierungsformular genauestens testen. In diesem Fall kämen die Eingabefelder, deren Beschriftung, die Auswahl der Pflichtangaben und vieles mehr in Betracht.

Schon im Entwicklungsprozess können die ersten Prototypen Tests durchlaufen. Dies können zunächst die Skizzen auf Papier oder beispielsweise die ersten HTML-Entwürfe sein. Das Ziel ist es, zu ermitteln, ob schon in diesem Stadium ersichtlich wird, was der Kern der Website ist.

Wie Sie im Testkreislauf am Anfang des Kapitels gesehen haben, geht einem Test eine Vorbereitung voraus. Dies können z. B. die Analyse bestimmter Kennzahlen oder auch die Ergebnisse aus vorangegangenen Tests sein. Es macht wenig Sinn, nur des Testens wegen zu testen. Ein Test ohne Hypothese bzw. angestrebtes Ergebnis ist nicht zielführend und kann sowohl unnötig Zeit als auch Geld kosten. Zudem besteht die Gefahr, die Benutzer auf der Website zu verwirren, die (unbewusst) in den Test involviert sind. Spielen Sie nicht mit Ihren potenziellen Kunden, und bereiten Sie besser Ihre Tests sorgfältig vor. Analysieren Sie auf Basis von Kennzahlen Schwachstellen wie Ausstiege oder Abbrüche oder eine insgesamt schlechte Leistung hinsichtlich Ihrer gewünschten Conversion. Hier lohnt es sich, den sogenannten *Conversion Funnel* genau anzusehen, also den Weg, den Benutzer gehen oder gehen sollten, um eine gewünschte Handlung zu tätigen. Die direkte Messbarkeit derartiger Kennzahlen ist einer der großen Vorteile von Online-Medien im Vergleich zu klassischen Medien. Sie können natürlich auch Ergebnisse aus der klassischen Marktforschung hinzuziehen.

Sicherlich muss individuell entschieden werden, welche Webseiten getestet werden sollten. Abhängig vom jeweiligen Ziel ist auch der Traffic der Webseite entscheidend. Eine Webseite, die sich gut zum Testen anbietet, hat eine Kombination aus hohem Traffic und schlechter Leistung. Legen Sie insbesondere Wert auf Ihre Vertriebskanäle: Schauen Sie sich Ihre gut besuchten Landing Pages an – ebenso wie die Seiten mit den höchsten Abbruchraten.

Während es sich anbietet, umfangreiche Modifikationen bei Webseiten zu testen, die schlechte Leistung erzielen, kann es bei Webseiten mit guter Leistung sinnvoll sein, einzelne Elemente zu testen. Letztere können z. B. verschiedene (Produkt-)Bilder, Überschriften, Layouts oder Buttons sein. Sie können zudem verschiedene Produktvarianten testen (beispielsweise eine Standard- und eine Premium-Version), Testimonials anzeigen oder die Argumentation verändern, warum Ihr Produkt verwendet werden sollte. Auch sogenannte *USPs* (*Unique Selling Propositions*, Alleinstellungsmerkmale), beispielsweise der Fokus auf Qualität oder einen besonders günstigen Preis, können ebenso getestet werden wie spezielle Anreize, z. B. Garantien. Testen Sie verschiedene Preise und Argumente, warum ein Nutzer sofort reagieren sollte (z. B. »Nur noch zwei Stück verfügbar«). Gerade Elemente, die direkten Einfluss auf die Conversion haben, bieten sich für Tests an. So können bereits kleine Änderungen an einem Call-to-Action-Button (einem Button mit einer Handlungsaufforderung, wie beispielsweise »Jetzt kaufen«) große Wirkung zeigen. Dem Testen sind keine Grenzen gesetzt.

9.6.2   Wann, wenn nicht jetzt?

Nehmen Sie diese Überschrift als Motto. Wenn Sie eine Website umsetzen, bietet es sich an, schon im Entwicklungsprozess Tests (zeitlich) einzuplanen. In der Praxis werden Tests allerdings häufig gar nicht oder erst nach der Umsetzung angedacht. Jedoch zahlt sich frühes Testen langfristig aus: Schwachstellen, die in einem sehr frühen Entwicklungsstadium erkannt wurden, können oftmals mit wesentlich weniger Aufwand verbessert werden als Probleme, die erst erkannt werden, wenn eine Website bereits online ist. Um dann Schwachpunkte auszubessern, kann sich der Zeitaufwand schon enorm erhöhen. Das ist auch der Grund, warum sich Tests innerhalb des Entwicklungsprozesses lohnen: Obwohl sie zunächst die Umsetzung einer Website verlängern und Kosten verursachen, werden aufwendigere Verbesserungen im Nachhinein zum Teil vermieden, und Ihnen bleiben viel höhere Kosten erspart. Wir empfehlen ein iteratives und kontinuierliches Testvorgehen, das in Abbildung 9.16 noch einmal visualisiert wird.

So können Sie schon mit einem kleinen Test innerhalb der Konzeptionsphase mehr erreichen als mit einem umfangreicheren Test nach der Umsetzung einer Website. Im übertragenen Sinne bieten Sie Ihren Besuchern in jeder Iterationsphase einen neuen bzw. überarbeiteten Webseitenvorschlag an und stellen fest, ob diese Ihren Vorschlag annehmen oder nicht.

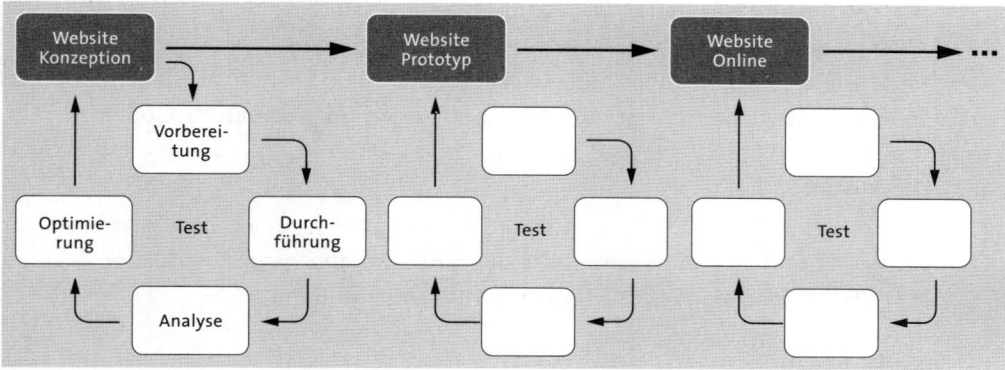

Abbildung 9.16 Iteratives Testen

9.7   Weitere Testmöglichkeiten

Abschließend stellen wir Ihnen noch einige weitere Testmethoden kurz und in zufälliger Reihenfolge vor, ohne den Anspruch auf Vollständigkeit zu erheben. Wir können in diesem Rahmen nicht näher auf die einzelnen Verfahren eingehen und verweisen an dieser Stelle nochmals auf unsere weiterführenden Informationen zu diesem Thema im Anhang.

Befragungen/Interviews

Bei Befragungen werden, wie der Name schon sagt, Testpersonen zur Website befragt. Dies kann sowohl direkt als auch per Telefon oder Videokonferenz geschehen. Sie sollten aber berücksichtigen, dass die Angaben nicht zwangsläufig mit dem tatsächlichen Verhalten auf der Website übereinstimmen. Zudem können beispielsweise Schwachstellen innerhalb der Bedienung oder die Aufnahme von Informationen mit Befragungen nur schwer ermittelt werden. Befragungen stellen daher eine wichtige Methode dar, die aber besonders in Kombination mit anderen Testverfahren wirksam ist, z. B. innerhalb der Nachbesprechung eines Usability-Tests.

Fokusgruppe

Innerhalb einer sogenannten Fokusgruppe, die in der Regel aus bis zu zehn Probanden und einem Moderator besteht, werden unter anderem Erwartungen an die Website diskutiert. Dieses Verfahren kommt oftmals in der Entwicklungsphase einer Website zum Einsatz. Nachteilig ist, dass nicht ermittelt wird, wie die Personen tatsächlich eine Website verwenden.

Evaluation/Fragebogen

Nachdem sie mit einer Website gearbeitet haben, erhalten Probanden einen Fragebogen, können an einer Online-Befragung teilnehmen oder werden direkt befragt. Hier gilt es zu berücksichtigen, dass Antworten auf Fragebogen oftmals zu positiv ausfallen. Wie auch die Befragung kann eine Evaluation einen Usability-Test nicht ersetzen und bietet sich daher insbesondere in Kombination mit anderen Methoden an.

Checklisten

Im Internet stehen zahlreiche (zum Teil sehr allgemein gehaltene) Checklisten zur Verfügung, mit denen eine Website überprüft werden kann. Checklisten können sowohl von Laien als auch von Experten verwendet werden.

Online-Panels

Bei Online-Panels (z. B. *usabilityhub.com*, *rapidusertests.com* oder *www.usertesting.com*) registrieren sich Probanden auf einer entsprechenden Website und stimmen der Teilnahme an Testverfahren zu. Testpersonen erhalten oftmals einen Anreiz (*Incentive*), um an einem Online-Panel teilzunehmen. Sie führen dann Tests und eine anschließende Bewertung per Formular selbstständig durch. Der Aufwand für den Anbieter der zu testenden Website ist entsprechend gering, jedoch sind Personen, die an Online-Panels teilnehmen, oftmals sehr computer- und internetaffin, bilden also nur eine ganz bestimmte Nutzergruppe ab.

Tagebuchmethode

Wie bei einem persönlichen Tagebuch schreiben Probanden bei dieser Methode einen täglichen Bericht über ihre Nutzung einer Website und deren Schwierigkeiten. Wichtig ist dabei, dass wirklich regelmäßig und zeitnah in festen Abständen protokolliert wird.

Online-Usability-Test

Bei Online-Usability-Tests kann die Testperson ebenfalls von zu Hause aus eine Website testen. Im Unterschied zum Online-Panel ist sie jedoch mit dem Testleiter (telefonisch und per Internet) verbunden, der die Aktionen mitverfolgen kann. Dem geringen Testaufwand stehen jedoch technische Voraussetzungen gegenüber sowie der Nachteil, dass nicht alle Schwachstellen einer Website mit dieser Methodik aufgedeckt werden können.

Card Sorting

Das *Card Sorting* (siehe auch Kapitel 7, »Usability – benutzerfreundliche Websites«) kommt insbesondere dann zum Einsatz, wenn die Struktur einer Website überprüft werden soll. Testpersonen werden gebeten, Begriffe auf Karteikarten in eine für sie verständliche Struktur zu sortieren. Sie können die Struktur auch testen, indem Sie die Website-Struktur in Kartenstapeln darstellen und Probanden bitten, einen entsprechenden Bereich auszuwählen, hinter dem sich ihrer Meinung nach ein bestimmter Begriff verbirgt.

Logfile-Analyse

Bei der Logfile-Analyse werden Traffic-Daten des Servers ausgewertet. Zahlreiche Analysetools können Sie hier unterstützen. Somit können Sie beispielsweise Ein- und Ausstiegsseiten, Verweildauer, Bounce-Rates, Traffic und weitere Kennzahlen analysieren und die Schwachstellen optimieren. Mehr dazu erfahren Sie in Kapitel 10, »Web-Analytics«.

9.8   Testverfahren to go

▶ Mithilfe von Tests können Sie datenbasiert erfahren, welche Bedürfnisse Ihre Nutzer haben. So müssen Sie Ihre Entscheidungen nicht mit Mutmaßungen begründen oder aus dem Bauch heraus fällen.

▶ Tests können grundsätzlich für alle Webseiten, aber auch für mobile Angebote durchgeführt werden.

▶ Der Testprozess ist ein Kreislauf, der aus der Vorbereitung, Durchführung, Analyse und Optimierung besteht.

▶ Tests sollten von Beginn an in die Arbeit mit Ihrer Website eingeplant werden.

▶ Investieren Sie ausreichend Zeit in die Vorbereitung eines Tests. Tragen Sie in einem ersten Schritt Feedbacks und Daten zusammen. Entwickeln Sie hieraus eine Hypothese zu Optimierungspotenzialen, und werden Sie sich bewusst, welches (messbare) Ergebnis Sie erwarten.

▶ Einige Feedbacks können Sie selbst mit zum Teil geringem Aufwand erheben, andere sollten Sie eher Experten überlassen. Wichtig ist jedoch, dass Sie überhaupt Rückmeldung zu Ihrer Website einholen.

▶ Zu bekannten User-Feedbacks zählen neben Befragungen beispielsweise das Mouse- und das Klick-Tracking. Beim Mouse-Tracking werden Mausbewegungen des Nutzers analysiert, beim Klick-Tracking das Klickverhalten.

▶ Bei einem sogenannten A/B-Test werden zwei verschiedene Elemente oder Websites einer Besuchergruppe gezeigt. Eine Hälfte sieht Version A, die andere Hälfte sieht Version B. So kann bei gleichen Rahmenbedingungen festgestellt werden, welche Version zu besseren Ergebnissen führt.

▶ Eine weitere Möglichkeit bieten multivariate Tests. Dabei werden mehrere Versionen von Elementen erstellt, die in Kombination diverse Seitenvarianten bilden.

▶ Google bietet mit seinem Tool Optimize ein kostenloses Tool zur Umsetzung von A/B/n-Tests.

- Tests sollten nicht zu früh beendet werden, damit Sie statistisch relevante Ergebnisse erhalten.
- Nehmen Sie keine Veränderungen an laufenden Tests vor.
- Testen Sie bei A/B-Tests immer gegen eine aktuelle Version (das heißt, Version A ist der Status quo, Version B ist eine neue Variante).
- Testen Sie iterativ, das heißt, werten Sie einen abgeschlossenen Test aus, nehmen Sie entsprechende Änderungen vor, und testen Sie erneut.

9.9   Checkliste Testverfahren

Ist die Durchführung von Tests in Ihre Arbeitsabläufe integriert?	
Haben Sie anhand Ihrer Website-Analyse und aufgrund von User- und Experten-Feedbacks festgelegt, welche Schwachstellen Sie testen und verbessern möchten?	
Haben Sie eine klare Hypothese und ein klares Testziel definiert?	
Haben Sie sich für ein angemessenes Testverfahren entschieden?	
Können Sie den Test selbst durchführen, oder bietet sich ein Test durch Experten an? Auch eine Kombination aus verschiedenen Varianten ist denkbar.	
Haben Sie Ihr User-Feedback ausreichend vorbereitet (Probanden akquiriert, Aufgaben entwickelt, technische Vorbereitungen getroffen)?	
Greifen Sie während der Testphase nicht in den User-Test ein?	
Haben Sie Ihre Testergebnisse ausgewertet und entsprechende Optimierungsmaßnahmen vorgenommen?	
Führen Sie nach der Umsetzung von Optimierungsmaßnahmen erneut Tests durch?	
Haben Sie eine Kontrollgruppe festgelegt (bei einem A/B-Test z. B. die Ausgangsseite A)?	
Testen Sie nur eine Variante, um aussagekräftige Ergebnisse zu erhalten?	
Haben Sie sichergestellt, dass ein aktiver Test nicht verändert wird?	
Konnten in der Testlaufzeit ausreichend Daten gesammelt werden, um ein statistisch relevantes Ergebnis zu erhalten?	
Werten Sie die Ergebnisse aus, und gleichen Sie sie mit Ihrem Testziel ab?	

Tabelle 9.1 Checkliste zum Thema Testen

Kapitel 10
Web-Analytics

»80 % of the time you/we are wrong about what a customer wants/expects from our site experience.«
– Avinash Kaushik (Digital Marketing Evangelist)

In diesem Kapitel lernen Sie, wie Sie die Nutzung Ihrer Website genau analysieren können, und welche Kennzahlen von besonderer Bedeutung sind. Sie erfahren, welche Tools es gibt, und bekommen einen Einblick in das häufig eingesetzte Webanalysesystem Google Analytics. Außerdem lernen Sie die Auswertung des Website-Besucherverhaltens kennen und bekommen eine Einführung in die Wettbewerbsanalyse. Für fortgeschrittene Leser werfen wir noch einen Blick auf tiefer gehende Aspekte der E-Commerce-Messung, der Trichteranalyse sowie der Multi-Channel-Analyse. Am Ende des Kapitels folgt wie immer ein Kurzüberblick »to go« und eine Checkliste.

Um eine erfolgreiche Website aufzubauen, ist es unerlässlich, Website-Ziele festzulegen, mit denen Sie den Erfolg messen und bewerten können. Beim Messen der Ziele helfen Ihnen besonders die Web-Analytics-Methoden und -Werkzeuge. Aber nicht nur das Messen von Erfolg, sondern auch die Nutzung der Daten für die Optimierung Ihrer Website steht beim Thema Web-Analytics auf der Agenda. So können Sie z. B. das Klickverhalten Ihrer Website-Benutzer analysieren oder Abbruchraten kontrollieren. Analog zum Begriff Web-Analytics werden die Bezeichnungen *Web-Controlling* oder *Webanalyse* im deutschen Sprachgebrauch genutzt. Mit Web-Analytics-Methoden können Sie Besucher und Kunden besser verstehen, Online-Marketing-Maßnahmen effizienter gestalten und die Website-Usability optimieren. Hinzu kommt die Wettbewerbsanalyse: Es ist natürlich gut zu wissen, wo Sie selbst mit Ihrer Website stehen, ebenso wichtig ist aber der Vergleich mit dem Wettbewerb. Auch hier gibt es Möglichkeiten und Tools, um einen Vergleich mit anderen Websites herzustellen. Auf diese gehen wir in Abschnitt 10.4, »Wettbewerbsanalyse – wie gut sind andere?«, näher ein. Die Grundlage für das Arbeiten im Web-Analytics-Bereich stellen Zahlen dar. Es gibt eine ganze Reihe unterschiedlicher Kennzahlen, die wir als Erstes näher erklären werden. Zusammenfassend halten wir fest, dass Sie mit Web-Analytics insbesondere folgende wichtige Fragen klären:

- ▶ Wie viele Nutzer besuchen meine Website?
- ▶ Wie verhalten sich Besucher auf der Website?

- ▶ Erreiche ich meine Marketingziele effektiv und effizient?
- ▶ Wo sind Schwachstellen auf der Website, die es sich lohnt, zu optimieren?
- ▶ Wie steht meine Website im Vergleich zu Mitbewerbern da?

10.1   Wichtige Kennzahlen

Sie erkennen, dass es bei der Webanalyse um viele Zahlen geht, die wir Ihnen hier vorstellen wollen. Die Kennzahlen werden meist einheitlich verwendet, können aber in den verschiedenen Tools unterschiedlich benannt sein, da sich zum Teil andere Begriffe in Deutschland gegenüber den USA etabliert haben. *Traffic* ist ein gängiger und häufig benutzter Begriff für das Besucheraufkommen auf einer Website. Die wichtigsten Kennzahlen für das Besucheraufkommen haben wir an dieser Stelle zusammengefasst.

Wichtige Kennzahlen zum Besucheraufkommen

- ▶ **Visitor (Besucher oder Nutzer)**

  Ein *Visitor* ist ein Besucher einer Website. Der *Unique Visitor* ist ein eindeutig identifizierter Besucher innerhalb eines bestimmten Zeitraums. Webanalysetools bestimmen den Visitor entweder über ein Besucher-Cookie oder über eine Nutzer-ID, mit der Daten auch über verschiedene Geräte verknüpft werden können (wie z. B. beim Google-Analytics-Standard *Universal Analytics*). Die Kennzahl Visitor zählt zu den wichtigsten Zahlen im Online-Marketing und beschreibt die Reichweite einer Website. So können Sie z. B. ermitteln, welchen Anteil der Internetnutzer Sie mit Ihrem Angebot bedienen. Zudem wird häufig die Kennzahl *neue Besucher* oder Nutzer (*New Visitor*) ermittelt, womit analysiert werden kann, wie viele Erstbesucher Sie haben, die bisher noch nicht auf Ihrer Website waren.

- ▶ **Visit bzw. Session (Besuch oder Sitzung)**

  Als *Visit* oder *Session* wird der Besuch einer Website bezeichnet. Üblicherweise endet ein Visit, wenn ein Besucher den Browser schließt oder nach 30 Minuten Inaktivität, das heißt, wenn eine halbe Stunde lang keine weitere Seite der Website mehr aufgerufen oder keine weitere Interaktion vom Nutzer ausgeführt wird. So kann beispielsweise ein Besucher mehrere Besuche an einem Tag absolvieren. Die Anzahl an Visits gibt an, wie häufig eine Website aufgesucht wird, und ist damit wohl die wichtigste Kennzahl zur Bewertung des Besucheraufkommens.

Wahrscheinlich werden Ihnen bei intensiver Beschäftigung mit dem Thema Web-Analytics noch weitere Kennzahlen wie *Bounce-Rate, Conversion-Rate, Click-Through-Rate* (*CTR*) und *Verweildauer* auffallen. Diese Kennzahlen zum Besucherverhalten nutzen wir auch in diesem Buch, und wir beschreiben die einzelnen Begriffe in den entsprechenden Abschnitten. In unserem Glossar am Ende des Buches können Sie jederzeit Fachbegriffe nachschlagen. Die Conversion-Rate besprechen wir ausführlich in Kapitel 8, »Conversion-Rate-Optimierung (CRO)«.

Wichtige Kennzahlen zum Besucherverhalten

▶ **Page Impression bzw. Page View (Seitenaufruf)**
Die Kennzahl Page Impression (PI), auch *Page View* genannt, bezeichnet einen Seitenaufruf durch einen Nutzer. Darüber lässt sich ermitteln, wie viele einzelne Seiten die Benutzer auf Ihrer Website abrufen. Insbesondere für werbefinanzierte Websites ist die Kennzahl wichtig, da mit jedem Seitenaufruf mehr Werbung ausgespielt werden kann.

▶ **Bounce-Rate (Absprungrate)**
Die Kennzahl *Absprungrate*, auch *Bounce-Rate* genannt, bezeichnet das Verhältnis, wie viele Nutzer nach dem Aufrufen einer Seite keine weitere Aktion ausführen. Eine hohe Bounce-Rate zeigt also Probleme mit der Website, seien es z. B. uninteressante Informationen, unpassende Gestaltung oder ein unzureichendes Navigationskonzept.

▶ **Time-on-Site (Sitzungsdauer, Verweildauer)**
Die Kennzahl *Verweildauer*, auch *Time-on-Site* genannt, bezeichnet die Zeit, wie lange der durchschnittliche Nutzer auf Ihrer Website verbringt. Damit können Sie erkennen, ob es nur wenige Sekunden sind oder mehrere Minuten. Interessant ist die Kennzahl für Analysen, wenn Sie Änderungen an der Seite vornehmen oder neue aufmerksamkeitsstarke Inhalte zur Verfügung stellen.

10

Der große Vorteil bei Online-Medien ist die genaue Messbarkeit über Web-Analytics-Systeme. So können z. B. Werbekampagnen online viel genauer gesteuert und analysiert werden als beispielsweise Anzeigen in Zeitschriften. Machen Sie sich daher diese Eigenschaft zunutze, und messen Sie Ihren Erfolg! Aber berücksichtigen Sie: Kennzahlen können bei der Messung mit unterschiedlichen Tools abweichen. Dies kann z. B. durch unterschiedliche Positionen des Tracking-Pixels im HTML-Code Ihrer Website oder durch verschiedene Messmethoden oder Cookie-Laufzeiten vorkommen.

Wenn Sie Ihr eingesetztes Web-Analytics-Tool aufrufen, werden Sie die wichtigsten Kennzahlen zu Ihrer Website direkt angezeigt bekommen. Häufig wird hier ein Zeitverlauf dargestellt, um die Entwicklungen der Besucherzahlen der letzten Tage, Woche oder Monate schneller erkennen zu können. In Abbildung 10.1 sehen Sie exemplarisch eine Webanalyse-Übersicht zu einer Website mit dem Tool Matomo.

Web-Analytics-Kennzahlen sind von verschiedenen Einflussfaktoren abhängig. Das kann z. B. das Wetter sein, das die Internetnutzung stark beeinflusst, oder auch Urlaubszeiten und Feiertage, z. B. Weihnachten. Zudem gibt es große Ereignisse wie eine Fußballweltmeisterschaft, die das Internetnutzungsverhalten stark bestimmen können. Beachten Sie diese Einflüsse, wenn Sie z. B. Daten aus verschiedenen Jahren oder Monaten vergleichen. Hinzu kommt, dass Zusammenhänge in den Kennzahlen bestehen. So steigen z. B. die Page Impressions (PI) einer Website, wenn die Visit-Zahlen steigen. Betrachten Sie daher besser relative Zahlen statt absoluter Werte. Es ist also nicht nur wichtig, die Gesamtzahl der Seitenaufrufe zu kennen, sondern auch die Anzahl der Seitenaufrufe pro Website-Besuch (Seiten/Sitzung oder PI/Visit).

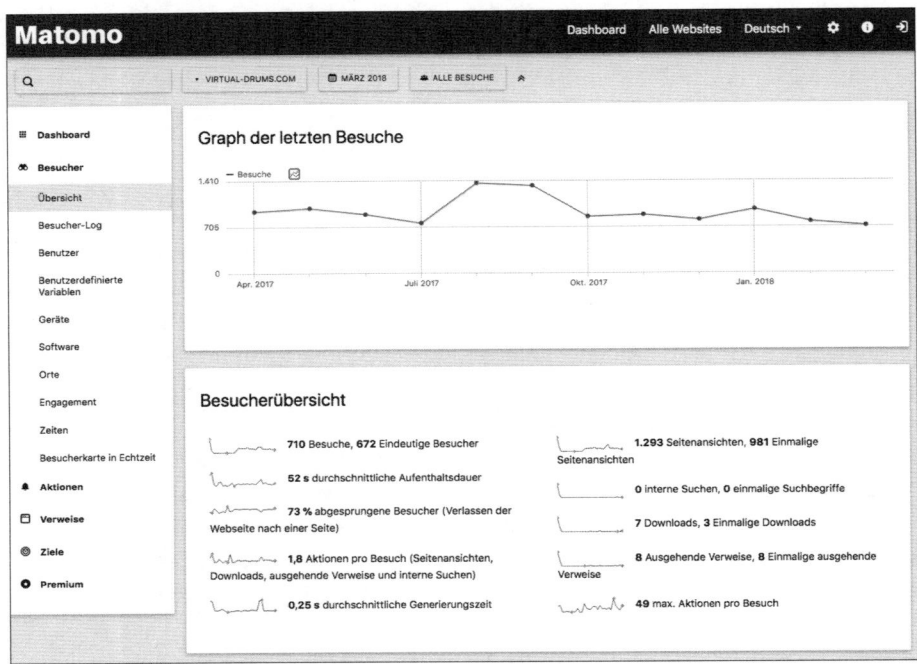

Abbildung 10.1 Webanalyse-Kennzahlen einer Website (Quelle: Matomo)

10.2   Webanalysetools im Einsatz

Grundlage für die Arbeit im Bereich Web-Analytics sind diverse Tools und Programme. Zu jeder Website gehört auch ein Web-Analytics-System, das den Traffic messen und analysieren kann. Die meisten bekannten Tools arbeiten bei der Erfassung von Website-Aufrufen mit sogenannten *Tracking-Pixeln* und *JavaScript-Logging*. Über eine kleine integrierte Bilddatei oder JavaScript-Elemente, die der Nutzer automatisch mit der Seite aufruft, wird der Website-Besuch erfasst und technische Nutzerdaten ermittelt. Außerdem kommen Cookies zum Einsatz, die auf dem Rechner des Nutzers gespeichert und später ausgelesen werden können. Bei geräteübergreifenden Standards wie Universal Analytics kommt stattdessen die User-ID zum Einsatz. Hiermit können Visits eines einzigen Besuchers über verschiedene Geräte miteinander verknüpft werden. Angesichts der Tatsache, dass Nutzer heutzutage über immer mehr Geräte (Laptop, Tablet, Smartphone, Smartwatch etc.) aufs Internet zugreifen, ergibt diese Messtechnologie ein deutlich realistischeres Bild über die Nutzung Ihrer Website und mobilen Apps. Zusätzlich zu diesen häufig verwendeten Methoden können Sie sich die Logfiles Ihres Webservers anschauen und analysieren. Dies wird als *Logfile-Analyse* bezeichnet. Dabei wird jeder einzelne Seitenaufruf protokolliert und täglich abgespeichert.

10.2.1   Anbieter und Unterschiede

Für den Bereich Web-Analytics gibt es inzwischen mehrere spezialisierte Anbieter und Softwarelösungen. Das bekannteste und meistgenutzte Tool ist hierbei Google Analytics. Durch ihre kostenlose Nutzung, unkomplizierte Installation und einfache Bedienung hat sich die Analysesoftware schnell verbreitet. Aber auch andere Anbieter spielen eine wichtige Rolle. Vor allem große Websites und Online-Shops setzen auf komplexe und kostenpflichtige Systeme. Die Hauptgründe für den Einsatz eines kostenpflichtigen Web-Analytics-Systems liegen in einer schnelleren und genaueren Datenverarbeitung, einem Rohdaten-Export, besseren Segmentierungsmöglichkeiten der Website-Besucher sowie in einem besseren Kunden-Support. Auch Klickketten und Konversionsraten können mit spezialisierten Tools zum Teil detaillierter ausgewertet werden. Nicht zuletzt kann auch der Grund sein, dass Sie Ihre Daten auf einem deutschen Server speichern möchten, der den strengen Datenschutzbestimmungen Deutschlands unterliegt.

Wir haben Ihnen hier einen kurzen Überblick der Webanalysewerkzeuge zusammengestellt, der aber aufgrund der schnellen Marktentwicklung keinen Anspruch auf Vollständigkeit erhebt. Sie bekommen damit aber einen guten Einblick in die verschiedenen Angebote. Die Preise für kostenpflichtige Tools sind meist von der Anzahl an Seitenaufrufen und Interaktionen abhängig und bewegen sich zwischen 100 € bis zu mehr als 100.000 € pro Jahr.

Bekannte Web-Analytics-Anbieter

▶ **Google Analytics** (*analytics.google.com*)
Das aktuell meistgenutzte Webanalysetool wird von Google in der Standardversion kostenlos angeboten und bietet eine einfache Installation und Nutzeroberfläche. In Deutschland steht das Tool zwar seit einiger Zeit wegen Datenschutzbedenken in der Kritik, ist aber dennoch auf den meisten Websites im Einsatz. Seit 2011 steht für große Websites auch eine kostenpflichtige Premium-Version (*Analytics 360*) zur Verfügung mit erweiterten Analysemöglichkeiten und besserem Kunden-Support. Aber auch die kostenlose Basisversion wurde in den letzten Jahren um viele Funktionen erweitert (wie z. B. die Echtzeitanalyse, Multi-Channel-Berichte, Universal Analytics und Kohortenanalysen), die es mit kostenpflichtigen Lösungen durchaus aufnehmen können. Seit Juli 2018 gehört Google Analytics zur neu formierten *Google Marketing Platform* (*marketingplatform.google.com*), die weitere Softwarelösungen für die Website- und Anzeigenoptimierung enthält.

▶ **Adobe Analytics** (*www.adobe.com/de/data-analytics-cloud/analytics.html*)
Adobe Analytics ist als Bestandteil der Adobe Marketing Cloud ein häufig genutztes System, vor allem für große Websites, die auch weitere Adobe-Lösungen einsetzen. Mit Adobe Analytics können komplexe Analysen erstellt und im Rahmen eines integrierten Marketing-Automation-Systems mit anderen Daten, z. B. der Kampagnenplanung, verknüpft werden.

▶ **Webtrekk** (*www.webtrekk.com*)
Webtrekk ist ein Angebot eines Webanalyseunternehmens aus Berlin, das insbesondere große deutsche Websites und Online-Shops analysiert. Die Software positioniert sich als »User-Centric Analytics-Tool«, mit dem das Nutzerverhalten detailliert analysiert werden kann.

▶ **Matomo** (*matomo.org*)
Das Web-Analytics-System Matomo (ehemals Piwik) wurde als selbstgehostete Lösung aufgebaut. Im Gegensatz zu den meisten anderes SaaS-Lösungen (*Software-as-a-Service*), die dezentral im Internet gehostet werden, wird Matomo auf dem eigenen Webserver installiert. Inzwischen bietet aber auch Matomo eine Cloud-Lösung an. Da das Tool kostenlos zu nutzen ist, positioniert sich die Software als Open-Source-Alternative zu Google Analytics.

▶ Weitere Web-Analytics-Anbieter sind beispielsweise **econda** (*www.econda.de*), **etracker** (*www.etracker.com*) und **Webtrends** (*www.webtrends.com*).

Der Markt der Webanalysetools ist ständig in Bewegung, und es kündigt sich in den kommenden Jahren eine weitere Konsolidierungsphase an, in der vor allem globale Großkonzerne wie Adobe, IBM und Google weiter in integrierte Marketing-Automation-Lösungen investieren werden. Schaut man sich die Nutzung der verschiedenen Tools auf den Top 1.000 der deutschen Domains an, die unter *web-analytics-tools.com/usage-statistics-market-share-web-analytics-tools.html* veröffentlicht wird, ergibt sich ein guter Einblick in die Marktverteilung (siehe Abbildung 10.2). Sie sehen deutlich, dass Google Analytics auch auf den deutschen Top-Domains gut vertreten ist und dass die großen, kostenpflichtigen Tools wie Adobe Analytics oder etracker erst mit Abstand auf Platz zwei und drei folgen. *IVW* ist kein eigenes Web-Analytics-System, misst aber die Seitenaufrufe verschiedener Websites, um diese transparent vergleichen zu können und in Studien und für Werbekampagnen auszuwerten.

Viele große Websites setzen mehrere Webanalysetools gleichzeitig ein, um eine bessere Vergleichsmöglichkeit zu bekommen. Besonders bei Geschäftsmodellen, die stark von der Website und deren Reichweite abhängen, z. B. Online-Shops, ist dies auch zu empfehlen. Ansonsten kann es bei Ausfall eines Tracking-Systems passieren, dass Sie Ihre Online-Marketing-Aktivitäten quasi im Blindflug vornehmen müssen. Trotzdem sei darauf hingewiesen, dass mehrere Tracking-Pixel die Ladegeschwindigkeit einer Website verlangsamen können – insbesondere, wenn Sie auf ältere Codeversionen vertrauen. Daher sollten Sie nur wirklich notwendige Tracking-Tools einsetzen.

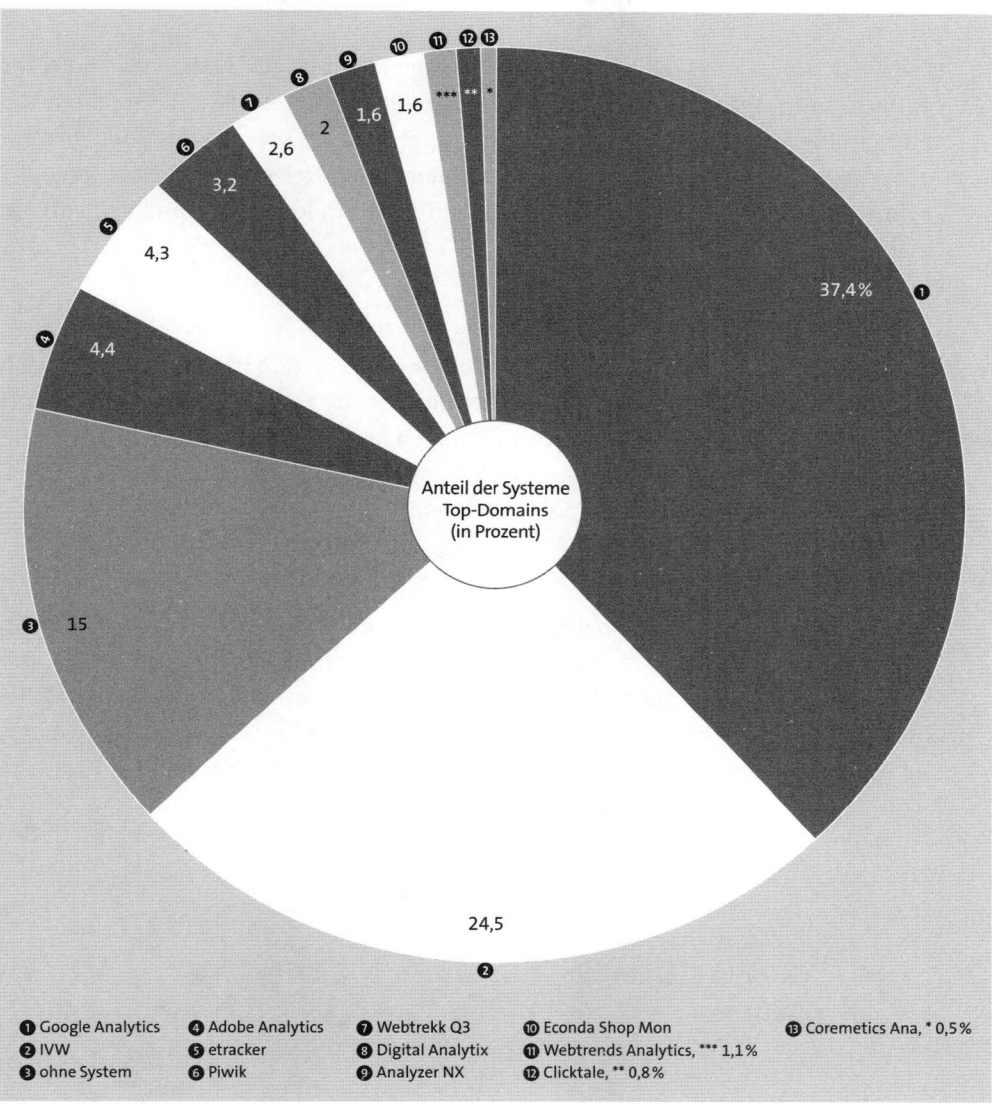

Abbildung 10.2 Web-Analytics-Systeme der Top 1.000 ».de«-Domains
(Quelle: web-analytics-tools.com)

Tipp

Wenn Sie wissen möchten, welche Website welches Web-Analytics-Tool einsetzt, empfehlen wir Ihnen den Download der Browsererweiterung *Ghostery*. Das Tool ist für Mozilla Firefox und Google Chrome verfügbar und zeigt neben Webanalysesystemen auch Tracker, Pixel und Beacons, die von Werbenetzwerken und Web-Publishern eingesetzt werden.

10.2.2   Google Analytics einrichten

Die Einrichtung von Web-Analytics-Werkzeugen geht in den meisten Fällen recht einfach und unproblematisch. Wir zeigen Ihnen an dieser Stelle beispielhaft die Einrichtung von Google Analytics. Falls Sie selbst noch kein Analysetool verwenden, empfehlen wir Ihnen, sich ebenfalls bei dem kostenfreien Tool zu registrieren. Sie können die Einrichtung Schritt für Schritt mit unserem folgenden Leitfaden vornehmen.

Google-Konto erstellen

Sollten Sie noch kein Google-Konto mit einer E-Mail-Adresse haben, richten Sie sich einfach ein neues Konto ein. Mehr als eine bestehende E-Mail-Adresse, ein Passwort und das Akzeptieren der Nutzungsbedingungen brauchen Sie dafür nicht. Sie erhalten dann eine E-Mail von Google, in der Sie den Bestätigungslink anklicken müssen, um sich als Inhaber der Adresse zu verifizieren.

Bei Google Analytics anmelden

Rufen Sie jetzt die Google-Analytics-Startseite auf, z. B. indem Sie danach googeln oder die Adresse *analytics.google.com* in Ihren Browser eingeben. Wenn Sie eingeloggt sind, gelangen Sie direkt in das Analysetool, sonst müssen Sie erst noch Benutzernamen und Passwort Ihres Google-Kontos eingeben. Sie erreichen Google Analytics auch über die neue Google Marketing Platform (siehe Abbildung 10.3).

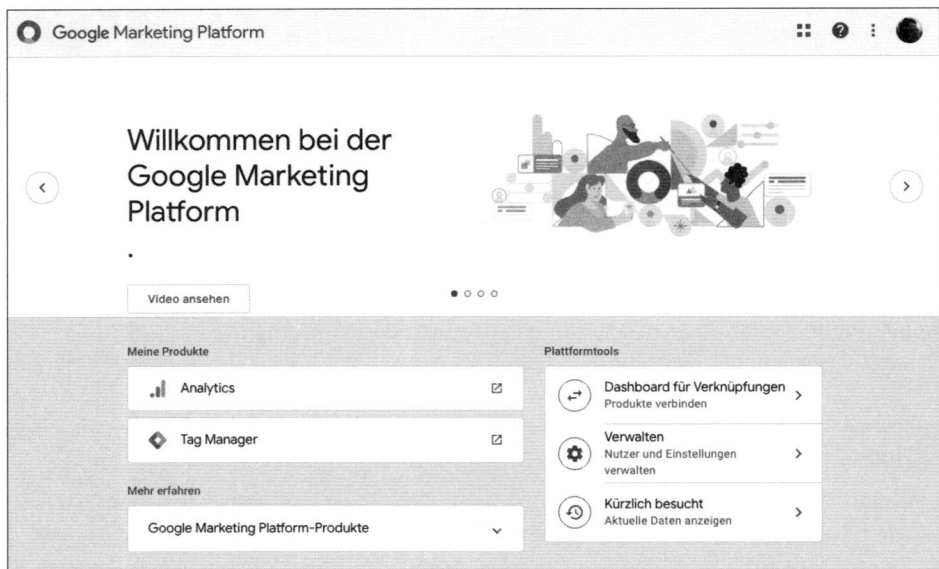

Abbildung 10.3 Einstieg in Google Analytics über die Google Marketing Platform

Sollten Sie schon Websites bei Google Analytics angemeldet haben, sehen Sie jetzt die einzelnen Website-Profile. Falls noch keine Website eingerichtet ist, klicken Sie auf ANMELDEN, so erscheint die Seite aus Abbildung 10.4, auf der Sie nun die Adresse Ihrer Website, den Namen des Google-Analytics-Kontos (dies kann z. B. der Name Ihrer Website sein), Ihre Branche und die Zeitzone angeben.

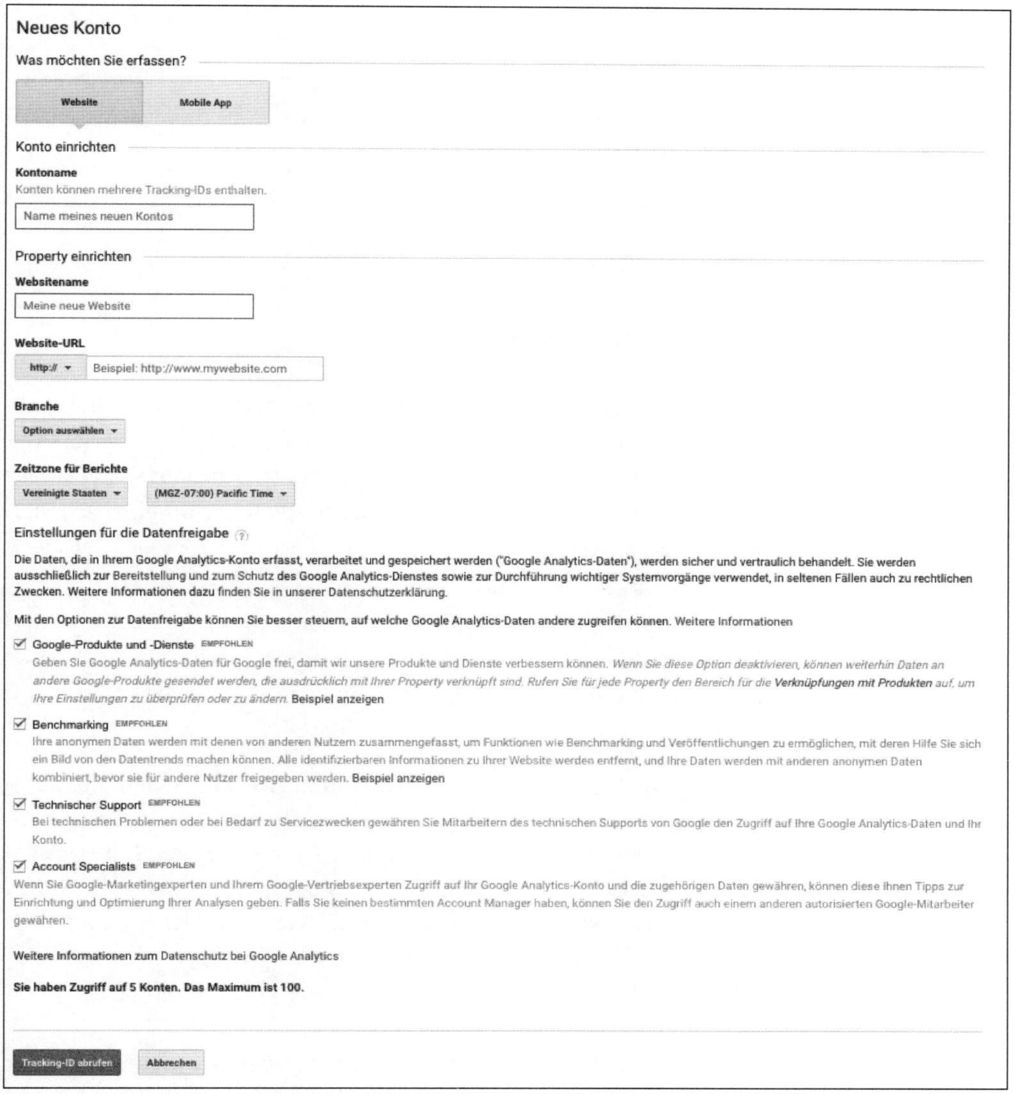

Neues Konto

Was möchten Sie erfassen?

| Website | Mobile App |

Konto einrichten

Kontoname
Konten können mehrere Tracking-IDs enthalten.

Name meines neuen Kontos

Property einrichten

Websitename

Meine neue Website

Website-URL

http:// ▾   Beispiel: http://www.mywebsite.com

Branche

Option auswählen ▾

Zeitzone für Berichte

Vereinigte Staaten ▾   (MGZ-07:00) Pacific Time ▾

Einstellungen für die Datenfreigabe (?)

Die Daten, die in Ihrem Google Analytics-Konto erfasst, verarbeitet und gespeichert werden ("Google Analytics-Daten"), werden sicher und vertraulich behandelt. Sie werden ausschließlich zur Bereitstellung und zum Schutz des Google Analytics-Dienstes sowie zur Durchführung wichtiger Systemvorgänge verwendet, in seltenen Fällen auch zu rechtlichen Zwecken. Weitere Informationen dazu finden Sie in unserer Datenschutzerklärung.

Mit den Optionen zur Datenfreigabe können Sie besser steuern, auf welche Google Analytics-Daten andere zugreifen können. Weitere Informationen

☑ Google-Produkte und -Dienste EMPFOHLEN
Geben Sie Google Analytics-Daten für Google frei, damit wir unsere Produkte und Dienste verbessern können. Wenn Sie diese Option deaktivieren, können weiterhin Daten an andere Google-Produkte gesendet werden, die ausdrücklich mit Ihrer Property verknüpft sind. Rufen Sie für jede Property den Bereich für die Verknüpfungen mit Produkten auf, um Ihre Einstellungen zu überprüfen oder zu ändern. Beispiel anzeigen

☑ Benchmarking EMPFOHLEN
Ihre anonymen Daten werden mit denen von anderen Nutzern zusammengefasst, um Funktionen wie Benchmarking und Veröffentlichungen zu ermöglichen, mit deren Hilfe Sie sich ein Bild von den Datentrends machen können. Alle identifizierbaren Informationen zu Ihrer Website werden entfernt, und Ihre Daten werden mit anderen anonymen Daten kombiniert, bevor sie für andere Nutzer freigegeben werden. Beispiel anzeigen

☑ Technischer Support EMPFOHLEN
Bei technischen Problemen oder bei Bedarf zu Servicezwecken gewähren Sie Mitarbeitern des technischen Supports von Google den Zugriff auf Ihre Google Analytics-Daten und Ihr Konto.

☑ Account Specialists EMPFOHLEN
Wenn Sie Google-Marketingexperten und Ihrem Google-Vertriebsexperten Zugriff auf Ihr Google Analytics-Konto und die zugehörigen Daten gewähren, können diese Ihnen Tipps zur Einrichtung und Optimierung Ihrer Analysen geben. Falls Sie keinen bestimmten Account Manager haben, können Sie den Zugriff auch einem anderen autorisierten Google-Mitarbeiter gewähren.

Weitere Informationen zum Datenschutz bei Google Analytics

Sie haben Zugriff auf 5 Konten. Das Maximum ist 100.

| Tracking-ID abrufen | Abbrechen |

Abbildung 10.4 Anmeldung eines neuen Google-Analytics-Kontos

Im Anschluss müssen Sie die Nutzungsbedingungen akzeptieren. Damit haben Sie ein Google-Analytics-Konto angelegt und bekommen einen Tracking-Code im Universal-Analytics-Standard für Ihre Website angezeigt. Bauen Sie diesen nun in Ihre Website ein. Dazu kopieren Sie den angegebenen Quellcode und fügen ihn dann in jede zu analysierende Seite direkt nach dem öffnendem </head>-Tag ein. Wie das genau aussieht, sehen Sie in folgendem Beispiel:

```
<!-- Global site tag (gtag.js) - Google Analytics -->
<script async src="https://www.googletagmanager.com/gtag/js?id=UA-XXXXXX-1">
</script>
<script>
  window.dataLayer = window.dataLayer || [];
  function gtag(){dataLayer.push(arguments);}
  gtag('js', new Date());

  gtag('config', 'UA-XXXXXX-1');
</script>
```

Listing 10.1 Google-Analytics-Tracking-Code

Über die vergangenen Jahre hat Google einige Änderungen an diesem Tracking-Code vorgenommen. Die aktuelle Version nutzt das »global site tag« (*gtag.js*) zur Erfassung von Webseitenaufrufen und Nutzerinteraktionen. Es lohnt sich, bei einer schon länger bestehenden Website in das Setup von Google Analytics genauer hineinzuschauen und eventuell Anpassungen vorzunehmen.

> **Tipp: IP-Anonymisierung in Google Analytics**
>
> Wir empfehlen Ihnen, noch folgende Ergänzung in der config-Zeile in den Tracking-Code zu schreiben, damit die IP-Adressen der Nutzer anonymisiert werden:
>
> ```
> gtag('config', 'UA-XXXXXX-1', { 'anonymize_ip': true });
> ```
>
> Diese Anonymisierung ist insbesondere in Deutschland notwendig, da IP-Adressen personenbezogene Daten sind. Die Anonymisierung beschränkt Ihre Webanalyse nicht weiter ein und ist daher ein guter Schritt für mehr Datenschutz. Neben der Anonymisierung der IP-Adressen gibt es viele weitere Möglichkeiten, den Standardcode an spezifische Messbedürfnisse anzupassen. Eine Übersicht aller Codeanpassungen findet sich in den Google-Richtlinien für Entwickler: *developers.google.com/analytics/devguides/collection/gtagjs/*.

Sobald Sie den Tracking-Code in Ihre Website eingebaut haben, können Sie mit der Webanalyse loslegen. Die Aufrufe Ihrer Website werden von nun an mitgezählt und analysiert. Diese Informationen können Sie abrufen, indem Sie sich bei Google Analytics mit Ihrem Nutzerkonto einloggen. Sie sehen dann eine Übersicht über alle mit Ihrem Konto verknüpften Websites, die über Google Analytics erfasst werden. Um nun erste Informationen zu einer Website zu erhalten, klicken Sie auf das gewünschte Website-Profil. Daraufhin erscheint die Google-Analytics-Startseite mit den wichtigsten Kennzahlen und einer Echtzeitanalyse, wie viele Nutzer sich gerade auf Ihrer Website befinden.

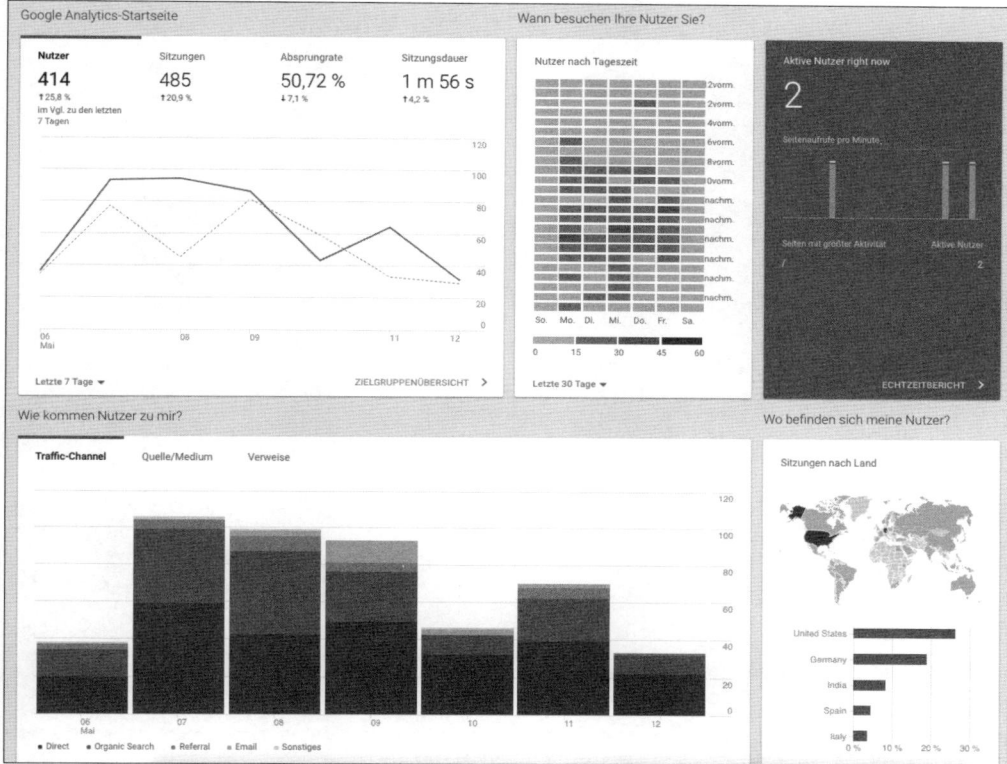

Abbildung 10.5 Die Google-Analytics-Startseite

Sie können nun auf den Bericht Zielgruppenübersicht gehen, und bekommen eine Übersicht mit der Entwicklung der Nutzerzahlen über die letzten 30 Tage oder einen voreingestellten Zeitraum (siehe Abbildung 10.6). Sie sehen als Erstes den Traffic-Verlauf der letzten 30 Tage, also wie viele Nutzer auf Ihre Website pro Tag kamen. Außerdem sehen Sie die wichtigsten Kennzahlen zur Nutzung Ihrer Website und erfahren, aus welchem Land die Besucher kamen und wie hoch der Anteil neuer Besucher auf Ihrer Website ist. Sie sehen in dieser Übersicht auch, welche Browser und welche Betriebssysteme genutzt und ob Ihre Seiten mit einem Mobilgerät aufgerufen wurden. Im Menüpunkt Akquisition erfahren Sie mehr über die wichtigsten Zugriffsquellen, die Auskunft darüber geben, wie die Besucher zu Ihrer Website gelangt sind (siehe auch Abschnitt 10.3.1, »Wie gelangen die Besucher auf Ihre Website?«). Sie können sich die für Sie wichtigsten Berichte auch in einem sogenannten *Dashboard* zusammenstellen.

Abbildung 10.6 Zielgruppenübersicht in Google Analytics

Google Analytics Academy und IQ-Zertifizierung

Google bietet zahlreiche Informationen und Hilfeseiten zum Thema Google Analytics an, z. B. in der Google Analytics Academy (*analytics.google.com/analytics/academy/*). Wenn Sie tiefer in die Materie einsteigen möchten und zusätzlich gern eine vorzeigbare Zertifizierung haben wollen, können wir Ihnen das Google-Analytics-IQ-Programm empfehlen (*support.google.com/partners/answer/6089738?hl=de*). Hier bekommen Sie eine ausführliche Einführung in Google Analytics und einen Fortgeschrittenenkurs. Damit können Sie sich im Anschluss testen und als Google Analytics Professional zertifizieren lassen.

10.2.3   Google Tag Manager

Im vorherigen Abschnitt 10.2.2, »Google Analytics einrichten«, haben Sie gelernt, dass Sie zur Messung der Aktivitäten auf Ihrer Website einen Tracking-Code auf Ihren Seiten implementieren müssen. In vielen Fällen übernimmt Ihr Webmaster oder IT-Dienstleister diese Arbeit, und Sie sind darauf angewiesen, dass die Implementierung möglichst schnell und sorgfältig erfolgt. Wenn Sie den Code zu einem späteren Zeitpunkt ergänzen oder ändern möchten oder einen anderen Code hinzufügen wollen (z. B. für ein neues Werbenetzwerk), müssen Sie Ihren technischen Ansprechpartner erneut bemühen. Das verursacht Verzögerungen, nicht selten Qualitätsverluste und zusätzliche Kosten. Gerade bei vielen unterschiedlichen Code-Elementen (auch *Tags* genannt) kann sich außerdem die Ladezeit Ihrer Webseiten verschlechtern. Aus all diesen Gründen lohnt es sich, über den Einsatz eines Tag-Management-Systems nachzudenken.

Tag-Management-Systeme ermöglichen eine einfache, schnelle und effiziente Verwaltung von Codes zur Webanalyse, Conversion-Messung oder zur Steuerung dynamischer Remarketing-Kampagnen (mehr zu dynamischem Remarketing erfahren Sie in Kapitel 12, »Display-Marketing«). Hierzu muss ein sogenannter *Container* auf jeder Seite einer Website hinterlegt werden. Dabei handelt es sich um einen Code, der als Türöffner für die Verwaltung und Steuerung aller anderen Tags fungiert. Ist der Container einmal eingebaut, lassen sich mithilfe einer Online-Anwendung die meisten weiteren Arbeiten und Ergänzungen von Tracking-Codes und sonstigen Tags durchführen, ohne in den Quellcode weiter eingreifen zu müssen.

Das bekannteste Tag-Management-System ist der von Google kostenlos zur Verfügung gestellte *Google Tag Manager*, den wir hier kurz vorstellen. Um den Google Tag Manager nutzen zu können, benötigen Sie zunächst ein Google-Tag-Manager-Konto. Rufen Sie hierzu die Seite *tagmanager.google.com* auf, und melden Sie sich mit Ihrem Google-Konto an. Sie können dann ein Google-Tag-Manager-Konto erstellen, indem Sie einen Konto- und einen Container-Namen vergeben und entscheiden, ob Sie einen Container für eine Website oder für eine mobile App erstellen möchten (siehe Abbildung 10.7).

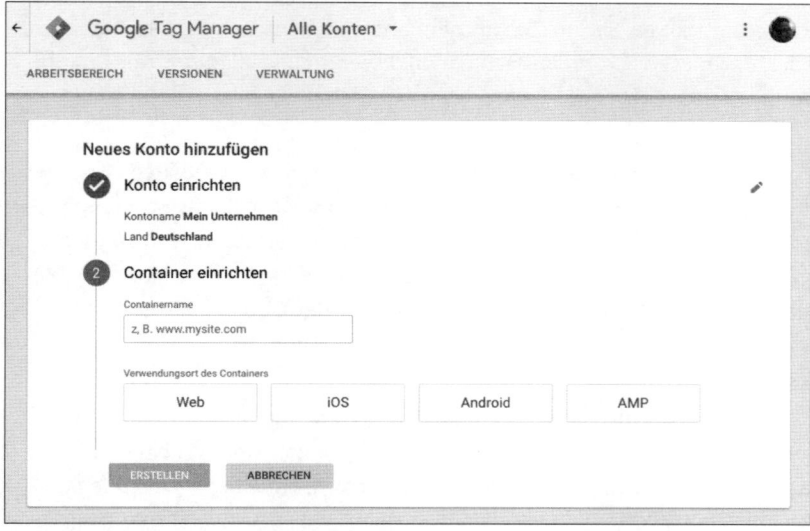

Abbildung 10.7 Erstellung eines Google-Tag-Manager-Kontos

Wenn Sie danach die Nutzungsbedingungen akzeptieren, erhalten Sie den Container-Code für Ihre Website. Bauen Sie diesen nun in Ihre Website ein. Hierzu kopieren Sie die von Google angegebenen Code-Snippets und fügen sie in jede zu analysierende Seite direkt im HTML-<head> und nach dem öffnendem <body>-Tag ein. Hier sehen Sie ein Beispiel für einen solchen Container-Code. Beachten Sie, dass jeder Container über eine eindeutige GTM-ID verfügt (in unserem Beispiel GTM-XXXXXX).

```
<!-- Google Tag Manager -->
<script>(function(w,d,s,l,i){w[l]=w[l]||[];w[l].push({'gtm.start':
new Date().getTime(),event:'gtm.js'});var f=d.getElementsByTagName(s)[0],
j=d.createElement(s),dl=l!='dataLayer'?'&l='+l:'';j.async=true;j.src=
'https://www.googletagmanager.com/gtm.js?id=
'+i+dl;f.parentNode.insertBefore(j,f);
})(window,document,'script','dataLayer','GTM-XXXXXX');</script>
<!-- End Google Tag Manager -->
```

Listing 10.2 Google Tag Manager Container-Code für den <head>-Bereich

```
<!-- Google Tag Manager (noscript) -->
<noscript><iframe src="https://www.googletagmanager.com/ns.html?id=GTM-XXXXXX"
height="0" width="0" style="display:none;visibility:hidden"></iframe></
noscript>
<!-- End Google Tag Manager (noscript) -->
```

Listing 10.3 Google Tag Manager Container-Code nach dem <body>-Tag

---

Tags, Container, Trigger und Variablen

Auf einige Begriffe stoßen Sie im Zusammenhang mit dem Google Tag Manager immer wieder. Aus diesem Grund werden wir an dieser Stelle einige zentrale Begrifflichkeiten kurz erläutern.

▶ **Tag**
  Tags sind kleine zusammenhängende Codeeinheiten, die auf Websites zum Einsatz kommen. Tags können verschiedene Zwecke erfüllen, z. B. das Besucheraufkommen messen, den Erfolg von Marketingkampagnen erfassen, Informationen über Besucher ermitteln und aufbereiten oder A/B-Tests steuern. Beispiele für Tags sind der Google-Analytics-Tracking-Code oder der Google-Ads-Conversion-Tracking-Code.

▶ **Container**
  Ein Container ist ebenfalls eine Codeeinheit (also ein Tag), erfüllt aber lediglich den Zweck, andere Tags mit einer spezifischen Funktion in einer Webanwendung (dem Tag-Management-System) verwalten zu können, ohne den Quellcode bearbeiten zu müssen.

▶ **Trigger**

Trigger sind Regeln, mit deren Hilfe ein Tag-Management-System wie der Google Tag Manager darüber entscheidet, wann welches Tag ausgeführt wird. Der Google-Analytics-Tracking-Code muss z. B. im Normalfall auf jeder Seite greifen, der Google-Ads-Conversion-Tracking-Code üblicherweise nur auf einer Bestätigungsseite (Anmeldung für einen Newsletter, Kauf in einem Online-Shop etc.). Trigger entscheiden darüber, wann welches Tag greifen soll.

▶ **Variable**

Variablen enthalten Werte, die aus einem aktuellen Website-Besuch herausgelesen und z. B. mit Bedingungen von Triggern abgeglichen werden. Es gibt vordefinierte Variablen wie die Variable url, die die aktuell aufgerufene URL eines Besuchs enthält. Daneben können Sie Variablen auch selbst definieren, wenn Sie z. B. den Wert des Warenkorbs aus einer Checkout-Seite auslesen möchten.

10

Nachdem der Container-Code auf allen Seiten Ihrer Website eingebaut ist, können Sie schnell und flexibel neue Tags für Ihre Website und Ihre mobilen Apps ergänzen und bestehende Codes aktualisieren – ohne Ihren technischen Ansprechpartner bemühen zu müssen. Der Google Tag Manager enthält außerdem ein sogenanntes Debugging-Tool. Hiermit können Sie im Vorschaumodus überprüfen, wie ein Tag angezeigt wird, ob es überhaupt funktioniert und welche Tags beim Aufruf einer Seite ausgelöst werden. Im Google Tag Manager können nicht nur Google-spezifischen Tags wie Google Analytics oder das Google-Ads-Conversion-Tracking verwaltet werden, sondern auch Codes von Drittanbietern lassen sich so integrieren.

Als Website-Betreiber sollten Sie über Ihr eigenes Konto verfügen und genau im Auge behalten, wem Sie welche Nutzerrechte übertragen. Bedenken Sie: Ein Tag-Management-System wie der Google Tag Manager ist ein offenes Eintrittstor zu Ihrer Website. Nutzer mit entsprechenden Berechtigungen können (willentlich oder versehentlich) Codes auf Ihren Seiten veröffentlichen oder löschen, die im schlimmsten Fall Ihre ganze Website lahmlegen. Unter *support.google.com/tagmanager/* finden Sie umfangreiche Tipps und Anleitungen zur Implementierung und Administration des Google Tag Managers. Sollten Sie trotzdem unsicher sein oder spezifische Anpassungen an Standardcodes vornehmen, empfehlen wir Ihnen, lieber auf den Rat von Experten zu vertrauen. Unter *www.google.com/analytics/partners* finden Sie zertifizierte Google-Analytics-Partner, die Sie bei jeglichen Fragen rund um Google Analytics und den Google Tag Manager unterstützen.

10.2.4   Webanalyse und Datenschutz

In Deutschland bestehen starke Datenschutzgesetze, daher stehen Web-Analytics-Systeme und insbesondere Google Analytics unter besonderer Aufmerksamkeit der

Datenschützer. Dies folgt aus dem massiven Sammeln von Daten, das durch die Tools möglich ist. Das Ziel der Webanalyse ist aber nicht, einen einzelnen Nutzer zu analysieren, sondern Nutzergruppen besser zu verstehen. Der Datenschutz achtet besonders auf die personenbezogenen Daten, wie z. B. den eigenen Namen, die E-Mail-Adresse, Telefonnummer, Zahlungsinformationen oder die persönliche Anschrift. Auch die IP-Adresse eines Computers wird als personenbezogene Information angesehen und unterliegt damit besonderem Schutz. Die Übermittlung und Speicherung von IP-Adressen ist – neben der Verwendung von Cookies – der Hauptkritikpunkt an Web-Analytics-Systemen.

Seit dem 25. Mai 2018 gilt in Deutschland und der EU verbindlich die *Datenschutz-Grundverordnung* (DSGVO) – im Englischen *General Data Protection Regulation* (GDPR). Mit deren Einführung wird der Datenschutz noch strenger geregelt und Datenmissbrauch härter bestraft werden. So können bis zu 4 % des weltweiten Umsatzes einer Firma als Strafe angesetzt werden. Um Ihre Website, das Online-Marketing und die Web-Analyse rechtskonform zu gestalten, müssen Sie Ihren Kunden transparent machen, wie mit der Verarbeitung von persönlichen Daten auf Ihrer Website umgegangen wird. Dies betrifft die Datenspeicherung und den Datenaustausch mit anderen Anbietern, z. B. Google, Facebook und weiteren Integrationen von Drittanbietern. Als Mindestvoraussetzung sollten Sie ein Impressum und eine Datenschutzerklärung auf Ihrer Website aufführen. Diese können z. B. über den Footer-Bereich zentral verlinkt werden. In Google Analytics wird es zukünftig Einstellungen geben, mit denen Sie die Aufbewahrung und Löschung von Daten bestimmen können. Dies betrifft z. B. historische Daten oder Daten von einzelnen Personen.

Für einen rechtskonformen Einsatz von Google Analytics auf Ihrer Website müssen Sie die folgenden fünf Punkte beachten:

1. Die Datenschutzbehörden verlangen einen Vertrag zwischen Ihnen als Website-Betreiber und Google zur Datenverarbeitung. Google stellt hierfür inzwischen ein vorgefertigtes Formular zur Verfügung: *www.google.com/analytics/terms/de.pdf*. Dieses sollten Sie entsprechend ausfüllen, und es sollte von beiden Vertragspartnern unterschrieben werden.

2. Wie schon weiter oben erwähnt, sollten Sie zusätzlich in Ihrer Google-Analytics-Implementierung auf die Anonymisierungsfunktion für IP-Adressen zurückgreifen. Diese besteht aus nur einer Zeile zusätzlichem Quellcode und bedeutet für Sie keinerlei negative Konsequenzen in den Analysen.

3. Nutzern sollte es möglich sein, der Erfassung Ihrer Nutzungsdaten zu widersprechen. Hierzu müssen Sie zwei Maßnahmen ergreifen. Einerseits ergänzen Sie in

Ihrer Datenschutzerklärung auf der Website einen Link zu einem sogenannten Deaktivierungs-Add-on (*tools.google.com/dlpage/gaoptout?hl=de*). Damit können Nutzer eine Browsererweiterung installieren, die die Übertragung von Daten zu Google Analytics unterbindet. Da die Erweiterung nur für Desktop-Browser verfügbar ist, muss der Nutzer außerdem die Möglichkeit haben, ein sogenanntes Opt-out-Cookie zu setzen, wodurch das Tracking verhindert werden kann. Hierzu muss folgender Code vor dem Google-Analytics-Tracking-Code (siehe Abschnitt 10.2.2, »Google Analytics einrichten«) implementiert werden:

```
<script>
var gaProperty = 'UA-XXXXXXXX-1';
var disableStr = 'ga-disable-' + gaProperty;
if (document.cookie.indexOf(disableStr + '=true') > -1) {
   window[disableStr] = true;
}
function gaOptout() {
  document.cookie = disableStr + '=true; expires=Thu,
 31 Dec 2099 23:59:59 UTC; path=/';
  window[disableStr] = true;
}
</script>
```

4. Des Weiteren sollten Sie Ihre Datenschutzhinweise ergänzen, um auf die Verwendung von Google Analytics aufmerksam zu machen. Google stellt hierfür folgende Formulierung zur Verfügung:

»Diese Website benutzt Google Analytics, einen Webanalysedienst der Google Inc. (›Google‹). Google Analytics verwendet sog. ›Cookies‹, Textdateien, die auf Ihrem Computer gespeichert werden und die eine Analyse der Benutzung der Website durch Sie ermöglichen. Die durch den Cookie erzeugten Informationen über Ihre Benutzung dieser Website werden in der Regel an einen Server von Google in den USA übertragen und dort gespeichert. Im Falle der Aktivierung der IP-Anonymisierung auf dieser Webseite wird Ihre IP-Adresse von Google jedoch innerhalb von Mitgliedstaaten der Europäischen Union oder in anderen Vertragsstaaten des Abkommens über den Europäischen Wirtschaftsraum zuvor gekürzt. Nur in Ausnahmefällen wird die volle IP-Adresse an einen Server von Google in den USA übertragen und dort gekürzt. Im Auftrag des Betreibers dieser Website wird Google diese Informationen benutzen, um Ihre Nutzung der Website auszuwerten, um Reports über die Websiteaktivitäten zusammenzustellen und um weitere mit der Websitenutzung und der Internetnutzung verbundene Dienstleistungen gegenüber dem Websitebetreiber zu erbringen. Die im Rahmen von Google Analytics von Ihrem

Browser übermittelte IP-Adresse wird nicht mit anderen Daten von Google zusammengeführt. Sie können die Speicherung der Cookies durch eine entsprechende Einstellung Ihrer Browser-Software verhindern; wir weisen Sie jedoch darauf hin, dass Sie in diesem Fall gegebenenfalls nicht sämtliche Funktionen dieser Website vollumfänglich werden nutzen können. Sie können darüber hinaus die Erfassung der durch das Cookie erzeugten und auf Ihre Nutzung der Website bezogenen Daten (inkl. Ihrer IP-Adresse) an Google sowie die Verarbeitung dieser Daten durch Google verhindern, indem Sie das unter dem folgenden Link (http://tools.google.com/dlpage/gaoptout?hl=de) verfügbare Browser-Plugin herunterladen und installieren.«

5. Sollten Sie bereits Google Analytics im Einsatz gehabt haben, bevor die IP-Anonymisierung erfolgte, so ist zu prüfen, ob Sie diese alten Google-Analytics-Profile löschen müssen. Beachten Sie aber, dass damit die Vergleichbarkeit mit historischen Daten verloren geht. Alternativ können Sie alte Daten exportieren und auf Ihrem Rechner speichern, oder Sie müssen mit einer gewissen Rechtsunsicherheit leben, wenn Sie die alten nicht anonymisierten Daten behalten.

Google Analytics versucht, selbst für Aufklärung zum Thema Datenschutz zu sorgen. Unter *support.google.com/analytics/answer/6004245?hl=de* finden Sie die einzelnen Aspekte zum Datenschutz, zu IP-Adressen und Cookie-Nutzung aus Googles Sichtweise erklärt. Sollten Sie darüber hinaus unsicher in der Verwendung von Google Analytics sein, gibt es inzwischen auch Juristen, die sich auf dieses Themengebiet spezialisiert haben.

10.3   Auswertung des Besucherverhaltens

Der Analyse des Besucherverhaltens sollten Sie besondere Aufmerksamkeit schenken. Sicher wollen Sie wissen, woher die Nutzer auf Ihre Website kommen und was sie am meisten interessiert. Hilfreich sind ebenso Informationen, wer Ihre Besucher auf der Website sind. Sie können Besucher über die Nutzungsdaten z. B. in Zielgruppen segmentieren. Eine weitere Frage, die es zu analysieren gilt, ist, was die Nutzer auf Ihrer Website machen. Welche Inhalte werden angeschaut, und welche Aktionen werden durchgeführt? Schauen wir uns also die einzelnen Punkte Schritt für Schritt an.

10.3.1   Wie gelangen die Besucher auf Ihre Website?

Eine der wichtigsten Fragen, die Sie sich stellen sollten, ist, wie Internetnutzer auf Ihre Website gelangen oder zukünftig gelangen sollen. In anderen Kapiteln des

Buches werden einige Quellen aufgeführt, woher die Besucher kommen können, z. B. über Suchmaschinen, über Banner oder Social-Media-Aktivitäten. Einen ersten Überblick über die Zugriffsquellen, die häufig auch als *Kanäle* bezeichnet werden, liefert Ihnen die Besucherquellenübersicht in Google Analytics (BERICHTE • AKQUISITION • ALLE ZUGRIFFE • CHANNELS). Sie sehen dort beispielsweise die Anteile von Suchmaschinen, direkten Zugriffen und Verweis-Websites (siehe Abbildung 10.8). Direkte Zugriffe kommen durch Benutzer, die Ihre Internetadresse direkt in den Browser eingeben und zur Website gelangen. Die direkten Zugriffe können auch durch Lesezeichen (Bookmarks) oder E-Mails zustande kommen. *Verweis-Websites* sind Websites, über die Besucher zu Ihrer eigenen Website gelangen, z. B. über Links oder integrierte Banner. Diese Seiten werden auch als *Referrer* bezeichnet.

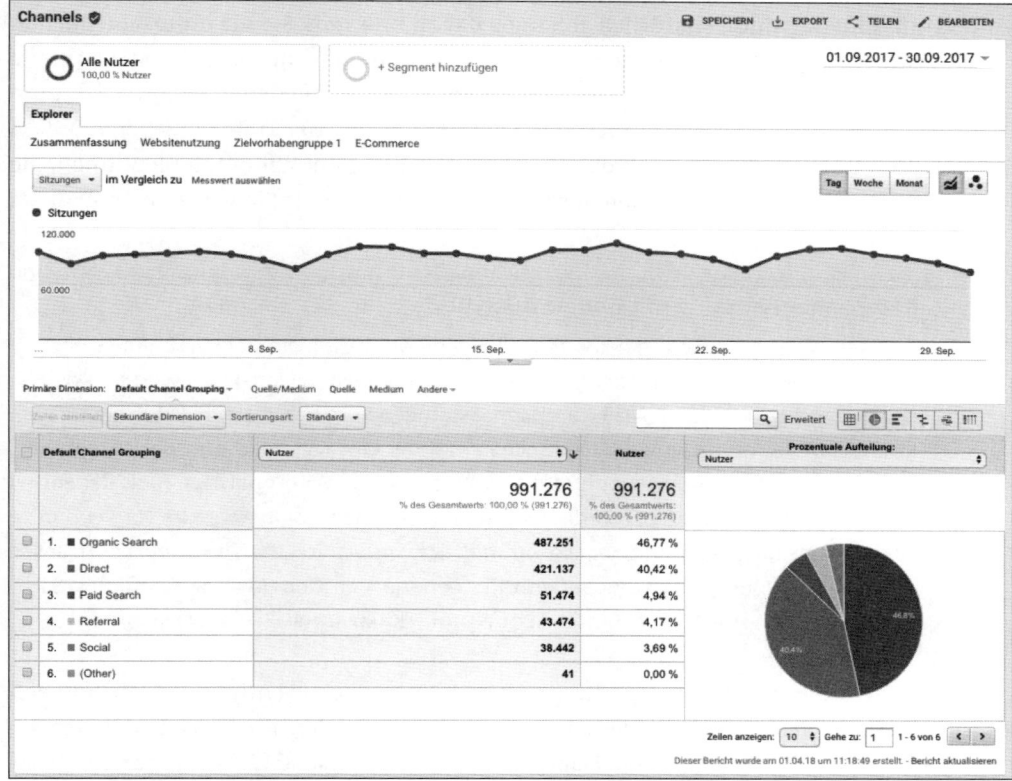

Abbildung 10.8 Auswertung der Besucherquellen in Google Analytics

Anhand der Anteile sehen Sie, wie sich die Zugriffsquellen verteilen. Die Website wird über eine Vielzahl verschiedener Kanäle (oder Channels) wie Suchmaschinen – unterschieden wird hier zwischen Paid Search (SEA) und organischer Suchmaschinenoptimierung (SEO) –, direkte Eingabe der Adresse, Social-Media-Plattformen und verweisende Websites aufgerufen. In der Auswertung der Zugriffsquellen gibt es aber keine optimale Verteilung, nach der Sie sich richten sollten. Die Verteilung kann von Website zu Website sehr unterschiedlich sein. Haben Sie z. B. eine bekannte Marke als Firmennamen, wird die Website auch sehr häufig direkt aufgerufen. Bei unbekannten Marken oder Websites ist der Anteil der direkten Zugriffe meist sehr gering. Wenn Sie aktiv im Bereich Suchmaschinen durch Anzeigenschaltung – *SEA*, siehe Kapitel 6, »Suchmaschinenwerbung (SEA)« – oder Optimierung – *SEO*, siehe Kapitel 5, »Suchmaschinenoptimierung (SEO)« – unterwegs sind, wird sich dies auch in den Zahlen der Zugriffsquellen widerspiegeln. Haben Sie viele Kooperationen mit Partnerseiten oder werden Links von großen Websites auf Ihre Website gesetzt, sehen Sie diese Auswirkungen im Anteil der Verweis-Websites. Da dies aber relative Zahlen sind, sind die Anteile natürlich abhängig davon, wie stark Sie die unterschiedlichen Traffic-Quellen bereits nutzen. Deswegen eignen sich die prozentualen Anteile nicht als Zielvorgaben, da sie zu abhängig von den verschiedenen anderen Faktoren sind. Leider bekommen Sie auch keine Vergleichswerte der Traffic-Quellen mit dem Wettbewerb, so dass Sie sich daran orientieren könnten. Wir empfehlen Ihnen, die verschiedenen Traffic-Quellen auszuprobieren und die für Sie wirksamsten Kanäle verstärkt zu nutzen.

Kampagnen-Tracking mit Google Analytics

In jedem Web-Analytics-Tool können Sie eigene Marketingkampagnen definieren, so dass Sie deren Rentabilität genau auswerten können. Wenn Sie z. B. auswerten möchten, wie erfolgreich Ihre E-Mail-Kampagne ist, fügen Sie einfach an die URLs, die Sie in Ihrem Newsletter mitschicken, spezielle Parameter ein. Werden diese speziell ausgezeichneten URLs im Browser aufgerufen, können sie von Web-Analytics-Tools der entsprechenden Kampagne zugeordnet werden. Wenn Sie Google Analytics verwenden, stellt Google unter *support.google.com/analytics/answer/1033867?hl=de* ein spezielles Tool zur Verfügung, das Kampagnen-URLs generiert. In Google Analytics finden Sie die Kampagnen-Auswertung unter AKQUISITION • KAMPAGNEN • ALLE KAMPAGNEN.

Bei der Frage, woher Ihre Besucher kommen, ist es auch wichtig zu wissen, aus welchem Land diese kommen. Diese Information ist besonders für die Wahl der Sprache der Website ausschlaggebend. Haben Sie z. B. eine deutsche Website, aber ein Großteil der Nutzer kommt aus der französischsprachigen Schweiz, sollten Sie die Website auch in Französisch anbieten.

In der Standortanalyse von Google Analytics unter dem Menüpunkt ZIELGRUPPE • GEOGRAFIE • STANDORT finden Sie die Übersicht, woher die Besucher stammen (siehe Abbildung 10.9).

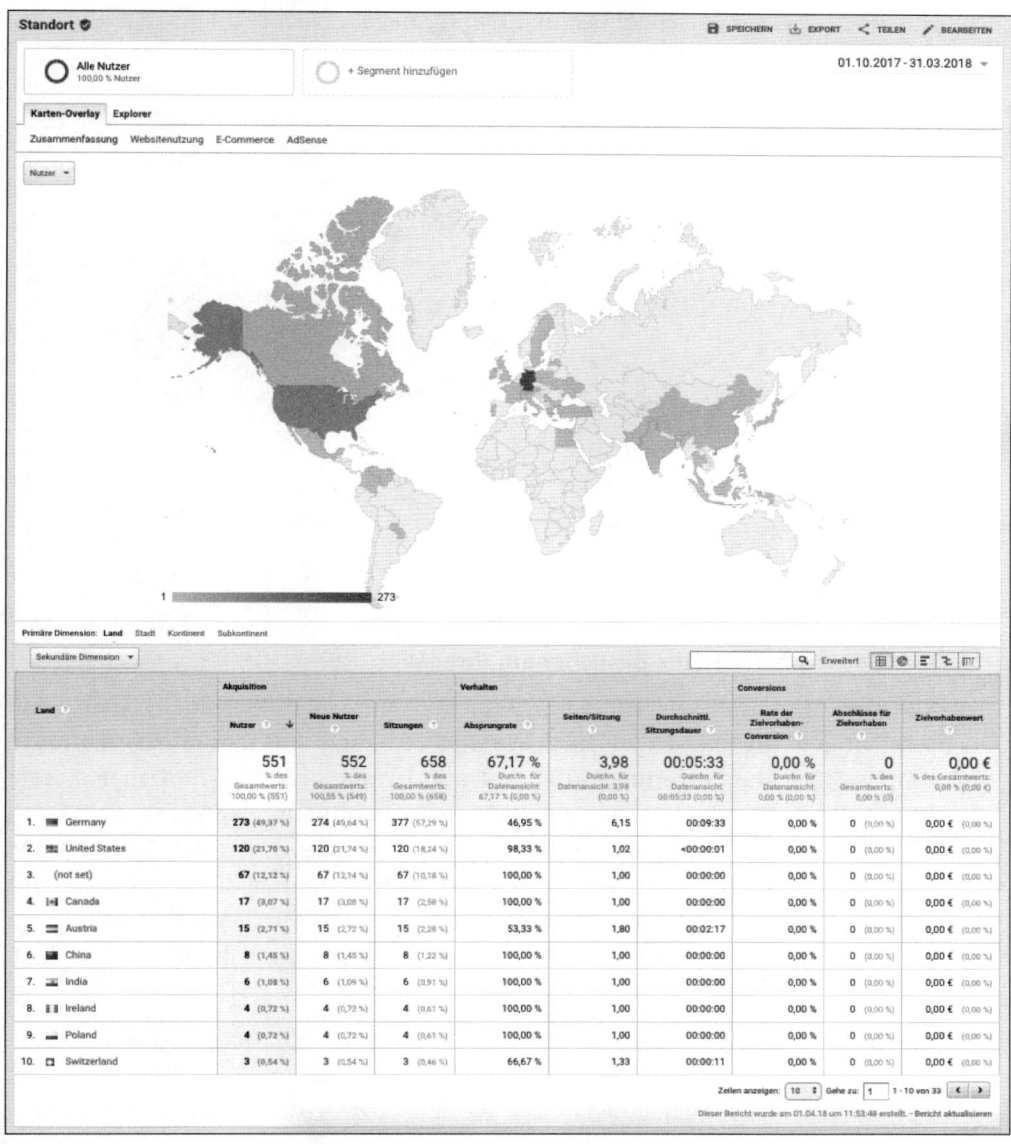

Abbildung 10.9 Länderanalyse in Google Analytics

Inzwischen können Sie sogar analysieren, aus welchen Städten die Besucher kommen, indem Sie bei PRIMÄRE DIMENSION die Option STADT auswählen. Diese Auswertung (siehe Abbildung 10.10) ist aufgrund von IP-Adress-Datenbanken möglich, die die IP-Adressen für die entsprechenden Städte verzeichnen. Sehen Sie hier z. B. eine verstärkte Nutzung aus bestimmten Orten, können Sie über eine stärkere regionale Ausrichtung nachdenken und z. B. spezielle Angebote für einzelne Orte anbieten.

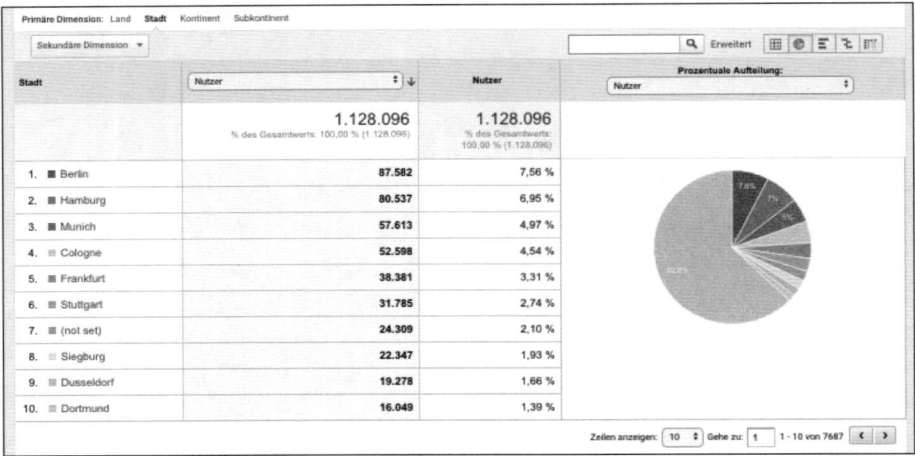

Abbildung 10.10 Stadtanalyse in Google Analytics

10.3.2   Was machen die Besucher auf Ihrer Website?

Nachdem Sie nun wissen, woher Ihre Besucher kommen, sollten Sie sich auch damit beschäftigen, wie sie sich auf Ihrer Website verhalten. Aus diesen Informationen können Sie Schlussfolgerungen für die Optimierung Ihrer Website ziehen. Besonders häufig aufgerufene Inhalte sollten Sie z. B. prominenter platzieren als Inhalte, die nur selten genutzt werden. Bei Online-Shops ist insbesondere das Kaufverhalten auf der Website wichtig. Eine besondere Kennzahl ist hierbei die Conversion-Rate, die angibt, wie viele Käufe pro 100 Besucher stattfinden. Mit dieser Kennzahl haben wir uns bereits in Kapitel 8, »Conversion-Rate-Optimierung (CRO)«, näher beschäftigt.

Welche Seiten am meisten aufgerufen werden, finden Sie in Google Analytics unter VERHALTEN • WEBSITECONTENT • ALLE SEITEN. Dort finden Sie die Übersicht über URLs mit der Anzahl der Seitenaufrufe für den eingestellten Zeitraum (siehe Abbildung 10.11).

In den meisten Fällen steht hier die Startseite der Website (»/«) an erster Stelle. Dies ist also Ihre wichtigste Seite, auf die Sie besonderes Augenmerk legen sollten. Häufig ist dies auch die erste Einstiegsseite für Ihre Website. Daher sollte die Startseite immer interessante und aktuelle Inhalte aufzeigen und den Besucher tiefer in die Website leiten. Dies geschieht z. B. durch eine intuitive Navigation, die den Besucher durch die Inhalte leitet, und durch *Teaser-Flächen*, in denen auf die wichtigsten Themen hingewiesen wird oder die neuesten Nachrichten angezeigt werden. Weitere häufig aufgesuchte Seiten sollten Sie regelmäßig auf Funktionalität und Inhalt hin prüfen. So können Sie Inhalte aktualisieren oder erweitern, damit Besucher weiterhin die gewünschten Informationen in hoher Qualität erhalten und Ihre Website in positiver Erinnerung behalten. Nutzen Sie die bereits gewonnenen Erkenntnisse aus Kapitel 1, »Der Weg zur erfolgreichen Website«, um Ihre Besucher in Zielgruppen einzuteilen. Damit können Sie die verschiedenen Personas auf Ihrer Website besser kennenlernen und gezielt ansprechen.

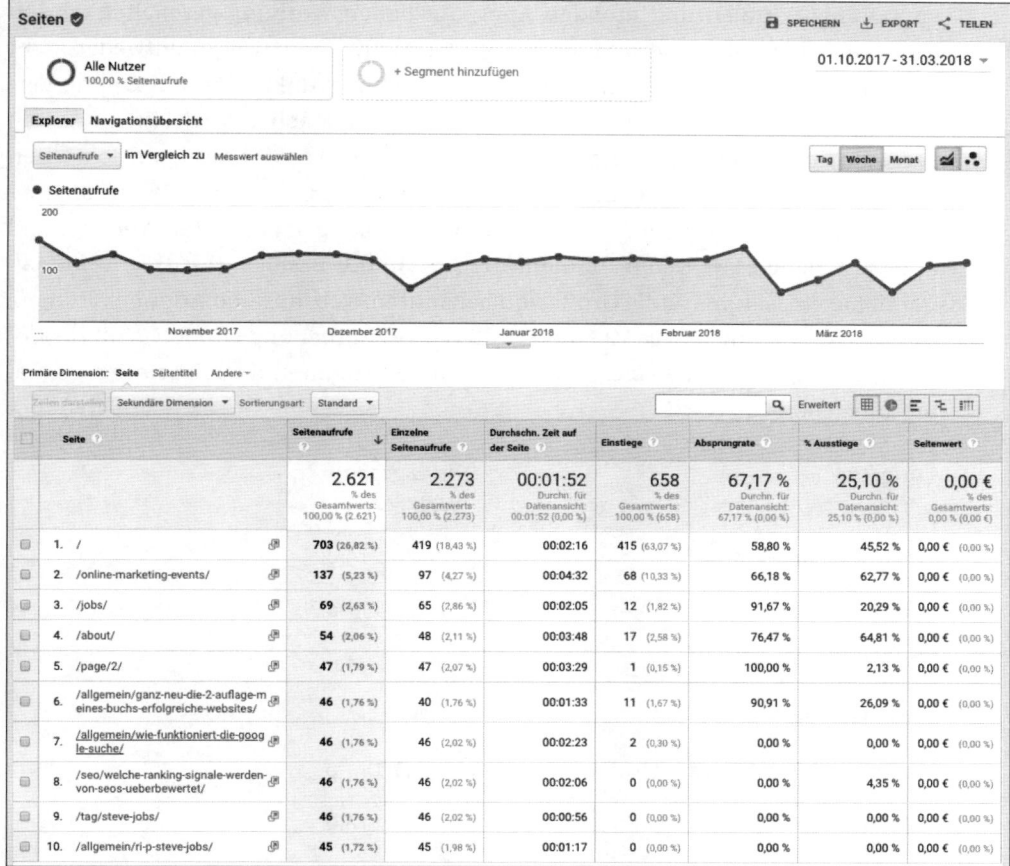

Abbildung 10.11 Anzeige der am häufigsten aufgerufenen Seiten einer Website in Google Analytics

10.4   Wettbewerbsanalyse – wie gut sind andere?

Bisher haben Sie nur Ihre eigene Website analysiert. Interessant ist aber auch der Blick auf andere Seiten und der Vergleich mit Wettbewerbern. Leider bekommen Sie natürlich keinen so detaillierten Blick auf andere Websites wie auf die eigene. Aber es gibt ein paar nützliche Hilfen, die ein ungefähres Bild der Entwicklung verschiedener Websites aufzeigen.

In Deutschland gibt es zwei Organisationen, die Digitalangebote unabhängig mesen und die Ergebnisse veröffentlichen. Dies sind die IVW (Informationsgemeinschaft zur Feststellung der Verbreitung von Werbeträgern e. V.) und die AGOF (Arbeitsgemeinschaft Online Forschung e. V.). Beide Institutionen erfassen die Reichweite von Online-Portalen und mobilen Apps, auf denen Werbung geschaltet werden kann. Aber nicht jede Website nimmt an der Analyse teil, weil es entweder nicht notwendig ist – z. B. für Online-Shops, deren Schwerpunkt nicht auf Online-Vermarktung liegt – oder weil die Websites noch nicht so etabliert sind. Einen Großteil der redaktionellen Websites finden Sie aber in der Liste beider Anbieter. So werden von der IVW über 1.000 Online-Werbeträger erfasst. Unter der Adresse *ausweisung.ivw-online.de* können Sie sich das aktuelle Ranking der erfassten Websites und Apps anschauen. Als Kennzahl dient die Anzahl der Besuche (Visits) pro Monat. Damit Sie ein Gefühl für die Größe von bekannten Websites und Apps bekommen, haben wir Ihnen in Tabelle 10.1 die Top 10 der IVW-Erhebung von Juli 2018 zusammengetragen. Sie werden sicher viele Angebote kennen und auch selbst regelmäßig aufsuchen.

Angebot	Visits gesamt (Web & App)
ebay Kleinanzeigen	472,5 Mio.
twitch.tv	402,5 Mio.
Bild.de	395,7 Mio.
WetterOnline	363,5 Mio.
T-Online Contentangebot	342,1 Mio.
SPIEGEL ONLINE	261,2 Mio.
wetter.com	190,5 Mio.
FOCUS ONLINE	172,1 Mio.
n-tv.de	135,0 Mio.
eBay - Der weltweite Online-Marktplatz	131,7 Mio.

Tabelle 10.1 IVW-Online-Nutzungsdaten für Juli 2018

Ein ähnliches Bild liefert auch die AGOF in ihrer Erhebung. In den regelmäßig erscheinenden *digital facts* werden die Ergebnisse unter *www.agof.de* veröffentlicht. Angegeben wird die Reichweite der Angebote hier in *Unique Usern* pro Monat, also eindeutig identifizierbaren Nutzern (siehe Abbildung 10.12).

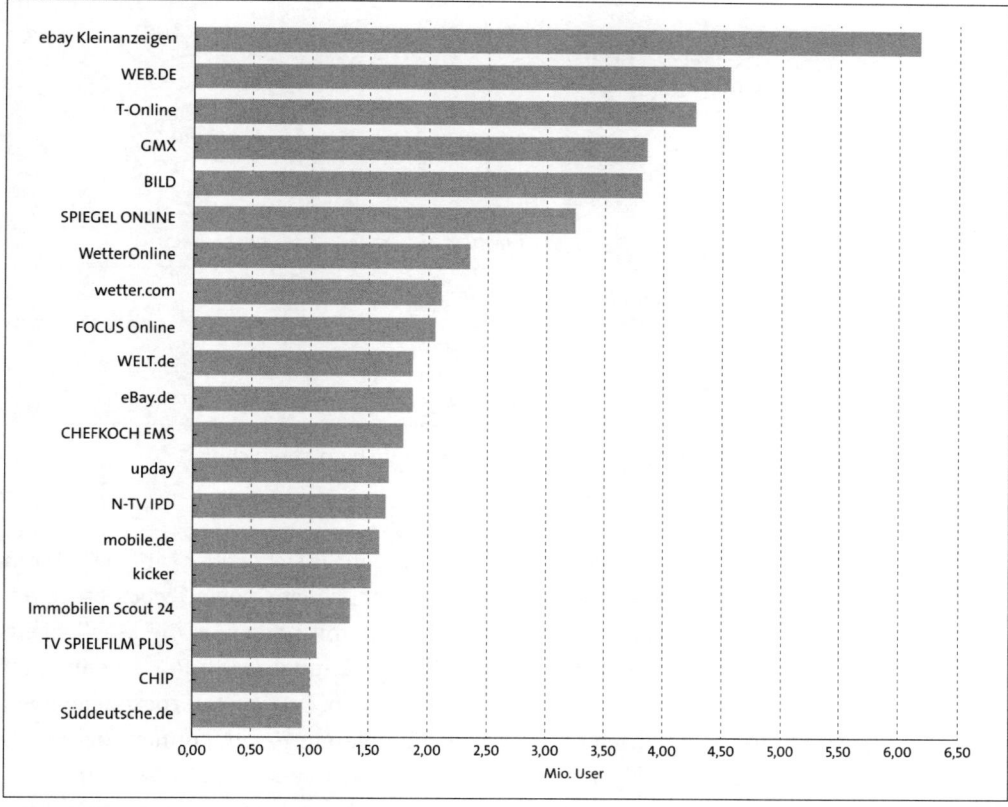

Abbildung 10.12 Top 20 der digitalen Gesamtangebote
(Quelle: AGOF, Stand: September 2018)

Zur Untersuchung der Nutzung und Reichweite von Internetangeboten haben sich auch Plattformen etabliert, die Big-Data-Technologien nutzen, um gezielt das Nutzerverhalten analysieren und auszuwerten. Eines der Unternehmen, die Statistiken in diesem Bereich ermitteln und anbieten, ist *SimilarWeb* (*www.similarweb.com/top-websites*). Die Studienergebnisse sind zwar kostenpflichtig, einige Basisinformationen werden aber auch gratis zur Verfügung gestellt. So werden z. B. regelmäßig die populärsten Websites ermittelt. Die Top-Websites für diverse Länder können Sie kostenlos abfragen (siehe Tabelle 10.2), die detaillierten Zahlen zur Website-Nutzung bekommen Sie aber nur mit einem kostenpflichtigen Zugang.

Rang	Website (DE)	Website (AT)	Website (CH)
1	google.de	google.at	google.com
2	google.com	google.com	google.ch
3	youtube.com	youtube.com	youtube.com
4	facebook.com	facebook.com	facebook.com
5	amazon.de	amazon.de	wikipedia.org
6	ebay.de	orf.at	pornhub.com
7	wikipedia.org	willhaben.at	bluewin.ch
8	ebay-kleinanzeigen.de	wikipedia.org	blick.ch
9	web.de	pornhub.com	xnxx.com
10	xhamster.com	xnxx.com	instagram.com

Tabelle 10.2 Top-10-Websites in Deutschland, Österreich und der Schweiz (Quelle: SimilarWeb, Stand: August 2018)

Wenn Sie über eine kleinere Website verfügen, werden Sie sicher eher Zahlen für Ihren Bereich interessieren. Als nützlich hat sich hier der Dienst *Google Trends* erwiesen, den Sie unter *trends.google.de/trends/* erreichen. Damit haben Sie die Möglichkeit, verschiedene Google-Suchbegriffe zu vergleichen. Sie können also z. B. Markennamen oder generische Suchbegriffe eingeben und vergleichen. Da viele Internetnutzer auch direkt den Domain-Namen einer Website in Google eintippen, können Sie diesen auch in Google Trends analysieren. Geben Sie einfach verschiedene Websites oder Markennamen durch Kommas getrennt hintereinander in das Tool ein, und schon bekommen Sie erste Ergebnisse zu den Suchanfragen. Zusätzlich können Sie ein Land und einen spezifischen Zeitraum angeben, um die Ergebnisse passend für sich zu filtern. Wenn Sie sich hier mit Ihrem Google-Konto anmelden, bekommen Sie noch ausführlichere Informationen und Zahlen im Diagramm. Im Beispiel aus Abbildung 10.12 haben wir vier große Reiseportale verglichen und können aufgrund der Veränderung der Suchvolumina Rückschlüsse über Traffic-Veränderungen ziehen. Natürlich sind diese Zahlen mit Vorsicht zu genießen, da sie nur aussagen, wie oft ein Domain-Name gesucht wird, nicht jedoch, wie häufig die Domain tatsächlich besucht wird. Aber eine Tendenz lässt sich meistens erkennen. So sehen Sie z. B. deutlich die steigende Nachfrage an Urlaubsreisen im Januar. Das Tool bietet Ihnen zudem Informationen, aus welchen Regionen die Besucher kommen und welche Suchbegriffe zusätzlich verwendet werden.

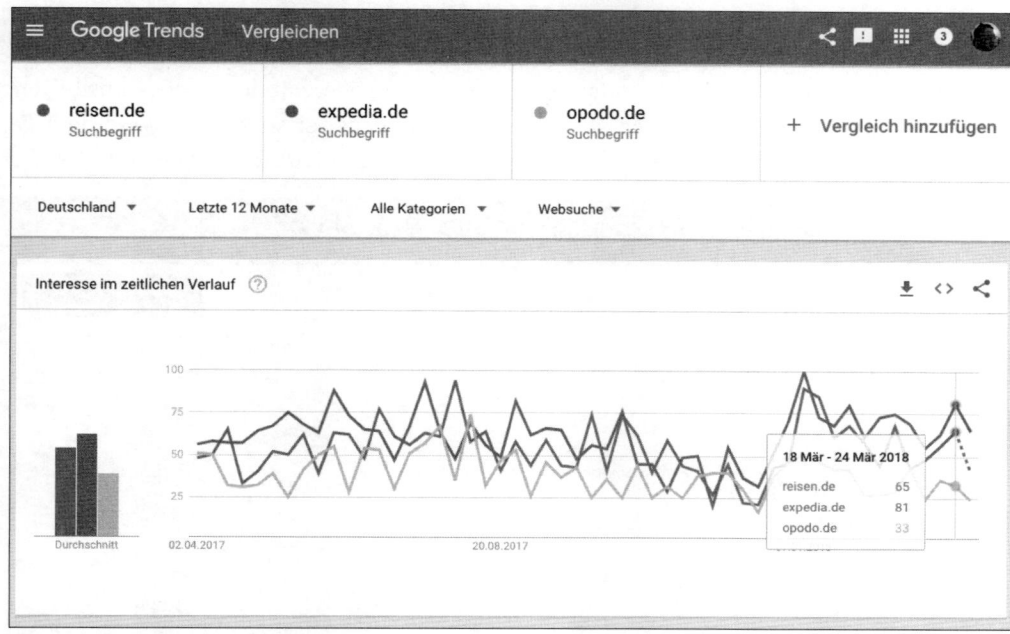

Abbildung 10.13 Google Trends

Vergleichende Informationen über verschiedene Websites bekommen Sie auch über den Dienst *Alexa.com* (*www.alexa.com*). Alexa ist ein Tochterunternehmen von Amazon und erhebt ebenfalls Internet-Nutzungsdaten. So kann ein Ranking der meistbesuchten Seiten aufgestellt werden, das Sie für Deutschland unter der Adresse *www.alexa.com/topsites/countries/DE* aufrufen können. Die von Alexa im September 2018 ermittelten Top-10-Seiten in Deutschland sehen Sie hier aufgelistet:

1. *google.de*
2. *google.com*
3. *youtube.com*
4. *amazon.de*
5. *facebook.com*
6. *ebay.de*
7. *wikipedia.org*
8. *ebay-kleinanzeigen.de*
9. *vk.com*
10. *mail.ru*

Die Top-10-Reihenfolge ist dabei ähnlich wie die Daten von SimilarWeb. *Alexa.com* bietet zudem die Möglichkeit, detaillierte Informationen zu einer Website zu bekommen und einen Vergleich mit anderen durchzuführen. Geben Sie dazu auf *www.alexa.com* die gewünschte Website mit dem Domain-Namen ein. Sie haben zusätzlich die Möglichkeit, andere Domains einzugeben, mit denen die Website verglichen werden soll. Schauen wir uns *amazon.de* genauer an, erhalten wir die Auswertung aus Abbildung 10.14 mit der zentralen Kennzahl *Alexa Traffic Rank*.

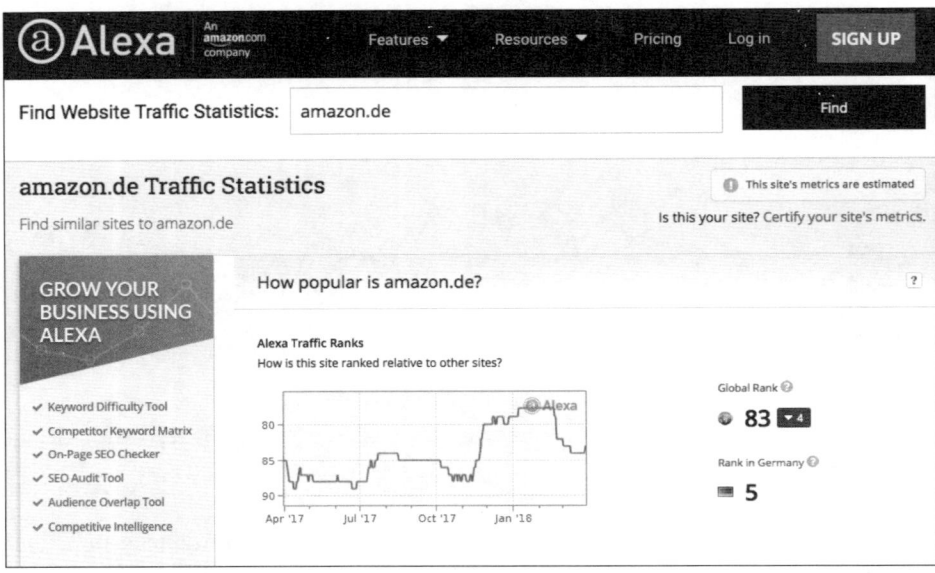

Abbildung 10.14 Website-Analyse mit Alexa

Sie erkennen an der Auswertung, dass *amazon.de* einen weltweiten Traffic-Rang von 83 hat und in Deutschland auf Platz 5 steht. Zudem bekommen Sie Informationen zur Verlinkung der Domain, die eine Aussage über die Popularität ermöglicht und ein starkes Signal für das Ranking in Suchmaschinen ist. Außerdem erhalten Sie z. B. Informationen zu den meistgenutzten Suchbegriffen und soziodemografische Daten für die Zielgruppe der eingegebenen Website. Ganz ähnlich und schnell können Sie fremde Website-Daten auch mit SimilarWeb abfragen. Unter *www.similarweb.com* können Sie einen Domain-Namen eingeben und bekommen sofort Nutzungsdaten zu der Website (siehe Abbildung 10.15). Damit erkennen Sie z. B., wie viele Besuche pro Monat in etwa auf der Website stattfinden und von welchen Verweisseiten die Besucher häufig kommen.

Falls Sie regelmäßig ausführlichere Wettbewerbsanalysen durchführen wollen, empfiehlt sich ein kostenpflichtiger Zugang zu den verschiedenen Tools, um alle Daten einsehen zu können. Zumeist werden auch zeitlich beschränkte Zugänge angeboten, so dass Sie den Service testen zu können. Weitere Internetnutzungsdaten bekommen Sie auch über die rein kostenpflichtigen Anbieter wie z. B. ComScore oder Nielsen.

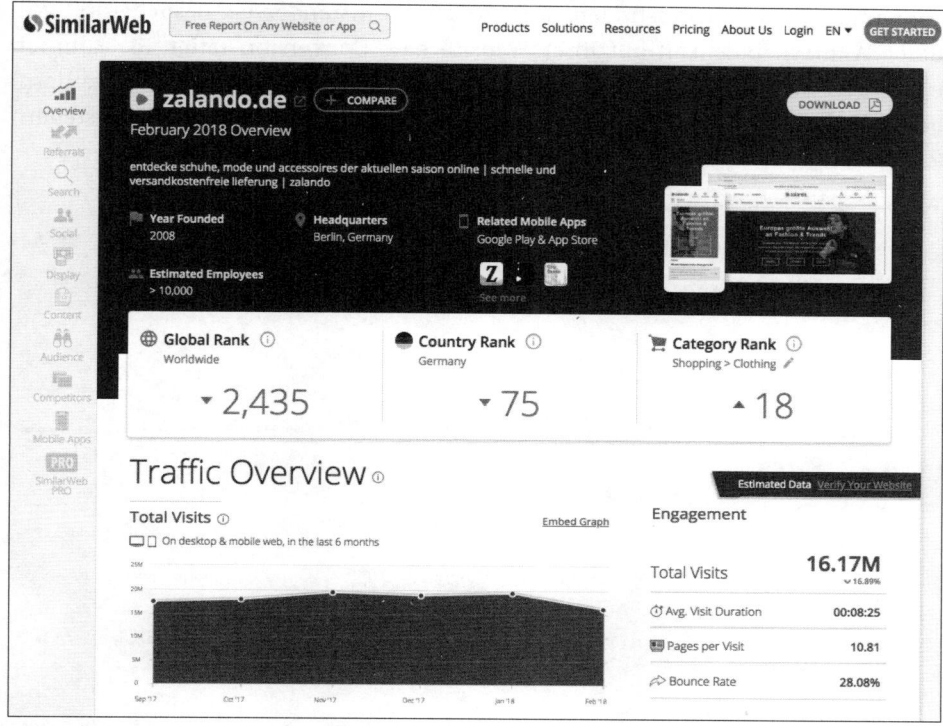

Abbildung 10.15 Website-Analyse mit SimilarWeb

10.5   Web-Analytics für Fortgeschrittene

Sie kennen nun verschiedene Methoden der Webanalyse und können Ihren Wettbewerb besser einschätzen. Nun stellt sich die Frage, wie Sie Web-Analytics tiefgehen-
der nutzen können. Wir wollen Ihnen an dieser Stelle einen kurzen Ausblick auf die
weiteren Möglichkeiten geben, die Web-Analytics-Methoden bieten können. Diese
kommen inzwischen vor allem bei großen Websites zum Einsatz, um noch mehr aus
der Website und den verschiedenen Online-Marketing-Maßnahmen herausholen zu
können.

10.5.1   Segmentierung

Wenn Sie sich ausführlicher mit Daten aus Webanalysetools beschäftigen, werden
Sie feststellen, dass es häufig sinnvoll ist, nicht nur den Gesamt-Traffic zu analysieren, sondern verschiedene Traffic-Segmente genauer zu untersuchen und miteinander zu vergleichen. Auf diese Weise können Sie geschickt verschiedene Analyse-
Kennzahlen miteinander kombinieren. Nehmen wir an, Sie betreiben einen Online-

Shop und möchten herausfinden, unter welchen Umständen ein Besucher mit größerer Wahrscheinlichkeit auf Ihrer Website eine Conversion tätigt. Sie könnten
hierzu z. B. analysieren, welche Inhalte sich Käufer (im Vergleich zu Nichtkäufern)
besonders häufig anschauen, um auf dieser Basis Ihre Redaktionsplanung zu steuern
(siehe Abbildung 10.16).

Abbildung 10.16 Vergleich von Besuchern mit und ohne Conversion mithilfe
von zwei Segmenten in Google Analytics

Anstatt den gesamten Traffic zu analysieren, vergleichen Sie in diesem Beispiel also
zwei Besuchersegmente. In Google Analytics sind zahlreiche Segmente schon vor-
konfiguriert. Eine sinnvolle Segmentierung ist z. B. die separate Analyse von Mobil-
telefonaufrufen Ihrer Website im Vergleich zu Desktop-Aufrufen. Dafür stehen die
Segmente Zugriff über Mobiltelefone und Zugriff über Tablets und Desk-
tops zur Verfügung (siehe Abbildung 10.17). Weitere nützliche Segmente sind Besucher aus der organischen Suche im Vergleich zur Gesamtheit oder neue vs.
wiederkehrende Nutzer.

Sie können Segmente in Google Analytics aber auch beliebig selbst erstellen, wie
Abbildung 10.18 zeigt. Klicken Sie hierzu in einem Bericht in der Kopfzeile auf die
Schaltfläche Segment hinzufügen, und wählen Sie danach + Neues Segment. Sie
können für ein Segment beliebig viele Kriterien (z. B. demografische oder technologi-
sche) miteinander kombinieren. Eine Vorschau zeigt Ihnen an, wie hoch der Anteil
Ihrer Besucher ist, die durch das Segment beschrieben werden.

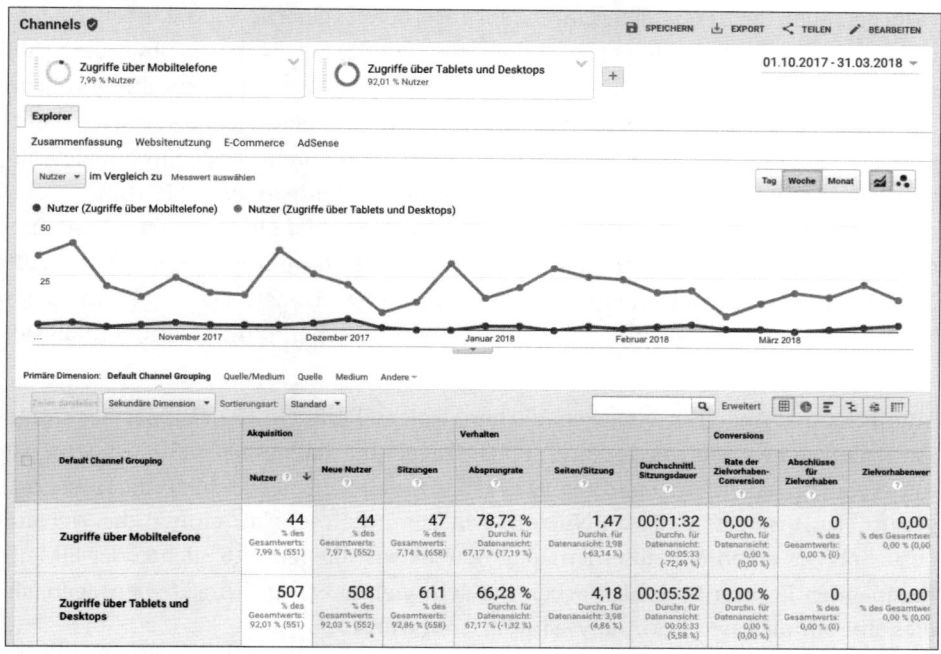

Abbildung 10.17 Standardsegmente in Google Analytics

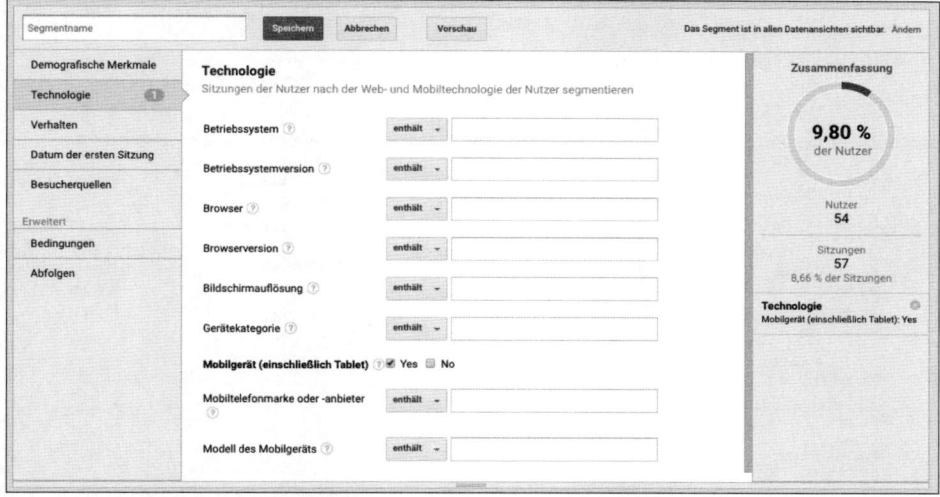

Abbildung 10.18 Erstellung eines benutzerdefinierten Segments in Google Analytics

10.5.2   Multi-Channel-Analysen

Eine weitere Methode, mithilfe von Google Analytics tiefere Erkenntnisse über Ihre Besucher zu erlangen, sind Multi-Channel-Analysen. Sie haben in Abschnitt 10.3.1,

»Wie gelangen die Besucher auf Ihre Website?«, bereits gelernt, wie Sie herausfinden, von welchen Zugriffsquellen Besucher auf Ihre Website gelangen und (im besten Fall) zum Käufer werden. Diese Berichte helfen Ihnen auch bei der Beurteilung, welche Kampagnen am besten zur Zielerreichung Ihrer Website beitragen, also die höchsten Konversionsraten aufweisen. Conversions und Transaktionen werden in Google Analytics und in fast allen anderen Webanalysetools standardgemäß der letzten benutzten Quelle zugeschrieben (Last-Click-Betrachtung). Nun ist eine *Customer Journey* – also die »Reise« eines Kunden im Internet – meistens komplizierter und umfasst, oft über einen Zeitraum von mehreren Wochen oder gar Monaten, viele verschiedene Zugriffsquellen, bis eine Conversion erfolgt. Hier kommen Multi-Channel-Analysen ins Spiel.

Multi-Channel-Analysen veranschaulichen, welche Rolle ein Kanal (oder auch eine Kampagne, eine Anzeige oder eine Suchanfrage) innerhalb einer mehrstufigen Customer Journey spielt. In Abbildung 10.19 sehen Sie ein Beispiel: Mehr als die Hälfte des gesamten Umsatzes wird von Nutzern generiert, die mehr als einmal die Website besuchen. Sie erkennen außerdem, dass Kanäle wie die bezahlte Suche oder E-Mail-Kampagnen in ihrer Rolle als Vorbereiter sehr viel mehr zum Umsatz beitragen, als dies eine simple Last-Click-Analyse implizieren würde.

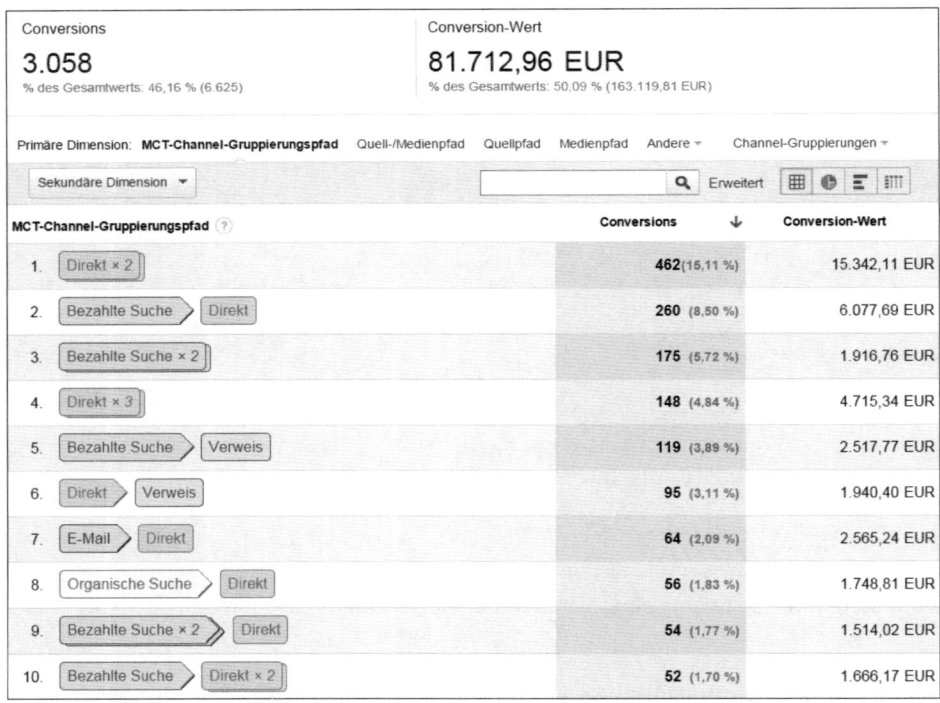

Abbildung 10.19 Top-Conversion-Pfade im Multi-Channel-Trichter von Google Analytics

In Google Analytics erfahren Sie über das sogenannte Zeitintervall in Multi-Channel-Trichtern, wie viel Zeit zwischen dem ersten Interesse eines Nutzers und der finalen Conversion vergangen ist. In Abbildung 10.20 sehen Sie, dass Website-Besucher häufig mehrere Tage oder gar Wochen benötigen, um einen Kauf zu tätigen. Die effiziente Aussteuerung und Allokation von Budget auf die einzelnen wertschöpfenden Kanäle wird als *Attributionsmodellierung* bezeichnet – oder kurz *Attribution*. Zu diesem Thema finden Sie im Netz einige ausführliche und wissenschaftliche Artikel. Wenn Sie einen großen Online-Shop betreiben oder relativ viel Werbebudget einsetzen, empfehlen wir Ihnen, sich eingehender mit Attribution und Multi-Channel-Analysen zu beschäftigen.

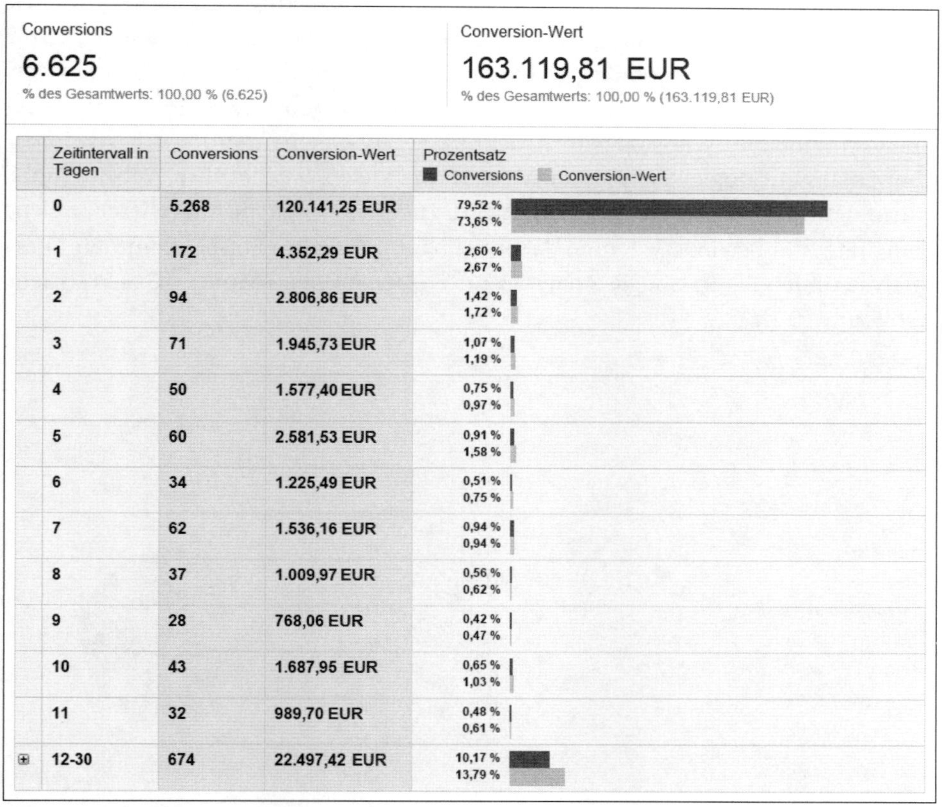

Conversions	Conversion-Wert
6.625	**163.119,81 EUR**
% des Gesamtwerts: 100,00 % (6.625)	% des Gesamtwerts: 100,00 % (163.119,81 EUR)

Zeitintervall in Tagen	Conversions	Conversion-Wert	Prozentsatz (Conversions / Conversion-Wert)
0	5.268	120.141,25 EUR	79,52 % / 73,65 %
1	172	4.352,29 EUR	2,60 % / 2,67 %
2	94	2.806,86 EUR	1,42 % / 1,72 %
3	71	1.945,73 EUR	1,07 % / 1,19 %
4	50	1.577,40 EUR	0,75 % / 0,97 %
5	60	2.581,53 EUR	0,91 % / 1,58 %
6	34	1.225,49 EUR	0,51 % / 0,75 %
7	62	1.536,16 EUR	0,94 % / 0,94 %
8	37	1.009,97 EUR	0,56 % / 0,62 %
9	28	768,06 EUR	0,42 % / 0,47 %
10	43	1.687,95 EUR	0,65 % / 1,03 %
11	32	989,70 EUR	0,48 % / 0,61 %
⊞ 12-30	674	22.497,42 EUR	10,17 % / 13,79 %

Abbildung 10.20 Conversion-Zeitintervall in Google Analytics

Multi-Channel-Analysen ermöglichen es Ihnen, den Wert Ihrer Marketingkampagnen besser einzuschätzen, da auch deren Funktion als Vorbereiter für eine Conversion berücksichtigt wird. In vielen Fällen kaufen Kunden beispielsweise etwas auf Ihrer Website, nachdem sie bei Google nach Ihrer Marke gesucht haben. Der erste Berührungspunkt mit Ihrer Marke kann jedoch auch bei der Suche nach bestimmten

Produkten, über ein Banner auf einer anderen Website oder via Social-Media-Kanal erfolgt sein. Wenn Sie Kanäle und Kampagnen in ihrer Komplexität analysieren, bekommen Sie ein klareres Bild über deren Wert und eine bessere Grundlage für zukünftige Budgetentscheidungen.

10.5.3   Mobile Analytics und Cross-Device-Tracking

Ein weiteres aktuelles Thema im Bereich Web-Analytics ist die mobile Internetnutzung. Hierfür werden Mobile-Analytics-Methoden entwickelt, die z. B. auch die Nutzung von mobilen Websites und Apps auf Smartphones analysieren können. Ebenso wie bei normalen Desktop-Websites ist im Online-Marketing für Smartphones das Messen und Analysieren von großer Bedeutung. Ohne Zahlen werden Sie den Erfolg oder Misserfolg Ihrer mobilen Aktivitäten nicht ausreichend beurteilen können. Viele Punkte davon treffen auch auf mobile Anwendungen zu, z. B. Kennzahlen oder Analysemethoden. Wie schon in Abschnitt 10.5.1, »Segmentierung«, beschrieben, können Sie in Google Analytics auswerten, wie viele Besucher Ihre Website mobil aufrufen und wie die Website genutzt wird. Zudem können Sie analysieren, welche Endgeräte und Betriebssystemen dabei am häufigsten zum Einsatz kommen. Diese Analyse finden Sie in Google Analytics unter ZIELGRUPPE • MOBIL • GERÄTE (siehe Abbildung 10.21).

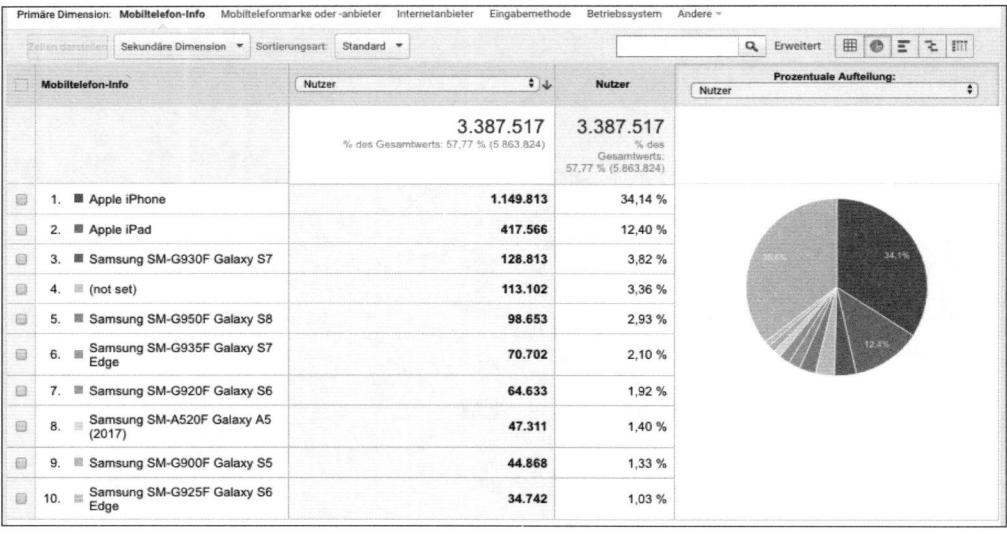

Abbildung 10.21 Analyse der Mobiltelefon-Typen in Google Analytics

Auf die Besonderheiten im Bereich Mobile Analytics werden wir im Folgenden näher eingehen. Für mobile Websites und insbesondere für Apps gibt es spezielle Mobile-Analytics-Programme, die sich auf das Messen und Auswerten des mobilen Internets spezialisiert haben. Wichtige Messgrößen im Mobile Marketing sind Traffic-Quellen, das heißt, Informationen, woher Ihre mobilen Nutzer kommen, z. B. über andere Websites, Banner, Suchmaschinen oder die direkte Eingabe. Nützlich sind außerdem Informationen darüber, welche mobilen Geräte (*Mobile Devices*) häufig genutzt werden (siehe Abbildung 10.21). Damit können Sie feststellen, welche Handymodelle verstärkt vorkommen, und Ihre Website entsprechend testen und optimieren. Des Weiteren ist die Auswertung von mobilen Kampagnen von großer Bedeutung, damit Sie sehen, welche Werbeaktion bei welchem Partner am besten läuft. Das Kampagnen-Tracking stellt Ihnen also Informationen zur Verfügung, wie gut Ihre Marketingziele erreicht werden. Ein weiterer großer Bereich in Mobile Analytics ist die Auswertung des Nutzerverhaltens. Hierbei werden die Fragen geklärt, wie lange Nutzer Ihre mobile Anwendung durchschnittlich besucht haben, wie viele Seiten innerhalb eines Besuchs aufgerufen wurden und welche Aktionen auf der Website erfolgten.

Für das Analysieren mobiler Apps eignet sich z. B. die Software *Flurry Analytics* (*developer.yahoo.com/analytics/*). Das Analytics-System achtet bei der Ausführung auf einem Handy auf eine sparsame Ressourcennutzung. Über die Oberfläche können Sie Nutzerzahlen und Nutzerverhalten analysieren (siehe Abbildung 10.22). Zudem wird die Verwendung der verschiedenen Versionen Ihrer App angezeigt und geprüft, mit welchen Geräten und Mobilfunknetzwerken auf die App zugegriffen wurde.

Abbildung 10.22 Flurry Analytics

Google Analytics bietet auch das Tracking mobiler Apps an. Die Integration in die verschiedenen Anwendungsplattformen, Apple iOS und Android, wird unter *developers.google.com/analytics/devguides/collection/* näher beschrieben. Weitere Mobile-Analytics-Systeme sind Countly (*count.ly*) und Mixpanel (*mixpanel.com*). Der Markt der Mobile-Analytics-Anbieter ist stark in Bewegung. Die großen Web-Analytics-Systeme wie Google Analytics, Adobe Analytics, etracker oder Webtrekk unterstützen inzwischen auch die mobile Web- und App-Analyse und werden sich in Zukunft eingehender dem Mobile-Bereich widmen, da die mobile Internetnutzung stark zugenommen hat.

Eine große Herausforderung ist es nach wie vor, individuelle Nutzer über verschiedene Geräte und Anwendungen hinweg eindeutig zu identifizieren, unabhängig davon, ob sie auf dem Desktop surfen, mit ihrem Smartphone eine Website besuchen oder eine mobile App nutzen. Wenn sich Ihre Nutzer oder Kunden auf Ihrer Website oder Online-Shop einloggen müssen, können Sie z. B. die Nutzer-ID übertragen, um das Nutzerverhalten auf Web und Apps zusammenzuführen. Natürlich müssen Sie auch hier die Datenschutzbedingungen beachten.

Der Übergang von Web-Analytics zur integrierten digitalen Analyse von Websites und mobilen Anwendungen ist im vollen Gange, dies wird z. B. deutlich in der Umbenennung der internationalen Web-Analytics Association in *Digital Analytics Association* (*www.digitalanalyticsassociation.org*). Auf deren Website finden Sie immer die neuesten Entwicklungen, Veranstaltungen und Forschungsergebnisse für die Analyse von Websites und Apps.

Beacons und Offline-Tracking

Beacons sind kleine Sender, die Besucher eines Ladengeschäfts identifizieren und lokalisieren können. Abhängig von den Informationen, die Beacons über das Smartphone des Besuchers erhalten, können dem Kunden ortsspezifische Angebote auf sein Mobilgerät gesendet werden, z. B. aktuelle Sonderangebote. Außerdem können Beacons dafür sorgen, dass Ladenbesucher schneller und effizienter genau das finden, wonach sie suchen. Sie könnten sich auch dazu eignen, Besucher außerhalb des Internets eindeutig zu identifizieren und ihnen auf dieser Datenbasis zielgenaue personalisierte Werbung auszuspielen oder besondere Echtzeitangebote zu unterbreiten. Beacons basieren auf dem Standard *Bluetooth Low Energy* (*BLE*), einer energiesparenden Variante von Bluetooth.

Wie Sie in diesem Kapitel gesehen haben, steckt das Mobile Marketing mitten in einer starken Wachstumsphase. Wir empfehlen Ihnen, hier den Anschluss nicht zu verpassen. Eine mobilfähige Website gehört aufgrund der hohen Smartphone-Nutzung heute zum Standardrepertoire einer erfolgreichen Website. Zusätzlich sollten

Sie in Erwägung ziehen, inwieweit eine iPhone- oder Android-App zu Ihrem Angebot passt und Nutzern einen Mehrwert bietet. Daher empfehlen wir Ihnen, jetzt im Mobile Marketing aktiv zu werden, falls Sie es nicht schon längst sind.

10.6   Web-Analytics to go

▶ Mit Web-Analytics, zu Deutsch *Webanalyse* oder *Web-Controlling*, ermitteln Sie die Kennzahlen Ihrer Website und analysieren das Besucheraufkommen.

▶ Wichtige Kennzahlen sind *Visit* (Besuch), *Visitor* (Besucher) und *Page Impression* (Seitenaufruf).

▶ Web-Analytics-Tools ermitteln Website-Aufrufe über Tracking-Pixel, JavaScript und Cookies. Dadurch können Nutzer und ihre technische Ausstattung, mit der sie Ihre Website besuchen, erkannt werden.

▶ Das meistgenutzte Web-Analytics-System ist Google Analytics. Große Websites setzen aber auch (teils gleichzeitig) auf andere leistungsfähige Analysesysteme wie z. B. Webtrekk, etracker und Adobe Analytics.

▶ Google Analytics steht kostenlos zur Verfügung und kann leicht in die Website integriert werden. Nutzen Sie diese Möglichkeit, falls Sie noch kein Web-Analytics-System einsetzen, und berücksichtigen Sie wichtige Aspekte zum Datenschutz.

▶ Implementieren Sie Google Analytics, falls möglich, mithilfe eines Tag-Management-Systems, wie z. B. dem Google Tag Manager. Ein solches System ermöglicht es Ihnen in vielen Fällen, ohne technischen Support Anpassungen und Ergänzungen an Ihren Tracking-Codes vorzunehmen.

▶ Analysieren Sie das Nutzerverhalten Ihrer Website-Besucher hinsichtlich der Zugriffsquellen, also woher die Nutzer kommen. Untersuchen Sie auch die Herkunft nach Land und Städten.

▶ Mittels Wettbewerbsanalysen über SimilarWeb, Alexa oder Google Trends können Sie fremde Websites hinsichtlich des Besucheraufkommens analysieren. Webstatistiken liefern auch IVW und AGOF mit ihren Erhebungsmethoden für Werbetreibende.

▶ Fortgeschrittenes Web-Controlling umfasst die Datenanalyse mithilfe von Segmenten und die komplexe Betrachtung mehrerer Kanäle im Rahmen von Multi-Channel-Analysen.

▶ Mit Mobile Analytics erfassen und analysieren Sie die mobile Internetnutzung und die Anwendung von Apps.

10

10.7   Checkliste Web-Analytics

Haben Sie ein Web-Analytics-System in Ihre Website integriert?	
Haben Sie ein Tag-Management-System auf Ihrer Website im Einsatz?	
Gibt es eine Übersicht über die für Sie wichtigsten Kennzahlen?	
Kennen Sie die Entwicklung der wichtigsten Kennzahlen zum Besucheraufkommen?	
Analysieren Sie regelmäßig das Nutzerverhalten auf Ihrer Website?	
Kennen Sie die wichtigsten Traffic-Quellen, über die die Besucher auf Ihre Website gelangen?	
Wissen Sie, aus welchen Ländern und Städten die Website aufgerufen wird?	
Wissen Sie, welche Seiten Ihrer Website am häufigsten aufgerufen werden?	
Haben Sie Ihren Wettbewerb hinsichtlich Webseitenaufrufe im Blick?	
Haben Sie Ihre Website schon mittels SimilarWeb oder Alexa und analysiert?	
Analysieren Sie Ihre Besucher mithilfe von Segmentierung?	
Nutzen Sie Multi-Channel-Analysen, um das Nutzerverhalten besser zu verstehen und um Ihre Marketingkanäle zu bewerten?	
Sind alle Tracking-Pixel auf der Website oder im Tag-Management-System richtig integriert, damit das Web-Analytics-System zuverlässig funktioniert?	
Haben Sie eine Datenschutzerklärung und Impressum auf Ihrer Website?	

Tabelle 10.3 Checkliste zu Web-Analytics

Kapitel 11
Kundenbindung (CRM)

»Wir sehen unsere Kunden wie die geladenen Gäste einer Party,
auf der wir die Gastgeber sind.«
– Jeff Bezos (Amazon-Gründer)

In diesem Kapitel erfahren Sie, wie Sie kundenorientierte Inhalte und Mehrwerte für Ihre Website schaffen und wie es Ihnen gelingt, dass Ihre Besucher nicht nur zu Kunden werden, sondern es auch bleiben. Sie lernen die Methoden der elektronischen Kundenbindung (E-CRM) und das Social CRM kennen, und wir zeigen Ihnen zusätzliche Möglichkeiten, wie Sie z. B. mit Communitys, Newslettern und Bonusprogrammen, aber auch mit mobilen Maßnahmen Kunden an Ihre Website und Ihr Unternehmen binden. So bekommen Sie das Rüstzeug, damit Besucher häufiger zu Ihrer Website zurückkehren. Am Ende finden Sie wie immer einen Kurzüberblick »to go« und eine Checkliste.

Neben den Online-Marketing-Maßnahmen, die Internetnutzer auf Ihre Website bringen, hat die Kundenbindung eine besondere Bedeutung. Nachdem Benutzer das erste Mal Kontakt mit Ihrer Website hatten, sollten diese zu weiteren Besuchen und Interaktion mit der Internetseite und Ihrem Angebot angeregt werden. Dieser Prozess wird als *Customer Relationship Management* (*CRM*) bezeichnet. Er beschreibt also das gesamte Management der Kundenbeziehung und bezieht sich auf alle Prozesse und *Touchpoints* (Berührungspunkte) mit dem Kunden über den gesamten Kundenlebenszyklus (*Customer Life Cycle*) hinweg: Von der Interessensgewinnung über die Vertrauensbildung und Umsatzintensivierung bis hin zur *Churn Prevention* (Vorbeugung von Abwanderung) und Rückgewinnung der Kunden.

Wie das Sprichwort »Der Kunde ist König« schon aussagt, beziehen sich die Bestrebungen beim CRM auf eine gute Kundenbeziehung. Das Kundenbeziehungsmanagement ist vor allem deshalb von besonderer Wichtigkeit, da es um ein Vielfaches leichter, kostengünstiger und effizienter ist, einen bestehenden Kunden zu halten, als einen neuen Kunden zu gewinnen. Ziel ist es daher, den Kunden so zufriedenzustellen, dass er sich mit Ihrem Unternehmen verbunden fühlt. Dabei sollten Ihre Anstrengungen insbesondere den wertvollsten, nämlich profitabelsten Kunden gelten. Häufig bringen diejenigen Kunden, die langfristig mit dem Angebot zufrieden sind, auch eine höhere Preisbereitschaft mit.

Um Ihre Kunden zufriedenstellend bedienen zu können, ist die Kenntnis über ihre Wünsche und Bedürfnisse Voraussetzung. Umfassende Kundeninformationen spielen daher eine entscheidende Rolle.

Innerhalb des CRMs unterscheidet man neben dem Einsatz spezieller CRM-Software unter anderem verschiedene Teilbereiche, wie beispielsweise das *E-CRM* (*Electronic CRM*), das *S-CRM* (*Social CRM*) und das *M-CRM* (*Mobile CRM*), auf die wir im Folgenden näher eingehen werden.

11.1   Kundenorientierte Inhalte und Mehrwerte schaffen

Kundenbindung erreichen Sie am einfachsten durch gute Inhalte auf Ihrer Website. Bieten Sie den Nutzern, was sie erwarten, und überraschen Sie sie mit Zusatzangeboten, und sie werden wiederkommen. Dies ist natürlich leichter gesagt als getan. Wie Sie in Kapitel 2, »Content – zielgruppengerechte Inhalte«, gelernt haben, entstehen gute Inhalte nicht ohne durchdachtes Konzept und genügende Ressourcen. Sie sind stattdessen das Ergebnis eines langfristigen glaubwürdigen Markenauftritts und kontinuierlicher Arbeit. Lohn für diese Arbeit ist jedoch die Treue Ihrer Kunden. Wenn Sie Ihre Besucher mit hochwertigen Inhalten versorgen, können Sie gewiss sein, dass sie Ihre Website einschließlich möglicher mobiler Angebote gern wieder besuchen. Schenken Sie daher der Kundenbindung erhöhte Aufmerksamkeit, da die nächste Website nur einen Klick entfernt ist und Internetnutzer schnell von Seite zu Seite springen.

Sie können eine hohe Kundenbindung auf der Website erreichen, indem Sie die einzelnen Zielgruppen beherzigen und sie entsprechend ihrer Erwartungen bedienen. Gehen Sie also auf die Wünsche der Nutzer intensiv ein, und überlegen Sie, wie Sie diese Personen optimal durch Ihre Website führen. Dies schaffen Sie insbesondere durch eine übersichtliche und benutzerfreundliche Seitengestaltung. Mittels nützlicher, interessanter, aktueller oder unterhaltsamer Inhalte können Sie die Aufmerksamkeit der Nutzer gewinnen, damit sie länger auf der Website verweilen und diese als Anlaufstation für hochwertige Inhalte in guter Erinnerung behalten. Denken Sie zudem an Mehrwerte, die Ihre Website liefern kann, z. B. über zusätzliche Tools oder Ratgeber. Es geht also in der Kundenbindung entweder darum, Nutzer möglichst lange auf der Website zu halten, oder Anreize für wiederholte Besuche zu schaffen.

Werfen Sie beispielsweise einen Blick auf die Website des Baumarkts Hornbach, *www.hornbach.de*. Neben einem Online-Shop, in dem Benutzer einen Großteil des Sortiments erwerben können, enthält die Website unter dem Menüpunkt PROJEKTE auch einen umfangreichen Ratgeberbereich. Nutzer können sich hier über viele Heimwerkerthemen informieren und erhalten konkrete Anleitungen, beispielsweise zum Anbringen von Wandfliesen (siehe Abbildung 11.1). Neben einem professionellen, ausführlichen Erklärvideo finden Besucher hier Materiallisten und Schritt-für-Schritt-Anleitungen zum Download. Durch gezielte Verlinkungen können Interessenten diese Materialien direkt bestellen oder weitere Services (z. B. Lieferservice, Handwerkerservice) in Anspruch nehmen – eine sehr gelungene Verbindung von Umsatzgenerierung und Kundenbindung durch Mehrwert für Besucher.

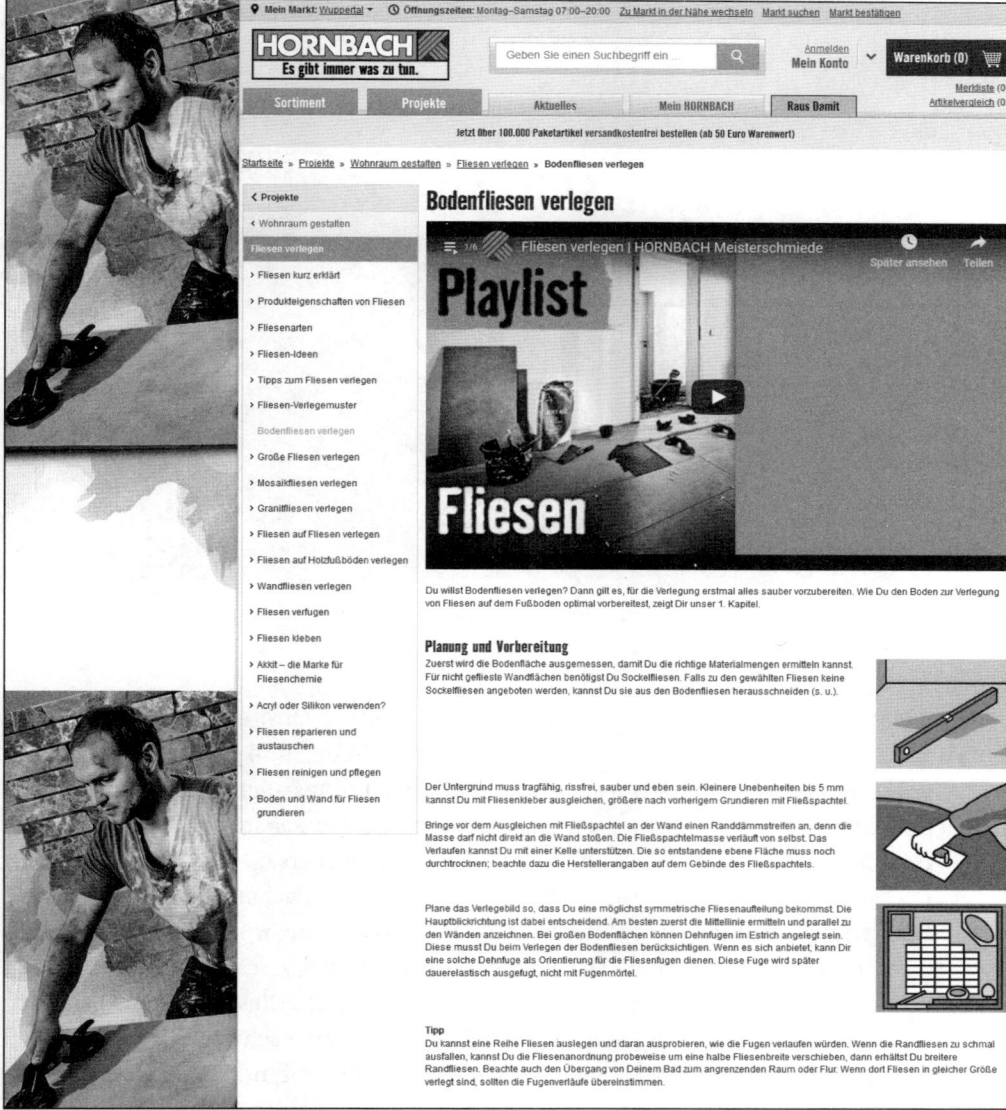

Abbildung 11.1 Ratgeberbereich bei »www.hornbach.de«

Ein weiteres Beispiel bietet IKEA mit seinem Kallax-Planer. So kann der Kunde auf der Website mit Klick auf den Button LASS DICH INSPIRIEREN verschiedene Möglichkeiten anzeigen lassen, das Regal einzusetzen.

Abbildung 11.2 IKEA bietet mit seinem Kallax-Planer Inspirationen für den Einsatz des Regals

Etwas anders verhält es sich beispielsweise mit Wetter-Websites wie *wetter.com* oder *wetter.de*. Sie können sich über hohe Nutzerzahlen freuen und gehören damit zu den größeren Websites im Netz. Leider weisen diese Websites auch große Abbruchraten und eine kurze Verweildauer der Besucher auf, weil Nutzer schnell die Information finden, die sie suchen – nämlich die aktuelle Wettervorhersage. Wie Sie in Abbildung 11.3 sehen, werden die Websites daher mit vielen Werbeflächen belegt, um von dem Besucheraufkommen zu profitieren. Die Kundenerwartung wird durch das Anzeigen des aktuellen Wetters erfüllt. Darüber hinaus kann sich der Besucher über eine Webcam sowie diverse Wetterkarten umfassend informieren. Dies macht einen wiederholten Besuch der Website sehr wahrscheinlich. Es ist aber schwer, die Nutzer länger auf der Website zu halten. Sie sollten als Mittel zur Kundenbindung daher Mehrwerte für die Nutzer bieten. Auf *wetter.com* funktioniert dies zum Beispiel durch Wetterwarnungen wie den Glätteindex, einen Niederschlagsradar und Vorhersagen über einen längeren Zeitraum. Zusätzlich wird der Nutzer durch eine Einblendung auf die aktuellen Nachrichten rund um das Wetter hingewiesen und gelangt per Klick zu Videos, Kolumnen, einem Wetterlexikon und weiteren thematisch anknüpfenden Inhalten.

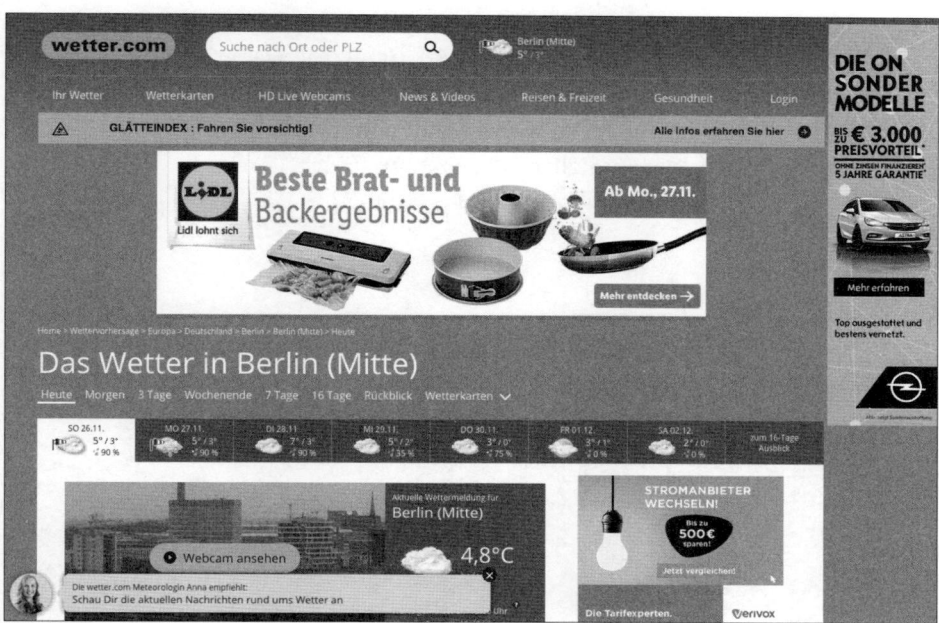

Abbildung 11.3 Die Website »wetter.com«

Zudem werden Informationen zum Thema Wetter kanalübergreifend angeboten: So kann sich der Interessent Wetternachrichten und individuelle Wetterberichte per WhatsApp, Facebook Messenger und Instagram senden lassen.

Für eine optimale Kundenbindung auf Ihrer Website sollte die Nutzerführung sehr gut durchdacht sein. Schauen Sie sich über Ihr Web-Analytics-Tool die Einstiegs- und Ausstiegsseiten Ihrer Website an. Auf den meistgenutzten Einstiegsseiten sollten Sie weiterführende Elemente einbauen, damit die Nutzer zum Weiterklicken animiert werden. Sie sehen eine gute Lösung auf der Seite von *www.airbnb.de* (siehe Abbildung 11.4), die innerhalb der Suchfunktion in der rechten Spalte eine Kartenansicht anbietet, auf der die Lage der gefundenen Unterkünfte visualisiert wird. Nutzer können außerdem mithilfe der Karte in benachbarten Regionen suchen. Diese Funktion hilft Besuchern beim weiteren Navigieren, falls sie in den Suchergebnissen nicht oder nicht schnell genug fündig werden.

Häufige Ausstiegsseiten sollten Sie ebenso betrachten. Wie können Sie hier die Nutzer vom Abbruch des Website-Besuchs abhalten? Oftmals wird in Online-Shops der Website-Besuch auf Produktdetailseiten abgebrochen, da z. B. Produkte nicht mehr in der richtigen Größe verfügbar sind oder bei genauerem Hinsehen doch nicht den Erwartungen entsprechen. Daher müssen hier Anreize geschaffen werden, um die Personen trotzdem weiterhin auf der Website zu halten. Im Online-Shop der Modemarke Hugo Boss (*www.hugoboss.com*) sehen Sie drei Möglichkeiten dafür (siehe

Abbildung 11.5). Zum einen werden weitere Produktempfehlungen gegeben, zum zweiten werden unter VERVOLLSTÄNDIGEN SIE DEN LOOK weitere Produkte gezeigt, und schließlich gibt es eine Auflistung der zuletzt angesehenen Artikel. Damit wird das Interesse des Nutzers geweckt, weitere Seiten im Online-Shop zu besuchen und eventuell passendere oder zusätzliche Produkte zu finden.

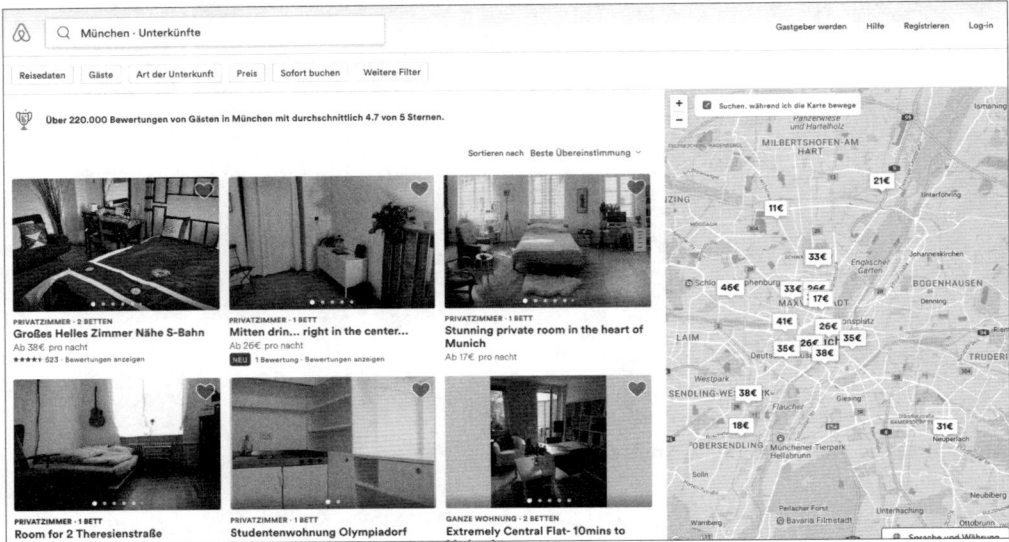

Abbildung 11.4 Weiterführende Inhalte bei »www.airbnb.de«

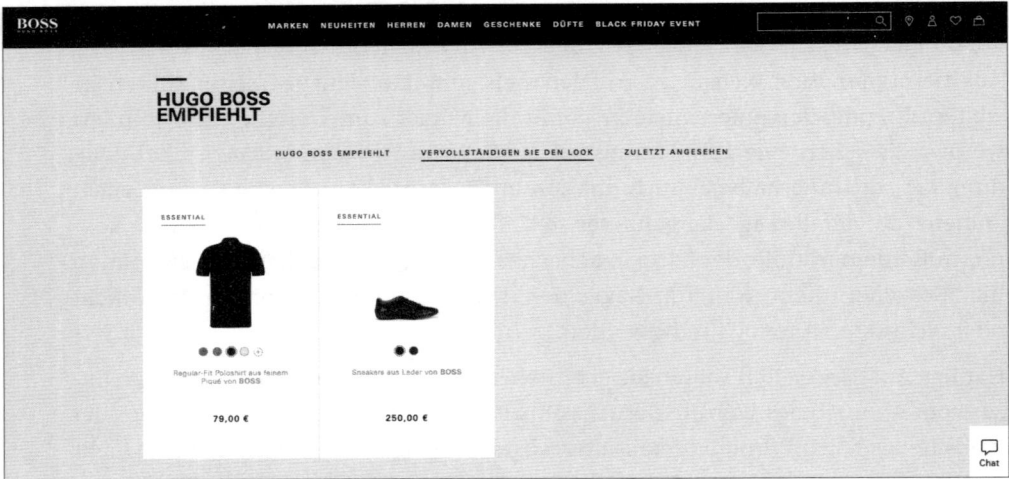

Abbildung 11.5 Produktdetailseite im Online-Shop von Hugo Boss

Ein heißer Kandidat für hohe Abbruchraten sind die Ergebnisseiten der internen Suche. Viele Websites bieten eine Suchfunktion auf der Website an, damit Nutzer

Inhalte leichter auffinden. Nur wenige Website-Betreiber schauen sich aber selbst die Ergebnisse genau an, die ihre Suche ausliefert. Sie werden sicher selbst schon öfter die Erfahrung gemacht haben, dass Sie nicht das Richtige über die Suchfunktion einer Website gefunden haben. Über Web-Analytics-Tools und Logfiles können Sie die Begriffe finden, nach denen Ihre Nutzer häufig suchen. Schauen Sie also als Website-Betreiber, was viele Nutzer interessiert, und bieten Sie die passenden Suchergebnisse an. Denken Sie hierbei auch an mögliche und häufige Falschschreibweisen. Eine Lösung bei zu vielen Suchergebnissen ist die Möglichkeit, die Liste z. B. nach einem bestimmten Thema (hier Ressort) filtern zu können, wie Sie in Abbildung 11.6 sehen. Achten Sie in der internen Suche zudem auf Begriffe, die Personen suchen könnten, obwohl sie direkt nichts mit Ihren Inhalten zu tun haben. Bei einer Website wie *sueddeutsche.de* könnten dies z. B. die Begriffe »Redaktion« oder »Werbung schalten« sein. Überlegen Sie sich, welche Absicht der Nutzer hat, und geben Sie ihm das gewünschte Ergebnis. Wenn Sie hier tiefer in die Materie einsteigen, können Sie sich annähernd vorstellen, wie komplex Suchmaschinen, wie z. B. Google, aufgebaut sind.

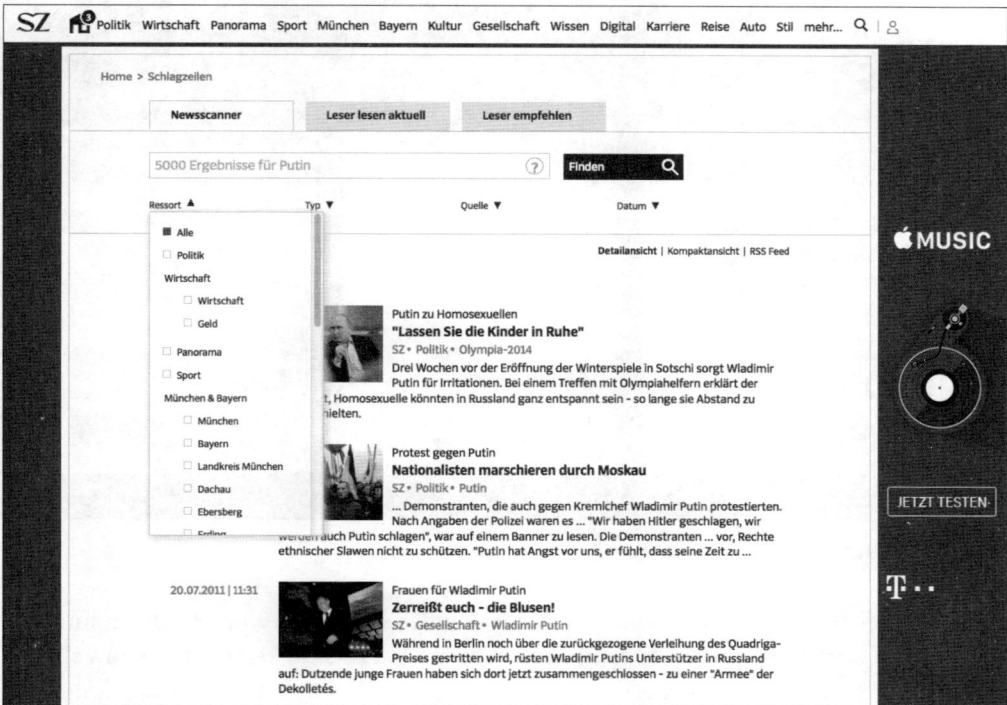

Abbildung 11.6 Suchergebnisseite bei »www.sueddeutsche.de«

Sie haben nun einige Möglichkeiten kennengelernt, eine hohe Kundenbindung über den Aufbau Ihrer Website zu erreichen. Mehr zum benutzerfreundlichen Aufbau von Websites erfahren Sie in Kapitel 7, »Usability – benutzerfreundliche Websites«.

Wie eingangs erwähnt, ist es von zentraler Bedeutung, dass Sie Ihre Kunden kennen und so individuell wie möglich ansprechen. Kundensegmentierung ist der erste Schritt, der bis auf den einzelnen Kunden und die ganz individuelle Produktansprache heruntergebrochen werden kann. Nutzer sollen genau die Inhalte angeboten bekommen, die sie interessieren.

Bei dem Mobilfunkanbieter congstar spiegelt sich dies beispielsweise schon in den Tarifangeboten wider, die sowohl Einsteiger, Normalnutzer als auch Vielsurfer ansprechen. Zudem kann sich der Kunde seinen Mobilfunkvertrag nach seinen Bedürfnissen individuell zusammenstellen.

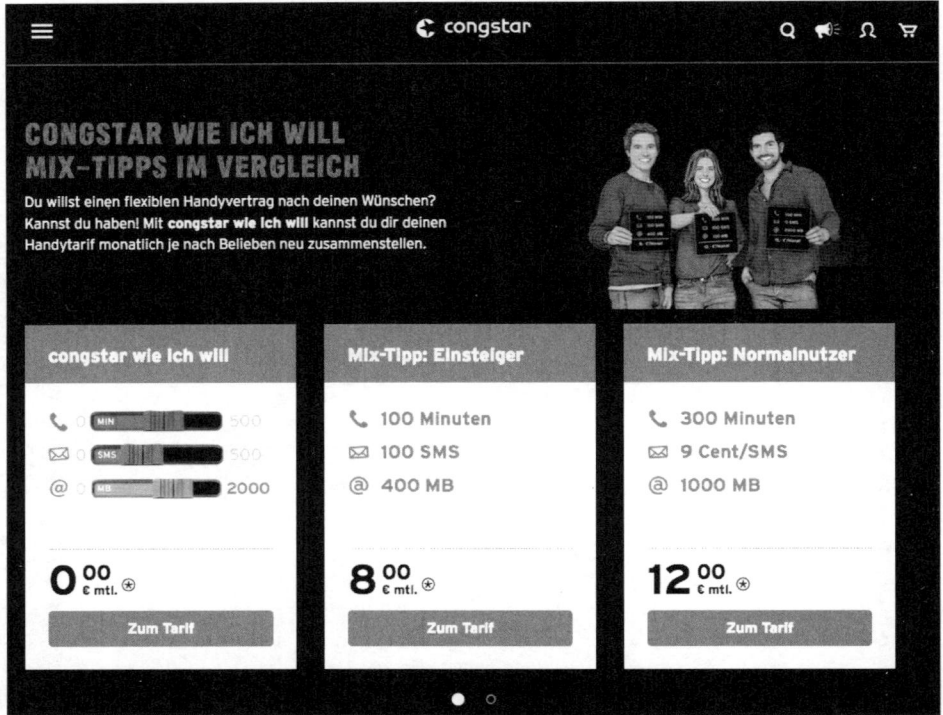

Abbildung 11.7 Tarifangebote beim Mobilfunkanbieter congstar

Neben den attraktiven Inhalten auf der Website sollten Sie einen Blick auf Ihre Prozesse werfen. Wenn Sie Betreiber eines Online-Shops sind, dann ist es sinnvoll, sich den gesamten Kaufprozess einmal genau anzusehen. So kann beispielsweise die Auswahl von bestimmten Liefer- und Bezahloptionen zu einem positiven Nutzererlebnis und damit auch zur Kundenbindung beitragen. Eine schnelle, kostenlose Lieferung kann hier Wettbewerbsvorteil sein – muss aber auch sichergestellt werden können. Ebenso kann eine unkomplizierte und möglichst kostenlose Rücksendeabwicklung zur Vertrauensbildung und Kundenbindung beitragen. Bieten Sie zum gesamten Bestellprozess umfassende Hilfemöglichkeiten an. Sie sollten umgehend auf Reklamationen reagieren und Rückerstattungen schnell abwickeln. Entschuldigen Sie sich bei Ihren Kunden, wenn einmal etwas nicht ganz reibungslos ablief. Ein Beispiel dafür sehen Sie in Abbildung 11.8.

Abbildung 11.8 Entschuldigungs-Mailing des Online-Shops HEMA

Versuchen Sie, Ihre Kunden stets von Ihrem Angebot zu begeistern. Mehr zu diesem Thema erfahren Sie in Kapitel 7, »Usability – benutzerfreundliche Websites«.

11.2   Elektronische Kundenbindung (E-CRM)

Für die Kundenbindung stehen im Online-Marketing noch weitere Instrumente zur Verfügung. So können Sie mit technischen Maßnahmen dafür sorgen, dass Kunden länger auf Ihrer Website verbleiben oder wiederkommen. Um Kunden individuell anzusprechen, wird das Customer Relationship Management automatisiert. Dieses bezeichnet man als *E-CRM*, also elektronisches Kundenbeziehungsmanagement. Das Ziel ist es dabei, nicht mehr auf Zielgruppen, sondern auf einzelne Zielpersonen einzugehen. Dieses kundenspezifische Beziehungsmanagement wird als *Personalisierung* oder *One-to-One-Marketing* bezeichnet. Jeder Kunde soll individuell angesprochen werden, und seine Erwartungen sollen bestmöglich erfüllt werden. Vorreiter für die Umsetzung von umfassenden E-CRM-Maßnahmen ist der Anbieter Amazon, den wir uns im Folgenden genauer anschauen werden. Die Startseite von *amazon.de* wird, wenn Sie angemeldet sind, komplett auf Sie zugeschnitten, wie Sie in Abbildung 11.9 sehen.

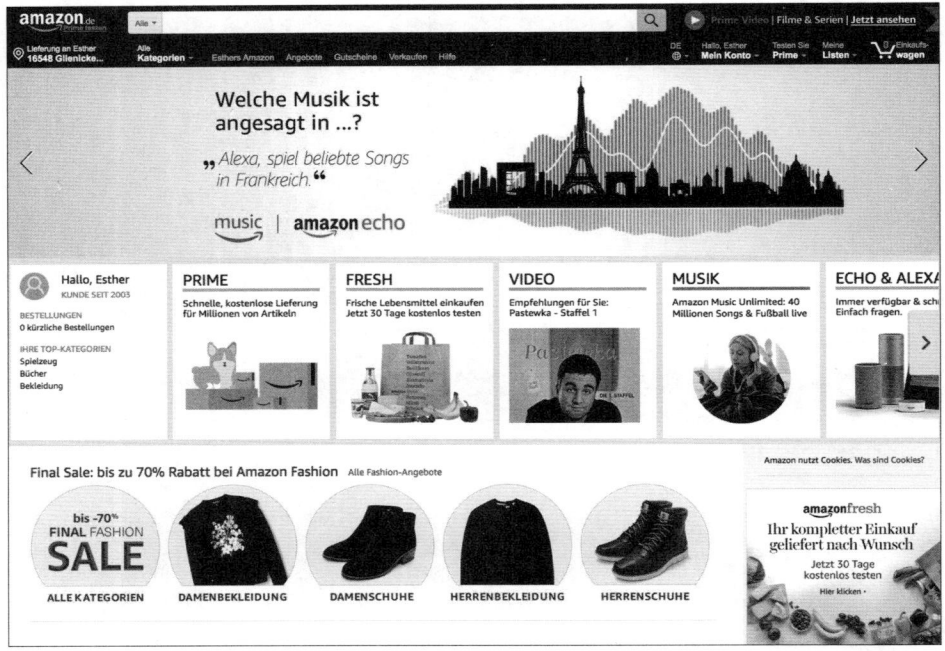

Abbildung 11.9 Personalisierte Startseite auf »www.amazon.de«

Dafür nutzt Amazon ein komplexes CRM-System und eine umfassende Kundendatenbank und verbindet diese mit Daten zur Website-Nutzung. Es wird aufgezeichnet, welche Produkte Sie sich innerhalb Ihres Besuches ansehen, welche Produkte Sie schon gekauft haben und welche auf Ihrem Wunschzettel stehen. Kundendaten werden also kontinuierlich gesammelt, ständig analysiert und mit anderen Kundenprofilen abgestimmt. Dadurch ist es möglich, in Echtzeit die Website anzupassen, und es entsteht ein individuelles Targeting des Kunden für eine größtmögliche Effizienz der Website und hohe Konversionsraten. Auf Produktdetailseiten werden zusätzlich verschiedene alternative oder ergänzende Produkte angeboten. So wird mithilfe der Shop-, Kunden- und Produktdatenbank untersucht, welche Produkte häufig zusammen gekauft werden (siehe Abbildung 11.10).

Im selben Zug werden Produktpakete zusammengestellt, die man kombiniert mit einem Klick in den virtuellen Einkaufswagen legen kann. Damit erreicht Amazon zudem ein *Cross-Selling* und *Up-Selling* von Produkten, bei dem ergänzende Artikel verkauft werden, die beim Kunden nicht im Vordergrund seines Kaufwunsches stehen. Schauen Sie sich eine Produktseite bei Amazon genauer an, werden Ihnen noch mehr solcher Elemente auffallen, die den Abverkauf von Artikeln unterstützen.

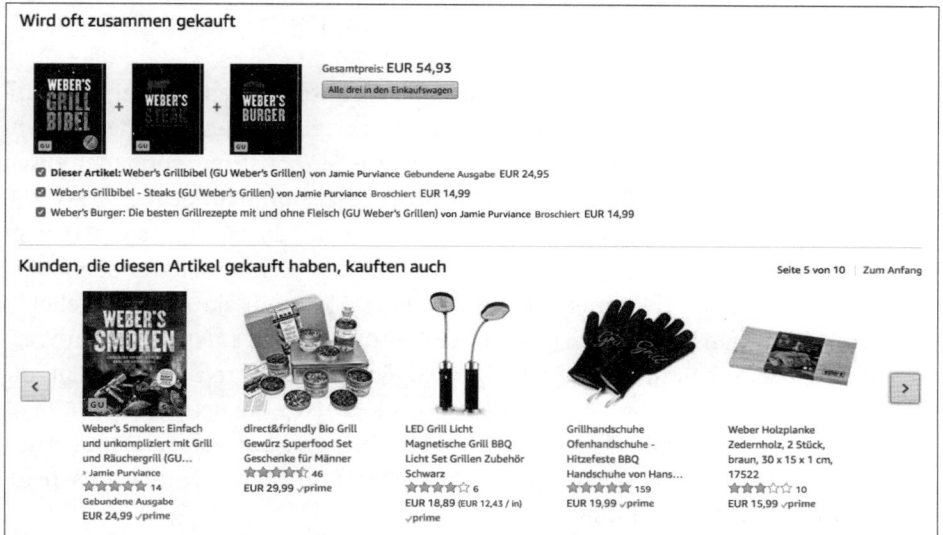

Abbildung 11.10 Produktempfehlungen und Produktpakete bei Amazon

Bei solchen E-CRM-Maßnahmen ist die Performance-Analyse von entscheidender Bedeutung, also die Auswertung, welche Aktionen und Produktkombinationen den meisten Umsatz bringen. So werden die Klicks und Käufe der Nutzer ständig analysiert. Bewirkt eine Einblendung oder ein Produkt keine Reaktion beim Benutzer, wird es beim nächsten Seitenaufruf sofort ausgetauscht. Damit werden die zur Verfügung stehenden Flächen auf der Website optimal genutzt. Auf der Amazon-Startseite bekommen Sie zudem zum Teil eine Box mit Artikeln aus Ihrem Wunschzettel angezeigt. Mit der Überschrift GÖNNEN SIE SICH ETWAS wird Aufmerksamkeit beim Benutzer erregt und ein passendes, gewünschtes Produkt angezeigt. Damit erhöht sich die Wahrscheinlichkeit einer Bestellung. Ebenso erscheinen Produktempfehlungen auf Basis der bereits angesehenen und gekauften Artikel sowie ähnlichen Artikeln des Wunschzettels (INSPIRIERT VON IHREN STÖBER-TRENDS, INSPIRIERT VON IHREN SHOPPING-TRENDS und INSPIRIERT DURCH IHRE WÜNSCHE).

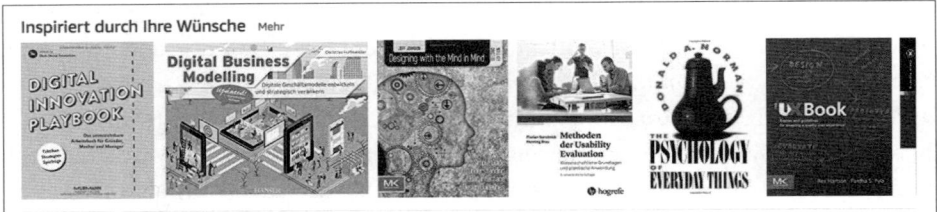

Abbildung 11.11 Produktempfehlungen auf der personalisierten Startseite von Amazon

Amazon verfolgt somit auf der Website eine konsequente Kundenbindung mit ständig angepassten Angeboten für den Nutzer. Durch technische Systeme entsteht somit automatisiert ein One-to-One-Marketing, was Sie sonst nur von einer guten Beratung in einem lokalen Geschäft kennen, in dem Sie Stammkunde sind. Die CRM-Maßnahmen von Amazon beschränken sich nicht nur auf die Website, sondern werden auch im E-Mail-Marketing genutzt. Haben Sie sich für den Newsletter-Service bei Amazon angemeldet, bekommen Sie individuelle E-Mails mit aktuellen Angeboten zugesendet. Schauen Sie sich nun bestimmte Produktgruppen auf der Amazon-Website genauer an, erhalten Sie nach einigen Tagen eine entsprechende E-Mail, die genau diese Produkte enthält. In Abbildung 11.12 sehen Sie die Reaktion per E-Mail, wenn Sie zuvor nach Fachbüchern für Online-Marketing gesucht haben. Damit erhalten Sie ein individuelles Angebot zur passenden Zeit, und ein Kauf wird wahrscheinlicher stattfinden als ohne diese E-Mail.

Solche umfassenden CRM-Lösungen, wie Amazon sie einsetzt, erfordern sehr viel Entwicklungsarbeit und die Integration und intelligente Verknüpfung massiver Datenbestände und kommen daher nicht für jeden Website-Betreiber infrage. Shop-Systeme, wie z. B. Magento oder Shopware, enthalten aber bereits solche Funktionalitäten und sollten daher entsprechend eingesetzt oder in Erwägung gezogen werden.

Marketing Automation

Der Begriff *Marketing Automation* hat seit einigen Jahren Konjunktur. Er beschreibt Systeme, mit deren Hilfe Unternehmen ihre Marketingkampagnen zentral und auf Basis umfangreicher Datenbestände planen, steuern und auswerten können. Zum Einsatz kommen hierbei Softwareplattformen, die Webanalyse- und CRM-Daten intelligent miteinander verbinden und auf dieser Basis Kampagnen aussteuern und kontinuierlich optimieren. Mit Marketing-Automation-Systemen lassen sich auch Schnittstellen zu nachgelagerten Prozessen wie z. B. zum Vertrieb herstellen. Die bekanntesten Anbieter solcher Systeme sind Hubspot (*www.hubspot.de*), Marketo (*de.marketo.com*), Oracle (*www.eloqua.com/de/*) und Adobe mit der Marketing Cloud. Der Einsatz eines Marketing-Automation-Systems ist meist aufwendig und kostspielig und sollte gut überlegt sein.

Abbildung 11.12 Kundenindividuelle E-Mail von Amazon mit passenden Produktempfehlungen

Amazon bietet aber nicht nur wie beschrieben über verschiedene Kanäle (wie Web und E-Mail) stets Kaufimpulse an. Auch sein umfassend ausgebautes Produkt- und Serviceangebot trägt zur Kundenbindung bei. So sollen unter anderem zahlreiche Produktsparten und eine schnelle Verfügbarkeit die Bedürfnisse der Kunden befriedigen.

Amazon mischt in nahezu allen Lebensbereichen mit

Dass Amazon sich schon lange nicht mehr nur auf den Verkauf von Büchern konzentriert, ist landläufig bekannt. Inzwischen gibt es kaum einen Bereich, in dem Amazon keine Produkte und Services anbietet. Die folgenden Beispiele verdeutlichen, dass Amazon Anbieter für die Bedürfnisse in nahezu allen Lebenslagen sein und somit seinen Kunden mit dem umfassenden Portfolio noch stärker an sich binden möchte:

Mit dem in 2016 in Deutschland eingeführten *Amazon Dash* will der Online-Riese tiefer in den Alltag der Kunden eindringen: So können Nutzer die kleinen WLAN-basierten Bestellknöpfe in Ihrem Haushalt anbringen und per Knopfdruck automatisch eine Bestellung auslösen. Ist also beispielsweise das Waschpulver leer, reicht ein Klick, um dieses Alltagsprodukt direkt via Amazon zu bestellen. Eine Kombination von Marken- und Kundenbindung.

Mit *Amazon fresh* beliefert der Online-Händler seine Kunden mit frischen Lebensmitteln und regionalen Produkten, zunächst jedoch nur in ausgewählten Städten.

Via Sprachbefehl lassen sich Bestellungen über den intelligenten Lautsprecher *Amazon Echo* auslösen. Er verbindet sich mit dem Alexa Voice Service und reagiert auf das Aktivierungswort »Alexa«. So können beispielsweise Informationen abgefragt und Anrufe getätigt, Musik gespielt oder Smart-Home-Geräte bedient werden. Diese sogenannten Skills werden ständig erweitert. Die Sprachsteuerung brachte jedoch auch schon einige Pannen mit sich. So beispielsweise, als ein Nachrichtensprecher in den USA eine Massenbestellung auslöste, als er von Echo berichtete und seinen Satz mit »Alexa...« begann.

Nicht zuletzt sei hier auch das Kundenbindungsprogramm *Amazon Prime* genannt, das wir in Abschnitt 11.3.3, »Unternehmenseigene und Multipartner-Bonusprogramme«, näher beleuchten werden. Weitere Amazon-Dienste, die bisher nur in den USA erhältlich sind, werden sicherlich auch noch in Deutschland Einzug finden.

11.3   Weitere Instrumente der Kundenbindung

Für die Kundenbindung stehen Ihnen noch weitere Maßnahmen zur Verfügung, die Sie für Ihre Website einsetzen können. Dies sind insbesondere Maßnahmen, mit denen Sie dauerhaft eine Kundenbeziehung aufbauen und Nutzer zum wiederholten Website-Besuch anregen können. Einige lohnenswerte Maßnahmen, die Sie für Ihre Website zusätzlich anbieten können, werden wir Ihnen an dieser Stelle kurz beschreiben.

11.3.1   Blogs, Ratgeber, Foren und Social Media

Mit eigenen Blogs, Ratgeberinhalten und Foren können Sie zur Kundenbindung beitragen, indem Sie in einen Dialog mit den Nutzern treten oder ihnen eine Plattform mit Informationen oder zum Austausch mit anderen Kunden geben. Vor allem Hilfeforen, Checklisten, Visualisierungen oder Anleitungen sind insbesondere bei technischen Themen beliebt. Gehen Sie dabei intensiv auf die Fragen der Kunden ein, so kann eine hohe Bindung an das Unternehmen und die Website erfolgen. Ziehen Sie auch die Einführung und Betreuung eines eigenen Unternehmensblogs (*Corporate Blog*) in Erwägung. Sie können darüber interessierte Nutzer mit Neuigkeiten versorgen und die Kommunikation mit ihnen aufnehmen. Mittels RSS-Feeds und E-Mail-Benachrichtigung können Sie die Interessenten über neue Meldungen informieren. Ein erfolgreich umgesetztes Unternehmensblog ist das FRoSTA-Blog des gleichnamigen Herstellers für Tiefkühlkost (*www.frostablog.de*; Abbildung 11.13). Hier wird über Neuigkeiten der Firma und des Produktsortiments berichtet und die Kommunikation mit dem Endkunden angeregt.

Abbildung 11.13 FRoSTA-Blog

Wie Sie in diesem Beispiel sehen, wird hier auch die Kommunikation via Google+, Facebook und Twitter gefördert. Ziehen Sie auch weitere Dienste für den direkten Kundendialog in Betracht, denn angeregte Diskussionen tragen ebenfalls zu häufigeren Besuchen bei. Allerdings ist es mit dem Anlegen einer Facebook-Page oder eines Twitter-Accounts nicht getan. Planen Sie kontinuierlich ausreichend Zeit ein, um Ihre Inhalte zu verbreiten und mit Ihren Kunden in Kontakt zu treten. Mehr über die Möglichkeiten des Social Media Marketings erfahren Sie in Kapitel 15, »Social Media Marketing«.

SCRM – Social CRM

Das Social CRM (SCRM) ist eine Weiterentwicklung des klassischen Customer Relationship Managements. Gemeint ist damit der Kundendialog insbesondere über soziale Medien. Dazu zählen beispielsweise Netzwerke wie Facebook und Twitter, aber auch wie eingangs erwähnt Unternehmensblogs, Communitys und Foren sowie auch mit zunehmender Tendenz (Live-)Chats. Ziel ist sowohl, die Kundenzufriedenheit und damit auch die Kundenbindung zu steigern, aber auch, Erkenntnisse über den Kunden zu generieren, um das Angebot zu verbessern.

Setzen Sie sich auch mit den Möglichkeiten einer Community auseinander. Fordern Sie Ihre Benutzer dazu auf, selbst Inhalte auf Ihrer Website zu erstellen. Eine einfache Form einer solchen Aktivierung Ihrer Besucher sind beispielsweise Produktbewertungen. Kunden können auf diese Art mit Ihrer Marke und anderen potenziellen Kunden interagieren. Scheuen Sie hier auch keine negative Kritik. Entscheidend ist vielmehr, dass Sie offen und gesprächsbereit auf sämtliche Reaktionen Ihrer Kunden eingehen und deren Feedback produktiv für die Weiterentwicklung Ihres Angebots nutzen. Eine komplexere Möglichkeit, Nutzer in Ihre Website einzubeziehen, ist eine Community. Hier stellen Besucher selbst eigene Inhalte zur Verfügung, die dann von anderen Personen kommentiert und weiterverarbeitet werden. So zum Beispiel das Einrichtungshaus IKEA, das seinen Kunden eine Community namens »hej« bietet. Hier können Mitglieder persönliche Einrichtungslösungen posten und Wohnungen anderer durchstöbern. Sie können Fragen an Inneneinrichtungsexperten und weitere Nutzer stellen sowie Räume direkt planen.

Abbildung 11.14 Die Community »hej« von IKEA

11.3.2   Newsletter, Retargeting und Chatbots

Insbesondere Newsletter eignen sich für die Kundenbindung an eine Website, denn mit dem Medium E-Mail lassen sich besonders gut automatische Kontaktstrecken einrichten. Durch den regelmäßigen und gezielten Versand werden die Empfänger immer wieder auf das eigene Angebot hingewiesen. Der Newsletter sollte dabei immer einen Mehrwert für den Kunden darstellen, damit er nicht Gefahr läuft, abbestellt zu werden. Relevanz ist hier das entscheidende Stichwort. Angefangen von der persönlichen Anrede bis hin zu individuellen Sonderangeboten und exklusiven Inhalten können dies auch gezielte Hilfestellungen sein. Haben Sie vielleicht auch schon mal einen Gutschein zu Ihrem Geburtstag erhalten, wie in Abbildung 11.15 zu sehen?

Abbildung 11.15 Geburtstags-Newsletter von IKEA Family

Auch zur Churn Prevention (Vorbeugung der Kundenabwanderung) und Reaktivierung von Kunden können Newsletter gut eingesetzt werden. So können Kunden beispielsweise mit Anreizen wie dem kostenlosen Versand zu neuen Bestellungen angeregt werden, siehe Abbildung 11.16.

Abbildung 11.16 Newsletter zur Reaktivierung der Zalando Lounge

Wie Sie Newsletter als Instrument des E-Mail-Marketings und als Kundenbindungsmaßnahme nutzen können, lesen Sie ausführlich in Kapitel 14, »E-Mail- und Newsletter-Marketing«.

In Kapitel 1, »Der Weg zur erfolgreichen Website«, haben wir neben anderen Themen verschiedene Targeting-Möglichkeiten angesprochen. Über das sogenannte *Retargeting*-Verfahren können Sie ebenfalls Kundenbindung erzeugen. Mit dieser Methode können Sie Nutzer identifizieren, die bereits Ihre Website aufgesucht haben, und zum wiederholten Besuch auffordern. Diese Vorgehensweise nutzen insbesondere Online-Shops, um Nichtkäufer zu einem Kauf zu bewegen.

Schauen Sie sich beispielsweise auf der Website *www.goertz.de* einen Rucksack an, kaufen ihn aber nicht und besuchen anschließend eine andere Website – in diesem Beispiel *www.morgenpost.de* –, so erscheint genau das vorher besuchte Produkt (und noch weitere) in Form eines Banners auf der Folge-Website und soll Sie erneut zum Kauf bewegen. Mehr über die Funktionsweise lesen Sie in Kapitel 12, »Display-Marketing«, bzw. Kapitel 6, »Suchmaschinenwerbung (SEA)«.

Abbildung 11.17 Produktansicht auf »www.goertz.de«

Eine weitere schon erwähnte Möglichkeit zur Kundenbindung ist der Einsatz von sogenannten *Chatbots*. Vielleicht haben Sie schon einmal einen solchen Dienst beim Besuch einer Shopping-Website oder innerhalb eines Hilfe-Bereichs gesehen. Chatbots sind sehr vielseitig einsetzbar. Nutzer können bei der Verwendung eine Frage in ein Dialogfeld eingeben und erhalten eine entsprechende Antwort anstelle von einem Service-Mitarbeiter von der intelligenten Software. Mit der Zeit lernen diese Chatbots immer mehr dazu, was auch als *Machine Learning* bezeichnet wird. Wird die Eingabe per Sprache an die Software gesendet, spricht man dementsprechend von *Sprachassistenten*. Auf Basis von gesammelten Daten wird versucht, die Kommunikation mit dem Kunden so persönlich und auch so menschlich wie möglich zu gestalten.

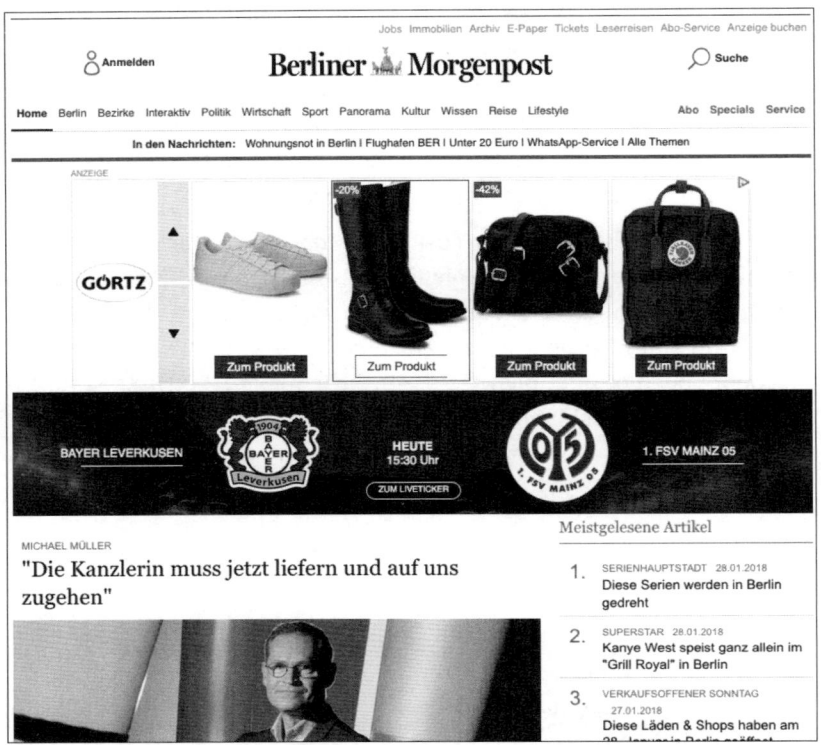

Abbildung 11.18 Das besuchte Produkt (Rucksack) erscheint auf der anschließend besuchten Website »www.morgenpost.de«.

Chatbots kommen sowohl auf Websites als auch innerhalb von sozialen Netzwerken (dort heißen Sie dann oftmals *Social Bots*) und in Mobile Apps zum Einsatz. Mehr zu den Chatbots wie beispielsweise auf Basis des Facebook Messengers und WhatsApp lesen Sie in Kapitel 15, »Social Media Marketing«.

Im Bereich der Kundenbindung haben Sie die Chance, mit Chatbots sehr schnelle Reaktionszeiten auf Kundenanfragen zu bieten, Service-Kosten zu senken und die Kundenkommunikation zu personalisieren. Sie können Kaufprozesse unterstützen und die User Experience verbessern. Die Herausforderung besteht darin, so gezielt wie möglich auf die Fragen und Bedürfnisse der Nutzer einzugehen und qualitativ hochwertige Antworten zu liefern, die einen Mehrwert für den Kunden darstellen. Auf geschickte Weise können Sie auch Up-Selling betreiben, indem Sie innerhalb der Antworten so unaufdringlich wie möglich auf weitere Produkte und Services hinweisen – ähnlich wie es auch bei guten Verkaufsgesprächen und umfassender Beratung in stationären Geschäften geschieht.

Trotz der umfangreichen Einsatzgebiete von Chatbots ist das Interesse an ihnen in Deutschland jedoch relativ gering.

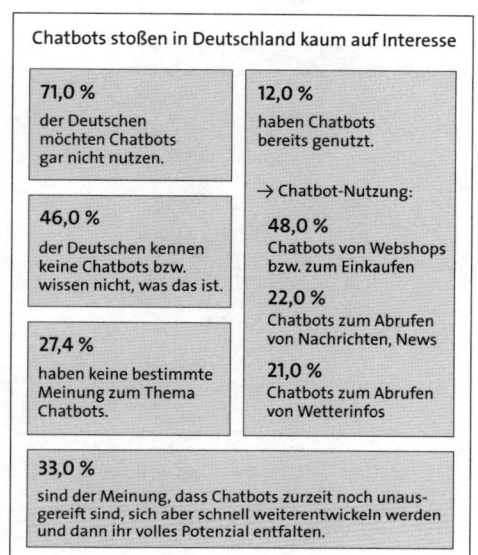

Abbildung 11.19 Interesse für Chatbots in 2017 (Quelle: Developer Week)

Dieses Desinteresse wird auch in den Umfrageergebnissen des Digitalverbandes Bitkom bestätigt: Fast zwei Drittel der Befragten (63 %), die keine Chatbots nutzen wollen, möchten nicht mit einem Computer kommunizieren.

Gründe für die Skepsis sind oftmals die fehlende Qualität der Hilfestellung, das heißt der fehlende Mehrwert für den Anwender, und beispielsweise Bedenken im Hinblick auf das Thema Datenschutz. Festzuhalten bleibt, dass viel Potenzial in dieser Mensch-Maschine-Kommunikation steckt, dies aber heutzutage noch nicht ausgeschöpft wird und häufig eine gute Customer Experience fehlt. Durch die technische Weiterentwicklung bleiben Chatbots und im weitesten Sinne das Thema künstliche Intelligenz weiterhin spannend, und es wird sich sicherlich lohnen, die Entwicklung (auch im Hinblick auf Kundenbindung) weiter zu verfolgen.

11.3.3   Unternehmenseigene und Multipartner-Bonusprogramme

Bonusprogramme kennen Sie wahrscheinlich durch Anbieter wie Payback, DeutschlandCard oder Miles & More von Lufthansa. Viele Unternehmen nutzen diese Programme, um mehr Kundenbindung zu erreichen. Mit jeder Transaktion, z. B. einem Kauf im Supermarkt oder der Buchung eines Mietwagens, können Punkte gesammelt werden. Diese Punkte können anschließend in Prämien umgetauscht werden. Als Website-Betreiber haben Sie die Möglichkeit, sich den Bonusprogrammen anzuschließen. So können auch beim Online-Kauf Punkte gesammelt werden.

Viele Online-Aktionspartner nehmen bereits an den Programmen von Payback und DeutschlandCard teil (siehe Abbildung 11.20).

Abbildung 11.20 Online-Shops beim Bonusprogramm Payback

Die Teilnahme an derartigen Bonusprogrammen muss längst nicht mehr nur über die Website erfolgen. Über Apps, wie in folgendem Beispiel in Abbildung 11.21 zu sehen, können individuelle Angebote an Kunden ausgespielt werden und zur Kundenbindung beitragen.

Abbildung 11.21 Screenshot im Google-App-Store von der DeutschlandCard-App

Überlegen Sie daher, ob Sie diese Bonusprogramme (auch Multipartnerprogramme genannt) zur Kundenbindung oder zum Abverkauf für Ihr Unternehmen unterstützend einsetzen können. Sie haben aber auch die Möglichkeit, ein eigenes Bonusprogramm nur für Ihr Angebot aufzubauen. Ein Beispiel für einen eigenen Kundenclub finden Sie beim Programm *bahn.bonus* der Deutschen Bahn unter *www.bahn.de/p/view/bahncard/bahnbonus/bahnbonus.shtml* (siehe Abbildung 11.22).

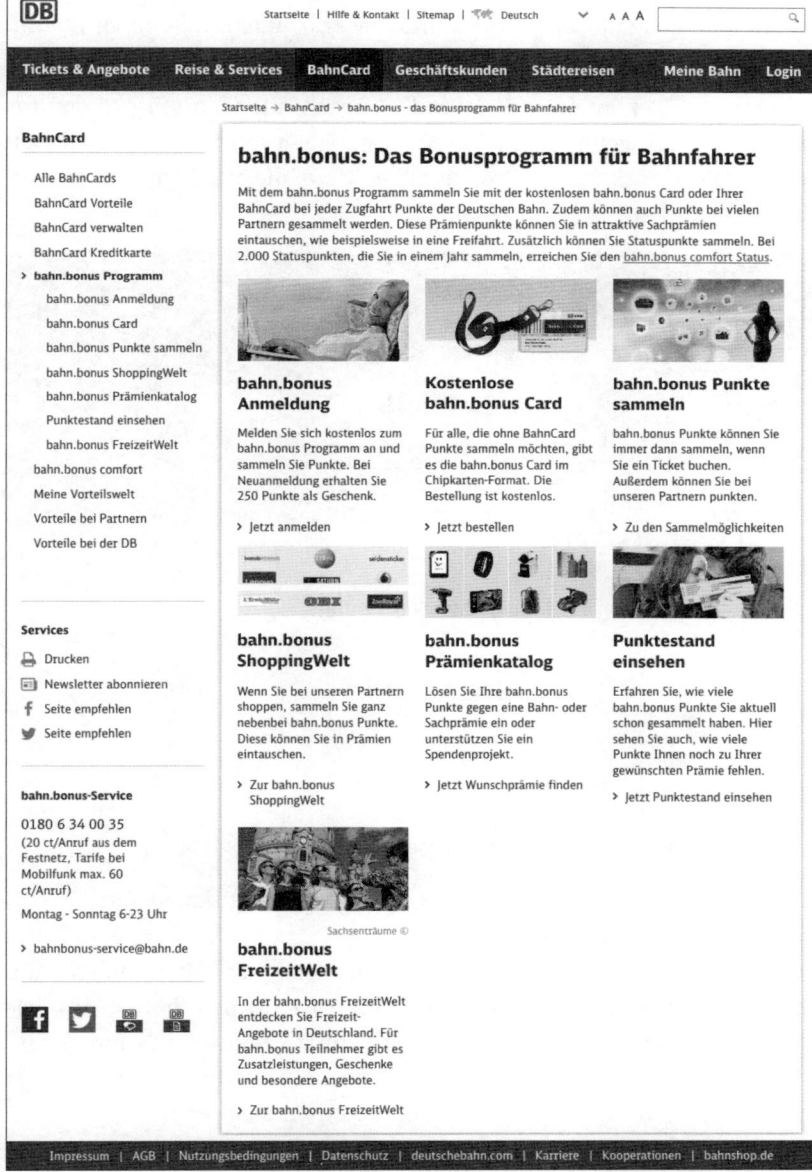

Abbildung 11.22 Das Bonusprogramm der Deutschen Bahn, »bahn.bonus«

Um Kunden stärker an das Unternehmen zu binden, startete Amazon beispielsweise bereits im Jahr 2007 sein Kundenbindungsprogramm *Amazon Prime*. Nach einer 30-tägigen kostenlosen Mitgliedschaft bezahlt der Kunde einen monatlichen Beitrag, um diverse Vorteile zu genießen. Dazu zählen der Gratisversand (in ausgewählten Orten sogar die Same-Day-Lieferung, also die taggleiche Zustellung), Entertainment-Angebote über »Prime-Video«, »Prime-Music« und »Twitch Prime« für Videospiele, Foto-Speicherplatz über »Prime Photos« via Amazon Drive und mit »Prime Reading« auch eine Auswahl an kostenlosen E-Books und E-Magazinen, Kindle-Inhalten und mehr.

Mobilfunkkunden von O_2 können innerhalb des sogenannten Vorteilsprogramms »Mehr O_2« von diversen Angeboten und Vergünstigungen profitieren. So erhält beispielsweise ein Kunde je nach Status (Bronze, Silber, Gold) die Möglichkeit, vergünstigt Kinotickets zu erwerben.

Abbildung 11.23 Das Vorteilsprogramm »Mehr O_2«bietet vergünstigte Kinotickets.

Die Erstellung eines eigenen Bonusprogramms erfordert aber relativ hohen Aufwand. Die Akzeptanz von Multipartnerprogrammen ist oftmals höher, da viele bereits etablierte Partner integriert sind, bei denen Punkte gesammelt werden können. Entscheiden Sie selbst, ob Bonusprogramme für Sie ein gutes Instrument der Kundenbindung darstellen und welche Form am besten für Sie geeignet ist.

11.3.4   Mobile CRM (MCRM)

Durch die steigende Nutzung verschiedener Endgeräte und diverser Touchpoints zum Kunden online wie offline wird es für Unternehmen zunehmend wichtiger, eine konsistente Benutzererfahrung über alle Kanäle anzubieten.

Ein Nutzer, der sich beispielsweise online über ein Versicherungsangebot informiert und anschließend einen Vor-Ort-Beratungstermin anfordert, sollte auf einen Kundenberater treffen, dem bereits alle relevanten Kundeninformationen zur Verfügung stehen und dessen Beratung an dieser Stelle anknüpft. Der Kundenberater kann beispielsweise via Tablet auf die aktuellen Kundendaten des CRM-Systems zugreifen und entsprechend zugeschnitten auf die Bedürfnisse des Interessenten eingehen. Achten Sie also darauf, alle Kanäle, über die der Kunde mit Ihrem Unternehmen in Berührung kommt (Touchpoints), aufeinander abzustimmen. Anzustreben ist eine konsistente und kanalübergreifende Benutzererfahrung. Die Kundeninformationen sollten stets aktuell und verfügbar sein und die jeweilige Kundenkommunikation und -beratung auf diesen Daten basieren. Die Digitalisierung der gesamten Kundenbeziehung wird auch als *Digital Customer Experience (DCX)* bezeichnet.

> **Mobile CRM (MCRM)**
>
> Grundsätzlich sind mit Mobile CRM alle Tätigkeiten innerhalb des CRM gemeint, bei denen mobile Technologien zum Einsatz kommen. Zum einen kann das die direkte Kundenansprache zum Beispiel via SMS oder App bedeuten, zum anderen aber auch, wenn Außendienstmitarbeiter beispielsweise Smartphones oder Tablets nutzen, um auf aktuelle Kundendaten im CRM-System zuzugreifen und diese Daten im direkten Kundengespräch einzubringen (siehe vorangegangenes Beispiel).

Sie haben nun einen Überblick darüber bekommen, welche Kundenbindungsmaßnahmen möglich sind, um Kunden auf der Website zu halten oder sie wieder auf die Seite zurückzuholen. Dabei haben wir schon angesprochen, wie wichtig die Benutzerfreundlichkeit einer Website für die Zufriedenheit Ihrer Kunden ist. Beschäftigen Sie sich daher auch intensiv mit Kapitel 7, »Usability – benutzerfreundliche Websites«, wenn Sie die Bindung Ihrer Kunden an Ihr Webangebot verbessern möchten.

11.4   Kundenbindung (CRM) to go

▶ Mit Kundenbindung sind bei Websites und mobilen Angeboten das Halten von Nutzern auf der Website bzw. dem Angebot und Maßnahmen zur Rückgewinnung von Besuchern gemeint. Dies wird als *Customer Relationship Management* (CRM) bezeichnet.

▶ Sie halten Besucher auf der Website, indem Sie kundenorientierte Inhalte bieten und Mehrwerte für die Nutzer schaffen z. B. durch Ratgeberseiten. Einstiegs- und Ausstiegsseiten sollten genau analysiert und auf niedrigere Abbruchraten hin optimiert werden.

▶ Bieten Sie Website-Nutzern eine komfortable Suchfunktion auf Ihrer Seite, damit Inhalte leicht gefunden werden können. Dabei sollten Sie der Qualität der Suchergebnisse besondere Aufmerksamkeit widmen.

▶ Ihr Ziel sollte es sein, Kunden mit Ihrem Angebot und Ihrem Service zu begeistern. Auch ein unkomplizierter Bestellprozess und eine reibungslose Rückerstattung können zur Kundenbindung beitragen.

▶ Elektronische Kundenbindung (E-CRM) erfolgt aufgrund von Kunden- und Nutzungsdaten. Hierbei wird mit technischen Mitteln ein personalisiertes Marketing erreicht. Jeder Kunde soll möglichst individuell angesprochen werden.

▶ E-CRM kann für das E-Mail-Marketing genutzt werden, um kundenindividuelle Mailings zu erstellen. E-CRM kann aber auch Einfluss auf die personalisierte Gestaltung der Website nehmen. Hierfür sind allerdings oft umfangreiche IT-Ressourcen notwendig.

▶ Weitere Kundenbindungsmaßnahmen umfassen die Kommunikation mit Nutzern, z. B. über Blogs, Foren, Social-Media-Plattformen und Communitys. Ein umfassender Dialog mit dem Kunden kann Instrument der Kundenbindung sein.

▶ Über regelmäßige Newsletter und Retargeting-Methoden können Nutzer gezielt angesprochen und auf die Website zurückgeholt werden.

▶ Auch Chatbots – also intelligente Software, die auf Kundenanfragen reagiert – können zur Kundenbindung beitragen und Kosten senken. Ausschlaggebend für ihren Erfolg sind aber relevante Antworten auf Kundenanfragen, die einen echten Mehrwert bieten, sowie eine gute Customer Experience. Derzeit ist die Technik noch nicht ausgereift, und Nutzer sind oftmals skeptisch.

▶ Bonusprogramme wie Payback und DeutschlandCard sind eine weitere Form der Kundenbindung. Kunden können Punkte sammeln und später gegen Prämien eintauschen. Dadurch findet eine Bindung an Unternehmen statt. Website-Betreiber haben die Möglichkeit, eigene Bonusprogramme aufzubauen oder sich den bekannten Anbietern anzuschließen.

▶ Die Kundenkommunikation sollte über alle Kanäle und Touchpoints (Berührungspunkte mit dem Kunden) konsistent aufeinander abgestimmt sein und auf aktuellen Kundendaten basieren. Eine Möglichkeit, ad hoc auf die Daten in einem CRM-System zuzugreifen, bietet beispielsweise das mobile CRM.

11.5   Checkliste Kundenbindung (CRM)

Schaffen Sie Kundenbindung auf Ihrer Website durch interessante Inhalte und Mehrwerte für Nutzer?	
Erfüllen Sie Erwartungen der unterschiedlichen Zielgruppen auf der Website?	
Analysieren Sie kontinuierlich Abbruchraten und Verweildauer auf Ihrer Website?	
Optimieren Sie die Nutzerführung auf der Website?	
Untersuchen Sie häufige Einstiegs- und Ausstiegsseiten auf Optimierungspotenziale?	
Bieten Sie eine interne Suche an, und überprüfen Sie die Relevanz der Ergebnisse regelmäßig?	
Nutzen Sie bereits Methoden der elektronischen Kundenbindung wie kundenindividuelle Websites, persönliche Produktempfehlungen oder maßgeschneiderte Newsletter?	
Betreiben Sie Kundenkommunikation über Blogs, Foren, Communitys oder Social-Media-Kanäle wie Facebook und Twitter?	
Haben Sie regelmäßige Newsletter als Kundenbindungsmaßnahme in Erwägung gezogen?	
Nutzen Sie die Möglichkeiten des Retargetings, um ehemalige Besucher erneut anzusprechen und zu Käufern zu machen?	
Haben Sie über den Einsatz von Chatbots nachgedacht?	
Stellen Bonusprogramme für Sie eine Alternative in der Kundenbindung dar? Wenn ja, nutzen Sie ein eigenes Kundenprogramm oder Anbieter wie Payback und DeutschlandCard?	
Halten Sie Ihre Kundendaten stetig aktuell und verfügbar, so dass jegliche Kommunikation mit dem Kunden konsistent ist?	

Tabelle 11.1 Checkliste zur Kundenbindung (CRM)

Kapitel 12
Display-Marketing

»Viele kleine Dinge wurden durch die richtige Art
von Werbung groß gemacht.«
– Mark Twain

In diesem Kapitel lernen Sie, mithilfe von *Display-Marketing*, auch *Bannermarketing* genannt, Ihr Angebot zu bewerben. Sie erfahren mehr zur Wirkungsweise von Bannern und lernen die gängigsten und standardisierten Bannerformate und Bannerarten kennen. Im Anschluss lesen Sie, wie Adserver funktionieren und welche die größten Player am Markt sind. Wir stellen Ihnen populäre Werbeträger vor und gehen auf gängige Abrechnungsmodelle ein. Darüber hinaus erfahren Sie, wie Sie mithilfe des Werbeprogramms von Google (*Google Ads*) einfach selbst Bannerschaltungen realisieren können und was sich hinter dem Begriff *Remarketing* verbirgt. Das Kapitel endet mit einem Kurzüberblick »to go« und einer Checkliste, die besonders für Leser mit kleinem Zeitbudget gedacht sind.

12.1 Präsenz im Netz – gelungenes Bannermarketing

Wenn Sie Tageszeitungen, Magazine und Zeitschriften durchblättern, werden Sie immer wieder über diverse Werbeanzeigen stolpern. Mal erscheinen Ihnen diese interessant, ein anderes Mal blättern Sie schnell weiter zur nächsten Seite, häufig nehmen Sie die Anzeige womöglich nicht einmal wahr. Auch im Internet haben Werbetreibende die Möglichkeit, Anzeigen auf unzähligen Websites zu veröffentlichen, um auf ihre Marke aufmerksam zu machen. Die Rede ist von Display-Marketing oder Bannermarketing.

Trotz dieser Ähnlichkeit zur Offline-Welt gibt es bedeutende Unterschiede: So sind die Preisstrukturen im Online-Bereich wesentlich günstiger. Je nach Medium, Auflage und Reichweite kann die Anzeigenschaltung im Printbereich schon kostspielig sein. Eine Anzeigenseite im wöchentlich erscheinenden Magazin *Der Spiegel* kann beispielsweise je nach Jahreszeit über 80.000 € kosten. Hinzu kommt eine genaue Messbarkeit der Sichtkontakte und Klicks von Online-Werbebannern – im Gegensatz zu Printanzeigen. Darüber hinaus können im Online-Umfeld zeitnah Verbesserungen vorgenommen werden, und Sie können auf das Nutzerverhalten reagieren, was bei einer Printanzeige nicht denkbar ist.

Viele Websites – vor allem Online-Publisher und Nachrichtenportale – finanzieren sich zu einem großen Anteil über den Verkauf von Werbeflächen. Sie binden Werbung (z. B. Banner) auf ihrer Internetpräsenz ein. Wird das Banner eines Werbetreibenden eingeblendet oder klickt ein Benutzer auf dieses Banner und wird auf die verlinkte Website des Anbieters weitergeleitet, bezahlt dieser Anbieter dafür. Diese Art der Monetarisierung bildet für viele News-Websites wie *t-online.de*, *tagesschau.de*, *derstandard.at* oder *srf.ch* ein wichtiges Finanzierungsstandbein; lesen Sie hierzu auch Kapitel 18, »Monetarisierung – Einnahmen mit der Website erzielen«. Dennoch sind die Streuverluste, die diese Form des Marketings mit sich bringt, nicht zu vernachlässigen. Denn Sie müssen berücksichtigen, dass Betrachter einer Website etwas ganz anderes tun möchten, als sich gezielt Ihre Werbung anzusehen – sie sehen Ihre Banner zufällig. Dabei ist es ausschlaggebend, ob ein Werbemittel für einen Nutzer von Interesse ist, ansonsten wird er es wahrscheinlich nicht einmal wahrnehmen – geschweige denn darauf klicken. Neben der Reichweite (viele unterschiedliche Nutzer) gilt es also, eine hohe Relevanz zu erreichen, damit die Klickwahrscheinlichkeit größer ist. Sie merken es selbst: Streuverluste sind im Bannermarketing unbedingt zu berücksichtigen. Es gibt zwar bereits einige Möglichkeiten, Banner bestimmten Nutzern auszuliefern, jedoch sind sie nicht so genau wie beispielsweise bei der Suchmaschinenwerbung (siehe Kapitel 6, »Suchmaschinenwerbung (SEA)«).

Im Zusammenhang mit Anzeigenschaltung im Internet werden unterschiedliche Begriffe verwendet: So haben Sie vielleicht schon einmal von Bannerwerbung, Bannermarketing, Display-Marketing, Display-Werbung oder dem Terminus Display Advertising gehört. Gemeint ist dabei stets das Gleiche: die Platzierung von Werbemitteln (insbesondere Werbebannern) auf anderen Websites, um bestimmte Werbe- und Kommunikationsziele zu erreichen. Wir verwenden in diesem Kapitel einheitlich die Bezeichnung *Bannerwerbung*. Auch der Artikel des Begriffs *Banner* wird unterschiedlich verwendet (es heißt also »das Banner«, auch wenn in der Praxis oftmals »der Banner« verwendet wird). Mit dem Begriff Banner sind Werbeflächen gemeint, die auf anderen Websites (vorzugsweise mit hohem Traffic-Aufkommen) gebucht werden können und die den Benutzer auf die Website des Werbetreibenden leiten – sofern dieser auf das Werbemittel klickt. In Abbildung 12.1 sehen Sie verschiedene Bannerintegrationen auf der Website *www.11freunde.de*.

Schauen wir uns also das Bannermarketing im Detail an. Wir beginnen mit der Bannerwirkung, widmen uns danach unterschiedlichen Bannerarten und -formen, wenden uns anschließend der Banneraussteuerung sowie der Mediaplanung zu und schließen mit weiteren Möglichkeiten und Adblockern die Thematik. So liefern wir Ihnen eine

Entscheidungsgrundlage, ob Bannerwerbung auch zur Bewerbung Ihres digitalen Angebots infrage kommt. Abschließend zeigen wir Ihnen in diesem Kapitel, wie Sie mit
dem Google-Display-Netzwerk schnell und einfach selbst Bannerkampagnen erstellen
können und welche Bedeutung Remarketing-Kampagnen hierbei spielen.

Abbildung 12.1 Werbebanner auf »www.11freunde.de«

12.1.1   Bannerwirkung

Welches Banner wird am liebsten angeklickt? Möchte man diese Frage beantwortet
wissen, lohnt sich zunächst ein Blick auf die allgemeinen Ziele von Bannerwerbung.
Grundsätzlich verweisen Banner auf eine verlinkte Website des Werbetreibenden.
Das bedeutet, sobald ein Nutzer auf das Werbemittel klickt, wird er zu einer Zielseite (einer sogenannten *Landing Page*) weitergeleitet, um dort in der Regel eine bestimmte Handlung auszuführen. Damit hat ein Banner unter anderem die Aufgabe,
potenzielle Kunden auf eine Website zu leiten.

Darüber hinaus spielen aber noch andere Aspekte eine Rolle: So kann mit Bannerwerbung auch *Brand Awareness* erzielt werden. Hier geht es um die Steigerung der Bekanntheit einer Marke und um die Verbesserung ihres Images. Ziel der Bannerwerbung ist es in diesem Fall also nicht, Besucher zum Klick und damit zum Besuch der Website zu bewegen, sondern als Marke oder Angebot bei möglichst vielen Usern in Form einer Anzeige zu erscheinen und in Erinnerung zu bleiben. Verschiedene Studien belegen die Wirksamkeit von Bannern in dieser Hinsicht.

Native Advertising

Mit *Native Advertising* ist die Platzierung inhaltlich passender Anzeigen im redaktionellen Umfeld einer Website gemeint. Häufig stehen diese Werbeformen gleichberechtigt neben den sonstigen Inhalten und sind manchmal nur schwer von diesen zu unterscheiden, da sie sich an das Design der Plattform anpassen (siehe Abbildung 12.2). Meistens können Native Ads ebenso wie redaktionelle Beiträge bewertet, kommentiert und geteilt werden. Native Advertising kommt in vielen Spielarten vor, beispielsweise als gesponserter Post in Social-Media-Netzwerken wie Facebook, Twitter oder LinkedIn, als beworbenes Video bei YouTube oder als bezahltes Suchergebnis bei Google oder Bing. Auch Publisher wie *sueddeutsche.de* oder die *New York Times* setzen auf Native Advertising und binden bezahlte Inhalte in ihr redaktionelles Umfeld ein.

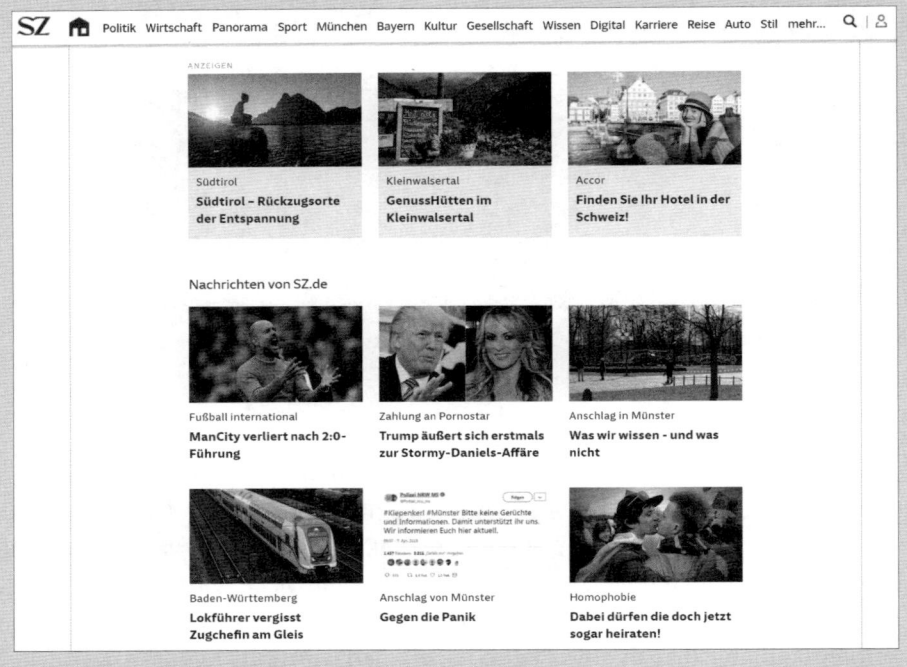

Abbildung 12.2 Native Advertising auf »sueddeutsche.de«

Für Kritiker ist Native Advertising schlicht Schleichwerbung bzw. der Versuch einer Täuschung des Users. Befürworter dieser Werbeform weisen auf die guten Klickraten, geringe Banner Blindness und die hohe Relevanz und Nutzerakzeptanz von Native Ads hin. Vor allem auf Mobilgeräten könnte Native Advertising in den nächsten Jahren vermehrt zum Einsatz kommen, da klassische Bannerarten (vergleiche Abschnitt 12.1.2, »Bannerarten«) dort als besonders störend empfunden werden. Native Advertising wird oft als Bestandteil von Content-Marketing-Aktivitäten verstanden, da es eine Möglichkeit ist, redaktionelle Inhalte zu verbreiten (vergleiche Kapitel 2, »Content – zielgruppengerechte Inhalte«).

Die Wirkung von Bannern wird viel diskutiert und untersucht. Neben der sogenannten *Banner Blindness* stehen auch die Seriosität und die Streuverluste immer wieder in der Diskussion.

Banner Blindness

Der Begriff *Banner Blindness* oder auch *Bannerblindheit* ist nicht einheitlich definiert. Im Prinzip geht es darum, dass Benutzer Werbebanner oder werbeähnliche Elemente unbewusst ausblenden und ihnen keine Beachtung schenken, sie also ignorieren. Denn Banner können den Betrachter von seiner eigentlichen Intention des Website-Besuchs ablenken und in einigen Fällen verärgern. Studien belegen, dass Bannerinformationen zum Teil weder wahrgenommen noch verarbeitet werden. Hierbei kommen Messmethoden wie das sogenannte *Eye-Tracking* zum Einsatz, bei dem die Augenbewegungen eines Users aufgezeichnet werden, um zu ermitteln, welche Seitenbereiche sich ein User anschaut. Es ist nicht verwunderlich, dass sich der Effekt von Bannerblindness in sinkenden Klickraten äußert. Jemand, der etwas nicht beachtet, wird auch nicht damit interagieren. Mit Rotationen von Werbemitteln und der Aufforderung zur Interaktion wird beispielsweise versucht, der Banner Blindness entgegenzuwirken.

Welches Banner ist aber nun am effektivsten? Diese Frage lässt sich leider nicht pauschal beantworten. Wichtige Kennzahlen für die Erfolgsmessung von Bannern sind zum einen die Klickrate, auch *Click-Through-Rate* (*CTR*) genannt. Sie gibt das Verhältnis von Werbeeinblendungen zu den Klicks an. Wurde ein Banner beispielsweise 1.000-mal ausgeliefert und zehnmal angeklickt, dann liegt die CTR bei 1 %. Die entsprechende Formel lautet:

CTR = Klicks ÷ Impressions × 100

Die Klickrate gibt Auskunft darüber, wie interessant bzw. relevant das Banner für die Betrachter ist und wie viel Aufmerksamkeit erzeugt werden konnte. Dabei spielen sowohl die Gestaltung des Werbemittels als auch seine Platzierung eine wichtige Rolle. In welchem Umfeld wird das Banner zu sehen sein, und passt es zu den Ansprüchen der Zielgruppe? So vielfältig wie die Bedürfnisse Ihrer potenziellen Kunden sein können, so verschieden kann auch die Ausgestaltung der Werbemittel sein. Wir empfehlen Ihnen daher, diverse Gestaltungsmöglichkeiten, Werbebotschaften und Werbeplatzierungen regelmäßig zu testen. Legen Sie besonderen Schwerpunkt auf den Aspekt der Relevanz für Ihre Zielgruppe.

Des Weiteren ist auch die *Conversion-Rate* im Bannermarketing ausschlaggebend. Sie gibt an, wie viele der Nutzer, die auf das Banner geklickt haben, auch eine gewünschte Handlung durchführen. Mehr dazu lesen Sie in Kapitel 8, »Conversion-Rate-Optimierung (CRO)«. Damit ist die Conversion-Rate ein wichtiges Kriterium, um den Erfolg einer Bannerkampagne zu bewerten.

Wenn Sie mit Ihrer Bannerwerbung hauptsächlich die Bekanntheit Ihrer Marke erhöhen möchten, sollten Sie außerdem einen Blick auf die Kennzahl *Impressions* werfen. Sie gibt Aufschluss darüber, wie oft Ihre Anzeige tatsächlich auf anderen Websites eingeblendet wurde. Das bedeutet aber nicht, dass ein User Ihre Anzeige auch gesehen haben muss. Werbenetzwerke weisen Impressions auch dann aus, wenn die Anzeige im nicht sichtbaren Bereich einer Webseite platziert ist und vom User nur durch Scrollen erreichbar ist. Seien Sie also vorsichtig bei der Beurteilung der scheinbar so simplen Kennzahl *Impressions*.

Sichtbare Impressionen

Google bietet eine Möglichkeit für Werbetreibende, nur für sichtbare Impressionen zu bezahlen. Eine Impression gilt dann als sichtbar, wenn mindestens 50 % der Anzeige länger als eine Sekunde (bei Videos: länger als zwei Sekunden) auf dem Bildschirm angezeigt wird. Werbekunden zahlen dann nur noch für sichtbare Impressionen. Das entsprechende Abrechnungsmodell heißt *Viewable Cost-per-Mille (vCPM)* oder *Sichtbarer CPM* und eignet sich vor allem für Werbetreibende, die die Bekanntheit ihrer Marke erhöhen möchten. Mehr zu Abrechnungsmodellen im Display-Marketing erfahren Sie in Abschnitt 12.1.5, »Abrechnungsmodelle«.

Ist es Ihnen darüber hinaus wichtig, möglichst viele unterschiedliche User mit Ihren Anzeigen zu erreichen, sollten Sie einen Blick auf Kennzahlen werfen, die die Reichweite – in diesem Zusammenhang wird auch häufig der Begriff *Reach* verwendet – Ihrer Anzeigen beschreiben. Dies kann z. B. die durchschnittliche Anzahl an Impressionen sein, die ein einzelner User gesehen hat.

12.1.2 Bannerarten

Bestimmt haben Sie selbst schon unterschiedliche Arten von Bannern wahrgenommen. So kann man grob zwischen statischen, animierten, interaktiven und dynamischen Bannern unterscheiden.

Statische Banner

Ein statisches Banner ist im Grunde genommen ein unverändertes Bild (siehe Abbildung 12.3). Das erste Banner wurde im Herbst 1994 auf der Website *www.wired.com* veröffentlicht (siehe Anhang B, »Website-Glossar«). Da die damalige Technologie noch nicht so weit ausgereift war wie heute, konnten vorerst nur starre Grafiken verwendet werden. Bei fixen Grafiken ist jedoch der Rahmen für die Werbebotschaft je nach Bannerformat sehr begrenzt. Die Kunst liegt darin, dennoch die Aufmerksamkeit des Betrachters zu gewinnen oder ihn zum Klick zu bewegen und ihn damit auf die verlinkte Website des Werbetreibenden zu leiten. Relevanz, genaue Aussteuerung und Werbeumfeld spielen daher die Hauptrolle. Das Banner muss für den Betrachter interessant und ansprechend sein. Außerdem sollte es in einem passenden Umfeld und den passenden Nutzern angezeigt werden, um die richtige Zielgruppe zu erreichen. Heutzutage kommen zwar häufig komplexere Werbebanner zum Einsatz, statische Banner sind aber nach wie vor bei vielen Werbetreibenden beliebt – auch weil sie vergleichsweise einfach zu erstellen sind.

Abbildung 12.3 Statisches Banner von Renault

Animierte Banner

Animierte Banner hingegen sind, wie der Name vermuten lässt, Bewegtbilder. So können komplexe Bewegungen dargestellt werden, und für die Werbebotschaft ist deutlich mehr Gestaltungsspielraum vorhanden als bei statischen Bannern. Durch die Bewegungen haben animierte Banner größeres Potenzial, die Aufmerksamkeit der Betrachter auf sich zu lenken. Oftmals weisen sie gegenüber statischen Bannern eine höhere Klickrate auf und kommen demzufolge häufig zum Einsatz. Durch die technische Brille betrachtet, bestehen animierte Banner meist aus HTML5-Anzeigen oder sogenannten animierten GIFs, also aus diversen hintereinander ablaufenden Einzelbildern. Auch hier zielt man darauf ab, beim Betrachter Aufmerksamkeit zu erzeugen oder ihn zum Klick auf das Werbemittel zu bewegen.

In Abbildung 12.4 sehen Sie das erste Bild eines animierten Banners von SEAT. Hier lautet die Einstiegsfrage zunächst »Kombi oder Sportwagen?«. Diese geht in eine zweite Einstellung über, in der ein neues sportliches Kombifahrzeug gezeigt und die anfängliche Frage in der Aussage »Kombi und Sportwagen!« aufgelöst wird (siehe Abbildung 12.5). Das animierte Banner endet mit der Handlungsaufforderung, einen Termin für eine Probefahrt zu vereinbaren. Es ist ein gelungenes Beispiel für durchdachte Bannerwerbung, da es beim Besucher zunächst Neugierde weckt, diese spielerisch auflöst und am Ende zu einer klaren Handlung auffordert. Auch passt die Animation in diesem Fall besonders gut zum Sujet des Banners, da es um die Bewerbung eines Produkts geht, das als dynamisch wahrgenommen werden soll.

Abbildung 12.4 Animiertes Banner von SEAT

Abbildung 12.5 Auflösung einer Einstiegsfrage innerhalb eines SEAT-Banners

Darüber hinaus gibt es noch eine Vielzahl weiterer Bannerarten. Einige davon werden wir Ihnen im Folgenden in aller Kürze vorstellen. Viele davon können in die Gruppierungen statische und dynamische oder auch Rich-Media-Banner einsortiert werden. Allen ist gemeinsam, dass sie jeweils versuchen, die Aufmerksamkeit des Betrachters zu gewinnen und Interaktions- und Klickraten zu steigern.

Interaktive Rich-Media-Banner

Bei dieser Art des Werbemittels werden Bild, Ton und Interaktivität miteinander kombiniert, was oftmals eine hohe Aufmerksamkeit nach sich zieht. Unter interaktiven Rich-Media-Bannern versteht man Anzeigen, bei denen der Benutzer aktiv werden kann. Dies kann z. B. eine Anzeige sein, die maximiert wird, sobald der User die Maus darüber bewegt. Eine weitere besondere Form interaktiver Banner integriert Formularfelder, die ein User bereits im Banner ausfüllen kann, wie beispielsweise Flugdaten, in Abbildung 12.6 zu sehen beim Banner von *flug.idealo.de*. Füllt ein User diese Formularfelder aus und betätigt die Suche, so landet er automatisch auf einer Landing Page, auf der die Ergebnisse der Flugsuche bereits angezeigt werden. Solche Banner erhöhen also einerseits die Interaktionsrate, andererseits leisten sie bereits Vorarbeit beim Buchungsprozess. Sie können sich wahrscheinlich vorstellen, dass die Entwicklung solcher interaktiven Banner weitaus komplexer und aufwendiger ist als die Gestaltung einfacher statischer oder animierter Banner.

Abbildung 12.6 Banner mit integrierten Formularfeldern von »flug.idealo.de«

Das interaktive Banner von Audi in Abbildung 12.7 ist so animiert, dass drei verschiedene Angebote um eine virtuelle vertikale Achse rotieren – gewissermaßen das digitale Pendant zu einer Litfaßsäule. Das Besondere dabei: Die Aktivitäten des Users entscheiden darüber, ob und in welche Richtung die Angebote rotieren. Scrollt der User nämlich nach unten, rotiert das Banner im Uhrzeigersinn um seine vertikale Achse; scrollt er wieder nach oben, bewegt es sich nach rechts. Als Nutzer bemerkt man schnell, dass das Banner durch die eigenen Aktivitäten beeinflusst wird, womit ein wichtiges Ziel dieses Werbeformats bereits erreicht ist: der User hat die Marke bewusst wahrgenommen und interagiert mit ihr. Dieses Banner ist daher ein gelungenes Werbemittel, da es äußerst aufmerksamkeitsstark ist und den Betrachter zur Interaktion anregt.

Abbildung 12.7 Interaktives Banner von Audi

Dynamische Banner

Wie der Name schon sagt, passen dynamische Banner ihr Erscheinungsbild an – abhängig davon, welchem User in welcher Situation eine Anzeige ausgespielt wird. Hat ein Benutzer beispielsweise mit seinem Besuch auf einer Website signalisiert, dass er sich für rote Sportschuhe interessiert, so können ihm in der Zukunft dynamische Banner angezeigt werden, die eine Auswahl an roten Sportschuhen zeigen. Vielleicht haben auch Sie sich ja schon einmal gefragt, warum Sie nach dem Besuch einer Website immer wieder Anzeigen dieser Seite gezeigt bekommen, die speziell auf Sie und Ihr Interesse ausgerichtet zu sein scheinen. Dynamische Banner haben in der Regel eine gute Klickrate, da User die Seite bereits kennen und ihr vertrauen. In Abbildung 12.8 sehen Sie ein Beispiel einer solchen dynamischen Anzeige des Schweizer Marktplatzes *ricardo.ch*. Mehr zu dynamischen Anzeigen und ihren Einsatzgebieten erfahren Sie in Abschnitt 12.1.9, »Remarketing«.

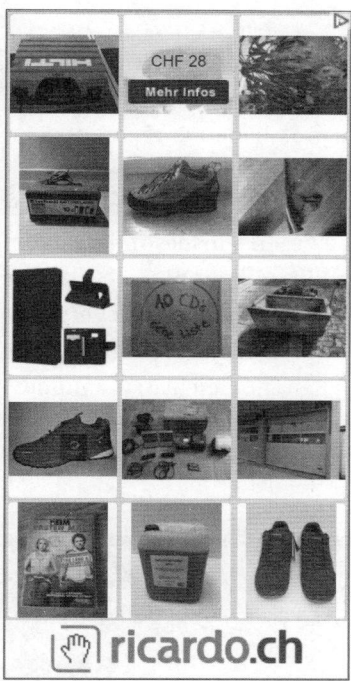

Abbildung 12.8 Dynamische Produktanzeige des Marktplatzes »ricardo.ch«

Pop-up-Banner und Pop-under-Banner

Wie der Name vermuten lässt, »poppt« ein sogenanntes Pop-up-Banner in einem neuen Fenster über dem geöffneten Browserfenster auf. Die Größe ist dabei nicht definiert und kann variieren. Obwohl einige Werbetreibende die Aufmerksamkeitsstärke des Pop-up-Banners befürworten, ist nicht zu vernachlässigen, dass dieses Format eine Vielzahl von Betrachtern verärgert und verunsichert. Vielleicht ist es Ihnen auch schon einmal so ergangen, dass Sie eine Website besuchten und unverhofft ein Werbemittel auftauchte (womöglich noch mit einem recht versteckten Schließen-Symbol)? Stellen Sie sich daher bei der Verwendung von Pop-up-Bannern immer die Frage, ob Sie in Kauf nehmen möchten, Ihre User schlimmstenfalls zu verärgern. In diesem Zusammenhang haben sich auch Pop-up-Blocker (siehe auch Abschnitt 12.1.6, »Adblocker«) etabliert, die verhindern, dass derartige Werbemittel geöffnet werden.

Im Gegensatz zu den Pop-up-Bannern werden die Pop-under-Banner hinter dem geöffneten Browserfenster geladen. Sie sind also zunächst nicht sichtbar; der Betrachter bemerkt sie oftmals erst, wenn er das eigentliche Browserfenster schließt. Auch diese Gattung ist mit Vorsicht zu genießen und kann von Pop-up-Blockern verhindert werden.

Sticky Ads und Anchor Ads

Eine Analogie soll dieses Werbemittel veranschaulichen: Stellen Sie sich vor, Sie treten auf der Straße in Kaugummi. Dieses bleibt unter der Schuhsohle kleben, auch wenn Sie weitergehen. Sticky Ads oder Anchor Ads haben einen ähnlichen Effekt. Sie kleben quasi an der geöffneten Website und sind auch beim Scrollen weiterhin an der gleichen Stelle sichtbar. So unangenehm wie das Kaugummi unter der Schuhsohle kann auch ein Sticky Ad empfunden werden – insbesondere dann, wenn es den eigentlichen Seiteninhalt überlagert. Es gibt allerdings auch positive Anwendungsbereiche von Sticky Ads. In Abbildung 12.9 sehen Sie, wie die Versicherung ERGO auf der Startseite von *bild.de* wirbt. Scrollt der User nun auf der Seite nach unten, bleibt der Skateboard-Fahrer im rechten Seitenbereich stets im Bild – inklusive der Handlungsaufforderung »Jetzt informieren«. Auch auf Mobilgeräten kommen solche Anchor Ads zum Einsatz, beispielsweise als fixes Werbebanner am unteren Bildschirmrand.

Abbildung 12.9 Anzeige mit Sticky-Ad-Element der ERGO Versicherung

Videobanner

Klickt man auf das Video in Abbildung 12.10, läuft ein kurzer Werbefilm ab. Ähnlich wie bei TV-Spots kann so eine audiovisuelle Werbebotschaft transportiert werden.

In Kapitel 16, »Video-Marketing«, erfahren Sie weitere Details zu der Werbung mithilfe von Videos und innerhalb von Videoportalen.

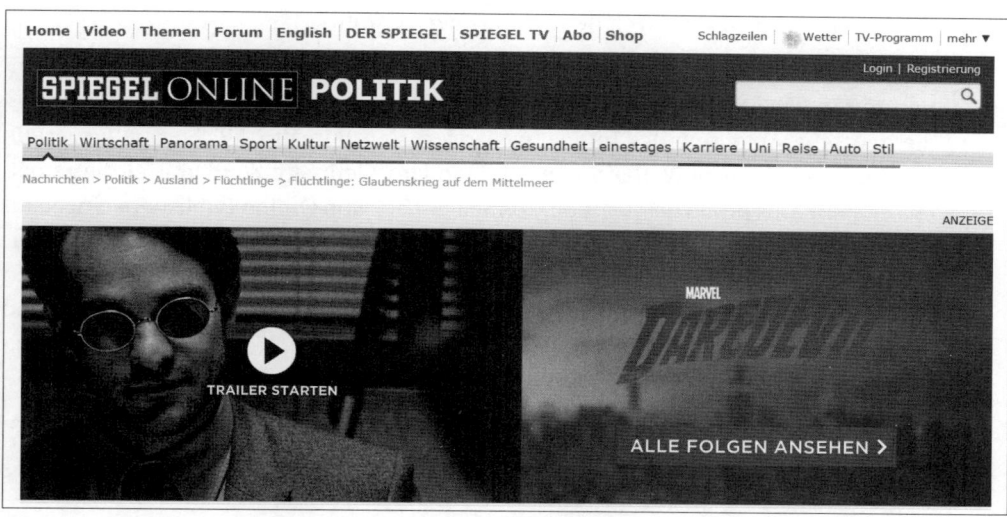

Abbildung 12.10 Beispiel für eine Videoanzeige, hier von Netflix auf Spiegel Online

Fakebanner

Unter dem Begriff *Fakebanner* versteht man Werbebanner, die dem Betrachter einen bestimmten Sachverhalt suggerieren, um ihn zum Klicken zu bewegen. Diese Werbemittel sind beispielsweise wie Systemmeldungen des Computers gestaltet, so dass Nutzer eine Interaktion weniger infrage stellen und das Banner nicht als Werbung wahrnehmen (siehe Abbildung 12.11). Auch angedeutete Schaltflächen und Scrollbalken können dem Nutzer Funktionen vortäuschen und führen oftmals zur Verärgerung. In der Praxis kommen Fakebanner zum Glück nur noch selten vor.

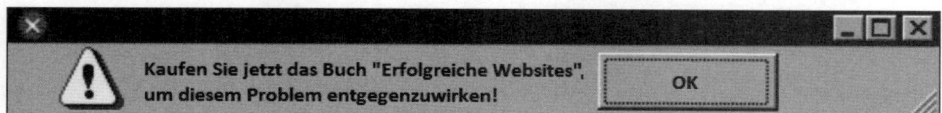

Abbildung 12.11 Ein reales und ein fingiertes Fakebanner

Darüber hinaus existieren weitere Bannerarten, die sich aber in der Regel in die Kategorien statische, animierte, interaktive oder dynamische Banner einordnen lassen. Wir werden im Rahmen dieses Buches nicht näher auf spezielle Bannerarten eingehen können.

12.1.3 Bannergrößen – welches Format verwenden?

Neben den zuvor beschriebenen Bannerarten unterscheidet man zudem diverse Bannergrößen bzw. Bannerformate. Der Online-Vermarkterkreis OVK (*www.ovk.de*) – die deutsche Abteilung des Interactive Advertising Bureau (IAB) Europe (*www.iab-europe.eu*) – hat einige Werbeformate als Standards definiert. Werbemittel, die gemäß dieser Standards produziert werden, können einfach von Online-Publishern eingebaut werden, ermöglichen auf diese Weise ein effizientes Kampagnenmanagement und tragen maßgeblich zur Vereinfachung und Transparenz von Online-Werbekampagnen bei. Zuvor waren Werbeplatzierungen auf Websites individuell und vom Design und Aufbau der Website abhängig. Dies brachte nicht nur hohe Kosten bei der Werbemittelerstellung mit sich, auch die Vergleichbarkeit von Kampagnen war nicht möglich.

Aus diesem Grund wurden – ähnlich wie bei den Kleidergrößen XS, S, M, L, XL – einheitliche Formate festgelegt, von denen Sie eine Auswahl in Tabelle 12.1 sehen.

Bannerformat	Größe in Pixel
Full Banner	468 × 60
Super Banner (Leaderboard)*	728 × 90
Expandable Super Banner	728 × 90 (300)
Large Mobile Banner	320 × 100
Rectangle*	180 × 150
Medium Rectangle*	300 × 250
Standard Skyscraper	120 × 600
Wide Skyscraper*	160 × 600
	200 × 600
Expandable Skyscraper	420 (160) × 600
Mobile Expandable	300 × 50
	320 × 50
Mobile Interstitial	320 × 416
Mobile Content Ad 4:1	300 × 75
Mobile Content Ad 2:1	300 × 150

Tabelle 12.1 Standardwerbeformen des OVK (IAB Europe)

Neben diesem deutschen Standard zählen die vier Werbeformate Leaderboard, Rectangle, Medium Rectangle und Wide Skyscraper (siehe die Sternchen in Tabelle 12.1) zum sogenannten *Universal Ad Package*. Dies ist ein Standard des amerikanischen Interactive Advertising Bureau (IAB US, *www.iab.com*), der als weltweiter Standard gilt.

Die Maße einzelner Bannerformate sehen Sie in Abbildung 12.12.

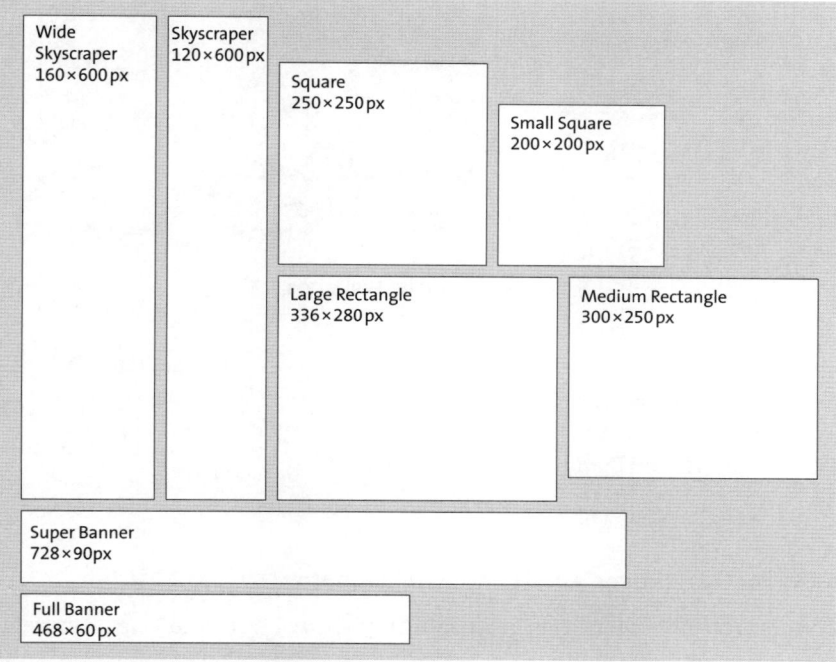

Abbildung 12.12 Einige Bannerformate (hier proportional verkleinert)

Auf Desktop-Geräten wird besonders häufig das Full Banner mit den Maßen 468 × 60 Pixel ausgespielt.

Responsive Anzeigen

Da ein sehr großer Anteil der Besuche im Internet heutzutage über Mobilgeräte wie Tablets, aber vor allem Smartphones erfolgen, werden einheitliche Formate für Bannergrößen zunehmend problematisch. Responsive Anzeigen passen sich automatisch an das Seitenlayout und die verfügbare Bildschirmfläche eines Geräts an. Sie lösen damit ein großes Problem von Werbetreibenden, das durch die überwältigende Anzahl unterschiedlicher internetfähiger Geräte entstanden ist: eine schier unüberblickbare Vielzahl an Anzeigeformaten.

Zum Erstellen responsiver Anzeigen müssen Werbetreibende lediglich die sogenannten *Assets* hinterlegen – also die einzelnen Elemente eines Banners (z. B. Anzeigentitel, Beschreibungen, Bilder, Logos). Sobald eine Werbefläche auf einer Website frei wird, entscheidet das Werbenetzwerk (wie beispielsweise das Google-Display-Netzwerk) automatisch, welche Assets in welcher Größe für die Generierung der Anzeige verwendet werden, und generiert das Banner dynamisch. Responsive Anzeigen können in fast allen Formaten sowie als Bild-, Text- oder native Anzeigen bereitgestellt werden. In Abbildung 12.13 sehen Sie Beispiele der Ausprägung einer responsiven Anzeige.

Abbildung 12.13 Beispiele des Variantenreichtums einer responsiven Anzeige: Alle Anzeigen basieren auf dem gleichen Set an Assets.

12.1.4   Adserver – effektives Aussteuern von Bannern

Im World Wide Web gibt es eine riesige Anzahl an Websites, auf denen Sie grundsätzlich Werbung in Form von Bannern schalten können. Wie aber können Sie hohe Streuverluste vermeiden, und wie wird eine genaue Aussteuerung der Banner an die potenzielle Zielgruppe gewährleistet? Bei Ihrer Bannermarketingstrategie stehen insbesondere zwei Aspekte im Mittelpunkt: Wie machen Sie genug Websites ausfindig, um eine gewisse Reichweite zu erlangen? Wie finden Sie für Ihre Zielgruppe relevante Websites, bzw. wo tummelt sich Ihre Zielgruppe?

Viele Website-Betreiber ziehen hier professionelle Online-Media-Agenturen zurate. Diese Agenturen übernehmen die Auswahl der Websites, managen die Bannererstellung und -schaltung sowie das Monitoring. Darüber hinaus können Sie Banner mit dem Werbeprogramm von Google Ads auf anderen Websites veröffentlichen. Diese Option erläutern wir genauer in Abschnitt 12.1.8, »Bannermarketing mit dem Display-Netzwerk von Google«.

Bevor wir uns den technischen Ablauf genauer ansehen, widmen wir uns zunächst den Beteiligten an einer Bannerkampagne: Angenommen, Sie möchten ein Banner für Ihr Angebot auf anderen Websites schalten. Dann sind Sie in diesem Szenario der *Werbetreibende*. Websites, die Ihr Banner einbinden, werden *Publisher* oder in diesem Zusammenhang auch *Online-Werbeträger* genannt. Sie binden das Werbemittel auf Ihrer Website ein und veröffentlichen es. Die größten Online-Werbeträger in Deutschland sehen Sie in Abbildung 12.14 nach einer Erhebung der AGOF *internet facts* 2017-03.

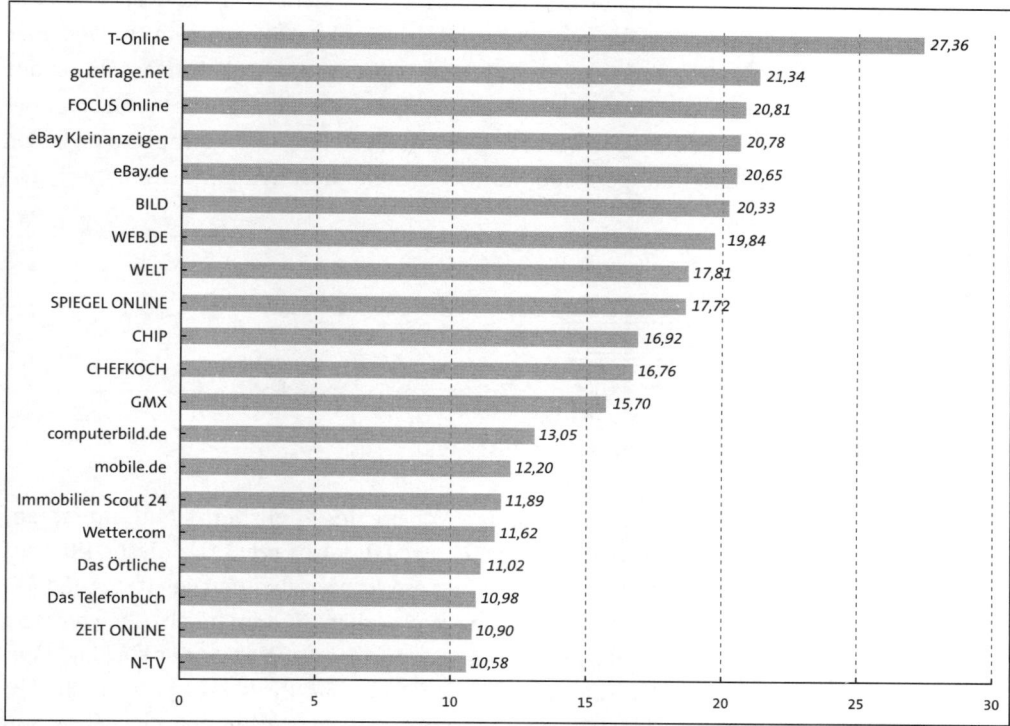

Abbildung 12.14 Werbeträger-Ranking: Erhebung der Top 20 im Dezember 2017 nach Anzahl der eindeutigen Besucher (Unique User) in Mio. (Quelle: AGOF internet facts 2017-03)

Technisch läuft die Aussteuerung der Werbemittel in der Regel über einen sogenannten *Adserver* ab. Damit ist eine Software gemeint, die auf einer Datenbank basiert und die Organisation von Werbeflächen ermöglicht. Auf diese Weise kann die Auslieferung der Banner gebucht, genau gesteuert und auch gemessen werden. In diesem Zusammenhang sind insbesondere *Adclicks* und *Adimpressions* wichtig, auf die wir im Folgenden noch näher eingehen werden. Zum Teil wird auch der Server selbst, auf dem die Adserver-Software installiert ist, als Adserver bezeichnet.

In der Vorbereitung für eine Bannerkampagne wird ein sogenanntes *Tag* benötigt. Damit ist ein JavaScript-Code gemeint, der auf der Website des Publishers eingebunden wird. Stellen Sie sich dieses Tag wie einen Platzhalter vor, der an der Stelle, wo das Banner später erscheinen soll, in den Code integriert wird. Publisher haben daher bestimmte Bereiche Ihrer Website als Werbeplatz definiert.

Ein User, der nun die Website des Publishers aufruft, schickt automatisch eine Banneranfrage (einen sogenannten *Adrequest*) an den Adserver. Aus einem Pool an verschiedenen Werbemitteln und den entsprechenden Einstellungen – unter anderen das Gebot der jeweiligen Werbekunden – sucht der Adserver das passende Werbemittel aus und schickt es an den Browser des Surfers. Der sieht dann die Website inklusive des entsprechend eingeblendeten Banners und bekommt von dem Umweg über den Adserver in der Regel nichts mit. Auf diese Weise ist es möglich, dass Banner auf der gleichen Website-Position rotieren, da verfügbare Werbeplätze vom Adserver bei jedem Seitenaufruf neu befüllt werden. Der Adserver zählt die Adimpressions, also die Werbemitteleinblendungen. Abbildung 12.15 stellt diesen Ablauf schematisch dar.

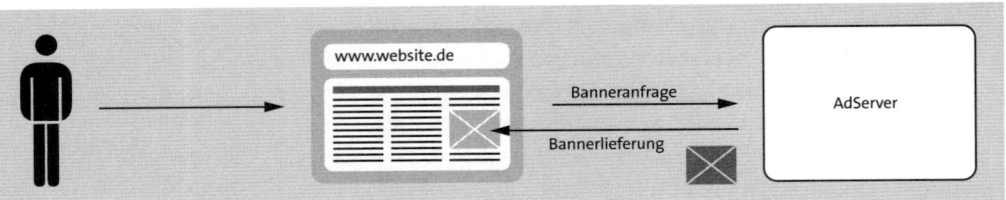

Abbildung 12.15 Funktionsprinzip eines Adservers

Wenn der Nutzer das Werbemittel auf der Website des Publishers sieht, interessant findet und darauf klickt, wird er über den Umweg des Adservers, der diesen Klick als Adclick zählt, an die entsprechende Zielseite des Werbetreibenden geleitet. Auf diese Weise ist eine recht genaue Erfolgsmessung der Werbebanner möglich. Auch hiervon bekommt der Nutzer in der Regel nichts mit. Wenn Sie auf ein Banner klicken, dann achten Sie einfach mal darauf, was Ihnen die Ladezeile Ihres Browsers angibt (im Mozilla Firefox ist das beispielsweise die unterste Zeile des Browsers). Oftmals sehen Sie hier den Namen eines Adservers (z. B. »DoubleClick«), bevor die eigentliche Ziel-Website des Werbemittels aufgerufen wird.

Per Adserver besteht die Möglichkeit der genauen Aussteuerung von Werbemitteln. In diesem Zusammenhang fällt oftmals das Stichwort *Targeting*. Das bedeutet, dass Werbeeinblendungen in Abhängigkeit von bestimmten Kriterien an den Benutzer ausgeliefert werden. *Geo-Targeting* bezieht sich dabei insbesondere auf den Standort des Nutzers, während sich *Behavioral Targeting* auf das Verhalten des Benutzers bezieht. Weitere mögliche Ausrichtungsoptionen sind der Gerätetyp, das inhaltliche Umfeld, in dem ein Werbemittel erscheint, oder toolbasierte Hochrechnungen (sogenannte *Similar Audiences*). Da Streuverluste auf diese Weise reduziert werden können, kann dies die Klickrate unter Umständen positiv beeinflussen. Hat sich ein Benutzer beispielsweise auf einer Website registriert, kann ihm personalisierte Werbung angezeigt werden. Mehr zum Thema Targeting lesen Sie in Kapitel 1, »Der Weg zur erfolgreichen Website«.

Beim Bannermarketing kommt häufig eine sogenannte *Umfeldbuchung* bzw. *semantisches Targeting* (*Kontext-Targeting*) zum Einsatz. Das bedeutet, dass Werbemittel beispielsweise in der Kategorie Sport oder Wirtschaft ausgeliefert werden, da sie in den Rubriken thematisch relevant sind. In Abbildung 12.16 sehen Sie am Beispiel der Sparkasse und des Finanzdienstleisters BlackRock, wie sinnvoll es sein kann, Werbemittel im richtigen Umfeld auszuliefern – in diesem Beispiel in der Rubrik Finanzen auf *www.faz.net*. Eine Kombination verschiedener Targeting-Möglichkeiten kann helfen, Werbeplatzierungen in einem unpassenden Umfeld zu vermeiden. Werbetreibende können derartige Auslieferungen jedoch nicht gänzlich ausschließen.

Abbildung 12.16 Anzeigen von BlackRock und der Sparkasse im Finanzbereich der Frankfurter Allgemeinen Zeitung

---

Kampf gegen schlechte Online-Anzeigen

Viele Anbieter von Werbenetzwerken kämpfen aktiv gegen schlechte Online-Anzeigen (»Bad Ads«) im Internet. So veröffentlicht beispielsweise Google jährlich einen Bericht über Maßnahmen gegen unzulässige Werbepraktiken. Im Jahr 2017 lehnte Google demnach mehr als drei Milliarden Anzeigen ab oder sperrte Anzeigen, die beispielsweise Malware bewerben oder auf andere Art gegen die Werberichtlinien verstoßen. Das sind mehr als 100 »Bad Ads« pro Sekunde. Dazu gehören Fake-Anzeigen, die dem Nutzer z. B. Systemwarnungen vorgaukeln. Außerdem entfernte Google mehr als 300.000 »Bad Publishers« und 700.000 mobile Apps aus dem eigenen Werbenetzwerk. Über 10.000 Menschen sollen im Jahr 2018 bei Google daran arbeiten, dass Werberichtlinien eingehalten werden.

Neben den Themenbereichen können noch diverse Einstellungen zur Bannerauslieferung je nach Adserver vorgenommen werden. Diese können sehr vielfältig sein, beispielsweise Gebotseinstellungen, Zeitangaben, geografische Gesichtspunkte, technische Aspekte wie die verwendeten Betriebssysteme, Höchst- und Mindestwerte, Rotationen etc. Sie können also beispielsweise Länderspezifikationen in

Ihrem Adserver-System hinterlegen. Dann bekommen nur diejenigen Nutzer ein Werbemittel zu sehen, die aus einem bestimmten Land kommen, das Sie festgelegt haben. Dies kann in der Regel auf Länder, Bundesländer und Städte spezifiziert werden. Darüber hinaus sind Zeitspezifikationen und je nach Adserver-System eine Reihe weiterer Parameter einstellbar. Insbesondere Zeitspezifikationen können hilfreich und sinnvoll sein. Analog zu Filmen im Fernsehen, die zu bestimmten Zeiten ausgestrahlt werden, kann es auch bei Bannern sinnvoll sein, diese zu bestimmten Tageszeiten auszuliefern.

Frequency Capping

Frequency Capping bezeichnet die Häufigkeit, wie oft einem einzelnen Nutzer ein Werbemittel angezeigt werden soll. So können Sie beispielsweise festlegen, dass ein Nutzer ein Werbemittel dreimal pro Stunde, Website-Besuch oder Tag angezeigt bekommen soll. Technisch werden die Nutzer durch die Verwendung von Cookies identifiziert und unterschieden. Diese Maximalangabe kann in den Einstellungen der meisten Adserver angegeben werden. Verwendet wird diese Aussteuerung insbesondere dann, wenn eine genaue Werbekontaktzahl erreicht und ein Sättigungseffekt bzw. eine sinkende Akzeptanz vermieden werden soll. Darüber hinaus erweitern Sie mit Frequency Capping die Nettoreichweite Ihres Werbemittels, da mehr eindeutige Besucher (*Unique Visitors*) Ihr Banner sehen. Wir empfehlen Ihnen, mit einer strengen Einstellung zu beginnen. Sobald Sie alle weiteren Aussteuerungsfaktoren justiert haben, können Sie die Frequenz der Werbeeinblendungen wieder erhöhen. Wie Sie Frequency Capping in Ihrem Google-Ads-Konto einstellen, lesen Sie in Abschnitt 12.1.8, »Bannermarketing mit dem Display-Netzwerk von Google«.

Darüber hinaus können Optimierungsmaßnahmen über den Adserver vorgenommen werden. Diese sind von einem gewissen Datenumfang abhängig, bieten aber doch einige Stellschrauben, um Kampagnen zu verbessern. So können beispielsweise diejenigen Werbemittel häufiger ausgeliefert werden, die eine bessere Klickrate haben, oder es werden bestimmte Zeiten forciert, in denen die Werbemittel besonders häufig angeklickt werden. Auch in diesem Zusammenhang gibt es eine Vielzahl an Möglichkeiten, die jeweils individuell zu beurteilen sind. Einige Adserver können eine derartige Optimierung automatisch aussteuern. Dennoch sollten Sie sich regelmäßig ein Bild davon machen, wie Ihre Bannerkampagne angenommen wird. Wichtige Kennzahlen beim Monitoring sind die *Adimpressions* (Werbeeinblendungen), die *Adclicks* (Bannerklicks), deren Verhältnis, ausgedrückt in Form der Click-Through-Rate (CTR), und die Conversion-Rate.

Real-Time Advertising (RTA) und Programmatic Buying

Wenn ein Publisher von einem Adserver die Auslieferung eines Banners verlangt, so entscheidet der Adserver unter anderem aufgrund eines Gebots darüber, welches

Banner in der jeweiligen Situation ausgespielt wird. Dieses Gebot kann im Vorfeld vom Werbetreibenden festgelegt werden. Im *Real Time Advertising (RTA)* können Werbetreibende (wie der Name schon sagt) in Echtzeit, das heißt im Moment des Seitenaufrufs und nach dem Versteigerungsprinzip, auf einen Werbeplatz bieten. Dieses *Real Time Bidding (RTB)* findet innerhalb von Bruchteilen einer Sekunde statt. Über sogenannte *Supply-Side-Plattformen (SSP)* stellen Publisher ihre Werbeplätze zur Verfügung. Werbetreibende oder ihre Media-Agenturen können via sogenannte *Demand-Side-Plattformen (DSP)* ihre Gebote auf die angebotenen Werbeplätze abgeben. Gebote können automatisch angepasst werden – je nachdem, mit welcher Wahrscheinlichkeit z. B. ein Klick erreicht wird oder welchem User eine Anzeige ausgespielt wird.

Angebot und Nachfrage von Werbeplätzen im Internet erfolgt also zunehmend automatisiert und stellt hohe Anforderungen an die Technik. Wurden Online-Werbeflächen noch bis vor wenigen Jahren per Telefon, E-Mail oder Fax verkauft, schreitet die Automatisierung des Anzeigenhandels – auch bekannt als *Programmatic (Media) Buying* – unaufhaltsam voran. Mehr als die Hälfte aller Anzeigenschaltungen im Internet erfolgt bereits heute programmatisch – oftmals mittels der digitalen Werbeplattform *Google Marketing Platform*. Die darin enthaltenen Module Campaign Manager, Display & Video 360 (BDM) und Studio integrieren sämtliche Funktionen, die für eine zielgerichtete automatisierte Ausspielung von Display-Anzeigen notwendig sind: Werbeplätze können eingekauft werden, Banner können erstellt und basierend auf einer Vielzahl an Datensignalen ausgespielt werden. Solch integrierte digitale Werbesysteme sind allerdings nicht ganz günstig und eignen sich eher bei größeren Marketingbudgets.

Wenn Sie sich für Bannerwerbung entscheiden, empfehlen wir Ihnen, mit einer kleineren Testkampagne zu starten, die Sie regelmäßig messen, und an den entsprechenden Stellschrauben zu drehen. So können Sie im Vorfeld wichtige Einstellungen ausfindig machen, ohne ein hohes Budgetrisiko einzugehen.

Drei große Player auf dem Adserver-Markt sind Google Ad Manager (*admanager. google.com*), Adition (*www.adition.com*) und Oath by Verizon (*www.oath.com*). Mehr zum Thema Bannerwerbung und wie Sie damit Geld verdienen, lesen Sie in Kapitel 18, »Monetarisierung – Einnahmen mit der Website erzielen«.

12.1.5 Abrechnungsmodelle

Häufig wird bei der Bannerwerbung der aus dem Offline-Bereich bekannte *Tausender-Kontakt-Preis (TKP)* angesetzt. Dieses Modell ist auch unter der Bezeichnung *Cost-per-Mille (CPM)* oder *Thousand Ad Impressions (TAI)* geläufig. Dabei wird ein Preis festgelegt, der für 1.000 Sichtkontakte eines Werbemittels bezahlt werden muss. Diese Sichtkontakte werden im Fachjargon als *Adimpressions* bezeichnet.

Die Formel für die Berechnung des TKP lautet also:

TKP = (Preis der Bannerschaltung ÷ Bruttoreichweite) × 1.000

Ein TKP von 30 € bedeutet also, dass Sie 30 € bezahlen müssen, damit 1.000 Benutzer Ihre Werbeeinblendung sehen.

Machen wir dies an folgendem Beispiel deutlich: Eine Website wird 1,3 Mio. Mal im Monat aufgerufen. Der Werbetreibende, der sein Banner auf dieser Website platziert hat, bezahlt an den Website-Betreiber 15.000 € im Monat. Daraus ergibt sich mit folgender Rechnung ein TKP von 11,54 €:

TKP = (15.000 ÷ 1.300.000) × 1.000 = 11,54 €

Die TKP können also je nach Website, aber auch je nach Kampagneneinstellungen stark variieren. Meist stellen Website-Betreiber ihre Mediadaten, die auch die Preise für Bannerwerbung enthalten, im Internet zur Verfügung. Viele Werbeplätze sind allerdings nicht zum Fixpreis zu beziehen, sondern werden in einer blitzschnellen Auktion beim Aufruf der Website in Echtzeit versteigert (*Real Time Advertising*). Andere Websites überlassen die Bannerwerbung professionellen Online-Vermarktern.

Wie Sie bereits gelernt haben, sollten Sie als Werbetreibender zwischen den vom Adserver gezählten und den für User tatsächlich sichtbaren Bannereinblendungen unterscheiden. Wenn Sie mit Bannermarketing Ihre *Brand Awareness* (Markenbekanntheit) erhöhen möchten, sollten Sie sich das Abrechnungsmodell *Viewable Cost-per-Mille (vCPM)* genauer anschauen. Im Gegensatz zum CPM-Modell handelt es sich hierbei um eine Gebotsstrategie, bei der nur dann Kosten anfallen, wenn Ihre Anzeige für den Nutzer tatsächlich im sichtbaren Bildschirmbereich ist. Im Google-Werbenetzwerk gilt z. B. eine Anzeige als sichtbar, wenn 50 % der Anzeige mindestens eine Sekunde lang auf dem Bildschirm zu sehen sind. Da es sich hierbei um hochwertigere Impressionen handelt, sollten vCPM-Gebote über dem CPM-Gebot festgelegt werden, um bei diesen attraktiveren Werbeeinblendungen konkurrenzfähig zu bleiben.

Darüber hinaus gibt es weitere Bezahlmodelle im Bereich Bannerwerbung. So kann beispielsweise ein Festpreis angesetzt werden, der für die Bannerschaltung auf einer bestimmten Position während eines definierten Zeitraums veranschlagt wird. Außerdem gibt es leistungsabhängigere Abrechnungsmodelle, wie etwa *Cost-per-Click*, *Cost-per-Lead* (*CPL*, auch *Adleads*), *Cost-per-Sale* (auch *Adsales*), *Cost-per-Action (CPA)* oder *Cost-per-Order (CPO)*. Hier wird jeweils pro Klick, Anfrage, Kauf, Aktion oder Bestellung ein definierter Preis fällig. Da ein Kauf eine größere Hürde für den Nutzer darstellt als ein Klick, wird ein Sale auch mit einem höheren Preis vergütet.

Wenn Sie Videobanner schalten, ist außerdem das Abrechnungsmodell *Cost-per-View (CPV)* für Sie wichtig. Hier legen Sie als Werbetreibender fest, welchen Betrag Sie maximal für eine Wiedergabe Ihres Videos zahlen möchten. Kosten entstehen noch nicht bei Einblendung Ihrer Videoanzeige, sondern erst dann, wenn ein User Ihr

Video tatsächlich abspielt. Analog hierzu kommt bei interaktiven Rich-Media-Bannern häufig das Abrechnungsmodell *Cost-per-Engagement (CPE)* zum Einsatz. Kosten fallen hier erst dann an, wenn ein User aktiv mit der Anzeige interagiert, also die Anzeige z. B. erweitert oder andere interaktive Elemente auslöst.

12.1.6 Adblocker

Adblocker sind spezielle Programme, die Werbeeinblendungen blockieren. Sie versuchen, Werbemittel vom restlichen Website-Inhalt zu unterscheiden, und blenden sie dann aus. Dies betrifft Bannerwerbung ebenso wie Pop-ups, integrierte Werbespots in YouTube-Videos oder Facebook-Anzeigen. Erinnern Sie sich an das Eingangsbeispiel der Website *11freunde.de*? Bei Verwendung eines Adblockers sieht die Website so aus wie in Abbildung 12.11.

Abbildung 12.17 Ansicht von »www.11freunde.de« mit einem Adblocker

Einige Browser haben Adblocker bereits integriert, im Internet gibt es aber auch viele Programme zum kostenlosen Download. Ein prominentes Beispiel ist Adblock Plus (*adblockplus.org/de/*), das als Browser-Add-on für Google Chrome und Mozilla Firefox verfügbar ist und laut der Mozilla-Add-ons-Statistik bereits von mehr als 12.000.000 Nutzern verwendet wird. Da Werbeanzeigen für viele Online-Publisher eine wichtige Einnahmequelle sind, stellen diese ihre Inhalte häufig nur zur Verfügung, wenn Besucher ihren Adblocker deaktivieren (siehe Abbildung 12.18).

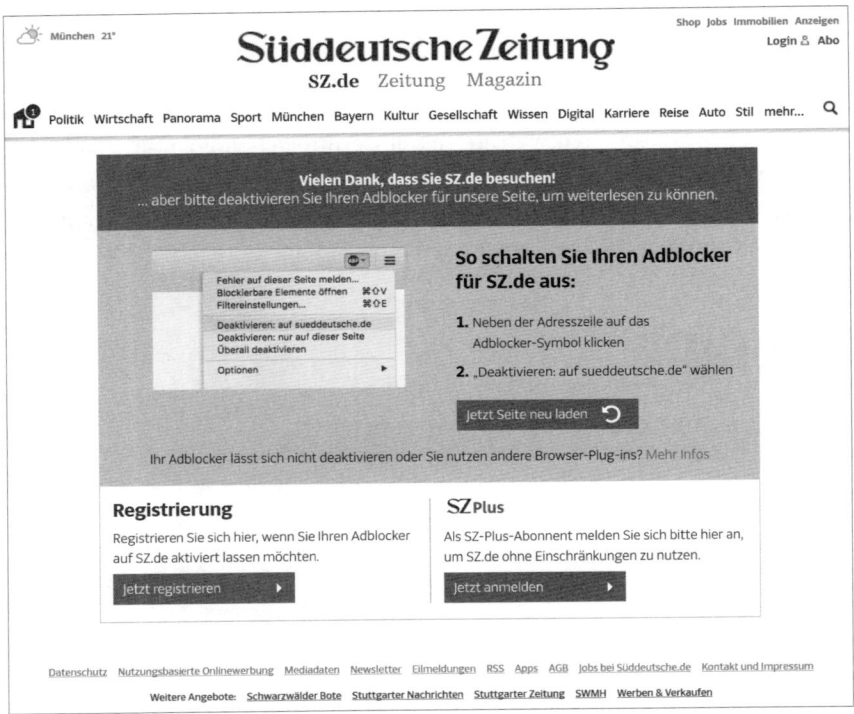

Abbildung 12.18 Blockierte Inhalte bei Verwendung eines Adblockers auf »www.sueddeutsche.de«

Diese Zahlen sprechen für eine steigende Tendenz zur Verwendung von Adblockern – zum Leidwesen der Werbetreibenden: Diese sind selbstverständlich weniger erfreut über derartige Software, gerade dann, wenn Bannerwerbung eine oder die einzige Finanzierungsweise einer Internetpräsenz darstellt. Für Sie als Website-Betreiber bedeutet das: Überprüfen Sie Ihre eigenen Seiteninhalte auch bei Verwendung von Adblockern. Möglicherweise werden Bereiche, die keine Werbung darstellen, ebenfalls nicht angezeigt.

Initiative für akzeptable Werbung

Auch Anbieter von Adblockern sind sich der Tatsache bewusst, dass viele Websites ohne die Schaltung von Anzeigen ihre Inhalte nicht mehr kostenlos zur Verfügung stellen könnten. Aus diesem Grund beteiligt sich beispielsweise der Adblocker Adblock Plus an der Initiative *Acceptable Ads* (*acceptableads.com*). Ab Version 2.0 erlaubt Adblock Plus mit dieser Initiative die Einblendung unaufdringlicher und akzeptierbarer (*acceptable*) Werbeanzeigen. Acceptable Ads erfüllen drei Kriterien:

1. Acceptable Ads sind nicht aufdringlich und stören nicht beim Lesen einer Seite.

2. Acceptable Ads sind klar als Werbeanzeige erkennbar und enthalten einen Texthinweis, dass es sich um eine Werbeanzeige handelt.

3. Acceptable Ads treten im Vergleich zum restlichen Inhalt einer Seite in den Hintergrund und nehmen im oberen Bereich der Seite maximal 15 % des sichtbaren Inhalts ein, im unteren Bereich maximal 25 %.

12.1.7   Marktvolumen

Wie eingangs beschrieben, gibt es Werbealternativen mit geringeren Streuverlusten als das Bannermarketing. Diese Display-Werbung tritt in den letzten Jahren zunehmend in den Schatten von Videowerbung, Suchmaschinenwerbung und weiteren Werbeformen, die höhere Wachstumsraten aufweisen. Dennoch beliefen sich laut dem vom Bundesverband Digitale Wirtschaft (BVDW) und der Arbeitsgemeinschaft Online-Forschung (AGOF) regelmäßig veröffentlichten *OVK-Report für digitale Werbung* die monatlichen Nettowerbeinvestitionen in der klassischen Online-Werbung im Dezember 2017 auf 225 Mio. €, wie Sie Abbildung 12.19 entnehmen können.

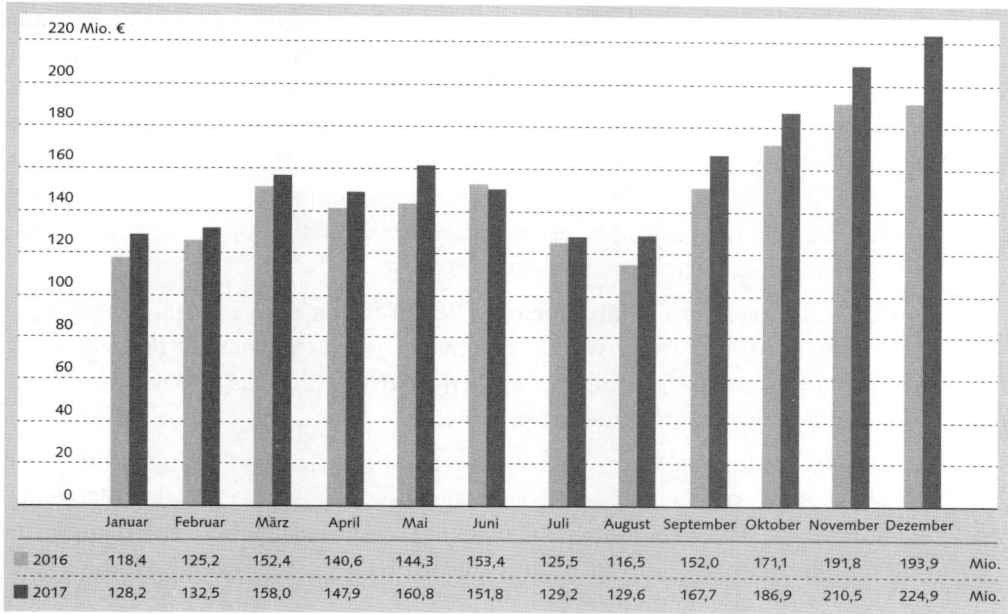

	Januar	Februar	März	April	Mai	Juni	Juli	August	September	Oktober	November	Dezember	
2016	118,4	125,2	152,4	140,6	144,3	153,4	125,5	116,5	152,0	171,1	191,8	193,9	Mio.
2017	128,2	132,5	158,0	147,9	160,8	151,8	129,2	129,6	167,7	186,9	210,5	224,9	Mio.

Abbildung 12.19 Nettowerbeinvestitionen in der digitalen Display-Werbung im monatlichen Trend für die Jahre 2016–2017 (Quelle: Online-Vermarkterkreis)

12.1.8 Bannermarketing mit dem Display-Netzwerk von Google

Wenn Sie über ein Google-Ads-Konto verfügen, so haben Sie auch darüber die Möglichkeit, Werbebanner auf anderen Websites zu schalten. Sollten Sie noch kein Google-Ads-Konto besitzen, so lesen Sie in Kapitel 6, »Suchmaschinenwerbung (SEA)«, nach, wie Sie ein solches anlegen können.

Google verfügt über verschiedene sogenannte Werbenetzwerke. Zum einen das Suchwerbenetzwerk, zum anderen das Google-Display-Netzwerk, auch GDN genannt. Speziell für die Bannerwerbung werden wir im Folgenden näher auf Letzteres eingehen.

Das Google-Display-Netzwerk (GDN)

Stellen Sie sich selbst einmal die Frage, auf welchen Seiten im World Wide Web Sie unterwegs sind, wenn Sie surfen. Wahrscheinlich kommen Ihnen jetzt Nachrichtenseiten in den Sinn, Netzwerke, Blogs, Online-Banking, Shops oder Ähnliche. Aber wie viel Zeit verbringen Sie auf Websites von Suchmaschinen? Das wird wohl eher ein geringer Anteil sein. Laut Google sind das nur etwa 5 % der Surfzeit. Da wäre es doch seltsam, wenn Werbetreibende nur innerhalb von Suchergebnisseiten werben könnten. Das hat sich auch Google gedacht, und so kam das Display-Netzwerk (*www.google.de/ads/displaynetwork/*) ins Spiel.

Wie die englische Bezeichnung *display* (»etwas anzeigen«) ausdrückt, haben Sie mit dem Google-Display-Netzwerk die Möglichkeit, Ihre Werbemittel auf anderen Websites (sogenannten *Display-Websites*) anzuzeigen. Das können ebenso große Webauftritte wie auch kleinere private Websites sein. Google hat ein System entwickelt, Werbeanzeigen zielgenau auszusteuern. Eine Möglichkeit dieses sogenannten Targetings ist die Abstimmung der Anzeige auf den Inhalt der Display-Website. In diesem Zusammenhang spricht man auch von *kontextbasierter Werbeschaltung*. So können beispielsweise auf einer Webseite zum Thema Benzinpreise Anzeigen präsentiert werden, die günstiges Heizöl bewerben (siehe Abbildung 12.20), um auf diese Weise eine preissensible Zielgruppe anzusprechen.

In nächster Zeit sollten Sie einmal bewusst darauf achten, wie gut oder eben nicht gut die Anzeigen auf den Partner-Websites thematisch angezeigt werden. Beispiele weniger gut platzierter Anzeigen haben Sie ja bereits in Abschnitt 12.1.4, »Adserver – effektives Aussteuern von Bannern«, kennengelernt.

Wenn Sie große Display-Kampagnen planen, empfiehlt sich der Einsatz spezialisierter Dienstleister (klassische Online-Media-Planer bzw. Media- oder Digital-Marketing-Agenturen), die Ihre Werbemittel auf anderen Websites platzieren – meist automatisiert mithilfe mächtiger (und nicht ganz günstiger) Programmatic-Advertising-Lösungen. Wenn Sie allerdings Ihre Banneranzeigen selbst aufschalten und verwalten möchten, empfehlen wir Ihnen die Nutzung des Google-Display-Netzwerks, da Sie hiermit bereits eine enorme Anzahl an Zielseiten beliefern können, einen großen Anteil an Usern weltweit erreichen und vielfältige Targeting-Möglichkeiten haben.

Aus diesem Grund steuern auch viele große Media- und Performance-Agenturen die von ihnen verwalteten Anzeigen unter anderen über das Google-Display-Netzwerk (GDN) aus. Nach den Angaben von Google umfasst das GDN über 2 Mio. Partner-Websites und Apps, und man erreicht mit dem Display-Netzwerk von Google über 90 % aller Internetnutzer weltweit mit mehr als einer Billion Impressionen monatlich.

Abbildung 12.20 Google-Anzeigen auf Partner-Websites am Beispiel von BILD.de

Das Display-Netzwerk bietet also eine enorme Anzahl an Websites und Apps, auf denen Anzeigen ausgespielt werden können, inklusive verschiedener Google-Dienste, wie z. B. YouTube oder dem E-Mail-Dienst Gmail.

Wie aber funktioniert dieses System? Damit Anzeigen über das Google-Display-Netzwerk ausgespielt werden können, werden drei Beteiligte benötigt: zum einen Website-Betreiber, die Werbefläche zur Verfügung stellen. Auf diesen Webseiten werden dann sogenannte *AdSense-Anzeigen* (mehr dazu lesen Sie in Kapitel 18, »Monetarisierung – Einnahmen mit der Website erzielen«) dargestellt. Zum anderen ist natürlich Google beteiligt, um die Werbeplätze zu vermitteln, und zu guter Letzt ein Advertiser (Werbetreibender), der auf Display-Websites Werbung schalten möchte. Wie die Vermittlung aussieht, wird in Abbildung 12.21 deutlich.

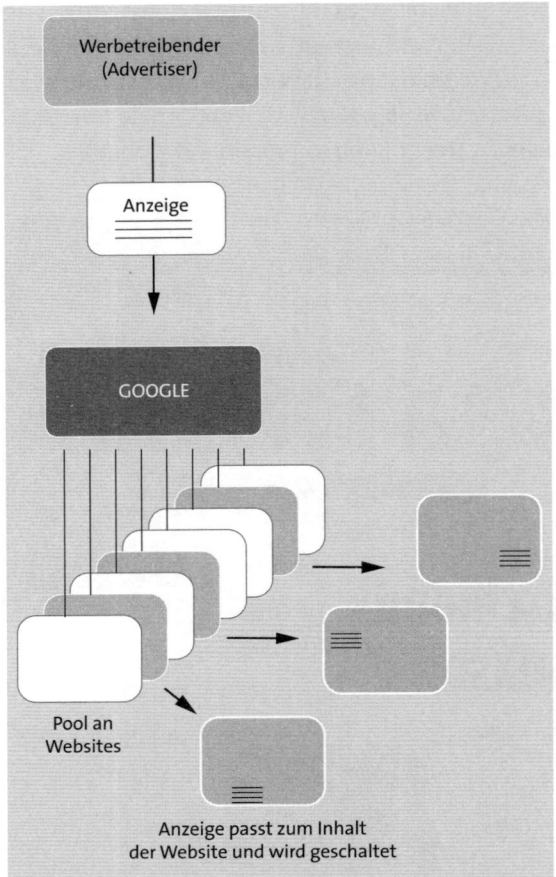

Abbildung 12.21 Funktionsweise des Display-Netzwerks von Google

Obwohl die Werbeanzeigen über das Werbenetzwerk *Google Ads* ausgeliefert werden, zählt das Display-Netzwerk nicht zur Suchmaschinenwerbung, da die Anzeigen auf anderen Websites und nicht innerhalb der Suchmaschinenergebnisse ausgeliefert werden. Dementsprechend existieren im Google-Display-Netzwerk, neben dem aus dem Such-Werbenetzwerk bereits bekannten CPC-Abrechnungsmodell, noch andere Verrechnungsmodelle wie *Cost-per-Mille* (*CPM*), *viewable Cost-per-Mille* (*vCPM*) oder *Cost-per-View* (*CPV*).

Google-Ads-Kampagnen, die im Display-Netzwerk geschaltet werden, können und sollten auf eine bestimmte Zielgruppe abgestimmt werden. Aufgrund der enormen Vielzahl möglicher Websites und Ausrichtungsmöglichkeiten ist ein möglichst genaues Zielgruppen-Targeting unbedingt zu empfehlen. Dazu ist es aber wichtig, dass Sie sich genau überlegen, wen Sie mit Ihren Anzeigen erreichen möchten und was Ihr Werbeziel ist. Das kann sowohl Verkauf als auch Kontaktaufnahme oder

Informationsfluss sein. Auch Branding und Reichweite sind mögliche Ziele Ihrer Werbekampagne.

> **Tipp: Produkteinführung mit Display-Anzeigen**
>
> Wenn Sie ein neues Produkt auf dem Markt einführen möchten, kann es sinnvoll sein, zunächst eine Kampagne im Display-Netzwerk zu starten, um das Produkt bekannt zu machen, denn es wird wohl kaum jemand nach einem Produkt suchen, dessen Existenz ihm nicht bekannt ist – das Such-Werbenetzwerk ist daher weniger sinnvoll. Hier bietet also das Display-Netzwerk eine gute Lösung, denn es werden Anzeigen auf Websites geschaltet, die Benutzer sehen, ohne danach zu suchen. Anschließend können Sie Ihre Anzeigen auch im Such-Werbenetzwerk schalten und Benutzer erreichen, die konkret nach Ihrem Produkt suchen. Mithilfe von sogenannten »RLSA-Listen« können Sie die Suchanzeigen auch gezielt nur denjenigen Usern zeigen, die vorher Ihre Display-Anzeige gesehen haben. Auf diese Weise erhöhen Sie die Effizienz Ihres Budgeteinsatzes.

Anhand des im digitalen Marketing sehr bekannten Modells »SEE – THINK – DO – CARE« (von Avinash Kaushik, 2013) werden die Vorteile des Display-Netzwerks deutlich. Das Modell unterscheidet vier Zustände der (potenziellen) Kundschaft (siehe Abbildung 12.22):

- SEE (»sehen«): Ein potenzieller Kunde ist empfänglich für eine neue Werbebotschaft.

- THINK (»denken«): Ein potenzieller Kunde startet erste Aktivitäten im Vorfeld einer digitalen Transaktion (z. B. informiert sich, vergleicht, recherchiert).

- DO (»handeln«): Ein potenzieller Kunde hat ein konkretes Interesse an einer digitalen Transaktion (z. B. an einem Kauf).

- CARE (»sich kümmern«): Ein bestehender Kunde ist empfänglich für eine neue Werbebotschaft (z. B. eine Dienstleistung passend zu einem bereits erworbenen Produkt).

In Anlehnung an dieses theoretische Modell lässt sich das Display-Netzwerk von Google genauer betrachten:

- **SEE**: Im Display-Netzwerk haben Sie beispielsweise die Möglichkeit, mit verschiedenen Anzeigenformaten wie Text, Bild, Animationen und Video die Aufmerksamkeit eines Benutzers auf Ihr Werbemittel zu ziehen.

- **THINK**: Durch die Aussteuerung Ihrer Werbeanzeigen auf themenrelevanten Websites und gezieltes Targeting ist die Wahrscheinlichkeit hoch, dass Benutzer sich für Ihre Anzeigen interessieren.

- **DO**: Mit dem Hervorheben von Produktmerkmalen oder beispielsweise Preisvorteilen können Sie das Kaufverlangen eines Benutzers Ihrer Website in die entscheidende Richtung lenken. In dieser Phase gehen User auch bereits aktiv auf die Suche nach Ihrem Produkt oder Ihrer Marke, so dass Sie auch in Such-Werbenetzwerke investieren sollten.

▶ **CARE**: Der Besucher ist bereits Kunde. Überzeugen Sie ihn durch kluge Retargeting-Kampagnen, dass Sie sich weiterhin um ihn kümmern, und unterbreiten Sie ihm passende Ergänzungsangebote.

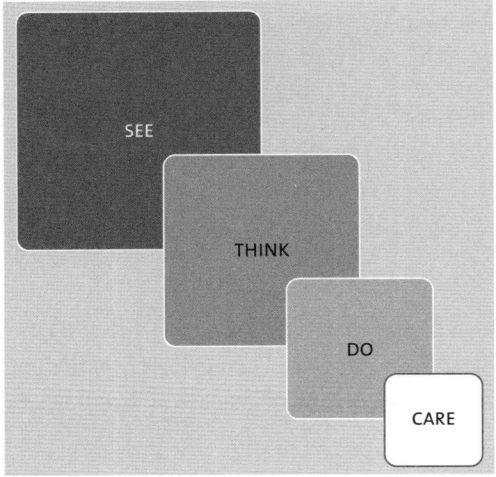

Abbildung 12.22 Modell »SEE – THINK – DO – CARE« nach Avinash Kaushik, 2013

Wenn Sie sich entschieden haben, eine Kampagne im Google-Display-Netzwerk zu starten, dann müssen Sie dies beim Anlegen einer neuen Kampagne bei den Kampagneneinstellungen angeben. Klicken Sie zunächst im Bereich KAMPAGNEN auf das große Plus, um eine neue Kampagne zu erstellen (siehe Abbildung 12.23). Wählen Sie danach den Kampagnentyp DISPLAY aus (siehe Abbildung 12.24).

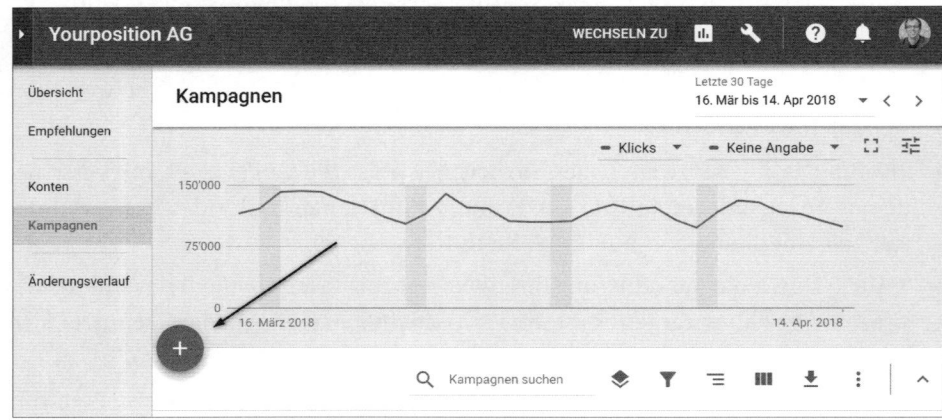

Abbildung 12.23 Erstellung einer neuen Kampagne in Google Ads

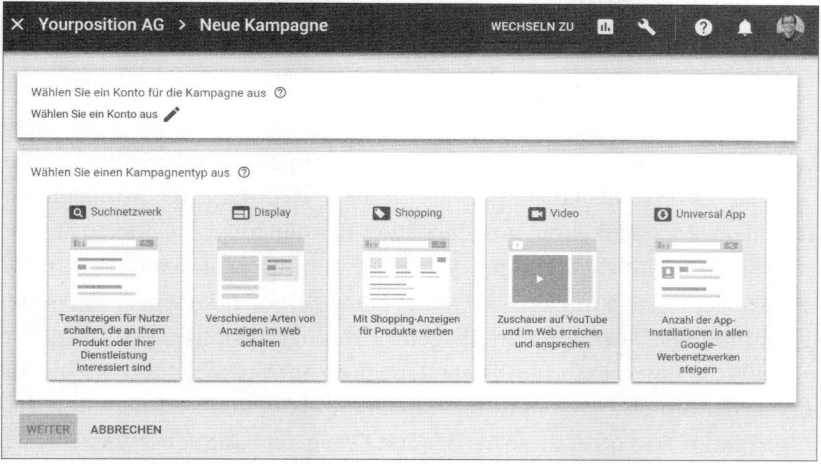

Abbildung 12.24 Auswahl des Kampagnentyps beim Anlegen einer neuen Kampagne

Sie werden danach in mehreren Schritten bei der Erstellung Ihrer Display-Kampagne begleitet. Im ersten Schritt legen Sie z. B. fest, welche Marketingziele Sie mit Ihrer Kampagne verfolgen (siehe Abbildung 12.25).

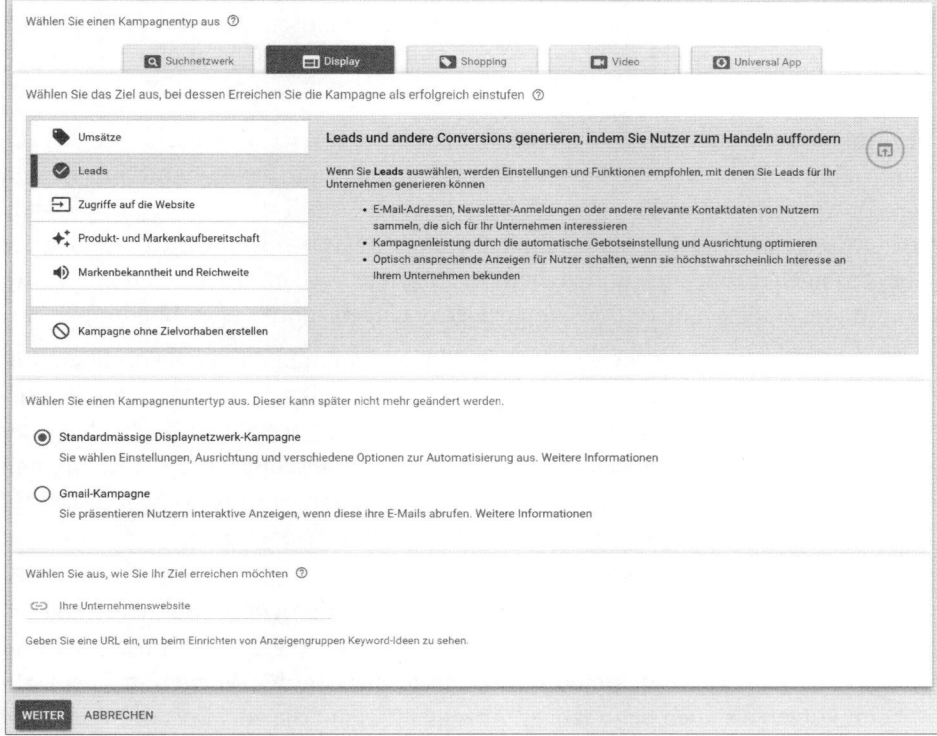

Abbildung 12.25 Auswahl des Kampagnenziels

707

Auf weitere Kampagneneinstellungen gehen wir in Kapitel 6, »Suchmaschinenwerbung (SEA)«, detaillierter ein.

Anzeigen erstellen

Sobald Sie das Grundgerüst Ihrer Display-Kampagne angelegt und zusätzlich eine erste Anzeigengruppe erstellt haben, geht es an die Erstellung Ihrer Anzeigen. Sie haben verschiedene Möglichkeiten, ansprechende Banner für das Google-Display-Netzwerk zu erstellen. Natürlich können Sie selbst mithilfe professioneller Grafikprogramme Anzeigen erstellen. Wenn Sie selbst keine Zeit oder kein gestalterisches Talent haben, können Sie auch eine Grafikagentur mit der Gestaltung von Bannern beauftragen. Falls Sie einen externen Dienstleister beauftragen, sollten Sie ihn im Vorfeld über die Richtlinien zur Gestaltung von Bildanzeigen für das Google-Display-Netzwerk informieren, so dass er diese bei der Erstellung der Banner berücksichtigen kann. Sie finden sie unter *support.google.com/adspolicy/answer/176108?hl=de*.

Wenn Sie weder selbst Hand anlegen möchten noch einen Dienstleister beauftragen wollen, können Sie auch auf die Unterstützung von Google bei der Erstellung von Display-Anzeigen zurückgreifen. Seit Herbst 2016 bietet Google im Display-Netzwerk die Möglichkeit, sogenannte *responsive Anzeigen* zu erstellen. Hierzu definieren Sie zunächst verschiedene Basiselemente Ihrer Anzeige (Bilder, Anzeigentitel, Zielseite, Logo, etc.). Auf dieser Basis erstellt Google dann automatisch Bild- und Textanzeigen für das Display-Netzwerk in unterschiedlichen Größen und Darstellungsformen – auch in nativem Format.

Um eine responsive Anzeige zu erstellen, wählen Sie zunächst in Ihrem Google-Ads-Konto eine bereits erstellte Display-Kampagne aus und navigieren dann in den Bereich ANZEIGEN UND ERWEITERUNGEN. Klicken Sie auf das große Plus, um eine neue Anzeige zu erstellen, und wählen Sie dann RESPONSIVE ANZEIGE. Wählen Sie eine Anzeigengruppe aus, und stellen Sie folgende Basisinformationen zur Verfügung, damit Google eine responsive Anzeige erzeugen kann (siehe Abbildung 12.26):

▶ BILDER: Sie können zwei verschiedene Bilder oder ein Bild in zwei Formaten hinzufügen. Google bietet eine kostenlose Bilddatenbank an, aus der Sie Bilder auswählen können. Natürlich können Sie aber auch eigene Bilder hochladen oder Bilder Ihrer Website verwenden. Die maximale Dateigröße beträgt 1 MB. Achten Sie darauf, dass Ihre Bilder nicht zu viel Text enthalten: Höchstens 20 % des Bildes dürfen durch Text abgedeckt sein. Nicht in jedem Anzeigenformat werden die hinterlegten Bilder tatsächlich verwendet.

▶ KURZER ANZEIGENTITEL: Definieren Sie einen kurzen Anzeigentitel von maximal 25 Zeichen. Dieser Anzeigentitel wird auf kleinen Anzeigeflächen verwendet und kann mit oder ohne Beschreibungstext ausgespielt werden. Verweisen Sie sowohl beim kurzen als auch beim langen Anzeigentitel auf die wichtigsten Argumente für Ihr Angebot, und bieten Sie einen Klickanreiz.

▶ **Langer Anzeigentitel**: Definieren Sie einen langen Anzeigentitel von maximal 90 Zeichen. Dieser Anzeigentitel wird auf größeren Anzeigeflächen verwendet und kann mit oder ohne Beschreibungstext ausgespielt werden.

▶ **Beschreibung**: Definieren Sie einen Beschreibungstext von maximal 90 Zeichen. Gestalten Sie auch diesen Text so, dass der User zu einer Interaktion bewegt wird. Beachten Sie, dass sowohl der lange Anzeigentitel als auch die Beschreibung in manchen Anzeigeformaten abgeschnitten wird. Stellen Sie demnach sicher, dass die wichtigste Werbebotschaft am Anfang dieser Textelemente platziert ist.

▶ **Unternehmensname**: Hinterlegen Sie den Namen Ihres Unternehmens oder Ihrer Marke.

▶ **Finale URL**: Hinterlegen Sie eine Zielseite, auf die der Nutzer weitergeleitet wird, sobald er auf Ihre Anzeige klickt. Optional können Sie spezielle Tracking-URLs hinterlegen.

▶ **Call-to-Action-Text**: Definieren Sie optional einen passenden Call-to-Action-Text, um den User davon zu überzeugen, eine gewünschte Handlung auszuführen.

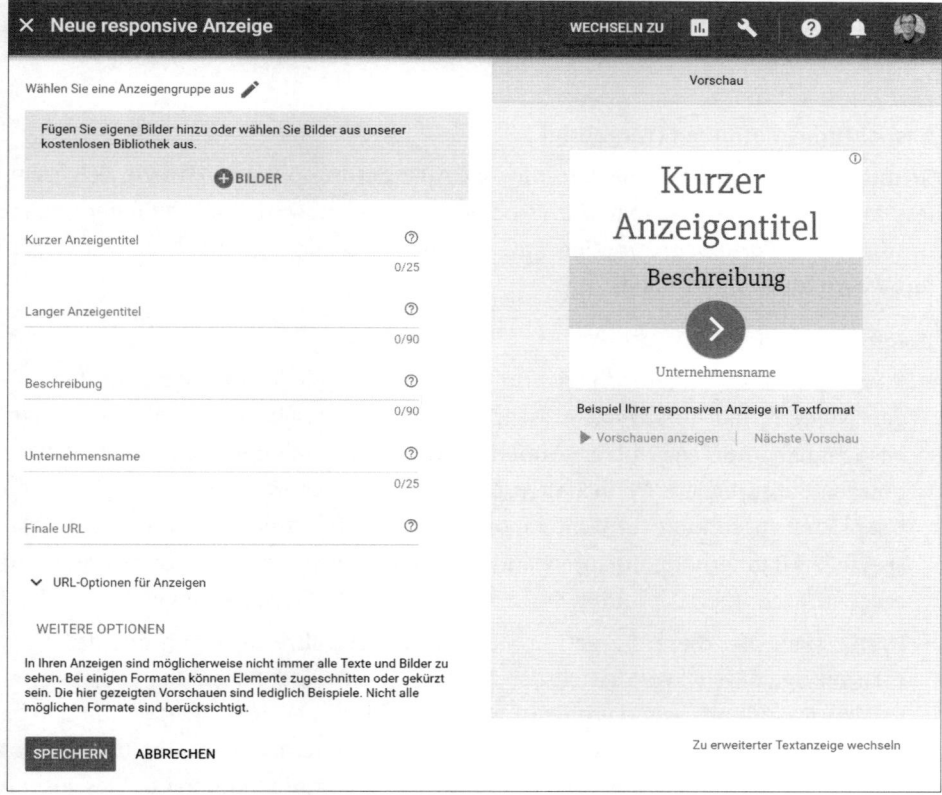

Abbildung 12.26 Assistent zur Erstellung einer responsiven Anzeige im Google-Display-Netzwerk

Worauf sollten Sie generell bei der Erstellung Ihrer responsiven Display-Anzeige achten? Wir geben Ihnen fünf Tipps mit auf den Weg, die sich im Bannermarketing bewährt haben und auf die Sie Ihr Augenmerk richten sollten:

1. Versuchen Sie nicht, zu viele Informationen in Ihrer Anzeige unterzubringen. Bedenken Sie: User schenken Ihrer Anzeige nur wenige Sekundenbruchteile ihrer Aufmerksamkeit. Bilder und Texte müssen daher schnell erfasst werden können.

2. Nutzen Sie die Option beim Erstellen einer responsiven Display-Anzeige, und integrieren Sie eine deutlich erkennbare Handlungsaufforderung (Call to Action) in Ihre Anzeige, z. B. in Form einer integrierten Schaltfläche. Machen Sie dort deutlich, was den User auf der Zielseite erwartet (z. B. »Jetzt kaufen«).

3. Die Zielseite sollte die Informationen enthalten, von denen in der Anzeige die Rede ist. Wenn Sie in der Anzeige z. B. Ihre User dazu auffordern, Sie anzurufen, so sollte Ihre Zielseite auch eine Telefonnummer enthalten.

4. Seien Sie kreativ, und probieren Sie verschiedene Ideen für Ihre Anzeigen aus. Experimentieren Sie mit verschiedenen Motiven und Texten.

5. Wenn Sie besondere Angebote, wie Sonderaktionen, Rabatte oder Gutscheine, haben, sollten Sie Ihre Besucher darauf in Ihrer Anzeige aufmerksam machen.

Ausrichtungsmethoden (Targeting)

Grundsätzlich existieren zwei verschiedene Ausrichtungsoptionen für die zielgerichtete Auslieferung von Anzeigen im Google-Display-Netzwerk. Innerhalb der beiden Optionen – *Zielgruppen-Targeting* und *Kontext-Targeting* – gibt es wiederum mehrere Ausrichtungsmethoden.

Zielgruppen-Targeting

▶ REMARKETING: Bei dieser Ausrichtungsmethode zeigen Sie Anzeigen nur denjenigen Nutzern, die Ihre Website (oder bestimmte Bereiche Ihrer Website) bereits besucht haben. Solche Nutzer können Sie außerdem mit einer spezifischen Werbebotschaft ansprechen. Wenn Sie z. B. als Händler von Sportartikeln wissen, dass ein User sich insbesondere für Wintersportausrüstung interessiert, können Sie ihn mit speziellen Bannern auf entsprechende Aktionen aus diesem Bereich aufmerksam machen. Mehr hierzu erfahren Sie in Abschnitt 12.1.9, »Remarketing«.

▶ INTERESSEN: Bei dieser Targeting-Methode werden Ihre Anzeigen nur den Nutzern gezeigt, die sich voraussichtlich für Ihre Produkte oder Dienstleistungen interessieren – unabhängig davon, auf welchen Seiten diese User gerade unterwegs sind. Die Ausrichtung der Anzeigen orientiert sich demnach an den Informationen, die Google über einen bestimmten Nutzer gesammelt und in Cookies gespeichert hat. Unter *www.google.de/settings/ads* sehen Sie, welche Informationen

Google über Sie gesammelt hat, um Ihnen interessenbezogene Anzeigen in der Google-Suche, im Google-Display-Netzwerk oder auf YouTube auszuspielen (siehe Abbildung 12.27). Diese Anzeigeneinstellungen können jederzeit geändert werden. Bei der Ausrichtung auf Zielgruppen haben Sie die Wahl zwischen Zielgruppen mit gemeinsamen Interessen und kaufbereiten Zielgruppen. Letztere befinden sich laut Google aufgrund Ihres Benutzerverhaltens kurz vor einem Kaufabschluss im Internet.

▶ DEMOGRAFISCHE MERKMALE: Sie können Anzeigen nicht nur nach den Interessen Ihrer Zielgruppe ausrichten, sondern auch gemäß verschiedener demografischer Merkmale dieser Zielgruppe wie Alter, Geschlecht oder Elternstatus. In manchen Ländern wie z. B. den USA kann auch das Haushaltseinkommen als Ausrichtungseinstellung verwendet werden.

▶ KUNDENABGLEICH: Bei dieser Ausrichtungsmethode laden Sie zunächst eine Liste Ihrer Kundenkontakte in Ihrem Google-Werbekonto hoch. Wenn Sie dann z. B. einen speziellen Rabatt für Ihre treuen Bestandskunden bewerben möchten, können Sie eine neue Kampagne erstellen und diese ausschließlich der hochgeladenen Kundenliste zeigen. Beachten Sie aber, dass diese Funktion für das Google-Display-Netzwerk derzeit nicht verfügbar ist – wohl aber für Anzeigen auf You-Tube, Gmail und die Google-Suche.

Kontext-Targeting

▶ PLACEMENTS: Das bedeutet, die Anzeigen werden gezielt auf bestimmten Websites, den sogenannten *Placements*, angezeigt. Ein Placement kann z. B. eine Website, eine bestimmte Seite einer Website oder eine mobile App sein. Im gleich folgenden Abschnitt »Placement Targeting« gehen wir genauer auf diese Ausrichtungsmethode ein.

▶ KEYWORDS: Über Keywords werden thematisch passende Seiten vom Werbeprogramm gefunden, auf denen die Anzeigen geschaltet werden. Dies ist ein grundlegender Unterschied zu Kampagnen und Keywords im Such-Werbenetzwerk von Google, wo Anzeigen aufgrund der Suchanfrage ausgesteuert werden. Beim Display-Netzwerk werden die Keywords mit den Inhalten der Website abgeglichen.

▶ THEMEN: Mit einer themenbezogenen Ausrichtung haben Sie die Möglichkeit, Ihre Anzeigen auf Seiten im Google-Display-Netzwerk zu schalten, die diese Themen enthalten. Die themenbezogene Ausrichtung kann auch mit dem Targeting via Placements oder Keywords kombiniert werden. Wenn Sie Ihre Anzeigen beispielsweise auf das Thema Sport ausrichten, bestimmte Portale aber von einer Anzeigenschaltung ausschließen möchten, so können Sie das Thema mit auszuschließenden Placements kombinieren.

12

Die unterschiedlichen Ausrichtungsmethoden lassen sich vielfältig miteinander kombinieren. Eine Kombination des Placements *www.sueddeutsche.de* mit dem Keyword »Fußball« sorgt beispielsweise dafür, dass Ihre Anzeige nur auf denjenigen Seiten von *sueddeutsche.de* ausgespielt wird, auf denen von Fußball die Rede ist.

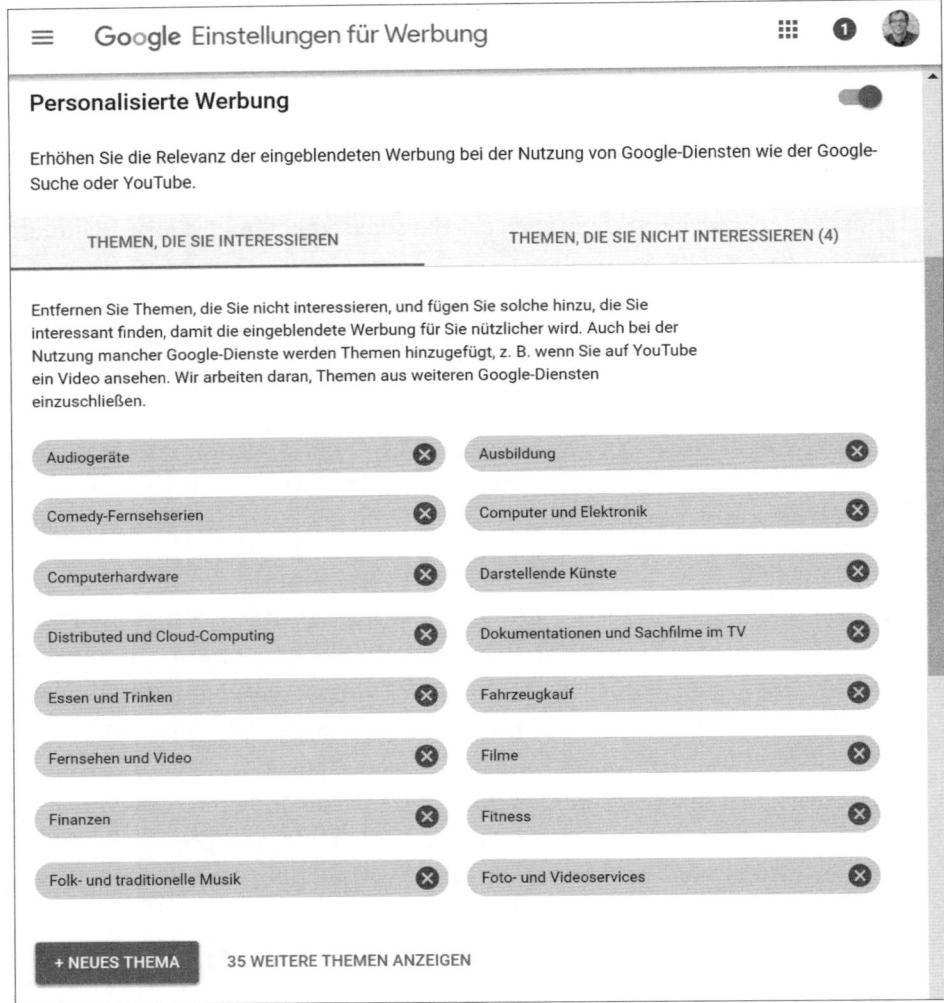

Abbildung 12.27 Persönliche Einstellungen für die Einblendung von Google-Anzeigen in der Google-Suche und im Google-Display-Netzwerk

Tipp

Wenn Sie herausfinden möchten, welche Keywords für eine Website interessant sind, können Sie die Seite *www.wortwolken.com* heranziehen und eine sogenannte

Tagcloud (eine Themenwolke) für eine spezielle Website anzeigen lassen. Für Ihre eigene Website können Sie auch die *Google Search Console* konsultieren. Unter SUCHANFRAGEN • SUCHANALYSE finden Sie die Begriffe, die von Google als besonders relevant für Ihre Website erachtet werden.

Ausrichtungseinstellungen

Wie Ihre Anzeigen nun geschaltet werden, hängt von Ihren Kampagnenzielen, der Kombination Ihrer Ausrichtungsmethoden und den Ausrichtungseinstellungen ab, die Sie in Ihren Anzeigengruppen definieren. Sie können zwischen den beiden Ausrichtungseinstellungen AUSRICHTUNG UND GEBOTE oder NUR GEBOT wählen.

Entscheiden Sie sich für AUSRICHTUNG UND GEBOTE, so werden Ihre Anzeigen dann geschaltet, wenn die Kriterien aller ausgewählten Ausrichtungsmethoden greifen. Haben Sie beispielsweise die Ausrichtungsmethode KEYWORDS gewählt und das Keyword »Auto« hinterlegt, so wird Ihre Anzeige bei thematisch passenden Seiten geschaltet. Individuelle Gebote für besonders interessante Keywords sind möglich, z. B. für das Keyword »Auto kaufen«.

Wenn Sie sich für die Variante NUR BIETEN entscheiden, werden Ihre Anzeigen nicht nur für die ausgewählte Ausrichtungsmethode geschaltet. Sie können zusätzlich Gebote einer anderen Ausrichtungsmethode angeben, um die Reichweite Ihrer Anzeigen zu erhöhen. Zusätzlich zum Keyword »Auto« können Sie also beispielsweise bei einer interessenbezogenen Ausrichtung mit der Option NUR BIETEN das Interesse »Oldtimer« hinterlegen. Je nach Höhe Ihres Gebots erhöhen Sie dadurch die Reichweite Ihrer Anzeigen, da Sie zwar ebenso Ausrichtungsmethoden miteinander kombinieren, aber für zusätzliche Zielgruppen Sondergebote abgeben. Wählen Sie stattdessen »Oldtimer« als zusätzliches Targeting mit der Option AUSRICHTUNG UND GEBOTE, so schränken Sie die Reichweite Ihrer Anzeigen ein, da beide Ausrichtungsmethoden als Kriterien für die Anzeigenschaltung gelten.

Abhängig davon, welches Ziel Sie mit Ihrer Bannerkampagne verfolgen, empfehlen sich unterschiedliche Kombinationen von Ausrichtungsmethoden und Ausrichtungseinstellungen. Zwei Szenarien lassen sich grob unterscheiden:

▶ VERKAUF: Wenn Sie mit Ihrer Kampagne Ihre Produkte verkaufen möchten, so empfehlen wir Ihnen, Ihre Anzeigen so genau wie möglich auszusteuern. Sie sollten hierzu verschiedene Ausrichtungsmethoden miteinander kombinieren und die Einstellung AUSRICHTUNG UND GEBOTE verwenden. Auf diese Weise können Sie Ihre Anzeigen zielgenau nur bestimmten Zielgruppen zeigen.

▶ BEKANNTHEIT: Wenn Sie mit Ihrer Kampagne Ihr Produkt, Ihre Dienstleistung oder Ihr Unternehmen bekannt machen möchten, so sollten Sie die Schaltung

12

713

Ihrer Anzeigen nicht zu stark einschränken. Wir empfehlen Ihnen, hierzu verschiedene Ausrichtungsmethoden miteinander zu kombinieren und für ergänzende Methoden die Einstellung NUR BIETEN zu verwenden. Auf diese Weise können Sie Ihre Anzeigen einem breiteren Personenkreis zeigen.

Die Übersicht in Tabelle 12.2 zeigt Ihnen auf einen Blick, wie sich Ihre Anzeigen bei den einzelnen Einstellungsmöglichkeiten verhalten und welche Einstellungen bei welchen Kampagnenzielen sinnvoll sind.

	Verkauf	Bekanntheit
Zielgruppe	genau fokussierte Zielgruppe	breiter Personenkreis
Kombination von Ausrichtungsmethoden	Maßgeblich für die Anzeigenschaltung ist die Schnittmenge aller Ausrichtungsmethoden.	Maßgeblich für die Anzeigenschaltung ist die Summe aller Ausrichtungsmethoden.
Ausrichtungseinstellung	AUSRICHTUNG UND GEBOTE für alle Ausrichtungsmethoden	AUSRICHTUNG UND GEBOTE für die primäre Ausrichtungsmethode, NUR BIETEN für alle weiteren Targeting-Methoden

Tabelle 12.2 Kombination von Ausrichtungsmethoden abhängig von Kampagnenzielen

Wenn eine Werbefläche für die Anzeigenschaltung durch verschiedene Ausrichtungsmethoden infrage kommt – beispielsweise sowohl durch Keywords als auch durch ausgewählte Placements –, so konkurrieren die Möglichkeiten miteinander, und die Anzeige mit dem höheren Anzeigenrang wird geschaltet (siehe dazu auch Kapitel 6, »Suchmaschinenwerbung (SEA)«).

Placement Targeting

Unter der Bezeichnung *Placement Targeting* versteht man die Ausrichtung der Anzeigenplatzierung gemäß bestimmter Websites (Placements), auf denen die Anzeigen erscheinen sollen. Sie haben die Möglichkeit, Ihre Placements thematisch, demografisch oder nach bestimmten URLs auszuwählen. Darüber hinaus können Sie Placements auf allen Seiten einer Website oder nur auf bestimmten Bereichen dieser Website schalten. Beispielsweise können Sie bei Nachrichten-Websites wählen, bei welcher Themensparte Ihre Anzeige geschaltet werden soll. Außerdem kann Ihre Anzeige in Videos oder mobilen Apps angezeigt werden.

In Ihrem Google-Ads-Konto können Sie unter dem Reiter KAMPAGNEN • DISPLAY-NETZWERK-KAMPAGNEN Placements hinzufügen. Sie müssen zunächst das blaue

Plus auswählen, dann eine Anzeigengruppe aussuchen und können dann mithilfe eines Worts, einer Wortgruppe oder einer URL nach einzelnen Placements suchen. In Abbildung 12.28 sehen Sie das Ergebnis der vorgeschlagenen Placements bei der Suche nach dem Begriff »Klimaanlage«. Mehr als 1.000 Websites, 35 YouTube-Kanäle und 511 mobile Apps werden als passende Placements für die Anzeigenschaltung identifiziert. Sie können nun diverse einzelne Placements auswählen, und Ihre Anzeigen werden dort geschaltet – vorausgesetzt, der Website-Betreiber hat die Anzeigenschaltung auch zugelassen.

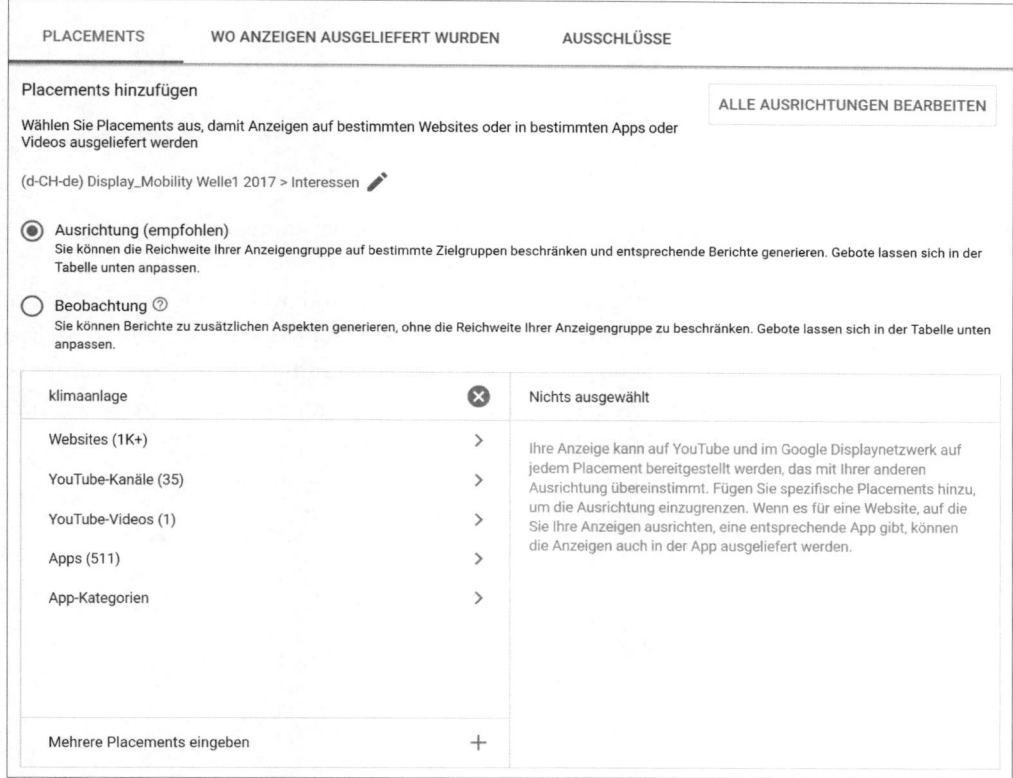

Abbildung 12.28 Placements auswählen und hinzufügen

Wenn Sie eine neue Display-Kampagne erstellen, berechnet Google automatisch die geschätzte Reichweite Ihrer Anzeigenschaltungen abhängig von den gewählten Ausrichtungsmethoden. Auch hier haben Sie die Möglichkeit, einzelne Placements hinzuzufügen. Vor allem aber sehen Sie, welchen unmittelbaren Effekt eine bestimmte Ausrichtungsmethode auf die Reichweite Ihrer Kampagne hat (siehe Abbildung 12.29).

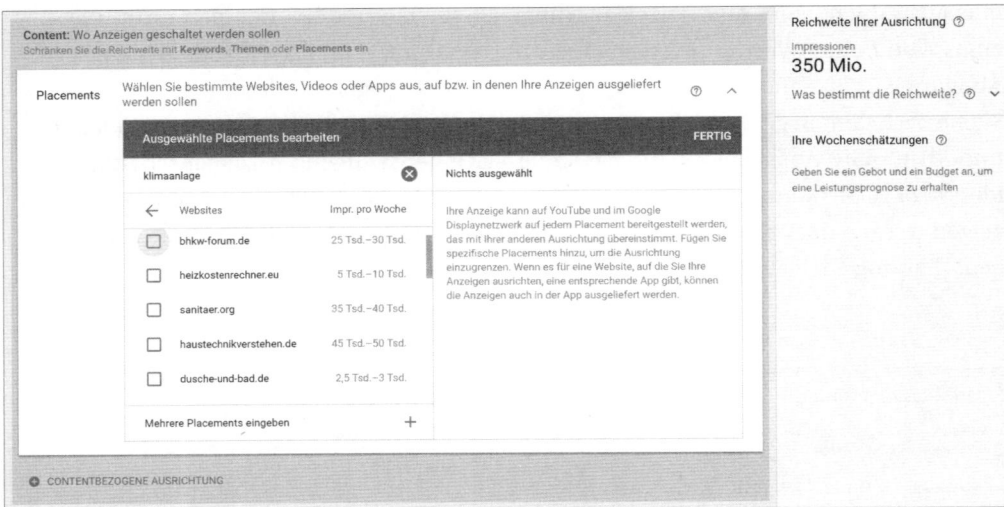

Abbildung 12.29 Reichweitenschätzung beim Erstellen einer Kampagne

Wenn Sie sich einen Überblick verschaffen wollen, auf welchen Placements Ihre Anzeigen bisher erschienen sind, finden Sie im Bereich PLACEMENTS unter dem Reiter WO ANZEIGEN AUSGELIEFERT WURDEN eine vollständige Liste aller Placements. Sie können auch einzelne Websites oder Website-Kategorien unter dem Reiter AUSSCHLÜSSE von einer Anzeigenschaltung ausschließen.

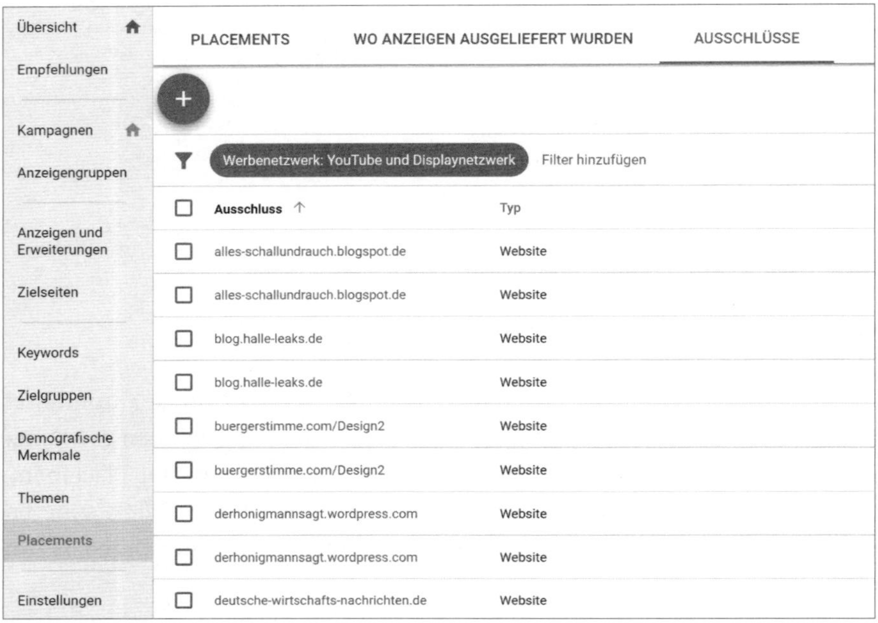

Übersicht	PLACEMENTS	WO ANZEIGEN AUSGELIEFERT WURDEN	AUSSCHLÜSSE
Empfehlungen			
Kampagnen	+		
Anzeigengruppen	▼ Werbenetzwerk: YouTube und Displaynetzwerk	Filter hinzufügen	
	□ Ausschluss ↑	Typ	
Anzeigen und Erweiterungen	□ alles-schallundrauch.blogspot.de	Website	
Zielseiten	□ alles-schallundrauch.blogspot.de	Website	
Keywords	□ blog.halle-leaks.de	Website	
Zielgruppen	□ blog.halle-leaks.de	Website	
Demografische Merkmale	□ buergerstimme.com/Design2	Website	
	□ buergerstimme.com/Design2	Website	
Themen	□ derhonigmannsagt.wordpress.com	Website	
Placements	□ derhonigmannsagt.wordpress.com	Website	
Einstellungen	□ deutsche-wirtschafts-nachrichten.de	Website	

Abbildung 12.30 Ausgeschlossene Placements im Google-Display-Netzwerk

Wenn Sie beispielsweise nicht möchten, dass Ihre Anzeigen im Umfeld politisch extremer Inhalte erscheinen, sollten Sie von dieser Möglichkeit regelmäßig Gebrauch machen. Prüfen Sie also in wiederkehrenden Abständen die Placements, auf denen Ihre Anzeigen erscheinen, und aktualisieren Sie die Ausschlussliste. In den Kontoeinstellungen können Sie auch ganze Inhaltskategorien von der Schaltung Ihrer Anzeigen ausschließen (siehe Abbildung 12.31).

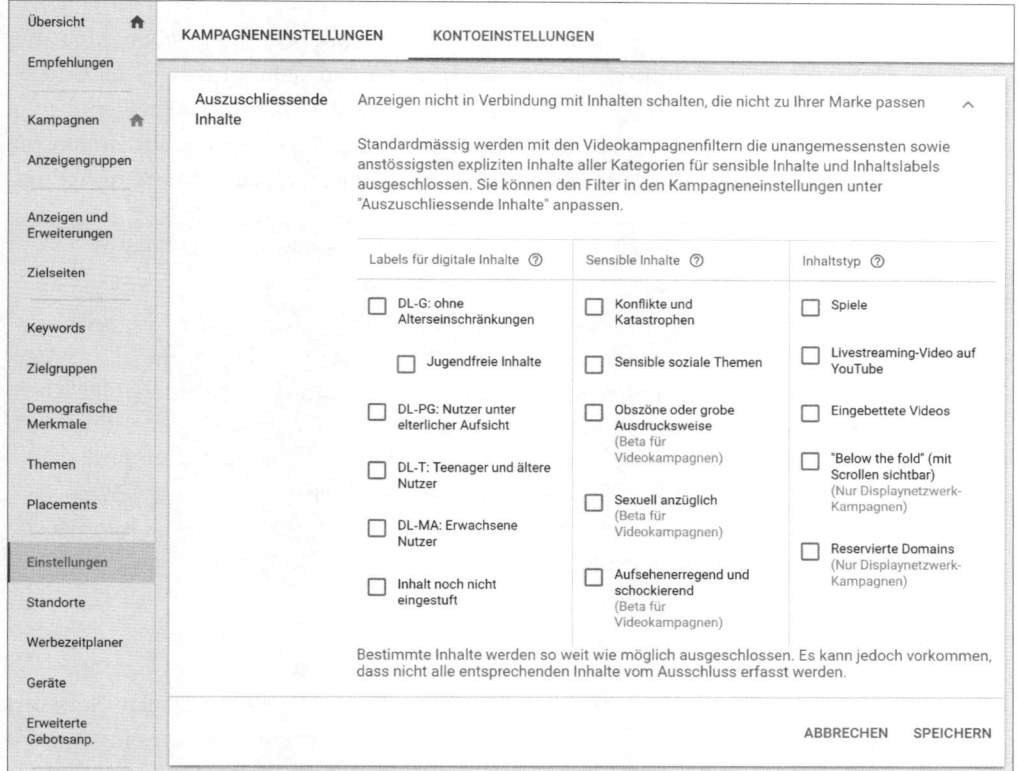

Abbildung 12.31 Auszuschließende Inhalte im Google-Ads-Konto

Exkurs: Branding mit Google Ads

Oftmals sind die Klickraten innerhalb des Display-Netzwerks geringer als im Such-Werbenetzwerk. Das sollte Sie nicht unnötig beunruhigen. Benutzer suchen meistens nicht aktiv nach Angeboten, wenn sie auf diesen Seiten surfen. Sie können mit Anzeigen im Display-Netzwerk aber gute Branding-Effekte erzielen und Ihre Marke und Ihr Angebot bekannter machen.

Wie bereits angesprochen, haben Sie innerhalb des Google-Display-Netzwerks die Möglichkeit, neue Produkte anzukündigen, eine enorme Reichweite zu erzielen und Ihre Markenwirkung zu forcieren – und das Ganze zu sehr geringen Kosten oder unter Umständen auch umsonst.

717

Denn bei dem CPC-Preismodell bezahlen Sie nur für den Klick auf Ihre Anzeigen, nicht aber für die Sichtkontakte (Impressions) – ein Vorteil, den andere Medien kaum bieten können. Wie Sie noch ausführlicher lesen können (siehe Kapitel 6, »Suchmaschinenwerbung (SEA)«), beeinflusst eine schlechte Klickrate den Qualitätsfaktor und damit den Anzeigenrang in Google-Display-Kampagnen nicht (ein wichtiges Kriterium für die Anzeigenschaltung). Zudem können Sie mit gezielten Einstellungen die Streuverluste minimieren. Studien belegen, dass Banneranzeigen im Google-Display-Netzwerk eine positive Wirkung auf die Markenbekanntheit haben, nicht nur bei Klicks auf die Werbemittel, sondern auch bei reinem Sichtkontakt. In der Google-Suche (siehe Kapitel 6, »Suchmaschinenwerbung (SEA)«) erzielen Anzeigenpositionen auf den Topplatzierungen über den organischen Suchergebnissen zudem oftmals noch eine höhere Kaufabsicht und größere Bereitschaft zur Weiterempfehlung.

Anfängerfehler vermeiden: Such- und Display-Werbenetzwerk trennen

Wenn Sie das Such- und das Display-Netzwerk verwenden möchten, ist es unbedingt empfehlenswert, dafür zwei verschiedene Kampagnen anzulegen. Es ist zwar bis zum Jahr 2018 in der alten Benutzeroberfläche von Google Ads noch möglich, eine Kampagne für beide Werbenetzwerke zu verwenden (und auch unterschiedliche Gebote anzugeben), Sie sind aber eingeschränkter in Ihrem Handlungsspielraum. So sind Sie mit zwei Kampagnen flexibler, was Gebote, Berichte und auch Anzeigentexte anbelangt. Sie haben außerdem mehr Möglichkeiten, wenn Sie das Display-Netzwerk zunächst nur testen möchten, und Ihre Display-Kampagne hat keine Auswirkungen auf die Leistung Ihrer Kampagne im Such-Werbenetzwerk.

Frequency Capping

Das *Frequency Capping* ist eine Möglichkeit, die Ihnen im Google-Display-Netzwerk zur Verfügung steht. Hier können Sie bestimmen, wie oft ein Benutzer eine Anzeige maximal sehen soll. Sie können festlegen, wie viele Sichtkontakte (Impressionen) ein Nutzer mit Ihrer Anzeige haben soll. Damit können Sie der Gefahr entgegenwirken, dass ein User von Ihren Anzeigen gelangweilt oder verärgert wird. Die Bestimmung können Sie auf Tages-, Wochen- und Monatsbasis einstellen. Darüber hinaus legen Sie eine Obergrenze auf Anzeigen-, Anzeigengruppen- oder Kampagnenebene fest. Wählen Sie dazu eine Kampagne aus, und klicken Sie auf den Tab EINSTELLUNGEN und unter WEITERE EINSTELLUNGEN auf FREQUENCY CAPPING. Bestimmen Sie dann die Anzahl der Impressionen, das Zeitintervall und die Ebene, für die die Bestimmungen gelten sollen (siehe Abbildung 12.32).

Sie können Ihre Anzeigen darüber hinaus zielgenau aussteuern, indem Sie z. B. geografische Ausrichtungen oder Ausrichtungen nach Sprache der Zielgruppe nutzen oder aber einzelne IP-Adressen ausschließen. Darüber hinaus können Sie Anzeigen je nach Gerätetyp unterschiedlich ausspielen oder bestimmte Uhrzeiten oder Wochen-

tage festlegen. Die Möglichkeiten sind schier endlos. Diese und viele weitere Kampagneneinstellungen werden in Kapitel 6, »Suchmaschinenwerbung (SEA)«, detailliert
erläutert.

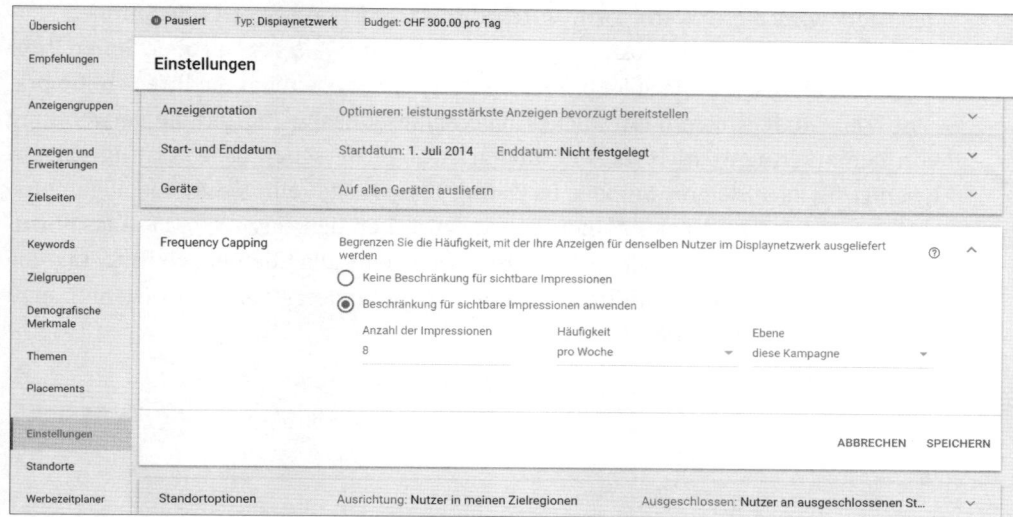

Abbildung 12.32 Festlegung des Frequency Cappings in Ihrem Google-Ads-Konto

12.1.9   Remarketing

Als besondere, auf das Interesse des Users bezogene Ausrichtungsmethode bietet
Google eine weitere Form der Anzeigenauslieferung an, das sogenannte *Remarketing*
(teilweise auch als *Retargeting* bezeichnet) oder, wie Google es nennt, eine Form der
»interessenbezogenen Werbung«. Diese Ausrichtungsmethode kann neben nicht
nur im Display-Netzwerk, sondern auch im Suchwerbenetzwerk verwendet werden
und ermöglicht einen intensiven und strategisch überlegten Kundenkontakt. Wir
werden Ihnen im Folgenden einen Abriss zur grundlegenden Funktionsweise geben,
ohne dabei allerdings tiefer ins Detail einsteigen zu können.

Nehmen wir einmal an, Sie möchten Schuhe kaufen und schauen sich bei einem
Online-Shop für Schuhe verschiedene Modelle an. Sie können sich aber nicht so richtig entscheiden und verlassen den Schuh-Shop wieder, um möglicherweise einen
günstigeren Anbieter zu finden.

Genau hier setzt Remarketing an: Denn diesem Benutzer werden nun Ihre Werbeanzeigen auf Websites im Display-Netzwerk präsentiert, die er danach aufruft. Das
heißt, besucht dieser Benutzer nach dem Schuh-Shop nun ein Sportblog, können hier
Anzeigen mit genau den Schuhen angezeigt werden, die sich der Interessent vorher
angesehen hat. Damit bleibt Ihr Angebot dem Besucher auch noch im Gedächtnis,
wenn er Ihre Website bereits verlassen hat. Eine effektive Möglichkeit für Werbetrei-

bende, beim Interessenten präsent zu bleiben oder den Benutzer doch noch zum Kauf zu bewegen. Hier können Werbetreibende auch optimal Sonderangebote oder Rabatte anzeigen oder auch Cross- und Up-Selling betreiben.

Realisiert wird diese Werbeform durch die Integration zweier Code-Snippets, das sogenannte *Allgemeine Website-Tag* sowie das *Ereignis-Snippet*, auf allen Seiten Ihrer Website – in unserem Beispiel unter anderen der Seite, auf der Sie Ihre Schuhe präsentieren. Ein Beispiel für ein solches allgemeines Website-Tag, das die Verwendung von Remarketing-Ausrichtungsmethoden ermöglicht, sehen Sie in Listing 12.1, ein Beispiel für das Ereignis-Snippet in Listing 12.2. Google empfiehlt, das allgemeine Website-Tag auf allen Seiten einer Website zwischen den <head></head>-Tags einzubauen, das Ereignis-Snippet unmittelbar nach dem allgemeinen Website-Tag. Sie können die Tags auch mithilfe des Google Tag Managers verwalten (siehe hierzu Kapitel 10, »Web-Analytics«).

```
<!-- Global site tag (gtag.js) - Google Ads: CONVERSION_ID -->
<script async src="https://www.googletagmanager.com/gtag/js?id=AW-CONVERSION_
ID"></script>
<script>
  window.dataLayer = window.dataLayer || [];
  function gtag(){dataLayer.push(arguments);}
  gtag('js', new Date());

  gtag('config', 'AW-CONVERSION_ID');
</script>
```

Listing 12.1 Allgemeines Website-Tag

```
<script>
  gtag('event', 'page_view', {
    'send_to': 'AW-CONVERSION_ID/CONVERSION_LABEL',
    'ecomm_pagetype': 'replace with value',
    'ecomm_prodid': 'replace with value'
  });
</script>
```

Listing 12.2 Ereignis-Snippet

Das allgemeine Website-Tag sorgt dafür, dass Besucher Ihrer Website in einer Liste gesammelt und für Marketingzwecke weiterverwendet werden können. Mit dem Ereignis-Snippet werden Aktionen und Parameter gemessen. So werden die Benutzer »markiert«, die Interesse für ein Angebot gezeigt haben und denen Sie zu einem späteren Zeitpunkt und auf anderen Websites Ihr Angebot schmackhaft machen wollen. In Google Ads setzen Sie diese Interessenten damit auf eine Liste, die sie beispielsweise als »Schuhinteressent« betiteln. Technisch ausgedrückt heißt das: Die Cookie-ID des Besuchers wird auf die Liste »Schuhinteressent« gesetzt. In Abbildung 12.33 sehen Sie die Funktionsweise am Beispiel einer Hotelsuche und den Suchergebnissen für Luxushotels.

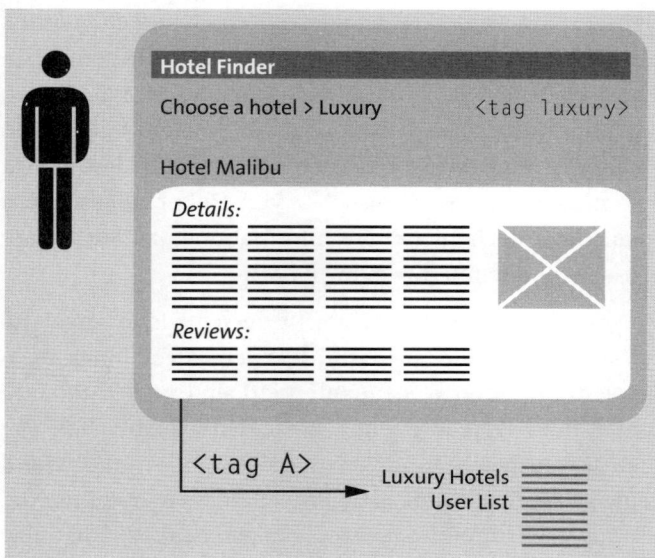

Abbildung 12.33 Remarketing-Tag und Remarketing-Liste (Quelle: Google)

Um sich die Funktionsweise von Remarketing zu veranschaulichen, hilft Ihnen auch ein Blick auf Abbildung 12.34.

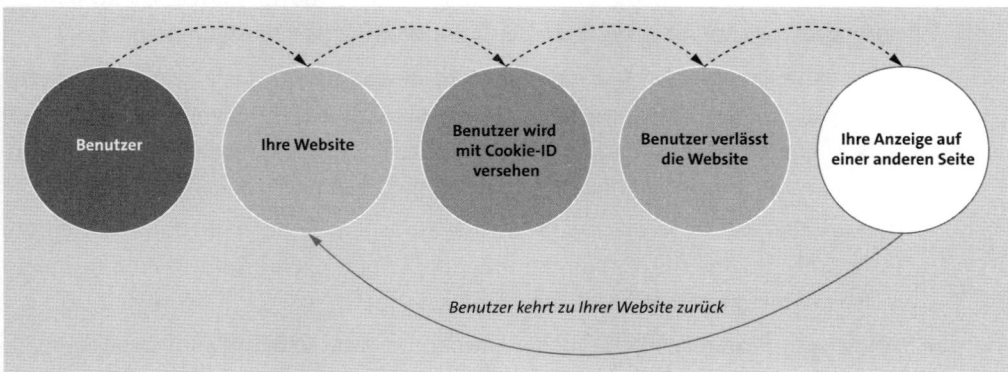

Abbildung 12.34 Funktionsweise von Remarketing

Damit haben Sie als Werbetreibender die Möglichkeit, eine Kampagne in Ihrem Google-Ads-Konto anzulegen, die nur auf die Nutzer auf der Remarketing-Liste ausgerichtet ist. Die Werbemittel werden den Besuchern dann auf den Websites angezeigt, die sie nach Ihrer Schuh-Website aufrufen. Laut Angaben in dem offiziellen Ads-Blog von Google können im Durchschnitt 80-90 % der Nutzer einer typischen Remarketing-Liste erreicht werden.

Anzeigen für Nutzer, die auf einer Remarketing-Liste stehen, können nicht nur im Google-Display-Netzwerk ausgespielt werden. Mit sogenannten *Remarketing-Listen für Suchanzeigen (RLSA)* können Sie Remarketing-Anzeigen auch für frühere Besucher schalten, die nach ihrem Website-Besuch die Google-Suche nutzen. Besucher, die bereits auf der Website waren, können beispielsweise andere Textanzeigen sehen oder mit einer anderen Gebotsstrategie bedacht werden. Auf diese Art lassen sich also auch im Suchmaschinenmarketing neue Besucher von früheren Besuchern unterscheiden und zielgenauer ansprechen. Weitere Informationen zu Suchanzeigen erhalten Sie in Kapitel 6, »Suchmaschinenwerbung (SEA)«.

In verschiedenen Werbenetzwerken können Sie also für verschiedene Angebote (z. B. Schuhe und Accessoires) auch verschiedene Listen aus dem allgemeinen Website-Tag und Ereignis-Snippet, die auf Ihrer Website integriert sind, generieren und auf diese Art die Interessenten Ihrer Angebote sehr gezielt wieder ansprechen. Dabei müssen Sie aber ausloten, wie ausgefeilt Ihre Remarketing-Listen sind. Während sehr weit gefasste Listen eine große Reichweite erzielen, schaffen Sie mit einer detaillierteren Liste eine sehr viel gezieltere Interessentenansprache. Das hängt also ganz von Ihrem individuellen Werbeziel ab. Google empfiehlt mehrere Strategien zur Erstellung von Remarketing-Listen und Einrichtung von Remarketing-Kampagnen:

▶ ALLE BESUCHER: Mit einer solchen Liste können alle Besucher mit einer Anzeige angesprochen werden, die bereits einmal auf der Website gewesen sind – unabhängig davon, wie intensiv sie sich mit der Website beschäftigt haben.

▶ PRODUKTKATEGORIEN: Mit einer solchen detaillierteren Liste können Besucher Anzeigen aus der Kategorie erhalten, die sie sich auf Ihrer Website angeschaut haben. Vor allem bei Websites mit einem breit gefächerten Sortiment ist die Unterscheidung unterschiedlicher Remarketing-Listen nach Kategorien wichtig.

▶ BESUCHER OHNE CONVERSION: Besucher, die sich nicht entschließen konnten, auf Ihrer Website eine Conversion zu tätigen, können nach ihrem Besuch beispielsweise mit einem Rabatt beworben werden.

▶ WARENKORBABBRECHER: Besucher, die bereits etwas in den Warenkorb gelegt, die Artikel dann aber nicht gekauft haben, sind eine besonders interessante Zielgruppe.

▶ KÄUFER: Besucher, die bereits etwas gekauft haben, können mit Remarketing-Kampagnen dazu bewegt werden, ein passendes zweites Produkt zu kaufen (z. B. ein passendes Duschgel nach einem Parfumkauf).

Ähnliche Zielgruppen (»Similar Audiences«)

Die Ausrichtungsoption Ähnliche Zielgruppen basiert auf Remarketing-Listen und beinhaltet Nutzer, deren Eigenschaften denen Ihrer Website-Besucher ähneln. So können Ihre Anzeigen beispielsweise Nutzern geschaltet werden, die ähnliche Interessen haben wie bereits bestehende Website-Besucher. Listen mit ähnlichen Zielgruppen werden automatisch aktualisiert. Mit solchen »Similar Audiences« können Sie also die Reichweite Ihrer Remarkting-Kampagnen zielgerichtet und effizient erhöhen. Für die Zusammenstellung der ähnlichen Zielgruppen greift Google auf Daten von Millionen von Websites und Apps zurück. Damit eine Liste mit ähnlichen Zielgruppen generiert werden kann, muss die ursprüngliche Remarketing-Liste mindestens 5.000 Besucher enthalten.

Grundlage für das Remarketing bildet der sogenannte Verkaufstrichter, den Sie sicherlich an Ihrem eigenen Verhalten im Netz nachvollziehen können. Bildlich veranschaulicht, durchläuft ein Nutzer z. B. in einem Online-Shop verschiedene Stationen, bis er ein Produkt tatsächlich kauft. Oftmals recherchiert er zunächst, welches Angebot auf seine individuellen Bedürfnisse passt, danach wägt er unter den Optionen ab, legt dann das Produkt in den Warenkorb, und der eigentliche Kaufvorgang steht erst ganz am Ende dieser Kette. An jeder Station dieser Kette besteht für Sie als Website-Betreiber die Gefahr, den Interessenten zu verlieren.

Haben Sie Ihren Verkaufstrichter genau definiert, können Sie mit dem Remarketing für die einzelnen Stationen Remarketing-Listen anlegen und die Interessenten genau an der Stelle ansprechen, an der sie in Ihrem Verkaufstrichter ausgestiegen sind. War das beispielsweise noch im Stadium der Recherche oder bereits bei der gezielten Produktauswahl? Dahingehend können Sie Ihre Werbemittel genau abstimmen.

Nutzer auf mehreren Remarketing-Listen

Sollte ein Besucher Ihrer Website mehrere Webseiten aufrufen, die Sie mit Remarketing-Tags versehen haben, so kann der Nutzer auch mehreren Remarketing-Listen hinzugefügt werden. Dann können alle hinterlegten Anzeigen geschaltet werden. Das Werbemittel mit dem höchsten Anzeigenrang tritt für die Auktion für das Placement an.

Vorausgesetzt, das allgemeine Website-Tag und das Ereignis-Snippet sind auf Ihrer Website bereits eingebaut, können Sie die entsprechenden Einstellungen in Ihrem Google-Ads-Konto zur Erstellung einer Remarketing-Liste (Zielgruppe) folgendermaßen vornehmen. Klicken Sie in der Kopfzeile auf das Schraubenschlüssel-Symbol und im Bereich Gemeinsam genutzte Bibliothek auf den Link Zielgruppenverwaltung (siehe Abbildung 12.35).

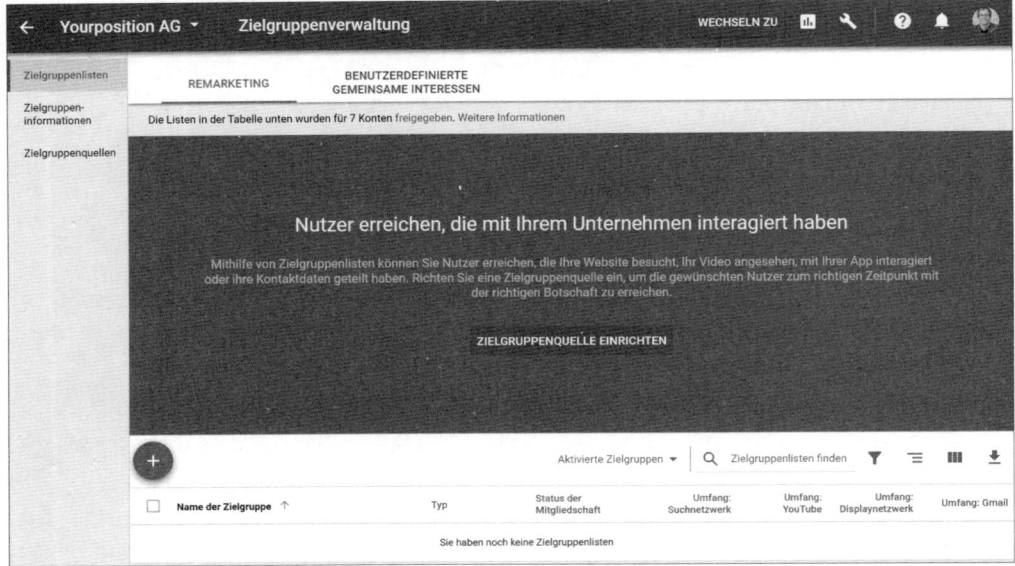

Abbildung 12.35 Anlegen neuer Zielgruppen (Remarketing-Listen) in der Zielgruppen-verwaltung von Google Ads

Dann klicken Sie auf das große Plus, um eine neue Zielgruppe (Remarketing-Liste) zu erstellen. Sie haben die Wahl, ob Sie eine neue Zielgruppe für Website-Besucher, App-Nutzer, YouTube-Nutzer oder eine Kundenliste erstellen wollen – oder aber eine benutzerdefinierte Kombination verschiedener Besucherquellen. Die Maske zur Kon-figuration einer neuen Remarketing-Liste für Website-Besucher sehen Sie in Abbil-dung 12.36. Sie sehen, dass Sie zahlreiche Möglichkeiten haben, Besuchersegmente mithilfe von Regeln genau zu definieren. Wenn Sie beispielsweise Nutzer ansprechen möchten, die Artikel in den Warenkorb gelegt, aber keinen Kauf getätigt haben, so müssen Sie zwei Regeln miteinander kombinieren. Besucher müssen eine beliebige Seite im Warenkorb aufgerufen, dürfen aber nicht die Bestätigungsseite besucht haben.

Anschließend definieren Sie Ihre Zielgruppe genauer mithilfe eines Zielgruppen-namens (z. B. Interessent im Bereich Damenbekleidung), einer Beschreibung (z. B. Nutzer, die sich Seiten im Bereich Damenbekleidung angesehen haben) und der Gül-tigkeitsdauer (z. B. 30 Tage). Mit der Gültigkeitsdauer legen Sie fest, wie lange einem Nutzer nach dem Besuch Ihrer Website Remarketing-Anzeigen gezeigt werden. Sie sollten die Gültigkeitsdauer an die Dauer der Kaufentscheidung anpassen. Wenn Sie Autos verkaufen, sollte die Gültigkeitsdauer deutlich länger sein als beim Verkauf von Kinokarten. Die maximale Gültigkeitsdauer zur Schaltung von Anzeigen im Google-Display-Netzwerk beträgt 540 Tage. Indem Sie auf ZIELGRUPPE ERSTELLEN klicken, speichern Sie die Liste und gelangen wieder zurück auf die Übersicht all Ihrer Zielgruppen.

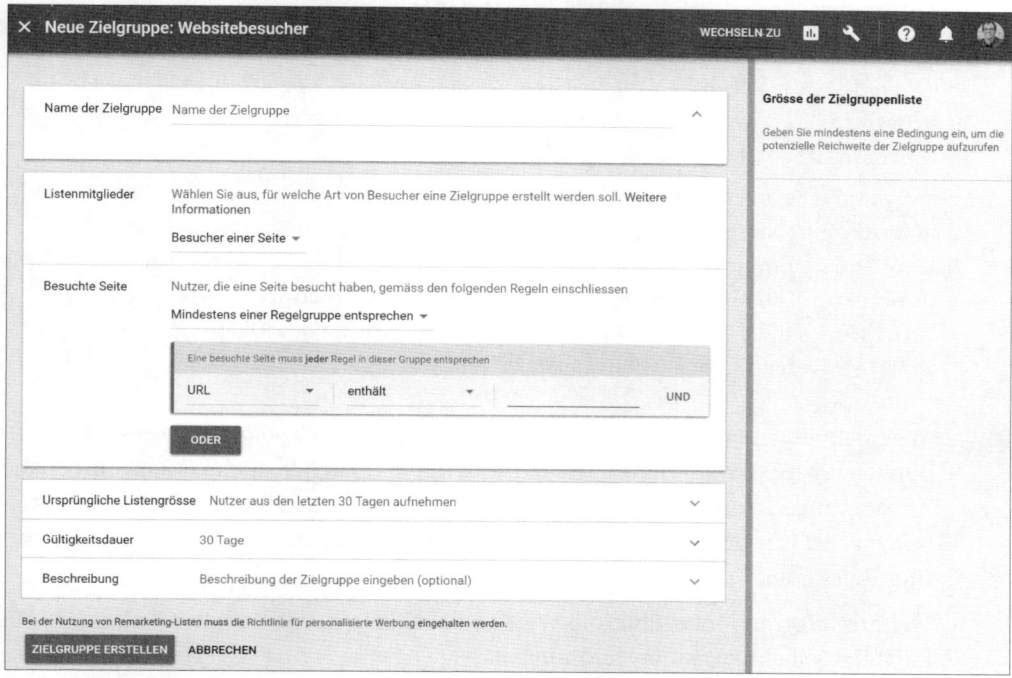

Abbildung 12.36 Neue Zielgruppe (Remarketing-Liste) konfigurieren im Google-Ads-Konto

Während es keine Höchstgrenze für eine Liste gibt, sollte sie jedoch mindestens 100 Nutzer (Cookie-IDs) enthalten, bevor eine Text- oder Display-Anzeige für diese Liste im Google-Display-Netzwerk geschaltet wird. Für die Schaltung von Remarketing-Anzeigen in der Google-Suche (RLSA) sind mindestens 1.000 Cookie-IDs notwendig.

> **Dynamisches Remarketing**
>
> Mithilfe von Remarketing können Sie zielgenau Anzeigen für Nutzer schalten, die Ihre Website schon einmal besucht haben. *Dynamisches Remarketing* geht darüber hinaus: Frühere Besucher sehen nicht nur statische Banner der besuchten Website, sondern Anzeigen, die explizit auf diejenigen Inhalte eingehen, die der jeweilige Nutzer sich angeschaut hat. Sie kennen das vielleicht: Nachdem Sie sich einen blauen Mantel in einem Online-Shop angeschaut haben, sehen Sie in den darauf folgenden Tagen immer wieder Anzeigen des besagten Shops, die genau diesen blauen Mantel und andere ähnliche oder ergänzende Produkte zeigen.
>
> Dynamisches Remarketing ist für viele verschiedene Unternehmenstypen mit dynamischen Inhalten verfügbar (Bildung, Flüge, Hotels, Immobilien, Einzelhandel etc.).

und geht mit zusätzlichen technischen Anforderungen einher. So muss ein sogenannter *Feed* erstellt werden, der all Ihre Produkte oder Dienstleistungen enthält
und dynamisch aktualisiert wird. Im Remarketing-Tag müssen darüber hinaus benutzerdefinierte Parameter über den individuellen Website-Besuch ergänzt werden.
Schließlich müssen Sie dynamische Anzeigen erstellen, die sich für jeden Website-
Besucher neu zusammensetzen – abhängig davon, welche Inhalte er sich auf Ihrer
Website angeschaut hat.

Dynamisches Remarketing ist effizient und führt häufig zu hohen Konversionsraten.
Die technische Umsetzung ist aber anspruchsvoll. Google unterstützt Werbetreibende
mit einem umfangreichen Leitfaden, den Sie unter *support.google.com/google-ads/
answer/6077124?hl=de* finden. Wir empfehlen Ihnen, in Zweifelsfällen den Rat eines
Google Partners in Anspruch zu nehmen. Eine vollständige Übersicht über Google
Partner finden Sie unter *www.google.de/partners/*.

Abgerechnet wird entweder per Klick (Cost-per-Click, CPC) oder pro tausend Einblendungen (Cost-per-Mille, CPM). Wie bei anderen Kampagnen auch können Sie genaue
Ausrichtungen vornehmen, so z. B. die geografische Ausrichtung, Tageszeiteinstel-
lungen und Frequency Capping. Auch die gängigen Berichte werden beim Remarketing angeboten.

Weitere Informationen über die Werbemöglichkeiten mit Google Ads lesen Sie in
Kapitel 6, »Suchmaschinenwerbung (SEA)«.

12.2 Display-Marketing to go

▶ Display-Marketing (Bannermarketing) zählt zu den ältesten Werbeformen im
Netz und ist vergleichbar mit Werbeanzeigen in Printmedien.

▶ Es gibt verschiedene Bannerformate. Zum besseren Einsatz in der Praxis haben sich
jedoch Standardwerbeformate etabliert. Darüber hinaus gibt es eine Vielzahl von
Bannerarten, beispielsweise statische, animierte, interaktive oder dynamische Banner. Das Google-Display-Netzwerk unterstützt bei der Erstellung responsiver Anzeigen, die automatisch in den gängigsten Formaten und für verschiedene Geräte
generiert werden.

▶ Neben dem häufig eingesetzten TKP-Abrechnungsmodell, Tausender-Kontakt-
Preis, auch *Cost-per-Mille (CPM)* genannt, bestehen weitere leistungsabhängige
Vergütungsmodelle, wie beispielsweise das sogenannte *Cost-per-Click* (CPC),
wobei jeder Klick auf das Werbemittel abgerechnet wird.

▶ Die Aussteuerung von Werbebannern kann über Adserver vorgenommen werden,
aber auch das Werbeprogramm Google Ads bietet Möglichkeiten, Werbebanner
über das Google-Display-Netzwerk auf anderen Websites zu platzieren. Online-

Media-Agenturen kümmern sich häufig um die Planung und Aussteuerung von Bannerkampagnen.

▶ Größere Werbetreibende steuern Ihre Anzeigen heute »programmatisch« aus. Werbeflächen werden in Echtzeit nach dem Auktionsprinzip versteigert (*Real Time Bidding*). Ein häufig verwendetes Tool ist die Google Marketing Plattform.

▶ Für den Erfolg einer Bannermarketingkampagne spielt die Ausrichtung auf die Zielgruppe eine wichtige Rolle. Werden die Banner auf Websites integriert, die von der Zielgruppe besucht werden, und passen sie thematisch zu deren Interessengebiet? Diese Kriterien sollten bei der Auslieferung auf jeden Fall berücksichtigt werden.

▶ Daneben existiert allein im Google-Display-Netzwerk eine Vielzahl anderer Ausrichtungsmethoden, die sich miteinander kombinieren lassen. Abhängig von den Zielen Ihrer Kampagne sollten Sie sich genau überlegen, welche Targeting-Möglichkeiten Sie einsetzen.

▶ Per Klick auf ein Banner gelangt der Interessent auf eine Landing Page, die vom Werbetreibenden gut ausgewählt werden sollte. Werbemittel und Zielseite sollten immer aufeinander abgestimmt sein.

▶ Wichtige Kennzahlen innerhalb des Bannermarketings sind die Klickrate, die Konversionsrate und die Anzahl an Impressions, die ein Banner erreicht. Als Werbetreibender sollten Sie derartige Kennzahlen stets im Auge behalten und analysieren, um den Erfolg messen zu können.

▶ Remarketing ist eine besondere Möglichkeit der Aussteuerung von Kampagnen. Hierbei werden Nutzer erneut angesprochen, die eine Website bereits besucht haben.

Wenn Sie sich nun entschlossen haben, Ihr Angebot via Bannerkampagne zu bewerben, soll unsere kurze Checkliste helfen, wichtige Fehler zu vermeiden und grundlegende Dinge zu berücksichtigen. Die Checkliste kann jedoch nur einige wichtige Punkte abklopfen und keine vollständige Überprüfung gewährleisten.

12.3   Checkliste Display-Marketing

Haben Sie sich genau überlegt, welches Bannerformat für Ihre Werbekampagne am geeignetsten ist? Starten Sie am besten mit der Erstellung von responsiven Anzeigen im Google-Display-Netzwerk.	
Haben Sie sowohl statische als auch dynamische, animierte oder interaktive Banner in Betracht gezogen? Es ist durchaus sinnvoll, die Entscheidung auf Grundlage von Testergebnissen zur Bannerleistung zu fällen.	

Tabelle 12.3 Checkliste für das Display-Marketing

Ist Ihr Banner inhaltlich auf Ihre Zielgruppe abgestimmt?	
Haben Sie eine geeignete Zielseite (Landing Page) für Ihre Werbebanner gewählt, und sind Werbemittel und Landing Page aufeinander abgestimmt?	
Haben Sie verschiedene Werbenetzwerke für Ihre Banner in Betracht gezogen und die für Sie passendsten eruiert (z. B. Vermarkter, Affiliate-Netzwerke, Google-Display-Netzwerk)?	
Wenn Sie das Display-Netzwerk von Google verwenden: Haben Sie die für Sie passende Ausrichtungsmethode gewählt und sinnvolle Kombinationen gebildet?	
Haben Sie bei der Verwendung des Display-Netzwerks von Google sinnvolle Ausschlusskriterien definiert?	
Haben Sie ein passendes Abrechnungsmodell für die Bannerschaltung festgelegt?	
Besteht die Möglichkeit der Erfolgskontrolle durch genaues Tracking der Werbemittel, z. B. durch Messung der CTR?	
Haben Sie weitestgehend überprüft, in welchem Umfeld Ihre Werbebanner ausgeliefert werden, ob sie dem Betrachter einen Mehrwert bieten und auf seine Bedürfnisse abgestimmt sind?	
Aktualisieren Sie Ihre Werbemittel regelmäßig, z. B. bei neuen Sortimenten, Tarifen und Sonderaktionen?	
Optimieren Sie Ihre Werbemaßnahmen auf Grundlage der gemessenen Zahlen?	

Tabelle 12.3 Checkliste für das Display-Marketing (Forts.)

Kapitel 13
Affiliate-Marketing

*»In Partnerschaften muss man sich manchmal streiten,
denn dadurch erfährt man etwas mehr voneinander.«*
– Johann Wolfgang von Goethe

Auf die richtigen Fragen kommt es an. Das könnte sich auch Jeff Bezos, der Gründer des Online-Shops *amazon.com*, gedacht haben, als er auf einer Cocktailparty 1997 mit einer Frau sprach. Diese stellte ihm die aus heutiger Sicht wichtige Kernfrage: Ob es nicht möglich sei, Bücher, die thematisch zu den Inhalten ihrer Website passen, direkt dort zu verkaufen. Nur ein Jahr später war aus der einstigen Frage ein Geschäftsmodell gewachsen, und Amazon konnte mit 60.000 Partnern aufwarten, die auf ihren Websites Bücher bewarben. Dieses Online-Vermarktungsnetzwerk ist einer der Gründe für die Bekanntheit und auch den Erfolg des Online-Shops.

Inzwischen ist das sogenannte *Affiliate-Marketing* weiter ausgefeilt und ein durchdachtes Prinzip der Vermarktung im Netz. Der Begriff *Affiliate* kommt aus dem Englischen (*to affiliate*) und steht für *sich angliedern* bzw. *sich anschließen*. Auf den folgenden Seiten werden wir Ihnen die Funktionsweise und Vergütungsmodelle des Affiliate-Marketings näherbringen, Skalierungs- und Tracking-Möglichkeiten vorstellen und abschließend einen Blick auf die Marktentwicklung werfen.

13.1 Funktionsweise – wer profitiert wie?

Wir steigen anschaulich in die Thematik ein und nehmen einmal an, der fiktive Klaus betreibt einen Online-Shop und verkauft Autoreifen. Sein Bekannter Hans besitzt ebenfalls eine Website, nämlich ein gut besuchtes Blog für Autofans. Nun fragt Klaus seinen Freund Hans, ob er nicht auf dem Blog Werbung für seine Autoreifen integrieren könne. Hans willigt ein und erhält von Klaus eine Vermittlungsprovision, sobald dieser Autoreifen an Kunden verkauft, die über sein Blog kamen. Hinzu kommt Peter, der sich bereit erklärt, die Organisation dafür in die Hand zu nehmen.

Dieses beispielhafte Szenario ist in aller Einfachheit das Prinzip von Affiliate-Marketing. Im Fachjargon nimmt Klaus die Position des Werbetreibenden (*Merchant* bzw. *Advertiser*) ein, während Hans ein Affiliate, also ein Partner, ist und auch als *Publisher* bezeichnet wird, da er Inhalte und die Werbung von Klaus über seine Websites veröffentlicht. Er hat über sein Blog den direkten Kontakt zu den (potenziellen) Endkunden. Der Merchant wählt in der Regel thematisch passende kommerzielle und private Websites aus, um dort Werbung zu veröffentlichen. Die Affiliates übernehmen quasi den Vertrieb für den Merchant, der dafür entsprechende Werbemittel zur Verfügung stellt (siehe Abbildung 13.1).

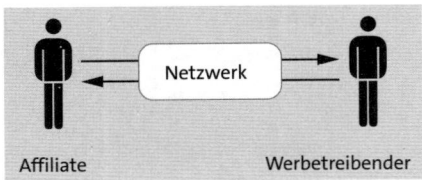

Abbildung 13.1 Funktionsweise des Affiliate-Marketings

Peter steht zwischen Klaus und Hans und regelt beispielsweise den Werbemittelaustausch und die Vergütung. In der Praxis wird dieser Part von sogenannten *Affiliate-Netzwerken* übernommen, die wir in Abschnitt 13.1.1, »Affiliate-Netzwerke – die Unparteiischen«, detaillierter beschreiben.

Klickt nun ein Besucher auf der Website eines Affiliates (in unserem Beispiel auf Hans' Autoblog) auf ein Werbemittel (z. B. ein Autoreifenbanner von Klaus), dann wird er zur Seite des Merchants weitergeleitet (zu Klaus' Website). Wenn der Interessent nun ein Produkt kauft bzw. auf dieser Website eine gewünschte Aktion durchführt, wird der Affiliate dafür mit einer Provision belohnt (Klaus gibt Hans einen Anteil seines erwirtschafteten Umsatzes).

Um diese Provisionszahlung sauber abzuwickeln, wird ein sogenannter *Affiliate-Link* mit individuellen und eindeutigen Parametern eingesetzt, der mit dem Werbemittel verknüpft ist. Somit kann genau zugeordnet werden, dass der Besucher bzw. Käufer über die Seite des Affiliates eingestiegen ist (dieser Link hat jedoch keinerlei Wirkung auf die Suchmaschinenoptimierung des Merchants). Diese Organisation läuft in der Regel über ein Affiliate-Netzwerk (in unserem Beispiel ist das Peter). In Abbildung 13.2 ist der Ablauf exemplarisch dargestellt.

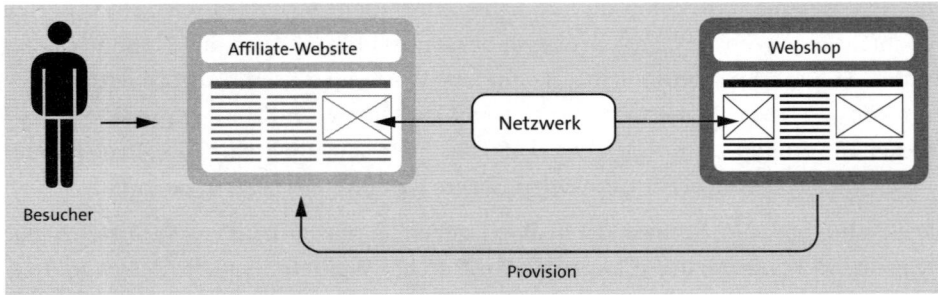

Abbildung 13.2 Ablauf im Affiliate-Marketing

Wer profitiert also wie?

▶ Der *Merchant* hat die Möglichkeit, seine Produkte und Dienstleistungen auf vielen anderen thematisch passenden Websites zu veröffentlichen. Er muss nur dann eine Provision bezahlen, wenn auch Besucher über ein Werbemittel auf seine Website gelangen, und trägt damit wenig Risiko (mehr zu Vergütungsmodellen lesen Sie in Abschnitt 13.1.4, »Vergütungsmodelle im Affiliate-Marketing«). Durch eine zielgenaue Auswahl der Affiliates können Streuverluste reduziert und potenzielle Interessenten angesprochen werden. Ein Merchant kann mehrere Partnerprogramme führen, beispielsweise wenn ein Reiseanbieter verschiedene Angebote (z. B. Flug-, Schiffs- und Autoreisen) bewerben möchte.

▶ Der *Affiliate* veröffentlicht Werbemittel auf seiner Website. Er bietet damit seinen Besuchern einen Mehrwert (sofern die Werbemittel thematisch zum Inhalt der Website passen) und erhält eine Provision, sobald die Benutzer auf der Merchant-Website eine gewünschte Aktion durchführen. Dies kann eine nicht zu vernachlässigende Einnahmequelle für Website-Betreiber darstellen. Es gibt beispielsweise einige Blogs, die sich ausschließlich über per Affiliate-Marketing ausgesteuerte Bannerwerbung finanzieren. Auch ist das Risiko für den Affiliate gering, da er weder eine Investition zu Beginn leisten noch für die Teilnahme an Partnerprogrammen bezahlen muss. Der Affiliate muss allerdings, auch wenn er kein Geld mit der Einblendung von Merchant-Werbemitteln verdient, dies beim Finanzamt anmelden, da er potenziell Gewinn erzielen kann. In Abschnitt 18.1, »Affiliate-Marketing als Publisher« zeigen wir Ihnen weitere Praxisbeispiele, wie Sie über Affiliate-Marketing Umsätze generieren können.

13

Es muss nicht immer die Website sein

Klassischerweise werden die Werbemittel des Merchants auf der Website des Affiliates integriert. Es besteht darüber hinaus die Möglichkeit, Werbemittel in Newslettern oder über andere Kanäle zu integrieren. Zum Beispiel im E-Mail-Marketing kann ein Newsletter an eine passende Zielgruppe ausgesendet werden und hat das Potenzial für einen Affiliate, gute Erfolge zu erzielen.

Auch innerhalb der Suchmaschinenwerbung können Affiliates aktiv werden, sofern dieser Kanal nicht vom Merchant ausgeschlossen oder nur eingeschränkt erlaubt ist (in der Regel wird ausgeschlossen, den Markennamen als Keyword zu verwenden). Wenn Sie Affiliate-Marketing betreiben möchten, raten wir Ihnen dazu, Suchmaschinenwerbung für Affiliates vollständig auszuschließen. Der Affiliate darf Anzeigen für eigene Websites schalten, auf denen die Merchant-Produkte beworben werden und einen Besucher per Klick zur Seite des Anbieters führen. Eine Direktverlinkung von Anzeigen zur Merchant-Website ist in den meisten Fällen untersagt.

▶ Das Affiliate-Netzwerk übernimmt die Organisation zwischen Merchant und Affiliate. Dies betrifft z. B. die Auswahl der Affiliates, die Werbemittel, das Tracking und die Abwicklung der Provisionsvergütung. Für diese Leistungen zahlt der Merchant neben einer Einrichtungsgebühr in der Regel eine umsatzgebundene Provision.

▶ Der Benutzer merkt von diesem ganzen Ablauf im Normalfall nichts. Er besucht Websites und klickt bei Interesse auf Werbemittel. Er profitiert dann, wenn Werbemittel und Content optimal aufeinander abgestimmt sind und seinen Bedürfnissen entsprechen.

13.1.1 Affiliate-Netzwerke – die Unparteiischen

Kommen wir nun in unserem Eingangsbeispiel zu Peter bzw. zu den Affiliate-Netzwerken (die auch als *Affiliate Service Provider*, kurz *ASP*, bezeichnet werden). Man kann Affiliate-Marketing prinzipiell auch ohne ein zwischengeschaltetes Affiliate-Netzwerk betreiben, in der Praxis greifen viele Merchants aber darauf zurück. Einer der Hauptgründe liegt darin, dass es eine Vielzahl von möglichen Affiliates gibt, die es vermeiden, an diversen einzelnen Partnerprogrammen teilzunehmen, da dies einen enormen Abwicklungsaufwand darstellen würde. Die Netzwerke hingegen fassen die Programme zusammen und ermöglichen die Abwicklung aus einer Hand. Sie vermitteln Affiliates und bewerben die einzelnen Programme innerhalb ihres Netzwerks. Vorteilhaft für die Merchants ist also nicht nur eine Vielzahl von Partnerprogrammen, sondern auch der Service und ein zentraler Ansprechpartner für verschiedene Partnerprogramme.

Die andere Seite der Medaille sind allerdings die Kosten: Für die Infrastruktur, den Werbemittelaustausch, das Tracking und die Provisionsausschüttung haben die Affiliate-Netzwerke ihren Preis. Der liegt bei den kleineren Netzwerken bei etwa einigen Hundert Euro. Die größeren Affiliate-Netzwerke veranschlagen eher eine Einrichtungsgebühr im Rahmen von 3.000 bis 5.000 €. Gelegentlich sind auch monatliche Fixgebühren fällig, die die Merchants aufbringen müssen. Des Weiteren nehmen die Netzwerke üblicherweise eine umsatzabhängige Provision, die etwa 30 % der Affiliate-Provision ausmacht. Für Affiliates ist die Teilnahme in der Regel kostenlos.

Inzwischen hat sich im deutschsprachigen Raum das große Netzwerk Awin (*www.awin.com*) etabliert. Die Firma Awin entstand aus der Fusion der Netzwerke Zanox und Affiliate Window. Zudem wurde 2017 das deutsche Netzwerk affilinet von Awin zugekauft und 2018 komplett integriert. Es gibt aber auch Spezialnetzwerke, die sich primär mit einem bestimmten Thema befassen. Während die größeren Netzwerke eine breite Masse an Partner-Websites bündeln, visieren die Spezialnetzwerke eine bestimmte Zielgruppe zu einem speziellen Thema an. Bei der Wahl eines Affiliate-

Netzwerks sollten Sie unbedingt darauf achten, dass es zu Ihrem Thema passende Programme gibt, und genügend Zeit in die Auswahl investieren. Mit einer Vielzahl von passenden Affiliates erzielen Sie eine gewisse Reichweite. Jedoch sind einige Netzwerke inzwischen sehr wählerisch, was neue Anbieter betrifft.

Auf der Website von *100partnerprogramme.de* erhalten Sie eine Übersicht der aktuellen Affiliate-Netzwerke und einzelner Partnerprogramme. Haben Sie sich für ein Netzwerk entschieden, müssen Sie sich bei diesem anmelden bzw. bewerben, egal ob Sie als Merchant oder als Affiliate auftreten. Sobald Sie zugelassen wurden, heißt es als Affiliate, das entsprechende Partnerprogramm mit den passenden Werbemitteln auszuwählen und sich zu bewerben. Werden Sie für das Partnerprogramm freigeschaltet, müssen Sie den Werbemittel-Code in die Website implementieren. Damit ist die Vorbereitung abgeschlossen. Affiliates haben die Möglichkeit, sich bei verschiedenen Partnerprogrammen zu bewerben. Wir raten Ihnen, die Erfolgsstatistiken zu analysieren, Optimierungsmaßnahmen vorzunehmen (z. B. Werbemittel auszutauschen) und die Provisionsvergütung zu überprüfen.

Die Auszahlungsgrenze

Ein Großteil der Affiliate-Netzwerke arbeitet mit einer sogenannten *Auszahlungsgrenze*. Damit ist ein Betrag von beispielsweise 20 oder 50 € gemeint, der zunächst per Provision von einem Affiliate erzielt werden muss, bevor die Provision ausgezahlt wird. Provisionen aus verschiedenen Partnerprogrammen werden dabei zusammengezählt.

Je nachdem, welches Affiliate-Netzwerk zum Einsatz kommt, können Merchants ihr Partnerprogramm genau beschreiben und interessierten Affiliates wichtige Informationen mitteilen. Eine beispielhafte Programmbeschreibung sehen Sie in Abbildung 13.3. So können Merchants die Vorteile ihres Angebots herausstellen, die Vergütungsweise erläutern, Informationen zu Tracking-Methode und Cookie-Laufzeit liefern, Werbemittel darstellen und gegebenenfalls Aktionen ankündigen.

Das älteste und bekannteste Affiliate-Programm ist das Partnerprogramm von Amazon. Sie finden das Amazon PartnerNet über den Link PARTNERPROGRAMM am Ende der Amazon-Startseite oder können es über die URL *partnernet.amazon.de* aufrufen (siehe Abbildung 13.4).

Nach der kostenlosen Anmeldung können Sie sehr einfach Tracking-Links erzeugen und in Ihre Website integrieren. Amazon bietet diverse Werbemittel und auch die Möglichkeit, einen Shop mit ausgewählten Produkten zu integrieren, dessen Layout anpassbar ist. Sobald Benutzer über Amazon-Platzierungen auf Ihrer Website einen Kauf bei Amazon tätigen, erhalten Sie eine Provision.

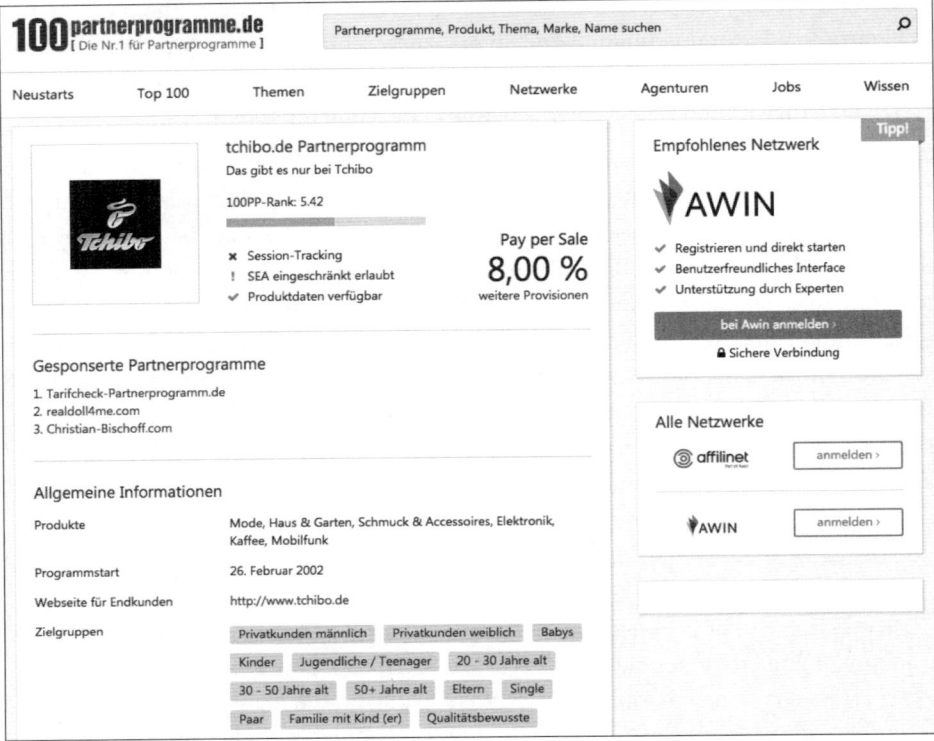

Abbildung 13.3 Beispiel für eine Partnerprogrammbeschreibung von Tchibo bei »100partnerprogramme.de«

Auch der Suchmaschinenriese Google ist auf diesem Gebiet nicht untätig. Wenn Sie sich für das Werbeprogramm Google Ads angemeldet haben und somit als Merchant auftreten, können Sie, wie in Abschnitt 12.1.8, »Bannermarketing mit dem Display-Netzwerk von Google«, beschrieben, über das sogenannte Display-Netzwerk Anzeigen auf anderen Websites buchen. Die Affiliates, die an diesem Programm teilnehmen, verwenden dafür Google *AdSense* (*www.google.de/adsense*). Dafür registriert der Affiliate seine Website und legt Werbemittel fest, die auf seiner Internetpräsenz geschaltet werden können. Der Affiliate kann die Werbeeinblendungen bis zu einem gewissen Grad an das Layout seiner Seite anpassen. Technisch muss der Publisher einen Codeschnipsel auf seiner Website integrieren, über den Google dann passende Werbung ausliefert. Möglich ist auch die Implementierung der Google-Suche auf der Affiliate-Website. Die Suchergebnisse erhalten auch dort Anzeigen, von denen der Publisher profitiert, sobald sie von Besuchern angeklickt werden. Klicken Sie jedoch nie selbst auf derartige Anzeigen, da dies den Ausschluss aus dem Werbeprogramm zur Folge haben kann. Mehr zum Thema AdSense lesen Sie in Abschnitt 18.2, »Google AdSense«.

Abbildung 13.4 Das Partnerprogramm von Amazon

Juristisch betrachtet, gibt es in der Dreieckskonstellation zwischen Merchant, Affiliate und Netzwerk ein vertragliches Übereinkommen zwischen Advertiser und Netzwerk und eines zwischen Publisher und Netzwerk.

13.1.2   Werbemittel – wie kann geworben werden?

Wie schon beschrieben, stellt der Merchant dem Affiliate Werbemittel zur Verfügung. Diese können ganz unterschiedlicher Art sein. Generell lässt sich sagen, dass ein großer Pool an Werbemitteln für Affiliates attraktiver ist und sie das passendste Werbemittel für Ihre Website auswählen können. Besonders geläufige Werbemittel sind die im Folgenden beschriebenen, diese Liste ist jedoch nicht vollständig, da es noch eine Vielzahl an Sonderformaten und speziellen Werbemitteln gibt:

▶ **Banner**: Ein klassisches Werbemittel ist das Banner. Merchants können Banner in verschiedenen Varianten zur Verfügung stellen. Details zu Bannergrößen, -arten und -funktionen lesen Sie in Abschnitt 12.1, »Präsenz im Netz – gelungenes Bannermarketing«. Neben den Standardformaten können Sonderformate zum Einsatz kommen.

▶ **HTML-Textlinks**: Diese Textlinks sind vorformulierte Phrasen, die das beworbene Angebot beschreiben. Sie sind in den Content der Affiliate-Website integriert und leiten den klickenden Besucher per Affiliate-Link auf die Merchant-Website.

▶ **Videos**: Auch Video Ads können als Werbemittel innerhalb eines Affiliate-Programms verwendet werden.

▶ **Widgets**: Diese Applikationen bieten die Möglichkeit, vor der Weiterleitung zur Merchant-Website eine Interaktion vom Benutzer zu verlangen, beispielsweise eine Produktauswahl, wenn es sich um einen Online-Shop handelt.

Jedoch ist ein Partnerprogramm kein Selbstläufer, der – einmal aufgesetzt – nur Profit abwirft. Partnerprogramme und die Teilnahme an ihnen erfordern sowohl auf der Merchant- als auch auf der Affiliate-Seite unbedingt Betreuungs- und Controlling-Aufwand. Gerade werbetreibende Unternehmen sollten einen Mitarbeiter mit der Betreuung des Affiliate-Programms beauftragen.

Agenturen

Einige Unternehmen und Website-Betreiber übergeben das Affiliate-Marketing an spezielle Affiliate-Marketing-Agenturen, denn allein mit der Anmeldung bei einem Affiliate-Netzwerk und dem Einstellen eines Partnerprogramms (als Merchant) ist es nicht getan. Agenturen entwickeln beispielsweise ein Partnerprogramm, pflegen und optimieren es, halten die Werbemittel auf dem aktuellen Stand und überprüfen die Einhaltung der Vereinbarungen durch die Affiliates. Sie pflegen den Kontakt zu den Publishern und werben neue, thematisch passende Affiliates. Darüber hinaus geben sie nach Überprüfung Provisionen frei, gleichen mögliche Dubletten ab und kontrollieren, ob möglicherweise Betrugsversuche vorliegen.

Sollten Sie keine Agentur für Ihr Affiliate-Marketing beschäftigen, legen wir Ihnen folgende Tipps ans Herz, die Sie bei der Partnerbetreuung berücksichtigen sollten:

▶ Werben Sie für Ihr Partnerprogramm beispielsweise über Pressemeldungen, Foren und Blogs, und informieren Sie entsprechend auf Ihrer eigenen Website.

▶ Sprechen Sie potenzielle Affiliates aktiv direkt an, und pflegen Sie den regelmäßigen und wenn möglich persönlichen Kontakt zu Ihren Partnern.

▶ Bieten Sie attraktive und transparente Vergütungsmodelle und einen professionellen und vielfältigen Pool an Werbemitteln, den Sie regelmäßig aktualisieren.

▶ Unterbreiten Sie gerade Ihren Top-Affiliates (nach dem *Paretoprinzip* machen nur einige wenige Affiliates den Großteil des Umsatzes aus) individuelle Konditionen.

▶ Kommunizieren Sie Ihren Partnern, welche Werbemittel besonders gut funktionieren.

▶ Beobachten Sie sowohl Ihre Wettbewerber als auch Ihre Statistiken regelmäßig, um eventuelle Betrugsversuche schnell aufzuspüren und gegen sie einzuschreiten.

13.1.3   Tracking – wie wird Erfolg gemessen?

Mithilfe von genauem Tracking kann der Erfolg eines Partnerprogramms gemessen werden. Das Ziel ist, Affiliates und Merchant sowie die Handlungen des Besuchers (bei Shops auch die Transaktion) exakt einander zuordnen zu können. Diese Erfolgsmessung ist also für alle Parteien des Affiliate-Marketings von Bedeutung, da daran auch die Provisionsvergütung geknüpft ist. In der Praxis existieren diverse Tracking-Methoden, die wir nun genauer unter die Lupe nehmen.

Cookie-Tracking

Das Cookie-Tracking ist ein sehr prominentes und häufig verwendetes Tracking-Verfahren. Das Cookie wird beim Besuch einer Website auf dem Rechner des Besuchers gespeichert (man spricht hier auch von *clientseitiger Speicherung*).

Die Textdatei (das Cookie) enthält Informationen über den Besucher und dessen Verhalten. Hier werden im Affiliate-Marketing auch Informationen des Affiliates, z. B. die Affiliate-ID, gespeichert. Kauft der Besucher nun etwas auf der Merchant-Website oder führt er eine gewünschte Handlung aus, kann dies dem Affiliate zugeordnet werden. Ruft der Benutzer die Website zu einem späteren Zeitpunkt erneut auf, kann er mithilfe des gespeicherten Cookies identifiziert werden. Auf diese Weise können auch Käufe provisioniert werden, die zu einem späteren Zeitpunkt durchgeführt werden. Für Affiliates ist das ein klarer Pluspunkt, da viele Benutzer keine Spontankäufer sind und sich oftmals zunächst über diverse Quellen informieren, bevor sie ein Produkt letztendlich kaufen.

> **Cookies**
>
> Mit Cookies sind keine Kekse gemeint, sondern vielmehr eine Information, die bei einem Website-Besuch im Browser des Nutzers gespeichert wird. Man unterscheidet dabei Cookies, die für einen definierten Zeitraum (oftmals werden hier 30 Tage definiert) gespeichert werden, oder Cookies, die permanent gespeichert werden (was seltener der Fall ist, aber bei einer *Lifetime-Provisionierung* zur Anwendung kommt).

Cookies sind eine viel diskutierte Thematik, was beispielsweise den Datenschutz und den gläsernen Kunden betrifft. Sie können die Verwendung von Cookies an Ihrem Rechner überprüfen und ändern. Im Firefox-Browser gehen Sie dazu auf EINSTELLUNGEN • DATENSCHUTZ & SICHERHEIT • EINZELNE COOKIES (siehe Abbildung 13.5). In anderen Browsern funktioniert dies ähnlich. Dort können Sie beispielsweise den Speicherzeitraum ändern, Cookies akzeptieren oder ablehnen und Cookies löschen.

Die Möglichkeit für Benutzer, Cookies zu löschen, kann als nachteilig für das Tracking angesehen werden, denn wenn Cookies gelöscht oder nicht akzeptiert werden, funktioniert das Tracking nicht. Jedoch akzeptiert ein Großteil der Internetnutzer die Cookies.

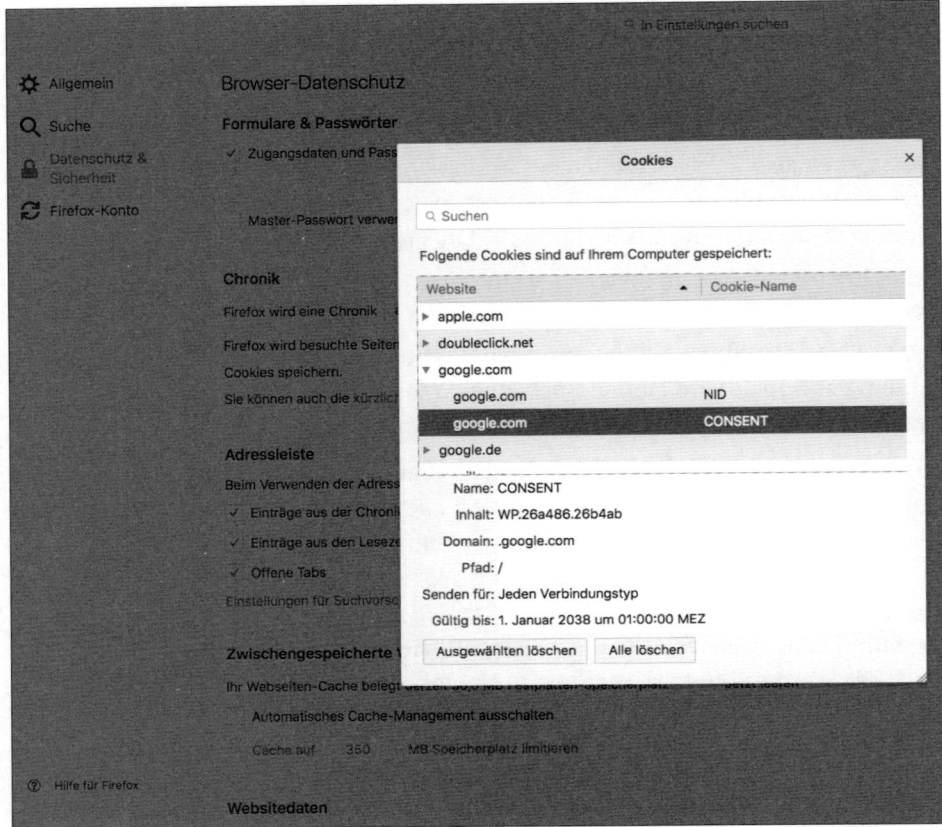

Abbildung 13.5 Cookie-Einstellungen in Mozilla Firefox

Einige weitere Tracking-Methoden, die unter anderem Erwin Lammenett in seinen Publikationen beschreibt, erklären wir im Folgenden.

Device-Tracking

Bei dieser Tracking-Methode werden unterschiedliche Daten des Users zu einem eindeutigen Profil zusammengesetzt und gespeichert. Beim späteren Einkauf wird dieser Prozess exakt so wiederholt. Werden zwei identische Profile aufgezeichnet, ist der beteiligte Publisher identifiziert und erhält die Provision.

Je nach Technologie des Partnerprogramms können bei dieser Vorgehensweise auch Conversions erfasst werden, bei denen die Browsereinstellungen das Setzen von Cookies untersagen oder Cookies vom User gelöscht wurden. Analog zum neuen Google-Analytics-Standard *Universal Analytics* ist diese Tracking-Methode vor allem interessant, da es hierdurch möglich wird, Besucher über verschiedene Endgeräte (Smartphone, Tablet, Desktop-PC) und Anwendungen (Website, App) hinweg zu identifizieren. Mehr zu Universal Analytics lesen Sie in Kapitel 10, »Web-Analytics«.

URL-Tracking

Diese Tracking-Vorgehensweise ist recht simpel. Die Affiliate-ID und gegebenenfalls weitere Parameter werden im HTML-Code hinterlegt. Beim Aufrufen der Website wird die ID (und weitere Parameter) Teil der URL, was wie folgt aussehen kann: https://*www.merchant-website.de/?affiliate-ID=12345*.

Damit ist der erste Teil der URL die Zielseite des Merchants und der zweite Teil (ab dem Fragezeichen) die Zuweisung des Affiliates. Durch &-Zeichen können weitere Variablen übermittelt und ein Affiliate genau identifiziert werden. Während dieses Verfahren unabhängig von individuellen Browsereinstellungen ist, kann jedoch keine Aktion vergütet werden, die zu einem späteren Zeitpunkt durchgeführt wird.

Datenbank-Tracking

Bei dieser Tracking-Methode werden die einzelnen Parameter wie die Affiliate-ID und die Kunden-ID in einer Datenbank gespeichert. Weitere Käufe oder gewünschte Handlungen des Benutzers zu späteren Zeitpunkten können somit direkt zugeordnet und vergütet werden. Dieses Verfahren bietet sich also dann an, wenn absehbar ist, dass Benutzer ein Produkt oder Angebot nicht direkt beziehen oder wenn Lifetime-Provisionen angedacht sind. Für neue Affiliates, die an einem Partnerprogramm teilnehmen, kann dies jedoch nachteilig sein, wenn Benutzer schon mit einer ID einem anderen Affiliate zugeordnet sind.

Session-Tracking

Besucht ein Nutzer eine Merchant-Website, wird bei diesem Verfahren automatisch eine *Session* (Sitzung) eröffnet und eine *Session-ID* angelegt.

Technisch gesehen, kann diese Session-ID per GET-Methode über die URL oder POST-Methode über versteckte Formularfelder (*hidden fields*) übermittelt werden. Transaktionen oder gewünschte Benutzerhandlungen werden dieser Session zugewiesen, ebenso wie der entsprechende Affiliate. Führt nun der Benutzer eine gewünschte Handlung durch (wie beispielsweise einen Produktkauf), kann dies dem entsprechenden Affiliate zugeordnet und vergütet werden (siehe Abbildung 13.6).

Die Session ist in der Regel so lange aktiv, bis der Browser neu gestartet wird. Das bedeutet im Umkehrschluss aber auch, dass nur Aktionen vergütet werden, die direkt und innerhalb der Session getätigt werden. Dieses Tracking-Verfahren ist jedoch auch bei deaktivierten Cookies möglich.

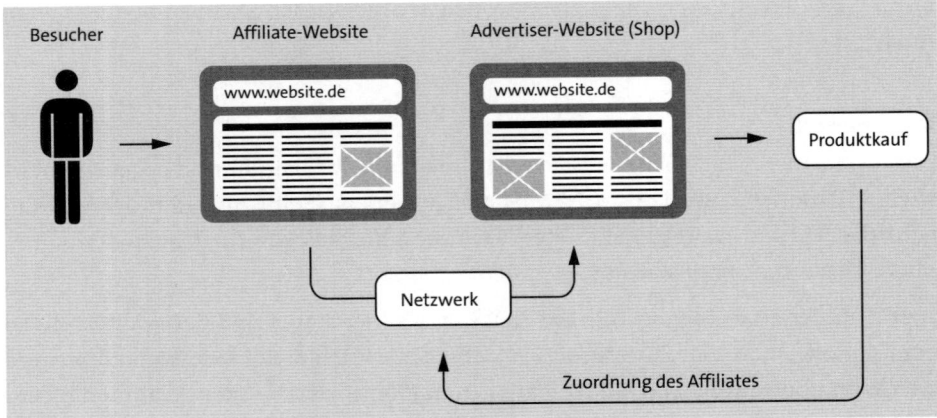

Abbildung 13.6 Session-Tracking bei einem Pay-per-Sale-Partnerprogramm

Pixel-Tracking

Pixel-Tracking ist eine häufig von Affiliate-Netzwerken eingesetzte Tracking-Methode. Sie erfolgt über einen Grafikpixel, das in den HTML-Code einer Website integriert wird und auch ohne JavaScript funktioniert. Dieser Code ist auch unter der Bezeichnung *Transaction-Tracking-Code* geläufig und wird üblicherweise auf der Danke-Seite nach einer Bestellung integriert (sofern es sich um einen Online-Shop handelt). Der Benutzer wird von dem Link auf der Affiliate-Website erst über einen Umweg über das Affiliate-Netzwerk zur Merchant-Website geleitet. Wenn er dort eine gewünschte Handlung (wie beispielsweise einen Produktkauf) ausführt, wird ein Cookie gesetzt, das entsprechende Informationen enthält, die für die Provisionsvergütung notwendig sind (siehe Abbildung 13.7). Die Umsetzung ist vergleichsweise einfach, da der Affiliate nur einen HTML-Schnipsel integrieren muss.

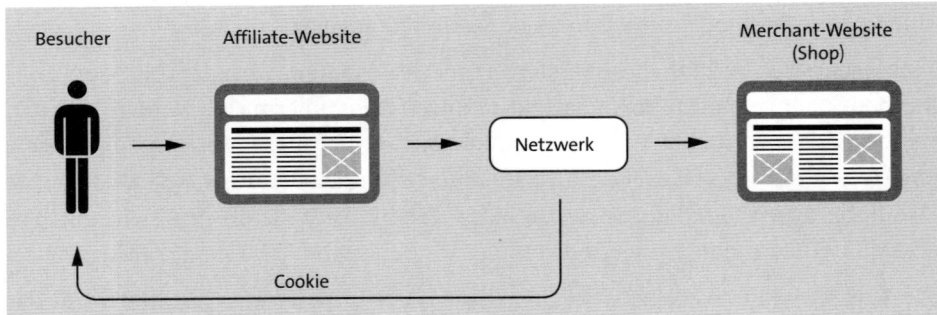

Abbildung 13.7 Funktionsweise von Pixel-Tracking

13.1.4   Vergütungsmodelle im Affiliate-Marketing

Nachdem Sie nun wissen, wie das Tracking aussehen kann, widmen wir uns den verschiedenen Vergütungsmodellen. Wie Sie bereits erfahren haben, wird der Affiliate mit einer Provision belohnt, wenn ein Besucher eine bestimmte Handlung ausführt. Diese Provision wird in der Regel erst nach dieser Besucheraktion ausgeschüttet. Wie das Ganze im Detail aussehen kann, werden wir Ihnen auf den folgenden Seiten vorstellen. In der Praxis haben sich verschiedene Modelle herausgebildet, die sich mehr oder auch weniger bewährt haben und unterschiedlich häufig verwendet werden.

Da wäre zunächst das *Pay-per-Lead*-Modell (*PPL*) zu nennen, das recht häufig zum Einsatz kommt. Die gewünschte Benutzeraktion (aus diesem Grund wird zum Teil auch von *Pay-per-Action* gesprochen) kann hier beispielsweise eine Kontaktanfrage oder eine Newsletter-Registrierung sein. Das bedeutet, es wird jeweils eine Provision fällig, wenn ein Besucher auf einer Merchant-Seite Kontakt aufnimmt. Individuelle Details können Affiliates in den einzelnen Beschreibungen der jeweiligen Partnerprogramme lesen. Dieses Vergütungsmodell kommt oft dann zum Einsatz, wenn der Merchant ein Produkt mit hohem Beratungsbedarf (z. B. Versicherungen) oder ein Produkt im sehr hohen Preissegment anbietet.

Pay-per-Sale (*PPS*) oder auch *Pay-per-Order* (*PPO*) ist ein weiteres Vergütungsmodell, bei dem eine Provisionszahlung mit jedem Kauf anfällt, den ein Benutzer auf der Merchant-Website tätigt. Je nach Programm kann dabei eine feste Summe, ein variabler Anteil (z. B. eine prozentuale Vergütung des Warenkorbwerts) oder eine Mischung aus diesen Varianten infrage kommen. Erinnern Sie sich an das Partnerprogramm-Beispiel aus Abbildung 13.3, dort bietet der Merchant eine prozentuale Pay-per-Sale-Provisionierung an. Per Cookie kann sichergestellt werden, dass auch Käufe, die zu einem späteren Zeitpunkt vom Benutzer getätigt werden, noch vergütet werden. Meistens sind Cookie-Laufzeiten von 30 Tagen üblich. Für den Merchant ist dieses Modell besonders interessant, da er nur dann den Affiliate vergüten muss, wenn er selbst etwas verkauft und damit auch Umsätze generiert hat. So kann auch das *Pay-per-Period*, eine spezielle Vergütungsart, zum Einsatz kommen, die dem Affiliate alle Sales in einem definierten Zeitraum vergütet.

Ist eine Anmeldung der Besucher das Ziel des Merchants, so bietet sich *Pay-per-Sign-up* an (ein dem *Pay-per-Lead* sehr ähnliches Vergütungsmodell). Hier zielt der Werbetreibende darauf ab, dass sich Besucher beispielsweise zu einem Newsletter anmelden oder sich für eine Community oder einen Online-Shop registrieren. Da die Hürde, die es für den Besucher zu überwinden gilt, deutlich geringer ist als beim Produktkauf, fallen hier die Provisionen auch vergleichsweise geringer aus.

Zu den weniger prominenten Vergütungsmodellen zählt das *Pay-per-Lifetime*. Ein besonderes Merkmal ist hier, dass es sich nicht um eine einmalige Provision handelt, sondern es können erneute Provisionen anfallen, sobald der geworbene Endkunde

13

zu einem späteren Zeitpunkt erneut eine gewünschte Handlung ausführt. Als Beispiel wäre hier ein Abo-Verkauf zu nennen, wo ein Affiliate so lange von der Provisionszahlung profitiert, wie das Abo des Kunden anhält. Für neue Affiliates ist so ein Vergütungsmodell dann weniger lohnenswert.

Einen Begriff, den Sie möglicherweise schon im Zusammenhang mit Suchmaschinenwerbung gehört haben, ist das *Pay-per-Click*-Modell (*PPC*). Hier fällt eine Vergütung an, wenn ein Besucher auf ein Werbemittel klickt und auf die Merchant-Website geleitet wird. Die reine Einblendung der Anzeige muss bei diesem Modell nicht bezahlt werden. Im Bereich Affiliate-Marketing kommt es heutzutage weniger zum Einsatz. Der Hauptgrund ist häufig der, dass Klickbetrug ausgeschlossen werden soll.

Neben den genannten Vergütungsmodellen existieren noch weitere, weniger etablierte Methoden, die wir im Rahmen dieses Buches jedoch nicht vollständig auflisten können. Dazu zählt die *Pay-per-View*-Methode (Bezahlung per 1.000 Einblendungen des Werbemittels). Sie wird insbesondere zur Stärkung der Markenbekanntheit und zu Imagezwecken eingesetzt. Jedoch ist der Sichtkontakt zwischen Benutzer und Werbemittel nicht nachweisbar. Sowohl Pay-per-Click als auch Pay-per-View sind vergleichsweise anfällig für Betrugsversuche. Legen Sie daher ein besonderes Augenmerk auf die Auswertung dieser Vergütungsmodelle.

In der Praxis werden häufig mehrere Vergütungsmodelle in einem Partnerprogramm angeboten, wie z. B. Pay-per-Lead und Pay-per-Sale. Somit hat der Affiliate die Chance, zweimal eine Provision zu erhalten, nämlich dann, wenn ein Benutzer sich beispielsweise zunächst für einen Newsletter registriert und zudem einen Kauf tätigt. Merchants können ihre Affiliates motivieren, indem sie eine höhere Provisionssumme anbieten, wenn eine bestimmte Anzahl an Leads oder Sales erreicht wird. Überlegen Sie sich als Merchant die Provisionshöhe sehr genau. Eine Reduzierung der Provision ist zwar jederzeit durch den Merchant möglich, jedoch kann dies die bestehenden Affiliates enorm verärgern, so dass sie aus dem Partnerprogramm aussteigen.

Wie Sie feststellen, gibt es eine ganze Reihe von Vergütungsmodellen im Affiliate-Marketing. Selbstverständlich ist auch eine Kombination von diversen Provisionsvarianten möglich, und auch Bonus-Staffeln kommen zum Einsatz. Alle Modelle bringen Vor- und Nachteile mit sich, und es ist kaum möglich, Pauschalaussagen zu treffen, da die Vergütung auf das individuelle Angebot abgestimmt sein muss. Dabei sollten Sie auch die Angebote anderer Partnerprogramme in Ihrer Branche beobachten und in Ihre Entscheidung einfließen lassen.

13.1.5   Gefahrenquellen im Affiliate-Marketing

Im Zusammenhang mit dem Affiliate-Marketing gibt es verschiedene Gefahren, derer Sie sich bewusst sein sollten. Einige Stolperfallen werden wir im Folgenden kurz anreißen. Durch die einzelnen Vergütungsmodelle, die wir Ihnen in Abschnitt 13.1.4 vorgestellt haben, besteht zwar für die Affiliates die Möglichkeit, durch eine entsprechende Veröffentlichung von Werbemitteln Geld einzunehmen – ein Garant ist dies jedoch nicht, dessen sollten Sie sich bewusst sein.

Die Auswahl von unpassenden Affiliates und ein Umfeld, das thematisch nicht auf das Angebot abgestimmt ist, können wahre Conversion-Killer sein und damit nicht immer zu einer Win-win-Situation führen, sondern möglicherweise sogar zu einem Imageschaden für den Merchant. Beispielsweise wird Ihr Werbemittel auf Erotikseiten eingeblendet, was thematisch absolut nicht zu Ihrem Angebot passt. Leider ist in der Realität nicht immer genau nachvollziehbar, auf welchen Seiten ein Angebot beworben wird, da nicht alle Affiliate-Netzwerke dies transparent offenlegen. Legen Sie daher von Beginn an besonderen Wert auf die Überprüfung von Affiliates (möglichst keine automatische Zustimmung von Affiliates) bzw. deren Veröffentlichung von Ihren Werbemitteln, und formulieren Sie die Teilnahmebedingungen zu Ihrem Partnerprogramm sehr genau.

> **Tipp**
>
> Überprüfen Sie neue Affiliates, die sich für Ihr Partnerprogramm bewerben. Passen die Website-Inhalte zu Ihrem Angebot? Gibt es ein Impressum, und existiert der Geschäftssitz? Wirkt die Seite seriös? Im Zweifelsfall sollten Sie den Website-Betreiber direkt kontaktieren und Bedenken aus dem Weg räumen.

Kommen die Besucher tatsächlich von dieser oder womöglich einer anderen Website? Diese Kontrolle ist zugegebenermaßen nur schwer möglich, so dass die Gefahr besteht, dass die Herkunft des Traffics und die Werbemittelplatzierung nicht mehr nachvollziehbar sind.

Affiliates hingegen sind darauf angewiesen, dass die Merchant-Seite gute Leistungen erzielt, insbesondere wenn das Partnerprogramm auf Pay-per-Sale ausgelegt ist. Eine Weiterleitung von Traffic ist nur dann sinnvoll, wenn die Merchant-Seite sowohl auf Conversions optimiert (siehe dazu auch Kapitel 8, »Conversion-Rate-Optimierung (CRO)«) als auch nutzerfreundlich (siehe Kapitel 7, »Usability – benutzerfreundliche Websites«) ist.

Darüber hinaus arbeiten Affiliate-Netzwerke zwar an einer transparenten Abwicklung der Vergütung und Ausschüttung der Provisionen, jedoch ist dies kaum überprüfbar. Es können sowohl auf Merchant- als auch auf Affiliate-Seite Schwachstellen genannt werden. Kontrollieren Sie regelmäßig Ihre Statistiken zu Ihrem Partnerprogramm und insbesondere die Übereinstimmung mit dem Warenwirtschaftssystem, sofern Sie einen Online-Shop betreiben. Oftmals beanspruchen Affiliates eine Conversion für sich, obwohl andere Quellen für den Abverkauf verantwortlich sind. Zielt

Ihr Affiliate-Marketing auf die Generierung von Leads ab, überprüfen Sie, ob es sich um Fake- oder reale Kontakte handelt.

Zu den möglichen Gefahrenquellen zählt beispielsweise das sogenannte *Cookie Spreading* (auch als *Cookie Dropping*, *Cookie Spamming* und *Cookie Stuffing* bekannt). Dabei werden diese Cookies von Affiliates (mittels unsichtbarer iFrames) gesetzt, auch wenn der Nutzer das beworbene Angebot des Merchants gar nicht gesehen oder geklickt bzw. gekauft hat und eine Nutzerhandlung damit also vorgetäuscht wird (siehe Abbildung 13.8). Häufig haben diese Cookies eine lange Lebensdauer. Sollte der Besucher zu einem späteren Zeitpunkt das Merchant-Produkt beziehen, wird dies möglicherweise dem Affiliate zugeschrieben, obwohl hier keine Vermittlung stattfand. Nachteilig ist dies insbesondere für die Merchants, da sie Käufe vergüten, die ohnehin getätigt worden wären. Formulieren Sie daher die Verwendung von Cookies unmissverständlich in Ihrer Programmbeschreibung – damit können Sie Cookie Spreading natürlich nicht verhindern, Sie zeigen aber zumindest, dass Sie Ihr Partnerprogramm auch dahingehend genauestens beobachten.

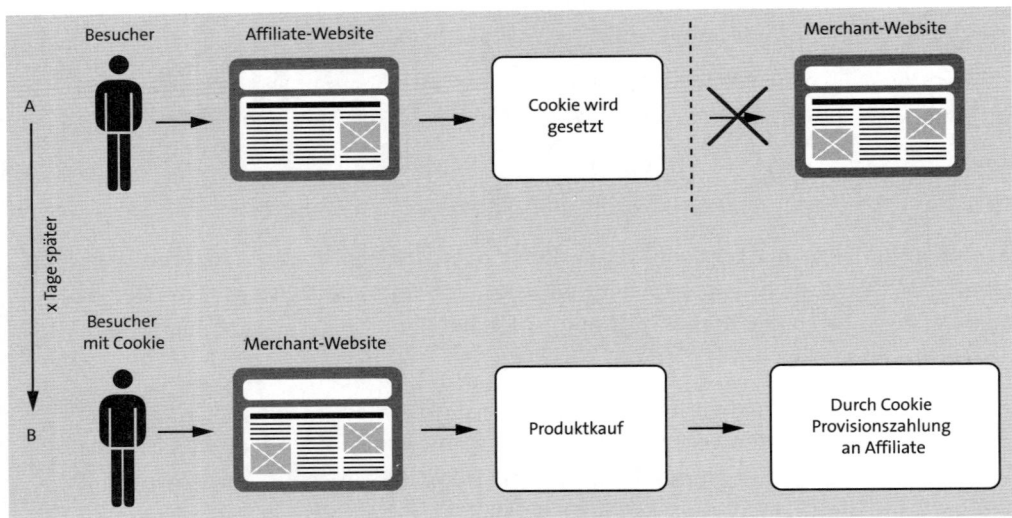

Abbildung 13.8 Ablauf beim Cookie Spreading

Doppelte Cookies bzw. Dubletten sind ein weiteres Problem: Hier kann es passieren, dass ein Besucher verschiedene Cookies von einem Partnerprogramm, aber verschiedenen Affiliates gespeichert hat. Der Grund dafür kann sein, dass das Programm bei mehreren Netzwerken eingestellt wurde. Dann wird eine Provisionsvergütung für die gleiche Handlung in den unterschiedlichen Netzwerken fällig. Üblicherweise erhält der Affiliate die Provision, dessen Cookie zuletzt gesetzt wurde (*last cookie wins*). Steuern Sie als Affiliate daher sehr genau Ihre Partnerprogramme, und vermeiden Sie derartige Dubletten.

13.2   Marktentwicklung und -ausblick

Zuverlässige Daten zur Marktentwicklung sind in den letzten Jahren kaum zu bekommen. Laut einer Studie des BVDW (Bundesverband Digitale Wirtschaft) ging 2016 jeder sechste Euro im deutschen Online-Handel auf das Affiliate-Marketing zurück, was einem Auftragsvolumen von 7,6 Mrd. € entspricht (siehe Abbildung 13.9). Auf Basis dieser Studie kann von einer steigenden Tendenz ausgegangen werden. Dennoch ist der Affiliate-Marketing-Anteil im Vergleich zum klassischen Display-Marketing und der Suchmaschinenwerbung im gesamten Marketing-Mix geringer.

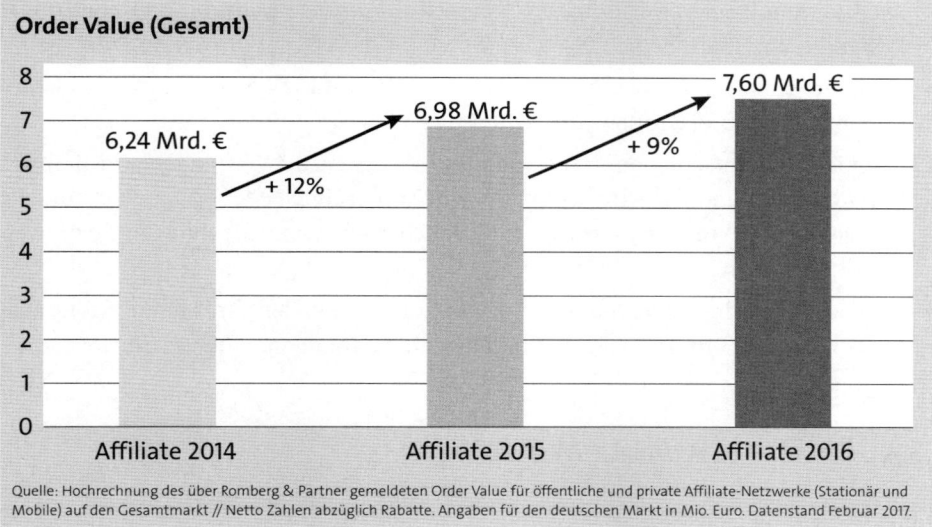

Quelle: Hochrechnung des über Romberg & Partner gemeldeten Order Value für öffentliche und private Affiliate-Netzwerke (Stationär und Mobile) auf den Gesamtmarkt // Netto Zahlen abzüglich Rabatte. Angaben für den deutschen Markt in Mio. Euro. Datenstand Februar 2017.

Abbildung 13.9 Auftragsvolumen durch Affiliate-Marketing (Quelle: BVDW)

Das Affiliate-Marketing stellt eine effektive Möglichkeit der Vermarktung dar, die recht risikoarm ist, da anfallende Kosten im direkten Zusammenhang mit den Erlösen stehen. Die Vorteile liegen auf der Hand: Die Vielzahl von Partnerprogrammen verschiedenster Themenbereiche ermöglicht eine gute Marktdurchdringung und zielgruppengenaue Ansprache potenzieller Kunden. Zudem ist die technische Implementierung relativ einfach. Setzen Sie sich aber unbedingt auch mit den Gefahrenquellen des Affiliate-Marketings auseinander, und kontrollieren Sie Erfolgsauswertungen und Provisionsvergütungen genauestens. Wie wir schon kurz angerissen haben, kann man davon ausgehen, dass sich das Affiliate-Marketing auch auf weitere Kanäle, wie z. B. das Social Media Marketing, etwa über Twitter und Facebook, ausweiten wird. Hier können Affiliates neue Wege beschreiten und Angebote veröffentlichen.

13.3 Affiliate-Marketing to go

▸ Affiliate-Netzwerke sind eine Alternative, um Werbemittel wie Banner auf anderen Websites zu platzieren. Sie übernehmen die Organisation, Vergütungsabwicklung und das Tracking von Bannerkampagnen zwischen Merchants und Affiliates.

▸ Affiliate-Marketing basiert auf einem Provisionsmodell. Affiliates erhalten von Händlern (Merchants) Provisionen für erfolgreich vermittelte Website-Besucher, die auf der Zielseite eine gewünschte Aktion tätigen.

▸ Merchants veröffentlichen für Affiliates sogenannte Partnerprogramme, in denen sie ihre Konditionen, verfügbare Werbemittel, Vergütungsarten und Vergütungshöhen beschreiben.

▸ Händler sollten Affiliates immer eine große Auswahl an Werbemitteln in verschiedenen Formen und Größen zur Verfügung stellen.

▸ Es existieren verschiedene Tracking-Methoden, um den Erfolg des Traffics, der von Affiliates generiert wird, nachzuweisen. Wachsende Bedeutung bekommt hier das Device-Tracking, da es ermöglicht, Besucher über verschiedene Geräte hinweg zu identifizieren.

▸ Affiliate-Marketing ist mit einer Reihe von Gefahrenquellen verbunden. Erfolgsauswertungen und Provisionsvergütungen sollten daher genau überprüft werden.

13.4 Checkliste Affiliate-Marketing

Pflegen Sie Ihre Affiliate-Kontakte, um bestmögliche Werbeziele zu erreichen?
Haben Sie ein passendes Abrechnungsmodell für Ihr Affiliate-Marketing festgelegt?
Bieten Sie Ihren Top-Affiliates besonders attraktive Konditionen?
Besteht die Möglichkeit der Erfolgskontrolle durch genaues Tracking der Werbemittel, z. B. durch Messung der CTR?
Haben Sie weitestgehend überprüft, in welchem Umfeld Ihre Werbebanner ausgeliefert werden, ob sie dem Betrachter einen Mehrwert bieten und auf seine Bedürfnisse abgestimmt sind?
Beobachten Sie die Leistungen Ihres Affiliate-Programms stetig, und überprüfen Sie neue Affiliate-Bewerbungen, bevor Sie sie für Ihr Partnerprogramm zulassen?

Tabelle 13.1 Checkliste für das Affiliate-Marketing

Kapitel 14

E-Mail- und Newsletter-Marketing

»Enten legen ihre Eier in aller Stille. Hühner gackern dabei
wie verrückt. Was ist die Folge? Alle Welt isst Hühnereier.«
– Henry Ford

In diesem Kapitel erfahren Sie, wie Sie E-Mail-Marketing zur direkten Kundenansprache nutzen können. Auf die inhaltliche Gestaltung und den zeitlichen Aspekt des Versendens von E-Mails werden wir ebenso eingehen. Zudem lernen Sie mehr über die notwendigen technischen und rechtlichen Rahmenbedingungen beim E-Mail-Marketing. Das Kapitel endet mit einem Kurzüberblick »to go« und einer Checkliste.

Online-Marketing über E-Mails und Newsletter ist eine häufig genutzte Werbeform und gehört zu den Maßnahmen, die schon am längsten im Internet genutzt werden. Denken Sie z. B. an die Newsletter, die Sie regelmäßig erhalten, oder aber auch an die sogenannten *Spam-Mails*. Diese unerwünschte elektronische Post ist ebenfalls eine Form des E-Mail-Marketings, die leider für eine negative Wahrnehmung von E-Mails gesorgt hat. Trotzdem können Sie mit gut aufgesetzten E-Mail-Kampagnen und regelmäßigen Newslettern kostengünstig und zielgerichtet eine große und äußerst relevante Kundengruppe erreichen. Laut einer Schätzung des Marktforschungsunternehmens The Radicati Group werden im Jahr 2020 pro Tag weltweit mehr als 300 Mrd. E-Mails verschickt und empfangen – eine unvorstellbare Menge.

Ein typischer Internetnutzer versendet oder bekommt daher pro Tag mehr als 200 E-Mails. Im Jahr 2017 nutzten laut Eurostat 84 % der deutschen Bevölkerung das Internet, um E-Mails zu versenden und zu empfangen. Sie merken schon: Bei dieser Flut an E-Mails, die Tag für Tag über Internetnutzer hereinbricht, und der breiten Nutzung von E-Mails in der gesamten Bevölkerung ist es unbedingt notwendig, dass Sie sich genau überlegen, wie Sie Ihr Newsletter-Marketing planen und umsetzen, damit Sie wahrgenommen werden. Wir zeigen Ihnen in diesem Kapitel, wie Sie E-Mail-Marketing erfolgreich für Ihre eigene Website einsetzen können und welche Aspekte Sie besonders beachten müssen.

14.1   E-Mail-Marketing zur direkten Kundenansprache

E-Mail-Marketing ist eine Form des *Direktmarketings*, weil Kunden direkt und persönlich angesprochen werden können. Dies geht z. B. nicht oder nur eingeschränkt mit Bannern, Suchmaschinenmarketing oder Fernsehwerbung, wo zum Teil hohe Streuverluste an der Tagesordnung sind. Zwar lassen sich auch Such- und Display-Anzeigen personalisieren, allerdings stets nur auf Basis von anonymen Besucherinformationen. Da Sie für E-Mail-Marketing explizit das Einverständnis Ihres Kunden einholen müssen, können Sie hier auch personenbezogene Informationen wie den Namen verwenden. So können Sie E-Mails individualisieren und auf spezielle Empfängergruppen ausrichten. Hierbei spricht man vom *Targeting*. E-Mails können also zielgerichtet an unterschiedliche Kundensegmente oder einzelne Kunden gesendet werden. Denken Sie z. B. an eine E-Mail-Kampagne, die sich nur an Frauen zwischen 30 und 50 Jahren richtet, oder an ein Mailing für eine Person, die in den letzten Wochen ein bestimmtes Kaufverhalten an den Tag gelegt hat.

14.1.1   Arten von E-Mail-Kampagnen

Bevor Sie mit dem E-Mail-Marketing starten, geben wir Ihnen noch einen Überblick, welche verschiedenen Möglichkeiten es gibt, mit E-Mails auf sich aufmerksam zu machen. Die bekannteste Form sind sicher regelmäßige Newsletter. Bestimmt bekommen Sie auch täglich oder wöchentlich E-Mails von demselben Anbieter, z. B. Newsletter mit aktuellen Nachrichten oder Produktempfehlungen. Diese Art des E-Mail-Marketings wird von sehr vielen Website-Betreibern eingesetzt, da es ein guter Weg ist, Besucher länger an ein Internetangebot zu binden und viele regelmäßig wiederkehrende Besucher zu bekommen. E-Mail-Marketing ist hier ein Werkzeug zur Kundenbindung. Zudem ist es eine recht kostengünstige Methode, immer wieder auf sich aufmerksam zu machen.

Eine andere Möglichkeit sind direkte Mailings an Ihre Bestandskunden. Oft haben diese eingewilligt, von Ihnen mit Informationen versorgt zu werden. Ein Beispiel sind regelmäßig per E-Mail versendete Rechnungen. Sie können diese E-Mails nutzen, um weitere Angebote anzupreisen. In Abbildung 14.1 sehen Sie eine E-Mail des Blumenversandhändlers Fleurop mit einem Gutscheincode, der zu einer zweiten Bestellung anregen soll, sowie Links zur eigenen Facebook-Seite und zu den Vorweihnachts-Angeboten. Sie können Ihre Bestandskunden auch mit einer Geburtstagsmail überraschen. Wenn Sie das Geburtsdatum in Ihrer Datenbank gespeichert haben, können Sie so eine individuelle E-Mail erstellen und z. B. dem Kunden ein besonderes Angebot unterbreiten oder einen Rabattgutschein zusenden.

Eine weitere Art von E-Mail-Kampagnen sind sogenannte *Stand-alone-Mailings*. Hierbei werden Sie mit Ihrem Angebot in einen bestehenden fremden E-Mail-Verteiler aufgenommen. In einer einmaligen Aktion bekommen die Empfänger ein Mailing allein zu Ihrem Angebot. In Abbildung 14.2 sehen Sie ein Stand-alone-Mailing im Newsletter des Bonusprogramms Miles & More. Hier wird allein die Aktion des Partners Europcar beworben. Solche Stand-alone-Mailings werden üblicherweise einmalig ausgehandelt und bezahlt. Der Preis richtet sich dabei meist nach der Anzahl der E-Mail-Empfänger und dem Wert der Empfängerzielgruppe für die Kampagne.

Abbildung 14.1 Rechnungs-Mailing von Fleurop mit einem Gutscheincode für eine weitere Bestellung sowie weiterführenden Links

Abbildung 14.2 Stand-alone-Mailing für Europcar an Miles-&-More-Kunden

Besonders bei Jobbörsen hat sich das E-Mail-Marketing als wichtiges Instrument zur Kundenbindung entwickelt. Hier können Jobsuchende individuelle Erinnerungsmails einrichten. Suchen Sie z. B. bei *StepStone.de* eine Stelle im Marketing in München, bekommen Sie ein Pop-up-Element eingeblendet, um sich für den sogenannten *Job Agenten* – also die Zusendung regelmäßiger E-Mails mit neu aufgeschalteten Jobanzeigen – anzumelden. In Abbildung 14.3 sehen Sie, dass der Benutzer nur noch die E-Mail-Adresse eingeben muss, und schon kann das E-Mail-Marketing beginnen. Aus rechtlichen Gründen muss der Benutzer anschließend noch seine E-Mail-Adresse bestätigen. Die Job-Agent-Funktion schickt danach automatisch passende neue Jobangebote per E-Mail an den Benutzer. Dies ist für Jobsuchende ein sehr komfortabler Weg, über neue Stellenangebote auf dem Laufenden gehalten zu werden, und für den Website-Betreiber eine gute Möglichkeit, immer wieder auf seine Marke aufmerksam zu machen und immer wieder aktive Nutzer auf die Website zu lenken. Dieselbe nützliche Funktion finden Sie häufig auch bei Websites mit Immobilien- oder Gebrauchtwagenangeboten.

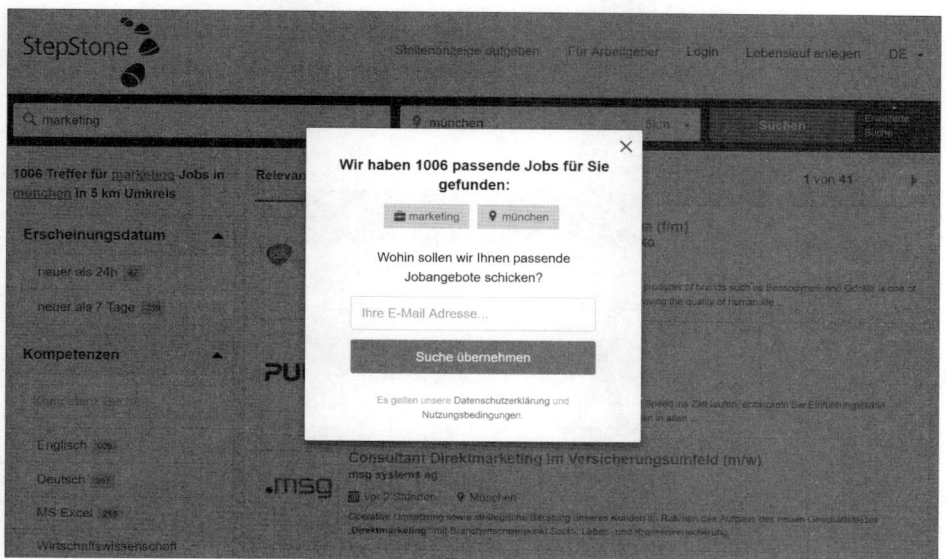

Abbildung 14.3 StepStone Job Agent

E-Mail-Marketing hat sich darüber hinaus besonders bei Shopping-Clubs und Gut-scheinportalen als wirksames Online-Marketing-Instrument etabliert. Shopping-Clubs wie *outfittery.de* (siehe Abbildung 14.4) oder *brands4friends.de* setzen auf regel-mäßige, manchmal sogar tägliche Mailings an ihre Nutzer, um auf laufende Aktionen hinzuweisen. Ähnlich nutzen auch die Gutscheinportale wie *Groupon.de* oder *Daily-Deal.de* das E-Mail-Marketing. Shopping-Clubs und Gutscheinportale stellen kurzfris-tige Angebote für ihre Nutzer bereit. Da viele Internetnutzer meist täglich ihre E-Mails lesen, können mithilfe von Mailings hierbei schnell positive Effekte erzielt werden.

Das Marktvolumen für E-Mail-Marketing lässt sich nur schwer bestimmen, da viele Mailings über eigene technische Lösungen abgewickelt werden. Wenn Sie aber in Ihre eigene Mailbox schauen, werden Sie sicher eine Vielzahl von E-Mails entdecken, die nicht nur von Ihren Freunden und Bekannten bzw. Kollegen und Geschäftspart-nern stammen. Daran erkennen Sie, dass das Versenden von E-Mails ein weit verbrei-tetes Mittel ist, neue Kunden zu gewinnen oder bestehende zu reaktivieren. Wir werden Ihnen in den folgenden Schritten zeigen, wie Sie eine E-Mail-Kampagne für Ihre Website aufbauen. Wie Sie gesehen haben, gibt es viele verschiedene Möglich-keiten, das E-Mail-Marketing zu nutzen. Daher sollten Sie sich vorher genau überle-gen, zu welchem Zweck und auf welche Weise Sie dieses Online-Marketing-Instrument gezielt einsetzen möchten.

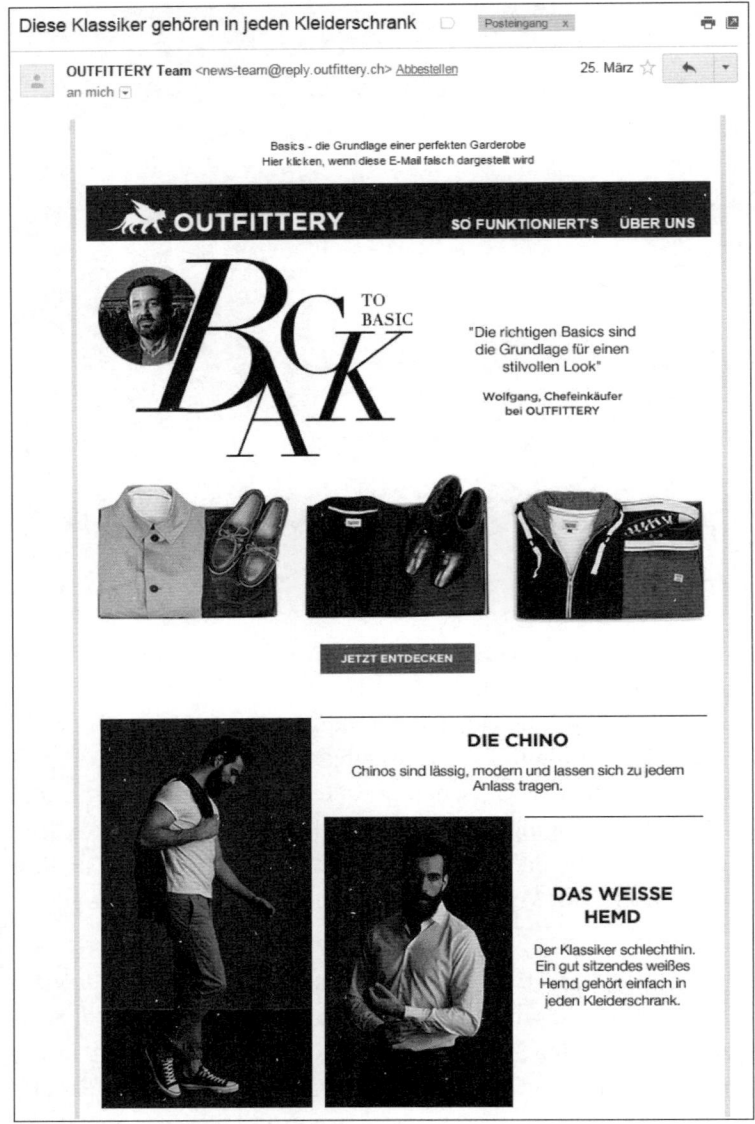

Abbildung 14.4 Kampagnen-Mail von Outfittery

14.1.2   Auf- und Ausbau von E-Mail-Empfängern

Grundvoraussetzung für eine E-Mail-Kampagne ist eine möglichst vollständige Adressdatenbank mit E-Mail-Empfängern und zusätzlichen Informationen, wie z. B. über Alter und Geschlecht. Diese Informationen haben Sie eventuell schon in Ihrer Kunden- oder Mitgliederdatenbank. Falls die Zusatzinformationen nicht zur Verfügung stehen, können Sie nur unpersönliche Mailings verschicken. Sie können aber die Möglichkeit nutzen, die Daten später direkt vom Kunden abzufragen, beispielsweise durch ein Kundenprofil auf Ihrer Website, das der Nutzer selbst ändern kann. Je detaillierter die Daten in Ihrer Datenbank, desto besser können Sie Ihre Empfänger persönlich ansprechen.

Wenn Sie einen Newsletter anbieten, empfiehlt es sich, schon auf der Startseite einen Link zur Newsletter-Anmeldung zu setzen (siehe Abbildung 14.5). Dieser Link sollte aber auch von anderen Unterseiten leicht erreichbar sein. Damit erhöhen Sie die Aufmerksamkeit für den Newsletter und können die Zahl der Abonnenten steigern. Wichtig ist hierbei die Gestaltung des Anmeldeformulars.

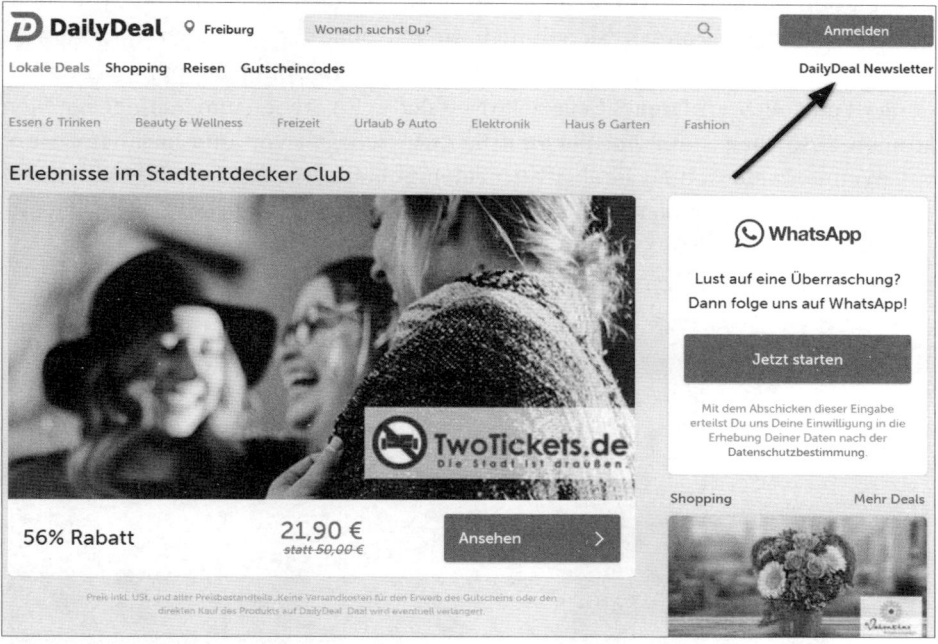

Abbildung 14.5 Newsletter-Verlinkung auf der Startseite von »www.dailydeal.de«

Viele Nutzer fürchten sich inzwischen, persönliche Daten im Internet anzugeben. Daher sollten Sie ihnen diese Ängste nehmen, z. B. durch vertrauensbildende Maßnahmen. Dies können positiv wirkende Abbildungen sein, wie Auszeichnungen oder wichtige Prüfsiegel. Auch Abbildungen, die eine positive Grundstimmung erzeugen, z. B. von glücklichen Menschen, können hier das Vertrauen unterstützen. Informieren Sie den Nutzer zudem, was ihn erwartet, wenn er den Newsletter abonniert. Hier kann z. B. auch ein Archiv helfen, in dem sich Nutzer bereits versendete Newsletter ansehen können und vorbereitet sind. Das Selektieren, welche Formularfelder wirklich gebraucht werden, hilft beim Abbau des grundsätzlichen Misstrauens der Nutzer und erhöht die Conversion-Rate Ihres Anmeldeformulars. Wir raten Ihnen an dieser Stelle von Datensammelwut ab. Sicher ist es gut, viele Details von neuen Interessenten zu kennen und die Datenbank zu füllen. Wichtiger ist aber, dass Sie überhaupt an eine erste Kontaktinformation des potenziellen Kunden gelangen. In Kapitel 7, »Usability – benutzerfreundliche Websites«, und Kapitel 8, »Conversion-Rate-Optimierung (CRO)«, erfahren Sie mehr zur optimalen Gestaltung von Formularen.

Das wichtigste Feld für die Newsletter-Anmeldung ist also logischerweise die E-Mail-Adresse. Eigentlich reicht schon diese Information. Weitere Daten sind sekundär, und Sie sollten sich genau überlegen, welche Angaben Sie zusätzlich abfragen wollen. Durch optionale Felder können Sie die Entscheidung über die Datenweitergabe dem Nutzer überlassen. Die Anrede und somit das Geschlecht ist eine wichtige zusätzliche Information, die Sie abfragen können, die Sie in fast allen Fällen aber auch aus dem Vornamen ableiten können. Sie können, wie in Abbildung 14.7, auch mit zwei verschiedenen Anmeldebuttons arbeiten. Insbesondere im Online-Shopping für Bekleidung ist dies wichtig, damit Sie spezielle Newsletter für Frauen und Männer erstellen können. Zusätzlich ist für eine persönliche Ansprache der Vor- und Nachname sinnvoll. Weitere Felder sollten Sie aber vermeiden. Sollten Sie einen ausschließlich informativen Newsletter anbieten, reicht vielleicht auch schon allein die E-Mail-Adresse. In Abbildung 14.6 sehen Sie ein gut umgesetztes Anmeldeformular bei *otto.de*, bei dem nur die E-Mail-Adresse abgefragt wird.

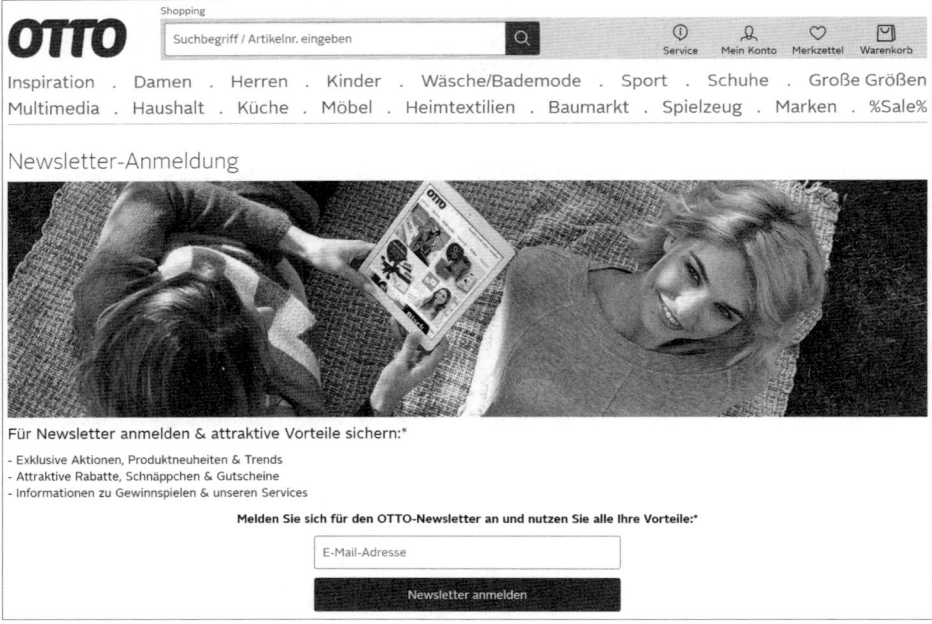

Abbildung 14.6 Newsletter-Anmeldung bei »www.otto.de«

Sicherheit und Vertrauen werden mit dem Hinweis vermittelt, dass man sich jederzeit wieder vom Newsletter abmelden kann. Außerdem ist es sinnvoll, den Newsletter in ein paar kurzen Stichworten zu beschreiben, damit der Nutzer erfährt, was ihn erwartet. Dort können Sie auch erwähnen, wie häufig der Newsletter verschickt wird. Sie können die Anmeldequote erhöhen, indem Sie Anreize (*Incentives*) vergeben, also z. B. Rabattaktionen bei einer Neuanmeldung in Aussicht stellen (siehe Abbildung 14.7). Trotzdem sollten Sie aber dann die Qualität des Newsletters bieten, die der Kunde wünscht und erwartet. Ansonsten müssen Sie voraussichtlich mit hohen Abmelderaten rechnen. Im Beispiel von Zalando ist positiv hervorzuheben, dass die kritische Frage des Kunden, »Wie melde ich mich ab?«, bereits vorweggenommen und beantwortet wird. Potenzielle Abonnenten schöpfen so Vertrauen und sind eher bereit, sich für den Newsletter anzumelden.

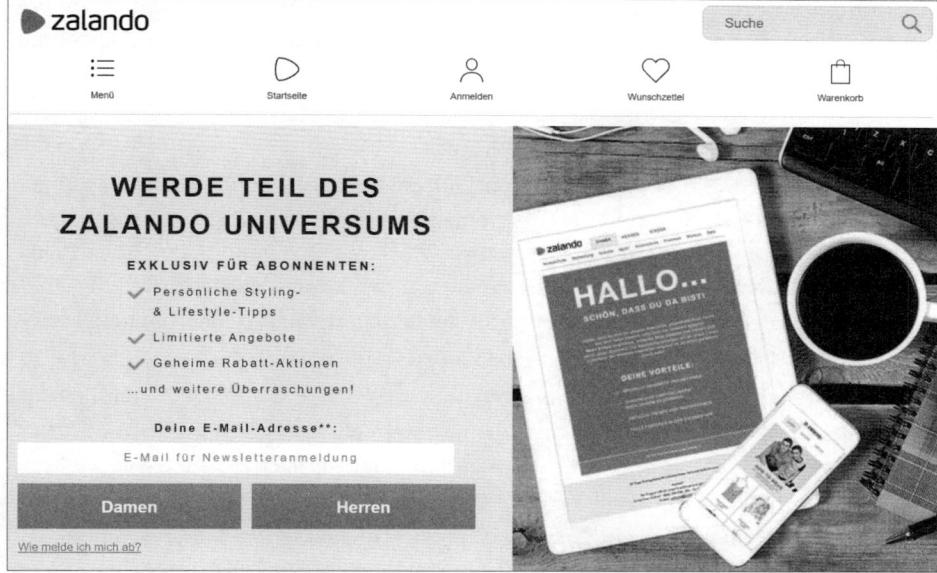

Abbildung 14.7 Newsletter-Anmeldung mit Ankündigung von exklusiven Rabattaktionen bei »www.zalando.de«

14.1.3   Targeting – die richtige Zielgruppe per E-Mail erreichen

Wie bei anderen Marketingmaßnahmen ist die Zielgruppenfokussierung auch im E-Mail-Marketing von entscheidender Bedeutung. Sie sollten sich bei einer E-Mail-Kampagne also Gedanken über die Empfänger machen und E-Mails entsprechend anpassen. So ist es z. B. relativ leicht, unterschiedliche Newsletter für Frauen und Männer zu gestalten. Durch dieses sogenannte Targeting vermeiden Sie Streuverluste Ihrer Werbekampagne. Das heißt, dass Werbung nur an die Personen ausgeliefert wird, die sich auch potenziell dafür interessieren. Es ist wenig zielgerichtet, wenn Sie beispielsweise die neueste Kleiderkollektion an Männer versenden oder die besten Bohrmaschinen bei Frauen anpreisen – wobei Ausnahmen hier natürlich möglich sind. Diese E-Mails gehen an der Zielgruppe vorbei und sorgen für hohe Streuverluste. Außerdem strapazieren Sie mit irrelevanten Angeboten die Nerven der potenziellen Kunden, so dass die Gefahr besteht, dass sich Interessenten aus dem E-Mail-Verteiler austragen.

Selektieren Sie also Ihre Mailings nach bestimmten Zielgruppen, und erstellen Sie angepasste E-Mails. Kriterien für die Segmentierung der E-Mail-Empfänger sind z. B. Geschlecht, Alter, Neukunde vs. Bestandskunde oder die regionale Herkunft. Fortgeschrittenes E-Mail-Targeting berücksichtigt auch die Kundenhistorie und integriert beispielsweise dynamische Elemente in den Newsletter, um Cross-Selling oder Up-Selling zu betreiben. Hat ein User beispielsweise bei seinem letzten Besuch ein bestimmtes Parfum gekauft, so kann der nächste Newsletter z. B. einen Link zum passenden Duschgel enthalten. Entscheiden Sie selbst, welche Kriterien am besten auf Ihre Kampagne zutreffen.

Planung einer E-Mail-Kampagne

An dieser Stelle werden wir Ihnen Tipps für die Planung einer E-Mail-Kampagne geben. Eine gute Vorbereitung ist entscheidend für den Erfolg eines Mailings. Daher ist es am Anfang wichtig, die Ziele festzulegen, die erreicht werden sollen. Diese Ziele können Sie nach dem Versand kontrollieren, um den Erfolg oder Misserfolg festzustellen. Nach der Zielfestlegung können Sie einen Ablaufplan erstellen, der möglichst vollständig umfasst, wie Sie die Kampagne umsetzen werden.

1. **Zielfestlegung und Budgetplanung**
   Im ersten Schritt einer Kampagnenplanung steht die Zielfestlegung an. Die wichtigste Frage dabei ist, was mit der E-Mail-Kampagne erreicht werden soll. Sind es mehr Verkäufe, mehr Besuche auf der Website oder z. B. mehr Teilnehmer an einem Gewinnspiel? Wichtig ist hierbei, den aktuellen Ist-Zustand zu dokumentieren und messbare quantitative Ziele festzulegen. Ein Ziel könnte beispielsweise sein, mit einem einmaligen (inklusive Zeitangabe) E-Mail-Newsletter die Seitenaufrufe um 10 % zu steigern. Zur Zielfestlegung gehört auch, zu entscheiden, welche Zielgruppe Sie erreichen wollen. Überlegen Sie sich also, wen Sie mit der Kampagne ansprechen möchten. Dies könnten z. B. alle E-Mail-Empfänger sein, die bisher noch nicht bei Ihnen bestellt haben, oder alle Geburtstagskinder eines Monats. Des Weiteren sollten Sie festlegen, auf welchem Markt Sie aktiv werden möchten. Dies können regionale Märkte sein oder bestimmte Sortimente aus Ihrem Katalog. Die Zielfestlegung hilft Ihnen, am Ende der Kampagne die Wirksamkeit des Mailings zu beurteilen. Wichtig ist weiterhin, in welchem Zeitraum die Kampagne stattfinden soll. Planen Sie z. B. eine saisonale Kampagne oder ein regelmäßiges Mailing? Diese Frage ist vor allem für die spätere Umsetzung der Kampagne wichtig.
   Für den Start einer E-Mail-Kampagne benötigen Sie einen Budgetplan, der sich natürlich nach Ihren Zielvorgaben richtet. Fragen Sie sich selbst, welches Budget

Sie zur Verfügung stellen möchten, um Ihre Ziele zu erreichen. Entscheidend ist auch, wofür die Ressourcen eingesetzt werden. Machen Sie also eine Kostenaufstellung für die E-Mail-Kampagne. Rechnen Sie die Zeit für die Kampagnen- und E-Mail-Erstellung mit ein. Ein individuell gestalteter Newsletter nimmt mitunter viel Zeit in Anspruch. Denken Sie z. B. an die inhaltliche, grafische und technische Konzeption einer E-Mail. Auch bei E-Mail-Kampagnen stellt sich die sogenannte *Make-or-Buy*-Frage: Möchten Sie die Kampagne selbst aufsetzen und durchführen oder dies einem spezialisierten Dienstleister überlassen? Da E-Mail-Marketing sehr individuell ist und von Website zu Website unterschiedlich sein kann, ist es schwer, eine Empfehlung auszusprechen. Prinzipiell kennen Sie sich sicher am besten mit Ihrem eigenen Produkt oder Angebot aus und können daher die inhaltliche Komponente übernehmen. Wenn Sie sich nicht um die technische Abwicklung kümmern möchten, können Sie einen Dienstleister in Anspruch nehmen, der den Versand des Mailings übernimmt. Bekannte und etablierte E-Mail-Versanddienstleister sind z. B. Emarsys, Optivo oder CleverReach.

2. **Kampagnenplan**

Wenn Sie die Ziele der Kampagne festgelegt und einen Budgetplan aufgestellt haben, können Sie sich den Kampagnenplan überlegen. Wichtig ist hierbei, wie die Kampagne ablaufen soll. Gibt es einen bestimmten Zeitraum, in dem die Kampagne gestartet werden soll? Dann sollten Sie genug Vorlaufzeit einplanen, um die Kampagne vorzubereiten. Eventuell möchten Sie auch eine mehrstufige Kampagne aufsetzen, in der Sie E-Mail-Empfänger mehrmals und aufeinander aufbauend ansprechen. Dies geschieht z. B. bei E-Mail-Kursen, die aus mehreren Teilen oder Lektionen bestehen. So könnten Sie als Werbeagentur beispielsweise einen E-Mail-Kurs zum Thema Online-Marketing anbieten, in dem Sie parallel auf Ihre Dienstleistungen hinweisen können. Dieser wird dann z. B. in zehn Lektionen einmal pro Woche an Interessenten verschickt.

Sobald Sie also den Ablaufplan festgelegt haben, können Sie auch die Vorbereitungszeit einkalkulieren. Erstellen Sie erstmalig eine E-Mail-Kampagne, ist sicher mit einem höheren Anfangsaufwand zu rechnen. Sobald Sie aber diese Vorbereitungen vorgenommen haben, geht jede weitere Kampagne einfacher von der Hand, da Sie meist nur noch inhaltliche Anpassungen vornehmen müssen. Aber auch hier kosten das inhaltliche Zusammenstellen und die grafische Gestaltung Zeit, die Sie einplanen sollten. Denken Sie auch an Ihr Zeitbudget für das Testen der E-Mail-Kampagne. Nichts ist ärgerlicher als eine fehlerhaft versendete E-Mail – sowohl für den Sender als auch für den Empfänger. Anders als bei anderen Online-Marketing-Maßnahmen können Sie den Fehler nicht mehr rückgängig machen. Eine einmal versendete Mail können Sie nicht mehr zurückziehen.

Planen Sie zudem die technische Umsetzung der Kampagne. Können Sie das Mailing eventuell selbst umsetzen, oder möchten Sie einen Dienstleister in Anspruch nehmen? Für eine einfache E-Mail-Kampagne oder einen regelmäßigen Newslet-

14

ter benötigen Sie gar nicht so viel technisches Know-how, da es gute Software-lösungen gibt. In Abschnitt 14.4, »Technische Aspekte des E-Mail-Marketings«, gehen wir genauer auf die technischen Aspekte ein und erklären, wie Sie eine Kampagne aufsetzen können. Wenn Sie die E-Mail-Kampagne lieber abgeben möchten, planen Sie die Einholung von Angeboten der Dienstleister und den Entscheidungsprozess in Ihren Zeitplan ein.

Die Basis der Kampagne sind die E-Mail-Empfänger. Kommen die Adressen alle aus Ihrer eigenen Datenbank, oder müssen Sie auf fremde E-Mail-Verteiler zurückgreifen? Ziehen Sie alternativ auch einen Adresskauf in Betracht, wenn keine andere Möglichkeit besteht. Ein bekannter Anbieter ist z. B. die Schober Group (*schober-eservices.com*; Abbildung 14.8). Achten Sie hierbei aber auf die Seriosität der Anbieter. Für eine bessere Ansprache der Zielgruppe sollten Sie außerdem die Adressdatenbank selektieren, z. B. nach Branche, Betriebsgröße, Region oder Verantwortungsbereich.

Sind Sie mit den grundlegenden Planungen weitestgehend vorangeschritten, können Sie sich an eine genaue Terminplanung machen. Legen Sie einen Ablaufplan fest, und terminieren Sie die einzelnen Schritte bis hin zu Versanddatum und -uhrzeit der Kampagne. Der richtige Zeitpunkt ist entscheidend für den Erfolg einer E-Mail-Kampagne. Daher gehen wir in Abschnitt 14.3, »Der richtige Moment – Versandfrequenz«, noch genauer darauf ein.

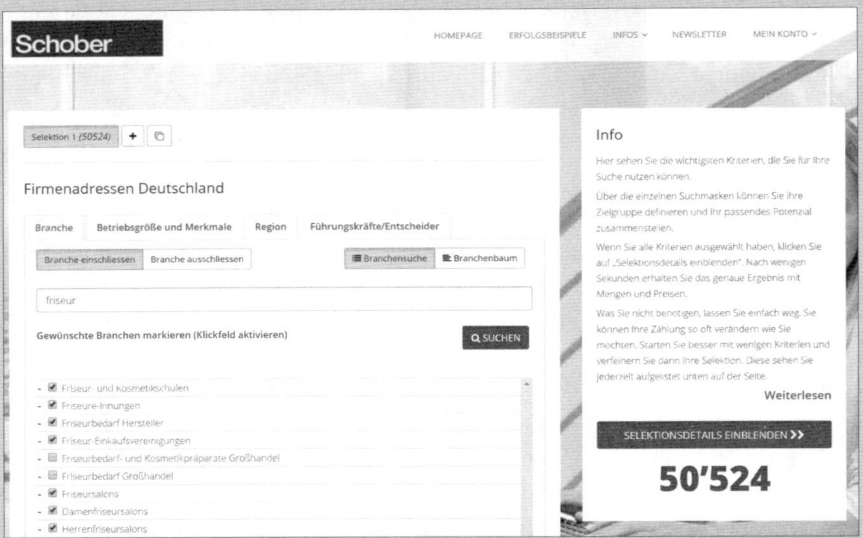

Abbildung 14.8 Adressdatenbank der Schober Group

3. Erfolgskontrolle

Nehmen Sie sich Zeit für die Erfolgskontrolle der Kampagne. Damit können Sie abschließend bewerten, ob Sie Ihre Ziele erreicht haben und die Kampagne damit als Erfolg verbuchen können. Zudem können Sie mittels der Auswertungen sehen, was Sie zukünftig verbessern können. Wichtige Kennzahlen sind dabei die Öffnungsrate der E-Mails und die Response-Quote, die angibt, wie viele Reaktionen es pro versendete E-Mail gab. Insbesondere als Betreiber eines Online-Shops ist der Wert *Cost-per-Order* (*CPO*) wichtig, also wie viel Kosten eine Bestellung verursacht hat. Sie können dafür die Gesamtkosten der Kampagne durch die Gesamtzahl an Bestellungen dividieren. Verlassen Sie sich bei der Auswertung Ihrer E-Mail-Kampagnen nicht nur auf die Erfolgswerte, die Ihnen Ihr E-Mail-Programm ausweist. Sorgen Sie zusätzlich dafür, dass Ihr E-Mail-Traffic korrekt in Ihrem Web-Analytics-Tool erfasst wird, so dass Sie die Quantität und Qualität Ihrer E-Mail-Besucher detailliert auswerten können.

Durch die hohen Initialkosten rentiert sich eine E-Mail-Kampagne meist erst, wenn mehrere E-Mails verschickt wurden. Dadurch, dass aber das Versenden von E-Mails grundsätzlich kostenfrei ist, ist E-Mail-Marketing ein sehr günstiger Kanal, um Kunden zu erreichen. Sie sollten darum insbesondere initial viel Zeit und Energie in eine gute Vorbereitung und Planung der Kampagnen investieren, um möglichst viel aus den E-Mails herauszubekommen und um eine gute Vorlage zu erarbeiten für viele weitere E-Mails. Die einzelnen Punkte der Umsetzung einer E-Mail-Kampagne werden wir als Nächstes betrachten. Bestimmt das wichtigste Merkmal einer E-Mail ist der Inhalt. Mit den richtigen Worten und Bildern können Sie hierbei das Maximum aus den Mailings herausholen.

14.2 Die richtigen Worte – der Inhalt des Mailings

E-Mail-Kampagnen leben von dem Inhalt, den Sie dem Kunden präsentieren. Daher empfehlen wir Ihnen, hierfür die nötige Energie und Sorgfalt aufzubringen. Abonnieren Sie andere Newsletter auch von themenfremden Websites, um Ideen und Anregungen für Ihr eigenes Mailing zu bekommen. Vorbilder sind dabei sicher Seiten, die E-Mails als Marketinginstrument stark nutzen, z. B. Online-Shops oder Gutscheinportale.

Der Inhalt einer E-Mail fängt schon mit dem Absender und der Betreffzeile an. Achten Sie bei der Absenderadresse auf eine seriöse Bezeichnung, z. B. Ihren Firmennamen (*newsletter@ihrshop.de*). Dies schafft Vertrauen bei den Nutzern, aber auch bei den E-Mail-Anbietern, die über Filtermechanismen Ihre E-Mail als vertrauenswürdig oder Spam einstufen und damit die Zustellung der E-Mail an den Empfänger beeinflussen können. Vermeiden Sie eine *Noreply*-Adresse, schließlich wollen Sie den Kontakt zum Kunden und ihm nicht sagen, dass die Kommunikation nur einseitig erfolgt. Die Betreffzeile sollte so gestaltet sein, dass sie zum Öffnen der E-Mail anregt.

In Abbildung 14.9 sehen Sie eine Mailbox mit verschiedenen Newslettern, die an verschiedenen Tagen empfangen wurden. Hier sehen Sie, wie mit der Bezeichnung des

Absenders und der Betreffzeile in der Praxis umgegangen wird. Sie finden in der Mailbox verschieden formulierte Betreffzeilen. Achten Sie bei Ihrer E-Mail-Kampagne auf aussagekräftige und nicht zu lange Betreffzeilen, die den Nutzer überzeugen, die E-Mail zu öffnen, indem sie prägnant den Mehrwert des Mail-Inhalts ankündigen. Die Reise-Website TripAdvisor nutzt hierfür z. B. rhetorische Fragen (»Wissen Sie, wie viele Personen Ihre Bewertung gelesen haben?«), um den E-Mail-Empfänger neugierig zu machen. Ihre E-Mail wird eine von vielen im Posteingang sein und sollte dementsprechend attraktiv formuliert sein. Den Absendernamen brauchen Sie nicht noch einmal in der Betreffzeile zu wiederholen, da er schon im Absenderfeld enthalten ist.

Als Nächstes sollten Sie sich die Ansprache des Empfängers überlegen. Wenn Sie einen guten Datenbestand mit Vornamen und Nachnamen der E-Mail-Empfänger haben, empfiehlt sich die persönliche Ansprache, da Sie dadurch eine höhere Aufmerksamkeit erzeugen. Überlegen Sie sich auch, ob Sie die Leser mit Du oder Sie ansprechen. Bei Online-Shops hat sich meist das Du eingebürgert. Für sensible Thematiken, wie den Newsletter einer Bank, oder bei E-Mails an einen hauptsächlich älteren Empfängerkreis sollten Sie die Nutzer mit Sie ansprechen. Im Idealfall ist die Information, ob Sie einen Kunden siezen oder duzen bereits in Ihrer Kontaktdatenbank (CRM-System) hinterlegt. Passen Sie also Ihre E-Mail-Kommunikation an die gesamte Firmenkommunikation an (siehe Abbildung 14.10).

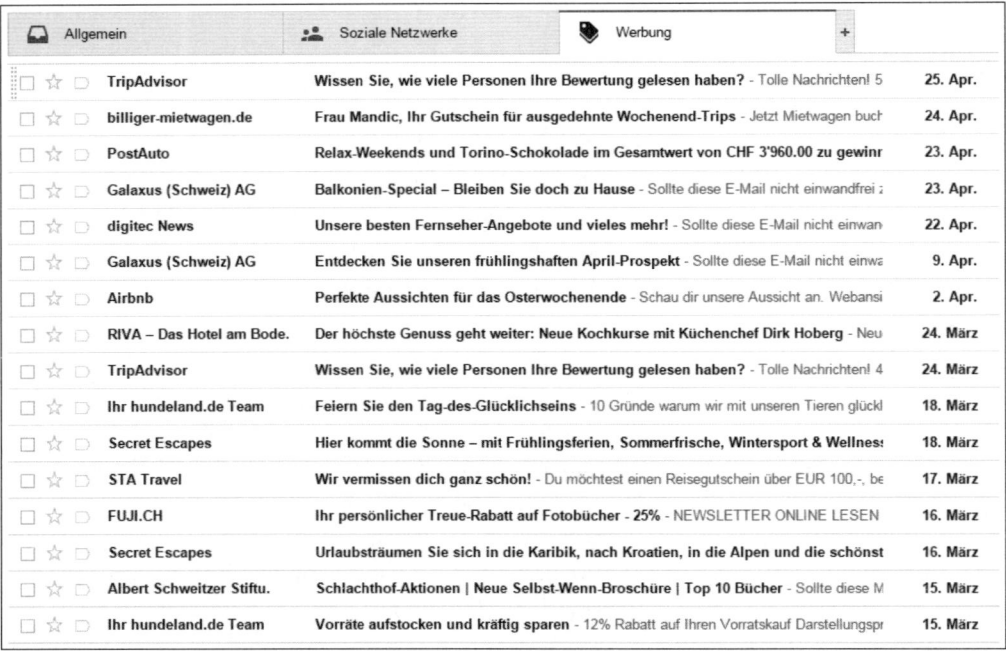

Abbildung 14.9 Newsletter in der Mailbox

Du möchtest einen Reisegutschein über EUR 100,-, bekommst aber die E-Mail nicht richtig angezeigt? Dann klicke bitte hier.

SUCHEN

sta TRAVEL · REISEN FÜR WELTENTDECKER (069) 255 15 000 0

Zum Ortstarif

REISEBÜRO FINDEN · BERATUNGSTERMIN · ANGEBOT ANFRAGEN · KOSTENLOSE APP

Hallo Mirko,

wir haben ja schon lange nichts voneinander gehört.

Wie du sicherlich noch weisst, erwarten dich bei uns authentische und einzigartige Reiseerlebnisse ganz nach deinem Geschmack. Erfülle dir deinen Reisetraum und sei mit uns mittendrin statt nur dabei.

Um dein nächstes grosses oder kleines Reiseabenteuer zu verwirklichen, schenken wir dir jetzt bis zu EUR 100,-!

Schau doch mal wieder bei uns vorbei, wir freuen uns!

Carina

Deine Carina

Abbildung 14.10 Newsletter von STA Travel mit persönlicher Ansprache

Inhaltlich haben Sie bei der Gestaltung der E-Mails viele Möglichkeiten. Achten Sie auf prägnante, kurze Formulierungen, die den Mehrwert der E-Mail schnell aufzeigen, sowie auf übersichtliche Angebote und aussagekräftiges Bildmaterial. Meist bleibt nicht viel Zeit, den E-Mail-Empfänger zu einer Handlung zu bewegen, da E-Mails nur kurz überflogen und dann häufig gelöscht werden. Stellen Sie also einen Eye-Catcher, das Topangebot oder die Meldung des Tages an den Anfang einer E-Mail. Als wirksames Mittel haben sich auch Gutscheincodes in kommerziellen Newslettern erwiesen. Sie können damit gut arbeiten, um Kaufanreize zu schaffen. In einem ausgereiften Newsletter-System können Sie Gutscheine auch in verschiedenen Stufen anbieten, damit Sie die Kaufbereitschaft der Empfänger erkennen können. So können Sie beispielsweise zuerst Gutscheine in Höhe von 6 % anbieten. Werden diese vom Kunden nicht eingelöst, gehen Sie höher auf 10 bis 12 %. Zusätzliche Kaufanreize können Sie zudem schaffen, indem Sie die Angebote zeitlich begrenzen (siehe Abbildung 14.11). Achten Sie außerdem auf eine eindeutige und klar erkennbare Handlungsaufforderung (*Call to Action*), z. B. einen Anmeldebutton oder einen Link zum Online-Shop.

Abbildung 14.11 Rabattangebote mit Gutscheincode im Newsletter von »www.hundeland.de«

Anreize können auch durch die Verbindung mit sozialen Medien geschaffen werden. Werfen Sie hierzu einen Blick auf den Newsletter von Wonderbly, einen Anbieter personalisierter Kinderbücher in Abbildung 14.12. Auf sehr schlichte, prägnante und originelle Weise wird hier nicht nur dem E-Mail-Empfänger ein Gutschein in Aussicht gestellt, wenn er die Bücher weiterempfiehlt – auch die Freunde erhalten bei einer Bestellung einen Rabatt über fünf Euro. Überdies nutzt Wonderbly den Newsletter, um das Produkt mit positiven Emotionen aufzuladen und sich als sympathische Marke zu positionieren – insgesamt ein sehr gelungenes Beispiel eines Newsletters, der die vielfältigen Potenziale des Kanals mustergültig umsetzt.

Abbildung 14.12 Der Newsletter von Wonderbly verbindet E-Mail-Marketing geschickt mit Social Media Marketing.

Wir empfehlen zudem eine Personalisierung der E-Mails. Dies erreichen Sie durch die schon genannte individuelle Kundenansprache, aber auch der Inhalt einer E-Mail-Kampagne kann personalisiert gestaltet werden. So können Sie z. B. einen Newsletter auf Frauen oder Männer ausrichten. Wenn Sie noch tiefer in das E-Mail-Marketing einsteigen, können Sie sogar kundenindividuelle Newsletter versenden, in denen genau auf den Kunden zugeschnittene Informationen oder Angebote versendet werden. Dies benötigt natürlich eine ausgereifte Kundendatenbank und ein leistungsfähiges *CRM-System* (*Customer Relationship Management*). Wie dies funktioniert, können Sie z. B. bei *amazon.de* sehen, wenn Sie sich für den Newsletter-Service registrieren. Interessieren Sie sich z. B. für Fachbücher für Online-Texte und schauen sich bei Amazon verschiedene Produkte an, so bekommen Sie automatisch einige Tage später auf Sie zugeschnittene Angebote via E-Mail (siehe Abbildung 14.13). Dem Thema CRM widmen wir uns auch ausführlich in Kapitel 11, »Kundenbindung (CRM)«.

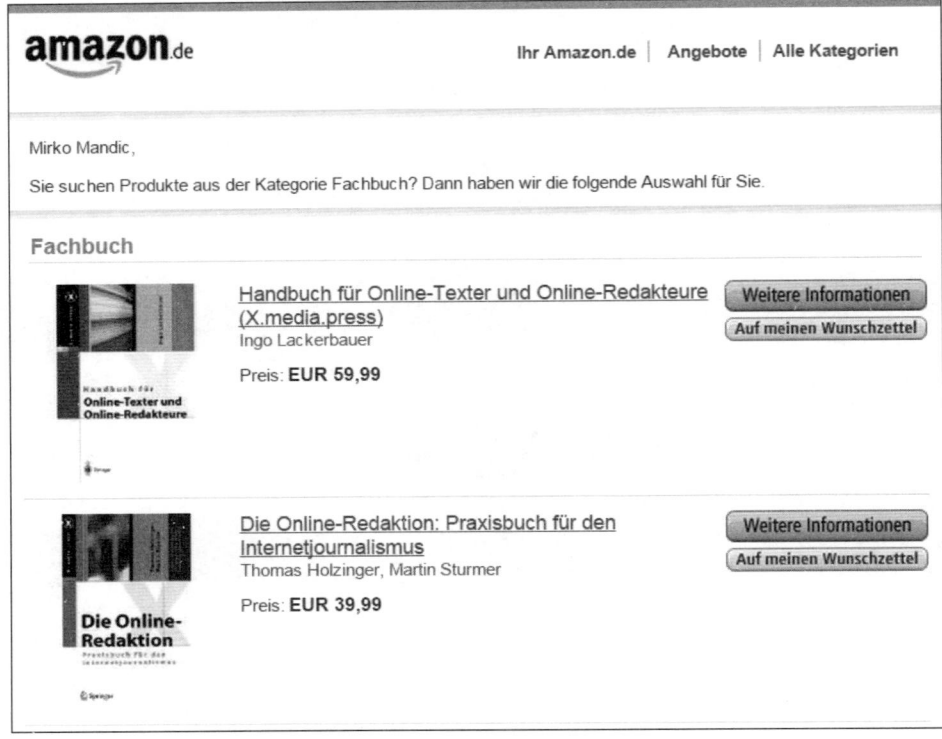

Abbildung 14.13 Kundenindividuelle E-Mails bei »www.amazon.de«

Geschäftliche E-Mails benötigen Herausgeberinformationen in Form eines Impressums. Vergessen Sie also nicht, diese Informationen hinzuzufügen. Sie können sich dabei an dem Impressum Ihrer Website orientieren. In Abbildung 14.14 sehen Sie das Impressum mit den üblichen Angaben in einer E-Mail von *billiger-mietwagen.de*. Denken Sie an eine Abmeldefunktion vom Newsletter am Ende der E-Mail. Auch wenn Sie Abmeldungen vermeiden möchten, ist diese Funktion aus rechtlicher Sicht erforderlich. Es zeugt von Vertrauen und Seriosität des Anbieters, dass man sich als Nutzer schnell wieder abmelden kann. Überzeugen Sie also mehr mit dem Inhalt und Wert einer E-Mail, um Abmeldungen zu verringern. Ebenso wie die Impressumspflicht gesetzlich geregelt ist, müssen Sie dem Nutzer auch die Möglichkeit geben, sich ohne Hindernisse wieder aus Ihrem E-Mail-Verteiler auszutragen. Auf die rechtlichen Aspekte gehen wir im Einzelnen noch in Abschnitt 14.5, »Dos and Don'ts – juristische Aspekte«, näher ein.

Für den Erfolg einer E-Mail-Kampagne ist aber nicht nur der Inhalt entscheidend, sondern auch der Zustellungszeitpunkt und die Häufigkeit des Versands. Dieses Thema werden wir uns im nächsten Abschnitt anschauen.

Abbildung 14.14 E-Mail-Ausschnitt mit Abmeldefunktion und Impressumsangaben im Newsletter von »billiger-mietwagen.de«

14.3   Der richtige Moment – Versandfrequenz

Haben Sie schon überlegt, wann Sie die E-Mails für Ihre Kampagne versenden? Wir empfehlen Ihnen, sich hierzu gründliche Gedanken zu machen und sich in den Empfänger Ihrer Mails hineinzuversetzen. Wann ist er oder sie am ehesten bereit, die E-Mail zu lesen, ohne dass sie in der täglichen E-Mail-Flut sofort gelöscht wird? Überlegen Sie sich also den günstigsten Tag in der Woche und die beste Uhrzeit. Dies kann je nach Website und Anliegen sehr unterschiedlich sein. Wenn Sie z. B. einen Newsletter an Geschäftskunden verschicken, eignen sich normale Geschäftszeiten, aber nicht gleich um 8 Uhr morgens, da zu Arbeitsbeginn meist sehr viele E-Mails im Postkasten sind und Ihre E-Mail dadurch untergehen kann. Auch der Montag eignet sich nicht unbedingt zum Versenden von Werbe-Mails, weil dies meist der geschäftigste Tag der Woche ist. Abzuraten ist ebenso vom Samstag, da an diesem Wochentag das Internet weniger genutzt wird. Sollten Sie einen täglichen Newsletter versenden, können Sie dem Nutzer auch anbieten, selbst die Sendezeit festzulegen. Bei Nachrichten-Newslettern kommt hier noch das Thema Aktualität hinzu. Nutzer möchten aktuelle Meldungen zugeschickt bekommen und keine »Neuigkeiten«, die schon veraltet sind.

Denken Sie auch darüber nach, wie oft Sie einen Newsletter versenden möchten. Die übliche Spannweite reicht hier von täglich, zweimal pro Woche, wöchentlich, zweiwöchentlich, monatlich oder unregelmäßig bei Bedarf. Die Versandfrequenz hängt also von Ihrem individuellen Ziel und Angebot ab und lässt sich nicht pauschal beantworten. Täglich werden z. B. Nachrichten-Newsletter oder regelmäßige kurzfristige Aktionsangebote von Shopping-Clubs versendet. Wöchentlich versenden meist Online-Shops ihre Newsletter mit aktuellen Angeboten. Ein monatlicher Versandrhythmus eignet sich z. B. für Vereinsaktivitäten. Überlegen Sie, was Sie Ihren Newsletter-Empfängern zumuten möchten und können, ohne dass die Abmelderaten steigen. Sinnvoll ist es, den Nutzer selbst entscheiden zu lassen. Hinzu kommen Sondermailings für bestimmte Aktionen, z. B. zum Geburtstag eines Kunden, zu Weihnachten oder zu speziellen Sonderangeboten, etwa zum Schlussverkauf am Ende einer Saison. Wichtig ist, dass Sie nur dann Mailings versenden, wenn Sie auch etwas anzubieten oder zu sagen haben. Ansonsten wirkt das regelmäßige Anschreiben der Kunden eher lästig.

Gmail-Anzeigen

Wenn Sie sich nicht darauf verlassen möchten, dass Ihre Zielgruppe in genau dem Moment in ihr Postfach schaut, in dem Sie Ihre E-Mail verschicken, können Sie bei einigen E-Mail-Programmen für zusätzliche Aufmerksamkeit sorgen. *Gmail-Anzeigen* sind eine Werbeform von Google, die, vom optischen Erscheinungsbild ähnlich wie E-Mails, im Postfach des Gmail-Users im Ordner *Werbung* an prominenter Position angezeigt wird. Nutzer können diese Anzeigen wie gewöhnliche E-Mails öffnen.

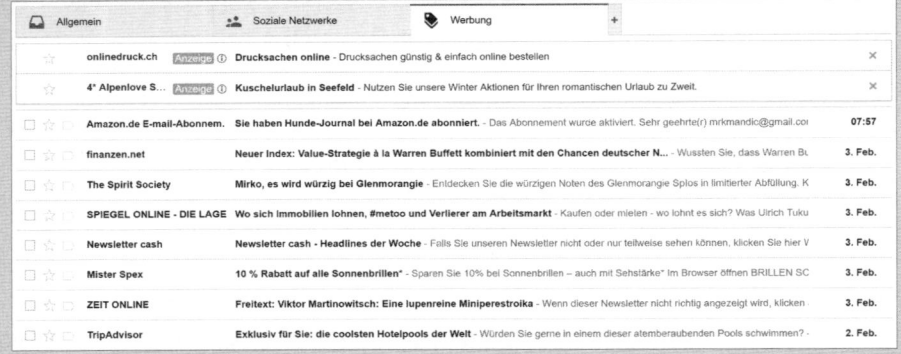

Abbildung 14.15 Prominente Platzierung von Gmail-Anzeigen im Posteingang von Gmail

14.4   Technische Aspekte des E-Mail-Marketings

Bei der technischen Umsetzung einer E-Mail-Kampagne stehen Sie vor einer Make-or-Buy-Frage. Sie sollten also abwägen, ob Sie die technischen Voraussetzungen selbst schaffen oder Dienstleister in Anspruch nehmen und diese bezahlen. Speziell bei großen Empfängergruppen mit mehr als 1.000 Adressen und regelmäßigem Versand bietet sich ein externer Anbieter an. Dies hat auch den Vorteil, dass diese Anbieter sich mit Spam-Blockern der E-Mail-Provider und Antivirenhersteller auskennen. Einige Anbieter haben sogar ein *Whitelisting* ihrer Mail-Server, so dass E-Mails von diesen Rechnern immer durch die Spam-Filter gelassen werden. Beim Whitelisting handelt es sich also um eine Positivliste vertrauenswürdiger E-Mail-Absender. In Abschnitt 14.4.2, »Newsletter-Versand«, gehen wir näher auf diese Möglichkeiten ein.

14.4.1   HTML vs. Text

Sie haben die Möglichkeit, E-Mails im Text- oder HTML-Format zu versenden. Im HTML-Format stehen Ihnen mehr Formatierungen und Gestaltungsmöglichkeiten zur Verfügung, und Sie können Bilder oder Grafiken integrieren. Sie können daher mehr Aufmerksamkeit auf sich ziehen als mit reinem Text, wie Sie am Newsletter von Airbnb in Abbildung 14.16 sehen. E-Mails im Text-Format sind selten geworden. Vor allem wenn es um technische Themenfelder geht, sollten Sie aber auch eine Textversion des Newsletters bereitstellen, da in diesem Kundensegment teilweise keine bunten E-Mails erwünscht sind. Ein anderes Problem kann sein, dass das E-Mail-Programm keine HTML-Mails darstellen kann oder absichtlich nicht darstellt oder einzelne Elemente blockiert, weil diese als unerwünschte Werbung angesehen werden. Ein großer Vorteil von HTML-Newslettern ist die bessere Analysierbarkeit des Empfängerverhaltens, da Tracking-Pixel und -Scripts hier integriert werden können. Darüber lassen sich z. B. Öffnungs- und Klickraten genau bestimmen.

Abbildung 14.16 Airbnb-Newsletter im HTML-Format

Daher sollten Sie beim Aufsetzen Ihres Newsletters darauf achten, dass Sie beide Formate anbieten und der Benutzer bei der Anmeldung selbst entscheiden kann, welche
Variante er bevorzugt. In Abbildung 14.17 sehen Sie die Darstellung eines Newsletters
im Textformat. In diesem Beispiel legt der Absender *preisvergleich.de* offenbar Wert
darauf, als neutrales redaktionelles Angebot wahrgenommen zu werden, und verzichtet aus diesem Grund auf eine E-Mail im HTML-Format. Wir empfehlen Ihnen,
vor dem Versand ausführlich zu testen, wie Ihre E-Mails dargestellt werden. Bevor Sie
eine E-Mail-Kampagne versenden, sollten Sie also Ihre E-Mails intern mit eigenen
E-Mail-Adressen testen, um zu prüfen, ob alles korrekt dargestellt wird. Nutzen Sie
für die Testadressen gängige E-Mail-Anbieter wie Gmail, GMX, Yahoo Mail oder T-
Online, um sicherzustellen, dass alle E-Mails über diese Anbieter ankommen und
richtig dargestellt werden.

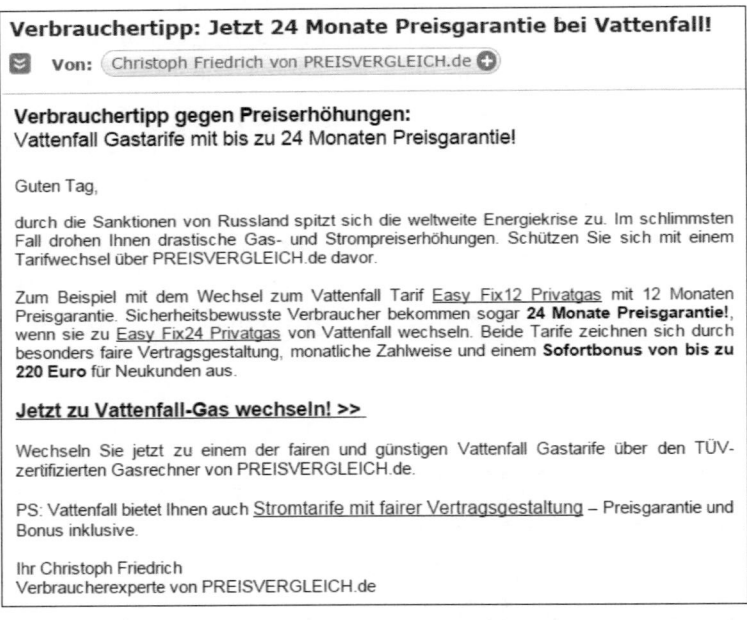

Abbildung 14.17 Newsletter im Textformat von »www.preisvergleich.de«

Nachdem Sie mit der inhaltlichen Gestaltung der E-Mail-Kampagne oder des Newsletters fertig sind, steht der Versand der E-Mails an. Dafür gibt es verschiedene technische Lösungen.

**Responsive E-Mail-Vorlagen & WhatsApp: Newsletter-Marketing und
Mobilgeräte**

Laut einer Prognose der Radicati Group nutzen im Jahr 2018 2,2 Milliarden Menschen
weltweit mobile Geräte zum Versenden und Empfangen von E-Mails — doppelt so
viele wie im Jahr 2014. E-Mails werden mehrheitlich auf Mobilgeräten abgerufen,

gelesen und beantwortet. Achten Sie daher bei der Gestaltung Ihrer E-Mails insbesondere darauf, dass Ihre Nutzer diese auf Mobilgeräten bequem lesen können. Hierbei helfen Ihnen sogenannte *responsive E-Mail-Vorlagen,* deren Design sich automatisch an die Bildschirmgröße des Gerätes anpasst, mit dem die E-Mail aufgerufen wird.

Gerade auf Mobilgeräten werden E-Mails heute oft verdrängt von sogenannten Instant-Messaging-Diensten wie WhatsApp (*www.whatsapp.com*). Auch hier können Sie als Werbetreibender aktiv werden und einen WhatsApp-Newsletter zur Verfügung stellen – wie dies z. B. das TV-Format Galileo tut (vergleiche Abbildung 14.18).

14

Abbildung 14.18 Anmeldung zum WhatsApp-Newsletter von Galileo

14.4.2   Newsletter-Versand

Beim Versenden von Newslettern müssen Sie entscheiden, mit welchen technischen Lösungen Sie die E-Mails verschicken. Dies ist von der Größe des E-Mail-Verteilers abhängig. Haben Sie nur einen kleinen Empfängerkreis, können Sie E-Mails auch manuell über Ihr E-Mail-Programm versenden. Wenn Sie nur eine Mail an Ihren gesamten Empfängerkreis verschicken möchten, sollten Sie unbedingt darauf achten, dass Sie die E-Mail-Adressen ins *Bcc:* (*Blind Carbon Copy*) kopieren, um die Empfängeradressen beim Senden zu verbergen. Haben Sie mehrere Hunderttausend oder mehr als 1 Mio. Empfänger, dann wird der manuelle Versand unmöglich. Dafür gibt es professionelle Anbieter wie z. B. CleverReach (*www.cleverreach.de*) oder inxmail (*www.inxmail.de*), die den Versand übernehmen können. Eine gute Übersicht über die verschiedenen Anbieter für E-Mail-Marketing finden Sie unter *t3n.de/news/ e-mail-marketing-anbieter-280807/*.

Professionelle E-Mail-Anbieter sorgen auch für eine hohe Zustellrate der versendeten E-Mails. Nachdem Sie Ihre E-Mail-Kampagne mit viel Mühe aufgesetzt haben, wäre es extrem ärgerlich, wenn E-Mails die Empfänger nicht erreichen, z. B. weil Adressen veraltet sind oder die E-Mails als Spam klassifiziert und somit ausgefiltert werden. Da das Spam-Aufkommen inzwischen sehr große Ausmaße angenommen hat, unternehmen E-Mail-Anbieter wie GMX, Google Mail oder T-Online große Anstrengungen, diese E-Mails auszufiltern. Der *Security Bulletin* der Firma Kaspersky ging für das Jahr 2016 von einem Spam-Anteil von ca. 58 % aller E-Mails aus (*securelist.com/kaspersky-security-bulletin-spam-and-phishing-in-2016/77483/*). In Abbildung 14.19 sehen Sie E-Mail-Sicherheitseinstellungen von GMX. Die Abbildung zeigt die sogenannte *Blacklist* eines E-Mail-Kontos, in die Rechner-IP-Adressen oder E-Mail-Adressen aufgenommen werden können, die sich als Spam-Versender hervorgetan haben.

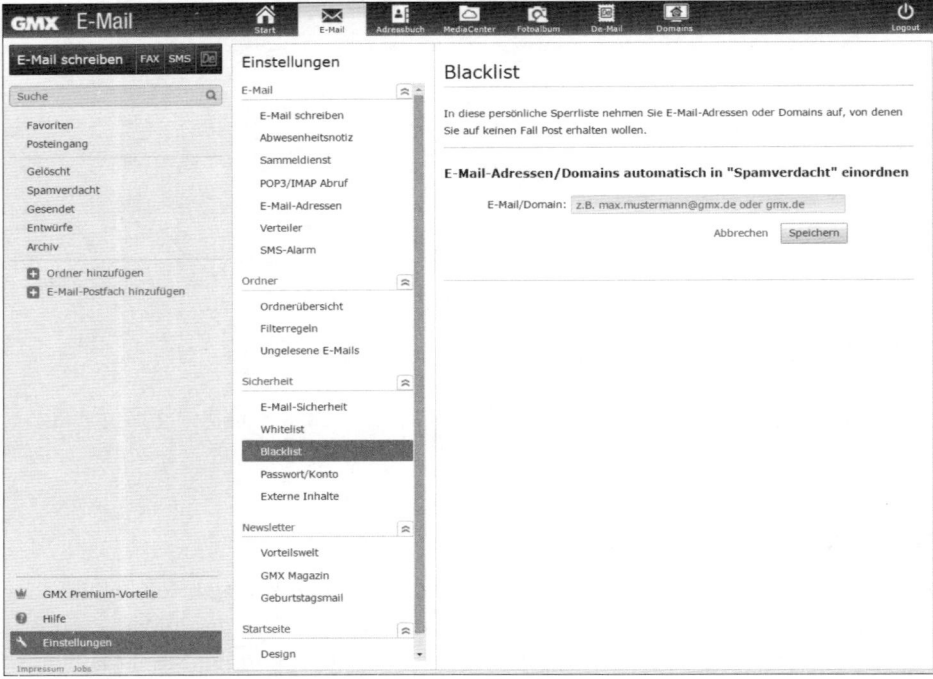

Abbildung 14.19 GMX-Blacklist

Sie sollten also bei einer E-Mail-Kampagne immer die Zustellbarkeit testen. So kön-
nen Sie sich z. B. Testadressen bei verschiedenen E-Mail-Anbietern anlegen, um den
Empfang der E-Mails zu prüfen. Professionelle Mailing-Anbieter sorgen bei den
E-Mail-Providern für ein Whitelisting ihrer eigenen Server, die die E-Mails versenden.
Damit wird erreicht, dass E-Mails automatisch durch die Spam-Filter gelassen werden und mit höherer Wahrscheinlichkeit beim Empfänger ankommen. In diesem
Zusammenhang hat sich die *Certified Senders Alliance* (*certified-senders.org/de/*) gebildet, ein Zusammenschluss aus verschiedenen großen E-Mail-Versendern, die sich
gemeinsam für ein standardgemäßes E-Mail-Marketing einsetzen. E-Mail-Provider
wie GMX oder *web.de* nehmen geprüfte Anbieter in die Positivliste auf und stellen
die E-Mails den Empfängern zu, ohne dass die E-Mails in Spam-Filtern landen.

Als Alternative zum professionellen E-Mail-Marketing bietet sich ein eigener Newsletter-Versand an. Es gibt verschiedene, zum Teil kostenfreie Softwareangebote für
den Eigenversand. Die meisten Lösungen setzen rudimentäre HTML-Kenntnisse voraus, damit die Inhalte individuell angepasst werden können. Hinzu kommt eine
Datenbank mit den E-Mail-Adressen und zusätzlichen Informationen wie Name und
Geschlecht der Empfänger. Ein empfehlenswertes Tool für den eigenen E-Mail-Versand ist z. B. MailChimp (*mailchimp.com*; siehe Abbildung 14.20). Bei Empfängerlis-
ten mit bis zu 2.000 Adressen steht dieses Tool für bis zu 12.000 E-Mails pro Monat
kostenlos zur Verfügung. Bei einem größeren Adressbestand und E-Mail-Volumen
wird ein monatlicher Betrag fällig.

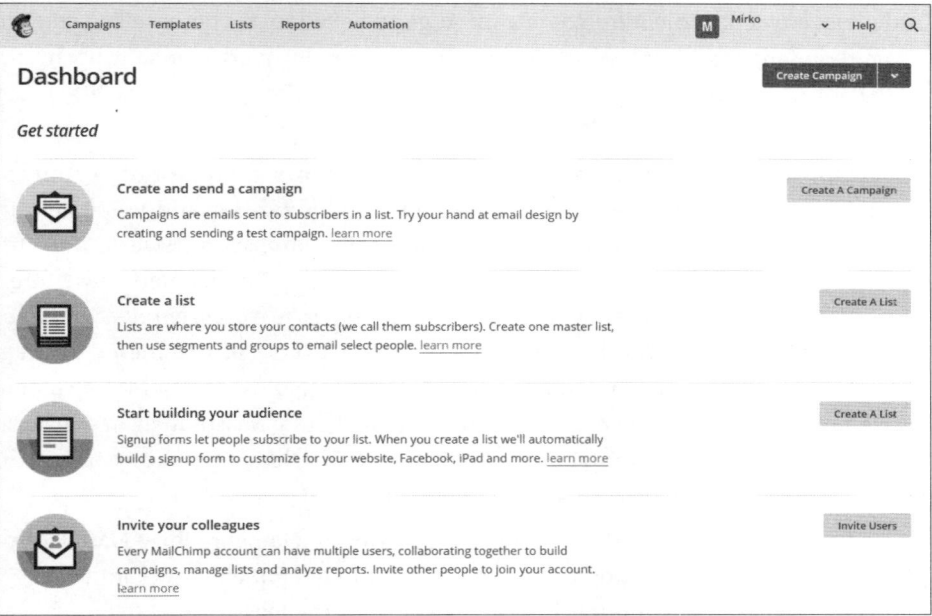

Abbildung 14.20 MailChimp im Einsatz

Bei MailChimp stehen Ihnen vielfältige Funktionen für das E-Mail-Marketing zur Verfügung. Sie können z. B. die Adressbestände pflegen, Kampagnen einrichten und Auswertungen einsehen. Für den Start einer Kampagne mit MailChimp stehen mehrere ausführliche Anleitungen zur Verfügung.

14.4.3   Erfolgskontrolle und Tracking-Möglichkeiten

Wie bei anderen Werbemaßnahmen lässt sich auch im E-Mail-Marketing die gute Messbarkeit des Online-Marketings nutzen. Speziell größere und regelmäßig versendete E-Mail-Kampagnen sollten hinsichtlich des Erfolgs analysiert werden. Als wichtige Kennzahlen dienen hier die Öffnungsrate und Klickraten. Die Öffnungsrate gibt dabei an, wie viel Prozent der Empfänger die E-Mail öffnen, also zu Gesicht bekommen. Durch verschiedene Klickraten kann ermittelt werden, wie häufig auf eine E-Mail geklickt wird. Hier können z. B. einzelne Klicks auf verschiedene Links in einer Mail exakt analysiert werden. Eine wichtige Kennzahl im E-Mail-Marketing ist zudem die Bounce-Rate, die angibt, wie viele E-Mails nicht ihr Ziel erreichen. Dabei wird zwischen *Hard-* und *Soft-Bounces* unterschieden. Unter die Hard-Bounce-Rate fallen alle E-Mails an Adressen, die nicht mehr existieren und deshalb vom Mail-Server abgelehnt werden. Hat Ihre harte Bounce-Rate einen hohen Wert, sollten Sie den E-Mail-Verteiler überarbeiten, da Sie offensichtlich viele veraltete E-Mail-Adressen in der Datenbank haben. Die Soft-Bounces beschreiben dagegen E-Mails, die z. B. wegen einer Urlaubsabwesenheit oder eines überfüllten Postfachs zurückgesendet werden. Zudem ist es wichtig, die Abmelderate im Auge zu behalten, die beschreibt, wie viele E-Mail-Empfänger sich aus der Liste austragen. Sollte der Wert hier sehr hoch sein oder kontinuierlich ansteigen, müssen Sie Ihre E-Mail-Kampagne hinsichtlich der Inhalte oder technischer Probleme genau analysieren.

Der schon genannte E-Mail-Marketing-Dienst MailChimp analysiert die Kennzahlen regelmäßig auf der Datenbasis von mehreren Millionen versandten E-Mails. In Tabelle 14.1 sehen Sie, nach Branchen sortiert, die Durchschnittswerte der Öffnungsraten, Klickraten, Bounce-Rates und Abmelderaten. Kennzahlen zu weiteren Branchen können Sie unter *mailchimp.com/resources/research/email-marketing-benchmarks/* einsehen. Die Zahlen stammen überwiegend von kleineren Firmen, sind aber ein guter Anhaltspunkt für die Erfolgskennzahlen von E-Mail-Kampagnen. Die genannte *Abuse Complaint Rate* gibt hier an, wie häufig Missbrauchsbeschwerde eingereicht wurde. Einige Tools geben Nutzern die Möglichkeit, Datenmissbrauch zu melden, und werden an dieser Stelle als Kennzahl erfasst.

Um genauere Erkenntnisse darüber zu erhalten, welche Elemente Ihrer E-Mail-Kampagnen zu einer Verbesserung der Kennzahlen führen, empfehlen wir Ihnen, sogenannte *A/B-Tests* durchzuführen. Dabei erhält eine Teilmenge Ihrer E-Mail-Empfänger eine leicht veränderte Variante der E-Mail, z. B. mit einer anderen Betreffzeile. Nach dem Versand können Sie dann anhand der Kennzahlen (z. B. Öffnungsrate) auswerten, welche Variante erfolgreicher war.

Industry	Open	Click	Soft Bounce	Hard Bounce	Abuse	Unsub
Agriculture and Food Services	24,71 %	2,98 %	0,58 %	0,43 %	0,02 %	0,29 %
Architecture and Construction	24,78 %	2,90 %	1,50 %	1,08 %	0,03 %	0,36 %
Arts and Artists	27,23 %	2,85 %	0,61 %	0,44 %	0,02 %	0,29 %
Business and Personal Care	18,48 %	1,96 %	0,38 %	0,38 %	0,03 %	0,32 %
Business and Finance	20,97 %	2,73 %	0,66 %	0,55 %	0,02 %	0,23 %
Computers and Electronics	20,87 %	2,16 %	1,02 %	0,70 %	0,02 %	0,31 %

Tabelle 14.1 E-Mail-Marketing-Kennzahlen nach Branchen (Quelle: MailChimp)

Sie sollten allerdings nicht nur die Kennzahlen in Ihrem E-Mail-Programm auswerten. Analysieren Sie außerdem in Ihrem Web-Analytics-Tool die Anzahl und Qualität der Besuche, die Sie über Ihre E-Mail-Kampagnen auf Ihrer Website generieren. Hierzu ist es notwendig, dass die Links, die in Ihren E-Mails platziert sind und auf Ihre Website verweisen, speziell gekennzeichnet (*getaggt*) sind. Wenn Sie Google Analytics nutzen, können Sie mit dem Tool zur URL-Erstellung (*support.google.com/analytics/answer/1033867?hl=de*) die Links zu Ihrer Website mit speziellen Kampagnenparametern ausstatten. Mehr zur Messung und Analyse von Website-Besuchen erfahren Sie in Kapitel 10, »Web-Analytics«.

14.5   Dos and Don'ts – juristische Aspekte

Im E-Mail-Marketing sind einige juristische Aspekte zu berücksichtigen, damit Sie keinen Ärger bekommen. Grundsätzlich müssen Sie alle Anforderungen an den Datenschutz erfüllen. So dürfen keine fremden Personen an die Kundendaten gelangen, und Sie müssen den Missbrauch von Daten unterbinden. Adressdaten sind ein sehr sensibles Thema. Daher sollten Sie ein großes Augenmerk darauf legen, wo und wie Sie die Daten abspeichern.

Artikel 5, EU-Datenschutz-Grundverordnung (EU-DSGVO)

Auch im E-Mail-Marketing müssen die Grundsätze in Bezug auf die Verarbeitung personenbezogener Daten nach Artikel 5 der DSGVO eingehalten werden:

(1) Personenbezogene Daten müssen

(a) auf rechtmäßige Weise, nach dem Grundsatz von Treu und Glauben und in einer für die betroffene Person nachvollziehbaren Weise verarbeitet werden (»**Rechtmäßigkeit, Verarbeitung nach Treu und Glauben, Transparenz**«);

(b) für festgelegte, eindeutige und legitime Zwecke erhoben werden und dürfen nicht in einer mit diesen Zwecken nicht zu vereinbarenden Weise weiterverarbeitet werden; eine Weiterverarbeitung für im öffentlichen Interesse liegende Archivzwecke, für wissenschaftliche oder historische Forschungszwecke oder für statistische Zwecke gilt gemäß Artikel 89 Absatz 1 nicht als unvereinbar mit den ursprünglichen Zwecken (»**Zweckbindung**«);

(c) dem Zweck angemessen und erheblich sowie auf das für die Zwecke der Verarbeitung notwendige Maß beschränkt sein (»**Datenminimierung**«);

(d) sachlich richtig und erforderlichenfalls auf dem neuesten Stand sein; dabei sind alle angemessenen Maßnahmen zu treffen, damit personenbezogene Daten, die im Hinblick auf die Zwecke ihrer Verarbeitung unrichtig sind, unverzüglich gelöscht oder berichtigt werden (»**Richtigkeit**«);

(e) in einer Form gespeichert werden, die die Identifizierung der betroffenen Personen nur so lange ermöglicht, wie es für die Zwecke, für die sie verarbeitet werden, erforderlich ist; personenbezogene Daten dürfen länger gespeichert werden, soweit die personenbezogenen Daten vorbehaltlich der Durchführung geeigneter technischer und organisatorischer Maßnahmen, die von dieser Verordnung zum Schutz der Rechte und Freiheiten der betroffenen Person gefordert werden, ausschließlich für im öffentlichen Interesse liegende Archivzwecke oder für wissenschaftliche und historische Forschungszwecke oder für statistische Zwecke gemäß Artikel 89 Absatz 1 verarbeitet werden (»**Speicherbegrenzung**«);

(f) in einer Weise verarbeitet werden, die eine angemessene Sicherheit der personenbezogenen Daten gewährleistet, einschließlich Schutz vor unbefugter oder unrechtmäßiger Verarbeitung und vor unbeabsichtigtem Verlust, unbeabsichtigter Zerstörung oder unbeabsichtigter Schädigung durch geeignete technische und organisatorische Maßnahmen (»**Integrität und Vertraulichkeit**«);

(2) Der Verantwortliche ist für die Einhaltung des Absatzes 1 verantwortlich und muss dessen Einhaltung nachweisen können (»**Rechenschaftspflicht**«).

Ein wichtiger Punkt dabei ist das sogenannte *Double-opt-in-Verfahren* für die Gewinnung von E-Mail-Empfängern. Als Newsletter-Anbieter müssen Sie sicherstellen, dass Sie keine unerwünschten E-Mails zustellen. Dies kann aber geschehen, indem fremde Personen die E-Mail-Adresse einer anderen Person für Ihren Newsletter anmelden. Das Problem können Sie mit dem Double-opt-in-Verfahren vermeiden. Dazu senden Sie an die neu eingetragene Adresse eine E-Mail, damit der Nutzer diese E-Mail bestätigt und somit verifiziert. Sie haben somit also eine doppelte Bestätigung und somit eine rechtliche Absicherung, dass sich der Nutzer die Zustellung von E-Mails wünscht. Als professioneller Anbieter sollten Sie dieses Verfahren nutzen, um sich vor Abmahnungen zu schützen. Sie sehen in Abbildung 14.21 beispielhaft, wie die Website *Groupon.de* das Verfahren umgesetzt hat. Im ersten Schritt gibt der Nutzer seine Daten in ein Formular ein, und dann wird er aufgefordert, seine E-Mails abzurufen.

Der Nutzer bekommt eine E-Mail, die einen Aktivierungslink enthält. Durch den Klick auf diesen Link bestätigt der Nutzer, dass er dem Empfang von E-Mails zustimmt. Weisen Sie darauf hin, dass der Interessent auch seinen Spam-Ordner überprüfen sollte, da es häufig vorkommt, dass kommerzielle Mails als solche einge-stuft werden. Im Beispiel von *Groupon.de* wird dem User in der Bestätigung noch-mals das Angebot erläutert, das er erwarten kann, sobald er sich angemeldet hat (siehe Abbildung 14.22).

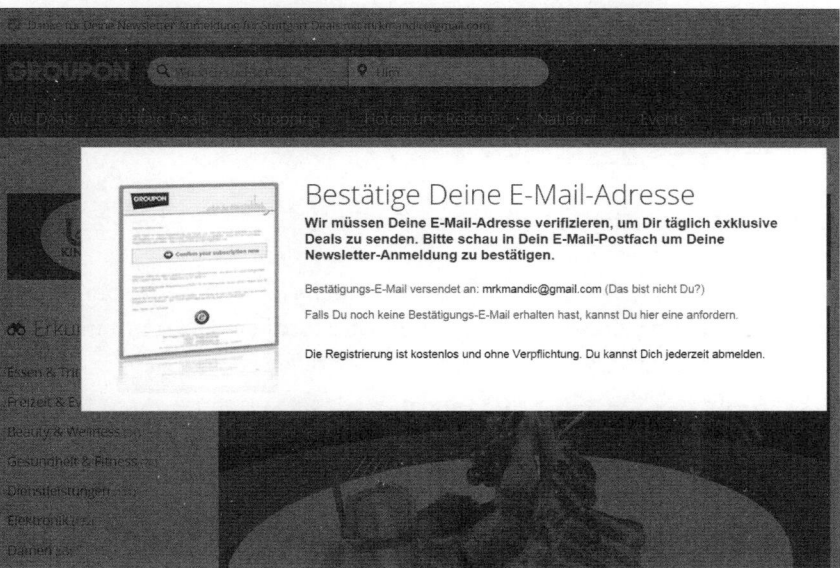

Abbildung 14.21 E-Mail-Bestätigung bei Groupon (Schritt 1)

Laut Grundsatz der Datenminimierung dürfen Sie bei der Anmeldung zu Ihrem Newsletter nur die E-Mail-Adresse als Pflichtfeld abfragen – alle anderen Angaben wie Name oder Unternehmen sind für den Versand nicht unbedingt erforderlich. Nen-nen Sie zudem den Zweck der Datenerhebung lieber etwas umfassender, um kon-form mit der DSGVO zu sein, und informieren Sie aktiv über die Möglichkeit, sich jederzeit vom Newsletter abzumelden.

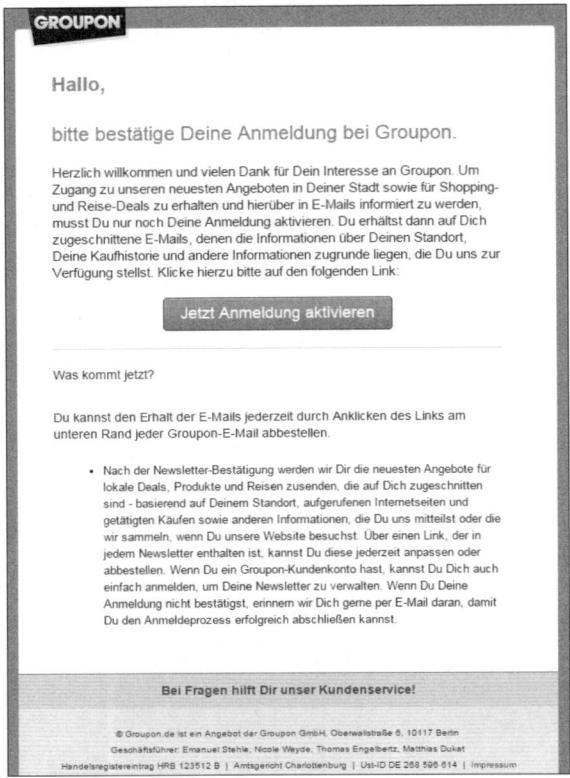

Abbildung 14.22 E-Mail-Bestätigung bei Groupon (Schritt 2)

Stellen Sie überdies sicher, dass Sie für alle bestehenden Newsletter-Empfänger eine rechtsgültige Einwilligung eingeholt haben. Sollte dies nicht der Fall sein, empfehlen wir Ihnen, eine solche Einwilligung nachträglich zu erfragen.

Ein weiterer juristischer Aspekt ist die Anbieterkennzeichnung im Internet. Diese wurde bereits im nationalen Telemediengesetz beschrieben und ist auch mit der neuen EU-DSGVO gültig. Die Anbieterkennzeichnung gilt auch für E-Mails. Das heißt, Ihre gewerbliche Mail muss ein Impressum enthalten. Ähnlich wie Sie es auch aus dem Website-Impressum kennen, müssen Sie angeben, wer für die E-Mail verantwortlich ist.

> **§ 5 Telemediengesetz – allgemeine Informationspflichten**
>
> (1) Diensteanbieter haben für geschäftsmäßige, in der Regel gegen Entgelt angebotene Telemedien folgende Informationen leicht erkennbar, unmittelbar erreichbar und ständig verfügbar zu halten:
>
> 1. den Namen und die Anschrift, unter der sie niedergelassen sind, bei juristischen Personen zusätzlich die Rechtsform, den Vertretungsberechtigten und, sofern

Angaben über das Kapital der Gesellschaft gemacht werden, das Stamm- oder Grundkapital sowie, wenn nicht alle in Geld zu leistenden Einlagen eingezahlt sind, der Gesamtbetrag der ausstehenden Einlagen,

2. Angaben, die eine schnelle elektronische Kontaktaufnahme und unmittelbare Kommunikation mit ihnen ermöglichen, einschließlich der Adresse der elektronischen Post,

3. soweit der Dienst im Rahmen einer Tätigkeit angeboten oder erbracht wird, die der behördlichen Zulassung bedarf, Angaben zur zuständigen Aufsichtsbehörde,

4. das Handelsregister, Vereinsregister, Partnerschaftsregister oder Genossenschaftsregister, in das sie eingetragen sind, und die entsprechende Registernummer,

5. soweit der Dienst in Ausübung eines Berufs im Sinne von Artikel 1 Buchstabe d der Richtlinie 89/48/EWG des Rates vom 21. Dezember 1988 über eine allgemeine Regelung zur Anerkennung der Hochschuldiplome, die eine mindestens dreijährige Berufsausbildung abschließen (ABl. EG Nr. L 19 S. 16), oder im Sinne von Artikel 1 Buchstabe f der Richtlinie 92/51/EWG des Rates vom 18. Juni 1992 über eine zweite allgemeine Regelung zur Anerkennung beruflicher Befähigungsnachweise in Ergänzung zur Richtlinie 89/48/EWG (ABl. EG Nr. L 209 S. 25, 1995 Nr. L 17 S. 20), zuletzt geändert durch die Richtlinie 97/38/EG der Kommission vom 20. Juni 1997 (ABl. EG Nr. L 184 S. 31), angeboten oder erbracht wird, Angaben über

   a) die Kammer, welcher die Diensteanbieter angehören,

   b) die gesetzliche Berufsbezeichnung und den Staat, in dem die Berufsbezeichnung verliehen worden ist,

   c) die Bezeichnung der berufsrechtlichen Regelungen und dazu, wie diese zugänglich sind,

6. in Fällen, in denen sie eine Umsatzsteueridentifikationsnummer nach § 27a des Umsatzsteuergesetzes oder eine Wirtschafts-Identifikationsnummer nach § 139c der Abgabenordnung besitzen, die Angabe dieser Nummer,

7. bei Aktiengesellschaften, Kommanditgesellschaften auf Aktien und Gesellschaften mit beschränkter Haftung, die sich in Abwicklung oder Liquidation befinden, die Angabe hierüber.

(2) Weitergehende Informationspflichten nach anderen Rechtsvorschriften bleiben unberührt.

Je nach Rechtsform und Branche Ihres Unternehmens müssen Sie also Impressumsangaben in den versendeten E-Mails vornehmen. Für eine GmbH sieht ein Impressum aus wie im folgenden Kasten angegeben. Sie können sich unter der Adresse *www.e-recht24.de/impressum-generator.html* eine Vorlage für Ihr eigenes Impressum erstellen lassen. Hier können Sie auch Datenschutzerklärungen z. B. für Facebook, Google Analytics und Twitter automatisch generieren und Ihrem Impressum hinzufügen.

14

Muster-Impressum für eine GmbH

Mustermann GmbH

Musterstraße 1

00000 Musterstadt

Telefon: +49 40 000000

Telefax: +49 40 000000

E-Mail: info@example.com

Internet: www.example.com

Vertretungsberechtigter Geschäftsführer: Max Mustermann

Registergericht: Amtsgericht Musterstadt

Registernummer: HR 0000

Umsatzsteuer-Identifikationsnummer gemäß § 27 a Umsatzsteuergesetz:
DE 0000000

Ein weiterer juristischer Aspekt ist die einfache Abmeldemöglichkeit von einem Newsletter (engl.: *unsubscribe*). Dies ist erforderlich, da Sie dazu verpflichtet sind, zu ermöglichen, dass sich der Nutzer selbst abmelden kann. Bei der Abmeldung sollten Sie laut DSGVO sicherstellen, dass alle nicht mehr benötigten Daten gelöscht werden. Die Abmeldung muss einfach, verständlich und unmittelbar erfolgen, darf also nicht z. B. durch Login oder Eingabe eines Passworts erschwert werden. Angemeldete Personen verfügen zudem über ein Auskunftsrecht sowie über das Recht, Ihre Daten jederzeit einsehen, berichtigen oder löschen zu lassen. Stellen Sie also sicher, dass Sie in solchen Fällen schnell die betroffenen Daten zur Verfügung stellen können.

Zusätzlich zu den gesetzlichen Regelungen gibt es noch die freiwillige Selbstverpflichtung der Mailing-Anbieter. So gibt es auf Initiative des Deutschen Dialogmarketing Verbands (DDV, *www.ddv.de*) den *Ehrenkodex E-Mail Marketing*. Damit verpflichten sich die unterzeichnenden Anbieter, die Regeln des Datenschutzes einzuhalten, die ordnungsgemäße Erhebung von E-Mail-Adressen durchzuführen und den Widerruf einer Zustellungserlaubnis zu ermöglichen. Außerdem wird eine Absenderkennzeichnung gefordert und die Adressweitergabe unterbunden. Der DDV führt weiterhin die sogenannte *Robinsonliste*, in der sich Privatpersonen eintragen können, um sich vor ungewollter Werbung zu schützen. Diese Liste besteht schon seit 1971 und umfasst inzwischen auch die E-Mail-Werbung. Die Liste funktioniert ähnlich wie der Aufkleber an Ihrem Postkasten: »Bitte keine Werbung einwerfen«. Seriöse Anbieter machen einen Adressabgleich mit der Robinsonliste und halten sich an die Vorgaben. Unter *www.ichhabediewahl.de* können Sie weitere Informationen zur Vorgehensweise einsehen und sich selbst in die Liste eintragen.

14.6   E-Mail- und Newsletter-Marketing to go

▶ E-Mail-Kommunikation war eine der ersten Anwendungen im Internet und wird auch heute noch am häufigsten genutzt. Dadurch wurden E-Mails schnell als Marketinginstrument erkannt und gelten als älteste Online-Marketing-Maßnahme.

▶ E-Mail-Marketing kann in verschiedenen Formen vorkommen. Am bekanntesten sind Newsletter, die regelmäßig versendet werden. Hinzu kommen Kampagnen-E-Mails und Sondermailings zu besonderen Anlässen.

▶ Eine Sonderform sind Stand-alone-Mailings, bei denen ein Werbetreibender sich in bestehende E-Mail-Verteiler einkauft und eine Kampagnen-E-Mail ausschließlich für ihn versandt wird.

▶ Durch die stark wachsende Bedeutung von Mobilgeräten für das Senden und Empfangen von Nachrichten rücken in den letzten Jahren auch Instant-Messaging-Dienste wie WhatsApp in den Fokus des Newsletter-Marketings.

▶ E-Mail-Marketing eignet sich besonders für kurzzeitige Aktionen und Angebote, da Internetnutzer häufig, zum Teil mehrmals täglich, ihre E-Mails abfragen. Zunutze machen sich dies vor allem Shopping-Clubs oder Gutscheinportale.

▶ Anmeldeformulare sollten möglichst einfach gehalten sein und nur die notwendigsten Daten abfragen. Damit erhöht sich die Anmelderate.

▶ Achten Sie bei der Erstellung von Werbe-E-Mails auf Ihre Zielgruppe. Bieten Sie möglichst gut auf die Personen abgestimmte Inhalte, und senden Sie die E-Mails auch nur an den passenden Empfängerkreis.

▶ Eine E-Mail-Kampagne bedarf guter Vorbereitung. Legen Sie Ziele fest, und bestimmen Sie das Kampagnenbudget. Erstellen Sie einen Zeitplan für das Mailing.

▶ Der Inhalt eines Mailings ist von besonderer Bedeutung. Von der Betreffzeile bis zur textlichen und grafischen Gestaltung müssen viele Punkte berücksichtigt werden. Dies umfasst auch die Angabe eines Impressums und einer Abmeldefunktion am Ende jeder E-Mail.

▶ Testen Sie die inhaltliche Darstellung der E-Mails mit verschiedenen E-Mail-Programmen und -Adressen. Stellen Sie damit sicher, dass alle E-Mails ordnungsgemäß beim Empfänger ankommen.

▶ Bieten Sie HTML- und Textversionen für die Empfänger an, damit die E-Mails auf allen Endgeräten angezeigt werden können.

▶ Nutzen Sie für den E-Mail-Versand spezialisierte Anbieter, die sicherstellen, dass Ihre E-Mails beim Empfänger ankommen und nicht unter Spam-Verdacht ausgefiltert werden.

▶ Messen Sie kontinuierlich den Erfolg der E-Mail-Kampagnen. Als Kennzahlen dienen hierbei die Öffnungsrate, Klickraten, Bounce-Rates und Abmelderaten. Arbeiten Sie hierbei auch mit A/B-Tests.

14

▶ Achten Sie auf rechtliche Aspekte des E-Mail-Marketings, und beachten Sie die Datenschutz-Grundverordnung (DSGVO) der Europäischen Union. Schreiben Sie nur Personen an, von denen Sie eine Einverständniserklärung haben. Nutzen Sie dafür das Double-opt-in-Verfahren.

14.7   Checkliste E-Mail- und Newsletter-Marketing

Ist Ihre Empfängerliste vollständig, und trifft sie auf Ihre Zielgruppe zu?	
Sind Ihre Empfängerdaten entsprechend segmentiert, damit Sie Ihre Mailings besser ausrichten und personalisieren können?	
Ist Ihre Empfängerliste so überschaubar, dass Sie den Versand selbst vornehmen können, oder sollten Sie zum Versand Ihres Mailings an eine umfangreiche Empfängerliste einen Dienstleister zu Hilfe nehmen?	
Bieten Sie den Interessenten Ihres Newsletters das Double-opt-in-Verfahren, bei dem sich der entsprechende Nutzer für das Mailing verifizieren muss?	
Haben Sie eine für Sie passende Form des Mailings gewählt, z. B. Stand-alone- oder regelmäßige Mailings wie Newsletter berücksichtigt?	
Haben Sie geprüft, ob ein WhatsApp-Newsletter für Ihre Zielgruppe sinnvoll sein könnte?	
Haben Sie wirklich etwas zu sagen, das heißt, bieten Sie Ihren Lesern tatsächlich interessante Inhalte mit dem Mailing?	
Welche Versandfrequenz und welcher Versandtag passen optimal zu Ihrer Zielgruppe? Testen Sie dies genau aus.	
Bieten Sie Ihren Newsletter im Text- und im HTML-Format?	
Ist die Betreffzeile Ihres Mailings attraktiv formuliert, oder versinkt das Schreiben in überfüllten Posteingängen?	
Enthält Ihr Mailing ein gesetzlich vorgeschriebenes Impressum und eine Möglichkeit zum Abbestellen?	
Messen Sie wichtige Kennzahlen Ihrer E-Mail-Kampagne, nutzen Sie A/B-Tests, und passen Sie Ihre Erkenntnisse in weiteren Mailings entsprechend an?	

Tabelle 14.2 Checkliste E-Mail- und Newsletter-Marketing

Kapitel 15
Social Media Marketing

»Man kann nicht nicht kommunizieren.«
— Paul Watzlawick

In diesem Kapitel lernen Sie, was man unter dem Begriff soziale Medien versteht und welche großen Vertreter es am Markt gibt. Neben dem Blogmarketing lernen Sie Wege kennen, Twitter, die Facebook-Familie mit WhatsApp und Instagram, Snapchat, Pinterest und Co. effektiv nutzen. Ebenso erhalten Sie ein Bild von den Business-Netzwerken XING und LinkedIn sowie weiteren populären Communitys. Am Ende des Kapitels werfen wir einen Blick auf virale Marketingkampagnen und Guerilla-Marketing-Maßnahmen.

Gerade der Bereich Social Media ist äußerst dynamisch. Als wir diese vierte aktualisierte Ausgabe des Buches »Erfolgreiche Websites« erstellt haben, wurde – wie bereits bei den ersten Überarbeitungen – besonders in diesem Kapitel deutlich, wie schnell sich die sozialen Medien entwickeln. Wie schon erwähnt, haben wir uns sehr bemüht, den aktuellsten Stand darzustellen und Entwicklungen aufzuzeigen. Wir empfehlen Ihnen aber zusätzlich, Neuerungen und Entwicklungen im Internet genau zu beobachten. Einen Schnellüberblick »to go« und eine Checkliste erhalten Sie am Ende des Kapitels.

15.1 Einstieg in Social Media – vom Monolog zum Dialog

Um den Bereich Social Media besser einzuordnen, unternehmen wir zunächst einen kurzen Ausflug in die Entwicklung des World Wide Web.

Mit dem Jahrtausendwechsel kam es zu einigen Veränderungen bei der Nutzung des Internets. Waren die Nutzer zuvor eher passive Akteure der verschiedenen Angebote (siehe Kasten »Evolutionsphasen des World Wide Web«), können sie inzwischen aktiv teilnehmen und das Geschehen im Netz beeinflussen. Aus den vormals passiven Konsumenten sind aktive Produzenten geworden. In diesem Zusammenhang wird häufig auch von *Prosumenten* gesprochen. Sie produzieren und erstellen Inhalte, indem sie Beiträge veröffentlichen, kommentieren, empfehlen, bewerten, Fragen stellen oder Antworten geben – und konsumieren diese Inhalte gleichermaßen. Der sogenannte *User-Generated Content* ist zum Teil sogar grundlegend für einige Websites. Als Paradebeispiel ist hier wohl die freie Enzyklopädie Wikipedia (*de.wikipedia.org*) zu nennen, deren Beiträge von Nutzern erstellt und bearbeitet werden. Für diese Phase haben sich die Begriffe *Social Web* und *Web 2.0* etabliert.

Evolutionsphasen des World Wide Web

▶ **Web 1.0** (1993/94): Auch als *statisches Web* oder Information-Web bezeichnet. Im Mittelpunkt stand das Veröffentlichen von (statischen) Informationen und Websites, die gelesen wurden.

▶ **Web 2.0** (um 2000): *Social Web:* Aktive Nutzer interagieren und verbinden sich mit anderen Nutzern. Sie erstellen, veröffentlichen, teilen und kommentieren Inhalte, z. B. über Blogs und Wikis.

▶ **Web 3.0** (ca. 2008): *Semantisches Web*: Im Fokus steht das intelligente Verbinden zwischen Mensch und Maschine. Informationen, die von Menschen erstellt und verbreitet werden, sollen von Maschinen so verarbeitet werden können, dass Zusammenhänge entstehen.

Darüber hinaus kann man weitere Entwicklungsphasen festhalten, deren Zuordnung in der Literatur und in Fachkreisen jedoch variieren. So ist beispielsweise von Web 4.0 und Web 5.0 die Rede wie auch vom *Mobile Web* und dem *Internet der Dinge*. Letztere beziehen sich vor allem auf die Entwicklung und steigende Nutzung mobiler Endgeräte und sogenannten *Connected Devices* (z. B. vernetzte Systeme im Haus, wie *Smart Home*) sowie die Nutzung von *Wearables* (tragbare Computersysteme) und der Einsatz von *Augmented Reality* (laut Wikipedia die computergestützte Erweiterung der Realitätswahrnehmung). Sie sehen, durch die stetige Weiterentwicklung des WWW ist auch seine Nutzung sehr dynamisch.

Im Folgenden wollen wir uns dem Social Web in seiner heutigen Form widmen.

Soziale Netzwerke sind also Gemeinschaften, die es Nutzern über diverse Dienste ermöglichen, sich auszutauschen und miteinander zu kommunizieren. Charakteristisch für Social Networks sind Nutzerprofile, Freundeslisten, die Möglichkeit, Nachrichten zu empfangen und zu versenden, und diverse weitere Funktionen. Im Mittelpunkt stehen Kommunikation und Interaktion.

In dieses nutzeraktive Umfeld lässt sich der Bereich *Social Media Marketing* (*SMM*) einordnen, der zum Teil synonym mit der Bezeichnung *Social Media Optimization* (*SMO*) verwendet wird (wir sprechen im Folgenden jedoch von Social Media Marketing). Unternehmen können sich den direkten Dialog zunutze machen, denn ein transparentes Auftreten unterstützt die Vertrauensbildung der Kunden. Mit Aktivitäten im Social-Media-Bereich werden in der Regel Marketing-, Public-Relations-(PR-), Service-, Vertriebs- oder auch Human-Resources-(HR-)Ziele verfolgt. Jeder Kanal geht dabei mit spezifischen Chancen und Risiken einher. Sie sehen schon: Social Media ist nichts, was sich schnell nebenbei erledigen lässt. Es ist also auch eine falsche Annahme, dass die Aktivitäten in sozialen Netzwerken keine Aufwände und Kosten verursachen.

Welche Ausmaße der Bereich Social Media inzwischen annimmt, veranschaulicht ethority in dem inzwischen recht populären *Social Media Prisma* sehr gut (siehe Abbildung 15.1).

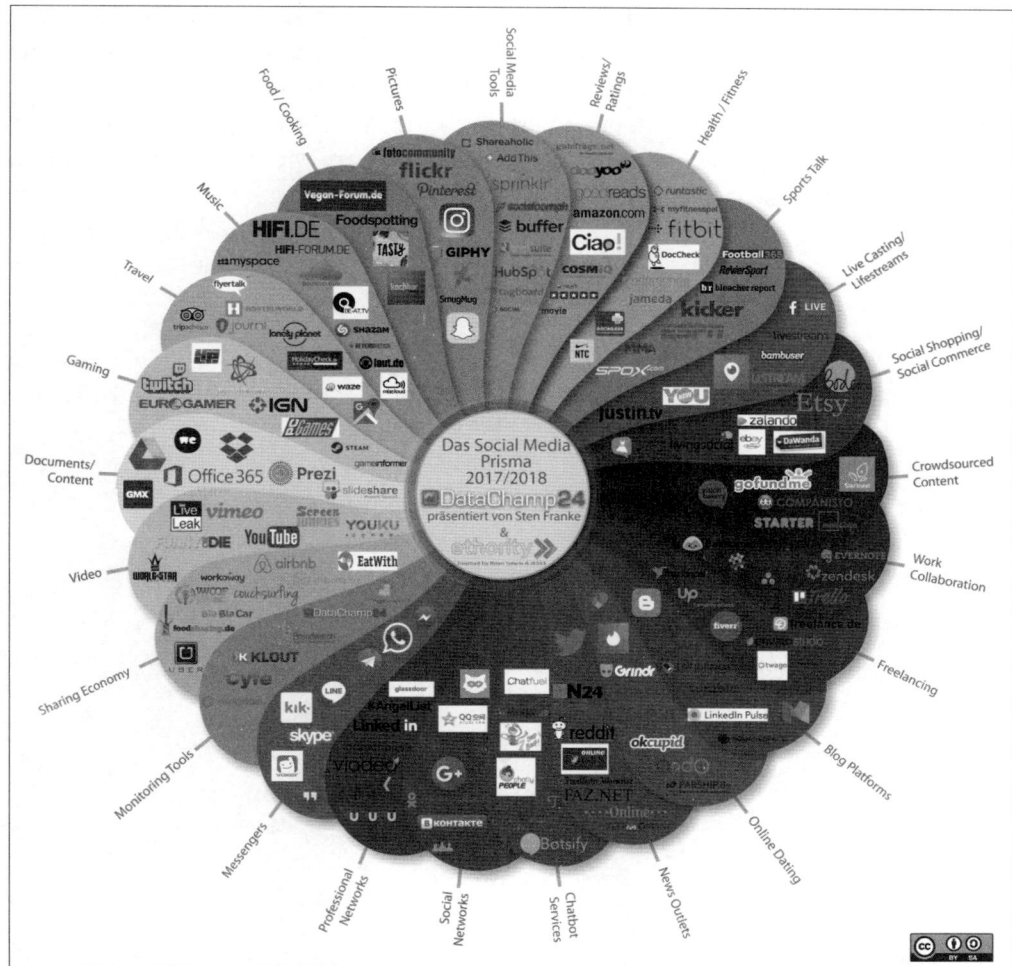

Abbildung 15.1 Das Social Media Prisma 2017/2018
(Quelle: www.ethority.de/social-media-prisma«)

Bei diesem Umfeld ist es nicht verwunderlich, dass das Berufsbild des Social Media Managers inzwischen in vielen Unternehmen fixer Bestandteil der Marketing- oder Kommunikationsabteilung ist. Er kümmert sich um die Steuerung und Organisation des Auftritts eines Unternehmens in den sozialen Medien, angefangen bei der Strategie, die im Folgenden genauer beschrieben wird.

15.2   Social-Media-Strategie

Wie bei Ihrer Website ist auch bei den Aktivitäten in sozialen Medien eine durchdachte Strategie erforderlich. Ist der Entschluss gefasst, sich in diesem Umfeld zu betätigen, müssen Kosten und Ressourcen geplant und Ziele definiert werden. Leider vernachlässigen viele Akteure diesen Punkt nach wie vor. Jedoch sind planlose Aktionen hier nicht effizient. Zu einem erfolgreichen Auftritt im Bereich Social Media gehört eben doch mehr als nur die Spitze des Eisbergs, wie Sie sehr anschaulich in Abbildung 15.2 sehen.

Abbildung 15.2 Der Social-Media-Eisberg (Quelle: www.intersectionconsulting.com)

Beantworten Sie also im Vorfeld für sich die Frage, ob ein Auftritt in sozialen Medien in Ihre Unternehmensstrategie und zu Ihrer Zielgruppe passt. Dies unterstreicht der POST-Ansatz von Charlene Li und Josh Bernhoff, der besagt, dass vor allen anderen Dingen zunächst die Zielgruppe klar sein muss. POST setzt sich dabei zusammen aus

- ▶ P(eople)
- ▶ O(bjectives)
- ▶ S(trategy)
- ▶ T(echnology)

und beschreibt, dass erst nach der Zielgruppenanalyse Ziele, Strategie und Technologie ausgewählt werden.

Verschaffen Sie sich auch ein Bild davon, ob und auf welchen Social-Media-Kanälen Ihre Marktbegleiter und Wettbewerber bereits aktiv sind und wo sich Interessengruppen (*Stakeholder*) bewegen. Machen Sie sich die Vor- und Nachteile einer öffentlichen Kommunikation bewusst. Zu dem ersten Schritt, der Konzeptionsphase, gehören neben der Analyse die SMARTe Zielsetzung (Spezifisch, Messbar, Akzeptiert, Realistisch, Terminiert), die Auswahl für Sie passender Social-Media-Kanäle und die Ressourcenplanung. Bedenken Sie, dass Sie nicht auf jeder Social-Media-Plattform präsent sein müssen, sondern suchen Sie sich gezielt die für Sie passenden Plattformen aus.

Vergessen Sie nicht, in diesem Zusammenhang auch Kennzahlen (siehe dazu auch Abschnitt 15.8, »Social Media Monitoring und wichtige Kennzahlen«) festzulegen, an denen Sie Ihre Erfolge messen möchten.

Sind diese Themenfelder hinreichend beantwortet, können Sie mit den Vorbereitungen beginnen. Sie müssen Prozesse und Schnittstellen schaffen. Bereiten Sie alle Beteiligten vor, indem Sie z. B. Social Media Guidelines bereitstellen (siehe dazu Abschnitt 15.6.3, »Eine Fangemeinde aufbauen«). Klären Sie Verantwortungsbereiche und Ansprechpartner, und schulen Sie Ihre Social-Media-Mitarbeiter entsprechend. Gerade in diesem dynamischen Umfeld ist es sehr wichtig, dass die Verantwortlichen up to date, also auf dem neusten Wissensstand sind.

Bei allen Aktivitäten kommt den Inhalten eine besondere Rolle zu: Überprüfen Sie regelmäßig, ob Sie Ihren Interessenten und Lesern einen wirklichen Mehrwert zur Verfügung stellen, z. B. interessante Informationen oder unterhaltsame Geschichten. Hier sollten Sie sich wertvollen Content statt reiner Marketinginhalte auf die Fahne schreiben, um nachhaltig erfolgreich zu sein. Lesen Sie hierzu Kapitel 2, »Content – zielgruppengerechte Inhalte«. Zudem wird die Kommunikation innerhalb der einzelnen Social-Media-Kanäle immer individueller. Sie entwickelt sich vermehrt zu einem Dialog zwischen Unternehmen und einzelnen Kunden (statt zwischen Unternehmen und einer möglichst umfangreichen Community), der mithilfe einer umfassenden Datenbasis auch zunehmend personalisierter gestaltet wird (vergleiche dazu Abschnitt 15.7, »Chatbots und Messenger Marketing«).

Auf der Social Media Week in London 2017 sprach Kat Hahn, Creative Strategist von Facebook und Instagrams Creative Shop, davon, dass Nutzer heutzutage ca. 300 Feet pro Tag (das entspricht etwa 90 Meter) durch Content scrollen (Quelle: *www.social-mediaweek.org*). Bei dieser Fülle an Inhalten kommt es darauf an, herauszustechen. Videos sind dabei eine vielversprechende Möglichkeit, denn sie waren bereits 2017 der meistgeteilte Content in sozialen Medien, und verschiedene Prognosen untermauern diesen Trend auch für die Zukunft. Bedenken Sie bei Ihrer Social-Media-Strategie also auch diese Form von Inhalten. Mehr zum Thema Video-Marketing lesen Sie in Kapitel 16, »Video-Marketing«.

Snack Content – schmackhafte Häppchen

Kurzvideos zählen beispielsweise zu der Art von Inhalten, die auch als *Snack-Content* bezeichnet werden. Ebenso wie animierte GIFs oder Infografiken sind damit knackig-prägnante Inhalte gemeint, die einer immer kürzer werdenden Aufmerksamkeitsspanne und wie beschrieben einer Flut von Informationen geschuldet sind. Oftmals spielerisch oder humorvoll aufbereitet, sind sie schnell zu erfassen und daher auch gut für mobile Nutzer geeignet, die die Beliebtheit der Häppchen oftmals mit hohen Interaktionen zum Ausdruck bringen.

Ziehen Sie auch diese Art von Inhalten innerhalb Ihrer Social-Media-Strategie in Erwägung, aber achten Sie auf eine ansprechende Gestaltung und Abstimmung auf Ihre Zielgruppe und Ihre Gesamtstrategie.

Überprüfen Sie Ihre Ergebnisse regelmäßig, und arbeiten Sie an der Weiterentwicklung Ihrer Social-Media-Maßnahmen. Auch hier handelt es sich um einen Kreislauf und iterativen Prozess (siehe Abbildung 15.3).

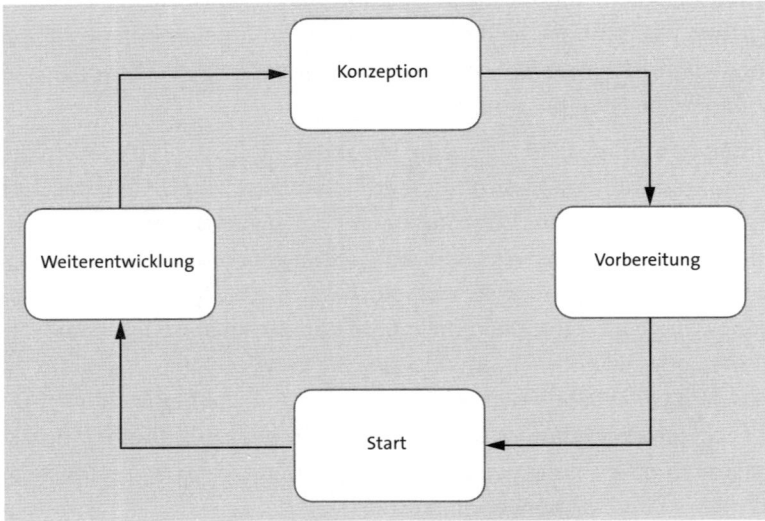

Abbildung 15.3 Social-Media-Strategie

Social-Media-Fehler, die es zu vermeiden gilt

▶ **Planlosigkeit**: Starten Sie Social Media Marketing nur mit einer durchdachten Strategie und einer sorgfältigen Planung.

▶ **Nicht nachhaltig**: Sie werden nur erfolgreich sein können, wenn Sie den Nutzern einen Mehrwert bieten, möglichst individuell und personalisiert. Mit reinen Marketingmeldungen werden Sie nicht weit kommen.

▶ **Unregelmäßigkeit**: Einmalige Initiativen helfen im Bereich Social Media nicht weiter. Das Stichwort heißt hier Kontinuität. Treten Sie regelmäßig mit Interessenten in Kontakt, und lassen Sie diese Verbindungen nicht verkümmern.

▶ **Uneinheitlich**: Treten Sie als Unternehmen einheitlich und authentisch in den sozialen Medien auf. Social Media Guidelines helfen dabei.

▶ **Unvorbereitet**: Wappnen Sie sich gegen negative Reaktionen mit einem ausgefeilten Krisenmanagement.

Durch die Vielzahl an Möglichkeiten, die der Bereich Social Media mit sich bringt, entsteht zum Teil eine recht undurchsichtige Informationsflut. Sie kennen das vielleicht auch: Feeds sind überladen mit einer Vielzahl von Inhalten. So reagierte beispielsweise Facebook mit einem Algorithmus-Update, das zunehmend wieder Inhalte von Freunden anzeigen soll und andere Meldungen limitiert. Für Unternehmen bedeutet dies, dass es immer schwieriger wird, im organischen Bereich Aufmerksamkeit zu erlagen. Teilweise wird die organische und kostenlose Reichweite sogar totgesagt. Eine Alternative bieten daher *Social Media Ads*. Praktisch alle großen Plattformen bitten die Möglichkeit, mit sehr zielgerichtet ausgespielten Anzeigen zu arbeiten. Einige stellen wir Ihnen im Folgenden näher vor. Innerhalb Ihrer Strategie sollten Sie Social Media Ads in Betracht ziehen und sich von dem Gedanken verabschieden, dass Social Media ein Gratiskanal ist, der ohne Investitionen auskommt.

Neben dieser Form von Anzeigenschaltung haben Sie vielleicht auch schon von dem sogenannten *Influencer-Marketing* gehört. Diese Art von Marketing zählt ebenso zu den Strategien, die von vielen Unternehmen eingesetzt werden. Im Prinzip geht es darum, dass Influencer als Markenbotschafter auftreten, Produkte empfehlen, zum Teil in Aktion zeigen und Nutzer somit zum Kauf eines Produktes anregen. Influencer sind dabei Personen, die ein gewisses Vertrauen genießen und als Vorbilder fungieren. Während Star-Influencer eine sehr große Follower-Zahl aufweisen (hier stehen einer hohen Reichweite oftmals auch hohe Gagen gegenüber), haben sich sogenannte Micro-Influencer in der Regel als Experten in einem gewissen Bereich etabliert (die Reichweite, aber auch Streuverluste und Gagen sind hier geringer). Die Auswahl eines passenden Influencers ist dabei oftmals eine Herausforderung für Unternehmen. Elementar ist, dass die Person zu dem Produkt passt und deren Vorstellung glaubwürdig ist. Sie sollten sich also im Klaren darüber sein, wem Ihre Ziel-

15

gruppe vertraut, denn im Mittelpunkt von Influencer-Marketing steht Authentizität. Mehr zu diesem Thema lesen Sie in Kapitel 3, »Online-PR – Public Relations, Pressearbeit und Influencer-Marketing im Internet«.

Sie kennen nun wichtige Eigenschaften des Social Media Marketings, haben ein Gefühl für das weite Umfeld von Social Media bekommen und wissen, worauf Sie bei Ihrer Social-Media-Strategie Wert legen sollten. Im Folgenden möchten wir Ihnen nun einzelne Social-Media-Kanäle näher vorstellen. Angefangen bei Blogs und Foren, beleuchten wir insbesondere die reichweitenstarken Player wie Facebook, Twitter, Instagram, Snapchat und Co., die von einer Vielzahl an Menschen genutzt werden. Wie Sie in Tabelle 15.1 sehen, nutzte beispielsweise mehr als die Hälfte der deutschen Bevölkerung 2017 täglich WhatsApp, die tägliche Facebook-Nutzung lag bei 21 %.

Banner- format	2016 Gesamt	2017 Gesamt	Frau- en	Män- ner	14- 19 J.	19- 29 J.	30- 49 J.	50- 69 J.	ab 70 J.
WhatsApp	49	55	57	53	90	87	72	41	13
Facebook	22	21	21	21	33	43	25	13	2
Instagram	7	6	5	5	33	23	3	0	0
Snapchat	4	4	4	4	30	19	0	0	0
Twitter	1	1	2	2	3	3	2	0	0
Xing	0	0	0	0	0	1	0	0	0

Tabelle 15.1 Tägliche Nutzung von WhatsApp und Online-Communitys 2016 und 2017 in Deutschland, Gesamtbevölkerung in Prozent (Quelle: ARD/ZDF-Onlinestudien)

15.3   Logbücher im Web 2.0 – Blogs

Bestimmt haben Sie schon von sogenannten *Blogs* oder *Weblogs* gehört. Im April 2018 gab es von ihnen allein auf Tumblr, einem der größten Portale für Blogs, rund 406 Mio. im Web (nach Angaben von Statista, *https://de.statista.com*). Diese Wortkreation leitet sich von den Bezeichnungen *Web* (von World Wide Web) und *Log* (im Sinne von Logbuch) ab. Mit Blogs sind Websites gemeint, die analog zu Tagebüchern Beiträge des Autors (Bloggers) zu bestimmten Themenbereichen öffentlich anzeigen. In der Regel wird der aktuellste Blogpost als erster angezeigt. Neue Blogposts entstehen im Internet in jeder Sekunde. Auf der Seite *www.worldometers.info/blogs/* sehen Sie, wie viele Blogposts am heutigen Tag bereits entstanden sind.

Bevor wir tiefer in die Thematik einsteigen, werden wir Ihnen zunächst einige wichtige Begriffe im Zusammenhang mit Blogs erläutern.

Das kleine Blogger-Glossar

▶ **Das Blog**: Ein Blog oder Weblog bezeichnet ein digitales Tagebuch. Ein Autor, *Blogger* genannt, schreibt hier Beiträge (Blogposts), die in der Regel in umgedrehter chronologischer Reihenfolge (aktuellster Blogpost zu Beginn) angezeigt werden. Leser haben die Möglichkeit, diese Beiträge zu kommentieren. Blogs können private Themen oder auch Fachthemen beinhalten.

▶ **Blogroll**: Ähnlich wie Ihre Browserlesezeichen beschreibt eine Blogroll die Auflistung beliebter anderer Blogs des Bloggers, die oftmals im Seitenbereich aufgelistet werden.

▶ **Blogpost**: Ein einzelner Beitrag, der auf einem Blog veröffentlicht wird, wird als Blogpost bezeichnet.

▶ **Tag**: Tags sind (meist verlinkte) Attribute eines Blogposts, die angeben, zu welchen Themen und Kategorien der Blogpost gehört. Alle Tags eines Blogs können in einer sogenannten Tagcloud (Schlagwortwolke) dargestellt werden.

▶ **Thread**: Ein Thread ist eine Abfolge von Beiträgen und Kommentaren zu einem bestimmten Thema.

▶ **Blogosphäre**: Jegliche Blogs, deren Blogger und die Blogposts bilden zusammen die sogenannte Blogosphäre.

▶ **Bloggen**: Bloggen beschreibt die Tätigkeit, einen Beitrag auf einem Blog zu veröffentlichen.

▶ **Trackback/Pingback**: Wird ein Blogpost oder ein Teil davon von einem anderen Blogger zitiert oder thematisiert, kann der ursprüngliche Blogger darüber per Trackback bzw. Pingback benachrichtigt werden.

15

Es gibt verschiedene Arten von Blogs, die sich sehr grob in öffentlich zugängliche Blogs und interne Blogs unterscheiden lassen. Während beispielsweise Unternehmensblogs (auch *Corporate Blogs* genannt) oder private Blogs zu den öffentlichen Blogs zählen, gibt es auch Blogs, die nur für einen eingeschränkten Nutzerkreis gedacht sind, wie z. B. Mitarbeiterblogs. Bei beiden Arten gilt es aber, in einen Dialog zu treten. Interne Blogs (Intrablogs) können so beispielsweise zur Kommunikation innerhalb von Projekten eingesetzt werden; die Diskussion von Ideen gehört ebenso dazu wie Mitarbeiterbindung und Teambildung. Öffentliche Blogs hingegen sind für jedermann zugänglich. In Abbildung 15.4 sehen Sie das Unternehmensblog der Daimler AG (*blog.daimler.de*).

Damit Sie in der vielfältigen Bloglandschaft spezielle Blogs finden, existieren diverse Suchmaschinen und Verzeichnisse, die sich auf das Aufspüren von Blogs spezialisiert haben, z. B. *www.blog-web.de*. Eine ähnliche Suchfunktion bietet auch Icerocket von Meltwater (*www.icerocket.com*). Suchen Sie aber auch einfach bei Google oder einer anderen Suchmaschine nach einem Thema, und kombinieren Sie die Suchanfrage mit dem Suchwort »Blog«. Sie werden erstaunt sein, wie viele Resultate Sie erhalten.

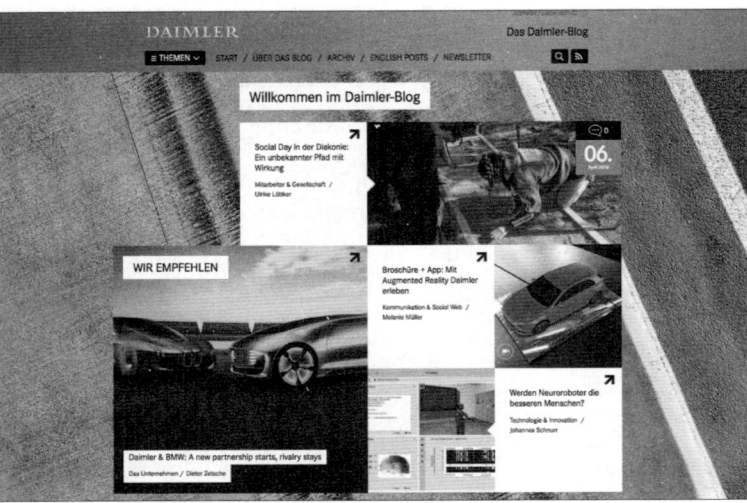

Abbildung 15.4 Das Daimler-Blog (Mobile- und Desktop-Ansicht)

Warum aber sollten Sie eigentlich bloggen, denn zunächst einmal klingt eine weitere Website nach erhöhtem Arbeitsaufwand? Dies soll an dieser Stelle auch nicht abgestritten werden, denn die Pflege eines Blogs ist in der Tat mit Arbeit verbunden. Dennoch lohnt sich ein Blog in verschiedener Hinsicht. Zunächst einmal nutzen Sie die Möglichkeit, direkt und ohne Umschweife mit Interessenten und Kunden Ihres Angebots zu kommunizieren, und können dadurch eine engere Bindung zu ihnen aufbauen. Sie erhalten ein Stimmungsbild und ehrliches Feedback, auf das Sie reagieren können. Je nachdem, wie aktiv Ihre Konkurrenz bloggt, haben Sie die Möglichkeit, sich von Ihren Wettbewerbern abzuheben. Sie untermauern Ihre Rolle als Experte und glaubwürdiger Ansprechpartner, indem Sie Ihren Lesern informative Inhalte und sofern sinnvoll auch Einblicke in Ihr Unternehmen liefern. Auch Journalisten können Blogs in ihre Recherche einbeziehen. Blogs können sich zudem anbieten, wenn Sie Ihren Markenauftritt unterstützen möchten. Da Sie einzigartige Inhalte erstellen, sind Ihre Beiträge auch für Suchmaschinen interessant. So können Sie Ihre Präsenz in den Suchergebnissen verbessern.

Blogkommunikation kann interaktiv sein

Der Schokoladenhersteller Ritter Sport lässt sich immer wieder besondere Aktionen einfallen, um mit seinen Kunden zu interagieren. Unter der Rubrik SORTENKREATION können Nutzer eine Schokoladensorte selbst kreieren und in einer Galerie Sorten anderer Nutzer ansehen, bewerten und kommentieren. Bei der schon mehrfach stattgefundenen Aktion *Plakatvoting* konnten Nutzer über verschiedene Plakatmotive abstimmen und auf diese Art und Weise direkt Einfluss auf die Marketingkommunikation des Schokoladenherstellers nehmen (siehe Abbildung 15.5).

ARTIKEL   SORTENKREATION   DAS TEAM   RITTER-SPORT.DE >

■ BLOG

Blog durchsuchen ...   Q

Mit zwei Neuheiten in Runde zwei – unser Plakatvoting

EMPFOHLENE BEITRÄGE

Neues aus unserer Bunten
SchokoWelt Berlin
ZUM ARTIKEL   ■ 0

28.09.2017   ▲ GIANNA   ■ **56 KOMMENTARE**

El Cacao: eure Fragen – meine
Antworten
ZUM ARTIKEL   ■ 0

Hey Schokofreunde,

Da haben wir gerade erst angefangen mit **Runde 1** unseres Plakatvotings und sind schon
wieder mittendrin! Es liegt wieder an euch über die besten, schönsten und lustigsten
Plakatmotive und Sprüche abzustimmen.

Tester gesucht: Die Himmlische
Beere braucht ...
ZUM ARTIKEL   ■ 220

Na, wie schmeckt's? Eure Meinung
ist gefra...
ZUM ARTIKEL   ■ 6

NEUESTE SORTENKREATIONEN

LIEBE MIT BISS
von A. P.

PALATINA
von Leif M.

Wählen wird belohnt

PEANUTBUTTERJELLY
von Yasmina A.

Wie auch in der ersten Runde könnt ihr wieder hier im Blog bis zum **15. Oktober** für
eure Lieblingsmotive abstimmen.

ARCHIV

Damit habt ihr großen Anteil daran, welche Plakate es letztendlich in einige große Bahnhöfe
Deutschlands schaffen. Und Abstimmen lohnt sich – unter allen Teilnehmern, die ihre Stimme
abgegeben, die **Teilnahmebedingungen** gelesen und ihre Daten zur
Gewinnbenachrichtigung hinterlegt haben, verlosen wir an **100 glückliche Gewinner**
unseren wiederverwendbaren Coffee-to-go Becher sowie je 15 x 100g RITTER SPORT
Tafeln. Eure Chance auf dieses schokoladige Paket könnt ihr ganz einfach erhöhen, indem
ihr an allen drei Runden unseres Plakatvotings teilnehmt – und wie der Zufall so will, könnt
ihr auch für **die erste** noch abstimmen. ☺

2018	>
2017	>
2016	>
2015	>
2014	>
2013	>
2012	>
2011	>
2010	>

Pssst! Es gibt etwas Neues!

BLOGROLL   >

In dieser Runde haben wir nur für euch einen exklusiven Vorgeschmack! Noch niemand hat
sie bisher gesehen und bis sie zu haben sind, dauert es auch noch ein bisschen. Trotzdem
wollen wir euch natürlich die Möglichkeit geben, einen ersten Blick auf die beiden zu
werfen. Wir sind auf eure Eindrücke gespannt! Verratet sie uns in den Kommentaren. ☺

INSTAGRAM

Los geht's!

Genug drum herumgeredet: Schreiten wir zur Wahl! Natürlich gilt auch dieses Mal wieder
– Abstimmen ist auch ohne die Teilnahme am Gewinnspiel möglich! Wenn man sich die
Chance auf unseren RITTER SPORT Coffe-to-go Becher aus Bambus und 15 Tafeln RITTER
SPORT entgehen lassen möchte zumindest. ☺

ZUM INSTAGRAM-PROFIL >

Abbildung 15.5 Plakatvoting im Blog von Ritter Sport (Teil 1)

15

Abbildung 15.5 Plakatvoting im Blog von Ritter Sport (Teil 2)

Sind Sie nun auf den Geschmack gekommen, auch ein Blog aufzusetzen? Im Rahmen dieses Buches können wir Ihnen keine vollständige Anleitung an die Hand geben, wie Sie ein Blog im Detail erstellen. Wir weisen Sie jedoch auf eine etablierte Möglichkeit hin, die WordPress (*de.wordpress.org* bzw. *de.wordpress.com*) anbietet und die in der Praxis häufig zum Einsatz kommt. Sie können die kostenfreie Websoftware herunterladen und mit sogenannten *Themes* ein Layout verwenden, das Ihren Vorstellungen entspricht. Empfehlenswert ist das Erstellen von einigen Beiträgen, bevor das Blog online geht. Das hat den Vorteil, dass Sie den Lesern sofort interessante Inhalte bieten und sich selbst in die Handhabung des Blogs einarbeiten können.

15.4   Erfolgsfaktoren für das Blogmarketing

Sie haben bereits ein Blog, haben es aber bisher wenig genutzt? Dann sollten Sie die folgenden Tipps berücksichtigen, die im Zusammenhang mit Blogmarketing eine wichtige Rolle spielen.

Eine Grundvoraussetzung für ein erfolgreiches Blog ist eine gewisse Leserschaft. Wenn Sie mit Ihrem Blog aber gerade erst gestartet sind, so sollten Sie zunächst auf ihn aufmerksam machen. Eine Möglichkeit, dies zu tun, ist das Kommentieren in anderen themenrelevanten Blogs. Verwechseln Sie dies aber nicht mit Spam, und schreiben Sie sinnvolle und hilfreiche Kommentare. Oftmals besteht die Möglichkeit, einen Link zu einem thematisch passenden Beitrag auf Ihr eigenes Blog zu setzen. Versuchen Sie, innerhalb der Blogosphäre Kontakte zu knüpfen, ziehen Sie Gastbeiträge in bereits bestehenden erfolgreichen Blogs in Erwägung, und bieten Sie selbst die Möglichkeit an, auf Ihrem eigenen Blog Gastbeiträge zu veröffentlichen.

Nutzen Sie darüber hinaus alle weiteren Kommunikationskanäle, um auf Ihr Blog und seine URL aufmerksam zu machen. Dies können Verlinkungen auf Ihrer eigenen Website, Backlinks von anderen Portalen, Twitter-Meldungen, Hinweise in Newslettern und Mailings oder Ihrem Facebook-Profil, aber auch PR-Maßnahmen oder E-Mail-Signaturen sein. Verwenden Sie darüber hinaus die Möglichkeit von RSS-Feeds, die es Lesern erleichtert, von Ihren neuen Blogposts Kenntnis zu nehmen. Außerdem können Sie *pingen*. Damit sind automatische Hinweise an verschiedene Websites und Suchmaschinen gemeint, die über die Aktualisierung Ihres Blogs informieren. Einen solchen Service bietet beispielsweise Pingomatic (*pingomatic.com*). Insgesamt sind die Möglichkeiten zur Aufmerksamkeitssteigerung sehr vielfältig. Darüber hinaus können Sie mit suchmaschinenoptimierten Inhalten die Chance erhöhen, dass Ihre Beiträge auch in den Suchergebnissen von Google gut gelistet werden (mehr dazu lesen Sie in Kapitel 5, »Suchmaschinenoptimierung (SEO)«).

Und damit sind wir auch schon beim nächsten Punkt: dem Schreiben von Blogposts. Nachdem Sie das Interesse geweckt und Aufmerksamkeit erzeugt haben, sollten Sie diesen Erwartungen nun gerecht werden. Das A und O ist qualitativ hochwertiger und interessanter Inhalt. Bedenken Sie, dass Sie damit nicht nur Ihre Leser bedienen, sondern dass gute Inhalte z. B. auch von anderen Bloggern gerne verlinkt werden. Im Gegenzug dazu sollten Sie auch in Ihren Blogposts auf interessante Inhalte verweisen, sofern dies sinnvoll ist. Wichtig ist jedoch, dass Ihnen Ihre Zielgruppe immer vor Augen steht, denn mit ihr kommunizieren Sie. Seien Sie dabei so authentisch wie möglich. Stellen Sie sich beispielsweise vor, Sie sprechen mit Ihrem Nachbarn. Sprachlich sollten Sie also keine Fachtermini verwenden, die langer Erklärung bedürfen. Legen Sie sich inhaltlich auf einige Themen fest, die zu Ihrer Expertise zählen. Zum erfolgreichen Blogmarketing gehört auch das regelmäßige Veröffentlichen von neuen Posts. Experten sprechen hier von einem oder mehr Beiträgen pro Tag.

Schließlich sollten Sie Ihre Bemühungen im Bereich Blogmarketing laufend beobachten und analysieren. Für das sogenannte *Blogmonitoring* können Sie verschiedenste Tools einsetzen, je nachdem, welche Informationen Sie über Ihr Blog oder das Ihres Mitbewerbers erhalten möchten. Zwei hilfreiche Websites sind beispielsweise:

▸ **Google Alerts** (*www.google.de/alerts*): Google benachrichtigt Sie, sobald die Suchmaschine neue Inhalte zu einem bestimmten Suchbegriff findet. Die Alarmfunktion lässt sich auch auf Blogs begrenzen.

▸ **Brandwatch** (*www.brandwatch.com*): Das professionelle Social Media Monitoring Tool ermöglicht nicht nur die Überwachung neuer Inhalte in Blogs, sondern auch in vielen anderen Kanälen.

15.4.1   Kommentare und Feedback

Wie wir schon kurz angerissen haben, bietet die Kommunikation per Blog eine gute Möglichkeit, eine ehrliche Rückmeldung der Interessenten und Kunden zu erhalten. Machen Sie sich aber bewusst, dass Sie nicht immer Lob ernten werden. Stehen Sie kritischen Kommentaren stets positiv gegenüber, denn sie bieten Ihnen eine wertvolle Möglichkeit, Ihr Angebot zu verbessern.

Sowohl bei Kritik als auch bei neutralen oder positiven Rückmeldungen sollten Sie sich für das Feedback bedanken und stets professionell und höflich auftreten. Machen Sie Ihren Lesern deutlich, dass Sie sich wirklich für ihre Hinweise interessieren. Dementsprechend sollten Sie Fragen schnell und hinreichend beantworten. Zeigen Sie Verständnis, wenn Probleme aufgetreten sind. Diese sollten Sie selbstverständlich zu lösen versuchen. Bleiben Sie authentisch, und verwenden Sie auf keinen Fall Standardantworten oder Floskeln. Um auf unser Beispiel zurückzukommen: Denken Sie daran, wie Sie mit Ihrem Nachbarn sprechen würden. Letztendlich sollten Sie sich immer an einem realen Gespräch orientieren. Reagieren Sie auf Fragen und Hinweise in einer angemessenen, sachlichen und höflichen Art und Weise.

> **Netiquette**
>
> Mit dem Begriff *Netiquette* – zusammengesetzt aus den Wörtern *Net* (von Internet) und *Etiquette* – sind Verhaltensregeln gemeint, die sich auf das Verhalten innerhalb der Online-Kommunikation beziehen. Viele Communitys arbeiten mit einem eigenen Verhaltenskodex.

15.4.2   Foren vs. Blogs

Im Unterschied zu Blogs sind (Diskussions-)Foren zwar oftmals öffentlich zugänglich, das heißt, Nutzer können die entsprechenden Beiträge lesen; um eigene Beiträge zu verfassen, müssen sie sich in der Regel jedoch anmelden. Dadurch entsteht eine Gemeinschaft, der es ermöglicht wird, verschiedene Gespräche zu starten oder an bestehenden Diskussionen teilzunehmen. Dies steht im Gegensatz zu Blogs, wo es im Normalfall nur einen Blogger bzw. eine begrenzte Zahl an Autoren gibt. Durch die entstehende Dynamik in Foren kommen häufig Moderatoren ins Spiel, die die Diskussionen in gewissem Rahmen lenken. Bekannte größere Foren sind z. B. die Diskussionsforen zu Kochrezepten unter *www.chefkoch.de/forum/*. Bei Weblogs haben die Besucher neben dem Lesen auch die Möglichkeit, die Beiträge beispielsweise zu kommentieren.

15.5   Digitales Gezwitscher – Twitter

> *»Twitter zeigt, was gerade in der Welt passiert und worüber sich die Leute unterhalten.«*

Das ist das Selbstverständnis auf der Website von *Twitter (about.twitter.com)*, einer Social-Media-Plattform, die sich als Echtzeit-Nachrichtendienst etabliert hat und inzwischen fester Bestandteil der meisten Social-Media-Strategien ist. Werfen wir also einmal einen Blick hinter die Kulissen, um den Internetdienst näher kennenzulernen.

Twitter kann als sogenannter *Microblogging-Dienst* der Gruppe sozialer Netzwerke zugeordnet werden. Nutzer können Kurzmeldungen, die vormals eine Limitierung von maximal 140 Zeichen hatten, seit Ende 2017 mit einer 280-Zeichen-Grenze in Echtzeit veröffentlichen. Ursprünglich als Forschungs- und Entwicklungsprojekt gestartet, wurde Twitter im März 2006 veröffentlicht. Die Podcasting-Firma *Odeo* in San Francisco, gegründet von Jack Dorsey, Biz Stone und Evan Williams, hatte den Dienst zunächst intern verwendet. Seit April 2007 agiert Twitter als eigenständiges Unternehmen und beschäftigt derzeit (laut *statista.com* im Dezember 2017) etwa 3.300 Mitarbeiter.

Weltweite Twitter-Standorte

Der Hauptsitz von Twitter befindet sich, wie der vieler anderer weltweit agierender Internetunternehmen, in San Francisco. Twitter unterhält nach eigenen Angaben mehr als 35 Niederlassungen weltweit, so auch in Berlin, Hamburg, London, Paris und Madrid.

Twitter vermeldet für das vierte Quartal 2017 330 Mio. aktive Nutzer monatlich (also Menschen, die mindestens einmal monatlich den Kurznachrichtendienst verwenden) und somit einen positiven Trend, denn im Oktober 2017 waren es noch 317 Mio. Nutzer. Insgesamt verzeichnet das Unternehmen ein jährliches Nutzerwachstum von 4 % – im Vergleich zu anderen sozialen Netzwerken ist das allerdings eher langsam (Abbildung 15.6). Jedoch muss hier bei der Betrachtung der Zahlen berücksichtigt werden, dass die Besucher auch passive Leser sind und nicht alle zwangsläufig aktiv Tweets verbreiten. Vielmehr informieren sich diese Nutzer über die tägliche Vielzahl an Tweets pro Tag: Die kursierende Zahl von 500 Mio. *tweets per day* wurde bis dato numerisch nicht aktualisiert – Twitter spricht im Oktober 2017 von »hundreds of millions« (also hunderte von Millionen) Tweets pro Tag.

Studien der University of Southern California and Indiana University zufolge, könnte es sich jedoch bei bis zu 15 % der Twitter-Accounts nicht um echte Menschen, sondern um Bots handeln.

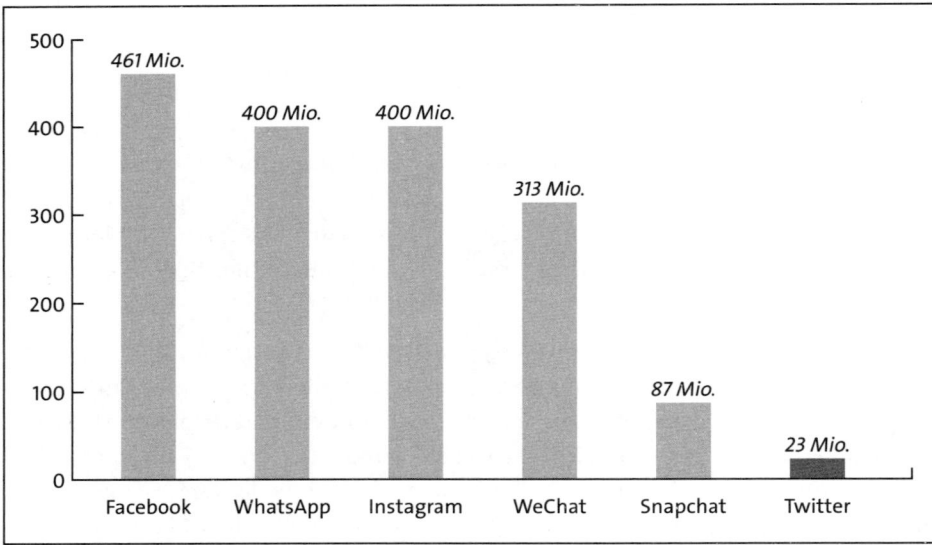

Abbildung 15.6 Wachstum der monatlich aktiven Nutzer in den letzten Jahren (Quelle: Statista)

Im Jahr 2017 gaben 33 % der 20- bis 29-jährigen Befragten an, Twitter zu nutzen, siehe Abbildung 15.7.

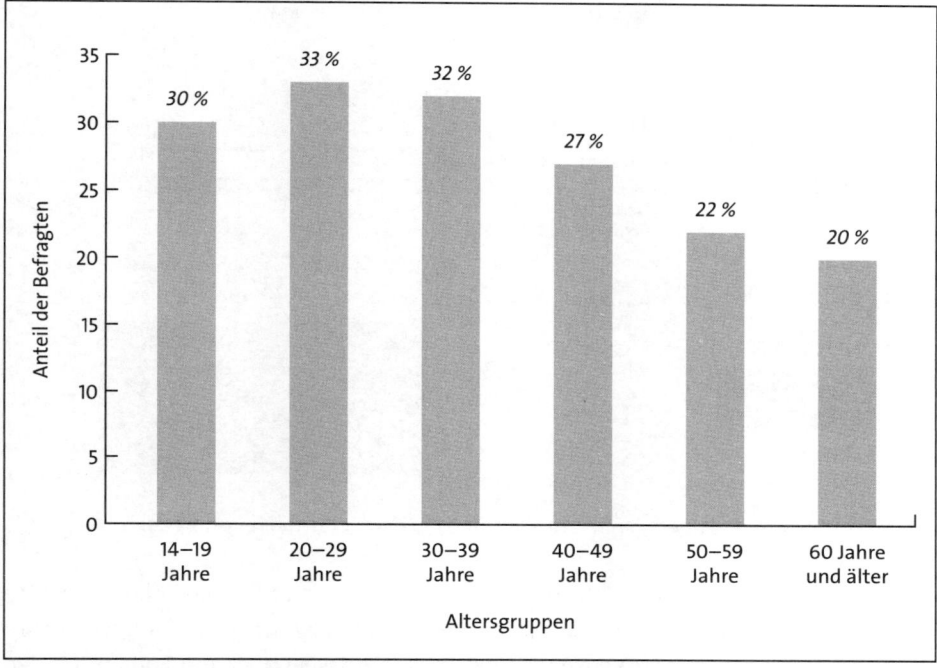

Abbildung 15.7 Umfrage zur Nutzung von Twitter nach Altersgruppen in Deutschland 2017 (Quelle: Statista)

Die Anmeldung bei Twitter (*twitter.com/signup*) ist recht einfach und kostenlos. Website-Betreiber sollten einen Benutzernamen wählen, der möglichst kurz ist und das Unternehmen genau beschreibt.

> **Informationen im Profil hinterlegen**
>
> Gerade wenn Sie einen Unternehmens-Account anlegen, sollten Sie wichtige Informationen angeben. Sie können unter den Einstellungen ein Profilbild (z. B. Ihr Logo) und ein Header-Bild veröffentlichen und unter Bio (für Biografie) thematische Schwerpunkte, einen Slogan etc. angeben.

Wie bereits erwähnt können Nutzer aktiv oder passiv an Twitter teilnehmen. Sie können beispielsweise Nachrichten ausschließlich konsumieren, indem Sie in dem Suchfeld nach interessanten Themen suchen und diesen folgen. Wenn Sie beispielsweise den Begriff »online marketing« in den Suchschlitz eingeben, erhalten Sie interessante Profile und aktuelle Trends und Meldungen von Twitter-Nutzern zu diesem Begriff (siehe Abbildung 15.8).

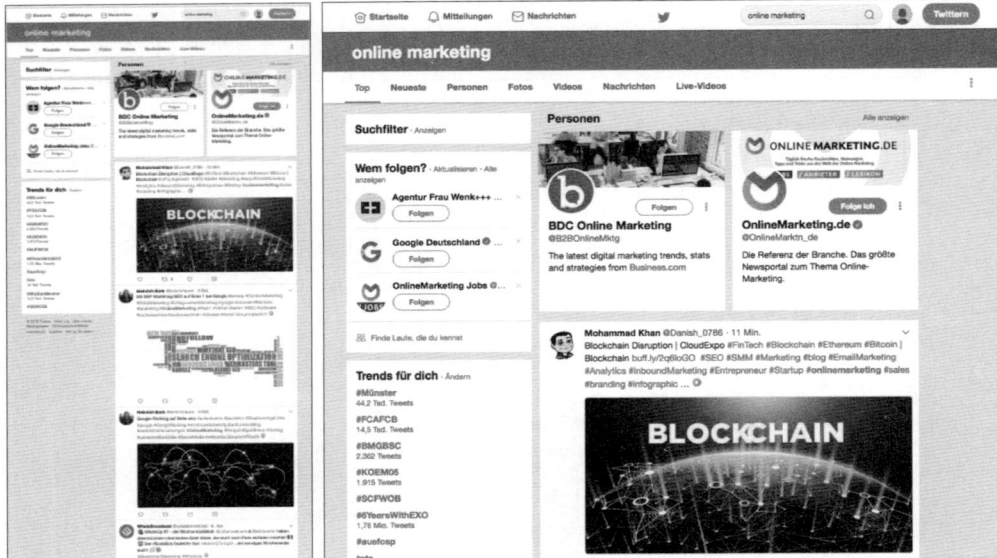

Abbildung 15.8 Suche nach »online marketing« bei Twitter (Mobile- und Desktop-Ansicht)

Sie haben aber auch die Möglichkeit, selbst Nachrichten zu schreiben, die sogenannten *Tweets* von inzwischen 280 Zeichen Länge. In der Regel wird darin auf weiterführende Informationen verlinkt. Neben Text kann ein Tweet auch ein Foto, ein Video oder ein GIF enthalten.

> **Live-Videos mit Periscope**
>
> In Twitter selbst und mit der speziellen Periscope-App von Twitter können Nutzer auch Live-Videos mit dem Smartphone erstellen und teilen. Diese Videos können über die Twitter-App, die Website und auch auf der Periscope-Website angezeigt werden. Nutzer können diese Videos kommentieren und Herzen senden.

Twitter kürzt eingegebene Links mit seinem eigenen Tool *http://t.co*, so dass 23 Zeichen pro Link anfallen. Das frühere Verwenden von sogenannten URL-Shortenern (also Tools wie *TinyURL* (*tinyurl.com*) oder *bitly* (*bitly.com*), die URLs verkürzen) ist nun nicht mehr notwendig, es sei denn, Sie möchten auf deren Analyse-Informationen zur Linknutzung nicht verzichten.

Ganz im Sinne der Pull-Strategie entscheidet also der Nutzer selbst, welche Nachrichten er liest (bzw. wem er folgt) und wem er Nachrichten zur Verfügung stellt. Bevor wir tiefer in das Thema einsteigen, werden wir Ihnen zunächst wichtige Begriffe im Zusammenhang mit Twitter erläutern.

Das kleine Twitter-Glossar:

- ▶ **Follower**: Diese Bezeichnung stammt vom englischen Verb *to follow* ab, das *folgen* bedeutet. Mit Follower ist ein Leser oder die gesamte Leserschaft gemeint, die die Tweets eines Autors abonniert haben.
- ▶ **Hashtag**: Ist die englische Bezeichnung für das #-Zeichen. Bei Twitter wird mit diesem Zeichen ein Schlagwort markiert, z. B. *#Fußball*, das direkt im Tweet verwendet werden kann. Mit Hashtags können Nachrichten gruppiert werden. Per Klick auf ein Hashtag sieht der Nutzer alle Meldungen zu diesem Schlagwort.
- ▶ **Retweet (RT)**: Bezeichnet das Wiederholen eines Tweets eines anderen Twitterers, um eine Meldung zu verbreiten; zur Weiterleitung muss der Nutzer auf das *Retweet*-Symbol klicken, das bei den einzelnen Tweets angezeigt wird. In der Timeline wird ein Retweet als solcher gekennzeichnet.
- ▶ **Timeline (TL)**: Ist die chronologische Echtzeit-Liste der Tweets von Twitterern, denen man folgt.
- ▶ **Trends**: Ist die Liste im linken Seitenbereich der Twitter-Startseite, die bei Twitter beliebte Themen enthält.
- ▶ **Tweet** (auch *Update*): Als Tweets werden die Beiträge auf Twitter mit einer maximalen Länge von 280 Zeichen bezeichnet. Der Name hat seinen Ursprung im englischen Verb *to tweet*, das *zwitschern* bedeutet.
- ▶ **Twitterer**: Bezeichnet die Autoren von Beiträgen.
- ▶ **Twittern**: Nennt man das Senden von Kurznachrichten per Twitter.
- ▶ **Twitterwall**: Beschreibt eine *Wand* mit Tweets zu einem bestimmten Thema (Hashtag), die häufig bei Veranstaltungen eingesetzt wird, damit Teilnehmer und nicht anwesende Twitterer kommunizieren können.
- ▶ **Verifizierung**: Hat ein Twitter-Account ein blaues Verifizierungssymbol wird damit angezeigt, dass es sich um eine legitime, echte Quelle handelt.

Ein vollständiges Twitter-Glossar finden Sie unter: *https://help.twitter.com/de/glossary*. Begriffe, die im Zusammenhang mit den Twitter Ads stehen, werden in einem Extraglossar unter *https://business.twitter.com/de/help/overview/twitter-ads-glossary.html* vorgestellt.

Die Tweets sind mit einer Detailseite verknüpft, die weitere Informationen bereitstellt. Der Dienst beruht darauf, dass Leser die Tweets anderer Nutzer abonnieren können; die Abonnenten werden dabei zu Followern. Auf Tweets können Nutzer antworten, sie retweeten, Gefallen bekunden oder eine Direktnachricht an den Autor senden, die nur dieser sehen kann. Die entsprechenden Symbole befinden sich unter den einzelnen Tweets. Mit einem @-Symbol können andere Nutzerprofile erwähnt werden, zum Beispiel: »Alles Gute zum Geburtstag, @twittername«. Wurden Sie in einem Tweet erwähnt, sehen Sie dies in Ihrem Account, wenn Sie in der oberen Navigation auf MITTEILUNGEN und anschließend auf ERWÄHNUNGEN klicken. Steht diese @-Bezeichnung am Anfang eines Tweets, ist es ein öffentlicher Antwort-Tweet.

Eine weitere Funktion ist die Twitter-Suche unter *twitter.com/search-home* (siehe Abbildung 15.9). Um die Suche zu verfeinern, stehen hier, ähnlich wie bei Google, Suchoperatoren zur Verfügung, die mit Klick auf den Link OPERATOREN erklärt werden. Genauere Suchanfragen können Sie in der erweiterten Twitter-Suche unter *twitter.com/search-advanced* stellen.

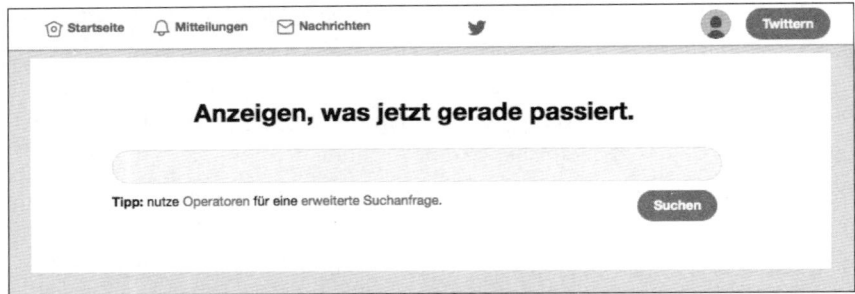

Abbildung 15.9 Die Twitter-Suche

Auf der linken Seite Ihres Twitter Profils werden Ihnen in Echtzeit Gesprächsthemen angezeigt, die aktuell sehr populär sind und als sogenannte *Trending Topics* bezeichnet werden. Mit der Überschrift TRENDS FÜR DICH werden hier laut Twitter Themen angezeigt, »basierend auf deinem Standort und den Personen, denen du folgst«. Diese Themen-Ansicht können Sie nach Bedarf konfigurieren.

Zur besseren Organisation der Inhalte, können zudem Listen angelegt werden. Eine Twitter-Liste besteht aus einer individuell zusammengestellten Gruppe von Twitter-Accounts, in deren Timeline nur die Meldungen dieser Accounts angezeigt werden.

Sogenannte Twitter-Moments beschreibt das Unternehmen selbst wie folgt: »Moments sind ausgewählte Geschichten, in denen die besten Momente auf Twitter präsentiert werden. Moments werden individuell angepasst und zeigen dir aktuelle Themen, die besonders beliebt oder relevant sind. So kannst du entdecken, was auf Twitter gerade los ist.«

Verschiedene Tools unterstützen die Handhabung von Twitter. In diesem Zusammenhang sind beispielsweise *TweetDeck* (*www.tweetdeck.com*) von Twitter und *Hootsuite* (*www.hootsuite.com*) zu nennen. Diese kostenlosen Tools ermöglichen es Nutzern, mehrere Twitter-Konten zu verwalten und weitere Vernetzungen mit anderen Netzwerken, wie z. B. Facebook, vorzunehmen. Nutzer können mehrere Spalten persönlich konfigurieren (siehe Abbildung 15.10), z. B. nach Suchbegriffen, Favoriten oder Hashtags.

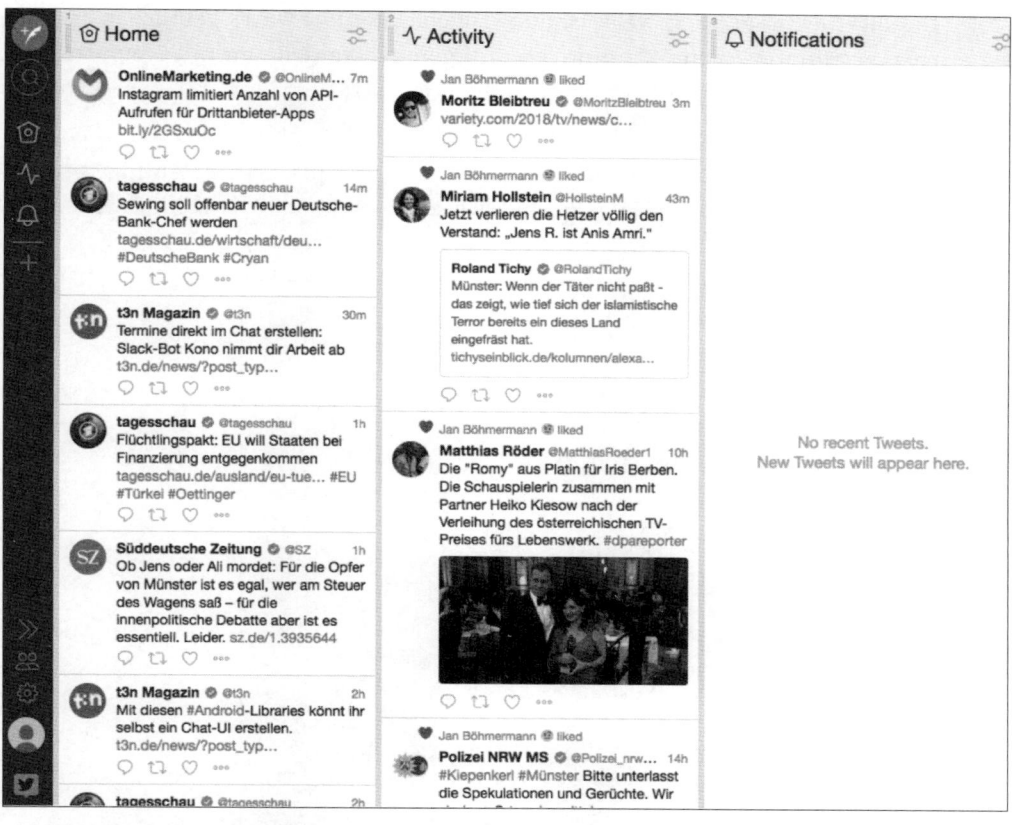

Abbildung 15.10 Mit TweetDeck lassen sich mehrere Spalten anzeigen und konfigurieren

Natürlich steht Twitter auch als App zur Verfügung, und darüber hinaus gibt es eine mobile Seite unter *https://mobile.twitter.com*.

Außerdem kann per SMS getwittert werden. Dazu muss einmalig das Telefon mit dem Twitter-Account verknüpft werden (dafür steht eine genaue Anleitung im Twitter-Hilfe-Center zur Verfügung). Die SMS-Inhalte werden anschließend als Tweet in der entsprechenden Timeline veröffentlicht.

Twitter Lite

Um den Kurznachrichtendienst auch für Menschen mit beispielsweise langsamer Internetverbindung oder teuren Datennetzwerken zu ermöglichen, stellte Twitter 2017 seine schlankere mobile Web-App *Twitter Lite* vor, die im Google Play Store für Smartphone und Tablet für ausgewählte Länder zur Verfügung steht.

Die allgemeine Funktionsweise ist nun klar, aber worüber wird eigentlich in 280 Zeichen getwittert? Twitter kann privat dazu genutzt werden, um mit Freunden und Bekannten in Echtzeit zu kommunizieren. Als Nutzer erhält man einen schnellen Überblick über die aktuellen Meldungen in seinem Netzwerk.

Der ehemalige US-Präsident Barack Obama erreichte mit seinem Anti-Rassismus-Tweet – siehe Abbildung 15.11 – beispielsweise 4,6 Millionen Likes. Er gilt als erfolgreichster Tweet im Jahr 2017.

Abbildung 15.11 Barack Obama zitiert in seinem Tweet Nelson Mandela anlässlich eines Gewaltausbruchs im amerikanischen Charlottesville 2017 und erzielt eine enorme Resonanz.

Unter dem Hashtag *#ThisHappened* zeigte Twitter auch 2017 in einem Jahresrückblick, welche Themen die Nutzer in diesem Jahr bewegten.

Skurrile und interessante Tweets

Innerhalb der Vielzahl von Tweets lassen sich immer wieder besonders skurrile und kuriose Meldungen finden. So hat beispielsweise der Amerikaner Tommy Christopher (*twitter.com/tommyxtopher*) während seines eigenen Herzinfarkts getwittert. Nachdem er den Notarzt alarmiert hatte, teilte er seinen Followern mit, dass er aktuell einen Herzinfarkt erleide. Seine nächste Meldung sollte womöglich die Wogen mit den Worten »Sanitäter denken, ich werde überleben« glätten.

Einen Grimme Online Award hingegen erhielt Florian Meimberg für seine *Tiny Tales* (*www.twitter.com/tiny_tales*). Eine Kostprobe seiner Kurzgeschichten liest sich so: »Sie malte ein Minuszeichen vor die Umsatzprognose. Dann klappte sie das Flipchart wieder zu und schob ihren Putzwagen aus dem Konferenzraum.«

Besonders interessante, unterhaltsame oder originelle Tweets finden Sie auch bei *Twitterperlen* (*twitter.com/tperlen*).

15.5.1 Twitter-Nutzung für Unternehmen

Inzwischen haben auch öffentliche Einrichtungen, Prominente, Politiker und Unternehmen Twitter als Kommunikationskanal für sich entdeckt. Letzteres wird auch als *Corporate Twitter* bezeichnet. Laut der Studie E-Commerce-Markt Deutschland 2017 des EHI Retail Institute und Statista nutzen 76,6 % der Online-Shops in Deutschland einen Twitter-Account.

Das Unternehmen Lufthansa tritt beispielsweise mit einem gut gepflegten Twitter-Profil unter *www.twitter.com/lufthansa_DE* auf, wie Sie in Abbildung 15.12 sehen.

Noch immer verhält sich ein Teil der vertretenen Unternehmen jedoch eher nach dem Motto »Dabei sein ist alles« und hat noch keine Twitter-Strategie gefunden, die sich für das Unternehmen lohnt. Dabei sprechen die eingangs vorgestellten Marktzahlen für das Engagement innerhalb des Microblogging-Dienstes. Doch eine Anmeldung allein ohne anvisiertes Ziel, ohne Zielgruppen und ohne eine entsprechende Strategie ist natürlich wenig zielführend. Überlegen Sie sich, wie Sie von dem direkten Kontakt mit den Interessenten Ihres Angebots und Ihrer Meldungen profitieren können. Streben Sie eine verbesserte Kundenbindung an, möchten Sie Ihr Markenimage verbessern, PR-Meldungen verbreiten oder über Produkteinführungen berichten? Vielleicht möchten Sie auch per Twitter nach neuen Mitarbeitern suchen oder einen Wettbewerb ausrufen? Einige Unternehmen nutzen den Kurznachrichtendienst auch, um die Zielgruppe in Produktentscheidungen einzubezie-

15

hen, und lassen diese beispielsweise über bestimmte Versionen oder Ausprägungen mitentscheiden. Twitter kann auch als zusätzlicher Servicekanal fungieren, um Kundenfragen zu beantworten oder Tipps und Tricks zu platzieren.

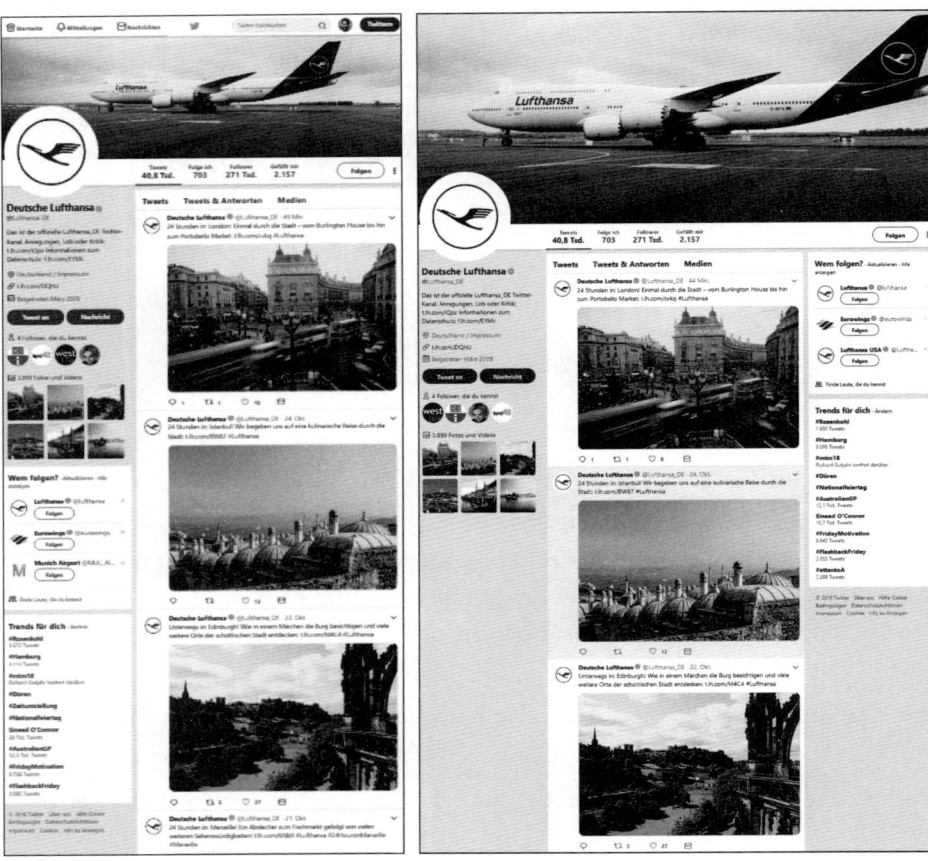

Abbildung 15.12 Das Twitter-Profil der Deutschen Lufthansa (Mobile- und Desktop-Ansicht)

Chancen durch den Einsatz von Twitter

Twitter ist ein Echtzeit-Kommunikationsinstrument. Das birgt per Definition zwei große Vorteile in sich: Zum einen können Sie mit Kunden, Interessenten und Meinungsbildnern direkt in Kontakt treten. Zum anderen können Sie extrem schnell informieren und Inhalte verbreiten. Damit haben Sie die Möglichkeit, Twitter für unterschiedlichste Unternehmensziele einzusetzen. Das sind beispielsweise:

► Dialogaufbau und direkte Kundenbeziehungen

► Feedback-Kanal zur Angebotsoptimierung

- Kunden-Support und Servicelevel
- Imagepflege
- schneller Informationskanal (z. B. Produktvorstellungen, Unternehmens-nachrichten, Kooperationen, Events, Unternehmensstruktur)
- Empfehlungsmarketing und Verbreitung von Inhalten

Sie merken vielleicht schon jetzt: Wenn Sie Twitter als ernsthaften Marketingkanal in Erwägung ziehen, so lässt sich dieser nicht nebenbei bewirtschaften. Beantworten Sie für sich die Frage, ob Sie über dieses Medium Ihre Zielgruppe erreichen und ob Twitter ein passendes Kommunikationsmittel innerhalb Ihrer Unternehmenskommunikation ist oder sein kann. Entscheiden Sie sich dafür, so sollten Sie Twitter konsequent zur Kommunikation nutzen. Andernfalls sollten Sie es gar nicht einsetzen. Legen Sie konkrete Ziele für den Einsatz von Twitter fest, die auch beinhalten, wohin Follower geleitet werden (z. B. Website, Blog, Facebook-Auftritt, Video).

Angenommen, Sie entschließen sich, über Tweets Produktinformationen zu verbreiten. Idealerweise werden Ihre Meldungen von den Lesern als so interessant eingestuft, dass Sie automatisch Follower gewinnen, die Ihre Informationen weiterverbreiten. Somit gewinnen Sie einerseits an Interessenten, andererseits an Reichweite. Doch die Angabe der Follower allein ist wenig aussagekräftig, was die Verbreitung der Tweets betrifft. Vielmehr müssen die Abonnenten die Tweets retweeten. Viele Twitter-Nutzer zählen aber zu der Gruppe der Konsumenten und leiten Informationen eher selten weiter.

Wir haben Ihnen einige wichtige Tipps (ohne eine Bedeutung der Reihenfolge) zusammengestellt, die Sie je nach Ihrem anvisierten Ziel bei Ihren Twitter-Aktivitäten berücksichtigen sollten:

- **Tipp 1**: Twittern bedeutet direkte Kommunikation und Austausch mit Interessenten und Kunden. Die goldene Regel lautet: Seien Sie informativ und unterhaltsam. Analog zu einem realen Gespräch sollten Sie freundlich auftreten, Fragen stellen und Antworten geben, wie es ein echter Dialog und guter Kundenservice erfordert. Warten Sie mit Ihren Antworten nicht zu lange; die Interessenten erwarten diese in der Regel innerhalb von wenigen Stunden, denn bedenken Sie: Twitter ist ein Echtzeitmedium. Ziehen Sie verschiedene Content-Formate wie Bilder und Videos oder auch Umfragen in Betracht. Stellen Sie sich selbst vor jedem Tweet die Frage: Ist die Meldung relevant oder Spam? Und treten Sie mit der Meldung in einen echten Kontakt zu Ihrer Zielgruppe, oder verbreiten Sie lediglich die Botschaften Ihrer Unternehmenskommunikation in verkürzter Form? Es dürfte klar geworden sein, dass die schlichte Verbreitung von Pressemitteilungen bei Twitter fehl am Platz ist.

15

- **Tipp 2**: Seien Sie authentisch, emotional, und versuchen Sie, eine enge Bindung in einem transparenten Gespräch aufzubauen. Es kann hilfreich sein, wenn Sie Einblicke in das Unternehmen oder in spezielle Abläufe gewähren. Nähe bedeutet dabei jedoch auch Professionalität – ein gewisses Maß an Distanz ist durchaus sinnvoll.

- **Tipp 3**: Hören Sie genau zu, wenn über Sie berichtet wird. Wie ist das aktuelle Stimmungsbild, wo drückt der Schuh, welche Ideen gibt es? Hilfreich ist dabei die Twitter-Suchfunktion. Nutzen Sie die ehrlichen Meinungen, und reagieren Sie professionell auf Kritik. Ein Blick auf das Stimmungsbild des Wettbewerbers kann dabei selbstverständlich auch nicht schaden. Möglicherweise können Sie den ein oder anderen frustrierten Kunden für sich und Ihr Angebot gewinnen.

- **Tipp 4**: Aktualität ist eine Grundvoraussetzung. Wundern Sie sich nicht über mangelnde Reaktionen, wenn Ihr letzter Tweet mehrere Monate zurückliegt. Twittern Sie unbedingt regelmäßig, so wie Sie bestimmt auch regelmäßig zu Ihren Freunden Kontakt halten. Aber Ihre Freunde rufen Sie auch nicht bei jeder noch so irrelevanten Kleinigkeit an, oder? Übertragen Sie dies auch auf Ihre Twitter-Konversation, und achten Sie auf Mehrwert für die Leser.

- **Tipp 5**: Ihre Tweets werden nicht für alle Twitter-Nutzer interessant sein. Richten Sie Ihre Kommunikation an Ihre Zielgruppe, und folgen Sie den Interessenten. Vermeiden Sie sogenannte *Dead-End Messages*, das heißt, bieten Sie Lesern nicht nur eine informative Schlagzeile, sondern z. B. auch eine URL, unter der weitere Informationen zu finden sind.

- **Tipp 6**: Binden Sie Ihre Tweets auch auf anderen Seiten ein, um weitere Follower zu akquirieren. Unter *about.twitter.com/press/brand-assets* stellt Twitter entsprechende Widgets und Buttons zur Verfügung.

- **Tipp 7**: Gewöhnen Sie sich an, innerhalb Ihrer Tweets Hashtags zu verwenden. Dadurch steigern Sie die Möglichkeit, weitere Follower für sich zu gewinnen.

- **Tipp 8**: Bedanken Sie sich hin und wieder bei Ihren Lesern, denn sie sind die wichtigsten Akteure. So können Sie beispielsweise Gutscheincodes posten, Tipps veröffentlichen oder auf aktuelle Aktionen verweisen.

- **Tipp 9**: Verwenden Sie klare Handlungsaufforderungen, wie beispielsweise die Bitte um Ratschläge, die Bitte um das Retweeten oder konkretes Fragenstellen. Interaktion ist bei Twitter der Schlüssel zum Erfolg.

- **Tipp 10**: Gestalten Sie Ihr Profil informativ, verwenden Sie Ihr Logo, Ihren Firmennamen, und unterstützen Sie Ihren Markenauftritt. Wählen Sie die angezeigten Verlinkungen gut, und überlegen Sie sich genau, ob Sie automatisierte Tweets verwenden möchten oder ob dies Ihre Leserschaft verärgern könnte.

15.5.2   Werbung schalten per Twitter

Sie können sich sicher vorstellen, dass man es als Unternehmen nicht leicht hat, Nutzer bei Twitter auf sich aufmerksam zu machen. Da der Dienst häufig als Nachrichtenquelle genutzt wird und Benutzer daher die Meldungen von vielen unterschiedlichen Portalen und Privatpersonen erhalten, aktualisieren sich neue Nachrichten oft im Sekundentakt. Wollen Sie als Unternehmen also auf Twitter präsent sein und die Aufmerksamkeit von potenziellen Interessenten bzw. Kunden gewinnen, kommen Sie um spezielle Promotionen Ihrer Inhalte nicht umhin. Aus diesem Grund – und nicht zuletzt auch als Weg zur eigenen Finanzierung (der Umsatz im 1. Quartal 2018 betrug 665 Millionen US Dollar) – bietet Twitter verschiedene Werbemöglichkeiten.

Das Unternehmen nimmt immer wieder Anpassungen und Neuerungen auf dem Werbegebiet vor, so dass sich hier eine genaue Beobachtung der Entwicklung auf *ads.twitter.com* lohnt.

Um diese Ads einsetzen zu können, müssen bestimmte Voraussetzungen erfüllt sein, die unter *https://business.twitter.com/de/help/overview/about-eligibility-for-twitter-ads.html* genau beschrieben werden. So sind beispielsweise nur in ausgewählten Ländern und Sprachen Twitter-Ads möglich. Zudem spielt die eigene Account-Aktivität eine Rolle. Ist der Account noch zu neu und das Profil nicht ausreichend ausgefüllt, ist eine Werbeschaltung zunächst nicht möglich.

Twitter unterscheidet bei den Werbemöglichkeiten verschiedene Kampagnentypen, die je nach Ziel unterschiedlich abgerechnet werden. Diese zielbasierten Werbeformen existieren in Form von *Promoted Tweets*, *Promoted Accounts* und *Promoted Trends*, die wir Ihnen ebenfalls detaillierter vorstellen werden.

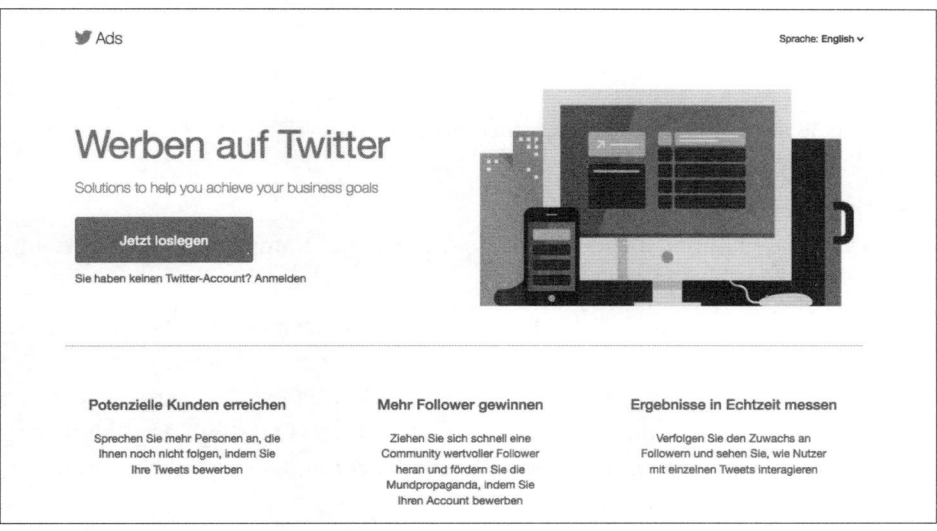

Abbildung 15.13 Werben mit Twitter (ads.twitter.com)

Zunächst müssen sich Werbetreibende entweder unter *ads.twitter.com* registrieren oder in Ihrem eingeloggten Twitter-Account auf das Profilbild klicken und den Menüpunkt TWITTER-ADS auswählen. Für das Einrichten der ersten Kampagne ist ein Klick auf ERSTE SCHRITTE nötig. Nach der Eingabe der Zeitzone können Sie einen Kampagnentyp auswählen, siehe Abbildung 15.14.

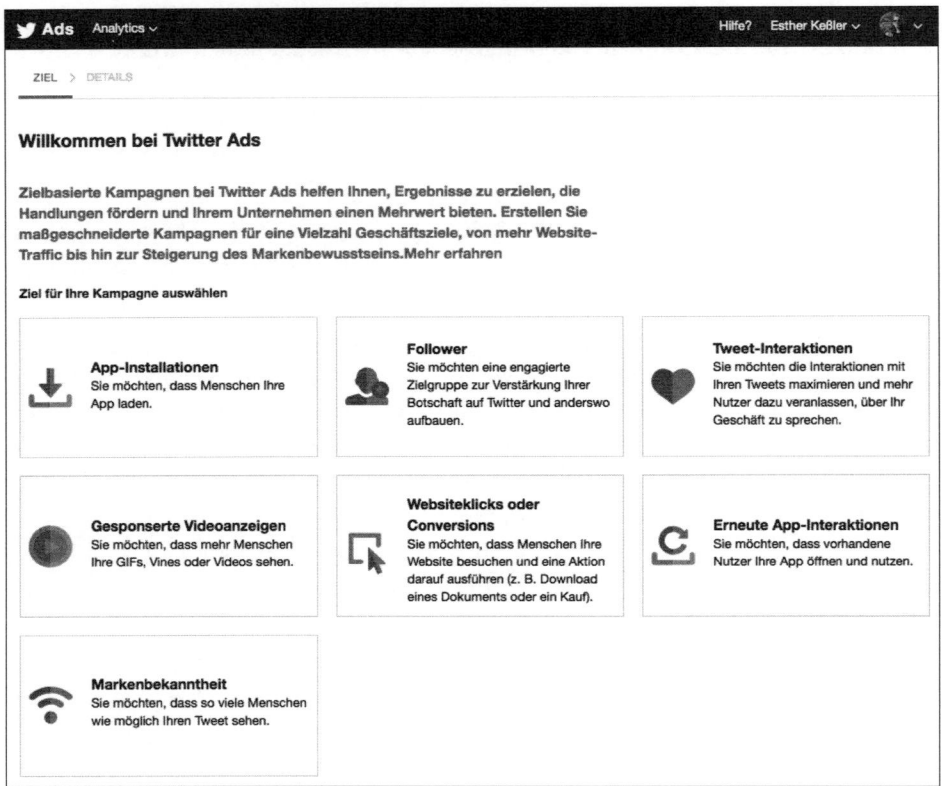

Abbildung 15.14 Auswahl des Kampagnentyps bei Twitter

Zielbasierte Kampagnen

Werbetreibende können sich zwischen verschiedenen Kampagnentypen entscheiden:

1. **Follower-Kampagne:** Ziel dieser Kampagne ist das Gewinnen zusätzlicher Follower, um mehr Reichweite für Ihre Tweets zu erhalten. Kosten fallen nur an, wenn Sie tatsächlich neue Follower generieren. Sie geben ein Gebot (*Cost-per-Follower*), ein Gesamtbudget pro Kampagne und optional auch ein Tageslimit an. Zielgruppen können z. B. nach Interessen, Geografie, Geschlecht und Ähnlichkeit zu bestehenden Followern gezielt angesprochen werden.

2. **Tweet-Interaktionskampagne**: Ziel dieses Kampagnentyps ist die Steigerung von Interaktionen mit Ihren Tweets (Antwort, Retweet, Favorisieren, Teilen). Als Werbetreibender zahlen Sie, sobald ein Nutzer mit Ihrem Promoted Tweet interagiert. Reine Impressionen (Einblendungen) Ihrer Tweets sind kostenlos. Diese Kampagnenart eignet sich z. B. bei Produkteinführungen oder zu bestimmten Events und kann beispielsweise auf bestimmte Begriffe (Keywords), Interessen und Follower, auf maßgeschneiderte Zielgruppen oder auch nach Gesprächen über Fernsehsendungen ausgerichtet werden (Letzteres ist aktuell nur im amerikanischen und britischen Markt verfügbar).

3. **Kampagne für Website-Klicks oder Conversions**: Mit diesem Kampagnentyp generieren Sie Besuche (und im besten Fall auch Conversions) auf Ihrer Website. Sie bezahlen nur bei tatsächlichen Klicks. Ihre Twitter-Anzeigen können z. B. an Nutzer ausgespielt werden, die bestimmte Wörter in ihren Tweets verwenden.

4. **Kampagne für App-Installationen oder App-Interaktionen:** Mit diesem speziellen Kampagnentyp sollen Besucher dazu angeregt werden, beworbene Apps in Tweets direkt öffnen bzw. zu installieren. Werbetreibende bezahlen auf Basis von Kosten für App-Klicks nur, wenn diese Ziele erreicht werden, das heißt ein Klick zum App-Store/Google Play oder zur App-Öffnung führt.

5. **Kampagnen für Video-Ansichten:** Die gesponserten Videos werden direkt wiedergegeben, wenn Nutzer durch Ihre Timeline scrollen, und führen oftmals zu einer hohen Interaktion. Diverse Targeting-Optionen helfen bei einer zielgerichteten Auslieferung der Kampagne.

6. **Kampagne für Markenbekanntheit:** Dieser Kampagnentyp zielt auf eine maximale Reichweite von Tweets hin, um eine Marke bekannt zu machen.

Promoted Tweets

Dies ist die bekannteste Werbeform bei Twitter und kann bei allen Kampagnentypen eingesetzt werden. Werbetreibende haben mit den Promoted Tweets die Möglichkeit, normale Tweets für eine große Anzahl an Nutzern hervorzuheben, z. B. im Rahmen von Tweet-Interaktionskampagnen. Die Promoted Tweets sind als solche mit dem Wort *gesponsert* gekennzeichnet und bieten die normalen Interaktionsmöglichkeiten (siehe Abbildung 15.15). Sie erscheinen z. B. an oberster Stelle der Suchergebnisse bei entsprechender Suchanfrage und in den Timelines der Nutzer, die dem Produkt oder ähnlichen Seiten folgen.

Twitter verspricht eine zielgerichtete Aussendung der bezahlten Tweets. Bezahlt wird grundsätzlich nach dem sogenannten *Cost-per-Engagement-Modell* (*CPE*), dass die Interaktion und Resonanz des Tweets berücksichtigt, z. B. anhand von Retweets oder Klicks. Weitere Informationen zur Preisgestaltung der Twitter-Werbemöglichkeiten lesen Sie unter *https://business.twitter.com/de/help/overview/ads-pricing.html*.

Abbildung 15.15 Beispiel eines Promoted Tweets mit der Kennzeichnung »Gesponsert« am Anzeigenende

Promoted Trends

Mit dieser Werbemöglichkeit können Advertiser Themenfelder anzeigen, die im Zusammenhang mit ihrem Angebot stehen und an der Spitze der Liste der *Trending Topics* erscheinen. Die zehn Trending Topics sind von den Promoted Trends, die als Anzeige gekennzeichnet sind, nicht betroffen. Ebenso sind die Interaktionsmöglichkeiten die gleichen. Klickt ein Interessent auf den Trend, der im Werbezeitraum für alle Nutzer sichtbar ist, wird er zur Unterhaltung zu diesem Thema geleitet, wo der entsprechende Promoted Tweet zu Beginn der Timeline angezeigt wird.

Promoted Accounts

Mit den Promoted Accounts (siehe Abbildung 15.16) können sich Werbetreibende in die Liste *Who to follow? (Wem folgen?)* einkaufen, die der entsprechenden Zielgruppe angezeigt wird. Dabei schlägt Twitter Nutzern interessante Accounts vor, mit dem Ziel, die Follower-Anzahl zu steigern. Diese werden im eingeloggten Zustand zum Beispiel rechts neben der Timeline angezeigt, sofern es passende Promoted Accounts gibt. Auch hier werden die Vorschläge als Anzeige gekennzeichnet.

Abbildung 15.16 Beispiel für einen Promoted Account auf
Twitter mit dem Wort »Gesponsert« gekennzeichnet

Vergleichsweise jung ist das im Oktober 2017 eingeführte Werbeformat *Video Website Card*. Wie der Name vermuten lässt, ist damit ein Anzeigenformat gemeint, das mit einer automatischen Video-Wiedergabe kombiniert mit einer Ziel-URL besonders hohe Click-Through-Raten verspricht. Das Video soll dabei die Aufmerksamkeit der Nutzer auf sich ziehen, um sie anschließend per Link zu weiteren Informationen zu leiten. Somit soll eine übergangslose User Experience geschaffen werden.

Abbildung 15.17 Beispiel für Video Website Cards (Quelle: blog.twitter.com)

Unter dem Link ANALYTICS (*analytics.twitter.com*) können sich Werbetreibende entsprechende Auswertungen zu ihren Werbemaßnahmen und ihren sonstigen Aktivitäten bei Twitter ansehen. Angezeigt werden hier die Kennzahlen *Tweets, Impressions, Profilbesuche, Erwähnungen* und *Follower*. Darüber hinaus haben Sie Zugriff auf

Statistiken zu Ihren eigenen Tweets, Ihrer Zielgruppe, Ereignissen und Videos (siehe Abbildung 15.18).

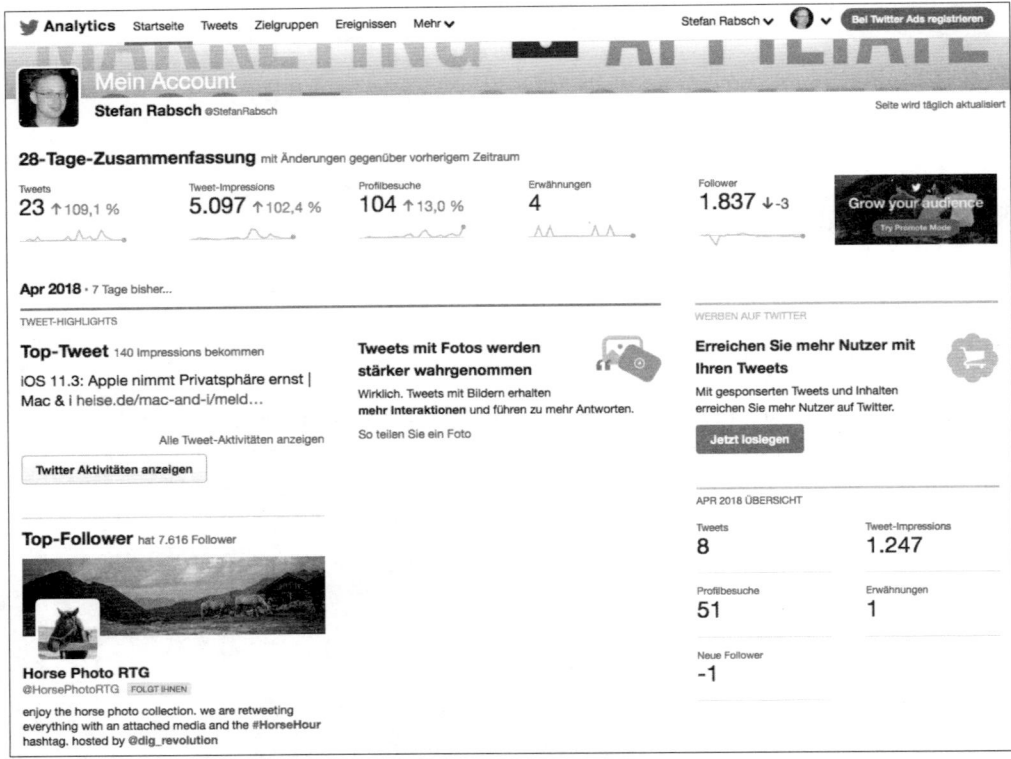

Abbildung 15.18 Twitter Analytics

Über die beschriebenen Werbeoptionen hinaus können Unternehmen auf Twitter weiterhin aktiv werden: Denkbar ist hier beispielsweise, Twitter als Vertriebskanal zu nutzen, wie es Dell mit seinem Outlet als Vorreiter gezeigt hat (*twitter.com/delloutlet*). Neben Deichmann und easyJet nutzen zahlreiche weitere Unternehmen den Microblogging-Dienst, um Angebote anzupreisen. Auch beim Kundendienst kann Twitter gute Dienste leisten. Ein bekanntes Beispiel ist der Twitter-Servicekanal der Deutschen Telekom (*twitter.com/Telekom_hilft*). Ein mehrköpfiges Team beantwortet hier Kundenfragen und hilft bei technischen Schwierigkeiten getreu dem Motto »Hier hilft das Telekom Service-Team in der festen Überzeugung, dass Service mit 280 Zeichen geht«. In der Praxis sieht man zunehmend auch Gewinnspiele via Twitter, deren Teilnahmebedingung beispielsweise das Folgen eines Accounts oder das Retweeten einer Meldung sein kann. Hier sind der Kreativität unter Einhaltung der Twitter-AGB nur wenig Grenzen gesetzt.

Je nachdem, welches Ziel Sie sich in Ihrer Social-Media-Strategie gesetzt haben, sollten Sie aber auch das allgemeine Stimmungsbild zu Ihrem Unternehmen und zu

Ihrem Marktbereich genau beobachten und Ihre Maßnahmen hierauf abstimmen. Dabei können zahlreiche Tools Sie unterstützen. Mit *Hootsuite* (*www.hootsuite.com*) können Sie sich ein individuelles Social-Media-Dashboard erstellen, bei dem Sie sich beispielsweise neben Ihrem Twitter-Account Ihr Facebook-Profil und weitere Accounts anzeigen lassen können. Somit können Sie beobachten, welche Nachrichten zu bestimmten Begriffen, die für Sie relevant sind, aktuell verbreitet werden. Welche Kennzahlen Sie dabei berücksichtigen, ist ebenfalls eng mit Ihrem individuellen Ziel verbunden. Oftmals spielt hier die Anzahl an Retweets oder Erwähnungen eine Rolle. Laufen Ihre Bemühungen auf einen Abverkauf hinaus, können Klicks, Anfragen oder Conversions ausschlaggebend sein.

Twitter und Google

Wahrscheinlich haben Sie es schon selbst beobachtet: Die Ergebnisse in den Suchmaschinen werden immer »sozialer«. So werden beispielsweise auch Tweets in den Suchergebnissen angezeigt, und im Bereich der Suchmaschinenoptimierung wird den sozialen Medien eine zunehmende Bedeutung zugeschrieben. Im Februar 2015 vereinbarten Twitter und Google eine Partnerschaft mit dem Ziel, Tweets mithilfe der Schnittstelle *Firehose* in Echtzeit in Suchergebnissen anzuzeigen (*Real-Time Search*). Mehr zum Einfluss von Social Media auf die Suchmaschinenergebnisse lesen Sie in Kapitel 5, »Suchmaschinenoptimierung (SEO)«. Auch vor diesem Hintergrund kann der Einsatz von Twitter positive Auswirkung auf ein Unternehmen haben.

15

Da das Unternehmen Twitter eifrig an neuen Funktionen und Erweiterungen arbeitet, lohnt es sich auf jeden Fall, wie bereits erwähnt, die Möglichkeiten im Auge zu behalten, auch wenn Sie zum aktuellen Zeitpunkt den Kurznachrichtendienst noch nicht in Ihre Werbeaktivitäten integrieren. Viele Neuerungen werden allerdings in den USA eingeführt und erreichen erst mit einiger Verspätung den europäischen Kontinent. Unter *blog.twitter.com/* oder *twitter.com/TwitterDE* können Sie sich über Neuigkeiten bei Twitter auf dem Laufenden halten.

Schauen wir uns nun weitere Dienste und Möglichkeiten an, mit Ihrer Zielgruppe in Kontakt zu treten. Die Rede ist von Facebook und weiteren Communitys.

15.6   Facebook sowie die Familienmitglieder Instagram und WhatsApp

31 Millionen! Lassen Sie sich diese Zahl einmal auf der Zunge zergehen. Facebook kann mit 31 Millionen aktiven Nutzern in Deutschland (Stand September 2017, Quelle: *allfacebook.de*) aufwarten. Aber das ist noch nicht alles. Mark Zuckerberg, Gründer und CEO von Facebook Inc., wurde bereits 2010 vom US-amerikanischen *Time Magazine* zur Person des Jahres erklärt. Der Grund: Er verbindet mit dem

Online-Netzwerk unvorstellbare 2,2 Mrd. Menschen weltweit und bildet deren Interessen und soziale Beziehungen ab (siehe Abbildung 15.19). »He is both a product of his generation and an architect of it«, war im *Time Magazine* zu lesen.

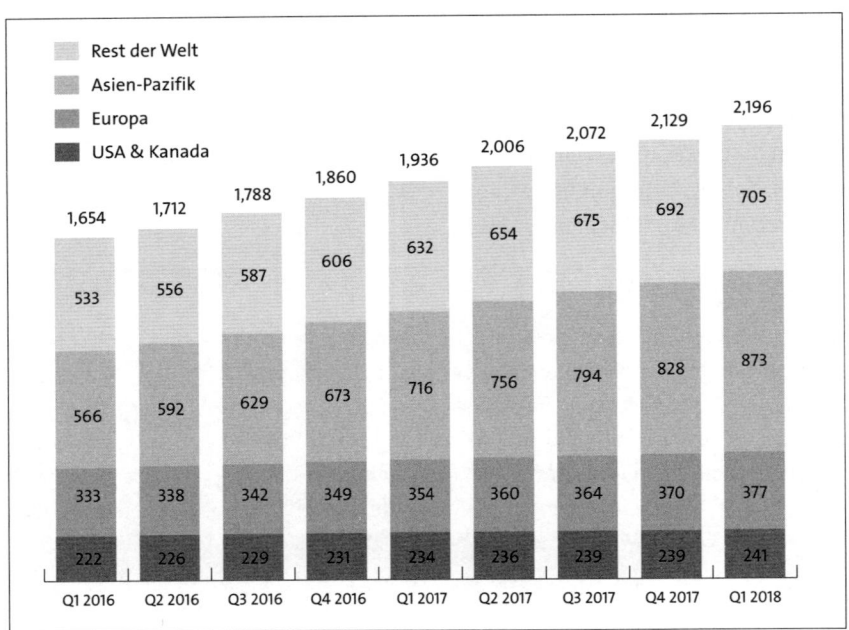

Abbildung 15.19 377 Millionen monatlich aktive Facebook-Mitglieder in Europa (Quelle: allfacebook.de)

Sie sehen anhand dieser Nutzerzahlen, dass sich Facebook über mangelnden Zulauf nicht beklagen kann. Wenn Sie sich für die Entwicklung von Facebook interessieren, bietet Ihnen die Seite *newsroom.fb.com/company-info/* einen Zeitstrahl von der Unternehmensgründung im Jahr 2004 bis heute mit wichtigen Meilensteinen.

Communitys wie Facebook nehmen einen bedeutenden Stellenwert im Alltag vieler Internetnutzer ein. Wir werden auf den folgenden Seiten populäre Communitys kurz vorstellen und Ihnen einige Möglichkeiten aufzeigen, wie Sie als Website-Betreiber von diesen Online-Gemeinschaften profitieren können.

Aufgrund der Popularität und Größe von Facebook werden wir bei der Vorstellung von einzelnen Marketingmaßnahmen ein besonderes Augenmerk auf dieses soziale Netzwerk legen. Einige Grundprinzipien von Werbeformen sind aber auch in anderen Communitys anwendbar.

Facebook in Zahlen

Facebook erfreut sich auch in Deutschland enormer Beliebtheit, was aus den folgenden Zahlen hervorgeht:

- 30 Millionen aktive monatliche Facebook-Nutzer; davon nutzen 28 Millionen die Community über mobile Endgeräte (Quelle: Facebook, Angabe April 2018).
- 24 Millionen Nutzer verwenden Facebook in Deutschland täglich, davon 22 Millionen mobil (Quelle: Facebook, Angabe April 2018).
- 89 % der 20- bis 29-jährigen Internetnutzer in Deutschland verwenden Facebook (Quelle: *statista.com*).
- Täglich werden in Deutschland mehr als 2 Millionen Freundschaften geschlossen (Quelle Facebook, Juni 2017).
- über 25.000 Mitarbeiter weltweit (Stand Dezember 2017, Quelle Facebook)
- Niederlassungen in Deutschland: Berlin und Hamburg
- Börsenwert von 441 Milliarden US Dollar (Stand Mai 2017, Quelle: *statista.com*); im Mai 2012 ging Facebook an die Börse – damals einer der größten Internetbörsengänge, der rückblickend jedoch nicht so vielversprechend verlief wie erwartet.
- Im April 2012 kaufte Facebook die Foto- und Video-Sharing-App Instagram. Im Februar 2014 folgte die Übernahme des Messenger-Dienstes WhatsApp zu einem Kaufpreis von 19 Mrd. US$.

Trotz der beeindruckenden Zahlen ist laut ARD/ZDF-Onlinestudie 2017 eine Stagnation zu verzeichnen (siehe Abbildung 15.20). Während 2016 noch 22 % der deutschen Nutzer Facebook täglich verwendeten, waren es 2017 nur noch 21 % (auf Basis wöchentlicher Nutzung verändern sich die Werte von 34 % im Jahr 2016 zu 33 % 2017). Die tägliche WhatsApp-Nutzung steigt hingegen. Nähere Informationen zu dem Messenger-Dienst lesen Sie in Abschnitt 15.6.8.

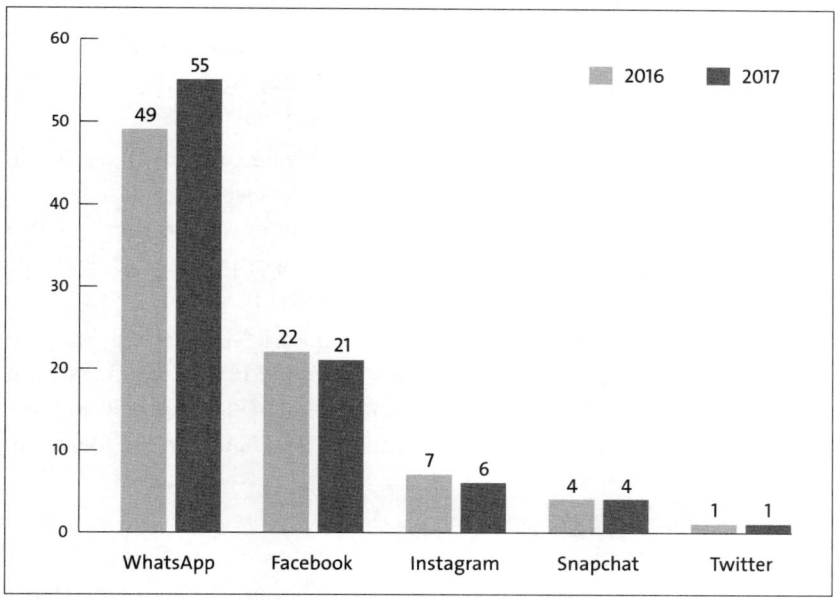

Abbildung 15.20 Stagnierte tägliche Facebook-Nutzung

Facebook-Funktionen

Das soziale Netzwerk ergänzt und optimiert laufend seine Funktionalitäten. Wir können im Rahmen dieses Buches nicht auf alle Funktionen eingehen und stellen daher nur einige beispielhaft vor. Wir empfehlen Ihnen, die aktuellen Entwicklungen zu verfolgen. Dabei helfen Ihnen unsere Literaturtipps am Ende des Buches.

Neben dem Teilen von Informationen über die eigene Profilseite, dem Verbinden mit Freunden und Kommentieren von Beiträgen gibt es eine Vielzahl weiterer Funktionen. Dazu zählen:

▶ **Die Chronik**: Meint die auch unter dem Begriff *Timeline* bekannte Darstellung einer Facebook-Seite. Hier werden wie in einem digitalen Tagebuch wichtige Ereignisse über Jahre hinweg dargestellt (mehr zu Facebook-Pages lesen Sie in Abschnitt 15.6.1).

▶ **Facebook Chat**: Verfügbar ist auch ein Chat, über den unter anderem Textnachrichten, Bilder und Videos in Echtzeit versendet werden können. Seit Sommer 2014 müssen mobile Nutzer die App *Facebook Messenger* verwenden, um Nachrichten zu versenden und zu erhalten. Unter *www.messenger.com* erfahren Sie mehr zu den vielfältigen Funktionen (siehe Abbildung 15.21). Die Werbemöglichkeiten über den Messenger stellen wir Ihnen im Folgenden näher vor. Weitere Informationen dazu stehen außerdem unter *https://messenger.fb.com* zur Verfügung.

▶ **Facebook Places**: Wie bereits erwähnt nutzen allein in Deutschland 28 von 30 Millionen monatlich aktiven Nutzern die Community mobil. Vor diesem Hintergrund ist es offensichtlich, dass Facebook seinen Nutzern auch die Möglichkeit gibt, ihren Standort anzugeben.

▶ **Facebook-Videoanrufe**: Neben der Chatfunktion ist es Nutzern auch möglich, Videoanrufe zu starten. Dazu sind eine kurze Einrichtung und ein Klick auf das Videokamerasymbol notwendig (*facebook.com/videocalling*).

▶ **Facebook-Veranstaltungen**: Auf Facebook können private oder auch geschäftliche Veranstaltungen erstellt, bekannt gemacht und auch beworben werden. Wenn Sie also beispielsweise als Friseursalon einen besonderen Aktionstag bekannt machen oder als Restaurant ein Sommerfest ankündigen möchten, sollten Sie überlegen, Ihre Veranstaltung auch bei Facebook anzulegen.

▶ **Facebook Stories**: »Stories sind Fotos und Videos, die 24 Stunden lang sichtbar sind« heißt es auf der Facebook-Seite. Die Bilder und Videos werden oftmals mit Effekten und Filtern versehen, und können anschließend per Story geteilt werden. Auf Ihrer Facebook-Seite finden Sie Stories von den Seiten, denen Sie folgen im oberen rechten Seitenbereich.

Werbetreibende können mit geringem Aufwand und entsprechend geringen Kosten recht schnell (Bewegt-)Bild-Inhalte für Ihre Zielgruppe zur Verfügung stellen. Im Vergleich zu Instagram Stories (siehe Abschnitt 15.6.7), genießen die Facebook Stories bis dato jedoch weniger Beliebtheit.

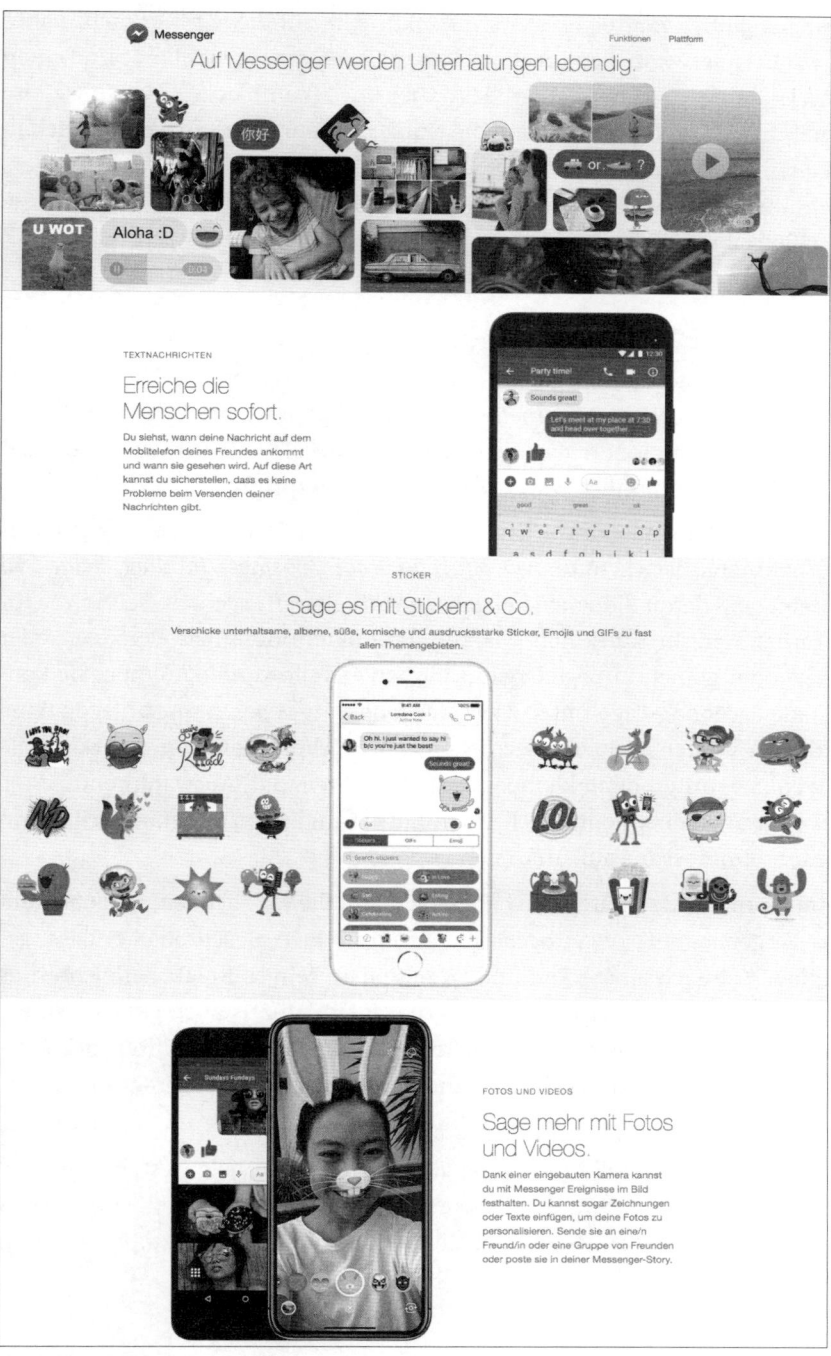

Abbildung 15.21 Die Vorstellung der Funktionen des Facebook Messengers unter »www.messenger.com«

Darüber hinaus gibt es zahlreiche weitere Funktionen, auf die wir hier nicht näher eingehen, wie beispielsweise den Facebook Safety Check, eine Stellenbörse und einen Marktplatz. Es ist davon auszugehen, dass auch in Zukunft noch diverse weitere Funktionen hinzukommen werden und die Nutzer dazu angehalten werden, vielfältige Tätigkeiten wie mailen, telefonieren, einkaufen über das Netzwerk zu erledigen. Wir werden uns hier aber insbesondere den Themen und Funktionen widmen, die für Website-Betreiber interessant sind und Marketingpotenzial besitzen.

15.6.1   Facebook-Pages

Mit der kostenlosen Facebook-Page, die auch unter dem Namen *Facebook-Fanpage*, *Facebook-Seite* oder *Facebook-Unternehmensprofil* bekannt ist, haben Unternehmen die Möglichkeit, Informationen über sich auf einer speziellen Seite im sozialen Netzwerk zu veröffentlichen, ähnlich wie die Facebook-Nutzerprofile.

»Verbinde dich mit Personen und erzähle ihnen mit einer Facebook-Seite etwas über dein Unternehmen«, ist es unter *www.facebook.com/business/products/pages* zu lesen. Gemeint sind damit die seit vielen Jahren verfügbaren Facebook-Seiten, die für lokale Unternehmen, Institutionen, Marken, Produkte, öffentliche Personen oder auch Vereine oder gemeinnützige Organisationen erstellt werden können. Sie können eine neue Facebook-Page unter *www.facebook.com/pages/create* anlegen. Eine andere Variante ist der Besuch einer beliebigen Facebook-Seite: In der Kopfzeile rechts finden Sie unter dem kleinen Dropdown-Pfeil das Auswahlmenü SEITE ERSTELLEN oder auch einen entsprechenden Button im linken Seitenbereich, wenn sie eine Unternehmensseite aufrufen (siehe Abbildung 15.22)

Unter der entsprechenden Kategorie haben Sie dann die Möglichkeit, einen Seitennamen zu vergeben, z. B. *www.facebook.com/ihrprodukt*. Beachten Sie, dass der Name möglichst einfach zu merken und zu schreiben sein sollte. Das erleichtert es nicht nur den Nutzern, sondern Sie können die URL dann z. B. auch gut für Werbekampagnen nutzen. Seien Sie sorgfältig beim Festlegen des Namens Ihrer Facebook-Seite. Ein nachträgliches Ändern des Seitennamens muss extra beantragt werden.

Die Facebook-Page von *Old Spice* mit mehr als 2,6 Mio. Fans sehen Sie in Abbildung 15.23. Mit dem großen Titelbild haben Sie als Unternehmer viele Gestaltungsspielräume und z. B. die Möglichkeit, Ihre Marke zu transportieren. Coca-Cola nutzt beispielsweise das Titelbild, um sich als globale und weltoffene Marke zu präsentieren (siehe Abbildung 15.24).

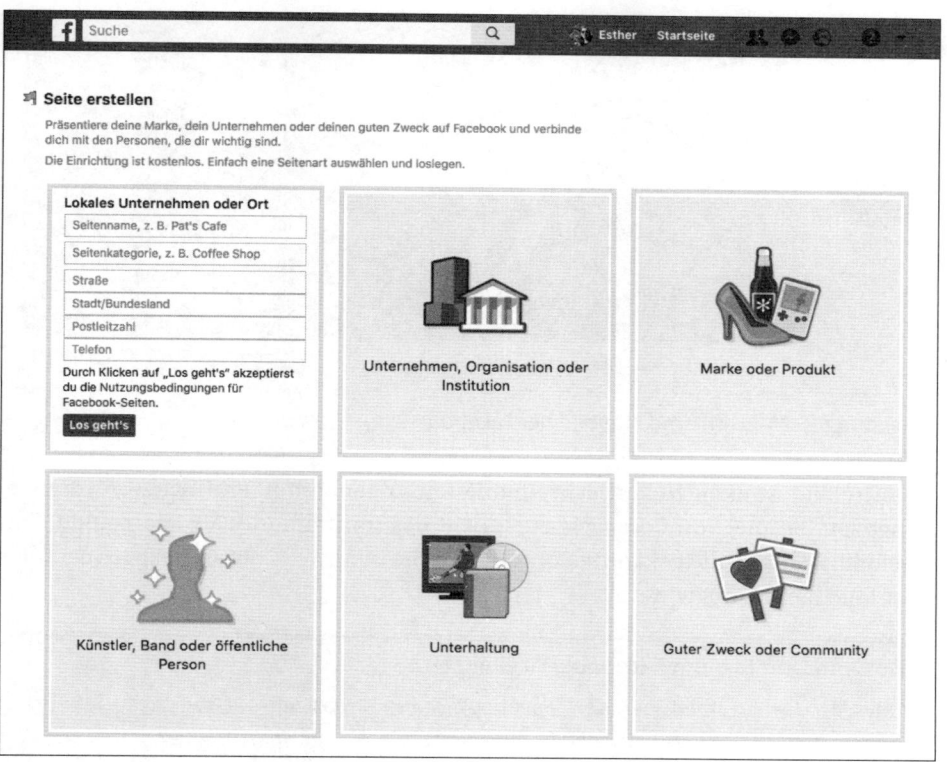

Abbildung 15.22 Eine Facebook-Seite erstellen

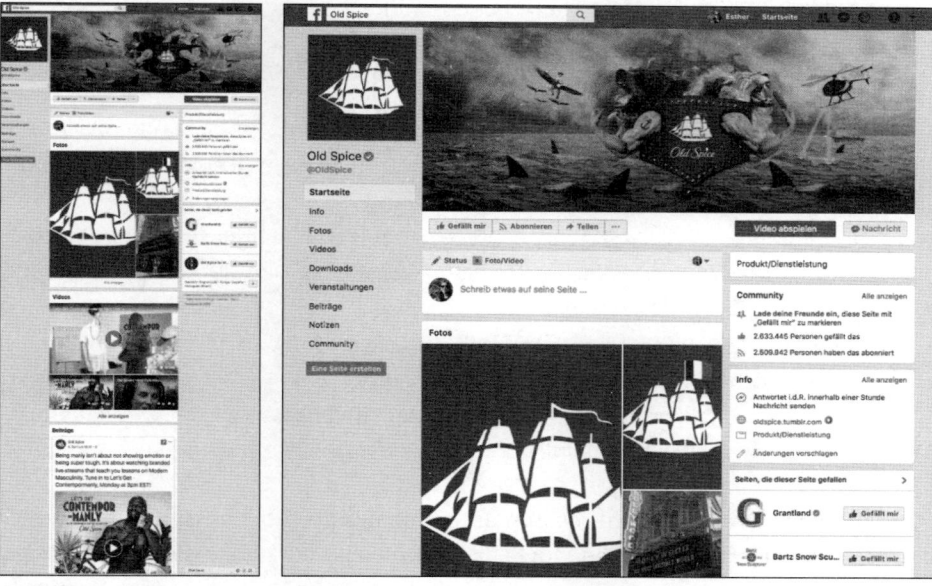

Abbildung 15.23 Die Facebook-Seite von Old Spice (Mobile- und Desktop-Ansicht)

Abbildung 15.24 Profil- und Titelbild der Facebook-Seite von Coca-Cola

Das Titelbild ist nicht zu verwechseln mit dem sogenannten Profilbild. Im vorangegangenen Beispiel von Coca-Cola entspricht das recht emotionale People-Bild dem Titelbild, während die bekannte Contour-Flasche inklusive Coca-Cola-Logo rechts als Profilbild bezeichnet wird.

Dos and Don'ts beim Facebook-Titelbild

Obwohl das Titelbild bei den Facebook-Seiten kreativen Gestaltungsspielraum zulässt, gibt es auch einige unzulässige Dinge, die bis zur Sperrung der Seite führen können und daher zu berücksichtigen sind.

Zu den Don'ts zählen:

▸ Titelbilder dürfen nicht täuschend oder irreführend sein.

▸ Die Bilder dürfen keine Urheberrechte verletzen.

Zu den Dos zählen:

▸ Als Idealgröße für das Titelbild gelten die Maße von 851 × 315 Pixeln (mindestens 400 × 150 px) wobei Sie die Dateigröße von 100 KByte nicht überschreiten sollten, um schnelle Ladezeiten der Seite zu gewährleisten.

▸ Überprüfen Sie unbedingt die mobile Darstellung, d. h., sollten Sie beispielsweise Text im Titelbild verwenden, sollte dieser vollständig und gut lesbar auch auf kleinen Displays zu lesen sein.

▸ Stimmen Sie Ihr Bild inhaltlich auf Ihren Markenauftritt ab, und zeigen Sie beispielsweise Ihr Produkt oder emotionale Bilder.

▸ Tipp: Es ist auch möglich, Videos im Bereich des Titelbildes zu zeigen, wie Sie es auf der Facebook-Seite von Red Bull unter *www.facebook.com/redbull* sehen können.

Auf einem weiteren sogenannten *Tab* unterhalb des Profilbildes ist der Infobereich angesiedelt. Hier haben Sie die Möglichkeit, Ihre Seite kurz vorzustellen und Angaben wie den Link zu Ihrer Website oder zu anderen Social-Media-Profilen zu hinterlegen. Nutzen Sie diese prominente Platzierung, auch z. B. für Kontaktangaben wie E-Mail oder Telefonnummer (siehe Abbildung 15.25).

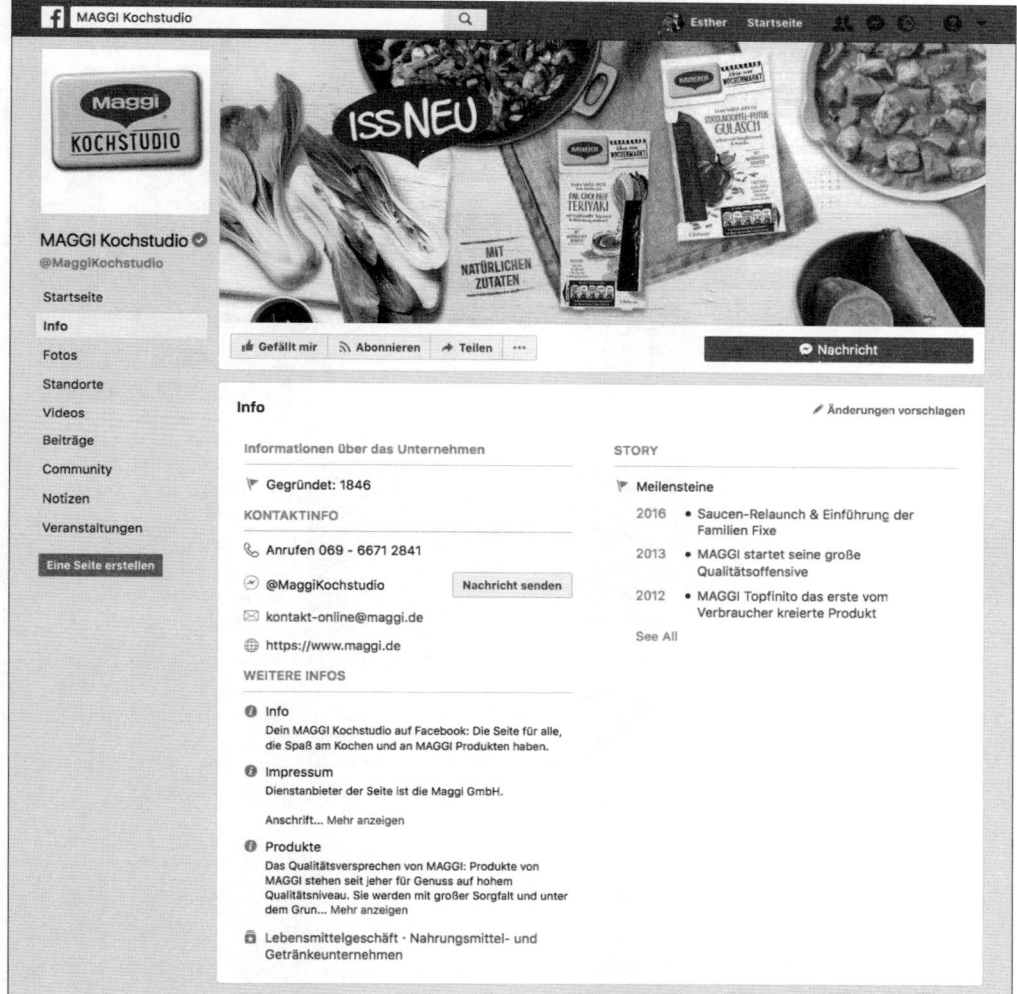

Abbildung 15.25 Der »Info«-Bereich auf der Facebook-Seite des Maggi Kochstudios

In diesem Bereich können Sie (wie in Abbildung 15.25 zu sehen) auch Meilensteine anzeigen und somit wichtige Stationen in Ihrer Unternehmensgeschichte, wie z. B. Produkteinführungen, kommunizieren.

Neben Basisinformationen gibt es weitere Tabs zum Beispiel für Fotos und Bewertungen. Hier können Besucher Ihrer Facebook-Page eine Bewertung über Sie bzw. Ihre Dienstleistung abgeben. Je nach Ausrichtung Ihrer Seite können Sie weitere Tabs ergänzen, beispielsweise Stellenangebote Ihres Unternehmens, Gewinnspiele, die bereits erwähnten Veranstaltungen oder auch weitere Social-Media-Präsenzen wie

Instagram, Pinterest und Twitter einbinden. Sie haben auch die Möglichkeit, die Tabs neu anzuordnen, wobei einige Platzierungen nicht variabel sind. In der Praxis werden diese Tabs gerne verwendet, um Aktionen, das Team oder die Netiquette zu beschreiben oder um auf Spiele zu verlinken.

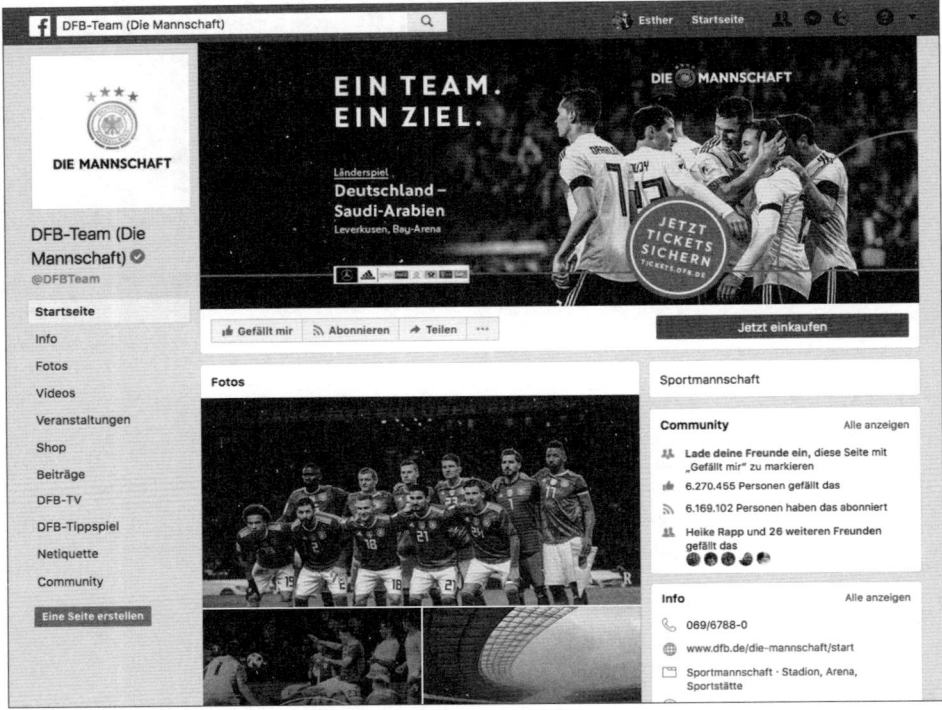

Abbildung 15.26 Die Tabs auf der Facebook-Seite des DFB-Teams

---

Nicht vergessen: Impressumspflicht

Es ist rechtlich festgelegt, dass eine geschäftlich genutzte Facebook-Seite – ebenso wie eine Website – ein Impressum haben muss, das unmittelbar erreichbar und für Besucher leicht erkennbar ist. Unter INFO • SEITENINFO BEARBEITEN gibt es seit März 2014 die Rubrik IMPRESSUM, in der Sie Ihr Impressum hinterlegen sollten. Auf der Seite *www.e-recht24.de/facebook-impressum-generator.html* können Sie sich anhand Ihrer individuellen Vorgaben kostenlos ein Impressum erstellen lassen.

Der sogenannte *Call-to-Action-Button* auf Facebook-Pages ist ein beliebtes Element für Werbetreibende. Er befindet sich unterhalb des Titelbildes sowie an weiteren Stellen auf der Facebook-Seite und ruft Besucher zu einer bestimmten Handlung auf. Das kann zum Beispiel das Schreiben einer Nachricht, das Abspielen eines Videos oder die Aufforderung zum Einkauf sein. Der Button kann direkt bei der Erstellung einer Facebook-Page eingerichtet und jederzeit verändert werden.

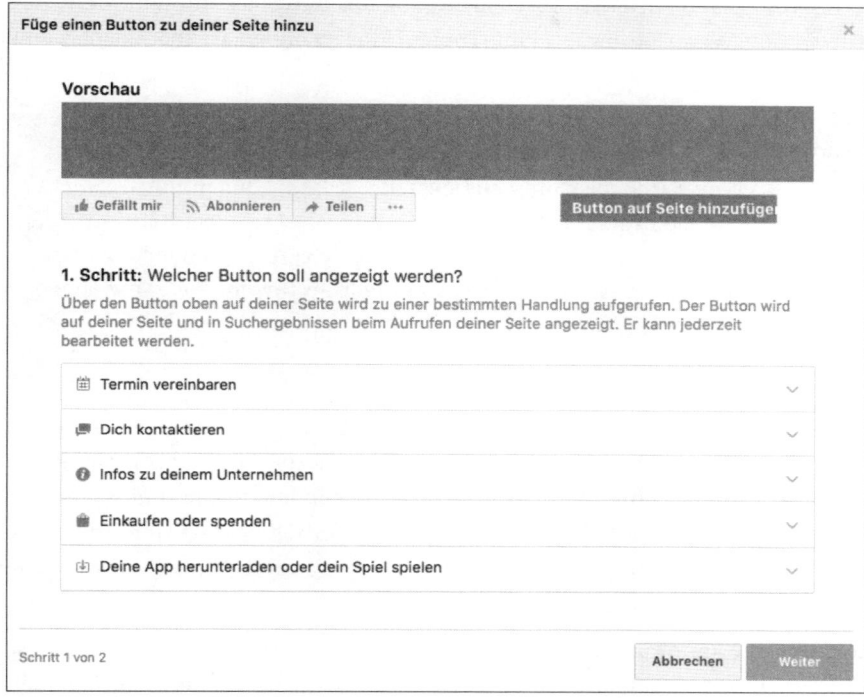

Abbildung 15.27 Oberfläche zum Einrichten eines Buttons auf der Facebook-Page

In Abbildung 15.28 sehen Sie zum Beispiel den Button auf der Facebook-Page des ADAC, der Besucher dazu aufruft, sich bei dem Automobilclub zu registrieren. Mit Klick auf den Button wird der Nutzer auf die Website des ADAC geleitet.

Abbildung 15.28 Der Call-to-Action-Button »Registrieren« auf der Facebook-Page des ADAC

Bedenken Sie auch hier, dass Facebook besonders häufig mobil verwendet wird, und überprüfen Sie daher die Customer Journey auch für Mobilgeräte, z. B. im Hinblick auf responsives Design der Zielseite. Die Nutzung des Buttons kann über INSIGHTS überprüft werden. Wenn Sie ein Tracking-Tool im Einsatz haben, ist aber oftmals eine parallele Verwendung sinnvoll.

> **Tipp: Nutzen Sie Ihre Facebook-Page und -Tabs als Landing Page**
>
> Nutzer, die auf Ihrer Facebook-Unternehmensseite landen, können durch Rabatte und besondere Vorteile dazu animiert werden, auf den GEFÄLLT MIR-Button zu klicken oder dem Link zu einem speziellen Angebot zu folgen. Sie können allerdings auch die einzelnen Bereiche (Tabs) Ihrer Facebook-Seite als Landing Page verwenden, denn sie haben jeweils eine andere URL und können so in verschiedenen Werbemaßnahmen genutzt werden.

Mit dem Befehl OBEN AUF DER SEITE FIXIEREN – den Sie bei eingetragenen Posts auf Ihrer Seite sehen, indem Sie auf das Symbol mit drei horizontal angeordneten Punkten klicken – können Sie einen Beitrag, den Sie als besonders relevant einstufen, an erster Stelle in der Timeline fixieren. Es können nur Beiträge fixiert werden, die Sie selbst auf Ihrer Seite hinzugefügt haben. Beiträge, die andere Nutzer auf die Seite gestellt haben, lassen sich nicht fixieren.

Die Facebook-Page kann für verschiedene Zwecke eingesetzt werden, beispielsweise um Kundenmeinungen einzuholen, um neue Produkte vorzustellen, spezielle Services zu bieten und die Kundenbindung zu erhöhen – und das mit vergleichsweise geringen Ressourcen. Mitglieder können über den GEFÄLLT MIR-Button ihr Interesse kundtun und erhalten Neuigkeiten des Unternehmens in ihrem News-Stream.

> **Facebook-Pages und Suchmaschinen**
>
> Suchmaschinen können die Inhalte von Facebook-Seiten lesen. Das birgt für Unternehmer einige Chancen: So können Sie innerhalb Ihrer Facebook-Seite wichtige Informationen und auch Links hinterlegen und ein gutes Ranking in den Suchmaschinen forcieren. Achten Sie daher auf die Verwendung wichtiger Keywords im Seitennamen, im Infobereich und auf den einzelnen Tabs. Auch Bildbeschreibungen sollten wichtige Schlüsselbegriffe enthalten. Achten Sie darauf, Ihre Facebook-Seite auch von externen Websites, wie z. B. Ihrer eigenen Website, zu verlinken. Auch in den einzelnen Posts sind Links möglich. Bedingt durch eine bessere Position in den Suchergebnissen erhöhen Sie Ihre Reichweite. Zum anderen verknüpfen zunehmend Suchmaschinen die Inhalte von Facebook-Seiten und anderen sozialen Netzwerken mit den Suchergebnissen. Lesen Sie hierzu auch Abschnitt 5.2.3, »Besonderheiten im Ranking-Algorithmus von Google«.

Hier sind einige hilfreiche Tipps, was Sie beim Anlegen Ihrer Facebook-Page beachten sollten:

▶ Verwenden Sie nicht Ihr privates Facebook-Profil, wenn Sie für Ihr Unternehmen werben und Informationen dazu veröffentlichen möchten. Sie sollten eine spezielle Facebook-Page anlegen, die Ihr Unternehmen repräsentiert und ein Schwerpunktthema behandelt. Sie werden aufgefordert, eine passende Kategorie auszuwählen (vergleiche Abbildung 15.22). Je nach Kategorie stehen Ihnen unterschiedliche Eingabefelder zur Verfügung, die dann im Infobereich angezeigt werden. Gerade Kontaktangaben und ein Link zu Ihrer Website sind sinnvoll.

▶ Wie eingangs beschrieben, sollten Sie genau überlegen, wenn Sie den Seitennamen vergeben. Verwenden Sie, soweit möglich und zulässig, wichtige Keywords im Namen. Sie sind ausschlaggebend dafür, dass Ihre Facebook-Page bei einer Suchanfrage via Suchmaschine gefunden wird.

▶ Achten Sie bei der Verwendung von Bildern auf professionelle Fotos, denn so möchten Sie auch wahrgenommen werden. Ändern Sie Ihr Titelbild in regelmäßigen Abständen, um eine gute Mischung aus Markentransport und Nutzerfokus zu schaffen.

▶ Bieten Sie den Besuchern Ihrer Facebook-Page hinreichende Informationen und Zusatzdienste unter den einzelnen Tabs, und verwenden Sie auch hier wichtige Keywords. Wie Sie inzwischen wissen, können Sie hier auch Ihre weiteren Social Media Profile einbinden.

Als Administrator einer Facebook-Seite steht Ihnen ein sogenannter Administratorbereich zur Verfügung. Dieser Bereich erscheint, wenn Sie im angemeldeten Zustand eine von Ihnen administrierte Facebook-Page aufrufen. Hier haben Sie beispielsweise Zugriff auf Ihr Postfach, sehen Benachrichtigungen, können sich Statistiken zu Ihrer Facebook-Page ansehen sowie Beiträge und Promotions koordinieren.

Abbildung 15.29 Administratorbereich für eine Facebook-Page

Unter *Insights*, also den Statistiken, sehen Sie, welche Auswirkungen Ihre Bemühungen bei Facebook hatten, denn Sie erhalten hier z. B. Angaben zur Reichweite, zu Gefällt-mir-Angaben, Handlungen auf der Seite sowie zu Ihren Werbeanzeigen. Wir empfehlen Ihnen, sich die Statistiken regelmäßig anzusehen, denn Sie bekommen dann schnell ein Gefühl dafür, welche Themen bei Ihren Fans gefragt sind.

Sie haben nun einige Beispiele dafür kennengelernt, wie Sie Ihre Facebook-Seite für Ihr Angebot auch aus Marketingsicht nutzen können. Im Folgenden werden wir uns dem Aufbau einer Fangemeinde und dem populären GEFÄLLT MIR-Button widmen.

15.6.2   Der Facebook-Button »Gefällt mir«

Mit dem GEFÄLLT MIR-Button (engl.: *like*, ursprünglich *Awesome*) können Facebook-Mitglieder ihr Interesse zu jeglichem Thema oder jeglicher Seite zum Ausdruck bringen. Unternehmen und Website-Betreiber hingegen können so gegebenenfalls eine gewisse Tendenz im Hinblick auf die Akzeptanz und die Beliebtheit ihres Angebots erhalten. Klickt ein Benutzer auf den GEFÄLLT MIR-Button, so wird automatisch ein Hinweis dazu in seinem Stream angezeigt und ein Profileintrag gemacht. Unter Umständen führt dies für den Website-Betreiber zu mehr Traffic, da das Netzwerk des Benutzers nun auch auf Ihr Angebot aufmerksam gemacht wird. Mit regelmäßigen Neuigkeiten und Aktualisierungen können Sie Ihre Interessenten an sich binden. Viele Marketingmaßnahmen bei Facebook zielen daher darauf ab, Nutzer dazu zu animieren, den GEFÄLLT MIR-Button zu klicken bzw. zusätzliche Fans zu gewinnen. Im Zusammenhang mit dem Thema Datenschutz wird der GEFÄLLT MIR-Button oftmals kritisiert.

15.6.3   Eine Fangemeinde aufbauen

Wie können Werbetreibende Communitys nutzen? Um diese Frage zu beantworten, sollten Sie sich schon zu Beginn einige wichtige Aspekte klarmachen. Sie werden in sozialen Netzwerken nur erfolgreich sein können, wenn Sie interessante Inhalte zur Verfügung stellen, die die Menschen begeistern. Mit einfachen Werbeslogans werden Sie nicht weit kommen. Sie sollten eine enge und authentische Beziehung zu den Mitgliedern pflegen und diese unter Umständen auch *incentivieren* (das heißt, ihnen einen Anreiz geben). Machen Sie es den Interessenten so einfach wie möglich, Ihre Inhalte zu verbreiten, und tun Sie dies ebenfalls über die verschiedensten Kanäle. Communitys bieten im Allgemeinen die Möglichkeit, mit Interessenten und potenziellen Kunden in Kontakt zu treten und diese über Ihr Angebot zu informieren. Nutzen Sie diese transparente Art der Kommunikation. Wir zeigen Ihnen, wie das geht – am Beispiel des beliebten Netzwerks Facebook.

Facebook bietet verschiedene Möglichkeiten für Unternehmen, mit Kunden in Kontakt zu treten. Da Mitglieder kostenlos am sozialen Netzwerk teilnehmen können, sollten werbende Unternehmen darauf abzielen, dass Mitglieder nicht nur Fan ihrer Facebook-Page werden, sondern auch mit der Seite und den Inhalten interagieren, also z. B. Inhalte kommentieren, Facebook-Tabs aufrufen oder Links zur Unternehmens-Website folgen. Einige Beispiele haben bewiesen, dass der Einsatz für Unternehmen bei Facebook durchaus zu Umsatzsteigerungen führen und rentabel sein kann, wenn dieses Prinzip beherzigt wird.

Haben Sie nun Ihre Facebook-Page erstellt, ist zwar der Grundstein gelegt, jetzt geht es aber um echte Kommunikation.

Social Media Guidelines

Wie bereits eingangs erwähnt, bereiten Sie Ihre Mitarbeiter und alle Beteiligten mit *Social Media Guidelines* auf Aktivitäten in sozialen Medien vor. Diese Guidelines sind eine Hilfestellung im Umgang mit sozialen Medien und sollen den Beteiligten Sicherheit geben, sich zu involvieren. Inhaltlich sollte hier festgelegt werden, wo Verantwortlichkeiten (und Haftungen) liegen. Auch die Rechte an den einzelnen Accounts sollten klar definiert sein. Stellen Sie heraus, welche Inhalte zulässig sind und welche der Vertraulichkeit unterliegen. Gegebenenfalls sollten Sie beschreiben, an welchen Stellen es Abstimmungsbedarf gibt. Regeln Sie die Sprache (z. B. Duzen oder Siezen) sowie die Netiquette, und weisen Sie auf Urheberrecht und Datenschutz hin. Wenn mehrere Personen in den sozialen Medien agieren, legen viele Unternehmen eine Autorenkennzeichnung fest, insbesondere bei privaten Meinungen. Grundsätzlich sollten Sie darauf hinweisen, dass der private und berufliche Bereich zu trennen sind. Auch organisatorisch gibt es einiges zu regeln: Angefangen beim Redaktionsplan bis hin zu den Verantwortlichkeiten am Wochenende können Sie klare Aussagen treffen. Vergessen Sie zudem nicht festzulegen, wie mit kritischen Inhalten umgegangen werden soll.

Besonders kreativ haben beispielsweise die Unternehmen Tchibo (»Herr Bohne geht ins Netz«) und der Verkehrsbund Rhein-Ruhr (VRR) ihre Social Media Guidelines schon vor Jahren per Video umgesetzt. Tipp: Unter *www.bitkom.org* können Sie Social Media Guidelines kostenlos downloaden.

Wie bei Twitter sollten Sie auch in Facebook darauf achten, authentisch und regelmäßig zu informieren. Gehen Sie auf Kommentare ein, und bewerten Sie Kritik als gute Hinweise, um Ihr Angebot zu verbessern. Nutzen Sie auch die Suche, um Seiten zu finden, auf denen über Sie gesprochen wird, und kommentieren Sie diese entsprechend.

Mit der sogenannten *Mention-Funktion* können Sie andere Seiten oder Personen erwähnen. Wenn Sie in einem Beitrag ein *@zuerwähnendeSeite* schreiben, dann wird sowohl auf Ihrer als auch auf der verlinkten Seite der Beitrag erscheinen, und Sie erhöhen Ihre Reichweite. Voraussetzung ist, dass Sie selbst Fan von der Seite sind, die Sie erwähnen.

Vermeiden Sie formelle Formulierungen, und ziehen Sie die persönliche Ansprache von Fans vor. Zu den goldenen Regeln gehören neben dem Zuhören folgende Eigenschaften der Kommunikation: ehrliche, persönliche (mit gewissen Grenzen), freundlich respektvolle, reaktionsschnelle, konsequente, interessante, offene und vernetzte sowie transparente Kommunikation. Wenn Sie dies beherzigen, werden Sie Ihren Social-Media-Zielen mit großen Schritten entgegengehen. Bieten Sie den Besuchern Ihrer Facebook-Page interessante Inhalte, denn nur so werden sie Ihre Seite wieder besuchen und Fan werden.

15

> **Schaffen Sie Mehrwert**
>
> Nutzer werden Ihnen treu bleiben, wenn Sie ihnen einen wirklichen Mehrwert bie-
> ten. Dazu können z. B. Erfahrungsberichte, Tipps, Checklisten, Videos, Infobroschü-
> ren, E-Books oder Best-of-Listen beitragen.

Vermeiden Sie zu viele und uninteressante Posts ebenso wie Inhalte, die in gleicher Form auf Ihrer Website zu finden sind. Achten Sie besonders auf diese Punkte, wenn Sie automatische Updates verwenden. Arbeiten Sie vielmehr mit nützlichen oder unterhaltsamen Inhalten, die zu Ihnen und Ihrem Angebot passen, oder präsentie-ren Sie attraktive Sonderaktionen, wie z. B. exklusive Rabatte oder Umfragen, aber auch Gewinnspiele, Wettbewerbe, besondere Angebote, auf die im Optimalfall von anderen Websites verlinkt wird und die die Interaktion mit Ihrer Facebook-Page unterstützen. Bringen Sie auch Abwechslung in Ihre Facebook-Inhalte, indem Sie Ihren Fans unterschiedliche Inhaltsformate bieten (Texte, Fotos, Schriftzüge, Karika-turen, Kartenausschnitte, Videos). Fans können somit zu Multiplikatoren Ihres Ange-bots werden, denn sie verbreiten Ihre Seite in ihren Netzwerken. Ziehen Sie Aufrufe in Erwägung, wie beispielsweise das Hochladen von Fotos, die die Nutzung Ihres Angebots zeigen, oder auch das Teilen und Weiterleiten Ihrer Informationen.

> **Zielgerichtet: Die Big Data Kampagne von Lexus**
>
> Eine besonders datenbasierte Kampagne startete Lexus zum Launch des SUV-
> Modells NX auf Facebook. Das Unternehmen produzierte 1.000 Produkt-Spots, die
> sich jeweils im Inhalt unterschieden. Vorab wurde die Zielgruppe genauestens analy-
> siert und die Videoinhalte anhand dieser Daten (beispielsweise demografische und
> geografische Daten sowie Interessensangaben, und Verhaltensweisen) variiert. Die
> Videos wurden entsprechend zielgerichtet ausgeliefert mit enormen Ergebnissen:
> Die Kampagne erreichte 11,2 Millionen Nutzer und die Videos eine Engagementrate
> von knapp 27 %.

Seien Sie auf Kritik und negative Äußerungen vorbereitet. Diese verbreiten sich unter Umständen wie ein Lauffeuer (siehe Glossareintrag *Shitstorm*) und können somit andere Nutzer beeinflussen und Imageschäden verursachen. Nehmen Sie daher Kritik besonders ernst, und verstehen Sie sie als wertvolle Rückmeldung, die dazu beitragen kann, Ihr Angebot zu verbessern. Reagieren Sie auf negative Äußerun-gen schnell, aber durchdacht und stets sachlich und respektvoll. In der Regel bietet es sich an, öffentlich zu reagieren, da so auch Mitleser sehen, dass Sie Nutzer ernst neh-men und auf deren Anliegen eingehen. Auch wenn die Kritik sehr emotional und unsachlich geäußert wurde, sollten Sie versuchen, den Kern zu verstehen, indem Sie direkt nachfragen.

Um eine Vielzahl von Facebook-Fans zu erreichen, sollten Sie auch über Ihre Website und weitere Kanäle auf Ihre Facebook-Page aufmerksam machen (siehe Abbildung 15.30). Hier können Sie sowohl im Online- als auch im Offline-Bereich Hinweise platzieren. Einige Beispiele dafür sind Ihre Printmaterialien (Flyer, Broschüren, Plakate, Anzeigen, Visitenkarten usw.) wie auch Ihre E-Mail-Signatur, Links in Online-Profilen oder Newsletter.

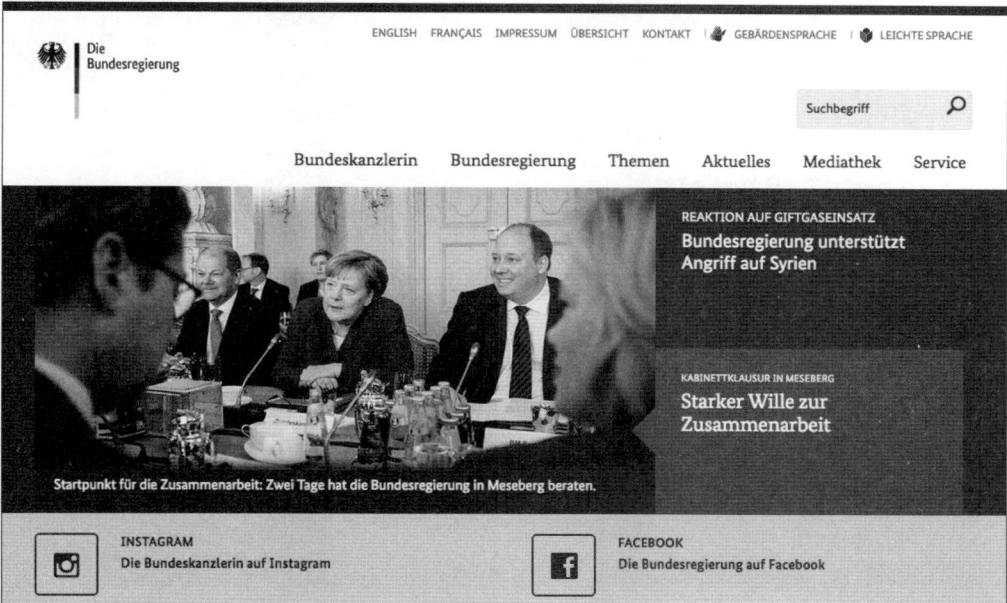

Abbildung 15.30 Die deutsche Bundesregierung weist auf ihrer Website prominent auf eigene Social-Media-Profile hin.

Social Plug-ins

Mit den sogenannten *Social Plug-ins* stellt Facebook verschiedene Möglichkeiten zur Verfügung, andere Websites mit Ihrer Facebook-Seite zu verknüpfen.

Neben dem GEFÄLLT MIR-Button, dem TEILEN-Button, dem KOMMENTAR-Plug-in oder dem SEITEN-Plug-in haben Sie einiges an Auswahl. Alle Social Plug-ins finden Sie unter *developers.facebook.com/docs/plugins/*.

Sprechen Sie Ihren engsten Umkreis direkt an, und machen Sie Familie, Freunde, Bekannte und Mitarbeiter auf Ihre Facebook-Page aufmerksam.

Neben all den Möglichkeiten, die eine Facebook-Unternehmensseite mit sich bringt, sollten Sie niemals vergessen, dass es sich nicht um eine reine Werbeseite handelt. Sonst werden Sie langfristig keine Fangemeinde aufbauen können. Es geht um Mehrwert und echte Kommunikation! Bieten Sie Ihren Besuchern interessante Informationen, Hilfestellungen oder Unterhaltsames. Wie in einem realen Gespräch können Sie hier auch Brancheninformationen erwähnen und sich nicht nur auf Ihre eigenen Angebote beschränken.

Der Social-Media-Mix

Stimmen Sie Ihr Blog, Ihren Twitter-, Facebook- und YouTube-Account und alle Social-Media-Kanäle, die Sie verwenden, aufeinander ab. Achten Sie aber bei automatischen Vernetzungen weiterhin auf Mehrwert für die Leser, sonst werden Sie schnell als Spammer abgestempelt. Weisen Sie beidseitig auf Ihre Angebote hin.

Das heißt, verlinken Sie beispielsweise Ihre Facebook-Seite auch mit Ihrem YouTube-Channel und umgekehrt.

Einige Unternehmen haben es geschafft, eine sehr große Fangemeinde aufzubauen (siehe Abbildung 15.31).

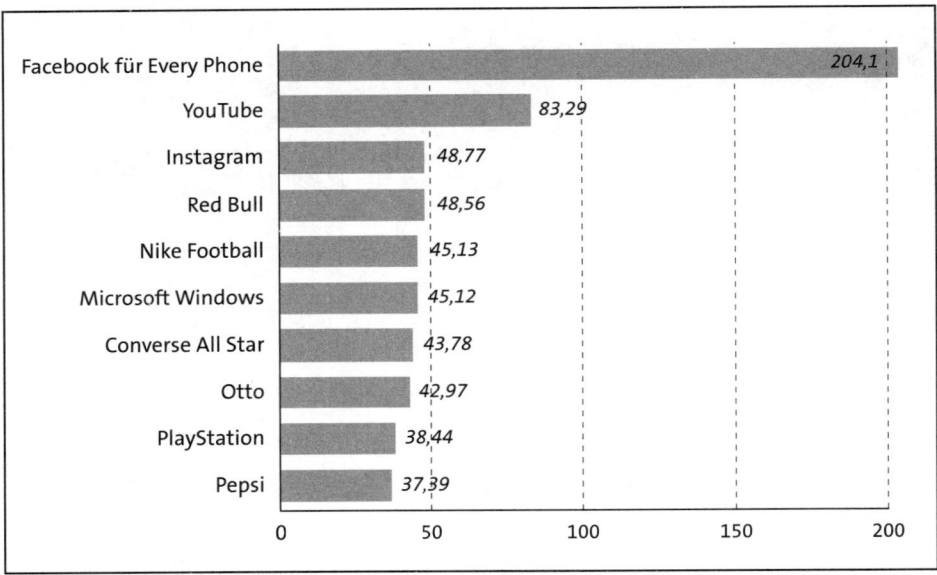

Abbildung 15.31 Top-10-Produktmarken mit den meisten Facebook-Fans (Stand November 2017, Quelle: statista.com)

Beachten Sie dabei, dass hier Qualität vor Quantität geht; denn was hilft Ihnen eine riesige Anzahl an Fans, die aber nicht aktiv ist? Die reine Anzahl an Fans ist also keine gute Messgröße für den Erfolg in sozialen Medien. Vielmehr geht es hier um wirklich interessierte Nutzer. Mehr dazu lesen Sie in Abschnitt 15.8, »Social Media Monitoring und wichtige Kennzahlen«.

			Total Fans
1		Amazon.de GERMANY	4 141 226
2		DefShop GERMANY	2 791 410
3		desired GERMANY	2 784 892
4		Lidl Deutschland GERMANY	2 555 456
5		dm-drogerie markt Deutschland GERMANY	2 511 276
6		RoadStars - powered by Mercedes-Benz Trucks GERMANY	2 468 031
7		McDonald's GERMANY	2 368 342
8		Samsung GERMANY	2 329 416
9		Nutella GERMANY	2 156 352
10		77Onlineshop GERMANY	2 149 711

Abbildung 15.32 Top-10-Brands bei Facebook (Anzahl der Facebook-Fans in Deutschland in Mio., Quelle: Socialbakers.com)

Grenzen beim Aufbau einer Fangemeinde: der Facebook-Algorithmus

Entscheidet sich ein Nutzer dafür, den GEFÄLLT MIR-Button zu drücken und den News einer Person oder eines Unternehmens zu folgen, bedeutet das noch nicht, dass er alle Neuigkeiten auch wirklich in seinem Newsfeed sieht. Aufgrund der Menge der Beiträge entscheidet ein Algorithmus darüber, welche News ein Besucher zu Gesicht bekommt und welche nicht. Laut Facebook sind dies vor allem Meldungen von Freunden und Seiten, mit denen ein Benutzer häufig interagiert. Außerdem ist die Anzahl der Kommentare und Gefällt-mir-Angaben und eine Vielzahl weiterer, weniger bekannter Faktoren dafür verantwortlich, welche Beiträge im Newsfeed angezeigt werden.

831

Zur Jahreswende 2017/2018 kündigte Facebook eine Reihe von Algorithmus-Updates an, die den Fokus im Newsfeed wieder vermehrt auf persönlichen Content und den Austausch mit Freunden legen sollen. Für Betreiber einer Facebook-Page wird es daher mehr und mehr zur Herausforderung, in den Neuigkeiten der eigenen Fans überhaupt noch aufzutauchen und organische Reichweite zu erzielen. Informieren Sie sich daher auch über die verschiedenen Werbemöglichkeiten des Netzwerkes, die wir in Abschnitt 15.6.5, »Facebook Ads«, genauer vorstellen.

15.6.4 Facebook-Applikationen

Inzwischen gibt es zahlreiche Anwendungen, die sogenannten *Facebook-Applikationen*, die Sie als Teil Ihrer Facebook-Seite verwenden können und die Ihnen weitere Interaktionsoptionen bieten. Zu bekannten Anwendungen gehören beispielsweise Online-Shop-Integrationen, Spiele und Umfragen.

Die Facebook-Seite von Deichmann bietet Besuchern über die Applikation FACEBOOK SHOP die Möglichkeit, direkt einzukaufen (siehe Abbildung 15.33). Derartige Angebote zählen zum Bereich *Social Shopping*, den wir im Rahmen dieses Buches zwar erwähnen, aber nicht näher besprechen können.

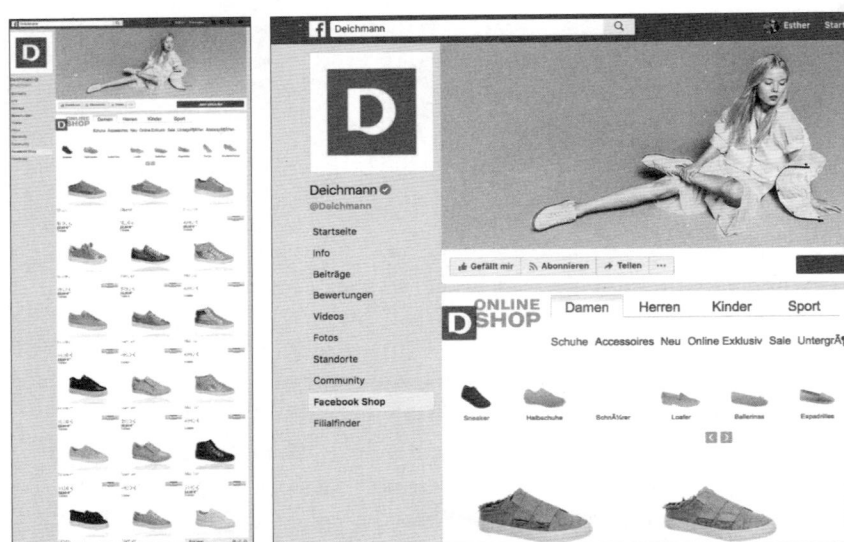

Abbildung 15.33 Shopping-Möglichkeit auf der Facebook-Seite von Deichmann (Mobile- und Desktop-Ansicht)

Besonders bekannte Apps im Gaming-Bereich sind z. B. das Spiel *Candy Crush Saga* von King. Bei vielen Spielen können sich Nutzer virtuelle Waren per Interaktion erarbeiten oder per bare Münze kaufen, wobei Facebook provisioniert wird. Sie müssen aber nicht jede Anwendung selbst programmieren. In der Zwischenzeit haben sich einige Anbieter etabliert, die kostenfreie und kostenpflichtige Apps anbieten.

15.6.5   Facebook Ads

Um auf Facebook oder in zugehörigen Unternehmen Werbeanzeigen zu schalten, sind folgende Schritte nötig, auf die wir im Einzelnen näher eingehen werden:

1. Zunächst müssen Sie sich mit der Zieldefinition beschäftigen und klar festlegen, was Sie mit Ihren Werbeaktivitäten erreichen möchten.
2. Anschließend richten Sie Ihre Kampagne auf Ihre Zielgruppe aus, um Streuverluste möglichst zu vermeiden.
3. Im folgenden Schritt wählen Sie die Platzierung der Anzeigen. Dafür stehen Ihnen Facebook selbst, Instagram (siehe Abschnitt 15.6.7), die Apps oder das sogenannte *Audience Network* zur Verfügung. Für die einzelnen Plattformen sind diverse Werbeformate möglich.
4. Zur Kostenkontrolle legen Sie auch ein Budget und eine Laufzeit fest. Anschließend bestimmen Sie die Werbeanzeige selbst.
5. Schließlich starten Sie Ihre Werbekampagne und können ihre Leistung überwachen und die Einstellungen bei Bedarf anpassen.

Aber schauen wir uns diese fünf Schritte einmal genauer an. Wie zeigen Ihnen dazu auch die notwendigen Schritte im viel verwendeten Facebook-*Werbeanzeigenmanager*. Sie erreichen dieses Tool beispielsweise, indem Sie von ihrer eingeloggten Facebook-Page im mit einem Pfeilsymbol gekennzeichneten Menü auf Werbeanzeigen erstellen klicken. Achten Sie vorher darauf, mit welchem Benutzerprofil Sie Facebook verwenden. Wenn Sie eine Facebook-Page verwalten, können Sie nämlich Facebook mit Ihrem Privatprofil oder als Administrator Ihrer Unternehmensseite verwenden und zwischen beiden Profilen, wieder über das Pfeilsymbol, wechseln. Es steht auch eine Werbeanzeigenmanager-App für iOS und Android zur Verfügung. Seit Ende 2017 stellte Facebook seinen aktualisierten Werbeanzeigenmanager zur Verfügung, der den früheren Power Editor und den Werbeanzeigenmanager zusammenführt.

Zieldefinition

Für eine erfolgreiche Kampagne ist es unerlässlich, dass Sie von Beginn an klare Ziele definieren. Das kann beispielsweise eine höhere Reichweite oder Markenbekanntheit sein, Interaktionen der Zielgruppe oder auch gewünschte Handlungen, die die Zielgruppe vornimmt. Die Möglichkeiten sind vielfältig, daher ist eine bedachte Strategie notwendig. Wollen Sie beispielsweise Ihre Markenbekanntheit erhöhen, können Sie beispielsweise mit Videoanzeigen Ihr Produkt vorstellen. Zur Reichweitensteigerung eignen sich zum Beispiel sogenannte *Reach Ads*, die Personen angezeigt werden, die sich in der Nähe Ihres Geschäfts befinden.

Möchten Sie hingegen die Interaktion erhöhen, kann eine ganz andere Vorgehensweise sinnvoll sein. So stehen Ihnen folgende Anzeigenvarianten zur Verfügung:

- ▶ **App Install Ads und App Engagement Ads**: Sie haben bereits gesehen, dass der größte Anteil an Nutzern Facebook über Mobilgeräte benutzt. Falls Sie über eine mobile App verfügen, könnte dieser Anzeigentyp etwas für Sie sein. Sie können mit diesen Anzeigen auf Ihre App aufmerksam machen, damit Besucher diese installieren oder sie intensiver zu nutzen.

- ▶ **Clicks to Website Ads**: Mit diesen Facebook-Anzeigen können Sie Besucher direkt auf einen beliebigen Bereich Ihrer Website leiten. Wenn Sie das *Facebook Conversion Pixel* in Ihre Website einbauen, können Sie sogar überprüfen, ob Nutzer, die auf Ihre Anzeige geklickt haben, auf Ihrer Website eine gewünschte Aktion ausgeführt haben.

- ▶ **Lead Ads:** Klickt ein Nutzer auf eine solche Anzeige, öffnet sich ein Formular mit bereits vorausgefüllten Nutzerinformationen. Dies macht es gerade für mobile Nutzer einfacher, mit einem Unternehmen in Kontakt zu treten.

- ▶ **Page Post Engagement Ads**: Diese Werbeanzeigen haben es zum Ziel, mehr Personen dazu zu bringen, mit Ihren Beiträgen zu interagieren, also diese zu kommentieren, weiterzuleiten oder mit GEFÄLLT MIR zu markieren. Sie bewerben mit diesen Anzeigen also einzelne Posts.

- ▶ **Event Response Ads**: Mit dieser Anzeigenoption können Sie auf eine Veranstaltung aufmerksam machen. Nutzer erhalten Erinnerungen zu Ihrem Event und können die Veranstaltung ihrem Facebook-Kalender hinzufügen.

- ▶ **Offer Ads**: Mit diesen Facebook-Anzeigen können Sie auf ein besonderes Angebot aufmerksam machen, z. B. auf Rabatte oder andere Sonderaktionen.

- ▶ **Video Ads**: Videos sind ein beliebtes Format auf Facebook. Mit diesem Anzeigentyp können Sie emotionale Geschichten erzählen und Aufmerksamkeit für Ihr Unternehmen steigern.

- ▶ **Nachrichten**: Wenn Sie sich für das Ziel Nachrichten entscheiden, um mit Kunden zu interagieren, stehen Ihnen zum einen die gesponserten Nachrichten, aber auch die sogenannten *Click-to-Messenger Ads* zur Verfügung, die direkt im Messenger gestartet werden.

Ist Ihr Ziel aber die Steigerung bestimmter Conversions, so können Sie Ihre Kampagne auf Webseiten- oder App-Conversions ausrichten, Verkäufe oder Ladenbesuche forcieren oder auch Offline-Conversions unterstützen, indem Sie Ihre CRM-Daten mit Facebook verknüpfen.

Sie sehen, die Zieldefinition ist sehr individuell und die Möglichkeiten vielfältig, daher lassen sich keine Pauschalaussagen treffen.

Beim Anlegen einer Facebook-Kampagne im Werbeanzeigenmanager werden Sie also zunächst aufgefordert, Ihr persönliches Werbeziel auszuwählen, siehe Abbildung 15.34

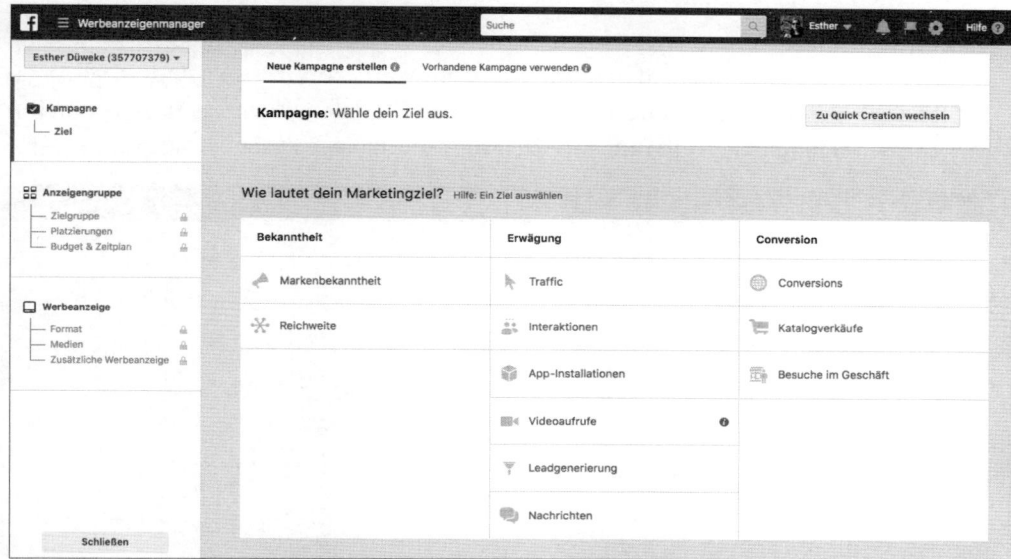

Abbildung 15.34 Zielauswahl im Facebook-Werbeanzeigenmanager

Ausrichtung auf die Zielgruppe

Sobald Sie Ihr Werbeziel klar definiert haben, müssen Sie auch die Zielgruppe festlegen, die Sie erreichen möchten. Dazu können Sie die sogenannte *Core Audience* festlegen, indem Sie zum Beispiel Alters- und Standort-Angaben machen oder Interessen und Verhaltensweisen bestimmen. Um Facebook-Anzeigen möglichst zielgenau auszusteuern, bietet Facebook auch die Möglichkeit, individuelle Zielgruppen-Listen zu erstellen, sogenannte *Custom Audiences*. Werbetreibende können beispielsweise eine Liste mit E-Mail-Adressen oder Telefonnummern hochladen. Facebook schaltet dann die Anzeigen nur für diese Personen – unter der Voraussetzung, dass diese über ein Facebook-Profil verfügen. Custom Audiences können auch erstellt werden auf Basis der Personen, die eine Website besuchen oder eine mobile App verwenden. Hierzu ist allerdings der Einbau eines speziellen Tracking-Codes erforderlich. Ist dies erfolgt, können Facebook-Nutzer sogar Anzeigen zu genau den Inhalten geschaltet werden, die sie sich vorher auf einer Website angeschaut haben (sogenannte *dynamische Produktanzeigen*). Custom Audiences können mit Standard-Targeting-Möglichkeiten auf Facebook kombiniert werden. Mit sogenannten *Lookalike Audiences* können die benutzerdefinierten Zielgruppen zusätzlich erweitert werden, indem Facebook nach Nutzern sucht, die ähnliche Muster aufweisen wie die Nutzer innerhalb der Custom Audience. Solche benutzerdefinierten Zielgruppen werden von Datenschützern heftig kritisiert, da personenbezogene Daten über verschiedene Systeme hinweg ausgetauscht und für Werbezwecke verwendet werden, ohne dass Nutzer hierzu explizit ihr Einverständnis geben.

Im Werbeanzeigenmanager haben Sie bereits Ihr Ziel angegeben (siehe Abbildung 15.35) und im darauffolgenden Schritt schon Ihr Werbekonto erstellt, indem Sie Angaben wie Zeitzone und Währung gemacht haben (zu sehen durch das Häkchen im linken Seitenbereich). Es gilt nun, Ihre Zielgruppe festzulegen (Abbildung 15.35).

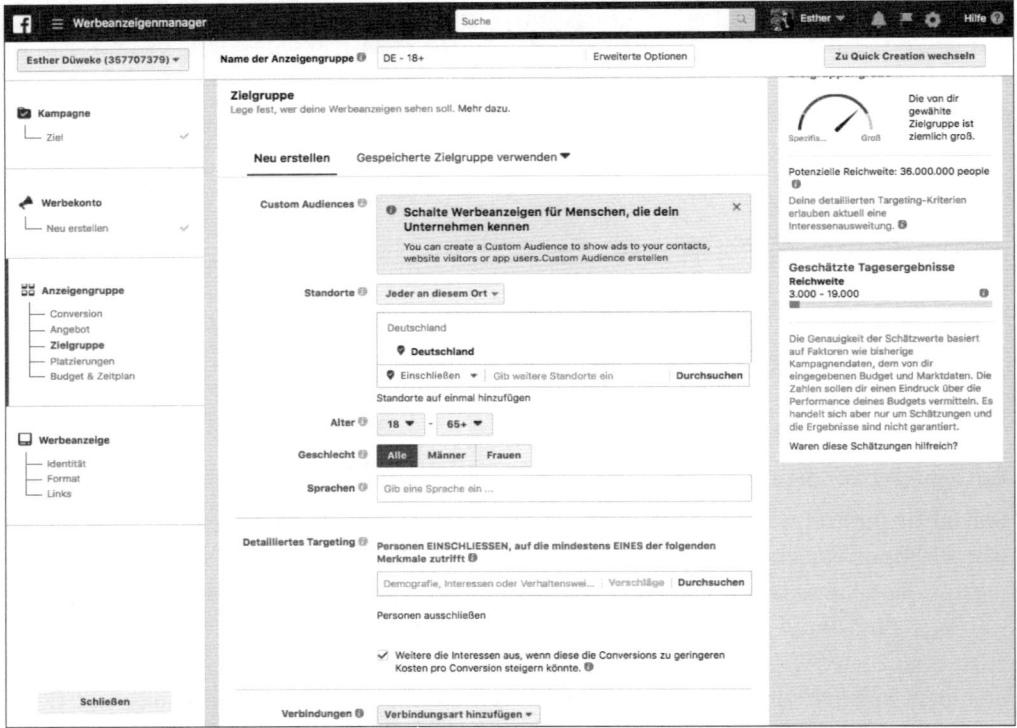

Abbildung 15.35 Festlegen der Zielgruppe im Facebook-Werbeanzeigenmanager

Für das Targeting können Sie zahlreiche Informationen nutzen, die Facebook-Nutzer in ihren Profilen hinterlegt haben, z. B. Alter, Geschlecht, Interessen, Beziehungsstatus, Bildungsstand oder Verbindungen. Im rechten Seitenbereich gibt Facebook beim Anlegen der Kampagne in Echtzeit eine Schätzung zur potenziellen Reichweite Ihrer Anzeigen an. Diese Echtzeitinformationen sind mitunter auch interessant, wenn Sie andere Kampagnen, wie z. B. ein Facebook-Gewinnspiel, planen.

Werbeplatzierungen

Das Ausspielen der Werbeanzeigen ist wie bereits erwähnt geräteübergreifend auf den Plattformen Facebook, Instagram, im Audience Network und im Messenger möglich. Welche Werbeanzeigenformate auf welcher Plattform möglich sind, wird unter *www.facebook.com/business/products/ads/how-ads-show* genau beschrieben (siehe Abbildung 15.36).

Abbildung 15.36 Werbeplatzierungen auf vier Plattformen und deren mögliche Werbeanzeigenformate

Im Werbeanzeigenmanager nehmen Sie die Auswahl wie in Abbildung 15.37 zu sehen vor:

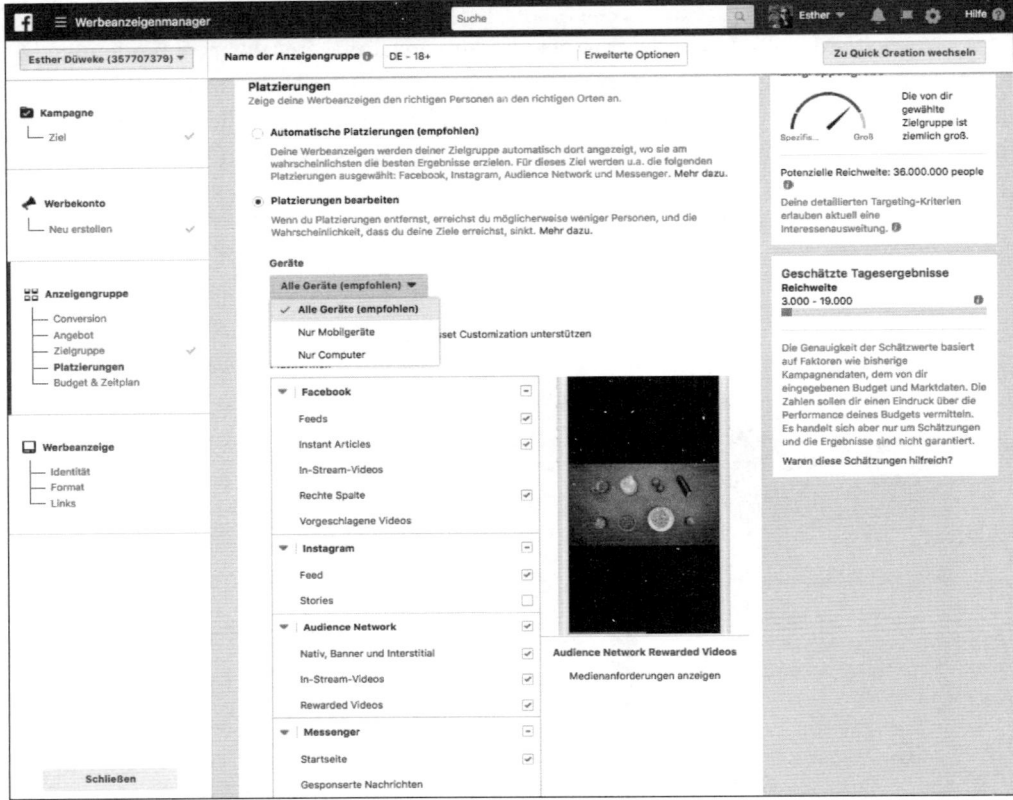

Abbildung 15.37 Auswahl der Platzierungen im Facebook-Werbeanzeigenmanager

Budget und Laufzeit

Das Prinzip von Facebook Ads beruht auf einem Auktionsverfahren. Sie definieren ein Gesamtbudget, das tageweise (Tagesbudget) oder über die Kampagnenlaufzeit (Laufzeitbudget) ausgegeben wird. Zudem bestimmen Sie ein Maximalgebot für die Werbeanzeige. Sie legen in diesem Bereich auch den Zeitraum fest, indem Ihre Anzeigen geschaltet werden sollen.

Denken Sie daran, die Preise ab Kampagnenstart regelmäßig zu kontrollieren, und testen Sie Anzeigenpreise aus.

Bevor Sie nun die Kampagne starten können, müssen Sie noch die Werbeanzeige selbst editieren. In dem entsprechenden Abschnitt im Werbeanzeigenmanager legen Sie das Format fest (siehe Abbildung 15.39), laden Bilder hoch und geben Links an, die innerhalb der Werbeanzeigen erscheinen sollen.

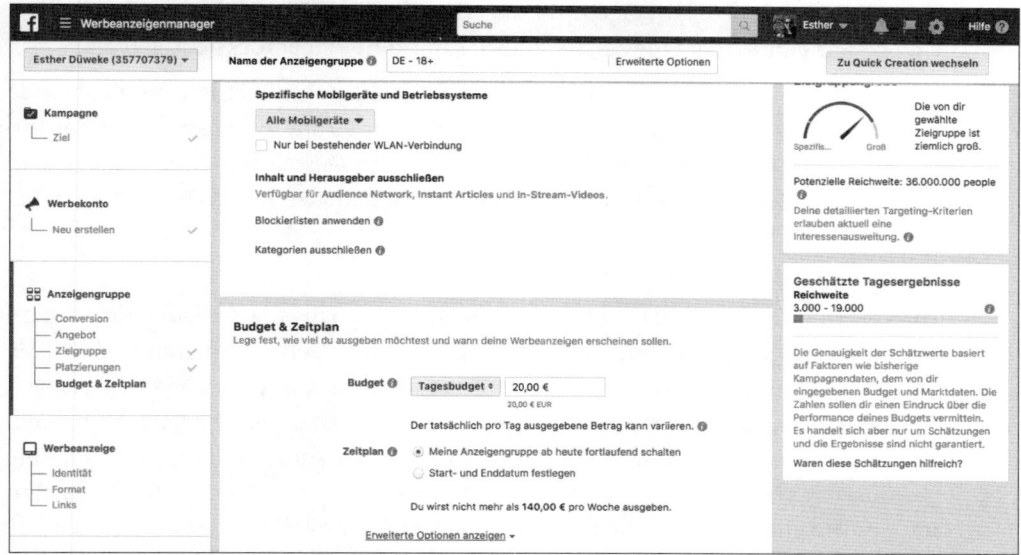

Abbildung 15.38 Festlegen von Budget und Zeitplan im Werbeanzeigenmanager

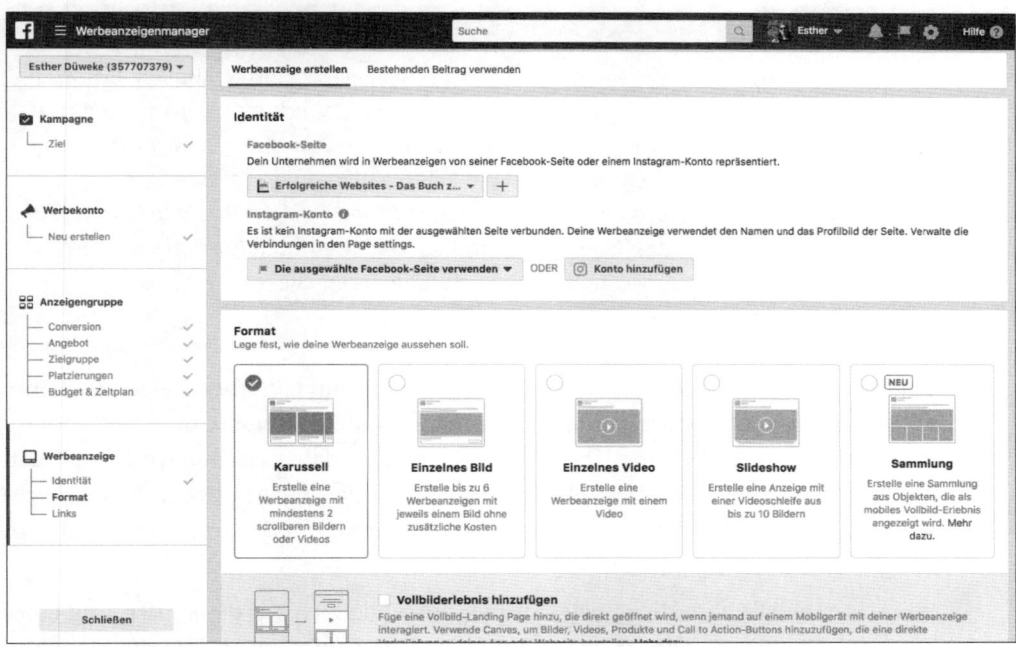

Abbildung 15.39 Festlegen eines gewünschten Formats für die Werbeanzeige

Zudem definieren Sie Überschrift, Anzeigentext und Ziel-URL. Ähnlich wie bei Google Ads gibt es hier eine Zeichenlimitierung, die es zu berücksichtigen gilt.

Wie bei den meisten Werbemaßnahmen sollten Sie darauf achten, eine passende Landing Page anzugeben und eine Handlungsaufforderung zu integrieren. Überprüfen Sie schließlich in der Anzeigenvorschau, ob die Gestaltung Ihren Vorschlägen entspricht, und schalten Sie die Kampagne mit Klick auf den Button BESTÄTIGEN frei.

Überprüfung der Kampagnenleistung

Für die Erfolgsmessung der Facebook Ads stehen Ihnen diverse Berichte und Statistiken zur Verfügung, anhand derer Sie Ihre Werbeanzeigen optimieren können. Sie können diese unter MESSUNG UND BERICHTE über das Menü im oberen linken Seitenbereich aufrufen. Wenn Sie mithilfe von Facebook-Anzeigen Nutzer auf Ihre Website führen, können Sie z. B. messen, ob diese Personen auf Ihrer Seite eine gewünschte Aktion durchgeführt haben, beispielsweise etwas gekauft haben. Hierzu müssen Sie einen Code in die Seite einbauen, auf der ein Benutzer die gewünschte Handlung abschließt, das sogenannte *Facebook Conversion Pixel*. Mehr hierzu erfahren Sie unter *www.facebook.com/business/a/online-sales/conversion-tracking*.

> **Messenger Ads**
>
> Neben den vorgestellten Möglichkeiten der Anzeigenschaltung haben Sie auch innerhalb des Facebook Messengers die Möglichkeit, Werbung zu platzieren. Das sind die *Messenger Ads* (Anzeigen, die im Home-Bereich des Messengers angezeigt werden), die *Click-to-Messenger Ads* (diese leiten Nutzer in den Messenger, um eine Konversation aufzubauen) und die *Sponsored Messages* (Werbeanzeigen, die Nutzer sehen, die bereits via Messenger mit dem Unternehmen in Kontakt standen). Weitere Infos zu dieser Art von Werbeplatzierung lesen Sie unter *https://messenger.fb.com/advertising*.

Wie Sie bereits wissen, können Sie neben den vorgestellten Werbeanzeigen auch Ihre Facebook-Page nutzen, um mit Interessenten in Kontakt zu treten und Werbepotenzial auszuschöpfen. Die Möglichkeiten sind vielfältig, daher können wir im Rahmen dieses Buches nicht auf alle Details eingehen. Wenn Sie die Thematik vertiefen möchten, finden Sie konkrete Beschreibungen unter *www.facebook.com/business/* oder im Hilfebereich unter *www.facebook.com/help/*.

Wie schon erwähnt, beziehen wir uns hier ausschließlich auf die Einrichtung einer Facebook-Kampagne. Die Schaltung von Werbung ist aber auch innerhalb anderer Communitys möglich. Unter *www.linkedin.com/advertising* erfahren Sie beispielsweise mehr zu den Werbemöglichkeiten auf LinkedIn.

15.6.6   Datenschutz

Facebook steht immer wieder in der Kritik im Zusammenhang mit der Einhaltung des Datenschutzes: Zum einen soll die Werbung auf den Nutzer hin abgestimmt personalisiert ausgeliefert werden, zum anderen soll dennoch die Privatsphäre der Nutzer gewahrt bleiben.

Einige Datenschutzpannen waren der Auslöser für den Aufruf innerhalb des Netzwerks, sich am 31. Mai 2010 von Facebook abzumelden (auch bekannt geworden als *Quit Facebook Day*; *www.quitfacebookday.com*), dem einige Tausend Mitglieder nachkamen. Durch den Datenschutzskandal im Frühjahr 2018, bei dem bekannt wurde, dass Daten von sage und schreibe 87 Millionen Facebook-Nutzern (etwa 310.000 deutsche Nutzer) an eine Datenanalysefirma namens Cambridge Analytics gelangten und mit ihnen die Präsidentschaftswahl in den USA zugunsten Donald Trumps beeinflusst wurde, zog wieder einmal scharfe Kritik auf sich. Als Konsequenz brach der Aktienkurs ein, einige Unternehmen löschten Ihre Accounts, und es gab zudem Aufrufe, die den Rücktritt des CEOs Mark Zuckerberg verlangten. Dennoch konnte anhand der im April 2018 veröffentlichten Nutzerzahlen kein wesentlicher Einbruch in der Nutzung des Netzwerkes und damit ein gravierender Vertrauensverlust festgestellt werden.

Durch derlei Vorfälle scheint es wichtiger denn je, seine eigenen Daten zu schützen, anzufordern und einzusehen. Grundsätzlich sollte sich jeder Nutzer aber im Vorfeld bewusst machen, welche Informationen er von sich preisgibt und welche (auch langfristige Folgen) das haben kann. Angefangen von den Kontoeinstellungen lohnt sich auch eine Überprüfung via Profilvorschau.

> **Tipp: Profilvorschau und Preisgabe von Daten überprüfen**
>
> Auf Ihrem Profil haben Nutzer die Möglichkeit, sich das eigene Profil aus Sicht eines anderen Nutzers anzusehen. Dazu klicken Sie in Ihrem Profil auf das mit drei Punkten angedeutete Menü neben dem Button Aktivitätenprotokoll anzeigen. Sie können dann den Link Anzeigen aus der Sicht von… wählen. Anschließend können Sie oberhalb Ihres Titelbildes den Namen eines Freundes oder den Link Öffentlichkeit auswählen, um Ihre Timeline aus einer anderen Perspektive zu betrachten.

Darüber hinaus lassen sich persönliche Daten downloaden (siehe Abbildung 15.40). Diese Seite erreichen Sie über den Link Lade eine Kopie deiner Facebook-Daten herunter, den Sie in Ihren Kontoeinstellungen unter Allgemein finden. Alternativ können Sie persönliche Daten anfordern.

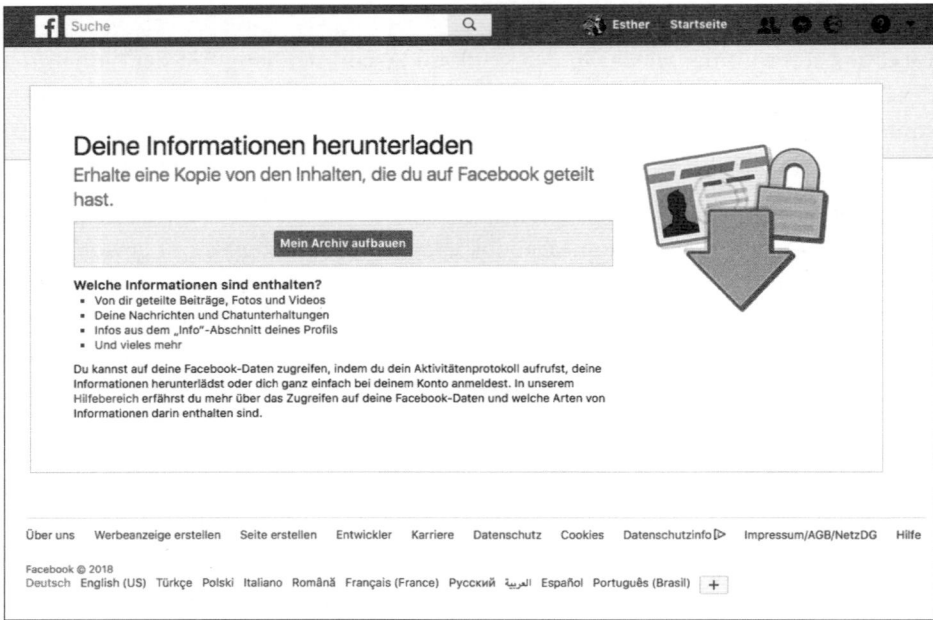

Abbildung 15.40 Download-Möglichkeit der persönlichen Daten bei Facebook

---

Antrag auf Herausgabe persönlicher Daten

Sie haben die Möglichkeit, bei Facebook einen Antrag auf die Herausgabe persönlicher Daten zu stellen. Diese Option erreichen Sie unter *www.facebook.com/help/contact/166828260073047*. Zudem können Sie einen Verstoß gegen Urheber- oder Markenrechte melden (*www.facebook.com/help/contact/208282075858952*).

Wir empfehlen Ihnen als Facebook-Nutzer – auch wenn es einige Mühe mit sich bringt, sich innerhalb der teilweise komplizierten Einstellungsmöglichkeiten zurechtzufinden –, die Standardeinstellungen genauestens zu überprüfen. Achten Sie sorgfältig darauf, welche Daten und Informationen Sie über sich preisgeben, und editieren Sie bei Bedarf, indem Sie unter EINSTELLUNGEN auf den Bereich PRIVATSPHÄRE klicken. Möchten Sie Ihren Account jedoch vollständig und dauerhaft löschen, können Sie dies unter *www.facebook.com/help/delete_account* tun.

Die Konsequenzen der DSGVO sowie Verantwortlichkeiten beim Datenschutz

Mit Inkrafttreten der neuen Datenschutz-Grundverordnung, kurz *DSGVO*, am 25. Mai 2018 sollten Sie bei der Verwendung von Social Plug-ins und Tracking-Pixeln wie beispielsweise des Facebook-Pixels besonders behutsam vorgehen, da über diese Elemente benutzerbezogene Daten erhoben und weitergegeben werden.

Grundsätzlich gilt nach der neuen Verordnung, dass Nutzer Ihre Einwilligung geben müssen, bevor Daten erhoben werden und Plug-ins und Tracking Pixel zum Einsatz kommen. Wir können in diesem Zusammenhang keine rechtsgültige Beratung geben und empfehlen Ihnen daher grundsätzlich, den Einsatz von Social Media Plug-ins und Tracking Pixeln juristisch prüfen zu lassen.

Sie sollten aber ausdrücklich und konkret in Ihrer Datenschutzerklärung auf den Einsatz dieser Elemente hinweisen. Beim Facebook-Pixel müssen Nutzer die Möglichkeit haben, das Tracking der Daten abzuwählen. Bieten Sie daher eine Opt-out-Möglichkeit an. Per se ist dies jedoch von Facebook nicht vorgesehen, daher müssen Sie selbst aktiv werden und eine Abwahlmöglichkeit integrieren.

Eine weitere Möglichkeit in Bezug auf Social Plug-ins ist die sogenannte *Shariff-Lösung*: Hier wird nicht die IP-Adresse des Nutzers, sondern die Server-Adresse übermittelt. Erst wenn der Nutzer aktiv auf die Buttons klickt, wird ein Kontakt hergestellt.

Wenn Sie als Werbetreibender eine Facebook Page betreiben, dann sind Sie für den Datenschutz mitverantwortlich – so entschied der EuGH im Juni 2018. Bezüglich der Daten auf den sogenannten Seiten-Insights ergänzte Facebook als Konsequenz darauf seine Bestimmungen, die unter *www.facebook.com/legal/terms/page_controller_addendum* nachzulesen sind.

Insgesamt löste die DSGVO und auch das EuGH Urteil Verunsicherung aus und einige Unternehmen löschten Ihre Facebook Pages daraufhin. Wir empfehlen Ihnen daher, die Entwicklungen der Datenschutzthematik unbedingt weiterzuverfolgen und sich im Zweifelsfall rechtliche Beratung einzuholen.

15.6.7   Instagram – ein Teil der Facebook-Familie

Die Facebook-Familie ist groß, ihre Reichweite enorm. Im Folgenden möchten wir Ihnen kurz die Tochter Instagram vorstellen und bitten um Verständnis, wenn wir nicht auf alle Einzelheiten eingehen können. Auch in diesem Fall lohnt es sich, die rasante Entwicklung des Dienstes weiter zu verfolgen, da sich immer wieder weitere Möglichkeiten für Werbetreibende ergeben.

Instagram ist eine kostenlose App für Mobilgeräte, mit der Nutzer Fotos und Videos erstellen und in ihrem Instagram-Netzwerk oder auf anderen Social-Media-Kanälen teilen können (siehe Abbildung 15.41). Die Fotos und Videos können zuvor bearbeitet oder durch verschiedene Filter verfremdet werden.

Die Anwendung erschien erstmals im Jahr 2010 im App Store von Apple und war im Jahr 2012 auch für das Betriebssystem Android verfügbar. 2012 kaufte Facebook den Dienst zum Preis von 1 Mrd. US\$. Im August 2017 nutzten 700 Mio. Nutzer weltweit die App, 15 Millionen Menschen in Deutschland sind jeden Monat auf Instagram aktiv (Quelle: *allfacebook.de*).

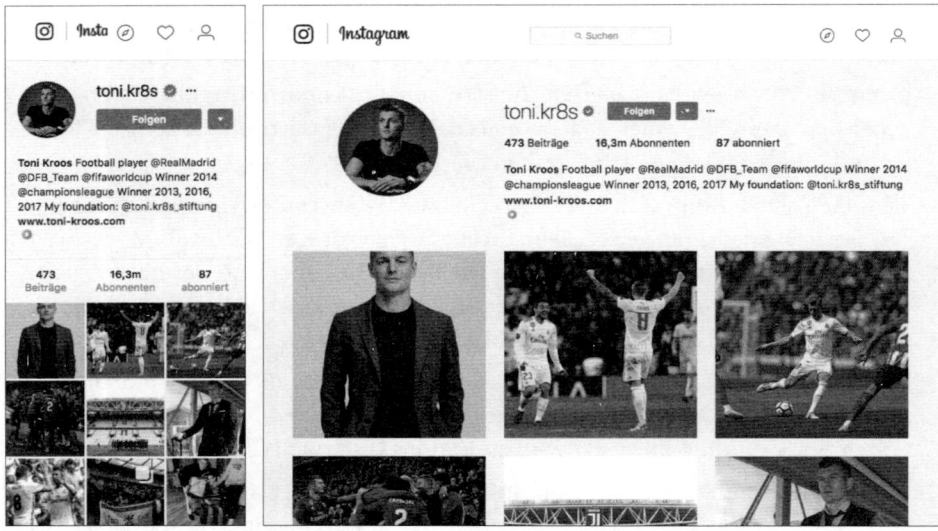

Abbildung 15.41 Einer der Accounts mit den meisten Abonnenten im Jahr 2017: das Instagram-Profil von Fußballer Toni Kroos (Mobile- und Desktop-Ansicht)

Der beliebte blaue Haken, in Abbildung 15.41 neben dem Profilbild zu sehen, markiert ein verifiziertes Profil. Das bedeutet, dass es sich bei der angegebenen Person tatsächlich um ebendiese handelt. Verifizierte Accounts haben zum Teil erweiterte Funktionen wie z. B. die *Swipe-up-Funktion*. Mit einem Wisch nach oben kann im Bearbeitungsfenster eines Bildes beispielsweise ein Link hinzugefügt werden.

Neben einem Profilbild haben Nutzer die Möglichkeit, eine Biografie (kurz Bio) anzugeben und eine Website zu verlinken. In der Bio können *#Hashtags* und *@Accounts* ebenso verlinkt werden.

Im Zuge des Inkrafttretens der DSGVO (Datenschutzgrundverordnung) am 25. Mai 2018 ist es Nutzern auch auf Instagram möglich, ihre persönlichen Daten zu exportieren. Wenn Sie dieses Anliegen haben, klicken Sie in den Profileinstellungen unter PRIVATSPHÄRE UND SICHERHEIT auf den Link DATENDOWNLOAD.

Tipp: Linktree

Da es nur möglich ist, einen Link im Profil anzugeben, können Sie das kostenlose Tool Linktree (*https://linktr.ee*) verwenden. Damit können Sie mit nur einem Link in Ihrem Instagram-Profil (siehe Abbildung 15.42 links) auf eine Reihe an Angeboten hinweisen, die in Form einer Liste dargestellt werden (siehe Abbildung 15.42 rechts).

Abbildung 15.42 Beispiel für den Einsatz des Tools Linktree auf Instagram

Viele Unternehmen pflegen ein eigenes Profil auf Instagram, um Reichweite für eigene Bilder und Hashtags zu erzielen. Seit 2016 sind sogenannte *Business Accounts* möglich, die erweiterte Kontaktmöglichkeiten zulassen (Text, E-Mail und Wegbeschreibung), eine zugehörige Kategorie und die Einsicht in Statistiken.

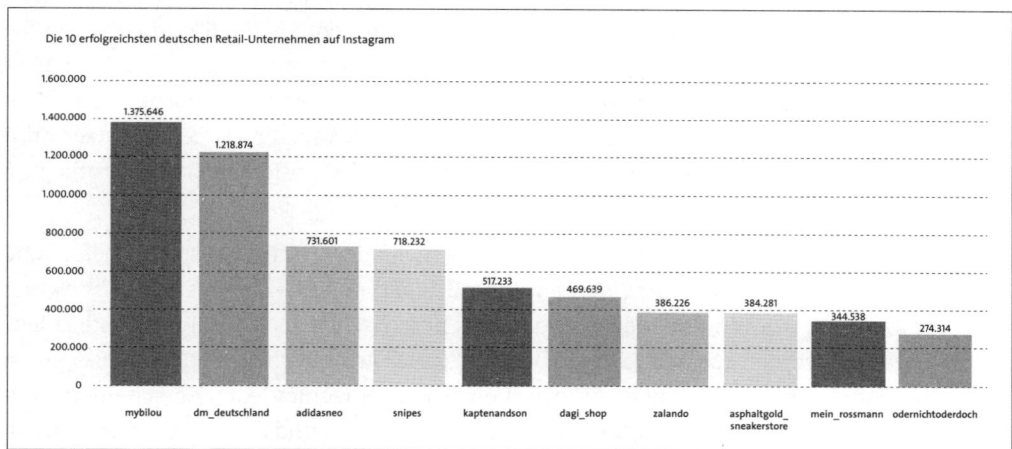

Abbildung 15.43 Mybilou führt die Top 10 der erfolgreichsten Retail-Unternehmen 2017 mit 1,3 Mio. Followern an.

Im August 2016 wurden die *Instagram Stories*, kurz Insta Stories, eingeführt und erfreuen sich seither großer Beliebtheit, denn die Funktion wird weltweit von 250 Millionen Menschen genutzt.

Wie auch bei den Facebook Stories können hier Bilder (auch animierte GIFs) und Videos oftmals in kurzen Geschichten (*Stories*) zusammengestellt und für 24 Stunden geteilt werden, bevor sie wieder verschwinden. Kritik wurde bei der Einführung der Funktion laut, da sie sehr an die Möglichkeiten bei Snapchat (siehe Abschnitt 15.9.1) erinnert. Für Unternehmen ergibt sich mit dieser Funktion weiteres Marketingpotenzial, da der temporäre, vergängliche Inhalt in vielen Fällen zu hohem Engagement führt. Die Stories wirken oftmals authentisch, was sie von regulären Werbeanzeigen unterscheidet. Durch die Platzierung über dem regulären Feed profitieren sie häufig von einer hohen Aufmerksamkeit. Als Werbetreibender sollten Sie aber darauf achten, dass Ihre eingesetzten Stories in Ihre Gesamtstrategie passen, und sie regelmäßig in den bereitgestellten Statistiken überwachen. Es ist auch möglich, die Instagram Stories innerhalb der Facebook Stories zu veröffentlichen und damit die Story-Reichweite zu erhöhen (während Facebook-Nutzer auch Instagram Stories sehen können, ohne in die App wechseln zu müssen).

Zur Erstellung von Instagram Stories gibt es zahlreiche Apps in den gängigen App-Stores wie *Boomerang* (Vor- und Zurückbewegen von Sequenzen), *Hyperlapse* (Zeitraffer-Videos) und *Layout* (Mischen von Bildern und Kombinieren diverser Filter).

Dass Instagram Werbepotenzial birgt, beweisen über zwei Millionen Unternehmen, die auf Instagram bereits Werbung schalten und damit zum Beispiel die Nutzer unter 25 Jahre erreichen wollen, die durchschnittlich über eine halbe Stunde pro Tag die App verwenden (Stand September 2017, Quelle: *allfacebook.de*). Seit 2015 haben Unternehmen im deutschsprachigen Raum die Möglichkeit, Bildanzeigen zu schalten und auf ihre Website zu verlinken. Laut Instagram folgen 80 % der Nutzer mindestens einem Unternehmen. 200 Millionen Menschen rufen jeden Tag Profile von Unternehmen auf.

Unternehmen haben darüber hinaus die Möglichkeit, verschiedenste Werbeformate zu schalten. Das sind zum einen *Photo* und *Video Ads*, aber auch *Carousel Ads* und *Stories Ads*. Während bei den Carousel Ads per Wischen mehrere Fotos und Videos angezeigt werden können, können bei den Stories Ads Photo oder Video-Anzeigen in den Stories gebucht werden, die zwischen Stories einzelner Nutzer erscheinen. Weitere Details zur Einrichtung von Instagram-Kampagnen und den Werbeformaten finden Sie unter *https://business.instagram.com/advertising/*.

Zudem steht mit *Instagram Shopping* seit März 2018 eine direkte Einkaufsfunktion zur Verfügung: Das Instagram-Bild ist entsprechend für die Nutzer mit einem Einkaufstaschensymbol gekennzeichnet. Mit Klick auf das Bild sind Preise und Produktinformationen zu sehen. Werbetreibende können bis zu fünf Produkte auf einem Bild markieren, eine Direktverlinkung zum Online-Shop integrieren und somit ihre Abverkäufe über Instagram ankurbeln.

Wie Sie sehen, bietet Instagram viele Möglichkeiten für Werbetreibende als Marketingkanal. Es ist durchaus empfehlenswert, zu prüfen, ob diese App zu Ihrer Strategie passt.

15.6.8 WhatsApp – ein weiteres Facebook-Familienmitglied

Für diesen Familienzuwachs zahlte Facebook 2014 19 Milliarden US$. Der Instant-Messaging-Dienst WhatsApp bietet eine App für Mobilgeräte zum Austausch von Textnachrichten, Dokumenten sowie Bild-, Ton-, Video- und Kontaktdaten wie auch dem eigenen Standort. Im Januar 2015 lancierte der Dienst für Internetbrowser die Version WhatsApp Web (*web.whatsapp.com*). Seit dem gleichen Jahr können Nutzer über den Dienst auch webbasiert telefonieren. Neben Chats zwischen Einzelpersonen sind auch Gruppenchats von bis 256 Personen möglich. 2009 gegründet, nutzen inzwischen 1,3 Milliarden Menschen weltweit den Dienst, täglich sind es eine Milliarde.

Abbildung 15.44 Nutzerdaten von WhatsApp im Juli 2017 nach eigenen Angaben (Quelle: blog.whatsapp.com)

Im Januar 2018 gab das Unternehmen bereits 1,5 Milliarden WhatApp-Nutzer weltweit bekannt. Auch in Deutschland ist die Beliebtheit enorm:

Während im Vergleich zum Vorjahr in 2017 die Wachstumsraten bei Facebook, Instagram, Twitter und Snapchat eher gleich blieben bzw. nur geringfügig anstiegen, verzeichnete WhatsApp einen deutlichen Aufwärtstrend von sechs Prozentpunkten (Quelle: »statista.com«).

Diese große Nutzergruppe ist natürlich auch für Werbetreibende interessant, das hat auch Facebook erkannt und bietet inzwischen über den bereits vorgestellten Werbeanzeigenmanager die Ausrichtung von Anzeigen auf WhatsApp an. Nutzer, die auf eine derartige Anzeige klicken, können über ein WhatsApp-Chatfenster mit dem

Unternehmen in Kontakt treten. Mit *WhatsApp for Business* (*www.whatsapp.com/business/?l=de*) testet das Unternehmen weitere Möglichkeiten zur Monetarisierung, denn für Nutzer ist der Messenger kostenlos. So sollen Werbetreibende beispielsweise Nachrichten an Kunden senden können, die sich in der Nähe ihres lokalen Geschäfts aufhalten. Auch Bezahlfunktionen (*WhatsApp Payments*) sind über den Dienst bereits in der Testphase. Es lohnt sich also, die weiteren Entwicklungen zu verfolgen und gegebenenfalls Werbemöglichkeiten für Ihre Strategie zu testen.

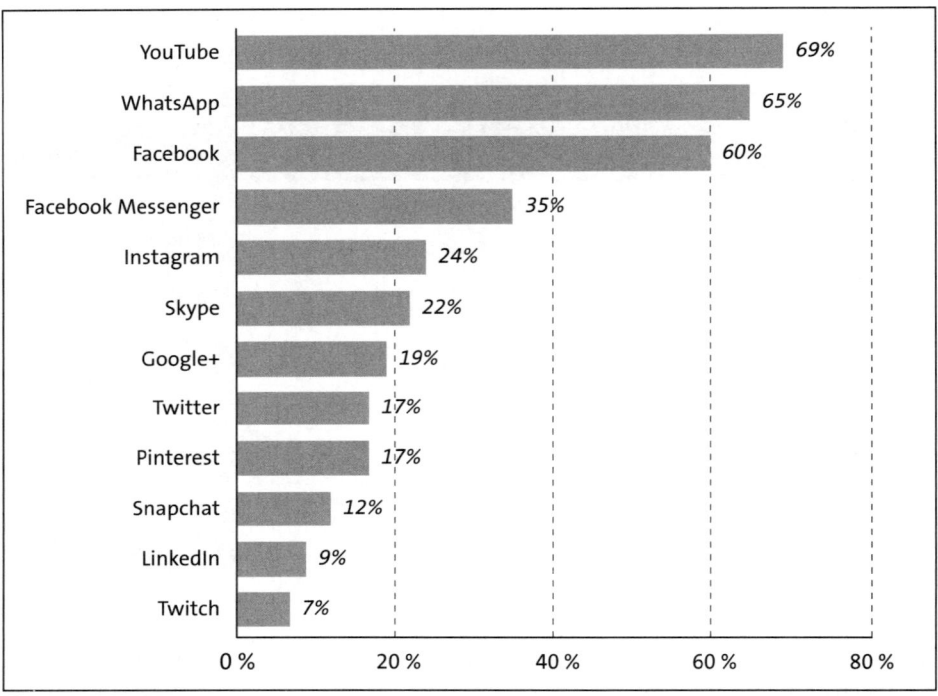

Abbildung 15.45 Ranking der beliebtesten Social Networks und Messenger in Deutschland nach dem Anteil der Nutzer in der Bevölkerung im Jahr 2017 (Quelle: statista.com)

Datenschützer kritisieren WhatsApp immer wieder, da die Privatsphäre und informationelle Selbstbestimmung der Nutzer nicht gewährleistet sei. Ende 2014 gab der Dienst bekannt, dass die App eine Ende-zu-Ende-Verschlüsselung erhalten solle, so dass Nachrichten nicht mehr mitgelesen werden können. Inzwischen kommuniziert der Dienst: »Wenn deine Nachrichten und Anrufe Ende-zu-Ende verschlüsselt sind, sind sie geschützt, so dass sie nur die Gesprächspartner lesen und hören können, und sonst niemand. Nicht einmal WhatsApp.« Mehr zum Thema Sicherheit ist unter *www.whatsapp.com/security/* zu lesen.

15.7 Chatbots und Messenger Marketing

Chatbots erfreuen sich in letzter Zeit zunehmender Beliebtheit und einige Stimmen prophezeien sogar durch sie die Ablösung von Apps. Prinzipiell versteht man unter Chatbots (dessen Name sich aus *to chat* = plaudern und *bot* = Roboter zusammensetzt) ganz allgemein Software zur Kommunikation zwischen Mensch und Maschine. Dabei unterscheidet man grob zwischen den regelbasierten Bots, die auf eine Anfrage eine standardisierte Antwort ausgeben und somit einen vorkonzipierten Dialog führen, und den lernenden Bots. Letztere basieren auf Algorithmen, die auf ein stetiges Dazulernen ausgerichtet sind, um Antworten immer personalisierter und menschlicher zu gestalten. So soll auf Basis künstlicher Intelligenz ein möglichst humaner Dialog entstehen. Aktuell muss man jedoch festhalten, dass diese Technologie noch nicht ausgereift ist und eine menschliche Kommunikation bei weitem (noch) nicht durch Chatbots ersetzbar ist. Zudem stehen einige Nutzer Chatbots auch skeptisch gegenüber, wie wir bereits in Kapitel 11, »Kundenbindung (CRM)«, aufgezeigt haben.

In der Praxis sind Bots besonders beliebt, die auf Basis des WhatsApp oder Facebook Messengers funktionieren und von der Reichweite dieser Dienste profitieren. So waren beispielsweise im Januar 2018 bereits 200.000 Chatbots auf Facebook-Messenger-Grundlage verfügbar (Quelle: *statista.com*). Auch die Einsatzgebiete sind enorm vielfältig, denn wie Sie bereits gesehen haben, ist die Gruppe der Nutzer, die Messenger-Dienste verwenden, nicht zu unterschätzen. Dies birgt für Werbetreibende natürlich Potenzial, mit Kunden und Interessenten in Kontakt zu treten, um ein positives Nutzererlebnis zu schaffen, zum Beispiel indem sie einen vorbildlichen Kundenservice bieten. Relativ einfache Fragen können dabei bereits automatisiert beantwortet werden. Achten Sie aber darauf, dass auch komplexere Problemstellungen zu einer zufriedenstellenden Antwort führen, denn die Kunden erwarten eine schnelle Lösung ihres Problems. Neben dem Kundenservice gibt es vielfältige weitere Einsatzmöglichkeiten von Chatbots: ob zur Verbreitung von Informationen, zur Stärkung der eigenen Marke, zur Unterhaltung, zur Konfiguration oder dem Kauf von Produkten – im Grunde immer dann, wenn eine Interaktion mit dem Kunden zustande kommt. Im Folgenden stellen wir Ihnen in aller Kürze einige Beispiele vor:

Der von der Tagesschau und dem NDR zur Verfügung gestellte Bot *Novi* kann via Facebook Messenger (*www.facebook.com/getnovibot/*) oder auch per Web-App (*https://novi.funk.net*) verwendet werden. Er richtet sich an eine junge Zielgruppe und sendet weltweite Nachrichten zweimal täglich auf das Smartphone. Nutzer können nähere Details erfragen oder Themen überspringen, was den Betreibern wiederum ermöglicht, gezielter auf die Nutzerinteressen einzugehen.

Abbildung 15.46 Novi informiert seine Nutzer über das aktuelle Weltgeschehen.

Achten Sie gerade bei Bots, die auf Informationen ausgerichtet sind, auf spannende und neugierschürende Einleitungssätze Ihrer Mitteilung. Sie kennen das bestimmt selbst: Sie klicken eine Push-Nachricht auf Ihrem Smartphone-Start-Display wahrscheinlich nur an, wenn Sie sie für interessant und relevant halten.

Um das Thema Freundschaft drehte es sich bei der Kampagne von Jägermeister im Dezember 2016. Hauptaktionstag war der 06. Dezember 2016, bei dem die beiden Rapper Eko Fresh und Ali As im Tonstudio gewöhnliche Nachrichten in persönliche Rapvideos umwandelten. Über den *Jäm Bot* wurden die von Nutzern gesendeten Kerndaten wie Name, Geschlecht und Nachrichteninhalt direkt zu den Musikern in das Studio übertragen, die daraus ein persönliches Musikvideo machten, das dem Nutzer zurückgespielt wurde. Fazit: Über 20.000 Fans verschickten etwa 25.000 persönliche Rap-Videos. Nach eigenen Angaben konnten mit der Kampagne über 4 Millionen Menschen erreicht werden.

Wenn Sie sich auch dafür entscheiden, einen Chatbot in der Kommunikation zu Ihrer Zielgruppe einzusetzen, sollten Sie folgende Ratschläge beherzigen: Wie in vielen anderen Marketingkanälen auch, ist qualitativ hochwertiger Content und echter Mehrwert reinen Marketingaussagen unbedingt vorzuziehen. Richten Sie Ihre Inhalte auf den Kanal Chatbot und natürlich auf Ihre Zielgruppe aus, d. h., Sie dürfen durchaus Emojis in die Kommunikation einfließen lassen. Damit Ihre Nutzer dauerhaft an Ihrem Chatbot interessiert sind, gilt es auch hier, interessante und kundenbindende Inhalte zu schaffen (siehe dazu auch Kapitel 11, »Kundenbindung (CRM)«). Exklusiver Content sowie spezielle Messenger-Newsletter können hier sinnvoll sein. Ein derartiges Angebot bietet beispielsweise die Rheinische Post, die mit ihrem Morgen-Podcast die Nutzer mit aktuellen Nachrichten per WhatsApp-Sprachnachricht auf dem Laufenden hält.

Abbildung 15.47 Die Anmeldung zum Morgen-Podcast der Rheinischen Post unter »www.rp-online.de«

Bedenken Sie, dass Sie Ihr Chatbot-Angebot ebenso wie andere Angebote auch bewerben müssen. Dies kann beispielsweise auf Ihrer Website geschehen, wie es das Magazin *Werben und Verkaufen* macht (siehe Abbildung 15.48).

Abbildung 15.48 Unter »www.wuv.de« haben Nutzer die Möglichkeit, sich für verschiedene Messenger-Dienste anzumelden.

Zudem können Sie über ein Formular Ihren Facebook-Messenger-Bot einreichen und zu »Entdecken« hinzufügen – »Entdecken ist ein neuer Bereich des Messengers für die Suche nach Bots, Orten in der Nähe und Unternehmen zum Senden von Nachrichten. Wenn deine Seiten oder Bots sichtbar sind, können sie unter ›Entdecken‹ gefunden werden«. Weitere Details dazu stellt Facebook unter *https://developers.facebook.com/docs/messenger-platform/discovery/discover-tab* zur Verfügung.

Auch Bot-Verzeichnisse wie BotList (*https://botlist.co*) bieten eine Möglichkeit, Ihre Chatbots zu verbreiten.

15.8   Social Media Monitoring und wichtige Kennzahlen

Obwohl wir diesen Abschnitt erst nach den ausführlichen Erklärungen zu Marketing-ansätzen in sozialen Medien platziert haben, heißt das nicht, dass *Social Media Monitoring* erst im Anschluss an Maßnahmen angegangen werden sollte. Bei Social-Media-Aktivitäten ist es schon im Vorfeld wichtig, sich ein Stimmungsbild zu verschaffen. Aber was bedeutet nun Social Media Monitoring?

Mit Social Media Monitoring ist das Ermitteln und Beobachten von Personen (die an Ihrem Unternehmen und Angeboten interessiert sind) und Gesprächen oder Themen (über Ihr Unternehmen oder Angebot) im Social Web gemeint. Daher ist es auch für die Erfolgsmessung geeignet. Im Folgenden werden wir Ihnen einige Möglichkeiten des Social Media Monitorings und wichtige Kennzahlen zur Erfolgskontrolle im Bereich Social Media vorstellen.

Vorab sei gesagt, dass das Social Media Monitoring ein kontinuierlicher Prozess ist und auch so gehandhabt werden sollte. Machen Sie sich also regelmäßig, im besten

Fall täglich, ein Bild davon, wie Sie im Netz wahrgenommen werden. Hier steht Ihnen eine Vielzahl von hilfreichen Tools zur Verfügung. Allen voran bietet schon die Suchmaschine Google wichtige Anhaltspunkte, denn hier können Sie die Suchergebnisse beispielsweise auf Blogs einschränken. Ein besonders einfaches und kostenfreies Tool ist zudem Google Alerts (*www.google.com/alerts*). Hier können Sie Schlüsselbegriffe oder Websites angeben und werden jeweils per E-Mail informiert, wenn neue Inhalte dazu gefunden werden. Keywords, die sich anbieten, sind hier z. B. der Unternehmensname, Produktbezeichnungen, aber auch die Konkurrenz. Unter der Vielzahl von weiteren Tools, die sich zum Monitoring eignen, sind z. B. Social Mention (*www.socialmention.com*), HowSociable (*www.howsociable.com*) oder das kostenpflichtige Tool Brandwatch (*www.brandwatch.com/de/*) zu nennen.

Empfehlenswert ist die Verwendung von verschiedenen Tools, die Sie parallel nutzen. So erhöhen Sie die Datengenauigkeit und haben Vergleichswerte. Um den Monitoring-Prozess zu vereinfachen, sind Dashboards empfehlenswert, die Ihnen einen guten Überblick über aktuelle Themen und Keywords in sozialen Medien liefern. Da wir nicht alle Social Media Dashboards hier erwähnen können, greifen wir stellvertretend Netvibes (*www.netvibes.com*) und Hootsuite (*www.hootsuite.com*) heraus, möchten aber darauf hinweisen, dass es natürlich noch viele andere Anbieter gibt. Bei Netvibes können Sie sich nach individuellen Vorstellungen eine Übersicht anlegen, die Facebook, Twitter, News und weitere Widgets enthält.

Wenn Sie nun denken, dass eine große Anzahl an Facebook-Fans oder ein riesiger Twitter-Follower-Stamm ein Erfolgsmerkmal sind, dann irren Sie sich. Hier ist nicht die Quantität entscheidend, sondern vielmehr die Qualität. Es geht um Dialog und Interaktion. Teilweise spricht man daher im Social-Media-Bereich auch von *Return on Influence* statt von *Return on Invest*.

Social-Media-Erfolgskennzahlen

Jeremiah Owayanf und John Lovett haben sogenannte *KPIs* (*Key Performance Indicators*) für den Social-Media-Bereich definiert, die da lauten:

- **Share of Voice** = Markenerwähnungen ÷ (Gesamterwähnungen (Marke + Konkurrent A, B, C...n))

- **Audience Engagement** (Zielgruppenengagement) = (Anzahl der Kommentare + Shares + Links) ÷ Anzahl der Views

- **Conversation Reach** (Diskussionsreichweite) = Summe aller Diskussionsteilnehmer ÷ kalkulierte Diskussionsteilnehmer

- **Active Advocates** (aktive Markenfans) = Anzahl der aktiven Markenfans (letzte 30 Tage) ÷ Summe aller Markenfans

- **Advocate Influence** (Einfluss der Markenfans) = einmaliger Einfluss von Markenfans ÷ Summe aller Einflüsse von Markenfans

- **Advocacy Impact** (Markenfan-Effekt) = Anzahl aller von Markenfans initiierten Diskussionen ÷ Summe der Markenfans

- **Issue Resolution Rate** (Lösungsrate) = Anzahl aller erfolgreich beantworteten Kundenanfragen ÷ Anzahl aller Serviceanfragen

- **Resolution Time** (Bearbeitungsdauer) = Bearbeitungsdauer für eine Kundenanfrage ÷ Summe aller Serviceanfragen

- **Satisfaction Score** (Zufriedenheits-Score) = Kundenfeedback (A, B, C ... n) ÷ gesamtes Kunden-Feedback

- **Topic Trends** = Anzahl aller spezifischen Trenderwähnungen ÷ Anzahl aller Topic Trends

- **Sentiment Ratio** (Stimmungsbarometer) = (positive ÷ neutrale ÷ negative Markenerwähnungen) ÷ Summe aller Markenerwähnungen

- **Idea Impact** (Ideeneffekt) = Summe aller positiven Kommentare, Erwähnungen, Teilungen, Likes ÷ Summe aller Kampagnendiskussionen, Erwähnungen, Teilungen, Likes

15.9   Weitere bekannte Communitys und Netzwerke

Menschen sind ein soziales Umfeld gewohnt und möchten dementsprechend Kontakte pflegen. Neben der Facebook-Familie existiert eine Vielzahl weiterer Communitys im Netz. Einige bekannte Plattformen werden wir Ihnen im Folgenden kurz vorstellen. Die Communitys variieren in ihrer Zielgruppe, einzelnen Funktionen oder ihren Kernthemen. Natürlich gibt es auch hier Anknüpfungspunkte im Social Media Marketing ähnlich zum vorgestellten Facebook-Marketing.

15.9.1   Snapchat

»The fastest way to share a moment« – sinngemäß übersetzt bedeutet der Snapchat-Slogan »Der schnellste Weg, einen Moment zu teilen«. Das im September 2011 gegründete Unternehmen zählt ebenso wie WhatsApp zu den Instant-Messaging-Diensten. Die Kamera-App, mit der Bilder und Videos (sogenannte *Snaps*) geteilt werden können, wird nach eigenen Angaben von 187 Millionen Nutzern weltweit verwendet. In Deutschland wurden für Anfang 2018 fünf Millionen täglich aktive Nutzer kommuniziert. Im Vorjahr begeisterten sich 12 % der deutschen Bevölkerung für Snapchat (siehe Abbildung 15.45). Das Unternehmen, das sich seit September 2016 nicht mehr Snapchat Inc., sondern nur noch kurz Snap Inc. nennt, lehnte bis dato verschiedene Kaufversuche von Facebook ab und ist seit Anfang 2017 an der Börse. Der Dienst ermöglicht es, Snaps zu modifizieren und sie zum Beispiel mit Effekten,

Stickern und Filtern zu versehen, um sie anschließend zu teilen. Die Besonderheit von Snapchat ist es, dass die Snaps nicht gelikt oder kommentiert werden können und nur temporär zu Verfügung stehen, bevor sie automatisch gelöscht werden. Diese temporäre Verfügbarkeit haben Sie schon bei den Instagram Stories kennengelernt (24 Stunden Verfügbarkeit), denen nachgesagt wird, dass sie eine Kopie der Snapchat Stories sind. Zu den Snapchat Tools zählen die Community- und die eigenen Filter sowie die Linsen, die das Unternehmen selbst wie folgt beschreibt:

▶ Community-Filter: kostenlose Filter für einen Ort oder einen Moment

▶ Filter: Rahmen und Illustrationen, die Freunde den Snaps hinzufügen können

▶ Linsen: Augmented Reality, mit der Freunde Spaß haben können

Im Juni 2017 wurde die SnapMap (im Browser unter *https://map.snapchat.com*) eingeführt, eine Karte, auf der Snaps, Stories zu bestimmten Orten und Standorte mit Freunden gepostet werden können.

15

Abbildung 15.49 Beispiel der SnapMap mit einem Post in Amsterdam, Niederlande

Zudem werden immer wieder neue Funktionen getestet und verfügbar gemacht. Eine davon ist beispielsweise die sogenannte *Crowd-Surf*-Funktion, deren Testphase im Sommer 2017 begann. Die Idee dahinter ist, dass Videos verschiedener Nutzer zur gleichen Veranstaltung miteinander kombiniert werden können sollen, um anschließend einen Perspektivenwechsel zu ermöglichen. Mit der Sonnenbrille namens *Spectacles* (*www.spectacles.com*) war Snap bisher weniger erfolgreich. Die wasserdichte Sonnenbrille, mit der man Fotos und Videos aufnehmen und per Handysynchronisation via Snapchat verbreiten kann, ist bislang ein Verlustgeschäft.

Abbildung 15.50 Spectacles, die Sonnenbrille von Snap

Wie andere Dienste bietet auch Snapchat die Möglichkeit, Werbeanzeigen zu schalten. Die genaue Vorgehensweise, die anderen Social-Media-Diensten ähnelt und an dieser Stelle nicht näher behandelt werden kann, finden Sie unter *https://forbusiness.snapchat.com/*.

Es bleibt abzuwarten, wie sich Snapchat im Hinblick auf Online-Marketing weiterentwickelt. Einen Vorgeschmack konnte man bereits Anfang 2018 bekommen, als Nike erstmals einen Sportschuh via Snapchat verkaufte. Gäste der Veranstaltung »Jumpman All-Star after-party« konnten exklusiv Snapcodes abscannen, um anschließend die Schuhe mit dem Versprechen der tagglеichen Lieferung noch vor offiziellem Verkaufsstart zu bestellen. Ein Angebot, das innerhalb von 23 Minuten ausverkauft war.

Von einigen Stimmen bereits totgesagt, zeigen auf der anderen Seite Untersuchungen, dass Snap bei Jugendlichen weiterhin beliebt ist: »Der Detailvergleich der Nutzer von Instagram und Snapchat zeigt, dass Jugendliche auf Snapchat deutlich aktiver sind: Zwei Drittel der Snapchat-Nutzer verschicken selbst häufig Snaps, während bei Instagram nur jeder fünfte Nutzer häufig selbst Inhalte postet«, so die Ergebnisse der JIM-Studie 2017 des Medienpädagogischen Forschungsverbundes Südwest (*www.mpfs.de*).

15.9.2 Google+ – ein Nachruf

Eigentlich wollte Google mit seinem Netzwerk namens Google+ Facebook den Kampf ansagen. Inzwischen lässt sich festhalten, dass der Suchmaschinenriese den Kampf der Giganten verloren hat. Mit der im Oktober 2018 bekannt gewordenen Daten-panne, bei der App-Entwickler auf private Nutzerdaten zugreifen konnten, kündigte Google die Schließung des Netzwerks für Privatpersonen Ende August 2019 an. Die Nutzung läge laut Unternehmensangaben bei 90 Prozent der Interaktionen unter 5 Sekunden. Zur besseren Einordnung möchten wir dennoch einen kurzen Blick zurück werfen:

Im Juni 2011 führte auch der Suchmaschinenriese Google mit Google+ (*plus.google. com*) ein soziales Netzwerk ein. Nutzer konnten sich hier ein Profil anlegen und sich mit anderen Nutzern austauschen. Gerade in der Anfangsphase meldeten sich sehr viele Menschen bei diesem Dienst an, womit Google+ als das am schnellsten wach-sende Netzwerk galt. Jedoch betitelte das *Wall Street Journal* das soziale Google-Netz-werk bereits im Februar 2012 als virtuelle Geisterstadt. Zwar waren im Dezember 2013 bei Google+ 1,15 Mrd. Nutzer registriert. Nur 359 Mio. Nutzer verwendeten damals al-lerdings das Netzwerk mindestens einmal im Monat. Der große Unterschied ließ sich damit erklären, dass Benutzer eines Smartphones mit dem Betriebssystem Android automatisch ein Google+-Konto einrichten mussten. Zum Vergleich: Ebenfalls im Dezember 2013 konnte Facebook mit weltweit mehr als 1,23 Mrd. Nutzern aufwarten. Im April 2017 war die Zahl der registrierten Nutzer auf Google+ sogar auf 3,36 Milliar-den angewachsen.

Zur besseren Strukturierung konnten Nutzer ihre Freunde in *Kreise* (z. B. Familien, Bekannte, Freunde, Arbeitskollegen) einteilen. Die Kreise, auch unter *Circles* bekannt, sind vergleichbar mit den Facebook-Listen. Dabei bekam ein zu einem Kreis hinzu-gefügter Nutzer aber keine Information, in welchen Kreis er einsortiert wurde. Es konnte festgelegt werden, ob und welche Informationen den einzelnen Nutzern zugänglich gemacht werden sollten.

Hangouts

Über den Messenger-Dienst von Google namens *Hangouts* können Nutzer Nachrich-ten schreiben, Videokonferenzen abhalten und telefonieren. Aufrufbar ist der Dienst über eine eigenständige Website unter *https://hangouts.google.com*, aber auch via Google Mail und Google+. In einem sogenannten *Hangout On Air* können Sie Ihren Hangout auch öffentlich auf Google+, in Ihrem YouTube-Kanal oder auf Ihrer Web-site übertragen. Jeder Hangout On Air wird automatisch in Ihrem YouTube-Konto gespeichert.

Der *+1-Button* von Google+ ermöglichte es Nutzern, mitzuteilen, dass ihnen etwas gefällt und ist vergleichbar mit der Gefällt-mir-Funktion von Facebook. Als Betreiber einer Website konnten Sie den +1-Button auch auf Ihren eigenen Seiten platzieren, so dass Ihre Besucher mitteilen konnten, dass ihnen Ihre Inhalte gefielen.

Die Einstellung des Dienstes Ende August 2019 betrifft zunächst nur die Privatprofile. Unternehmen können weiterhin aktiv werden. Unter *www.google.de/intl/de/business/* können Sie eine Unternehmensseite auf Google+ anlegen. Der Dienst *Google My Business* verbindet hierzu lokale Informationen aus Google Maps mit Informationen zu Ihrem Unternehmen auf einer Google+-Seite. Ihre Unternehmensangaben, wie beispielsweise Ihre Öffnungszeiten oder Ihre Telefonnummer, erscheinen dann in der Google-Suche, in Google Maps und auf Google+ und sollten dementsprechend im Unternehmensprofil hinterlegt werden.

Zur zielgruppengenauen Ansprache können die Kontakte in verschiedene Kreise wie beispielsweise bestimmte Produktsparten oder separate Kreise für Kunden oder Partner eingeteilt werden.

Wie schon eingangs beschrieben, gibt es sehr viel Dynamik im Bereich Social Media. Wir empfehlen Ihnen deshalb, die Entwicklungen und Neuerungen laufend zu verfolgen. Einige weitere interessante Netzwerke stellen wir Ihnen im Folgenden vor.

15.9.3   Etablierte und neue Netzwerke

Im Bereich der Communitys blühen regelmäßig neue digitale Gemeinschaften auf, andere verlagern ihre Schwerpunkte und tragen zur Dynamik des Marktes bei. In den letzten Jahren ist zu beobachten, dass die etablierten Internetkonzerne aufstrebende neue Portale schnell aufkaufen, um diese ihrem Portfolio einzuverleiben. Im Folgenden werden wir Ihnen einige etablierte, aber auch junge Communitys und ihre Besonderheiten in aller Kürze vorstellen.

reddit

Die 2005 gegründete Plattform reddit (*www.reddit.com*) ist ein sogenannter *Social News Aggregator*. Sie ermöglicht es ihren Nutzern, Inhalte einzustellen, die von anderen Nutzern bewertet und kommentiert werden können. Für Beiträge, die positiv bewertet werden, erhält der Autor sogenanntes Karma. Anfangs dem Condé-Nast-Verlag zugehörig, wurde reddit im Jahr 2011 aufgrund massiver Besucherzuwächse dem Mutterkonzern Advance Publications unterstellt.

Tumblr

Die Blogplattform Tumblr (*www.tumblr.com*) ermöglicht es ihren Nutzern, Inhalte in einem Blog zu veröffentlichen und andere Bloginhalte weiterzuverbreiten. Benutzer können anderen Teilnehmern folgen und deren Beiträge als Favoriten markieren.

Trend: Die Social Media App »Jodel«

Wer bei dem Namen der App (erreichbar unter *jodel.com*) an das bekannte Jodel-Diplom von Loriot denken muss, hat eine fast passende Assoziation: Die vorrangig bei Studenten beliebte App versendet Nachrichten, die *Jodel* genannt werden, an Mitstudenten in der Nähe. Durch das Bewerten der Jodel können die Nutzer die Gesprächsthemen der Community beeinflussen. Das Berliner Unternehmen vermeldete im August 2017 1,5 Mio. Nutzer und strebt mit einer im Juni 2017 erhaltenen Finanzspritze durch Investoren die Expansion auf den US-Markt an.

Pinterest

Ein bereits etablierter Vertreter unter den sozialen Medien ist das Netzwerk Pinterest (*www.pinterest.com*). Hier dreht sich alles um Bilder (sogenannte *Pins*), die Nutzer bei Interesse (engl.: *interest*) auf ihrer Pinnwand platzieren können (engl.: *to pin*). Diese können dann von anderen Nutzern z. B. geteilt und kommentiert werden. Auf Pinterest, vor allem in den USA erfolgreich, können Nutzer die Bilder, Collagen und Videos pinnen, teilen, liken und anderen Nutzern folgen. Die Inhalte können an *Boards* sortiert werden. Für 2018 konnten 250 Millionen aktive Nutzer vermeldet werden, die nach Unternehmensangaben über 100 Mrd. Pins als Inspirationsquelle vorfinden, 80 % über mobile Endgeräte. Damit zählt das Netzwerk zu den größten weltweit.

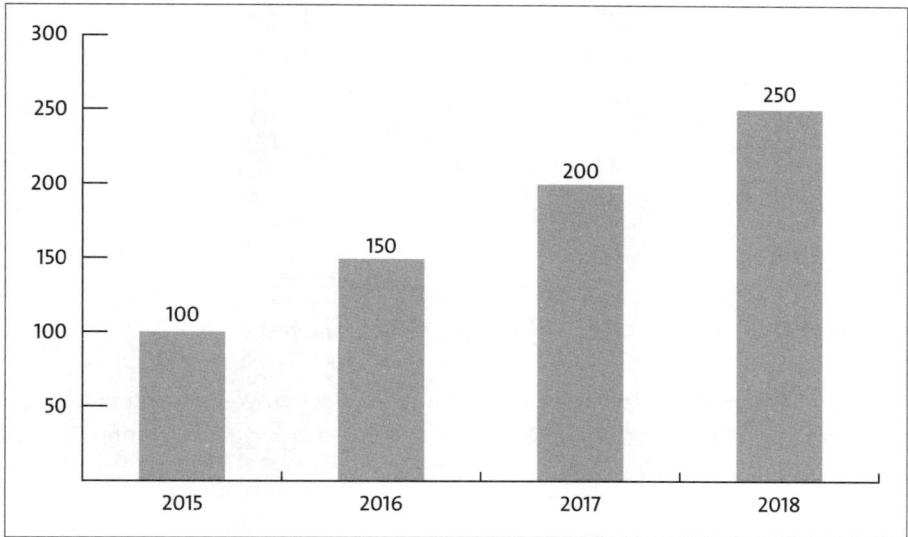

Abbildung 15.51 Weltweite monatlich aktive Nutzer von Pinterest in Millionen (Quelle: statista.com)

Für Werbetreibende kann es sinnvoll sein, über diese Plattform weitere Nutzer anzusprechen und auf Angebote aufmerksam zu machen (Details dazu finden Sie unter *https://business.pinterest.com/de*). Klickt ein Nutzer auf einen Pin, so wird er zu dessen verlinkten Website geleitet. Viele Unternehmen sind bereits bei Pinterest vertreten, so beispielsweise auch das Online-Portal Etsy, siehe Abbildung 15.52.

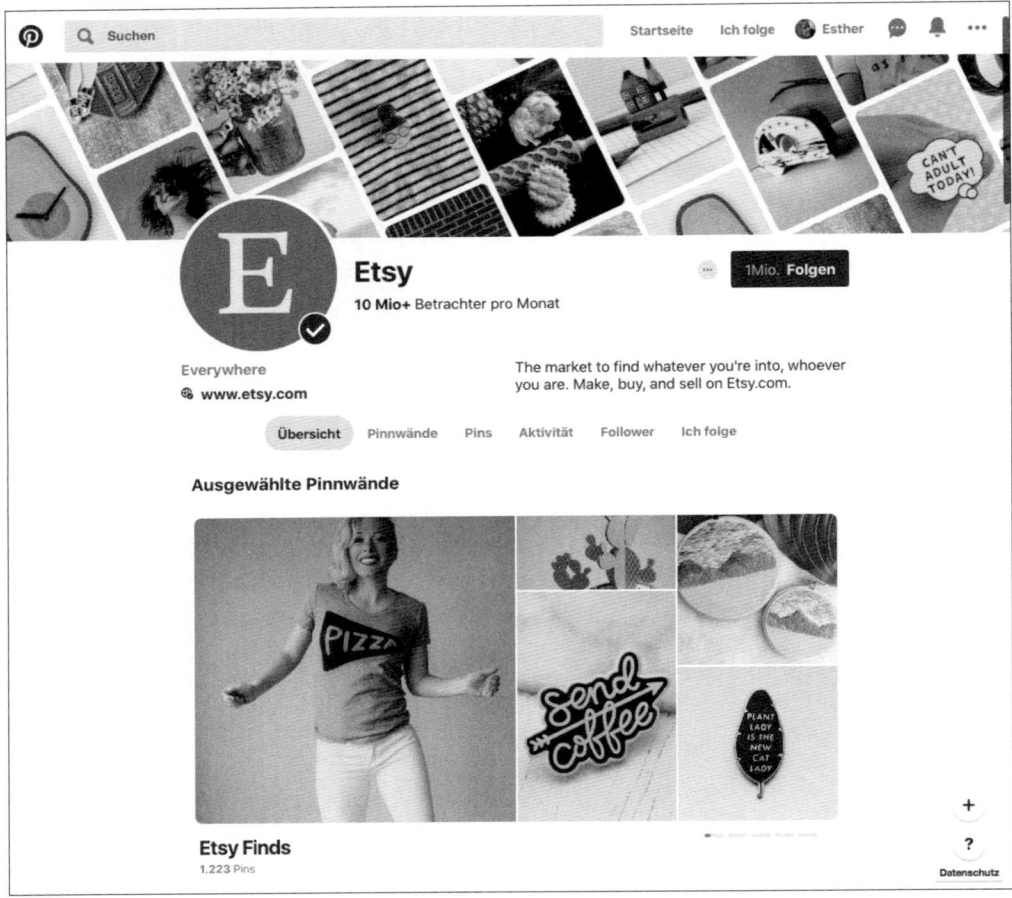

Abbildung 15.52 Der Unternehmensauftritt von Etsy auf Pinterest

Umgekehrt kann die Pinterest-Präsenz auch auf der eigenen Website integriert werden, wie am folgenden Beispiel der Website von GEO (*www.geo.de*) im rechten Seitenbereich zu sehen.

Abbildung 15.53 Integration des Pinterest-Auftritts auf der Website »www.geo.de«

Für viele Unternehmen sind die Pins insofern von Interesse, als sie Links zur Unternehmens-Website generieren. Sie sind somit aus Sicht der Suchmaschinenoptimierung von Bedeutung und können zur Traffic-Steigerung genutzt werden. Damit die Pins in der Pinterest-Suche gut platziert und somit gefunden werden, sollten Sie folgende Empfehlungen berücksichtigen:

Verwenden Sie Bilder im Seitenverhältnis 2:3. Beschreiben Sie den Pin, indem Sie wichtige Keywords aus Ihrer vorangegangenen Keyword-Recherche verwenden, und rufen Sie mit einem eindeutigen Call to Action zu einer Handlung auf. Weisen Sie dabei darauf hin, dass weitere thematisch passende Inhalte auf Ihrer Website zu finden sind, um Nutzer zu Ihrem Angebot zu lenken. Vergessen Sie bei der Pin-Beschreibung und bei Ihren Bildern nicht, Ihr Logo bzw. Ihre Marke zu integrieren. Da der Großteil der Pinterest-Nutzer mit mobilen Geräten auf das Netzwerk zugreift, sollten Sie jedoch berücksichtigen, dass die wichtigsten Informationen zu Beginn genannt werden, denn nur der erste Teil der Beschreibung wird den mobilen Nutzern direkt angezeigt und bricht anschließend ab. Überprüfen Sie dementsprechend auch, ob sowohl Ihr Pinnwand-Name als auch Ihre Pinnwandbeschreibung in der mobilen Ansicht vollständig angezeigt wird. Dass die Verlinkung zu Ihrer Unternehmens-Website oder speziellen Landing Page funktionstüchtig sein muss, sollte nicht extra erwähnt werden müssen.

Wie bei anderen sozialen Netzwerken auch, ist es wichtig, dass Sie regelmäßig aktiv sind und nutzenstiftende, hochwertige Inhalte zu Verfügung stellen. Über *Pinterest Analytics* können Unternehmen die Leistung ihres Unternehmensprofils beobachten und auswerten.

15.9.4   XING und LinkedIn – die Business-Netzwerke

Die beiden bekanntesten Stellvertreter für Business-Netzwerke, XING und LinkedIn, sind besonders auch für Unternehmen interessant. Sie können Unternehmensprofile anlegen, Veranstaltungen ankündigen und bewerben, Gruppen anlegen, Diskussionen leiten und nicht zuletzt auch Mitarbeiter suchen oder Stellenanzeigen aufgeben.

XING

XING (*www.xing.com/de/*) wird eher für geschäftliche Kontakte genutzt und bezeichnet sich selbst als Business-Netzwerk. Mitglieder können Kontakte knüpfen, Personen einander vorstellen, nach Mitgliedern oder Themen suchen und in Foren an Diskussionen teilnehmen. Einige Funktionen sind jedoch nur mit einem kostenpflichtigen Premium-Account verwendbar, den nahezu eine Millionen Mitglieder benutzen. Insgesamt vermeldet XING 14 Millionen Mitglieder im deutschsprachigen Raum Anfang 2018. Seit 2014 kann auf XING auch Werbung geschaltet werden: Anzeigen erscheinen in den Neuigkeiten der gewählten Zielgruppe. Außerdem gibt es die Möglichkeit, Artikel zu bewerben, E-Mail-Kampagnen durchzuführen oder mit verschiedenen Bannerformaten Display-Anzeigen zu schalten. Es können Websites, XING-Profile, Gruppen, Events oder Stellenangebote beworben werden.

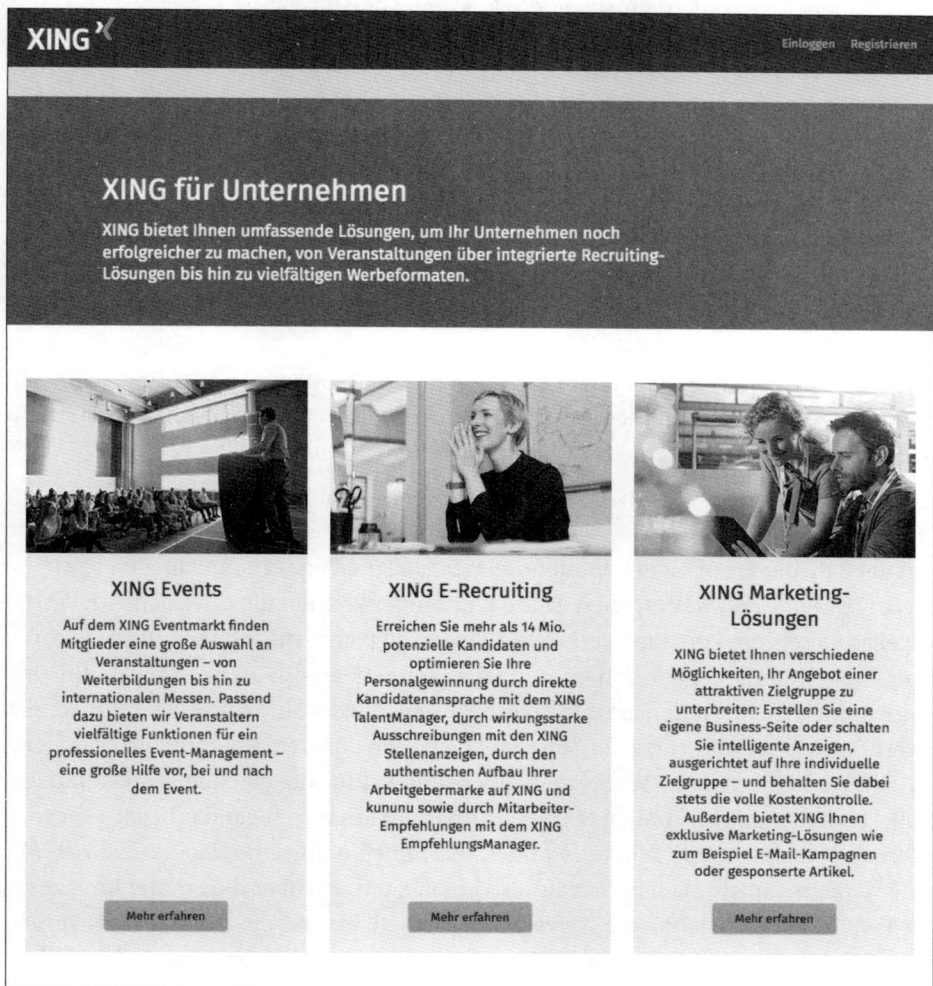

Abbildung 15.54 Möglichkeiten für Unternehmen, XING zu nutzen

LinkedIn

Das 2002 gegründete Netzwerk LinkedIn verbindet Fach- und Führungskräfte weltweit, auf die DACH-Region Deutschland, Österreich und Schweiz entfallen dabei 11 Mio. Mitglieder (Stand Dezember 2017). Kerngedanke dieses Online-Berufsnetzwerks ist der Austausch von Informationen und Fachwissen, z. B. in speziellen Gruppen oder mit Unternehmen. Neben Profilen von Privatpersonen können Unternehmen Seiten online stellen. Auch hier werden kostenpflichtige Premium-Profile angeboten, und Sie können Anzeigen schalten, um auf sich oder Ihr Unternehmen aufmerksam zu machen (*https://business.linkedin.com*). Werbung auf LinkedIn lohnt sich vor allem, wenn Sie Zugang zu einer ganz bestimmten beruflichen Zielgruppe suchen, beispielsweise zu Entscheidern aus dem Logistiksektor.

15.10   Virales Marketing – Vorsicht, Ansteckungsgefahr!

Abschließend zeigen wir Ihnen, wie Sie Ihre Social-Media-Aktivitäten nutzen können, um virales Marketing zu betreiben, und was es mit diesem Begriff überhaupt auf sich hat. Sie lernen verschiedene virale Marketingkampagnen kennen und können damit eigene Ideen entwickeln. Virales Marketing beschreibt Kampagnen, die sich sehr schnell, ähnlich wie ein Virus, verbreiten. Die Kampagnen bestehen meist aus aufmerksamkeitsstarken Internetvideos, die über E-Mail, Facebook oder Chat-Programme leicht weitergegeben werden können. Virales Marketing profitiert von den Möglichkeiten von Social-Media-Netzwerken, wo Informationen leicht ausgetauscht werden und sich somit schnell verbreiten können.

Lustige oder interessante Inhalte werden sehr gern im Internet getauscht. Im Web entstehen sogenannte *Netzwerkeffekte*, die dafür sorgen, dass der Wert einer Kampagne mit der Zahl der Empfänger exponentiell wächst. Eine Person kann eine Nachricht an mehrere Menschen weitergeben. Diese Empfänger können die Nachricht wiederum jeweils an mehrere Personen verbreiten. Das ermöglicht eine schnelle, virale Verbreitung. Angenommen, Sie erzählen drei Personen von einem lustigen Videoclip, und diese drei Menschen leiten die Information jeweils wiederum an drei Personen weiter. So erfahren innerhalb kürzester Zeit zwölf Personen von dem Videoinhalt. Diese viralen Effekte kann man als Werbetreibender sehr gut für die eigenen Zwecke nutzen. Dabei spricht man von viralem Marketing, das auf Mundpropaganda abzielt. Dies wird auch als *Word-of-Mouth-Marketing* oder als *Empfehlungsmarketing* bezeichnet. Mit einer viralen Kampagne schaffen Sie also Inhalte, die sich über die Empfehlung anderer Personen in Social-Media-Netzwerken schnell verbreiten. Im Internet werden dazu häufig kurze Videos genutzt, die durch hohen Unterhaltungswert oder kontroverse Themen eine enorme Aufmerksamkeit erzeugen.

Selbst zum Thema virales Marketing gibt es ein virales YouTube-Video, das sich schnell verbreitet hat und über 4 Mio. Mal aufgerufen wurde. Das Video »Virales Marketing im Todesstern Stuttgart« (*www.youtube.com/watch?v=uF2djJcPO2A*) erklärt in einer synchronisierten Star-Wars-Szene in schönstem Schwäbisch: »Von Print- oder TV-Kampagne kann hier überhaupt gar keine Rede mehr sein, wir leben ja nicht mehr im finsteren Mittelalter. Es haben sich heutzutage ganz neue Marketinginstrumente aufgetan. Virales Marketing heißt das neue Zauberwort.«

15.10.1   Virale Marketingkampagnen

Wie können Sie dieses »Zauberwort« nun für sich anwenden? Grundlage für ein erfolgreiches virales Marketing ist eine kreative Kampagne. Damit Sie einen Eindruck bekommen, welche Ideen im viralen Marketing möglich sind, haben wir Ihnen einige Beispiele herausgesucht.

Der Lebensmittelhändler Edeka setzte bereits 2014 z. B. mit einem Video auf YouTube auf virales Marketing als Werbeinstrument. Unter dem Titel »Supergeil« wurde ein Musikvideo gedreht, das einen älteren Mann zeigt, der zahlreiche Artikel aus dem Edeka-Sortiment in Alltagsszenen präsentiert und als »supergeil« bezeichnet. Der Sänger Friedrich Liechtenstein tanzt dabei mit markantem weißem Vollbart durch die Regale. Das Video entwickelte sich zu einem viralen Hit (*www.youtube.com/watch?v= jxVcgDMBU94*) und wurde auf YouTube mehr als 19 Mio. Mal aufgerufen (Stand April 2018). Ein Jahr später folgte zu Weihnachten unter dem Hashtag *#heimkommen* ein weiterer Spot, der nahezu 60 Millionen Aufrufe generierte (siehe Abbildung 15.55).

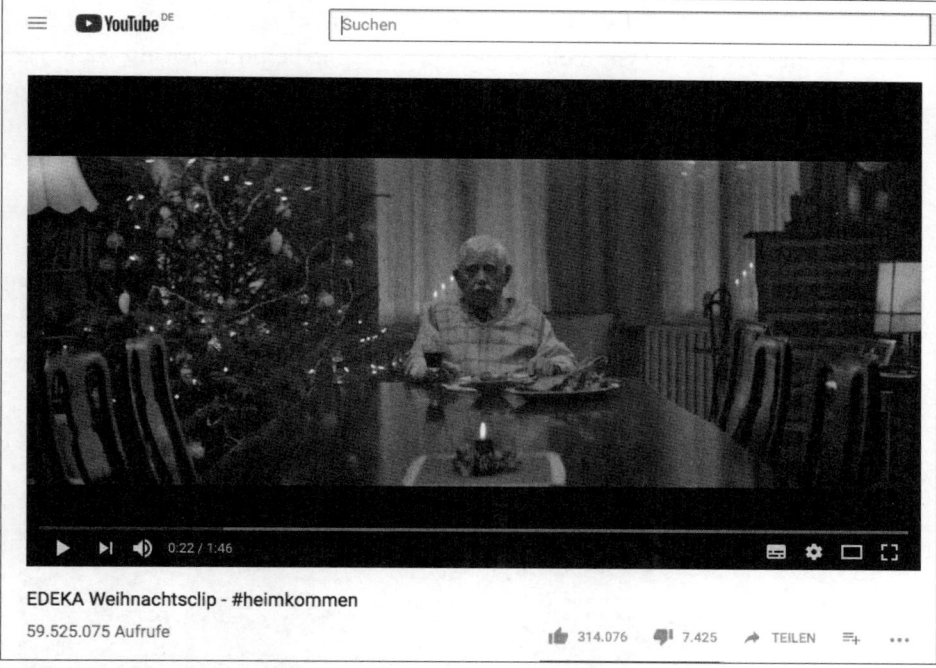

Abbildung 15.55 Der EDEKA-Weihnachtsclip #heimkommen

Der Autovermieter Sixt ist inzwischen bekannt für seine schnellen Reaktionen auf aktuelle Geschehnisse. So verbreiten sich provokante, humorvolle, ironische Anzeigen oftmals sehr schnell viral, wie beispielsweise die Anzeige zur Bundestagswahl 2017, siehe Abbildung 15.56.

Abbildung 15.56 Anzeigenmotiv zu den gescheiterten Koalitionsgesprächen nach der Bundestagswahl von Sixt

Ein vom Art Directors Club (ADC) 2017 prämiertes Viralvideo (siehe Abbildung 15.57) sind die »lachenden Pferde von Volkswagen«. In dem Clip bemüht sich ein Mann vergeblich, einen Pferdeanhänger einzuparken, und wird gnadenlos von den zuschauenden Pferden ausgelacht. Erst als das zu bewerbende Produkt, der VW Tiguan mit Anhänger-Einparkhilfe, geschmeidig in die Parklücke rollt, hat das Gelächter ein Ende.

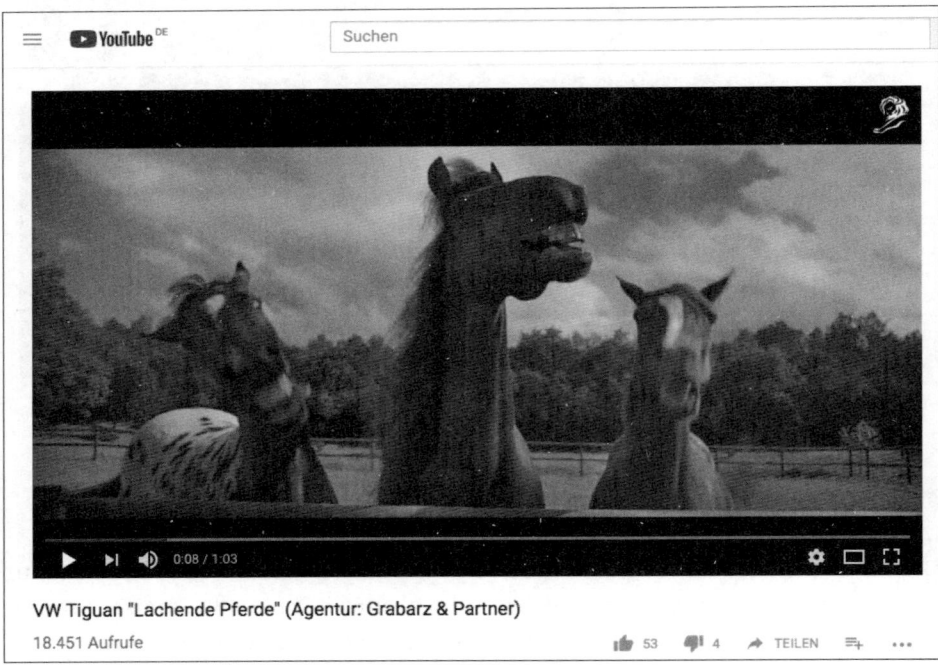

Abbildung 15.57 Das virale Video von Volkswagen, die lachenden Pferde

Weitere ältere, aber populäre virale Marketingvideos sind z. B. der Old-Spice-Clip »The Man Your Man Could Smell Like« (*www.youtube.com/watch?v=owGykVbfgUE*) und die »Real Beauty Sketches«-Kampagne für echte Schönheit von Dove (*www.youtube.com/watch?v=XpaOjMXyJGk*). Beide Videos kommen auf mehrere Millionen Abrufe. Aber auch kleinere Firmen können virale Videos nutzen. In »Schwäbisch für Inder« (*www.youtube.com/watch?v=yj5_pSwJOAo*) wird eine indische Filmszene auf Schwäbisch witzig parodiert. Sie spielt auf das Problem mit fehlerhafter ausländischer Technik an. Hinter der Aktion steckt das deutsche Klimatechnikunternehmen MEZ-Technik. Dieses virale Video wurde bereits über 2 Mio. Mal angeschaut.

Virales Marketing geschieht aber nicht nur über Videos, sondern kann z. B. auch für Online-Spiele genutzt werden. So haben sich die Spiele *Candy Crush Saga*, *Clash of Clans* oder *Farmville* insbesondere durch die Nutzung von Social Media viral verbreitet. Die Spiele laufen in den sozialen Netzwerken ab und hinterlassen Nachrichten auf der eigenen Profilseite. Somit sehen auch andere Nutzer die Meldung und kommen mit dem Spiel in Kontakt. Durch diese virale Streuung gibt es viele verschiedene Spiele mit mehreren Millionen Nutzern. Vielleicht kennen Sie noch das Spiel *Moorhuhnjagd* aus dem Jahr 1999 (*www.moorhuhn.de*). Es gilt als Vorläufer für virales Marketing mit Spielen. Dieses relativ einfach gehaltene, aber witzig umgesetzte Werbespiel für die Spirituosenmarke Johnnie Walker verbreitete sich sehr schnell im Web. Die hohen Nutzungszahlen und Weiterempfehlungen durch Spieler kamen dadurch zustande, dass das Spiel kostenlos heruntergeladen werden konnte, einfach zu verstehen war und man seine erreichte Punktzahl mit anderen vergleichen konnte. Inzwischen gibt es den Klassiker mit Moorhuhn VR unter anderem als Virtual-Reality-Variante, siehe Abbildung 15.58.

15

Abbildung 15.58 Virales Spiel – die virtuelle »Moorhuhnjagd« inzwischen in der VR Variante

> **Empfehlungsmarketing – eine besondere Art der viralen Verbreitung**
>
> Soziale Netzwerke wie Facebook oder XING und Shopping-Clubs wie *brands4friends.de* nutzen das Empfehlungsmarketing, um neue Mitglieder zu gewinnen. Dabei werden Einladungen zur Registrierung via E-Mail versendet, bei denen bereits registrierte Nutzer weitere Interessenten empfehlen können. Die Betreiber der Netzwerke profitieren oftmals von der hohen Wirkung des Empfehlungsmarketings: Wenn Ihnen ein guter Bekannter etwas empfiehlt, werden Sie mit hoher Wahrscheinlichkeit einen Blick darauf werfen. Der Nutzer kann mit Sonderangeboten zusätzliche Anreize für die Weiterempfehlung bekommen.

Anhand der Beispiele haben Sie nun einen Eindruck, welche unterschiedlichen Aktionen im viralen Marketing möglich sind. Natürlich gibt es noch viele weitere Kampagnen. Begeben Sie sich einfach auf Recherche im Internet, und Sie werden noch mehr erstaunliche Videos und Aktionen entdecken. Ein Großteil der Kampagnen stammt dabei aus dem Vorreiterland USA. Inzwischen hat sich aber auch in Deutschland eine Viral-Marketing-Szene mit verschiedenen Agenturen etabliert.

15.10.2 Anreize zur viralen Infektion

Wie Sie gesehen haben, setzt virales Marketing sehr viel Kreativität voraus. In der Vorbereitungsphase einer Kampagne sollten Sie also überlegen, welche Anreize geschaffen werden müssen, um eine hohe Aufmerksamkeit bei den Internetnutzern zu erreichen. Die Menschen müssen mit der Kampagne infiziert werden. Häufig erreichen Sie dies durch lustige oder kontroverse Themen. Klassische Werbebotschaften sind hier fehl am Platz. Wecken Sie Emotionen bei den Menschen. Was regt Leute besonders auf, mit welchen Themen können sich viele Menschen identifizieren, was sind aktuelle Themen, oder was finden sie besonders amüsant? Sie brauchen für jede virale Marketingkampagne einen Aufhänger. Setzen Sie sich am besten mit anderen kreativen Menschen zusammen, und denken Sie sich Ideen z. B. in einem Brainstorming aus. In der Wahl der Mittel sind Sie dabei nicht beschränkt. Denken Sie z. B. an Bilder, Videos, Analysen, Gewinnspiele, Plakate oder Flyer.

Haben Sie sich eine gute Idee ausgedacht, geht es an die Umsetzung der Kampagne. Die meisten viralen Kampagnen brauchen einige Vorlaufzeit, um z. B. Videos zu produzieren, Websites aufzusetzen oder personelle Unterstützung für größere virale Aktionen zu finden. Eine gute Vorbereitung ist dabei entscheidend für einen gelungenen Start einer solchen Aktion. Da die meiste Aufmerksamkeit in den ersten zwei Wochen erzeugt wird, darf hier nichts falschlaufen. So muss z. B. die Website für die Kampagne fehlerfrei verfügbar sein, und Videos müssen in guter Qualität vorliegen. Zur Vorbereitung gehört auch die Planung der Verbreitung einer viralen Kampagne. So viral, wie eine Kampagne auch ist, sie muss am Anfang von einer Gruppe von Menschen losgetreten werden, um sich verbreiten zu können. Diese Phase bezeichnet man als *Seeding*. Die Saat muss also gelegt werden, bevor eine große Pflanze wachsen kann. Zum Seeding eignen sich z. B. bekannte Blogs, Twitter-Accounts oder sehr aktive Facebook-Nutzer. Sie treten also in Kontakt mit Personen, die selbst einen Leserkreis haben und ihre Meldung persönlich verbreiten können. Wenn Sie diese Kontakte nicht alle selbst akquirieren möchten, können Sie auf Seeding-Agenturen zurückgreifen, die sich auf virales Marketing spezialisiert haben. Diese sorgen dann für eine möglichst hohe Streuung der Kampagne und verhelfen der Aktion damit zum Erfolg.

15.11   Guerilla-Marketing – unkonventionell Aufmerksamkeit erregen

Haben Sie schon mal von Guerilla-Marketing gehört? Dieser alternative Bereich des Marketings beschreibt eher unkonventionelle Werbekampagnen, die kostengünstig umgesetzt werden können. Der Begriff *Guerilla-Marketing* wurde vom Marketing-experten Jay Conrad Levinson geprägt. In seinem Buch »Guerilla Marketing des 21. Jahrhunderts« beschreibt Levinson, wie man mit jedem Werbebudget kosten-günstig auf sich aufmerksam machen kann. Entscheidend ist dabei die Kreativität der Aktionen. Unter der Adresse *www.gmarketing.com* finden Sie Levinsons lesens-werte Website mit vielen Artikeln und Interviews. Wir zeigen Ihnen auf den nächsten Seiten einige Guerilla-Marketing-Kampagnen und geben Ihnen Hinweise, wie Sie sol-che Maßnahmen auch für Ihre Website nutzen können.

15.11.1   Guerilla-Marketing-Kampagnen

Durch die recht offene Definition des Guerilla-Marketings sind die unterschiedlichs-ten Maßnahmen inbegriffen. Dies können sowohl Online-Aktionen sein, aber auch offline kann Guerilla-Marketing genutzt werden. Damit Sie einen tieferen Einblick in einzelne Aktionen bekommen, werden wir Ihnen hier einige bekannte Kampagnen vorstellen. Nutzen Sie diese Aktionen als Ideengeber für eine eigene Guerilla-Kampa-gne. Ein häufig genutztes Instrument des Guerilla-Marketings sind Plakate und Auf-kleber, die wahllos in Städten verteilt werden. Zumeist besteht dabei keine Erlaubnis für das Plakatieren, aber die Werbetreibenden nehmen bewusst die Gefahr von Buß-geldern auf sich. Diese fallen im Vergleich zu kostspieligen Plakatkampagnen meist eher gering aus. Vielleicht sind Ihnen auch schon derartige Aufkleber an Straßen-ampeln oder Verkehrsschildern aufgefallen. Auch diese können als Guerilla-Marke-ting verstanden werden und werden z. B. von Clubs oder neuen, trendigen Internetseiten als Promotion-Instrument genutzt.

Weitere beliebte Guerilla-Marketing-Aktionen finden z. B. an belebten Orten wie Straßenkreuzungen statt. Hier wird die immer wiederkehrende hohe Autofahrerdichte genutzt, um kostengünstig Werbung zu treiben. Mit Transparenten oder anderen aufmerksamkeitsstarken Mitteln werden Autofahrer und Passagiere stimuliert. Dies nutzen z. B. Radiosender, um auf sich aufmerksam zu machen und die Autofahrer zum Wechseln des Radiosenders zu animieren. Aber auch Werbung für neue Automodelle wäre hier gut vorstellbar. Inwieweit dies allerdings einen Eingriff in die Straßenverkehrsordnung darstellt, ist bisher nicht geklärt. Ähnlich funktionieren auch Autokolonnen, die mit Werbetransparenten ausgestattet sind (sogenannte *Billboard Vans*) und durch die belebtesten Straßen einer Stadt fahren. So warb z. B. Ikea für die Neueröffnung von Warenhäusern mit Billboard Vans (siehe Abbildung 15.59). Mit wenig Aufwand wird hier hohe Aufmerksamkeit erzeugt.

Abbildung 15.59 Billboard Vans einer Ikea-Kampagne

Billboard Vans sind eine Form der Außenwerbung, was im Marketingenglisch als *Out-of-Home Media* bezeichnet wird. Einer der größten Anbieter auf diesem Gebiet ist das Unternehmen Ströer. Werfen Sie einen Blick auf die Website (*www.stroeer.de*), so sehen Sie verschiedene Möglichkeiten der Außenwerbung inklusive der entsprechenden Preise. Sie können also überlegen, ob Sie eine Guerilla-Marketing-Kampagne selbst durchführen möchten oder einen Dienstleister hinzunehmen, der Ihnen vor allem die organisatorischen Dinge abnimmt.

Bekannt sind Ihnen sicher die Werbezettel an Autos, die darauf hinweisen, dass Sie Ihr Auto gern an einen Händler verkaufen können. Hier wird mit geringem Mitteleinsatz eine recht große Aufmerksamkeit erzeugt. Dadurch, dass die Werbung am Auto angebracht ist, kommt man unweigerlich damit in Berührung, und wer weiß, vielleicht möchten Sie ja wirklich gerade Ihr Auto verkaufen. Nach demselben Prinzip werden Flyer für neu eröffnete Restaurants oder anstehende Veranstaltungen an Autos in der Umgebung geheftet. Will man hier schnell sehr viele Menschen oder Autos erreichen, werden große Parkplätze z. B. bei Supermärkten aufgesucht. Neben Autos können auch Fahrräder Träger einer Werbebotschaft sein. So werden beispielsweise die Fahrradsättel mit bedruckten Regenschonern versehen. Als Werbetreibender müssen Sie hierbei entscheiden, inwieweit solche Aktionen für Sie denkbar sind.

Einmalige Aktionen können sich bei bestimmten Angeboten, wie z. B. der Hinweis auf neu eröffnete Clubs, sicher lohnen. Aber denken Sie daran, dass mit der Zeit Flyer ignoriert werden oder – noch schlimmer – Antipathie bei den Menschen erzeugt wird. Berücksichtigen Sie auch Streuverluste, die bei diesen Push-Marketing-Aktionen üblich sind.

Neben Flyern können auch Sticker zum Einsatz kommen, wie beispielsweise in der Kampagne des Streaminganbieters *Netflix* für die TV-Serie *Narcos*. Hier wurden Ende 2017 auf Clubtoiletten in großen amerikanischen Städten Sticker angebracht, die einen gerollten Dollar-Schein sowie eine Line Koks zeigten. Mit der Aufschrift »Here in the '90s? There's an 80% chance this powder came from the Cali Cartel« machten sie auf die Serie aufmerksam (siehe Abbildung 15.60).

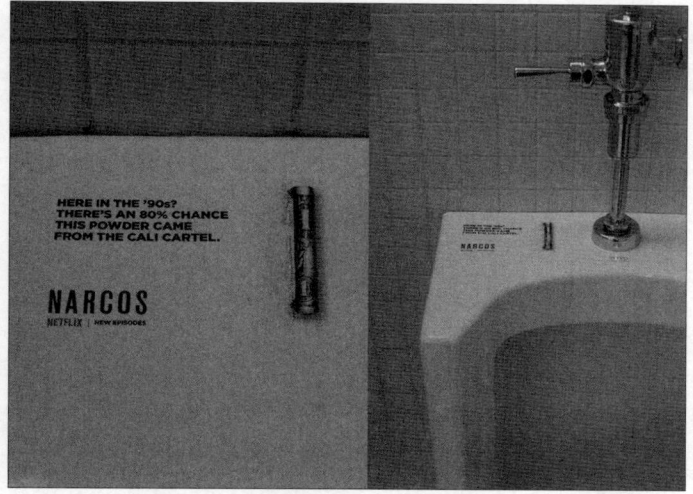

Abbildung 15.60 Guerilla-Kampagne von Netflix auf Clubtoiletten in den USA (Quelle: www.blogrebellen.de)

Aus der eher alternativen Szene sind Graffitis bekannt. Diese werden auch im Guerilla-Marketing genutzt. Als Guerilla-Aktion Häuser zu besprühen, ist sicher der falsche Weg, da dies viel Ärger und Kosten mit sich bringt. Solche Aktionen werden nur in sehr anonymisierter Form durchgeführt, wo der Absender nicht klar zu erkennen ist. Daher eignet sich dies nicht für richtige Marketingmaßnahmen. Um Graffitis trotzdem für Marketingzwecke nutzen zu können, ist das sogenannte *Reverse Graffiti* entstanden. Hier wird auch gesprüht, aber mit einem Hochdruckreiniger. Über Schablonen erreicht man, dass z. B. Fußwege in bestimmten Mustern gereinigt werden und so Logos oder Sprüche auf dem Gehweg entstehen. Anstatt mit Graffitis Wege zu verschmutzen, wird eine Reinigung durchgeführt. Dies soll vor der Illegalität bewahren, ist aber rechtlich noch nicht abschließend beurteilt. Die Graffitis haben auch den Vorteil, dass sie nach einer bestimmten Zeit durch die tägliche Verschmutzung wieder verschwinden. Reverse Graffiti ist auch unter dem Begriff *Street-Branding* bekannt. In Abbildung 15.61 sehen Sie den Einsatz von Reverse Graffitis von Bündnis 90/Die Grünen zur Landtagswahl 2017 in Nordrhein-Westfalen.

Abbildung 15.61 Wahlwerbung in Köln per Reverse Graffiti zur NRW-Landtagswahl 2017 (Quelle: wikipedia.de)

Die Umweltorganisation Greenpeace setzt für bestimmte Aktionen ebenso auf das Reverse Graffiti und nutzt so das ökologische Marketinginstrument für seine Zwecke. Eine ähnliche Funktion übernimmt die Idee des *Snow-Brandings*. Hierbei werden im Winter Botschaften auf Schneeflächen und beispielsweise schneebedeckte Autos gesprüht oder mit einer Form eingedruckt. Auch hier findet offensichtlich keine Sachbeschädigung statt, und mit einsetzendem Tauwetter ist alles wieder beseitigt.

Eine weitere Guerilla-Marketing-Aktion sind Abrisszettel, die Sie von Wohnungssuchen oder Autoverkäufen auf schwarzen Brettern oder an Ampeln kennen. Wenn Sie hier kreativ werden, können Sie Abrisszettel auch für Ihre Zwecke nutzen. Da die meisten Menschen neugierig sind, werden solche Zettel oftmals wahrgenommen und angeschaut. Erreichen Sie dann die Aufmerksamkeit des Lesers, wird eventuell ein Hinweiszettel abgerissen und mitgenommen. So können Sie z. B. auf eine Website hinweisen, und der Interessent kann am Computer nachschauen, was es genau damit auf sich hat. Denken Sie hierbei nicht nur an rein kommerzielle Aktionen, sondern z. B. auch an Hinweise auf Bürgerbegehren oder neue Sportvereine.

Sie haben nun einen Einblick in verschiedene Möglichkeiten des Guerilla-Marketings bekommen. Sicher werden auch in der Zukunft noch neue, spannende Ideen für Kampagnen entstehen. Entscheiden Sie für sich selbst, inwieweit Sie dieses Marketinginstrument einsetzen möchten. Im nächsten Abschnitt werden wir darauf eingehen, wie Sie Guerilla-Marketing im Internet einsetzen können, um Ihre Website erfolgreich zu machen.

15.11.2 Guerilla-Marketing im Netz

Viele Guerilla-Marketing-Aktionen leisten einen Beitrag zur Steigerung der Markenbekanntheit. Davon profitiert natürlich auch Ihre Website. Sie können Guerilla-Marketing aber auch direkt zur Steigerung des Erfolgs Ihrer Website einsetzen. Wir zeigen Ihnen hier einige Möglichkeiten für Aktionen, die Sie durchführen können. Wichtig ist dabei, zu erwähnen, dass sich Guerilla-Marketing nicht für alle Zwecke gleich gut und erfolgversprechend nutzen lässt. Viele geplante Guerilla-Marketing-Aktionen verlaufen im Sand, ohne dass man wieder von ihnen hört. Ein Großteil der Kampagnen wird auch nicht öffentlich, da es sich meist um relativ kleine Zielgruppen handelt. Wie schon zuvor erwähnt, können Sie Guerilla-Marketing einsetzen, um Ihre Website offline – also in der realen Welt – zu bewerben und mehr Besucher auf Ihre Website zu bekommen. Sie können auch Flyer, Abrisszettel oder Plakate nutzen, um Ihre Website bekannt zu machen. Solche Aktionen sollten aber sehr gut auf den Unternehmenszweck und die Zielgruppe abgestimmt werden.

Eine Möglichkeit für Guerilla-Kampagnen sind kostengünstige, virale Videos, die Sie schon in Abschnitt 15.10, »Virales Marketing – Vorsicht, Ansteckungsgefahr!«, kennengelernt haben. Im Guerilla-Marketing geht es aber nicht um aufwendig produzierte Hochglanzvideos, sondern um kurze Videos mit Aha-Effekt. Bekanntes Beispiel dafür ist die amerikanische Firma Blendtec, die Küchenmixer produziert. In vielen kleinen Filmen werden alle möglichen Dinge zerkleinert, so z. B. ein iPhone SE (siehe Abbildung 15.62). Schauen Sie selbst unter *willitblend.com* nach. Da diese Aktion sehr gut aufgegriffen wurde, entstehen seit vielen Jahren immer mehr Videos von Blendtec.

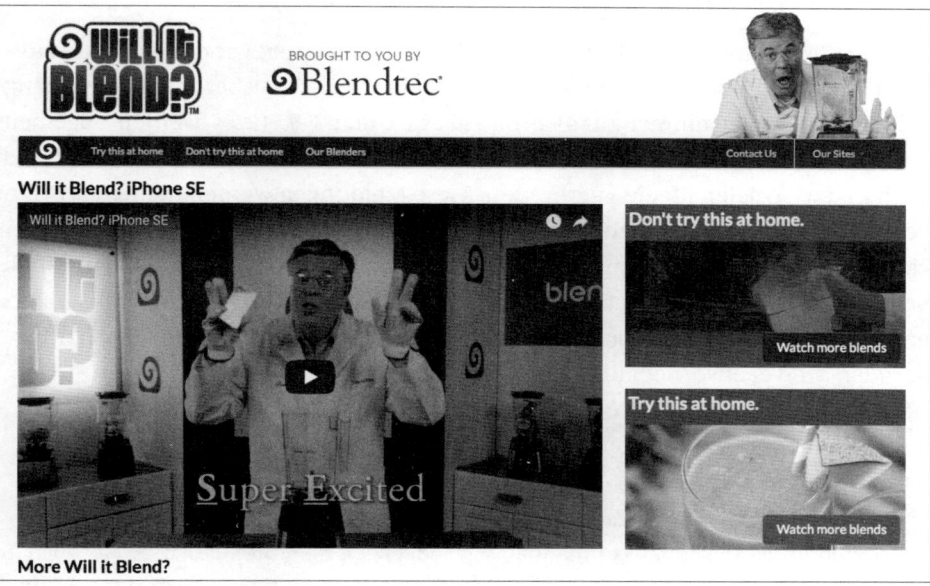

Abbildung 15.62 Guerilla-Marketing mit Videos

Als Guerilla-Marketing-Kampagnen gelten auch sogenannte *Linkbaits* in der Suchmaschinenoptimierung. Wie bereits in Kapitel 5 erläutert, sind dies Aktionen, durch die Backlinks auf die eigene Website generiert werden. Die Links helfen Ihnen in der Suchmaschinenoptimierung, da die Algorithmen der Suchmaschinen Links als Empfehlung ansehen. Die deutsche Übersetzung für Linkbait ist *Linkköder*. Sie versuchen also, Personen anzulocken, die zu Ihrer Website verlinken, indem Sie z. B. spannende Inhalte anbieten oder Gewinnspiele veranstalten. Ohne hohe Kosten und mit einem guten Konzept können Sie hier sehr viel erreichen. Besonders gute Linkbait-Aktionen erzielen dabei auch einen viralen Effekt, so dass die Aktion weitergetragen wird und sich die Teilnehmer vervielfachen.

Sie haben nun einen guten Überblick über virales Marketing und Guerilla-Marketing erhalten. Weitere Beispiele finden Sie bei einer intensiveren Recherche im Internet. Sicher werden Sie nicht alle Aktionen eins zu eins auf Ihr Unternehmen oder Ihre Website übertragen können. Bei diesen Marketingformen geht es insbesondere um Einzigartigkeit und Kreativität. Daher sind pauschale Ratschläge hier kaum möglich. Aber Sie haben bestimmt ein paar Ideen bekommen, wie Sie diese neuen Marketingformen für sich nutzen können. Da die Aktionen sehr individuell sind und auch viel Einfallsreichtum und Vorbereitungszeit verlangen, empfehlen wir Ihnen, sich mit einer Gruppe von kreativen Personen aus Ihrem Umkreis zusammenzusetzen und gemeinsam spannende Ideen zu entwickeln.

15.12   Fakenews

Abschließend zum Thema Social Media Marketing möchten wir die Thematik *Fakenews* kurz anreißen, können dies im Rahmen dieses Buches aber nicht vollumfänglich tun. Zunächst einmal zur Begrifflichkeit: Unter Fakenews werden allgemein Falschmeldungen verstanden, die sich insbesondere online und besonders schnell auch in den sozialen Medien verbreiten. Diese Meldungen werden manipulativ eingesetzt, um die Empfänger zu täuschen, und haben oftmals politische oder kommerzielle Absichten. Die Falschmeldungen sind beispielsweise nicht korrekt dargestellt, verdreht oder aus dem Kontext gerissen oder auch von Software, den Social Bots, erstellt und verbreitet. Die sich daraus ergebenen Konsequenzen, z. B. wirtschaftliche Schäden, sind ebenso vielfältig.

Das Phänomen »Confirmation Bias«

Unter diesem Begriff, der auch als *Bestätigungsfehler* geläufig ist, versteht man das Phänomen der unbewussten Wahrnehmungsverzerrung und dem Ausblenden von anderen Ansichten. Im Zusammenhang mit Fakenews bedeutet dies, dass Nachrichten, die mit den Ansichten des Lesers übereinstimmen, weniger oft hinterfragt und entsprechend häufiger geglaubt werden.

Wie Sie in Abbildung 15.63 sehen, stellen Fakenews für viele Europäer ein Problem dar. In Deutschland trauen 60 % der Befragten den Inhalten in sozialen Medien nicht.

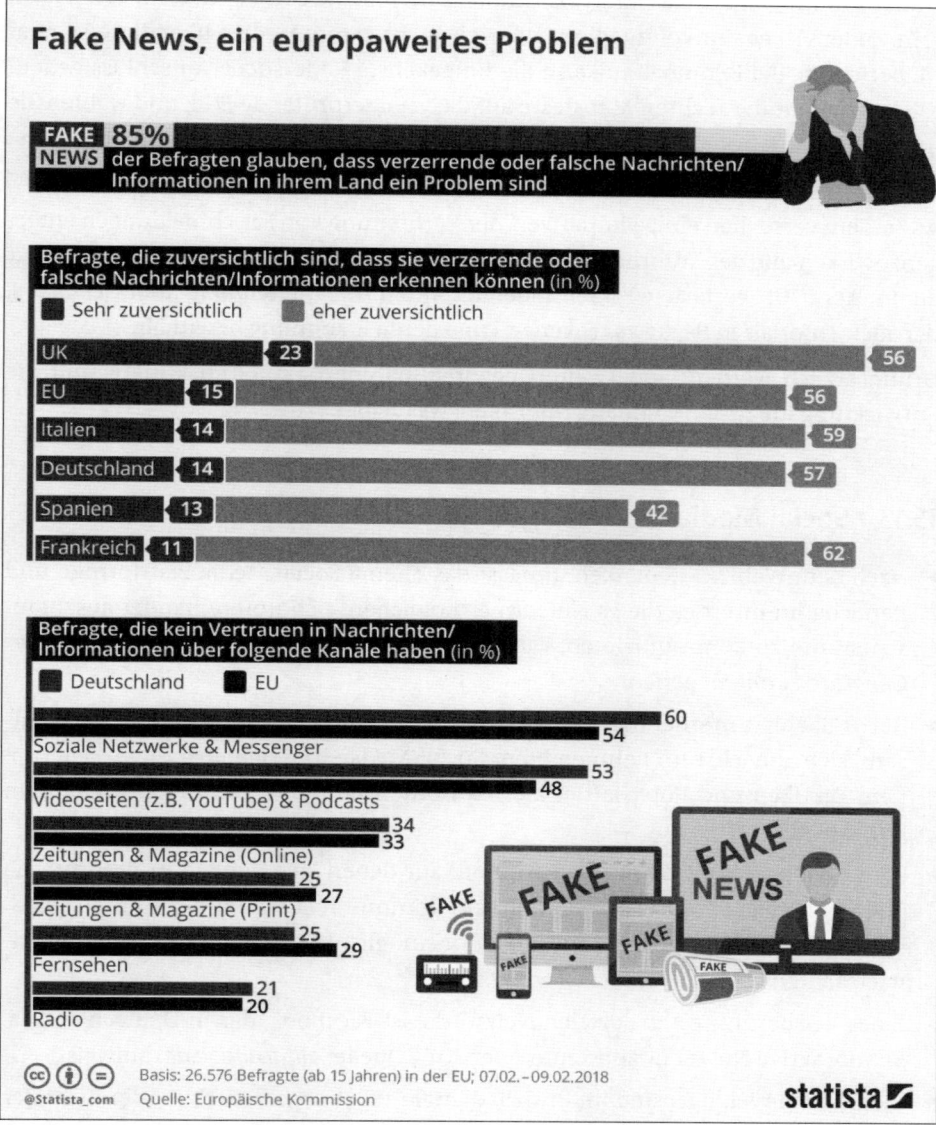

Abbildung 15.63 Ergebnisse zu einer Umfrage bezüglich Fake News in Europa (Quelle: statista.com)

Wie können Falschmeldungen nun von echten Tatsachenbeschreibungen unterschieden werden? Wenn Sie die folgenden Tipps berücksichtigen, minimieren Sie zumindest die Gefahr, auf Fakenews zu vertrauen. Zunächst einmal sollten Sie

Inhalte und ihre Verfasser überprüfen, bevor Sie ihnen Glauben schenken, oder diese gar zum Beispiel in sozialen Medien teilen. Ist die Nachrichtenquelle seriös, und woher stammt der Post konkret? Das Impressum und die URL können dabei hilfreich sein. Zudem ist es sinnvoll zu überprüfen, ob auch weitere Medien über diese Thematik berichten. Bei Bildinhalten kann die umgekehrte Bildersuche Aufschluss geben: Klicken Sie mit der rechten Maustaste auf das zu überprüfende Bild, und wählen Sie im Menü MIT GOOGLE NACH BILD SUCHEN aus. Zudem gibt es Tools wie beispielsweise TinEye (*www.tineye.com*)

Außerdem versuchen einige Initiativen, der Verbreitung von Falschmeldungen entgegenzuwirken und den Wahrheitsgehalt von Nachrichten zu überprüfen. Ein Beispiel ist der im April 2017 gestartete Faktenfinder der ARD (*http://faktenfinder.tagesschau.de*), der auch Tutorials in Bezug auf Fakenews und deren Erkennung bereithält.

Grundsätzlich werden länderweite Gegenmaßnahmen aktuell diskutiert, und die Entwicklung im Zusammenhang mit Fakenews bleibt abzuwarten.

15.13 Social Media Marketing to go

► Nach dem Web-2.0-Gedanken umfasst das Thema Social Media Plattformen und Bereiche im Internet, die es Nutzern ermöglichen, sich untereinander auszutauschen und zu kommunizieren. Die von Nutzern erstellten Inhalte werden *User-Generated Content* genannt.

► Bevor Sie als Unternehmen in Social-Media-Kanälen kommunizieren, ist es ratsam, sich zunächst im Rahmen einer Social-Media-Strategie über Ziele, Zielgruppen, Taktiken und Botschaften klar zu werden und eine geeignete Auswahl an Kanälen zu treffen.

► (Online-)Communitys sind Plattformen, auf denen sich Nutzer zu bestimmten Themenbereichen austauschen können. Communitys bieten dazu unterschiedliche Interaktions- und Kommunikationsmöglichkeiten (Chats, Foren, Direktnachrichten etc.).

► Eines der bekanntesten sozialen Netzwerke ist Facebook, das in Deutschland ca. 31 Mio. aktive Nutzer (Stand September 2017, Quelle: *allfacebook.de*) aufweist.

► Blogs (auch Weblogs) sind im Prinzip digitale Tagebücher. Hier veröffentlicht der Autor (Blogger) regelmäßig Beiträge zu einem bestimmten Themenfeld, die häufig in chronologischer Reihenfolge angezeigt werden und von Lesern kommentiert werden können.

► Ein prominenter sogenannter Microblogging-Dienst ist Twitter. Hier kann ein Nutzer ebenfalls über Neuigkeiten in Echtzeit berichten, allerdings mit einer maximalen Länge von 280 Zeichen pro Beitrag.

- Social Media Marketing (SMM) bezeichnet Maßnahmen, die mit verschiedenen Social-Media-Diensten einhergehen und beispielsweise Marketing-, PR- und Vertriebsziele verfolgen oder auch zur Personalbeschaffung neuer Mitarbeiter genutzt werden.

- Für Werbetreibende und den Erfolg in sozialen Netzwerken ist es elementar, authentisch aufzutreten und wirklich zu kommunizieren (das heißt Fragen zu stellen, Antworten zu geben, Emotionen zu zeigen etc.) und den direkten Kontakt zu Interessenten und Kunden zu nutzen.

- Ratsam ist es, das Stimmungsbild zum Unternehmen bzw. Angebot in sozialen Medien zu beobachten und gegebenenfalls entsprechend darauf zu reagieren.

- Als Werbetreibender sollten Sie unbedingt klare Ziele mit den Social-Media-Marketing-Maßnahmen verfolgen und diese messen.

- Virales Marketing ist durch eine schnelle Verbreitung im Internet gekennzeichnet. Mit aufmerksamkeitserregenden Inhalten und Aktionen können durch die virale Weiterempfehlung sehr viele Menschen erreicht werden.

- Virale Marketingkampagnen sind durch kreative Ideen geprägt. So müssen Anreize durch lustige oder kontroverse Themen geschaffen werden, um eine hohe Aufmerksamkeit zu erreichen.

- Im viralen Marketing werden häufig kurze Videos eingesetzt, die sich leicht über YouTube, Facebook und Co. verbreiten lassen. Wenn Ihre Ideen es dann schaffen, von den ersten Personen empfohlen und weitergegeben zu werden, kann eine Welle der Aufmerksamkeit für Ihre Inhalte entstehen.

- Guerilla-Marketing setzt dagegen auf eher unkonventionelle und kostengünstige Maßnahmen. Hierbei können aber auch virale Effekte entstehen. Begründer des Guerilla-Marketings ist Jay C. Levinson.

- Sogenannte Fakenews sind Falschmeldungen, die sich insbesondere über die sozialen Medien schnell verbreiten und oftmals politische oder kommerzielle Absichten verfolgen. Um Fakenews von echten Meldungen zu unterscheiden, sollten Sie die Autoren und Absender genau unter die Lupe nehmen.

15.14   Checkliste Social Media Marketing

Nutzen Sie direkte Kommunikationsmöglichkeiten im Social-Media-Bereich mit bestehenden und potenziellen Kunden?	
Sind Social-Media-Plattformen für Ihre Zielgruppe relevant und, wenn ja, welche?	

Tabelle 15.2 Checkliste für das Social Media Marketing

Haben Sie genau in Erwägung gezogen, eine Facebook-Page, einen Twitter-Account oder Ähnliches anzulegen und zu nutzen?	
Betreiben Sie ein (Unternehmens-)Blog?	
Haben Sie eine Social-Media-Strategie mit genauen Zielen, die Sie verfolgen, und messen Sie die Zielerreichung?	
Haben Sie festgelegt, wer in Ihrem Unternehmen per Social Media kommuniziert, und Social Media Guidelines aufgesetzt?	
Nutzen Sie diese Kommunikationskanäle wirklich konsequent, haben Sie entsprechende Ressourcen eingeplant, und halten Sie die Accounts auf dem aktuellsten Stand?	
Sind Ihre Neuigkeiten für die Leser spannend, und bieten sie einen Mehrwert?	
Gehen Sie auf Fragen und Kritik angemessen ein?	
Kennen Sie das Social-Media-Stimmungsbild, z. B. auf Facebook, Twitter oder einzelnen Blogs, zu Ihrem Unternehmen, das heißt, überprüfen Sie, wie Nutzer über Sie sprechen?	
Wie aktiv sind Ihre Wettbewerber im Bereich Social Media, und wie kommen die Aktionen bei den Nutzern an?	
Berücksichtigen Sie die verschiedenen Werbemöglichkeiten, die die einzelnen Social-Media-Plattformen anbieten?	
Verknüpfen Sie Ihre Social-Media-Aktivitäten mit Ihrer Website, z. B. durch einen GEFÄLLT MIR-Button von Facebook?	

Tabelle 15.2 Checkliste für das Social Media Marketing (Forts.)

Kapitel 16
Video-Marketing

»Schau mir in die Augen, Kleines!«
– aus dem Film »Casablanca« von Michael Curtiz

In diesem Kapitel sehen wir uns an, wie Videos heutzutage im Internet genutzt werden und wie Sie sie gezielt für Ihr Online-Marketing einsetzen können. So erfahren Sie, welche Arten von Videos es gibt und was Sie bei der inhaltlichen Erstellung beachten sollten. Darüber hinaus erhalten Sie einen Überblick über große Videoportale im Internet, in die Sie Ihr Video einbinden können. Bei der Nutzung von Portalen und auch bei der Videointegration in Ihre eigene Website darf der Blick durch die SEO-Brille (Suchmaschinenoptimierung) nicht fehlen. Gegen Ende des Kapitels widmen wir uns zudem einzelnen Werbemöglichkeiten in Videoportalen am Beispiel des Marktführers YouTube. Mit einem Kurzüberblick »to go« und einer Checkliste für den eiligen Leser schließt das Kapitel.

Als der Tsunami 2004 in Südost-Asien wütete oder als am 11. September 2001 Flugzeuge in das World Trade Center flogen, zückten einige Menschen ihr Handy, um den Moment per Video festzuhalten. Aber nicht nur Katastrophen bewegen Menschen dazu, bestimmte Situationen zu filmen. Auch skurrile oder witzige Augenblicke werden gerne festgehalten. Auf Konzerten leuchten statt der früheren Feuerzeugflämmchen nun die Handydisplays, und schon wenige Stunden später können sich User einzelne Songs im Internet anschauen. So gibt es zunehmend mehr »Produzenten« und auch Konsumenten von Videos.

Weltweit schauen immer mehr Internetnutzer Online-Videos. Im Jahr 2017 riefen in Deutschland 53 % aller Internetnutzer mindestens einmal pro Woche ein Online-Video auf (Quelle: *statista.com*). Bereits 58 % der Online-Nutzer sehen sich die Bewegtbilder auf mobilen Endgeräten an. Das ergab der von Ooyala veröffentlichte *Global Video Index* für das dritte Quartal 2017. Weitere Zahlen belegen, dass eine Vielzahl von Internetnutzern in Deutschland Videos im Web mithilfe sogenannter Streamingdienste wie Netflix oder Amazon Prime ansieht. Nach einer Online-Studie von ARD und ZDF ist der Prozentsatz für den die Nutzung solcher Streamingdienste in den letzten Jahren stetig angewachsen und erreichte im Jahr 2017 etwa 23 % (siehe Tabelle 16.1).

16

	2016	2017
Video Online (netto) gesamt	56 %	53 %
davon:		
Videoportale wie z. B. YouTube	33 %	31 %
Video-Streamingdienste (netto) z. B. Netflix	12 %	23 %
Fernsehsendungen live oder zeitversetzt	21 %	22 %
Live-Fernsehen im Internet	8 %	10 %
Video-Podcasts	7 %	8 %

Tabelle 16.1 Ergebnis der ARD/ZDF-Onlinestudien für die Jahre 2016 und 2017: 53 % der Onliner riefen im Jahr 2017 mindestens einmal pro Woche Videos im Internet ab.

Auch der zeitliche Rahmen der Videonutzung ist beträchtlich. Laut der ARD/ZDF-Onlinestudie (*www.ard-zdf-onlinestudie.de*) sahen Nutzer 2017 in Deutschland täglich im Schnitt 45 Minuten Videos im Internet.

Der größte Anteil der Nutzung von Bewegtbildern fällt dabei auf Videoportale, zeitversetzte Fernsehsendungen und Streamingdienste, so die ARD/ZDF-Onlinestudie 2017. Für das Jahr 2020 prognostiziert das Marktforschungsunternehmen eMarketer, dass mehr als 60 % aller Online-Videos auf Mobilgeräten konsumiert werden.

Ein Grund für diese Entwicklung liegt bei den immer besseren Endgeräten: Digitalkameras und Handys mit hochauflösenden Kameras, extrem schnelle Internetverbindungen und Flatrates zu geringen Kosten tragen ihren Teil dazu bei, dass zunehmend mehr Nutzer Videos in hoher Qualität erstellen (*User-Generated Content, UGC*) und anschauen. Viele Nutzer sind dabei weniger an einer monetären Vergütung für das Einstellen von Videos interessiert, sondern werden eher durch Kommentare, Bewertungen und eine Vielzahl von Videoaufrufen angespornt.

Aktuell beläuft sich die Zahl der täglich auf dem größten Videoportal YouTube aufgerufenen Videos auf über 5 Mrd. Lassen Sie sich diese Zahl ruhig auf der Zunge zergehen. Angenommen, die durchschnittliche Länge eines Videos beträgt eine Minute, so könnte man etwa 9.512 Jahre (!) ununterbrochen Videoinhalte abrufen. Dabei findet mehr als die Hälfte der Aufrufe über Mobilgeräte statt. Durchschnittlich wird pro Minute (!) 300 Stunden Videomaterial auf YouTube hochgeladen. Videos zählen inzwischen zu extrem beliebten Webinhalten. Dabei gibt es Online-Videos schon seit den 1990er Jahren. Durch den hohen Aufmerksamkeitsgrad, den Online-Videos bei insbesondere mobilen Internetnutzern erreichen, werden sie zunehmend für Unternehmen und Website-Betreiber interessant, die sie als Kommunikations- und Werbemittel nutzen.

Immer weiter verschmelzen auch die Angebote für Fernsehen und Internet. Agierten die beiden Kanäle früher getrennt voneinander, so kann man eine zunehmende Verknüpfung gerade bei den großen Playern am Markt feststellen. Sowohl Google als auch Apple sind bemüht, in den TV-Markt einzudringen, und arbeiten an Lösungen, um beide Kanäle stärker miteinander zu vernetzen. Auch Gerätehersteller wie Samsung arbeiten an einer stärkeren Verschmelzung: Fernseher mit Zusatzschnittstellen wie WLAN sind inzwischen im Markt absoluter Standard. Streaming-Media-Adapter wie Chromecast von Google oder Schnittstellen wie AirPlay von Apple erleichtern auch in technischer Hinsicht die Wiedergabe von Online-Videos auf Fernsehgeräten. Auch beim Nutzerverhalten macht sich dies bemerkbar: So surft weit mehr als jeder zweite TV-Zuschauer zumindest selten während des Fernsehens im Internet. Derzeit (noch) mit zweierlei Endgeräten, doch dies wird sich möglicherweise in Zukunft zugunsten eines Endgeräts ändern.

Wir werden uns vor diesem Hintergrund in diesem Kapitel speziell der Bedeutung von Online-Videos für Marketingzwecke widmen. Nachdem wir uns im ersten Abschnitt mit dem Stellenwert von Videos für modernes Online-Marketing beschäftigen, gehen wir anschließend zunächst auf die Produktion von Videos ein. Danach schauen wir uns bekannte Videoportale genauer an, nehmen Videowerbung ebenso unter die Lupe wie Videos auf der eigenen Website und schließen mit einem Blick in die Zukunft ab.

Klappe, die erste: Und Action!

16.1   Bewegender Trend – Online-Video-Marketing

Online-Video-Marketing – das Wort ist in aller Munde, doch was verbirgt sich genau hinter diesem Begriff? Online-Video-Marketing bezeichnet das Präsentieren von Botschaften per Video auf der eigenen Website und das Verbreiten und Bewerben dieser Videos auf anderen Internetpräsenzen (Videoportalen, Social-Media-Plattformen etc.). Das Internet ist somit das Distributionsmedium für diese Botschaft, die unterschiedlichen Charakter haben kann. Damit ist Online-Video-Marketing ein spezieller Bereich des Online-Marketings.

Die Vorteile von Videos liegen auf der Hand: Zum einen können sie in ihrer multimedialen Beschaffenheit Emotionen transportieren, wie es per Text, Bild oder Audio allein nicht möglich wäre. Zum anderen sind sie für Website-Betreiber und Unternehmen besonders interessant, da sie komplexe Sachverhalte verständlich vermitteln und eine klare Markenbotschaft authentisch transportieren können. So kann der Einsatz von Videos zum Imageaufbau beitragen und auch Kompetenz und Innovation vermitteln. Videos können also die Website-Besucher fesseln und die Verweildauer erhöhen. Werden sie für interessant erachtet, werden sie von Benutzern weitergeleitet und verbreitet, wodurch auch die Zuschauerzahl steigen kann. Im Idealfall kann sogar ein viraler Effekt ausgelöst werden. Sowohl Reichweite als auch Bekanntheit werden dadurch unterstützt. Dabei lassen sich verschiedene Videoarten unterscheiden. Häufig verwendet werden beispielsweise Produktvideos, Anleitungen und Tutorials. Zuschauer sehen bei diesen Filmen das jeweilige Produkt und seine Funktionsweise im Einsatz. Dies kann sich durchaus verkaufsunterstützend auswirken, kann aber auch einen Beitrag leisten zur Bindung von Bestandskunden.

Darüber hinaus gibt es Videos, die die Handhabung eines Produkts veranschaulichen und Tipps geben. Neben Interessenten richten sich diese Filme auch an bestehende Kunden. Inhalte können zudem Problemlösungen und weitere Anwendungsfelder sein. Als Anbieter verbessern Sie mit derartigen Videos Ihren Service. Weitere Videoarten sind Imagefilme oder Unternehmensfilme (siehe Abbildung 16.1) und auch sogenannte *Webisodes*. Mit Letzteren sind Serien im Web gemeint, die aus kurzen Einzelfolgen bestehen, die sich in einen Gesamtzusammenhang einfügen und zum Teil Interaktionen zulassen.

Zudem sind virale Kampagnen (mehr dazu lesen Sie in Kapitel 15, »Social Media Marketing«), Ratgeberinhalte, spielerische Elemente sowie Wettbewerbe (Contests) denkbar, die oftmals einen Traffic-Anstieg nach sich ziehen. Möchten Sie Ihre Besucheranzahl steigern oder Ihre Abverkäufe erhöhen, möchten Sie Ihre Markenkommunikation unterstützen, Ihre Bestandskunden zufriedenstellen, sich als Themenführer positionieren oder neue Produkte vorstellen? Je nachdem, welches Ziel Sie erreichen möchten, können die Videos verschiedenste Ausprägungen haben und an verschiedenen Stellen veröffentlicht und beworben werden.

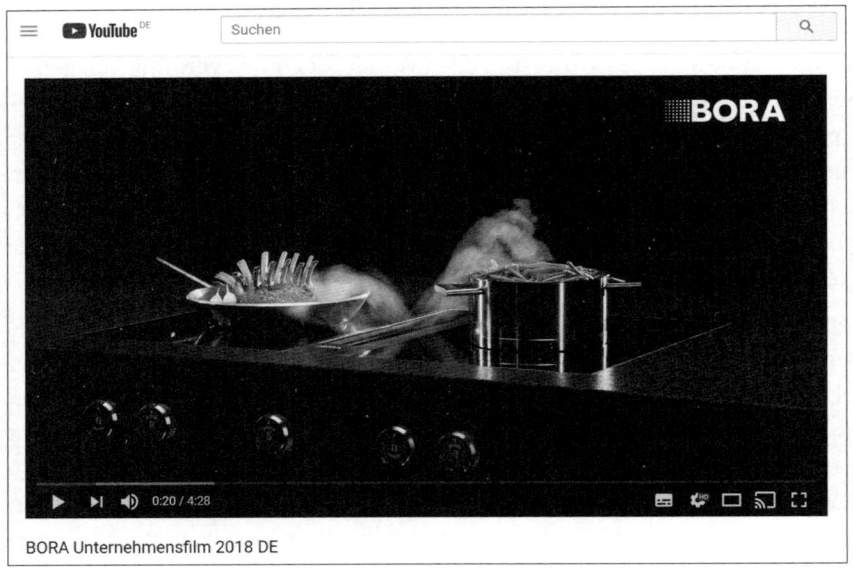

Abbildung 16.1 Unternehmensfilm der BORA Lüftungstechnik GmbH auf YouTube

Grundsätzlich sind Online-Videos für alle Arten von Website und Dienstleistungen denkbar. So können beispielsweise Nachrichten-Websites mithilfe von Videos aktuelle Themen glaubwürdig präsentieren und Online-Shops ihre Produkte besonders greifbar und authentisch darstellen. Online-Videos sollten auf die Website, das Angebot und selbstverständlich auf die Zielgruppe zugeschnitten sein. Für jeglichen Einsatz von Videos im Netz gilt, dass sie mit dem eigentlichen Website-Inhalt Hand in Hand gehen und dem Besucher einen Mehrwert bieten sollten.

Screencasts

Screencasts sind eine besondere Form von Videos: Sie sind eine Aufzeichnung von Bildschirmaktivitäten und zeigen, ähnlich wie eine Film-Gebrauchsanweisung, Abläufe und Anwendungen, z. B. von Software oder Produkten im Detail. Auch Anmelde- oder Installationsvorgänge können optimal per Screencast erläutert werden. Online gibt es eine Vielzahl kostenloser oder sehr günstiger Tools, mit denen Sie Screencasts erstellen können, z. B. Screencast-O-Matic (*screencast-o-matic.com*).

Natürlich hängt auch der Erfolg im Video-Marketing direkt mit Ihren angestrebten Zielen zusammen. Grundsätzlich profitieren Sie aber dann, wenn die Inhalte für Ihre Zielgruppe relevant sind und optimal z. B. über Suchmaschinen gefunden werden, die Reichweite also steigt. Auch die Verbreitung der Inhalte, z. B. durch Bewertungs- und Empfehlungsfunktionen, ist ein wichtiger Indikator für den Erfolg Ihrer Videos. Wenn jedoch zu viel Aufwand (auch monetärer Art) einem wenig besuchten und angesehenen Video gegenübersteht, dann ist Video-Marketing fehlgeschlagen. Das kann an inhaltlich schlechten Videos liegen, die keinen Mehrwert bieten und nicht auf die Zielgruppe abgestimmt sind, oder daran, dass die Videos schlecht zu finden sind.

16

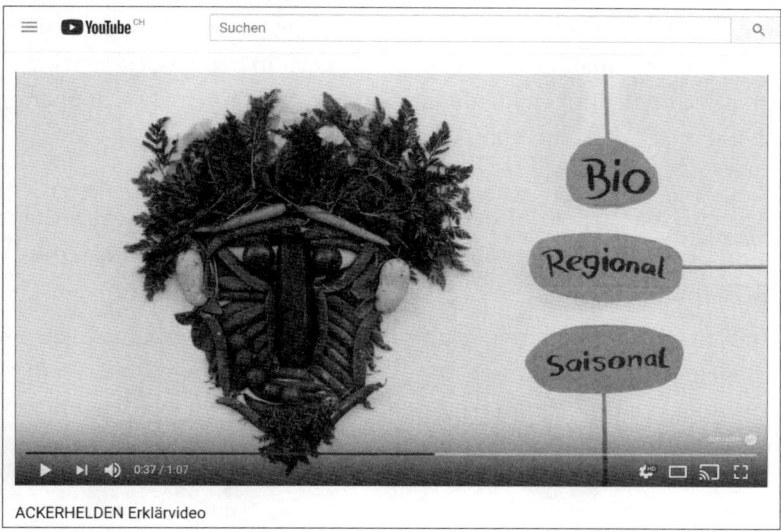

ACKERHELDEN Erklärvideo

Abbildung 16.2 Gelungene Verbindung von Erklärvideo und Imagefilm der Ackerhelden

Wir gehen auf den folgenden Seiten näher auf die Konzeption und Präsentation von Videos ein. Darüber hinaus werden wir in diesem Kapitel die Möglichkeiten vorstellen, Videos durch Werbung bekannter zu machen oder innerhalb von Videos Werbung zu platzieren.

16.2 Videos erstellen

Wenn Sie entscheiden, dass Video-Marketing für Sie eine sinnvolle Werbemöglichkeit ist, lautet die erste Frage, die Sie sich innerhalb Ihrer Videostrategie stellen müssen: Möchten Sie Ihr Video selbst hosten (das heißt für das Web speichern) oder das Hosting einem anderen Anbieter überlassen? In den meisten Fällen ist für das eigene Hosting eine Menge technischer Aufwand notwendig, so dass oftmals das ausgelagerte Hosting infrage kommt. Aus diesem Grund gehen wir an dieser Stelle nicht näher auf das eigene Hosting ein und konzentrieren uns mehr auf die inhaltliche Gestaltung von Videos.

Die zweite Frage, die Sie klären sollten, lautet: Wo möchten Sie Ihr Video präsentieren? Möchten Sie Ihre Videos ausschließlich auf Ihrer Website zeigen oder auch auf anderen Websites?

Wenn Sie ein Video in die eigene Website integrieren, sollten Sie unbedingt Wert darauf legen, dass es in einem thematisch passenden Umfeld eingebettet wird. In der Praxis wird häufig der Fehler begangen, dass Videos auf der Startseite gezeigt werden, obwohl es Unterseiten gibt, die deutlich besser zum Inhalt passen würden. Wenn Ihr Video allerdings einen guten Überblick über Ihr Kernangebot bietet oder Ihr Nutzenversprechen auf den Punkt bringt, ist die Platzierung auf der Startseite eine gute Wahl. Auch wenn Sie eine optimale Seite gefunden haben, sollte das Video selbst nicht als »Anhang« an den Inhalt gesetzt werden, sondern in den passenden Inhalt einfließen. Wenn der Umfang Ihrer Videoinhalte größer ist, können Sie sich überlegen, ob es sinnvoll sein könnte, eine Rubrik für Videoinhalte in Ihre Navigation aufzunehmen.

Entscheiden Sie sich für die Variante, Ihr Video auch auf anderen Websites zu zeigen, kommen Videoportale wie YouTube und auch soziale Netzwerke (z. B. Twitter) hinzu (siehe Abbildung 16.3).

Dabei profitieren Sie von einer höheren Reichweite, integrierten Werbemöglichkeiten, einfach zu bedienenden Funktionen zum Empfehlen, Kommentieren, Weiterleiten und einem einfachen Upload – und das ohne weitere Kosten. Auf der anderen Seite sollten Sie sich aber bewusst machen, dass die Videos in diesem Fall nicht auf Ihrer Website angesehen werden, dass unter Umständen Werbung von anderen Unternehmen eingeblendet werden kann, dass, je nach Portal, möglicherweise Qualitätsverluste entstehen und dass die Länge des Videos limitiert sein kann. Zudem erhalten Sie keinen *Linkjuice*, wenn Videos auf anderen Websites eingebettet werden. Springen Sie zu Abschnitt 16.4, »SEO und Video-Marketing«, um zu erfahren, wie Sie Ihre Videos auch für Suchmaschinen gut auffindbar auf Videoportalen einstellen können.

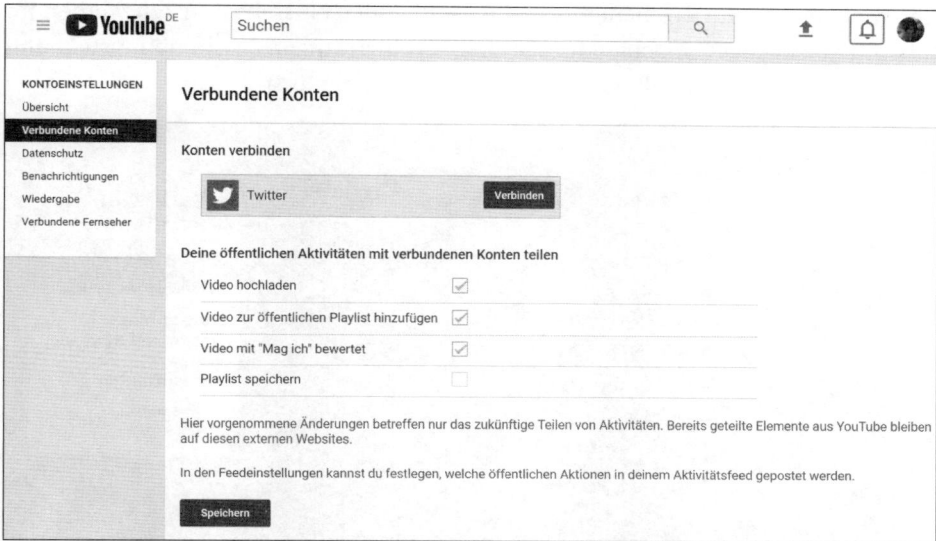

Abbildung 16.3 Bei YouTube können Sie Ihren Account direkt mit Twitter verknüpfen.

Sollten Sie Ihr Video auf Ihrer eigenen Website und einem Videoportal integrieren, ist das sogenannter *Duplicate Content*, also doppelter Inhalt, auf den Suchmaschinen gar nicht gut reagieren. Achten Sie also unbedingt darauf, auf Ihrer Website mehr zu bieten als das reine Video, und ergänzen Sie Zusatzinformationen in Text und Bild. Außerdem können Sie unterschiedliche Beschreibungen und Titel verwenden. Von Vorteil ist bei dieser doppelten Platzierung, dass Sie sowohl die Kontrolle über Ihr Video auf der eigenen Seite behalten und es den bestehenden Besuchern präsentieren können als auch ein großes Publikum auf den Portalen ansprechen.

Stellen Sie unbedingt sicher, dass Sie die Portalzuschauer nicht auf Ihre Website leiten und Ihnen dort das gleiche Video noch einmal präsentieren. Wenn Sie sich in die Lage des Benutzers versetzen, können Sie nachempfinden, dass dies frustrierend und ärgerlich sein kann. Besser ist es daher, wenn Sie eine spezielle *Landing Page* (Zielseite) entwickeln und den Portalzuschauer zu dieser leiten und ihn zu einer definierten Handlung führen. Beim Videoportal YouTube können Sie in Ihren Videos auch Links einbauen, die auf Ihre Website verweisen. Hierzu müssen Sie zunächst die Inhaberschaft über Ihre Website mithilfe der Google Search Console verifizieren und danach Ihre Website mit Ihrem YouTube-Konto verknüpfen. Anschließend können Sie sogenannte *Anmerkungen* erstellen und dort Links zu Ihrer Website hinzufügen. Sie sollten spezielle Links hinterlegen, z. B. auf einer Landing Page oder mit ange-

16

hängten Kampagnenparametern, damit Sie im Nachgang genau analysieren können, wie viele Besucher vom Videoportal den Weg zu Ihrer Website gefunden haben.

Eine noch flexiblere Möglichkeit, Ihre YouTube-Videos interaktiver zu gestalten, sind die sogenannten *Infokarten*. Hierbei handelt es sich um klickbare Elemente, die innerhalb des Videos erscheinen. Zu einer individuell einstellbaren Zeit werden im Video kleine Kacheln eingeblendet, die ein Bild, einen kurzen Beschreibungstext und einen Call to Action enthalten können (siehe Abbildung 16.4).

Abbildung 16.4 Verwendung von Infokarten in einem YouTube-Video

Haben Sie all diese Fragen geklärt, so müssen Sie festlegen, wer Ihr Video erstellt. In vielen Fällen bietet es sich an, dies einem Dienstleister zu überlassen. Sie vermeiden damit zunächst hohe Investitionskosten, die für eine professionelle Videoproduktion leider unumgänglich sind (Kamera, Stativ, Audio- und Beleuchtungstechnik, Software für Schnitt und Nachbearbeitung). Je nachdem, welche Ansprüche Sie an das Video stellen, müssen die Kosten für einen Dienstleister nicht in unermessliche Dimensionen steigen und sind auch für kleinere Unternehmen und Website-Betreiber bezahlbar. Inzwischen gibt es viele Anbieter, die auch schon für kleines Geld qualitativ hochwertige Videos erstellen; sie kennen sich gut mit dem Equipment aus und bringen schon Erfahrungen im Videodreh mit.

Formulieren Sie gegenüber dem Dienstleister klar Ihre Ansprüche und Ziele, um ein hohes Investitionsrisiko zu minimieren und vergleichen Sie unterschiedliche Angebote. Starten Sie zunächst mit einem kleineren Projekt, um erste Erfahrungen mit den Herausforderungen dieses Mediums zu sammeln. Solange Sie aber noch nicht an die Produktion einer ganzen Serie von Videos denken, gilt unsere Empfehlung:

Ziehen Sie einen Drittanbieter heran, und lassen Sie Ihre Videos erstellen. Wenn Sie kontinuierlich sehr viele Videos produzieren möchten, empfiehlt es sich zu einem späteren Zeitpunkt gegebenenfalls, Mitarbeiter mit entsprechenden Kenntnissen einzustellen und in professionelles Equipment zu investieren. In jedem Fall aber sollten Sie zunächst erste Erfahrungen mit dem Aufwand und den Kosten einer Videoproduktion sammeln.

So individuell Ihre Website und Ihre Ziele sein können, so vielfältig können auch Online-Videos in ihrem Inhalt sein. Für alle gilt jedoch: Achten Sie darauf, dass das eingebundene Video auf Ihrer Website zu dem Inhalt passt, der es umgibt. Sie können um das Video herum weitere Informationen ergänzen, indem Sie passende Artikel, Fragebogen etc. anbieten. Stellen Sie sicher, dass Ihr Video Ihr Marketingziel unterstützt. Wenn Sie Ihr Markenimage verbessern möchten, dann sollte die Marke auch Kern des Videos sein. Möchten Sie hingegen den Zuschauer zu einem Kauf anregen, so können Sie Ihre Produkte multimedial vorführen (siehe Abbildung 16.5 und Abbildung 16.6).

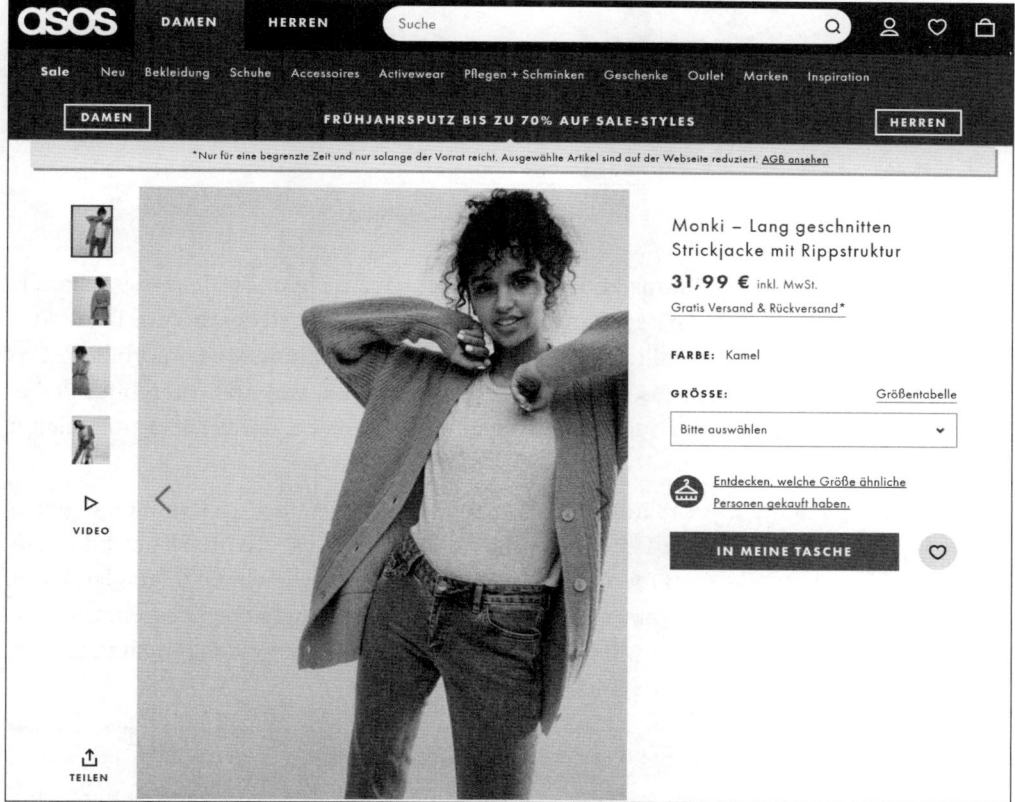

Abbildung 16.5 Die Produktbeschreibung bei ASOS umfasst auch ein Produktvideo.

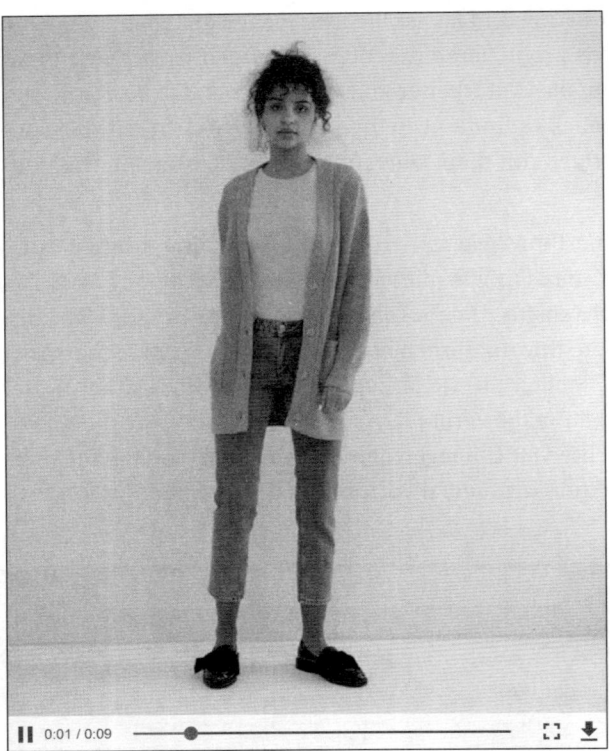

Abbildung 16.6 Präsentation des Produkts als Bewegtbild

Trotz des virtuellen Raums können Sie so sehr reale Einkaufserlebnisse schaffen, Ihre Angebote in einer passenden Umgebung vorstellen und deren Vorteile herausarbeiten. In jedem Fall sollte ein Video den Zuschauern einen Mehrwert bieten. Das können beispielsweise zusätzliche Informationen sein, wie Ansichten oder Bedienungsanleitungen, oder auch ein witzig gestaltetes Video, das gerne weitergeleitet wird.

Wie Sie in Kapitel 7, »Usability – benutzerfreundliche Websites«, gelesen seine, gibt es die magische Zahl Sieben. Untersuchungen zufolge können sich Menschen bis zu sieben Dinge besonders gut merken. Aus diesem Grund haben wir die folgenden Tipps, die Sie bei der Erstellung eines Videos beachten sollten, auf sieben begrenzt. Sicherlich gibt es darüber hinaus weitere Aspekte, die Sie bei einem Video beachten sollten, die aber den Rahmen dieses Buches sprengen würden.

Sieben Dinge, die Sie bei Ihrem Video beachten sollten

▶ **Interessanter Inhalt**: Das ist das A und O eines Videos. Legen Sie Wert auf eine klare Struktur, in der die wichtigsten Informationen übermittelt werden. Sie können auch Texteinblendungen (sogenannte *Bauchbinden*) integrieren. Machen Sie gleich zu Beginn den Inhalt des Videos klar. Gestalten Sie den Inhalt Ihres Videos außerdem abwechslungsreich – Internetnutzer haben oft wenig Geduld und eine geringe Aufmerksamkeitsspanne.

▶ **Programmstrategie**: Damit Ihr Video keine Eintagsfliege bleibt, sollten Sie sich eine längerfristige Online-Video-Strategie überlegen. Definieren Sie in einem Video-Redaktionsplan, welche Videos Sie wann erstellen möchten und wie Sie für deren Verbreitung sorgen. Orientieren Sie sich bei Ihrer Programmgestaltung auch an Höhepunkten im Jahresverlauf, z. B. Sportereignisse oder Feiertage (sogenannte *Tent-Poling-Ereignisse*).

▶ **Videolänge**: Bedenken Sie, dass die Aufmerksamkeit der Zuschauer nach zwei Minuten deutlich abnimmt. Setzen Sie Kernbotschaften daher möglichst an den Videoanfang. Achten Sie insbesondere darauf, dass die ersten Szenen innerhalb der ersten 30 Sekunden besonders interessant sind.

▶ **Brand Awareness (Markenbekanntheit)**: Steigern Sie die Wahrnehmung Ihrer Marke, indem Sie sie im Video platzieren. Das kann im Vorspann, Abspann und innerhalb des Videos geschehen – indem Sie z. B. Ihr Logo stets klein in einer Ecke einblenden. Halten Sie Vor- und Abspann grundsätzlich recht kurz.

▶ **Optimale Wiedergabe**: Überprüfen Sie technische Aspekte. Ihr Video sollte schnell starten und möglichst nicht unterbrochen werden (z. B. durch Datenpufferung). Achten Sie auch auf eine ausreichende Beleuchtung und eine gute Kameraeinstellung.

▶ **Tonqualität**: Neben den Bildern spielt der Ton die Musik. Stellen Sie sicher, dass Ihr Ton sauber aufgenommen wird und auch mit weniger guten Endgeräten leicht verständlich ist. Hintergrundmusik und -geräusche sollten dezent bleiben und Gesprochenes nicht übertönen.

▶ **Call to Action**: Stellen Sie eine klare Handlungsaufforderung (Call to Action) ans Ende Ihres Videos, und platzieren Sie Interaktionsmöglichkeiten auch im Verlauf des Videos. Dies kann z. B. ein Link sein, den der Zuschauer aufrufen soll, damit er auf eine Landing Page gelangt. Stellen Sie heraus, was den Besucher erwartet, wenn er diese Seite aufruft. Auch Kommentare oder das Weiterleiten des Videos kann eine Handlungsaufforderung sein. Auf Videoportalen können Sie den Zuschauer dazu aufrufen, Ihren Kanal zu abonnieren.

Viele hilfreiche Tipps und Tools für die Erstellung von Online-Videos erhalten Sie in der *Creator Academy* von YouTube (siehe Abbildung 16.7). Unter *creatoracademy.youtube.com* stehen Ihnen zahlreiche kostenlose Online-Kurse zur Verfügung, die Ihnen dabei helfen, eine kreative Videostrategie zu entwickeln, ein Video professionell zu produzieren, Zuschauer zu gewinnen und die Reichweite Ihrer Videos zu erhöhen.

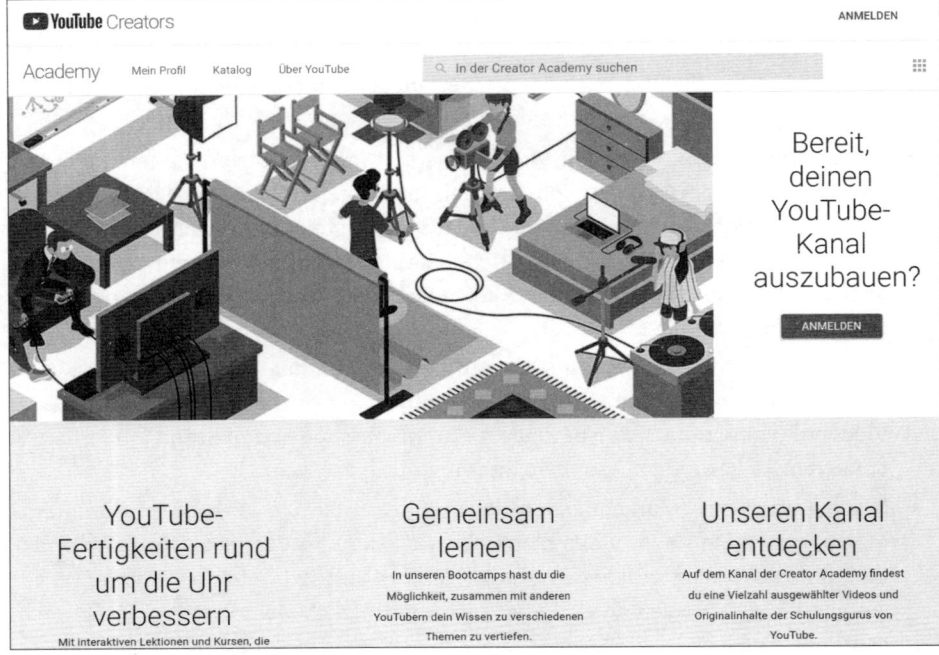

Abbildung 16.7 YouTube Creator Academy

16.3   Videoportale und Hosting-Lösungen

Im Internet gibt es mittlerweile zahlreiche Videoportale. Deutlich die Nase vorn, was den Bekanntheitsgrad und die Reichweite anbelangt, hat das Videoportal *YouTube*. Wir werden uns als Erstes ansehen, was der Begriff Videoportal genau bedeutet, und schauen uns anschließend einige Portale, insbesondere YouTube, detaillierter an.

Videoportale sind spezielle Websites, die den Nutzer aktiv oder passiv ansprechen. So können Besucher Videodateien hochladen (aktiv) oder sich Videos ansehen und somit konsumieren (passiv). Dies ist in der Regel nicht mit Kosten verbunden und technisch über einen eingebundenen Videoplayer möglich. Üblicherweise können Nutzer die Inhalte bewerten, kommentieren, weiterleiten und über Social-Media-Kanäle verbreiten.

Die Inhalte der Videoportale sind in vielen Fällen eine Mischung aus von Nutzern eingestellten Inhalten und Videos, die professionelle Anbieter zur Verfügung stellen. So gibt es neben User-Generated Content (UGC) auch TV-Sendungen oder Mitschnitte, die von den Sendern bzw. Portalen selbst eingestellt werden können.

Wie schon angekündigt, werden wir nun auf einige Videoportale näher eingehen. Die vorgestellten Websites zählen zu sehr bekannten Portalen (dies trifft insbesondere auf YouTube zu), dennoch erheben wir nicht den Anspruch auf Vollständigkeit. Viele Funktionen sind auch auf andere Videoportale übertragbar.

Nach einer ARD/ZDF-Onlinestudie haben 57 % der Onliner bereits Videoportale genutzt, um Online-Videos anzuschauen, in der Gruppe der 14- bis 29-jährigen Nutzer sogar mehr als 90 %. Dagegen werden andere Orte im Internet deutlich seltener genutzt, um Videos anzuschauen (siehe Tabelle 16.2). Das stärkste Wachstum der Videonutzung im Internet verzeichneten zuletzt Streamingdienste wie Netflix oder Maxdome. Möglichkeiten für Unternehmen, sich im Umfeld dieser Streamingdienste zu positionieren, sind allerdings derzeit noch nicht gegeben.

	2016 (gesamt)	2017 (gesamt)	2017 (14–29 Jahre)
Videoportale	59 %	57 %	91 %
Fernsehsendungen live oder zeitversetzt	42 %	52 %	75 %
Mediatheken der Fernseh-sender	42 %	43 %	60 %
Video-Streamingdienste wie Netflix, Watchever, Maxdome	18 %	38 %	68 %
Videos auf Facebook	32 %	32 %	65 %

Tabelle 16.2 Nutzungsorte von Online-Videos 2016 und 2017 (Quelle: ARD/ZDF-Onlinestudie)

Kommen wir nun aber zum unangefochtenen Platzhirsch unter den Videoportalen – einer Plattform, an der heute kein Weg vorbeiführt, wenn Sie sich professionell mit Online-Video-Marketing beschäftigen wollen: YouTube. Wer aber steckt hinter dem Marktführer? Inzwischen ist das Portal die zweitgrößte Suchmaschine nach Google und die nach Google und Facebook am häufigsten besuchte Website überhaupt. Wir haben für Sie einen kurzen Steckbrief zusammengestellt.

Steckbrief YouTube

- Domain: *www.youtube.com*
- gegründet: Februar 2005
- Eigentümer: YouTube, LLC, Tochtergesellschaft der Google Inc.
- Länder und Sprachen: 90 Länder und 76 Sprachen
- Nutzer: YouTube hat ca. 1,5 Mrd. Nutzer
- Täglich werden auf YouTube ca. 5 Mrd. Videos angeschaut – davon ca. 70 % auf Mobilgeräten.
- Ein durchschnittlicher Internetnutzer verbringt 40 Minuten pro Tag auf YouTube.

16

- Inhalte: nutzergenerierte Inhalte (UGC), Film- und TV-Clips, Musikvideos, Fernsehsendungen. Die am häufigsten aufgerufenen Clips sind Musikvideos mit mehreren Milliarden Views.
- Werbung: Die ersten Werbeanzeigen auf YouTube liefen im August 2007. Heute nutzen mehr als eine Million Werbetreibende YouTube als Anzeigenplattform.
- Besonderheit: YouTube wurde im Oktober 2006 für 1,31 Mrd. € (in Aktien) von Google gekauft. Das Videoportal führt die Liste der Videoportale international klar an. Pro Minute werden ca. 400 Stunden Videoclips hochgeladen.

Waren es 2012 noch 72 Stunden Videomaterial, das pro Minute auf YouTube hochgeladen wurde (siehe Abbildung 16.8), so waren es im November 2014 bereits 300 Stunden pro Minute, ein halbes Jahr später sogar 400 Stunden.

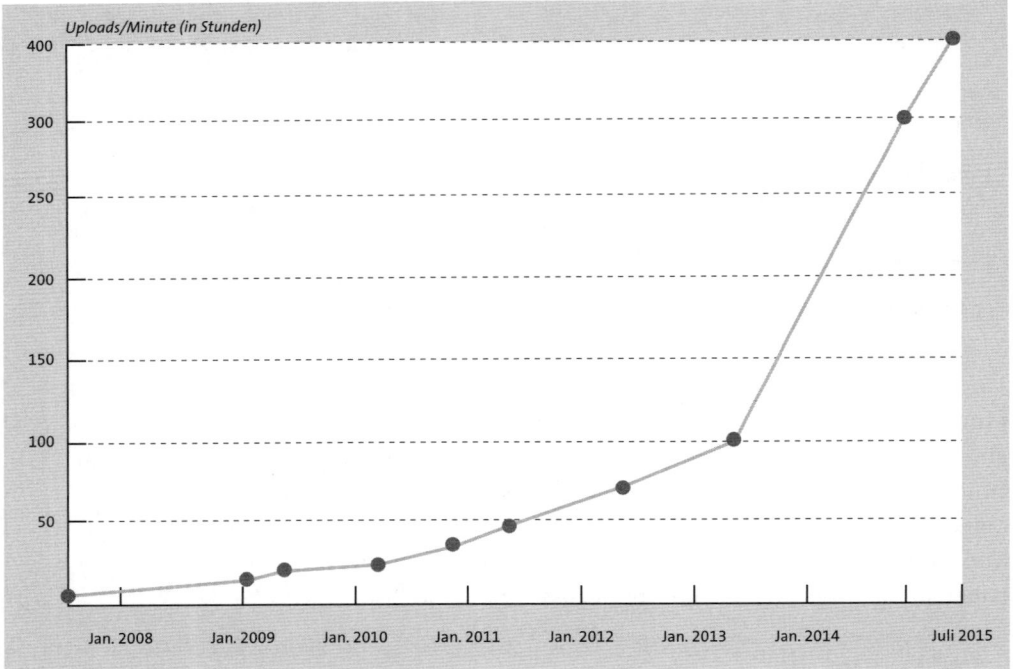

Abbildung 16.8 Entwicklung der Uploads bei YouTube bis 2015 (Quelle: www.reelseo.com)

Mitverantwortlich für diese Entwicklung ist unter anderem der technologische Fortschritt, z. B. bei Handys, die prominentere Positionierung auf Mobilgeräten, die das ebenfalls zu Google gehörende Betriebssystem Android nutzen, und die erhöhte maximale Dateigröße auf 128 GByte und Videolänge auf 12 Stunden.

Zuschauer eines YouTube-Videos haben – sofern Sie mit Ihrem Google-Benutzerkonto angemeldet sind – unter anderem die Möglichkeit, das Video zu kommentieren, auf diversen Social-Media-Portalen zu teilen, weiterzuleiten, auf anderen Websites einzubetten und mitzuteilen, ob sie es mögen oder nicht (mit einem Daumen, der je nach Gefallen nach oben oder unten zeigt). Zudem können angemeldete Benutzer benachrichtigt werden, wenn neue Videos auf einem entsprechenden Kanal verfügbar sind.

Erfolgreiche YouTube-Werbevideos zeichnen sich häufig durch eine Mischung aus Emotionalität, Humor und einem gewissen Überraschungseffekt aus. Ein weiterer wichtiger Erfolgsfaktor ist die zielgerichtete Verbreitung des Videos auf relevanten Social-Media-Portalen wie Facebook oder Twitter. In Abbildung 16.9 sehen Sie als Beispiel ein Werbevideo des Immobilienportals Immowelt, das im Jahr 2017 zu den erfolgreichsten Online-Werbevideos Europas zählte und innerhalb eines Jahres fast 25 Millionen Mal auf YouTube abgespielt wurde. Das Hashtag *#fuerimmo* bildete hierbei die Grundlage für eine erfolgreiche Distribution des Videos in einschlägigen Social-Media-Netzwerken.

Abbildung 16.9 Werbevideo des Immobilienportals Immowelt auf YouTube

Darüber hinaus können sich YouTube-Nutzer und Unternehmen unter anderem einen eigenen Kanal anlegen und Favoriten verwalten. Den YouTube-Kanal von Porsche (*www.youtube.com/user/porsche*) sehen Sie beispielhaft in Abbildung 16.10.

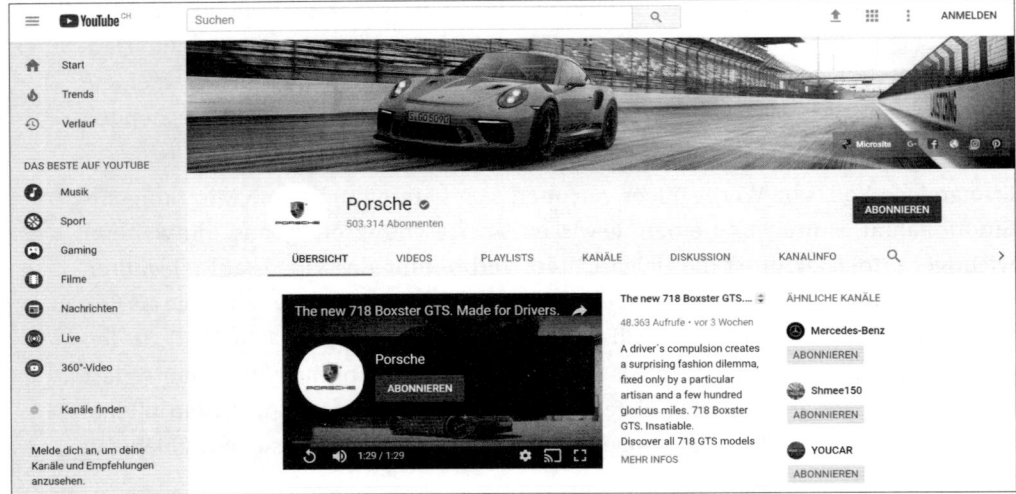

Abbildung 16.10 Der Brand-Channel von Porsche unterstützt die Markenkommunikation.

Tipp

Diverse kostenlose Tools helfen Ihnen bei der Bearbeitung Ihrer YouTube-Videos. Mit Clipchamp (*clipchamp.com*) oder dem Open-Source-Tool Shotcut (*shotcut.org*) stehen Ihnen professionelle und benutzerfreundliche Anwendungen zur Verfügung, mit deren Hilfe Sie Ihre Videos schneiden, mit Musik untermalen und bearbeiten können. Wenn Sie Ihre Videos bei YouTube hochladen, sollten Sie ein besonderes Augenmerk auf den Titel, die Beschreibung und die Meta-Informationen jedes einzelnen Videos legen, damit Ihre Videos auch auffindbar sind. Arbeiten Sie mit aussagekräftigen Begriffen, die den Inhalt des Videos beschreiben, und verzichten Sie auf Werbeslogans – schließlich wollen Sie in der zweitgrößten Suchmaschine der Welt ja auch gefunden werden. Mehr zu diesem Thema erfahren Sie in Abschnitt 16.4, »SEO und Video-Marketing«.

Wenn Sie Ihre Videos bewerben möchten, müssen Sie sich einen Account bei YouTube anlegen. Da YouTube ein Angebot von Google ist, können Sie auch ein bestehendes Google-Konto verwenden. Unter Ihren Kontoeinstellungen gelangen Sie auch zu den sogenannten *YouTube Analytics* (siehe Abbildung 16.11). Hier können Sie Statistiken zu Ihren Videos einsehen und herunterladen – zunächst in einem Überblick, aber auch in Detailberichten, wenn Sie auf die einzelnen *Widgets* klicken. Dazu zählen unter anderem die Aufrufe nach Zeit und Region, demografische Daten und Links, die auf das Video verweisen. So haben Sie eine recht gute Erfolgskontrolle, was Ihre Videos anbelangt. Mit einem Datenfilter können Sie sich Statistiken nach Inhalt, Standort und Datum anzeigen lassen.

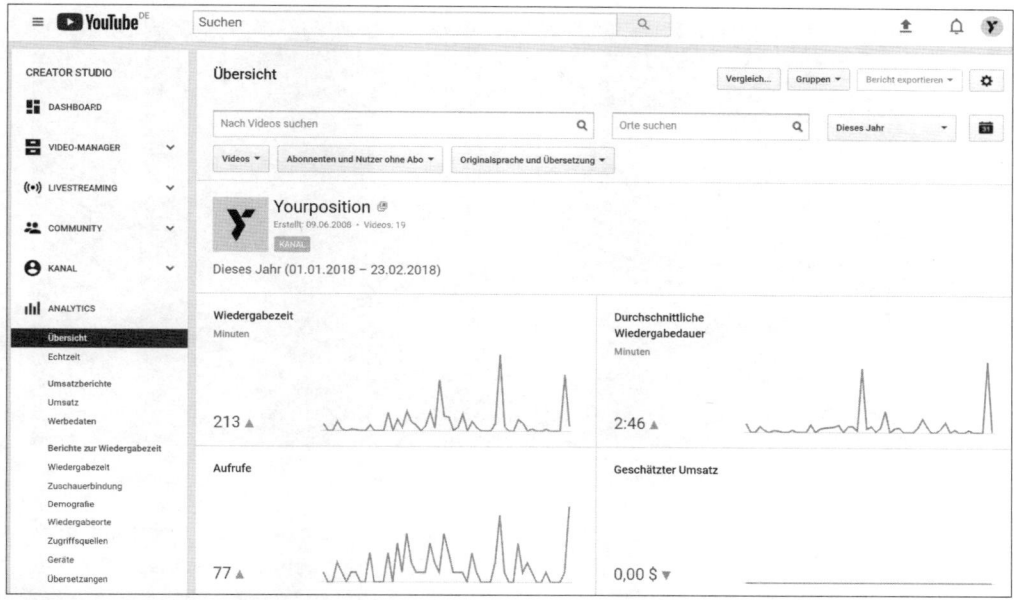

Abbildung 16.11 Übersicht von YouTube Analytics zur Auswertung der Aktivitäten in Ihrem Kanal

Je nach Videoportal bestehen unterschiedlich detaillierte Tracking-Möglichkeiten. Stellen Sie sicher, dass Sie alle für Sie relevanten Zahlen messen (wie z. B. Videoaufrufe oder auch das Teilen und Kommentieren), möglicherweise auch über ein unabhängiges Tracking-Tool. Nutzen Sie diese Zahlen, um Ihre Videos zu optimieren.

YouTube-Redesigns: 2011 – 2013 – 2015 – 2017

In regelmäßigen Abständen führt YouTube größere *Redesigns*, also Umgestaltungen, durch. Bei den Anpassungen ging es in den letzten Jahren um die stärkere Anlehnung an andere Google-Dienste. Daneben ist die Suchfunktion deutlich prominenter platziert. Angesichts der Tatsache, dass mehr als die Hälfte aller Videoaufrufe über Mobilgeräte erfolgt, wird das Design in den letzten Jahren vor allem für die mobile Nutzung des Portals optimiert. Mit dem letzten größeren Redesign 2017 stellte YouTube insbesondere ein neues Logo sowie eine dunkle, eher an einem Kinoerlebnis orientierte Benutzeroberfläche vor.

Nutzer, die sich bei YouTube einloggen, gelangen schon seit Längerem auf ihre persönliche Startseite, bei der am linken Seitenrand eine vertikale Navigationsleiste eingeblendet werden kann. Hier finden User Links zu ihren abonnierten Kanälen, Playlists sowie zur Verwaltung des eigenen Kanals. Unter KANÄLE FINDEN liefert YouTube selbst weitere Vorschläge für zusätzliche Channel-Abonnements.

Abbildung 16.12 Alternative dunkle Benutzeroberfläche von YouTube

Insgesamt soll dem Nutzer mit sämtlichen Redesigns eine bessere Übersicht über Inhalte ermöglicht werden, unabhängig vom Gerät, mit dem er das Videoportal besucht. Deutlich wird insbesondere die Vernetzung mit sozialen Netzwerken, aber auch die Vorbereitung auf eine zunehmende Verschmelzung von TV und Internet z. B. durch direkte Streamingmöglichkeiten (vergleiche Abbildung 16.13).

Abbildung 16.13 Direkte Übertragung eines YouTube-Videos auf ein TV-Gerät

Inzwischen sind auf YouTube auch Filme verfügbar – teils gratis, teils zur Ausleihe oder zum Verkauf. Der Markt für hochwertige Bewegtbildformate wird außerdem in jüngster Zeit von Streamingportalen wie Netflix aufgemischt. Diese treten zunehmend nicht nur als Distributionsplattformen, sondern auch als Produktionsfirmen in Erscheinung. Es ist zu erwarten, dass neue Angebote der Techgiganten wie Apple, Google, Amazon, Facebook oder Netflix in den nächsten Jahren das Video-Nutzungsverhalten massiv verändern werden. Neben Fernsehern werden andere Endgeräte wie Handys, Tablets oder Spielekonsolen für das Abspielen von Videos von Interesse. Im Zuge dieser Entwicklung werden auch neue Möglichkeiten für Unternehmen entstehen, sich im Umfeld dieser neuen Formate mit Werbevideos zu positionieren.

Natürlich können Sie auf YouTube auch Ihre eigenen Videos als Werbeumfeld zur Verfügung stellen, um damit Geld zu verdienen. Möglichkeiten des Video-Marketings mit YouTube erhalten Sie, wenn Sie Teil des YouTube-Partnerprogramms werden. Als Partner haben Sie neben dem Zugriff auf YouTube Analytics vielfältige Möglichkeiten, Ihre Videoinhalte zu monetarisieren. Sie können Ihren Kanal beispielsweise für Videowerbung anderer Werbetreibender zur Verfügung stellen. Voraussetzung für die Teilnahme am YouTube-Partnerprogramm sind qualitativ hochwertige Originalinhalte, die den Nutzungsbedingungen von YouTube entsprechen, sich für Google-Ads-Werbekunden eignen und das Urheberrecht nicht verletzen. Weitere Informationen erhalten Sie unter *www.youtube.com/partners*.

Wenn Sie bei YouTube (oder bei einem anderen Videoportal) aktiv werden und Video-Marketing betreiben wollen, sollten Sie sich in zweierlei Hinsicht unbedingt mit Fragen des Urheberrechts auseinandersetzen:

1. Einerseits sollten Sie Ihre eigenen Inhalte urheberrechtlich schützen, so dass andere User Ihre Videos (oder Teile davon) nicht unkontrolliert verwenden oder in einen anderen Kontext stellen können. Bei YouTube geschieht das mittels eines Systems namens *Content ID*. Urheberrechtsinhaber können ihre Videos in eine Datenbank eintragen. Sobald ein neues Video auf YouTube hochgeladen wird, gleicht die Plattform dessen Inhalte mit den Inhalten der Datenbank ab. Der Urheberrechtsinhaber hat verschiedene Optionen, wenn ein Video Übereinstimmungen mit seinem eigenen Video aufweist. So kann er es sperren, durch die Schaltung von Anzeigen monetarisieren oder schlicht beobachten.

2. Andererseits sollten Sie darauf achten, dass Sie mit Ihrem Video nicht die Rechte anderer Videokünstler verletzen. Wenn Sie Zweifel haben, ob Sie in Ihren Videos urheberrechtlich geschütztes Material verwenden, empfehlen wir Ihnen die Beratung durch einen Rechtsexperten.

Viele Fragen rund ums Urheberrecht beim Videoportal YouTube beantwortet YouTube selbst unter *www.youtube.com/intl/de/yt/about/copyright/*.

Tipp: YouTube, TestTube

Unter *www.youtube.com/testtube* haben Sie, wie der Name bereits vermuten lässt, die Möglichkeit, einige Funktionen auszuprobieren, an denen das Videoportal noch arbeitet. Außerdem können Sie selbst an der Optimierung von YouTube mitwirken, indem Sie sich als Teilnehmer für Nutzerbefragungen anmelden.

Das zweite Videoportal, das wir Ihnen in aller Kürze vorstellen werden, heißt *Netflix*. Wichtige Eckdaten erfahren Sie aus dem kurzen Steckbrief.

Steckbrief Netflix

▶ Domain: *www.netflix.com*

▶ gegründet: 1997 (ursprünglich Video-Versand per Post, seit 2007 Online-Streaming)

▶ Länder: Von wenigen Ausnahmen abgesehen (China, Nordkorea) weltweit in über 190 Ländern verfügbar. Im Herbst 2014 erfolgte der Markteintritt nach Deutschland, Österreich und in die Schweiz.

▶ Umsatz 2017: 11,7 Mrd. US$

▶ Abonnenten: 118 Mio., davon 111 Mio. bezahlte Abos

▶ Geräte: Videos von Netflix können über eigene Apps auf einer Vielzahl von Geräten angeschaut werden, darunter Smart-TVs, Spielekonsolen, Laptops, Smartphones, Tablets.

▶ Inhalte: Filme und Serien. Bekannt wurde Netflix insbesondere für seine aufwendigen und anspruchsvollen Eigenproduktionen mit Top-Besetzung wie z. B. »House of Cards«, »Narcos« oder »Stranger Things«. Starker Fokus auf individuelle Präferenzen und entsprechend personalisierte Empfehlungen

▶ Werbung: Für Unternehmen gibt es derzeit auf Netflix keine Werbemöglichkeiten.

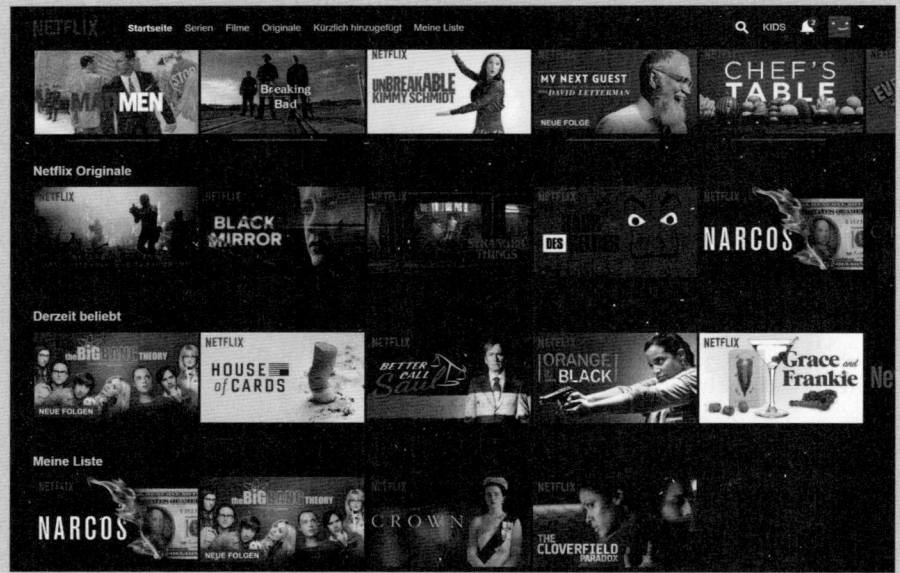

Abbildung 16.14 Personalisierte Video-Auswahl auf der Startseite von Netflix

Video-Streamingdienste wie Netflix müssen auch von Unternehmen im Auge behalten werden. Derzeit finanziert sich Netflix zwar hauptsächlich über die monatliche Nutzungsgebühr der Abonnenten. Nicht auszuschließen ist allerdings, dass sich Dienste wie Netflix – oder auch Amazon Prime Video, Maxdome oder iTunes und Google Play – in den nächsten Jahren stärker auch für Werbekunden öffnen. Da diese Plattformen über eine enorme Menge hochwertiger Benutzerinformationen verfügen, stellen sie eine attraktive Möglichkeit für zielgenaues Online-Marketing dar.

Schauen wir uns zunächst noch ein drittes Videoportal an, nämlich *Vimeo*.

Steckbrief Vimeo

► Domain: *www.vimeo.com*

► gegründet: November 2004

► Eigentümer: Vimeo LLC

► Mitglieder: 70 Mio. weltweit (Stand Februar 2018, Quelle: Vimeo)

► Inhalte: Musik, Comedy, Kino, Serien, Sport und Dokumentation

► Besonderheit: Vimeo legt besonders viel Wert auf Qualität und versteht sich als Anlaufstelle für hochwertige Clips. Aus diesem Grund sind Zusatzdienste für Unternehmen und Filmemacher auch nicht kostenlos. Im Herbst 2017 übernahm Vimeo den Anbieter Livestream, eine Plattform für das Streaming von Live-Videos.

16

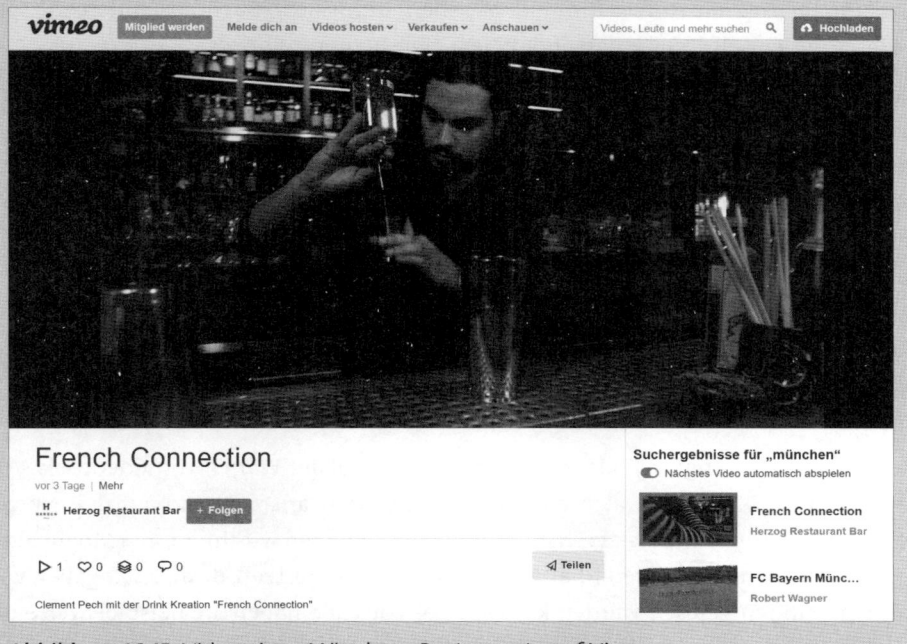

Abbildung 16.15 Video eines Münchner Restaurants auf Vimeo

Die in New York gegründete Plattform Vimeo verspricht höhere Qualität der Beiträge durch ein eigenes Redaktionsteam und eine engagierte Community. Werbung kommt nur spärlich zum Einsatz. Stattdessen setzt die Plattform auf Mitgliedsbeiträge für die erweiterten Funktionalitäten Vimeo Plus, PRO, Business und Premium, mit denen Videokünstler oder Unternehmen ihre Videos in höchster Qualität personalisieren können. Für diesen Beitrag leistet Vimeo auch Unterstützung bei der Nutzung des Dienstes. Auch Unternehmen können Vimeo nicht kostenlos nutzen. Daneben bietet der Dienst viele kostenpflichtige Filme und Videos (Video-on-Demand). Der Erlös geht dabei laut Vimeo zu 90 % an die Ersteller der Videos. Nicht verwunderlich: Eine Bewertungs-, Empfehlungs- und Kommentarfunktion sowie weitere Funktionen sind auch in diesem Videoportal vorhanden (siehe Abbildung 16.15).

16.4   SEO und Video-Marketing

Videos zählen ebenso wie Texte und Bilder zu Website-Inhalten, die von Suchmaschinen per *Crawling* »durchleuchtet« werden, um in deren Suchergebnissen wieder aufzutauchen. Wir geben Ihnen im Folgenden einige Tipps an die Hand, damit Benutzer Ihre Videos finden, wenn sie auf Google oder Videoportalen suchen, und damit auch Websites gefunden werden, die Ihre Videos eingebettet haben. Unser Ziel ist dabei, dass möglichst viele Nutzer Ihre Videos sehen, wenn sie in Suchmaschinen oder auf Videoportalen selbst nach passenden Begriffen suchen.

Videoportale haben in der Regel eine eigenständige interne Suche, um Besuchern passende Videoinhalte anzeigen zu können. Aus diesem Grund ist es elementar, dass Sie beim Einstellen Ihres Videos in ein Portal alle wichtigen Informationen angeben, mit denen Ihr Inhalt gefunden werden soll. So sollten Sie, wenn Sie nach einem Titel, einer Beschreibung des Videos oder Tags gefragt werden, wichtige Keywords verwenden – ähnlich wie Sie es auch bei der Suchmaschinenoptimierung für Google tun würden, ohne dies zu übertreiben (siehe dazu Kapitel 5, »Suchmaschinenoptimierung (SEO)«). Innerhalb der Beschreibung können Sie auch einzelne Links setzen. Achten Sie aber darauf, dass die Beschreibung einmalig ist, und wiederholen Sie keine bereits veröffentlichten Inhalte (Duplicate Content).

Auch die Benennung der Videodatei gehört dazu. Bei der Wahl Ihres Videotitels sollten Sie neben Keywords auch darauf achten, dass er ansprechend auf den Nutzer wirkt und diesen zum Klick verleitet. Generell empfehlen wir Ihnen, alle Möglichkeiten, Ihr Video und die Videoinhalte zu beschreiben, zu nutzen, da diese Angaben von Suchmaschinen gelesen werden können. Bei YouTube haben Sie beispielsweise die Möglichkeit, Ihr Video mit einem Untertitel oder Anmerkungen zu versehen (siehe

Abbildung 16.16) und in sogenannte Playlists einzutragen. Auch hier können wichtige Keywords und in den Anmerkungen oder Infokarten zum Teil auch Links zum Einsatz kommen.

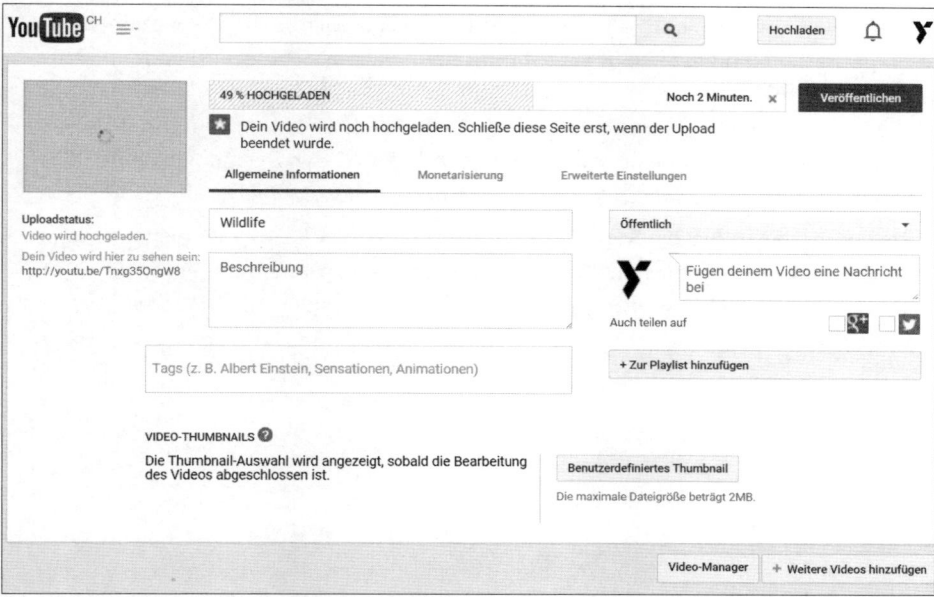

Abbildung 16.16 Beispiel für den Video-Upload bei YouTube

Wie wir schon erwähnt haben, ist es wichtig, Videos in einen passenden Gesamtkontext einzubetten. Dies ist nicht nur für Ihre Besucher sinnvoll, sondern auch für Suchmaschinen, die die Videos dann besser einordnen können. Sie können auch Texte in Ihre Videos integrieren, z. B. Bildbeschriftungen, die Suchmaschinen (noch) leichter lesen können als das Video bzw. Bewegtbild an sich.

Bei der Wahl eines geeigneten Vorschaubildes (auch *Video-Thumbnail* genannt) sollten Sie beachten, dass dieses Bild in vielen Fällen das Erste ist, was Betrachter sehen. Suchen Sie daher ein zum Videoinhalt passendes Bild aus, das auch auf kleineren Bildschirmen von Mobilgeräten deutlich zu erkennen ist. Dies kann die Klickraten deutlich verbessern.

Da viele Videoportale eine Community betreiben, ist es zudem sinnvoll, auch Ihr Profil dort auszufüllen bzw. einen Channel anzulegen. Auf diese Weise können Sie den Besuchern weitere Informationen zu Ihrem Angebot und Ihrer Marke bieten. Das Profil sollte zu Ihrem Gesamtauftritt passen. Auf dieser Seite können Sie wiederum weitere Links präsentieren.

Für Fortgeschrittene – die Video-Sitemap

Damit Ihr Video möglichst auch in den Google-Suchergebnissen erscheint, empfehlen wir Ihnen, eine Video-Sitemap anzulegen. Stellen Sie sich eine Video-Sitemap am besten vor wie eine Liste all Ihrer Videos mit allen wichtigen Informationen (wie Länge, Beschreibung ...) in einem bestimmten für Suchmaschinen lesbaren und automatisch aktualisierten Format. Ihre IT-Abteilung oder Webagentur hilft Ihnen üblicherweise bei der Erstellung einer Video-Sitemap. Weiterführende Informationen zu den Anforderungen an eine Video-Sitemap erhalten Sie in der Google-Search-Console-Hilfe (*support.google.com/webmasters/answer/80471?hl=de*).

Alternativ haben Sie die Möglichkeit, ein *mRSS* (*Media-RSS*) zu verwenden: Dabei wird, wie bei einem üblichen RSS-Feed, eine Meldung an den Abonnenten geschickt, sobald es eine Aktualisierung gibt. Stellen Sie also ein neues Video ein, erfährt Google davon.

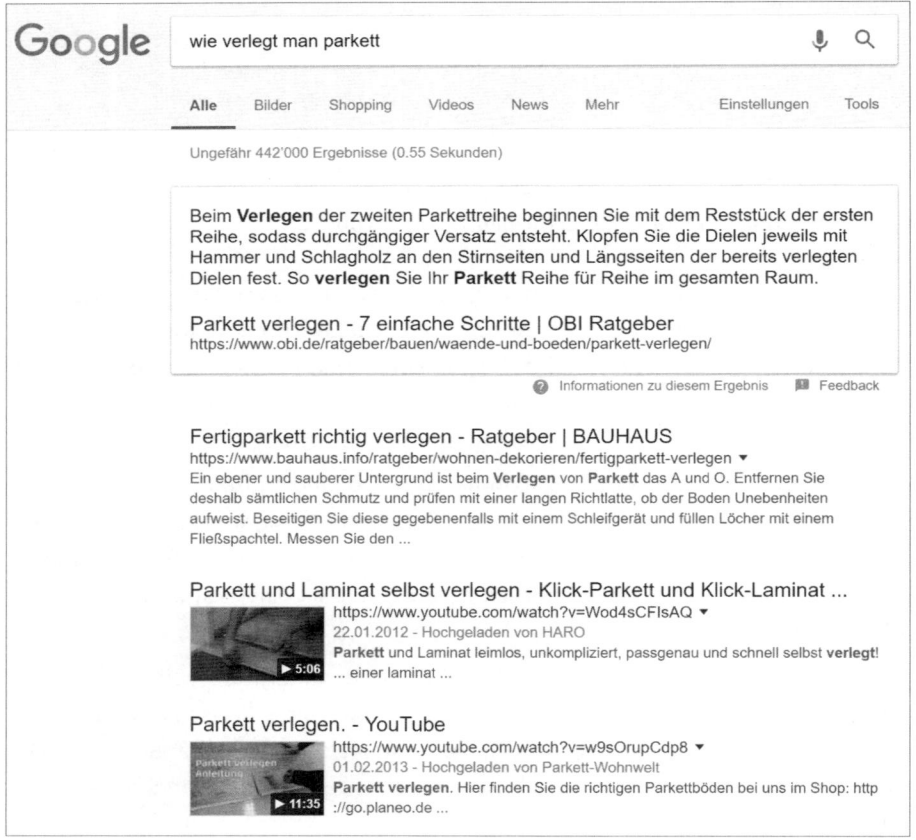

Abbildung 16.17 Für Suchmaschinen optimierte Videos auf YouTube werden prominent bei Google angezeigt.

Sollten Sie Ihr Video in die eigene Website integrieren, sollten Sie ebenfalls darauf achten, Datei und URL mit wichtigen Keywords zu benennen, eine aussagekräftige Beschreibung und sinnvolle Tags zu erstellen und den Film in ein kontextrelevantes Umfeld einzubinden. Sinnvoll ist unter Umständen auch ein begleitendes Transkript, also das Niederschreiben der gesprochenen Inhalte Ihres Videos in einem Fließtext. Nicht nur Hörgeschädigte können auf diese Weise Ihr Video verstehen, auch Suchmaschinen können seine Inhalte so besser auslesen.

Wenn Sie diese Aspekte berücksichtigen, ist schon ein wichtiger Schritt getan, damit Ihre Videos gut von Interessenten gefunden werden. Zudem profitieren Sie bei Portalen wie YouTube von hoher Linkpopularität. Unterstützen Sie die Auffindbarkeit Ihrer Videoinhalte zudem mit Links von außen. Das bedeutet, dass Sie auch von anderen Websites auf Ihr Portal-Video verlinken können.

16.5   Video Ads

Video-Marketing können Sie sowohl betreiben, wenn Sie ein eigenes Video besitzen, als auch, indem Sie Werbung in der Umgebung von anderen Videos oder innerhalb von Videos platzieren. Im Folgenden werden wir uns insbesondere auf das Videoportal YouTube beziehen. Informationen zu Werbemaßnahmen auf anderen Videoportalen finden Sie in deren jeweiligen Webauftritten.

Auch hier sollten Sie sich zu Beginn einer Kampagne im Klaren darüber sein, welches Ziel Sie erreichen möchten. Das kann beispielsweise Markenbekanntheit, die Einführung eines neuen Produkts, der Aufbau einer Community durch neue Abonnenten Ihres YouTube-Kanals oder auch der Abverkauf Ihres Angebots sein.

YouTube stellt dafür verschiedene Varianten der Werbemöglichkeiten zur Verfügung. Eine Auswahl stellen wir Ihnen kurz vor.

16.5.1   TrueView-Video-Discovery-Anzeigen (ehemals In-Display-Videoanzeige)

Beginnen wir damit, Ihr eigenes Video auf YouTube zu bewerben. Dafür stehen Ihnen z. B. die sogenannten TrueView-Video-Discovery-Anzeigen zur Verfügung. Hier wird Ihr Video nach themenrelevanten Suchanfragen über oder neben den Suchergebnissen oder neben thematisch ähnlichen YouTube-Videos angezeigt (siehe Abbildung 16.18). Für die Schaltung müssen Sie Ihr YouTube-Konto zunächst mit Ihrem Google-Ads-Konto verknüpfen. Dafür stellt Google einen Leitfaden unter *support.google.com/youtube/answer/3063482?hl=de* zur Verfügung. Sie können dann alle in Ihrem YouTube-Kanal enthaltenen Videos bewerben.

Ähnlich wie Google-Ads-Suchanzeigen in der Google-Suche (siehe Kapitel 6, »Suchmaschinenwerbung (SEA)«) erscheinen Ihre Videoanzeigen also genau in dem Moment, in dem ein User auf YouTube nach einem für Sie relevanten Begriff sucht. Als Werbetreibender zahlen Sie für diese Anzeige, wenn ein YouTube-User auf Ihre Anzeige klickt und das Video startet. Dieses Abrechnungsmodell wird auch *TrueView* genannt, da Kosten erst entstehen, wenn ein Video tatsächlich angeschaut wird. Die hier relevante Kennzahl zur Kampagnensteuerung heißt entsprechend *Cost-per-Click (CPC)* oder *Cost-per-View (CPV)*.

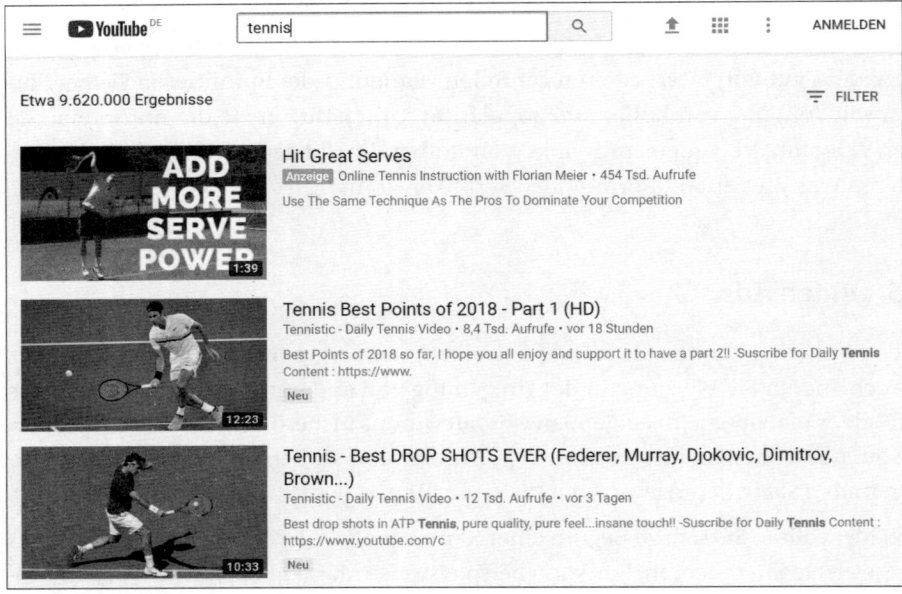

Abbildung 16.18 Beispiel für ein gesponsertes Video zum Suchbegriff »Tennis«

Wenn Sie Ihren YouTube-Kanal mit Ihrem Google-Ads-Konto verknüpft haben, können Sie Ihre Videoanzeigen nicht nur auf YouTube selbst ausspielen. Ihre Anzeigen können vielmehr auf allen Websites des Google-Display-Netzwerks (GDN) erscheinen (siehe Kapitel 12, »Display-Marketing«). Analog der Targeting-Möglichkeiten im GDN eröffnet Ihnen dies eine Vielzahl von Möglichkeiten, Ihre Videoanzeigen genau auf Ihr Zielpublikum auszurichten (zusätzlich zur oben bereits erwähnten Ausrichtung nach Such-Keywords):

▶ **Demografische Merkmale**: Ihre Videoanzeigen werden nach Altersgruppe und Geschlecht ausgespielt.

▶ **Themen**: Ihre Videoanzeigen erscheinen nur auf Webseiten oder YouTube-Inhalten, die einem bestimmten Thema zugeordnet werden. Wenn Sie Ihre Anzeige beispielsweise auf die Kategorie »Automobil« ausrichten, erreichen Sie Nutzer, die sich auf YouTube Videos mit Autos ansehen.

▶ **Interessen**: User, bei denen davon ausgegangen wird, dass sie sich aufgrund ihres Surfverhaltens für bestimmte Themen interessieren, sehen Ihre Videoanzeigen.

Google bietet hier z. B. die Ausrichtung auf Benutzergruppen, die in bestimmten Lebenssituationen sind (Umzug, Abschluss der Ausbildung, Heirat), oder auf Zielgruppen, die durch ihr Surfverhalten signalisieren, dass sie den Kauf eines Produkts oder einer Dienstleistung in Erwägung ziehen.

▶ **Placements**: Ihre Videoanzeigen erscheinen nur auf ausgewählten Websites, Apps, YouTube-Kanälen oder einzelnen YouTube-Videoseiten.

Schließlich können Sie Ihre YouTube-Videos auch nur denjenigen Nutzern zeigen, die bereits mit Ihrem Video oder Ihrem Kanal in Berührung gekommen sind. Hierzu richten Sie Ihre Anzeigen mithilfe sogenannter *Remarketing-Listen* aus, die automatisch erstellt werden, sobald Sie Ihren YouTube-Kanal mit Ihrem Google-Ads-Konto verknüpft haben. Umgekehrt können Sie diese Listen auch nutzen, um Besucher Ihres YouTube-Kanals mit Suchanzeigen in Google Ads gesondert anzusprechen. Lesen Sie hierzu auch Abschnitt 12.1.9, »Remarketing«. Die Vorteile dieser Ausrichtung liegen auf der Hand: Da Sie nur Nutzer erreichen, die durch ihre Aktivitäten bereits ein eindeutiges Interesse an Ihren Videoinhalten gezeigt haben, ist die Rentabilität bzw. der Return on Investment (ROI) solcher Kampagnen normalerweise höher als bei anderen Ausrichtungsmethoden.

16.5.2   Masthead

Eine weitere Möglichkeit, auf YouTube zu werben, stellen die *Mastheads* dar. Der Begriff stammt aus dem Zeitungswesen und bezeichnet den oberen Bereich auf der Titelseite einer Zeitung (Zeitungskopf). Bei YouTube hingegen ist damit eine spezielle Werbeform gemeint. Der Masthead erscheint 24 Stunden auf der Startseite von YouTube, der mobilen Website und der App als Banner, das sich oberhalb der Videos über die gesamte Breite der Startseite erstreckt (siehe Abbildung 16.19). Mastheads sind länderbezogen – wenn Sie sich für einen Masthead entscheiden, buchen Sie also die Anzeigenschaltung auf der Startseite von YouTube Deutschland, Österreich oder der Schweiz separat.

Während der YouTube-Masthead für Desktopgeräte mit diversen Gestaltungselementen (Bildern, Texten, Call to Action) angereichert werden kann, erscheint auf der mobilen Version der Website oder in der Mobile-App lediglich das Video (siehe Abbildung 16.20). Wird die YouTube-Startseite aufgerufen, wird automatisch das Masthead-Video abgespielt – allerdings ohne Ton. Wenn die automatische Wiedergabe beendet ist, wird ein – möglichst aussagekräftiges – Standbild des Videos (ein sogenanntes *Thumbnail*) angezeigt. Klickt ein User auf die Masthead-Anzeige, wird er automatisch auf die entsprechende YouTube-Seite des Videos weitergeleitet. In einem Masthead können (und sollten) Videos oder andere interaktive Elemente wie Kartenausschnitte aus Google Maps enthalten sein. Mit entsprechendem Entwicklungsaufwand lassen sich Spielelemente, Kurzumfragen oder Social-Media-Buttons in einen Masthead integrieren.

16

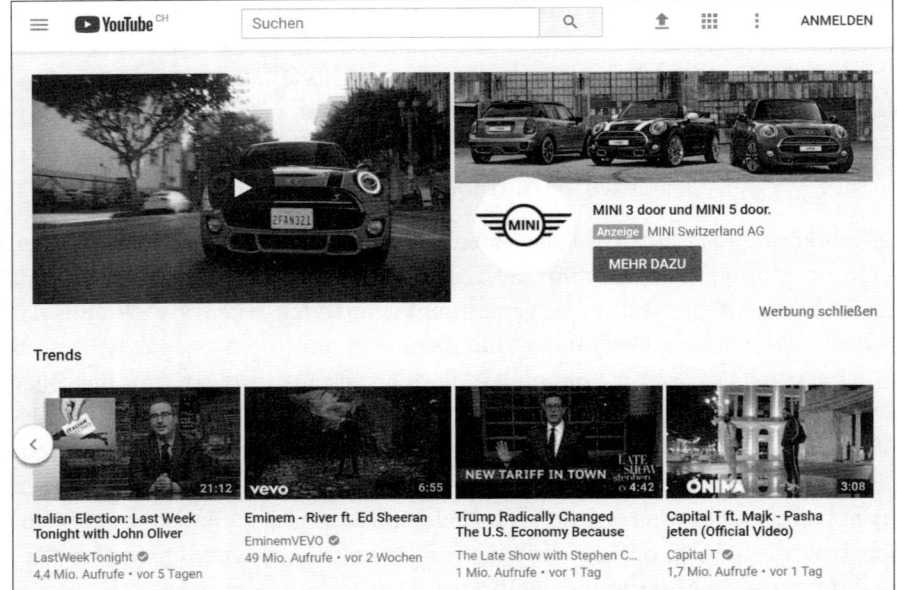

Abbildung 16.19 Masthead mit eingebundenem Video der Automobilmarke MINI bei Darstellung auf einem Desktop-Gerät

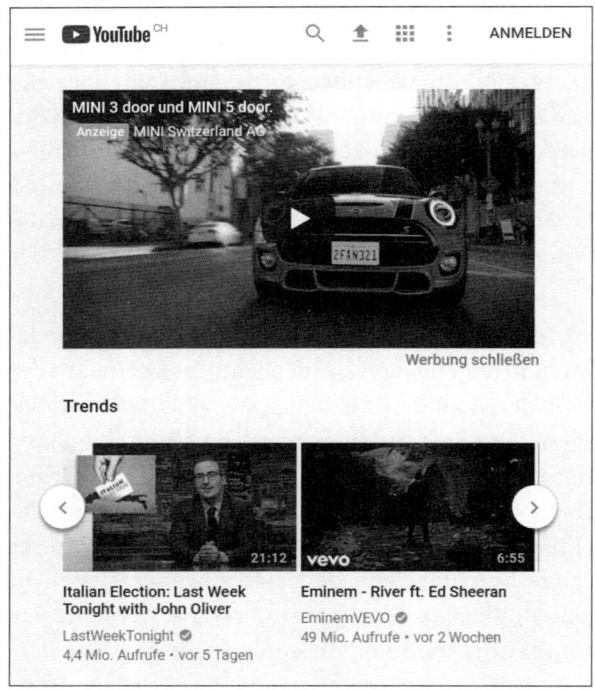

Abbildung 16.20 Darstellung des gleichen Mastheads auf einem Mobilgerät

Details zu den einzelnen Formaten können Sie unter *support.google.com/display-specs/?rd=2#topic=4588474* nachlesen. Die Preise für einen Masthead sind bei einem YouTube-Kundenbetreuer zu erfragen, Sie können aber davon ausgehen, dass diese nicht ganz günstig sind.

16.5.3   In-Stream-Ads

Die sogenannten *In-Stream-Ads* sind ein Oberbegriff für Pre-Roll-Ads, Mid-Roll-Ads und Post-Roll-Ads.

▶ **Pre-Roll-Ads**: Dieses Werbeformat wird besonders häufig verwendet und vor dem eigentlichen Videoclip geschaltet. Zuschauer haben hier nicht die Möglichkeit, die Einblendung zu überspringen. Nutzer können es aber anklicken und werden dann auf die Website des Anbieters geleitet. Dieses Format weist einen hohen Aufmerksamkeitsgrad und hohen Branding-Effekt auf.

▶ **Bumper-Ads**: Eine Sonderform dieses Werbeformats auf YouTube sind die sogenannten Bumper-Anzeigen. Dabei handelt es sich um sehr kurze Videos, mit denen prägnant auf ein Unternehmen, ein Produkt oder eine Dienstleistung aufmerksam gemacht werden kann. Die Videos dürfen höchsten 6 Sekunden lang sein und können nicht übersprungen werden. Bumper-Ads werden gemäß CPM-Geboten abgerechnet, Sie bezahlen also nach jeder tausendsten Einblendung Ihrer Anzeige.

▶ **Überspringbare Pre-Roll-Ads**: Der einzige Unterschied dieses Werbeformats zu Pre-Roll-Ads besteht darin, dass die Anzeigen nach einigen Sekunden übersprungen werden können. Bei YouTube und den meisten anderen Video-Hosting-Portalen beträgt die Mindestdauer einer überspringbaren Pre-Roll-Ad fünf Sekunden. Ein großer Vorteil dieses Werbeformats ist, dass Kosten für den Werbetreibenden meist erst dann anfallen, wenn der Nutzer ein gewisses Interesse an der Video-Anzeige signalisiert.

▶ **Mid-Roll-Ads**: Wie der Name vermuten lässt, werden bei diesem Werbeformat die Einblendungen während des laufenden Videoclips geschaltet. Fernsehsender, die einige ihrer Formate auch auf Online-Video-Portalen zur Verfügung stellen, binden häufig Mid-Roll-Ads in längere TV-Formate ein.

▶ **Post-Roll-Ads**: Diese Werbevariante ist das Gegenstück zu den Pre-Roll-Ads, denn die Werbung wird nach dem Video gezeigt.

Bei YouTube können In-Stream-Ads als überspringbare Pre-Roll-Ads oder als nicht überspringbare Pre-, Mid- oder Post-Roll-Ads geschaltet werden. In Abbildung 16.21 sehen Sie, wie eine Video-Anzeige des Unternehmens Wix – eines Anbieters von Baukasten-Lösungen zur Erstellung von Websites – einem Video auf YouTube vorange-

16

stellt wird. In der Desktop-Ansicht kann in der rechten Spalte neben dem Video gleichzeitig eine Display-Anzeige, eine sogenannte *Companion-Anzeige*, dargestellt werden. Sie sehen außerdem in Abbildung 16.21, dass Sie in der linken unteren Ecke der Video-Anzeige durch ein sogenanntes *CTA-Overlay* (Call-to-Action-Einblendung) direkt zu Ihrer Website verlinken können. In-Stream-Ads können auf Desktop-Computern oder Mobilgeräten ausgespielt werden, überspringbare In-Stream-Ads zusätzlich sogar auf Fernsehgeräten und Spielekonsolen.

Abbildung 16.21 In-Stream-Ad als überspringbare Pre-Roll-Ad in einem YouTube-Video mit CTA-Overlay (Pfeil neben dem Wix-Logo) und Companion-Anzeige in der rechten Spalte

Auch bei diesem Anzeigenformat fallen für den Werbetreibenden erst dann Kosten an, wenn ein User mit der Anzeige interagiert, das heißt, diese mindestens 30 Sekunden lang oder – falls die Videoanzeige kürzer ist – bis zum Ende anschaut (*TrueView*) oder aber auf das Video, das CTA-Overlay oder die Companion-Anzeige klickt.

Wie schon beschrieben, erfolgt die Buchung der Videoanzeigen über ein Google-Ads-Konto. Gehen Sie zu KAMPAGNEN, und erstellen Sie über den Plus-Button eine neue Kampagne (siehe Abbildung 16.22). Wählen Sie danach den Kampagnentyp VIDEO, und entscheiden Sie sich für ein Kampagnenziel.

Überprüfen Sie anschließend, ob Ihr Google-Ads-Account bereits mit Ihrem YouTube-Konto verknüpft ist. In der Kopfzeile finden Sie hinter dem Schraubenschlüssel-Sym-

bol den Navigationspunkt VERKNÜPFTE KONTEN (siehe Abbildung 16.23) einen Link
zur Verknüpfung. Definieren Sie danach alle Einstellungen für Ihre Kampagne (siehe
Abbildung 16.24).

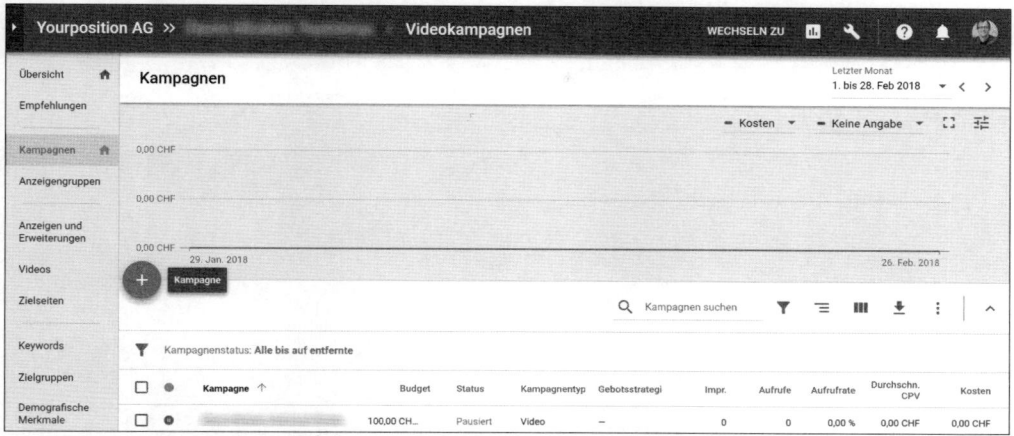

Abbildung 16.22 Erstellung einer neuen Videokampagne im Google-Ads-Konto

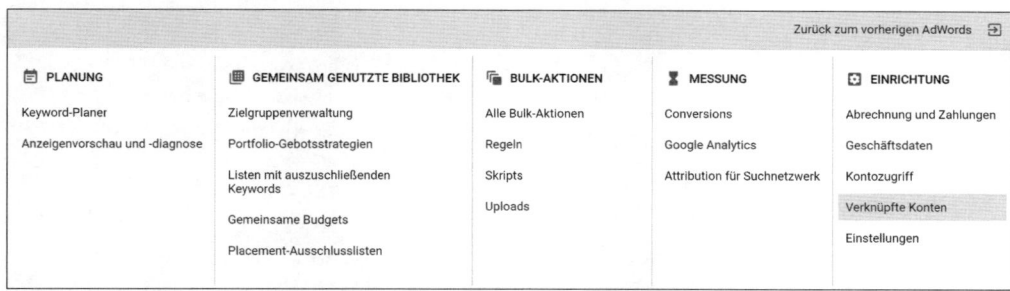

Abbildung 16.23 Unter »Verknüpfte Konten« verbinden Sie das Google-Ads-Konto mit dem
YouTube-Konto.

Videobesitzer, die ihre Videos für Werbeplatzierungen freigeben, werden an den
Werbeeinnahmen beteiligt. Zum Schluss sei erwähnt, dass Videos auch im Affiliate-
Marketing als Werbemittel eingesetzt werden können (mehr zum Thema Affiliate-
Marketing lesen Sie in Kapitel 13, »Affiliate-Marketing«, sowie in Kapitel 18, »Moneta-
risierung – Einnahmen mit der Website erzielen«).

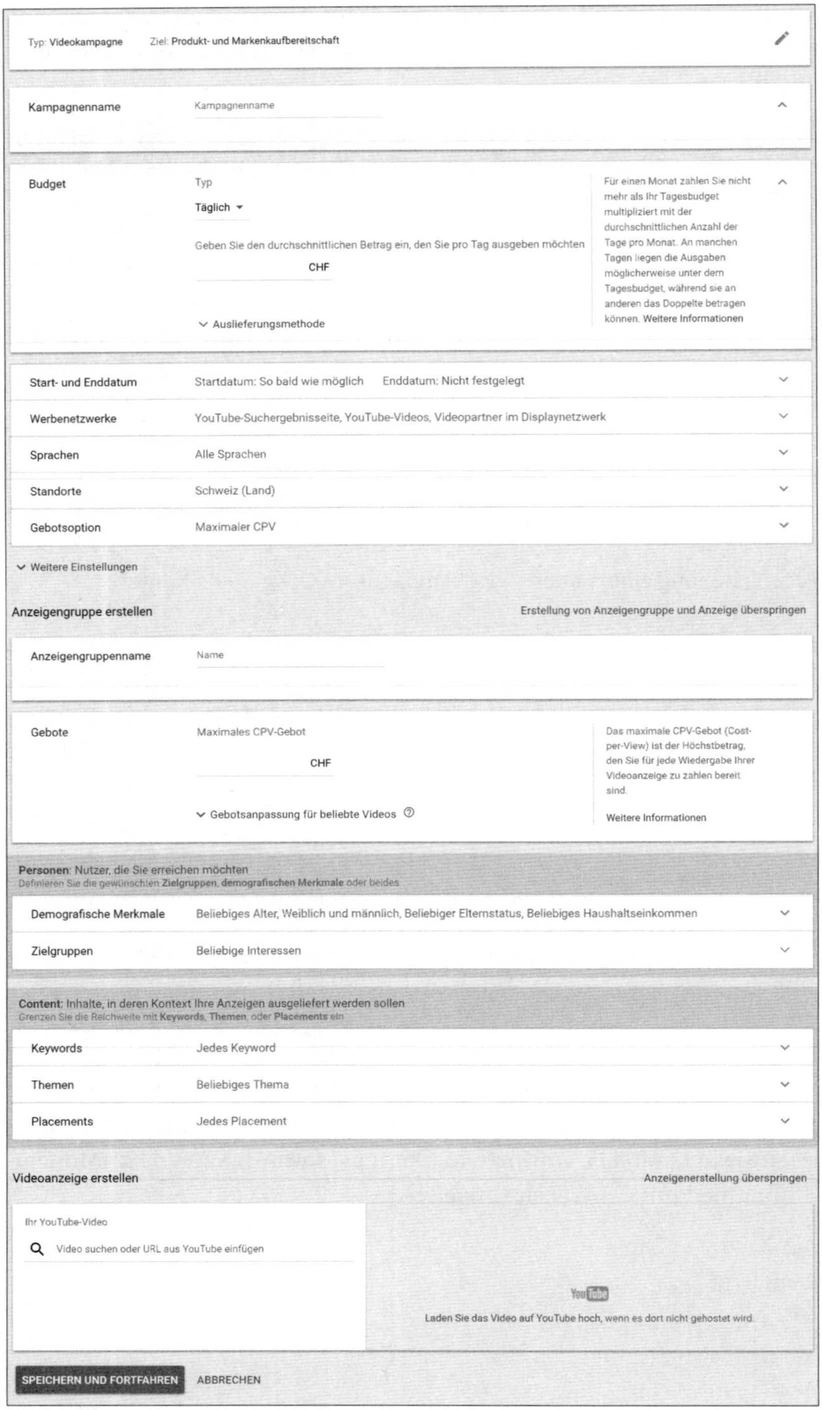

Abbildung 16.24 Einstellungen einer YouTube-Videokampagne im Google-Ads-Konto

Neben den erwähnten Werbeformen auf YouTube existieren sogenannte *In-Video-Overlay-Anzeigen*. Dies sind klassische oder halb transparente Text- oder Bildanzeigen, die im unteren Bereich eines Videos erscheinen (siehe Abbildung 16.25). Sie werden über das Google-Display-Netzwerk ausgesteuert und eignen sich für Werbetreibende, die auf YouTube zwar präsent sein wollen, aber (noch) nicht in die Produktion eigener Videos investieren möchten.

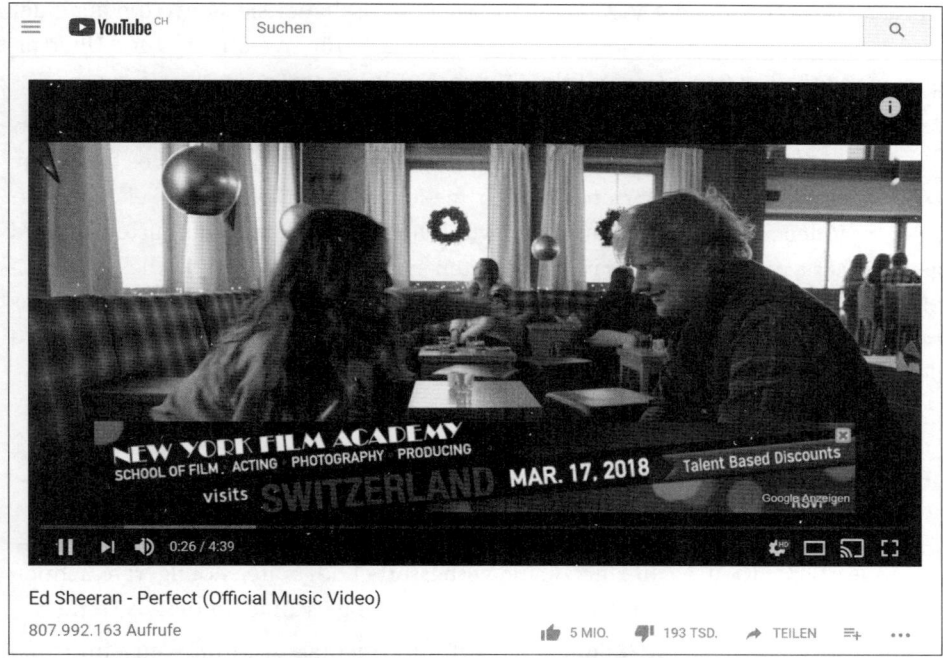

Abbildung 16.25 In-Video-Overlay-Anzeigen: klassische Banner-Ads, die in YouTube-Videos eingeblendet werden

16.6   Ausblick

Mit einem Blick in die Zukunft kann wohl festgehalten werden, dass es auf dem Gebiet des Video-Marketings spannend bleibt. Neue Entwicklungen halten den Markt in ständiger Bewegung. Eine Vielzahl von Anbietern arbeitet an der Weiterentwicklung des interaktiven webbasierten Fernsehens und kostenpflichtiger Webvideotheken. 3D-Formate sind auf dem Vormarsch und greifen zunehmend auch auf das Internet über. Bei YouTube sind bereits ganze Filme verfügbar, und die Kooperationen großer Unternehmen auf dem Film- und Videomarkt lassen erahnen, dass hier das Ende der Fahnenstange noch nicht erreicht ist. YouTube bietet bereits kostenpflichtige Kanäle, die abonniert werden können und dem klassischen Fernsehen längerfristig Konkurrenz machen könnten. US-Streamingdienste wie Netflix, die sich auf den Verleih und die Produktion von Filmen, Serien und Dokumentationen spezialisiert haben, expandieren nach Europa und können den Video- und Video-Marketing-Markt nachhaltig verändern.

Durch den technologischen Fortschritt und zunehmend mehr Endgeräte für Videos verschmelzen Bereiche wie Video, Spielekonsolen und TV immer mehr und bringen neue Formate zum Vorschein. Medienberichten zufolge arbeitet Google beispielsweise an der Messung der Videoqualität, wie der Zuschauer sie sieht. Und auch der Techriese Apple will mit Apple TV weiter in den Markt für Live-Streams und Übertragung von Inhalten von Amazon Prime Video, Netflix oder iTunes investieren.

Interaktivität rückt zunehmend in den Mittelpunkt. Das Internet profitiert im Vergleich zum TV von informationssuchenden Nutzern. Online-Werbevideos erreichen, wie Studien belegen, mindestens ebenbürtige Ergebnisse. Die Möglichkeit, zu interagieren, Videoanzeigen exakt an ein gewünschtes Zielpublikum auszusteuern und genaue Mess- und Auswertungsmöglichkeiten sind nur einige Gründe, die das Video-Marketing der klassischen TV-Werbung voraushat. Vor diesem Hintergrund ist es mehr als wahrscheinlich, dass Video-Marketing in den nächsten Jahren weiterhin zu den größten Wachstumsfeldern im Online-Marketing gehören wird.

16.7 Video-Marketing to go

▶ Videos erfreuen sich im Internet, insbesondere bei jüngeren Usern, einer wachsenden Beliebtheit. Nicht zuletzt sind verbesserte Endgeräte, Mobilgeräte, schnellere Internetzugänge und eine einfache Verbreitung Gründe für diesen Trend.

▶ Per Video haben Sie die Möglichkeit, auf multimediale Art und Weise Informationen und Stimmungen zu übermitteln, und können dies für Marketingzwecke nutzen.

▶ Besonders interessante, skurrile oder emotionsweckende Videoinhalte haben zudem das Potenzial der viralen Verbreitung.

▶ Oftmals werden zur Erstellung von Videos für das Internet spezialisierte Dienstleister herangezogen, da viele Website-Betreiber nicht die notwendigen Ressourcen oder das entsprechende Know-how mitbringen.

▶ Die Videoinhalte können gänzlich unterschiedlich sein, je nachdem, welches Ziel angestrebt wird. Bei der Videolänge sollten Sie jedoch darauf achten, dass Sie nicht mit zu langen Videoinhalten die Aufmerksamkeit der Zuschauer verlieren.

▶ Grundsätzlich können Videos auf allen Arten von Websites eingebunden werden. Darüber hinaus bieten sich Videoplattformen wie beispielsweise YouTube oder Vimeo an.

- Auf dem Videoportal YouTube haben Sie besonders viele Möglichkeiten, Ihre Videos zu bearbeiten, hochzuladen und bekannt zu machen.

- Videos sollten durch aussagekräftige Titel, Beschreibungstexte, Tags und Meta-Informationen auch für Suchmaschinen optimiert werden.

- Mit sogenannten Video Ads haben Werbetreibende verschiedene Möglichkeiten, ihre Angebote zu bewerben. Zudem können z. B. bei YouTube sogenannte Brand-Channels angelegt werden, die alle Videos eines Unternehmens sammeln und Informationen zu einer bestimmten Marke zeigen. Im Vergleich zu TV-Werbung lassen sich Online-Video-Ads sehr viel genauer an ein gewünschtes Zielpublikum aussteuern.

16.8   Checkliste Video-Marketing

Bietet sich Video-Marketing für Ihr Unternehmen bzw. Ihr Angebot an?	
Könnte ein Imagefilm Ihr Unternehmensziel und Ihre Website unterstützen?	
Haben Sie die notwendigen Ressourcen, um ein qualitativ hochwertiges Video selbst zu erstellen, oder sollten Sie dies einem Dienstleister überlassen?	
Bietet Ihr Video seinen Zuschauern einen echten Mehrwert, z. B. Unterhaltung, Information?	
Ist Ihr Video in einer angemessenen Länge, ohne dass die Aufmerksamkeit der Zuschauer leidet?	
Haben Sie bei Ihrem Video auf professionelle Bild- und Tonqualität geachtet?	
Enthält Ihr Video interaktive Elemente, z. B. Links zu Ihrer Website oder Social-Media-Buttons?	
Haben Sie verschiedene Videoportale in Betracht gezogen, um Ihren Film zu verbreiten?	
Haben Sie bei der Einbindung Ihres Videos in bestimmte Videoportale an wichtige Aspekte der Suchmaschinenoptimierung gedacht?	
Sorgen Sie dafür, dass Ihre Videos bekannt werden? Nutzen Sie entsprechende Bewegtbildwerbung, sprich Video Ads?	

Tabelle 16.3 Checkliste für das Video-Marketing

16

Eignet sich Ihr Video auch für die Nutzung auf Mobilgeräten? Haben Sie ein Vorschaubild (Video-Thumbnail) ausgewählt, das auch auf kleinen Bildschirmen gut zu erkennen ist?	
Haben Sie einen informativen YouTube-Account angelegt, der all Ihre Videos enthält (Brand-Channel)?	
Messen Sie wichtige Kennzahlen Ihrer Video-Marketing-Aktivitäten, wie beispielsweise Klickraten und View Time?	

Tabelle 16.3 Checkliste für das Video-Marketing (Forts.)

Kapitel 17
Crossmedia-Marketing

»Die Werbung ist die höchste Kunstform des 20. Jahrhunderts.«
— Marshall McLuhan

In diesem Kapitel erfahren Sie, wie Sie medien- und kanalübergreifende Marketing-kampagnen nutzen können, um möglichst effektiv für sich zu werben. Sie lernen, Offline- und Online-Werbemaßnahmen zusammenzuführen, und wir stellen zur Anregung einige beispielhafte Werbekampagnen vor. Im Abschnitt zu Crossmedia-Publishing zeigen wir Ihnen die Möglichkeiten zum medienübergreifenden Veröffentlichen von Nachrichten. Das Kapitel endet mit einem Kurzüberblick »to go« und einer Checkliste.

Sie haben bereits einige Maßnahmen zur Bewerbung Ihrer Website kennengelernt. Natürlich können Sie eine Website nicht nur online bewerben, sondern auch andere, ergänzende Medien nutzen. In diesem Kapitel werden wir Ihnen zeigen, wie Sie auch außerhalb des Internets auf sich aufmerksam machen können, wie Sie medienüber-greifende Kampagnen aufbauen und wie Sie die spezifischen Vorteile einzelner Medien optimal nutzen und aufeinander abstimmen. Hierfür hat sich der Begriff *Crossmedia-Marketing* etabliert. Damit ist umfassendes und abgestimmtes Marke-ting in verschiedenen Medien wie zum Beispiel Print, online, Radio und TV gemeint.

In der Praxis werden in diesem Zusammenhang oftmals diverse Termini verwendet, die an dieser Stelle einmal voneinander abgegrenzt werden sollen. So haben Sie viel-leicht auch schon einmal die Fachausdrücke *Multi-Channel*, *Cross-Channel* und *Omni-Channel* gehört, die häufig synonym verwendet werden:

▶ *Multi-Channel* beschreibt das Vorgehen, Produkte und Dienstleistungen über ver-schiedene Kanäle anzubieten. Diese werden jedoch voneinander unabhängig ein-gesetzt und sind nicht aufeinander abgestimmt.

▶ *Cross-Channel* steht für das vernetzte Anbieten von Produkten und Dienstleistun-gen über diverse Kanäle, die der Kunde kombinieren kann. Beispielsweise kann ein Kunde online über eine Website ein Produkt bestellen und es später im Laden abholen. Im Vergleich zu Crossmedia-Marketing bezieht sich Cross-Channel auch auf andere Unternehmensbereiche wie beispielsweise den Vertrieb.

▶ Der Begriff *Omni-Channel* bezeichnet die gleichzeitige Verwendung verschiede-ner, aufeinander abgestimmter Kanäle. Haben Sie auch schon einmal bei einer

Beratung im Ladengeschäft online Preise verglichen oder parallel zu einer TV-Werbung die entsprechende Website über Ihr Tablet besucht? Grundvoraussetzung ist dabei, dass alle Benutzerinformationen über alle Kanäle synchron verfügbar sind.

Das Schaubild in Abbildung 17.1 verdeutlicht die beschriebenen Konstellationen noch einmal:

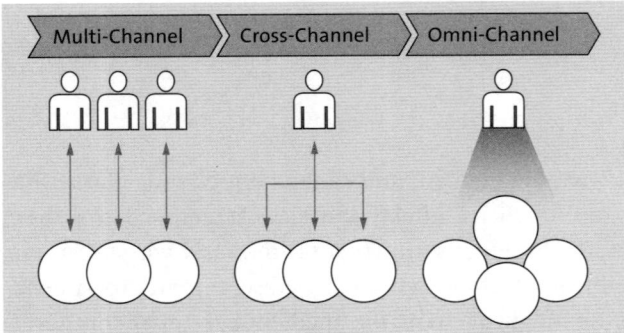

Abbildung 17.1 Eigene Darstellung in Anlehnung an »www.ecommercewiki.org«

Als Medien außerhalb des Internets gelten z. B. klassisches TV, Radio, Zeitungen und Zeitschriften. Außerdem stehen die Bereiche Außenwerbung (*Out-of-Home*, z. B. Plakate, Fahrzeugwerbung, Werbetafeln, Riesenposter, Schaufensterwerbung) und Veranstaltungen als Marketinginstrumente zur Verfügung. Sie sehen, es gibt viele Möglichkeiten, auf sich aufmerksam zu machen. Die verschiedenen Medienkanäle werden als Instrumente des Crossmedia-Marketings beschrieben (siehe Abbildung 17.2). Die Werbung in unterschiedlichen Medien beeinflusst sich gegenseitig und kann so insgesamt eine höhere Wirkung erzielen.

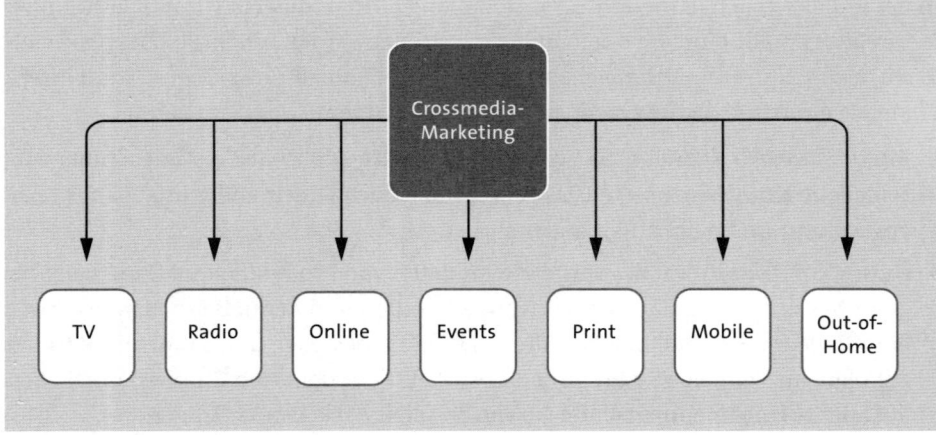

Abbildung 17.2 Instrumente des Crossmedia-Marketings

Crossmedia-Marketing wird immer häufiger genutzt, da sich Zielgruppen in verschiedenen Medien bewegen. Sie hören Radio, schauen Fernsehen, lesen Zeitungen und surfen online im Internet, sehen Plakate in der Fußgängerzone oder recherchieren unterwegs auf ihrem Smartphone. Nach einer Untersuchung von SevenOne Media/forsa lag die durchschnittliche Nutzungsdauer diverser Medien 2017 bei 701 Minuten pro Tag (siehe Abbildung 17.3).

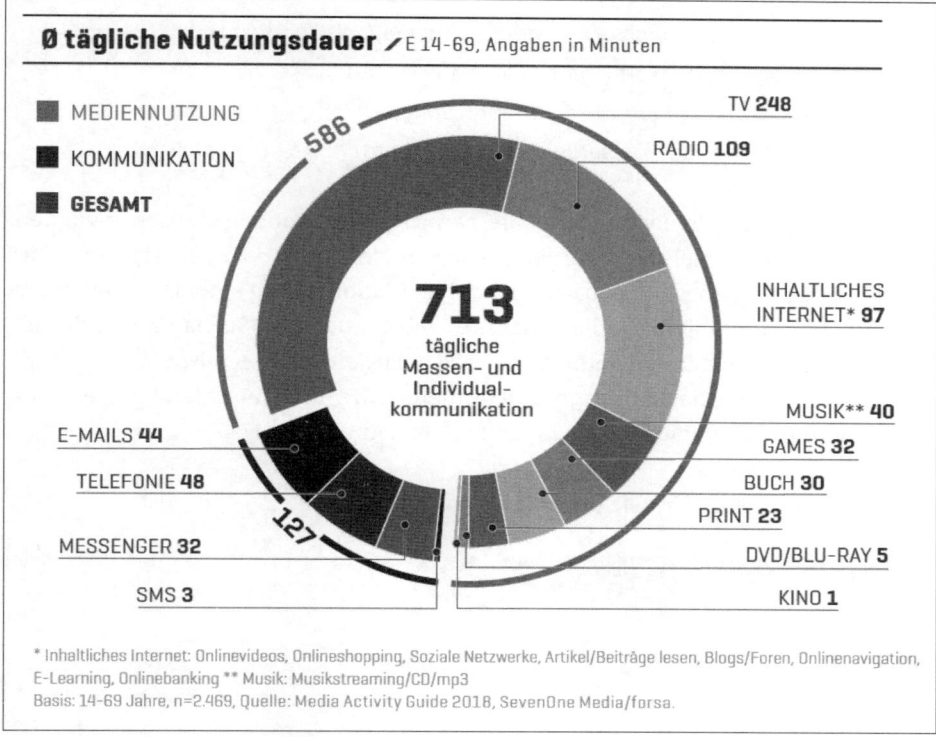

Ø tägliche Nutzungsdauer / E 14-69, Angaben in Minuten

MEDIENNUTZUNG
KOMMUNIKATION
GESAMT

586

713
tägliche
Massen- und
Individual-
kommunikation

TV **248**
RADIO **109**
INHALTLICHES INTERNET* **97**
MUSIK** **40**
GAMES **32**
BUCH **30**
PRINT **23**
DVD/BLU-RAY **5**
KINO **1**

E-MAILS **44**
TELEFONIE **48**
MESSENGER **32**
SMS **3**

127

* Inhaltliches Internet: Onlinevideos, Onlineshopping, Soziale Netzwerke, Artikel/Beiträge lesen, Blogs/Foren, Onlinenavigation, E-Learning, Onlinebanking ** Musik: Musikstreaming/CD/mp3
Basis: 14-69 Jahre, n=2.469, Quelle: Media Activity Guide 2018, SevenOne Media/forsa.

Abbildung 17.3 Durchschnittliche tägliche Nutzungsdauer (Quelle: Media Activity Guide 2017, SevenOne Media/forsa)

In diesem Buch beschreiben wir zwar hauptsächlich die Online-Kanäle zum Bewerben einer Website, trotzdem sollten die Möglichkeiten, die aus dem klassischen Marketing stammen, und die Synergien, die sich aus der Kombination von Online und Offline ergeben, nicht außer Acht gelassen werden.

Maßnahmen des klassischen Marketings

Marketinginstrumente können sehr vielfältiger Natur sein. Die Maßnahmen des Online-Marketings beschreiben wir Ihnen vollständig in diesem Buch. Weitere Maßnahmen des klassischen Marketings, die nicht im primären Fokus dieses Buchs liegen, sind:

- ▶ TV-, Radio- und Kinowerbung
- ▶ Anzeigenschaltung in Printmedien, z. B. Zeitungen und Zeitschriften
- ▶ Plakatwerbung und weitere Außenwerbung (*Out-of-Home-Media*)
- ▶ postalische Mailings, Prospekte, Broschüren, Flyer und Kataloge
- ▶ Warenproben, Werbegeschenke und Gewinnspiele
- ▶ Messen und Promotion-Aktionen (*Eventmarketing*)
- ▶ Produktplatzierung und Verkaufsförderung (*Product-Placement*)
- ▶ Werbung am Verkaufsort (*Point-of-Sale-Marketing*)
- ▶ Mundpropaganda (*Word-of-Mouth-Marketing*)
- ▶ Presse- und Öffentlichkeitsarbeit (*Public Relations*)

Oftmals werden die Medien sogar parallel genutzt. So verwenden Menschen vor dem Fernseher auch parallel das Internet auf ihrem Notebook oder Smartphone. Dies konnte nachgewiesen werden, da sofort nach der Einblendung einer Internetadresse im TV die Zugriffszahlen auf die genannte Website oder die Suchanfragen danach steigen. Diese Form der Parallelnutzung wird auch *Second-Screen-Nutzung* genannt. Nach Angaben des Google Consumer Barometer 2017 für Deutschland gingen 60 % der Befragten online, während sie TV sahen, siehe Abbildung 17.4.

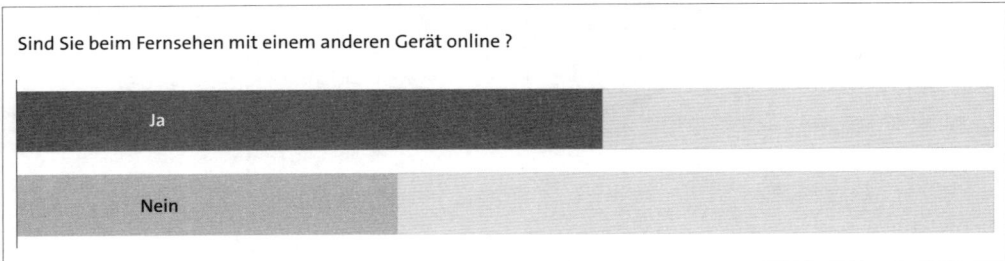

Abbildung 17.4 »Parallel TV & Device Use«, Google Consumer Barometer
(Quelle: The Connected Consumer Survey 2017)

Tipp: Consumer Barometer with Google

Wenn Sie tiefer in derartige Analyse einsteigen möchten, können Sie sich mit dem Google Consumer Barometer unter *www.consumerbarometer.com* interessante Studienergebnisse anzeigen lassen.

Neben diesem sogenannten *Multi-Screen-Trend* ist auch eine andere parallele Mediennutzung vorstellbar, nämlich wenn Sie durch eine Stadt gehen, Werbeplakate entdecken und dann die Website des Unternehmens auf Ihrem Smartphone aufrufen.

17.1   Aufbau einer Crossmedia-Kampagne

Wenn Sie eine Crossmedia-Kampagne erstellen, sollten Sie sich im Vorfeld Gedanken über den Aufbau machen, um größtmögliche medienübergreifende Effekte zu erzielen. Zunächst einmal müssen Sie, wie bei jeder Kampagnenkonzeption, Ihr konkretes Ziel definieren. Möchten Sie beispielsweise Ihre Marke stärken oder eine Umsatzsteigerung erreichen? Legen Sie die Ziele am besten in Form von konkreten KPIs (*Key Performance Indicators*) fest, denn diese sind für die Erfolgskontrolle unerlässlich. Neben den Zielen geht es natürlich auch um die Zielgruppe, die Sie ansprechen möchten. Diese ist auch wichtig bei der Auswahl der Kanäle, die Sie einsetzen möchten, und der Endgeräte, auf denen Ihre Kampagne geschaltet werden soll. Besonders wichtig sind abgestimmte Inhalte und die zeitliche Medienplanung.

Die inhaltliche Abstimmung betrifft insbesondere die gestalterische und redaktionelle Verknüpfung der einzelnen Kommunikationsmittel einer crossmedialen Kampagne. Durch alle eingesetzten Kanäle sollte sich ein roter Faden ziehen, was das Erscheinungsbild und die Botschaft betrifft. Dazu gehört die einheitliche Verwendung von Gestaltungselementen, aber auch der Einsatz von homogenen Slogans und Bildmaterialien (sogenannte *Key Visuals*). Werbeslogans und Bildmotive sollten einheitlich in allen Medien und Anzeigen verwendet werden, um einen hohen Wiedererkennungswert zu schaffen. Wenn Sie beispielsweise auf einem Plakat mit einem bestimmten Slogan arbeiten und auf Ihre Website hinweisen, so sollten mindestens einige Elemente dieses Slogans auf Ihrem Webauftritt wieder auftauchen. Zudem wird häufig mit sogenannten *Testimonials* geworben. Testimonials können bekannte Personen sein, die für ein Unternehmen mit ihrem Namen und Gesicht werben. Dadurch soll ein Imagetransfer zur Marke hergestellt und die crossmediale Wiedererkennung sichergestellt werden, da Gesichter von Menschen besser wahrgenommen werden als austauschbare Werbeslogans. Denken Sie z. B. an Michael Ballack für den Reiseanbieter *ab-in-den-urlaub.de*, das Kind vom Zwieback-Hersteller Brandt, an Boris Becker, der den Spruch »*Ich bin drin*« für die Firma AOL prägte, oder an Matthias Schweighöfer, der in Printanzeigen, humorvollen TV-Spots und Online-Kanälen für die Mercedes-Benz-B-Klasse warb. Die grafische Gestaltung crossmedialer Kampagnen sollte möglichst einheitlich und aus einem Guss sein. Hier empfiehlt sich ein *Corporate Design*, das identische Logos, Schrifttypen, Farben und Formen umfasst.

Der zeitliche Aspekt betrifft die Kampagnenplanung. Sie sollten festlegen, wann welche Einzelmaßnahmen beginnen und wie lange sie andauern. Dies muss abgestimmt werden, um die Werbewirkung zu erhöhen. Legen Sie also zu Beginn einen optimalen Termin für den Kampagnenstart fest, an dem Sie mit voller Kraft loslegen, um einen hohen Werbedruck aufzubauen. Planen Sie genau, wann Sie in welchen Medien werben wollen. Die Anzeigenpreise variieren in einigen Medien zum Teil deutlich im Jahresverlauf. So ist z. B. die Vorweihnachtszeit in der TV-Werbung der teuerste Zeitraum. Die zeitliche Verknüpfung der Kampagne können Sie auch in

17

mehreren Wellen vornehmen. So können Sie z. B. zuerst TV-Werbung schalten und nach einiger Zeit Printanzeigen buchen, um die Personen wieder in den Kontakt mit Ihrer Marke zu bringen. Legen Sie auch ein Kampagnenende fest, da viel gesehene Werbekampagnen im Laufe der Zeit auch Antipathie hervorrufen können oder abstumpfen. Ein längerer Zeitraum als drei bis sechs Monate ist daher für eine groß angelegte Crossmedia-Kampagne nicht anzuraten.

Die Firmen-Website oder begleitende Microsites müssen zum Kampagnenstart bereitstehen. Online- und Offline-Kampagnen sollten ebenfalls gut vorbereitet sein, da sie häufig viel Vorlaufzeit in Anspruch nehmen. Für den Internetauftritt sollten Sie auf eine kurze und einprägsame URL achten. Damit erhöht sich die Wahrscheinlichkeit, dass Interessenten sich Ihre Website merken können, wenn sie diese auf Plakaten, in Printanzeigen oder in einem TV-Spot sehen oder im Radio hören. Achten Sie darauf, dass alle Werbemittel Ihre Website bzw. die Kurz-URL enthalten.

Die Website selbst sollte zur Interaktion anregen und das Kampagnenziel bestmöglich unterstützen. Ein kreativer und ansprechender Kampagneninhalt wird gerne in sozialen Medien geteilt. So sollten Sie beispielsweise begleitende Gewinnspiele und QR-Codes (siehe Abschnitt 17.2) in Betracht ziehen.

Führen Sie z. B. ein neues Automodell ein, so ist Ihr Ziel, dass Interessenten Informationsmaterial anfragen oder eine Probefahrt buchen. Stellen Sie also sicher, dass Nutzer, die auf Ihre Website kommen, alles leicht finden, was sie benötigen. In Kapitel 7, »Usability – benutzerfreundliche Websites«, erfahren Sie, wie Sie eine Website möglichst benutzerfreundlich aufbauen können, in Kapitel 8, »Conversion-Rate-Optimierung (CRO)«, wie Sie die Besucher Ihrer Website zu einem gewünschten Ziel führen.

Integrieren Sie in den Aufbau einer Crossmedia-Kampagne so weit wie möglich die diversen Social-Media-Komponenten. Man unterscheidet hier zwischen sogenanntem *Owned Content* und *Paid Content*. Mit dem Owned Content sind die eigenen Social-Media-Profile gemeint: Beziehen Sie also beispielsweise Ihre Facebook-Page, den Twitter-Account und Profile auf Pinterest, Instagram und YouTube ein, indem Sie die entsprechenden Social-Media-Share-Buttons auf Ihrer Website integrieren oder auch begleitende Gewinnspiele in den sozialen Medien anbieten. Paid Content bezeichnet in diesem Zusammenhang das Einbeziehen von Anzeigenschaltung in Ihre Crossmedia-Kampagne, zum Beispiel durch Facebook Ads.

Sorgen Sie bei der Erstellung der Website zudem dafür, dass Ihr Webserver ein hohes Besucheraufkommen problemlos verarbeiten kann, sobald die Kampagne startet. Sie sollten auch die verschiedenen Wege des Kundenkontakts, wie beispielsweise Ihre Hotline oder Ihr Service-Center, die Betreuung von Chats oder Service-E-Mails entsprechend auf den Kampagnenstart vorbereiten.

Um den Erfolg Ihrer Crossmedia-Kampagne beurteilen zu können, ist ein reibungsloses Tracking über alle Kanäle hinweg elementar. Testen Sie also vor Start der Kampagne, ob wichtige Erfolgskennzahlen in Ihr Analysesystem eingehen und ob Sie diese eindeutig dem entsprechenden Kanal und Werbemittel zuordnen können. Mehr zum Thema Web-Analytics erfahren Sie in Kapitel 10, »Web-Analytics«.

17.2 Crossmedial werben – offline und online verbinden

Sie erreichen die höchste Effektivität, wenn Sie die Kampagnen in den verschiedenen Medien genau aufeinander abstimmen. Studien haben gezeigt, dass sich die einzelnen Marketingkanäle in ihrer Wirksamkeit gegenseitig unterstützen. Sie können sich sicher vorstellen, dass, wenn Sie eine groß angelegte Plakatkampagne erstellt haben, auch viele Personen nach Ihrem Firmennamen im Internet suchen. Eventuell tippen die Interessenten die URL in den Browser ein. Wahrscheinlicher ist aber, dass Begriffe in die Suchmaschine Google eingegeben werden. Sie sollten also dafür sorgen, dass Sie zu den relevanten Suchbegriffen, die Sie in Ihren Offline-Kampagnen verwenden, gefunden werden. (Wie das geht, lesen Sie in Kapitel 5 »Suchmaschinenoptimierung (SEO)«). Insbesondere wenn die Aufmerksamkeit der Nutzer beispielsweise über Plakate oder Radiowerbung erlangt wird, wenn diese gerade unterwegs sind, ist es häufig der Fall, dass mobil nach Ihrem Angebot gesucht wird.

Wie Sie in Abbildung 17.5 sehen, verwenden 53 % der Befragten Suchmaschinen auf dem Smartphone mindestens genauso häufig wie auf dem Computer. Sie sollten also unbedingt auch die mobile Optimierung berücksichtigen und sicherstellen, dass Ihre Kampagne und die eingesetzten Kanäle auch auf mobilen Endgeräten optimal zur Verfügung stehen.

Über Crossmedia-Marketing soll, wie gesagt, die Werbewirksamkeit der einzelnen Medien durch aufeinander abgestimmte Kampagnen verstärkt werden. Die Gründe für den Einsatz von Crossmedia-Marketing sind daher sehr vielfältig. Es sollen neue Zielgruppen erschlossen werden, die nur einzelne Medien nutzen. Reine »Onliner« erreichen Sie z. B. nicht mit Printanzeigen. Neue Kunden sollen über crossmediales Marketing gewonnen und bestehende Kunden sollen dauerhaft an das Unternehmen gebunden werden. Ein weiteres Ziel können schnelle Umsätze und die Stärkung der Markenbekanntheit sein. Der Werbedruck wird durch Mehrfachkontakte verstärkt, und damit wird die Werbeerinnerung erhöht. Durch die massive Nutzung verschiedener Medien bei einer Crossmedia-Kampagne können natürlich sehr hohe Kosten entstehen. Daher eignen sich großflächige Crossmedia-Kampagnen vor allem für Produkteinführungen oder Aktionen, bei denen schnell ein hoher Umsatz oder eine hohe Bekanntheit einer Marke erreicht werden sollen. Mit einem wohldurchdachten Kampagnenkonzept, das sich exakt auf Ihre Zielgruppe konzentriert, können Sie die Kosten einer Crossmedia-Kampagne aber durchaus überschaubar halten, indem Sie z. B. Ihre Zielgruppe aktiv in den Entstehungsprozess der Kampagne einbeziehen.

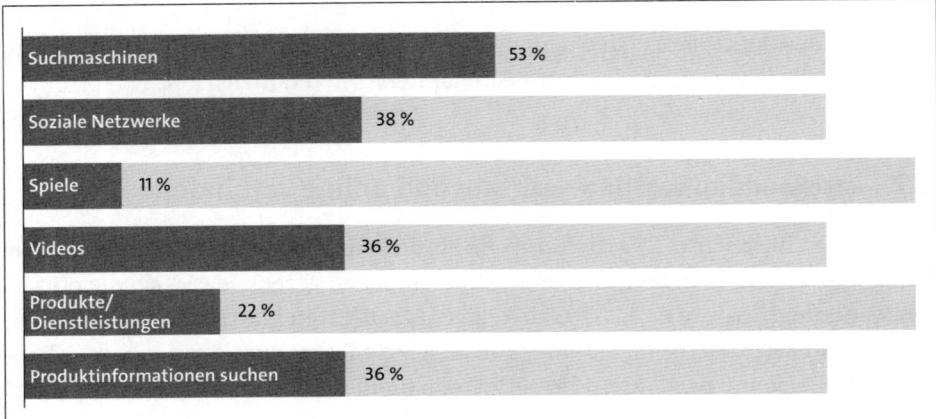

Abbildung 17.5 Welche Aktivitäten werden mindestens genauso häufig auf dem Smartphone durchgeführt wie auf dem Computer? Google Consumer Barometer 2017 für Deutschland (Quelle: The Connected Consumer Survey 2017; www.consumerbarometer.com)

Ein Beispiel hierfür ist die gelungene crossmediale Kampagne *#captureeuphoria* des Eisherstellers Ben & Jerry's, die schon einige Jahre zurückliegt. Das Unternehmen rief zunächst seine Fans dazu auf, ihre schönsten Momente im Alltag auf Bildern festzuhalten und diese über Social-Media-Netzwerke mit dem Hashtag *#captureeuphoria* zu teilen. Die Aktion war gleichzeitig Teil einer Imagekampagne und eines Gewinnspiels, bei dem die Teilnehmer mit den schönsten Fotos in Printanzeigen abgedruckt wurden. Innerhalb weniger Wochen wurden vor allem auf Instagram Tausende Fotos eingereicht. Die daraus resultierenden Plakate machten die Marke offline auch bei potenziellen Neukunden bekannt und animierten zur weiteren Beteiligung an der Aktion im Internet. Außerdem festigten sie die Markenbotschaft für ein Produkt, das für Authentizität und Lebensfreude stehen will.

Ein weiteres Beispiel bietet Ferrero mit seinen diversen Kampagnen für den Brotaufstrich Nutella: So war es beispielsweise Nutzern zunächst möglich, das Glasetikett des Brotaufstrichs mit dem eigenen Namen zu personalisieren. Anfang 2017 erweiterte das Unternehmen die Kampagne mit dem Namen »dein nutella«, indem es auch den Aufdruck von Hobbys und Interessen ermöglichte. Offline wurde auf die Aktion unter anderem durch ein Event in einem Berliner Einkaufszentrum aufmerksam gemacht: Dort wurde ein 12 Meter großes virtuelles Nutella-Glas mit Bildschirm aufgebaut, und Besucher hatten die Möglichkeit, das Glas vor Ort zu gestalten und sich anschließend fotografieren zu lassen. Begleitet wurde die Aktion in sozialen Medien mit dem Hashtag *#riesennutella*. Anfang 2018 machte das Unternehmen die Gläser zu Unikaten, um nach eigenen Aussagen die Einzigartigkeit der Marke deutlich zu machen. Nach dem Motto »Es lebe die Vielfalt« wurden Gläser mit verschiedensten Designs gedruckt, jedes nur einmal. Im Deckel erhielt der Käufer einen Aktionscode, der zu einer Gewinnspielteilnahme berechtigte. Der Preis: ein Glasdeckel, der das leere Nutella-Glas zu einer Lampe umfunktioniert und so als dauerhafte Erinnerung an das Produkt in die Wohnungen der Kunden Einzug halten konnte. Neben PR- und Promotion-Aktionen machte Ferrero u. a. über einen TV-Spot, Kino-Werbung, Online-Banner und Poster auf die Kampagne aufmerksam.

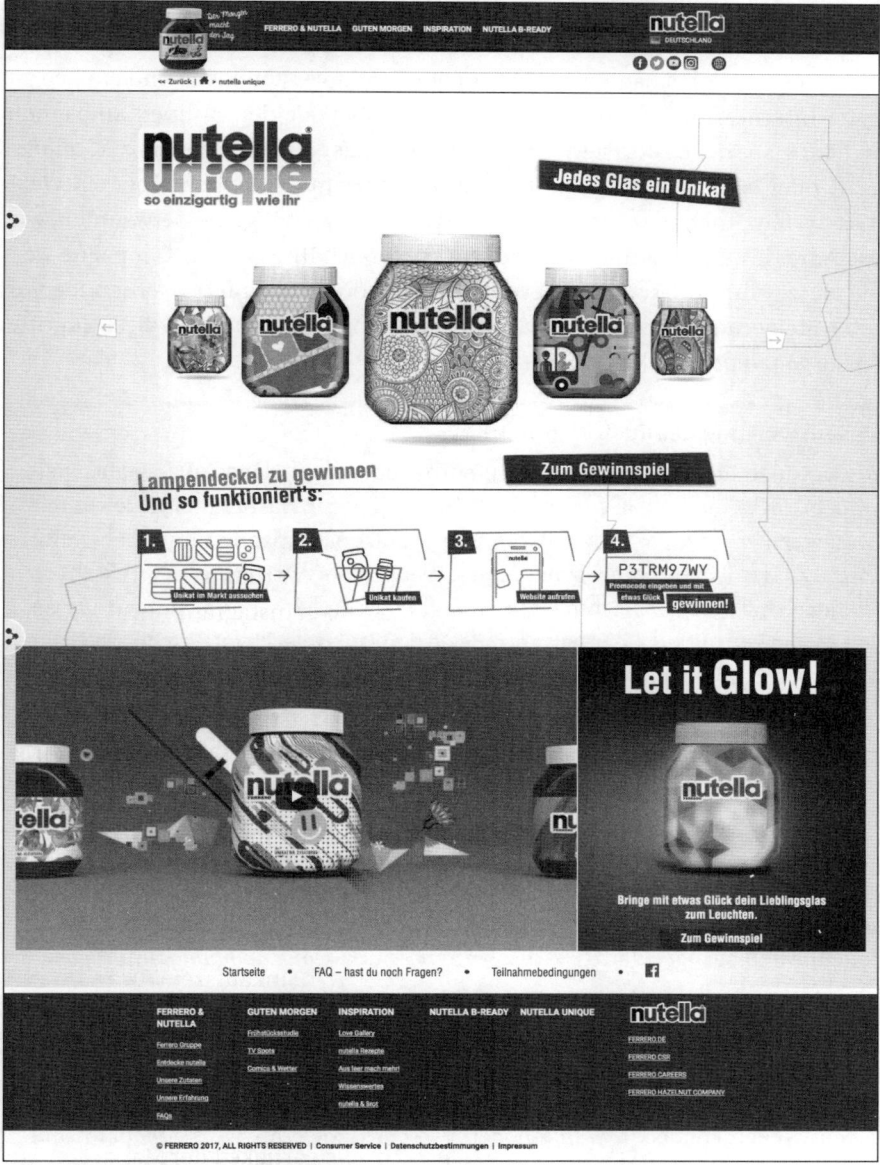

Abbildung 17.6 Website zur Aktion »nutella unique« unter »https://www.nutella.com/de/de/nutella-unique«

Natürlich verfügt nicht jedes Unternehmen über derart große Werbebudgets. Wir wollen anhand dieses Beispiels aber illustrieren, wie wichtig es ist, dass Sie Ihre Zielgruppe dort erreichen, wo sie sich aufhält – sei es im Internet, vor dem Fernseher oder in der Fußgängerzone.

Grundsätzlich sollten Sie – insbesondere bei Ihren Offline-Werbemitteln – immer auf die Nennung Ihrer Website achten. Sie erleichtern damit dem potenziellen Kunden die Auffindbarkeit Ihrer Seite. Auch in TV- oder Radio-Spots ist die Nennung wichtig. Achten Sie besonders bei Radiowerbung auf eine leicht verständliche und einfach zu merkende Internetadresse. Für eine bessere Messbarkeit der Offline-Kampagnen werden häufig spezielle URLs verwendet, die die Nutzer aufrufen sollen, z. B. *online-shop.de/tv* oder *online-shop.de/aktion*. Dadurch kann im Nachhinein über ein Web-Analytics-System (mehr dazu in Kapitel 10, »Web-Analytics«) gemessen werden, wie oft diese Adresse aufgerufen wurde und wie erfolgreich Ihre Offline-Kampagne war. Da viele Nutzer ihren Besuch im Netz aber über Google beginnen, werden Sie vor allem eine Steigerung im Traffic von Suchmaschinen bemerken. Auch diese Zugriffe können Sie genau protokollieren.

Erfolgsauswertung der Customer Journey

Bevor ein Kunde sich für den Kauf eines Produkts oder einer Dienstleistung entscheidet, durchläuft er meist viele verschiedene Phasen. Zunächst kommt er vielleicht mit einer Marke über einen TV-Spot in Berührung. Danach schaut er sich möglicherweise das Angebot des Unternehmens auf dessen Website an. Anschließend vergleicht er das Angebot mithilfe von Suchmaschinen und Preisvergleichsportalen mit anderen Optionen und konsultiert eventuell noch Bewertungsportale, bevor er schließlich auf die Website zurückkehrt, um einen Kauf zu tätigen. Dieser Zyklus der Entscheidungsfindung eines Kunden wird auch als *Customer Journey* (*Kundenreise*) bezeichnet.

Innerhalb einer Customer Journey haben Kunden eine Vielzahl von Berührungspunkten (*Touchpoints*) mit einer Marke. Dieser Umstand macht Crossmedia-Marketing so wichtig, da nur medienübergreifende Kampagnen sicherstellen, dass eine Marke in allen wichtigen Phasen der Customer Journey beim potenziellen Kunden präsent ist. Traditionell lässt sich die Customer Journey in Anlehnung an das *AIDA-Modell* in die Schritte *Bekanntheit*, *Recherche*, *Vergleich*, *Entscheidung*, *Kauf* (Conversion) sowie begleitende und nachgelagerte Phasen wie *Service* und *Kundenbindung* unterteilen.

Die Komplexität einer Customer Journey geht mit großen Herausforderungen hinsichtlich der Messbarkeit und Auswertbarkeit der verschiedenen Marketingmaßnahmen einher. Einerseits müssen Kunden mit Tracking-Technologien eindeutig identifiziert werden, so dass sie in der richtigen Phase der Customer Journey angesprochen werden können. Messmethoden wie der Google-Analytics-Standard *Universal Analytics* schaffen hier Abhilfe. Andererseits muss bei einer Vielzahl von Offline- und Online-Marketing-Kampagnen ermittelt werden, welche Kampagnen welchen Anteil an einem Kundengewinn haben, um fundierte Budgetverteilungen treffen zu können. Hier helfen in einem ersten Schritt *Multi-Channel-Analysen* bei der Auswertung komplexer Customer Journeys. So kann beispielsweise mit der soge-nannten *Attributionsmodellierung* in Google Analytics verschiedenen Touchpoints unterschiedliche Wertigkeit innerhalb der Customer Journey zugewiesen werden. Auch das sogenannte *Cross-Device-Tracking* spielt hier eine wichtige Rolle. In Kapitel 10, »Web-Analytics«, erfahren Sie mehr zu diesen Themen.

In Printanzeigen können Sie sehr gut mit Rabattcodes arbeiten, um die Effektivität Ihrer Werbemaßnahmen zu prüfen. Schauen Sie am Ende einfach auf die Zahl der eingelösten Gutscheine mit dem abgedruckten Code, und Sie werden den Erfolg besser beurteilen können. Vor allem für den mobilen Bereich wurden sogenannte *QR-Codes* entwickelt, die Interessenten z. B. mit dem Handy abfotografieren können und durch die sie dann auf eine mobile Website oder Anwendung weitergeleitet werden. QR steht dabei für *Quick Response*, also *schnelle Antwort*. Sie verbinden in der Regel die Offline-Welt mit Online-Kanälen. Bestimmt haben Sie einen solchen zweidimensionalen Barcode schon einmal in einer Zeitung oder auf einem Plakat gesehen. Diese Codes werden zum Beispiel auch auf Produktverpackungen abgedruckt, um dem Nutzer weitere Informationen zu bieten. Aber auch in vielen anderen Bereichen wie zum Beispiel in Museen (für Hintergrundinformationen zu Exponaten) oder im öffentlichen Nahverkehr (mobile Fahrscheine) kommen QR-Codes zum Einsatz.

Einen kreativen Einsatz eines QR-Codes sehen Sie in Abbildung 17.7. Nutzer konnten ihr Guinness-Bierglas scannen und in ihren sozialen Netzwerken teilen.

Abbildung 17.7 Aufdruck eines QR-Codes auf Gläsern der Biersorte Guinness

Dennoch gibt es durchaus die Kritik, dass sich diese Methode in Deutschland nicht umfassend durchgesetzt hat, da der Nutzer einige Hürden überwinden muss: So muss er zunächst eine entsprechende App auf seinem Smartphone installieren, die den Code entschlüsseln kann. Lange Ladezeiten, nichtoptimierte Zielseiten und geringer Mehrwert sind Aspekte, die laut der Kritiker zu wenig Akzeptanz dieser Methode führen. Pauschal lässt sich der Einsatz von QR-Codes nicht bewerten. Sollten Sie in Erwägung ziehen, diese Technik innerhalb Ihrer crossmedialen Kampagne einzusetzen, so vermeiden Sie aber unbedingt die genannten Kritikpunkte.

Die Wirkung von kombinierter crossmedialer Werbung wurde vom BVDW (Bundesverband Digitale Wirtschaft) untersucht. Hierzu wurde der Einfluss von Suchmaschinenmarketing auf die Markenbekanntheit in Verbindung mit TV-Werbung analysiert. Es konnte eindeutig festgestellt werden, dass die Markenbekanntheit steigt, wenn zusätzlich zur TV-Werbung auch Suchmaschinenwerbung und -optimierung vorgenommen wird. In der Studie konnte die Bekanntheit der Marke um 42 % gesteigert werden, wie Sie Abbildung 17.8 entnehmen können. Auch wenn die Studie schon einige Jahre zurückliegt, sollten Sie die Empfehlung des BVDW: »TV-Werbung: Niemals ohne Suche!« weiterhin beherzigen.

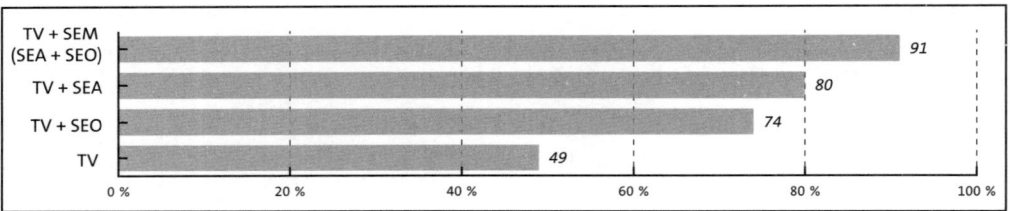

Abbildung 17.8 Wirkung von TV-Werbung in Kombination mit Suchmaschinenmarketing

Eine jüngere Studie des BVDW aus dem Jahr 2013 belegt zudem, dass es sinnvoll ist, digitale Kampagnen sowohl auf Desktop- als auch auf Mobile-Geräten zu schalten. Hierzu wurde untersucht, wie stark sich ein neues Produkt (in diesem Fall Leibniz Choco Crunchy) bei Nutzern einprägt, je nachdem, ob sie Online-Anzeigen auf Desktop-Geräten, Mobilgeräten oder beiden Gerätetypen sehen. Das Ergebnis der Studie sehen Sie in Abbildung 17.9. Nutzer, die sowohl Desktop- als auch Mobile-Anzeigen gesehen haben, konnten sich sowohl ungestützt (»Von welchen Keks- oder Waffel-Produkten haben Sie in letzter Zeit Werbung gesehen, gelesen oder gehört?«) als auch gestützt (Erwähnung von Leibniz Choco Crunchy) deutlich besser an das Produkt beziehungsweise die Marke Leibniz erinnern.

Von einer hohen Markenbekanntheit profitieren auch die Online-Marketing-Kanäle. So erhöhen sich Klickraten auf Banner und Werbeanzeigen, wenn ein bekanntes Unternehmen wirbt. Die Verbraucher haben hierbei ein höheres Vertrauen in den Werbetreibenden. Zudem steigen bei wachsender Markenbekanntheit die Anfragen in Suchmaschinen für den Markenbegriff, wie Sie in Abbildung 17.10 sehen.

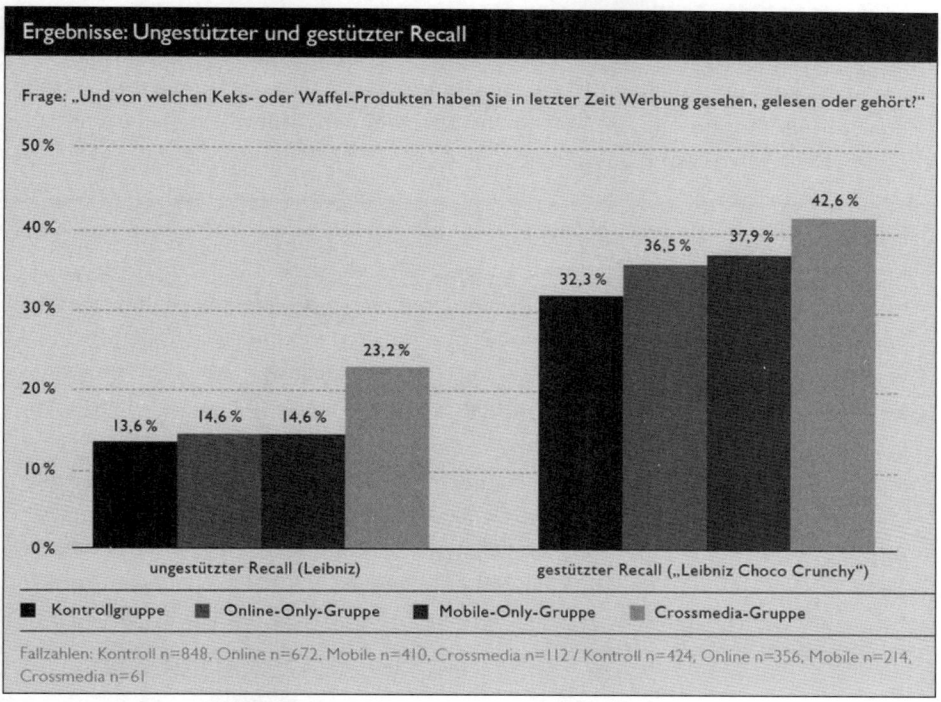

Abbildung 17.9 Crossmediale Synergien beim Einsatz von Desktop- und Mobile-Werbung (Quelle: BVDW)

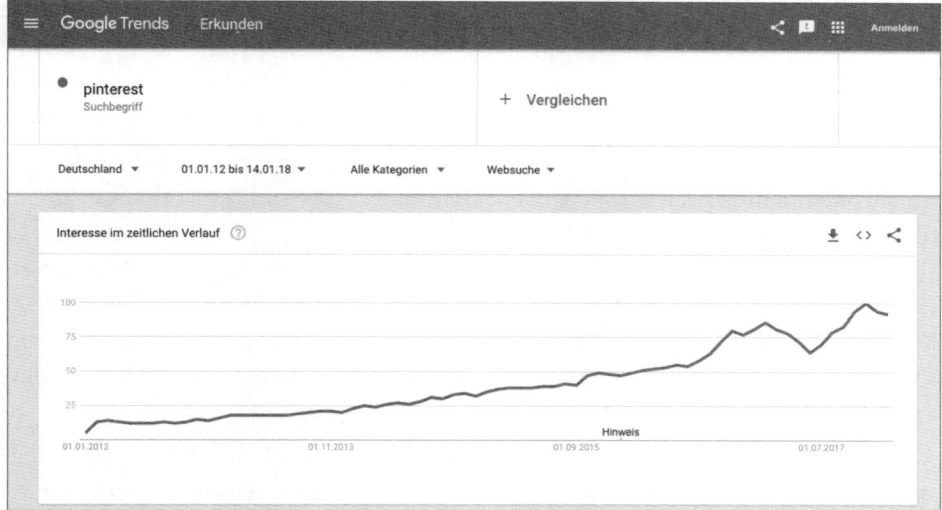

Abbildung 17.10 Entwicklung der deutschlandweiten Suchanfragen zum Begriff »pinterest« (Quelle: Google Trends)

Diese Analyse können Sie mit Google Trends (*www.google.de/trends*) auch für Ihren eigenen Markenbegriff oder Wettbewerber vornehmen. Seit 2017 haben Sie auch die Möglichkeit, den Suchbegriff neben der Websuche für die Google-News-Suche, Google Shopping und die YouTube-Suche anzuwenden, indem Sie dies im entsprechenden Dropdown-Menü auswählen.

Google Trends – was wird gesucht?

Mit dem Tool Google Trends (*www.google.de/trends*) stellt Google aktuelle Suchtrends sowie jährlich eine Auswertung der am meisten nachgefragten Suchbegriffe für verschiedene Länder und Themengebiete vor. Zu den am häufigsten gesuchten Begriffen gehörten 2017 in Deutschland »WM Auslosung«, »Bundestagswahl«, »Wahlomat«, »iPhone 8« und »Dschungelcamp«. Details sind einzusehen unter *https://trends.google.de/trends/yis/2017/DE/*.

Mit diesem Tool lassen sich, wie der Name schon sagt, bestimmte Trends bei einzelnen Suchanfragen ausfindig machen. Der Suchbegriff »Winterreifen« wird beispielsweise besonders oft im Oktober eingegeben, während die Suche in den anderen Monaten eines Jahres vergleichsweise eher gering ausfällt. Sie können die Anfrage nach Ländern, Regionen und Jahren filtern und sowohl Suchbegriffe als auch Websites abrufen.

Auch die Suchmaschinenoptimierung profitiert von hoher Markenbekanntheit, da starke Marken-Websites von den Suchmaschinen im Ranking bevorzugt werden. Eine hohe Bekanntheit führt in der Regel auch zu höheren Conversion-Raten. Das heißt, dass Nutzer z. B. schneller einen Kauf tätigen, da sie der Website vertrauen und sich bei einer Bestellung und der Eingabe von Kreditkartendaten nicht unsicher fühlen müssen.

Wenn Sie verschiedene Vertriebswege zum Verkaufen Ihrer Produkte nutzen, können Sie Crossmedia-Marketing anwenden, um auf die unterschiedlichen Bezugsmöglichkeiten hinzuweisen. So kann ein stationärer Händler in seinem Geschäft auf den Online-Shop oder umgekehrt online auf der Website auf lokale Filialen hinweisen. Versandhändler wie Otto können z. B. auf ihren Websites auf ihren Katalog verweisen und im Katalog wiederum die Online-Bestellmöglichkeit präsentieren. Der Kunde kann also auswählen, welche Variante er bevorzugt. Da es sich hierbei um verschiedene Distributionskanäle handelt, wird diese Marketingform häufig wie eingangs beschrieben als *Cross-Channel-Marketing* bezeichnet.

Auf der Website des Elektronik-Fachmarktes Mediamarkt kann der Besucher beispielsweise die Verfügbarkeit eines Produktes sowohl online als auch in einem stationären Ladengeschäft in seiner Nähe prüfen (siehe Abbildung 17.11).

Der Schuhhändler Götz bietet auf seiner Website *www.goertz.de* die Möglichkeit, ein bestimmtes Produkt für die Dauer von zwei Tagen in einer Filiale zu reservieren.

Zudem können online bestellte Waren in stationären Geschäften zur Retoure abgegeben werden.

Abbildung 17.11 Cross-Channel-Marketing auf »www.mediamarkt.de«

Die crossmediale Wirkung spielt im Marketing eine große Rolle, da sie eine große Effektivität der Kampagnen für die Werbetreibenden bedeutet. Wir werden Ihnen im nächsten Abschnitt einige Beispiele großer Crossmedia-Kampagnen genauer vorstellen, damit Sie einen praktischen Einblick in die verschiedenen Werbemöglichkeiten bekommen.

17.3   Von Profis lernen – crossmediale Werbekampagnen

Schauen wir uns also einige Beispiele aus der Praxis genauer an. An diesen Kampagnen sehen Sie sehr gut, wie die einzelnen Marketingkanäle verbunden werden. Insbesondere groß angelegte Werbekampagnen setzen auf einheitliches Crossmedia-Marketing. Sie können dies z. B. bei neuen Kampagnen von Automobilherstellern oder Finanzprodukten der Banken sehen. Einen Überblick über neue Kampagnen finden Sie z. B. beim Marketingportal HORIZONT.NET (*www.horizont.net*) unter der Rubrik KAMPAGNEN (*www.horizont.net/kampagnen*).

17.3.1   Crossmedia-Marketing für »Die Limo« mit Einsatz von Testimonials

Wie schon erwähnt kommen bei Crossmedia-Kampagnen häufig Testimonials zum Einsatz. Die Bekanntheit dieser Fürsprecher und die Sympathien für diese sollen somit auf das Unternehmen bzw. das Angebot übertragen werden und einen positiven Imagetransfer unterstützen. Im Crossmedia-Marketing lassen sich Testimonials sehr gut einsetzen, da sie medienübergreifend z. B. auf Plakaten und in TV-Spots genutzt werden können. Testimonials prägen sich, sofern sie zu Ihrer Zielgruppe passen, besonders gut ein und besitzen einen hohen Wiedererkennungswert. So wirbt der NBA-Basketballstar Dirk Nowitzki schon seit mehreren Jahren für die Bank ING-DiBa, der ehemaliger Fußball-Nationalspieler Michael Ballack bewarb das Angebot des Reiseportals *ab-in-den-Urlaub*, und Anke Engelke ist das Gesicht für die Hannoversche Versicherung, siehe Abbildung 17.12 – um nur einige Beispiele zu nennen.

Abbildung 17.12 Anke Engelke als Testimonial für die Hannoversche Versicherung

Auch der Getränkehersteller Eckes-Granini wirbt für seine »Limo« mit den Moderatoren Joko Winterscheidt und Klaas Heufer-Umlauf. Haben Sie beispielsweise einen TV-Spot für die Limonade gesehen, werden Sie – Interesse vorausgesetzt – womöglich die Website von *dielimo.de* aufsuchen. Wahrscheinlich tippen Sie die Adresse in Google ein oder geben vielleicht einen Sprachbefehl an Ihr Smartphone oder Tablet. In Abbildung 17.13 sehen Sie die Google-Suchergebnisseite zum Begriff »die limo«.

Zu einer guten Crossmedia-Kampagne gehört, dass der Werbetreibende in den Suchergebnissen zu relevanten Begriffen gefunden wird. Dies sind vor allem der Firmenname und der Domain-Name mit den Zusätzen *www.* und *.de*. Denken Sie auch an Falschschreibungen, die durch das Vertippen auf der Tastatur oder durch Missverstehen des Markennamens zustande kommen können. Stellen Sie also sicher, dass Sie vor einem großen Kampagnenstart mit Fernsehwerbung oder Plakaten gut gefunden werden. Dies erreichen Sie über gezielte Suchmaschinenwerbung (SEA) und Suchmaschinenoptimierung (SEO), die wir in Kapitel 5, »Suchmaschinenoptimierung (SEO)«, und Kapitel 6, »Suchmaschinenwerbung (SEA)«, detailliert beschreiben. Sie können damit kostspielige Kampagnen noch besser ausnutzen, indem Sie die Interessenten bedienen und mit den nötigen Informationen und Angeboten versorgen.

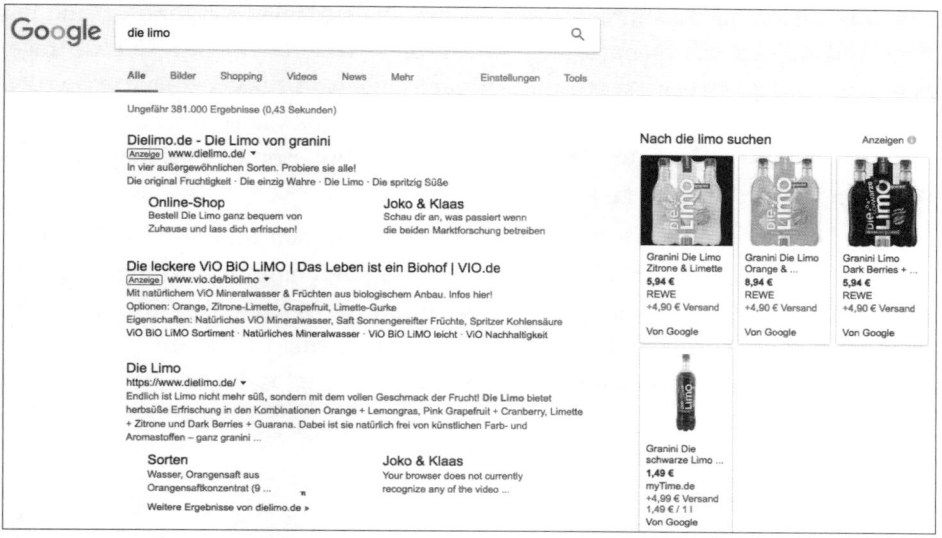

Abbildung 17.13 Google-Suchergebnisseite zum Suchbegriff »die limo«

Wenn Sie fündig geworden sind, klicken Sie nun auf die optimierte Google-Ads-Such-anzeige oder auf die darunterliegenden natürlichen Suchergebnisse. Und wen sehen Sie nach dem Klick? Richtig: Über einen sogenannten *Slider* (ein Website-Element, das meist sehr prominent eingesetzt wird und in mehrsekündlichem Abstand ver-schiedene Website-Inhalte anzeigt) rollieren neben einzelnen Produktangeboten auch Joko und Klaas auf der Website (siehe Abbildung 17.14), die sogar einen eigenen Menüpunkt auf der Landing Page bekommen haben:

Abbildung 17.14 Die Website von »www.dielimo.de« (Mobile- und Web-Ansicht)

Über die bekannten Testimonials werden hier die crossmediale Wirkung und der Wiedererkennungswert genutzt. Der Nutzer fühlt sich auf der richtigen Seite angekommen und hat ein gewisses Grundvertrauen aufgebaut. Außerdem hat er sich den Namen der Website wahrscheinlich gemerkt, so dass er bei seinem nächsten Besuch die Domain direkt in den Browser eingibt. Dies ist insbesondere bei längeren Produktnamen und Domains der Fall.

In einer in 2017 ausgerollte Kampagne kamen neben den humorvollen TV Spots diverse Social-Media-Maßnahmen, Plakatwerbung und eine Verkostungstour zum Einsatz. Auch am *Point-of-Sale* durften der Einsatz der Testimonials Joko und Klaas nicht fehlen, wie Sie an den Produktdisplays in Abbildung 17.15 sehen. Point-of-Sale bezeichnet dabei die stationären Märkte, also den Ort des Produktverkaufs.

Abbildung 17.15 Verkaufsdisplay von »Die Limo« im Lebensmitteleinzelhandel (Quelle: www.display.de)

Das Unternehmen Eckes-Granini verbindet daher sehr gut aufeinander abgestimmte Online- und Offline-Maßnahmen. Durch sympathische Personen als kampagnenverknüpfendes Testimonial wird zusätzlich ein positives Markenimage aufgebaut.

Brand-Kampagnen mit Google Ads

In Abbildung 17.13 haben Sie vielleicht gesehen, dass *www.dielimo.de* Google-Ads-Kampagnen (SEA) schaltet, obwohl unterhalb der Anzeigen auch ein umfangreiches

Gratis-Suchergebnis (SEO) erscheint. Sie erkennen den Unterschied an der Kennzeichnung *Anzeige* unterhalb des Anzeigentitels. Man kann sich zu Recht fragen, ob eine solche Investition sinnvoll ist, wenn Nutzer ohnehin schon wissen, welche Website sie besuchen wollen.

Zahlreiche Studien haben untersucht, ob sich der Einsatz von bezahlten Suchmaschinenkampagnen für Marken-Keywords auszahlt. In den meisten Fällen wird eine Investition befürwortet. Folgende Gründe sprechen für den Einsatz von Brand-Kampagnen:

▶ **Geringe Kosten und hohe Rentabilität**: Brand-Kampagnen im Suchmaschinenmarketing sind vergleichsweise günstig. Häufig zahlen Sie für einen Klick auf eine Anzeige nur wenige Cents. Gleichzeitig weisen Brand-Kampagnen aber meistens eine sehr hohe Conversion-Rate auf, was diese Kampagnen besonders rentabel macht.

▶ **Wettbewerber**: Ihre Konkurrenten dürfen in Google Ads ebenfalls Anzeigen für Ihre Markenbegriffe schalten, wie Sie im Beispiel für »Die Limo« sehen. An zweiter Position ist eine Anzeige von *www.vio.de* zu sehen. Wenn Sie nicht mit eigenen Anzeigen präsent sind, besteht daher die Gefahr, dass Ihre Mitbewerber Ihnen relevanten Traffic vor der Nase wegschnappen. In diesem Fall würden die Interessenten bei der Suche nach »die limo« als Erstes die Konkurrenzanzeige sehen und darauf klicken. Somit würden viele Suchende nicht zu Ihrem Angebot gelangen.

▶ **Marketingbotschaften**: Organische Suchergebnisse lassen sich im Gegensatz zu bezahlten Anzeigen nur schwer steuern. Mit Brand-Kampagnen haben Sie die Möglichkeit, Ihre Marketingbotschaften gezielt zu platzieren und bei Bedarf schnell auszutauschen.

17

17.3.2 Crossmedia-Marketing zum Rebranding von N24 in WELT

Aus der Entscheidung des Medienunternehmens Axel Springer, seine Angebote »N24« und »Welt« unter einer Dachmarke zusammenzuführen, folgte in der Konsequenz eine Rebranding Kampagne im Januar 2018 – Medienberichten zufolge die größte Kampagne in der Sendergeschichte. Zusammen mit der Agentur Jung von Matt/Spree wurde eine mehrstufige Crossmedia-Kampagne konzipiert. Unter dem Motto »Bleibt alles beim Neusten« wurde die Umbenennung in einer groß angelegten Kampagne kommuniziert. Gestartet mit Printkampagnen und TV-Spots, folgten Kino-Werbung und digitale Werbemittel. Bundesweit wurden nach Presseangaben zudem 31.000 Printplakate in 140 Städten platziert (siehe Abbildung 17.16) – ein Novum für den Nachrichtensender.

Abbildung 17.16 Plakatwerbung zur Umbenennung von »N24« in »Welt«

Das Motiv sollte vor allem die Live-Berichterstattung, aber auch die Schwerpunkte Nachrichten und Dokumentation verdeutlichen. Auf der zugehörigen Landing Page unter *http://n24wirdwelt.de/* konnten sich Interessenten und auch B2B-Partner (Business-to-Business, also Geschäftspartner) über die Umstellung näher informieren. Neben Videospots und der Beantwortung von FAQs (häufig gestellten Fragen) wurden hier auch Hinweise zu Logoverwendung und Schreibweise gegeben.

Abbildung 17.17 Landing Page unter »http://n24wirdwelt.de« zur Rebranding-Kampagne von N24 zu Welt

Zudem wurde die frühere Domain von N24 auf *www.welt.de* weitergeleitet und ein entsprechender Hinweis angezeigt (siehe Abbildung 17.18).

Abbildung 17.18 Website-Hinweis zur Namensänderung von »N24« in »Welt«

17.3.3   Crossmedia-Marketing zur Verbreitung der Marke Eskimo

Die folgende Crossmedia-Kampagne liegt zwar schon einige Jahre zurück, ist aber dennoch eine sehr gute Veranschaulichung von lokaler Zielgruppenansprache zum passenden Zeitpunkt. Anlässlich des im Jahr 2015 in Wien stattfindenden »Eurovision Song Contests (ESC)« begleitete die Marke Eskimo (Österreichs Pendant zu Langnese) das Großereignis als Sponsor mit einer umfangreichen Crossmedia-Kampagne. In der Nähe des Veranstaltungsortes, der Wiener Stadthalle, war die Marke zunächst mit einer Lounge präsent. Um Eskimo auch in der gesamten Stadt mehr Aufmerksamkeit zu verschaffen und bei Wienerinnen und Wienern die Lust auf Speiseeis zu wecken, schaltete die Marke außerdem Anzeigen auf Hunderten Werbebildschirmen am Wiener Hauptbahnhof und in U-Bahnhöfen (siehe Abbildung 17.19).

Eine Besonderheit der digitalen Anzeigenschaltung in Bahnhöfen war ein spezielles Wetter-Targeting. Anzeigen wurden insbesondere dann geschaltet, wenn die Temperaturen über 25 Grad Celsius stiegen. Diese spezielle Form des *Real-Time-Marketings* ermöglichte es Eskimo, genau dann bei der Zielgruppe präsent zu sein, wenn die Lust auf Speiseeis besonders groß war. Die Anzeigenmotive enthielten lustige Sprüche im lokalen Wiener Dialekt. Sie wurden nicht nur lokal, sondern auch über soziale Netzwerke wie Facebook und Instagram verbreitet und mit dem Großanlass ESC in Verbindung gebracht (siehe Abbildung 17.20).

Abbildung 17.19 Digitalwerbung auf Bildschirmen in Wiener U-Bahnhöfen

Abbildung 17.20 Verbreitung von Anzeigenmotiven via Facebook

Natürlich wurde auch auf der Website von Eskimo auf den Eurovision Song Contest hingewiesen (siehe Abbildung 17.21). In der Offline-Welt fanden sich die Anzeigenmotive darüber hinaus auf den hauseigenen LKWs sowie in Printanzeigen. Unter dem Slogan »Ciao Alltag« wurden alle Kampagnenkanäle miteinander verknüpft. Dieses verbindende Element sowie die stimmige Orchestrierung der einzelnen Maßnahmen machen diese Kampagne zu einem sehr guten Beispiel von integriertem Crossmedia-Marketing.

Abbildung 17.21 Website von Eskimo Österreich

Uns ist bewusst, dass die aufgezeigten Beispiele für gelungenes Crossmedia-Marketing sehr große Marketingbudgets erfordern, über die viele kleinere Unternehmen natürlich nicht verfügen. Wir haben die Beispiele ausgewählt, weil sie sehr gut illustrieren, wie unterschiedliche Medien und Marketingkanäle aufeinander abgestimmt werden und sich auf diese Weise gegenseitig befruchten können. Denken Sie also bei der nächsten Kampagnengestaltung an die crossmediale Wirkung von Werbung, und koordinieren Sie die einzelnen Maßnahmen in den verschiedenen Medien. Sicher werden Sie so noch mehr aus dem Marketing herausholen, und Ihre Website wird dann auch von allen klassischen Werbemaßnahmen profitieren.

17.4   Crossmedia-Publishing

Wenn Sie redaktionelle Inhalte veröffentlichen, können Sie Crossmedia-Marketing nutzen, um die Artikel und Meldungen in mehreren Medien gleichzeitig zu publizieren. Bei den meisten Verlagen und Redaktionen wird daher crossmedial gearbeitet. Es gibt eine gemeinsame Redaktion für alle Medien. Man spricht dabei von *Crossmedia-Publishing*. Zu fast jeder Zeitung und Zeitschrift gehört inzwischen ein Internetauftritt. Viele Verlage sind dazu übergegangen, die Inhalte aus den Printversionen auch im Internet zu veröffentlichen oder eigene Online-Redaktionen zu unterhalten. Hinzu kam in den letzten Jahren die Bereitstellung für mobile Endgeräte als weiteres Medium. So können sich Verlage also überlegen, welches Medium sie auf welche Art bedienen wollen. Hierbei spielt es natürlich eine Rolle, wie Sie mit den verschiedenen Angeboten Einnahmen erwirtschaften können. So besteht z. B. die Möglichkeit, Inhalte kostenpflichtig anzubieten.

Schauen wir uns noch einmal als Beispiel die Zeitung *Die Welt* an. Die Zeitung erscheint täglich von Montag bis Samstag im klassischen Zeitungsformat oder in einem Kompaktformat (*Welt Kompakt*, Montag – Freitag bzw. *Welt am Sonntag Kompakt*). Neben den Printausgaben steht ein umfangreiches Internetangebot unter *www.welt.de* zur Verfügung, und eine digitale Zeitung, die *Welt Edition*, macht es Lesern möglich, die Inhalte auf dem PC, Tablet oder Smartphone zu lesen. Abgerundet wird das Medienangebot von Apps für iOS und Android sowie einem E-Paper. Hinzu kommt eine Vielzahl von Profilen in Social-Media-Netzwerken wie Twitter, Facebook und Instagram, mit deren Hilfe News weiterverbreitet werden.

Abbildung 17.22 Crossmedia-Publishing bei der Zeitung »Die Welt«

Damit steht eine Vielzahl von Medien zur Verfügung, die entsprechend bedient werden können und Marketingpotenzial beinhalten. Als Verlag stehen Sie nun vor der Überlegung, welche Inhalte Sie für die einzelnen Kanäle jeweils nutzen und aufbereiten möchten. Hier beginnt das Crossmedia-Publishing, komplex zu werden. Möchten Sie z. B. alle Inhalte aus der kostenpflichtigen gedruckten Tageszeitung auch auf der Internetseite anbieten – und das kostenlos? Welche Inhalte sollen in den mobilen Versionen angeboten werden? Lange Leitartikel eignen sich wegen der kleineren Displays dafür eher weniger. Möchten Sie sogenannte *E-Paper*-Ausgaben der gedruckten Zeitung für Internetnutzer zur Verfügung stellen? Sie sehen: Hier ist ein durchdachtes Konzept für das Publishing erforderlich. Wichtig ist dies auch für den Aufbau Ihrer Redaktion. Schreibt ein Redakteur nur für die Zeitung oder die Website? Oder wird die Redaktion zusammengelegt und schreibt dann für alle Medien?

Sollten Sie sich für eine crossmediale Strategie entscheiden, ist die medientypische Aufbereitung zu beachten. Jedes Medium hat eigene Anforderungen an die inhaltliche und technische Gestaltung. In digitalen Publikationen wird im Gegensatz zu gedruckten Zeitungen z. B. sehr viel mit Zwischenüberschriften gearbeitet, um den Online-Lesern bessere Orientierung zu bieten. In Online-Publikationen kommen Verlinkungen hinzu, die in Printmedien nicht genutzt werden können. Zusätzlich muss die technische Verarbeitung von Bildern beachtet und passend zum jeweiligen Medium aufbereitet werden. So können Sie z. B. für mobile Geräte nur kleine Bilder nutzen – im Gegensatz zu Zeitschriften, wo Bildmaterial in sehr großer Auflösung zur Verfügung stehen muss.

Die mobile Aufbereitung der Inhalte stellt eine weitere Herausforderung dar. Hier sollten Sie sich ein Konzept überlegen, wie Sie die Inhalte nutzergerecht aufbereiten. Wie schon erwähnt, sind hier sehr lange Artikel und großformatige Bilder zu vermeiden. Wichtig ist des Weiteren ein gutes Navigationskonzept, wie Leser zu den gewünschten Inhalten gelangen. Im Gegensatz zu einer Zeitung, die meist linear, von vorn bis hinten, gelesen wird, gibt es online und mobil keine gewohnte Leserichtung.

Abbildung 17.23 Das Abo-Modell von Welt.de: WELTplus

Haben Sie ein durchdachtes Konzept für das Crossmedia-Publishing, können Sie Ihre Inhalte medienübergreifend anbieten und so mehr Leser erreichen. Langfristig müssen Sie allerdings sicherstellen, dass Sie Ihre Online-Inhalte monetarisieren können. Viele Verlage stehen heute vor der großen Herausforderung, sich angesichts der freien digitalen Verfügbarkeit von Inhalten über Wasser zu halten. An vielen Stellen wird daher an Bezahlmodellen gearbeitet, die Online-Journalismus auch zukünftig finanzierbar machen sollen.

Im Beispiel *Welt.de* wurde das Bezahlmodell *WELTplus* eingeführt. Während aktuelle Nachrichten und Inhalte aus der Mediathek kostenfrei nutzbar sind, können nur WELTplus-Abonennten weiterführende Artikel wie Hintergrundinformationen lesen. Hier wird noch einmal unterschieden zwischen dem klassischen WELTplus-, dem Premium- und dem Gold-Abo. Während WELTplus-Premium-Leser auch Zugriff auf die digitale Zeitung WELT Edition haben, können Leser der Gold-Variante auf alle digitalen Angebote zugreifen (siehe Abbildung 17.23).

Zudem können Interessenten einen sogenannten Tagespass erwerben, der 24 Stunden lang den vollständigen Zugriff auf alle digitalen Produkte gewährt.

Nach einer Untersuchung des Bundesverbandes Deutscher Zeitungsverleger setzen inzwischen eine Vielzahl an Zeitungen diese beschriebenen sogenannten *Paywalls* ein (siehe Abbildung 17.24)..

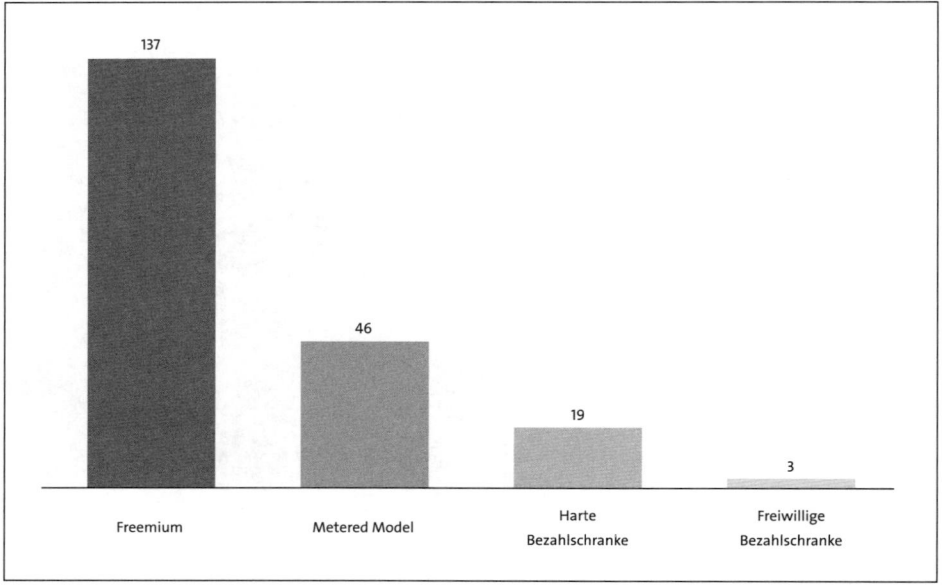

Abbildung 17.24 Anzahl deutscher Zeitungen mit kostenpflichtigem Online-Angebot

Mit dem *Freemium-Model* ist das bereits beschriebene Konzept von WELTplus, also der teilweise kostenfreie Zugriff auf Artikel, gemeint, während weitere Angebote nur für Abo-Inhaber zugänglich sind. Das *Metered Model* hingegen beschreibt den Zugriff auf maximal 20 Artikel pro Monat und die *harte Bezahlschranke* den grundsätzlich kostenpflichtigen Zugriff auf das Online-Angebot.

Für die crossmediale Veröffentlichung von Inhalten gibt es verschiedene technische Lösungen diverser Anbieter, die Sie bei der Arbeit unterstützen. Zusätzlich können sich Synergieeffekte für Ihre Redaktion ergeben, indem gleichzeitig für verschiedene Medien geschrieben wird und nicht für jedes Medium eine einzelne Redaktion aufgebaut werden muss. Dadurch reduziert sich z. B. die Recherchearbeit für neue Artikel.

Häufig spricht man hierbei von der *Konvergenz der Medien*. Dies beschreibt die technische oder inhaltliche Annäherung der einzelnen Medien, die sich immer mehr angleichen. Inzwischen gibt es sogar TV-Formate der Printmedien und Zeitschriften zu Fernsehsendungen. Sie sehen, die Medien wachsen immer mehr zusammen. Dies zeigt sich auch an der Entwicklung des Internet-TVs, bei dem Sie Internetangebote auch auf dem Fernseher nutzen können. Viele spannende Entwicklungen erwarten uns also im Crossmedia-Bereich.

17.5   Crossmedia-Marketing to go

▶ Crossmedia-Marketing beschreibt die medienübergreifende Abstimmung von Marketingkampagnen. Mit einem inhaltlich und grafisch einheitlichen Konzept wird so die Werbewirkung erhöht.

▶ Crossmedia-Marketing umfasst dabei sowohl die klassischen Marketingkanäle (TV, Radio, Print) als auch das Online-Marketing.

▶ Der Aufbau einer crossmedialen Kampagne besteht dabei aus identischen Slogans und Bildmaterialien, die sich wie ein roter Faden durch alle eingesetzten Kanäle ziehen sollten.

▶ Oftmals werden Testimonials als medienübergreifende Werbebotschafter eingesetzt. Auch ein Event kann als Bindeglied zwischen verschiedenen Medien fungieren.

▶ Crossmedia-Kampagnen werden zeitlich optimal aufeinander abgestimmt, um größtmögliche Werbeeffekte zu erzielen.

▶ Die Website oder speziell angelegte Microsites sollen die Crossmedia-Kampagne bestmöglich unterstützen und zur Interaktion mit dem Kunden aufrufen. Alle Werbemittel sollten die Website-Adresse enthalten.

▶ Mit Crossmedia-Marketing kann die Online-Werbung mit der klassischen Werbung optimal verbunden werden. So unterstützen sich beide Kanäle gegenseitig und sorgen für eine höhere Werbewirkung.

▶ Suchmaschinenmarketing, sowohl SEA als auch SEO, sollte in die Crossmedia-Kampagne integriert werden, da viele Interessenten, animiert durch die Kampagne, auch in Suchmaschinen nach Markennamen und Slogans suchen.

▶ Denken Sie auch an die mobile Optimierung, und prüfen Sie, ob Ihre Kampagneninhalte auch auf Smartphone und Tablet optimal zur Verfügung stehen.

▶ Gewinnspiele und zweidimensionale QR-Codes können eine Möglichkeit bieten, eine Verknüpfung von Offline-Medien zu mobilen Endgeräten herzustellen oder grundsätzlich die Offline- mit der Online-Welt zu verbinden.

▶ Über Cross-Channel-Marketing kann der Kauf von Produkten über verschiedene Kanäle stattfinden und beworben werden. So lassen sich Käufe je nach Kundenbedürfnis über Katalog, Online-Shop oder eine Filiale abwickeln.

▶ Mittels Crossmedia-Publishing haben Verlage die Möglichkeit, für verschiedene Medien zu publizieren. Damit können Inhalte sowohl für Printmedien als auch für Internet und mobile Endgeräte zur Verfügung gestellt werden. Die Inhalte müssen dabei mediengerecht aufbereitet werden.

17.6   Checkliste Crossmedia-Marketing

Haben Sie die Ziele der Crossmedia-Kampagne klar definiert?	
Gibt es einen gut geplanten Zeitplan für die Kampagne?	
Sind die Werbemittel inhaltlich und gestalterisch angepasst?	
Verwenden Sie ein einheitliches Corporate Design?	
Haben Sie Ihre Inhalte für die einzelnen Medien und auch mobile Endgeräte entsprechend aufbereitet?	
Gibt es eine angepasste Website oder eigene Landing Page für die Crossmedia-Kampagne? Enthält sie das Leitmotiv, um den Wiedererkennungswert zu fördern?	
Haben Sie den Einsatz von Kurz-URLs berücksichtigt, insbesondere bei komplizierteren und langen Bezeichnungen Ihres Angebotes?	
Haben Sie an die Integration aller relevanten Medien gedacht?	
Haben Sie auch die Marketingmöglichkeiten im Social-Media-Bereich berücksichtigt?	
Haben Sie die Auffindbarkeit in Suchmaschinen – sowohl in den organischen als auch bezahlten Suchergebnissen – berücksichtigt?	
Gibt es einen einheitlichen Kampagnenslogan oder ein Testimonial?	
Messen Sie den Erfolg der einzelnen Kampagnen, und untersuchen Sie komplexe Customer Journeys mithilfe von Multi-Channel-Analysen?	

Tabelle 17.1 Checkliste Crossmedia-Marketing

Kapitel 18

Monetarisierung – Einnahmen mit der Website erzielen

»Die erste Million ist immer die schwerste.«
– Volksweisheit

Erfolgreiche Websites zeichnen sich natürlich auch dadurch aus, dass mit ihnen Einnahmen erzielt werden können. So gibt es Geschäftsmodelle, die Umsätze allein über die Website erzielen, z. B. Online-Shops, reine Online-Magazine oder Communitys. Aber auch dann, wenn Sie Ihre Website »nur« zu Marketingzwecken aufgebaut haben, wollen Sie darüber indirekt Geld verdienen, indem mehr Besucher und potenzielle Kunden auf Sie aufmerksam werden. Die heute verfügbaren Technologien und Angebote führen dabei recht einfach zu ersten monetären Erfolgen, so dass schnell einige Euros verdient sind. Eine wichtige Grundvoraussetzung ist natürlich, dass Sie möglichst viele Besucher auf Ihrer Website haben. Wie Sie Ihre Website bekannter machen können, haben wir Ihnen bereits in den ersten Teilen des Buches gezeigt.

In diesem Kapitel erfahren Sie, wie Sie Einnahmen mit der Website erzielen können. Wenn Sie Werbung auf Ihrer Website schalten möchten, stehen Ihnen verschiedene Möglichkeiten zur Verfügung. Die bekannteste Form ist sicherlich die Bannerwerbung, die Sie von vielen anderen Websites kennen. Dabei gehen wir auf das Modell des Affiliate-Marketings und auf die Monetarisierung mit Werbung über Google AdSense näher ein. Sie lernen, wie Sie beide Programme in Ihre Website integrieren können. Zudem können In-Text-Werbung und Textlinks eine Form der Generierung von Werbeeinnahmen sein. Wichtig ist für alle Bereiche, dass Sie genügend Werbeflächen – sogenannte *Adspaces* – auf Ihrer Website einplanen und bereitstellen. Neben der Integration von Online-Werbung besteht auch die Möglichkeit, Produkte oder Dienstleistungen direkt über das Internet zu verkaufen, um damit Geld zu verdienen. Diese Arten der Umsatzgenerierung werden als *transaktionsorientierte Geschäftsmodelle* bezeichnet. Die Einnahmemöglichkeiten, die wir Ihnen hierzu vorstellen wollen, sind die Monetarisierung redaktioneller Inhalte ohne Werbeschaltung und der E-Commerce mittels Online-Shops. Für fortgeschrittene Leser bieten wir einen Einblick in die professionelle Vermarktung und die Adserver-Integration. Einen Kurzüberblick »to go« und eine Checkliste finden Sie am Ende des Kapitels.

18

18.1 Affiliate-Marketing als Publisher

Affiliate-Marketing als einen großen Bereich des Online-Marketings haben wir schon in Kapitel 13, »Affiliate-Marketing«, ausführlich beschrieben. Als Website-Betreiber können Sie Affiliate-Marketing dazu nutzen, direkte Einnahmen als Werbepartner zu erzielen. Dieses Werbemodell kommt auf vielen Websites zum Einsatz. Auf den folgenden Seiten zeigen wir Ihnen verschiedene Möglichkeiten, mit Affiliate-Marketing Geld zu verdienen.

18.1.1 Die verschiedenen Modelle des Affiliate-Marketings

Als sogenannter *Affiliate* stellen Sie Ihre Website den Werbepartnern zur Verfügung. Diese Werbepartner können dann z. B. Banner oder Textlinks bei Ihnen platzieren. Affiliate-Marketing wird meist leistungsorientiert vergütet. Das bedeutet z. B., wenn durch das Banner auf Ihrer Website ein Kauf beim Händler stattfindet, erhalten Sie eine Provision. Den Ablauf des Affiliate-Marketings aus Publisher-Sicht sehen Sie in Abbildung 18.1 als Schema verdeutlicht.

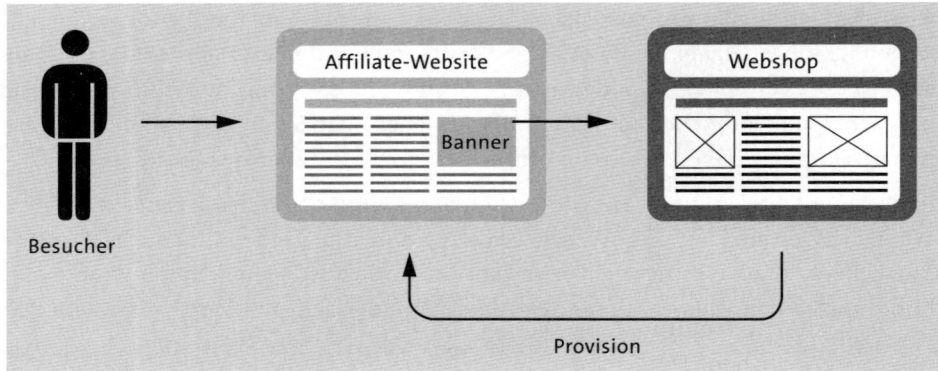

Abbildung 18.1 Ablauf des Affiliate-Marketings

Zusätzlich gibt es im Konzept des Affiliate-Marketings die Partnernetzwerke, die sich zwischen Ihnen als Affiliate und dem Webshop (Merchant) positionieren. Sie dienen als Mittler zwischen beiden Beteiligten und übernehmen die organisatorische Verwaltung, wie z. B. die Rechnungsabwicklung. Die Affiliate-Netzwerke sind entstanden, weil es auf der einen Seite viele Advertiser gibt, auf der anderen Seite aber auch viele Publisher. Um diese zusammenzubringen, eignen sich z. B. Partnernetzwerke wie Awin (*www.awin.com*) oder Tradedoubler (*www.tradedoubler.com*). Das Netzwerk Awin ist aus dem Zusammenschluss der Firmen Zanox und Affiliate Window hervorgegangen und kaufte 2017 auch das deutsche Netzwerk affilinet.

Nur wenige Unternehmen betreiben ein eigenes Partnerprogramm ohne ein Affiliate-Netzwerk als Mittler. Das bekannteste Beispiel dafür ist das Amazon-Partnerprogramm. Sie finden es unter der Adresse *partnernet.amazon.de*. Sie können sich dort anmelden, um an dem Partnerprogramm teilzunehmen, Werbemittel auf Ihrer Website einzubinden und darüber Einnahmen zu erzielen. Ein weiteres eigenständiges Partnerprogramm wird vom bekannten Marktplatz eBay angeboten. Unter *partnernetwork.ebay.de* finden Sie die Funktionsweise des Affiliate-Programms und die Möglichkeiten, das eBay-Angebot auf Ihrer Website zu bewerben (siehe Abbildung 18.2) und somit selbst Geld zu verdienen.

Abbildung 18.2 eBay Partner Network

Andere Partnerprogramme finden Sie meist, wenn Sie die Website eines Werbetreibenden (*Advertiser*) aufrufen und nach einem Link namens »Partner« oder »Partnerprogramm« suchen. Dort sollten Sie alle relevanten Informationen finden und Hinweise darauf, ob ein eigenes Affiliate-Programm angeboten oder mit einem Affiliate-Netzwerk zusammengearbeitet wird. Alternativ können Sie auf den Webseiten der Partnernetzwerke nachschauen, welche Programme angeboten werden. Verzeichnisse wie *www.100partnerprogramme.de* zeigen Ihnen neue und passende Partnerprogramme (siehe Abbildung 18.3). Sie können dort Affiliate-Programme mit verschiedenen Kriterien suchen und vergleichen. Wichtige Kriterien sind z. B. das Vergütungsmodell, die Provisionshöhe und das Thema des Programms.

Wenn Sie sich für ein Partnerprogramm entschieden haben, brauchen Sie sich nur bei dem Anbieter direkt oder über eines der Affiliate-Netzwerke anzumelden und für das Programm mit Ihrer Website zu bewerben. Sollten Sie eine thematisch passende Seite haben und den Programmrichtlinien entsprechen, werden Sie meist schnell als Publisher freigeschaltet und können mit dem Einbinden von Werbung beginnen. Der Advertiser bietet Ihnen verschiedene Werbemittel an, die Sie benutzen können.

Wählen Sie die für Ihre Website passenden Werbemittel, und integrieren Sie diese in das Layout und den Inhalt (*Content*) Ihrer Seiten. Wichtig ist hierbei die richtige Verlinkung der Werbemittel zum Advertiser. Es werden spezielle Affiliate-Links als Ziel-URL verwendet, über die das *Tracking*, also die technische Nachverfolgung der Klicks, erfolgt und die die Berechnung der Umsatzprovision gewährleisten. In Listing 18.1 sehen Sie ein Beispiel dafür, wie der HTML-Code für eine Bannerintegration über das Affiliate-Netzwerk affilinet aufgebaut ist:

```
<a
  href="http://partners.webmasterplan.com/click.asp?ref=389905&site=12556&
  type=b6&bnb=6" target="_blank" rel="nofollow">
<img
  src="http://banners.webmasterplan.com/view.asp?ref=389905&site=12556&b=6"
  border="0" title="smartsteuer" alt="Steuererklärung" width="468"
  height="60" />
</a>
```

Listing 18.1 Beispielcode für einen Affiliate-Link

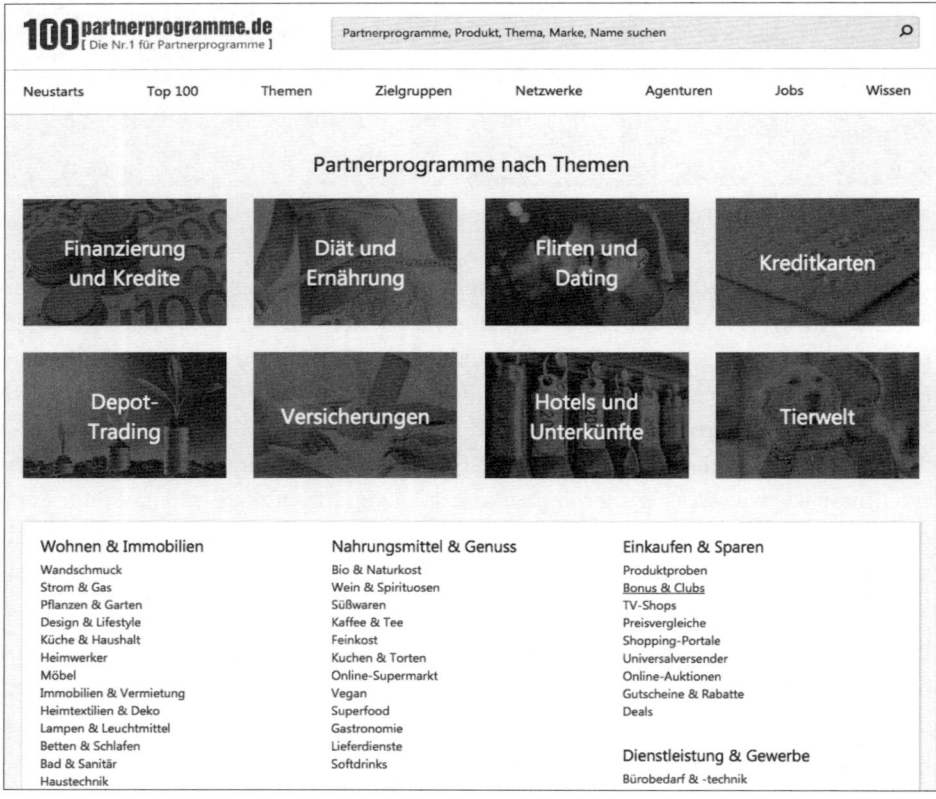

Abbildung 18.3 Partnerprogrammsuche bei »100partnerprogramme.de«

Am Anfang steht im <a>-Tag das Linkziel des Affiliate-Banners, das über den Server *webmasterplan.com* weitergeleitet wird und durch das die entsprechende Zielseite des Advertisers aufgerufen wird. Dadurch kann affilinet erkennen, dass ein Klick auf das Werbemittel stattfand. Im zweiten Teil sehen Sie im <img>-Tag den Aufruf des Werbemittels, der in diesem Fall ein Banner ist. Auch die Grafikdatei für das Banner kommt über den *webmasterplan.com*-Server. Damit kann vom Affiliate-Netzwerk festgestellt werden, wie häufig dieses Banner angezeigt wird und auf welchen Webseiten es eingebunden ist.

18.1.2   Ein Praxisbeispiel

Nehmen wir an, Sie betreiben eine Seite zum Thema Mountainbiking. Dann wäre es naheliegend, dass Sie z. B. Werbung für Fahrrad-Shops anbieten, bei denen Ihre Website-Besucher auf das Shopping-Angebot hingewiesen werden und darüber auch direkt kaufen können. Sie als Betreiber der Website begeben sich nun also auf die Suche nach Online-Shops und deren Partnerprogrammen. Ein entsprechendes Partnerprogramm finden Sie z. B. bei *boc24.de*. Dort lesen Sie die Teilnahmebedingungen für das Affiliate-Programm und können sich über verschiedene Netzwerke registrieren. Bei *100partnerprogramme.de* können Sie sich weitergehend über das Partnerprogramm informieren (siehe Abbildung 18.4).

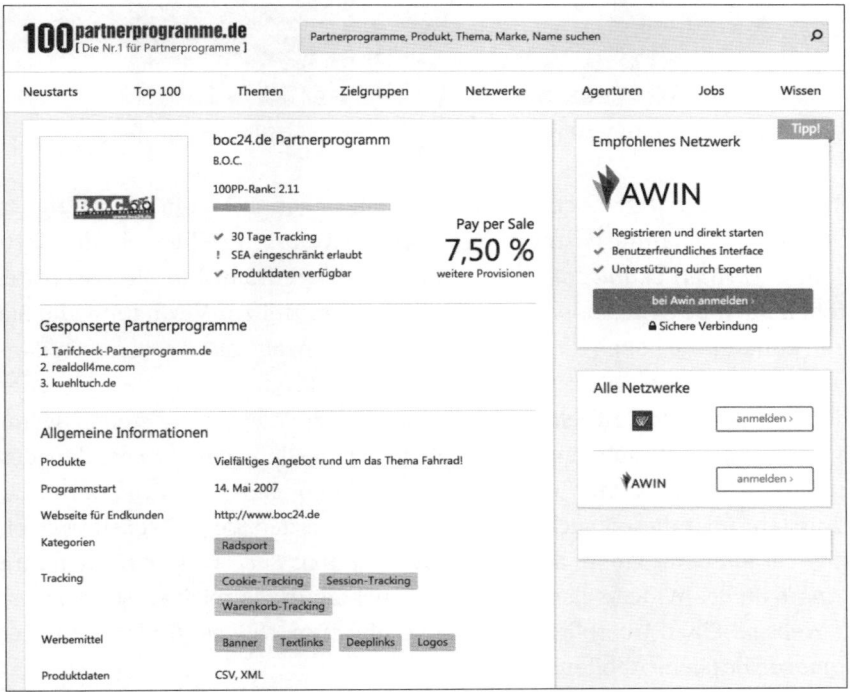

Abbildung 18.4 Partnerprogramm von »boc24.de«

Wenn Sie mit dem Angebot und den Teilnahmebedingungen einverstanden sind, können Sie sich für das Programm anmelden. Nach kurzer Zeit sollten Sie eine Bestätigung des Advertisers bekommen und können mit der Auswahl von Werbemitteln beginnen. Bei den meisten Programmen steht Ihnen eine Vielzahl von Bannergrößen und -layouts zur Verfügung. Sie können also frei wählen, welches Werbemittel am besten in Ihre Seite passt, und es werbewirksam in Ihre Webseiten einbinden. In Abbildung 18.5 sehen Sie eine Auswahl der Werbemittel, die der Advertiser *airline-direct.de* seinen Affiliates zur Verfügung stellt. Links sehen Sie statische Banner, auf der rechten Seite dynamische HTML-Suchboxen.

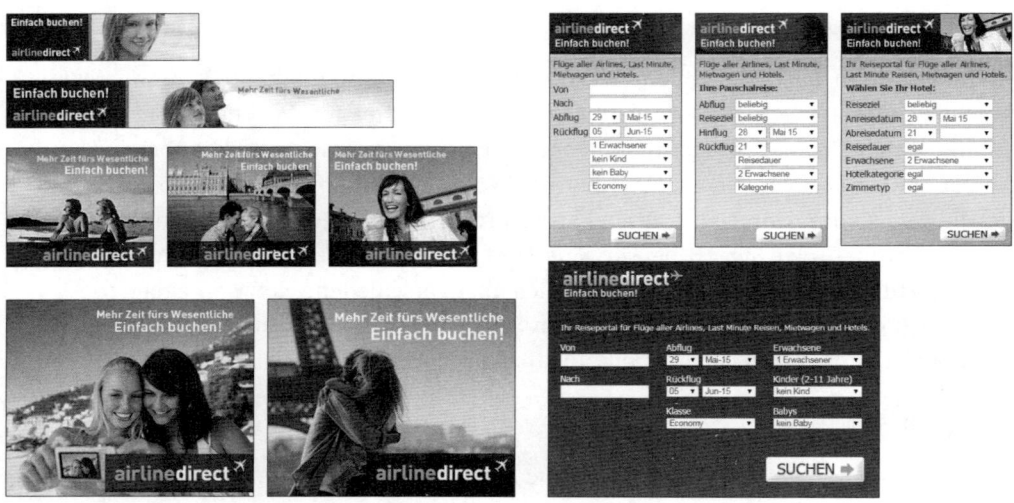

Abbildung 18.5 Werbemittel aus dem Partnerprogramm von »airline-direct.de«

Eventuell möchten Sie jetzt noch Literaturempfehlungen anbieten. Dafür eignet sich z. B. das schon genannte Partnerprogramm von Amazon. Melden Sie sich dazu einfach unter *partnernet.amazon.de* an, und registrieren Sie dort Ihre Website. Ihnen stehen auch bei Amazon verschiedene Werbemittel zur Verfügung, die Sie integrieren können. Sie haben die Auswahl zwischen Einzeltitellinks, diversen Bannerformaten und *Widgets*, wie z. B. kontextsensitiven Produktempfehlungen oder Suchfeldern. Sogenannte *Suchfeld-Boxen* können Sie zur Verfügung stellen, wenn Sie dem Nutzer eine Recherchemöglichkeit geben wollen. Beim Absenden des Suchformulars wird der Nutzer automatisch auf die Ergebnisseite von *amazon.de* geleitet. Entsteht über diesen Suchvorgang ein Kauf, werden Sie als Website-Betreiber anteilig vergütet. Mit einem anderen Widget namens *Such-Widget* können Ihre Nutzer innerhalb des Widgets nach Produkten suchen und verbleiben so zunächst auf Ihrer Website. Einen Überblick über alle verfügbaren Widgets finden Sie unter *widgets.amazon.de* (siehe Abbildung 18.6).

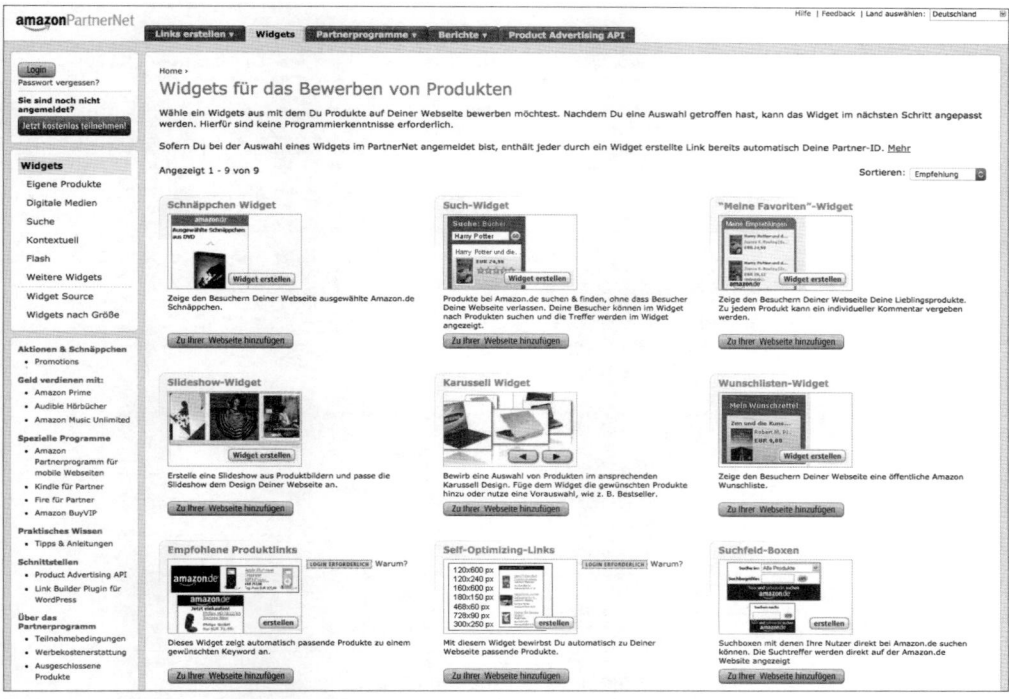

Abbildung 18.6 Amazon PartnerNet Widgets

Sie können Ihren Website-Besuchern aber auch direkt ausgewählte Produkte des Sortiments anbieten. Die Produktnummer müssen Sie vorher herausfinden. Wenn Sie nicht viel Zeit in die Recherche investieren möchten, empfiehlt es sich, z. B. das Widget *Self-Optimizing-Links* zu nutzen, das die Werbelinks automatisch auf den Inhalt Ihrer Seite abstimmt. Wie Sie in Abbildung 18.7 sehen, können Sie mit verschiedenen Einstellungen die Anzeigenlinks dem Layout Ihrer Website anpassen.

Wenn Sie alle Anpassungen nach Ihren Vorstellungen vorgenommen haben, erhalten Sie einen HTML-Code, den Sie an der entsprechenden Stelle Ihres Website-Codes einbauen können:

```
<script type="text/javascript"><!--
amazon_ad_tag = "website_id"; amazon_ad_width = "728"; amazon_ad_height =
   "90";//--></script>
<script type="text/javascript" src="http://ir-de.amazon-adsystem.com/s/
   ads.js"></script>
```

Listing 18.2 HTML-Code für Amazon-Partner-Widgets

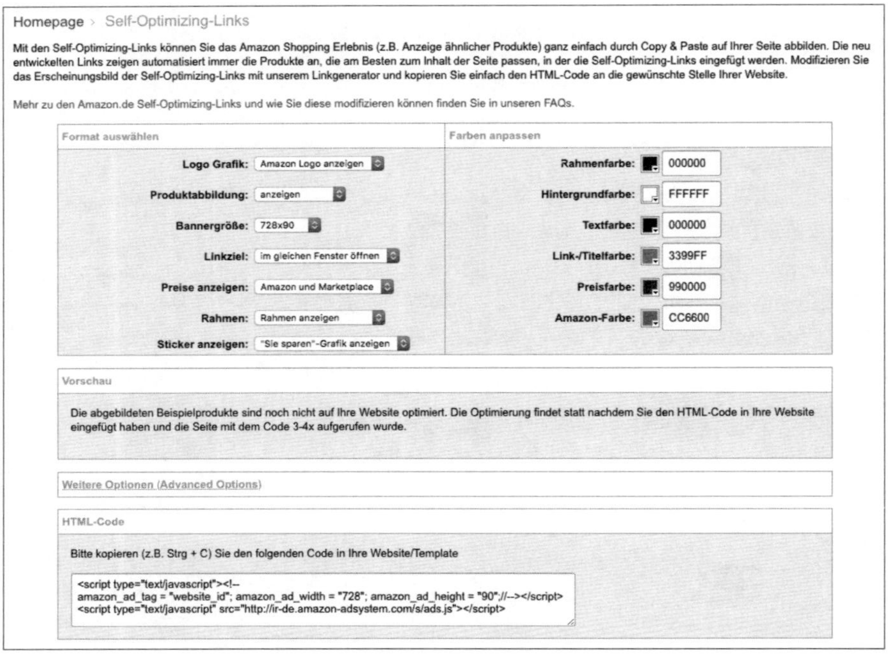

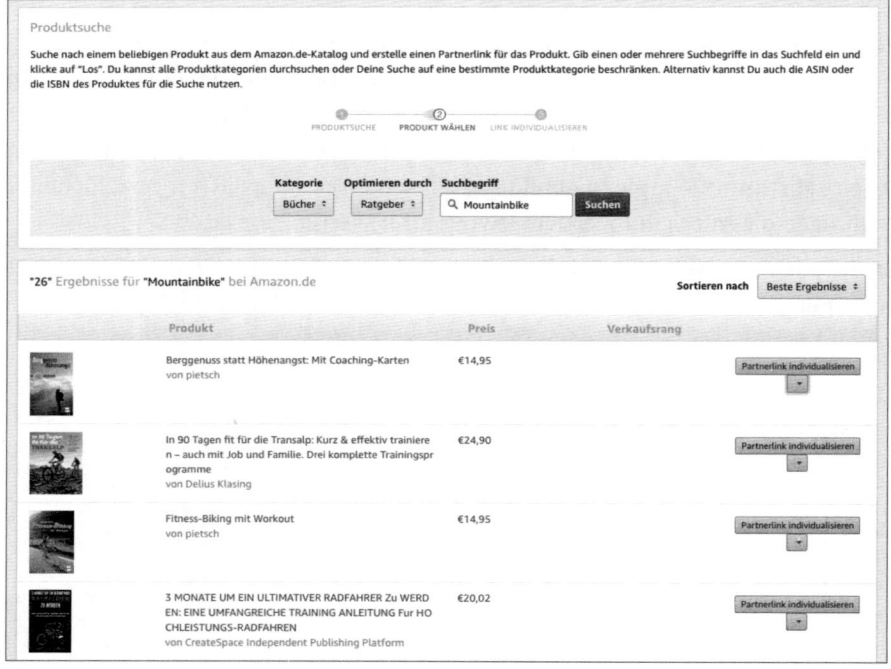

Abbildung 18.7 Self-Optimizing-Links in Amazon PartnerNet

Abbildung 18.8 Auswahl von Produktlinks beim Amazon-Partnerprogramm

Alternativ können Sie auch einzelne Produkte aus dem Amazon-Shop auswählen und direkt auf sie verlinken. Wählen Sie dazu im Partnerprogrammbereich von Amazon die Option PRODUKTLINKS. Über eine Suchfunktion können Sie dann die gewünschten Artikel auswählen und über den Button PARTNERLINK INDIVIDUALISIEREN den individuellen Tracking-Code erzeugen (siehe Abbildung 18.8).

Sie erhalten daraufhin den HTML-Code (siehe Listing 18.3), den Sie in Ihre Website einbauen können. Hier haben Sie die Möglichkeit, weitere Anpassungen am Werbemittel vorzunehmen. Sie können z. B. nur Textlinks anzeigen lassen oder auch eine Kombination aus Grafik, Text und Preis des Produkts. Legen Sie fest, ob der Preis angezeigt und ob beim Anklicken der Anzeige ein neues Fenster geöffnet werden soll (siehe Abbildung 18.9). Dies hat den Vorteil, dass beim Klick auf die Anzeige ein separates Browserfenster geöffnet wird und der Nutzer weiterhin Ihre Website geöffnet hält.

```
<iframe style="width:120px;height:240px;" marginwidth="0" marginheight=
"0" scrolling="no" frameborder="0" src="//ws-eu.amazon-adsystem.com/widgets/q?
ServiceVersion=20070822&OneJS=1&Operation=GetAdHtml&MarketPlace=DE&source=ac&
ref=tf_til&ad_type=product_link&tracking_id=wwwwebsitegui-21&marketplace=
amazon&region=DE&placement=3613506718&asins=3613506718&linkId=
fad201cf8c25e1997bc292a0f0c50cba&show_border=true&link_opens_in_new_window=
true&price_color=333333&title_color=0066C0&bg_color=FFFFFF">
    </iframe>
```

Listing 18.3 HTML-Code für Amazon-Produktlinks

18

Abbildung 18.9 Anpassung von Amazon-Produktlinks

Damit haben Sie erfolgreich die ersten Werbeplätze auf Ihrer Website belegt. Möchten Sie weitere Werbung schalten, empfiehlt sich das Google-AdSense-Werbeprogramm, das auch eine Anwendung des Affiliate-Marketings darstellt. Da dieses Programm besonders häufig genutzt wird, geben wir Ihnen hier eine Einführung in die Funktionsweise, Einrichtung und Optimierung.

18.2   Google AdSense

Google AdSense ist das beliebte Anzeigenprogramm des Suchmaschinenriesen Google. Es wird von vielen Websites im Internet genutzt, von ganz kleinen Seiten bis zu großen Online-Magazinen. Sie können mit AdSense relativ einfach auf Ihrer Website Anzeigen schalten und verdienen dann mit jedem Klick auf diese Anzeigen. Die Klickpreise variieren dabei von wenigen Cent bis zu einigen Euro pro Klick bei wettbewerbsintensiven Themen wie Versicherungen, Krediten oder Nischenthemen, wie z. B. Detektiven und Treppenliften. Im Folgenden werden wir Ihnen zeigen, wie Sie Google AdSense einrichten und auf Ihrer Website integrieren können. Außerdem geben wir Ihnen Tipps, wie Sie noch mehr aus den AdSense-Anzeigen herausholen können.

18.2.1   Google AdSense einrichten

Um an dem AdSense-Programm von Google teilzunehmen, brauchen Sie sich nur online unter der Adresse *www.google.de/adsense/* mit Ihren Daten anzumelden. Klicken Sie dazu auf den Button Jetzt registrieren. Sie müssen dann in mehreren Schritten ein Online-Formular ausfüllen, in dem Sie Angaben zu Ihrer Website und Kontaktinformationen machen. Wenn dies alles vollständig ausgefüllt ist und die Registrierung erfolgreich verlief, können Sie starten. Sobald Sie im Google-AdSense-Bereich eingeloggt sind, gelangen Sie zu Ihrer Kontoübersicht (siehe Abbildung 18.10).

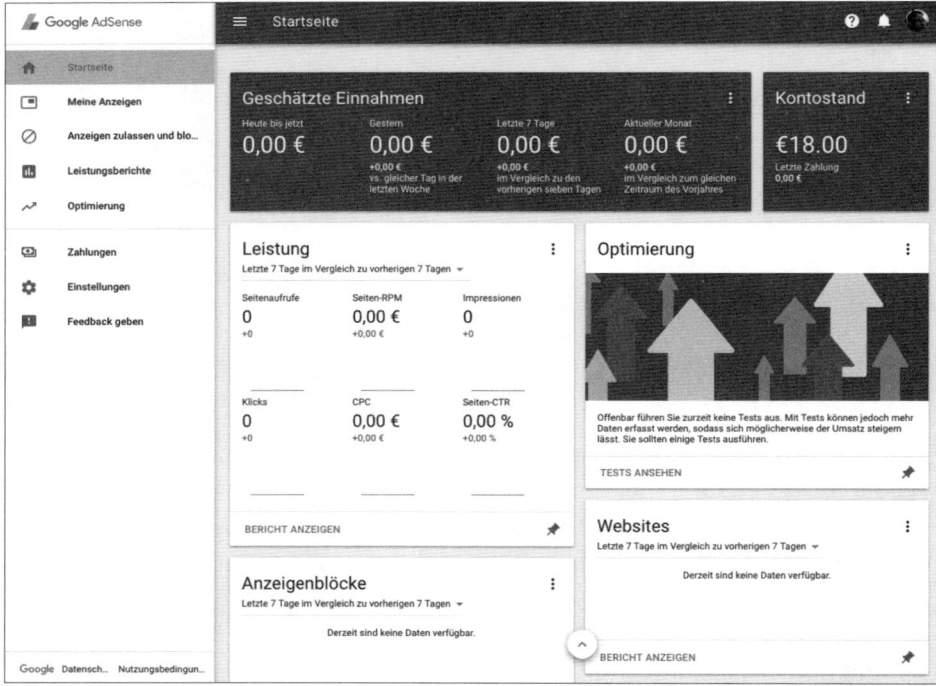

Abbildung 18.10 Google AdSense – Kontoübersicht

Um jetzt Ihre Anzeigenflächen anzulegen, klicken Sie auf den Reiter MEINE ANZEI-
GEN. Sie können sich bei AdSense zwischen verschiedenen Werbeformen entschei-
den, die Sie in Abbildung 18.11 in der linken Spalte sehen. CONTENT-SEITEN ist die
Option, die Sie auswählen, wenn Sie Werbeanzeigen in Ihre Website integrieren wol-
len. Alternativ können Sie auch die Google-Suche einbinden unter SUCHERGEB-
NISSEITEN. Zudem gibt es die Möglichkeit der Integration von Google AdSense in
Online-Spiele und Videos.

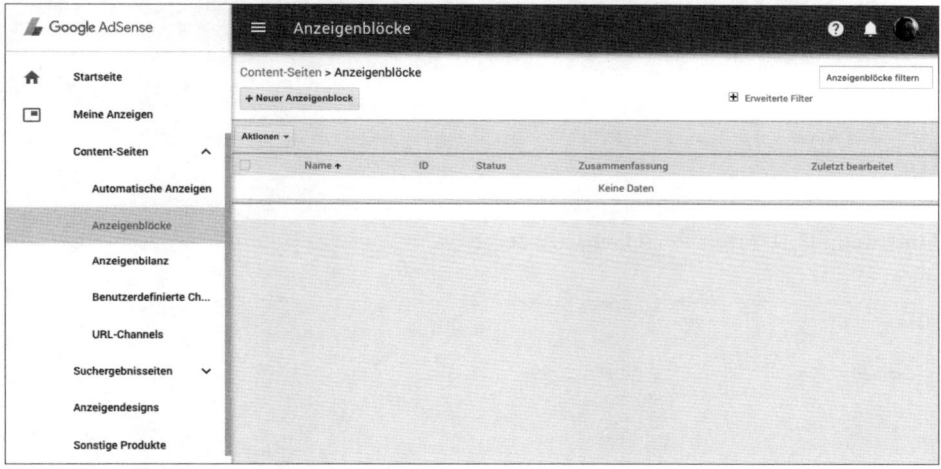

Abbildung 18.11 Anzeigen-Setup bei Google AdSense

Die erste Option – die Integration von Anzeigenblöcken – wird am häufigsten genutzt und ist sicher für Sie am interessantesten, da Sie damit Werbeflächen auf Ihrer
Website anbieten können. Daher werden wir uns diese Funktion jetzt näher anschauen. Da wir in unserem Beispiel eine Anzeigenfläche auf unserer Website mit
AdSense-Werbung belegen möchten, wählen wir die Option ANZEIGENBLÖCKE. Eine
neue Werbefläche erstellen Sie nun, indem Sie auf + NEUER ANZEIGENBLOCK klicken.
Sie können dann aus verschiedenen Anzeigenarten auswählen (siehe Abbildung
18.12). Im Normalfall wählen Sie hier TEXT- UND DISPLAYNETZWERK-ANZEIGEN aus.
Zusätzlich stehen AdSense-Anzeigen in Daten-Feeds und in Artikeln zur Verfügung,
die sich als sogenannte *Native Ads* in die Inhalte einfügen.

Im nächsten Schritt geben Sie dem AdSense-Anzeigenblock nun einen eindeutigen
Namen und haben dann verschiedene Möglichkeiten, das Layout der Anzeigen zu
bestimmen (siehe Abbildung 18.13). Die wichtigste Einstellung ist hier das Anzeigenformat, mit dem Sie die Anzeigengröße der Anzeigenfläche festlegen. Diese Größe
muss zum Aufbau Ihrer Website passen. Planen Sie also verschiedene Werbeflächen
auf Ihrer Website ein. Es handelt sich bei AdSense entweder um *responsive* Anzeigen
oder feste Anzeigenformate.

Abbildung 18.12 Arten von AdSense-Anzeigen

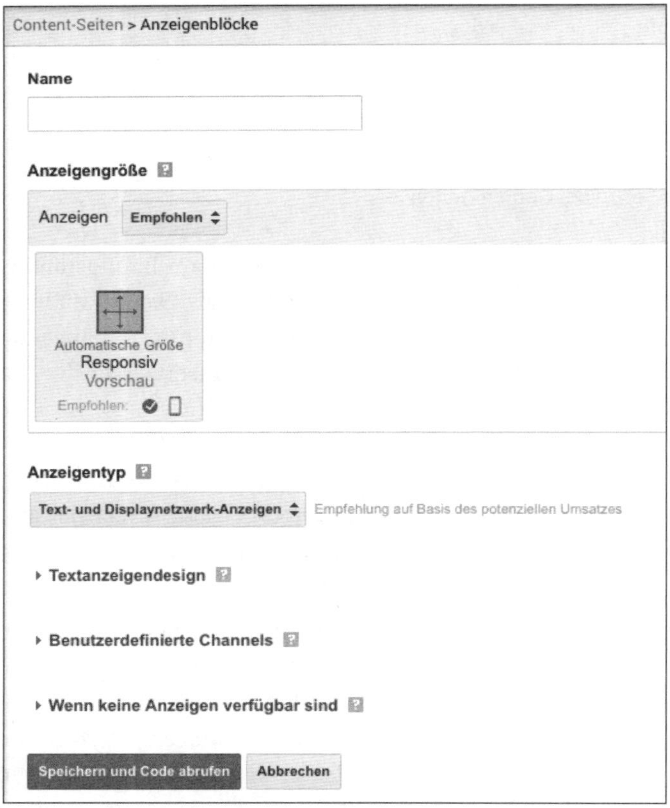

Abbildung 18.13 Neuen AdSense-Anzeigenblock erstellen

Die responsiven Anzeigen werden von Google empfohlen, da sie sich an die Website und Werbeflächen automatisch anpassen, was insbesondere für die Anzeige auf Smartphones wichtig ist. Es stehen aber auch verschiedene feste Standardformate, wie z. B. *Medium Rectangle* (300 × 250 Pixel), *Banner* (468 × 60 Pixel) oder *Skyscraper* (120 × 600 Pixel) zur Verfügung. Des Weiteren können Sie bestimmen, ob Sie nur Textanzeigen in dem Anzeigenblock zeigen möchten oder nur Displaynetzwerk-Anzeigen, also grafische Banner. Sie können auch beides zulassen. Dann entscheidet AdSense, welcher Anzeigentyp besser für Ihre Website funktioniert.

> **Tipp: AdSense-Anzeigenformate**
>
> Damit Sie sich ein Bild über die zur Verfügung stehenden Formate für Display-, Text- und Videoanzeigen machen können, finden Sie unter der Adresse *support.google.com/ adsense/answer/185665?hl=de* Beispiele zu allen angebotenen Werbemitteln und Größen.

Des Weiteren können Sie sogenannte *Channels* festlegen, die Sie selbst für Ihre Website definieren können. Sie stehen für die Kategorisierung von Anzeigenplätzen. Zum Beispiel können Sie Ihre Website in Themen-Channels aufteilen. Damit erhalten Sie spezifischere Auswertungen, und Werbekunden können direkt in den festgelegten Channels Werbung bei Ihnen buchen. Sie können sich die Channels am besten veranschaulichen, indem Sie sich eine Nachrichten-Website ansehen. Hier finden Sie verschiedene Themen in Rubriken aufgeteilt, also z. B. Politik, Wirtschaft, Gesundheit oder Reisen. Diese Rubriken können Sie, wenn Sie Betreiber dieser Nachrichtenseite sind, als AdSense-Channels anlegen. Im ersten Schritt Ihrer AdSense-Aktivitäten für eine kleine Website ist dies aber nicht notwendig. Sollten Sie jedoch AdSense für eine größere Website einsetzen, empfehlen wir Ihnen, sich vorab Gedanken über die Kategorisierung der Channels zu machen. Sie profitieren mit einer guten Struktur von besseren Auswertungen.

Im letzten Punkt der Anzeigenblockerstellung können Sie noch auswählen, was angezeigt werden soll, wenn AdSense keine passenden Anzeigen ermitteln kann. Haben Sie alle gewünschten Einstellungen vorgenommen, können Sie auf SPEICHERN UND CODE ABRUFEN klicken. Sie erhalten damit einen HTML-Code, den Sie an die ausgewählte Stelle auf Ihrer Website einbauen:

```
<script async src="//pagead2.googlesyndication.com/pagead/js/
adsbygoogle.js"></script>
<!-- adsense-ad1 -->
<ins class="adsbygoogle"
     style="display:block"
     data-ad-client="ca-pub-xxxxxxxxxxxxx"
     data-ad-slot="7946347677"
```

18

```
        data-ad-format="auto"></ins>
<script>
(adsbygoogle = window.adsbygoogle || []).push({});
</script>
```

Listing 18.4 Code für einen AdSense-Anzeigenblock

Wenn alles erfolgreich implementiert wurde, sehen Sie recht schnell auf Ihrer Website den ersten AdSense-Anzeigenblock (siehe Abbildung 18.14). Dieser wird automatisch auf den Inhalt Ihrer Website abgestimmt, das heißt, Sie sollten in den meisten Fällen thematisch passende Anzeigen auf Ihrer Website angezeigt bekommen. Ausnahmen können aber vorkommen, z. B. wenn das Thema nicht klar erkennbar ist oder die Website nur aus Bildern besteht.

Abbildung 18.14 AdSense-Anzeigenblock mit Textlinks

AdSense Premium Publisher

Wenn Sie sehr hohe Besucherzahlen auf Ihrer Website erreichen und mehr als 10 Mio. Seitenaufrufe pro Monat zusammenkommen, qualifizieren Sie sich als Ad-Sense Premium Publisher und können die Anzeigen individuell gestalten, also z. B. den Schrifttyp und die Schriftfarbe Ihrer Website anpassen oder individuelle Anzeigengrößen erstellen. In den USA brauchen Sie sogar mehr als 20 Mio. Seitenaufrufe im Monat, da Sie dort aufgrund der höheren Bevölkerungszahl potenziell auch mehr Personen erreichen können. Als Premium Publisher können Sie 4 bis 5 Werbeblöcke pro Seite platzieren (anstatt maximal 3 Werbeblöcke) und erhalten einen persönlichen Ansprechpartner bei Google, der Ihnen bei Fragen weiterhilft. Zudem können Sie individuelle Preise verhandeln. Sie können sich allerdings nicht proaktiv als Premium Publisher bewerben, sondern müssen warten, bis Google auf Sie aufmerksam wird und Sie kontaktiert.

Ihre AdSense-Einnahmen können Sie nun unter dem Reiter LEISTUNGSBERICHTE einsehen und auswerten (siehe Abbildung 18.15). Beim AdSense-Werbeprogramm lohnt sich das Testen von Anzeigentypen, Größe und Positionen. Beobachten Sie nicht nur Ihre Einnahmen im Ganzen, sondern auch die einzelnen Kennzahlen, wie

z. B. die Seiten-RPM (*Revenue-per-Mille*), eine Zahl, die angibt, wie häufig Sie wie viel Umsatz pro 1.000 Seitenaufrufen erreicht haben. Im Bereich KLICKS ist z. B. die Kennzahl CTR (*Click-Through-Rate*) wichtig, die zeigt, wie oft pro Anzeigeneinblendung (*Ad Impression*) auf die Anzeige geklickt wurde.

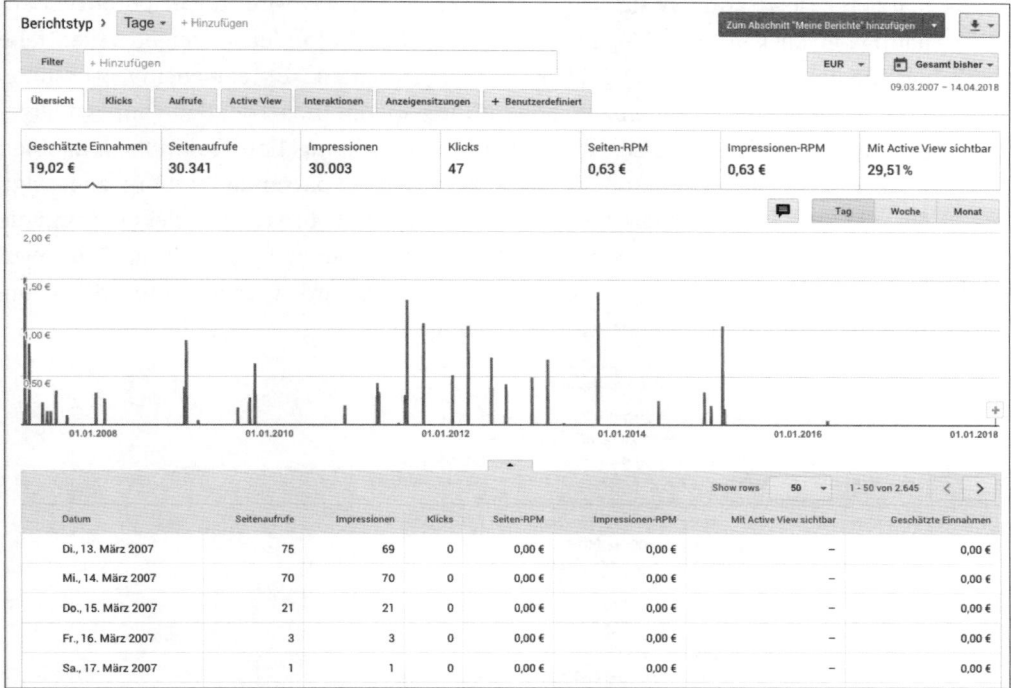

Abbildung 18.15 AdSense-Leistungsbericht

Überlegen Sie bei Ihren Tests der Werbeanzeigen, wie Sie die einzelnen Kennzahlen optimieren können. Einige Tipps zur Erhöhung Ihrer AdSense-Einnahmen geben wir Ihnen im folgenden Abschnitt.

18.2.2   Höhere Einnahmen mit Google AdSense

Um Ihre Einnahmen über AdSense-Anzeigen zu optimieren, haben Sie verschiedene Möglichkeiten. Zu den wichtigsten Faktoren gehören die Positionierung und das Layout der Anzeigen, z. B. bezüglich der farblichen Gestaltung, der Größe und des Anzeigentyps. Natürlich können Sie Ihre Umsätze auch anheben, indem Sie Ihre Seitenaufrufe erhöhen und damit die die Summe der Anzeigenklicks steigern. Wie Sie dies erreichen können, haben wir in den vorherigen Kapiteln ausführlich beschrieben. Widmen wir uns also an dieser Stelle der Anzeigenoptimierung.

Wenn Sie noch nicht die Website-Größe eines AdSense-Premium-Partners erreicht haben, müssen Sie mit den vorgegebenen Formaten experimentieren, um die Klickraten zu erhöhen. Am einfachsten geht dies natürlich durch eine prominentere Positionierung der Anzeigen. Sie können auf einer Webseite bis zu drei Anzeigenblöcke platzieren. Jetzt können Sie sich überlegen, wo Ihre Website-Nutzer potenziell am häufigsten klicken. Erfahrungen haben gezeigt, dass besonders Anzeigen in der Nähe des Inhaltsbereichs sehr oft geklickt werden. Durch die kontextsensitive Aussteuerung der AdSense-Anzeigen, die die Werbung an den Inhalt der Seite anpasst, ergeben sich meist relevante Zusatzinformationen oder Angebote. Lesen Sie z. B. einen Artikel zu den neuesten Modetrends, bekommen Sie passende Werbung angezeigt, die auf Mode-Shops verweist. Daher ist es wahrscheinlich, dass viele Personen auf die Anzeige klicken, weil sie sich für das Thema interessieren. In Abbildung 18.16 sehen Sie einen Artikel zu Kreuzfahrtreisen. Passend dazu wird zwischen dem Artikel eine Textlink-Anzeige zu einem Reiseanbieter angezeigt.

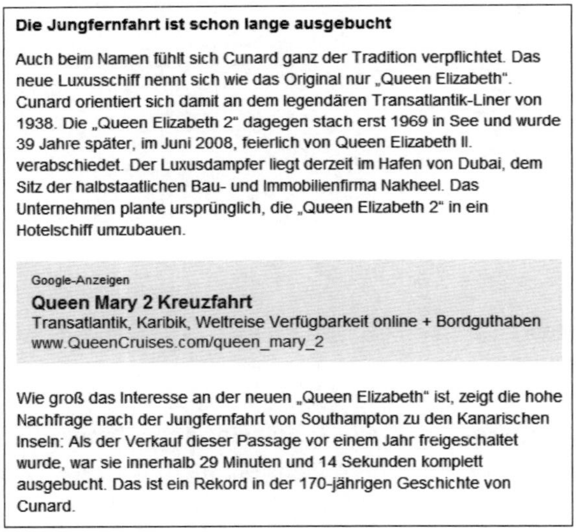

Die Jungfernfahrt ist schon lange ausgebucht

Auch beim Namen fühlt sich Cunard ganz der Tradition verpflichtet. Das neue Luxusschiff nennt sich wie das Original nur „Queen Elizabeth". Cunard orientiert sich damit an dem legendären Transatlantik-Liner von 1938. Die „Queen Elizabeth 2" dagegen stach erst 1969 in See und wurde 39 Jahre später, im Juni 2008, feierlich von Queen Elizabeth II. verabschiedet. Der Luxusdampfer liegt derzeit im Hafen von Dubai, dem Sitz der halbstaatlichen Bau- und Immobilienfirma Nakheel. Das Unternehmen plante ursprünglich, die „Queen Elizabeth 2" in ein Hotelschiff umzubauen.

Google-Anzeigen

Queen Mary 2 Kreuzfahrt

Transatlantik, Karibik, Weltreise Verfügbarkeit online + Bordguthaben

www.QueenCruises.com/queen_mary_2

Wie groß das Interesse an der neuen „Queen Elizabeth" ist, zeigt die hohe Nachfrage nach der Jungfernfahrt von Southampton zu den Kanarischen Inseln: Als der Verkauf dieser Passage vor einem Jahr freigeschaltet wurde, war sie innerhalb 29 Minuten und 14 Sekunden komplett ausgebucht. Das ist ein Rekord in der 170-jährigen Geschichte von Cunard.

Abbildung 18.16 Kontextsensitive AdSense-Anzeigen im Artikel

Wichtig ist natürlich auch das Format, also die Anzeigengröße. Bei Google AdSense steht eine große Auswahl an Anzeigenformaten zur Verfügung. Welche Größe Sie einsetzen, hängt unter anderem vom Aufbau Ihrer Website ab. Tendenziell wecken große Anzeigenflächen mehr Aufmerksamkeit, können aber leicht als Werbebanner ignoriert werden. Die Anordnung sollten Sie sich daher genau überlegen. Empfehlenswert ist ein Textanzeigenblock z. B. unterhalb eines Artikels. Wenn ein Artikel bis zum Ende gelesen wurde, können Sie somit weitere Links für die Benutzer anbieten, die dann mit relativ hoher Wahrscheinlichkeit angeklickt werden. Zudem spielt die

Formatierung eine wichtige Rolle bei der Optimierung Ihrer Anzeigen. Insbesondere bei Textanzeigenblöcken können Sie Farben und Schriftarten individuell gestalten. So empfiehlt sich eine Anpassung der Farben an das Layout Ihrer Website, damit die Anzeigen dem Inhalt Ihrer Seite ähneln. Besonders die Gestaltung der Anzeigenlinks sollte den normalen Links auf Ihrer Website angepasst werden, damit Sie die Klickraten erhöhen. Zudem sollten Sie die Anzeigenoptimierung für die Anzeige auf Smartphones durchführen. Hier haben Sie natürlich wegen der geringer Display-Größe weniger Werbeflächen zur Verfügung und sollten daher genau schauen, welche Werbeformate Sie anzeigen können.

Nicht zuletzt gilt natürlich auch bei der Optimierung der Anzeigeneffizienz, dass ausführliches Testen die Einnahmen deutlich steigern kann. Das automatische Testen verschiedener Anzeigen kann z. B. von einem *Adserver* übernommen werden. Wie diese Programme funktionieren und wie Sie sie in Ihre Website integrieren können, zeigen wir Ihnen in Abschnitt 18.4.2, »Integration eines Adservers«. Beachten Sie bei der Optimierung Ihrer Anzeigeneffizienz immer die Benutzerfreundlichkeit. Häufig ist es eine Abwägungsfrage, wo und wie Sie eine Anzeigenfläche integrieren. Verzichten Sie besser auf eine wenig lukrative Anzeigenfläche, um damit aber die Kundenzufriedenheit zu steigern und mehr wiederkehrende Benutzer auf Ihre Website zu bekommen.

18.3   Monetarisierung redaktioneller Inhalte

Mit dem Einzug des Internets und Smartphones in unseren Alltag ist in den letzten Jahren auch die Allgegenwart von Schlagzeilen, Neuigkeiten und Informationen einhergegangen. Zahlreiche Menschen konsumieren Nachrichten und Hintergrundberichte zu Politik, Wirtschaft und Sport längst nicht mehr über klassische Medien wie Zeitungen und Printmagazine, sondern vorwiegend über Online-Medien. Die Verlagshäuser klagen seit vielen Jahren über schwindende Auflagen ihrer Printpublikationen. In den letzten Jahren ist die verkaufte Auflage der Tageszeitungen in Deutschland kontinuierlich zurückgegangen (siehe Abbildung 18.17) und hat sich in die Online-Welt verschoben. Der Medienwandel hat in der Verlagsbranche aber auch gravierende Veränderungen hinsichtlich der Monetarisierung von Inhalten mit sich gebracht. Während in gedruckten Medien ganzseitige Anzeigenflächen zu stolzen Preisen verkauft werden konnten, lässt sich durch Online-Werbung nur ein Bruchteil dieser Einnahmen erzielen. Nutzer sind zudem nur selten bereit, für Informationen im Internet zu bezahlen – zumal die Beiträge der Konkurrenz oft nur ein paar Klicks entfernt sind.

Vor diesem Hintergrund stehen vor allem Websites, deren hauptsächlicher Zweck die Verbreitung von Informationen und Nachrichten ist, vor der großen Herausforderung, ihre Inhalte zu monetarisieren. Viele Zeitungen und Magazine bieten aus diesem Grund in unterschiedlichen Formen kostenpflichtige Inhalte im Internet an oder testen alternative Möglichkeiten der Monetarisierung ihres Angebots. Wir werden Ihnen im Folgenden einige dieser Möglichkeiten – abseits der reinen Monetarisierung über Werbung – vorstellen.

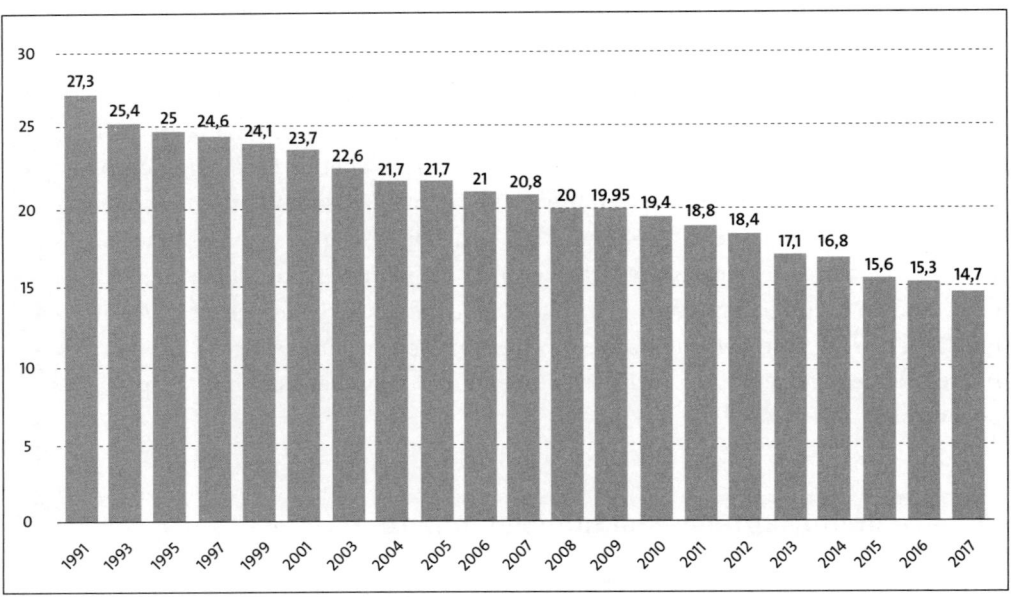

Abbildung 18.17 Entwicklung der verkauften Auflage von Tageszeitungen in Deutschland (in Millionen Exemplaren, Quelle: BDZV)

18.3.1   Freemium-Modelle

Beim sogenannten *Freemium*-Preismodell ist das Basisangebot an redaktionellen Inhalten gratis. Nutzer können also kostenlos Inhalte auf der Website des Anbieters lesen, kommentieren und verbreiten. Wollen sie zusätzlich Zugang zu Exklusivartikeln, Themen-Specials, besonderen Videos, Apps oder Gewinnspielen, wird ein Kostenbeitrag fällig. Ein Beispiel für eine Zeitung, die auf das Freemium-Modell setzt, ist die Boulevardzeitung *BILD* mit ihrem Angebot *BILDplus* (siehe Abbildung 18.18).

Freemium ist als Geschäftsmodell im Internet weit verbreitet. So setzen große und bekannte Online-Unternehmen wie *Spotify*, *XING* oder *Skype* auf dieses Monetarisierungsmodell. Häufig unterscheidet sich die kostenlose Basisversion auch von der kostenpflichtigen Vollversion, indem bei der Vollversion auf Werbung verzichtet wird. Auch YouTube bietet inzwischen eine kostenpflichtige werbefreie Variante unter der Marke *YouTube Premium* an.

Abbildung 18.18 Freemium-Angebot BILDplus

18.3.2   Paywall

Als *Paywall* (deutsch: *Bezahlschranke*) wird eine Funktion bezeichnet, mit der bestimmte Inhalte einer Website nur nach dem Abschluss eines Abonnements oder der Zahlung einer Gebühr aufgerufen werden können. Eine Variante dieses Geschäftsmodells ist die sogenannte *Metered Paywall*, die eine gewisse Anzahl an Artikeln monatlich gratis zur Verfügung stellt und erst nach Überschreitung dieses freien Kontingents eine Gebühr verlangt, z. B. im Rahmen eines digitalen Abonnements. Zugriffe über Suchergebnisse, Blogs oder Social-Media-Netzwerke sind von diesem Mechanismus ausgeschlossen.

Viele große internationale Zeitungen setzen auf Paywalls oder Metered Paywalls. Eine der ersten deutschsprachigen Zeitungen, die eine Paywall einführte, war im Jahr 2012 die schweizerische *Neue Zürcher Zeitung (NZZ)* (siehe Abbildung 18.19).

Neue Zürcher Zeitung

Abonnieren   **Anmelden**   ⚙

Menü ▾   Startseite International Wirtschaft Finanzen Schweiz Zürich Meinung Sport Feuilleton Wissenschaft Panorama   🔍

Die neue NZZ.ch: Mehr erfahren | Feedback

Nachruf auf John Forbes Nash Jr.

Die Welt ist um ein Genie ärmer

Das Leben von John Forbes Nash Jr. bestand aus Höhen und Tiefen. Mit
Anfang 20 entwickelte er das bahnbrechende Nash-Gleichgewicht. Wenige
Jahre später litt er unter paranoider Schizophrenie.

von **Matthias Müller** | 25.5.2015, 15:17 Uhr

Die Welt ist um einen kreativen «Spinner» ärmer. Der Mathematiker und
Spieltheoretiker John Nash (Aufnahme aus dem Jahr 1994) lehrte an der Universität
Princeton. (Bild: Charles Rex Arbogast / Keystone)

Selbst im Tod ist der amerikanische Mathematiker John Forbes Nash Jr. auf
tragische Weise sich treu geblieben. Der als eines der grössten Genies des
vergangenen Jahrhunderts geltende 86-Jährige kam am vergangenen
Samstag mit seiner Frau Alicia bei einem Verkehrsunfall ums Leben. Sie
sassen – ohne angegurtet zu sein – in einem Taxi, das bei einem
Überholmanöver in die Leitplanken krachte. Der Fahrer verletzte sich, das
Ehepaar Nash wurde aus dem Wagen geschleudert und erlag noch am
Unfallort den Verletzungen. Sie waren auf dem Rückweg von einer Reise nach
Norwegen, wo Nash zusammen mit Louis Nirenberg den renommierten Abel-
Preis für ihr mathematisches Lebenswerk erhalten hatte. Höhen und Tiefen

**Eröffnen Sie kostenlos ein NZZ-Konto, um
diesen und weitere Artikel der NZZ zu lesen.**

Registrieren und gleich weiterlesen

Sie haben bereits ein NZZ-Konto? Anmelden.
Geniessen Sie unbeschränkt alle Inhalte der NZZ.
Wählen Sie das Abonnement, das zu Ihnen passt.

Abbildung 18.19 Metered Paywall der Neuen Zürcher Zeitung (NZZ)

18.3.3   Native Advertising (Sponsored Stories)

Neben klassischen Werbebannern setzen Online-Medien immer häufiger auch auf Anzeigen, die sich ins redaktionelle Umfeld einer Webseite inhaltlich und gestalterisch einfügen und häufig von den eigentlichen Inhalten der Seite kaum zu unterscheiden sind (siehe Abbildung 18.20). Solche *Native Ads* werden als gesponserte Inhalte (*Sponsored Storys, Sponsored Content*) gekennzeichnet und meistens deutlich häufiger geklickt als klassische Online-Banner oder Textanzeigen.

Abbildung 18.20 Native Advertising: Anzeigen, die kaum vom redaktionellen Umfeld zu unterscheiden sind

Auch soziale Netzwerke wie Twitter oder Facebook arbeiten mit solchen Formen des Native Advertisings. Viele Befürworter verstehen Native Ads als wichtiges Standbein der Monetarisierung digitaler Medien. Kritiker befürchten allerdings, dass mit dem weiteren Wachstum solcher Werbeformen die redaktionelle Unabhängigkeit von Online-Zeitungen auf dem Spielt steht.

18.3.4   Monetarisierung von Social-Media- und Videoinhalten

Die Verbreitung von redaktionellen Inhalten mittels Social-Media-Plattformen wie z. B. Facebook und Instagram oder Video-Plattformen wie YouTube bekommt heutzutage mehr und mehr Bedeutung. Auch auf diesen Kanälen können Sie mit Ihren Inhalten Einnahmen erzielen. Hierzu ist eine gewisse Reichweite an Nutzern die Grundlage. Haben Sie bereits viele Abonnenten und Follower auf Ihren Kanälen, so können Sie mit der Monetarisierung Ihrer Social-Media-Aktivitäten starten.

Wenn Sie z. B. Videoinhalte haben und diese auf YouTube anbieten, können Sie sich für das YouTube-Partnerprogramm (*support.google.com/youtube/answer/72851*) bewerben. Voraussetzung für die Teilnahme am Programm sind 4.000 Stunden Wiedergabezeit in den letzten 12 Monaten und mindestens 1.000 Kanalabonnenten. Sie sehen also, dass Sie erst einmal eine recht hohe Reichweite aufbauen müssen. Wenn Sie die Voraussetzungen erfüllen, können Sie sich im *YouTube Creator Studio* unter KANAL • STATUS & FUNKTIONEN • MONETARISIERUNG (*www.youtube.com/account_monetization*) für die Monetarisierung anmelden (siehe Abbildung 18.21).

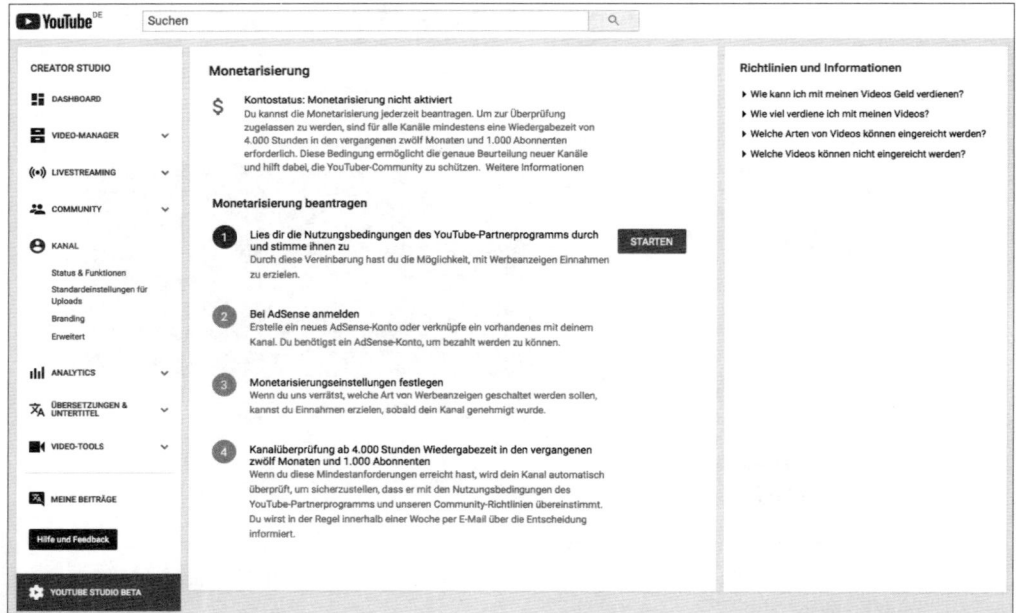

Abbildung 18.21 Monetarisierung eines YouTube-Kanals

Laden Sie hierzu zunächst Ihr Video, mit dem Sie Geld verdienen wollen, in Ihrem YouTube-Kanal hoch, oder wählen Sie ein bestehendes Video im VIDEO-MANAGER aus. Navigieren Sie dann zu den Einstellungen des Videos, wählen Sie anschließend den Reiter MONETARISIERUNG, und aktivieren Sie die Checkbox MIT WERBEANZEI-

GEN MONETARISIEREN (siehe Abbildung 18.22). Hier können Sie auswählen, welche Anzeigenformate im Umfeld Ihres Videos ausgespielt werden dürfen.

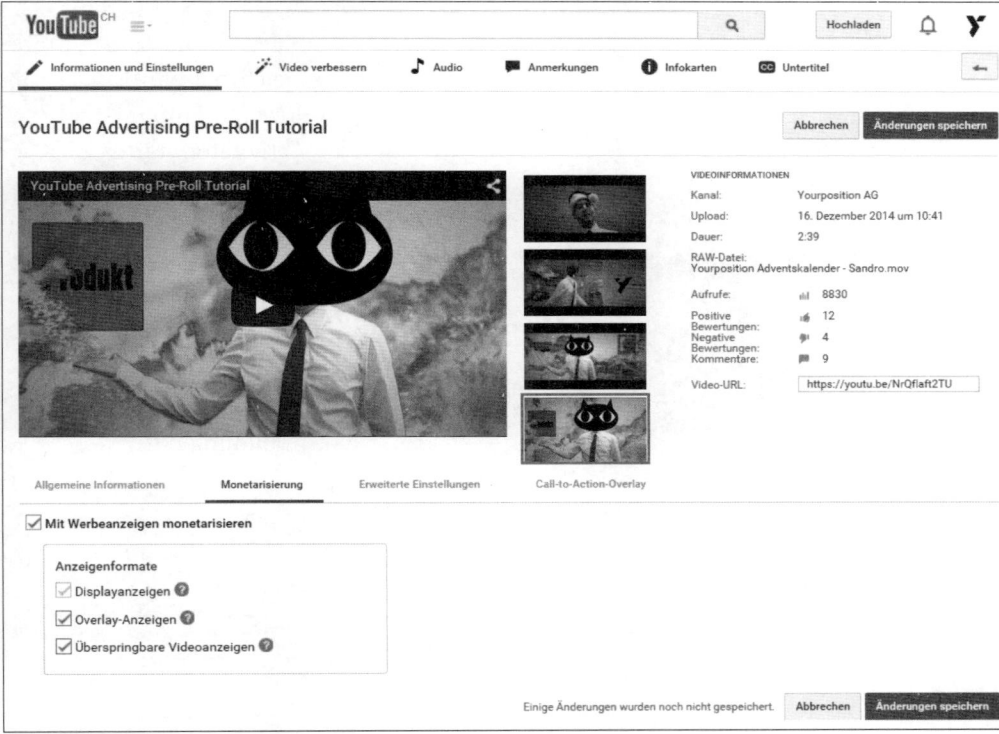

Abbildung 18.22 Einstellungen zur Monetarisierung eines YouTube-Videos

Damit die erzielten Umsätze auch auf Ihrem Konto landen, sollten Sie außerdem nicht vergessen, Ihr YouTube-Konto mit Ihrem Google-AdSense-Konto zu verknüpfen.

> **Influencer und YouTuber**
>
> Es gibt im Netz inzwischen Personen, die Ihre Einnahmen ausschließlich über die Social-Media-Plattformen-Einnahmen erzielen. *YouTuber* sind Leute, die regelmäßig unterhaltsame oder informative Inhalte auf YouTube einstellen. Dadurch sammeln sie eine Vielzahl von Kanalabonnenten und Videoabspielzeit, womit sie wiederum Geld verdienen können. Durch ihre große Reichweite werden diese Personen auch als *Influencer* bezeichnet. Dies machen sich Markenartikelhersteller zunutze und kooperieren häufig in Form von bezahlten Produktplatzierungen. Einer der bekanntesten dieser Influencer-Kanäle ist sicher »BibisBeautyPalace« mit 4,9 Mio. Abonnenten (*www.youtube.com/user/BibisBeautyPalace*, siehe Abbildung 18.23).

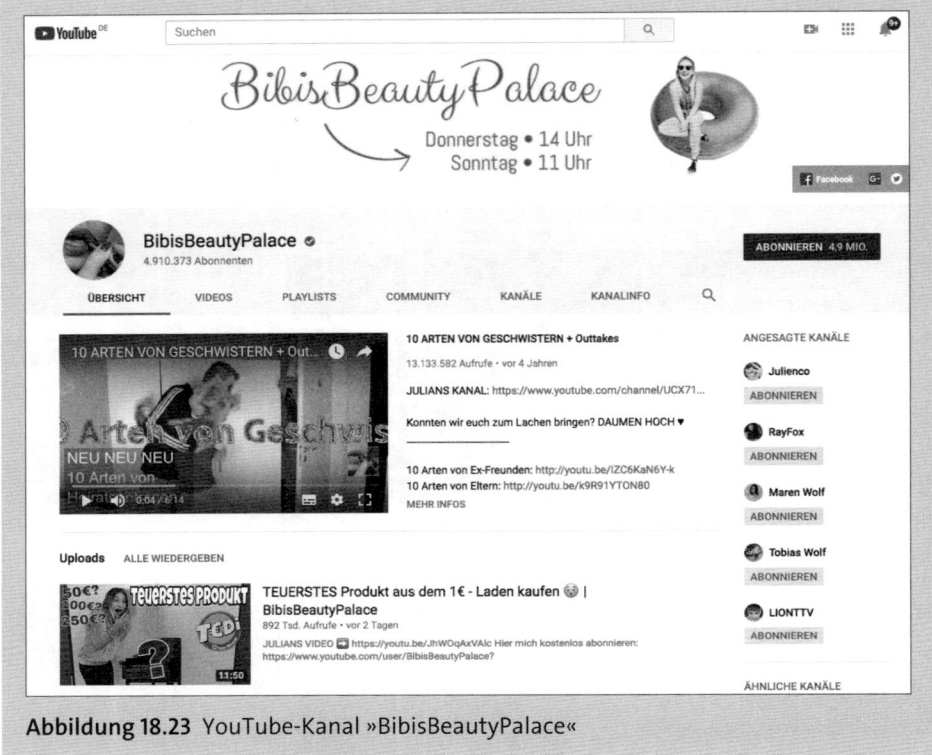

Abbildung 18.23 YouTube-Kanal »BibisBeautyPalace«

18.4   Professionelle Vermarktung und AdServer-Integration

Wenn Sie eine Website mit hoher Reichweite haben, das heißt, wenn sehr viele Nutzer regelmäßig Ihre Website besuchen, können Sie auch eine professionelle Vermarktung vornehmen lassen. Großen Webseiten haben dabei meist eine Reichweite von mehr als 100.000 Besuchern oder 1 Mio. Seitenaufrufe pro Monat. Dies ist natürlich kein festes Limit. Bei speziellen Nischenthemen können die Zahlen auch darunter liegen und trotzdem als große Websites für ihren Bereich angesehen werden. Betreiben Sie eine Website mit sehr vielen Besuchern, so können und sollten Sie Ihre Monetarisierung durch Werbeeinblendungen professionalisieren. Dies geschieht zum einen durch Beauftragung von sogenannten Vermarktern, die Werbekunden für Sie betreuen, und zum anderen durch die technische Integration eines Adservers, der die Werbeanzeigen automatisch auf Ihrer Website aussteuert. Beide Punkte wollen wir uns hier näher anschauen.

966

18.4.1   Professionelle Vermarktung

Die meisten großen Informationsportale im Internet überlassen die Anzeigenschaltung Vermarktern, die sich um Kontakt und Aufträge von Werbepartnern kümmern. Die Vermarkter sind damit Schnittstelle zwischen Website-Betreibern und Werbekunden. Einige Website-Anbieter haben inzwischen aber auch eigene Vermarktungsunternehmen gegründet, z. B. die eBay Advertising Group. Und Vermarkter haben damit begonnen, Websites und Internetangebote selbst zu kaufen, z. B. Ströer Digital. Hier spricht man dann von einer *Direktvermarktung* oder *exklusiven Vermarktung*. Die Rangliste der größten digitalen Vermarkter in Deutschland nach Gesamtreichweite wird von der AGOF (Arbeitsgemeinschaft Online-Forschung) regelmäßig ermittelt (siehe Abbildung 18.24).

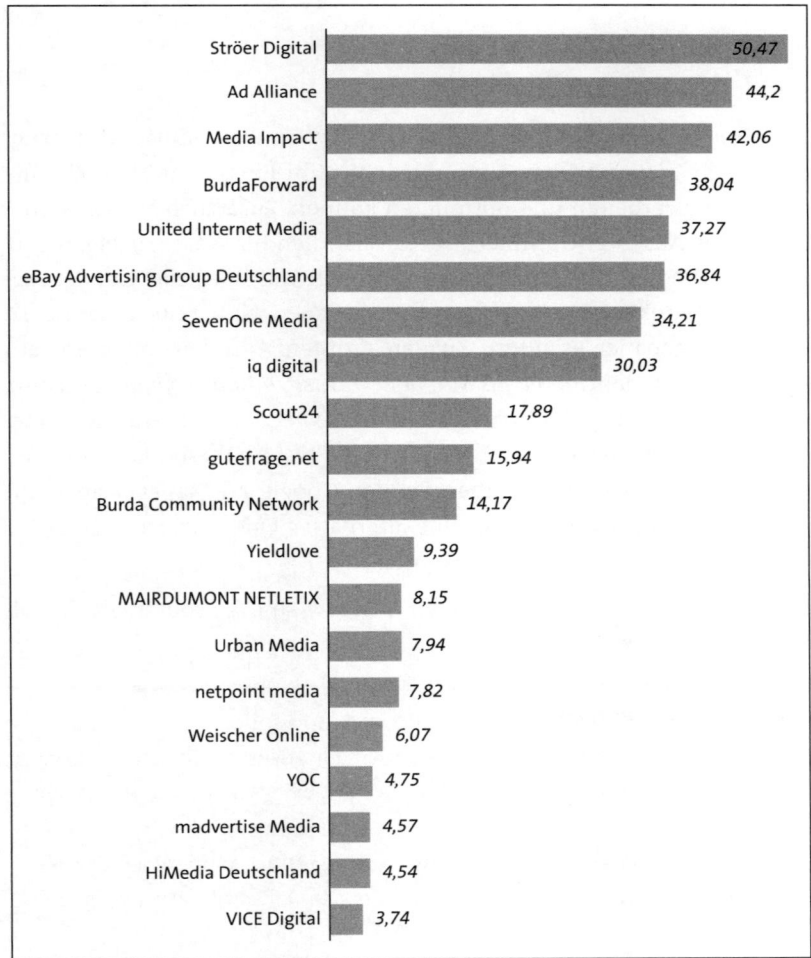

Abbildung 18.24 Netto-Reichweiten der Top-20-Vermarkter für Internetwerbung (Stand: September 2018, Quelle: AGOF)

Teilweise sehen Sie schon am Namen des Vermarkters, welche Websites dahinterstehen. Sie können das Portfolio auf den Internetseiten der Vermarkter einsehen. *Ströer Digital* vermarktet unter anderem die Websites T-Online.de, Onmeda.de und Kicker Online. *United Internet Media* vermarktet z. B. die Websites und Angebote von GMX, web.de und 1&1. Der Vermarkter *SevenOne Media* enthält z. B. die Websites der Fernsehsender Pro7 (*prosieben.de*) und Sat.1 (*sat1.de*), zusätzlich aber auch reine Online-Angebote wie *wetter.com* und *wer-weiss-was.de*.

Zusätzlich zur professionellen Vermarktung können Sie auch sogenannte Restplatzvermarkter nutzen. Darüber können Einnahmen erzielt werden, wenn Werbeflächen noch nicht an andere Werbetreibende verkauft wurden. Restplatzvermarkter kümmern sich um hierbei die automatische Vermittlung von Werbetreibenden an Website-Betreiber.

18.4.2 Integration eines Adservers

Adserver übernehmen die automatische Aussteuerung von Werbemitteln auf Websites. Speziell bei sehr großen Websites empfiehlt sich ihr Einsatz, da Sie nicht alle Werbeplätze manuell bearbeiten und optimieren können. Zusätzlich zur Aussteuerung übernehmen die Adserver Optimierungsmaßnahmen für Werbeanzeigen, z. B. durch Targeting-Methoden, die Anzeigen zielgerichtet auf spezielle Kundensegmente ausliefern. Die Funktionsweise von Adservern haben wir bereits in Kapitel 12, »Display-Marketing«, genauer erläutert. Zu den größten Adserver-Anbietern am deutschen Markt gehören der *Google Ad Manager* (*https://admanager.google.com*), *Adition* (*www.adition.com*) und *ONE* von AOL (*oneadserver.aol.com*). Auf den Referenzseiten der Anbieter sehen Sie meist Beispiele Websites, die diesen Adserver einsetzen. Als Small-Business-Variante können Sie den Google Ad Manager auch auf kleineren Websites kostenlos verwenden. Eine alternative Open-Source-Lösung für einen Adserver hat *OpenX* (*www.openx.com*) entwickelt.

Wenn Sie auf der Suche nach einem passenden Adserver sind, so sollten Sie die folgenden Prüfkriterien im Kopf haben.

Prüfkriterien für Ihre Adserver-Wahl

▶ **Funktionen**: Welche Funktionalitäten bietet Ihnen der Adserver? Machen Sie sich im Vorfeld bewusst, welche Funktionen Sie benötigen, und fragen Sie gezielt nach.

▶ **Zuverlässigkeit**: Wie zuverlässig arbeitet der Adserver? Auch bei einem hohen Anfragevolumen sollte der Adserver Werbemittel schnell ausliefern und anzeigen.

▶ **Preis**: Wie hoch sind die Kosten? Der Anbieter sollte Ihnen die Konditionen genau erläutern. Darüber hinaus sollte der Support im Preis enthalten sein.

> ▶ **Testzugang**: Probieren geht über Studieren. Lassen Sie sich einen Testzugang zur Verfügung stellen, und arbeiten Sie mit der Benutzeroberfläche. Oftmals tauchen hier noch einige Fragen auf, und es lohnt sich, sie im Vorfeld zu klären.
>
> ▶ **(Daten-)Sicherheit**: Wer kann Ihre Daten einsehen, und wie sicher sind sie? Lassen Sie sich die Sicherheitsvorkehrungen genau beschreiben, und achten Sie auf die HTTPS-Unterstützung. Zudem benötigen Sie nach der DSGVO einen Vertrag zur Auftragsdatenverarbeitung (ADV-Vertrag).
>
> ▶ **Targeting**: Welche Targeting-Methoden werden durch den Adserver angeboten? Wird *Real-Time-Bidding* (RTB) unterstützt? Gibt es die Möglichkeit des *Frequency Cappings*?
>
> ▶ **Mobile**: Gibt es spezielle Funktionen für die Ausspielung der Anzeigen auf Mobilgeräten?

Neben den verschiedenen Möglichkeiten der Integration von Werbung zur Monetarisierung einer Website gibt es natürlich weitere Maßnahmen und digitale Geschäftsmodelle, die zu Einnahmen führen. Diese wollen wir Ihnen jetzt einzeln vorstellen. Vielleicht kommt nicht jede Monetarisierungsmöglichkeit für Sie und Ihre Website infrage, aber bestimmt lohnt sich eine Gedankenanregung über den Tellerrand hinaus.

18.5   E-Commerce und weitere digitale Geschäftsmodelle

Im Internet haben sich inzwischen viele Wege zur Monetarisierung herausgebildet. So können Sie nicht nur Werbung schalten, sondern natürlich auch direkt mit Ihrer Website Einnahmen erzielen. Das Erste, was einem einfällt, sind wahrscheinlich Online-Shops, wo Produkte oder Dienstleistungen über eine Website vertrieben werden. Ein anderes Modell sind Marktplätze, wo von Anbietern Einnahmen durch Provisionsbeteiligung erlangt werden. Zudem ergeben sich durch die hohe Nutzung von Smartphones und mobilem Internet neue Möglichkeiten in der Monetarisierung von Online-Angeboten.

Viele Konzepte der Monetarisierung haben zu ganz neuen Geschäftsmodellen und teilweise sehr hohe Einnahmen über das Internet geführt. Denken Sie nur an die Websites von Amazon, eBay, Google oder Facebook. Die digitalen Geschäftsmodelle werden häufig in B2C- und B2B-Modelle eingeteilt. *B2C* (Business-to-Consumer) beschreibt das Geschäft mit privaten Endkonsumenten, wohingegen *B2B* (Business-to-Business) das Geschäft mit kommerziellen Kunden beschreibt. Als gewöhnlicher Internetnutzer kennt man meist die verschiedensten B2C-Angebote, aber im B2B-Geschäft sind häufig die höheren Umsatzvolumina zu erreichen.

Die verschiedenen Möglichkeiten im digitalen Handel stellen wir Ihnen hier etwas genauer vor. Die Themen sind allerdings alle ein eigenes Thema für sich und haben ihre Eigenheiten, die wir hier nicht in aller Ausführlichkeit erklären können. Fangen wir mit den allseits bekannten Online-Shops an.

18.5.1   E-Commerce mit Online-Shops

Sie können mit Ihrer Website Einnahmen erzielen, indem Sie direkt Waren oder Dienstleistungen darüber verkaufen. Dies geschieht über Online-Shops, die Sie in Ihre Website integrieren können (z. B. *szshop.sueddeutsche.de*), oder die Website selbst ist ein reiner Online-Shop, wie z. B. *www.amazon.de*. Weitere bekannte Online-Shops sind z. B. *OTTO*, *Zalando* und *notebooksbilliger.de*, die in Deutschland jedes Jahr mehrere Hundert Mio. Euro umsetzen (siehe Abbildung 18.25). Sie sehen, dass sich inzwischen auch klassische Händler, wie *OTTO*, *MediaMarkt* oder *Tchibo* als erfolgreiche Online-Shops etablieren konnten.

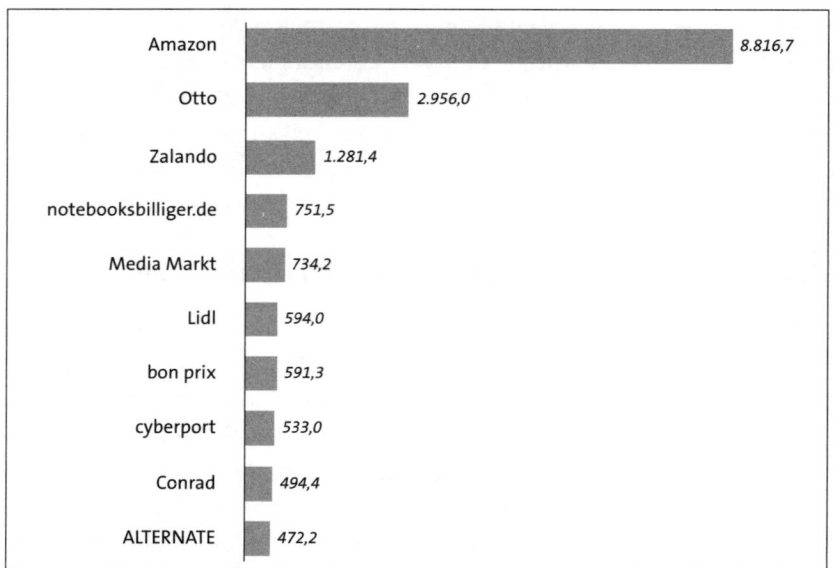

Abbildung 18.25 Top 10 der Online-Shops in Deutschland. Die Grafik zeigt die in Deutschland erwirtschafteten Umsätze 2017 in Mio. Euro. (Quelle: Statista/EHI)

Wenn Sie also mit dem Gedanken spielen, Produkte über das Internet zu vertreiben, sollten Sie sich klarmachen, dass dies eine recht komplexe Angelegenheit werden kann. Denken Sie z. B. an Bestellprozesse, Zahlungsabwicklung inklusive Mahnwesen, Kundenservice-Hotlines, Lieferung der Waren und Abwicklung der Retouren. Das Internet erlaubt Ihnen aber, recht schnell einen Online-Shop aufzusetzen. Es haben sich inzwischen verschiedene Softwarelösungen und Dienstleister dafür etabliert. Zu den bekanntesten Online-Shop-Systemen gehören *Shopware*, *Magento* und *OXID* (siehe Abbildung 18.26). Zudem gibt es Online-Shop-Systeme, die auf dem *SaaS-*

Modell aufbauen (*Software-as-a-Service*). Hier müssen Sie sich nicht selbst um die Software kümmern, sondern »nur« den Online-Shop verwalten. Anbieter von SaaS-Shops sind z. B. *lightspeed, shopify, Jimdo* oder *epages*.

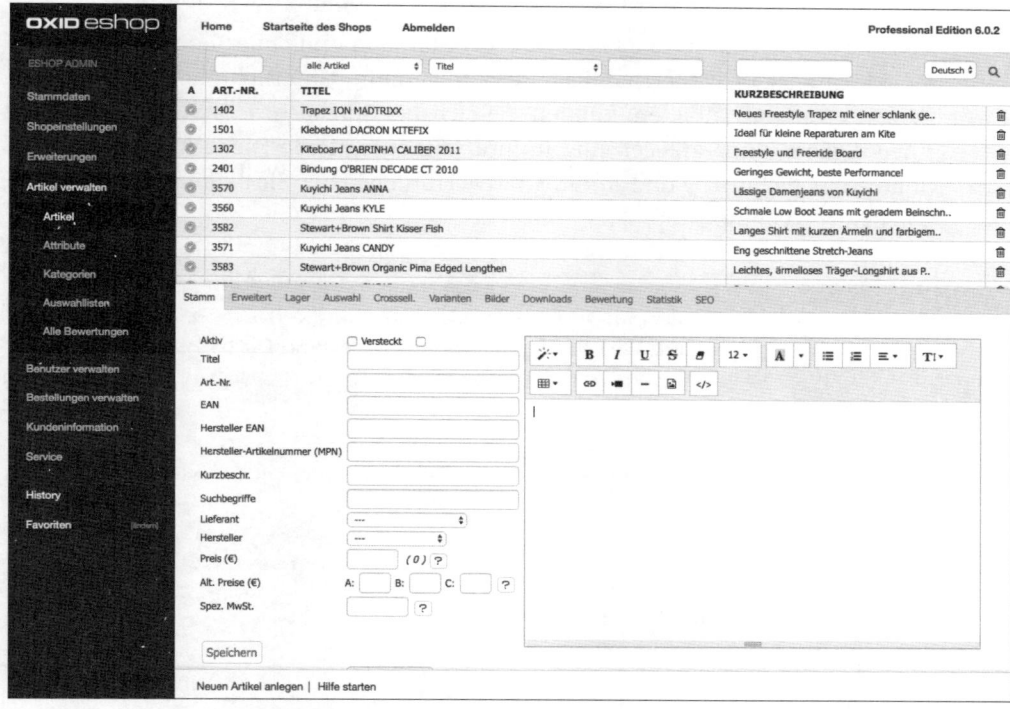

Abbildung 18.26 Administration eines OXID-eShops

Zur Unterstützung bei der Wahl des richtigen Shop-Systems haben wir Ihnen hier einige Fragen zusammengestellt, mit denen Sie die verschiedenen Lösungen vergleichen können:

▶ Wie viele Artikel und Kategorien können Sie anlegen?

▶ Können Produktabbildungen und Videos integriert werden?

▶ Welche Zahlungsmethoden werden durch die Shop-Software angeboten?

▶ Welche Kosten sind mit Installation und Betrieb der Software verbunden?

▶ Ist der Shop suchmaschinenoptimiert?

Online-Shops haben meist ein ähnliches Grundkonzept mit Produkten, Sortimentskategorien und Bestellprozessen. Vor allem größere Online-Shops können aber sehr individuelle Anforderungen haben. Daher muss die eingesetzte Shop-Software gut dazu passen. Eine detaillierte Übersicht der verschiedenen Shop-Systeme finden Sie z. B. unter *www.webshop-factory.com/shopsysteme*. Haben Sie sich für einen Anbieter entschieden, können Sie mit dem Einrichten des Online-Shops beginnen. Da dies aber viel technisches Wissen erfordert und für jedes Shop-System sehr individuell ist, würde eine Beschreibung den Rahmen dieses Buches sprengen. Es gibt aber viele gute Informationsquellen im Internet und Bücher zu den verschiedenen Software-lösungen. Damit sollte der Einstieg in das Online-Shopping gut gelingen.

Sie können auch auf fertige Lösungen zurückgreifen und neue Shop-Konzepte nutzen. Möchten Sie z. B. Merchandising-Produkte für Ihr Unternehmen oder Ihren Verein zum Verkauf anbieten, können Sie sich bei Spreadshirt (*www.spreadshirt.de*) einen eigenen Shop anlegen und in Ihre Seite integrieren (siehe Abbildung 18.27). Ohne große technische und administrative Hürden haben Sie damit einen voll funktionsfähigen Online-Shop.

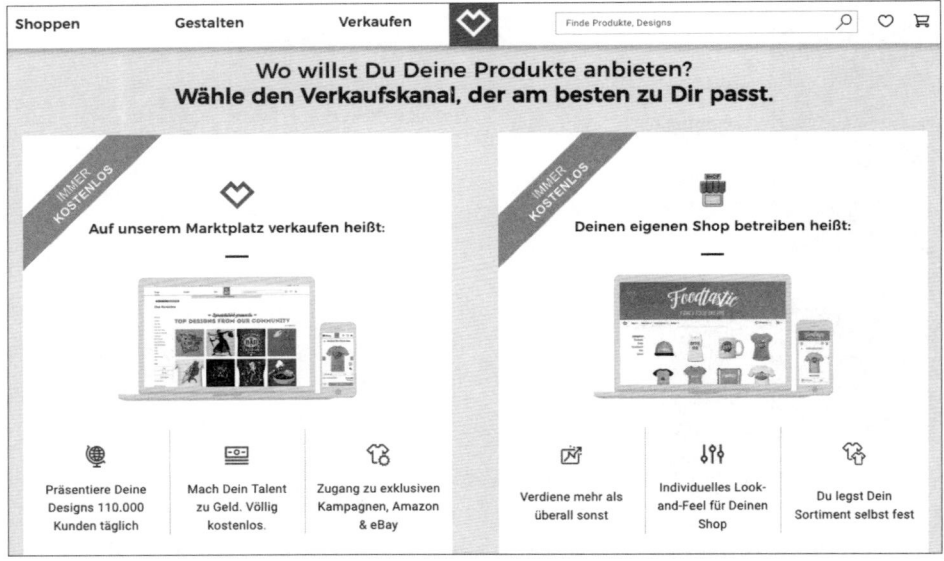

Abbildung 18.27 Einrichtung eines Spreadshirt-Shops

Der Online-Handel hat inzwischen in fast alle Bereiche Einzug gehalten. So finden Sie eine Vielzahl an Online-Shops für Mode, Bücher und Elektronik, aber auch für Arzneimittel, Drogerieartikel, Autoersatzteile, Möbel und Tiernahrung. Sie sehen, der Auswahl sind keine Grenzen gesetzt. Hinzugekommen ist der Online-Handel mit Lebensmitteln und Handwerkerbedarf. Zudem gibt es den großen E-Commerce-Markt im Reisebereich mit etlichen Anbietern, wie *Expedia*, *HRS* oder *Opodo*. Und auch die Reiseanbieter wie Hotelketten oder Fluglinien verkaufen einen Großteil ihres Angebots online.

18.5.2   Marktplätze und Preisvergleiche

Ein weiteres E-Commerce-Modell, Umsätze im Internet zu erwirtschaften, sind Online-Marktplätze und Preisvergleiche. Hier stellen Unternehmen Plattformen auf ihrer Website zur Verfügung, so dass andere Anbieter ihre Produkte und Dienstleitungen dort verkaufen können. Einer der bekanntesten Marktplätze im Internet ist sicher *eBay*. Hier können kommerzielle und private Anbieter ihre Artikel einstellen und einen Preis festsetzen. eBay als Marktplatzbetreiber profitiert wiederum von prozentualen Provisionen. Auch einst reine Online-Händler, wie Amazon oder Zalando, sind in das Marktplatz-Modell eingestiegen, da es ein lukratives Modell ist, um mehr Einnahmen zu erzielen.

Preisvergleichsseiten im Internet sammeln möglichst viele Produktangebote von verschiedenen Anbietern und ermitteln so den günstigsten Preis. Insbesondere für Elektronikartikel, Mode und Reisen haben sich einzelne Anbieter etabliert. Bekannte Beispiel sind *idealo* oder *Billiger.de* (siehe Abbildung 18.28). Die Preisvergleichsplattformen erzielen ihre Einnahmen meist durch die Affiliate-Provision, wenn Nutzer auf einzelne Produkte klicken und zum Anbieter weitergeleitet werden.

Abbildung 18.28 Preisvergleichs-Websites idealo und billiger.de

Weitere Marktplätze im Internet stellen die Kleinanzeigenmärkte dar. Früher bekannt aus dem Kleinanzeigenteil in der lokalen Tagespresse, wurde das Modell ins Internet übertragen. Hier haben sich viele Websites in allen Regionen der Welt etabliert. In Deutschland bekannt ist z. B. *eBay Kleinanzeigen* mit einem breiten Produktspektrum. In Österreich ist das Kleinanzeigen-Pendant *willhaben.at*, in der Schweiz *ricardo.ch* oder *tutti.ch*. Hinzu kommen spezialisierte Kleinanzeigenmärkte z. B. für Immobilien, Autos und Stellenangebote. Website-Einnahmen werden auch hier über Werbung erzielt, zum anderen aber über Gebühren für das Einstellen und für besondere Hervorhebung von Anzeigen (siehe Abbildung 18.29). Für private Anbieter von Kleinanzeigen ist das Einstellen von Standardanzeigen meist kostenlos, zusätzliche Leistungen müssen allerdings bezahlt werden.

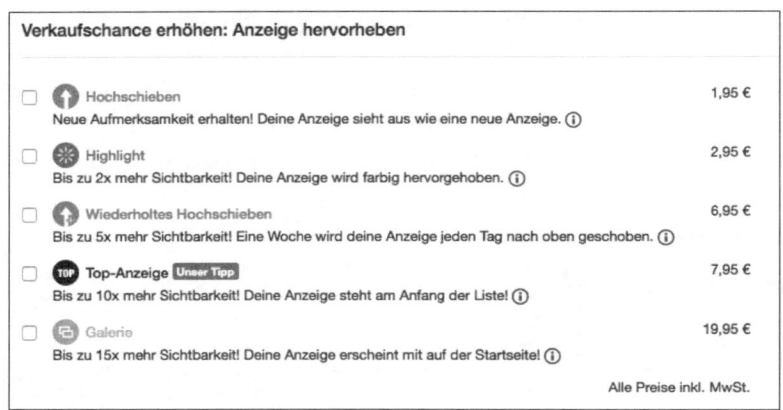

Abbildung 18.29 Preise für hervorgehobene Anzeigen bei eBay Kleinanzeigen

Ein weiter bekannter Marktplatz ist die Website von *Airbnb* (*www.airbnb.de*). Hier stellen Anbieter ihre Unterkunft oder Reisedienstleistung zur Verfügung. *AirBnB* erhält bei erfolgreicher Buchung wiederum eine Provision. Sie sehen also, dass es eine Vielzahl von Marktplatzmodellen gibt, die erfolgreiche Websites betreiben. Sicher fallen Ihnen noch mehr Beispiele ein.

18.5.3   Monetarisierung im mobilen Zeitalter

Der Online-Handel und die Online-Werbung haben natürlich auch auf den Smartphones und Tablets Einzug gehalten. Smartphones werden mehr und mehr auch für das Online-Shopping genutzt, dies wird als *Mobile Commerce* (oder auch *M-Commerce*) bezeichnet. Inzwischen lässt aber fast kein Anbieter diese Funktion mehr aus, und die Website-Angebote gleichen sich aneinander an bezüglich der Funktionen und Integration von Nutzerdaten. Zudem gibt es Angebote, die besonders im mobilen Umfeld sehr sinnvoll sind. Denken Sie z. B. an Google Maps oder Fahrplanauskünfte. Ein anderer Fall könnten z. B. Auktionen sein, bei denen Sie von unterwegs mitbieten können, wenn Sie gerade nicht zu Hause vor Ihrem Rechner sind und die Auktion bald endet (siehe Abbildung 18.30). Oder Sie möchten mit dem Handy Preise vergleichen, wenn Sie gerade auf Shoppingtour sind. Eintrittskarten und Bankgeschäfte sind weitere geeignete Anwendungen für den mobilen Handel.

Mobile Commerce können Sie auch über kostenpflichtige mobile Apps betreiben (siehe Abbildung 18.31). Sie können z. B. Ihre Navigationssoftware als App verkaufen oder Online-Spiele gegen Bezahlung anbieten. Die App-Stores übernehmen den kompletten Vertrieb und die Zahlungsabwicklung. Allerdings wird dafür auch eine Provision vom Anbieter verlangt. Zudem besteht die Möglichkeit von Käufen in der App (*In-App-Käufe*), z. B. zum Freischalten von zusätzlichen Funktionen in der App.

Abbildung 18.30 Mobilansicht von Auktionen auf eBay

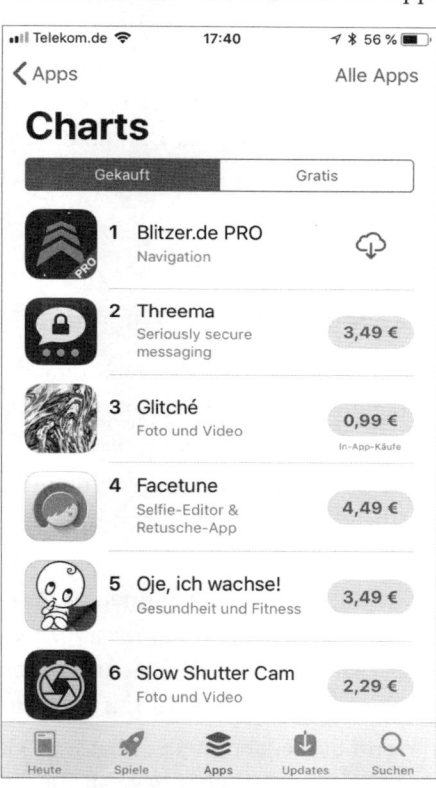

Abbildung 18.31 Kostenpflichtige Apps im Apple App Store

18

Mobile Payment

Unter *Mobile Payment* (*mobile Bezahlung*) versteht man das elektronische Bezahlen mithilfe von Mobilgeräten. Dabei bedient sich Mobile Payment z. B. der *NFC-Technik* (*Near-Field Communication*), die den kontaktlosen Datentransfer über kurze Strecken ermöglicht. Viele Smartphones und auch Kreditkarten enthalten bereits heute NFC-Tags, die diese Form der Bezahlung an einem passenden Bezahlterminal ermöglichen. Hierzu ist es zunächst notwendig, dass Kunden ihre Kreditkartendaten in ihrem NFC-fähigen Mobilgerät eingeben. Danach kann das Smartphone als mobile Geldbörse verwendet werden. Apple stellte im September 2014 sein Bezahlsystem

> *Apple Pay* vor. Nutzer können mithilfe eingebauter NFC-Technologie kontaktlos mit ihrem Mobilgerät bezahlen. Ein zusätzlicher Fingerabdruckscanner soll für Sicherheit sorgen und vor Missbrauch schützen. Mobile Bezahlsysteme, wie z. B. auch *PayPal*, sind bereits weltweit im Einsatz. Vor allem aufgrund der Datenschutzproblematik dürfte es allerdings noch einige Jahre dauern, bis Mobile Payment vollständig zu unserem Alltag gehört.

Sie haben in diesem Kapitel verschiedene Methoden kennengelernt, Einnahmen mit Ihrer Website zu erzielen. Wir empfehlen Ihnen, die einzelnen Möglichkeiten zur Monetarisierung zu evaluieren und die für Ihre Website vielversprechendste Methode zu testen. Damit kann sich dann auch der finanzielle Erfolg einer Website zeigen.

18.6   Online-Monetarisierung to go

▶ Im Internet haben Sie vielfältige Möglichkeiten, über Ihre Website Einnahmen zu erzielen. Damit ergeben sich verschiedene Geschäftsmodelle, von rein werbefinanzierten Websites bis hin zu Online-Shops.

▶ Zur Generierung von Einnahmen können Sie als Publisher im Affiliate-Marketing auftreten. Über leistungsorientierte Provisionen werden Sie am Umsatz des Werbetreibenden beteiligt.

▶ Mit Google AdSense können Sie kontextsensitive Textanzeigen und Banner auf Ihrer Website einbinden, die automatisch an den Inhalt Ihrer Webseiten angepasst werden. Sie erhalten für jeden Klick auf die Anzeigen von Google einen Geldbetrag von wenigen Cent bis hin zu mehreren Euro.

▶ Wenn Sie redaktionelle Inhalte zu Geld machen wollen, stehen Ihnen von Freemium-Modellen über Paywalls bis hin zu Native Advertising eine Reihe an Möglichkeiten zur Verfügung. Bei den meisten digitalen Medien kommen eine oder mehrere dieser Monetarisierungsmodelle zum Einsatz.

▶ Große Websites lassen ihre Werbeflächen professionell vermarkten und erzielen darüber Einnahmen. Über Adserver können Werbeanzeigen automatisch und gezielt ausgesteuert werden.

▶ Mittels Online-Shops kann E-Commerce betrieben werden. Sie verkaufen also Waren über das Internet und erzielen damit Einnahmen. Ein weiteres Modell im E-Commerce sind Online-Marktplätze und Preisvergleiche, über die Anbieter und Endkonsumenten zusammengebracht werden.

18.7   Checkliste Monetarisierung

Haben Sie schon geprüft, über welche Methoden Sie mit Ihrer Website Geld verdienen können?	
Nutzen Sie bereits Affiliate-Marketing, um als Publisher Werbung zu schalten und darüber Einnahmen zu erzielen?	
Kennen Sie das Werbeprogramm Google AdSense, und erzielen Sie darüber bereits Einnahmen?	
Haben Sie die Anzeigeneffizienz optimiert, z. B. über eine bessere Positionierung oder verschiedene Formate?	
Haben Sie ein Freemium-Geschäftsmodell in Erwägung gezogen?	
Sind Sie sich der Chancen und Risiken von Native Advertising bewusst?	
Betreiben Sie einen eigenen Online-Shop, um Waren über die Website zu verkaufen?	
Lassen Sie Ihre Website schon professionell vermarkten, wenn Sie bereits über sehr viele Besucher verfügen?	
Haben Sie einen Adserver in Ihre Website integriert, um die Anzeigenauslieferung effizienter zu gestalten?	

Tabelle 18.1 Checkliste zum Thema Monetarisierung

18

Kapitel 19
Rückblick und Ausblick

*»Alles in allem wird deutlich, dass die Zukunft große Chancen bereit-
hält – sie enthält aber auch Fallstricke. Der Trick ist, den Fallstricken
aus dem Weg zu gehen, die Chancen zu ergreifen und bis sechs Uhr
wieder zu Hause zu sein.«*
– Woody Allen

Bevor wir uns den wichtigen Trends und Entwicklungen im Online-Marketing widmen, steigen wir zunächst in eine Zeitmaschine und werfen einen Blick auf einzelne
Meilensteine und Entwicklungsschritte, die das Internet zu dem gemacht haben, was
es heute ist.

19.1 Rückblick: Meilensteine des Internetmarketings

Hier sei darauf hingewiesen, dass wir dabei nur punktuell einige wichtige Aspekte
erwähnen können. Bitte schnallen Sie sich an, die Reise in die Vergangenheit beginnt.

1971 – die elektronische Post erblickt das Licht der virtuellen Welt

Im Jahr 1971 stellte Ray Tomlinson sein entwickeltes E-Mail-System vor. Ihm ist auch
die Einführung des @-Zeichens zu verdanken. Weitestgehend unbekannt ist der
Inhalt der ersten E-Mail. Obwohl heute annähernd jeder mit dem E-Mail-Versand und
-Empfang vertraut ist, stieß Tomlinsons Errungenschaft damals aber auf wenig Anerkennung und brachte dem Entwickler auch keinen finanziellen Erfolg.

Das ist heute kaum vorstellbar, ist doch die E-Mail eine der meistgenutzten Funktionen in der heutigen Zeit und das E-Mail-Marketing ein häufig eingesetzter Marketingkanal im Internet.

1978 – die erste Spam-Mail

Gary Thuerk, Computerverkäufer bei der amerikanischen Firma DEC, verschickte am
3. Mai 1978 600 E-Mails und verkaufte damit Computer im Wert von 12 Mio. US$. Kein

Wunder, dass derartige Aktionen schnell Nachahmer fanden. Seither nimmt das Versenden von unerwünschten Nachrichten oftmals werbenden Charakters laufend zu. Nach Expertenschätzungen sind heutzutage über 90 % aller verschickten E-Mails sogenannter *Spam*.

1984 – die erste E-Mail in Deutschland

Vor über drei Jahrzehnten, am 3. August 1984, wurde die erste E-Mail in Deutschland empfangen. Der elektronische E-Mail-Versand beeinflusst seitdem die Kommunikation der Menschen wesentlich. So ist auch der Rechtschreibfehler zu verzeihen, der sich in der Betreffzeile mit den Worten »Wilkommen in CSNET« einschlich. Laura Breeden aus Cambridge (Massachusetts) sandte das erste elektronische Schreiben an Michael Rotert unter der Adresse *rotert@germany* an der Universität in Karlsruhe. Dieses Schreiben war schon einen Tag zuvor von der Plattform CSNET versendet worden. Als Carbon Copy (umgangssprachlich »in cc«) bekam der Informatiker Werner Zorn diese erste E-Mail ebenfalls zugeschickt. Seine Adresse lautete *zorn@germany*. Wie wir schon erwähnt haben, zählt die E-Mail heute zu den meistgenutzten Diensten im Internet.

1989 – drei Buchstaben mit großer Bedeutung: WWW (World Wide Web)

Durch eine Anhäufung von Informationen wird es zunehmend schwerer, spezifische Daten wiederzufinden. Dieser Umstand war auch dem britischen Informatiker Tim Berners-Lee, der am Kernforschungszentrum CERN in der Schweiz arbeitete, ein Dorn im Auge. Im März 1989 schrieb er in *Information Management: A Proposal* ein Konzept für das World Wide Web. Websites sollten dabei per Browser auf jedem Computer aufgerufen werden können und Informationen auf anderen Websites per Link miteinander verknüpft werden. Zusammen mit dem Informatiker Robert Cailliau konzipierte er die Hypertext Markup Language (HTML) und veröffentlichte sie im darauffolgenden Jahr. Die Tragweite der Erfindung von *HTML* und des *World Wide Web* wurde erst nach einiger Zeit erkannt. Das WWW wurde 2010 sogar für den Friedensnobelpreis vorgeschlagen.

1990 – die Killerapplikation Webbrowser und die ersten Online-Shops

Die *National Science Foundation* beschloss 1990, das Internet zur kommerziellen Nutzung zu öffnen. Nun konnten auch Nichtprofis auf das Netz zugreifen, was eine rasant wachsende Zahl an kommerziellen Angeboten nach sich zog. Aus diesem Grund wird der Webbrowser oftmals als *Killerapplikation* bezeichnet. Die ersten Online-Shops entstanden und boten ihre Produkte zunächst in Form von einfachen Listen an. Heute arbeiten Unternehmen daran, das Online-Shopping zum virtuellen Einkaufserlebnis zu gestalten.

1994 – die ersten Suchmaschinen und das erste Banner

Mitte der 1990er Jahre sprossen die ersten Suchmaschinen aus dem Boden des virtuellen Raums. So entstanden *Lycos* und *Yahoo* 1994, *Alta Vista* folgte 1995 und *Google* 1998.

Am 24. Oktober 1994 lieferte AT&T das erste Banner im Internet mit einer Größe von 8 KByte auf der Website *www.wired.com* aus (siehe Abbildung 19.1).

Abbildung 19.1 Das erste Banner im Internet (aus einem Beitrag auf »www.tripple.net«)

1995 – soziale Netzwerke entstehen und die Firmengründung von Yahoo

Classmates.com zählt als Community für amerikanische Schulfreunde zu den ersten sozialen Netzwerken und wurde 1995 gegründet. Derartigen Websites wurde zunächst wenig Beachtung geschenkt. Erst Anfang des neuen Jahrtausends setzte eine Welle der sozialen Netzwerke ein.

In Kalifornien gründeten David Filo und Jerry Yang ebenfalls 1995 das Unternehmen *Yahoo*, das zunächst unter der Bezeichnung »Jerry and David's Guide to the World Wide Web« erreichbar war. 1996 entstand *Yahoo Deutschland* und ging im Oktober online. Im gleichen Jahr agierte das Unternehmen zudem an der Börse. Zu den Yahoo-Diensten zählen Yahoo Nachrichten, Yahoo Suche, Yahoo Mail, die Blogplattform Tumblr (*www.tumblr.com*) und der Fotodienst Flickr (*www.flickr.com*). 2017 wurde das Unternehmen Yahoo weitestgehend aufgelöst und die dazugehörigen Web-Angebote Teil des Unternehmens Oath (*www.oath.com*).

1996 – das erste Affiliate-Partnerprogramm

Amazon startete sein Partnerprogramm im Juli 1996. Ausschlaggebend soll eine Unterhaltung auf einer Cocktailparty zwischen einer Hausfrau und Jeff Bezos, dem Amazon-Gründer, gewesen sein. Heute zählt es zu den bedeutendsten Affiliate-Programmen auf dem Markt. Vor Amazon soll aber bereits das Unternehmen CDnow 1994 mit einem Partnerprogramm gestartet sein.

1997 – Flash

1997 erschien die erste Version von *Flash*. Das Unternehmen *Macromedia*, das heute zu *Adobe Systems* gehört, bot mit dem Programm die Möglichkeit, Flash-Filme zu erstellen. Der große Vorteil der Flash-Dateien (Endung .*swf*) liegt einerseits in der Skalierbarkeit und andererseits in der kleinen Dateigröße. Zudem profitiert man bei diesen Dateien von der Multimedialität, da Audio und Video hier kombiniert werden können. Nicht zuletzt durch immer mehr Alternativen wie z. B. HTML 5 und verschie-

19

dene Sicherheitslücken weiß man heute, dass die Software nach Unternehmensangaben bis 2020 eingestellt werden soll.

1998 – Google-Gründung

Die frühere »Garagenfirma« der Studenten Larry Page und Sergey Brin wuchs schnell zu der mächtigsten Suchmaschine heran, da sie Links als Ranking-Kriterium für Suchergebnisse stärker berücksichtigte. Im Laufe der Unternehmensgeschichte konnte Google seine weltweite Marktführerschaft dauerhaft festigen und ist mit etwa 90 % Marktanteil (je nach Region) nahezu konkurrenzlos.

1999 – virale Effekte

Große virale Effekte erzielte schon 1999 die *Moorhuhnjagd*. Das von der Werbeagentur von Johnnie Walker entwickelte Spiel verbreitete sich rasend schnell im Web. Es zählt daher zu den ersten viralen Kampagnen im Internet. Inzwischen gibt es zahlreiche Varianten des populären Computerspiels.

2000 – Googles Werbeprogramm AdWords (heute: Google Ads)

Google startete im Jahr 2000 sein Keyword-Advertising-Programm namens *Google AdWords*, das schnell zu einer großen Einnahmequelle heranwuchs. Näheres zur Suchmaschinenwerbung lesen Sie in Kapitel 6, »Suchmaschinenwerbung (SEA)«.

2003 – das Web 2.0 und MySpace

Uneinigkeit herrscht darüber, wer den Begriff *Web 2.0* geprägt hat. So beschreiben einige Quellen, dass die Bezeichnung von Darcy DiNucci stamme, die ihn 1999 in einem Fachartikel zur Internetzukunft benutzte. Im *CIO*-Magazin soll der Begriff 2003 veröffentlicht und von diversen Autoren wiederverwendet worden sein. Darüber hinaus sagen andere Quellen, dass der Web-2.0-Begriff auf Craig Cline und Dale Dougherty zurückgehe, die im Jahr 2004 die »Web-2.0 Internetkonferenz« begründeten. Tim O'Reilly brachte die Bezeichnung mit seinem Artikel »What is Web 2.0« 2005 erneut ins Gespräch. Web 2.0 beschreibt dabei die veränderte Nutzung und Wahrnehmung des Internets. Insbesondere Interaktivität und Vernetzung sind damit gemeint. Da diese Möglichkeiten aber auf dem eigentlichen Grundprinzip des Internets beruhen, wird der Begriff Web 2.0 von Experten kritisiert.

Musik steht im Mittelpunkt der von Thomas Anderson und diversen Programmierern entwickelten Seite *MySpace*, die ebenfalls im Jahr 2003 veröffentlicht wurde. Nur zwei Jahre später ging die Seite für 580 Mio. US$ in den Besitz des Medienriesen Rupert Murdoch über.

2004 – Facebook, Google Mail und der Google-Börsengang

Das soziale Netzwerk *Facebook* wurde von den Harvard-Studenten Mark Zuckerberg, Eduardo Saverin, Dustin Moskovitz und Chris Hughes entwickelt. Ursprünglich sollte es die Studenten der Universität miteinander vernetzen, wurde aber mehr und mehr geöffnet, so dass sich heute jeder anmelden kann. Im Juni 2017 zählte das populäre soziale Netzwerk bereits zwei Milliarden aktive Nutzer und erreicht damit mehr als ein Viertel der Weltbevölkerung (so der Nachrichtendienst *heise.de*).

Im Jahr 2004 ging außerdem der Suchmaschinenanbieter Google an die Börse. Inhaber von Google-Aktien können sich heute glücklich schätzen: Die Wertpapiere zählen zu den wertvollsten überhaupt und lassen ihre Besitzer mitunter zu mehrfachen Millionären werden. Im gleichen Jahr bot Google auch sein E-Mail-Programm *Google Mail* an.

2005 – Google Maps und YouTube

Google Maps wurde 2005 veröffentlicht und wird seitdem kontinuierlich weiterentwickelt. Außerdem startete in dem Jahr das Videoportal *YouTube (www.youtube.com)*. Chad Hurley, Steve Chen und Jawed Karim, ehemalige PayPal-Mitarbeiter, gründeten das Unternehmen, auf dessen Website man sich Videos ansehen und hochladen kann. Eines der ersten Videos auf der Plattform soll von einem der Gründer, Jawed Karim, im April 2005 selbst eingestellt worden sein und zeigt ihn im Zoo. Im Jahr 2006 übernahm Google das Videoportal für 1,65 Mrd. US$.

2006 – digitales Gezwitscher

Der Kurznachrichtendienst *Twitter* (*twitter.com*), der in Fachkreisen zum *Microblogging* gezählt wird, wurde 2006 gegründet. Mehr zu sozialen Netzwerken lesen Sie in Kapitel 15, »Social Media Marketing«.

2007 – das iPhone auf dem deutschen Markt und Google Street View

Zur Erfindung das Jahres 2007 wurde das von Apple-Gründer Steve Jobs 2007 vorgestellte *iPhone* ernannt. Seit Ende 2018 ist die zweite Generation des iPhone X als neueste Version des Apple Smartphones erhältlich.

Google Maps wurde 2007 durch Street View erweitert und machte es möglich, sich in den USA auch Straßenansichten anzeigen zu lassen.

2008 – der Indexriese Google und sein Browser Chrome

Google hatte 2008 nach eigenen Angaben über eine Billion Dokumente in seinem Index erfasst. Im September des gleichen Jahres erschien der Browser *Google Chrome*.

19

2009 – Microsoft bringt Suchmaschine Bing heraus

Im Sommer 2009 machte Microsoft die Suchmaschine *Bing (www.bing.com)* der Öffentlichkeit zugänglich. Microsofts Ziel ist es, mit der Suchmaschine mit dem Marktführer Google zu konkurrieren. Betrachtet man die Marktanteile von Suchmaschinen, nimmt Bing den dritten Platz hinter Google und Yahoo ein. Im gleichen Jahr begannen Yahoo und Microsoft eine Kooperation, und seitdem setzt auch Yahoo die Suchmaschine Bing ein.

2010 – Google Street View in Deutschland und das iPad

In *Google Street View* gingen im Jahr 2010 Straßenfotos von mehreren deutschen Städten online. Kritisiert von Datenschützern, warf dies auch politische Diskussionen auf. Es gab daraufhin die Möglichkeit, gegen die Veröffentlichung von Bildern Einspruch einzulegen. Im Zuge dessen können die Aufnahmen unkenntlich gemacht werden.

Seit Frühjahr 2010 ist Apples *iPad* in Deutschland verfügbar. Der Tablet-Computer ähnelt einem vergrößerten iPhone und besitzt wie dieses einen Multitouch-Bildschirm. Das iPad macht insbesondere dem Kindle von Amazon Konkurrenz.

2011 – Google+ und das Google-Update Panda

Google startet ein eigenes soziales Netzwerk namens *Google+*, das mit *Search Plus Your World* auch eine enge Verzahnung zu den Suchergebnissen des Suchmaschinenriesen mit sich bringt. 2018 kündigte Google die Schließung seines sozialen Netzwerks an. Das Algorithmus-Update von Google namens Panda wertete Websites mit wenig relevanten Inhalten und schlechter Nutzererfahrung ab.

2012 – Google Glass und das Google-Update Penguin

Google Glass wird erstmals auf der Entwicklerkonferenz I/O vorgestellt und sorgt für Aufsehen. Der anschließende Vertrieb läuft eher schleppend an und dämpft die Erwartungen an eine neue Ära internetfähiger Gebrauchsgegenstände (*Wearables*). Mobilgeräte wie Smartphones und Tablets sind aber nach wie vor auf dem Vormarsch.

Mit dem Algorithmus-Update Penguin ergreift Google weitere Maßnahmen gegen Webspam, indem Websites, die über viele unnatürliche und minderwertige Backlinks verfügen, im Suchergebnis-Ranking abgestraft werden.

2013 – Google Hummingbird und PRISM

Das im Sommer 2013 von Google eingeführte Update Hummingbird (Kolibri) wurde von der Öffentlichkeit kaum wahrgenommen. Laut Google waren aber 90 % aller Suchanfragen davon betroffen. Mit Google Hummingbird unternahm Google einen entscheidenden Schritt in Richtung der semantischen Suche. Suchanfragen werden seitdem von Google sehr viel besser in ihrer Bedeutung statt als reine Abfolge von Keywords verstanden.

Ab der zweiten Jahreshälfte erschütterten die Enthüllungen von Edward Snowden über Überwachungsskandale der amerikanischen NSA die Welt und die Online-Branche. Unternehmen wie Google, Microsoft, Facebook, Yahoo, Apple und AOL sind am Abhörprogramm PRISM des amerikanischen Geheimdienstes beteiligt. Die Enthüllung war Anlass einer bis heute dauernden Debatte um Datenschutz im Internet, die auch das Online-Marketing seitdem begleitet.

2014 – Facebook, WhatsApp und die Apple Watch

Facebook kauft den Kurznachrichtendienst WhatsApp für 19 Mrd. US$. Nach mehreren Jahren Pause in puncto Produktentwicklung lancierte Apple im Herbst mit der Apple Watch einen internetbasierten Gebrauchsgegenstand, ein Wearable. Die Smartwatch verfügt über Sensoren zur Messung der Herzfrequenz und einen Lage- und Beschleunigungssensor zur Sammlung von Fitnessdaten.

2015 – Mobile überholt Desktop

Im Mai 2015 verkündete Google, dass in der Suchmaschine erstmals mehr Suchanfragen über Mobilgeräte als über stationäre Computer gestellt wurden. Die nächsten Jahre werden im Zeichen einer zunehmenden »Mobilisierung« des Internets stehen. Das Online-Marketing wird dieser Entwicklung Rechnung tragen müssen.

2016 – das Internet der Dinge (Internet of Things, IoT)

Immer mehr Menschen tragen Fitness-Tracker am Handgelenk und kauften den seit Oktober 2016 auf dem deutschen Markt erhältlichen Amazon Echo, einen sprachgesteuerten persönlichen Assistenten. Diese intelligenten Gegenstände sind Ausdruck des *Internets der Dinge*, das »die Verknüpfung eindeutig identifizierbarer physischer Objekte (things) mit einer virtuellen Repräsentation in einer Internet-ähnlichen Struktur« (Quelle: Wikipedia) beschreibt.

Ein Google-AdWords-Update (heute: Google Ads) bewirkt, dass Anzeigen am rechten Seitenrand in den Suchergebnissen verschwinden, dafür aber bis zu vier Anzeigen über den organischen Ergebnissen eingeblendet werden.

2017 – Gründung von Oath und der Mobile-First Index

Die Unternehmensgruppe Verizon gründet die Dachmarke Oath, die weltweit 50 Marken einschließt, unter anderem das ein Jahr zuvor für 4,8 Mrd. € übernommene Yahoo sowie HuffPost, Engadget, TechCrunch, Moviefone und Makers.

Bereits im November 2016 verkündete Google die Einführung des *Mobile-First Indexes*, der eines der Top-Gesprächsthemen in der Online-Marketing-Branche werden sollte. Dabei soll die mobile Version der Website für die Indexierung bewertet werden. Der Roll-out findet letztlich aber schrittweise statt. In diesem Zusammenhang erleben

19

auch die AMPs, die *Accelerated Mobile Pages*, einen Aufschwung: Damit ist im Prinzip eine reduzierte Website-Version gemeint, die auf Schnelligkeit und mobile Endgeräte ausgerichtet ist. Auch die sprachgesteuerte Suche, die sogenannte *Voice Search*, findet vermehrt Anklang.

2018 – Datenschutz und Einstellung der Marken Google AdWords und DoubleClick

Die erste Jahreshälfte 2018 stand ganz im Zeichen der Datenschutzthematik. So wurde bei Facebook bekannt, dass Daten in der Vergangenheit von Drittanbietern missbräuchlich genutzt wurden. Dazu musste Facebook-Chef Mark Zuckerberg höchstpersönlich vor dem US-Senat aussagen. Zum anderen trat am 25. Mai 2018 die *Datenschutz-Grundverordnung* (DSGVO) in Kraft, die erweiterte Datenschutzanforderungen enthält. Unternehmen und Website-Betreiber mussten sich darauf einstellen und entsprechende Maßnahmen ergreifen, um die Anforderungen zu erfüllen.

Im Juli 2018 wurde relativ überraschend die Marke Google AdWords eingestellt und das bekannte Anzeigenprogramm kurz in *Google Ads* umbenannt. Zudem wurde die *Google Marketing Platform* eingeführt, die mehrere Produkte zur Werbe- und Analyseoptimierung beinhaltet. Weiterhin wurde die Marke DoubleClick eingestellt und die zugehörige Adserver-Software in *Google Ad Manager* umbenannt.

> **Tipp: Die Wayback Machine**
>
> Wenn Sie sich die Entwicklung einzelner Websites über Jahre ansehen möchten, ist das Tool *Wayback Machine* empfehlenswert. Unter *https://web.archive.org* können Sie URLs eingeben und über einen rückwirkenden Kalender deren Ansicht im ausgewählten Jahr anzeigen lassen. Probieren Sie es einfach mal aus. Es ist erstaunlich, wie beispielsweise Google, Amazon, eBay und weitere populäre Unternehmen vor 20 Jahren aussahen.

Die verschiedenen Entwicklungsschritte der letzten Jahre haben den Bereich Online-Marketing auf verschiedenste Art und Weise geprägt. Analysieren Sie genau, welche Marketinginstrumente für Ihre Website sinnvoll eingesetzt werden können, um diese zum Erfolg zu führen, und seien Sie stets wachsam, welche weiteren Marketing-kanäle in Zukunft entstehen.

Wohin die weitere Reise geht, mag niemand vorauszusehen und bleibt abzuwarten. Im Gepäck für das Jahr 2018 befinden sich aber Themen wie der genannte Datenschutz (allen voran die Datenschutz-Grundverordnung, DSGVO), Blockchain, Virtual und Augmented Reality, um nur einige zu nennen. Weitere Zukunftsprognosen und Trends lesen Sie in Abschnitt 19.3.

Das Internet ist allgegenwärtig, und wenn wir uns einmal verdeutlichen möchten, was innerhalb von einer Minute im WWW passiert, ist Abbildung 19.2 besonders anschaulich.

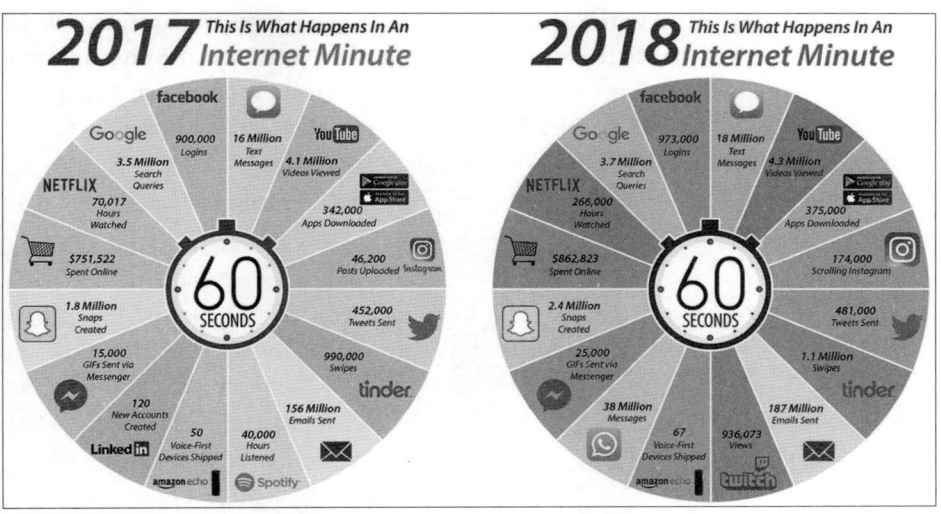

Abbildung 19.2 Was in einer Minute im Internet passiert (Quelle: www.allaccess.com/ merge/archive/28030/2018-update-what-happens-in-an-internet-minute)

19.2 Aktuelle Situation und Ausblick

Heutzutage sind – nach Angaben der ARD/ZDF-Onlinestudie (*www.ard-zdf-onlinestu-die.de*) – fast 90 % der Deutschen im Alter ab 14 Jahren im Netz. Damit hat sich das Internet über die letzten 20 Jahre zu einem Massenmedium entwickelt. In Abbildung 19.3 sehen Sie das rasante Wachstum im Zeitraum von 1997 bis 2017. Auch die Häufigkeit der Online-Nutzung nimmt stark zu, so dass inzwischen 72 % angeben, täglich im Internet zu sein.

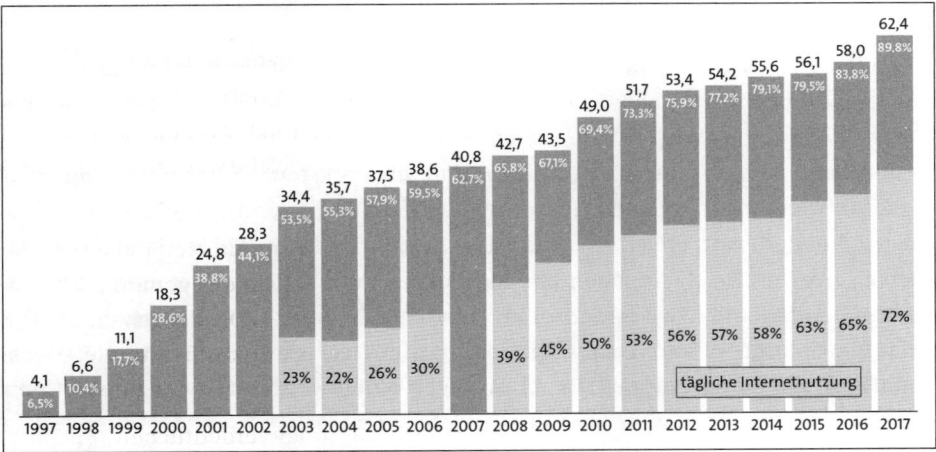

Abbildung 19.3 Entwicklung der Online-Nutzung (Quelle: ARD/ZDF-Onlinestudie)

Vor allem die mobile Internetnutzung ist in den letzten Jahren stark gewachsen. So nutzen täglich 30 % der deutschen Bevölkerung über 14 Jahren das Internet von unterwegs. Vor allem jüngere Personen sind dabei überdurchschnittlich häufig vertreten (siehe Abbildung 19.4). Dies ist natürlich mit der Verbreitung von Smartphones und der schnellen Mobilfunkversorgung verbunden.

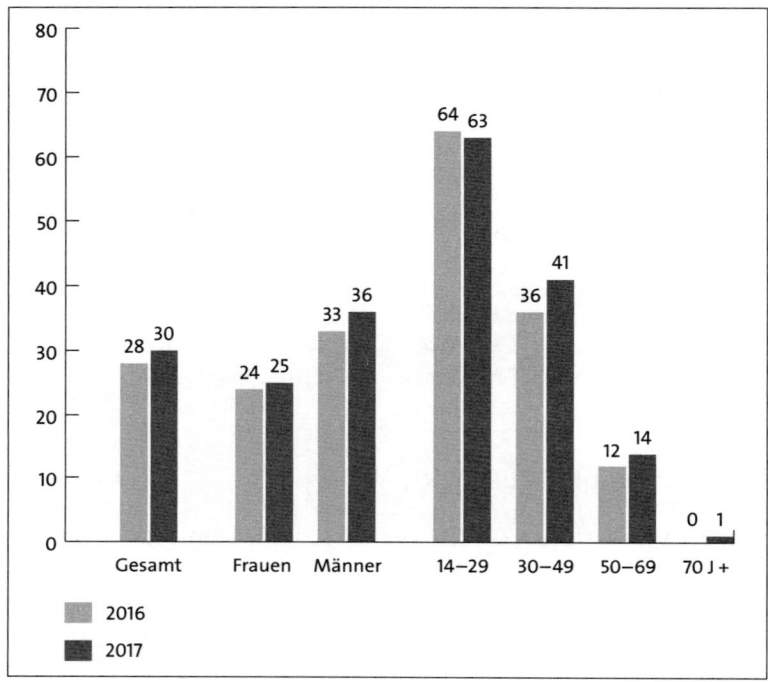

Abbildung 19.4 Tägliche Online-Nutzung unterwegs in Prozent (Quelle: ARD/ZDF-Onlinestudie)

Diese Zahlen sind der Grund für Millionen von Websites. Fast jedes Hotel, jeder Verein oder auch der Zahnarzt nebenan betreiben inzwischen eine Internetpräsenz. Auch die Internetwerbung legt dadurch drastisch zu. Nach der Nielsen-Verbraucherstudie für Deutschland ist das Internet das mit Abstand am stärksten wachsende Medium für Werbeaufwendungen weltweit. Ein recht klarer Trend ist ersichtlich: Während Online wächst, hat der Printbereich mit Verlusten zu kämpfen. Der Online-Handel (E-Commerce) erreichte nach Angaben des Bundesverbands E-Commerce und Versandhandel Deutschland (*www.bevh.org*) im Jahr 2017 58,4 Mrd. €. Die Prognose für 2018 beläuft sich auf 63,9 Mrd. € und zeigt damit die Wichtigkeit des Online-Vertriebskanals für alle Warengruppen. Experten sagen einen weiteren Anstieg des E-Commerce-Umsatzes auch für die kommenden Jahre voraus.

Im Folgenden wagen wir einen Blick in die Glaskugel und geben einen kurzen Ausblick auf die Zukunft.

19.3   Online-Marketing-Trends

In den vergangenen Jahren bekamen immer mehr Menschen Zugang zum Internet. Das liegt zum einen an dem technischen Fortschritt (z. B. Smartphones und Tablets), zum anderen an immer günstigeren Kosten, z. B. durch Internet-Flatrates oder frei verfügbare WLANs.

Nach Angaben der Internationalen Fernmeldeunion (ITU, *www.itu.int*) in Genf belief sich die weltweite Zahl der Internetnutzer 2017 auf etwa 3,6 Mrd. Menschen. Eine zunehmende Vernetzung ist spürbar. Unternehmen und öffentliche Einrichtungen bieten vermehrt ihre Dienste per Internet an. Das kann eine einfache Pizza-Bestellung sein, die Abgabe der Steuererklärung oder die Anmeldung zu einem Studiengang. Außerdem betreten immer wieder neue Unternehmen den Markt und versuchen, neue Geschäftsmodelle zu etablieren, die vollständig auf dem Internet und seinen Netzwerkeffekten basieren. Diese neuen Unternehmen bringen manchmal eine ganze Branche ins Wanken, wie folgende Beispiele zeigen.

Disruption oder: die digitale Revolution

Viele Unternehmen bieten heute ihre Produkte und Dienstleistungen auch im Internet an. Sie erschließen sich damit einen zusätzlichen Vertriebs- und Kommunikationskanal zur Vermarktung ihres vorhandenen Angebots. Das Geschäftsmodell bleibt dabei in den meisten Fällen unverändert.

Hiervon zu unterscheiden sind Unternehmen, die völlig neue internetbasierte Dienstleistungen und Produkte auf den Markt bringen, die das traditionelle Geschäftsmodell zerstören und klassische Wertschöpfungsketten auf den Kopf stellen. Im Extremfall kann dies zur Umwälzung einer ganzen Branche führen. Ein aktuelles Beispiel einer solchen auch als *Disruption* bezeichneten Veränderung des Geschäftsmodells einer Dienstleistung ist der Transportdienst Uber. Uber ist ein Online-Vermittlungsdienst zur Personenbeförderung und tritt damit in direkte Konkurrenz zu etablierten Taxi-Unternehmen. Auch Besitzer eines Privatwagens können ihre Dienste als Mietwagenfahrer anbieten. Über eine Smartphone-App oder die Website von Uber können Fahrer und Fahrgast sich miteinander verbinden. Uber kann damit auch als Beispiel für die sogenannte *Share Economy* verstanden werden. Da Fahrten mit Uber meist günstiger sind als die gewerblicher Taxi-Unternehmen, protestieren Taxifahrer in ganz Europa gegen Uber. Seitdem wurde der Dienst in vielen Ländern gesetzlich stark eingeschränkt.

Ein weiteres bekanntes Beispiel für disruptive Entwicklungen im Zuge der Digitalisierung ist der Wandel der Musikindustrie. Der digitale Vertrieb von Musik eröffnete Künstlern z. B. die Möglichkeit, ihre Werke ohne Plattenlabel zu veröffentlichen. Kunden müssen nicht komplette Alben kaufen, sondern können nur einzelne Lieder erwerben. Dienste wie Spotify oder Napster sorgen außerdem dafür, dass Musik heutzutage nicht in den physischen Besitz eines Käufers übergeht, sondern in Form eines Abonnements in großer Auswahl rund um die Uhr zur Verfügung steht.

Wie geht es also weiter? Selbstverständlich möchten wir uns nicht anmaßen, die Zukunft voraussagen zu können. Es bilden sich jedoch einige Tendenzen heraus, deren Erwähnung durchaus lohnenswert ist. Der Wirtschaftsexperte Philipp Kotler sieht insbesondere durch technische Neuerungen starke Veränderungen im Marketing. So sagt er in seinem Buch »Die neue Dimension des Marketings«: »In den vergangenen 60 Jahren hat sich Marketing vom Schwerpunkt auf dem Produkt (Marketing 1.0) zum Schwerpunkt auf dem Verbraucher (Marketing 2.0) hin entwickelt. Heute erleben wir, dass sich das Marketing erneut wandelt.« Im Fokus stünde nun der Mensch selbst. Die zunehmende Vernetzung und Transparenz, beispielsweise in sozialen Netzwerken, wirkt sich auf den Werbeeinsatz aus – was zählt, sind Authentizität und Konsumentenerfahrungen, so Kotler.

Nutzer können zunehmend Inhalte im Netz für alle sichtbar bewerten, sei es durch den GEFÄLLT MIR-Button von Facebook, die Sternebewertung bei Amazon oder »Hilfreich«-Angaben wie beispielsweise bei *gutefrage.net*. Auch Suchmaschinenergebnisse werden zunehmend personalisiert. So erkennt Google z. B. bei einer Suche nach »Restaurant«, dass ein Nutzer sich gerade in Berlin aufhält, und liefert passende Vorschläge basierend auf dem Standort inklusive der zugehörigen Nutzererfahrungen (siehe Abbildung 19.5).

Abbildung 19.5 Lokalisierte Google-Suchergebnisse

Auch der Shopping-Bereich wird zunehmend personalisiert. Große Internetunternehmen wie Amazon oder eBay arbeiten mit einer Vielzahl an Daten, um Kunden ein auf sie zugeschnittenes Angebot zu präsentieren. Andere Online-Shops setzen auf das Prinzip *Curated Shopping*. Hierbei werden Kunden – teils unterstützt durch Online-Daten, teils durch Community-Empfehlungen oder durch persönliche Beratung – individuell angesprochen und begleitet. Beispiele hierfür sind Shops wie Kisura (*www.kisura.de*, siehe Abbildung 19.6), Outfittery (*www.outfittery.de*), Modomoto (*www.modomoto.de*) oder das von Zalando im Mai 2015 gestartete Angebot Zalon (*www.zalon.de*).

Abbildung 19.6 Curated Shopping von Kisura

Viele Shops und Portale integrieren Kommentarfunktionen für Nutzer. So können zufriedene eBay-Kunden Erfahrungen mit dem Verkäufer mitteilen, bei Amazon können Buchrezensionen hinterlassen werden, bei Chefkoch Rezepte per Kommentar bewertet werden. Auch auf der Facebook-Seite eines Unternehmens können Kommentare und Bewertungen hinterlassen werden.

Um 12 % sollen die Werbeausgaben für den Online-Bereich jährlich in den USA ansteigen, so lautet eine Vorhersage des Marktforschungsinstituts Forrester. Die größten Wachstumsraten entfallen dabei auf den Bereich Social Media Marketing (+18 %) und Display-Werbung (+13 %). Den größten Anteil macht aber weiterhin das Suchmaschinenmarketing aus (siehe Abbildung 19.7).

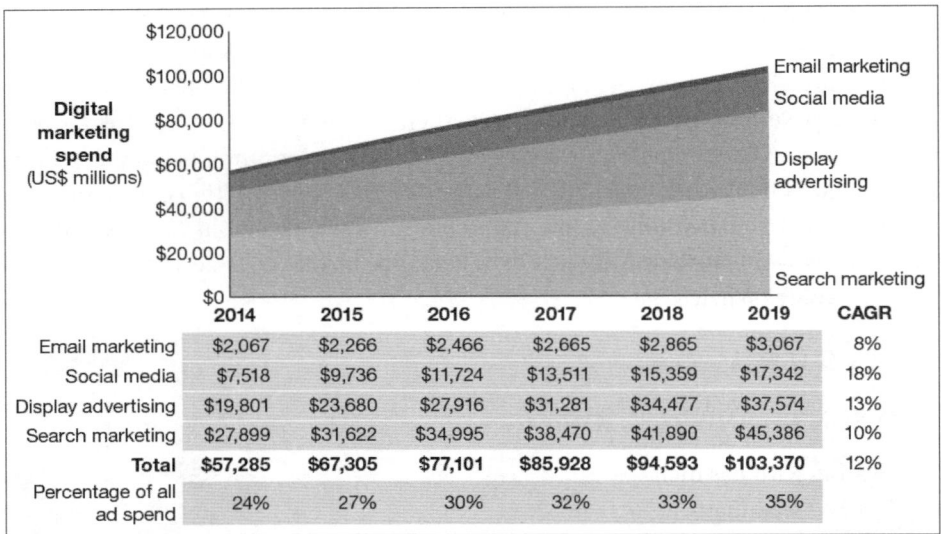

	2014	2015	2016	2017	2018	2019	CAGR
Email marketing	$2,067	$2,266	$2,466	$2,665	$2,865	$3,067	8%
Social media	$7,518	$9,736	$11,724	$13,511	$15,359	$17,342	18%
Display advertising	$19,801	$23,680	$27,916	$31,281	$34,477	$37,574	13%
Search marketing	$27,899	$31,622	$34,995	$38,470	$41,890	$45,386	10%
Total	**$57,285**	**$67,305**	**$77,101**	**$85,928**	**$94,593**	**$103,370**	12%
Percentage of all ad spend	24%	27%	30%	32%	33%	35%	

Abbildung 19.7 Digitale Werbeausgaben in Mio. US$ von 2014 bis 2019 (nach Forrester US Digital Marketing Forecast, nur für den Vorreitermarkt USA)

Im Mai 2015 vermeldete Google erstmals, dass mehr Suchanfragen bei Google über Mobilgeräte gestellt wurden als über stationäre Geräte. Nachdem sich die Internetnutzung in den letzten Jahren in vielen Bereichen neben Offline-Medien etabliert hat, steht nun die Verschiebung der Internetnutzung von Desktop-Computern hin zu Smartphones und Tablets bevor. Parallel zu dieser Entwicklung hat sich die Online-Werbung gegenüber anderen Marketingkanälen durchgesetzt und wird in den kommenden Jahren zunehmend auch auf Mobilgeräten einen stärkeren Stellenwert erhalten. Aber wie sieht es innerhalb der einzelnen digitalen Marketingbereiche aus? Welche Trends werden in den nächsten Jahren in den einzelnen Disziplinen prägend sein?

- ▶ **Suchmaschinenoptimierung (SEO)**: Verschiedene Google-Updates haben dazu beigetragen, dass sich die SEO-Arbeit zunehmend auf die Qualität von Websites und *User Satisfaction* (Nutzerzufriedenheit) fokussiert. Insbesondere die Benutzerfreundlichkeit – inklusive Ladezeiten – von Websites auf Mobilgeräten wird immer wichtiger und ist nun offizieller Ranking-Faktor im Google-Algorithmus. Daher sind Kennzahlen wie Verweildauer und Absprungraten stärker zu beachten. Suchmaschinen verstehen darüber hinaus immer besser die Bedeutung von Inhalten. Unterstützen Sie diese Fähigkeit, indem Sie strukturierte Daten auf Ihrer Website ergänzen.

- ▶ **Suchmaschinenmarketing (SEM)**: Durch verschiedenste Ergänzungen und Weiterentwicklungen von Suchmaschinen, insbesondere von Google, wird das Suchmaschinenmarketing zunehmend komplexer. Suchanzeigen werden zunehmend nicht mehr auf Basis von Keywords ausgespielt, sondern automatisiert generiert (wie schon heute Google Shopping oder dynamische Suchanzeigen). Für das zukünftige Kampagnenmanagement werden daher auch technische Kenntnisse und Fähigkeiten wichtiger. Neue Möglichkeiten, Anzeigen noch spezifischer auszusteuern, werden entwickelt werden. Google wird zudem mit der Darstellung und Platzierung von Anzeigen experimentieren, um sein Geschäftsmodell weiter zu optimieren. Das Unternehmen wird außerdem weiter Initiativen ergreifen, den Anteil seiner Suchanzeigen auf Mobilgeräten zu erhöhen.

▶ **E-Commerce**: Inzwischen sind im Online-Bereich nahezu jegliche Produkte zu beziehen: Von Arzneimitteln über Bekleidung, Dienstleistungen, Reisen bis zu Lebensmitteln ist die Bandbreite riesig. Digitale Güter wie E-Books und Musikdateien werden weiter zunehmen. In einzelnen Bereichen werden disruptive Entwicklungen neue Märkte entstehen und alte verschwinden lassen. Wie schon erwähnt, wird das digitale Shopping-Erlebnis personalisierter, sozialer und mobiler. Darüber hinaus greifen Online- und Offline-Aktivitäten zunehmend stärker ineinander und ergänzen sich in einem integrierten *Omni-Channel-Marketing*.

▶ **Web-Analytics**: Mithilfe verbesserter Datenanalysen lassen sich genaue Nutzerprofile erstellen, die einer zielgerichteten Kundenansprache dienen. Werbetreibende können auf Grundlage dessen die einzelnen Werbekanäle entsprechend ausbauen und optimieren. Marketingkampagnen können durch komplexe Klickketten- und Multi-Channel-Analysen in Zukunft noch effizienter bewertet und optimiert werden. In den nächsten Jahren wird es zudem immer stärker um die Integration verschiedener Datenquellen (Web-Analytics, Newsletter-Tool, ERP etc.), Anwendungsumgebungen (Website, App, Ladengeschäft etc.) und Geräte gehen. Jeder Berührungspunkt eines Kunden mit einer Marke soll dann in einem ganzheitlichen Modell innerhalb einer Business-Analytics-Lösung dargestellt werden können.

▶ **Conversion-Optimierung (CRO)**: Die CRO ist aktuell noch ein junger Bereich, gewinnt jedoch zunehmend an Bedeutung. Immer mehr Unternehmen und Website-Betreiber beschäftigen sich damit, ihre Seiten hinsichtlich einer verbesserten Konversionsrate zu optimieren. Zu Recht! In den nächsten Jahren wird vor allem das Testen von Websites wichtiger werden.

▶ **Display-Marketing**: Das Display-Marketing stellt den zweitgrößten digitalen Marketingkanal dar. Besonders Google hat dem Bereich Display-Marketing mehr Aufmerksamkeit geschenkt und viele Neuerungen zur Verfügung gestellt. Hier ist insbesondere ein zielgerichtetes, auf den Nutzer abgestimmtes Targeting (z. B. in Form von Retargeting oder Social Targeting) von großer Wichtigkeit. Für Werbetreibende kommt dem Thema Real-Time-Bidding, wobei in Echtzeit Bannerwerbeplätze ausgewählt und budgetiert werden, eine größere Bedeutung zu. Insgesamt wird die Automatisierung des Anzeigenhandels – auch bekannt als *Programmatic (Media) Buying* – weiter voranschreiten.

19

▶ **E-Mail-Marketing**: Im E-Mail-Marketing sind keine größeren technischen Entwicklungen zu erwarten. Mit 8 % ist die prognostizierte Wachstumsrate hier eher gering (wie Sie in Abbildung 19.7 sehen). Trotzdem wird in verschiedenen Prognosen davon ausgegangen, dass das E-Mail-Marketing noch intensiver genutzt werden wird – gegebenenfalls in Kombination mit anderen Werbemaßnahmen, wie z. B. Social Media Marketing. Die Herausforderungen für die Zukunft bestehen im optimalen Targeting auf die Empfängergruppe und in der Spam-Abwehr.

▶ **Social Media Marketing**: Viele Unternehmen sehen im Bereich Social Media einen Marketingkanal, den sie zukünftig verstärkt nutzen werden. Facebook, Twitter, Instagram und Co. etablieren sich damit als eine Möglichkeit, direkt mit potenziellen Kunden in Kontakt zu treten. Darüber hinaus können aktuelle Beiträge z. B. von Twitter auch innerhalb der Suchmaschinenergebnisse in Echtzeit angezeigt werden. Man kann davon ausgehen, dass erfolgreiche und große Social-Media-Plattformen in den nächsten Jahren ihre Werbemöglichkeiten stark ausbauen werden. Für Unternehmen wird es zukünftig schwieriger werden, ohne zusätzliche Werbebudgets in Social-Media-Kanälen auf sich aufmerksam zu machen. Es empfiehlt sich daher, zu verfolgen, wie sich die Werbemöglichkeiten bei großen Social-Media-Portalen wie Facebook oder Twitter entwickeln. Weitere Netzwerke wie Instagram, Snapchat und Pinterest lassen die Marktentwicklung dynamisch bleiben.

▶ **Video-Marketing**: Der Konsum bewegter Bilder wird sich in Zukunft weiter vom klassischen Fernsehen ins Internet verlagern. Videoportale wie YouTube gewinnen stark an Zulauf, was sie für Werbetreibende interessant macht. Insbesondere auf Mobilgeräten werden vermehrt Online-Videos geschaut. YouTube bietet bereits heute eine Reihe an Möglichkeiten, auf eigene Videos und das eigene Angebot aufmerksam zu machen. Auch können Sie Ihre Videos als Werbeumfeld für andere Werbetreibende zur Verfügung stellen. Es ist davon auszugehen, dass es in den nächsten Jahren eine Vielzahl neuer Möglichkeiten im Video-Marketing geben wird. Wir empfehlen Ihnen, in diesem Bereich auf dem Laufenden zu bleiben, da Video-Marketing eine der größten Wachstumsdisziplinen im Online-Marketing ist.

▶ **Mobile Marketing**: Wie die Prognosen verdeutlichen, zählt das Mobile Marketing zu den Bereichen, die tendenziell den größten Anstieg verzeichnen werden. In Deutschland liegt die durchschnittliche jährliche Zuwachsrate bei 30 %. Es werden verstärkt mobile und responsive Websites sowie Apps von Unternehmen entwickelt werden, um Kunden auch mobil bedienen zu können. Mobile Werbeanzeigen werden sich genauso etablieren, wie sie auch auf normalen Websites eingesetzt werden. Hier sind schon in den letzten Jahren eine Vielzahl neuer Werbeformate entstanden, die nun auch automatisiert an verschiedene Endgeräte und Displaygrößen angepasst werden. Zusätzlich kommen lokale Anzeigen, z. B.

in Google Maps, die auf den Standort des Kunden abgestimmt sind. Nutzerge-
wohnheiten werden sich durch den vielfältigen Einsatz von Smartphones und
Tablets weiter verändern.

Neben der personalisierten Nutzeransprache wird auch das Thema Datenschutz weiterhin wichtig bleiben. Nutzerinformationen sind zum einen für Werbetreibende
unabdingbar, zum anderen stehen Unternehmen wie Google oder Facebook als
»Datenkraken« weiterhin in der Kritik. Benutzer sollten unbedingt darauf achten,
welche Daten sie von sich preisgeben, um nicht zum gläsernen Kunden zu mutieren.
Es wird sich zudem zeigen, wie gefährlich Facebook für den Suchmaschinenriesen
Google wird.

Auch die Übergänge zwischen Online- und Offline-Medien verschmelzen zunehmend. Um sich die beschriebenen Entwicklungen bewusst zu machen, noch ein
abschließender Tipp: Schauen Sie doch mal einen alten James-Bond-Film an. Sie werden schmunzeln, wenn der Agent – anstatt sein Super-Smartphone zu zücken – in
einer Telefonzelle verschwindet. Wer weiß, über welche Errungenschaften wir oder
unsere Kinder demnächst schmunzeln werden. Was sich sicher sagen lässt: *Es bleibt
in jedem Fall spannend.*

19

Anhang A
Weiterführende Informationen

»Wissen ist Macht.«
— Francis Bacon

Da wir in diesem Buch, wie schon eingangs beschrieben, nicht auf alle Themengebiete und Details tiefer eingehen können, haben wir Ihnen in diesem Anhang weitere Informationsquellen zusammengestellt. Es gibt eine Vielzahl von gedruckter Literatur zum Thema Online-Marketing. Wir haben Ihnen im Folgenden jedoch lediglich die Sahnehäubchen herausgesucht, bei denen sich ein tieferer Blick wirklich lohnt. Gerade dieses dynamische Feld ändert sich sehr rasant, wodurch Bücher zum Teil schnell überholt sind. Bei der rasanten Entwicklung im Internetmarketing ist es daher das A und O, konsequent am Ball zu bleiben. Unser Tipp: Abonnieren Sie Newsletter und RSS-Feeds von diesen Seiten. Mit Feedreadern wie z. B. Feedly (*feedly.com*) behalten Sie so den Überblick. Zudem finden Sie eine Auswahl an lohnenswerten Veranstaltungen. Viele Werkzeuge für die Arbeit mit Ihrer Website finden Sie in den hilfreichen Tools, die wir Ihnen im letzten Abschnitt empfehlen.

A.1 Literatur

Sie haben noch Platz im Buchregal? Dann geben wir Ihnen einige Literaturempfehlungen an die Hand, mit denen Sie sich bei Bedarf tiefer in einzelne Thematiken einlesen können. Gerade auf diesem Gebiet gibt es sehr gute, teils englischsprachige Fachliteratur, die wir Ihnen nicht vorenthalten möchten. Wir listen Ihnen im Folgenden nur einige wenige, aber exzellente Bücher und Publikationen von Experten innerhalb der Branche auf. Ein Blick in die Bücher und Magazine lohnt sich auf jeden Fall, wenn Sie sich näher mit dem Thema beschäftigen möchten.

Sie sind zum aktuellen Zeitpunkt erhältlich bzw. online – aber der Markt verändert sich schnell, und das gilt auch für die dazugehörige Literatur. Halten Sie daher die Augen offen, und informieren Sie sich immer mal wieder eigenständig über neue Publikationen.

▶ **Anderson, Chris: Makers. Das Internet der Dinge: die nächste industrielle Revolution, München 2017**

Bestseller-Autor Chris Anderson beschreibt in diesem Buch die Möglichkeiten der Digitalisierung für die dezentrale Produktentwicklung. Der Titel »Das Internet der

Dinge« ist etwas irreführend, da im Buch weniger die Vernetzung klassischer Alltagsgegenstände thematisiert wird. Stattdessen erläutert Anderson, wie heute durch die digitalen Möglichkeiten jeder zum Produktentwickler werden kann.

► **Anderson, Chris: The Long Tail. Nischenprodukte statt Massenmarkt, München 2009**

Das Buch »The Long Tail« ist ein Klassiker und die Basis der Long-Tail-Theorie im Suchmaschinenmarketing. Es beschreibt die Nachfragesituation eines Marktes und wie sie im Internet effektiv genutzt werden kann. Die Grundaussage: Durch das breite Angebot von vielen, gering nachgefragten Produkten können mehr Umsätze erzeugt werden als mit wenigen, aber dafür sehr stark nachgefragten Produkten (Topsellern).

► **Ash, Tim: Landing Pages – Optimieren, Testen, Conversions generieren, 2. Aufl., Heidelberg 2013**

Tim Ash, in Fachkreisen auch als »Franz Beckenbauer der Conversion-Optimierung« bezeichnet, reiht sich mit seinem Werk ebenfalls in die Gruppe der Autoren exzellenter Fachliteratur ein. Mit einer Vielzahl von Beispielen gespickt, beschreibt er von der Landing-Page-Erstellung über die Optimierung und das Testen umfassend, was Sie auf dem Gebiet beachten sollten.

► **Beilharz, Felix & Expertenteam: Der Online-Marketing-Manager: Handbuch für die Praxis, Heidelberg 2017**

Felix Beilharz, Nils Kattau, Karl Kratz, Olaf Kopp und viele andere ausgewiesene Online-Marketingexperten gehen in diesem Werk auf die wichtigsten Disziplinen des digitalen Marketings ein und liefern zahlreiche Tipps für die tägliche Arbeitspraxis.

► **Bundesverband Digitale Wirtschaft (BVDW): Social Media Kompass 2017/2018, Düsseldorf 2017**

Der »Social Media Kompass« bietet Ihnen eine gute Orientierung im Dschungel der sozialen Medien. Die Lektüre richtet sich eher an professionelle Anwender, kann aber durchaus hilfreich sein, wenn Sie tiefer in das Thema Social Media einsteigen möchten.

► **Bundesverband Digitale Wirtschaft (BVDW): Programmatic Advertising Kompass 2017/2018, Düsseldorf 2014**

Der »Programmatic Advertising Kompass« verschafft einen Überblick über den aktuellen Stand programmatischer Werbung und ist ein guter Einstieg in dieses komplexe Thema. Die Publikation des BVDW richtet sich eher an professionelle Anwender, kann aber empfohlen werden, wenn Sie sich das Thema systematisch neu aneignen möchten oder Programmatic Advertising in Ihre digitale Marketingstrategie integrieren wollen.

▶ Eisenberg, Bryan; Eisenberg, Jeffrey: Be Like Amazon:
Even a Lemonade Stand Can Do It, Austin, Texas 2017

Die Autoren gelten als hochkarätige Experten auf dem Gebiet der Conversion-Rate-Optimierung (CRO) und geben in ihrem neuesten Buch Tipps, wie Sie den Kunden ins Zentrum Ihres Geschäftsmodells rücken können und sich dabei am prominenten Beispiel Amazon orientieren – eine Inspirationsquelle für jeden, der online langfristig Geld verdienen möchte.

▶ Enge, Eric; Spencer, Stephan; Stricchiola, Jessie C.: The Art of SEO.
Mastering Search Engine Optimization, 3. Aufl., Sebastopol 2015

Eine Buchempfehlung aus dem amerikanischen Raum ist das im Jahr 2012 auch ins Deutsche übersetzte Werk »The Art of SEO«. Die dritte Auflage wurde allerdings nicht mehr ins Deutsche übertragen. Die drei praxiserfahrenen Autoren beschäftigen sich in dem Buch eingehend mit der Suchmaschinenoptimierung – sowohl mit strategischen als auch mit operativen Fragestellungen. Auch die Frage, wie man das Thema SEO in einem Unternehmen aufbaut, wird von vielen Seiten beleuchtet.

▶ Erlhofer, Sebastian: Suchmaschinen-Optimierung.
Das umfassende Handbuch, 9. Aufl., Bonn 2018

Dieses Buch ist inzwischen in der neunten Auflage erschienen und behandelt vor allem die technischen Aspekte der Suchmaschinenoptimierung. So werden Webentwicklern Anleitungen sowohl für die optimale Seitengestaltung gegeben als auch für die Ranking-Optimierung von Websites.

▶ Google Inc.: Einführung in die Suchmaschinenoptimierung,
Mountain View 2018

Auch Google selbst liefert Literatur zur Suchmaschinenoptimierung. Unter *support.google.com/webmasters/answer/7451184?hl=de* werden die wichtigsten SEO-Ratschläge aus Google-Sicht beschrieben. Nicht zuletzt verschafft sich Google mit den Hinweisen zur Suchmaschinenoptimierung auch besser durchsuchbare Websites und lenkt damit die Programmierung von Webseiten in die gewünschte Richtung.

▶ Grabs, Anne; Bannour, Karim-Patrick; Vogl, Elisabeth: Follow me! Erfolgreiches Social Media Marketing mit Facebook, Instagram, Pinterest und Co., 5. Aufl., Bonn 2019

Dieses in der fünften Auflage erschienene praxisorientierte Buch bietet mit vielen anschaulichen Erklärungen und Beispielen aus der Schweiz, Österreich und Deutschland hilfreiche Tipps von der Planung bis zum Monitoring von Social-Media-Aktivitäten.

- **Halvorson, Kristina; Rach, Melissa: Content Strategy for the Web, 2. Aufl., Berkeley 2012**

  Leider nur in englischer Sprache erschienen ist dieser Klassiker von Kristina Halvorson zu Content-Marketing in der digitalen Welt. Wärmstens empfohlen sei auch das Blog von Halvorson, das Sie unter *braintraffic.com/blog* erreichen.

- **Henning, Christine; Unger, Hendrik; Unger, Anne: Play! Das Handbuch für YouTuber, Bonn 2016**

  Das Handbuch für YouTuber sammelt die wichtigsten Informationen, um Ideen erfolgreich auf YouTube zu vermarkten. Mit Tipps zur Ideenfindung, zur Ausrüstung oder zur Erhöhung der Sichtbarkeit bei YouTube und Anleitungen zum Einrichten des eigenen Kanals. Das Buch zeigt zudem Beispiele aus Themenwelten wie Comedy, Sport, Musik, Kosmetik, Mode, Kochen, Reisen, Politik und Games.

- **Jacobsen, Jens: Website-Konzeption: Erfolgreiche Websites planen, umsetzen und betreiben, 8. Aufl., Heidelberg 2017**

  Das bereits in achter Auflage erschienene Buch bietet einen guten Überblick über den Prozess der Website-Planung, -Gestaltung und -Umsetzung. Hierbei geht der Autor auch auf Usability-Tests ein und gibt hilfreiche Tipps für Betreiber von Online-Shops.

- **Jahnke, Marlis (Hg.): Influencer Marketing: Für Unternehmen und Influencer: Strategien, Plattformen, Instrumente, rechtlicher Rahmen, Wiesbaden 2018**

  Sie erfahren in dieser Publikation, wie Sie Influencer erfolgreich in Ihre Marketingstrategie einbeziehen können. Neben strategischen Hilfestellungen enthält das Buch auch Erfahrungsberichte und strukturierte Fallbeispiele aus verschiedenen Branchen.

- **Kaushik, Avinash: Web Analytics 2.0. The Art of Online Accountability and Science of Customer Centricity, Indianapolis 2013**

  Der Klassiker des Analytics-Experten ist immer noch aktuell und beschäftigt sich unter anderem mit Analysemethoden, die sich auf jüngere Bereiche wie Social Media und komplexes Kampagnen-Tracking beziehen. Der Autor beschränkt sich dabei nicht auf Google Analytics, sondern gibt allgemein anwendbare Empfehlungen. Ein Standardwerk!

- **Kollewe, Tobias; Keukert, Michael: Praxiswissen E-Commerce. Das Handbuch für den erfolgreichen Online-Shop, Köln 2016**

  Wenn Sie einen Online-Shop betreiben, könnte dieses Buch etwas für Sie sein. Es beleuchtet viele Fragen rund um das Thema E-Commerce, indem es die einzelnen Phasen von der Planung über die Bewirtschaftung und Optimierung bis hin zur Bewerbung eines Online-Shops unter die Lupe nimmt.

▶ **Kotler, Philip; Kartajaya, Hermawan; Setiawan, Iwan: Marketing 4.0: Der Leitfaden für das Marketing der Zukunft, Frankfurt a. M. 2017**

Kotler beschreibt als einer der führenden Marketingexperten weltweit, wie sich Marketing im Zeitalter der Digitalisierung verändert hat, welche neuen Herausforderungen und Chancen sich ergeben haben und wie man ihnen begegnen kann.

▶ **Kreutzer, Ralf T.: Social-Media-Marketing kompakt: Ausgestalten, Plattformen finden, messen, organisatorisch verankern, Wiesbaden 2018**

Das Buch beschreibt Social-Media-Marketing als wesentlichen Bestandteil unternehmerischer Online-Kommunikation. Welche Ziele lassen sich heute mit Social-Media-Marketing erreichen? Wie unterscheiden sich die Möglichkeiten der verschiedenen Plattformen? Wie misst man den Erfolg einer Social-Media-Kampagne? Was sind die relevanten KPIs? Das Werk beantwortet alle zentralen Fragen zum Social-Media-Marketing kompetent.

▶ **Krug, Steve: Don't make me think! Web & Mobile Usability: Das intuitive Web, 3. Aufl., Heidelberg 2014**

Obwohl schon ein wenig in die Jahre gekommen, ist dieser Klassiker unbedingt lesenswert. Ohne zu viel Fachjargon beschreibt Krug sehr verständlich, worauf es bei guter Usability von Websites ankommt. Durch viele anschauliche Beispiele werden die einzelnen Aspekte nachvollziehbar und schlüssig erklärt. Zudem ist auch eine Anleitung für die Durchführung von Nutzertests zu finden.

▶ **Lammenett, Erwin: Praxiswissen Online-Marketing: Affiliate- und E-Mail-Marketing, Suchmaschinenmarketing, Online-Werbung, Social Media, Facebook-Werbung, 6. Aufl., Wiesbaden 2017**

Dieses Buch bietet einen guten Rundumblick zum Thema Online-Marketing. Der Autor ergänzt die theoretischen Erklärungen durch praktische Beispiele und stellt die Thematik so auch für Einsteiger anschaulich dar.

▶ **Lennarz, Hendrik: Growth Hacking mit Strategie: Wie erfolgreiche Startups und Unternehmen mit Growth Hacking ihr Wachstum beschleunigen, Wiesbaden 2017**

Ausführliches Buch zu Best Practices bei der Einführung von Growth-Hacking-Umgebungen und -Strategien aus unzähligen Projekten in Start-ups, KMUs und großen Unternehmen. Das Buch bespricht die Organisation agiler Teams, die Entwicklung von Killerfeatures sowie die Neukundengewinnung oder das Bestandskundenwachstum mittels Growth Marketing. Lennarz vermittelt tiefe und authentische Einblicke in den Alltag eines Growth Hackers mit 50-köpfigem Team.

▶ **Löffler, Miriam: Think Content! Content-Strategie, Content-Marketing, Texten fürs Web, Bonn 2014**

»Content« ist eines der Online-Marketing-Schlagwörter der letzten Jahre. Die Autorin hat mit diesem Buch das Standardwerk zum Thema verfasst. Alle Schritte von der Strategie über die Erstellung bis hin zur Erfolgsauswertung von Content-Maßnahmen werden detailliert und praxisnah beschrieben.

▶ **Nielsen, Jakob; Loranger, Hoa: Web Usability, München 2008**

Zusammen mit der Usability-Expertin Hoa Loranger verdeutlicht Jakob Nielsen in diesem Standardwerk, welche Aspekte der Web Usability zu berücksichtigen sind, und untermauert dies mit Ergebnissen aus einer Vielzahl von Nutzertests. Immer noch inspirierend – wenngleich nun bereits ein etwas verstaubter Klassiker. Unter *www.nngroup.com* finden Sie aktuelle Artikel zum Thema Usability der Nielsen Norman Group.

▶ **Pein, Vivian: Der Social Media Manager: Das Handbuch für Ausbildung und Beruf. Der offizielle Ausbildungsbegleiter des DVCM, 3. Aufl., Bonn 2018**

In dieser aktuellen Veröffentlichung finden angehende Social-Media-Manager alles, was sie zur Ausübung ihrer Tätigkeit benötigen. Von strategischen über operative bis hin zu rechtlichen Fragen wird hier ein umfassender Überblick des Berufsbildes geliefert.

▶ **Pelzer, Guido; Sommeregger, Thomas; Linnenbrink, Ricarda: Google AdWords. Das umfassende Handbuch, 2. Aufl., Bonn 2018**

Dieses umfangreiche Handbuch zu Google AdWords behandelt bereits in zweiter Auflage sämtliche Aspekte des Themas und kann als Begleiter bei der Konzeption der eigenen Kampagnen ebenso genutzt werden wie als Nachschlagewerk.

▶ **Reiss, Eric: Die zehn Usability-Gebote. Wie man Webseiten besser macht, Weinheim 2014**

Plakativ, aber unbeirrbar macht Eric Reiss in diesem Werk auf die Todsünden der Usability aufmerksam. Ein kurzweiliger, aber kenntnisreicher Streifzug durch die Chancen und Gefahren userfreundlicher Webseiten.

▶ **Rieber, Daniel: Mobile Marketing. Grundlage, Strategien, Instrumente, Wiesbaden 2017**

Fundiert und pragmatisch führt Ingo Kamps in die Herausforderungen und den aktuellen Stand des Mobile Marketings ein. Er geht dabei sowohl auf mobile Websites und responsives Design als auch auf die Konzeption und Vermarktung mobiler Apps ein. Wer einen schnellen Überblick über die aktuellen Möglichkeiten des Mobile Marketings erhalten möchte, ist hier richtig.

▶ **Scharnhorst, Ralf: Programmatic Advertising, Hamburg 2017**

Einen unkomplizierten Einstieg in ein komplexes Thema bietet Ralf Scharnhorst mit seiner kurzen Publikation. Wenn Sie sich in aller Kürze und dennoch fundiert über programmatische Werbung informieren möchten, sind Sie hier goldrichtig.

▶ **Schindler, Marie-Christine; Liller, Tapio: PR im Social Web, 3. Aufl., Köln 2014**

Dieses Werk zeigt auf, wie sich die klassische Public-Relations-Arbeit mit dem Aufstieg der sozialen Medien verändert hat und welche Konsequenzen dies für die tägliche Arbeit von Unternehmen hat. Die Autoren erläutern anhand zahlreicher Fallstudien, wie Sie Social Media für Ihre eigene Kommunikationsarbeit nutzen können, und geben praktische Tipps und Checklisten mit auf den Weg.

▶ **Schlömer, Britta: Inbound! Das Handbuch für modernes Marketing, Bonn 2018**

Wie Sie mithilfe komplexer Marketingtechnologien kanalübergreifende Kampagnen aufsetzen können, erklärt Ihnen Britta Schlömer in diesem Buch fundiert und praxisnah. Von der Entwicklung von Personas bis zur Auswahl der richtigen Software kommen die wichtigsten Aspekte des Themas zur Sprache.

▶ **Schmidt, Eric; Rosenberg, Jonathan: Wie Google tickt, Frankfurt am Main 2015**

Der langjährige Google-CEO Eric Schmidt legt mit diesem Werk die Geschichte eines der erfolgreichsten Internetunternehmen weltweit vor. Für die tägliche Arbeit am eigenen Online-Marketing taugt dieses Buch nichts. Für Gründer und Unternehmer, die über Strategien, Innovationen und Unternehmenskulturen nachdenken, ist es dafür eine umso reichhaltigere Inspirationsquelle.

▶ **Solmecke, Christian; Kocatepe, Sibel: DSGVO für Website-Betreiber: Ihr Leitfaden für die sichere Umsetzung der EU-Datenschutzverordnung, 2. Aufl., Bonn 2018**

Die am 25. Mai 2018 in Kraft getretene Datenschutz-Grundverordnung (DSGVO) wird hier von Rechtsanwalt Christian Solmecke und Juristin Sibel Kocatepe ausführlich und gut verständlich erklärt. Die Autoren zeigen konkrete Maßnahmen zur direkten Umsetzung auf. Schritt für Schritt erläutern sie, wie Website-Betreiber ihre Auftritte rechtskonform gestalten. Das Buch enthält außerdem Muster-Datenschutzerklärungen.

▶ **Vollmert, Markus; Lück, Heike: Google Analytics: Das umfassende Handbuch, 3. Aufl., Bonn 2018**

Dieses Handbuch ist ein aktuelles Kompendium und Nachschlagewerk zum Thema. Von der Einrichtung und Konzeption über die Auswertung der Daten inklusive Berichterstellung bis hin zur Integration weiterer Datenquellen liefert es auf (fast) jede Google-Analytics-Frage eine Antwort.

▶ **Website Boosting: SEO, SEA, E-Commerce, Usability, Szene, Tipps & Tools, Würzburg**

Dieses alle zwei Monate erscheinende Magazin ist mit einer Auflage von 20.000 Printexemplaren im deutschen Sprachraum die mit Abstand bekannteste Fachzeitschrift. Das Team um Mario Fischer und Kai Neugebauer versteht es, die wichtigsten fachlichen Entwicklungen rund ums Thema Online-Marketing aufzugreifen, und hält über die wichtigsten Veranstaltungen der Branche auf dem Laufenden.

A.2   Veranstaltungstipps zum Online-Marketing

In den letzten Jahren haben sich einige Messen, Seminare und Treffen zum Thema Online-Marketing etabliert. In einigen Städten finden regelmäßige Stammtische zu den Themenbereichen statt. Außerdem können Sie in Portalen wie XING und Linked-In an Diskussionen zu Spezialthemen teilnehmen. Auf der *meetup.com* finden sich gleichgesinnte Fachspezialisten unkompliziert zu diversen Themen zusammen. Natürlich tummeln sich viele Fachleute auch auf Messen, Seminaren und weiteren Treffen. Wo sich ein Besuch lohnt, lesen Sie im Folgenden:

- **dmexco** (*www.dmexco.de*)

  Die dmexco (Digital Marketing Exposition and Conference) findet alljährlich in Köln statt. Sie hat sich zur Leitmesse der Online-Marketing-Szene etabliert und kombiniert Messe, Konferenz und Ausstellung an zwei Tagen.

- **InternetWorld Expo** (*www.internetworld-expo.de*)

  In München findet alljährlich die Internetfachmesse statt. Mit Fokus auf das Thema E-Commerce präsentieren sich Aussteller im Messebereich. Der begleitende Kongress greift das Thema in Vorträgen und Diskussionsrunden auf.

- **re:publica**: (*re-publica.com*)

  Deutsche und englische Referenten geben ihr Wissen und ihre Erfahrungen auf der jährlichen re:publica in Berlin preis. Die Veranstaltung zum Thema Social Media bietet eine Vielzahl von Referenten und parallelen Vorträgen und ist unser Tipp, wenn Sie auf der Suche nach kreativen Impulsen sind.

- **AllFacebook Marketing Conference** (*conference.allfacebook.de*)

  Ganz im Zeichen von Facebook findet diese Anwenderkonferenz zweimal jährlich abwechselnd in München und Berlin statt. Die Veranstalter betreiben auch das Blog *allfacebook.de*, eine der wichtigsten Wissensquellen zum Thema Facebook.

- **ABAKUS SEO Roadshow**

  (*www.abakus-internet-marketing.de/workshop/seo-roadshow.htm*)

  Diese an wechselnden Orten in Deutschland stattfindende Veranstaltung hat die jährliche Konferenz SEMSEO abgelöst. Die von der Online-Agentur ABAKUS ins Leben gerufene Veranstaltungsreihe richtet sich in Tagesseminaren an Online-Marketing-Verantwortliche, Online-Shop-Betreiber und E-Commerce-Experten.

- **SMX** (*smxmuenchen.de*)

  Die Search Marketing Expo in München ist eine von mehreren weltweiten SMX-Events und gehört zu den etabliertesten und größten Konferenzen der Branche. Dort werden die Themen Suchmaschinenwerbung und Suchmaschinenoptimierung diskutiert. Ein kompetenter Fachbeirat stellt das Programm und die Vortragenden zusammen. Es gibt Fachvorträge, und man kann mit den Experten bei der abschließenden Branchenparty networken.

▶ **Campixx** (*www.campixx.de*)

Mit stets wachsenden Teilnehmerzahlen verfolgt die Veranstaltung ein alternatives Konzept im Vergleich zu großen Messen und Konferenzen. In diversen Workshops werden in kleiner Runde relevante Marketingthemen besprochen.

▶ **OMR Festival** (*omr.com/festival*)

Das jährlich in Hamburg stattfindende Festival der Online Marketing Rockstars hat sich mit internationalen Top-Speakern zu einem der angesagtesten Branchenevents des Jahres entwickelt. Die Veranstaltung kombiniert Messe, Konferenz und Intensivseminare und zog 2018 mehr als 40.000 Teilnehmer an.

▶ **Digital Growth Unleashed** (*digitalgrowthunleashed.de*)

2010 erstmals in Deutschland abgehalten, ist die ehemalige Conversion Conference eine internationale Konferenz, die auch in Las Vegas und London stattfindet. Renommierte Experten aus der Branche berichten zwei Tage lang über Tipps und Tricks rund um das Thema Conversion-Rate und deren Optimierung. Testverfahren sind ebenso ein Themengebiet wie Usability. Hier bietet sich auch ausreichend Gelegenheit zum Networking.

▶ **Growth Marketing Summit** (*www.growthmarketingsummit.com*)

Die Veranstaltung in Frankfurt am Main hat sich als Fachveranstaltung fest etabliert, ist mit hochkarätigen und internationalen Experten besetzt und bietet viele Praxistipps zur Optimierung.

▶ **Content-Marketing-Conference** (*content-marketing-conference.com*)

Seit 2012 veranstaltet die Agentur Contilla diese zweitägige Konferenz zum Thema Content-Marketing in Köln. Sie gilt als größte Veranstaltung zu dieser Disziplin in Europa und versammelt Experten und Anfänger dieser Marketingfachrichtung.

▶ **UXcamp Europe** (*www.uxcampeurope.org*)

»No spectators, only participants!« lautet das Motto des Barcamps UXcamp in Berlin. In einer recht informellen Art und Weise werden Workshops zu den Themen Usability, Informationsarchitektur und Interaction-Design abgehalten. Dies ist keine Frontalveranstaltung, und Sie kommen schnell mit anderen Teilnehmern ins Gespräch.

▶ **Marketing Evolution Experience** (*marketingevolutionexperience.de*)

Die Veranstaltung »Marketing Evolution Experience« ist eine internationale Konferenz zum Thema Web-Analytics.

▶ **TactixX** (*www.tactixx.de*)

Die früher unter dem Namen »Affiliate TactixX« bekannte Konferenz startete im Jahr 2015 mit einem neuen Konzept. Unter dem Motto »Connecting Affiliate & Display« werden sowohl Affiliate-Marketing-Themen als auch neueste Entwicklungen der Display-Werbung und des Real-Time-Advertisings besprochen. Die Agentur explido unterstützt die Veranstaltung.

A.3   Surf-Tipps

Neben der vorgestellten Literatur und den Veranstaltungstipps hat sich eine aktive Bloggergemeinschaft etabliert, die regelmäßig über das aktuelle Geschehen in den einzelnen Fachgebieten berichtet. Füttern Sie Ihren RSS-Feed-Reader mit den folgenden Website-Informationen, um keine Neuigkeiten zu verpassen. Besonders bei der dynamischen Entwicklung im Web sind die Internetquellen leichter auf dem aktuellsten Stand zu halten. Wir haben Ihnen hier eine Liste ausgewählter Websites zusammengestellt, die wir persönlich schätzen und regelmäßig lesen:

▶ **100Partnerprogramme** (*www.100partnerprogramme.de*)

Auf dieser umfassenden Website zum Thema Affiliate-Marketing finden Sie neben einer ausführlichen Partnerprogrammsuche zahlreiche Informationen sowohl für Merchants und Affiliates als auch für Agenturen.

▶ **AffiliateBLOG** (*www.affiliateblog.de*)

Markus Kellermann und Alexander Geißenberger betreiben unter *affiliateblog.de* einen der größten und bekanntesten Blogs rund ums Thema Affiliate-Marketing. Hier finden Sie News, Statistiken und Veranstaltungen zum Thema.

▶ **AGOF** (*www.agof.de*)

Die Arbeitsgemeinschaft Online-Forschung liefert täglich aktuelle Daten zu Media-Reichweiten und Internetnutzungsverhalten und entwickelt in Zusammenarbeit mit den relevanten Marktakteuren Standards für den digitalen Werbemarkt.

▶ **Benutzerfreunde** (*www.benutzerfreun.de*)

Auf seiner Website beschreibt der Buchautor Jens Jacobsen den Prozess der Planung und Umsetzung von benutzerfreundlichen Websites. Einmal im Monat erscheint der kostenlose Newsletter, in dem sich der Autor meistens einem speziellen Thema widmet.

▶ **Bloofusion Blog** (*blog.bloofusion.de*)

Das SEM/SEO-Blog der Online-Agentur Bloofusion bietet immer wieder tiefe Einblicke in die Erkenntnisse aus der täglichen Arbeit im Suchmaschinenmarketing und gibt Tipps für die eigene Website.

▶ **BVDW** (*www.bvdw.org*)

Auf der Website des Bundesverbands Digitale Wirtschaft finden Sie Informationen zu zahlreichen Themenrubriken der Digitalisierung, die über die Vermarktung von Websites teils weit hinausgehen, so etwa zur Arbeitswelt der Zukunft oder zu digitaler Ethik.

▶ **Distilled** (*www.distilled.net*)

Das Blog der amerikanischen Agentur Distilled gehört zu den besten Blogs der Branche. Viele bekannte Gastautoren schreiben hier regelmäßig über SEO und Online-Marketing. Wer sich systematisch in das Thema SEO einarbeiten will, findet unter *www.distilled.net/u/* eine umfangreiche, aber kostenpflichtige Lernplattform.

▶ **EmailMarketingBlog** (*www.emailmarketingblog.de*)

Nico Zorn, Autor des EmailMarketingBlog, berichtet regelmäßig über Bewegungen und Neuigkeiten auf dem Feld des E-Mail-Marketings. Ein Newsletter darf hier natürlich nicht fehlen.

▶ **Exciting Commerce** (*www.excitingcommerce.de*)

Jochen Krisch, einer der bekanntesten Experten für E-Commerce, berichtet in diesem Blog zuverlässig und fundiert über neue Märkte und Geschäftsmodelle im digitalen Business. Wenn Sie im E-Commerce tätig sind, kommen Sie an seinem Newsletter nicht vorbei.

▶ **German Usability Professionals' Association** (*germanupa.de*)

Auf der Website des deutschen Berufsverbandes der Usability und User Experience Professionals können Sie sich über Neuigkeiten informieren und Kontakt zu Usability-Experten aufnehmen.

▶ **Google AdSense Blog – Inside AdSense** (*adsense.googleblog.com*)

Das offizielle AdSense-Blog von Google veröffentlicht sporadisch Neuigkeiten rund um das Werbeprogramm des Suchmaschinengiganten. Seit 2015 unterhält Google das Blog zum Thema AdSense nur noch auf Englisch.

▶ **Google Advertiser Community** (*www.de.advertisercommunity.com*) und
Hilfe für Google Ads (*support.google.com/google-ads/?hl=de*)

Unter diesen beiden Adressen finden Sie sowohl Antworten, Diskussionen als auch diverse Hilfestellungen rund um das Thema Google Ads. Unter *support.google.com/partners/answer/3153810?hl=de* finden Sie auch das Zertifizierungsprogramm und Lernmaterial für die diversen Google Prüfungen, die sogenannte »Academy for Ads« (*academy.exceedlms.com*).

▶ **Google Analytics Blog** (*analytics.googleblog.com*)

Im englischsprachigen Blog können Sie sich über die neuesten Weiterentwicklungen des Analyseprogramms Google Analytics informieren. Zudem erfahren Sie mehr über neue Methoden der Webanalyse und lernen Anwendungsfälle von Google Analytics bei anderen Websites kennen. Wenn Sie Entwickler sind, finden Sie unter *developers.google.com/analytics/community/* die Google-Analytics-Community zu technischen Fragen.

▶ **Google Ads Blog** (*www.blog.google/products/ads/*)

Hier verkündet der Suchmaschinenriese regelmäßig die neuesten Updates des Werbeprogramms Google Ads. Diese Meldungen können Sie sich auf Wunsch auch per E-Mail zuschicken lassen. Der Blog ist nur auf Englisch verfügbar. Unter *@GoogleAds* können Sie auch per Twitter über News zu Google Ads auf dem Laufenden bleiben.

▶ **Android Official Blog** (*www.blog.google/products/android/*)

Im offiziellen Android-Blog erfahren Sie regelmäßig Neuigkeiten über Weiterent-wicklungen des Betriebssystems, neue Android-Produkte und Trends im mobilen Bereich.

▶ **Google Watchblog** (*www.googlewatchblog.de*)

Mit dem unabhängig betriebenen Google Watchblog bleiben Sie »up to date«, was die Entwicklungen des Suchmaschinengiganten anbelangt. Neuerungen und Pres-seberichte werden hier aufgegriffen und diskutiert.

▶ **Google Webmaster-Zentrale** (*webmasters.googleblog.com*) und **Webmaster-Zentrale Hilfeforum** (*productforums.google.com/forum/#!forum/webmaster-de*)

Das Webmaster-Blog von Google ist erste Anlaufstelle für alle Website-Betreiber, die in der Suchmaschine in den organischen Suchergebnissen gefunden werden möchten. Regelmäßig gibt es hier neue Ankündigungen zu Erweiterungen für das Crawling und die Indexierung von Webseiten. Im Hilfeforum können Sie sich mit anderen Seitenbetreibern austauschen. Außerdem bietet Google in Video-Hang-outs bei Google+ sogenannte Sprechstunden für Webmaster, in denen live Fragen gestellt werden können. Die Termine werden ad hoc bekannt gegeben. Folgen Sie hierzu am besten den Neuigkeiten des Google-Mitarbeiters John Mueller unter *plus.google.com/+JohnMueller*.

▶ **Googles YouTube Channels** (*www.youtube.com/user/Google* u. a.)

Viele hilfreiche, erklärende Videos rund um das gesamte Google-Angebot fin-den Sie in vielen speziellen YouTube-Channels der Suchmaschine, so auch z. B. unter *www.youtube.com/user/GoogleWebmasterHelp* oder *www.youtube.com/ user/GoogleDevelopers*. Egal, ob Tutorials, Vorträge bei Google oder Einblicke in die Arbeit bei Google – hier gibt es viel zu sehen.

▶ **HORIZONT.NET** (*www.horizont.net*)

Die Website zur Fachzeitung *HORIZONT* mit angeschlossener Statistik- und Kam-pagnendatenbank bietet Besuchern aktuelle Nachrichten aus der klassischen und der Online-Welt. Eine Besonderheit ist die Möglichkeit der Kampagnenbewertung.

▶ **Inoffizielles Facebook-Marketingblog** (*www.allfacebook.de*)

Früher unter *facebookmarketing.de* bekannt, zählt diese Website zu den bekann-testen Blogs zum Thema Facebook-Werbung. Neben dem Angebot von Downloads wird auch reichlich diskutiert. Die Betreiber veranstalten auch die zweimal jähr-lich stattfindende AllFacebook Marketing Conference.

▶ **InternetWorld Business** (*www.internetworld.de*)

Auf E-Commerce, Online-Marketing und Webtechnologien ausgerichtet ist die *Internet World Business*, eine Fachzeitung mit gleichnamiger Website. Die neues-ten Meldungen aus der Internetbranche werden tagesaktuell auf der Website ver-öffentlicht.

▶ **KonversionsKraft** (*www.konversionskraft.de*)

Analysen, Checklisten, Hintergründe und Trends sind nur einige der Kategorien, die auf KonversionsKraft behandelt werden. Die Website wird von der Web Arts AG betrieben, die sich auf Conversion-Optimierung spezialisiert hat.

▶ **Moz Blog** (*moz.com/blog*)

Wer richtig tief in die SEO- und Inbound-Marketing-Szene einsteigen will, der sollte sich das amerikanische Blog von Moz zu Gemüte führen. Täglich gibt es hier neue Beiträge zum Thema SEO und Content-Marketing, z. B. auch den »Whiteboard Friday« mit Rand Fishkin und anderen Branchenexperten.

▶ **Nielsen Norman Group** (*www.nngroup.com*)

Die Nielsen Norman Group, benannt nach den beiden Usability-Gurus Jakob Nielsen und Don Norman, berichtet neben ihrer Forschungs- und Beratungsarbeit regelmäßig über Erkenntnisse und Studien im Bereich der Nutzerfreundlichkeit. Die Newsletter von Nielsen, Norman und Bruce Tognazzini sind unbedingt lesenswert.

▶ **Occam's Razor** (*www.kaushik.net/avinash*)

Das Blog von Avinash Kaushik, einem Google-Mitarbeiter und Experten auf dem Gebiet der Webanalyse, zeichnet sich durch sehr tiefgründige und detaillierte Beiträge aus. Wir empfehlen die Lektüre daher eher Fortgeschrittenen.

▶ **OnlineMarketing.de** (*onlinemarketing.de*)

Dieses Blog hat sich fest in der deutschsprachigen Online-Marketing-Branche etabliert. Es informiert oft mehrmals täglich über Neuigkeiten und Trends aus fast allen Online-Marketing-Disziplinen.

▶ **Quicksprout** (*www.quicksprout.com/blog/*)

Das englischsprachige Blog des Online-Experten Neil Patel zeichnet sich durch fundierte und ausführliche Beiträge aus. Themenschwerpunkte liegen im Bereich SEO, Social Media und Conversion-Optimierung. Die Website enthält außerdem zahlreiche kostenlose Anleitungen zu Online-Marketing-Themen wie SEO, Linkaufbau oder Content-Marketing. Unter *neilpatel.com* unterhält Patel ein weiteres Blog.

▶ **Ryte Wiki** (*de.ryte.com/wiki/*)

Das derzeit beste deutschsprachige Glossar zu einer Vielzahl von Fachbegriffen des Digital Marketings ist das Wiki des SEO-Tool-Anbieters Ryte. In den Rubriken Online-Marketing, Suchmaschinenoptimierung, Social Media, Usability, Mobile Marketing, Webanalyse und Development werden viele wichtige Fachtermini detailliert erläutert.

▶ **Search Engine Journal** (*www.searchenginejournal.com*)

Ein englischsprachiges Magazin, das sich dem Suchmaschinenmarketing widmet. Hier werden weniger aktuelle Nachrichten besprochen als eher Suchmaschinenwissen und operative Vorgehensweisen zur Optimierung vermittelt.

► **Search Engine Land** (*searchengineland.com*)

Wenn Sie beim Thema Suchmaschinen und Suchmaschinenmarketing immer auf dem neuesten Stand sein möchten, finden Sie bei Search Engine Land die richtige Quelle. Die englischsprachige internationale Website liefert täglich mehrere Nachrichten, Konferenzberichte und Experteninterviews.

► **SISTRIX Blog** (*www.sistrix.de/news*)

Die SISTRIX GmbH vom SEO-Experten Johannes Beus liefert im eigenen Blog regelmäßig analytische Ergebnisse aus der Welt der Suchmaschinenoptimierung. Dazu gehört z. B. ein »Sichtbarkeitsindex«, der die Auf- und Absteiger in der organischen Suche von Google analysiert. Zudem gibt es häufig Tests und Analysen zum Thema SEO.

► **Suchradar** (*www.suchradar.de*)

Das *Suchradar*-Magazin erscheint alle zwei Monate als Printmagazin und wird auch zum kostenlosen Download angeboten. Behandelt werden insbesondere Themen aus dem Bereich SEO und SEA, aber auch angrenzende Bereiche, wie beispielsweise Social Media, kommen nicht zu kurz. Wer keine aktuelle Ausgabe verpassen möchte, abonniert den Newsletter.

► **t3n** (*t3n.de*)

Das einmal pro Quartal erscheinende Magazin *t3n* verfügt auch über eine umfangreiche Website, auf der mehrmals täglich über Neuigkeiten und Entwicklungen aus den Bereichen Webentwicklung, Webdesign, Online-Marketing und E-Commerce berichtet wird.

► **TechCrunch** (*www.techcrunch.com*)

TechCrunch ist weltweit eine der führenden News-Plattformen für Internet- und Technologiethemen und berichtet schlicht über fast alles, was für Geeks und Techies interessant ist.

► **Think with Google** (*www.thinkwithgoogle.com*)

Auf dieser Website liefert der Suchmaschinengigant Google eine Vielzahl von Informationen zu Industrien, Marketingdisziplinen, Tools und eigenen Produkten. Zahlreiche Fallbeispiele veranschaulichen mögliche Anwendungsszenarien und sind eine gute Inspirationsquelle für die eigenen Online-Marketing-Aktivitäten.

► **Twitter Blog** (*blog.twitter.com*)

Der Microblogging-Dienst Twitter zwitschert auch auf seinem Blog über Neuigkeiten seines Angebots.

► **Usabilityblog** (*www.usabilityblog.de*)

Mit einer umfangreichen Liste von Autoren bietet das Usabilityblog eine bunte Mischung an aktuellen Beiträgen zur Nutzerfreundlichkeit im Netz.

▶ **User Interface Engineering** (*www.uie.com*)

Die Website des Unternehmens User Interface Engineering bietet neben hilfreichen Informationen auch eine Rubrik PODCASTS und eine kostenpflichtige Sammlung von Usability-Seminaren unter *aycl.uie.com*.

▶ **Werben & Verkaufen** (*www.wuv.de*)

Die bekannte Zeitschrift *Werben & Verkaufen* widmet sich zunehmend auch dem digitalen Marketing. Die Website beleuchtet vor allem das Agenturgeschehen. Nutzer haben die Möglichkeit, verschiedene thematische Newsletter zu abonnieren. Der Verlag Werben & Verkaufen unterhält auch das speziell auf digitale Themen konzentrierte Blog *www.lead-digital.de*.

▶ **YouTube AdSense Channel** (*www.youtube.com/user/InsideAdSense*)

Kurze Einführungen in das Thema AdSense erhalten Sie per Video im speziellen englischsprachigen YouTube-Channel.

▶ **YouTube-Blog** (*youtube.googleblog.com*)

Im offiziellen YouTube-Blog wird über die Werbemöglichkeiten und aktuellen Kampagnen auf YouTube berichtet. Mit den sogenannten *Trending Videos* werden beliebte Videos vorgestellt.

Anhang B
Website-Glossar

Bei der Arbeit im Bereich Online-Marketing bzw. mit Ihrer Website werden Ihnen immer wieder verschiedene Fachbegriffe begegnen, die wir Ihnen im Folgenden kurz erläutern werden. Sollten Sie bestimmte Begriffe vermissen, werfen Sie bitte einen Blick in das Stichwortverzeichnis.

Abbruchrate Siehe »Bounce-Rate«.

Accessibility Accessibility ist auch unter dem Begriff *Barrierefreiheit* bekannt. Damit ist sowohl die Zugänglichkeit zur Website gemeint (z. B. die Wiedergabe von multimedialen Inhalten ohne entsprechende Voraussetzungen, wie etwa den Adobe Flash Player) als auch die Nutzbarkeit für körperlich und geistig beeinträchtigte Besucher (z. B. durch das Vorlesen der Inhalte).

Ad (Advertisement) Ad bzw. Advertisement ist die aus dem Englischen stammende Bezeichnung für eine Werbeanzeige. Im Internet sind damit in der Regel Banner gemeint.

Adimpression (AI) Eine Adimpression bezeichnet das Anzeigen eines Werbemittels, also einen Werbemittelkontakt.

AdSense AdSense ist ein häufig genutztes Werbeprogramm von Google, über das Werbetreibende Anzeigen auf anderen Websites schalten können. Website-Betreiber haben damit die Möglichkeit, über Klicks auf die Werbeanzeigen einfach Einnahmen zu erzielen.

Adserver Ein Adserver ist ein spezieller Server, der Online-Werbemittel steuert und ausliefert. In der Praxis wird häufig sowohl die Hardware als auch die Software als Adserver bezeichnet. Über den Adserver sind ein genaues Targeting und ein exaktes Tracking möglich.

AdWords Google AdWords war der Name des bekannten Werbeprogramms von Google und die Haupteinnahmequelle für die Suchma-

schine. Das Anzeigenprogramm wurde im Juli 2018 in *Google Ads* umbenannt.

Affiliate Als Affiliate wird ein Werbepartner bezeichnet, der Werbung auf seiner Website veröffentlicht und eine umsatzabhängige Provision erhält. Oftmals werden hier Affiliate-Programme genutzt. Die Vergütungsmodelle können unterschiedlichster Art sein, z. B. Cost-per-Lead (CPL) oder Cost-per-Order (CPO).

Affiliate-Marketing Affiliate-Marketing bezeichnet einen Teilbereich des Online-Marketings, bei dem Affiliates und Merchants eine partnerschaftliche Werbekooperation eingehen.

Affiliate-Netzwerk Ein Affiliate-Netzwerk vermittelt zwischen Affiliates und Merchants und steuert innerhalb von Affiliate-Marketing-Programmen den Austausch der Werbemittel, das Tracking und die Abrechnung.

AIDA-Modell Das AIDA-Modell ist ein bekanntes Marketingmodell zur Werbewirkung und Kaufentscheidung, das aus den vier Phasen **A**ttention (Aufmerksamkeit), **I**nterest (Interesse), **D**esire (Verlangen) und **A**ction (Handeln) besteht.

alt-Attribut Das alt-Attribut ist ein Bestandteil von HTML. Zum einen werden alt-Attribute verwendet, um Bildern und Grafiken einen beschreibenden Text hinzuzufügen (aus Gründen der Barrierefreiheit), zum anderen enthalten sie oftmals Keywords (aus Gründen der Suchmaschinenoptimierung).

Augmented Reality (AR)   In der Augmented Reality (AR) bringen Sie virtuelle Anwendungen und die »echte« Realität zusammen. Zum Beispiel können Sie mit dem Smartphone virtuelle Sofas in Ihr Wohnzimmer stellen oder Online-Spiele in die Realität bringen. Ein bekanntes AR-Spiel ist *Pokémon Go*, bei dem Sie virtuelle Pokémon-Figuren an realen Orten einsammeln können.

Ausstiegsseite   Bezeichnet eine Webseite, die als letzte Seite während eines Website-Besuchs aufgerufen wird – oder, anders gesagt, die Webseite vor dem Verlassen der Website.

Backlink   Backlink ist die Bezeichnung für einen eingehenden Link auf eine Website von einer anderen Website. Backlinks sind insbesondere für die Bewertung des Rankings in Suchmaschinen relevant.

Banner   Banner sind grafische Werbemittel in unterschiedlichen Formaten und Arten. Klickt ein Interessent auf ein Banner, so wird er auf die Website des Werbetreibenden geleitet.

Barrierefreiheit   Siehe »Accessibility«.

Blacklist   Als Blacklist bezeichnet man u. a. eine Liste mit nicht vertrauenswürdigen Internetadressen. Sie dient dazu, diese Adressen von Marketingmaßnahmen (z. B. im E-Mail-Marketing) auszuschließen.

Blog   Ein Blog ist mit einem Online-Tagebuch vergleichbar, bei dem die verschiedenen Einträge in chronologischer Abfolge veröffentlicht werden. Der Blogautor wird *Blogger* genannt. Leser von Blogs haben in der Regel die Möglichkeit, die Einträge zu kommentieren.

Bounce-Rate   Die sogenannte Bounce-Rate bezeichnet die Abbruchrate. Gelangt ein Besucher beispielsweise über Google auf Ihre Website und schließt er diese wieder, ohne eine weitere Seite aufgerufen zu haben, dann spricht man von einem *Bounce*. Die Rate gibt an, wie viel Prozent aller Besucher, die auf Ihre Website gelangen, sich so verhalten.

Brand Awareness   Brand Awareness bedeutet übersetzt Markenbekanntheit.

Button   Als Button wird zum einen ein Bannerformat, zum anderen ein klickbares Bedienelement auf der Website bezeichnet.

Chatbot   Ein Chatbot ist ein Programm, das die Kommunikation mit einem Nutzer oder Kunden automatisiert. Die Antworten auf Kundenfragen liefert also eine Software. Um die Kommunikation sinnvoll zu gestalten, kommt künstliche Intelligenz ins Spiel, um Fragen und Intentionen besser zu verstehen.

Click-Fraud   Click-Fraud ist die aus dem Englischen stammende Bezeichnung für Klickbetrug. Dabei handelt es sich um Maßnahmen (z. B. automatische Programme), mit denen Betrüger versuchen, die Abrechnung über Cost-per-Click-Programme zu beeinflussen. So werden z. B. Anzeigen von Mitbewerbern extrem oft angeklickt, um das Erreichen des Tagesbudgets zu beschleunigen.

Click-Through-Rate (CTR)   Die Click-Through-Rate beschreibt das Verhältnis der Anzahl derjenigen Benutzer, die auf eine Anzeige geklickt haben, zu der Anzahl der Werbeeinblendungen. Die Berechnungsformel lautet:

Anzeigenklicks ÷ Adimpressions × 100

Die CTR ist die bedeutende Kennzahl zur Leistungsbeurteilung einer Anzeigenkampagne und wird umgangssprachlich auch als *Klickrate* bezeichnet.

Click-Tracking   Click-Tracking ist eine Methode zur Messung des Klickverhaltens auf Websites. Häufig wird dieses mittels sogenannter *Heatmaps* zur besseren Visualisierung dargestellt.

Cloaking   Das Vortäuschen falscher Tatsachen wird Cloaking genannt. So zeigt ein Website-Betreiber Nutzern eine andere Website als dem Crawler einer Suchmaschine. Damit wird versucht, eine bessere Platzierung in Suchmaschinenergebnissen zu erreichen. Cloaking zählt zu den Black-Hat-SEO-Taktiken.

Content-Management-System (CMS)   Ein Content-Management-System ist ein zentrales Software-System zur Erstellung und Verwaltung von Website-Inhalten.

Conversion   Mit dem Begriff Conversion wird das Erreichen eines Werbeziels beschrieben. Dieses Ziel kann je nach Website unterschiedlich sein und beispielsweise in einem Produktverkauf, einer Anmeldung, einer Anfrage oder einer Registrierung bestehen.

Conversion-Rate   Die Conversion-Rate gibt das Verhältnis aller Benutzer zu den Benutzern an, die eine Conversion (also die gewünschte Handlung) ausgeführt haben. Gehen wir von einem Kauf als Conversion aus, berechnet sich die Conversion-Rate folgendermaßen:
Käufer ÷ Besucher × 100 in %
Die Conversion-Rate ist für Advertiser neben den Kosten die wichtigste Kennzahl.

Cookie   Ein Cookie ist eine Textdatei, die der Identifizierung des Nutzers dient. Es wird auf dessen Rechner gespeichert. Der Nutzer kann in den Browsereinstellungen die Cookies zulassen oder sperren. Sind sie zugelassen, hat der Werbetreibende die Möglichkeit, Cookie-Informationen zur eigenen Website, wie z. B. besuchte Webseiten und Aktionen, auszulesen. Damit kann auch festgestellt werden, ob der Benutzer die Seite bereits zuvor aufgerufen hat. Auf diese Weise kann ein Werbetreibender individuelle Angebote ermöglichen.

Cost-per-Click (CPC)   Cost-per-Click bedeutet übersetzt *Kosten pro Klick* und ist ein Abrechnungsmodell, bei dem nur Kosten anfallen, wenn ein Benutzer auf eine Anzeige klickt. Dieses Abrechnungsmodell wird beispielsweise bei dem Werbeprogramm Google Ads eingesetzt.

Cost-per-Lead (CPL)   Cost-per-Lead ist ein Abrechnungsmodell auf Grundlage von gewonnenen Kontaktanfragen. Es kommt häufig im E-Mail-Marketing vor.

Cost-per-Mille (CPM)   Im Gegensatz zum CPC-Preismodell fallen beim CPM-Preismodell auch dann Kosten an, wenn Ihre Anzeige nur ausgeliefert, aber nicht angeklickt wird. Sie bezahlen hier einen Betrag für 1.000 Sichtkontakte Ihrer Werbeanzeige. Das CPM-Modell entspricht dem aus dem klassischen Marketing bekannten Abrechnungsverfahren nach dem Tausender-Kontakt-Preis (TKP).

Cost-per-Order (CPO)   Cost-per-Order ist die Bezeichnung für die Werbekosten pro Bestellung (Order).

Crawler   Als Crawler werden die Programme der Suchmaschinen bezeichnet, die das Internet durchsuchen. Damit wird eine Datenbank mit relevanten Internetseiten erstellt.

Customer-Relationship-Management (CRM)   Im Deutschen wird Customer-Relationship-Management auch als *Kundenbeziehungsmanagement* bezeichnet. Es beschreibt die Organisation von Maßnahmen zur Kundenbindung. Dazu zählt insbesondere eine genaue Dokumentation. Mit einem CRM-System ist eine individuelle Kundenansprache möglich.

Disclaimer   Ein Disclaimer ist ein Hinweis, der auf vielen Websites angegeben wird. Hier distanziert sich der Website-Betreiber von der Haftung für die Inhalte der verlinkten Websites.

Domain   Die Domain ist der eindeutige Name, unter dem eine Website im Internet aufgerufen wird. Sie gilt weltweit und setzt sich aus einer Top-Level-Domain (TLD) und einer Second-Level-Domain zusammen, z. B.: *www.ihre-website.de*. Die Top-Level-Domain ist dabei die Endung des Domain-Namens, in diesem Fall *.de*. Die Second-Level-Domain beschreibt den Zwischenteil zwischen *www* und TLD, hier also *ihre-website*.

Double-opt-in-Verfahren   Das Double-opt-in-Verfahren bezeichnet die doppelte Bestätigung einer Anmeldung, beispielsweise zu einem Newsletter oder einem Mitgliederbereich. Mit dem Double-opt-in-Verfahren sichert sich der Website-Betreiber rechtlich ab, dass keine unaufgeforderten E-Mails (Spam) verschickt werden. Der Nutzer wiederum kann schon bei der Bestätigungs-E-Mail entscheiden, ob er ihr zustimmt oder nicht.

Duplicate Content (DC)   Duplicate Content beschreibt doppelte Inhalte auf verschiedenen Webseiten. Aus Gründen der Suchmaschinenoptimierung sollte Duplicate Content vermieden werden, da Suchmaschinen generell einzigartige Inhalte bevorzugen.

DSGVO   Die Datenschutz-Grundverordnung (DSGVO, im Englischen GDPR) wurde am 25. Mai 2018 in der Europäischen Union eingeführt und sichert dem Endkonsumenten weitreichende Rechte im Datenschutz. Alle datenverarbeitenden Organisationen müssen diese Anforderungen umsetzen und z. B. Auskunft erteilen können, welche Daten über eine Person abgespeichert sind.

E-Commerce   E-Commerce (Electronic Commerce) bezeichnet den Handel im Internet. Die gehandelten Waren können digitaler Natur oder greifbar sein. Daher ist auch ihre Distribution online oder offline möglich.

Einstiegsseite   Die Einstiegsseite ist die erste Seite, die ein Nutzer während seines Website-Besuchs sieht. Dies muss nicht zwangsläufig die Startseite sein, da es z. B. über Suchmaschinen und andere Kanäle vielfältige Einstiege in eine Website geben kann. Die Einstiegsseite ist das Gegenstück zur Ausstiegsseite.

Eye-Catcher   Der sogenannte Eye-Catcher ist auch unter den Namen Blickfänger, Störer oder Hingucker bekannt. Dies sind in der Regel Bilder oder Grafiken, die die Aufmerksamkeit der Betrachter auf sich ziehen sollen.

Eye-Tracking   Das Eye-Tracking ist eine Analysemöglichkeit, bei der Augenbewegungen beim Betrachten einer Website per Kamera verfolgt und ausgewertet werden.

Frequency Capping (FC)   Mittels Frequency Capping (das auch einfach als *Capping* bezeichnet wird) kann ein Werbetreibender die Aussteuerung von Werbemitteln für einen individuellen Nutzer genau begrenzen. Das bedeutet, er kann festlegen, wie oft ein einzelner Nutzer ein bestimmtes Werbemittel zu sehen bekommt.

Geo-Targeting   Geo-Targeting bezeichnet die lokale Aussteuerung von Werbemitteln an Nutzer. Dies geschieht z. B. über die Analyse der IP-Adresse, WLAN-Daten oder über GPS-Koordinaten. So hat beispielsweise ein in Berlin ansässiger Anbieter die Möglichkeit, seine Werbeanzeigen nur in Berlin auszuliefern und damit die richtige Zielgruppe anzusprechen sowie Streuverluste zu verringern.

GPS (Global Positioning System)   Das Global Positioning System ermittelt über Satelliten die aktuelle metergenaue Position eines Autos oder Handys.

Heatmap   Eine Heatmap bildet (ähnlich dem Bild einer Wärmebildkamera) verschieden stark frequentierte Bereiche einer Webseite in unterschiedlichen Farbstufungen ab. Die Heatmap kann beispielsweise Klick- oder Blickverläufe darstellen.

HTML   HTML (vollständiger Name: Hypertext Markup Language, oder kurz Hypertext) ist die Auszeichnungssprache, mit der eine Website erstellt wird. Damit ist es möglich, die Inhalte wie Texte, Bilder und Hyperlinks in eine für das Internet geeignete Struktur zu bringen. Die aktuelle Fassung HTML5 ermöglicht eine stärkere Strukturierung heutiger Webdokumente.

Hyperlink   Ein Hyperlink (oder einfach *Link*) ist eine Verknüpfung zu einer anderen Webseite und ist damit eine grundlegende Funktion des Internets.

Impression   Die Kennzahl *Impression* gibt an, wie oft ein Werbemittel (Adimpression) oder eine Webseite (Page Impression) angezeigt wurde.

Impressum   Das Impressum auf einer Website gibt an, wer der Herausgeber und Verantwortliche für die Inhalte ist. Kommerzielle Website-Betreiber haben die Pflicht ein Impressum anzubieten. Häufig finden Sie dieses im Footer-Bereich einer Website verlinkt.

IP-Adresse   Eine IP-Adresse ist eine eindeutige Kennzeichnung eines Computers im Internet. Sie ist vergleichbar mit der Telefonnummer, denn einzelne Bereiche der IP-Adresse sind einem speziellen Netzwerkbereich zugewiesen, ähnlich wie bei einer Telefonnummer die Ortsvorwahl.

JavaScript   JavaScript ist eine für die Programmierung von Websites und Webanwendungen gebräuchliche Scriptsprache. JavaScript lässt sich vom Benutzer im Browser deaktivieren. Dies sollten Werbetreibende berücksichtigen, wenn sie beispielsweise mithilfe von JavaScript programmierte Elemente wie Formulare verwenden.

Key Performance Indicator (KPI)   Die Key-Performance-Indikatoren sind wichtige Kennzahlen, mit denen Sie den Erfolg einer Website oder eines Online-Shops messen können. Die KPIs müssen Sie für sich selbst festlegen. Fragen Sie sich also, welches die wesentlichen Metriken sind, die einen starken Einfluss auf Ihren Geschäftserfolg haben.

Keyword   Keywords sind Schlüsselwörter und die Bezeichnung für Suchbegriffe. Suchbegriffe können aus einem oder mehreren Wörtern bestehen. Recherche und Analyse von Keywords sind elementar beim Suchmaschinenmarketing, also bei Suchmaschinenwerbung und -optimierung.

Keyword-Dichte   Die Keyword-Dichte (engl. *keyword density*) gibt an, wie häufig ein Schlüsselbegriff in einem Text vorkommt.

Landing Page   Eine Landing Page ist die Webseite, auf der ein Nutzer »landet«, nachdem er auf ein Werbemittel geklickt hat. Die Landing Page kann eine speziell zu diesem Zweck erstellte oder eine vorhandene Webseite des Werbetreibenden sein. Charakteristisch ist eine Handlungsaufforderung, da die Landing Page die Aufgabe hat, einen Nutzer zu einer definierten Handlung zu bewegen.

Launch   Als Launch wird der Start oder auch das *Going live* einer Website bezeichnet. Daher spricht man von einem *Relaunch*, wenn eine Website zu großen Teilen neu überarbeitet wird.

Layer Ads   Layer Ads sind eine bestimmte Art von Werbemitteln. Sie legen sich beim Aufrufen einer Webseite teilweise oder vollständig über den Inhalt.

Lead   Der Begriff Lead kommt aus dem Englischen (*to lead*, dt. *führen*) und beschreibt das Heranführen eines Nutzers an eine gewünschte Handlung. So kann bei dem Ziel Produktverkauf beispielsweise der Erhalt der Interessentenkontaktadresse als Lead angesehen werden. Einige Werbekampagnen werden pro Lead vergütet.

Linkbuilding   Unter Linkbuilding versteht man den Aufbau von Backlinks für die Suchmaschinenoptimierung. Linkbuilding gehört zu den sogenannten Off-Page-Maßnahmen.

Logfile   Ein Logfile ist die Datei, mit der ein Webserver alle Webseiten- und Dateiaufrufe einer Website protokolliert.

Merchant   Ein Werbetreibender wird auch als *Advertiser* oder *Merchant* bezeichnet. Der Begriff Merchant (aus dem Englischen, für *Kaufmann* oder *Händler*) wird hauptsächlich im Bereich Affiliate-Marketing verwendet.

Meta-Tags   Meta-Tags werden im Kopfbereich einer HTML-Seite verwendet. Sie geben weitere Informationen über den Inhalt einer Seite. Zu den wichtigsten Meta-Tags gehören `"description"`, `"keywords"`, `"robots"` und `"author"`.

Microsite   Microsites sind kleine Websites innerhalb einer Werbekampagne, die parallel zur Haupt-Website betrieben werden können. Sie haben daher eine eigene URL und kommen beispielsweise bei der Neueinführung eines Produkts und zum Teil auch nur temporär zum Einsatz.

Mouseover   Allgemein beschreibt der Begriff Mouseover eine Veränderung, die eintritt, wenn ein Nutzer mit der Maus über ein Element fährt. Beispielsweise kann ein kurzer Beschreibungstext zu einem Bild angezeigt werden.

Off-Page-Optimierung   Die Off-Page-Optimierung ist ein Teil der Suchmaschinenoptimierung. Hierbei geht es um SEO-Maßnahmen, die außerhalb der eigenen Website stattfinden, wie z. B. um Linkaufbau.

On-Page-Optimierung   Im Gegensatz zur Off-Page-Optimierung versteht man unter On-Page-Optimierung SEO-Maßnahmen, die sich auf die eigene Website beziehen. Das können beispielsweise Quellcode-Optimierung, interne Verlinkung und Content-Optimierung sein.

Page Impression (PI)   Die Kennzahl Page Impression bezeichnet einen Seitenaufruf (auch *Page View* genannt) durch einen Nutzer.

PageRank   Der PageRank ist eine vom Suchmaschinenbetreiber Google entwickelte Kennzahl, die den Verlinkungsgrad einer Website auf einer Skala von 0 bis 10 angibt, wobei 10 der höchste Wert ist. Dabei spielen sowohl die Qualität als auch die Quantität der Verlinkungen eine Rolle. Der PageRank wird aber nicht (mehr) öffentlich ausgewiesen.

Paginierung   Unter der Paginierung versteht man die Aufteilung von Inhalten auf verschiedene Unterseiten. So gelangen Sie bei langen, aufgeteilten Artikeln mit der Paginierung auf die Folgeseite(n) oder z. B. in Suchergebnislisten auf weitere Ergebnisse.

Pay-per-X (PPX)   PPX ist der Oberbegriff für verschiedene Abrechnungsmodelle im Internet. So kann eine Werbekampagne beispielsweise pro Lead (PPL), pro Sale (PPS) und pro Klick (PPC) abgerechnet werden.

Performance-Marketing   Der Begriff Performance-Marketing bezeichnet Online-Werbemaßnahmen, die leistungsorientiert auf Grundlage ihrer messbaren Werte abgerechnet werden.

Pixel   Ein Pixel ist ein digitaler Bildpunkt und darüber hinaus eine Maßeinheit für Bilder und Grafiken in der Informatik. Im Bereich Web-Analytics kommt der Begriff im Zusammenhang mit *Tracking-Pixeln* vor.

Pop-under   Ein Pop-under ist ein Werbemittel, das unter einer Website geöffnet wird. Der Besucher sieht das Werbemittel, wenn er die Website schließt.

Pop-up   Im Gegensatz zum Pop-under-Werbemittel taucht ein Pop-up über einer geöffneten Webseite auf. Unterschiedlichste Tools blockieren inzwischen die Anzeige von Pop-ups.

Pull-Marketing   Beim Pull-Marketing (engl. *to pull*, dt. *ziehen*) geht die Informationsanfrage vom Interessenten aus. Das heißt, dieser sucht aktiv nach entsprechenden Inhalten.

Push-Marketing   Beim Push-Marketing verteilt ein Advertiser Werbeanzeigen an eine passive Empfängergruppe und nimmt Streuverluste in Kauf.

Ranking   Die Reihenfolge der Ergebnisse einer Suchmaschinenanfrage wird als Ranking bezeichnet.

Redirect   Die Weiterleitung einer Webseite zu einer anderen Webseite wird allgemein als Redirect bezeichnet. Ein Redirect ist beispielsweise dann der Fall, wenn ein Website-Betreiber eine neue URL verwendet.

Referrer   Als Referrer wird eine Website bezeichnet, von der aus ein Benutzer Ihre Website besucht hat, also der Ausgangspunkt. Das kann beispielsweise auch eine Suchmaschine oder ein Werbebanner sein.

Rendite (ROI)   Die Rendite, auch Return on Investment (ROI) genannt, gibt Ihnen an, ob sich eine Investition für Sie gelohnt hat. Sie ist das Verhältnis der Werbeausgaben zu den erzielten Einnahmen. Die Berechnungsformel lautet: *(Umsatz − Kosten) ÷ Kosten.*

Reichweite   Die Reichweite beschreibt die Anzahl der Personen, die mit einem Werbeträger in einem bestimmten Zeitraum erreicht wurden. Die Reichweite kann prozentual oder absolut angegeben werden.

Responsives Webdesign   Responsives Webdesign bezeichnet ein Prinzip der Webentwicklung, nach dem die Darstellung einer Website auf Eigenschaften eines benutzten Endgeräts reagiert. Im Gegensatz zu einer mobilen Website besteht eine responsive Website nur aus einem einzigen Template.

RSS-Feed   Mithilfe eines RSS-Feeds – der häufig auf Blogs zum Einsatz kommt – bekommt ein Nutzer Änderungen einer Website per Abonnement geliefert, ohne die jeweilige Website regelmäßig aufrufen zu müssen.

SERP (Search Engine Result Page)   Als SERPs werden die Suchmaschinenergebnisseiten bezeichnet, die Ihnen angezeigt werden, wenn Sie nach einem bestimmten Begriff gesucht haben.

Shitstorm   Als Shitstorm bezeichnet man die Empörung einer Nutzergruppe, die sich insbesondere in den sozialen Medien wie Facebook, Twitter und Co. besonders negativ und oftmals aggressiv z. B. gegen ein Unternehmen oder Einzelpersonen äußern. Hier ist Krisenmanagement gefragt.

Single-opt-in-Verfahren   Das Single-opt-in-Verfahren beschreibt im Gegensatz zum Double-opt-in-Verfahren die Anmeldung eines Nutzers ohne dessen Bestätigung. Der Werbetreibende riskiert ungültige Anmeldungen und sollte daher das Double-opt-in-Verfahren verwenden.

Sitemap   Eine Sitemap beschreibt die Seitenstruktur einer Website. Sie kann sowohl Nutzern zur Orientierung dienen als auch Suchmaschinen bei der Indexierung helfen. Sitemaps werden im HTML- oder XML-Format erstellt.

Skyscraper   Ein Werbemittel im Hochformat mit 120 × 600 Pixel wird Skyscraper genannt und zählt zu den Standardwerbemitteln im Bannermarketing. Etwas breiter ist der Wide Skyscraper mit 160 × 600 Pixeln.

Social Bookmarking   Das Social Bookmarking beschreibt Online-Dienste, mit denen Nutzer ihre Internetlesezeichen (Bookmarks) abspeichern können. Teilweise werden diese Dienste zum Zweck der Suchmaschinenoptimierung (aus-)genutzt.

Spam   Spam bezeichnet die unaufgeforderte Zusendung von werblichen E-Mails, die leider recht häufig vorkommt.

Subdomain   Eine Subdomain ist eine Domain, die in der Hierarchie unterhalb der Second-Level-Domain angeordnet ist. *tippspiel.spiegel.de* ist beispielsweise eine Subdomain der Website *spiegel.de*. Subdomains werden genutzt, um eigenständigen Inhalten einer Website eine eigene, kurze URL zuzuweisen.

Suchmaschinenmarketing (Search Engine Marketing, SEM)   Suchmaschinenmarketing (SEM) ist der Oberbegriff für Suchmaschinenoptimierung (SEO) und Suchmaschinenwerbung (SEA). Fälschlicherweise wird SEM in der Praxis häufig für SEA verwendet.

Suchmaschinenoptimierung (Search Engine Optimization, SEO)   Die Suchmaschinenoptimierung teilt sich auf in On-Page- und Off-Page-Maßnahmen und hat zum Ziel, die Auffindbarkeit und das Ranking einer Website in organischen Suchmaschinenergebnissen zu verbessern.

Suchmaschinenwerbung (Search Engine Advertising, SEA)   Mit SEA sind Werbeanzeigen innerhalb von Suchmaschinen gemeint. Eines der meistgenutzten Werbeprogramme ist dabei Google Ads. Hier werden Werbeanzeigen auf Grundlage von Keywords ausgesteuert, und die Abrechnung erfolgt pro Klick.

Targeting   Der Begriff Targeting beschreibt das gezielte Aussteuern von Werbemitteln an Internetnutzer, um Streuverluste zu verringern. Das kann beispielsweise auf Grundlage soziodemografischer Daten geschehen, wie Alter oder Geschlecht.

Tausender-Kontakt-Preis (TKP)   Diese Kennzahl gibt den Preis an, den ein Werbetreibender für 1.000 Einblendungen (Werbemittelkontakt) einer Werbeanzeige zu zahlen hat. Dieses Abrechnungsmodell kommt aus der klassischen Werbung und wird im Englischen mit CPM (*Cost-per-Mille*) bezeichnet.

Tracking-Pixel   Über Tracking-Pixel werden Internetwerbeangebote analysiert. Diese Pixel werden vom Nutzer geladen, ohne dass er sie bemerkt, und ermöglichen das Erfassen von Nutzeraktionen und Seitenaufrufen.

Traffic   Was auf Englisch *Verkehr* bedeutet, beschreibt im Zusammenhang mit dem World Wide Web das *Verkehrsaufkommen* auf einer Website – also die Nutzerzahlen des Webangebots.

Unique Visitor   Auf Grundlage von Cookies können einzelne Besucher eindeutig identifiziert und erfasst werden. Man verwendet für diese Nutzer meist den aus dem Englischen stammenden Begriff *Unique Visitor*. Anhand der Zahl an Unique Visitors kann die Reichweite genauer ermittelt werden. Es kann natürlich vorkommen, dass eine Person mehrere Geräte, wie Laptops, Tablet und Smartphone, nutzt und damit doppelt oder sogar mehrfach gezählt wird.

URL (Uniform Resource Locator)   Die URL ist die eindeutige Adresse einer Website wie beispielsweise *https://www.ihre-website.de*.

Usability   Usability bezeichnet die Nutzbarkeit oder Benutzerfreundlichkeit einer Website. Nutzer sollen sich problemlos zurechtfinden und Funktionen einfach nutzen können.

User-Agent   Findet ein Besuch auf Ihrer Website statt, so gibt sich der Benutzer mit einem User-Agent zu erkennen. Aus dieser Information können Sie herauslesen, mit welchem Betriebssystem oder Browser die Seite aufgerufen wurde. Dadurch können z. B. Handys oder Suchmaschinenroboter identifiziert werden.

User-Experience (UX)   Die User-Experience (kurz: UX) beschreibt das »Benutzer-Erlebnis« auf einer Website. Damit sind jegliche Aspekte gemeint, mit denen der Nutzer interagiert, seien es Inhalte, Navigationsstrukturen, Ladezeiten und natürlich auch die Gestaltung der gesamten Website.

Verweildauer   Mit dem Begriff Verweildauer wird die Zeit eines Nutzers auf einer Website beschrieben. Dies bezieht sich auf die erste aufgerufene Webseite bis zum Verlassen der Website. Die Länge kann ein Indikator für die Relevanz (von Benutzerbedürfnis und Inhalt) der Website sein.

Visit   Als Visit wird der Besuch einer Website bezeichnet. Abhängig von der Definition endet ein Visit nach 30 Minuten. So kann beispielsweise ein Besucher mehrere Besuche an einem Tag absolvieren. Die Anzahl an Visits gibt an, wie häufig eine Website aufgesucht wird.

Visitor   Ein Visitor ist ein Besucher einer Website. Der *Unique Visitor* ist ein eindeutig identifizierter Besucher. Die Kennzahl Visitor zählt zu den wichtigsten Kennzahlen im Online-Marketing.

Web-Hosting   Der Begriff Web-Hosting beschreibt das Bereitstellen von Speicherplatz für eine Website.

Webserver   Der Webserver ist ein Computer, der die angefragte Webseite an den Browser ausliefert.

Die Autoren

Esther Keßler (Düweke) ist Senior Consultant Digital Excellence bei der in//touch hcc GmbH, einem Full-Service-Anbieter im Healthcare- und Professional-Bereich. Die Wirtschaftsingenieurin (FH) ist dort für die Entwicklung von Multi-Channel-Strategien zuständig und verfügt über langjährige Erfahrung im Bereich Online-Marketing.

Stefan Rabsch ist bei der Scout24-Gruppe für die Suchmaschinenoptimierung zur Reichweiten- und Umsatzsteigerung zuständig. Seine Erfahrungen zur Optimierung von großen Websites sammelte er während früherer Stationen bei eBay und Zalando. Er beschäftigt sich eingehend mit dem Themen SEO und Web-Analytics für deutschsprachige und internationale Websites.

Mirko Mandić arbeitet bei der internationalen Digitalagentur *Dept* und unterrichtet *Digital Marketing* an verschiedenen Hochschulen in der Schweiz. Am Standort in Zürich berät er insbesondere E-Commerce-Kunden bei der Entwicklung digitaler Vermarktungsstrategien und beim Einsatz moderner Marketingtechnologien.

Index

+1-Button 857
100partnerprogramme.de 945
301-Redirect 268, 273

A

A/B/n-Test 596
A/B-Test 595
Abbruchrate 36, 652, 654, 1013
ABC-Kundenanalyse 38
Ablenkung 462, 559
Abmahnung 775
Abmeldefunktion 764
Abmelderate 755, 766, 772
above the fold 183, 376, 488, 539, 556
Abrechnungsmodell 379
Abrisszettel 872
Absender 759
Absenderadresse 759
Absprungrate 36, 613
Abuse Complaint Rate 772
Accelerated Mobile Pages 233
Accessibility 224, 430, 1013
Action 705
Ad 156, 1013
    responsive 953
Ad Impression 957
Ad Sitelink 366
Adblocker 699
Adclicks 693
Adimpression 693, 1013
Adition 968
Adobe Analytics 616
Adobe Systems 981
Adrequest 693
Adressdatenbank 758
Adresskauf 758
AdSense 1013
    Anzeigenblock 956
    Channel 955
    Einnahmen 956
    Premium Publisher 956
Adserver 692, 959, 968, 1013
    Auswahl 968
    Integration 966
Adspace 943
ADV 969

Advertiser 260, 729, 944–945
AdWords Editor 417
    Shortcuts 419
AdWords Express 298
AdWords → Google Ads
Affiliate 731, 944, 1013
Affiliate Service Provider → ASP
Affiliate Window 732
Affiliate-Banner 947
Affiliate-Link 730, 946
Affiliate-Marketing 729, 944, 1013
    Agenturen 736
    Datenbank-Tracking 739
    Funktionsweise 729
    Gefahrenquellen 742
    Marktentwicklung und -ausblick 745
    Modelle 944
    Pay-per-Action 741
    Pay-per-Airtime 742
    Pay-per-Click-Out 742
    Pay-per-Lead 741
    Pay-per-Order 741
    Pay-per-Sale 741
    Pay-per-Sign-up 741
    Pay-per-View 742
    Pixel-Tracking 740
    Session-Tracking 739
    Tracking 737
    Vergütungsmodelle 741
    Werbemittel 735
Affiliate-Netzwerk 730, 732, 944, 1013
Affiliate-Programme 82, 981
affilinet 732
Agentur 416
Agenturausschreibung 85
Agentur-Pitch 85–86
AGOF 153, 634, 967
Ähnlichkeit 507
AIDA-Modell 549, 705, 924, 1013
Akkordeon 561
Aktivierungslink 775
A-Kunde 38
Alexa 268
Alexa.com 36, 637
Alleinstellungsmerkmal 102
Alphabet Inc. 213
alt-Attribut 226, 235, 1013

alt-Text 434
Amazon 658, 729
   PartnerNet 733
   Partnerprogramm 945
AMP 233
Analytics 646
Anbieterkennzeichnung 776
Anchor-Text 251
Anderson, Chris 192
Android 33, 50
Anfängerfehler 55
Anker 490
Anmeldeformular 753
Anzeige 339
   abgelehnte 350
   bezahlte 284
   Domain im Anzeigentitel 345
   kontextsensitive 44
   mit Verkäuferbewertungen 373
   responsive 691
   texten 343
   veränderte Reihenfolge 343
Anzeigenblock 955
Anzeigenerweiterung 365
   Seitenlink 365
   Standorterweiterung 365
   Telefonerweiterung 365
Anzeigenformate 354, 958
Anzeigengruppe 303
Anzeigenplanung 394
Anzeigenplatzierung 83
Anzeigenpreis 919
Anzeigenrotation 351
Anzeigenschaltung 351
   anfrageabhängige 392
   leistungsabhängige 351
   leistungsunabhängige 351
   mobile 50
Anzeigentext 339, 346
Anzeigen-URL 341, 347
Anzeigenvorschau-Tool 405
App 50, 52
   Analyse 645
   Anzeigen zur Installation mobiler Apps 355
   Download-Charts 53
   Fatigue 54
   kostenpflichtige 53, 975
App Store 975
Apple Pay 976
archive.org 213
Area of Interest 592

Arial 515
Ash, Tim 533, 537
Ask Jeeves 169, 288
Ask Sponsored Listing 288
Ask.com 169, 288
ASP 732
Assistive Technologien 433
Ästhetik 568
AT&T 288
Attribution 643
Attributionsmodellierung 643, 925
Audisto 223
Aufmerksamkeit 705
Aufzählung 551
Augmented Reality 782, 1014
Ausrichtung auf Zielgruppe 309
Ausrichtungsmethoden 710
Ausstiegsseite 653, 1014
Auswahlmöglichkeiten 454
Auszahlungsgrenze 733
Auszeichnung 553
Auto-optimierter CPC 389
Autosuggest 470
autosuggest-Funktion 442
Awin 732, 944

B

B2B 934, 969
B2C 969
Backlink 254, 1014
   Tools 248
Bad Neighborhood 253
Badge 523
Baidu 155, 167
Bandbreite 34
Banner 955, 1014
   dynamisches 686
   erstes 981
   Standardformate 955
Bannerart 682
   animiert 683
   Fakebanner 689
   Pop-under-Banner 687
   Pop-up-Banner 687
   Rich-Media-Banner 685
   statisch 683
   Sticky Ad 688
   transaktiv 685
   Videobanner 688
Bannerblindheit 681

Bannerformat 690
Bannergröße 690
Bannermarketing 677–678, 726
   Abrechnungsmodelle 697
   Adserver 693
   Click-Through-Rate 681
   Conversion-Rate 682
   CPM 697
   Erfolgsmessung 681
   Fehler 75
   Kennzahlen 681
   Klickrate 681
   Marktvolumen 701
   Mediadaten 698
   Monitoring 696
   Streuverluste 678
   Tag 693
   TAI 697
   TKP 697
Bannerwahl 76
Bannerwerbung 288, 678, 943
Bannerwirkung 679
Barrierefreiheit 430, 1014
   Barrierefreie-Informationstechnik-
     Verordnung 437
   Bedienung 433
   behinderte Menschen in Deutschland 430
   Behindertengleichstellungsgesetz 437
   BGG 437
   Bilder 434
   BITV 437
   Farben 435
   Filme und Animationen 435
   Formulare 435
   Gesetze 437
   Hilfsmittel für Behinderte 436
   HTML und CSS 436
   Text 434
   Verbesserungstipps 433
Baumstruktur 220
Beacon 646
Befragung 31, 37
Behavioural Targeting 694
Belastungsgrenze, monatliche 393
below the fold 183, 376, 488, 539
Benutzer
   soziodemografische Daten 36
   wiederkehrender 34
Benutzerfreundlichkeit 426–427
Bereich, sichtbarer 518
Best Bet 473

Bestellprozess 970
Besucher
   geografische Herkunft 32
   gewünschter 40
   Herkunft 630
   neuer 34
   Sprache 32
   technische Ausstattung 33
   Typologie 38
Besucheraufkommen 36, 612
   Kennzahlen 612–613
Besucherstatistik 36
Besuchertyp 34
Besucherverhalten 628, 632
   Analyse 628
Besuchszeit 35
Beta-Test 583
Betreffzeile 759
Betriebssystem 33
Beus, Johannes 200
Bezahlmodell 940
Bezahlschranke 940, 961
Bezos, Jeff 729
Bid Management 415
Bilder-SEO 265
Bildersuche 226, 264
Bildschirmlesesoftware 433
Billboard Van 870
Bing 162, 984
   Webmaster Center 214
   Webmaster Tools 219
Bingbot 172
B-Kunde 38
Blacklist 770, 1014
BLE 646
Blendtec 873
Blog 265, 662, 788–789, 1014
   Arten 789
   Aufmerksamkeit 793
   Themes 793
Bloggen 789
Blogger 156, 789
Blogkommunikation 790
Blogmarketing
   Erfolgsfaktoren 793
   Foren vs. Blogs 795
   Kommentare und Feedback 794
Blogmonitoring 794
   Tools 794
Blogosphäre 789
Blogpost 789, 793

Blogroll 789
Bluetooth 646
Boards 859
Bold 515
Bonusprogramm 669
Bookmark 239, 295, 463, 629
Bot-Verzeichnisse 852
Bounce-Rate 36, 119, 564, 612–613,
                                                772, 1014
Braillezeile 436
Brainstorming 868
Brand Awareness 680, 698, 1014
Branding mit Google Ads 717
Branding-Kampagne 294
Brand-Kampagne
     im Suchmaschinenmarketing 933
Breadcrumb-Navigation 468
Breakpoint 230
Bridge Page 546
Briefing 85
Brin, Sergey 155, 175
Broad Match Modifier 333
Browser Chrome 983
Browsercheck 562
Browsergröße 563
Browsernutzung 62
Browsersprache 33
Brückenseite 546
Budgetplanung 756
Bulk-Bearbeitung 418
Bundesverband Digitale Wirtschaft → BVDW
Button 489, 822, 1014
BVDW 195, 294, 745, 926

C

Call to Action → CTA
Canonical-Tag 242
Captcha 497
Card Sorting 450, 608
ccTLD 212
Certified Senders Alliance 771
Charity-Aktion 257
Chatbot 667, 849, 1014
China 167
Churn Prevention 649, 666
C-Kunde 38
Class-C-Popularität 247
Click-Fraud 1014
Clickmap 593
Click-Through-Rate → CTR

Click-to-Call Buttons 495
Click-to-Call-Button 575
Click-to-Messenger Ads 840
Click-Tracking 1014
Clippings 143
Cloaking 277, 1014
CLV 38
CMS 57, 241, 271
Cognitive Walkthrough 584
Cohen, Jared 162
Community 664, 854
ComScore 638
Confirmation Bias 874
Connected Device 782
Content 88, 90
     Distribution 116
     Erfolgsmessung 119
     Guidelines 115
     Kosten 109
     KPIs 119
     Planung 107
     Produktion 114
     Verbreitung 116
Content Engagement 119
Content-Audit 104
     qualitativer 105
     quantitativer 105
Content-Formate 111
Content-Management-System → CMS
Content-Marketing 88, 107, 205
Content-Marketingbudgets 88
Content-Planung 107
     Redaktionsplan 109
Content-Strategie 96
Content-Werbenetzwerk 702
Conversational Search 178, 206
Conversion 530, 1014
     Macro-Conversion 532
     Micro-Conversion 532
     Pfad 531
     Trichter 531
Conversion Funnel 531, 605
Conversion Rate Optimization → CRO
Conversion-Kette 410
Conversion-Optimierung 993
Conversion-Optimierungstool 391
Conversion-Rate   191, 530, 612–613, 632, 1015
     Beispielrechnung 535
     Formel 530
     länderspezifische Unterschiede 531

Conversion-Rate-Optimierung 529, 533, 540, 576

   Checkliste 577

   Potenzial 535

   Prozess 537

Conversion-Rate-Optimierungsprozess

   Gegenmaßnahmen überlegen 538

   Schwachstellen aufdecken 538

   überprüfen 539

   Umsetzung 539

Conversion-Rate-Rechner 536

Conversion-Tracking 293

Conversion-Trichter 401

Conversion-Ziel 40

Cookie 737, 1015

   doppeltes 744

Cookie Dropping 744

Cookie Spamming 744

Cookie Spreading 744

Cookie Stuffing 744

Cookie-Tracking 737

Core Audience 835

Corporate Blog 662, 789

Corporate Design 919

Corporate Twitter 803

Cost-per-Acquisition → CPA

Cost-per-Click 1015

Cost-per-Click-Modell → CPC-Modell

Cost-per-Engagement (CPE) 699

Cost-per-Engagement-Modell → CPE-Modell

Cost-per-Follower 808

Cost-per-Lead 1015

Cost-per-Mille → CPM

Cost-per-Order → CPO

Cost-per-View (CPV) 698

Courier 515

CPA 400

CPA-Preismodell 391

CPC-Modell 319, 379

CPE-Modell 809

CPM 390, 697

   Preismodell 390

CPO 759

Crawlability 224

Crawler 172, 1015

Crawling 172, 220, 900

   Fehler 218

   Google Search Console 224

   Prozess 173

   Rate 225

Credibility 572

Credibility-based Design 567

CRM 649, 657–658, 660, 673, 763

CRO 533, 540

   LPO ungleich CRO 540

Cross-Channel 915

Cross-Channel-Marketing 928

Cross-Device-Tracking 925

Crossmedia

   Bildverarbeitung 939

   Inhalte 939

   Kampagnen 929

   Kampagnenaufbau 919

   Kampagnenplan 919

   Publishing 937

   Redaktion 938

Crossmedia-Marketing 915, 941

   Instrumente 916

Crossmedia-Publishing 937

   Synergieeffekte 941

Cross-Selling 659

Crowd Surf 855

CSS 226

CTA 555

CTR 177, 564, 957

Curated Shopping 991

Cursor 490

Custom Audiences 835

Customer Journey 101, 532, 642, 924

Customer Lifetime Value → CLV

Customer Relationship Management → CRM

Customer-Relationship-Management 1015

D

DACH-Region 55

Danke-Seite 563, 573

Datei, Benennung 245

Dateiname, sprechender 226

Daten, strukturierte 243

Datenmissbrauch 773

Datenschutz 625, 773, 841

   Antrag auf Herausgabe persönlicher

     Daten 842

   persönliche Daten downloaden 841

Datenschutzbestimmungen 615

DDV 778

DENIC 211–212

Design vs. Funktion 444

Designaspekt 505

Detailseite 458

Deutscher Dialogmarketing Verband → DDV

DeutschlandCard 669
Device-Tracking 738
Diagonalproblem (Problem der
    Diagonale) 478
Digital Customer Experience (DCX) 673
Direct Traffic 120
Direkter Zugriff 629
Direktmarketing 748
Disavow-Tool 261
Disclaimer 1015
Display-Marketing 677–678, 726, 993
Display-Netzwerk 315, 702, 714
Display-Website 702
Disruption 989
Distributionskanal 928
DKI 344, 353–354
DMOZ 152
Domain 341, 1015
    Alter 210, 213
    Name 210
    Umzug 268, 272
Domain-Endung 55
Domain-Name 55
    Änderung 272
Domain-Popularität 213, 247
Domain-Schreibweise 56
Domain-Verkauf 55
Don't make me think 555
Doorway Page 546
Doppelte Inhalte 236
DoubleClick 288
Double-opt-in-Verfahren 774, 1015
Drittelregel 520
Druckversion 236
DSA 357
DSGVO 626, 842, 969, 986, 1015
DuckDuckGo 167
Duplicate Content 236, 242, 885, 1015
Dynamic Keyword Insertion → DKI
Dynamic Serving 228
Dynamische Produktanzeige 835
Dynamische Suchnetzwerk-Anzeige → DSA

E

Ease of Use 428
Easteregg 322
eBay, Partnerprogramm 945
Echtzeitanalyse 615
E-Commerce 969, 988, 993, 1016
Ecosia 169

E-CRM 657–658
Effekt, viraler 864
Effektivität 442
Effizienz 442
Ego Bidding 382
Eigenversand 771
Eindeutiger Nutzer 635
Einfachheit 509
Einflussfaktor 613
Einnahmequellen 82
Einsprungseite → Landing Page
Einstiegspunkt 222
Einstiegsseite 269, 653, 1016
E-Mail 979
    erste E-Mail in Deutschland 980
    HTML-Format 767
    Impressum 764
    inhaltliche Gestaltung 761
    Personalisierung 763
    Provider 771
    Textformat 767
    Versender 771
    Zustellbarkeit 770
E-Mail-Empfänger 752
E-Mail-Kampagne 748
    Inhalt 759
    Planung 756, 766
    testen 757, 768
E-Mail-Marketing 48, 660, 747–748, 779, 994
    Anbieter 770
    Checkliste 780
    Ehrenkodex 778
    Erfolgskontrolle 772
    juristische Aspekte 773
    Targeting 43
    Tracking-Möglichkeiten 772
E-Mail-Marketingfehler 75
    Absender und Betreff 77
    fehlende Angaben und Funktionen 77
    fehlender Mehrwert 78
    unpassende Versandfrequenz 78
E-Mail-Verteiler 758
E-Marketing 27
Empfehlungsmarketing 864, 868
Entscheidungsprozess der Zielgruppe 565
E-Paper 938
Erfahrung 513
Erfolg messen 611
Erfolgskontrolle 758
etracker 616
Eventmarketing 918

Exact Match 334
Exalead 170
Extrinsische Motivation 568
Eye-Catcher 548, 555, 761, 1016
Eyetracker 591
Eye-Tracking 181, 591, 1016

F

Facebook 291, 813
   Algorithmus 831
   App Engagement Ad 834
   App Install Ad 834
   Ausrichtung auf die Zielgruppe 835
   Clicks to Website Ad 834
   Click-to-Messenger Ad 834
   Datenschutz 841
   Event Response Ad 834
   Gefällt mir 826, 831
   Gründung 983
   in Zahlen 814
   Kritik 828
   Lead Ad 834
   Like 826
   Mehrwert bieten 828
   Offer Ad 834
   Page Post Engagement Ad 834
   Places 186
   Profilvorschau 841
   Quit Facebook Day 841
   Social Plug-ins 829
   Video Ad 834
   Werbeplatzierungen 837
Facebook Ads 44, 291, 833, 840
Facebook Chat 816
Facebook Conversion Pixel 834, 840
Facebook Messenger 816
Facebook Stories 816
Facebook-Applikationen 832–833
Facebook-Fanpage 818
Facebook-Funktionen 816
   Chronik 816
   Mention 827
   Places 816
   Timeline 816
   Videoanrufe 816
Facebook-Page 816, 818
   Administratorbereich 825
   Apps als Landing Page 824
   Impressumspflicht 822
   Infobereich 820

Facebook-Page (Forts.)
   Kommunikation 826
   Post fixieren 824
   Profilbild 820
   Suchmaschinen 824
   Tipps 825
   Titelbild 818
   verknüpfen 829
Facebook-Unternehmensprofil 818
Facebook-Veranstaltungen 816
Facetten-Navigation 480
Failure Stories 584
Fakenews 874
Fangemeinde aufbauen 826
Farbe 513
Farbenlehre 513
Farbkreis 514
Farbwirkung 514
Fat Footer 484
Feature Creep 443
Featured Snippet 204, 207
Fehlermeldungen 496
Fehlerseite 378
Fernsehwerbung 930
Figur und Grund 506
Filo, David 165
Filternavigation 480
Fireball 169
First Page Bid Estimate 387
Fitts' Law 532, 551
Flash 69, 224, 271, 981
Flat Design 510
Flickr 165
Fließtext 549
Flurry 645
Flyer 870
Flyout 475
fMRT 569
F-Muster 517, 560
Fokusgruppe 607
Follower 799
Follower-Kampagne 808
Font 514
Footer 448, 484
Footer-Bereich 198, 251
Formular 492, 563
   dynamisches 495
   Reset-Button 498
   Reset-Link 498
Fortsetzung 510
Forum 662, 795

Fractional Factorial Design 598
Frame 69, 226
Freemium 960
Freemium-Model 940
Frequency Capping 696, 718, 969, 1016
F-shaped Pattern 517, 560
Full Factorial Design 598
Funktionale Magnet-Resonanz-Tomografie
  → fMRT

G

Galeriedarstellung 471
Gamification-Elemente 573
Gastbeiträge 793
Gates, Bill 203
Gateway Page 546
GDPR 626
Gebärdensprache 431
Gebot für die erste Seite 387
Gebotssimulator 380
Geheimhaltungsvereinbarung 85
Gehirn 569
Gemeinsames Schicksal 513
Generic Top-Level-Domain 55
Geo-Targeting 43, 694, 1016
Geschäftsmodelle 943
Geschlossenheit 508
Gesetz der gemeinsamen Bewegung 513
Gesetz der guten Gestalt 509
Gestaltschluss 508
Gestaltzwang 508
Gewinnspiel 255, 259
Ghostery 617
Gladwell, Malcolm 191
Glaubwürdigkeit 565
Global Market Finder 312
Gmail-Anzeigen 766
GoDaddy 211
Golden Triangle 182
Goldener Schnitt 520
Goldenes Dreieck 182
Google 151, 153, 155
  Ad Manager 968
  AdWords 288–289, 982
  Alerts 143, 255
  Anzeigenvorschau-Tool 405
  Benutzeroberfläche 312
  Bildersuche 265
  Books 157
  Börsengang 983

Google (Forts.)
  Chrome 157
  Chrome OS 157
  Conversion Tracking 295
  Crawler 172
  Display-Netzwerk 704
  Earth 156
  Geo-Targeting 310
  Glass 54
  Google Glass 162
  Gründung 982
  Hot Searches 179
  Keyword-Tool 234, 325
  Konto 618
  Mail 983
  Maps 156, 262
  Marketing Platform 615
  My Business 263
  News 137, 265
  One-Box 206
  PageRank 175, 205
  Partnersuche 417
  Places 263
  Platz 1 197
  RankBrain 202
  Ranking-Algorithmus 205
  Richtlinien für Webmaster 260
  Search Console 214, 248
  SEO-Leitfaden 202
  Street View 157, 983
  Suchanfragen 283
  Suggest 177, 321
  Trends 180
  Updates 208
  Webmaster Tools 214
Google Ads 70, 156, 198, 288–289, 296
  Account-Limitierungen 304
  Aktivierungsgebühr 292
  Analyse und Optimierung 295
  Änderungsprotokoll 303
  App-Erweiterung 372
  Ausrichtung auf Zielgruppe 293
  automatisierte Regeln 415
  Bekanntheit 294
  Berichte 408
  Branding 717
  Brand-Kampagnen 932
  Click Fraud 296
  Community 298
  Conversion 397
  Conversion-Prozess 401

Google Ads (Forts.)

Conversion-Tracking 295, 397
Display-Netzwerk 704
Festlegung der Währung 301
Flexibilität 292
Kampagne 307
Kampagnentests 404
Kenntnisse und Abhängigkeiten 295
Keyword-Auswahl 295
Klickbetrug 296
Kontakt zur Zielgruppe 292
Konto 298, 302
Konto anlegen 299
Kontostruktur 302, 339
Kontozugriff 303
Kosten 379
Kostenkontrolle 293
Labels 411
Leistungsmessung 361, 396
Messbarkeit 293
Optimierung 396
Optimierungsmaßnahmen 411
Path to Conversion 401
Preis 292
Produkte 294
Prognose 293
Reichweite 292
Remarketing 46
Schnelligkeit 292
Skripts 416
Start 982
Tagesbudget 293
Traffic 293
Verknüpfung mit Google Analytics 305
Vorauszahlung und Nachzahlung 302
Zahlungsinformationen 302
Zahlungsmöglichkeiten 302
Zeitaufwand 295
Google AdSense 44, 288, 734, 952
Anzeigenformate 955
Einnahmen 957
Einrichtung 952
Google Analytics 32, 615, 618, 646
Absprungrate 36
Academy 622
Anmeldung 618
Dashboard 621
Einrichtung 618
IP-Anonymisierung 620
IQ-Zertifizierung 622
Kampagnen-Tracking 630
Tracking-Code 620

Google Assistant 268
Google Finance 206
Google Home 268
Google Hummingbird 205
Google Keyword-Planer 189
Google Maps 983
Google Merchant Center 316
Google My Business 858
Google News 206, 255
Aufnahme 265
Google One-Boxes 206
Google Optimize 600
Google Panda 89
Google Search Console 120, 240, 269, 492
Google Shopping 316
Google Street View 983–984
Google Suggest 322
Google Tag Manager 622–623
Container 624
Tag 624
Trigger 625
Variable 625
Google Trends 179, 636, 928
Google Website Optimizer Forum 604
Google+ 856
Kreise 857
Googlebot 172, 225, 277
Google-Forschung
Google Driverless Car 162
GoTo.com 288
Göttliche Teilung 520
GPS 53, 184, 1016
Graffiti 871
Grundlegende Fehler 55
gTLD 213
Guerilla-Marketing 869, 873
Gutscheincode 761
Gutscheinportal 751

H

h1-Überschrift 234
Hamburger-Menü 444
Hamburger-Symbol 482
Handlung 705
Handlungsaufforderung → CTA
Hangouts 857
Hard-Bounce 772
Harte Bezahlschranke 940
Hashtag 799
Hauptsektion 465

Hauptüberschrift 234
Hawthorne-Effekt 590
Headline 547
Head-mounted Eyetracker 591
Heatmap 593, 1016
Heroshot 548
Hervorhebung 515
Heuristische Evaluation 585
Highest Paid Person's Opinion → HiPPO
Hilfsnavigation 465
HiPPO 579
Hirnscanner 569
Historische Leistung 384
Homepage 222, 455, 457
Hootsuite 813
Host 247
Hosting von Videos 890
Host-Popularität 247
Hot Spot Analysis 592
HotWired.com 288
hreflang 243
HTML 1016
    Fehler 226
    Quellcode 238
    Tabellen 226
    valides 226
HTML-Quellcode 225
HTTPS 277
HTTPS-Migration 269
HTTPS-Protokoll 226
Hyperlink 1016
hypertext reference 246
Hypothesen (Testing) 581

I

IA 447
ICANN 213
Icerocket 789
iframes 224
Image Replacement 515
Image SEO 265
Image-Anzeige 358, 360
ImmobilienScout24 17
Impression 1016
Impression, sichtbare 682
Impressum 234, 460, 776–778, 1016
Impressumspflicht 764
In-App-Kauf 53, 975
Inbound-Marketing 27
Incentive 608, 755

Index 170, 172
Infinite Scrolling 474
Influencer 965
Influencer-Marketing 787
Informationsarchitektur 204, 220, 447
Informationspflichten 776
Infotainment 364
Inhalt 61, 650
    kostenpflichtiger 938
    kundenorientierter 650
    optimieren 234
Insights 825
Instagram 813, 843
    Business Account 845
    Shopping 846
    Stories 845
    verifizierter Account 844
    Werbeformate 846
In-Stream-Ad 907
Interne Suche 654
Interne Verlinkung 116
Internet der Dinge → IoT
internet facts 153, 635
Internetmarketing 27
Internet-TV 941
Intrinsische Motivation 568
IoT 54, 782
iPad 984
IP-Adresse 310–311, 1016
iPhone 33, 51, 983
IP-Popularität 247
ITU 989
IVW 26, 616, 634
Ixquick 167

J

JavaScript 226, 271, 1016
    Logging 614
Jodel 859
Jump Page 546

K

Kampagne 303, 307
    für App-Installationen 809
    für App-Interaktionen 809
    für Conversions 809
    für Markenbekanntheit 809
    für Video-Ansichten 809
    für Website-Klicks 809

Kampagne (Forts.)
geografische Ausrichtung 309
Guerilla-Marketing 869
mehrstufige 757
Spracheinstellungen 309
virale 865
Kampagnenentwurf 418
Kampagnenoptimierung 402
Anzeige 404
Keywords 403
Landing Page 406
Kampagnenplan 757
Kampagnen-Tracking 645
Kampagnentypen 808
Kanal 629
Kausalität 201
Key Performance Indikator → KPI
Key Visual 548, 919
Keyboard-Types 495
Keyboardtypes 575
Keyword 177, 303, 319, 1016
ausschließendes 335
Broad Match 331, 333
Density 234, 278
Dichte 278
Exact Match 334
Expanded Broad Match 332
Falschschreibweisen 337
genau passendes 334
Gesetze und Richtlinien 337
Groß- und Kleinschreibung 334
hervorgehobenes 352
indirektes 323
Liste 233
Long Tail 192
Markennamen 338
Mehrwortkombination 324, 330
Negative Match 335
Phrase Match 333
Siloing 338
Stuffing 275, 278
Synonyme 324
weitgehend passend 331, 333
Keyword-Advertising 284
Keyword-Dichte 234, 278, 1017
Keyword-Domain 56
Keyword-Jamming 386
Keyword-Liste 320
Keyword-Option 331
Auswirkungen 337
Broad Match 331

Keyword-Option (Forts.)
Broad Match Modifier 333
Eselsbrücke 336
Exact Match 334
Negative Match 335
Phrase Match 333
Keyword-Planer 189, 325
Keyword-Recherche 187, 195, 233, 320
doppelte 404
Google AdWords Wrapper 329
historische Leistung 384
Keywords kombinieren 329
Sammlung bereinigen 328
Schreibweise 324
Tools 324
Übersetzungstools 324
Keyword-Tool 325
Klickkette 641
Klickpreis
Berechnung 382
effektiver 387
maximaler 379
Klickrate 772
Klick-Tracking 593
Klickverhalten 181, 611
Knappheit 557
Knowledge Graph 158, 183
Komplementärfarbe 514
Komposition 516
Konsistenz 445
Kontaktdaten 460
Kontaktstrecke 665
Kontoeinstellung 305
Kontostruktur 305
Kontrast 518
Konvention 444, 560
Konvergenz der Medien 941
Konversionsrate → Conversion-Rate
Korrelation 201
Kostenpflichtiger Inhalt 938
Kotler, Philipp 990
KPI 853, 919, 1016
Krug, Steve 426, 555
Kunden halten, Fachliteratur 997
Kundenbeziehung 662
Kundenbeziehungsmanagement 649, 658
Kundenbindung 649, 662, 673, 748
Checkliste 675
elektronische 657
Kundencenter 304
Kundendaten 658, 773

Kundendatenbank 658
Kundenlebenszyklus 649
Kundenprofil 658
Kundensegmentierung 60, 656
Kundenwert 38

L

Labeling 447
Ladezeit 58, 176, 277, 505
Landeseite → Landing Page
Landing Page 296, 374, 377, 532, 540, 1017
   AdsBot 375
   AdWords-Spider 375
   Anatomie einer perfekten
      Landing Page 557
   Anordnung der Elemente 559
   Arten 545
   Elemente 546
   Fehler vermeiden 571
   Hauptnavigation 559
   Kennzahlen 564
   Kernelemente 546
   Länge 560
   Messung 564
   personalisieren 554
   Startseite nicht optimal 542
   Suchmaschinenoptimierung 377
   Tabbed Browsing 378
   testen 573
   Werbung 554
   Zugänge 543
Landing Page Analyzer 574
Landing-Page-Optimierung → LPO
Lanier, Jaron 162
Last-Click-Analyse 642
Launch 1017
Layer Ads 1017
Layout 520
   dynamisches 520
   elastisches 520
   starres 520
Lead 1017
Leadtext 552
Leistungsschutzrecht 168
Leserichtung 518
Lesezeichen 239, 295, 463
Levinson, Jay Conrad 869
Lewis, Elmo 705
Linie 517

Link 198, 253, 489
   broken 256
   externer 214, 247
   interner 214, 223
   kaufen 255
   Kooperation 255
   Marktplätze 260
   mieten 255
   Position 251
   schlechter 259
   Text 251
   verstecken 278
   Wert 249
Linkaufbau 253
Linkbait 145, 256, 523, 874
Linkbuilding 253, 278, 1017
LinkedIn 862–863
Linkkauf 70
Linkpartner finden 255
Linkpopularität 247
Linkprofil 247
LinkResearchTools 248
Linkstärke 223
Linkstruktur
   Änderung 269
   interne 223
Linktext 490
Linktree 844
Live Search 163
Logbuch 788
Logfile 615, 1017
Logfile-Analyse 609, 615
Lokale Suche 262
Long-Tail-Prinzip 330
Long-Tail-Theorie 191
Lookalike Audience 835
LPO 540, 573–574
LTE 50
Lycos 169

M

Machine Learning 667
Macro-Conversion 532
Macromedia 981
Magento 970
Magische Sieben 453
MailChimp 771
Mailing, Inhalt 759
Make-or-Buy 757
Markenauftritt 143

Markenbekanntheit 718, 921
  Suchmaschinenmarketing 926
Markenkern 103
Markenname 240
Markenpositionierung 101
Marketing
  Crossmedia- 915
  E-Mail- 747
  Guerilla- 869
  klassisches 917
  Newsletter- 747
Marketing Automation 660
Marketing, virales → Virales Marketing
Marktpotenzial 312
Marshall, Perry 404
Material Design 510
Matomo 613, 616
MCC 304
M-Commerce 974
Mediadaten 41
Mediaplan 41
Media-RSS 902
Medienplanung 919
Medium Rectangle 955
Mega-Dropdown-Menü 476
Mehrstufige Kampagne 757
Mehrwert 650
Merchant 729, 731, 944, 1017
Messbarkeit 47, 613
Messenger Ad 840
Messenger Marketing 849
Messmethode 613
Meta-Angabe 238
MetaCrawler 152
Meta-Description 238, 240
MetaGer 152
Meta-Keyword 196
Meta-Keywords-Tag 238
Metasuchmaschine 151–152
Meta-Tag 240, 242, 323, 1017
Metered Model 940
Meyer, Marissa 165
Microblogging 795
Micro-Conversion 532
Microsite 541, 545, 1017
Microsoft 163
  AdCenter 290
  Live Search 163
Mid-Roll-Ad 907
Millersche Zahl 454
Mißfeldt, Martin 265

Mitarbeiterblog 789
Mobile Analytics 644
Mobile Commerce 974
Mobile CRM 673
Mobile Device 645
Mobile Endgeräte 33
Mobile First 519
Mobile LPO 574
Mobile Marketing 50, 994
Mobile Optimization 534
Mobile Payment 975
Mobile User Experience 425
Mobile Website
  Buttons 491
  Links 491
Mobile-First Index 209
Mockup 451
Moderator 795
Monatliche Belastungsgrenze 393
Monetarisierung 943
Moorhuhnjagd 867
Motivation
  extrinsische 568
  intrinsische 568
Mountain View 156
Mouseover 490, 1017
Mouse-Tracking 593
Movementmap 593
Moz 201
mRSS 902
Multi-Channel 915
Multi-Channel-Analyse 641, 925
Multimedia 46, 502
Multipartnerprogramme 671
Multi-Screen-Trend 918
Multivariater Test 597
Mundpropaganda 864, 918
mUX 425
My Client Center → MCC
MySpace, Gründung 982
MyVideo 898

N

Native Ad 953, 963
Native Advertising 118, 165, 680, 963
Navigation 222, 462
  Filternavigation 480
  fixe 466
  globale 464
  Haupt- 464

Navigation (Forts.)
linkdominante Nutzer 463
lokale 466
mobile Websites 482
Off-Canvas-Navigation 483
persistente 464
primäre 465
suchdominante Nutzer 463
Tag-Navigation 481
Navigationsart 464
Navigationskonzept 56, 475
Navigationsstil 475
Akkordeon 481–482, 491
Auswahlmenü 475
Dropdown-Menü 475
Klappmenü 481
Liste 475
Registernavigation 479
Rollover-Menü 475
Tagcloud 481
Ziehharmonika 481
Navigationsstruktur 63, 204, 220
NDA 85
Near-Field Communication → NFC
Negative Match 335
Negative Space 519
Netiquette 795
Netvibes 853
Netzwerkeffekt 864
Neuromarketing 566, 569
New Visitor 612
News 265
Newsletter 665, 731, 747
Abmeldemöglichkeit 778
Anmeldung 754
täglicher 765
Versand 769
Newsletter-Marketing 747, 779–780
Newsletter-Versand 771
News-Sitemap 266
NFC 975
Nielsen, Jakob 440, 486, 498, 517, 560, 638
F-Muster 517, 560
umgekehrte Pyramide 486
nofollow 241, 250
Nofollow-Link 250
Non-Disclosure-Agreement → NDA
Noreply 759
Nutzererfahrung 209
Nutzerführung 653
Nutzerverhalten 34, 61, 635, 645

O
Oberkategorie 222
Offline-Tracking 646
Öffnungsrate 759, 772
Off-Page-Faktor 176
Off-Page-Optimierung 200, 246, 1017
Okulografie 591
Omni-Channel 915
Omni-Channel-Marketing 993
ONE by AOL 968
One-Boxes 206
One-Page Design 221, 453
One-to-One-Marketing 658, 660
Online Relations 127
Online Reputation Management → ORM
Online-Handel 988
Online-Journalismus 940
Online-Marketing 27, 677, 726, 746
Checkliste 727, 746
Literatur 997
Marketingkanäle 46
Maßnahmen 197
Surf-Tipps 1006
Teilbereiche 47
Trends 989
Online-Marketingagentur 83
Briefing 85
Online-Media-Planer 702
Online-Monitoring 143
Online-Panel 37, 608
Online-PR 118, 125, 127, 146
Blogs 141
Checkliste 147
E-Mail-Newsletter 138
Kataloge und Verzeichnisse 134
Newsgroups 142
Online-Foren und Communitys 141
*Online-PR und Suchmaschinen-
optimierung (SEO)* 144
Online-Presseportale 137
Podcasts 138
PR-Arbeit in sozialen Netzwerken 144
RSS-Feeds 138
Suchmaschinen 128
Twitter 142
Online-Shop 943, 969–971, 980
Online-Shopping, mobiles 974
Online-Texte 111
Online-Video
Nutzung 879
Platzierung 883

Online-Werbeträger 692
On-Page-Faktor 176
On-Page-Optimierung 200, 1017
Open Graph Protocol 245
OpenGraph-Tags 245
OpenSiteExplorer 248, 269
OpenX 968
Organic Search 195
Organische Suche 175
ORM 143
Ortsauswahl 309
Outbound-Marketing 27
Out-of-Home 916
Out-of-Home-Media 870, 918
Outsourcing 83
Overture 288
owned content 920
OXID 970

P

Page Impression 119, 613, 1017
Page View 613
Page, Larry 155, 175
PageRank 175, 223, 1017
    Vererbung 223
PageSpeed Insights 225
PageSpeed-Tool 58
Paginierung 236, 474, 1017
Paid Content 920
Paid Inclusion 175
Paid Listing 285
Paid Search 175, 195
Panda-Update 145, 208
Paper Prototyping 517
Parallax Scrolling 453
Partnerprogramm 733, 945
Pattern Libraries 429
Payback 669
PayPal 976
Pay-per-Click → PPC
Pay-per-Click-Marketing → PPC-Marketing
Pay-per-Lifetime 741
Pay-per-Period 741
Pay-per-X 1017
Paywall 940, 961
Peel-and-Stick-Methode 404
Performance-Analyse 659
Performance-Marketing 1018
Periscope 798
Persona 96–97

Personalisierung 658
Persona-Profile 99
Persuasive Design 568
Pingback 789
Pingen 793
Pingomatic 793
Pinguin-Update 208–209
Pinterest 859
Piwik 616
Pixel 1018
Placement 711
Placement Targeting 714
Plakatkampagne 921
Podcast 138
Point-of-Sale 932
Point-of-Sale-Marketing 918
Pop-under 1018
Pop-up 462, 1018
Pop-up-Blocker 462
Position Null 207
Positionierung der Elemente 516
Positivliste 767
POST-Ansatz 784
Post-Roll-Ad 907
Power-User 35
PPC 742
PPC-Advertising 284
PPC-Marketing 284
PPC-Programm 290
Prägnanz 509
Pre-Roll-Ad 907
Pressearbeit 127
Pressebereich 129
    Factsheets 131
Pressemitteilung 130, 134–135
Pressespiegel 131
Presseverteiler 131, 136
Primäre Navigation 465
Printanzeige 920, 925
Prinzip der Gegenseitigkeit 569
Prinzip des guten Verlaufs 510
Product-Placement 918
Produktanzeige, dynamische 835
Produktbewertungen 664
Produktdetailseite 653, 658
Produktempfehlungen 654
Produktpaket 659
Produktsuchmaschine 288
Produktvideo 887
Programmatic Buying 696
Progressive Web App → PWA

Promoted Account 807, 810
Promoted Trend 807, 810
Promoted Tweet 807, 809
Proportionsgesetz 520
Prosument 781
Provision 944
Public Relations 918
Publisher 260, 692, 729, 944
Pull-Marketing 27, 1018
Push-Marketing 27, 1018
PWA 54, 233

Q

QR-Code 925
Qualitätsfaktor 382
    Ads-Konto 384
    Klickpreis 385
Quality Rater 198
Quality Score 383
Quick Response 925

R

Rabattcode 925
Radiowerbung 924
Rahmenkonto 304
Rangwertziffer 385
Ranking 172, 198, 1018
Ranking-Faktor 201
Ranking-Kriterien 176
Rapid Prototyping 451
Reach Ad 834
Reaktivierung 666
Real-Time Advertising 696
Real-Time Search 813
Real-Time-Marketing 935
Reconsideration Request 261
Redaktionsplan 109
reddit 858
Redesign 268, 272
Redirect 1018
Redirect Test 599
Referenz 553
Referrer 543, 629, 1018
Reichweite 1018
Relaunch 268
Relevanz 175
    thematische 234
Remarketing 46, 719
    Code-Snippet 720

Remarketing (Forts.)
    Kombinationslisten 725
    Remarketing-Tag 720
Remote Eyetracker 591
Remote-Mouse-Tracking 593
Rendite 1018
Reputation Management 143
Response-Quote 759
Responsive Design 228, 231, 446
Responsives Webdesign 518, 1018
Restplatzvermarkter 968
Retargeting 45, 665, 667
Return on Ad Spending → ROAS
Return on Influence 853
Returning Visitor 34
Retweet 799
Reverse Graffiti 871
Rich Snippet 183, 207, 237
Rich-Media-Anzeigen 360–361
ROAS 400
Robinsonliste 778
Robots-Tag 238, 241
Rohdaten-Export 615
ROI-Berechnung 400
Rollover 490
Rollover-Menü 475
RPM 957
RSS-Feed 138, 1018
RTB 969
Rubinische Vase 506

S

SaaS 970
Samsung Gear 54
Satellitenseite 546
Satisficing 441
Scannen 485, 551
Scanpfad 591
Scarcity 557
Schaltungsmethode 392
schema.org 237, 243
Schlüsselbegriff 319
Schmidt, Eric 162
Schrift, websichere 515
Schriftart 514
Schroeter, Thomas 17
Screaming Frog 223, 271
Screencast 502
Screenreader 433, 436
Scrollingmap 594

Scrollpage 561

SEA 47, 175, 195, 283–284, 421, 630, 1019

    Ablauf 296

    Checkliste 422

    Geschichte 288

    Kombination mit TV-Werbung 294

    Produkteinführung mit

      Display-Anzeigen 705

    Vor- und Nachteile 291

Search Engine Advertising → SEA

Search Engine Land 201

Search Engine Marketing → SEM

Search Engine Result Page → SERP

Search Funnel 410

Search, Conversational 178, 206

Searchmetrics 18, 120, 199–200, 248

    Ranking-Faktoren 201

Second Call to Action 556

Second-Level-Domain 55

Second-Screen-Nutzung 918

Seeding 869

Seeding-Agentur 869

Segmente (Web-Analytics) 639, 644

Segmentierung 31

Seitenaufruf 614

Seitenbereich, sichtbarer 376

Seitengestaltung 650

Seitenquelltext 238

Selbstkontrolle 564

SEM 47–48, 122, 195, 284, 1019

Semantisches Web 782

SEM-Fehler 70

    Anzeigentext 73

    keine Optimierungsmaßnahmen 74

    Keywords 72

    Kontostruktur 71

    Landing Page 73

    Zielgruppe 71

SEMrush 201

SEO 47, 117, 195, 204, 279, 284, 630, 874,

                 928, 992, 1019

    Best Practice 199

    Black-Hat- 276

    Gebote 275

    Grey-Hat- 276

    Inhalte 203

    Kosten 197

    Mythen 196

    Nutzersignale 202

    Platz 1 197

    Prozess 197

    Ranking-Faktoren 201–202

SEO (Forts.)

    Signale 196

    Social Media 209

    technische Voraussetzungen 224

    Text verstecken 198

    Verbote 275, 278

    White-Hat- 276

SEOlytics 248

SEO-Tools 200

SERP 158, 285, 1018

Session 612, 739

Session-ID 739

Shitstorm 828, 1018

Shopping-Club 751

Shop-System 971

Shopware 970

Sicheres Surfen 277

Sichtbarer Bereich 376, 518

Sidebar 198, 251

Siegel 553

Silverlight 271

SimilarWeb 37, 635, 638

Simplicity 519

Single-opt-in-Verfahren 1018

Single-Page Design 221, 453

Siri 268

SISTRIX 120, 199–200, 248

    Ranking-Faktoren 202

    Toolbox 249

Sitemap 447, 1018

Skalierung 537

Skimmen 551

Skyscraper 955, 1018

Slider 931

SMART 785

Smart Pricing 389

Smartphone 50

SMART-Ziele 30

SMM 782, 876, 994

    Checkliste 877

SMO 782

Snack Content 786

Snapchat 854

SnapMap 855

Snippet 204, 240

Snow-Branding 872

Social Bookmarking 254, 1018

Social Bot 668

Social CRM 663

Social Media 117, 662

    Kennzahlen 852

    Monetarisierung 964

Social Media Ads 787
Social Media Guidelines 144, 827
Social Media Marketing → SMM
Social Media Monitoring 852
  Brandwatch 853
  Google Alerts 853
  Google-Blogsuche 853
  HowSociable 853
  Social Mention 853
Social Media Newsroom 132
Social Media Optimization → SMO
Social Media Prisma 783
Social Media Release 137
Social News Aggregator 858
Social Shopping 832
Social Web 782
Social-Media-Dashboard 813
Social-Media-Erfolgskennzahlen 853
Social-Media-Fehler 787
Social-Media-Mix 830–831
Social-Media-Strategie 784
Soft-Bounce 772
Software-as-a-Service 616, 971
Sondermailing 766
Sonderzeichen 246
Soziale Netzwerke 48, 782, 981
Soziodemografische Daten 36, 638
Spam 770, 1019
Spam-Filter 767, 771
Spam-Mail 747, 979
Spectacles 855
Split URL Test 599
Split-Run-Test 595
Split-Testing 351
Sponsored Links 285
Sponsored Listing 285
Sponsored Message 840
Sponsored Story 963
Sprachassistent 667
Sprachauswahl 312–313
Sprache 431
Spracheinstellung 312
Sprachsuche 268
Spreadshirt 972
Stakeholder 451, 579
Stand-alone-Mailing 748
Standardgebot 379
Standorterweiterung 371
Stanford 176
Start- und Enddatum 394
Startguthaben 396

Startseite 222, 234, 455, 632
Statisches Web 782
Sticky Button 575
Sticky Navigation 465
Street-Branding 872
Streuverlust 40, 755
Ströer Digital 168
Strukturierte Daten 243
Subdomain 341, 1019
Suchanfrage, verwandte 322
Suchbegriff 177, 188, 196, 233–234, 636
Suche
  interne 654
  lokale 262
  mobile 184
  organische 175
Suchergebnis 158
  Auswahl 181
  bezahlte Anzeigen 286
  organisches 286
  Relevanz 175
Suchergebnisseite 158, 181
Suchfunktion 469, 653
  phonetische 470
Suchintention 191
Suchmaschine 151–153, 193
  Aufnahme in 173
  Crawler 218, 222, 224
  erste 981
  Funktionsprinzip 170
  Index 170, 172
  Ranking-Kriterien 175
  Richtlinien 198
  Robots 172, 218, 241
  Tools 214, 997
  werbefreie 288
Suchmaschinenmarketing → SEM
Suchmaschinenoptimierung → SEO
Suchmaschinenwerbung → SEA
Suchoperatoren 180
Suchtrichter-Analyse 409
Suchvolumen 233
Surfen, sicheres 277
SurveyMonkey 37
Symmetrie 511

T

Tab 820
Tagcloud 789
Tagebuchmethode 608

Tagesbudget 391
Tag-Management-System 623
Tag-Navigation 481
Taguchi-Methode 598
TAI 697
Targeting 40, 309, 658, 694, 710, 748, 755,
                                              969, 1019
   automatisiertes 43
   Geo- 43
   manuelles 41
   Predictive Behavioral 45
   regionales 43
   Retargeting 45
   semantisches 44
   Social 44
   thematisches 43
Targeting-Methode 43
Tausender-Kontakt-Preis → TKP
Teaching Back 589
Teaser-Fläche 632
Technische SEO 204
Telefonerweiterung 369
Telekommunikationsanbieter 34
Telemediengesetz 776
Test, multivariater 597
Testdauer 80
Testen 49
Testergebnisse 79
Testimonial 553, 919, 929
Textanzeige 340, 955
   Anzeigentitel 344
   Call to Action 347
   Domain- und Zieladresse 341
   Eingabemaske 340
   Google-Richtlinien 349
   Platzhalter 353
   Vorschau 340
Texten 485
Thematische Relevanz 252
Themensammlung 107
   Rahmenbedingungen 108
   Tools 108
Thinking aloud 589
Thousand Ad Impressions → TAI
Thread 789
Timeline 799
Time-on-Site 35, 120, 613
Timeouts 435
Times 515
title-Tag 238, 240
TKP 390, 697, 1019

TLD 55, 211–212, 341
   country-code 212
   länderspezifische 212
Tober, Marcus 18, 200
Todesstern Stuttgart 864
T-Online 168
Tools
   LinkResearchTools 248
   Pingdom 505
   Wireframes und Mockups 451
   zum Ausschließen von Websites 408
Top-down-Vorgehen 450
Top-Level-Domain → TLD
Toplinks 521
Topposition 286
Touchpoint 673, 924
Trackback 789
Tracking 946
Tracking-Pixel 614, 1019
Tradedoubler 944
Traffic 612, 1019
Traffic Estimator 394
Traffic-Quelle 630
Traffic-Verlauf 621
Transaction-Tracking-Code 740
travel.ch 19
Trending Topics 800
Trends 799
Trust 553
Trusted Shops 553
Tumblr 788, 858
TV-Werbung 919, 926
Tweet 798–799
TweetDeck 800
Tweet-Interaktionskampagne 809
Twitter 795
   Analytics 811
   Anmeldung 797
   Dead End Message 806
   Einsatzmöglichkeiten 804
   Gründung 983
   Nutzung für Unternehmen 803
   Strategie 803
   Suche 800
   Tiny Tales 803
   Tipps 805
   Widgets und Buttons 806
Twitter Lite 801
Twitterer 799
Twitter-Glossar 799
Twitter-Liste 800

Twitter-Moments 800
Twitterperlen 803
Twitterwall 799
Typen von Webseiten 455
Typografie 514

U

Überschrift 234, 547
Überzeugung 568
UGC 781, 876, 880, 890
Umfeldbuchung 694
Umlaut 246
Umsatzgenerierung 536
Umsatzprovision 946
Unique Selling Proposition → USP
Unique User 635
Unique Visitor 612, 1019
Universal Ad Package 691
Universal Analytics 614, 924
Universal Search 158, 183, 206, 267
Universelles Design 433
Unsubscribe 778
Unterkategorie 222
Unternehmensblog 662
Unterseite 222, 233
Up-Selling 563, 659, 668
URL 341, 1019
    aus Suchmaschinen entfernen 220
    kurze 223
    Optimierung 245
    sprechende 342
    Vergabe 246
URL-Struktur 223, 268
    Änderung 268
    hierarchische 223
URL-Tracking 738–739
Usability 49, 220, 425, 427, 442, 526, 1019
    3-Klick-Regel 442
    bestimmte Benutzer 439
    bestimmter Nutzungskontext 439
    Checkliste 527
    Definition 428
    SEO und Usability 521
    technische Aspekte 504
    vs. User Experience 428
Usability-Fehler 62, 523
    Fehlerseiten 68
    Formulare 67
    Inhalt ohne Mehrwert 64
    keine Orientierung 62

Usability-Fehler (Forts.)
    Konventionen 64
    Suchfunktion 66
    visuelles Rauschen 66
Usage Pattern 444
User Experience 425
    Feel 429
    Look 429
User Generated Content → UGC
User Intent 38
User-Agent 1019
    Cloaking 277
User-Experience 1019
User-Feedback 586
User-Generated Content → UGC
USP 102, 376, 524, 606
Utility 465
UX 425

V

vCPM 698
Veranstaltungen, Online-Marketing 1004
Verdana 515
Verhaltensregeln 795
Verlinkung 246
    externe 204
    interne 116
Vermarkter 967
Vermarktung 966–967
Versandfrequenz 765
Vertrauen 80, 553, 565, 926
Vertrauensbildende Maßnahme 753
Vertriebsweg 928
Verwaltungskonto 304
Verwandte Suchanfragen 322
Verweildauer 613, 652, 1019
Verweis-Website 629
Verzeichnis 152, 254
    Benennung 245
Video
    Brand Awareness 889
    Call to Action 889
    erstellen 884
    Hosting 890
    interessanter Inhalt 888
    Länge 889
    Markenbekanntheit 889
    Strategie 889
    technische Aspekte 889
    Tonqualität 889
    virales 873

Video Ad 903
Video Website Card 811
Videoanzeige 362, 364
Videoarten 882
  Imagefilm 882
  Produktvideo 882
  Screencast 883, 924, 932
  Webisode 882
Video-Marketing 879, 912, 994
  Ausblick 911
  Begriff 881
  Checkliste 913
  Hosting 884
  Platzierung 884
  SEO und Video-Marketing 900
  Videoportale und soziale Netzwerke 884
Videoportal 890
Video-Sitemap 902
Viewable Cost-per-Mille → vCPM
View-through-Conversion-Tracking 360
Vimeo 899
Viraler Effekt 256, 864, 982
Virales Marketing 864
  Anreize 868
  Seeding 869
Virales Spiel 867
Visit 119, 612, 1019
Visitor 612, 1020
Visual Guiding 592
Visual Noise 517
Visuelles Rauschen 517
Voice Search 268
Volltextsuchmaschine 175

W

W3C 226, 438
Wahrnehmungsgesetze 506
WAI 438
Wayback-Machine 213
WCAG 438
Wearable 54, 782
Web
  semantisches 782
  social 782
  statisches 782
Web 2.0 .... 782, 982
Web 3.0 782
Web Accessibility Initiative → WAI
Web Content Accessibility Guidelines → WCAG
web.de 153

Webanalyse 611–612
  Tools 614
Web-Analytics 31, 49, 611, 639, 647, 993
  Anbieter 615
  Checkliste 648
  Kennzahlen 612
  Marktverteilung 616
  Methoden 611, 639
  mobil 644
Webbrowser 980
Web-Controlling 611
Webdesign
  adaptives 231
  responsives → Responsives Webdesign
WebHits 153
Webhosting 225, 271, 1020
  Wechsel 271
Webinar 113
Webkatalog 151–152, 254
Weblog 788
Webmarketing 27
Webseite
  perfekt optimierte 235
  suchmaschinenoptimierte 233
  Typen 455
Webserver 1020
Websichere Schrift 515
Website
  Impressum 776
  Kategorisierung 220
  Konzeption 220
  mobile 230
  Optimierung 611
  Relaunch 268
  responsive 227, 230
  suchmaschinenfreundliche 210
Website Optimization 580
Website-Kategorie 29
Website-Optimierung 639, 644
Website-Potenzial 79
Website-Relaunch 70
Website-Strategie 25
Website-Struktur 447
  Methoden 450
  Strukturebenen 451
  Tools 223
Website-Testing 79, 580
Website-Ziele 29
Webtrekk 616
Webtyp 38
Weiterleitung 268

Weiterleitungstest 599
Werbeakzeptanz 40
Werbeanzeigenmanager 833
Werbeausgaben 289
Werbebanner 288, 678
Werbebotschaft 343
Werbekampagne 40
Werbemittel 46
Werbenetzwerk 314, 718
Werbetreibender 945
Werbevermarkter 288
Werbewirksamkeit 921
Werbezettel 870
Werbung 943
    crossmediale 921
    kontextbezogene 288
    personalisierte 44
Wettbewerbsanalyse 611, 633
WhatsApp 813, 847
WhatsApp for Business 848
WhatsApp Payments 848
WhatsApp-Anzeigen 847
Whitelisting 767, 771
Whitepaper 139
Whitespace 67, 519
whois-Abfrage 212
Widget 736, 948
Wikipedia 782
Will it blend 873
Win-win-Situation 426
Wireframe 450
    Tools 451
WolframAlpha 170
Word-of-Mouth-Marketing 864, 918
WordPress 793
Word-Stemming 352
World Wide Web 980
World Wide Web Consortium → W3C
Wunschzettel 658

X

XING 862
XML-Sitemap 218, 273
XOVI 248

Y

Yahoo 152, 166, 981
Yahoo Bing Network 165
Yahoo! Search Marketing 288
Yandex 155, 166
Yang, Jerry 165
Yet Another Hierarchical Officious Oracle ... 165
YouTube 156, 891
    Anmerkungen 885
    Creator Studio 964
    Gründung 983
    Infokarten 886
    Masthead 905
    Monetarisierung 964
    Premium 961
    Video-Editor 894
YouTube Analytics 894
YouTube-Kanal 893
YouTuber 965

Z

Zahlungsabwicklung 970
zanox 732
Zeller, Roland 19
Ziel 611
Zielfestlegung 756
Zielgruppe 96, 628, 650, 756, 921
    Ausrichtung 309
    Entscheidungsprozess 565
    Segmentierung 38
    Targeting 40
Zielgruppenrecherche 97
Zielseite → Landing Page
Ziel-URL 341–342
Zuckerberg, Mark 813, 986
Zugehörigkeit 558
Zugriffsquelle 629
Zusatzangebote 559
Zustellbarkeit 771
Zweiwortkombination 178